I0033045

Anonymus

Veröffentlichungen der Grossherzoglichen Sternwarte zu Karlsruhe

Anonymus

Veröffentlichungen der Grossherzoglichen Sternwarte zu Karlsruhe

ISBN/EAN: 9783741166181

Hergestellt in Europa, USA, Kanada, Australien, Japan

Cover: Foto ©ninafisch / pixelio.de

Manufactured and distributed by brebook publishing software
(www.brebook.com)

Anonymus

Veröffentlichungen der Grossherzoglichen Sternwarte zu Karlsruhe

Veröffentlichungen

der

Grossherzoglichen Sternwarte zu Karlsruhe.

Herausgegeben

von

Dr. W. Valentiner

Professor der Technischen Hochschule und Vorstand der Sternwarte.

Fünftes Heft.

Karlsruhe.
In Commission der G. Braun'schen Hofbuchhandlung.
1896.

Inhaltsverzeichniss.

—

Einleitung.

Mit dem vorliegenden fünften Bande der Veröffentlichungen der Grossherzoglichen Sternwarte zu Karlsruhe, zu dessen Herausgabe, wie seither, die Grossherzogliche Regierung bereitwilligst die Mittel gewährt hat, kommt zunächst die bald nach der Verlegung der Sternwarte hier begonnene Beobachtungsreihe am Meridiankreis, welche die Ortsbestimmung aller Sterne der Bonner Durchmusterung bis zur achten Grössenklasse hinab zwischen -0° und -7° bezweckt, zum Abschluss.

Wie bereits in der Einleitung zum vierten Band erwähnt wurde, hat der damals kurz zuvor eingetretene Assistent Dr. Fr. Ristenpart an den Beobachtungen theilgenommen und, da ein erneuter Wechsel im Personal der Sternwarte nicht stattfand, sind die Beobachtungen des vorliegenden Bandes ausschliesslich von ihm und mir durchgeführt worden.

Der Instrumentenvorrath ist wieder durch einige kleinere Instrumente nicht unwesentlich bereichert worden. Es wurde angeschafft ein kleines Universalinstrument von M. Hildebrand in Freiberg (Sachsen), ein Zöllner'sches Photometer von C. Töpfer in Potsdam, welches an den 5- oder 6zölligen Refractor von Steinheil angeschraubt werden kann, dann ein v. Rebeur'sches Doppel-Horizontalpendel von Stückrath in Berlin. Ausserdem erhielt die Sternwarte durch das Ministerium des Innern für den Zeitdienst eine in der Grossh. Uhrmacherschule zu Furtwangen gefertigte Pendeluhr mit Riefler'schem Pendel.

Ueber die Anstellung der im folgenden mitgetheilten Beobachtungen und ihre Reduction braucht dieses Mal nicht viel gesagt zu werden, da sich dieselbe möglichst genau an das in den früheren Heften mitgetheilte Verfahren anschliesst. Je mehr sich das Programm seinem Ende näherte, um so häufiger kam es vor, dass nur ganz kurze Zonen, oft nur einzelne Sterne zur Ausfüllung der Lücken beobachtet werden konnten. Daher finden sich vielfach anscheinend sehr lange über weite Stunden ausgedehnte Reihen, die aber grosse Unterbrechungen zeigen. Es konnte dabei auch nicht mehr genau die früher beabsichtigte Anordnung der Anhaltsterne, der Polsterne u. s. w. festgehalten werden, um so weniger als gerade die Stellen, wo die sonst günstigsten Anhaltsterne lagen, die Lücken im Sterncatalog zeigten. Auch der Wechsel der Beobachter an demselben Abend ist zum Theil dadurch mit veranlasst, zum Theil aber auch, weil gleichzeitig andere Arbeiten ins Programm der Sternwarte aufgenommen waren, die den einen Beobachter, Dr. Ristenpart, in bestimmten Stunden ans Passageninstrument fesselten, worüber weiter unten einiges mitgetheilt werden wird. In gewissen Fällen, wo die Sterne gar zu dicht gedrängt lagen, sodass ein einzelner Beobachter zu viele Abende auf die Durchbeobachtung hätte verwenden müssen, ist von Dr. Ristenpart und mir gemeinsam beobachtet, und zwar so, dass ich die Fadenantritte registrirte und die Declinationen einstellte, während Dr. Ristenpart die Mikroskope ablas. Dabei ist freilich mit einer gewissen Hast gearbeitet, die ich sonst nicht billigen kann und die, wenigstens bei mir, das Gefühl verursachte, dass die Güte der Beobachtungen entschieden gelitten haben müsste. Die Resultate bestätigen diese Empfindungen zwar im Allgemeinen nicht, indem die Uebereinstimmung mit den früheren und sonstigen Bestimmungen die gleiche ist. Doch dürfte eher daraus zu folgern sein, dass das Verfahren zweier Beobachter bei grösserer Ruhe die Güte der Beobachtungen noch zu erhöhen im Stande gewesen wäre. Die gleiche Bemerkung gilt hinsichtlich der über die ganze Nacht, von Beginn der Dunkelheit bis zum Tagesanbruch sich erstreckenden Beobachtungen. Es finden sich sehr häufig Bemerkungen über Ermüdung des Beobachters u. dgl. Sie geben einfach das Gefühl wieder, dass die Bestimmungen denen unter normalen Verhältnissen nicht ebenbürtig sind, sie sollen die Erklärung für grössere

Abweichungen event. die Berechtigung des Ausschlusses solcher Beobachtungen andeuten. Oft genug haben die Beobachter nur mit Widerstreben unter solchen Umständen die Arbeit fortgesetzt. Indessen musste nun doch der Abschluss der ganzen einmal begonnenen Reihe erstrebt werden und derselbe durfte nicht einiger kleiner Lücken wegen um ein oder vielleicht gar zwei Jahre hinausgeschoben werden.

Abgesehen von solchen besonderen Zufälligkeiten und dadurch veranlassten Abweichungen vom eigentlichen Programm ist aber im Allgemeinen doch namentlich auf die Beobachtungen der Anhaltsterne solches Gewicht gelegt, dass der Anschluss vollständig gewahrt und die Genauigkeit der erhaltenen Oerter gegenüber den früheren Bestimmungen nicht beeinträchtigt erscheint.

Im Ganzen enthält der vorliegende Band etwas über 8300 Beobachtungen, und da in den früheren Heften über 13 800 mitgetheilt sind, so beruht der hieraus zusammenzustellende Catalog auf ca. 22 000 Beobachtungen. Das Programm, jeden Stern an 6 Abenden zu beobachten, ist bis auf ganz verschwindende Ausnahmen durchgeführt worden, und da die Arbeitsliste rund 1700 Sterne enthält, so stellt sich das Verhältniss der Beobachtungen von Zonensternen mit ca. 16 200 Beobachtungen zu denen der Anhaltsterne mit ca. 5800 Beobachtungen wie 2.8 zu 1. Doch ist dabei nicht zu übersehen, dass eben in der letzten Beobachtungsperiode die Zahl der Anhaltsterne stark hinaufgetrieben ist, um des Anschlusses auch da sicher zu sein, wo die Grenzen in der Declination nicht so ängstlich inne gehalten werden konnten wie früher. Bei den Beobachtungen des IV. Bandes ist das Verhältniss 3.1 zu 1, welches wohl als Norm angesehen werden kann.

Während in den ersten Beobachtungsperioden von den Anhaltsternen für die südlichen Zonen, die ja auch hier zur Bestimmung der Nullpunkte angewandt sind, einige ausgeschlossen wurden, deren Oerter nicht so sicher schienen, sind später, wie zum Theil schon in der Periode des IV. Bandes, alle in den angenommenen Grenzen liegenden des Auwers'schen Verzeichnisses der Astronomischen Nachrichten benutzt. Hierdurch wurde zugleich die Ausfüllung der Lücken, die den früher viel beobachteten Anhaltsternen entsprechen, erleichtert. Bei einzelnen Sternen sind freilich nicht unbeträchtliche constante Unterschiede gegenüber dem Mittel aus den übrigen bemerkt worden. Es hat aber eine Untersuchung über dieselben und ihre Bestimmung noch nicht stattgefunden, da nun unmittelbar nach dem Abschluss der Beobachtungen und ihrer vorläufigen Reduction die Herleitung des Catalogs, für den schon mancherlei Vorarbeiten gemacht sind, durchgeführt werden soll. Dabei werden sich auch die benutzten Anhaltsterne selbst recht sicher bestimmen und wird für die Oerter derselben zum südlichen Zonenunternehmen ein nicht unwichtiger Beitrag geliefert werden können. Zunächst schien es zweckmässig das Reductionsverfahren möglichst genau dem früheren anzupassen, wenngleich es manches Mal eine gewisse Ueberwindung kostete nicht auf Grund der neueren Erfahrungen und Beobachtungsergebnisse davon abzugehen. Das betrifft insbesondere auch die Berücksichtigung etwa stattgehabter Nullpunktsveränderungen im Laufe des Abends. Während anfänglich solche Veränderungen aus den Einzelbestimmungen des Abends abgeleitet wurden, ist später, speciell im Heft IV, ein constanter Werth für den Aequatorpunkt des Kreises zu Grunde gelegt. Letzteres ist auch hier festgehalten. Denn es wird sich die Veränderung erst mit einiger Sicherheit ableiten lassen, wenn die Oerter der Anhaltsterne, eventuell unter Berücksichtigung der inzwischen bestimmten Theilfehler, aus dem Gesammtmaterial in Verbindung mit den Auwers'schen Oertern berechnet sind, so dass die aus den einzelnen Sternen gefolgerten Aequatorpunkte in der Hauptsache frei von Fehlern des Kreises angesehen werden dürfen. Darnach kann dann auch erst die Reduction der Zonen auf das Gesammtmittel bewirkt werden. Aehnlich ist das Verfahren für die Rectascensionen einzuschlagen. In Anbetracht dieser unmittelbar bevorstehenden Untersuchungen schien es in der That nicht angezeigt, die vorläufigen Reductionen durch Anbringung an sich ungewisser Correctionen zu compliciren.

Was die Reduction im Speciellen betrifft, so sind alle nöthigen Daten wie früher im zweiten Abschnitt gegeben. Für die Rectascensionen sind die Aufstellungsbestimmungen des Instrumentes zum Theil direct so angeführt, wie sie aus den Beobachtungen des Polsterns in Verbindung mit den Zeitsternen folgen und entsprechend zur Anwendung kamen. In gewissen Perioden sind hierfür Mittelwerthe genommen, die sich aus Einzelbestimmungen verschiedener Tage finden. Manchmal ist auch die Grösse *n* aus zufälligen Gründen am Abend selbst nicht ermittelt, es lagen aber dann immer Bestimmungen aus benachbarten Abenden vor, so dass interpolirt (oder ein Mittelwerth angenommen) werden konnte, ebenso trifft es sich nicht gerade selten, dass diese Grösse aus der Beobachtung der

Mondsterne ermittelt werden musste oder konnte. Es sind aber jeweils in solchen Fällen in dem zweiten Abschnitt die Einzelbestimmungen, sowie die zur Anwendung gekommenen Grössen mitgetheilt.

Der Collimationsfehler ist an folgenden Tagen bestimmt und hat zu den nebenstehenden Werthen geführt:

1892	Jan. 5	$-0^{s}.245$	1892	Nov. 4	$+0^{s}.158$
	Jan. 11	−0.169	1893	Jan. 16	+0.036
	Jan. 13	−0.436		März 6	+0.189
	Jan. 20	−0.379		März 23	+0.229
	März 30	+0.015		April 19	+0.093
	April 12	+0.017		Juni 30	−0.038
	Mai 9	+0.153		Dec. 22	+0.241
	Juni 28	+0.052	1894	Feb. 23	+0.139
	Aug. 5	+0.085		März 21	+0.153
	Aug. 13	+0.147			

Die Constante ist also keineswegs so befriedigend, wie früher, ohne dass ein Grund dafür zu erkennen gewesen wäre. Angenommen sind folgende Werthe für die bezeichneten Perioden:

1892	Jan. 5, 10	$-0^{s}.245$	1893	März 25—29	$+0^{s}.229$
	Jan. 11—20	−0.398		März 30—April 13	+0.161
	März 25—April 9	+0.016		April 14—Mai 12	+0.093
	April 12—Mai 6	+0.085		Mai 13—Juni 27	+0.028
	Mai 7, 8	+0.153		Juni 30—Aug. 14	−0.038
	Mai 9—Juni 27	+0.103		Aug. 16—Sept. 12	+0.055
	Juni 28—Aug. 29	+0.095		Oct. 13—23	+0.148
	Oct. 15—Dec. 16	+0.158		Oct. 24—Dec. 22	+0.241
	Dec. 19—1893 Jan. 6	+0.101		Dec. 22—1894 Feb. 4	+0.190
1893	Jan. 7—15	+0.036	1894	Feb. 13—22	+0.139
	Jan. 19—März 4	+0.112		Feb. 23—März 21	+0.146
	März 6—23	+0.208		März 22	+0.153

Hinsichtlich der Declinationen ist zuerst zu bemerken, dass einestheils, um rasch auf einander folgende Sterne in Declination durch Einstellung beim Eintritt in das Feld bezw. beim Austritt aus demselben beobachten zu können, anderntheils da Dr. Ristenpart die Einstellungen nach der vollständigen Durchgangsbeobachtung zu machen vorzog, die Berücksichtigung der Neigung des Fadens, sowie der Krümmung des Parallels nöthig war. Aus einer grossen Anzahl Beobachtungen, die zur Ermittlung der Declinationen der bei den Polhöhenbestimmungen in Strassburg und hier benutzten Sterne angestellt wurden, fand sich für die Fadenneigung die Correction

$$+0''.01325\ t^{sec}\ \text{bei Kreis West.}$$

Die hieraus sich ergebenden Correctionen sind in der Regel klein geblieben, im sehr selten vorkommenden Maximum erreichen sie einschliesslich der aus der Krümmung des Parallels resultirenden Grösse etwa den Betrag von $0''.75$. Es sind die einzigen Verbesserungen, die sich hier in der Rechnung nicht verfolgen lassen, da die Einstellungszeit der Declination nicht in dem ersten Abschnitt der vorliegenden Publication aufgenommen ist.

Von den übrigen Reductionselementen werden hier zunächst die Einzelwerthe des Run gegeben. Die Abweichung eines Theiles der Schraubentrommel an den Mikroskopen von der Bogensecunde ist ebenso bestimmt worden wie früher, nämlich aus den Beobachtungen des Abends selbst, wobei es manchmal zulässig erschien, Mittelwerthe für grössere Perioden anzusetzen. Auch hier zeigte sich die früher gemachte Erfahrung, dass für jeden Beobachter der besondere Runwerth anzuwenden war. Nachdem, wie gleich erwähnt werden wird, die Theilfehler bestimmt worden waren, hätte diese Correction durch Einstellung bestimmter Strichintervalle ermittelt werden können, indessen war es nicht möglich die Theilfehlerbestimmung vor dem Abschluss der eigentlichen Beobachtungen am Fernrohr zu Ende zu führen, so dass an dem einmal angewandten Verfahren festgehalten werden musste. Freilich lag dabei das Bedenken ebenso wie früher vor, dass der so gefundene Runwerth durch die bei einzelnen Intervallen sehr erheblichen Theilfehler stark beeinflusst sein würde, und dass daher die sämmtlichen Runcorrectionen auch nur als vorläufige anzusehen und für die Bearbeitung des Catalogs neu berechnet werden müssten. Ich habe nun aber bereits eine grosse Anzahl Tage unter Berücksichtigung der Theilfehler untersucht, und es hat sich dabei herausgestellt, dass wohl die Einzelwerthe des Run viel übereinstimmender werden, was zugleich eine Controle für die Richtigkeit der gefundenen Theilfehler ist, dass aber das Abendmittel nur so wenig geändert wird, dass diese Umrechnung ganz unnöthig ist.

Ueber die hier folgenden Werthe des Run für eine Revolution gilt im übrigen hinsichtlich des Zeichens dasselbe wie früher, hinzuzufügen ist nur, dass unter Beobachter (Col. 4) auch dann R (Ristenpart) genannt ist, wenn V (Valentiner) am Fernrohr beobachtete, aber die Mikroskope von R abgelesen wurden.

Werthe für den Run.

1893	Run	Lage	Beob.	1892	Run	Lage	Beob.	1893	Run	Lage	Beob.
Jan. 10	+0ʳ.03	W	R	Oct. 13	−0ʳ.30	W	R	März 21	+0ʳ.22	W	R
11	−0.07	»	»	Nov. 4	+0.02	»	»	—	−0.02	»	V
12	−0.04	»	»	26	−0.27	»	»	—	−0.04	»	R
—	−0.31	»	V	30	−0.05	»	»	22	+0.15	»	»
—	−0.10	»	R	Dec. 2	−0.25	»	»	—	0.00	»	V
19	+0.03	»	»	6	−0.33	»	»	23	+0.12	»	R
—	−0.04	»	V	7	−0.26	»	»	25	+0.13	O	»
—	+0.02	»	R	16	−0.12	»	»	26	+0.06	»	»
20	+0.12	»	»	19	−0.16	O	»	—	+0.15	»	V
—	−0.24	»	V	—	−0.30	»	V	—	+0.11	»	R
21	−0.33	»	R	—	−0.27	»	R	27	+0.12	»	»
März 25	−0.44	O	»	22	−0.36	»	»	—	+0.11	»	V
31	−0.58	W	»	23	−0.22	»	»	28	+0.13	»	R
April 1	−0.05	»	»	28	−0.21	»	»	—	+0.22	»	V
2, 3	−0.52	»	»	1893				—	+0.05	»	R
4	−0.46	»	»	Jan. 2	−0.21	O	R	29	+0.15	»	»
7	−0.33	»	»	5	−0.20	»	»	—	+0.21	»	V
8	−0.34	»	»	6	−0.18	»	»	30	+0.33	»	R
9	−0.76	»	»	7	−0.63	W	»	—	+0.18	»	V
18	−0.10	O	»	12	+0.12	»	»	—	+0.28	»	R
15, 23	−0.60	»	»	15	+0.22	»	»	31	+0.34	W	»
Mai 2	−0.08	»	»	19	−0.22	O	V	—	+0.28	»	V
6	−0.85	»	»	28	−0.17	»	R	April 1	+0.32	»	R
7	−0.47	W	»	—	−0.18	»	V	2	+0.07	O	V
8	−0.34	»	»	Feb. 4	+0.14	»	R	3	−0.03	»	»
9	−0.73	O	»	—	+0.12	»	V	4	0.00	»	»
12	−0.82	»	»	5	+0.10	»	R	—	0.00	»	R
13	−0.78	»	»	6	+0.16	»	»	5	+0.12	»	»
17	−0.75	»	»	—	+0.08	»	V	—	+0.06	»	V
21	−0.79	»	»	16	+0.34	»	R	—	0.00	»	R
22	−0.91	»	»	—	+0.19	»	V	6	−0.03	»	»
24	−0.81	»	»	—	+0.18	»	R	7	−0.10	»	»
25	−0.88	»	»	20, 22	+0.19	»	»	—	+0.09	»	V
26	−0.72	»	»	27	+0.10	»	V	—	0.00	»	R
27	−0.68	»	»	März 3	+0.20	»	»	8	+0.61	W	»
Juni 10	−0.12	»	»	—	+0.23	»	R	—	+0.40	»	V
17	+0.02	»	»	4	+0.21	»	V	—	+0.37	»	R
18	+0.20	W	»	—	+0.21	»	R	9	+0.46	»	»
Juli 1	+0.01	»	»	6	−0.11	W	»	—	+0.31	»	V
Aug. 5	−0.24	»	»	8	+0.24	»	V	10	+0.26	»	R
6	−0.22	»	»	9	+0.26	»	R	12, 13	+0.18	»	V
9	−0.11	»	»	10	+0.18	»	V	14	−0.13	O	»
11—18	−0.16	»	»	—	+0.01	»	R	15	+0.02	»	»
20	−0.26	»	»	11	+0.09	»	V	17	−0.06	»	R
22	−0.17	»	»	17	+0.19	»	R	18	−0.22	»	»
29	−0.25	»	»	18	−0.05	»	»	22	+0.08	W	»

1893	Run	Lage	Beob.
April 23	+0".09	W	R
24	+0.11	»	»
25	+0.23	»	»
28	0.00	»	V
—	−0.11	»	R
29	+0.05	»	V
—	0.00	»	R
Mai 1	−0.04	»	»
—	−0.04	»	V
4	+0.04	»	R
5	−0.04	»	»
12	+0.03	»	V
13	−0.11	O	»
14	−0.09	»	»
16	−0.08	»	R
—	−0.03	»	V
18	+0.06	»	R
—	0.00	»	V
Juni 1	0.00	»	»
2	0.00	»	R
—	−0.02	»	V
—	−0.04	»	R
3	−0.04	»	V
—	−0.03	»	R
8	−0.07	»	V
—	−0.15	»	R
11	+0.02	»	»
12	−0.05	»	V
—	−0.06	»	R
13	0.00	»	V
—	−0.05	»	R
15	−0.12	»	»
17	+0.02	»	V
21	−0.11	»	»
—	−0.10	»	R
23	−0.10	»	»
24	0.00	»	»
27	−0.12	»	»
—	−0.09	»	V
29	+0.10	W	»
30	−0.03	»	»
—	−0.13	»	R
Juli 1	−0.07	»	V
2	+0.09	»	»

1893	Run	Lage	Beob.
Juli 2	+0".04	W	R
3	0.00	»	»
4	−0.02	»	»
6	0.00	»	V
—	−0.19	»	R
7	−0.13	»	V
—	−0.27	»	R
8	−0.15	»	V
—	−0.20	»	R
11	−0.23	»	V
19	−0.01	»	R
24	−0.06	»	V
29	+0.44	»	»
Aug. 3	+0.33	»	R
7	+0.31	»	»
9	+0.45	»	»
11	+0.10	»	»
14	+0.08	»	»
16	−0.02	O	»
17	+0.02	»	»
18	−0.11	»	»
—	−0.29	»	»
19	−0.08	»	»
22	−0.17	»	»
28	−0.37	»	»
29	−0.25	»	»
Sept. 1	−0.24	»	»
4	−0.29	»	»
5	−0.05	»	»
12	−0.06	»	»
Oct. 13	−0.06	»	»
18	0.00	»	»
19	−0.15	»	»
—	−0.10	»	V
20	−0.21	»	R
21	−0.02	»	»
23	−0.18	»	»
24	+0.05	W	»
25	+0.07	»	»
27	+0.01	»	»
Nov. 1	+0.07	»	»
5	+0.02	»	»
6	−0.06	»	»
7	−0.10	»	»

1893	Run	Lage	Beob.
Nov. 8	+0".23	W	R
10	+0.25	»	V
—	+0.22	»	R
11	+0.21	»	»
17	+0.24	»	»
Dec. 1	+0.30	»	»
2	+0.26	»	»
3	+0.04	»	»
6	+0.08	»	»
8	+0.14	»	»
10	+0.17	»	V
—	+0.13	»	R
12	+0.24	»	»
22	+0.30	»	»
23	−0.18	O	»
1894			
Jan. 3	−0.27	O	R
4	−0.16	»	»
5	−0.32	»	»
9	−0.30	»	V
22	−0.15	»	R
24	−0.23	»	»
25	−0.19	»	»
Feb. 1	−0.08	»	»
4	−0.02	»	»
13	+0.05	W	»
14	−0.03	»	»
15	+0.02	»	»
17	−0.07	»	»
18	−0.19	»	»
19	−0.27	»	»
20	−0.21	»	»
21	−0.11	»	»
22	−0.16	»	»
23	+0.20	O	»
März 1	+0.21	»	»
5	+0.22	»	»
12	+0.34	»	»
17	−0.02	»	»
18	−0.02	»	»
19	+0.22	»	»
20	+0.24	»	»
21	+0.22	»	»
22	+0.14	W	»

Bei den Anhaltsternen sind in Declination dieselben Correctionen angebracht, wie im vorigen Band, und auch hier die so verbesserten Mittel der Aequatorpunkte in Parenthese neben das ursprüngliche Mittel gesetzt. Für eine nicht unbeträchtliche Zahl der Anhaltsterne hat aber, wie im Band IV erwähnt, nicht genügendes Material zur Ermittlung solcher empirischer Correctionen vorgelegen, für die neuere Zeit konnten ausserdem nicht selten die früher gefundenen Correctionen keine Verwendung finden, weil die Sterne durch die Präcession auf andere Theilstriche gerückt waren. In solchen Fällen ist bei der Reduction der direct gefundene Aequatorpunkt benutzt, es sind diese Tage dadurch kenntlich, dass (im zweiten Abschnitt) kein Werth in Parenthese neben das andere Mittel gesetzt ist.

Die Reductionen sind im Grossen und Ganzen gemeinsam von mir und Dr. Ristenpart ausgeführt, für die Berechnung der scheinbaren Oerter ist mehrfach auswärtige, für einfache Arbeiten vielfach die Hülfe eines Schreibers hinzugezogen worden. Doch konnte auch dieses Mal doppelte Rechnung nicht geführt werden, es dürfte aber gelungen sein die allergrösste Mehrzahl etwaiger Versehen durch geeignete Controlen insbesondere beim Lesen der Correcturen auszumerzen. Solche nachträglich gefundene Correcturen sind am Schluss des Bandes aufgeführt, und zwar in derselben Form wie im IV. Bande. Ausser den für einzelne (6) Zonen in Declination angegebenen gemeinsamen Correctionen wegen der Berichtigung des Aequatorpunktes kommen noch einige, im Ganzen 8, Zonen vor, bei denen Correctionen im Betrage nur weniger Hundertel Secunden anzubringen sein würden, sie sind hier des geringen Betrages wegen fortgelassen, da wie mehrfach angeführt die genauere Reduction des Catalogs unmittelbar bevorsteht.

Die Theilfehler zu bestimmen lag von Anfang an in meiner Absicht. Indessen zeigten wiederholte Versuche, dass diese Arbeit, in ihrem ganzen Umfange sehr zeitraubend, eigentlich nur bei Betheiligung zweier Beobachter durchführbar war. Da bei der Lage der Mikroskope und der Einrichtung des Meridiankreises die Theilfehlerbestimmung nicht mit den Beobachtungen am Himmel Hand in Hand gehen konnte, so wurde schliesslich festgesetzt, dass jene erst nach Abschluss der zunächst in Angriff genommenen Beobachtungsreihe durchzuführen sei. Darin lag allerdings die Gefahr, dass durch Deformirung des ausserordentlich schwach gebauten und dabei grossen Kreises die Theilfehler nicht in der Weise erhalten würden, wie sie der Beobachtungszeit entsprechen. Aber andrerseits musste unter den hiesigen beschränkten Verhältnissen ja doch davon abgesehen werden, Beobachtungen zu liefern, die denen von modernen Sternwarten und Kreisen ebenbürtig wären; und sollte sich eine Veränderung der Theilfehler wirklich nach der längeren Zeit herausgestellt haben, so war auch kaum zu erwarten, dass sie in kürzeren Perioden dieselben blieben, wo der Kreis, abgesehen von der erwähnten schwachen Konstruktion, gegen die Wärmestrahlung der Lampe und des Beobachters nicht zu schützen war, ja wo der Kreis selbst in Ermanglung einer Handhabe zur Einstellung mit der Hand berührt werden musste. Dass diese Manipulation stets mit grosser Sorgfalt geschah ist natürlich, sonst wären ja überhaupt keine brauchbaren Oerter der Sterne zu erhalten gewesen. Aber auch dann sind Veränderungen am Kreis, die ihrerseits die Theilfehlerbestimmung beeinflussen können, wohl zu erwarten. In jedem Fall musste das Hauptgewicht bei der Declinationsbestimmung auf die Einstellung zweier benachbarter Striche an jedem Mikroskop gelegt werden, in der Erwartung, dass sich damit die Theilfehler in der Hauptsache aufheben würden. Der Erfolg scheint diese Muthmassung bestätigt zu haben, indem es noch zweifelhaft ist, ob die einzelnen Declinationen durch Anbringung der Theilfehler wesentlich verbessert werden. Freilich darf auch die Sicherheit ihrer Bestimmung nicht gerade gross angenommen werden, da bei der vielfachen Einschaltung und Unterteilung eine starke Anhäufung der Messungsfehler auftritt.

Die Bestimmung der Theilfehler wurde nach der von Kaiser in den Annalen der Leidener Sternwarte angegebenen und dort auf die Zwischenstriche angewandten Methode im Frühjahr und Sommer 1894 durchgeführt. Mehrere Monate haben Dr. Ristenpart und ich, bei täglich 2—3stündiger Arbeit auf die Untersuchung verwendet. Ueber dieselbe, die Anordnung der Beobachtungen u. s. w. möge das Folgende nach den Berechnungen des Dr. Ristenpart mitgetheilt werden.

Da mit dem Meridiankreise im wesentlichen nur die Zone von 0 bis —7° beobachtet worden ist, so beschloss ich, mich mit der Bestimmung der Theilfehler nur der hier benutzten Striche zu begnügen. Dazu war es erforderlich erstens die Fehler der Hauptstriche zu untersuchen, und an diese dann die benutzten 3' Striche anzuschliessen. Ersterer Theil der Arbeit, die Bestimmung aller 5-Gradstriche, wurde zweimal von Dr. Ristenpart vorgenommen, einmal vor und einmal nach der Bestimmung der Zwischenstriche. Dabei wurde das erstemal so verfahren, dass er zunächst den Fehler von 180° durch je 10 Messungen bestimmte, indem einmal der Kreis zu grösseren, einmal rückwärts zu kleineren Ablesungen gedreht wurde. Hierbei konnten die beiden Ablesemikroskope in ihrer gewöhnlichen Stellung gelassen werden. Mittels zweier langer eiserner Träger wurden dann beide Mikroskope so aufgesetzt, dass ihr Abstand 90° betrug und es wurden dann je 6mal in beiden Drehungsrichtungen des Kreises die Striche 90° und 270° untersucht. Hierauf wurde das eine Mikroskop wieder an seine ursprüngliche Stelle, das andere auf dem Träger in 60° Abstand von jenem gebracht, und dann alle Striche von der Form $30 \cdot n^\circ$, von den 4 schon bekannten ausgehend je 4mal bestimmt. Ein Bogen von 30° gab dann durch je 3 Messungen, die Fehler aller Striche von der Form $10 \cdot n^\circ$, indem ebenso wie bei der vorigen Kombination eine Dreitheilung schon bekannter Bögen stattfand. Eine

Zweitheilung aller vorhandenen 90°-Bögen folgte, indem die Mikroskope in 45° Abstand gebracht wurden, sie ergab in je 3maliger Messung die Fehler der sämmtlichen Striche von der Form $5 \cdot n^{\circ}$.

Bei dieser Reihe wurde so vorgegangen, dass durch Drehen mit der Hand der Anfangsstrich des zu übermessenden Bogens nahezu im ersten Mikroskop eingestellt und dann in beiden Mikroskopen mit der Mikrometerschraube die betreffenden Striche zwischen die Fäden gebracht wurden, welche Messung jeweils zwei- bis dreimal wiederholt wurde. Es ist dann die Differenz der Ablesungen im Sinne zweites minus erstes Mikroskop der Rechnung zu Grunde zu legen. Bei der zweiten Bestimmung dieser Hauptstriche wurde anders verfahren. Mittels des Feinbewegungsschlüssels wurde der Anfangsstrich zwischen die Fäden des ersten Mikroskops gebracht, dessen Trommel auf 0 stand (oder überhaupt eine bestimmte, während der Durchmessung des gerade vorliegenden Bogens unveränderte Einstellung hatte). Im zweiten Mikroskop wurde dann der Endstrich eingestellt und die Trommel abgelesen. Auch wurden hier, da nur die Bestimmung der Fehler der Durchmesser angestrebt war, d. h. des Mittels der Fehler von zwei um 180° entfernten Strichen, weil stets bei den Beobachtungen beide Mikroskope abgelesen waren, die Messungen so angeordnet, dass die eines Bogens und des um 180° abstehenden direkt nebeneinander ins Messungsbuch eingetragen wurden, wodurch sofort mit deren Mittel resp. Summen gerechnet werden konnte. Auch hier folgten die Messungen, bei denen der Kreis rückwärts gedreht wurde, unmittelbar auf die, wo der Drehungssinn vorwärts gerichtet war.

Diesmal wurde also der Fehler des Durchmessers 0°—180° gleich 0 gesetzt und nach Herstellung eines Bogens von 45° aus demselben die Fehler derjenigen von 45°, 90°, 135° durch Viertheilung gewonnen. Die Viertheilung wurde hier der 2maligen Zweitheilung vorgezogen, weil die Herstellung eines Bogens von 90° die Aufsetzung beider eiserner Träger auf die wagrechten Mikroskoparme verlangt hätte und die schwanke Befestigung beider Mikroskope den Gewinn an Genauigkeit für den 90° Durchmesser reichlich ausgeglichen hätte. Diese Bestimmungen wurden je 10mal gemacht. Ein Bogen von 60° erlaubte die Anschliessung der Durchmesser von der Form $15 \cdot n^{\circ}$ an diese durch Dreitheilung sämmtlich bekannten Durchmesser, was 8mal wiederholt wurde. Ein Bogen von 40°, der alle bekannten Bögen von 120° in drei Intervalle theilte, führte endlich in 5maliger Wiederholung auf die Hauptstriche von der Form $5 \cdot n^{\circ}$. Die so erlangten Resultate wurden nun mit den erstmalig erhaltenen verglichen, die auf ganz verschiedenem Weg erhalten waren, nachdem auch bei diesen aus je zwei um 180° entfernten Strichen das Mittel gebildet und um die Hälfte des Fehlers des 180° Striches, welcher 10″57 betrug, vermindert war. Die beiden Werthe für jeden Durchmesser wurden dann, mit den der Zahl der Messungen entsprechenden Gewichten, vereinigt, indem eine Messung der ersten Reihe vorweg schon nur ⁴/₅ soviel bewerthet wurde als eine der zweiten, weil nämlich die langen Träger an denen das eine Mikroskop zur Erlangung des gewünschten Bogens befestigt werden musste, nicht ganz von kleinen Schwankungen frei waren und bei der ersten Reihe die Schraubentrommel beim Drehen berührt wurde, bei der zweiten Reihe nicht, wo die Einstellung mittels des Feinbewegungsschlüssels erfolgte. Die so gewonnenen Mittel gaben folgende

Theilfehler der Durchmesser von 5 zu 5 Grad.

Grad	Theilfehler	Grad	Theilfehler	Grad	Theilfehler
0	0″00	60	−1″03	120	−0″15
5	−0.17	65	−1.68	125	−0.57
10	+0.14	70	−2.75	130	+0.28
15	+0.84	75	−3.16	135	−0.65
20	+1.25	80	−3.07	140	−1.04
25	+1.45	85	−2.05	145	−1.37
30	+0.96	90	−1.80	150	−1.96
35	−0.04	95	−3.11	155	−1.96
40	+0.61	100	−2.28	160	+0.92
45	+0.42	105	−1.20	165	+1.39
50	−1.42	110	−2.15	170	+0.90
55	−0.95	115	−1.07	175	+0.20

An diese wurden nun die anderen Gradstriche angeschlossen. Es wurde das eine Mikroskop an seiner Stelle belassen, das andere mittels der Correctionsschrauben um einen Grad gegen die gewöhnliche Lage verschoben, so dass der Unterschied der Mikroskope nicht mehr 180 sondern 181 Grad betrug. Als II wurde das Mikroskop bezeichnet, welches, wenn man auf dem Kreise im Sinne der Theilung fortschritt, um 181° von dem andern entfernt war. An jedem Mikroskop sass nun ein Beobachter und während in Mikroskop I der Reihe nach die Striche 0, 1, 2, 3, 4 mittels der Feinbewegung eingestellt wurden, erschienen in Mikroskop II die Striche 181, 182, 183, 184, 185 und wurden auf der Trommel abgelesen. Dann wurde der Kreis um 180° gedreht, in Mikroskop I wurden die Striche 180, 181, 182, 183, 184 eingestellt und resp. 1, 2, 3, 4, 5 in Mikroskop II abgelesen. Im Beobachtungsbuch wurden die Messungen von 1 und 181, 2 und 182 etc. neben einander geschrieben und das Mittel aus solchen Messungen führte dann durch folgende Rechnung auf die relativen Fehler der Durchmesser, 1°, 2°, 3°, 4° gegen 0° und 5°.

Seien (0) und (5) die Fehler der Durchmesser 0° und 5°, während analoge Bezeichnungen für die anderen Grade gelten, sei [0] [1] [2] u. s. w. das Mittel der beiden Ablesungen, welche die Trommel des 2. Mikroskops gibt, wenn im ersten 0° resp. 180°, etc. eingestellt ist, sei endlich die wahre Länge des zwischen den Mikroskopen befindlichen Bogens $181° + r''$, so ist

$$(0) + 1° + r'' = 2° + (1) + [1]$$
$$(1) + 1 \quad + r'' = 1 \quad + (2) + [2]$$
$$\vdots$$
$$(4) + 1 \quad + r'' = 1 \quad + (5) + [5]$$

also wenn alle 5 Gleichungen addirt werden

$$(0) + 5\,r'' = [1] + [2] + [3] + [4] + [5] + (5)$$
$$r'' = \frac{1}{5}\{(5) - (0) + [1] + [2] + [3] + [4] + [5]\}$$

und weiter

$$(1) = \frac{1}{5}\{-4\,[1] + [2] + [3] + [4] + [5]\} + \frac{4}{5}(0) + \frac{1}{5}(5)$$
$$(2) = \frac{1}{5}\{-3\,[1] - 3\,[2] + 2\,[3] + 2\,[4] + 2\,[5]\} + \frac{3}{5}(0) + \frac{2}{5}(5)$$
$$(3) = \frac{1}{5}\{-2\,[1] - 2\,[2] - 2\,[3] + 3\,[4] + 3\,[5]\} + \frac{2}{5}(0) + \frac{3}{5}(5)$$
$$(4) = \frac{1}{5}\{-[1] - [2] - [3] - [4] + 4\,[5]\} + \frac{1}{5}(0) + \frac{4}{5}(5)$$

Die auf der rechten Seite vorstehender 4 Gleichungen zuerst angeführten Klammern enthalten das 5fache der relativen Theilfehler, welche durch Hinzufügung der entsprechenden Bruchtheile der Fehler der Striche 0 und 5 zu absoluten werden.

In der Weise wurden also alle Gradstriche an die schon bekannten Fünfgradstriche angeschlossen und diese Messungen vor- und rückwärts je 5mal gemacht. Es ergaben sich folgende

Relative Theilfehler der Gradstriche gegen die Fünfgradstriche.

Grad	Theilfehler	Grad	Theilfehler	Grad	Theilfehler	Grad	Theilfehler	Grad	Theilfehler	Grad	Theilfehler
1	+0″.73	16	−0″.35	31	+0″.29	46	+0″.54	61	−0″.23	76	+0″.01
2	−0.55	17	−0.11	32	+0.00	47	+0.19	62	−0.02	77	+0.46
3	+0.46	18	+0.25	33	−0.12	48	+0.61	63	+0.59	78	+0.13
4	+0.24	19	+0.87	34	+0.62	49	+1.05	64	+0.97	79	+0.03
6	+1.56	21	+0.69	36	+0.55	51	+0.66	66	−0.01	81	+0.33
7	+1.09	22	+0.39	37	+0.83	52	+1.08	67	+0.57	82	−0.23
8	+1.01	23	+0.56	38	+1.10	53	+0.97	68	0.00	83	+0.59
9	+0.88	24	−0.13	39	+0.28	54	+0.40	69	−0.04	84	+0.19
11	+0.54	26	+0.42	41	+0.73	56	−0.30	71	+0.68	86	−0.32
12	+0.50	27	−0.76	42	+0.92	57	−0.03	72	+0.27	87	−0.39
13	−0.35	28	−0.24	43	−0.10	58	−0.08	73	+0.28	88	+0.75
14	+0.08	29	−0.15	44	+0.55	59	−0.22	74	+0.15	89	+0.02

Grad	Theilfehler	Grad	Theilfehler	Grad	Theilfehler	Grad	Theilfehler	Grad	Theilfehler	Grad	Theilfehler
91	−0°.08	106	+0°.14	121	−0°.66	136	−0°.14	151	−0°.20	166	−0°.02
92	+0.02	107	+0.10	122	−0.79	137	+0.79	152	+0.62	167	−0.56
93	−0.30	108	+1.07	123	−0.57	138	+0.32	153	+0.11	168	−0.66
94	−0.73	109	+0.55	124	−0.15	139	+0.11	154	+0.52	169	−1.27
96	−0.32	111	+0.30	126	−0.18	141	+0.33	156	−0.95	171	−0.16
97	−1.10	112	−0.70	127	−0.56	142	+0.97	157	−1.23	172	+0.69
98	+0.04	113	−0.11	128	−0.80	143	−0.35	158	−1.72	173	+1.36
99	−0.32	114	−0.06	129	−1.32	144	+0.17	159	−2.20	174	+1.11
101	−0.08	116	−0.29	131	−0.77	146	+0.82	161	−0.70	176	+0.42
102	−1.32	117	+0.20	132	+0.13	147	−0.13	162	−1.00	177	+0.51
103	−0.34	118	−0.11	133	−0.97	148	+0.28	163	−0.23	178	+0.14
104	−0.23	119	+0.15	134	−0.51	149	+0.62	164	+0.13	179	+0.03

Der absolute Theilfehler eines Striches von der Form $5a+m$, wo $a < 36$ und m zwischen 0 und 5 liegt, wird dann gleich

$$A(5a+m) = R(5a+m) + \frac{5-m}{5} A(5a) + \frac{m}{5} A[5(a+1)]$$

wenn $R(x)$ den relativen, $A(x)$ den absoluten Fehler des Theilstriches x bezeichnet. So erhalten wir folgende

Absolute Theilfehler der Durchmesser von Grad zu Grad.

Grad	Theilfehler	Grad	Theilfehler	Grad	Theilfehler	Grad	Theilfehler	Grad	Theilfehler	Grad	Theilfehler
1	+0°.70	31	+1°.05	61	−1°.39	91	−2°.94	121	−0°.89	151	−2°.16
2	−0.62	32	+1.16	62	−1.31	92	−2.88	122	−1.41	152	−1.34
3	+0.36	33	+0.24	63	−0.83	93	−3.29	123	−0.97	153	−1.85
4	+0.10	34	+0.78	64	−0.58	94	−3.78	124	−0.64	154	−1.44
5	−0.17	35	−0.04	65	−1.08	95	−3.11	125	−0.57	155	−1.96
6	+1.45	36	+0.64	66	−1.90	96	−3.27	126	−0.58	156	−2.34
7	+1.05	37	+1.05	67	−1.54	97	−3.88	127	−0.79	157	−2.04
8	+1.02	38	+1.45	68	−2.31	98	−2.57	128	−0.92	158	−1.97
9	+0.96	39	+0.76	69	−2.58	99	−2.96	129	−1.21	159	−1.89
10	+0.12	40	+0.61	70	−2.75	100	−2.28	130	+0.18	160	+0.02
11	+0.82	41	+1.30	71	−2.15	101	−2.14	131	−0.68	161	+0.23
12	+0.92	42	+1.46	72	−2.64	102	−3.17	132	+0.04	162	+0.05
13	+0.21	43	+0.39	73	−2.72	103	−1.97	133	−1.25	163	+0.97
14	+0.78	44	+0.81	74	−2.93	104	−1.63	134	−0.97	164	+1.42
15	+0.84	45	+0.42	75	−3.16	105	−1.20	135	−0.65	165	+1.39
16	+0.57	46	+0.60	76	−3.12	106	−1.45	136	−0.87	166	+1.27
17	+0.89	47	+0.17	77	−2.67	107	−1.48	137	−0.02	167	+0.63
18	+1.34	48	−0.07	78	−2.97	108	−0.70	138	−0.30	168	+0.44
19	+2.04	49	−0.03	79	−3.06	109	−1.40	139	−0.85	169	−0.27
20	+1.23	50	−1.42	80	−3.07	110	−2.15	140	−1.04	170	+0.90
21	+1.98	51	−0.67	81	−2.52	111	−1.63	141	−0.77	171	+0.30
22	+1.72	52	−0.15	82	−2.89	112	−2.42	142	−0.20	172	+1.31
23	+1.93	53	−0.17	83	−1.87	113	−1.61	143	−1.50	173	+1.84
24	+1.28	54	−0.64	84	−2.06	114	−1.35	144	−1.24	174	+1.45
25	+1.45	55	−0.95	85	−2.05	115	−1.07	145	−1.37	175	+0.20
26	+1.77	56	−1.47	86	−2.52	116	−1.18	146	−0.67	176	+0.38
27	+0.49	57	−1.01	87	−2.74	117	−0.44	147	−1.75	177	+0.63
28	+0.92	58	−1.08	88	−1.75	118	−0.63	148	−1.45	178	+0.22
29	+0.61	59	−1.23	89	−2.03	119	−0.18	149	−1.22	179	+0.07
30	+0.96	60	−1.03	90	−2.80	120	−0.15	150	−1.96	180	0.00

Die hier beobachtete Zone liegt zwischen dem Aequator und 8 Grad südlicher Declination, die Anhaltsterne reichten ausserdem noch in die 3 nördlich und südlich sich an die Zone anschliessenden Grade hinein. Es waren also die 5' Striche zwischen den Declinationen +3° und —11° zu untersuchen, welche bei 49° Polhöhe den Ablesungen von 46° bis 60° im Einstellungsmikroskop für die Kreislage West, von 314° bis 300° in Kreislage Ost entsprechen. Da aber das Einstellungsmikroskop 15 Grade mehr anzeigt als das über ihm befindliche Ablesemikroskop, so gehören hierzu auf dem Kreise die Striche von 31° bis 45° und von 299° bis 285°, oder von 119° bis 105°. Alle hier zwischen liegenden Striche wurden nun so untersucht, dass zunächst das erste Mikroskop um 15' niedriger gestellt wurde als gewöhnlich. Dadurch betrug der Bogen zwischen den Mikroskopen oberhalb derselben 180° 15' und damit wurden in analoger Weise wie die Grad- an die 5-Grad-Striche jetzt die 15'-, 30'-, 45'-Striche an die Gradstriche angeschlossen. Der Zeitersparniss wegen wurde diese Viertheilung bekannte Bogen einer zweimaligen Zweitheilung vorgezogen. Die Messungen wurden vor- und rückwärts im Allgemeinen nur 2mal, in einigen Fällen 3mal wiederholt, da sich eine sehr gute Uebereinstimmung zwischen den unabhängigen Messungen zeigte. So ergaben sich folgende

Relative Theilfehler der 15' Striche gegen die Gradstriche.

Grad	15'	30'	45'	Grad	15'	30'	45'
31	—0°.24	—0°.04	—0°.44	105	+0°.06	—0°.31	—0°.61
32	—0.06	—0.18	—0.06	106	—0.69	—0.18	—0.12
33	+0.16	+0.15	—0.13	107	—0.75	+0.15	—1.13
34	+0.24	+0.27	+0.04	108	—0.34	—0.71	+0.61
35	+0.37	+0.27	+0.09	109	+0.08	+0.72	+0.24
36	+0.29	+0.23	+0.54	110	—0.32	+0.20	+0.27
37	—0.30	—0.44	—0.03	111	+0.08	+0.70	+1.20
38	—0.24	+0.16	+0.04	112	+0.78	+0.30	+1.08
39	—0.10	+0.64	+0.02	113	+0.32	—0.17	—0.26
40	—0.14	—0.21	+0.15	114	+0.59	—0.19	+0.14
41	+0.20	—0.01	—0.10	115	—0.65	—0.20	—0.15
42	—0.20	+0.25	+0.40	116	—0.31	—0.63	—0.30
43	+0.19	+0.20	+0.24	117	—0.57	+0.12	+0.45
44	—0.51	+0.14	+0.86	118	—0.36	+0.31	—0.41

Aus diesen relativen Fehlern ergaben sich die absoluten nach

$$A(n^\circ, 15\,m') = R(n^\circ, 15\,m') + \frac{4-m}{4} A(n^\circ) + \frac{m}{4} A([n+1]^\circ)$$

wo $m < 4$. Sie sind weiter unten mitaufgeführt. Die Theilfehler der 5'-Striche selbst wurden dann durch 3-Theilung der schon bekannten 15'-Bögen bestimmt, indem die Mikroskope in 180° 5' Abstand gebracht wurden. Diese Messungen wurden je dreimal wiederholt und ergaben folgende

Relative Fehler der 5' Striche in Bezug auf die 15' Striche.

	31°	32°	33°	34°	35°	36°	37°	38°	39°	40°	41°	42°	43°	44°
3'	+0°.68	−0°.25	+0°.02	+0°.66	+1°.30	+0°.11	+0°.40	+0°.76	+0°.78	+1°.21	+0°.97	+0°.79	+1°.07	+1°.34
6	+0.08	−0.30	+0.16	+0.80	+1.09	+0.15	+0.30	+0.13	+0.46	+1.01	+0.88	+0.44	+0.71	+1.45
9	+0.51	+0.66	+0.96	+1.73	+1.47	+0.18	−0.05	+0.12	+0.59	+0.88	+0.51	+0.38	+1.31	+1.03
12	+0.17	+0.16	+0.33	−0.02	+1.61	−0.09	+0.14	+0.80	+0.34	+0.92	+0.06	+0.68	+0.31	+0.56
18	+0.76	+0.05	+0.85	+0.99	+1.15	+0.84	+0.65	+1.03	+0.66	+0.98	+0.69	+1.06	−0.41	+1.95
21	+0.87	+0.83	+1.44	+0.95	+1.22	+0.62	+1.05	+0.92	+1.02	+0.90	+0.64	+1.02	−0.74	+1.38
24	+0.87	+0.96	+1.24	+1.14	+1.96	+1.35	+0.94	+1.18	+0.59	+1.06	+0.60	+1.00	+0.48	+1.45
27	+0.71	+0.44	+1.01	+1.40	+1.10	+0.36	+1.46	+0.83	+0.27	+1.00	+1.31	+1.03	+0.61	+1.39
33	−0.25	+0.74	0.00	+0.33	+1.49	+0.58	+0.20	+0.39	+0.62	+0.39	+1.09	+0.22	+0.39	+1.50
36	−0.13	+0.70	+0.76	+0.98	+1.06	+0.50	+0.71	+0.86	+0.46	+0.48	+0.48	+0.21	+0.61	+1.35
39	+0.87	+0.64	+0.69	+0.22	+0.44	+0.62	+0.14	+1.17	+0.35	+0.09	+0.60	+0.43	+0.05	+0.18
42	+0.87	+0.86	+0.95	+0.86	+0.78	−0.11	+0.58	+0.79	+0.56	+0.64	+0.83	+0.28	+0.50	+0.72
48	+0.58	+0.45	+0.97	+0.86	+0.89	+0.01	+0.30	+1.23	+1.58	+1.14	+1.01	+1.45	−0.06	+0.78
51	+0.63	+0.78	+0.69	+0.94	+0.38	+0.59	+1.09	+1.12	+1.44	+1.13	+0.76	+0.90	+0.35	+1.46
54	+0.59	+1.03	+0.86	+0.78	+0.64	+0.70	+0.58	+0.59	+0.76	+0.35	+0.84	+0.56	+0.47	+0.60
57	+0.48	+0.55	+0.45	+1.37	+0.52	+0.68	+0.43	+0.34	+0.24	+0.32	+0.85	+0.85	+0.60	+0.35

	105°	106°	107°	108°	109°	110°	111°	112°	113°	114°	115°	116°	117°	118°
3'	+0°.39	+0°.91	+0°.12	+0°.30	+1°.33	+1°.59	+1°.17	+2°.11	+0°.77	+1°.91	+0°.40	+0°.96	+0°.40	+1°.73
6	+0.22	+1.03	+0.95	+0.45	+1.14	+1.59	+0.36	+1.41	+0.20	+1.81	+0.87	+0.84	+0.50	+1.02
9	+0.36	+0.68	+1.34	+0.85	+0.65	+1.91	+1.12	+1.42	+0.31	+0.21	+0.62	+0.70	+0.98	+0.79
12	−0.01	+0.33	+0.80	+0.40	+0.29	+0.70	+0.96	+0.46	+0.91	+0.33	+0.41	+0.36	+0.82	+0.55
18	+0.51	+0.97	+0.92	+1.29	+0.56	+0.97	+1.15	+1.59	+0.81	+1.14	+0.89	+0.45	+0.58	+1.45
21	+0.80	+1.27	+0.34	+2.05	+0.87	+1.70	+0.74	+1.19	+0.81	+1.17	+1.36	+0.72	+0.57	+1.20
24	+0.99	+1.25	+0.89	+1.11	+1.46	+1.19	+0.90	+0.94	+1.36	+1.24	+1.42	+1.20	+0.80	+1.19
27	+0.72	+1.61	+0.81	+0.71	+0.78	+1.05	+1.08	+1.17	+0.60	+0.90	+0.45	+1.25	+0.09	+0.50
33	+1.53	+1.69	+1.26	+1.15	+1.05	+0.79	+1.16	+1.17	+0.92	+1.34	+0.68	+0.01	+0.85	+1.22
36	+1.38	+1.09	+1.12	+1.45	+1.82	+1.44	+0.30	+0.82	+1.84	+1.03	+0.12	+1.33	+0.00	+0.99
39	+1.40	+0.97	+1.20	+0.71	+0.95	+1.05	+0.60	+1.16	+1.12	+0.40	+0.22	+0.72	+1.12	+0.94
42	+0.67	+1.74	+0.69	+1.13	+1.01	+0.69	+0.64	+1.40	+1.82	+0.41	+0.95	+1.00	+0.95	+1.29
48	+1.69	+1.28	+0.31	+0.83	+1.27	+0.24	+1.72	+0.37	+1.31	+0.27	+0.95	−0.14	+0.35	+0.68
51	+1.31	+0.95	+1.43	+1.07	+1.75	+1.38	+1.37	+0.85	+1.01	+0.50	+0.84	+0.86	+0.78	+1.05
54	+0.73	+1.01	+0.36	+0.52	+1.06	+0.50	+0.00	+0.68	+0.49	+1.17	+0.83	+0.16	+0.83	+1.18
57	+1.08	+1.15	+0.50	+0.64	+1.19	+1.12	+1.75	+1.28	+0.72	+0.31	+1.07	+0.03	+0.60	+0.95

Aus diesen relativen Fehlern wurden dann die absoluten aller Durchmesser von 31° bis 45° und 105° bis 119° gefunden aus den schon ermittelten absoluten Fehlern der 15'-Durchmesser nach

$$A[n^\circ, (15m + 3p)'] = R[n^\circ, (15m + 3p)'] + \frac{5-p}{5} A(n^\circ, 15m') + \frac{p}{5} A(n^\circ, 15(m+1)')$$

wo $m < 4$, $p < 5$. Dieselben finden sich in der folgenden Tafel.

Absolute Theilfehler der Durchmesser.

	31°	32°	33°	34°	35°	36°	37°	38°	39°	40°	41°	42°	43°	44°
0′	+1″.05	+1″.16	+0″.24	+0″.78	−0″.04	+0″.64	+1″.05	+1″.45	+0″.76	+0″.61	+1″.30	+1″.40	+0″.39	+0″.81
3	+1.69	+0.65	+0.32	+1.44	+1.37	+0.83	+1.41	+2.13	+0.51	+1.83	+2.32	+2.16	+1.52	+2.03
6	+1.05	+0.75	+0.81	+1.60	+1.27	+0.94	+1.27	+1.44	+1.17	+1.67	+2.28	+1.72	+1.21	+2.02
9	+1.44	+1.64	+1.38	+2.53	+1.75	+1.06	+0.88	+1.32	+1.26	+1.51	+1.95	+1.75	+1.88	+1.48
12	+1.06	+1.09	+0.80	+0.80	+2.00	+0.86	+1.03	+1.92	+0.99	+1.96	+1.55	+1.76	+1.03	+0.80
15	+0.85	+0.87	+0.53	+0.82	+0.30	+1.03	+0.85	+1.04	+0.62	+0.65	+1.54	+0.99	+0.68	+0.21
18	+1.53	+0.83	+1.40	+1.78	+1.66	+1.88	+1.49	+2.11	+1.43	+1.65	+2.19	+2.09	+0.29	+2.27
21	+1.57	+1.52	+2.02	+1.70	+1.75	+1.67	+1.86	+2.05	+1.92	+1.59	+2.11	+2.08	+0.49	+1.81
24	+1.49	+1.56	+1.85	+1.96	+2.50	+2.41	+1.77	+2.36	+1.64	+1.77	+2.04	+2.11	+1.23	+1.99
27	+1.26	+0.95	+1.05	+2.08	+1.66	+1.43	+2.28	+2.06	+1.45	+1.73	+2.72	+2.17	+1.39	+2.04
30	+0.47	+0.42	+0.66	+0.65	+0.57	+1.08	+0.81	+1.27	+1.33	+0.75	+1.37	+1.18	+0.80	+0.76
33	+0.27	+1.16	+0.63	+1.07	+2.18	+1.74	+1.11	+1.60	+1.81	+1.27	+2.45	+1.37	+1.22	+2.39
36	+0.43	+1.11	+1.36	+1.81	+1.86	+1.81	+1.73	+2.01	+1.53	+1.48	+1.83	+1.34	+1.47	+2.36
39	+1.47	+1.06	+1.26	+1.15	+1.37	+1.94	+1.25	+2.06	+1.28	+1.22	+1.94	+1.54	+0.94	+1.31
42	+1.51	+1.27	+1.49	+1.88	+1.82	+1.30	+1.80	+1.82	+1.37	+1.89	+2.16	+1.37	+1.42	+1.97
45	+0.69	+0.41	+0.51	+1.11	+1.16	+1.49	+1.32	+0.97	+0.67	+1.38	+1.36	+1.06	+0.95	+1.38
48	+1.36	+0.83	+1.54	+1.74	+1.95	+1.41	+1.65	+2.16	+2.04	+2.50	+2.36	+2.38	+0.86	+1.96
51	+1.50	+1.15	+1.31	+1.59	+1.34	+1.90	+1.46	+2.00	+2.08	+2.48	+2.13	+1.70	+1.24	+2.46
54	+1.57	+1.33	+1.53	+1.20	+1.48	+1.93	+1.98	+1.44	+1.40	+1.68	+2.15	+1.21	+1.34	+1.40
57	+1.55	+0.82	+1.17	+1.56	+1.26	+1.81	+1.85	+1.64	+0.86	+1.64	+2.28	+1.37	+1.48	+0.97

	105°	106°	107°	108°	109°	110°	111°	112°	113°	114°	115°	116°	117°	118°
0′	−1″.20	−1″.25	−1″.48	−0″.70	−1″.41	−2″.15	−1″.63	−2″.42	−1″.61	−1″.35	−1″.07	−1″.18	−0″.44	−0″.63
3	−0.80	−0.49	−1.46	−0.30	−0.10	−0.60	−0.48	−0.12	−0.77	+0.79	−0.81	−0.24	−0.16	+1.05
6	−0.96	+0.52	+0.75	+0.46	−0.32	−0.64	−1.12	−0.62	−1.26	+0.72	−0.47	−0.39	−0.18	+0.29
9	−0.81	+1.02	+0.46	+0.16	−0.82	−0.35	−0.38	−0.41	−1.07	−0.76	−0.80	−0.55	+0.16	−0.01
12	−1.17	+1.30	+1.12	+0.72	−1.21	−1.60	−0.77	−1.17	−0.39	−0.31	−1.20	−0.92	−0.12	−0.28
15	+1.15	+2.00	+2.02	+1.22	−1.52	−2.34	−1.75	−1.44	−1.23	−0.71	−1.75	−1.30	−1.06	−0.88
18	−0.72	+0.94	+0.89	−0.05	−0.87	−1.24	−0.52	−0.15	−0.50	+0.29	−1.78	−0.88	−0.55	+0.73
21	−0.50	+0.55	+1.25	+0.60	−0.46	−0.38	−0.84	−0.25	−0.59	+0.18	−0.22	−0.64	−0.24	+0.67
24	+0.39	+0.49	+0.48	−0.45	+0.21	−0.76	−0.60	−0.52	−0.12	+0.12	−0.08	−0.18	+0.13	+0.78
27	+0.73	+0.02	−0.34	−0.96	−0.37	−0.77	−0.33	−0.19	−0.97	−0.36	−1.26	−1.16	−0.46	+0.24
30	+1.53	+1.54	+0.94	−1.79	−1.06	−1.69	−1.33	−1.46	−1.65	−1.40	−1.33	−1.44	−0.42	−0.10
33	+0.06	+0.35	+0.10	−0.41	+0.45	−0.86	−0.11	−0.15	−0.73	+0.02	−0.64	−0.42	+0.48	+0.99
36	+0.28	−0.45	−0.83	+0.13	+0.49	−0.17	−0.91	−0.36	+0.18	−0.20	−1.20	+0.10	+0.30	+0.65
39	+0.32	−0.57	+0.40	−0.39	−0.51	−0.52	−0.55	+0.14	−0.54	−0.75	−1.10	−0.41	+0.87	+0.47
42	+1.12	+0.20	+1.12	+0.27	−0.38	−0.84	−0.45	+0.52	+0.15	−0.65	−0.37	−0.03	+0.77	+0.70
45	+1.85	+1.54	+2.03	−0.63	−1.73	−1.40	−1.03	−0.74	−1.67	−0.98	−1.31	−0.92	−0.13	−0.71
48	−0.03	−0.25	+1.45	+0.05	−0.54	−1.28	−0.42	−0.54	−0.30	−0.72	−0.34	−0.97	+0.12	+0.07
51	+0.29	+0.36	+0.07	+0.13	−0.15	−0.15	−0.03	−0.23	−0.53	−0.52	−0.42	+0.13	+0.39	+0.55
54	+0.76	+0.50	+0.67	−0.58	−0.92	−0.99	−0.96	−0.59	−0.99	+0.14	−0.40	−0.47	+0.40	+0.79
57	+0.29	+0.34	+0.47	−0.07	−0.88	−0.48	−0.40	−0.16	−0.69	−0.75	−0.13	−0.50	+0.07	+0.67

Aus dieser Tafel leiten sich zwei andere ab, die direct zur Reduction der Beobachtungen zu verwenden sind. Für jede Declinationsmessung sind 4 Ablesungen gemacht, indem in jedem Mikroskop beide die Nullmarke des Kammes einschliessende Striche eingestellt wurden. Die Rechnung geschieht nun am einfachsten so, dass man zunächst aus der Differenz der beiden Ablesungen in jedem

Mikroskop den Run für dieses herleitet und die beiden Mittel aus allen Runs der Zone für jedes Mikroskop zu einem neuen vereinigt. Dieser mittlere Run ist dann noch um das Mittel der Differenzen der Theilfehler der jedesmal in Betracht kommenden Durchmesser zu corrigiren. Diese gibt die Tafel auf pag. XX und indem man für jede Zone aus derselben diese Correctionsgrössen entnimmt und mittelt, wird man nach Hinzufügung des Mittels zu dem vorher gefundenen Run den wahren erhalten, der bei der Reduction anzuwenden ist. Die Tabelle gibt diese Correctionen mit dem Argument des im Einstellungsmikroskop abgelesenen Grades (während in den früheren Tafeln stets der Strich auf dem Kreise das Argument war) und dem im Mikroskop eingestellten niedrigeren Minutenstrich, dabei ist die Differenz im Sinne: höher bezifferter Strich minus niedrig bezifferter gebildet, wie auch die Ableitung des Runs gedacht ist. Zur definitiven Ableitung der Declinationseinstellung ist aber das Mittel der 4 Ablesungen ausser um den definitiven Run noch um das Mittel der beiden für den oberen und unteren Durchmesser geltenden Theilfehler zu verbessern. Diese Mittel enthält die letzte Tafel, die in der gleichen Weise wie die vorhergehende argumentirt ist. (Siehe umstehende Tabellen.)

Bei der Herstellung der Theilung auf dem Kreise sind bekanntlich von Reichenbach die Zwischentheilungen durch Anlegen eines Hülfsbogens auf den Kreis übertragen, darnach war anzunehmen, dass alle Theilfehler der 3' Striche von der Form $f(n^0, 3m') = \varphi(m) + F(n) + x(n, m)$ sein würden, wo $\varphi(m)$ der Fehler des m^{ten} Striches auf dem Hülfsbogen, $F(n)$ der Fehler ist, der beim Anlegen des 0ten Striches des Hülfsbogens an den Gradstrich n begangen wurde, der also für die 19 Striche dieses Grades gemeinsam ist und x der beim Uebertragen des m^{ten} Striches begangene zufällige Fehler. Eine in dieser Richtung unternommene Untersuchung wurde so geführt, dass aus allen 19 Theilfehlern der 3' Durchmesser eines bestimmten Grades zunächst das Mittel genommen und als $F(n)$ betrachtet wurde, wobei sich die zufälligen Fehler $x(m, n)$ aufgehoben haben sollten, während eine Abweichung des Mittels der $\varphi(m)$ von 0 mit in $F(n)$ hineingenommen werden konnte. Die Subtraction dieser $F(n)$ von den beobachteten Theilfehlern ergaben dann für jeden Durchmesser den Fehler $\varphi(m)$ des Hülfsbogens, vermehrt um das Mittel der beiden beim Ziehen der um 180° entfernten Striche begangenen zufälligen Fehler und des Beobachtungsfehlers der Theilfehlerbestimmung. In jeder der beiden Stellen des Kreises, deren 3' Striche untersucht sind, nämlich von 31° bis 45° und von 105° bis 119° liegen 14 solche Werthe für jedes $\varphi(m)$ vor. Diese wurden zu Mitteln vereinigt und miteinander verglichen. Es fand sich in Hunderttheilen der Bogensecunde für $\varphi(m)$

	3'	6'	9'	12'	15'	18'	21'	24'	27'	30'	33'	36'	39'	42'	45'	48'	51'	54'	57'
31° – 45°	+ 5	− 11	+ 8	− 24	− 68	+ 14	+ 15	+ 43	+ 30	− 61	− 3	+ 10	− 5	+ 17	− 45	+ 29	+ 33	+ 7	− 3
105 – 119	+ 19	+ 3	− 4	− 37	− 93	+ 3	+ 19	+ 31	+ 4	− 77	+ 11	+ 37	+ 18	+ 33	− 69	+ 10	+ 39	+ 5	+ 10

Es zeigt sich also wohl bei einigen Strichen die erwartete Uebereinstimmung, namentlich ist der 15', 30' und 45' Strich auf dem Hülfsbogen zu weit vom 0-Punkt entfernt gewesen, bei andern aber ist wiederum die Uebereinstimmung recht mangelhaft, so dass sich bei den nur je 14 Zahlen die beiderseits vereinigt sind, die zufälligen Fehler beim Ziehen der Striche und die Beobachtungsfehler nicht genügend aufgehoben zu haben scheinen. Die starken Abweichungen gerade der 15' Striche deuten darauf hin, dass sie auf dem Hülfsbogen in anderer Weise entstanden wie die 3' Striche, vielleicht durch Viertheilung desselben, während dann mit einem nahe richtigen Werth für den 3' Bogen, diese Striche ohne Rücksicht auf den schon bestehenden 15' Strich eingerissen wurden.

Correction des Runs wegen der Theilfehler.

Klemme West.

[illegible]	46°	47°	48°	49°	50°	51°	52°	53°	54°	55°	56°	57°	58°	59°
0'	+0″.64	−0″.31	+0″.08	+0″.66	+1″.41	+0″.10	+0″.36	+0″.68	+0″.73	+1″.22	+1.01	+0″.70	+1″.13	+1″.22
3	−0.64	−0.10	+0.49	+0.16	−0.10	+0.11	−0.14	−0.69	−0.32	−0.16	−0.04	−0.44	−0.31	−0.01
6	+0.39	+0.89	+0.57	+0.93	+0.48	+0.12	−0.39	−0.12	+0.09	−0.16	−0.33	+0.03	+0.67	−0.54
9	−0.38	−0.55	−0.58	−1.73	+0.19	−0.20	+0.15	+0.60	−0.27	+0.03	−0.40	+0.01	−0.85	−0.50
12	−0.21	−0.22	−0.27	+0.02	−1.50	+0.17	−0.18	−0.88	−0.37	−0.91	−0.01	−0.77	−0.55	−0.68
15	+0.68	−0.04	+0.87	+0.96	+1.16	+0.85	+0.64	+1.07	+0.81	+1.00	+0.65	+1.10	−0.39	+1.00
18	+0.04	+0.09	+0.02	−0.08	+0.09	−0.21	+0.37	−0.06	+0.49	−0.06	−0.08	−0.01	+0.20	−0.40
21	−0.08	+0.04	−0.17	+0.26	+0.75	+0.74	−0.09	+0.31	−0.28	+0.18	−0.07	+0.03	+0.74	+0.18
24	−0.23	−0.61	−0.20	+0.12	−0.84	−0.98	+0.51	−0.30	−0.10	−0.04	+0.68	+0.06	+0.16	+0.05
27	−0.79	−0.53	−0.99	−1.43	−1.09	−0.35	−1.47	−0.79	−0.12	−0.98	−1.35	−0.99	−0.59	−1.38
30	−0.20	+0.74	−0.03	+0.42	+1.61	+0.66	+0.30	+0.33	+0.48	+0.52	+1.08	+0.19	+0.42	+1.63
33	+0.16	−0.05	+0.73	+0.74	−0.32	+0.07	+0.62	+0.41	−0.28	+0.21	−0.61	−0.03	+0.25	−0.03
36	+1.04	−0.09	−0.10	−0.66	−0.49	+0.13	−0.48	+0.25	−0.25	−0.26	+0.11	+0.20	−0.53	−1.05
39	+0.04	+0.21	+0.23	+0.73	+0.45	−0.64	+0.55	−0.44	+0.09	+0.07	+0.22	−0.17	+0.48	+0.06
42	−0.82	−0.86	−0.98	−0.77	−0.66	+0.19	−0.48	−0.85	−0.70	−0.51	−0.84	−0.31	−0.47	−0.59
45	+0.67	+0.42	+1.03	+0.63	+0.70	−0.08	+0.33	+1.19	+1.37	+1.12	+1.04	+1.32	−0.09	+0.58
48	+0.14	+0.30	−0.23	−0.15	−0.61	+0.49	+0.81	−0.16	+0.04	−0.02	−0.13	−0.68	+0.38	+0.50
51	+0.07	+0.20	+0.22	−0.39	+0.14	+0.03	−0.28	−0.56	−0.68	−0.80	+0.12	−0.49	+0.10	−1.06
54	−0.02	−0.51	−0.36	+0.36	−0.22	−0.11	−0.13	+0.10	−0.54	0.04	+0.03	−0.16	+0.10	−0.43
57	−0.39	−0.58	−0.39	−1.60	−0.62	−0.77	−0.40	−0.88	−0.25	−0.34	−0.82	−0.98	−0.63	−0.55

Klemme Ost.

[illegible]	300°	301°	302°	303°	304°	305°	306°	307°	308°	309°	310°	311°	312°	313°
0'	+0″.40	+0″.76	+0″.02	+0″.40	+1″.31	+1″.55	+1″.15	+2″.30	+0″.84	+2″.14	+0″.26	+0″.94	+0″.28	+1″.68
3	−0.16	−0.03	+0.71	−0.16	−0.12	−0.04	−0.64	−0.50	−0.49	−0.07	+0.34	−0.15	−0.02	−0.76
6	+0.15	−0.50	+0.24	+0.30	−0.50	+0.29	−0.54	+0.21	+0.19	−1.48	−0.39	−0.16	+0.34	−0.28
9	−0.36	−0.28	−0.66	−0.56	−0.39	−1.25	−0.19	−0.76	+0.68	+0.45	−0.34	−0.37	−0.28	−0.29
12	+0.02	−0.70	−0.90	−0.50	−0.31	−0.74	−0.98	−0.27	−0.84	−0.40	−0.55	−0.58	−0.94	−0.60
15	+0.43	+1.06	+1.23	+1.17	+0.65	+2.10	+1.23	+1.59	+0.73	+2.00	+0.97	+0.42	+0.71	+1.61
18	+0.22	+0.39	−0.36	+0.65	+0.41	+0.86	−0.32	−0.40	−0.09	−0.11	+0.56	+0.24	+0.13	−0.06
21	+0.11	+0.06	+0.77	−1.05	+0.07	−0.38	+0.24	−0.27	+0.47	−0.06	+0.14	+0.46	+0.37	+0.11
24	−0.32	+0.47	+0.14	−0.51	−0.58	−0.01	+0.27	+0.33	−0.85	−0.48	−1.08	+0.02	−0.59	−0.54
27	−0.80	−1.52	−0.60	−0.83	−0.69	−0.92	−1.00	−1.27	−0.68	−1.04	−0.17	−1.28	+0.64	−0.34
30	+1.47	+1.89	+1.04	+1.38	+1.51	+0.83	+1.22	+1.31	+0.92	+1.42	+0.69	+1.02	+0.90	+1.09
33	−0.27	−0.80	−0.35	+0.54	+0. 4	+0.69	−0.80	−0.22	+0.91	−0.22	−0.56	−0.52	−0.18	−0.34
36	−0.04	−0.12	−0.15	−0.52	−1.00	−0.35	+0.36	+0.50	−0.72	−0.35	+0.10	−0.51	+0.37	−0.18
39	−0.80	+0.77	−0.72	+0.66	−0.07	−0.32	+0.10	+0.38	+0.69	+0.10	+0.73	+0.38	−0.10	+0.23
42	−0.73	−1.74	−0.91	−0.90	−1.15	−0.65	−0.58	−1.26	−1.82	−0.33	−0.44	−0.89	−0.40	−1.41
45	+1.81	+1.29	+0.58	+0.68	+1.10	+0.21	+1.45	+0.20	+1.37	+0.26	+0.97	−0.05	+0.15	+0.78
48	−0.25	−0.31	+1.38	+0.08	+0.39	+1.13	−0.44	+0.31	−0.23	+0.28	−0.08	+1.10	+0.27	+0.48
51	−0.47	+0.06	−0.00	−0.71	−0.77	−0.84	−0.94	−0.36	−0.40	+0.66	+0.02	−0.60	+0.01	+0.24
54	+0.47	+0.16	+0.20	−0.04	+0.04	−0.51	+0.56	+0.43	+0.30	−0.89	+0.27	−0.03	−0.33	−0.12
57	−0.96	−1.14	−0.23	−0.70	−1.27	−1.15	−1.02	−1.45	−0.66	−0.32	−1.05	+0.00	−0.70	−0.85

Mittel der Theilfehler je zweier benachbarten Durchmesser.

Klemme West.

[illegible]	46°	47°	48°	49°	50°	51°	52°	53°	54°	55°	56°	57°	58°	59°
0′	+1″.37	+1″.01	+0″.28	+1″.11	+0″.67	+0″.74	+1″.23	+1″.79	+1″.14	+1″.22	+1″.81	+1″.81	+0″.96	+1″.42
3	+1.37	+0.80	+0.57	+1.52	+1.32	+0.89	+1.34	+1.79	+1.34	+1.73	+2.30	+1.94	+1.37	+2.03
6	+1.23	+1.20	+1.10	+2.07	+1.31	+1.00	+1.08	+1.38	+1.22	+1.59	+2.12	+1.74	+1.55	+1.75
9	+1.85	+1.37	+1.09	+1.67	+1.88	+0.96	+0.96	+1.62	+1.13	+1.54	+1.75	+1.76	+1.46	+1.19
12	+0.96	+0.98	+0.67	+0.81	+1.25	+0.95	+0.94	+1.48	+0.81	+1.11	+1.55	+1.38	+0.86	+0.55
15	+1.19	+0.85	+0.97	+1.30	+1.08	+1.46	+1.17	+1.58	+1.03	+1.15	+1.87	+1.54	+0.49	+1.24
18	+1.55	+1.18	+1.71	+1.74	+1.71	+1.78	+1.68	+2.08	+1.68	+1.62	+2.15	+2.09	+0.39	+2.04
21	+1.53	+1.54	+1.94	+1.83	+2.13	+2.04	+1.82	+2.21	+1.78	+1.68	+2.08	+2.10	+0.86	+1.90
24	+1.38	+1.26	+1.75	+2.02	+2.08	+1.92	+2.03	+2.21	+1.55	+1.75	+2.38	+2.13	+1.31	+2.02
27	+0.87	+0.69	+1.16	+1.37	+1.12	+1.26	+1.55	+1.67	+1.39	+1.24	+2.05	+1.68	+1.10	+1.40
30	+0.37	+0.79	+0.65	+0.86	+1.38	+1.41	+0.96	+1.44	+1.57	+1.01	+1.91	+1.28	+1.01	+1.58
33	+0.35	+1.14	+1.00	+1.44	+2.02	+1.78	+1.42	+1.81	+1.67	+1.38	+2.13	+1.36	+1.35	+2.38
36	+0.95	+1.09	+1.31	+1.48	+1.62	+1.88	+1.49	+2.14	+1.41	+1.35	+1.89	+1.44	+1.21	+1.84
39	+1.49	+1.17	+1.38	+1.52	+1.00	+1.62	+1.53	+2.04	+1.33	+1.56	+2.05	+1.46	+1.18	+1.64
42	+1.10	+0.84	+1.00	+1.50	+1.49	+1.40	+1.56	+1.40	+1.02	+1.64	+1.74	+2.22	+1.19	+1.68
45	+1.03	+0.62	+1.03	+1.43	+1.56	+1.45	+1.49	+2.57	+1.36	+1.94	+1.84	+2.72	+0.91	+1.67
48	+1.23	+0.98	+1.43	+1.67	+1.65	+1.66	+2.06	+2.08	+2.06	+2.49	+2.25	+2.04	+1.05	+2.21
51	+1.54	+1.23	+1.42	+1.40	+1.41	+1.92	+2.28	+1.72	+1.74	+2.08	+2.19	+1.46	+1.29	+1.93
54	+1.56	+1.08	+1.35	+1.38	+1.37	+1.88	+1.92	+1.54	+1.13	+1.66	+2.27	+1.29	+1.39	+1.19
57	+1.36	+0.53	+0.98	+0.76	+0.93	+1.44	+1.65	+1.20	+0.74	+1.47	+1.87	+0.88	+1.13	+0.70

Klemme Ost.

[illegible]	300°	301°	302°	303°	304°	305°	306°	307°	308°	309°	310°	311°	312°	313°
0′	−1″.00	−0″.87	−1″.47	−0″.50	−0″.76	−1″.38	−1″.06	−1″.27	−1″.19	−0″.28	−0″.94	−0″.71	−0″.30	+0″.21
3	−0.88	−0.51	−1.11	−0.38	−0.21	−0.02	−0.80	−0.37	−1.02	+0.76	−0.64	−0.32	−0.17	+0.07
6	−0.89	−0.77	−0.61	−0.31	−0.57	−0.50	−0.85	−0.92	−1.17	−0.02	−0.67	−0.47	−0.01	+0.15
9	−0.99	−1.16	−0.79	−0.44	−1.02	−0.98	−0.68	−0.79	−0.73	−0.54	−1.03	−0.74	+0.02	−0.14
12	−1.16	−1.65	−1.57	−0.97	−1.37	−1.97	−1.26	−1.31	−0.81	−0.51	−1.48	−1.11	−0.59	−0.58
15	−0.94	−1.47	−1.46	−0.64	−1.20	−1.79	−1.14	−0.65	−0.87	−0.21	−1.27	−1.09	−0.71	−0.08
18	−0.61	−0.75	−1.07	+0.28	−0.67	−0.81	−0.68	−0.03	−0.55	+0.24	−0.50	−0.70	−0.30	+0.70
21	−0.45	−0.52	−0.87	+0.08	−0.13	−0.57	−0.72	−0.39	−0.36	+0.15	−0.15	−0.41	−0.06	+0.73
24	−1.56	−0.26	−0.41	−0.71	−0.08	−0.77	−0.47	−0.36	−0.33	−0.12	−0.62	−0.17	−0.17	+0.51
27	−1.13	−0.78	−0.64	−1.38	−0.72	−1.23	−0.83	−0.83	−1.31	−0.88	−1.25	−0.80	−0.44	+0.07
30	−0.80	−0.60	−0.42	−1.10	−0.31	−1.28	−0.72	−0.81	−1.19	−0.69	−0.99	−0.93	+0.03	+0.45
33	−0.17	−0.05	−0.08	−0.14	+0.47	−0.52	−0.51	−0.26	−0.28	−0.09	−0.92	−0.16	+0.39	+0.82
36	−0.30	−0.51	−0.33	−0.13	−0.01	−0.35	−0.73	−0.11	−0.18	−0.48	−1.15	−0.16	+0.59	+0.56
39	−0.72	−0.19	−0.76	−0.06	−0.55	−0.68	−0.50	+0.33	−0.20	−0.70	−0.74	−0.22	+0.82	+0.59
42	−1.49	−0.67	−1.58	−0.18	−1.16	−1.17	−0.74	−0.11	−0.76	−0.82	−0.84	−0.48	+0.32	−0.01
45	−0.95	−0.90	−1.74	−0.29	−1.14	−1.39	−0.31	−0.64	−0.99	−0.85	−0.83	−0.95	−0.01	−0.32
48	−0.17	−0.41	−0.76	+0.09	−0.35	−0.72	+0.20	−0.39	−0.42	−0.62	−0.38	−0.42	+0.26	+0.31
51	−0.53	−0.53	−0.37	−0.23	−0.34	−0.57	−0.49	−0.41	−0.70	−0.19	−0.41	−0.17	+0.40	+0.67
54	−0.53	−0.42	−0.57	−0.60	−0.90	−0.74	−0.68	−0.38	−0.84	−0.31	−0.27	−0.49	+0.74	+0.73
57	−0.77	−0.91	−0.59	−1.02	−1.52	−1.06	−1.41	−0.89	−1.02	−0.91	−0.66	−0.47	−0.28	+0.25

Ich möchte die Mittheilungen über diese nun hinsichtlich der Beobachtungen beendete Arbeit am Meridiankreis nicht schliessen, ohne meines ersten und eifrigen Mitarbeiters an denselben, des Dr. E. v. Rebeur-Paschwitz zu gedenken, der am 1. October 1895 aus dem Leben geschieden ist. Die Hingabe, mit welcher er die Arbeiten der Sternwarte durchführte und der seltene, unter allen Verhältnissen gleichbleibende Fleiss, mit dem er dem Institut und seiner Wissenschaft noch ausser seiner streng erfüllten Arbeitszeit diente, veranlassen mich auch an dieser Stelle einige kurze biographische Mittheilungen über den so früh verstorbenen Gelehrten zu machen.

Ernst Ludwig August von Rebeur-Paschwitz war geboren am 9. August 1861 zu Frankfurt a. d. O., besuchte in Liegnitz die Vorschule und Ritterakademie, dann in Folge der Versetzungen des Vaters die Gymnasien zu Breslau und Frankfurt a. d. O. Im Jahre 1879 absolvirte er das Maturitätsexamen, bei welchem ihm ausser dem allgemeinen Prädicat »vorzüglich« noch wegen seiner Leistungen in der Mathematik eine besondere Auszeichnung zu Theil wurde. Zunächst verbrachte er darauf einige Zeit in England, besuchte dann die Universitäten Leipzig, Genf, Berlin. An letzterer promovirte er 1883 mit der Dissertation »Ueber die Bewegung der Kometen im widerstehenden Mittel mit besonderer Berücksichtigung der sonnennahen Kometen«. Als bald nachher der Karlsruher Sternwarte die ausreichenden Mittel zur Anstellung eines Assistenten gewährt wurden, wurde von Rebeur-Paschwitz von mir aufgefordert, diese Stelle zu übernehmen, und am 1. Juli 1884 siedelte er nach Karlsruhe über. Welchen regen Antheil er an den Arbeiten der Sternwarte nahm, ist den meisten Astronomen bekannt. Seine Hauptarbeiten, die mikrometrische Ausmessung der beiden Sternhaufen M. 13 und M. 35 am 6zölligen Refractor, die Meridianbeobachtungen und Reductionen der Karlsruher Programmsterne, die Berechnung der Bahn des Kometen 1882 I (Wells), bei welcher Gelegenheit er die ausführlichen, alle damals vorhandenen Sternwarten berücksichtigenden Parallaxentafeln berechnete, sind in den Bänden II bis IV der Veröffentlichungen der Karlsruher Sternwarte erschienen. Gelegentliche Mittheilungen erfolgten in den »Astronomischen Nachrichten.«

Schon im Jahre 1885 wurde er durch das Studium der Zöllner'schen Abhandlungen angeregt, die Versuche mit dem Horizontalpendel aufzunehmen, und er liess sich im folgenden Jahre einen ersten kleinen Apparat in Karlsruhe mit Unterstützung des Naturwissenschaftlichen Vereins herstellen. Er machte die ersten Beobachtungen auf der Sternwarte, dann in Folge der äusserst ungünstigen Verhältnisse der letzteren im Keller der Technischen Hochschule, und schon diese führten ihn, trotz der Mangelhaftigkeit des angewandten Apparates auf die Erkennung eigenthümlicher Erdbodenschwankungen, die die Empfindlichkeit des Instrumentes namentlich bei Erdbebenuntersuchungen darthaten, wenngleich sie den eigentlichen Zweck, den Zöllner im Auge hatte, die Erkennung der Attractionswirkungen des Mondes und der Sonne, noch nicht erfüllten. Ein Bericht über diese Arbeit erschien im X. Bande der Verhandlungen des Naturwissenschaftlichen Vereins.

Leider erkrankte von Rebeur-Paschwitz im Sommer 1887 an einem heftigen Lungenkatarrh, an dem er schon in früherer Zeit (1881) einmal gelitten hatte. Er wurde dadurch genöthigt, seine Stelle an der Karlsruher Sternwarte im September 1887 aufzugeben. Nach längerem Aufenthalt in Görbersdorf, Montreux, dem Elternhause in Oppeln, schien sich der Zustand soweit gebessert zu haben, dass er sich in Halle (1889) habilitiren konnte, da er zunächst doch auf die Thätigkeit an einer Sternwarte verzichten zu müssen glaubte. In der Zwischenzeit hatte er die Untersuchungen mit dem Horizontalpendel, denen er jetzt seine ganze Thätigkeit widmete, mit Unterstützungen der Berliner Akademie, fortgesetzt. Die in Wilhelmshaven, Potsdam, später in Strassburg zeitweise aufgestellten, von Repsold gelieferten und durchaus veränderten Apparate gaben ihm reiches Material. Aber noch bevor er die Vorlesungen in Halle aufnehmen konnte, erkrankte er aufs neue und ging daher vom November 1889 bis Mai 1891 nach Teneriffa, welchen Aufenthalt er zu den mannigfachsten naturwissenschaftlichen und astronomischen Beobachtungen benutzte. Mittheilungen darüber finden sich in verschiedenen Zeitschriften. Lebensgefährliche Erkrankung veranlasste eine Operation unmittelbar nach seiner Rückkehr und seit dieser Zeit hat er mit stets kürzeren Unterbrechungen die schwersten Leiden im Elternhause zu ertragen gehabt. Trotzdem arbeitete er unablässig in der begonnenen Richtung, seine grossen

Werke über das Horizontalpendel erschienen in den Acten der Leopoldina (Halle), dann im letzten Jahre in Gerlands »Beiträgen zur Geophysik«, kleinere Aufsätze in den »Astronomischen Nachrichten«. Auch in Merseburg selbst stellte er ein neues Pendel noch kurz vor seinem Tode auf, der ihn nach einer nochmaligen Operation im jugendlichen Alter von 34 Jahren dahinraffte.

Wer immer mit von Rebeur in Beziehung getreten, wird sich an seiner durch und durch ideal angelegten Natur, seiner liebenswürdigen Bescheidenheit, seinem ernst wissenschaftlichen Streben erfreut haben. Der Unterzeichnete blieb seit der Karlsruher Zeit mit ihm in herzlichster Freundschaft verbunden.

Hinsichtlich der sonstigen Thätigkeit der Sternwarte mag noch abgesehen von den durch den Zeitnachrichtendienst für die Schwarzwälder Uhrenorte veranlassten Beobachtungen und Untersuchungen und den mehrfachen Gelegenheitsbeobachtungen auf folgende zwei grössere in das Programm aufgenommene Arbeiten hingewiesen werden, weil sie ohne im vorliegenden Heft veröffentlicht werden zu können, doch ebenfalls jetzt ihren vorläufigen Abschluss gefunden haben.

Die erste betrifft die schon früher begonnenen und dann regelmässig fortgesetzten Beobachtungen des Mondes und des Kraters Mösting A. Zum Anschluss wurden theils die Sterne des Berliner Jahrbuchs, theils die des »Catalogue des étoiles lunaires« von Hilfiker benutzt, welche letzteren zwar in den Declinationen noch nicht bestimmt sind, die aber voraussichtlich das nächste Arbeitsprogramm am Meridiankreis bilden werden. Diese Beobachtungen sind im Frühjahr 1894 abgeschlossen als die Theilfehlerbestimmung begann, nach deren Beendigung der Meridiankreis abgenommen und zur Reparatur nach Freiberg zu M. Hildebrand gesandt wurde. Dr. Ristenpart erhielt von 1892—94 vom Mondrand I 142, vom Rand II 126, vom Krater Mösting A 318 Bestimmungen, die auf 1163 Anhaltsternen mit 108 Polsternen beruhen.

Die zweite erheblich umfangreichere Arbeit ist eine ununterbrochene Reihe Polhöhenbestimmungen am Bamberg'schen Passageninstrument mit Talcotteinrichtung, bei denen die Gruppen nach den von Küstner vorgeschlagenen Normen angeordnet waren, um damit zugleich eine Bestimmung der Aberrationsconstante zu verbinden. Es hatte die

Wintergruppe	($4^h 58^m$ — $7^h 4^m$)	10 Paare
Frühjahrsgruppe	(12 56 — 15 4)	11 »
Sommergruppe	(16 57 — 19 9)	12 »
Herbstgruppe	(20 53 — 23 3)	12 »

(Anmerkung: Beim Durchblättern des vorliegenden Heftes wird man leicht sehen, dass vielfach längere Pausen in den Beobachtungen am Meridiankreis oder Beobachtungen von mir, an Stelle des Dr. Ristenpart, mit den Stunden jener Gruppen zusammenfallen.) Es sind nun von Dr. Ristenpart von 1892 bis jetzt (Juli 1896), wo diese Reihen als beendet angesehen werden, erhalten worden

von der	Wintergruppe	an 112	Abenden	923	Paare
» »	Frühjahrsgruppe	» 194	»	1831	»
» »	Sommergruppe	» 179	»	1696	»
» »	Herbstgruppe	» 154	»	1499	»

Uebersichtlich sind die vorläufigen Resultate, welche die mittlere Polhöhe zu

$$49^\circ\ 0'\ 29''.04$$

ergeben, und welche ihre Schwankungen in Uebereinstimmung mit den Bestimmungen an anderen Orten beweisen, in den bezüglichen Veröffentlichungen des Königl. Preussischen Geodätischen Instituts gedruckt. Die definitive Bearbeitung bleibt der nächsten Zukunft vorbehalten.

Mit dem vorliegenden Hefte erreichen die von der Sternwarte in Karlsruhe herausgegebenen Arbeiten ihr Ende, denn wenn auch die definitiven Resultate der hiesigen Beobachtungen noch zu veröffentlichen sind und hoffentlich recht bald werden veröffentlicht werden können, so wird dies doch nicht mehr von hier aus geschehen. Es dürfte angezeigt sein hier in kurzen Zügen der bevorstehenden grossen Veränderungen der Sternwarte zu gedenken, wenngleich eine ausführlichere Darstellung für spätere Zeit verschoben werden muss.

Die sehr trüben Verhältnisse, unter denen die Sternwarte zu leiden hatte, sind in dem früheren Bande dieser Veröffentlichungen erwähnt worden. Die Hoffnung auf eine baldige Verbesserung, welche ich im IV. Bande aussprach, schien sich bald nachher erfüllen zu wollen. Bereits auf dem Landtage 1892/93 stellte sich heraus, dass die Erkenntniss der unabweisbaren Nothwendigkeit eines baldigen Neubaues in immer weitere Kreise gedrungen war, und die Regierung konnte mit grosser Wahrscheinlichkeit auf eine Zustimmung zu einem bezüglichen Antrage seitens der Volksvertretung rechnen. Inzwischen war der früher schon des öfteren ausgesprochene Gedanke, die Sternwarte nach Heidelberg zu verlegen, wieder in den Vordergrund getreten. Und es konnte die Berechtigung dazu um so weniger verkannt werden, als die folgereichsten Entdeckungen der neueren Astronomie, die ihr in vieler Hinsicht eine ganz veränderte Richtung gaben, von Heidelberg ausgegangen sind. Auch in jüngster Zeit haben die zahlreichen Arbeiten Prof. M. Wolfs ohne Zweifel das Interesse für die Astronomie in Heidelberg, sei es neu geweckt, sei es in hohem Grade erweitert und gesteigert. Dass andererseits die Technische Hochschule in Karlsruhe das Institut, welches 15 Jahre mit ihr verbunden gewesen, und für dessen Verlegung nach Karlsruhe sie sich früher eifrigst bemüht hatte, ungern entbehren wollte, ist bei ihrem auf die höchsten Ziele wissenschaftlicher Forschung gerichteten Streben begreiflich. So wäre es vielleicht noch zweifelhaft gewesen, zu wessen Gunsten die Entscheidung getroffen werden würde, wenn hinsichtlich der Lage einer neuen Sternwarte nicht auch andere Anschauungen Platz gegriffen hätten und wenn nicht ausserdem sehr bedeutende Schenkungen für Heidelberg ins Gewicht gefallen wären. Handelte es sich um eine neue Sternwarte mit möglichst freiem Horizont und gleichzeitig möglichster Nähe bei der Stadt, so hätte Karlsruhe im Vordergrund stehen müssen, wo in der waldigen Umgebung des Schlosses längst ein der Hofdomäne gehöriges Terrain ausersehen war. Heidelberg im engen Neckarthal und am Ausgang desselben konnte einen passenden Platz in der Ebene nicht aufweisen, da naturgemäss die Fabriken und Eisenbahnen das Gebiet der Thalöffnung für sich in Anspruch genommen haben. Wo es aber die Verhältnisse gestatten, wird man heutigen Tages dahin trachten, die Sternwarten auf, die Umgebung möglichst beherrschende und beträchtliche, Höhen zu legen. Die daraus für den Beobachter und für die Verbindung mit einer Hochschule entstehenden Schwierigkeiten werden in Ansehung des Vortheils, den die reinere Luft für die Beobachtung bietet, nicht allzu hoch angeschlagen werden dürfen und jedenfalls zu überwinden sein.

Da nun die Stadt Heidelberg das ihr gehörige Gelände auf der Höhe des Königstuhles (565 m über dem Meere, 430 m über dem Neckar) in grosser Ausdehnung kostenfrei zur Verfügung stellte und sich ausserdem bereit fand, mit bedeutendem Aufwand weitere Erleichterungen für den Bau und die nothwendigen Bedürfnisse des Instituts zu beschaffen, so musste dem Projecte einer solchen Höhensternwarte von vornherein zugestimmt werden. Gleichzeitig wurde bekannt, dass Miss Bruce in New-York für den Fall der Errichtung einer Sternwarte in Heidelberg dem neuen Institut die Mittel zur Beschaffung eines grossen photographischen Doppelfernrohrs zu überweisen entschlossen war. So musste es in der That gelingen, die Genehmigung der Stände für den von der Regierung ausgearbeiteten Plan eines Doppelinstituts, d. h. einer Sternwarte mit zwei unter ganz getrennter Leitung stehenden selbstständigen Abtheilungen, der astrometrischen und astrophysicalischen zu erhalten.

Es ist hier, am Schlusse der Veröffentlichungen der Karlsruher Sternwarte, nicht der Ort, des Näheren auf die Einrichtung der neuen Schöpfung auf dem Königstuhl einzugehen, es genüge noch mitzutheilen, dass der Bau so rasch gefördert werden konnte, dass die wissenschaftlichen Arbeiten voraussichtlich im Laufe des Winters 1896/97 an der neuen Sternwarte beginnen können. Noch während des Baues hat die Sternwarte durch einen Gönner der Astronomie, Herrn L. Kann in Baden-Baden, einen sehr schönen achtzölligen Refractor mit Merz'schem Objectiv und Repsold'schem Fadenmikrometer zum Geschenk erhalten. Ausserdem hat die Grossh. Regierung in besonderer Berücksichtigung der, aller Voraussicht nach, selten günstigen Lage die Mittel zur Bestellung eines neuen Repsold'schen Meridiankreises gewährt, wofür schon hier den aufrichtigsten Dank auszusprechen ich mich berufen und gedrungen fühle.

Karlsruhe, im Juli 1896.

W. Valentiner.

I.

Beobachtungen am Meridiankreis.

Datum	Bezeichnung des Sterns	Grösse	Durchgangszeit	Uhrstand + Correction	Reduction auf 1892.0	Mittel der Ablesungen	Refraction	Reduction auf 1892.0	α 1892.0	δ 1892.0
1892 Jan. 5	28b	7.5				32° 7′ 6″.87	76″.53	−6″.44		−3° 7′ 23″.81
	69	8.0	1h 29m 1s.65	+71s.40	+0s.52	54 37 27.52	84.02	−6.69	1h 30m 13s.56	−5 37 51.69
	76	7.0	1 38 7.42	+71.37	+0.44	56 17 63.52	89.45	−7.00	1 39 19.23	−7 18 32.82
	ζ Ceti	3.0	1 44 55.93	− 0.35	+0.37	59 51 25.60	102.61	−8.00		
	87	7.0	1 51 52.83	+71.37	+0.36	56 35 47.95	90.51	−6.66	1 53 4.56	−7 36 18.65
	61 Ceti	6.5	1 57 4.54	− 0.20	+0.38	49 51 16.67	70.84	−4.17		
1892 Jan. 10	η Orionis med.	3.3	5 17 52.78	− 0.22	−0.51	51 29 24.77	75.74	+1.01		
	295	8.0	5 22 41.78	+70.46	−0.54	54 52 7.15	85.64	+0.60	5 23 51.70	−5 52 41.36
	304	8.0	5 26 26.81	+70.48	−0.54	53 38 7.07	81.89	+0.92	5 27 36.76	−4 38 38.72
	327	6.7	5 31 0.57	+70.46	−0.56	54 59 41.27	86.10	+0.85	5 32 10.46	−6 0 16.13
	343	8.0	5 38 10.88	+70.43	−0.59	56 40 43.82	91.06	+0.82	5 39 20.72	−7 47 26.65
	κ Orionis	2.6	5 41 28.29	− 0.32	−0.62	58 41 42.35	90.08	+0.65		
	357	6.0	5 48 50.90	+70.47	−0.59	53 37 34.22	81.85	+1.36	5 50 9.78	−4 38 5.50
	363	7.0	5 53 23.19	+70.44	−0.61				5 54 33.12	
	373	6.0	6 0 7.50	+70.47	−0.61	53 10 29.37	80.49	+1.92	6 1 17.45	−4 10 50.74
	380	6.3	6 3 8.46	+70.45	−0.62	54 41 0.55	85.05	+1.83	6 4 18.29	−5 41 35.39
	388	7.0	6 6 33.46	+70.46	−0.62	53 53 50.77	82.63	+2.00	6 7 43.29	−4 54 23.31
	6 Monoc.	6.7	6 11 20.78	− 0.34	−0.68	59 40 16.37	102.90	+1.63		
	10 Monoc.	5.0	6 21 27.76	− 0.25	−0.64	53 41 11.70	82.05	+2.35		
	419	8.0	6 25 7.83	+70.44	−0.65	54 17 0.80	83.84	+2.45	6 26 17.62	−5 17 35.05
	425	8.0	6 28 22.28	+70.45	−0.65	53 35 16.65	81.75	+2.57	6 29 32.08	−4 35 48.90
	428′	8.5	6 32 15.02	+70.44	−0.66	54 11 38.80	83.50	+2.63	6 33 24.80	−5 12 12.94
	434	7.0	6 35 40.82	+70.43	−0.67	54 59 63.87	86.11	+2.66	6 36 50.58	−6 0 40.54
	436	8.0	6 38 32.79	+70.43	−0.67	54 49 18.27	85.55	+2.74	6 39 42.55	−5 49 54.53
	441	7.0	6 41 59.14	+70.40	−0.68	56 37 26.37	91.51	+2.75	6 43 8.86	−7 38 8.50
	446	7.3	6 45 8.86	+70.41	−0.68	55 49 40.82	88.83	+2.87	6 46 18.59	−6 50 20.47
	451	8.0	6 47 46.94	+70.43	−0.67	54 52 27.50	85.74	+2.96	6 48 56.69	−5 53 4.16
	455	8.0	6 51 53.40	+70.45	−0.67	53 22 17.50	81.16	+3.12	6 53 3.18	−4 22 49.74
	19 Monoc.	5.4	6 56 23.29	− 0.24	−0.67	53 4 27.40	80.32	+3.22		
	464	8.0	7 0 30.80	+70.43	−0.67	54 17 42.77	84.00	+3.27	7 1 40.56	−5 18 17.95
	20 Monoc.	5.8	7 3 42.06	− 0.24	−0.67	53 3 36.35	80.34	+3.36		
	473	7.8	7 7 15.15	+70.43	−0.67	53 57 44.15	83.04	+3.41	7 8 24.90	−4 58 18.50
	476	8.0	7 10 4.10	+70.43	−0.67	53 50 5.90	82.68	+3.47	7 11 13.86	−4 50 39.90
	485	7.0	7 15 6.83	+70.42	−0.67	54 41 2.32	85.33	+3.57	7 16 16.57	−5 41 39.18
	488	7.4	7 19 32.28	+70.44	−0.67	53 18 50.02	81.16	+3.65	7 20 42.04	−4 19 22.82
	493	5.9	7 23 1.16	+70.39	−0.68	56 19 40.67	90.65	+3.75	7 24 10.87	−7 19 57.04
	25 Monoc.	5.3	7 30 44.76	− 0.24	−0.67	52 51 40.32	79.77	+3.70		
	δ Urs. min. U.C.	6.4	7 29 40.50							
1892 Jan. 11	ε Urs. min. U.C.	4.3	4 55 50.01							
	λ Eridani	4.0	5 2 48.85	− 0.30	−0.51	57 52 50.55	97.14	−0.71		
	272	7.0	5 8 17.33	+70.31	−0.51	56 11 9.60	91.07	−0.23	5 9 27.13	−7 11 47.56
	282	7.3	5 13 12.85	+70.33	−0.50	53 58 49.10	83.93	+0.34	5 14 22.68	−4 59 20.48
	342	7.3				55 54 3.30	90.28	+0.79		−6 54 40.80

Datum	Bezeichnung des Sterns	Grösse	Durchgangszeit	Uhrstand + Correction	Reduction auf 1892.0	Mittel der Ablesungen	Refraction	Reduction auf 1892.0	α 1892.0	δ 1892.0
1892 Jan. 11	α Orionis	2.6				58° 41′ 41″.75	100″.48	+0″.50		
	172b	7.5	5h 56m 43s.73	+70s.32	−0s.59	51 28 10.20	76.95	+1.89	5h 57m 53s.46	−8° 28′ 36″.10
	374	6.0	6 0 32.64	+70.27	−0.63	55 10 47.90	88.07	+1.55	6 1 42.28	−6 11 24.63
	381	6.3	6 4 36.75	+70.26	−0.64	55 43 15.60	89.88	+1.60	6 5 46.37	−6 43 54.15
	5 Monoc.	4.6	6 8 25.67	− 0.26	−0.64	55 13 54.92	88.27	+2.78		
	401	5.5	6 13 21.06	+70.23	−0.66	56 45 57.22	93.51	+1.75	6 14 30.63	−7 46 39.56
	183b	7.8	6 16 33.39	+70.24	−0.63	52 27 14.37	79.79	+2.24	6 17 43.04	−3 27 43.39
	10 Monoc.	5.0	6 21 27.97	− 0.24	−0.64	53 41 11.00	83.44	+2.21		
	488	7.4	7 19 31.58	+70.03	−0.68	53 18 50.02	82.28	+3.47	7 20 41.93	−4 19 22.81
	493	5.9	7 23 1.43	+69.99	−0.69	56 19 14.05	91.80	+3.56	7 24 10.73	−7 19 56.56
	500	7.5	7 27 39.67	+69.99	−0.69				7 28 48.97	
	25 Monoc.	5.3	7 30 45.10	− 0.24	−0.68	52 51 42.00	80.82	+3.63		
	26 Monoc.	4.3	7 34 55.98	− 0.32	−0.70	58 17 10.07	98.89	+3.88		
	512	7.2	7 38 40.84	+70.03	−0.67	53 12 1.60	81.66	+3.78	7 39 50.20	−4 11 34.15
	520	7.5	7 45 5.97	+69.99	−0.67	55 41 48.65	89.53	+3.97	7 46 15.29	−6 42 29.32
	523	8.0	7 48 39.13	+70.03	−0.66	53 16 41.45	81.90	+3.93	7 49 48.50	−4 17 14.37
	526	8.0	7 51 22.06	+70.00	−0.67	55 17 55.40	88.18	+4.07	7 52 31.39	−6 18 32.83
	533	6.8	7 54 36.34	+70.00	−0.66	55 6 36.22	87.56	+4.10	7 55 45.88	−6 7 14.97
	537	7.5	7 57 39.10	+70.02	−0.65	53 30 49.45	82.57	+4.05	7 58 48.47	−4 31 25.11
	542	8.0	8 4 48.66	+69.99	−0.65	55 51 61.80	90.05	+4.32	8 5 57.99	−6 52 43.25
	236b	7.7	8 10 57.15	+70.03	−0.63	52 38 2.07	80.00	+4.14	8 12 6.55	−3 38 35.32
	554	8.0	8 14 6.72	+70.00	−0.64	55 9 4.17	87.71	+4.38	8 15 16.08	−6 9 43.24
	227a	7.0	8 17 17.74	+70.07	−0.63	50 8 34.97	75.22	+3.92	8 18 27.18	−1 8 59.26
	563	7.8				54 50 17.20	86.73	+4.43		−5 50 55.40
	570	7.4				55 39 61.80	89.30	+4.50		−6 40 42.83
	574	8.0				53 56 58.07	83.97	+4.41		−4 57 33.63
	578	7.5				55 25 21.42	88.65	+4.62		−6 25 31.75
	585	8.0				55 0 14.37	87.62	+4.65		−6 0 53.63
	15 Hydrae	6.0	8 45 6.61	− 0.34	−0.57	55 45 38.90	89.77	+4.81		
	76 Drac. U.C.	6.0	8 49 7.65							
	19 Hydrae	5.9	9 2 15.63	− 0.32	−0.55	57 8 23.80	94.53	+5.18		
1892 Jan. 12	α Urs. min. O.C.	2.0	1 27 22.13							
	62	7.8	1 22 23.77	+70.40	+0.62	55 15 10.72	86.36	−7.55	1 23 34.79	−6 15 36.89
	36b	8.3	1 26 55.74	+70.45	+0.62	51 24 58.05	75.14	−6.07	1 28 6.82	−2 25 14.33
	70	8.0	1 30 34.94	+70.42	+0.59	53 41 16.45	81.55	−6.76	1 31 45.95	−4 42 38.69
	39b	7.0	1 34 6.44	+70.44	+0.57	52 9 45.82	77.18	−6.13	1 35 17.45	−3 10 4.25
	P. I, 167	5.8	1 39 23.10	− 0.27	+0.52	55 15 60.80	86.43	−7.05		
	80	8.0	1 43 51.24	+70.42	+0.51	53 13 30.57	80.22	−6.22	1 45 2.16	−4 13 51.98
	46b	7.3	1 46 26.54	+70.43	+0.51	50 50 41.75	73.66	−5.30	1 47 37.51	−1 50 57.57
	85	7.8	1 49 41.37	+70.41	+0.47	53 42 3.07	81.63	−6.21	1 50 52.25	−4 42 23.85
	89	7.0	1 53 36.70	+70.41	+0.46	52 53 20.25	79.27	−5.81	1 54 47.63	−3 53 31.05
	61 Ceti	6.5	1 57 5.53	− 0.20	+0.46	49 51 16.22	71.15	−4.65		
	94	7.5	2 0 25.25	+70.40	+0.42	53 43 33.30	81.74	−5.90	2 1 36.06	−4 43 56.75
	62 Ceti	7.4	2 2 30.41	− 0.22	+0.41	51 50 14.32	76.36	−5.19		
	54b	7.9	2 6 2.14	+70.42	+0.39	51 43 45.07	76.07	−5.07	2 7 12.96	−2 44 4.39
	67 Ceti	6.0	2 10 25.12	− 0.28	+0.33	55 54 42.05	88.64	−6.31		

Datum	Bezeichnung der Sterne	Grösse	Durchgangszeit	Uhrstand + Correction	Reduction auf 1892.0	Mittel der Ablesungen	Refraction	Reduction auf 1892.0	α 1892.0	δ 1892.0
1892 Jan. 12	100	7.0	2ʰ 13ᵐ 4ˢ.44	+70ˢ.39	+0ˢ.34	53° 50′ 8″.82	82″.11	−5″.36	2ʰ 14ᵐ 15ˢ.16	−4° 50′ 32″.81
	103	7.0	2 16 49.28	+70.36	+0.30	55 40 30.37	87.90	−6.06	2 17 59.94	−6 40 59.62
	81 Ceti	6.0	2 31 4.70	− 0.24	+0.24	52 51 26.87	79.34	−4.65		
	672	7.3	2 34 47.14	+70.42	+0.25	48 54 43.37	68.95	−3.23	2 35 57.83	+0 5 3.53
	111	7.0	2 37 27.71	+70.35	+0.18	55 27 37.05	87.28	−5.35	2 38 38.24	−6 28 6.35
	116	7.5	2 43 49.70	+70.33	+0.14	56 14 39.17	89.88	−5.37	2 45 0.17	−7 15 11.14
	60a	8.0	2 45 30.54	+70.41	+0.18	50 5 20.07	71.88	−3.30	2 46 41.13	−1 5 30.09
	η Eridani	3.0	2 49 58.70	− 0.31	+0.09	58 19 2.72	97.30	−5.84		
	124	7.3	2 52 34.79	+70.35	+0.11	54 12 27.97	83.37	−4.42	2 53 45.25	−5 12 54.29
	129	8.0	2 57 4.75	+70.34	+0.08	55 4 25.40	86.08	−4.55	2 58 15.16	−6 4 54.34
	134	7.8	3 0 47.15	+70.34	+0.06	54 47 36.97	85.22	−4.02	3 1 57.54	−5 48 5.62
	130	8.0	3 4 13.04	+70.32	+0.03	55 55 37.07	88.91	−4.58	3 5 23.39	−6 56 8.81
	94 Ceti	5.3	3 6 5.21	− 0.21	+0.07	50 35 42.02	73.26	−2.84		
	144	7.5	3 10 35.72	+70.35	+0.02	53 31 47.15	81.41	−3.62	3 11 46.08	−4 32 12.36
	146	8.0	3 17 57.59	+70.35	−0.01	52 54 42.75	79.63	−3.19	3 19 7.93	−3 55 6.57
	151	6.2	3 23 11.49	+70.30	−0.07	56 9 53.17	89.78	−4.00	3 24 21.72	−7 10 26.34
	154	7.3	3 25 5.09	+70.35	−0.05	52 51 32.25	79.51	−2.94	3 26 15.39	−3 51 56.19
	158	7.8	3 27 47.28	+70.30	−0.04	55 52 27.37	88.83	−3.75	3 28 57.50	−6 52 59.86
	168	7.3	3 42 5.20	+70.45	−0.14	53 44 49.52	82.15	−2.65	3 43 15.50	−4 45 9.45
	30 Eridani	5.6				54 40 39.27	85.00	−2.77		
	197	6.8	4 10 52.28	+70.40	−0.29	55 43 53.57	88.40	−2.23	4 12 2.40	−6 44 19.89
	199	7.5	4 13 41.50	+70.44	−0.28	52 59 48.92	79.95	−1.43	4 14 51.66	−4 0 7.87
	211	8.0	4 18 53.02	+70.44	−0.30	53 0 41.40	80.00	−1.74	4 20 3.16	−4 0 59.94
	221	8.0	4 23 12.60	+70.42	−0.32	53 49 41.87	82.41	−1.33	4 24 22.70	−4 50 3.04
	226	8.0	4 27 2.61	+70.43	−0.33	53 12 9.00	80.36	−1.07	4 28 12.70	−4 12 28.10
	ν Eridani	3.3	4 29 45.22	− 0.23	−0.34	57 32 7.12	78.74	−0.81		
	237	7.8	4 36 41.29	+70.39	−0.39	55 40 3.10	88.20	−1.33	4 37 51.29	−6 40 29.86
	242	7.8	4 43 16.38	+70.39	−0.42	55 35 47.87	87.97	−1.10	4 44 26.35	−6 36 15.27
	246	4.3	4 46 25.35	+70.40	−0.42	54 37 37.42	84.86	−0.78	4 47 35.33	−5 38 1.57
	β Eridani	3.0	5 0 22.51	− 0.26	−0.48	54 13 12.65	85.56	−0.29		
	λ Eridani	4.0	5 2 48.82	− 0.31	−0.51	57 32 60.10	95.94	−0.87		
	270	8.0	5 7 22.82	+70.37	−0.50	55 52 2.67	88.88	−0.36	5 8 32.69	−6 52 31.07
	275	8.0	5 10 12.21	+70.36	−0.51	56 18 55.22	90.38	−0.35	5 11 22.05	−7 19 25.10
	281	8.0	5 12 57.96	+70.36	−0.52	56 27 0.12	90.85	−0.29	5 14 7.79	−7 27 36.28
	287	8.0	5 16 12.93	+70.35	−0.53	56 41 24.45	91.67	−0.22	5 17 22.74	−7 41 56.21
	290	7.5	5 19 28.53	+70.37	−0.53	55 27 2.15	87.52	+0.10	5 20 38.36	−6 27 29.34
	297	8.0	5 23 49.59	+70.37	−0.54	55 3 54.60	86.27	+0.30	5 24 59.42	−6 4 21.01
	306	7.5	5 27 54.39	+70.38	−0.54	53 52 19.90	82.57	+0.62	5 29 4.23	−4 52 43.06
	316	6.4	5 30 9.32	+70.37	−0.56	55 7 31.67	86.47	+0.48	5 31 19.14	−6 7 58.75
	ε Orionis	3.7	5 32 9.54	− 0.22	−0.54	51 39 28.17	70.24	+1.75		
	337	8.0	5 36 18.32	+70.34	−0.59	56 22 50.70	90.63	+0.49	5 37 28.08	−7 23 21.95
	κ Orionis	2.6	5 41 28.33	− 0.32	−0.62	58 41 50.72	99.04	+0.34		
	401	5.5	6 13 20.97	+70.35	−0.66	56 45 59.80	91.89	+1.55	6 14 30.66	−7 46 40.92
	408	8.0	6 19 9.43	+70.39	−0.65	53 45 47.47	82.19	+2.00	6 20 19.17	−4 46 19.32
	10 Monoc.	5.0	6 21 27.85	− 0.25	−0.66	53 41 23.40	81.95	+2.06		

Datum	Bezeichnung des Sterns	Grösse	Durchgangszeit	Uhrstand + Correction	Reduction auf 1892.0	Mittel der Ablesungen	Refraction	Reduction auf 1892.0	α 1892.0	δ 1892.0
1892 Jan. 12	419	8.0	6h 25m 7s.93	+70s.38	−0s.66	54° 17′ 2″.25	83″.76	+2″.18	6h 26m 17s.65	−5° 17′ 35″.97
	423	8.0	6 27 17.53	+70.35	−0.68	56 6 40.85	89.62	+2.01	6 28 27.21	−7 7 20.13
	436	8.0	6 38 32.80	+70.34	−0.68	54 49 19.05	85.43	+2.39	6 39 42.46	−5 49 55.48
	441	7.0	6 41 59.18	+70.34	−0.69	56 37 25.62	91.38	+2.36	6 43 8.82	−7 38 7.08
	446	7.3	6 45 8.94	+70.35	−0.69	55 49 41.80	88.71	+2.48	6 46 18.59	−6 50 20.74
	189a	7.9	6 49 16.36	+70.42	−0.68	50 26 26.07	72.97	+3.40	6 50 26.10	−1 26 50.26
	450	7.5	6 52 12.40	+70.34	−0.70	56 1 38.70	89.39	+2.65	6 53 22.05	−7 2 18.48
	459	5.0	6 55 28.72	+70.36	−0.69	54 33 32.22	84.66	+2.78	6 56 38.39	−5 34 7.29
	463	7.2	6 58 50.69	+70.32	−0.70	56 57 31.15	92.61	+2.78	7 0 0.61	−7 58 14.17
	20 Monoc.	3.8	7 3 42.13	− 0.24	−0.68	53 3 38.75	80.18	+3.00		
	475	8.0	7 9 50.81	+70.32	−0.71	56 40 44.07	91.67	+3.05	7 11 0.43	−7 41 26.55
	480	7.8	7 12 15.06	+70.32	−0.70	56 22 26.27	90.63	+3.12	7 13 24.68	−7 23 7.74
	489	7.5	7 20 1.64	+70.32	−0.70	56 8 50.15	89.89	+3.28	7 21 11.26	−7 9 31.18
	496	7.3	7 25 30.32	+70.34	−0.63	54 42 12.52	85.31	+3.24	7 26 40.03	−5 42 48.57
	25 Monoc.	5.3	7 30 44.83	− 0.24	−0.69	52 51 41.02	79.70	+3.46		
	26 Monoc.	4.3	7 34 55.69	− 0.31	−0.71	58 17 9.50	97.60	+3.66		
	508a	8.0	7 38 41.39	+70.41	−0.67	49 14 20.92	70.10	+3.47	7 39 51.13	−0 13 11.35
	517	7.1	7 41 49.53	+70.32	−0.69	55 29 45.57	87.82	+3.69	7 42 59.16	−6 30 22.03
	235b	6.7	7 45 33.65	+70.37	−0.67	51 46 11.12	76.70	+3.61	7 46 43.35	−2 46 39.13
	238b	7.2	7 47 57.53	+70.37	−0.67	51 30 21.42	75.98	+3.63	7 49 7.23	−2 30 48.65
	526	8.0	7 51 21.75	+70.31	−0.68	55 17 55.15	87.23	+3.84	7 52 31.39	−6 18 34.09
	27 Monoc.	5.4	7 53 10.64	− 0.23	−0.67	52 22 30.65	78.42	+3.72		
	B.A.C. 2320 O.C.	7.1	7 48 32.28							
	551	7.2	8 12 48.36	+70.29	−0.63	56 12 31.65	90.36	+4.23	8 13 57.99	−7 13 13.87
	558	6.3	8 16 1.46	+70.31	−0.64	54 49 24.45	85.83	+4.32	8 17 11.13	−5 50 2.32
	Br. 1197	3.6	8 19 6.14	− 0.23	−0.63	52 32 44.50	79.01	+3.97		
1892 Jan. 19	π Urs. min. O.C.	2.0	1 17 21.20							
	η Ceti	3.1	1 1 58.43	− 0.57	+0.79					
	Gr. 2001 U.C.	5.7	1 22 14.38							
	69	8.0	1 29 2.78	+70.23	+0.67	54 37 26.17	83.45	−7.51	1 30 13.68	−5 37 52.53
	73	7.3	1 32 9.03	+70.22	+0.65	55 16 32.80	85.49	−7.63	1 33 19.89	−6 17 0.78
	76	7.0	1 38 8.52	+70.20	+0.60	56 17 02.57	88.84	−7.85	1 39 19.32	−7 18 33.68
	ζ Ceti	3.0	1 44 57.07	− 0.57	+0.53	59 51 25.17	101.96	−8.77		
	87	7.0	1 51 53.95	+70.18	+0.52	56 35 47.82	89.87	−7.56	1 53 4.65	−7 36 20.20
	61 Ceti	6.5	1 57 5.62	− 0.41	+0.54	49 51 14.75	70.34	−5.06		
	95	6.8	2 1 58.31	+70.18	+0.46	56 10 58.22	88.30	−7.12	2 3 8.96	−7 11 29.72
	98	7.5	2 10 24.32	+70.18	+0.42	56 4 14.82	88.15	−6.84	2 11 34.92	−7 4 40.26
	102	8.0	2 13 57.88	+70.18	+0.40	55 51 54.20	87.49	−6.66	2 15 8.45	−6 52 25.17
	606b	7.8	2 23 52.62	+70.25	+0.38	51 8 47.02	73.73	−4.74	2 25 3.24	−2 9 6.08
	81 Ceti	6.0	2 31 4.77	− 0.46	+0.32	52 51 26.52	78.42	−5.10		
	118	7.5	2 43 49.78	+70.15	+0.22	56 14 38.17	88.88	−5.87	2 45 0.15	−7 15 11.26
	125	7.8	2 52 58.20	+70.19	+0.19	53 32 24.45	80.47	−4.68	2 54 8.58	−4 32 50.32
	130	7.0	2 57 33.82	+70.17	+0.16	54 39 29.17	83.83	−4.91	2 58 44.14	−5 39 58.25
	136	8.0	3 4 13.14	+70.14	+0.11	55 55 30.72	87.88	−5.12	3 5 23.40	−6 56 9.60
	94 Ceti	5.3	3 6 5.36	− 0.32	+0.14	50 35 41.77	72.42	−3.31		
	140	8.0	3 9 30.19	+70.13	+0.09	55 18 35.10	85.89	−4.70	3 10 40.43	−6 19 6.39

Datum	Bezeichnung des Sterns	Grösse	Durchgangszeit	Uhrstand + Correction	Reduction auf 1892.0	Mittel der Ablesungen	Refraction	Reduction auf 1892.0	α 1892.0	δ 1892.0
1892 Jan. 19	145	7.7	3h 15m 39s.35	+70s.16	+0s.06	54° 31′ 2″.20	83″.42	−4″.31	3h 16m 49s.57	−5° 31′ 30″.43
	147	7.9	3 18 30.07	+70.15	+0.05	54 42 50.97	84.04	−4.33	3 19 40.27	−5 43 20.83
	151	6.2	3 23 11.62	+70.13	0.00	56 9 52.35	88.72	−4.59	3 24 21.75	−7 10 26.62
	17 Eridani	4.8				54 26 14.57	83.20	−4.02		
	157	7.7	3 27 11.21	+70.11	−0.02	56 46 9.50	90.77	−4.66	3 28 21.30	−7 46 45.74
	160	7.7	3 31 44.15	+70.11	−0.05	56 49 42.20	90.99	−4.53	3 32 54.21	−7 50 17.77
	165	7.7	3 36 11.47	+70.13	−0.03	53 56 33.60	81.76	−3.48	3 37 21.57	−4 57 1.96
	24 Eridani	5.8	3 37 51.13	− 0.42	−0.03	50 29 54.90	72.25	−2.37		
	168	7.3	3 42 5.35	+70.15	−0.07	53 44 41.97	81.19	−3.25	3 43 15.42	−4 45 10.02
	172	8.0	3 44 9.55	+70.15	−0.09	53 56 5.02	81.77	−3.24	3 45 19.61	−4 56 33.65
	178	7.8	3 48 1.90	+70.15	−0.10	53 28 9.10	80.41	−2.98	3 49 11.95	−4 28 36.66
	180	7.5	3 52 6.76	+70.16	−0.12	52 58 4.15	78.98	−2.70	3 53 16.80	−3 58 30.57
	182	8.0	3 55 45.82	+70.12	−0.16	55 16 19.15	85.94	−3.29	3 56 55.78	−6 16 31.93
	185	8.0	3 58 33.98	+70.14	−0.16	54 4 12.55	82.24	−2.84	3 59 43.96	−5 4 42.08
	188	8.0	4 2 22.83	+70.14	−0.18	53 48 21.80	81.47	−2.65	4 3 32.79	−4 48 50.79
	o2 Eridani	4.4	4 5 25.72	− 0.51	−0.21	56 6 33.82	88.73	−3.21		
	284	7.0	5 13 58.35	+70.10	−0.48	54 28 24.80	83.64	−0.72	5 15 7.97	−5 28 39.35
	291	8.0	5 19 30.04	+70.09	−0.51	55 4 48.15	85.55	−0.71	5 20 39.62	−6 5 14.64
	297	8.0	5 23 49.89	+70.09	−0.52	55 3 54.45	85.52	−0.58	5 24 59.46	−6 4 21.01
	306	7.5	5 27 54.63	+70.10	−0.52	53 52 29.37	81.87	−0.23	5 29 4.22	−4 52 42.64
	316	6.4	5 30 9.55	+70.08	−0.54	55 7 31.32	85.74	−0.42	5 31 19.09	−6 7 58.28
	σ Orionis	3.7	5 32 9.82	− 0.44	−0.52	51 39 28.05	75.60	+0.96		
	343	8.0	5 38 11.23	+70.05	−0.58	56 46 52.10	91.27	−0.51	5 39 20.71	−7 47 24.52
	κ Orionis	2.6	5 41 28.60	− 0.55	−0.01	58 41 50.72	98.26	−0.72		
	350	8.0	5 43 36.86	+70.08	−0.58	54 55 21.65	85.16	−0.01	5 44 46.37	−5 55 48.43
	353	8.0	5 47 9.14	+70.08	−0.59	55 17 7.77	80.33	+0.01	5 48 18.62	−6 17 33.77
	358	7.0	5 49 6.18	+70.10	−0.59	53 47 58.67	81.75	+0.31	5 50 15.69	−4 48 22.42
	364	7.5	5 54 5.12	+70.03	−0.62	56 35 10.30	90.68	−0.01	5 55 14.53	−7 35 42.64
	369	8.0	5 59 33.31	+70.07	−0.63	55 36 48.70	87.44	+0.28	6 0 42.76	−6 37 18.03
	376	7.0	6 2 23.82	+70.07	−0.64	55 47 49.45	88.05	+0.33	6 3 33.25	−6 48 19.52
	385	8.0	6 5 8.99	+70.06	−0.65	55 56 21.45	88.53	+0.37	6 6 18.41	−6 56 51.95
	5 Monoc.	4.6	6 8 25.84	− 0.49	−0.65	55 14 3.02	80.24	+0.58		
	6 Monoc.	6.7	6 10 21.20	− 0.57	−0.69	59 40 23.73	102.25	+0.07		
	404	8.0	6 14 40.41	+70.10	−0.65	53 17 41.85	80.34	+0.98	6 15 49.87	−4 18 4.86
	408	8.0	6 19 9.79	+70.10	−0.66	53 45 54.30	81.74	+1.02	6 20 19.23	−4 46 18.68
	10 Monoc.	5.0	6 21 28.12	− 0.47	−0.65	53 41 19.75	81.52	+1.07		
	420	7.5	6 25 52.51	+70.03	−0.69	56 19 18.07	89.88	+0.85	6 27 1.87	−7 19 50.43
	426	7.3	6 28 47.75	+70.10	−0.68	53 41 50.85	81.37	+1.33	6 29 57.17	−4 42 15.44
	430	7.3	6 33 33.32	+70.07	−0.70	55 14 23.85	86.35	+1.16	6 35 2.70	−6 14 53.04
	436	8.0	6 38 33.17	+70.07	−0.70	54 49 26.85	83.06	+1.31	6 39 42.55	−5 49 54.86
	440	7.9	6 41 28.27	+70.09	−0.70	54 2 43.15	82.03	+1.45	6 42 37.66	−5 2 8.88
	445	6.8	6 44 20.96	+70.04	−0.72	56 54 20.15	91.99	+1.23	6 45 30.28	−7 54 54.96
	451	8.0	6 47 47.37	+70.07	−0.72	54 52 34.07	85.28	+1.49	6 48 56.72	−5 53 2.48
	454	6.4	6 50 38.94	+70.04	−0.73	57 1 38.82	92.45	+1.37	6 51 48.24	−8 2 14.28
	458	7.3	6 53 53.96	+70.07	−0.72	54 40 8.10	84.66	+1.64	6 55 3.32	−5 40 36.02

Datum	Bezeichnung des Sterns	Grösse	Durchgangszeit	Uhrstand + Correction	Reduction auf 1892.0	Mittel der Ablesungen	Refraction	Reduction auf 1892.0	α 1892.0	δ 1892.0
1892 Jan. 19	19 Monoc.	5.4	6h 50m 23s.72	− 0s.46	−0s.72	53° 4′ 35″.67	79″.91	+1″.81		
	20 Monoc.	5.8	7 3 42.30	− 0.46	−0.73	53 3 36.30	70.88	+1.94		
	473	7.8	7 7 15.36	+70.05	−0.73	53 57 45.22	82.55	+1.93	7h 8m 24s.88	−4° 38′ 19″.73
	478	7.6	7 10 34.51	+70.01	−0.75	56 19 23.02	90.10	+1.85	7 11 43.77	−7 20 4.98
	484	7.5	7 14 23.08	+70.03	−0.74	54 55 26.07	85.53	+2.01	7 15 32.36	−5 56 3.02
	488	7.4	7 19 32.69	+70.05	−0.74	53 18 48.85	80.63	+2.16	7 20 42.00	−4 19 22.67
	492	7.8	7 22 44.00	+70.05	−0.74	53 18 35.42	80.65	+2.20	7 23 53.31	−4 10 8.50
	496	7.3	7 25 30.71	+70.02	−0.75	54 42 13.07	84.87	+2.20	7 26 39.98	−5 42 50.18
	25 Monoc.	5.5	7 30 45.21	− 0.46	−0.75	52 51 40.45	79.37	+2.33		
	507	7.8	7 33 22.25	+70.02	−0.75	54 59 12.17	85.79	+2.31	7 34 31.52	−5 59 30.26
	510	7.1	7 37 1.43	+70.04	−0.75	53 24 53.75	81.00	+2.39	7 38 10.72	−4 25 28.16
	516	8.0	7 40 7.33	+70.01	−0.75	55 3 36.45	86.06	+2.40	7 41 16.59	−4 4 34.93
	2335b	8.0	7 43 19.92	+70.07	−0.74	51 24 41.32	75.30	+2.47	7 44 29.25	−2 25 0.21
	521	5.7	7 46 18.50	+70.02	−0.75	54 8 23.02	83.20	+2.48	7 47 27.86	−5 8 58.69
	525	7.5	7 50 55.65	+69.98	−0.76	56 29 57.00	90.86	+2.57	7 52 4.87	−7 30 40.41
	27 Monoc.	5.4	7 53 11.08	− 0.45	−0.74	51 22 37.02	78.09	+2.57		
	542	8.0	8 6 48.75	+69.97	−0.75	55 52 3.80	88.77	+2.75	8 7 57.97	−6 52 45.54
	2355b	7.3	8 10 54.20	+70.04	−0.75	51 45 54.02	76.44	+2.69	8 12 3.48	−2 46 23.17
	550	7.1	8 11 45.33	+70.00	−0.74	54 16 22.72	83.70	+2.80	8 12 54.59	−5 16 59.23
	559	7.8	8 16 21.59	+69.97	−0.74	55 20 17.15	87.07	+2.87	8 17 30.83	−6 20 37.08
	Br. 1197	3.6	8 19 6.36	− 0.45	−0.73	52 32 45.02	78.64	+2.77		
	567	8.0	8 21 57.12	+69.95	−0.74	56 50 48.52	92.18	+3.01	8 23 6.33	−7 51 33.69
	574	7.0	8 26 30.82	+69.99	−0.72	53 50 41.40	82.48	+2.80	8 27 40.09	−4 51 16.75
	Br. 1212	6.1	8 29 2.75	− 0.52	−0.73	56 35 53.90	91.36	+3.10		
	579	6.7	8 31 51.05	+69.97	−0.72	55 16 24.62	86.95	+3.02	8 33 1.20	−6 17 4.00
	583	8.0	8 37 28.59	+69.96	−0.71	55 6 13.82	86.44	+3.05	8 38 37.84	−6 6 53.35
	P. VIII, 167	5.3	8 40 37.20	− 0.42	−0.70	50 29 39.70	73.19	+2.70		
	592	7.2				54 17 0.70	83.89	+3.02		−5 17 37.61
	19 Hydrae	5.9	9 2 25.82	− 0.53	−0.67	57 8 22.92	93.42	+3.46		
	610	7.8	9 6 0.40	+69.96	−0.66	53 30 23.12	82.64	+3.06	9 7 9.79	−4 30 58.81
	611	8.0	9 7 59.62	+69.96	−0.65	54 2 24.62	83.26	+3.09	9 9 8.93	−5 3 0.96
	B.A.C. 7504 U.C.	7.4	9 19 40.33							
	635	8.0	9 29 8.78	+69.80	−0.61	57 5 36.35	93.44	+3.55	9 30 18.07	−8 6 23.32
	745	7.0	12 0 33.02	+69.81	+0.03	55 9 14.20	87.23	+1.80	12 1 42.86	−6 9 53.27
	η Virginis	3.3	12 13 22.84	− 0.39	+0.06	49 3 39.40	70.07	−0.48		
	751	7.2	12 16 44.60	+69.81	+0.14	54 30 41.10	85.19	+1.29	12 17 54.54	−5 31 17.61
1892 Jan. 20	114	8.0	2 41 14.64	+10.04	+0.20	55 16 46.07	87.77	−5.72	2 41 24.94	−6 17 7.14
	125	7.8	2 53 58.38	+10.06	+0.20	53 32 34.32	82.41	−4.74	2 54 8.65	−4 32 50.02
	130	7.0	2 58 33.99	+10.03	+0.17	54 39 39.15	85.86	−4.97	2 58 44.19	−5 39 58.30
	137	6.4	3 5 44.18	+10.05	+0.14	53 12 38.40	81.49	−4.27	3 5 54.38	−4 13 13.85
	138	7.2	3 8 25.26	+10.00	+0.10	56 3 27.45	90.50	−5.13	3 8 35.36	−7 3 51.10
	ζ Eridani	4.3	3 9 25.21	− 0.57	+0.07	58 12 46.60	98.25	−5.73		
	146	8.0	3 18 37.88	+10.04	+0.07	52 54 51.67	81.05	−3.70	3 19 8.00	−3 55 7.17
	17 Eridani	4.8	3 25 5.46	− 0.49	+0.02	54 26 25.22	85.32	−4.08		
	156	8.0	3 28 1.61	+10.02	+0.02	53 20 67.80	82.01	−3.65	3 28 11.66	−4 21 24.32
	160	7.7	3 32 44.25	+ 9.95	−0.04	56 49 50.75	95.32	−4.01	3 32 54.17	−7 50 17.58

Datum	Bezeichnung des Sterns	Grösse	Durchgangszeit	Uhrstand + Correction	Reduction auf 1892.0	Mittel der Ablesungen	Refraction	Reduction auf 1892.0	α 1892.0	δ 1892.0
1892 Jan. 20	δ Eridani	3.0	3h 37m 54s.62	— 0s.58	—0s.09	59° 7′ 9″.95	101″.97	—3″.09		
	166	7.5	3 42 16.19	+ 9.99	—0.06	54 9 54.12	84.55	—3.47	3h 42m 26s.11	—5° 10′ 13″.42
	172	8.0	3 45 9.69	+ 9.99	—0.08	53 56 14.55	83.84	—3.31	3 45 19.61	—4 56 33.15
	178	7.8	3 49 2.02	+10.00	—0.09	53 28 18.55	82.43	—3.05	3 49 11.93	—4 28 36.12
	181	6.0	3 53 23.19	+ 9.97	—0.12	54 46 3.40	86.45	—3.31	3 53 33.03	—5 46 24.75
	183	7.0	3 58 30.92	+ 9.98	—0.14	53 53 33.52	83.72	—2.89	3 58 40.76	—4 53 52.38
	187	7.0	4 2 1.29	+ 9.94	—0.17	55 17 29.02	88.15	—3.20	4 2 11.06	—6 17 52.01
	189	6.1	4 4 56.68	+ 9.93	—0.19	56 11 55.77	91.19	—3.38	4 5 6.42	—7 12 21.74
	195	7.4	4 7 39.70	+ 9.98	—0.18	53 9 22.57	81.54	—2.43	4 7 49.50	—4 9 39.07
	199	7.5	4 14 41.85	+ 9.98	—0.21	52 59 49.50	81.09	—2.16	4 14 51.61	—4 0 6.59
	236	8.0	4 37 22.12	+ 9.94	—0.32	53 19 8.57	82.12	—1.60	4 37 31.75	—4 19 27.30
	μ Eridani	3.6	4 39 56.47	— 0.46	—0.32	52 26 53.35	79.58	—1.29		
	η Orionis	3.3	5 18 53.27	— 0.44	—0.47	51 29 28.17	77.02	—0.08		
	296	6.8	5 24 2.42	+ 9.91	—0.53	56 20 16.87	91.97	—0.98	5 24 11.80	—7 20 51.37
	306	7.5	5 28 54.83	+ 9.95	—0.52	53 52 16.00	83.96	—0.33	5 29 4.26	—4 52 42.88
	325	7.8	5 30 48.00	+ 9.93	—0.53	54 42 32.10	86.58	—0.46	5 30 57.40	—5 43 1.29
	ε Orionis	3.7	5 33 9.05	— 0.44	—0.52	51 39 24.72	77.52	+0.86		
	339	7.5	5 37 36.20	+ 9.90	—0.57	56 31 21.32	92.66	—0.63	5 37 45.53	—7 31 46.58
	κ Orionis	2.6	5 42 28.77	— 0.57	—0.61	58 41 46.75	100.75	—0.86		
	358	7.0	5 50 6.28	+ 9.95	—0.59	53 47 53.82	83.79	+0.20	5 50 15.64	—4 48 21.44
	369,	8.0	6 0 33.50	+ 9.91	—0.62	55 36 45.15	89.60	+0.15	6 0 42.79	—6 37 18.02
	379	7.5	6 4 6.12	+ 9.91	—0.63	55 30 33.37	89.26	+0.26	6 4 15.40	—6 31 5.97
	389	7.7	6 7 43.99	+ 9.94	—0.63	53 58 26.60	84.35	+0.59	6 7 53.30	—4 58 55.07
	395	6.6	6 10 0.64	+ 9.94	—0.64	53 52 19.52	84.04	+0.65	6 10 9.94	—4 52 47.46
	6 Monoc.	6.7	6 12 21.37	— 0.59	—0.68	59 40 19.70	104.75	—0.08		
	404	8.0	6 15 40.61	+ 9.95	—0.65	53 17 38.22	82.31	+0.86	6 15 49.92	—4 18 4.97
	408	8.0	6 20 9.90	+ 9.95	—0.66	53 45 31.87	83.73	+0.89	6 20 19.19	—4 46 19.63
	416	5.5	6 23 25.58	+ 9.90	—0.68	55 57 17.27	90.79	+0.67	6 23 34.80	—6 57 51.76
	420	7.5	6 26 52.65	+ 9.90	—0.69	56 19 14.52	92.05	+0.70	6 27 1.86	—7 19 50.51
	426	7.3	6 29 47.91	+ 9.95	—0.68	53 41 46.75	83.53	+1.14	6 29 57.17	—4 42 15.02
	430	7.3	6 34 53.40	+ 9.92	—0.70	55 14 20.32	88.41	+1.02	6 35 2.62	—6 14 53.27
	435	7.0	6 37 16.78	+ 9.96	—0.69	53 1 42.87	81.55	+1.32	6 37 26.04	—4 2 9.11
	437	7.3	6 40 34.89	+ 9.90	—0.71	56 12 56.45	91.71	+1.04	6 40 44.07	—7 13 32.34
	442	7.2	6 44 12.95	+ 9.90	—0.72	56 16 47.95	91.94	+1.12	6 44 22.13	—7 17 24.40
	449	6.3	6 46 54.90	+ 9.94	—0.71	54 10 41.32	85.05	+1.39	6 47 4.13	—5 11 12.13
	453	7.6	6 51 18.46	+ 9.88	—0.73	57 2 51.97	94.65	+1.81	6 51 27.60	—8 2 31.23
	456	7.5	6 53 12.91	+ 9.90	—0.73	56 1 42.02	91.15	+1.34	6 53 22.08	—7 2 17.78
	460	7.3	6 56 41.07	+ 9.92	—0.73	54 51 30.22	87.29	+1.51	6 56 50.26	—5 52 2.09
	463	7.2	7 0 0.46	+ 9.88	—0.74	56 57 33.55	94.46	+1.40	7 0 9.59	—7 58 12.49
	20 Monoc.	5.8	7 5 42.61	— 0.47	—0.73	53 3 41.60	81.82	+1.79		
	25 Monoc.	5.3	7 31 45.32	— 0.46	—0.76	52 51 46.27	81.28	+2.18		
	507	7.8	7 34 22.51	+ 9.89	—0.76	54 59 16.07	87.84	+2.15	7 34 31.65	—5 59 40.56
	510	7.1	7 38 1.53	+ 9.92	—0.75	53 24 57.75	82.93	+2.24	7 38 10.70	—4 25 26.09
	513	7.0	7 40 14.59	+ 9.90	—0.76	54 24 19.22	85.99	+2.24	7 40 23.73	—5 25 0.52
	522	7.8	7 48 21.19	+ 9.88	—0.76	54 46 9.25	87.16	+1.98	7 48 30.32	—5 46 41.61

Datum	Bezeichnung des Sterns	Grösse	Durchgangszeit	Uhrstand + Correction	Reduction auf 1892.0	Mittel der Ablesungen	Refraction	Reduction auf 1892.0	α 1892.0	δ 1892.0
1892 Jan. 20	525	7.3	7ʰ 51ᵐ 55ˢ.90	+9ˢ.85	−0ˢ.76	50° 29′ 61″.10	92″.98	+2″.40	7ʰ 52ᵐ 4ˢ.98	−7° 30′ 40″.15
	529	7.0	7 54 58.45	+9.90	−0.75	53 34 34.40	83.46	+2.43	7 55 7.59	−4 35 3.62
	535	7.5	7 57 19.14	+9.87	−0.76	55 0 44.50	87.98	+2.47	7 57 28.25	−6 1 18.07
	542	8.0	8 5 49.00	+9.84	−0.76	55 52 7.77	90.86	+2.58	8 5 58.09	−6 52 44.42
	551	7.2	8 13 48.97	+9.83	−0.75	56 12 36.77	92.07	+2.70	8 13 58.05	−7 13 14.03
	559	7.8	8 17 21.77	+9.84	−0.75	55 20 21.05	89.13	+2.71	8 17 30.86	−6 20 56.41
	Br. 1197	5.6	8 20 6.69	−0.46	−0.74	52 32 49.07	80.50	+2.61		
	566	7.5	8 22 19.44	+9.83	−0.75	55 51 14.60	90.88	+2.78	8 22 28.53	−6 51 51.28
	571	7.8	8 25 8.09	+9.83	−0.74	55 47 6.92	90.66	+2.81	8 25 17.18	−6 47 43.86
	Br. 1212	5.7	8 30 2.91	−0.53	−0.74	56 35 57.70	93.50	+2.92		
	578	6.1	8 32 24.51	+9.83	−0.73	55 25 10.00	88.92	+2.84	8 32 33.61	−6 25 51.00
	586	7.0	8 39 25.90	+9.79	−0.73	56 50 62.62	94.44	+3.00	8 39 34.97	−7 51 43.73
	592	7.2	8 44 12.38	+9.84	−0.71	54 17 4.90	85.85	+2.85	8 44 21.50	−5 17 37.07
	15 Hydrae	6.0	8 46 6.85	−0.52	−0.71	55 45 44.25	90.68	+2.98		
	19 Hydrae	5.9	9 3 15.98	−0.54	−0.69	57 8 28.30	95.54	+3.25		
	608	7.7	9 6 55.93	+9.79	−0.67	55 28 37.85	89.73	+3.07	9 7 5.05	−6 29 14.01
	B.A.C. 7504 U.C.	7.4	9 20 44.68							
1892 Jan. 21	842	7.7	13 58 58.75	+9.73	+0.63	55 1 24.15	89.77	−1.62	13 59 9.11	−6 2 3.86
	κ Virginis	4.3	14 6 57.68	−0.01	+0.71					
	ι Virginis	4.0	14 10 10.62	−0.51	+0.69	54 28 28.63	87.91	−2.05		
	866	6.5	14 14 2.26	+9.71	+0.72	55 14 14.35	90.50	−1.87	14 14 12.69	−6 14 54.72
	φ Virginis	5.0	14 22 27.70	−0.43	+0.74	50 44 10.60	76.90	−3.70		
	877	7.6	14 28 59.88	+9.73	+0.79				14 29 10.40	
	416b	6.8				52 45 22.98	81.67	−3.05		−3 45 53.82
	μ Virginis	4.0	14 37 11.54	−0.51	+0.84	54 10 42.78	87.06	−3.05		
	β Urs. min. O.C.	2.0	14 50 47.89							
1892 März 25	6 Sextantis	6.1	9 45 44.19	−0.01	−0.86	307 15 27.95	76.78	+4.85		
	647	6.8	9 50 42.78	+4.14	−0.86	303 31 50.60	80.97	+5.56	9 50 46.06	−7 7 59.13
	654	6.8	10 2 19.83	+4.13	−0.90	303 53 38.12	86.89	+5.73	10 2 23.06	−7 6 10.86
	659	7.2	10 5 50.88	+4.12	−0.91	304 12 47.02	85.85	+5.80	10 5 54.08	−6 47 1.66
	22 Sextantis	5.8	10 12 12.60	0.00	−0.93	303 28 5.22	88.29	+5.97		
	263a	6.5	10 17 53.55	+4.08	−0.98	310 38 12.05	68.09	+4.89	10 17 56.65	−0 21 19.17
	Carr. 3411 O.C.	5.6	10 21 25.42							
	688	7.0	10 36 24.12	+4.08	−1.00	304 59 10.10	83.44	+6.15	10 36 27.20	−6 0 55.22
	334b	6.7	10 43 45.67	+4.06	−1.03	307 32 27.02	70.04	+5.95	10 43 48.70	−3 27 12.81
	692	8.2	10 40 10.29	+4.07	−1.01	302 42 16.77	90.92	+6.00	10 46 13.35	−8 17 36.40
	β¹ Leonis	5.0	10 56 16.17	−0.01	−1.07	309 5 10.42	71.96	+6.04		
	702	7.7	11 5 44.30	+4.04	−1.07	306 6 41.86	80.13	+6.59	11 5 47.27	−4 53 0.41
	343b	7.0	11 11 3.20	+4.02	−1.09	307 36 58.55	75.90	+6.76	11 11 6.13	−3 22 39.14
	283a	7.7	11 22 29.03	+4.00	−1.12	310 41 18.20	68.07	+6.56	11 22 31.91	−0 18 11.98
	711	6.5	11 26 23.95	+4.02	−1.09	305 7 23.37	83.13	+7.10	11 26 26.87	−5 52 21.03
	349b	8.0				308 41 52.57	73.04	+6.97		−2 17 42.42
	288a	6.7				309 9 13.37	71.87	+6.96		−1 50 20.42
	722	8.0	11 41 57.67	+3.99	−1.15	306 19 54.07	79.54	+7.35	11 42 0.50	−4 39 46.76
	734	7.8	11 53 26.58	+3.98	−1.12	304 56 30.20	83.72	+7.65	11 53 29.44	−6 3 13.75
	Lal. 22585	5.9	11 55 9.00	+0.01	−1.11	301 10 7.85	96.62	+7.91		

Datum	Bezeichnung des Sterns	Grösse	Durchgangszeit	Uhrstand + Correction	Reduction auf 1892.0	Mittel der Ablesungen	Refraction	Reduction auf 1892.0	α 1892.0	δ 1892.0
1892 März 23	360b₁	7.7	11ʰ 57ᵐ 38ˢ.82	+3ˢ.96	−1ˢ.14	308° 12′ 3″.30	74″.38	+7″.64	11ʰ 57ᵐ 41ˢ.64	−2° 47′ 32″.40
	744	7.0	12 2 12.83	+3.98	−1.12	303 6 44.27	89.68	+7.86	12 2 15.71	−4 53 6.21
	365b	7.3	12 6 58.13	+3.95	−1.15	308 29 46.87	73.62	+7.86	12 7 0.93	−2 29 46.65
	368b	6.8	12 12 34.28	+3.95	−1.15	307 38 34.95	75.92	+8.02	12 12 37.08	−3 21 0.80
	369b	7.3	12 14 41.27	+3.94	−1.14	307 4 58.10	77.48	+8.07	12 14 44.07	−3 54 39.43
	737	7.5	12 24 26.17	+3.94	−1.14	303 31 12.45	81.89	+8.27	12 24 28.97	−5 25 29.62
	378b	8.0	12 28 37.17	+3.93	−1.15	307 52 7.70	75.35	+8.40	12 28 39.95	−3 7 27.73
	762	7.3				303 17 28.32	89.17	+8.38		−7 42 20.37
	γ Virg. med.	2.8	12 36 8.39	−0.02	−1.16	310 8 1.32	60.54	+8.04		
	M. 522	6.3	12 41 55.66	0.00	−1.13	305 17 3.85	82.81	+8.64		
1892 März 31	250b	4.8	8 3 7.81	+2.30	−0.32	51 30 31.47	73.80	−3.04	8 3 9.70	−2 40 10.62
	253b	7.0	8 10 59.90	+2.29	−0.36	51 53 2.05	74.40	−3.21	8 11 1.83	−2 53 42.51
	555	7.8	8 15 28.81	+2.29	−0.38	53 30 48.30	78.88	−3.46	8 15 30.72	−4 31 32.27
	228a	7.5	8 19 0.87	+2.28	−0.41	49 47 2.85	60.09	−2.68	8 19 2.74	−0 47 38.54
	264b	7.0	8 22 15.43	+2.28	−0.41	53 2 45.50	77.63	−3.70	8 22 17.32	−4 3 29.12
	574₁	8.0	8 27 53.65	+2.28	−0.44	53 56 47.97	79.94	−4.01	8 27 55.49	−4 57 32.45
	Br. 1212	6.1	8 30 10.14	+0.01	−0.44	56 35 46.22	88.54	−4.82		
	581	8.0	8 33 59.66	+2.27	−0.47	53 28 7.30	78.88	−3.99	8 34 1.45	−4 28 50.93
	585	8.0	8 38 36.02	+2.27	−0.49				8 38 37.81	
	588	8.0	8 41 0.16	+2.27	−0.50	55 0 13.90	83.47	−4.53	8 41 1.93	−6 1 2.07
	592	7.2				54 16 52.42	81.35	−4.37		−5 17 38.15
	76 Drac. U.C.	6.0	8 30 13.45							
	279b	7.7	8 55 55.26	+2.25	−0.58	52 56 1.82	74.72	−3.90	8 55 56.93	−2 56 41.02
	19 Hydrae	5.9	9 3 23.35	+0.01	−0.61	57 8 27.57	90.71	−5.40		
	610	7.8	9 7 8.14	+2.25	−0.62	53 50 13.52	80.25	−4.60	9 7 9.76	−4 50 58.55
	247a	7.1	9 9 20.76	+2.24	−0.65	50 7 47.25	70.33	−3.65	9 9 22.34	−1 8 23.05
	698	8.0	10 59 48.20	+2.15	−1.03	54 54 38.40	84.59	−6.89	10 59 49.32	−5 55 24.56
	278a	8.0	11 5 47.34	+2.14	−1.08	49 47 55.45	70.36	−6.32	11 5 48.40	−0 48 29.27
	φ Leonis	4.6	11 11 9.19	+0.01	−1.07	52 3 2.37	76.22	−6.77		
	α Crateris	6.0	11 21 42.03	+0.02	−1.05	60 44 40.32	105.99	−7.93		
	284a	7.0				49 11 42.92	69.05	−6.73		−0 15 14.01
	θ Crateris	4.3	11 31 11.16	+0.02	−1.08	58 11 20.42	93.89	−7.86		
	716	7.8				55 59 16.47	88.27	−7.67		−7 0 5.59
	722	8.0	11 41 59.58	+2.11	−1.13	53 39 2.30	81.05	−7.64	11 42 0.57	−4 39 43.82
	726	8.0	11 44 47.08	+2.11	−1.12	55 45 41.85	87.66	−7.88	11 44 48.06	−6 46 30.13
	734	7.8	11 53 28.53	+2.10	−1.14	55 2 23.87	85.40	−7.09	11 53 29.50	−6 3 10.76
	735	8.0	11 55 54.08	+2.10	−1.13	56 32 25.75	90.50	−8.13	11 55 55.05	−7 33 17.02
	M. 499	6.5	12 0 27.07	0.00	−1.17	51 31 8.92	75.16	−7.75		
	368b	6.8	12 12 36.25	+2.08	−1.17	52 20 18.20	77.40	−8.23	12 12 37.16	−3 20 56.77
	η Virginis	3.3	12 14 21.04	0.00	−1.20	49 5 29.65	68.88	−8.18		
	749	6.8	12 17 35.25	+2.08	−1.16	55 41 12.10	87.48	−8.50	12 17 36.17	−6 42 0.45
	753	8.0	12 20 44.25	+2.08	−1.16	55 43 7.27	87.58	−8.56	12 20 45.17	−6 43 54.93
	762	7.3	12 31 45.52	+2.07	−1.16	56 41 25.97	90.84	−8.78	12 31 46.43	−7 42 27.53
	χ Virginis	5.0				56 23 12.42	89.80	−8.81		
	γ Virg. med.	2.8	12 36 10.24	0.00	−1.20	49 50 52.10	70.83	−8.19		
	ψ Virginis	5.0	12 48 43.22	+0.02	−1.16	57 56 11.62	95.19	−9.05		

Datum	Bezeichnung des Sterns	Grösse	Durchgangszeit	Uhrstand + Correction	Reduction auf 1892.0	Mittel der Ablesungen	Refraction	Reduction auf 1892.0	α 1892.0	δ 1892.0
1892 April 1	643	7.5	9h 45m 27s.44	+2s.25	−0s.78	55° 31′ 48″.77	85″.21	−5″.73	9h 45m 18s.92	−6° 32′ 30″.73
	645	6.0	9 47 8.11	+2.25	−0.78	56 34 56.97	87.59	−5.91	9 47 9.58	−7 35 47.85
	316b₁	7.8	9 58 9.43	+2.25	−0.85	51 56 52.85	74.06	−5.10	9 58 10.83	−2 57 31.63
	658	8.0	10 5 45.83	+2.25	−0.85	55 29 57.17	84.41	−5.98	10 5 47.23	−6 30 45.40
	22 Sextantis	5.8	10 12 14.43	+0.01	−0.87	56 30 56.35	87.85	−6.32		
	673	7.0	10 15 39.55	+2.25	−0.90	53 51 39.32	79.65	−5.86	10 15 40.90	−4 52 21.48
	676	7.8	10 18 59.46	+2.25	−0.90	56 1 36.70	86.35	−6.34	10 19 0.81	−7 2 25.71
	Br. 1461	6.4	10 25 33.03	+0.01	−0.92	56 4 12.17	86.43	−6.47		
	33 Sextantis	6.4	10 35 53.28	0.00	−0.90	50 9 53.70	69.55	−5.00		
	689	6.9				57 8 53.05	89.74	−6.85		−8 9 45.76
	334b	6.7	10 43 47.43	+2.25	−1.00	52 26 31.85	75.36	−6.20	10 43 48.68	−3 27 10.00
	694	8.0	10 49 18.53	+2.25	−0.99	56 47 23.39	88.39	−7.01	10 49 19.79	−7 48 14.26
	690	7.7	10 57 16.62	+2.25	−1.02	54 47 60.52	82.00	−6.87	10 57 17.84	−5 48 45.54
	701	7.5	11 5 38.41	+2.25	−1.05	53 43 27.35	78.00	−6.88	11 5 39.61	−4 44 8.26
	703	7.7				53 31 7.26	78.31	−6.89		−4 31 47.36
	706	7.2	11 12 45.41	+2.25	−1.07	53 27 41.72	78.20	−6.97	11 12 46.59	−4 28 21.35
	710	7.6	11 25 19.87	+2.25	−1.09	55 6 39.65	83.16	−7.48	11 25 21.03	−6 7 23.72
	B.A.C. 8113 U.C.	5.7	11 27 18.76							
	722	8.0	11 41 59.39	+2.25	−1.13	53 39 4.14	79.07	−7.67	11 42 0.51	−4 39 43.53
	726	8.0	11 44 46.85	+2.25	−1.12	55 45 45.12	85.51	−7.92	11 44 47.98	−6 46 31.13
	360b	7.3	11 53 41.61	+2.25	−1.16	51 42 41.71	73.89	−7.78	11 53 42.70	−2 43 16.22
	737	6.3	11 57 18.79	+2.25	−1.14	56 4 9.29	86.69	−8.18	11 57 19.90	−7 4 56.49
	M. 499	6.5	12 0 26.89	+0.01	−1.17	51 31 12.18	73.48	−7.95		
	η Virginis	3.3	12 14 21.77	0.00	−1.21	49 3 31.05	67.39	−8.16		
	751	7.2	12 17 53.47	+2.25	−1.17	54 30 36.17	81.93	−8.50	12 17 54.55	−5 31 17.94
	754	7.8	12 21 13.26	+2.25	−1.18	53 58 55.82	80.35	−8.56	12 21 14.34	−4 59 36.81
	χ Virginis	5.0	12 33 39.17	+0.01	−1.17	56 23 15.47	87.82	−8.87		
	383b₁	8.0	12 39 42.97	+2.25	−1.20	52 17 14.90	75.53	−8.93	12 39 44.02	−3 17 50.01
	M. 522	6.3	12 41 57.45	+0.01	−1.18	54 41 55.44	82.45	−9.03		
	ψ Virginis	5.0	12 48 43.08	+0.02	−1.17	57 56 14.27	93.12	−9.11		
	θ Virginis	4.3	13 4 20.37	+0.01	−1.19	53 57 4.67	80.18	−9.45		
1892 April 2	513	7.0	7 40 21.29	+2.56	−0.18	54 24 17.50	78.93	−3.62	7 40 23.66	−5 25 1.77
	235b	6.7	7 46 41.06	+2.55	−0.22	51 46 2.57	71.75	−2.85	7 46 43.38	−2 46 40.83
	239b	7.5	7 51 27.69	+2.55	−0.25	52 9 24.42	72.73	−3.03	7 51 30.00	−3 10 3.16
	27 Monoc.	5.4	7 54 18.12	+0.01	−0.26	52 22 27.87	73.32	−3.14		
	538	7.0	7 59 26.48	+2.55	−0.28	54 5 39.72	78.06	−3.72	7 59 28.75	−5 6 24.25
	249b	8.0	8 2 33.93	+2.55	−0.30	52 24 19.57	73.47	−3.26	8 2 36.17	−3 24 58.77
	221a	8.0	8 5 42.12	+2.54	−0.33	50 14 10.00	68.03	−2.62	8 5 44.34	−1 14 45.95
	254b	6.3	8 11 42.29	+2.54	−0.35	52 1 11.77	72.55	−3.25	8 11 44.48	−3 1 50.49
	551	7.1	8 13 55.84	+2.55	−0.35	56 12 26.61	84.58	−4.54	8 13 58.04	−7 13 15.71
	557	8.0	8 17 15.24	+2.55	−0.36	56 50 5.50	86.03	−4.75	8 17 17.43	−7 50 57.30
	561	7.8	8 18 48.95	+2.54	−0.38	54 19 7.11	78.92	−4.04	8 18 51.11	−5 19 51.38
	564	7.0	8 21 56.20	+2.54	−0.39	55 2 27.09	81.08	−4.29	8 21 58.35	−6 3 13.96
	575	8.0	8 28 11.59	+2.54	−0.42	55 51 5.87	83.63	−4.58	8 28 13.71	−6 51 53.79
	Br. 1212	6.1	8 30 9.82	+0.01	−0.43	56 35 46.16	86.02	−4.83		
	581	8.0	8 33 59.37	+2.54	−0.46	53 28 6.12	76.66	−4.00	8 34 1.45	−4 28 48.16

Datum	Bezeichnung des Sterns	Grösse	Durchgangszeit	Uhrstand + Correction	Reduction auf 1892.0	Mittel der Ablesungen	Refraction	Reduction auf 1892.0	α 1892.0	δ 1892.0
1892 April 2	P. VIII 167	5.3	8h 41m 44s.32	0s.00	−0s.31	50° 29′ 29″.80	68″.96	−3″.24		
	592′	7.2	8 45 51.62	+2.54	−0.51	54 21 29.90	79.28	−4.43	8h 45m 53s.64	−3° 22′ 13″.82
	277b	7.0	8 50 11.49	+2.53	−0.55	51 22 8.17	72.20	−3.65	8 50 13.48	−2 22 45.12
	76 Drac. U.C.	6.0	8 50 13.37							
	674	7.9	10 17 52.30	+2.51	−0.89	56 11 53.62	85.51	−6.41	10 17 52.92	−7 13 42.41
	677	6.0	10 20 18.79	+2.51	−0.90	55 30 9.96	85.27	−6.31	10 20 20.40	−6 30 56.23
	Br. 1462	6.4	10 25 32.78	+0.01	−0.92	56 4 12.57	85.09	−6.52		
	682	7.2	10 27 0.80	+2.51	−0.93	54 50 23.80	80.30	−6.25	10 27 2.38	−5 51 7.28
	687	7.3	10 36 25.67	+2.51	−0.95				10 36 27.23	
	689	6.9	10 37 1.19	+2.51	−0.95	57 8 52.40	88.70	−6.90	10 37 2.75	−8 9 44.91
	692	7.8	10 44 31.87	+2.50	−0.98	55 33 47.27	84.66	−6.85	10 44 33.40	−6 54 35.74
	ρ² Leonis	5.0	10 56 17.69	0.00	−1.04					
	696	7.7	10 57 16.43	+2.50	−1.02	54 47 60.32	82.35	−6.92	10 57 17.91	−5 48 45.53
	702	7.7	11 5 45.88	+2.50	−1.05	53 51 18.17	78.68	−6.94	11 5 47.33	−4 52 59.81
	342b	7.7	11 10 39.82	+2.49	−1.07	51 52 25.10	73.23	−6.77	11 10 41.24	−2 53 1.52
	706	7.2	11 12 45.27	+2.49	−1.07	53 27 41.17	77.55	−7.05	11 12 46.70	−4 28 21.25
	284a	7.9	11 23 51.53	+2.48	−1.12				11 23 52.89	
	710	7.6	11 25 19.72	+2.49	−1.09	55 6 40.25	82.46	−7.52	11 25 21.12	−6 7 24.76
	712	8.0	11 26 52.50	+2.49	−1.10	54 1 3.67	79.22	−7.42	11 26 53.89	−5 1 43.25
	349b	8.0	11 31 53.11	+2.48	−1.12	51 17 5.49	71.82	−7.22	11 31 54.47	−2 17 40.39
	716	7.8	11 33 18.39	+2.49	−1.10	55 59 20.25	85.26	−7.77	11 33 19.78	−7 0 8.17
	722	8.0	11 41 59.25	+2.48	−1.13	53 39 5.00	78.26	−7.72	11 42 0.61	−4 39 44.81
	723	6.8	11 43 38.66	+2.49	−1.12				11 43 40.02	
	726	8.0	11 44 46.67	+2.49	−1.12	55 45 44.57	84.61	−7.97	11 44 48.04	−6 46 30.81
	734	7.8	11 53 28.14	+2.48	−1.14	55 2 27.60	82.43	−8.08	11 53 29.48	−6 3 12.45
	735	8.0	11 55 53.70	+2.48	−1.14	56 32 28.75	87.19	−8.24	11 55 55.04	−7 33 18.22
	738	7.2	11 58 2.57	+2.48	−1.15	53 51 59.04	79.15	−8.08	11 58 3.90	−4 52 39.84
	742	7.8	12 1 40.04	+2.48	−1.16	54 28 18.97	80.76	−8.21	12 1 41.36	−5 29 1.43
	370b	8.0	12 15 6.13	+2.47	−1.18	52 22 58.72	74.95	−8.38	12 15 7.42	−3 23 35.54
	375b	6.5	12 22 17.78	+2.47	−1.19	53 0 24.72	76.72	−8.58	12 22 19.07	−4 1 2.28
	764	6.5	12 33 55.11	+2.47	−1.19	54 29 41.75	81.10	−8.88	12 33 56.39	−5 30 24.59
	765	7.5	12 35 4.48	+2.47	−1.18	56 50 13.00	88.52	−8.95	12 35 5.77	−7 51 2.94
	383b₁	8.0	12 39 42.70	+2.46	−1.20	52 17 14.25	74.91	−8.96	12 39 43.97	−3 17 50.58
	M. 522	6.3	12 41 57.24	+0.01	−1.19	54 41 54.24	81.79	−9.06		
	ψ Virginis	5.0	12 48 42.85	+0.02	−1.18	57 56 14.27	92.46	−9.18		
	777	7.0	12 52 58.86	+2.46	−1.19	55 21 8.61	83.89	−9.27	12 53 0.13	−6 21 52.53
	θ Virginis	4.3	13 4 20.15	+0.01	−1.19	53 57 3.82	79.76	−9.49		
1892 April 3	26 Monoc.	4.3	7 36 3.01	+0.05	−0.13	58 27 4.12	90.78	−4.73		
	514	7.7	7 40 33.82	+2.30	−0.16	56 15 21.47	84.01	−4.18	7 40 35.96	−7 16 0.21
	235b	6.7	7 46 41.28	+2.28	−0.21	51 46 2.40	72.33	−2.83	7 46 43.35	−2 46 40.31
	239b	7.5	7 51 27.95	+2.28	−0.23	52 9 24.65	72.39	−3.02	7 51 29.99	−3 10 3.05
	212a	8.0	7 53 27.47	+2.26	−0.25	49 8 29.44	65.07	−2.58	7 53 29.48	−0 9 2.04
	245b₁	8.0	7 55 46.92	+2.27	−0.25	52 12 40.10	72.59	−3.10	7 55 48.94	−3 13 18.75
	538	7.0	7 59 26.73	+2.28	−0.27	54 5 59.75	77.77	−3.72	7 59 28.74	−5 6 23.90
	219a	8.0	8 1 21.28	+2.26	−0.25	50 19 40.34	67.95	−2.57	8 1 23.29	−1 20 15.40
	543	7.5				54 41 3.51	79.50	−3.98		−5 41 48.96
	545	8.0	8 6 47.18	+2.28	−0.30	54 45 32.71	79.80	−4.01	8 6 49.16	−5 46 17.60

Datum	Bezeichnung des Sterns	Grösse	Durchgangszeit	Uhrstand + Correction	Reduction auf 1892.0	Mittel der Ablesungen	Refraction	Reduction auf 1892.0	α 1892.0	δ 1892.0
1892 April 3	554	8.0	$8^h 15^m 14^s.10$	+2.28	-0.34				$9^h 15^m 16^s.03$	
	557	8.0	8 16 15.47	+2.28	-0.34	56° 50′ 5″.60	86″.38	-4″.73	9 16 17.41	-7° 50′ 57″.15
	563	7.8	8 21 33.36	+2.27	-0.38				9 21 35.25	
	564	7.0	8 21 56.43	+2.27	-0.38	55 1 26.12	80.86	-4.29	9 21 58.33	-6 3 12.70
	574₁	8.0	8 27 53.63	+2.27	-0.41				9 27 55.49	
	575	8.0	8 28 11.85	+2.27	-0.41	55 31 5.62	83.40	-4.60	9 28 13.72	-6 51 53.29
	Br. 1212	6.1	8 30 10.17	+0.04	-0.41	56 35 45.66	86.17	-4.83		
	P. VIII. 167	5.3	8 41 44.78	+0.01	-0.50	50 29 29.44	68.71	-3.24		
	593	7.1	8 45 11.47	+2.26	-0.50	53 17 10.49	75.91	-4.12	9 45 13.23	-4 17 52.24
	76 Drac. U.C.	6.0	8 50 12.78							
	241a	7.8	8 55 46.41	+1.24	-0.54	51 7 36.61	70.34	-3.60	9 55 48.11	-2 8 13.51
	281b	8.0	8 57 55.03	+2.25	-0.56	53 0 13.08	75.25	-4.24	9 57 56.72	-4 0 53.02
	281b′	8.3	8 58 13.73	+2.25	-0.56				9 58 15.42	
	19 Hydrae	5.9	9 3 23.34	+0.04	-0.57	57 8 17.52	87.84	-5.45		
	687	7.3	10 36 26.00	+2.22	-0.94	56 28 37.94	86.48	-6.82	10 36 27.28	-7 29 27.59
	41 Sextantis	5.0	10 44 51.74	+0.05	-0.97	57 18 39.35	89.28	-7.12		
	696	7.7	10 57 16.74	+2.21	-1.01	54 47 60.70	81.32	-6.94	10 57 17.93	-5 48 45.77
	702	7.7	11 5 40.15	+2.20	-1.04	53 52 17.66	78.59	-6.98	11 5 47.31	-4 52 59.09
	703	7.2	11 7 16.08	+2.20	-1.05	53 31 5.92	77.60	-6.96	11 7 17.22	-4 31 46.27
	342b	7.7	11 10 40.14	+2.19	-1.07	51 52 23.80	73.16	-6.78	11 10 41.25	-2 53 0.05
	705	6.5	11 11 28.62	+2.20	-1.05	55 31 56.55	83.60	-7.34	11 11 29.77	-6 32 42.96
	284a	7.9	11 23 51.80	+2.17	-1.12	49 14 44.82	66.73	-6.75	11 23 52.94	-0 15 15.36
	711	6.5	11 26 25.93	+2.19	-1.09	54 51 35.15	81.67	-7.55	11 26 27.04	-5 52 18.72
	714	8.0	11 28 7.01	+2.19	-1.09	54 55 40.25	81.88	-7.62	11 28 8.11	-5 56 24.52
	350b	8.0	11 32 2.02	+2.18	-1.11	52 53 47.17	76.06	-7.43	11 32 3.09	-3 54 26.38
	723	6.8				55 44 49.50	84.50	-7.99		-6 45 36.61
	725	8.0	11 44 20.13	+2.18	-1.14	53 14 16.05	77.05	-7.76	11 44 21.18	-4 14 55.66
	730	8.0	11 46 18.06	+2.18	-1.13	54 8 53.21	79.64	-7.89	11 46 19.12	-5 9 35.59
	360b	7.3	11 53 41.78	+2.17	-1.16	51 42 39.61	72.90	-7.83	11 53 42.78	-2 43 14.17
	360b₁	7.7	11 57 40.77	+2.16	-1.17	51 46 54.57	73.07	-7.93	11 57 41.77	-2 47 29.84
	740	6.7	12 0 2.15	+2.18	-1.16	54 13 58.55	79.85	-8.19	12 0 3.17	-5 14 40.37
	741	8.0	12 0 15.97	+2.18	-1.16				12 0 16.99	
	370b	8.0	12 15 6.50	+2.16	-1.19	52 22 57.90	74.73	-8.40	12 15 7.47	-3 23 34.39
	764	6.5	12 33 55.42	+2.16	-1.19	54 29 41.62	80.86	-8.91	12 33 56.39	-5 30 24.11
	765	7.5	12 35 4.79	+2.17	-1.18	56 50 12.46	88.25	-9.01	12 35 5.78	-7 51 1.98
	383b₁	8.0	12 39 43.13	+2.15	-1.21	52 17 13.37	74.68	-8.98	12 39 44.07	-3 17 49.30
	ψ Virginis	5.0	12 48 43.22	+0.05	-1.18	57 56 13.97	92.18	-9.23		
	θ Virginis	4.3	13 4 20.54	+0.03	-1.20	53 57 4.87	79.54	-9.53		
1892 April 4	314	7.7	7 40 33.80	+2.31	-0.15	56 15 20.35	83.51	-4.18	7 40 35.97	-7 16 0.70
	236b	7.8	7 47 6.44	+2.29	-0.20	51 20 7.71	69.81	-2.70	7 47 8.53	-2 20 36.67
	239b	7.5	7 51 27.95	+2.29	-0.22	52 9 32.82	71.98	-3.20	7 51 30.02	-3 10 2.63
	326	8.0	7 52 29.32	+2.30	-0.21	55 17 56.42	80.73	-4.01	7 52 31.41	-6 18 35.36
	243b	7.0	7 53 38.96	+2.29	-0.22	53 1 46.00	74.31	-3.38	7 53 41.03	-4 2 18.67

Datum	Bezeichnung des Sterns	Grösse	Durchgangszeit	Uhrstand + Correction	Reduction auf 1892.0	Mittel der Ablesungen	Refraction	Reduction auf 1892.0	α 1892.0	δ 1892.0
1892 April 4	214a	5.3	7h 55m 41s.64	+2s.28	−0s.25	50° 5' 8".74	66".92	−4".60	7h 55m 43s.67	−1° 5' 32".92
	534	6.5	7 57 5.53	+2.30	−0.24	55 1 33.79	79.98	−3.98	7 57 7.61	−6 2 11.38
	538	7.0	7 59 16.75	+2.29	−0.25	54 5 47.45	77.35	−3.73	7 59 18.79	−5 6 23.23
	219a	8.0	8 1 21.35	+2.28	−0.27	50 19 47.52	67.59	−2.57	8 1 23.35	−1 20 14.23
	249b	8.0	8 2 34.05	+2.29	−0.27	52 24 27.30	72.80	−3.25	8 2 36.16	−3 24 57.92
	557	8.0	8 16 15.54	+2.24	−0.33	56 50 13.35	85.04	−4.75	8 16 17.50	−7 50 56.43
	226a	7.8	8 17 15.26	+2.27	−0.36	49 30 54.61	63.87	−4.06	8 17 17.17	−0 31 17.71
	Br. 1197	5.6	8 20 13.94	+0.01	−0.37	52 32 43.47	73.42	−3.54		
	263b	6.2	8 21 1.51	+2.28	−0.37	52 37 26.61	73.64	−3.56	8 21 3.42	−3 37 58.23
	567	8.0	8 23 4.39	+2.29	−0.36	56 50 49.57	86.08	−4.84	8 23 6.31	−7 51 32.98
	575	8.0	8 28 11.88	+2.28	−0.39	55 51 13.44	83.00	−4.62	8 28 13.77	−6 51 52.78
	Br. 1212	6.1	8 30 10.05	+0.03	−0.40	56 35 55.25	85.39	−4.85		
	578	7.5	8 32 31.74	+2.28	−0.42	55 25 14.16	81.74	−4.55	8 32 33.60	−6 25 52.79
	P. VIII. 167	5.3	8 41 44.83	+0.01	−0.48	50 29 38.12	68.50	−3.25		
	593	7.1	8 45 11.47	+2.26	−0.49	53 17 18.57	75.76	−4.13	8 45 13.24	−4 17 52.13
	15 Hydrae	6.0	8 46 14.15	+0.02	−0.48	55 45 42.50	82.98	−4.84		
	76 Drac. U.C.	6.0	8 50 13.24							
	19 Hydrae	5.9	9 3 23.33	+0.03	−0.56	57 8 26.05	87.69	−5.47		
	287b	8.0	9 9 18.06	+2.25	−0.60	53 5 2.01	75.51	−4.47	9 9 19.70	−4 5 34.86
	619	7.8	9 18 29.82	+2.25	−0.64	53 53 19.25	77.73	−4.86	9 18 31.42	−4 53 54.06
	α Hydrae	2.0	9 22 15.21	+0.03	−0.65	57 10 41.77	87.85	−5.78		
	627	8.0	9 23 35.25	+2.25	−0.65	56 59 5.25	87.20	−5.74	9 23 36.86	−7 59 48.54
	628	7.0	9 25 30.00	+2.24	−0.67	54 10 40.86	78.54	−5.07	9 25 31.66	−5 11 15.98
	629	7.8	9 26 25.77	+2.25	−0.67	56 0 32.42	84.04	−5.55	9 26 27.35	−7 1 12.02
	633	7.5	9 29 36.17	+2.24	−0.69	53 23 53.87	76.33	−4.94	9 29 37.71	−4 24 27.47
	635	8.0	9 30 16.69	+2.25	−0.[illegible]	57 3 39.72	87.55	−5.88	9 30 18.25	−8 6 23.48
1892 April 7	218a	7.8	8 0 57.87	+2.35	−0.22	51 4 33.72	68.07	−2.74	8 0 59.40	−2 5 0.03
	554	8.0	8 15 14.08	+2.34	−0.28	55 9 6.52	78.99	−4.23	8 15 16.13	−6 9 42.42
	555	7.8	8 15 28.68	+2.33	−0.29	53 30 56.92	74.40	−3.74	8 15 30.72	−4 31 29.00
	559	7.8	8 17 28.84	+2.33	−0.29	55 20 18.24	79.56	−4.32	8 17 30.88	−6 20 55.34
	561	7.8	8 18 49.24	+2.33	−0.31	54 19 15.00	76.63	−4.03	8 18 51.26	−5 19 49.12
	262b	7.5	8 20 22.93	+2.32	−0.32	52 49 0.06	72.57	−3.59	8 20 24.93	−3 49 31.38
	229a	8.0	8 21 20.32	+2.31	−0.34	49 51 15.02	65.30	−2.69	8 21 22.29	−0 51 39.72
	566'	8.3	8 23 10.59	+2.32	−0.32	55 58 33.02	81.51	−4.59	8 23 12.59	−6 59 11.56
	Br. 1212	6.1	8 30 10.02	+0.02	−0.35	56 35 55.87	83.48	−4.87		
	P. VIII. 167	5.3	8 41 44.73	+0.01	−0.44	50 29 39.40	66.94	−3.23		
	593	7.1	8 45 11.42	+2.27	−0.44	53 17 21.55	74.04	−4.12	8 45 13.25	−4 17 53.15
	15 Hydrae	6.0	8 46 14.12	+0.02	−0.44	55 45 43.70	81.11	−4.88		
	76 Drac. U.C.	6.0	8 50 13.84							
	241a	7.8	8 55 46.30	+2.24	−0.52	51 7 17.22	68.72	−3.67	8 55 48.03	−2 8 13.95
	280b	6.8	8 56 5.66	+2.24	−0.50	53 1 28.77	73.54	−4.24	8 56 7.40	−4 1 59.66
	19 Hydrae	5.9	9 3 13.27	+0.01	−0.52	57 8 29.52	85.78	−5.53		
	θ Hydrae	4.0	9 8 43.16	−0.01	−0.60	46 13 32.40	57.95	−2.53		
	287b	8.0	9 9 18.07	+2.22	−0.56	53 5 5.97	73.86	−4.50	9 9 19.72	−4 5 37.13
	620	7.5	9 18 35.72	+2.20	−0.60	53 59 39.61	76.42	−4.92	9 18 37.32	−5 0 13.10
	621	8.0	9 19 7.17	+2.20	−0.60	55 24 41.82	80.52	−5.32	9 19 8.77	−6 25 18.36

Datum	Bezeichnung des Sterns	Grösse	Durchgangszeit	Uhrstand + Correction	Reduction auf 1892.0	Mittel der Ablesungen	Refraction	Reduction auf 1892.0	α 1892.0	δ 1892.0
1892 April 7	623	7.8	9h 20m 3s.66	+2s.20	−0s.61	34° 55′ 43″.70	79″.10	−5″.21	9h 20m 3s.25	−5° 56′ 19″.27
	624	6.0	9 22 24.11	+2.19	−0.62	54 35 24.17	78.15	−5.15	9 22 25.68	−5 35 59.3
	626	8.0	9 22 59.27	+2.20	−0.61	56 36 25.72	84.25	−5.70	9 23 0.85	−7 37 5.52
	298b	7.2	9 25 50.38	+2.18	−0.65	51 50 21.22	70.75	−4.47	9 25 51.91	−2 50 49.38
	299b	7.5	9 26 18.59	+2.18	−0.66	51 54 5.37	70.02	−4.50	9 26 20.11	−2 54 32.02
	630	7.0	9 27 41.47	+2.19	−0.63	57 0 54.65	85.61	−5.89	9 27 43.03	−8 1 35.78
	632	7.7	9 29 41.49	+2.18	−0.66	53 52 39.07	76.20	−5.00	9 29 43.01	−4 53 11.50
	635	8.0	9 30 16.62	+2.18	−0.64	57 5 41.27	85.80	−5.95	9 30 18.16	−8 6 23.20
	635′	8.2	9 31 22.80	+2.18	−0.64	57 7 10.50	85.97	−5.95	9 31 24.34	−8 7 52.02
	306b	7.3	9 33 34.31	+2.16	−0.69	51 20 39.84	69.58	−4.49	9 33 35.78	−2 21 6.92
	6 Sextantis	6.1				52 43 45.15	73.18	−5.15		
1892 April 8	27 Monoc.	5.4	7 54 18.47	+0.01	−0.16	52 22 37.71	71.09	−3.07		
	214a	5.3	7 55 41.74	+2.12	−0.18	50 5 10.07	66.35	−2.35	7 55 43.68	−1 5 34.66
	218a	7.8	8 0 57.52	+2.12	−0.21	51 4 38.02	68.73	−2.74	8 0 59.44	−2 5 4.31
	540	7.5	8 4 46.98	+2.13	−0.22	55 25 0.75	80.49	−4.17	8 4 48.89	−6 25 37.04
	551	8.0	8 15 14.27	+2.12	−0.27	55 9 7.86	79.78	−4.83	8 15 16.12	−6 9 42.01
	227a	7.0	8 18 25.35	+2.10	−0.30	50 8 33.93	66.62	−2.72	8 18 27.15	−1 8 58.65
	260b	7.0	8 19 10.17	+2.10	−0.30	52 23 34.22	72.18	−3.45	8 19 11.97	−3 24 3.75
	Br. 1197	3.6	8 20 13.09	+0.01	−0.30	52 32 44.72	72.58	−3.46		
	565	7.5	8 22 12.47	+2.10	−0.31	53 46 53.15	75.92	−3.92	8 22 14.27	−4 47 25.59
	621	8.0	9 19 7.33	+2.04	−0.59	55 24 43.18	81.25	−5.33	9 19 8.79	−6 25 18.88
	623	7.8	9 20 3.89	+2.04	−0.59	54 55 43.97	79.82	−5.23	9 20 5.34	−5 56 18.92
	α Hydrae	2.0	9 22 15.32	+0.02	−0.59	57 10 45.50	86.87	−5.89		
	626	8.0	9 22 59.50	+2.04	−0.60	56 36 26.40	85.01	−5.72	9 23 0.94	−7 37 5.35
	298b	7.2	9 25 50.64	+2.03	−0.64	51 50 21.62	71.40	−4.48	9 25 52.03	−2 50 49.23
	630	7.0	9 27 41.68	+2.04	−0.62	57 0 55.30	86.40	−5.91	9 27 43.10	−8 1 35.72
	631	6.8				55 42 5.20	82.23	−5.57		−6 42 41.33
	635	8.0	9 30 16.79	+2.04	−0.62	57 5 42.12	86.68	−5.98	9 30 18.21	−8 6 23.69
	635′	8.0	9 31 23.08	+2.03	−0.62	57 7 10.47	86.76	−5.98	9 31 24.49	−8 7 51.50
	643	7.5	9 45 17.72	+2.02	−0.70	55 51 58.70	82.92	−5.92	9 45 19.02	−6 52 35.65
	644	6.8	9 45 57.46	+2.01	−0.71	54 40 7.81	79.31	−5.64	9 45 58.76	−5 40 41.51
	645	6.0	9 47 8.33	+2.02	−0.71	56 35 7.17	85.22	−6.14	9 47 9.64	−7 35 46.81
	316b₁	7.8	9 58 9.71	+2.00	−0.78	51 57 4.40	71.83	−5.17	9 58 10.93	−2 57 30.52
	659	7.2	10 5 52.93	+1.99	−0.79	55 46 26.94	82.87	−6.29	10 5 54.14	−6 47 3.72
	661	8.0	10 7 25.87	+1.99	−0.80				10 7 27.07	
	662	8.0	10 7 56.74	+1.99	−0.80	55 27 6.72	81.90	−6.25	10 7 57.93	−6 27 41.86
	665	7.3	10 8 20.89	+1.99	−0.80	55 50 21.25	83.10	−6.35	10 8 22.08	−6 50 58.69
	12 Sextantis	5.8	10 12 14.66	+0.02	−0.81	56 31 7.37	85.28	−6.58		
	670	8.0	10 14 8.43	+1.98	−0.84	53 40 33.10	76.78	−5.96	10 14 9.58	−4 41 5.18
	672	7.0	10 15 17.08	+1.98	−0.84				10 15 18.22	
	673	7.0	10 15 39.80	+1.98	−0.84	53 52 49.27	77.33	−6.04	10 15 40.94	−4 52 20.42
	674	7.9	10 17 51.84	+1.98	−0.84	56 13 3.10	84.39	−6.61	10 17 52.98	−7 13 40.87
	675	7.3	10 18 38.19	+1.97	−0.83	53 22 18.32	75.99	−5.09	10 18 39.34	−4 23 48.44
	678	7.5	10 20 31.69	+1.98	−0.85	56 17 56.45	84.08	−6.68	10 20 32.82	−7 18 35.45
	Br. 1462	6.4	10 25 33.24	+0.02	−0.87	56 4 22.85	84.00	−6.73		
	682	7.2	10 27 1.27	+1.97	−0.88	54 30 34.40	79.27	−6.41	10 27 2.35	−5 31 6.99

Datum	Bezeichnung des Sterns	Grösse	Durchgangszeit	Uhrstand + Correction	Reduction auf 1892.0	Mittel der Ablesungen	Refraction	Reduction auf 1892.0	α 1892.0	δ 1892.0
1892 April 9	227a	7.0	8h 18m 25s.47	+1s.93	−0s.29	50° 8' 25".32	67".70	−2".69	8h 18m 27s.11	−1° 8' 59".03
	264b	7.0	8 22 15.71	+1.94	−0.30	53 1 49.89	75.13	−3.68	8 22 17.35	−1 3 30.36
	Br. 1212	6.1	8 30 10.37	+0.02	−0.32	56 35 48.40	85.70	−4.88		
	621	8.0	9 19 7.35	+1.92	−0.37	55 21 35.42	82.35	−5.55	9 19 8.69	−6 25 19.72
	623	7.8	9 20 3.89	+1.91	−0.38	54 55 36.80	80.90	−5.23	9 20 5.22	−5 56 20.36
	625	7.2	9 22 51.84	+1.92	−0.39	56 14 15.37	84.07	−5.64	9 22 53.17	−7 15 5.27
	299b	7.5	9 26 18.85	+1.90	−0.63	51 33 56.90	72.32	−4.51	9 26 20.13	−2 34 34.01
	634	7.7	9 29 41.77	+1.91	−0.63	53 52 30.76	77.92	−5.21	9 29 43.05	−4 53 11.58
	6 Sextantis	6.1	9 45 46.29	+0.01	−0.71					
	644	6.8	9 45 57.55	+1.90	−0.70	54 39 59.65	80.35	−5.65	9 45 58.75	−5 40 41.07
	316b₁	7.8	9 58 9.78	+1.89	−0.77	51 56 54.95	72.89	−5.20	9 58 10.90	−2 57 31.72
	660	7.8	10 6 35.61	+1.89	−0.79	54 39 34.52	80.50	−6.06	10 6 36.71	−5 40 16.26
	665	7.3	10 8 21.00	+1.89	−0.79	55 50 12.97	84.11	−6.36	10 8 22.10	−6 50 59.27
	22 Sextantis	5.8	10 12 14.73	+0.02	−0.80	56 31 0.02	86.31	−6.60		
	670	8.0	10 14 8.48	+1.88	−0.83	53 40 25.62	77.70	−5.98	10 14 9.54	−4 41 5.29
	263a	6.5	10 17 55.65	+1.87	−0.87	49 20 49.22	66.59	−5.80	10 17 56.66	−0 21 19.01
	264a	7.8				50 43 14.97	69.91	−5.37		−1 43 47.32
	Br. 1462	6.4	10 25 33.32	+0.02	−0.86	56 2 14.39	84.99	−6.76		
	687	7.3				56 28 41.70	86.39	−7.05		−7 29 29.19
	688	7.6	10 36 26.22	+1.88	−0.91	54 59 53.30	81.75	−6.74	10 36 27.19	−6 0 37.36
	41 Sextantis	5.0	10 44 52.00	+0.02	−0.93	57 18 43.27	89.24	−7.37		
	ρ¹ Leonis	5.0	10 56 18.23	+0.01	−1.00	50 53 37.67	70.60	−6.36		
	702	7.7	11 5 46.46	+1.86	−1.02	53 52 20.85	78.65	−7.14	11 5 47.30	−4 53 0.25
	343b	7.0	11 11 5.41	+1.85	−1.04	52 21 2.47	74.50	−7.00	11 11 6.22	−3 22 37.61
	343b'	8.5	11 11 13.71	+1.85	−1.04				11 11 14.53	
	706	7.2	11 12 45.88	+1.86	−1.04	53 27 42.90	77.51	−7.24	11 12 46.70	−4 28 20.57
	ι Leonis	5.0	11 24 47.04	+0.01	−1.09					
	711	6.5	11 26 26.22	+1.85	−1.07	54 51 38.20	81.64	−7.77	11 26 27.00	−5 52 19.41
	714	8.0	11 28 7.35	+1.85	−1.08	54 55 43.15	81.85	−7.81	11 28 8.12	−5 56 25.36
	741	8.0	12 0 16.26	+1.84	−1.16	54 14 36.84	79.97	−8.40	12 0 16.94	−5 15 17.26
	g Virginis	5.0	12 33 39.71	+0.02	−1.20	56 23 16.35	86.74	−9.25		
	765	7.5	12 35 5.17	+1.83	−1.20	56 50 24.31	88.23	−9.30	12 35 5.79	−7 51 1.80
1892 April 12	616	7.7	9 15 23.84	+2.47	−0.51	303 43 24.57	83.80	+5.55	9 15 25.80	−7 16 18.76
	619	7.8	9 18 29.44	+2.46	−0.54	306 5 42.65	76.77	+4.92	9 18 31.37	−4 53 54.09
	α Hydrae	2.0	9 22 14.89	−0.09	−0.54	302 48 21.62	86.79	+5.95		
	629	7.8	9 26 25.49	+2.46	−0.57	303 58 30.35	83.08	+5.67	9 26 27.38	−7 1 12.13
	633	7.5	9 29 35.86	+2.45	−0.60	306 35 8.05	75.48	+5.01	9 29 37.72	−4 24 27.39
	305b	8.0	9 33 29.65	+2.45	−0.62	307 27 59.65	73.13	+4.83	9 33 31.48	−3 31 33.80
	639	8.0	9 39 29.17	+2.45	−0.63	304 47 15.32	80.70	+5.71	9 39 30.98	−6 12 24.62
	640	7.5				303 0 39.95	86.23	+6.19		−7 59 5.29
	643	7.5	9 45 17.18	+2.44	−0.66	304 7 6.62	82.74	+6.00	9 45 18.96	−6 52 35.25
	314b	7.0	9 53 31.66	+2.43	−0.72	308 29 12.40	70.64	+4.98	9 53 33.37	−2 30 18.22
	316b₁	7.8	9 58 9.20	+2.43	−0.74	308 2 1.42	71.84	+5.22	9 58 10.89	−2 57 30.19
	654	6.8	10 2 21.37	+2.43	−0.73	303 53 32.85	83.66	+6.38	10 2 23.07	−7 6 10.34
	655	6.2				303 7 5.22	86.16	+6.63		−7 52 40.44
	667	8.0	10 10 33.34	+2.42	−0.78	306 26 2.42	76.23	+5.90	10 10 34.97	−4 33 32.90
	22 Sextantis	5.8	10 12 14.21	−0.09	−0.77	303 27 57.82	85.13	+6.70		

Datum	Bezeichnung des Sterns	Grösse	Durchgangszeit	Uhrstand + Correction	Reduction auf 1892.0	Mittel der Ablesungen	Refraction	Reduction auf 1892.0	α 1892.0	δ 1892.0
1892 April 12	673	7.0	10h 15m 39s.33	+1s.42	−0s.80	306° 7′ 14″.03	77″.20	+ 6″.10	10h 15m 40s.03	−4° 51′ 23″.16
	25 Sextantis	6.1	10 17 57.33	−0.09	−0.82	307 27 50.41	73.50	+ 5.82		
	Br. 1462	6.4	10 25 32.79	0.09	−0.83	303 54 40.57	83.90	+ 6.84		
	33 Sextantis	6.4	10 35 53.00	−0.10	−0.01	304 40 0.00	67.83	+ 5.68		
	689	6.9	10 37 1.23	+1.40	−0.87	302 50 0.02	87.56	+ 7.30	10 37 1.76	−8 9 45.23
1892 April 15	627	8.0	9 23 35.73	+1.53	−0.51	302 59 46.37	89.09	+ 5.92	9 23 36.76	−7 59 48.90
	629	7.8	9 26 26.30	+1.53	−0.53	303 58 20.02	66.74	+ 5.09	9 26 27.30	−7 1 12.09
	633	7.5	9 29 36.65	+1.52	−0.50	306 34 35.50	78.78	+ 5.01	9 29 37.62	−4 24 29.99
	304b	7.5	9 32 54.79	+1.52	−0.58	307 37 13.37	75.89	+ 4.75	9 32 55.73	3 22 9.90
	639	8.0	9 39 29.83	+1.52	−0.59	304 47 2.02	84.18	+ 5.71	9 39 30.82	−6 12 27.18
	640	7.5	9 40 4.14	+1.53	−0.59	303 0 31.08	86.98	+ 6.23	9 40 5.07	−7 59 5.18
	643	7.5	9 45 18.02	+1.52	−0.61	301 6 56.30	86.33	+ 6.01	9 45 18.93	−6 52 30.38
	645	6.0	9 47 8.72	+1.52	−0.61	303 23 44.97	88.71	+ 6.25	9 47 9.62	−7 35 48.70
	316b,	7.8	9 58 10.07	+1.51	−0.70	308 1 50.22	71.89	+ 5.21	9 58 10.88	−2 57 31.22
	658	8.0	10 5 40.38	+1.51	−0.71	304 28 48.30	85.29	+ 6.34	10 5 47.18	−6 30 42.43
	660	7.8	10 6 35.93	+1.51	−0.73	304 19 13.70	85.80	+ 6.13	10 6 36.71	−6 40 18.09
	667	8.0	10 10 34.18	+1.51	−0.75	306 25 52.25	79.42	+ 5.01	10 10 34.94	−4 33 33.00
	22 Sextantis	5.8	10 12 14.97	−0.09	−0.74	303 27 50.10	88.05	+ 6.73		
	670	8.0	10 14 8.84	+1.51	−0.77	306 18 21.35	79.60	+ 6.04	10 14 9.58	−4 41 5.06
	328b	6.7	10 18 3.63	+1.50	−0.79	307 53 31.07	75.39	+ 5.72	10 18 4.34	−3 5 53.05
	676	7.8	10 19 0.05	+1.51	−0.77	303 57 6.52	87.04	+ 6.74	10 19 0.78	−7 2 24.60
	677	6.0	10 20 19.73	+1.51	−0.78	305 28 36.57	85.41	+ 6.61	10 20 20.45	−6 30 54.09
	Br. 1462	6.0	10 25 33.60	−0.09	−0.80	303 54 32.95	87.29	+ 6.89		
	33 Sextantis	6.4				309 48 50.27	70.46	+ 5.68		
	688	7.6	10 37 26.54	+1.50	−0.85	304 58 52.25	83.87	+ 6.80	10 37 27.19	−6 0 36.50
	692	7.6	10 44 32.83	+1.50	−0.88	302 6 55.95	86.70	+ 7.23	10 44 33.44	−6 54 39.22
	694	8.0	10 49 19.30	+1.49	−0.90	303 11 21.02	89.05	+ 7.53	10 49 19.89	−7 48 12.55
	ρ[1] Leonis	5.0	10 50 18.01	−0.10	−0.06	300 5 1.05	72.20	+ 6.36		
	705	6.5	11 11 29.21	+1.48	−0.99	304 20 45.10	85.14	+ 7.72	11 11 29.74	−6 32 43.83
	705′	9.2	11 11 33.31	−1.38	−0.97				11 11 33.83	
	283a	7.7	11 22 31.53	+1.47	−1.07	310 41 2.60	68.28	+ 6.72	11 22 31.03	−0 18 10.53
	284a	7.9	11 23 52.47	+1.17	−1.07	310 43 58.00	68.11	+ 7.21	11 23 52.87	−0 15 14.58
	713	6.3	11 27 17.75	+1.48	−1.04	303 45 41.05	87.64	+ 8.17	11 27 18.19	−7 13 50.87
	350a	6.0	15 27 23.04	+1.36	−1.20	310 9 58.17	69.68	+12.55	15 27 24.11	−0 49 9.47
	441b	8.0	15 28 40.32	+1.37	−1.28	308 37 47.30	73.58	+12.35	15 28 40.40	−2 21 23.95
	353a	5.5	15 40 30.21	+1.36	−1.20	309 31 12.45	71.24	+12.64	15 40 30.40	−1 27 56.52
	μ Serpentis	3.3	15 43 58.66	−0.09	1.19	307 53 15.50	75.50	+12.30		
	357a	8.0	15 47 1.21	+1.35	1.18	310 16 41.90	69.33	+12.85	15 47 1.38	−0 42 24.65
	457b	7.9	15 57 11.17	+1.35	−1.15	308 49 1.25	72.97	+12.71	15 57 11.38	−2 10 9.49
	Gr. 750 U.C.	6.4	16 2 28.44							
	δ Ophiuchi	3.0	16 8 40.83	−0.09	−1.12	307 31 16.65	76.24	+12.68		
	370a	7.2	16 10 44.82	+1.35	−1.11	309 36 23.07	70.81	+13.07	16 10 45.05	−1 22 45.68
	495	7.5	16 32 36.61	+1.34	−1.04	304 3 18.90	86.60	+11.91	16 32 36.92	−6 56 6.66
	14 Ophiuchi	6.0	16 36 13.98	−0.10	1.03	312 22 17.97	64.25	+13.19		

Datum	Bezeichnung des Sterns	Grösse	Durchgangszeit	Uhrstand + Correction	Reduction auf 1892.0	Mittel der Ablesungen	Refraction	Reduction auf 1892.0	α 1892.0	δ 1892.0
1892 April 23	22 Sextantis	5.8	10h 12m 15s.12	−0s.09	−0s.63	303° 27′ 54″.13	87″.04	+ 6″.79		
	673	7.0	10 15 40.34	+1.30	−0.09	306 7 11.47	78.92	+ 6.09	10h 15m 40s.95	−4° 52′ 21″.10
	364a	7.8	10 18 18.08	+1.29	−0.72	309 15 36.82	70.52	+ 5.75	10 18 19.25	−2 43 48.53
	Br. 1462	6.4	10 25 33.81	−0.09	−0.72	303 54 38.27	85.76	+ 6.94		
	692	7.8	10 44 32.95	+1.29	−0.81	304 5 0.52	85.15	+ 7.32	10 44 33.43	−6 54 36.56
	ρ' Leonis	5.0	10 56 19.65	−0.10	−0.90	309 5 22.40	70.98	+ 6.28		
	ι Leonis	5.0	11 24 47.53	−0.09	−1.01	308 34 56.37	72.43	+ 7.03		
	714	8.0	11 28 7.84	+1.27	−1.00	305 3 8.17	82.33	+ 8.04	11 28 8.11	−5 56 26.49
	B.A.C. 8213 U.C.	5.7	11 27 20.83							
	724	7.5	11 43 44.24	+1.27	−1.06	304 41 51.47	83.52	+ 8.45	11 43 44.44	−6 27 42.33
	729	7.0	11 45 39.60	+1.27	−1.06	303 36 12.07	87.01	+ 8.72	11 45 39.81	−7 23 25.63
	733	7.0	11 52 24.73	+1.27	−1.08				11 52 24.92	
	734	7.8	11 53 29.28	+1.27	−1.10	304 56 22.27	82.84	+ 8.61	11 53 29.45	−6 3 10.99
	735	8.0	11 55 54.83	+1.27	−1.10	303 26 21.55	87.64	+ 8.94	11 55 55.00	−7 33 10.18
	360b₁	7.7	11 57 41.62	+1.26	−1.13	308 11 53.92	73.63	+ 8.07	11 57 41.75	−2 47 30.35
	744	7.0	12 2 15.57	+1.27	−1.12	303 6 36.60	88.80	+ 9.12	12 2 15.72	−7 53 3.16
	364b	7.8	12 6 41.75	+1.26	−1.16	307 11 24.77	76.43	+ 8.46	12 6 41.86	−3 48 2.20
	748	7.4	12 9 35.36	+1.26	−1.15	304 20 16.77	84.88	+ 9.04	12 9 35.47	−6 30 18.15
	369b	7.3	12 14 44.05	+1.26	−1.18	307 4 49.65	76.81	+ 8.67	12 14 44.13	−3 54 37.84
	372b	7.7	12 16 18.39	+1.26	−1.19	307 12 18.22	76.47	+ 8.69	12 16 18.46	−3 47 9.83
	753	8.0	12 20 45.13	+1.26	−1.18	304 15 40.27	85.24	+ 9.28	12 20 45.21	−6 43 55.74
	756	7.8	12 23 17.96	+1.26	−1.19	305 3 33.70	82.77	+ 9.20	12 23 18.02	−5 55 59.98
	378b	8.0	12 28 40.04	+1.25	−1.23	307 51 59.12	74.73	+ 8.86	12 28 40.07	−3 7 26.31
	762	7.3	12 31 46.48	+1.26	−1.21				12 31 46.52	
	764	6.5	12 33 56.37	+1.25	−1.23	305 20 7.00	81.45	+ 9.34	12 33 56.39	−5 30 24.29
	765	7.5	12 35 5.74	+1.26	−1.22				12 35 5.78	
	767	8.0	12 37 2.05	+1.25	−1.24	306 7 3.10	79.57	+ 9.16	12 37 2.00	−4 52 27.13
	ψ Virginis	5.0	12 48 44.18	−0.08	−1.25	302 2 34.27	92.66	+10.07		
	θ Virginis	4.3	13 4 21.48	−0.09	−1.30	306 1 45.55	79.81	+ 9.92		
	788	8.0	13 7 36.46	+1.24	−1.32	306 32 35.15	78.33	+ 9.88	13 7 36.39	−4 26 52.20
1892 Mai 2	ρ' Leonis	5.0	10 56 21.12	−0.09	−0.81	309 5 7.30	71.39	+ 6.08		
	705	6.5	11 11 31.82	−1.19	−0.86	304 26 48.75	84.56	+ 7.78	11 11 29.78	−6 32 42.20
	ι Leonis	5.0	11 24 49.94	−0.09	−0.95	308 34 52.84	72.83	+ 6.97		
	711	6.5	11 26 29.08	−1.20	−0.93				11 26 26.94	
	714	8.0	11 28 10.27	−1.21	−0.94	305 3 7.32	82.79	+ 7.09	11 28 8.13	−5 56 23.50
	350b	8.0	11 32 5.14	−1.21	−0.97	307 4 56.77	76.92	+ 7.55	11 32 2.95	−3 54 27.35
	B.A.C. 8213 U.C.	5.7	11 27 26.08							
	720	8.0	11 44 50.20	−1.22	−1.01	304 13 2.67	85.53	+ 8.36	11 44 47.97	−6 46 29.68
	729	7.0	11 45 42.20	−1.22	−1.01	303 36 10.77	87.53	+ 8.73	11 45 39.97	−7 23 24.00
	734	7.8	11 53 31.67	−1.23	−1.05	304 56 19.82	83.33	+ 8.59	11 53 29.39	−6 3 10.79
	Lal. 22285	5.9	11 55 14.07	−0.08	−1.04	301 9 53.90	96.19	+ 9.67		
	360b₁	7.7	11 57 43.96	−1.24	−1.09	308 11 52.00	74.05	+ 7.90	11 57 41.63	−2 47 28.29
	364b	7.8	12 6 44.12	−1.24	−1.12	307 11 21.57	76.83	+ 8.35	12 6 41.76	−3 48 1.40
	748	7.4	12 9 37.87	−1.24	−1.11	304 20 12.32	85.32	+ 9.05	12 9 35.52	−6 30 18.54
	368b	6.8	12 12 39.44	−1.25	−1.14	307 38 24.00	75.63	+ 8.38	12 12 37.05	−3 20 57.70

Datum	Bezeichnung des Sterns	Grösse	Durchgangszeit	Uhrstand + Correction	Reduction auf 1891.0	Mittel der Ablesungen	Refraction	Reduction auf 1891.0	α 1891.0	δ 1891.0
1891 Mai 2	730	6.5	12h 17m 44s.56	—1s.25	—1s.16	306° 36' 56".17	78".51	+ 8".72	12h 17m 42s.16	—4° 22' 29".08
	754	7.8	12 21 10.04	—1.25	—1.17	305 59 49.70	80.32	+ 8.93	12 21 14.23	—4 59 35.85
	378b	8.0	12 28 42.50	—1.26	—1.21	307 51 55.47	75.09	+ 8.71	12 28 40.03	—3 7 26.38
	762	7.3	12 31 48.98	—1.25	—1.19	303 17 15.50	88.85	+ 9.69	12 31 46.53	—7 42 18.21
	χ Virginis	5.0	12 33 42.80	— 0.08	—1.20	303 33 28.55	87.85	+ 9.67		
	306a	7.7	12 38 7.72	—1.27	—1.25	310 0 18.95	69.60	+ 8.56	12 38 5.20	—0 58 57.97
	770	7.8	12 41 26.39	—1.26	—1.25	303 47 3.45	87.23	+ 9.76	12 41 23.88	—7 12 28.80
	ψ Virginis	5.0	12 48 46.67	—0.08	—1.24	302 2 30.45	93.22	+10.19		
	776	8.0	12 52 21.53	—1.27	—1.27	304 26 6.12	85.15	+ 9.83	12 52 18.99	—6 33 23.86
	783	8.0	13 0 31.60	—1.28	—1.30	306 26 4.00	79.13	+ 9.65	13 0 29.02	—4 33 20.16
	θ Virginis	4.3	13 4 24.02	—0.09	—1.31	306 1 41.90	80.32	+ 9.78		
	310a	8.0	13 7 43.56	—1.29	—1.34	309 0 24.07	72.16	+ 9.25	13 7 40.93	—1 58 54.66
	791	8.0	13 11 6.59	—1.29	—1.33	305 59 20.05	80.45	+ 9.92	13 11 3.98	—5 0 4.98
	795	7.9	13 14 10.71	—1.29	—1.33	305 1 4.22	83.38	+10.12	13 14 8.09	—5 58 24.41
	797	6.0	13 17 45.67	—1.29	—1.35	306 37 51.00	78.60	+ 9.96	13 17 43.03	—4 21 32.47
	m Virginis	6.0	13 35 39.26	—0.08	—1.37	302 50 6.60	90.50	+10.00		
1891 Mai 6	698	7.8	10 44 36.35	—2.19	—0.68	304 4 58.30	87.21	+ 7.17	10 44 33.47	—6 54 55.56
	ρ' Leonis	5.0	10 56 22.14	—0.09	—0.78	309 5 8.52	72.70	+ 5.94		
	φ Leonis	4.6	11 11 13.30	—0.09	—0.84					
	B.A.C. 8213 U.C.	5.7	11 27 27.73							
	726	8.0	11 44 51.35	—2.29	—0.98	304 13 1.70	86.93	+ 8.53	11 44 48.08	—6 46 31.32
	735	8.0	11 55 58.41	—2.31	—1.03	303 26 17.17	89.59	+ 8.96	11 55 55.08	—7 33 17.01
	741	8.0	12 0 20.32	—2.32	—1.06	305 44 10.52	82.28	+ 8.49	12 0 16.94	—5 15 16.91
	295a	7.0	12 7 13.50	—2.34	—1.11	309 7 4.47	72.88	+ 7.80	12 7 10.05	—1 52 15.20
	368b	6.8	12 12 40.54	—2.34	—1.13	307 38 24.15	76.86	+ 8.29	12 12 37.07	—3 20 57.87
	369b	7.3	12 14 47.51	—2.35	—1.13	307 4 46.45	78.44	+ 8.48	12 14 44.04	—3 54 37.50
	375b	6.5	12 22 22.37	—2.36	—1.16	306 58 22.75	78.77	+ 8.67	12 22 19.05	—4 1 1.67
	302a	7.2	12 28 54.56	—2.38	—1.21	310 10 31.32	70.23	+ 8.08	12 28 50.98	—0 48 45.04
	χ Virginis	5.0	12 33 43.84	—0.08	—1.18	303 33 29.35	89.16	+ 9.65		
	ψ Virginis	5.0	12 48 47.83	—0.08	—1.24	302 2 31.17	94.54	+10.22		
1891 Mai 7	41 Sextantis	5.0	10 44 55.63	+0.15	—0.66	57 18 39.30	91.05	— 7.61		
	ρ' Leonis	5.0	10 56 21.97	+0.14	—0.76	50 53 35.89	72.04	— 5.91		
	φ Leonis	4.6	11 11 13.18	+0.14	—0.83	52 3 2.87	75.21	— 6.67		
	289a	7.7	11 26 31.86	—2.09	—0.92	50 10 37.87	70.30	— 6.51	11 26 28.85	—1 11 11.74
	714	8.0	11 28 11.14	—2.08	—0.90	54 55 40.70	83.69	— 7.92	11 28 8.16	—5 56 26.85
	350b	8.0	11 32 6.07	—2.09	—0.93	52 53 47.05	77.74	— 7.43	11 32 3.05	—3 54 27.78
	716	7.8	11 33 21.77	—2.08	—0.92	55 59 18.42	87.11	— 8.33	11 33 19.77	—7 0 7.41
	724	7.5	11 43 47.51	—2.09	—0.97	55 16 56.32	84.86	— 8.36	11 43 44.45	—6 17 42.85
	728	6.0	11 45 34.08	—2.09	—0.99	53 43 16.30	80.12	— 7.99	11 45 31.00	—4 43 58.15
	734	7.8	11 53 32.38	—2.10	—1.02	55 2 25.84	84.07	— 8.52	11 53 29.26	—6 3 11.65
	736	7.8	11 57 17.08	—2.10	—1.04	54 51 5.40	83.51	— 8.55	11 57 13.94	—5 51 49.51
	741	8.0	12 0 20.08	—2.10	—1.05	54 14 35.12	81.68	— 8.45	12 0 16.92	—5 15 16.68
	375b	6.5	12 22 22.31	—2.11	—1.16	53 0 23.24	78.24	— 8.64	12 22 19.04	—4 1 2.13
	χ Virginis	5.0	12 33 43.60	+0.15	—1.18	56 23 14.50	88.71	— 9.64		
	ψ Virginis	5.0	12 48 47.47	+0.15	—1.23	57 56 14.63	94.23	—10.20		

Datum	Bezeichnung des Sterns	Grösse	Durchgangszeit	Uhrstand + Correction	Reduction auf 1892.0	Mittel der Ablesungen	Refraction	Reduction auf 1892.0	α 1892.0	δ 1892.0
1892 Mai 7	θ Virginis	4.3	13h 4m 24.83s	+0.14s	−1.30s	53° 57′ 2.49″	81.27″	− 9.68″		
	α Urs. min. U.C.	2.0	13 18 17.01							
	373a	8.0	16 17 40.67	−2.24	−1.52	49 26 26.70	69.74	−11.75	16h 17m 36.91s	−0° 26′ 54.44″
	471b	8.0	16 19 18.62	−2.24	−1.52	51 12 44.72	74.27	−11.61	16 19 14.86	−2 13 16.33
	473b	8.0	16 25 7.93	−2.24	−1.51	52 26 0.63	77.00	−11.50	16 25 4.18	−3 26 30.29
	474b	7.0	16 27 45.94	−2.24	−1.51	53 1 17.12	79.28	−11.43	16 27 42.19	−4 1 54.17
	φ Ophiuchi	5.0	16 31 16.44	+0.15	−1.51	59 19 52.07	100.55	−10.70		
	481b	8.0	16 35 44.49	−2.24	−1.49	52 59 45.50	79.23	−11.42	16 35 40.75	−4 0 23.21
	483b	8.0	16 38 22.56	−2.25	−1.49	51 25 7.41	74.88	−11.61	16 38 18.82	−2 25 39.80
	20 Ophiuchi	5.0	16 43 55.28	+0.15	−1.49	59 34 28.59	101.59	−10.55		
	489b	8.0	16 46 42.42	−2.25	−1.47	52 46 26.90	78.65	−11.42	16 46 38.70	−3 47 3.41
	1007	7.5	16 50 5.97	−2.25	−1.47	54 56 10.82	85.22	−11.10	16 50 2.25	−5 56 54.45
	30 Ophiuchi	5.0	16 55 25.57	+0.14	−1.45	53 2 58.15	79.46	−11.36		
1892 Mai 8	289a	8.0	11 44 58.06	−1.10	−1.00	50 48 29.35	71.33	− 7.24	11 44 54.96	−1 49 2.39
	370b	8.0	12 15 10.63	−1.10	−1.12	52 22 58.27	75.58	− 8.30	12 15 7.41	−3 23 35.33
	B.A.C. 4165 O.C.	6.2	12 15 13.31							
	γ Virginis	3.0	12 33 43.60	+0.18	−1.28	56 23 15.02	87.00	− 9.64		
	ψ Virginis	5.0	12 48 47.36	+0.19	−1.23	57 56 15.95	93.05	−10.20		
	779	7.7	12 53 26.62	−2.10	−1.25	57 8 24.69	90.27	−10.11	12 53 23.27	−8 9 14.74
	θ Virginis	4.3	13 4 24.82	+0.17	−1.30	53 57 4.60	80.20	− 9.66		
	792	7.4	13 11 15.98	−2.12	−1.32	55 21 9.85	84.47	−10.04	13 11 12.54	−6 21 32.36
	793	6.7	13 12 8.57	−2.11	−1.32	57 8 33.02	90.38	−10.37	13 12 5.15	−8 9 44.08
	824	7.5	13 44 55.77	−2.13	−1.42	56 2 54.05	86.80	−10.01	13 44 52.22	−7 3 40.39
	919	8.0	15 10 23.82	−2.18	−1.55	55 19 28.75	84.72	−11.21	15 10 20.09	−6 20 11.65
	922	7.5	15 11 30.84	−2.18	−1.55	56 26 44.80	88.35	−11.22	15 11 27.11	−7 27 32.00
	928	7.0	15 15 52.99	−2.19	−1.56	55 25 27.92	85.05	−11.23	15 15 49.25	−6 26 11.12
	347a	7.7	15 18 52.43	−2.22	−1.57	49 9 13.52	67.86	−11.20	15 18 48.64	−0 9 38.90
	933	7.9	15 22 43.48	−2.19	−1.56	54 36 59.97	82.56	−11.25	15 22 39.72	−5 37 40.41
	350a	6.0	15 27 27.89	−2.22	−1.57	49 48 42.30	69.47	−11.30	15 27 24.09	−0 49 9.44
	37 Librae	5.0	15 28 20.15	+0.19	−1.57	58 40 43.59	96.29	−11.27		
	352a	8.0	15 33 10.23	−2.22	−1.57	50 25 26.30	71.00	−11.35	15 33 6.44	−1 25 55.31
	353a	5.5	15 40 34.20	−2.23	−1.56				15 40 30.41	
	953	8.0	15 41 44.12	−2.21	−1.56	53 46 24.05	80.10	−11.41	15 41 40.35	−4 47 2.09
	μ Serpentis	3.3	15 44 2.79	+0.16	−1.56	52 5 23.22	75.38	−11.32		
	453b	7.5	15 47 48.96	−2.22	−1.56	51 41 50.17	74.34	−11.35	15 47 45.18	−2 42 23.28
	358a	7.0	15 50 22.75	−2.23	−1.56	50 50 10.42	72.11	−11.45	15 50 18.96	−1 50 46.89
	966	5.4	15 55 1.51	−2.20	−1.56	57 5 29.12	90.68	−11.15	15 54 57.75	−8 6 18.58
	360a	7.2	15 56 37.17	−2.24	−1.56	49 30 39.75	68.83	−11.34	15 56 33.37	−0 31 5.99
	972	7.8	16 0 43.54	−2.22	−1.55	53 27 4.62	70.24	−11.57	16 0 39.77	−4 27 40.93
	973	7.8	16 1 57.98	−2.20	−1.55	56 39 14.62	89.28	−11.53	16 1 54.22	−7 40 2.04
	365a	7.2	16 7 13.97	−2.24	−1.52	50 26 8.55	71.15	−11.56	16 7 10.20	−1 26 37.88
	δ Ophiuchi	3.0	16 8 44.80	+0.16	−1.54	52 24 23.06	76.34	−11.52		
	ε Ophiuchi	3.3	16 12 40.15	+0.10	−1.53	53 25 6.87	79.20	−11.29		

Datum	Bezeichnung des Sterns	Grösse	Durchgangszeit	Uhrstand + Correction	Reduction auf 1892.0	Mittel der Ablesungen	Refraction	Reduction auf 1892.0	α 1892.0	δ 1892.0
1892 Mai 8	469b	8.0	16h 16m 55s.69	−2s.23	−1s.53	52° 38′ 45″.25	67″.97	−11″.38	16h 16m 51s.92	−3° 30′ 21″.37
	469b′	8.9	16 16 58.12	−2.23	−1.53				16 16 54.45	
	470b	7.0	16 19 6.03	−2.24	−1.53	51 13 45.62	73.23	−11.53	16 19 2.26	−2 14 16.86
	471b	8.0	16 19 18.62	−2.25	−1.53				16 19 14.84	
	477b	8.0	16 32 45.03	−2.25	−1.51	51 12 30.40	73.45	−11.55	16 32 41.27	−2 13 0.96
	376a	7.5	16 33 43.34	−2.26	−1.51	50 32 0.02	71.53	−11.61	16 33 39.57	−1 32 38.69
	483b	8.0	16 38 22.52	−2.25	−1.50	51 25 8.22	73.84	−11.53	16 38 18.77	−2 25 30.73
	484b	6.9	16 39 36.14	−2.25	−1.50	51 52 31.80	75.06	−11.47	16 39 32.38	−2 53 4.81
	486b	6.2	16 44 47.90	−2.26	−1.49	51 27 26.70	73.98	−11.51	16 44 44.15	−2 27 58.01
	489b	8.0	16 46 42.33	−2.25	−1.49	52 46 28.27	77.58	−11.34	16 46 38.59	−3 47 3.89
1892 Mai 9	Lal. 22585	5.9				301 9 56.65	94.18	+ 9.68		
	751	7.2	12 17 57.62	−2.05	−1.12	305 28 13.77	80.02	+ 8.87	12 17 54.45	−5 31 19.43
	375b	6.5	12 22 22.23	−2.06	−1.15	306 58 25.60	75.76	+ 8.60	12 22 19.02	−4 1 3.47
	302a	7.2	12 28 54.31	−2.06	−1.15	310 10 36.79	67.61	+ 7.97	12 28 51.10	−0 48 44.63
	ξ Virginis	5.0	12 33 43.52	−0.10	−1.17	303 35 33.34	85.90	+ 9.64		
	767	8.0	12 37 5.27	−2.05	−1.20	306 7 4.96	78.26	+ 9.12	12 37 2.01	−4 52 26.35
	383b	6.8	12 38 41.90	−2.06	−1.22	308 44 10.40	71.23	+ 8.55	12 38 38.61	−2 15 3.53
	770	7.8	12 41 27.14	−2.05	−1.21	303 47 5.64	85.37	+ 9.71	12 41 23.88	−7 12 31.44
	σ Virginis	5.0	12 48 47.41	−0.09	−1.23	302 2 34.72	91.23	+10.21		
	785	8.0	13 3 16.64	−2.05	−1.30	305 34 24.41	70.85	+ 9.72	13 3 13.29	−5 25 7.65
	θ Virginis	4.3	13 4 22.82	−0.10	−1.30	306 1 47.00	78.52	+ 9.67		
	310a	8.0	13 7 44.32	−2.06	−1.33	309 0 28.97	70.53	+ 9.14	13 7 40.93	−1 58 55.02
	B.A.C. 5140 O.C.	7.1	15 12 52.55							
1892 Mai 12	723	6.8	11 43 43.37	−2.49	−0.93	304 14 5.05	82.67	+ 8.39	11 43 39.95	−6 45 35.27
	Lal. 22585	5.9	11 55 15.33	−0.08	−0.98	301 10 0.45	93.12	+ 9.38		
	736	7.8	11 57 17.38	−2.49	−1.00	305 7 45.65	80.15	+ 8.42	11 57 13.89	−5 51 50.35
	741	8.0	12 0 20.39	−2.49	−1.02	305 41 15.85	78.41	+ 8.06	12 0 16.87	−5 15 18.36
	365b	7.3	12 7 4.50	−2.50	−1.07	308 29 41.15	71.05	+ 7.74	12 7 0.93	−2 29 45.68
	370b	8.0	12 15 10.92	−2.50	−1.10	307 35 51.92	73.39	+ 8.23	12 15 7.32	−3 23 36.61
	751	7.2	12 17 58.08	−2.49	−1.10	305 28 18.97	79.30	+ 8.79	12 17 54.48	−5 31 16.18
	754	7.8	12 21 17.87	−2.49	−1.12	305 59 55.45	77.79	+ 8.73	12 21 14.26	−4 50 36.94
	375b	6.5	12 22 22.67	−2.50	−1.13	306 58 28.95	75.08	+ 8.50	12 22 19.04	−4 1 2.13
	302a	7.2	12 28 54.71	−2.51	−1.18	310 10 38.80	67.00	+ 7.85	12 28 51.02	−0 48 44.72
	ξ Virginis	5.0	12 33 43.98	−0.09	−1.16	303 35 35.35	85.10	+ 9.59		
	765	7.5	12 35 9.36	−2.49	−1.16	303 8 37.95	86.56	+ 9.70	12 35 5.71	−7 51 2.47
	383b₁	8.0	12 39 47.67	−2.50	−1.21	307 41 36.10	73.23	+ 8.70	12 39 43.96	−0 17 52.02
	σ Virginis	5.0	12 48 47.83	−0.09	−1.12	302 2 35.06	90.34	+10.18		
	387b	7.3	12 49 52.47	−2.50	−1.24	307 4 15.61	74.93	+ 9.07	12 49 48.73	−3 55 14.93
	785	8.0	13 3 17.02	−2.49	−1.29	305 34 27.06	79.18	+ 9.64	13 3 13.24	−5 25 7.01
	θ Virginis	4.5	13 4 25.22	−0.10	−1.29	306 1 48.25	77.88	+ 9.57		
	304b	7.5	13 7 50.85	−2.50	−1.32	308 4 10.05	72.36	+ 9.20	13 7 47.00	−2 55 17.87
	317a	8.0	13 27 27.31	−2.51	−1.39	309 7 16.12	69.84	+ 9.35	13 27 23.41	−1 52 9.05
	B.A.C. 5140 O.C.	7.1	15 12 49.63							

Datum	Bezeichnung des Sterns	Grösse	Durchgangszeit	Uhrstand + Correction	Reduction auf 1892.0	Mittel der Ablesungen	Refraction	Reduction auf 1892.0	α 1892.0	δ 1892.0
1892 Mai 13	ρ¹ Leonis	5.0	10ʰ 56ᵐ 22ˢ.32	−0ˢ.11	−0ˢ.70	309° 5′ 14″.12	69″.51	+ 5″.28		
	φ Leonis	4.6	11 11 13.53	−0.11	−0.77	307 55 40.35	72.31	+ 6.48		
	B.A.C.8213U.C.	5.7	11 27 28.94							
	ι Leonis	5.0	11 22 51.12	−0.11	−0.85	308 34 59.85	70.91	+ 6.61		
	712	8.0	11 20 37.72	−2.51	−0.85	305 57 51.45	77.95	+ 7.48	11ʰ 20ᵐ 53ˢ.92	−5° 1′ 42″.68
	349b	8.0	11 31 37.85	−2.52	−0.89	308 41 46.27	70.67	+ 6.75	11 31 54.13	−2 17 39.90
	726	8.0	11 43 51.42	−2.52	−0.93	304 13 8.60	83.27	+ 8.41	11 43 47.97	−6 46 29.68
	Lal. 22585	5.9	11 55 15.40	−0.08	−0.96	301 9 58.65	93.62	+ 0.05		
	739	7.7	11 59 15.57	−2.53	−1.00	303 37 8.82	85.24	+ 8.80	11 59 12.04	−7 22 30.95
	741	8.0	12 0 20.45	−2.54	−1.01	305 44 15.25	78.80	+ 8.32	12 0 16.90	−5 15 17.70
	746₁	8.0	12 5 50.94	−2.55	−1.04	305 40 15.87	79.02	+ 8.47	12 5 47.35	−5 19 18.01
	295a	7.0	12 7 13.62	−2.56	−1.07	309 7 21.15	69.79	+ 7.35	12 7 9.99	−1 52 14.49
	748₁	8.0	12 10 23.33	−2.55	−1.06	305 26 5.59	79.73	+ 8.63	12 10 19.72	−5 33 28.20
	370b	8.0	12 15 11.02	−2.56	−1.09	307 35 51.72	73.73	+ 8.15	12 15 7.36	−3 23 35.94
	749	6.8	12 17 39.83	−2.55	−1.09	304 17 30.70	83.22	+ 9.08	12 17 36.19	−6 41 50.71
	753	8.0	12 20 48.86	−2.56	−1.10	304 15 43.45	83.34	+ 9.15	12 20 45.20	−6 43 54.51
	374b	8.0	12 21 30.70	−2.57	−1.13	308 3 26.32	72.57	+ 8.17	12 21 27.00	−2 56 2.07
	304a	8.0	12 33 28.50	−2.59	−1.20	310 43 45.17	66.08	+ 7.77	12 33 24.71	−0 15 36.09
	765	7.5	12 35 9.48	−2.57	−1.16	303 8 37.22	87.03	+ 9.09	12 35 5.76	−7 51 2.34
	767	8.0	12 37 5.81	−2.58	−1.18	306 7 6.37	77.04	+ 9.01	12 37 2.04	−4 52 26.02
	769	7.5	12 40 1.73	−2.58	−1.20	306 46 27.57	76.13	+ 8.92	12 39 57.95	−4 13 12.95
	774	8.0	12 48 4.37	−2.58	−1.22	303 44 28.60	85.28	+ 9.77	12 48 0.57	−7 15 9.19
	387b	7.3	12 49 52.62	−2.60	−1.24	307 4 16.00	75.37	+ 9.04	12 49 48.79	−3 55 13.66
	777	7.0	12 53 3.91	−2.59	−1.24	304 37 42.47	82.44	+ 9.66	12 53 0.08	−6 21 55.30
	θ Virginis	4.3	13 4 25.31	−0.10	−1.29	306 1 48.46	78.38	+ 9.64		
	304b	7.5	13 7 50.94	−2.61	−1.32	308 4 10.35	72.83	+ 9.18	13 7 47.01	−2 55 10.71
	790	7.5	13 10 31.39	−2.61	−1.32	305 53 43.82	78.81	+ 9.68	13 10 27.45	−5 5 47.48
	m Virginis	6.0	13 35 0.54	−0.09	−1.30	302 30 12.47	88.52	+10.50		
	943	8.0	15 30 47.05	−2.75	−1.62	305 30 42.75	80.88	+11.04	15 30 42.69	−5 28 46.82
	945	8.0	15 32 20.70	−2.75	−1.62	305 55 33.16	79.06	+11.03	15 32 16.33	−5 3 54.54
	355a	7.8	15 43 40.61	−2.77	−1.62	309 19 55.47	70.52	+11.00	15 43 36.22	−1 30 22.77
	961	7.8	15 52 53.53	−2.77	−1.62	304 35 52.47	83.74	+11.02	15 52 49.14	−6 23 38.29
	965	8.0	15 54 38.22	−2.76	−1.63	303 29 32.12	87.29	+10.98	15 54 33.83	−7 30 2.49
	362a	8.0	15 57 27.38	−2.79	−1.62	309 38 20.22	69.80	+11.13	15 57 22.97	−1 20 56.91
	461b	8.0	16 1 31.28	−2.78	−1.62	306 59 9.60	76.76	+11.07	16 1 26.88	−4 0 14.68
	463b	6.1	16 4 15.75	−2.79	−1.62	307 48 28.81	74.52	+11.09	16 4 11.34	−3 10 54.53
	δ Ophiuchi	3.0	16 8 45.50	−0.10	−1.62	307 34 20.22	75.17	+11.10		
	981	6.8	16 11 8.73	−2.79	−1.62	305 45 49.92	80.27	+11.00	16 11 4.32	−5 13 38.98
	ε Ophiuchi	3.3	16 12 40.82	−0.10	−1.62	306 33 44.54	77.98	+10.99		
	1067	7.3	16 53 24.05	−2.89	−1.44	305 37 16.40	79.96	+10.12	16 53 19.72	−5 2 13.53
	67 Ophiuchi	4.0	16 55 18.48	−0.13	−1.42	313 55 20.82	60.25	+11.50		
1892 Mai 17	φ Leonis	4.6	11 11 14.53	−0.11	−0.73	307 55 47.37	73.09	+ 6.32		
	B.A.C.8213U.C.	5.7	11 27 33.87							
	713	6.3	11 27 22.33	−3.52	−0.80	303 43 47.12	85.99	+ 8.04	11 27 18.01	−7 13 51.52
	728	6.0	11 45 35.29	−3.52	−0.91	306 15 34.57	78.59	+ 7.71	11 45 30.86	−4 43 56.05
	Lal. 22585	5.9	11 55 16.31	−0.11	−0.93	301 9 57.92	95.27	+ 0.60		

Datum	Bezeichnung des Sterns	Grösse	Durchgangszeit	Uhrstand + Correction	Reduction auf 1892.0	Mittel der Ablesungen	Refraction	Reduction auf 1892.0	α 1892.0	δ 1892.0
1892 Mai 17	736	7.8	11h 57m 18s.18	−3s.52	−0s.96	305° 7′ 42″.90	81″.97	+ 8″.30	11h 57m 13s.80	−5° 51′ 50″.57
	746₁	8.0	12 5 51.78	−3.52	−1.01	305 40 13.02	80.33	+ 8.35	12 5 47.24	−5 19 19.13
	365b	7.3	12 7 5.45	−3.53	−1.03	308 29 37.95	73.54	+ 7.55	12 7 0.89	−2 29 46.16
	748₁	8.0	12 10 24.22	−3.52	−1.03	305 26 2.86	81.03	+ 8.52	12 10 19.66	−5 33 29.26
	370b	8.0	12 15 11.91	−3.52	−1.07	307 35 50.07	74.90	+ 8.01	12 15 7.32	−3 23 35.79
	750	6.5	12 17 46.72	−3.52	−1.08	306 37 1.40	77.59	+ 8.34	12 17 42.12	−4 22 28.17
	χ Virginis	5.0	12 33 44.90	−0.11	−1.13	301 35 32.47	86.83	+ 9.49		
	306a	7.7	12 38 9.87	−3.53	−1.19	310 0 23.70	68.81	+ 7.89	12 38 5.15	−0 58 58.00
	383b₁	8.0	12 39 48.60	−3.52	−1.19	307 41 34.04	74.73	+ 8.33	12 39 43.89	−3 17 51.33
	387b	7.3	12 50 53.56	−3.52	−1.23	307 4 12.67	76.50	+ 8.91	12 50 48.81	−3 55 15.09
	m Virginis	6.0	13 36 1.51	−0.11	−1.39	302 50 9.15	89.52	+10.52		
1892 Mai 21	728	6.0	11 45 35.74	−3.91	−0.88	306 15 35.99	77.88	+ 7.54	11 45 30.94	−4 43 56.86
	Lal. 22585	5.9	11 55 16.70	−0.12	−0.90	301 9 58.47	94.35	+ 9.53		
	M. 499	6.5	12 0 32.88	−0.12	−0.97	308 27 40.67	71.94	+ 7.25		
	295a	7.0	12 7 15.04	−3.94	−1.01	309 7 9.17	70.28	+ 7.19	12 7 10.09	−1 52 16.00
	748₁	8.0	12 10 24.67	−3.95	−1.00	305 26 3.32	82.14	+ 8.37	12 10 19.72	−5 33 31.81
	φ Virginis	3.3	12 14 27.77	−0.12	−1.05	310 55 20.70	65.94	+ 6.81		
	750	6.5	12 17 47.13	−3.95	−1.05	306 37 2.50	76.88	+ 8.19	12 17 42.13	−4 22 18.35
	754	7.8	12 21 19.33	−3.96	−1.06	305 59 53.32	78.62	+ 8.45	12 21 14.31	−4 59 37.57
	764	6.5	12 34 1.52	−3.97	−1.11	305 29 8.32	80.27	+ 8.85	12 33 56.43	−5 30 24.40
	765	7.5	12 35 10.84	−3.97	−1.12	303 8 37.05	87.61	+ 9.46	12 35 5.75	−7 51 2.02
	310a	8.0	13 7 46.17	−4.00	−1.30	309 0 29.65	70.89	+ 8.60	13 7 40.87	−1 58 55.23
	791	8.0	13 11 9.19	−4.01	−1.29	305 59 23.65	79.03	+ 9.41	13 11 3.99	−5 0 7.00
	m Virginis	6.0	13 36 2.01	−0.12	−1.38	302 50 11.65	88.94	+10.45		
	B.A.C. 5140 O.C.	7.1	15 22 30.11							
	934	7.8	15 22 35.32	−4.14	−1.68	304 55 53.67	82.91	+10.67	15 22 29.49	−6 3 38.59
	37 Librae	5.0	15 28 22.36	−0.12	−1.70	301 18 9.45	95.21	+10.95		
	945	8.0	15 32 22.03	−4.15	−1.69	305 55 33.30	80.01	+10.60	15 32 16.19	−5 3 56.41
	355a	5.5	15 40 36.37	−4.16	−1.71	309 31 24.70	70.37	+10.42	15 40 30.50	−1 27 58.66
	μ Serpentis	3.3	15 44 4.81	−0.12	−1.71	307 53 24.57	74.50	+10.43		
1892 Mai 22	Lal. 22585	5.9	11 55 16.93	−0.07	−0.89	301 9 59.30	92.83	+ 9.51		
	M. 499	6.5	12 0 33.11	−0.11	−0.96	308 27 42.15	70.86	+ 7.20		
	φ Virginis	3.3	12 14 28.01	−0.12	−1.05	310 55 21.47	65.10	+ 6.76		
	751	7.2	12 17 59.73	−4.16	−1.05	305 28 17.41	79.18	+ 8.52	12 17 54.54	−5 31 17.48
	374b	8.0	12 21 32.29	−4.17	−1.07	308 3 25.32	72.15	+ 7.81	12 21 27.05	−2 56 4.03
	B.A.C. 4165 O.C.	6.2	12 15 14.88							
	304a	8.0	12 33 30.01	−4.19	−1.14	310 43 44.97	65.71	+ 7.31	12 33 24.67	−0 15 37.23
	306a	7.7	12 38 10.52	−4.19	−1.16	310 0 26.21	67.44	+ 7.63	12 38 5.17	−0 58 58.59
	383b₁	8.0	12 39 49.27	−4.18	−1.16	307 41 36.65	73.24	+ 8.32	12 39 43.93	−3 17 51.29
	M. 522	6.5	12 42 3.76	−0.09	−1.15	305 16 56.82	79.97	+ 9.04		
	ψ Virginis	5.0	12 48 49.49	−0.07	−1.17	302 2 35.34	90.40	+11.02		
	776	8.0	12 52 24.34	−4.17	−1.20	304 26 10.55	82.60	+ 9.45	12 52 18.98	−6 33 26.02
	787	7.6	13 5 12.95	−4.18	−1.27	306 37 31.72	76.34	+ 9.11	13 5 7.50	−4 21 59.51
	792	7.4	13 11 17.90	−4.18	−1.80	304 37 44.14	82.17	+ 9.69	13 11 12.49	−6 21 52.16
	m Virginis	6.0	13 36 2.17	−0.08	−1.38	302 50 11.34	88.02	+10.41		

Datum	Bezeichnung des Sterns	Grösse	Durchgangszeit	Uhrstand + Correction	Reduction auf 1892.0	Mittel der Ablesungen	Refraction	Reduction auf 1892.0	α 1892.0	δ 1892.0
1892 Mai 22	342a	8.0	15h 9m 27s.56	−4s.24	−1s.67	308° 38′ 40″.10	70″.62	+10″.22	15h 9m 21s.65	−2° 0′ 40″.81
	437b₁	7.3	15 12 8.07	−4.23	−1.67	307 33 33.55	75.19	+10.39	15 12 2.16	−3 5 50.91
	344a	7.3	15 13 27.67	−4.25	−1.68	309 47 23.46	68.62	+10.17	15 13 21.74	−1 21 54.85
	δ Serpentis	6.3	15 18 45.57	−0.11	−1.69	310 21 5.50	67.28	+10.16		
	931	7.7	15 19 29.65	−4.23	−1.68	305 27 19.92	80.22	+10.56	15 19 23.73	−5 32 12.45
	935	7.9	15 22 45.63	−4.23	−1.69	305 21 51.63	80.51	+10.57	15 22 39.71	−5 37 39.52
	350a	6.0	15 27 30.05	−4.26	−1.70	310 10 8.62	67.77	+10.23	15 27 24.09	−0 49 9.90
	940	8.0	15 29 1.41	−4.23	−1.70	303 14 27.15	87.19	+10.71	15 28 55.48	−7 45 9.11
	940′	8.2	15 29 16.38	−4.22	−1.70				15 29 10.46	
	954	7.8	15 42 36.83	−4.24	−1.72	306 32 21.17	77.22	+10.49	15 42 30.87	−4 27 5.45
	451b	5.6	15 45 44.01	−4.25	−1.72	308 13 35.72	72.68	+10.40	15 45 38.03	−2 45 47.13
	964	7.7	15 54 10.98	−4.24	−1.73	304 16 26.41	83.99	+10.52	15 54 5.01	−6 43 7.78
	300a	7.2	15 56 39.40	−4.27	−1.73	310 28 10.99	67.26	+10.35	15 56 33.40	−0 31 6.77
	459b	7.7	15 59 48.56	−4.26	−1.73	307 50 12.05	73.50	+10.42	15 59 42.58	−3 3 11.09
	460b	7.5	16 1 26.99	−4.26	−1.73	307 24 15.80	74.92	+10.43	16 1 21.00	−3 35 10.47
	δ Ophiuchi	3.0	16 8 47.09	−0.10	−1.73	307 34 28.21	74.50	+10.53		
	ε Ophiuchi	3.3	16 12 42.39	−0.10	−1.74	306 33 44.15	77.79	+10.43		
	373a	8.0	16 17 42.96	−4.28	−1.73	310 31 20.15	67.08	+10.34	16 17 36.95	−0 26 56.45
	470b	7.0	16 19 8.31	−4.27	−1.73	308 45 7.55	71.46	+10.38	16 19 2.30	−2 14 15.43
	471b	8.0	16 19 20.86	−4.27	−1.73				16 19 14.86	
	λ Ophiuchi	3.7	16 25 33.98	−0.13	−1.73	313 11 28.07	61.12	+10.47		
	12 Ophiuchi	5.8	16 30 47.09	−0.13	−1.74	308 53 43.07	71.15	+10.48		
	994₁	6.2	16 32 20.47	−4.26	−1.74	304 40 21.79	82.93	+10.22	16 32 14.47	−6 19 11.70
1892 Mai 24	B.A.C. 4165 O.C.	6.2	12 15 13.40							
	η Virginis	3.3	12 14 28.22	−0.12	−1.03	310 55 24.60	64.25	+ 6.56		
	374b	8.0	12 21 32.47	−4.32	−1.05	308 3 18.72	71.18	+ 7.71	12 21 27.10	−2 56 2.38
	304a	8.0	12 33 30.22	−4.34	−1.13	310 43 47.70	64.81	+ 7.19	12 33 24.75	−0 15 36.69
	764	6.5	12 34 1.70	−4.31	−1.10	305 29 12.32	78.21	+ 9.17	12 33 56.29	−5 30 23.16
	383b₁	8.0	12 39 49.47	−4.33	−1.14	307 41 38.71	72.19	+ 8.22	12 39 44.01	−3 17 51.34
	ψ Virginis	5.0	12 48 49.60	−0.07	−1.16	302 2 37.90	89.02	+ 9.99		
	391b	6.3	12 55 7.79	−4.34	−1.22	308 12 15.35	70.88	+ 8.40	12 55 2.24	−2 47 15.14
	786	7.2	13 4 14.87	−4.32	−1.24				13 4 9.30	
	792	7.4	13 11 18.22	−4.33	−1.28	304 37 46.02	80.73	+ 9.64	13 11 12.61	−6 21 31.86
	805	5.5	13 26 26.64	−4.34	−1.35	305 17 42.22	78.77	+ 9.69	13 26 20.95	−5 41 52.90
	m Virginis	6.0	13 36 2.31	−0.08	−1.38	302 50 14.62	86.36	+10.35		
	830	8.0	13 49 23.81	−4.36	−1.44	305 38 48.42	77.78	+ 9.91	13 49 18.01	−5 20 45.41
	920	7.5	15 10 26.72	−4.41	−1.68	306 29 40.70	75.75	+10.34	15 10 20.62	−4 29 48.24
	922	7.5	15 11 33.11	−4.40	−1.68	303 32 7.30	84.50	+10.66	15 11 27.02	−7 27 30.53
	928	7.0	15 15 55.29	−4.41	−1.69	304 33 24.95	81.35	+10.55	15 15 49.19	−6 26 11.22
	δ Serpentis	6.4	15 18 15.74	−0.11	−1.70	310 21 8.92	66.02	+ 9.99		
	935	7.9	15 22 45.84	−4.42	−1.70	305 21 54.00	78.99	+10.47	15 22 39.72	−5 37 39.50
	939	6.5	15 28 44.58	−4.42	−1.71	305 39 37.22	78.15	+10.44	15 28 38.44	−5 19 55.70
	943	8.0	15 30 48.82	−4.42	−1.72	305 30 45.20	78.58	+10.56	15 30 42.68	−5 28 47.92

Datum	Bezeichnung des Sterns	Grösse	Durchgangszeit	Uhrstand + Correction	Reduction auf 1892.0	Mittel der Ablesungen	Refraction	Reduction auf 1892.0	α 1892.0	δ 1892.0
1892 Mai 24	456b	8.0	15ʰ 57ᵐ 8ˢ.95	−4ˢ.45	−1″.75	307° 38′ 8″.87	72″.82	+10″.28	15ʰ 57ᵐ 2ˢ.75	−3° 21′ 19″.63
	363a	7.9	15 59 14.44	−4.46	−1.75	310 7 34.92	66.65	+10.18	15 59 8.23	−0 51 45.97
	459b′	8.4	16 0 50.57	−4.45	−1.75	307 57 23.07	72.00	+10.26	16 0 44.37	−3 2 4.06
	365a	7.2	16 7 16.40	−4.46	−1.75	309 37 41.75	68.05	+10.21	16 7 10.18	−1 26 30.59
	δ Ophiuchi	3.0	16 8 47.36	−0.10	−1.75	307 34 30.32	73.01	+10.38		
	ε Ophiuchi	3.3	16 12 42.56	−0.10	−1.77	306 33 47.22	75.75	+10.29		
1892 Mai 25	χ Virginis	5.0	12 33 45.88	−0.08	−1.08	303 35 36.65	83.20	+ 9.26		
	383b	6.8	12 38 44.21	−4.50	−1.14	308 44 26.42	72.19	+ 7.85	12 38 38.57	−2 15 5.24
	M. 522	6.3	12 42 4.12	−0.09	−1.13	305 17 0.42	78.12	+ 8.93		
	43 H. Ceph. U.C.	4.3	12 53 47.18							
	ψ Virginis	5.0	12 48 49.81	−0.07	−1.15	302 2 37.60	88.24	+ 9.96		
	776	8.0	12 52 24.68	−4.50	−1.18	304 26 14.77	80.59	+ 9.35	12 52 19.00	−6 33 23.05
	779	7.7	12 53 28.89	−4.49	−1.18	302 50 29.50	85.58	+ 9.81	12 53 23.21	−8 9 13.51
	786	7.2	13 4 15.03	−4.51	−1.24	303 54 57.20	82.18	+ 9.68	13 4 9.28	−7 4 43.91
	792	7.4	13 11 18.27	−4.52	−1.27	304 37 44.91	80.06	+ 9.60	13 11 12.48	−6 21 53.47
	802	8.0	13 22 9.46	−4.53	−1.32	304 44 16.80	79.89	+ 9.73	13 22 3.60	−6 15 20.81
	809	7.0	13 28 43.98	−4.53	−1.34	302 55 54.17	85.60	+10.25	13 28 38.11	−8 3 48.97
	π Virginis	6.0	13 30 2.45	−0.08	−1.37	302 50 14.97	86.02	+10.33		
	406b	7.5	13 50 35.76	−4.57	−1.45	306 54 16.00	74.13	+ 9.60	13 50 29.74	−4 5 17.14
	855	7.2	14 10 5.49	−4.58	−1.51				14 9 59.90	
	874₁	6.8	14 23 15.02	−4.61	−1.56				14 23 8.85	
	342a	8.0	15 9 27.94	−4.67	−1.69	308 58 43.95	69.07	+10.00	15 9 21.57	−1 0 40.78
	344a	7.3	15 13 28.03	−4.68	−1.70	309 47 26.02	67.00	+ 9.93	15 13 21.65	−1 11 55.18
	928	7.0	15 15 55.50	−4.66	−1.70	304 33 25.47	81.11	+10.50	15 15 49.14	−6 26 11.91
	B.A.C. 5140 O.C.	7.1	15 12 54.92							
	940	8.0	15 29 1.83	−4.67	−1.72	303 14 31.12	85.36	+10.58	15 28 55.44	−7 45 8.63
	945	8.0	15 32 22.55	−4.68	−1.73	305 55 36.65	77.29	+10.36	15 32 16.14	−5 3 56.05
	953	8.0	15 41 46.74	−4.70	−1.74	306 12 33.15	76.64	+10.32	15 41 40.30	−4 46 59.88
	μ Serpentis	3.3	15 44 5.46	−0.10	−1.74	307 53 29.80	72.14	+10.18		
	965	8.0	15 54 40.22	−4.70	−1.76	303 29 35.55	84.92	+10.39	15 54 33.76	−7 30 3.88
	455b	7.0	15 56 8.26	−4.72	−1.76	307 31 48.90	73.21	+10.22	15 56 1.78	−3 27 39.68
	459b	7.7	15 59 49.00	−4.72	−1.76	307 56 17.57	72.14	+10.19	15 59 42.58	3 3 9.55
	461b	8.0	16 1 33.27	−4.72	−1.76	306 59 12.42	74.66	+10.21	16 1 26.79	−4 0 17.28
	365a	7.2	16 7 16.57	−4.74	−1.76	309 32 44.25	68.13	+10.12	16 7 10.07	−1 26 38.54
	δ Ophiuchi	3.0	16 8 47.58	−0.10	−1.76	307 34 31.70	73.09	+10.29		
	ε Ophiuchi	3.3	16 12 42.87	−0.10	−1.78	306 33 48.60	75.81	+10.18		
1892 Mai 26	M. 522	6.3	12 42 4.37	−0.09	−1.13	305 17 1.20	77.84	+ 8.90		
	43 H. Ceph. U.C.	4.3	12 53 46.65							
	ψ Virginis	5.0	12 48 49.94	−0.07	−1.13	302 2 38.15	87.93	+ 9.94		
	780	8.0	12 53 54.75	−4.68	−1.20	306 40 10.60	74.00	+ 8.72	12 53 48.87	−4 19 23.29
	786	7.2	13 4 15.19	−4.68	−1.23	303 54 57.47	82.95	+ 9.65	13 4 9.28	−7 4 43.61
	787	7.6	13 5 13.38	−4.69	−1.25	306 37 36.70	74.17	+ 8.94	13 5 7.44	−4 21 36.83
	793	6.7	13 12 11.11	−4.68	−1.27	302 50 0.04	85.42	+10.05	13 12 5.16	−8 9 43.35
	312a	7.0	13 20 45.46	−4.72	−1.34	310 21 35.32	64.98	+ 8.13	13 20 39.40	−0 37 50.59
	313a	8.0	13 22 50.71	−4.73	−1.35	310 43 20.56	64.17	+ 8.19	13 22 44.63	−0 16 3.91
	π Virginis	6.0	13 36 2.64	−0.08	−1.37	302 50 15.10	85.54	+10.30		

Datum	Bezeichnung des Sterns	Grösse	Durchgangszeit	Uhrstand + Correction	Reduction auf 1892.0	Mittel der Ablesungen	Refraction	Reduction auf 1892.0	α 1892.0	δ 1892.0
1892 Mai 26	830	8.0	13h 40m 24s.17	−4s.73	−1s.44	305° 38′ 49″.36	77″.08	+ 9″.82	13h 40m 18s.00	−5° 20′ 45″.33
	842	7.7	13 59 15.25	−4.73	−1.48	304 57 36.71	79.10	+10.07	13 59 9.04	−6 2 1.34
	855	7.2	14 10 6.01	−4.73	−1.51	303 49 57.24	82.54	+10.39	14 9 59.76	−7 9 42.97
	422b	8.0	14 33 0.77	−4.78	−1.60	308 18 56.22	70.16	+ 9.75	14 32 54.39	−2 40 32.98
	β Librae	2.0	15 11 18.09	−0.07	−1.70	302 0 45.30	88.83	+10.78		
	344a	7.3	15 13 28.21	−4.82	−1.70	309 17 27.81	66.79	+ 9.86	15 13 21.69	−1 11 56.80
	θ Serpentis	6.4	15 18 10.15	−0.11	−1.71	310 21 11.31	65.50	+ 9.84		
	347a	7.7	15 18 55.12	−4.82	−1.72	310 49 42.45	64.42	+ 9.78	15 18 48.58	−0 9 40.43
	441b	8.0	15 28 47.02	−4.82	−1.73	308 38 0.93	69.68	+10.05	15 28 40.47	−2 21 26.69
	946	8.0	15 32 24.65	−4.80	−1.74	303 40 31.02	83.34	+10.48	15 32 18.11	−7 19 10.41
	954	7.8	15 42 37.41	−4.82	−1.75	306 32 25.22	75.21	+10.23	15 42 30.83	−4 27 7.48
	355a	7.8	15 43 42.71	−4.84	−1.75	309 20 0.75	68.05	+10.04	15 43 36.12	−1 39 25.27
	357a	8.0	15 47 7.93	−4.85	−1.75	310 16 57.95	65.82	+ 9.98	15 47 1.34	−0 42 25.93
	456b	8.0	15 57 9.32	−4.84	−1.77	307 38 10.60	72.39	+10.13	15 57 2.71	−3 21 19.55
	459b	7.7	15 59 49.23	−4.84	−1.77	307 56 18.07	71.62	+10.11	15 59 42.62	−3 3 11.24
	973	7.8	16 1 0.79	−4.82	−1.78	303 19 41.25	84.85	+10.29	16 0 54.19	−7 40 1.56
	464b	6.5	16 7 22.26	−4.85	−1.78	307 2 55.12	74.01	+10.12	16 7 15.64	−3 56 36.13
	466b	8.0	16 8 32.26	−4.85	−1.78	307 6 30.24	73.85	+10.11	16 8 25.63	−3 53 2.60
	ι Ophiuchi	3.3	16 12 42.99	−0.10	−1.79	306 33 49.07	75.36	+10.09		
	373a	8.0	16 17 43.57	−4.87	−1.78	310 32 24.87	65.41	+10.00	16 17 36.92	−0 26 58.31
	470b	7.0	16 19 8.91	−4.87	−1.78	308 45 11.02	69.69	+10.02	16 19 2.26	−2 14 17.88
1892 Mai 27	M. 522	6.3	12 42 4.40	−0.09	−1.12	305 17 1.27	77.10	+ 8.87		
	ψ Virginis	5.0	12 48 30.09	−0.07	−1.14	302 1 39.00	87.09	+ 9.01		
	780	8.0	12 53 54.92	−4.79	−1.19	306 40 10.00	73.30	+ 8.67	12 53 48.94	−4 19 24.98
	θ Virginis	4.3	13 4 27.51	−0.09	−1.23	306 1 51.25	75.05	+ 9.03		
	394b₁	8.0	13 18 37.87	−4.80	−1.31	307 1 14.57	72.54	+ 9.02	13 18 31.76	−3 58 19.24
	398b	7.3	13 25 23.09	−4.82	−1.34	308 30 52.27	68.82	+ 8.74	13 25 16.93	−2 28 38.35
	m Virginis	6.0	13 36 2.72	−0.08	−1.37	302 50 15.92	84.80	+10.26		
	829	8.0	13 48 19.38	−4.80	−1.43	303 1 42.15	84.35	+10.14	13 48 13.15	−7 57 1.36
	841	6.5	13 58 42.44	−4.82	−1.47	306 7 50.95	75.29	+ 9.78	13 58 36.14	−4 51 44.44
	872₁	6.8	14 23 15.24	−4.83	−1.56	306 15 15.45	75.12	+ 9.98	14 23 8.85	−4 44 10.55
	342a	8.0	15 9 28.18	−4.87	−1.70	308 58 44.76	68.29	+ 9.86	15 9 21.61	−2 0 43.57
	β Librae	2.0	15 11 18.14	−0.07	−1.70	302 0 43.90	88.27	+10.74		
	928	7.0	15 15 55.78	−4.83	−1.71	304 33 26.85	80.17	+10.40	15 15 49.24	−6 26 12.71
	θ Serpentis	6.4	15 18 16.20	−0.11	−1.71	310 21 12.46	65.04	+ 9.77		
	B.A.C. 5140 O.C.	7.1	15 12 54.16							
	940	8.0	15 29 1.99	−4.85	−1.74	303 24 32.70	84.22	+10.49	15 28 55.40	−7 45 9.37
	456b	8.0	15 57 9.44	−4.88	−1.78	307 38 11.27	71.59	+10.06	15 57 2.78	−3 21 18.86
	969	7.8	15 59 47.95	−4.87	−1.78	304 59 50.32	78.81	+10.19	15 59 41.30	−5 59 40.46
	975	8.0	16 3 33.36	−4.88	−1.78	306 48 45.55	73.74	+10.06	16 3 26.89	−4 10 47.70
	464b	6.5	16 7 22.35	−4.89	−1.79	307 2 55.27	73.11	+10.05	16 7 15.67	−3 56 36.69
	θ Ophiuchi	3.0	16 8 47.76	−0.10	−1.79	307 34 33.27	71.73	+10.12		
	ι Ophiuchi	3.3	16 12 43.05	−0.10	−1.80	306 33 50.04	74.39	+10.01		

Datum	Bezeichnung des Sterns	Grösse	Durchgangszeit	Uhrstand + Correction	Reduction auf 1892.0	Mittel der Ablesungen	Refraction	Reduction auf 1892.0	α 1892.0	δ 1892.0
1892 Juni 10	481b	8.0	16h 35m 45s.36	−2s.93	−1s.87	306° 38′ 41″.42	74″.18	+9″.05	16h 35m 40s.76	−4° 0′ 23″.37
	482b	7.3	16 37 35.72	−2.93	−1.87	307 2 23.70	74.02	+9.03	16 37 30.92	−3 36 40.87
	20 Ophiuchi	5.0	16 43 50.43	−0.10	−1.99	300 23 56.46	95.07	+8.97		
	489b	8.0	16 46 43.45	−2.94	−1.95	307 11 61.11	73.00	+8.49	16 46 38.56	−3 47 3.51
	1007	7.5	16 50 7.11	−2.94	−1.97	305 8 15.02	79.05	+8.56	16 50 2.21	−5 36 54.76
	1009	7.8	16 54 15.66	−2.94	−1.98	303 37 9.62	83.99	+8.55	16 54 10.75	−7 22 5.50
	30 Ophiuchi	5.0	16 55 20.75	−0.11	−1.96	306 55 29.25	71.30	+8.41		
	495b	6.7	17 3 18.49	−2.95	−1.97	307 14 48.75	73.53	+8.25	17 3 13.57	−3 44 16.07
	496b	7.8	17 0 13.54	−2.95	−1.97	307 46 9.30	72.17	+8.18	17 0 8.62	−3 12 54.36
	506b	7.0	17 28 34.11	−2.97	−1.97	308 0 17.11	71.64	+7.81	17 28 29.17	−2 58 46.55
	1246	7.7	20 20 26.47	−3.10	−1.62	306 46 11.80	75.64	+2.94	20 20 21.75	−4 13 0.70
	1249	7.8	20 22 9.38	−3.09	−1.64	303 37 38.05	83.89	+2.17	20 22 4.64	−7 1 43.54
	1254	8.0	20 26 17.83	−3.10	−1.61	305 1 15.86	80.71	+2.29	20 26 13.12	−5 58 2.35
	487a	8.0	20 29 4.99	−3.11	−1.56	309 56 22.32	67.56	+3.46	20 29 0.32	−1 2 41.43
	70 Aquilae	5.0	20 31 10.87	−0.11	−1.56	308 3 44.02	72.24	+2.90		
	1262	8.0	20 35 4.86	−3.10	−1.58	303 48 38.35	84.12	+1.05	20 35 0.17	−7 10 44.89
	496a	7.0	20 40 32.79	−3.12	−1.50	310 15 3.72	66.87	+3.19	20 40 28.16	−0 43 39.89
	ε Aquarii	3.6	20 41 54.45	−0.10	−1.58	301 6 5.66	93.68	+0.68		
	1280	7.5	20 51 10.10	−3.13	−1.48	306 33 36.30	75.39	+1.92	20 51 5.49	−4 3 16.77
	11 Aquarii	6.0	20 54 57.16	−0.11	−1.48	305 30 26.71	78.36	+1.54		
	624b	7.0	20 57 58.74	−3.13	−1.43	308 58 40.17	69.99	+2.28	20 57 54.17	−2 0 21.26
1892 Juni 27	343a	7.7	15 12 6.66	+2.27	−1.71	310 23 37.85	65.25	+7.21	15 12 7.22	−0 35 20.09
	θ Serpentis	6.4	15 18 9.06	−0.12	−1.73	310 20 44.55	65.38	+7.24		
	37 Librae	5.0	15 28 16.01	−0.10	−1.80	301 17 45.10	91.25	+9.58		
	946	8.0	15 32 17.69	+2.27	−1.81	303 40 5.25	83.45	+8.83	15 32 18.16	−7 19 9.23
	954	7.8	15 42 30.47	+2.26	−1.84	306 32 0.55	75.02	+8.05	15 42 30.89	−5 27 6.28
	355a	7.8	15 43 35.80	+2.25	−1.84	309 19 35.07	67.87	+7.49	15 43 36.21	−1 39 25.18
	451b	5.6	15 45 37.62	+2.20	−1.85	307 13 15.29	73.19	+7.03	15 45 38.03	−3 45 50.14
	457b	7.9	15 57 10.98	+2.25	−1.89	308 48 51.10	69.17	+7.42	15 57 11.34	−2 10 10.53
	971	6.7	16 0 14.52	+2.25	−1.91	305 8 24.15	74.01	+8.15	16 0 14.86	−5 30 40.61
	973	7.8	16 1 53.91	+2.26	−1.93	303 19 14.72	84.58	+8.51	16 1 54.26	−7 40 1.88
	Gr. 750 U.C.	6.4	16 2 31.16							
	981	6.8	16 11 4.04	+2.25	−1.95	305 45 29.36	77.29	+7.86	16 11 4.33	−5 13 39.91
	ε Ophiuchi	3.3	16 12 36.07	−0.11	−1.96	306 33 23.95	75.08	+7.71		
	373a	8.0	16 17 36.67	+2.24	−1.96	310 32 2.16	65.17	+6.87	16 17 36.95	−0 26 36.02
	471b	8.0	16 19 14.56	+2.24	−1.97	308 45 46.87	69.40	+7.18	16 19 14.83	−2 13 17.20
	12 Ophiuchi	5.8	16 30 40.86	−0.11	−2.01	308 53 24.71	69.19	+7.15		
	994₁	6.2	16 32 14.27	+2.24	−2.03	304 40 1.20	80.64	+7.70	16 32 14.48	−6 19 11.60
	14 Ophiuchi	6.0	16 36 14.08	−0.12	−2.00	312 22 10.77	61.24	+6.35		
	380a	8.0	16 39 26.41	+2.23	−2.02	310 34 6.30	65.27	+6.64	16 39 26.62	−0 24 52.19
	20 Ophiuchi	5.0	16 43 51.33	−0.10	−2.09	300 23 57.72	95.11	+8.14		
	489b	8.0	16 46 38.44	+2.23	−2.05	307 11 62.17	73.65	+7.02	16 46 38.62	−3 47 4.36
	1003	6.8	16 48 2.70	+2.23	−2.06	306 30 43.94	74.61	+7.04	16 48 2.87	−4 8 25.53
	1008₁	8.0	16 53 40.76	+2.23	−2.10	303 11 47.52	85.44	+7.44	16 53 40.90	−7 47 30.38
	30 Ophiuchi	5.0	16 55 21.68	−0.11	−2.07	306 55 31.01	74.46	+6.92		
	495b	6.7	17 3 13.41	+2.22	−2.09	307 14 50.85	73.68	+6.68	17 3 13.54	−3 44 16.05
	505b	8.0	17 25 49.08	+2.21	−2.13	308 31 51.80	70.38	+6.05	17 25 49.10	−2 27 12.41
	μ Ophiuchi	4.6	17 31 58.38	−0.10	−2.18	302 56 10.92	86.41	+6.37		

Datum	Bezeichnung des Sterns	Grösse	Durchgangszeit	Uhrstand + Correction	Reduction auf 1892.0	Mittel der Ablesungen	Refraction	Reduction auf 1892.0	α 1892.0	δ 1892.0
1892 Juni 28	341a	7.3	15h 13m 21s.17	+2s.32	−1s.71	50° 11′ 17″.10	65″.99	−7″.30	15h 13m 21s.78	−1° 11′ 35″.13
	928	7.0	15 15 48.60	+2.33	−1.73	55 25 22.02	79.74	−7.68	15 15 49.20	−6 26 13.60
	δ Serpentis	6.4	15 18 9.03	+0.08	−1.73	49 37 35.57	64.70	−7.16		
	936	7.8	15 23 13.51	+2.32	−1.70	54 52 54.35	78.19	−8.50	15 23 14.07	−5 53 41.46
	350a	6.0	15 27 23.61	+2.30	−1.77	49 48 32.56	65.15	−9.03	15 27 24.15	−0 49 7.38
	351a	6.8	15 31 0.68	+2.30	−1.70	49 22 33.37	63.76	−7.01	15 31 1.29	−0 22 9.41
	357a	8.0	15 33 6.01	+2.30	−1.80	50 25 17.27	66.60	−7.32	15 33 6.51	−1 25 56.10
	353a	5.5	15 40 29.93	+2.29	−1.83	50 27 17.05	66.72	−7.29	15 40 30.40	−1 27 56.21
	448b	6.0	15 43 16.93	+2.30	−1.84	52 28 30.15	71.70	−7.74	15 43 17.39	−3 29 13.61
	450b	7.2	15 44 17.60	+2.30	−1.84				15 44 18.00	
	960	7.8	15 51 25.83	+2.29	−1.88	54 4 17.95	76.02	−8.02	15 51 26.24	−5 5 5.49
	961	7.8	15 52 48.73	+2.30	−1.89	55 22 46.47	79.78	−8.31	15 52 49.14	−6 23 37.38
	360a	7.2	15 56 33.03	+2.27	−1.89	49 30 29.15	64.38	−6.96	15 56 33.41	−0 31 6.47
	363a	7.9	15 59 7.96	+2.27	−1.90	49 51 8.72	65.38	−7.02	15 59 8.34	−0 51 46.86
	Gr. 750 U.C.	6.4	16 2 33.35							
	980	5.9	16 9 44.73	+2.18	−1.96	57 4 3.61	85.06	−8.40	16 9 45.06	−8 4 59.89
	ε Ophiuchi	3.3	16 12 36.10	+0.09	−1.96	53 24 36.96	74.32	−7.64		
	372a	7.0	16 17 32.06	+2.20	−1.97	49 35 32.10	64.86	−6.81	16 17 32.35	−0 36 9.45
	λ Ophiuchi	3.7	16 25 27.68	+0.07	−1.97	46 46 12.80	58.76	−6.24		
	994	7.8	16 31 1.98	+2.26	−2.02	55 3 34.92	79.02	−7.61	16 31 2.21	−6 4 26.01
	995	7.5	16 32 36.65	+2.26	−2.03	55 55 15.30	81.55	−7.72	16 32 36.88	−6 56 8.68
	14 Ophiuchi	6.0	16 36 14.07	+0.08	−2.00	47 36 9.65	60.50	−6.70		
	20 Ophiuchi	5.0	16 43 51.37	+0.11	−2.09	59 34 24.10	93.85	−8.09		
	1002	7.8	16 47 36.23	+2.25	−2.08	56 15 30.32	82.60	−7.44	16 47 36.40	−7 16 25.18
	1005	5.3	16 48 49.10	+2.24	−2.08	54 57 46.07	78.70	−7.21	16 48 49.32	−5 58 38.10
	30 Ophiuchi	5.0	16 55 21.66	+0.09	−2.08	53 2 51.69	73.39	−6.84		
	388a	8.0	17 4 36.52	+2.21	−2.09	49 36 46.35	64.44	−6.17	17 4 36.64	−0 37 24.76
	394b	6.8	17 25 23.27	+2.20	−2.14	51 43 53.37	70.01	−5.98	17 25 23.33	−2 44 36.82
1892 Juli 1	406a	7.8	17 46 48.90	+0.04	−2.18	50 23 24.70	69.33	−5.05	17 46 46.89	−1 24 6.89
	1054	7.9	17 48 35.51	+0.04	−2.20	53 10 32.76	76.60	−5.22	17 48 33.35	−4 11 21.05
	ν Ophiuchi	3.6	17 53 7.05	+0.09	−2.26	58 44 28.90	94.40	−5.56		
	1074	7.2	18 2 20.93	+0.03	−2.21	56 7 1.35	85.42	−4.98	18 2 18.74	−7 7 59.90
	1078	7.5	18 3 52.29	+0.03	−2.23	54 39 15.70	80.91	−4.83	18 3 50.09	−5 40 9.60
	410a	8.0	18 5 45.01	+0.02	−2.19	49 40 5.84	67.64	−4.52	18 5 42.84	−0 40 46.87
	534b	6.6	18 10 18.96	+0.02	−2.22	52 38 19.57	75.19	−4.54	18 10 16.76	−3 39 8.13
	535b	6.5	18 11 15.53	+0.02	−2.22	52 1 21.96	73.55	−4.48	18 11 13.33	−3 2 8.04
	η Serpentis	3.0	18 15 45.41	+0.08	−2.20	51 54 47.17	73.28	−4.70		
	1093	6.0	18 18 53.18	+0.02	−2.26	56 6 56.47	85.46	−4.38	18 18 51.24	−7 7 55.46
	1099	7.8	18 24 15.15	+0.01	−2.23	53 2 34.47	76.33	−4.10	18 24 12.92	−4 3 24.61
	1101	7.5	18 25 24.38	+0.01	−2.25	54 50 51.15	81.52	−4.10	18 25 22.14	−5 51 46.40
	1106	7.5	18 28 23.31	+0.01	−2.27	56 46 36.82	87.63	−4.07	18 28 21.04	−7 47 38.29
	1110	7.8	18 31 53.67	0.00	−2.27	56 24 29.71	86.43	−3.89	18 31 51.40	−7 25 30.16
	1113	7.5	18 35 6.35	0.00	−2.21	53 34 19.95	77.85	−3.73	18 35 4.13	−4 35 41.98

Datum	Bezeichnung des Sterns	Grösse	Durchgangszeit	Uhrstand + Correction	Reduction auf 1892.0	Mittel der Ablesungen	Refraction	Reduction auf 1892.0	α 1892.0	δ 1892.0
1892 Juli 1	5 H. Scuti	5.0	18h 37m 40.62s	+ 0.09s	−2.28	57° 21′ 48.30″	89.63″	−3.64″		
	1121	7.4	18 41 6.00	0.00	−2.28	56 30 35.25	87.33	−3.52	18h 41m 3.72s	−7° 41′ 36.97″
	1125	8.0	18 43 45.35	0.00	−2.28	56 40 10.07	87.32	−3.42	18 43 43.07	−7 41 17.88
	51 H. Ceph. U.C.	5.1	18 49 29.79							
	1134	7.7	18 53 26.10	− 0.01	−2.27	55 58 10.85	85.07	−3.04	18 53 23.82	−6 59 16.79
	1136	6.8	18 55 28.80	− 0.02	−2.24	53 34 33.10	77.88	−3.01	18 55 26.54	−4 35 25.88
	δ Aquilae	3.1	19 0 33.33	+ 0.08	−2.23	54 1 43.95	79.19	−2.84		
	1153	7.0	19 5 13.56	− 0.02	−2.27	56 35 5.72	87.08	−2.53	19 5 11.27	−7 36 8.18
	20 Aquarii	5.8	19 6 31.50	+ 0.09	−2.27	57 6 5.05	88.81	−2.42		
	1158₁	7.8	19 11 16.05	− 0.03	−2.24	53 49 46.32	78.64	−2.40	19 11 13.78	−4 50 40.47
	604b	7.0	20 21 53.61	− 0.10	−2.09	51 26 29.12	72.52	+0.09	20 21 51.42	−2 27 20.28
	1252	8.0	20 24 2.13	− 0.09	−2.11	53 31 33.32	78.18	+0.49	20 24 0.03	−4 32 30.54
	70 Aquilae	5.0	20 31 8.40	+ 0.08	−2.07	51 54 32.50	73.78	+0.53		
	ε Aquarii	3.6	20 41 31.96	+ 0.09	−2.12	58 52 10.25	95.70	+2.16		
	1273	6.5	20 45 44.23	− 0.11	−2.07	55 0 45.17	82.67	+1.69	20 45 42.05	−6 1 48.08
	1277	7.8	20 49 19.93	− 0.11	−2.07	56 33 52.90	87.63	+2.04	20 49 17.74	−7 35 1.12
	1279	8.0	20 50 55.88	− 0.12	−2.06	56 20 58.92	86.93	+2.16	20 50 53.70	−7 22 6.56
	11 Aquarii	6.0	20 54 54.73	+ 0.08	−2.03	54 7 49.10	80.08	+1.85		
	1289	7.8	20 57 13.62	− 0.12	−2.05	56 43 41.70	88.22	+2.52	20 57 11.45	−7 44 50.99
	308a	7.3	21 1 50.30	− 0.13	−1.96	50 11 6.57	69.54	+1.39	21 1 48.21	−1 11 56.05
	1295	7.8	21 3 14.97	− 0.13	−2.02	55 44 48.95	85.06	+2.60	21 3 12.82	−6 45 55.16
1892 Aug. 5	314b	7.8	17 37 12.68	−19.08	−2.12	51 20 16.57	70.70	−2.52	17 36 51.48	−2 22 13.96
	318b	7.6	17 40 14.68	−19.09	−2.14	52 25 33.69	73.53	−2.69	17 39 53.46	−3 27 33.56
	402a	7.8	17 43 2.85	−19.09	−2.13	49 56 48.62	67.33	−1.97	17 42 41.64	−0 58 43.29
	320b₁	8.0	17 47 16.89	−19.09	−2.17	52 7 26.32	72.79	−2.36	17 46 55.62	−3 9 25.72
	323b	7.2	17 49 10.30	−19.09	−2.18	52 24 10.67	73.53	−2.36	17 48 49.03	−3 26 10.55
	ν Ophiuchi	3.6	17 53 26.19	+ 0.07	−2.27	58 43 18.10	93.13	−3.80		
	67 Ophiuchi	4.0	17 55 35.36	+ 0.08	−2.15	46 1 58.30	58.77	−0.62		
	1073	6.0	18 0 51.48	−19.11	−2.24	53 43 29.15	77.23	−2.23	18 0 30.13	−4 45 33.16
	1075	7.5	18 2 57.47	−19.11	−2.25	53 32 27.30	76.73	−2.09	18 2 36.12	−4 34 31.88
	1084	7.8	18 9 5.08	−19.12	−2.28	54 34 24.82	79.72	−2.08	18 8 43.68	−5 36 21.40
	1085	7.0	18 10 9.90	−19.12	−2.28	54 28 23.05	79.45	−2.01	18 9 48.49	−5 30 29.48
	1089	7.5	18 14 24.29	−19.12	−2.31	53 58 19.70	78.04	−1.73	18 14 2.86	−5 0 24.96
	η Serpentis	3.0	18 16 4.62	+ 0.08	−2.25	51 53 35.85	72.40	−1.60		
	1104	7.0	18 27 43.48	−19.14	−2.34	54 12 24.24	78.81	−1.29	18 27 22.00	−5 14 30.61
	1107	7.0	18 30 40.35	−19.14	−2.37	55 47 30.82	83.58	−1.39	18 30 18.83	−6 49 42.26
	1110	7.8	18 32 12.91	−19.14	−2.39	56 23 18.55	85.47	−1.43	18 31 51.39	−7 25 31.80
	1113	7.5	18 35 25.60	−19.14	−2.36	53 31 38.38	77.00	−0.73	18 35 4.10	−4 33 43.39
	6 H. Scuti	4.6	18 41 48.28	+ 0.08	−2.39	53 49 40.27	76.38	−1.10		
	1154	8.0	19 5 47.78	−19.17	−2.43	53 16 13.82	76.30	+0.70	19 5 26.17	−4 18 21.77
	20 Aquilae	5.8	19 7 10.88	+ 0.07	−1.50	57 4 33.27	87.88	+0.19		
	1159	7.8	19 13 6.63	−19.18	−2.50	55 50 44.12	83.91	+0.69	19 12 44.95	−6 52 58.12
	ε Aquilae	5.3	19 23 22.62	+ 0.08	−2.47	51 58 44.49	72.85	+1.81		
	1178	8.0	19 28 1.86	−19.20	−2.51	55 55 19.02	78.16	+1.70	19 27 40.16	−4 57 27.83
	1179	7.6	19 28 21.74	−19.19	−2.51				19 28 0.04	
	λ Urs. min. O.C.	6.4	19 32 8.69							

Datum	Bezeichnung des Sterns	Grösse	Durchgangszeit	Uhrstand + Correction	Reduction auf 1892.0	Mittel der Ablesungen	Refraction	Reduction auf 1892.0	α 1892.0	δ 1892.0
1892 Aug. 5	1200	7.8	$19^h 41^m 30^s.00$	$-19^s.21$	$-2^s.52$	52° 53′ 28″.40	75″.27	+ 2″.49	$19^h 41^m 8^s.88$	−3° 55′ 35″.41
	1289	7.8	20 57 33.33	−19.29	−2.02	50 42 28.60	86.97	+ 0.37	20 57 11.42	−7 44 50.93
	310a	7.0	21 2 50.68	−19.28	−2.33	50 23 24.97	69.08	+ 6.57	21 2 34.86	−1 25 30.07
	1297	7.8	21 4 2.11	−19.29	−2.37	53 17 38.05	76.00	+ 6.70	21 3 40.25	−4 29 50.92
	1302	7.3	21 8 15.01	−19.29	−2.01	55 52 15.09	84.29	+ 6.97	21 7 53.70	−6 54 36.41
	1305	8.0	21 12 6.32	−19.30	−2.39	54 46 44.06	80.94	+ 7.15	21 11 44.44	−5 49 1.45
	16 Aquarii	6.0	21 15 46.44	+ 0.08	−2.57	55 59 50.52	78.62	+ 7.33		
	1317	8.0	21 18 40.46	−19.30	−2.00	56 10 3.79	85.25	+ 7.56	21 18 27.56	−7 12 25.71
	1321	5.0	21 20 0.82	−19.30	−2.36	52 58 58.77	75.82	+ 7.50	21 19 38.90	−4 1 11.44
	β Aquarii	3.0	21 26 14.25	+ 0.08	−2.58	55 0 26.86	81.06	+ 7.95		
	314a	7.8	21 37 17.11	−19.32	−2.49	49 0 41.44	65.86	+ 8.08	21 36 55.31	−0 2 44.39
	1337	7.8	21 43 15.35	−19.33	−2.57	55 42 38.92	83.87	+ 8.84	21 42 53.46	−6 45 0.04
	1340	7.3	21 48 53.59	−19.33	−2.55	54 49 34.25	81.18	+ 9.10	21 48 31.71	−5 51 50.76
	1342	7.3	21 50 47.26	−19.33	−2.55	55 18 7.00	82.63	+ 9.24	21 50 25.38	−6 20 17.84
	1348	8.0	21 54 20.43	−19.34	−2.55	55 45 2.95	84.05	+ 9.47	21 53 58.54	−6 47 25.54
	1352	8.0	21 58 13.00	−19.34	−2.54	55 22 22.07	82.87	+ 9.64	21 57 51.12	−6 24 44.37
	α Aquarii	3.0	22 0 30.05	+ 0.08	−2.46	49 58 32.57	67.76	+ 9.18		
	1359	6.8	22 5 5.88	−19.35	−2.50	53 23 6.42	77.06	+ 9.70	22 4 44.04	−4 25 22.26
	1361	7.4	22 7 23.91	−19.35	−2.53	55 57 46.06	84.74	+10.17	22 7 2.03	−7 0 10.61
	δ Aquarii	4.3	22 11 29.94	+ 0.07	−2.55	57 16 45.89	89.08	+10.34		
	1369	7.5	22 16 6.51	−19.36	−2.50	55 44 46.67	84.09	+10.61	22 15 44.65	−6 47 10.00
	1371	8.0	22 17 23.15	−19.36	−2.47	53 14 30.65	76.70	+10.36	22 17 1.33	−4 16 53.20
	1378	7.4	22 27 15.23	−19.37	−2.48	55 58 59.40	84.87	+11.19	22 26 53.38	−7 1 24.81
	1380	7.8	22 29 24.71	−19.37	−2.43	52 49 33.97	75.53	+10.86	22 29 2.91	−3 51 49.00
	1381	7.8	22 32 2.06	−19.38	−2.36	55 35 11.10	83.63	+11.39	22 31 40.32	−6 37 35.53
	1382_1	7.5	22 34 56.24	−19.38	−2.46	56 3 19.07	85.11	+11.50	22 34 34.40	−7 5 15.62
	330a	8.0	22 37 46.74	−19.38	−2.37	49 7 23.42	66.26	+10.06	22 37 24.99	−0 9 29.53
	1388 praec.	7.0	22 42 37.60	−19.38	−2.40	53 45 2.37	78.18	+11.61	22 42 15.81	−4 47 21.05
	1388 sequ.		22 42 37.85	−19.38	−2.41				22 42 16.06	
	λ Aquarii	4.0	22 47 20.02	+ 0.07	−2.44	57 6 44.42	88.65	+12.40		
	1393	7.7	22 50 0.68	−19.39	−2.40	55 13 31.15	82.62	+12.19	22 49 44.88	−6 15 55.19
	1394	7.0	22 51 53.85	−19.39	−2.37	52 47 3.50	73.59	+11.85	22 51 32.09	−3 49 20.31
	1398	6.8	22 56 8.59	−19.40	−2.40	56 35 58.51	87.05	+12.71	22 55 46.78	−7 38 27.85
	1401	6.8	22 57 17.79	−19.40	−2.39	56 6 46.32	85.48	+12.68	22 56 56.00	−7 9 13.51
	h Aquarii	5.9	22 59 33.66	+ 0.07	−2.40	57 14 4.66	89.21	+13.01		
1892 Aug. 6	μ Ophiuchi	4.6	17 32 19.90	+ 0.06	−2.14	57 0 57.90	86.38	− 4.14		
	314b	7.8	17 37 12.98	−19.35	−2.11	52 20 16.07	70.35	− 2.46	17 36 51.53	−2 22 14.68
	1048	7.4	17 38 35.41	−19.36	−2.15	54 50 41.30	79.88	− 3.32	17 38 13.90	−5 52 48.68
	γ Ophiuchi	3.6	17 42 50.03	+ 0.09	−2.08	46 13 17.41	58.81	− 2.73		
	1054	6.0	17 47 12.79	−19.36	−2.19	55 1 52.22	80.07	− 3.01	17 46 51.24	−6 7 0.52
	1059	7.9	17 48 54.90	−19.36	−2.18	53 0 19.44	75.20	− 2.50	17 48 33.36	−4 11 22.44
	1063	7.5	17 53 21.81	−19.36	−2.21	54 22 41.16	78.66	− 2.03	17 53 0.24	−5 24 47.79
	323b	8.0	17 55 13.77	−19.36	−2.20	52 56 22.91	74.67	− 2.21	17 54 52.21	−3 58 26.13
	1074	7.2	18 2 40.30	−19.37	−2.27	56 5 48.05	83.93	− 2.06	18 2 18.66	−7 8 0.76
	1078	7.5	18 4 11.72	−19.37	−2.26	54 38 4.02	79.51	− 2.25	18 3 50.10	−5 40 11.97

Datum	Bezeichnung des Sterns	Grösse	Durchgangszeit	Uhrstand + Correction	Reduction auf 1892.0	Mittel der Ablesungen	Refraction	Reduction auf 1892.0	α 1892.0	δ 1892.0
1891 Aug. 6	4102	8.0	$18^{h}\ 6^{m}\ 4^{s}.34$	$-19^{s}.36$	$-2^{s}.21$	$49^{\circ}\ 38'\ 52''.54$	$66''.48$	$-1''.03$	$18^{h}\ 5^{m}\ 42^{s}.77$	$-0^{\circ}\ 40'\ 48''.85$
	δ Urs. min. O.C.	4.3	18 7 33.10							
	η Serpentis	3.0	18 16 4.92	+ 0.07	−2.24	51 53 33.72	72.08	−1.54		
	1104	7.0	18 27 43.72	−19.38	−2.34	54 12 22.60	78.47	−1.14	18 27 22.00	−5 14 30.24
	1107	7.0	18 30 40.60	−19.38	−2.37	55 47 29.62	83.20	−1.31	18 30 18.84	−6 49 48.20
	1110	7.8	18 32 13.19	−19.39	−2.38	56 23 16.60	85.09	−1.30	18 31 51.42	−7 25 32.03
	1114	7.5	18 36 49.14	−19.39	−2.40	56 24 10.17	85.26	−1.17	18 36 27.35	−7 26 21.45
	1116	7.8	18 37 59.51	−19.39	−2.38	54 45 53.67	80.12	−0.80	18 37 37.74	−5 48 3.41
	6 H. Scuti	4.6	18 41 48.37	+ 0.07	−2.39	53 49 37.25	76.04	−0.43		
	1130	8.0	18 49 58.65	−19.39	−2.41	54 14 27.87	78.65	−0.23	18 49 36.85	−5 16 37.10
	1131	5.0	18 51 38.47	−19.39	−2.43	54 56 57.95	80.73	−0.18	18 51 16.65	−5 50 4.38
	1132	7.3	18 53 23.06	−19.39	−2.43	54 44 38.24	80.18	−0.06	18 53 1.24	−5 46 49.17
	1143	8.0	18 58 55.76	−19.40	−2.47	56 50 9.97	86.67	−0.15	18 58 33.89	−7 52 27.20
	1152	6.8	19 5 31.72	−19.40	−2.48	55 45 35.22	83.25	+0.37	19 5 9.84	−6 47 49.20
	1159	7.8	19 13 6.87	−19.40	−2.50	55 50 41.97	83.54	+0.75	19 12 44.97	−6 51 57.08
	1162	5.0	19 15 8.84	−19.40	−2.49	54 34 49.62	79.71	+1.03	19 14 46.95	−5 37 0.98
	1176	6.8	19 23 54.53	−19.41	−2.53	56 13 30.35	84.77	+1.26	19 23 32.59	−7 15 55.97
	r Aquilae	5.3	19 25 22.75	+ 0.07	−2.47	51 58 43.72	72.55	+1.89		
	1180	7.8	19 29 52.31	−19.41	−2.50	53 30 33.97	76.68	+1.91	19 29 30.39	−4 32 42.91
	1183	7.8	19 31 12.63	−19.41	−2.51	53 58 29.45	78.00	+1.92	19 30 50.71	−5 0 39.93
	1191	7.0	19 35 16.98	−19.42	−2.56	56 43 16.17	86.38	+1.80	19 34 55.00	−7 45 34.86
	4672	8.0	19 40 8.84	−19.41	−2.49	50 43 31.92	69.41	+2.74	19 39 46.95	−1 45 34.63
	1200	7.8	19 41 30.92	−19.41	−2.52	52 53 26.82	75.01	+2.57	19 41 8.99	−3 55 35.17
	1207	6.5	19 45 27.66	−19.42	−2.54	53 55 40.90	77.90	+2.06	19 45 5.71	−4 58 1.09
	η Aquilae	var.	19 47 20.19	+ 0.08	−2.47	48 14 19.67	63.59	+3.31		
	Lal. 38458	6.7	20 2 42.62	+ 0.06	−2.59	56 2 5.67	84.24	+3.30		
	1225	8.0	20 5 6.44	−19.43	−2.59	55 26 35.47	82.40	+3.50	20 4 44.43	−6 28 52.01
	1234	6.6	20 10 2.10	−19.44	−2.61	56 49 15.27	86.78	+3.73	20 9 40.05	−7 51 36.29
1892 Aug. 9	1047	6.7	17 38 20.34	−20.68	−2.13	55 50 35.37	83.03	−3.25	17 37 57.53	−7 1 40.73
	ρ Ophiuchi	3.6	17 42 51.33	+ 0.09	−2.11	46 13 17.69	58.55	−0.79		
	1054	6.0	17 47 14.13	−20.69	−2.17	55 4 51.72	80.30	−2.98	17 46 51.27	−6 7 0.00
	1060	7.0	17 49 29.41	−20.70	−2.19	56 40 28.52	85.25	−3.25	17 49 6.52	−7 42 41.07
	1062	7.3	17 50 54.45	−20.70	−2.17	53 31 26.55	75.87	−2.37	17 50 31.59	−4 33 31.50
	1069	7.6	17 56 59.20	−20.71	−2.20	54 41 52.80	79.22	−2.43	17 56 36.29	−5 44 2.70
	1071	7.8	17 57 37.91	−20.71	−2.23	56 37 52.60	85.15	−3.89	17 57 14.97	−7 40 6.36
	1074	7.2	18 2 41.64	−20.72	−2.25	56 5 48.61	83.48	−2.54	18 2 18.67	−7 8 1.15
	1079	6.3	18 6 4.68	−20.72	−2.24	54 11 32.12	77.81	−1.93	18 5 41.73	−5 13 39.67
	1081	7.1	18 6 56.69	−20.73	−2.26	56 17 1.12	84.09	−2.41	18 6 33.70	−7 19 14.32
	1085	7.0	18 10 11.43	−20.73	−2.26	54 28 20.74	78.62	−1.82	18 9 48.44	−5 30 18.08
	1086	8.0	18 11 54.09	−20.73	−2.29	56 17 14.60	84.12	−2.18	18 11 31.07	−7 19 29.08
	η Serpentis	3.0	18 16 6.87	+ 0.07	−2.22	51 53 32.85	71.64	−1.36		
	1095	7.7	18 19 53.60	−20.74	−2.29	53 52 5.45	76.05	−1.26	18 19 30.57	−4 54 12.55
	1098	8.0	18 22 19.02	−20.74	−2.29	52 57 47.52	74.47	−0.94	18 21 55.99	−3 50 52.43

Datum	Bezeichnung des Sterns	Grösse	Durchgangszeit	Uhrstand + Correction	Reduction auf 1892.0	Mittel der Ablesungen	Refraction	Reduction auf 1892.0	α 1892.0	δ 1892.0
1892 Aug. 9	1101	7.3	18h 25m 45s.11	−20s.75	−2s.32	54° 49′ 37″.02	79″.71	−1″.21	18h 25m 22s.04	−5° 51′ 46″.09
	1105	6.5	18 27 58.94	−20.76	−2.33	54 57 16.62	80.09	−1.23	18 27 35.86	−5 59 20.91
	1109	7.5	18 31 42.16	−20.76	−2.33	53 40 11.52	76.41	−0.69	18 31 19.07	−4 42 18.67
	548b	6.5	18 33 6.79	−20.76	−2.32	52 15 11.96	72.60	−0.33	18 32 43.71	−3 17 15.55
	1114	7.3	18 36 50.51	−20.77	−2.38	56 24 9.22	84.55	−1.03	18 36 27.35	−7 26 24.05
	5 H. Scuti	5.0	18 38 1.53	+ 0.06	−2.40	57 20 33.75	87.00	−1.16		
	6 H. Scuti	4.0	18 41 49.75	+ 0.07	−2.37	53 49 37.35	76.87	−0.27		
	555b	7.3	18 45 48.66	−20.78	−2.36	52 21 1.60	72.87	+0.20	18 45 25.52	−3 23 5.97
	1127	7.5	18 47 22.06	−20.78	−2.40	54 56 33.45	80.09	−0.22	18 46 58.87	−5 58 44.90
	1131	5.0	18 51 39.90	−20.79	−2.42	54 56 57.99	80.12	−0.01	18 51 16.69	−5 59 9.72
	1132	7.3	18 53 24.41	−20.79	−2.44	54 41 38.17	79.52	+0.10	18 53 1.20	−5 46 49.36
	1140	7.3	18 56 31.66	−20.80	−2.44	55 17 53.15	81.17	+0.16	18 56 8.42	−6 20 6.08
	1145	5.7	18 59 38.75	−20.80	−2.42	53 9 22.80	75.05	+0.71	18 59 15.54	−4 11 29.89
	λ Aquilae	3.1	19 0 54.27	+ 0.07	−2.42	54 0 50.06	77.42	+0.59		
	1152	6.8	19 5 33.18	−20.81	−2.47	55 45 36.92	82.50	+0.53	19 5 9.80	−6 47 51.40
	20 Aquilae	5.8	19 7 12.48	+ 0.00	−2.49	57 4 51.57	86.81	+0.58		
	1158₁	7.8	19 11 37.02	−20.82	−2.46	53 48 32.30	76.87	+1.17	19 11 13.74	−4 50 41.69
	1159	7.8	19 13 8.34	−20.82	−2.49	55 50 44.10	82.87	+0.90	19 12 45.02	−6 52 59.40
	1168	7.8	19 18 37.77	−20.83	−2.51	56 8 53.41	83.83	+1.15	19 18 14.42	−7 11 10.00
	1176	6.8	19 23 55.85	−20.84	−2.52	56 13 38.97	84.09	+1.41	19 23 32.49	−7 15 55.94
	1177	7.0	19 25 29.59	−20.84	−2.52	55 41 53.50	82.44	+1.58	19 25 6.23	−6 44 8.93
	1180	7.8	19 29 53.56	−20.84	−2.50	53 30 34.15	76.07	+2.12	19 29 30.22	−4 37 45.70
	1183	7.8	19 31 14.07	−20.85	−2.51	53 58 20.45	77.37	+2.11	19 30 50.72	−5 0 40.39
	1195	7.5	19 35 26.41	−20.85	−2.51	53 14 48.42	75.36	+2.24	19 35 3.05	−4 16 57.80
	4672	8.0	19 40 10.20	−20.85	−2.49	50 43 30.37	68.85	+2.09	19 39 46.86	−1 45 33.67
	1206	8.0	19 44 10.73	−20.87	−2.53	53 45 48.15	76.70	+2.83	19 43 53.33	−4 47 50.15
	1209	7.0	19 47 52.65	−20.87	−2.50	54 40 40.32	79.68	+2.89	19 47 29.21	−5 49 3.38
	B.A.C. 2320 U.C.	7.1	19 49 14.35							
	Lal. 38458	6.7	20 2 44.10	+ 0.07	−2.60	56 2 5.60	83.41	+3.58		
1892 Aug. 11	1074	7.2	18 2 42.62	−21.75	−2.24	56 5 46.87	84.31	−2.49	18 2 18.63	−7 8 0.75
	1080	7.0	18 6 33.32	−21.75	−2.24	54 36 45.32	79.83	−1.96	18 6 9.33	−5 38 54.93
	1083	6.8	18 7 51.66	−21.75	−2.22	53 0 16.47	75.31	−1.50	18 7 27.68	−4 2 21.96
	1087	7.5	18 13 40.79	−21.76	−2.25	53 6 46.96	75.65	−1.20	18 13 16.78	−4 8 53.07
	η Serpentis	3.0	18 16 7.30	+ 0.08	−2.21	51 53 32.12	72.42	−1.24		
	1094	7.0	18 19 18.81	−21.77	−2.30	55 37 23.62	83.01	−1.64	18 18 54.74	−6 39 36.83
	543b	5.8	18 24 27.72	−21.77	−2.27	51 1 16.00	70.26	−0.36	18 24 3.68	−2 3 17.73
	1102	8.0	18 26 34.77	−21.78	−2.32	55 9 14.70	81.61	−1.19	18 26 10.67	−6 11 26.78
	1107	7.0	18 30 42.01	−21.79	−2.35	55 47 28.65	83.60	−1.15	18 30 18.77	−6 49 43.11
	547b	7.0	18 32 42.53	−21.78	−2.30	51 38 50.09	71.88	−0.15	18 32 18.44	−2 40 55.98
	1114	7.3	18 36 51.58	−21.80	−2.38	56 24 8.95	85.57	−0.99	18 36 27.40	−7 26 25.18
	5 H. Scuti	5.0	18 38 2.46	+ 0.06	−2.40	57 20 32.47	88.67	−1.12		
	1120	7.8	18 41 21.87	−21.80	−2.39	55 46 3.15	83.58	−0.64	18 40 57.68	−6 48 17.87
	1124	7.2	18 43 16.56	−21.80	−2.39	55 5 14.70	81.50	−0.40	18 42 52.37	−6 7 27.80
	557b	7.2	18 47 8.51	−21.80	−2.37	52 49 8.30	75.04	+0.22	18 46 44.35	−3 51 15.30

Datum	Bezeichnung des Sterns	Grösse	Durchgangszeit	Uhrstand + Correction	Reduction auf 1892.0	Mittel der Ablesungen	Refraction	Reduction auf 1892.0	α 1892.0	δ 1892.0
1892 Aug. 11	1130	8.0	18h 30m 1s.07	−21s.81	−1s.40	54° 14′ 25″.80	79″.03	+ 0″.10	18h 49m 36s.86	−5° 16′ 36″.93
	1131	5.0	18 31 40.89	−21.81	−1.41	54 56 55.90	81.12	+ 0.04	18 51 16.07	−5 59 9.13
	1136	6.8	18 35 50.70	−21.82	−1.41	53 33 17.52	78.05	+ 0.50	18 55 26.48	−4 35 28.01
	1141	7.5	18 37 22.35	−21.83	−1.45	56 50 32.45	87.11	− 0.05	18 56 58.07	−7 52 51.53
	λ Aquilae	3.1	19 0 55.27	+ 0.07	−1.42	54 0 28.30	78.42	+ 0.71		
	1148	8.0	19 2 54.77	−21.83	−1.47	56 34 7.82	86.25	+ 0.30	19 2 30.47	7 36 26.17
	20 Aquilae	5.8	19 7 13.49	+ 0.07	−1.49	57 4 41.54	87.96	+ 0.42		
	δ Urs. min. U.C.	6.4	19 32 3.24							
	1197	7.7	19 36 19.97	−21.87	−1.52	53 30 13.47	77.16	+ 2.53	19 36 5.58	−4 32 24.82
	4628	8.0	19 40 11.24	−21.87	−1.49	50 43 28.55	69.85	+ 3.08	19 39 46.88	−1 45 33.34
	1202	7.8	19 41 58.66	−21.88	−1.56	55 34 5.05	83.28	+ 2.53	19 41 34.21	−6 36 22.66
	η Aquilae	var.	19 47 22.67	+ 0.08	−1.47	48 14 15.96	64.02	+ 3.79		
	1212	8.0	19 48 56.49	−21.89	−1.55	54 17 17.87	79.47	+ 3.08	10 48 32.05	−5 19 32.40
	1218	7.8	19 55 31.26	−21.90	−1.55	53 34 10.30	77.44	+ 3.50	19 55 6.81	−4 36 25.04
	Lal. 38458	6.7	20 2 45.11	+ 0.07	−1.60	56 2 3.07	84.83	+ 3.64		
	1226	6.8	20 5 45.15	−21.91	−1.60	55 22 5.50	82.76	+ 3.87	20 5 20.64	−6 24 23.93
	1234	6.6	20 10 4.06	−21.92	−1.63	56 49 11.90	87.41	+ 3.97	20 9 40.05	−7 51 35.09
	1238	6.8	20 12 52.54	−21.92	−1.57	54 1 30.94	78.70	+ 4.47	20 12 28.04	−5 3 46.06
	1242	8.0	20 16 22.15	−21.93	−1.59	54 6 34.85	79.04	+ 4.56	20 15 57.63	−5 8 50.17
	1245	6.8	20 18 18.37	−21.93	−1.60	54 34 28.20	80.40	+ 4.03	20 17 53.84	−5 36 45.15
	606 b	7.3	20 23 38.23	−21.93	−1.56				20 23 13.74	
	1372	6.5	22 18 16.85	−22.04	−1.50	56 41 51.10	87.43	+11.19	22 17 52.82	−7 44 25.40
	1374	8.0	22 20 53.75	−22.04	−1.55	54 41 9.60	81.10	+11.23	22 20 29.16	−5 43 34.59
	1378	7.4	22 27 18.10	−22.05	−1.56	55 58 55.95	85.10	+11.70	22 26 53.49	−7 1 25.27
	1384	6.7	22 36 53.48	−22.05	−1.52	54 37 24.75	80.91	+12.02	22 36 28.91	−5 39 55.14
	1386	8.0	22 37 58.93	−22.06	−1.54	56 44 17.97	87.55	+12.34	22 37 34.33	−7 46 50.44
	λ Aquarii	4.0	22 47 23.43	+ 0.04	−1.54	57 6 41.55	88.80	+13.00		
	1391	7.0	22 49 21.30	−22.07	−1.52	56 44 11.15	87.54	+12.91	22 48 56.72	−7 46 44.17
	5550	7.5	22 53 44.05	−22.04	−1.42	49 51 27.00	68.16	+12.11	22 53 20.19	−0 53 39.60
	1402	7.0	22 58 44.37	−22.06	−1.40	54 20 24.42	80.05	+13.03	22 58 19.85	−5 22 40.07
	δ Aquarii	3.9	22 59 56.46	+ 0.04	−1.50	57 14 0.80	89.21	+13.52		
	1406	5.3	23 10 24.86	−22.07	−1.41	53 2 43.24	76.39	+13.32	23 10 0.39	−4 5 5.60
	1407	7.3	23 11 46.94	−22.08	−1.45	56 42 32.92	87.47	+13.90	23 11 22.41	−7 45 6.69
	1412	8.0	23 16 3.94	−22.09	−1.43	56 34 18.44	87.05	+14.17	23 15 39.42	−7 36 52.09
	κ Piscium	5.0	23 21 48.13	+ 0.08	−1.35	48 17 37.70	64.00	+13.03		
	1415	7.0	23 23 37.09	−22.09	−1.40	54 56 32.46	81.96	+14.11	23 23 14.60	−5 59 1.25
	1420	7.7	23 28 1.49	−22.09	−1.39	55 57 19.50	85.14	+14.59	23 27 37.01	−6 59 51.51
	1422	7.8	23 30 5.53	−22.08	−1.35	53 24 42.02	77.55	+14.10	23 29 41.10	−4 28 6.09
	1424	7.3	23 34 41.70	−22.09	−1.35	55 6 11.41	82.51	+14.71	23 34 17.26	−6 8 40.90
	1426	7.8	23 42 29.61	−22.10	−1.31	55 23 1.15	83.44	+15.09	23 42 5.19	−6 25 32.28
	M. 986	6.1	23 45 4.77	+ 0.03	−1.37	59 32 50.81	97.82	+16.08		
	1434	8.0	23 52 1.31	−22.11	−1.28	55 1 0.40	82.37	+15.58	23 51 36.92	−6 3 30.53
	675 b	7.3	23 54 23.45	−22.10	−1.25	52 24 19.45	74.90	+14.89	23 53 59.11	−3 26 41.52
	1442	8.0	23 58 12.90	−22.11	−1.24	53 42 21.29	78.54	+15.33	23 57 48.64	−4 44 47.44
	1443	5.2	0 0 12.77	−22.11	−1.25	55 16 11.25	83.01	+15.75	23 59 48.41	−6 18 42.42

Datum	Bezeichnung des Sterns	Grösse	Durchgangszeit	Uhrstand + Correction	Reduction auf 1892.0	Mittel der Ablesungen	Refraction	Reduction auf 1892.0	α 1892.0	δ 1892.0
1892 Aug. 11	2	6.8	0h 5m 11s.46	−22s.17	−2s.22	54° 48′ 24″.92	81″.82	+15″.82	0h 4m 47s.12	−5° 50′ 54″.85
	4	7.2	0 7 47.84	−22.11	−2.20	52 56 31.05	76.46	+15.48	0 7 23.54	−3 58 55.61
	B.A.C. 4165 U.C.	6.2	0 14 38.78							
	27b	7.0	0 42 30.30	−22.13	−2.03	51 52 19.19	73.78	+16.24	0 42 6.14	−2 54 41.64
	23a	7.5	0 52 5.16	−22.13	−1.97	49 12 25.42	67.27	+15.71	0 51 41.07	−0 14 30.57
	30	7.8	0 54 37.26	−22.15	−1.96	53 52 46.60	79.30	+16.40	0 54 13.13	−4 54 15.30
	26 Ceti	6.1	0 58 39.58	+ 0.09	−1.94	48 10 29.66	64.82	+15.53		
	42	7.8	1 1 54.20	−22.16	−1.95	54 26 27.95	81.11	+17.42	1 1 30.09	−5 28 59.09
	47	7.3	1 5 39.15	−22.16	−1.93	54 22 32.15	80.93	+17.49	1 5 15.06	−5 25 3.03
	28b	7.5	1 8 17.00	−22.15	−1.90				1 7 52.95	
	49	7.3	1 8 47.69	−22.16	−1.92	54 22 35.57	80.96	+17.56	1 8 23.61	−5 25 6.50
	39 Ceti	6.0	1 11 31.32	+ 0.07	−1.88	52 1 44.35	74.37	+16.90		
1892 Aug. 17	1158,1	7.4	19 12 48.46	−24.14	−2.44	54 34 43.02	76.87	+ 1.92	19 12 21.88	−5 37 2.14
	1161	7.0	19 14 41.30	−24.14	−2.46	55 47 11.70	80.42	+ 1.37	19 14 14.76	−6 49 34.29
	1169	7.4	19 18 45.50	−24.14	−2.46	54 40 14.75	77.19	+ 1.82	19 18 18.89	−5 42 34.40
	δ Aquilae	3.3	19 20 29.65	+ 0.08	−2.37	46 3 58.26	56.86	+ 3.54		
	1176	6.8	19 23 59.10	−24.14	−2.50	56 13 31.04	81.84	+ 1.79	19 23 32.52	−7 15 55.36
	1177	7.0	19 25 32.79	−24.14	−2.50	55 41 45.40	80.24	+ 1.99	19 25 6.15	−6 44 8.53
	1180	7.8	19 29 56.83	−24.14	−2.48	53 30 26.12	74.07	+ 2.62	19 29 30.21	−4 32 45.37
	1183	7.8	19 31 17.25	−24.14	−2.49	53 58 20.59	75.34	+ 2.60	19 30 50.61	−5 0 39.18
	1197,1	7.9	19 36 58.53	−24.15	−2.52	55 17 28.40	79.13	+ 2.68	19 36 31.86	−6 19 51.06
	1199	8.0	19 40 25.04	−24.15	−2.50	53 13 51.30	73.39	+ 3.21	19 39 58.39	−4 16 8.65
	51 Aquilae	5.8	19 45 17.06	+ 0.08	−2.62	59 59 36.07	94.87	+ 2.38		
	1208	8.0	19 47 21.35	−24.15	−2.35	54 47 21.17	77.74	+ 3.34	19 46 54.66	−5 49 43.07
	Lal. 38458	6.7	20 2 47.37	+ 0.08	−2.60	56 1 57.06	81.50	+ 4.01		
	1225	8.0	20 5 11.13	−24.15	−2.60	55 26 25.45	79.73	+ 4.24	20 4 44.38	−6 28 50.25
	1229	6.8	20 7 19.47	−24.15	−2.61	55 38 52.45	80.37	+ 4.33	20 6 52.71	−6 41 18.06
	1248	7.3	20 22 28.97	−24.16	−2.62	54 58 9.62	78.43	+ 5.27	20 22 2.19	−6 0 33.95
	1253	8.0	20 24 46.97	−24.16	−2.61	53 45 20.66	75.02	+ 5.55	20 24 20.20	−4 47 41.73
	M. 842	6.0	20 26 56.04	+ 0.08	−2.71	59 10 38.82	92.07	+ 5.12		
	70 Aquilae	5.0	20 31 32.91	+ 0.08	−2.59	51 53 6.60	70.13	+ 6.09		
	1259,1	6.8	20 32 54.34	−24.16	−2.62	53 53 8.51	74.93	+ 6.00	20 32 27.56	−4 45 30.23
	613b	8.0	20 36 36.44	−24.16	−2.61	52 44 47.40	72.34	+ 6.38	20 36 9.66	−3 47 7.92
	1267	8.0	20 42 20.57	−24.16	−2.68	56 27 55.45	82.96	+ 6.28	20 41 53.73	−7 30 25.28
	1273	6.5	20 46 8.91	−24.16	−2.66	54 59 22.92	78.50	+ 6.62	20 45 42.09	−6 1 48.87
	302a′	8.2	20 49 45.86	−24.16	−2.60				20 49 19.09	
	302a	6.7	20 50 0.02	−24.16	−2.60	50 44 47.60	67.33	+ 7.13	20 49 33.25	−1 47 2.96
	76 Drac. O.C.	6.0	20 50 51.70							
	1294	7.8	21 3 26.98	−24.17	−2.70	56 22 50.32	82.69	+ 7.54	21 3 0.11	−7 25 21.49
	1300	7.8	21 8 0.92	−24.17	−2.66	53 40 14.89	74.84	+ 7.94	21 7 34.10	−4 42 38.31
	1305	8.0	21 12 11.28	−24.17	−2.68	54 46 34.79	77.96	+ 8.11	21 11 44.43	−5 49 1.57
	1310	7.8	21 13 42.00	−24.17	−2.71	56 44 28.37	83.90	+ 8.12	21 13 15.13	−7 47 1.24

Datum	Bezeichnung des Sterns	Grösse	Durchgangszeit	Uhrstand + Correction	Reduction auf 1892.0	Mittel der Ablesungen	Refraction	Reduction auf 1892.0	α 1892.0	δ 1892.0
1892 Aug. 17	1313	7.0	21h 17m 22s.42	−24s.17	−2s.68	55° 3' 5".00	78".79	+8".30	21h 16m 55s.57	−6° 5' 38".65
	1321	5.6	21 20 5.77	−24.17	−2.65	52 58 47.17	73.07	+8.60	21 19 38.94	−4 1 9.58
	1324	8.0	21 25 2.33	−24.17	−2.67	53 50 3.20	75.68	+8.86	21 24 35.49	−4 58 28.53
	β Aquarii	3.0	21 26 19.26	+ 0.08	−2.69	55 0 17.50	78.72	+8.93		
	5206	6.2	21 32 27.77	−24.18	−2.61	49 50 21.25	65.36	+9.29	21 32 0.99	−0 52 26.70
	5242	7.8	21 37 22.09	−24.18	−2.60	49 0 20.55	63.90	+9.52	21 36 55.31	−0 2 43.10
	1337	7.8	21 43 20.51	−24.18	−2.69	55 42 29.57	80.86	+9.77	21 42 53.44	−6 45 0.53
	P. XXI, 320	6.0	21 48 58.76	+ 0.08	−2.66	53 44 31.12	75.21	+9.99		
1892 Aug. 18	1088	8.0	18 13 58.69	−24.42	−2.20	54 29 29.65	75.08	−1.26	18 13 32.08	−5 32 47.80
	η Serpentis	3.0	18 16 9.82	+ 0.08	−2.15	51 53 23.27	69.16	−0.92		
	1096	8.0	18 20 43.31	−24.42	−2.22	53 56 1.57	74.49	−0.82	18 20 16.67	−4 58 18.59
	1099	7.8	18 24 39.60	−24.43	−2.23	53 1 9.61	72.09	−0.40	18 24 12.95	−4 3 24.51
	1103	7.9	18 26 47.91	−24.43	−2.28	56 51 43.35	83.11	−1.31	18 26 21.19	−7 54 8.29
	1108	7.8	18 31 10.27	−24.44	−2.26	53 37 8.37	73.72	−0.25	18 30 43.57	−4 39 25.05
	348b	6.5	18 33 10.40	−24.14	−2.35	52 15 2.75	70.18	+0.17	18 32 43.71	−3 17 16.13
	1115	6.2	18 37 13.20	−24.44	−2.32	56 8 13.75	80.95	−0.60	18 36 46.44	−7 10 37.48
	351b	8.0	18 38 47.23	−24.44	−2.26	51 8 22.19	67.48	+0.68	18 38 20.53	−2 10 33.76
	1124	7.2	18 43 19.24	−24.45	−2.33	55 5 7.35	77.89	−0.04	18 42 52.46	−6 7 28.57
	1126	6.8	18 44 20.96	24.15	−2.34	54 59 43.12	77.63	+0.02	18 43 54.17	−6 2 4.23
	1127	7.5	18 47 25.73	−24.15	−2.35	54 56 24.20	77.50	+0.10	18 46 58.93	−5 58 45.31
	435a	6.5	18 51 12.95	−24.45	−2.31	50 54 6.97	67.00	+1.32	18 50 46.19	−1 56 18.34
	436a	7.6	18 52 29.52	−24.45	−2.30	49 37 53.76	64.06	+1.66	18 52 2.77	−0 40 2.83
	1138	4.7	18 56 21.54	−24.46	−2.38	54 51 2.02	77.32	+0.66	18 55 54.70	−5 53 25.05
	1144	7.0	18 59 4.98	−24.47	−2.39	54 48 18.02	77.21	+0.80	18 58 38.12	−5 50 39.87
	λ Aquilae	3.1	19 0 57.86	+ 0.08	−2.38	54 0 19.22	74.79	+1.03		
	1154	8.0	19 5 53.04	−24.47	−2.39	53 16 4.47	73.03	+1.49	19 5 26.18	−4 18 28.19
	1156	8.0	19 7 51.83	−24.47	−2.40	53 7 47.56	72.67	+1.61	19 7 24.96	−4 10 5.16
	1158	7.4	19 12 48.79	−24.48	−2.43	54 34 40.55	76.62	+1.57	19 12 21.87	−5 37 2.05
	1161	7.0	19 14 41.60	−24.48	−2.46	55 47 10.05	80.14	+1.42	19 14 14.72	−6 49 34.90
	1169	7.4	19 18 45.86	−24.49	−2.45	54 40 13.00	76.90	+1.86	19 18 18.92	−5 42 34.92
	1173	8.0	19 20 12.79	−24.49	−2.43	52 54 24.67	72.12	+2.29	19 19 45.87	−3 56 42.17
	453a	6.9	19 24 13.14	−24.49	−2.39	48 56 21.09	62.63	+3.24	19 23 46.27	+0 1 29.64
	ι Aquilae	5.3	19 25 27.89	+ 0.08	−2.44	51 58 52.77	69.75	+3.22		
	1181	7.0	19 30 7.02	−24.50	−2.52	56 39 16.70	82.84	+2.10	19 29 40.00	−7 41 44.72
	1184	8.0	19 31 23.65	−24.50	−2.50	54 47 43.72	77.29	+2.50	19 30 56.65	−5 50 8.98
	1193	6.8	19 35 3.49	−24.51	−2.50	54 39 21.02	76.90	+2.74	19 34 36.48	−5 41 43.75
	463a	7.9	19 40 34.08	−24.51	−2.46	49 55 9.57	64.87	+3.84	19 40 7.12	−0 57 21.19
	1203	8.0	19 42 20.37	−24.52	−2.55	56 34 13.49	82.61	+2.80	19 41 53.30	−7 36 42.12
	η Aquilae	var.	19 47 23.24	+ 0.08	−2.45	48 14 6.67	61.16	+4.43		
	1213	8.0	19 49 35.32	−24.52	−2.57	56 17 45.15	81.79	+3.25	19 49 8.22	−7 20 13.66
	Lal. 38458	6.7	20 2 47.73	+ 0.08	−2.60	56 1 55.51	81.01	+4.00		
	1226	6.8	20 5 47.67	−24.51	−2.60	55 21 39.15	79.02	+4.33	20 5 20.53	−6 24 25.69
	1229	6.8	20 7 19.82	−24.54	−2.60	55 38 50.30	79.84	+4.38	20 6 52.68	−6 41 18.00

Datum	Bezeichnung des Sterns	Grösse	Durchgangszeit	Uhrstand + Correction	Reduction auf 1892.0	Mittel der Ablesungen	Refraction	Reduction auf 1892.0	α 1892.0	δ 1892.0
1892 Aug. 18	1238	6.8	20h 12m 55s.12	−24s.55	−2s.50	54° 1′ 22″.57	75″.19	+4″.01	20h 12m 27s.98	−5° 3′ 45″.92
	1248	7.3	20 22 29.38	−24.56	−2.02	52 58 8.10	77.84	+5.33	20 22 2.20	−6 0 34.47
	1253	8.0	20 24 47.31	−24.50	−2.01	53 45 18.77	74.45	+5.60	20 24 20.14	−4 47 41.90
	70 Aquilae	5.0	20 31 35.31	+ 0.08	−2.59	51 53 6.22	69.58	+6.16		
	1259₁	6.8	20 32 54.77	+24.57	−2.02	53 43 7.31	74.33	+6.07	20 32 27.58	−4 45 30.01
	502a′	8.2	20 49 46.30	−24.59	−2.60				20 49 19.11	
	502a	6.7	20 50 0.45	−24.59	−2.60	50 44 46.47	66.80	+7.23	20 49 33.26	−1 47 3.98
	1279	8.0	20 51 20.97	−24.59	−2.69	56 29 33.82	81.87	+6.87	20 50 53.69	−7 22 5.84
	620b	8.0	20 54 25.73	−24.59	−2.61	50 50 50.67	67.08	+7.44	20 53 56.53	−1 53 8.67
	504a	6.8	20 57 52.75	−24.60	−2.60	50 18 43.77	65.85	+7.65	20 57 25.55	−1 21 0.41
	1295	7.8	21 3 40.14	−24.61	−2.69	55 43 24.60	80.15	+7.64	21 3 12.85	−6 45 55.64
	1300	7.8	21 8 1.34	−24.61	−2.66	55 40 13.15	74.34	+8.01	21 7 34.07	−4 42 38.72
	1308	7.8	21 13 15.47	−24.62	−2.65	55 5 30.31	72.82	+8.32	21 12 48.20	−4 8 0.90
	16 Aquarii	6.0	21 15 51.82	+ 0.08	−2.67	55 58 38.22	75.21	+8.43		
	1315	7.0	21 17 22.95	−24.62	−2.69	55 3 4.37	78.25	+8.47	21 16 55.64	−6 5 34.14
	1 H. Drac. U.C.	4.5	21 22 2.33							
	β Aquarii	3.0	21 26 10.75	+ 0.08	2.69	55 0 14.60	78.15	+9.02		
1892 Aug. 20	1125	8.0	18 44 11.20	−25.72	−2.34	56 38 46.27	85.28	−0.32	18 43 43.14	−7 41 18.99
	1127	7.5	18 47 20.98	−25.72	−2.33	54 56 10.17	80.01	+0.27	18 46 58.94	−5 58 44.08
	1130	8.0	18 50 2.93	−25.71	−2.33	54 14 11.50	77.99	+0.58	18 49 36.89	−5 16 37.68
	1132	7.3	18 53 29.29	−25.72	−2.35	54 44 21.40	79.45	+0.62	18 53 1.23	−5 46 49.22
	1136	6.8	18 55 54.60	−25.72	−2.34	53 33 1.65	76.08	+1.02	18 55 26.54	−1 35 25.82
	1144	7.0	18 59 6.23	−25.72	−2.37	54 48 11.79	70.66	+0.90	18 58 38.14	−5 50 39.47
	λ Aquilae	3.1	19 0 59.15	+ 0.06	−2.36	54 0 12.07	77.30	+1.12		
	1150	7.8	19 3 40.96	−25.72	−2.41	56 8 44.37	83.75	+0.82	19 3 12.83	−7 11 16.69
	1152	6.8	19 5 37.96	−25.72	−2.41	55 45 20.17	82.54	+1.49	19 5 9.83	−6 47 52.04
	1157	7.8	19 9 3.11	−25.72	−2.41	54 50 6.72	79.79	+1.41	19 8 34.98	−5 52 35.51
	1158,	7.8	19 11 41.90	−25.71	−2.41	53 48 15.00	76.83	+1.76	19 11 13.78	−4 50 40.72
	1162	5.0	19 15 15.13	−25.71	−2.43	54 34 32.75	79.04	+1.78	19 14 46.99	−5 37 1.27
	1165	8.0	19 16 55.14	−25.72	−2.44	55 12 28.62	80.92	+1.73	19 16 24.07	−6 14 58.46
	δ Aquilae	3.3	19 20 31.15	+ 0.07	−2.35	46 1 50.45	58.42	+3.80		
	ε Aquilae	5.3	19 25 29.07	+ 0.07	−2.43	51 58 26.10	71.95	+2.85		
	δ Urs. min. O.C.	6.4	19 31 32.07							
1892 Aug. 22	4358	6.5	18 50 48.00	+ 0.45	−2.27	50 53 58.25	67.85	+1.35	18 50 46.18	−1 56 18.76
	1133	7.4	18 53 11.24	+ 0.43	−2.32	53 49 51.30	75.40	+0.92	18 53 9.35	−4 52 18.57
	4372	8.0	18 55 11.13	+ 0.46	−2.27	49 20 16.07	64.21	+1.32	18 55 9.32	−0 22 33.52
	1143	8.0	18 58 35.90	+ 0.40	−2.38	56 49 57.32	84.31	+0.46	18 58 33.92	−7 52 28.05
	1147	7.8	19 1 32.06	+ 0.42	−2.36	54 1 25.97	75.96	+1.30	19 1 30.12	−5 3 54.10
	1153	7.0	19 5 13.29	+ 0.40	−2.41	56 33 33.70	83.48	+0.80	19 5 11.28	−7 36 8.81
	20 Aquilae	5.8	19 6 51.14	+ 0.03	−2.42	57 4 32.67	85.14	+0.85		
	1158,,	7.4	19 12 24.01	+ 0.41	−2.41	54 34 32.17	77.50	+1.73	19 12 22.01	−5 37 2.35
	1162	5.0	19 14 49.02	+ 0.40	−2.41	54 34 31.12	77.57	+1.86	19 14 47.01	−5 37 1.44
	1168	7.8	19 18 16.52	− 0.39	−2.45	56 8 33.47	82.22	+1.70	19 18 14.51	−7 11 10.46

Datum	Bezeichnung des Sterns	Grösse	Durchgangszeit	Uhrstand + Correction	Reduction auf 1892.0	Mittel der Ablesungen	Refraction	Reduction auf 1892.0	α 1892.0	δ 1892.0
1892 Aug. 22	δ Aquilae	3.3	19h 20m 5s.13	+0s.10	−2s.34	46° 3′ 47″.17	57″.34	+ 3″.07		
	4530	6.9	19 23 48.33	+0.43	−2.37	48 36 13.05	63.42	+ 3.31	19h 23m 46s.41	+0° 1′ 29″.02
	4544	7.2	19 24 23.03	+0.42	−2.38	49 37 45.07	64.98	+ 3.41	19 24 21.07	−0 40 4.40
	1181	7.0	19 29 42.20	+0.37	−2.30	56 39 7.72	83.80	+ 2.22	19 29 40.14	−7 41 44.50
	1184	8.0	19 30 58.78	+0.38	−2.48	54 47 36.30	78.27	+ 2.68	19 30 56.68	−5 50 8.52
	4632a′	8.9	19 40 2.05	+0.41	−2.44				19 40 0.02	
	4632a	7.9	19 40 9.15	+0.41	−2.44	49 35 1.77	65.70	+ 4.12	19 40 7.12	−0 37 22.40
	1202	7.8	19 41 36.51	+0.37	−2.52	53 33 48.04	80.57	+ 3.13	19 41 34.36	−6 36 22.52
	51 Aquilae	5.8	19 44 52.48	+0.01	−2.60	59 59 25.37	95.56	+ 2.47		
	1209	7.0	19 47 31.40	+0.37	−2.53	54 40 31.12	78.28	+ 3.60	19 47 29.24	−5 49 3.89
	Lal. 38458	6.7	20 2 22.80	+0.04	−2.39	56 1 46.60	82.06	+ 4.23		
	1226	6.8	20 5 22.83	+0.34	−2.59	55 21 49.00	80.05	+ 4.51	20 5 20.58	−6 24 24.34
	1229	6.8	20 6 54.95	+0.34	−2.59	55 38 40.57	80.90	+ 4.56	20 6 52.70	−6 41 17.11
	1234	6.6	20 9 42.33	+0.33	−2.62	56 48 56.07	84.55	+ 4.51	20 9 40.04	−7 51 33.02
	1239	7.8	20 13 12.71	+0.33	−2.61	55 55 45.85	81.79	+ 4.87	20 13 10.43	−6 58 23.45
	1248	7.3	20 22 4.53	+0.33	−2.62	54 57 58.92	78.94	+ 5.54	20 22 2.24	−6 0 34.81
	1253	8.0	20 24 22.47	+0.34	−2.60	53 45 9.62	75.50	+ 5.83	20 24 20.21	−4 47 41.63
	M. 842	6.0	20 26 31.62	+0.02	−2.71	59 10 29.51	92.67	+ 5.27		
	70 Aquilae	5.0	20 31 8.42	+0.06	−2.39	51 52 57.27	70.59	+ 6.45		
	1259	6.8	20 32 29.88	+0.33	−2.62	53 42 58.05	75.43	+ 6.30	20 32 27.58	−4 45 30.50
	1269	7.5	20 42 36.90	+0.32	−2.64	53 50 36.55	76.23	+ 6.84	20 42 34.57	−5 2 10.69
	76 Drac. O.C.	6.0	20 50 24.28							
	1278	6.9	20 50 41.52	+0.31	−2.64	52 55 56.57	73.39	+ 7.40	20 50 39.20	−3 58 28.32
	1282	7.8	20 53 24.02	+0.29	−2.70	56 16 46.99	83.03	+ 7.22	20 53 21.62	−7 19 28.18
	1286	8.0	20 55 32.27	+0.31	−2.65	52 49 12.54	73.13	+ 7.67	20 55 29.93	−3 51 44.18
	1296	8.0	21 3 27.60	+0.30	−2.69	53 11 58.41	74.18	+ 8.08	21 3 25.21	−4 14 31.80
	1300	7.8	21 7 36.41	+0.29	−2.67	53 40 3.40	75.46	+ 8.27	21 7 34.02	−4 42 37.93
	1308	7.8	21 12 50.67	+0.29	−2.67	53 5 16.45	73.91	+ 8.61	21 12 48.29	−4 8 0.00
	16 Aquarii	6.0	21 15 26.99	+0.05	−2.68	53 58 28.90	76.33	+ 8.69		
	1315	7.0	21 16 57.98	+0.27	−2.70	55 2 55.45	79.40	+ 8.72	21 16 55.55	−6 5 34.68
	β Aquarii	3.0	21 25 54.81	+0.04	−2.71	55 0 6.02	79.30	+ 9.28		
	1337	7.8	21 42 56.00	+0.24	−2.73	55 42 17.15	81.45	+10.18	21 42 53.51	−6 44 59.48
	1340	7.3	21 48 34.18	+0.24	−2.72				21 48 31.71	
	1343	7.3	21 50 34.66	+0.23	−2.74	56 26 44.60	83.76	+10.60	21 50 32.16	−7 29 30.04
	1347	6.9	21 53 19.46	+0.24	−2.70	53 50 13.76	76.05	+10.79	21 53 17.01	−4 52 51.60
	1350	6.0	21 57 38.09	+0.23	−2.73	55 59 54.40	82.39	+11.01	21 57 35.59	−7 2 38.91
	1354	8.0	21 59 25.59	+0.22	−2.72	55 46 50.70	81.73	+11.12	21 59 23.09	−6 49 34.49
	1357	7.8	22 2 4.56	+0.22	−2.72	55 18 39.15	80.32	+11.26	22 2 2.06	−6 21 21.49
	1361	7.4	22 7 4.52	+0.22	−2.72	55 57 25.37	82.29	+11.54	22 7 2.01	−7 0 9.01
	1364	7.7	22 8 37.27	+0.22	−2.71	55 14 10.85	80.12	+11.62	22 8 34.78	−6 16 53.59
	θ Aquarii	4.3	22 11 10.58	+0.03	−2.75	57 16 25.30	86.90	+11.75		
	1369	7.5	22 15 47.16	+0.21	−2.72	55 44 26.70	81.65	+12.03	22 15 44.65	−6 47 11.41
	1372	6.5	22 17 54.75	+0.20	−2.73	56 41 37.76	84.64	+12.16	22 17 52.22	−7 44 25.63
	η Aquarii	3.8	22 29 50.85	+0.08	−2.63	49 37 56.67	65.47	+12.46		
	1381	7.8	22 31 42.79	+0.19	−2.70	55 34 50.80	81.22	+12.88	22 31 40.28	−6 37 35.64
	1385	7.7	22 36 33.63	+0.20	−2.66	52 59 37.42	73.89	+13.01	22 36 31.17	−4 2 15.30
	1387	7.0	22 37 38.41	+0.18	−2.70	56 28 53.22	84.04	+13.20	22 37 35.89	−7 31 41.42
	λ Aquarii	4.0	22 47 1.30	+0.03	−2.70	57 6 24.20	86.08	+13.88		

Datum	Bezeichnung des Sterns	Grösse	Durchgangszeit	Uhrstand + Correction	Reduction auf 1892.0	Mittel der Ablesungen	Refraction	Reduction auf 1892.0	α 1892.0	δ 1892.0
1892 Aug. 29	1137	7.3	18h 55m 44s.58	−2s.34	−2s.28	55° 17′ 60″.37	80″.15	+0″.90	18h 55m 39s.96	−6° 20′ 41″.91
	1144	7.0	18 58 42.69	−2.33	−2.29	54 47 59.87	78.70	+1.19	18 58 38.07	−5 50 40.25
	λ Aquilae	3.1	19 0 35.64	+0.04	−2.28	53 59 60.45	76.43	+1.40		
	1152	7.3	19 4 17.89	−2.35	−2.34	56 24 13.47	83.56	+1.05	19 4 13.20	−7 26 57.88
	1154	8.0	19 5 30.79	−2.32	−2.30	53 15 44.82	74.42	+1.95	19 5 26.17	−4 18 21.13
	1158	6.5	19 9 40.12	−2.34	−2.34	55 12 31.75	79.89	+1.67	19 9 35.44	−6 14 13.68
	1159	7.8	19 12 49.67	−2.35	−2.36	55 50 15.14	81.84	+1.67	19 12 44.96	−6 52 58.95
	1163	7.0	19 15 10.04	−2.33	−2.34	53 29 32.39	75.33	+2.35	19 15 5.36	−4 42 10.12
	1168	7.8	19 18 19.14	−2.35	−2.38	56 8 23.71	82.80	+1.90	19 18 14.41	−7 11 8.75
	δ Aquilae	3.3	19 20 7.72	+0.10	−2.37	46 3 37.07	57.73	+4.49		
	4538	6.9	19 23 50.92	−2.30	−2.32	48 36 1.95	63.84	+3.93	19 23 46.31	+0 1 30.04
	1177	7.0	19 25 10.98	−2.35	−2.41	55 41 22.81	81.44	+2.39	19 25 6.22	−6 44 6.97
	1181	7.0	19 29 44.79	−2.36	−2.44	56 38 56.25	84.45	+2.42	19 29 39.99	−7 41 43.60
	1184	8.0	19 31 1.38	−2.35	−2.42	54 47 25.87	78.80	+2.94	19 30 56.61	−5 50 7.95
	1194	7.0	19 34 59.82	−2.36	−2.47	56 42 47.29	84.68	+2.72	19 34 54.99	−7 45 34.63
	4632	7.9	19 40 11.82	−2.31	−2.39	49 54 50.97	66.13	+4.53	19 40 7.12	−0 57 21.59
	1202	7.8	19 41 39.14	−2.36	−2.47	55 33 38.40	81.09	+3.35	19 41 34.31	−6 36 22.75
	51 Aquilae	5.8	19 44 55.11	−0.01	−2.55	59 59 14.97	96.16	+2.58		
	1209	7.0	19 47 34.02	−2.35	−2.48	54 46 20.80	78.73	+3.86	19 47 29.19	−5 49 3.46
	Lal. 38458	6.7	20 2 25.51	+0.03	−2.55	56 1 35.90	82.42	+4.17		
	1227	7.8	20 5 29.08	−2.35	−2.52	52 50 57.50	73.35	+5.27	20 5 24.23	−3 53 36.38
	1230	8.0	20 6 58.62	−2.38	−2.58	56 49 32.20	84.92	+4.37	20 6 53.66	−7 52 21.67
	1235	7.0	20 9 44.13	−2.36	−2.56	54 49 10.05	78.77	+5.13	20 9 39.81	−5 51 33.99
	1239	7.8	20 13 15.32	−2.37	−2.58	55 55 34.67	82.07	+5.13	20 13 10.36	−6 58 22.00
	1249	7.8	20 22 9.61	−2.38	−2.61	55 58 56.25	82.26	+5.65	20 22 4.62	−7 1 44.39
	M. 642	6.0	20 26 34.23	0.00	−2.69	59 10 19.31	93.03	+5.42		
	70 Aquilae	5.0	20 31 11.12	+0.06	−2.57	51 52 46.25	70.69	+6.86		
	1268	4.2	20 42 7.34	−2.37	−2.64	54 22 35.96	77.70	+7.10	20 42 2.33	−5 25 20.90
	76 Drac. O.C.	6.0	20 50 23.83							
	1283	6.5	20 54 55.32	−2.38	−2.67	54 51 4.00	79.17	+7.77	20 54 50.26	−5 53 50.70
	5042	6.8	20 57 30.52	−2.35	−2.61	50 18 24.57	67.18	+8.51	20 57 25.55	−1 21 0.11
	1293	7.8	21 3 17.95	−2.39	−2.70	55 43 4.97	81.70	+8.17	21 3 12.86	−6 45 54.86
	1301	7.5	21 7 52.71	−2.39	−2.70	55 18 32.82	80.43	+8.49	21 7 47.62	−6 21 21.62
	1308	7.8	21 12 53.30	−2.38	−2.68	53 5 16.67	74.11	+9.03	21 12 48.25	−4 8 0.13
	16 Aquarii	6.0				53 58 19.26	76.50	+9.08		
	1314	8.0	21 16 5.04	−2.39	−2.69	53 53 55.62	76.31	+9.13	21 15 59.96	−4 56 41.53
	1318	7.3	21 18 58.19	−2.40	−2.73	56 7 45.35	82.85	+9.06	21 18 53.06	−7 10 37.44
	640b	7.9	21 49 4.55	−2.39	−2.72	52 27 39.61	72.64	+11.07	21 48 59.45	−3 30 24.37
	1346	6.5	21 52 38.81	−2.41	−2.75	54 53 19.87	79.39	+11.13	21 52 33.66	−5 56 11.85
	1348	8.0	21 54 3.85	−2.42	−2.76	55 44 31.26	81.96	+11.17	21 53 58.68	−6 47 25.90
	1350	6.0	21 57 40.79	−2.42	−2.77	55 59 43.67	82.77	+11.38	21 57 35.60	−7 2 39.38
	5322	8.0	21 59 56.83	−2.37	−2.67	49 13 8.82	64.82	+11.76	21 59 51.79	−0 15 46.56
	1362	6.7	22 7 11.62	−2.41	−2.74	54 12 21.25	77.53	+11.98	22 7 6.47	−5 15 18.74
	1364	7.7	22 8 39.98	−2.42	−2.76	55 14 0.02	80.53	+12.03	22 8 34.80	−6 16 53.96
	θ Aquarii	4.3	22 11 13.28	+0.02	−2.79	57 16 14.92	86.96	+12.12		

Datum	Bezeichnung des Sterns	Grösse	Durchgangszeit	Uhrstand + Correction	Reduction auf 1892.0	Mittel der Ablesungen	Refraction	Reduction auf 1892.0	α 1892.0	δ 1892.0
1892 Aug. 29	1369	7.5	22h 15m 49s.84	− 2s.43	−1s.77	55° 44′ 15″.60	82″.11	+12″.39	22h 15m 44s.65	−6° 47′ 11″.54
	1371	8.0	22 17 0.51	− 2.41	−1.73	53 14 4.47	74.90	+12.53	22 17 4.37	−4 16 53.31
	650b₁	6.3	22 28 33.94	− 2.39	−1.70	51 5 4.15	69.41	+13.11	22 28 28.85	−2 7 48.08
	1381	7.8	22 31 45.57	− 2.43	−1.76	55 34 39.99	81.74	+13.29	22 31 40.38	−6 37 36.32
	1385	7.7	22 36 36.38	− 2.41	−1.72	52 59 26.02	74.37	+13.52	22 36 31.25	−4 2 15.40
	1387	7.0	22 37 41.07	− 2.44	−1.77	56 28 41.80	84.59	+13.62	22 37 35.86	−7 31 41.32
	λ Aquarii	4.0	22 47 3.96	+ 0.02	−1.77	57 6 13.75	86.68	+14.14		
	1393	7.7	22 49 50.08	− 2.44	−1.74	55 12 58.07	80.78	+14.25	22 49 44.91	−6 15 54.23
	1394	7.0	22 51 37.24	− 2.42	−1.69	52 46 31.35	73.89	+14.22	22 51 33.13	−3 49 20.72
	1400	7.8	22 56 19.17	− 2.42	−1.71	53 22 29.62	75.54	+14.51	22 56 14.04	−4 25 20.93
	1400′	9.0	22 56 36.61	− 2.42	−1.71				22 56 31.47	
	1402	7.0	22 58 24.91	− 2.43	−1.72	54 19 44.97	78.23	+14.64	22 58 19.75	−5 22 39.16
	A Aquarii	5.9				57 13 32.00	87.18	+14.83		
	1407	7.3	23 11 27.69	− 2.46	−1.74	56 42 2.72	85.54	+15.41	23 11 23.50	−7 45 4.37
	1411	6.5	23 15 12.07	− 2.45	−1.71	55 26 51.26	81.63	+15.33	23 15 6.91	−6 29 51.03
	κ Piscium	5.0	23 21 28.90	+ 0.08	−1.62	48 17 27.91	63.16	+15.18		
	1416	6.2	23 24 2.19	− 2.44	−1.68	54 4 19.47	77.63	+15.83	23 23 57.17	−5 7 14.14
	1419	6.8	23 26 1.92	− 2.44	−1.68	53 37 44.02	76.40	+15.89	23 25 56.80	−4 40 37.63
	669b	6.0	23 28 40.41	− 2.42	−1.63				23 28 35.86	
	M. 974	6.3	23 30 3.00	+ 0.02	−1.71	57 0 39.55	86.65	+16.36		
1892 Oct. 15	α Urs. min. U.C.	2.0	1 19 28.62							
	40 a	7.8	1 36 8.62	−14.47	−2.99	50 0 8.00	60.31	+20.84	1 35 51.20	−1 3 10.05
	P. I, 167	5.8	1 40 51.55	+ 0.03	−3.01	55 13 9.10	83.72	+20.83		
	80	8.0	1 45 19.57	−14.49	−3.00	53 10 39.82	77.69	+20.94	1 45 2.08	−4 13 51.45
	81	7.0	1 55 5.12	−14.49	−3.00	52 50 19.10	76.80	+21.06	1 54 47.63	−3 53 30.15
	61 Ceti	6.5	1 58 33.86	+ 0.13	−2.99	49 48 26.10	68.94	+21.07		
	98	7.5	2 11 52.48	−14.56	−2.99	56 1 25.00	86.40	+21.01	2 11 34.92	−7 4 45.33
	100	7.0	2 14 32.77	−14.53	−2.98	53 47 20.80	79.55	+21.25	2 14 15.26	−4 50 54.80
	109	6.7	2 19 48.33	−14.50	−2.97	52 12 58.92	75.16	+21.22	2 19 30.85	−3 16 8.09
	81 Ceti	6.0	2 32 32.77	+ 0.08	−2.96	52 48 38.10	76.78	+21.26		
	δ Ceti	4.0	2 34 14.28	+ 0.14	−2.96	49 5 13.42	67.25	+20.97		
	116	7.7	2 43 50.10	−14.57	−2.94				2 43 32.60	
	121	5.3	2 51 30.03	−14.55	−2.92	53 5 38.62	77.57	+21.29	2 51 12.55	−4 8 50.77
	128	6.3	2 57 6.29	−14.60	−2.91	55 51 39.85	85.94	+21.53	2 56 48.77	−6 55 0.01
	130	7.0	2 59 1.65	−14.58	−2.90	54 36 42.57	82.05	+21.39	2 58 44.16	−5 39 58.71
	132	5.3	3 1 30.47	−14.60	−2.90	55 26 63.37	84.64	+21.48	3 1 12.97	−6 30 28.91
	137	6.4	3 6 11.77	−14.50	−2.89	53 10 0.75	77.86	+21.21	3 5 54.32	−4 13 12.62
	141	6.3	3 11 18.35	−14.60	−2.87	55 4 26.45	83.50	+21.12	3 11 0.88	−6 7 44.30
	17 Eridani	4.8	3 25 32.04	+ 0.05	−2.84	54 23 28.85	81.44	+21.18		
1892 Nov. 4	ι Ceti	3.3	0 14 16.71	− 0.09	−2.91					
	11	7.6	0 18 49.65	−18.14	−2.90				0 18 28.61	
	15	7.8	0 24 7.94	−18.21	−2.94				0 23 46.79	
	20	7.7	0 29 19.31	−18.32	−2.86				0 28 58.12	
	15 Ceti	6.8	0 32 54.19	+ 0.12	−2.92					

Datum	Bezeichnung des Sterns	Grösse	Durchgangszeit	Uhrstand + Correction	Reduction auf 1892.0	Mittel der Ablesungen	Refraction	Reduction auf 1892.0	α 1892.0	δ 1892.0
1892 Nov. 4	29_1	8.0	$0^h 42^m 54^s.93$	$-18^s.17$	$-2^s.98$				$0^h 42^m 33^s.78$	
	23a	7.5	0 52 2.09	−18.07	−2.98				0 51 41.04	
	36	7.8	0 54 34.39	−18.19	−3.02				0 54 13.18	
	25b	8.0	1 2 32.84	−18.16	−3.03	$52° 17' 44''.75$	$75''.53$	$+19''.20$	1 2 11.65	$-3° 19' 16''.97$
	47	7.3	1 5 36.30	−18.21	−3.05	54 23 24.55	81.52	+18.90	1 5 15.04	−5 25 2.45
	50	7.5	1 9 23.99	−18.22	−3.06	54 35 17.25	82.23	+18.94	1 9 2.71	−5 36 55.81
	39 Ceti	6.0	1 11 28.49	+ 0.07	−3.04	52 2 36.60	74.90	+19.36		
	52	8.0	1 14 30.72	−18.23	−3.07	54 52 0.07	83.00	+19.02	1 14 9.41	−5 53 34.38
	55	7.8	1 17 26.32	−18.20	−3.07	53 20 20.25	78.51	+19.31	1 17 5.05	−4 21 55.56
	θ Ceti	3.0	1 18 58.85	− 0.08	−3.09	57 42 39.90	92.42	+18.52		
	35b	8.0	1 22 52.44	−18.16	−3.08	51 34 10.60	73.70	+19.68	1 22 31.20	−2 35 41.47
	63	7.0	1 24 48.24	−18.25	−3.10	55 7 34.03	83.87	+19.17	1 24 26.80	−6 9 15.16
	37b	7.5	1 29 38.45	−18.16	−3.09	51 33 37.70	73.71	+19.77	1 29 17.20	−2 35 8.67
	72	7.8	1 32 30.79	−18.28	−3.12	56 10 46.35	87.01	+20.15	1 32 9.40	−7 18 30.60
	39b	7.0	1 35 38.64	−18.18	−3.10	52 8 31.28	75.29	+19.76	1 35 17.36	−3 10 3.82
	P. I, 167	5.8	1 40 55.36	− 0.01	−3.12	55 14 44.79	84.34	+19.41		
	79	7.4	1 45 11.22	−18.29	−3.24	56 12 46.40	87.47	+19.37	1 44 49.79	−7 14 30.73
	82	6.8	1 46 35.50	−18.30	−3.14	56 22 46.50	88.02	+19.37	1 46 14.06	−7 24 31.38
	84	7.9	1 49 45.59	−18.29	−3.24	56 5 33.36	87.10	+19.45	1 49 24.16	−7 7 17.40
	49b	7.0	1 57 44.54	−18.19	−3.24	51 52 28.83	74.68	+19.98	1 57 23.21	−2 53 50.98
	95	6.8	2 3 30.42	−18.31	−3.16	56 9 43.80	87.42	+19.61	2 3 8.94	−7 11 28.31
	67 Ceti	6.0	2 11 57.26	− 0.03	−3.17	55 53 27.80	86.58	+19.66		
	51a	8.0	2 14 6.33	−18.16	−3.16	50 15 7.32	70.38	+20.17	2 13 45.01	−1 16 35.56
	104	7.0	2 19 52.81	−18.25	−3.16	53 21 9.70	78.90	+19.98	2 19 30.40	−4 22 46.07
	104′	8.5	2 20 4.03	−18.25	−3.16				2 19 42.62	
	58a	5.0	2 27 0.91	−18.18	−3.17	50 29 13.82	71.24	+20.12	2 26 39.55	−1 30 42.67
	$61b_I$	8.0	2 33 17.08	−18.20	−3.17	50 51 3.82	72.22	+20.07	2 32 55.71	−1 52 33.59
	$61b_{II}$	8.0	2 34 10.93	−18.21	−3.17	51 20 31.64	73.50	+20.04	2 33 49.55	−2 22 2.67
	γ Ceti	6.3	2 38 3.50	+ 0.07	−3.18	46 11 49.75	61.36	+20.08		
	112	7.7	2 40 57.40	−18.29	−3.17	54 23 1.02	82.11	+19.89	2 40 35.93	−5 24 40.51
	116	7.7	2 43 54.19	−18.30	−3.17	54 35 23.51	82.76	+19.88	2 43 32.72	−5 37 3.64
	244	7.5	3 12 7.51	−18.30	−3.17	53 30 34.15	79.82	+19.70	3 11 46.04	−4 32 11.16
	152	6.2	3 24 43.28	−18.37	−3.15	56 8 39.66	88.09	+19.58	3 24 21.77	−7 10 24.82
	ν Eridani	3.0	3 28 12.05	− 0.10	−3.08	58 47 30.70	97.52	+19.63		
1892 Nov. 26	50	7.5	1 9 27.42	−21.73	−3.00	54 35 39.60	84.89	+17.14	1 9 2.69	−5 36 53.28
	39 Ceti	6.0	1 11 31.94	+ 0.14	−2.99	52 3 0.90	77.42	+17.81		
	54	6.5	1 16 15.64	−21.75	−3.03	55 42 13.57	88.49	+16.95	1 15 50.86	−6 43 30.18
	55	7.8	1 17 29.77	−21.70	−3.02	53 20 44.05	81.14	+17.60	1 17 5.05	−4 21 54.45
	59_1	6.8	1 20 48.49	−21.70	−3.04	53 28 9.10	81.51	+17.61	1 20 23.75	−4 29 19.38
	65	7.8	1 26 10.57	−21.77	−3.07	56 34 2.17	91.44	+16.87	1 25 45.73	−7 35 21.82
	37b	7.5	1 29 42.03	−21.66	−3.07	51 34 0.22	76.14	+18.19	1 29 17.30	−2 35 6.24
	72	7.8	1 32 34.33	−21.77	−3.09	56 17 9.62	90.50	+17.04	1 32 9.47	−7 18 28.70
	40b	8.0	1 36 33.87	−21.68	−3.09	52 29 12.77	78.71	+18.00	1 36 9.10	−3 30 21.03
	P. I, 167	5.8	1 40 58.87	+ 0.07	−3.12	55 15 9.80	87.09	+17.36		

Datum	Bezeichnung des Sterns	Grösse	Durchgangszeit	Uhrstand + Correction	Reduction auf 1892.0	Mittel der Ablesungen	Refraction	Reduction auf 1892.0	α 1892.0	δ 1892.0
1892 Nov. 26	81	7.3	1h 46m 25s.90	−21s.71	−3s.13	53° 43′ 58″.72	82″.36	+17″.78	1h 46m 1s.06	−4° 45′ 10″.37
	61 Ceti	6.5	1 58 41.22	+ 0.20	−3.18	49 50 26.37	71.66	+18.63		
	93	7.3	2 1 13.80	−21.71	−3.18	53 51 37.87	82.76	+17.81	2 0 48.96	−4 52 49.69
	62 Ceti	7.4	2 4 0.07	+ 0.15	−3.18	51 29 26.42	76.89	+18.22		
	67 Ceti	6.0	2 12 0.76	+ 0.05	−3.22	55 53 53.11	89.54	+17.26		
1892 Nov. 30	23a	7.5	0 52 5.26	−21.31	−2.87	49 15 32.90	69.28	+18.09	0 51 41.08	−0 14 31.47
	36	7.8	0 54 37.45	−21.45	−2.90	53 53 6.02	81.85	+16.73	0 54 13.10	−4 54 15.83
	26 Ceti	6.1	0 58 34.70	+ 0.12	−2.90	48 11 46.60	66.85	+18.45		
	41	8.0	1 1 41.33	−21.46	−2.94	54 12 29.61	82.86	+16.77	1 1 16.93	−5 13 40.39
	45	8.0	1 3 49.28	−21.46	−2.95	54 16 41.37	83.09	+16.78	1 3 24.87	−5 17 52.45
	54	6.5	1 16 15.55	−21.51	−3.01	55 42 13.17	87.65	+16.58	1 15 50.83	−6 43 28.54
	θ Ceti	3.0	1 19 2.12	− 0.11	−3.03	57 43 5.47	94.62	+15.03		
	35b	7.4	1 22 55.69	−21.53	−3.02	51 34 35.67	75.45	+17.80	1 22 31.14	−2 35 40.12
	42b	7.3	1 40 17.58	−21.43	−3.10	52 41 32.87	78.60	+17.63	1 39 53.05	−3 42 40.45
	44b	7.8	1 41 59.62	−21.43	−3.10	52 38 8.87	78.44	+17.65	1 41 35.08	−3 39 16.19
	83	7.5	1 49 37.49	−21.53	−3.14	55 46 55.64	88.03	+16.92	1 49 12.83	−6 48 11.81
	45a	6.0	1 58 3.83	−21.34	−3.16	49 22 30.30	69.84	+18.48	1 57 39.33	−0 23 29.82
	92	7.5	1 59 14.91	−21.52	−3.17	55 12 33.35	86.17	+17.11	1 58 50.22	−6 13 47.78
	62 Ceti	7.4	2 1 5.98	+ 0.06	−3.18	51 49 27.10	76.18	+17.87		
	67 Ceti	6.0	2 12 0.52	− 0.06	−3.22	55 54 3.32	88.40	+16.84		
	101	7.5	2 14 57.80	−21.54	−3.22	55 47 47.47	88.06	+17.00	2 14 33.05	−6 49 3.79
	61b₁	8.0	2 33 20.39	−21.40	−3.28	50 51 30.90	73.66	+17.90	2 32 55.71	−1 52 33.61
	62a	7.3	2 36 22.52	−21.35	−3.30	48 54 0.45	60.75	+18.24	2 35 57.87	+0 5 2.33
	110	7.6	2 38 10.09	−21.36	−3.28	56 4 46.75	89.11	+16.87	2 37 46.15	−7 6 3.94
	65a	8.0	2 46 22.35	−21.36	−3.33	49 20 34.57	69.89	+17.99	2 45 57.66	−0 21 33.70
	120	7.0	2 49 41.06	−21.52	−3.32	54 45 0.92	84.89	+17.00	2 49 16.22	−5 46 12.10
	122	8.0	2 51 43.87	−21.53	−3.32	54 46 2.91	84.94	+16.98	2 51 19.03	−5 47 16.01
	126	6.7	2 54 42.38	−21.58	−3.32	56 35 15.46	90.93	+16.04	2 54 17.48	−7 36 34.27
	131	8.0	2 59 12.94	−21.50	−3.34	53 43 41.37	81.80	+17.05	2 58 48.10	−4 44 54.43
	137	6.4	3 6 19.15	−21.49	−3.36	53 12 3.60	80.28	+17.02	3 5 54.30	−4 13 12.03
	138	7.2	3 9 0.20	−21.37	−3.35	56 2 35.37	89.15	+16.56	3 8 35.27	−7 3 52.53
	139	7.3	3 9 47.46	−21.37	−3.35	56 4 50.00	89.29	+16.54	3 9 22.54	−7 6 10.05
	144	7.5	3 12 10.94	−21.50	−3.37	53 31 2.56	81.23	+16.87	3 11 46.08	−4 32 21.84
	146	8.0	3 19 32.82	−21.48	−3.39	52 53 37.95	79.49	+16.80	3 19 7.95	−3 55 5.51
	79b₁	8.0	3 22 20.94	−21.47	−3.39	52 28 49.22	78.33	+16.79	3 21 56.07	−3 29 55.55
	17 Eridani	4.8	3 25 40.30	− 0.02	−3.30	51 25 32.01	84.10	+16.49		
	156	8.0	3 28 36.54	−21.50	−3.40	53 20 15.02	80.86	+16.55	3 28 11.64	−4 21 23.67
	85b	7.8	3 33 31.54	−21.45	−3.42	51 24 55.48	75.92	+16.64	3 33 6.67	−2 25 58.81
	90b	7.1	3 35 17.03	−21.48	−3.42	52 32 30.94	78.65	+16.46	3 34 52.13	−3 33 37.28
	93b	7.5	3 38 20.02	−21.45	−3.43	51 26 34.94	75.51	+16.51	3 37 55.24	−2 27 38.21
	94b	7.8	3 38 33.69	−21.45	−3.43				3 38 8.81	
	167	8.0	3 42 57.72	−21.59	−3.40	56 20 15.95	90.53	+15.89	3 42 32.73	−7 21 33.61
	170	7.0	3 43 55.85	−21.59	−3.40				3 43 30.85	
	174	7.0	3 47 34.97	−21.54	−3.42	54 21 29.34	84.15	+15.97	3 47 10.01	−5 22 40.61
	178	7.8	3 49 36.84	−21.51	−3.43	53 27 26.70	81.45	+15.99	3 49 11.90	−4 28 35.29

Datum	Bezeichnung des Sterns	Grösse	Durchgangszeit	Uhrstand + Correction	Reduction auf 1892.0	Mittel der Ablesungen	Refraction	Reduction auf 1892.0	α 1892.0	δ 1892.0
1892 Nov. 30	180	7.5	3h 53m 41.74s	−21.50s	−3.43s	52° 57′ 21.65″	80.04″	+15.92″	3h 53m 16.81s	−3° 58′ 28.76″
	104b	8.0	3 57 13.62	−21.44	−3.46	50 54 37.72	74.42	+15.97	3 56 48.72	−1 53 59.18
	105b	8.0	3 59 32.78	−21.49	−3.44	52 37 1.27	79.08	+15.75	3 59 7.84	−3 38 7.28
	Gr. 750 O.C.	6.4	4 3 23.35							
	A Eridani	3.0	4 9 40.46	− 0.17	−3.39	59 30 2.55	108.43	+14.88		
	199	7.5	4 15 16.47	−21.51	−3.45	52 59 0.60	80.12	+15.20	4 14 51.51	−4 0 7.14
	106a	8.0	4 17 22.48	−21.42	−3.48	49 47 22.65	71.49	+15.27	4 16 57.58	−0 48 20.65
	216	8.0	4 21 50.14	−21.55	−3.44	54 9 25.92	83.61	+14.93	4 21 25.14	−5 10 35.61
	109a	7.8	4 25 38.08	−21.40	−3.50	49 6 24.47	69.78	+14.94	4 25 13.18	−0 7 20.34
	43 Eridani	3.3	4 20 46.07	+ 0.14	−3.49	49 15 37.32	70.16	+14.86		
	115b,	8.0	4 31 0.42	−21.47	−3.47	51 26 5.35	75.78	+14.65	4 30 35.47	−2 27 7.01
	121b	7.3	4 35 57.97	−21.51	−3.46	52 42 34.27	79.32	+14.43	4 35 33.00	−3 43 39.08
	237	7.8	4 38 16.18	−21.60	−3.43	55 39 16.45	88.36	+14.29	4 37 51.15	−6 40 30.24
	μ Eridani	3.6	4 40 31.05	+ 0.04	−3.40	52 26 5.16	78.54	+14.21		
	240	8.0	4 44 7.41	−21.62	−3.42				4 43 42.37	
	242	7.8	4 44 51.20	−21.63	−3.42	56 35 1.74	91.48	+14.04	4 44 26.15	−7 36 18.48
	245	8.0	4 47 52.24	−21.57	−3.41	54 26 31.05	84.49	+13.93	4 47 27.23	−5 28 0.74
1892 Dec. 2	1407	7.3	23 12 46.61	−21.74	−2.39	56 43 52.20	91.54	+12.30	23 12 22.48	−7 45 6.04
	1412	8.0	23 16 3.60	−21.74	−2.41	56 35 38.50	91.07	+12.54	23 15 39.46	−7 36 52.31
	κ Piscium	5.0	23 21 47.62	+ 0.16	−2.33	48 19 15.27	67.57	+15.04		
	1415	7.0	23 23 36.79	−21.70	−2.43	54 57 53.77	85.74	+13.41	23 23 12.66	−5 59 2.60
	1418	6.8	23 25 51.10	−21.72	−2.45	55 51 46.47	88.68	+13.19	23 25 26.93	−6 52 58.08
	1421	7.2	23 28 18.99	−21.68	−2.44	53 58 44.70	82.72	+13.96	23 27 54.87	−4 59 50.36
	M. 974	6.5	23 30 21.99	+ 0.05	−2.49	57 2 28.75	92.73	+12.98		
	1427	7.3	23 42 30.34	−21.68	−2.46	54 2 33.96	83.00	+14.49	23 42 6.20	−5 3 41.63
	1429	7.7	23 43 36.68	−21.68	−2.53	54 1 1.20	82.93	+14.54	23 43 12.47	−5 2 8.47
	1432	7.5	23 49 59.66	−21.68	−2.57	54 15 0.85	83.69	+14.69	23 49 35.41	−5 16 8.78
	1434	8.0	23 52 1.30	−21.70	−2.57	55 2 19.62	86.16	+14.47	23 51 37.03	−6 3 30.37
	676b	7.2	23 54 26.05	−21.62	−2.56	51 26 4.79	75.62	+15.81	23 54 1.87	−2 27 6.29
	1440	5.0	23 56 49.58	−21.72	−2.61	55 35 38.70	88.06	+14.45	23 56 25.24	−6 36 52.35
	1444	7.8	0 0 17.95	−21.67	−2.61	53 25 59.82	81.30	+15.31	23 59 53.67	−4 27 6.47
	1	7.8	0 3 23.42	−21.72	−2.65	56 21 21.02	90.64	+14.42	0 2 59.05	−7 23 35.97
	2	6.8	0 5 11.19	−21.70	−2.65	54 49 44.16	85.59	+14.99	0 4 47.14	−5 50 54.74
	5	8.0	0 8 5.29	−21.70	−2.67	54 49 21.50	85.59	+15.08	0 7 40.92	−5 50 32.06
	7	8.0	0 10 9.85	−21.72	−2.68	55 43 1.72	88.49	+14.85	0 9 45.45	−6 44 14.36
	ι Ceti	3.3	0 14 20.05	− 0.08	−2.72	58 23 59.30	98.03	+14.06		
	12	7.6				53 3 19.85	80.30	+15.87		−4 4 25.59
	13	7.8	0 19 26.44	−21.68	−2.72	54 13 38.57	83.80	+15.62	0 19 2.04	−5 14 47.94
	11a	7.8	0 24 47.05	−21.60	−2.72	50 41 44.50	73.82	+16.93	0 24 22.72	−1 42 45.48
	20	7.7				56 4 34.52	89.81	+15.29		−7 5 49.50
	22	5.0	0 30 5.78	−21.66	−2.76	53 10 8.10	80.69	+16.26	0 29 41.36	−4 11 14.88
	15 Ceti	6.8	0 32 57.50	+ 0.12	−2.75	50 4 50.47	72.27	+17.31		
	17b	7.0	0 42 30.64	−21.63	−2.82	51 53 38.35	77.09	+16.94	0 42 6.19	−2 54 42.58
	29,	8.0				53 16 57.42	81.04	+16.52		−4 18 5.01
	43 H. Ceph. O.C.	4.3	0 54 11.75							
	26 Ceti	6.1	0 58 39.88	+ 0.13	−2.89	48 11 40.65	67.60	+18.33		
	42	7.8	1 1 54.75	−21.69	−2.93	54 27 49.85	84.55	+16.53	1 1 30.13	−5 29 0.68

Datum	Bezeichnung des Sterns	Grösse	Durchgangszeit	Uhrstand + Correction	Reduction auf 1892.0	Mittel der Ablesungen	Refraction	Reduction auf 1892.0	α 1892.0	δ 1892.0
1892 Dec. 1	45	8.0	1h 3m 49s.48	−21s.69	−2s.93	54° 16′ 42″.35	83″.98	+16″.61	1h 3m 24s.86	−5° 17′ 52″.91
	28b	7.5	1 8 17.46	−21.63	−2.93	52 6 20.00	77.61	+17.31	1 7 52.88	−3 7 24.33
	39 Ceti	6.0	1 11 31.82	+ 0.07	−2.95	52 3 3.40	77.43	+17.32		
	28a	8.0	1 13 31.46	−21.59	−2.96	50 24 43.35	73.06	+17.80	1 13 6.90	−1 25 44.02
	31a	8.0	1 17 43.34	−21.56	−2.98	48 49 47.50	69.08	+18.37	1 17 18.79	+0 9 15.06
	32a	7.8	1 19 34.87	−21.60	−2.99	50 30 58.02	73.31	+17.92	1 19 10.28	−1 31 59.65
	62b	7.8	2 34 16.22	−21.62	−3.28				2 33 51.31	
	63b	6.3	2 36 46.87	−21.65	−3.29	52 39 20.30	79.13	+17.32	2 36 21.93	−3 40 32.12
	64a	8.0	2 46 20.90	−21.58	−3.33	50 7 2.62	72.29	+17.07	2 45 55.98	−1 8 2.10
	120	7.0	2 49 41.19	−21.70	−3.32	54 45 3.05	85.43	+16.79	2 49 16.18	−5 46 14.34
	η Eridani	3.0	2 51 34.12	− 0.08	−3.32	58 18 20.47	97.72	+15.97		
	123	8.0	2 53 40.49	−21.67	−3.33	53 37 19.05	81.98	+16.93	2 53 15.49	−4 38 27.29
	131	8.0	2 59 13.06	−21.67	−3.34	53 43 45.80	82.31	+16.83	2 58 48.05	−4 44 54.03
	135	7.8	3 5 41.08	−21.70	−3.35				3 5 16.03	
	73a	7.8	3 6 34.84	−21.58	−3.38	40 53 5.69	71.72	+17.32	3 6 9.88	−0 54 4.51
	149	8.0	3 20 17.35	−21.73	−3.38	56 5 44.67	89.80	+16.11	3 19 52.14	−7 7 0.51
	30 Eridani	5.0	3 47 46.62	+ 0.01	−3.41	54 39 51.85	85.24	+15.66		
	179	7.2	3 50 52.66	−21.67	−3.44	53 49 20.86	82.66	+15.67	3 50 27.55	−4 50 28.77
	181	6.0	3 53 58.18	−21.69	−3.43	54 45 17.60	85.55	+15.50	3 53 33.05	−5 46 27.98
	182	8.0	3 57 20.84	−21.71	−3.43	55 15 40.62	87.18	+15.34	3 56 55.70	−6 16 52.36
	185	8.0	4 0 9.04	−21.68	−3.45	54 3 33.70	83.41	+15.37	3 59 43.92	−5 4 41.88
	187	7.0	4 2 36.14	−21.71	−3.44	55 16 30.72	87.25	+15.19	4 2 10.99	−6 17 52.82
	189	6.1	4 5 31.56	−21.73	−3.43	56 11 7.62	90.27	+15.04	4 5 6.39	−7 12 22.71
	o¹ Eridani	4.3	4 7 0.81	− 0.03	−3.44	56 5 53.80	89.99	+15.09		
	A Eridani	5.0	4 9 40.65	− 0.11	−3.41	59 30 3.30	102.60	+14.52		
	200	6.8	4 15 45.72	−21.72	−3.43				4 15 20.57	
	204	7.2	4 16 45.41	−21.71	−3.45	55 32 13.97	88.11	+14.73	4 16 20.25	−6 32 26.37
	210	7.5	4 20 24.30	−21.70	−3.45	54 52 50.25	86.06	+14.64	4 19 59.14	−5 54 0.65
	220	8.0	4 24 27.19	−21.66	−3.47	53 25 31.37	81.61	+14.58	4 24 2.06	−4 26 37.39
	110a	8.0	4 26 41.13	−21.60	−3.50	50 34 4.97	73.67	+14.61	4 26 16.03	−1 35 2.78
	230	6.5	4 29 23.96	−21.73	−3.44	56 2 31.50	89.90	+14.29	4 28 58.79	−7 3 45.37
	ν Eridani	3.3	4 31 20.40	+ 0.06	−3.48	52 33 21.02	79.11	+14.32		
	122b	7.3	4 35 58.10	−21.65	−3.48	52 42 34.97	79.56	+14.14	4 35 32.07	−3 43 38.08
	124b	8.0	4 40 50.17	−21.63	−3.49	52 5 21.60	77.77	+13.95	4 40 25.05	−3 6 23.10
	243	7.3	4 45 30.46	−21.65	−3.48	53 1 59.22	80.43	+13.74	4 45 5.33	−4 3 3.24
	132b	7.8	4 54 4.47	−21.61	−3.50	51 17 6.82	75.47	+13.37	4 53 39.36	−2 18 5.41
	291	8.0	5 21 4.70	−21.72	−3.43	55 4 5.94	86.52	+12.18	5 20 39.54	−6 5 14.15
	155b	7.8	5 29 15.40	−21.63	−3.47	51 36 22.01	77.20	+11.62	5 28 50.31	−2 37 20.67
	Lal. 11382	5.4	5 33 4.27	+ 0.07	−3.42	52 3 46.75	77.51	+10.14		
1892 Dec. 6	B.A.C. 8213 O.C.	5.7	23 27 42.46							
	1426	7.8	23 42 29.85	−22.24	−2.50	55 24 22.24	86.75	+13.72	23 42 5.11	−6 25 31.45
	1433	8.0	23 50 25.77	−22.20	−2.53	54 29 3.80	83.86	+14.34	23 49 51.03	−5 30 12.31
	27 Piscium	5.3	23 53 33.32	+ 0.06	−2.53	53 8 14.02	79.86	+14.89		
	575a	7.3	23 55 3.73	−22.12	−2.51	49 56 44.22	71.24	+16.07	23 54 39.11	−0 57 41.06

Datum	Bezeichnung des Sternes	Grösse	Durchgangszeit	Uhrstand + Correction	Reduction auf 1892.0	Mittel der Ablesungen	Refraction	Reduction auf 1892.0	α 1892.0	δ 1892.0
1892 Dec. 6	1441	8.0	23h 58m 13s.50	−22s.19	−2s.56	53° 43′ 42″.72	81″.60	+14″.86	23h 57m 48s.75	−4° 44′ 48″.38
	680b	8.0	0 1 11.52	−22.13	−2.56	50 49 29.50	73.51	+15.96	0 0 46.84	−1 50 18.03
	3b	7.4	0 3 35.72	−22.15	−2.58	51 48 24.40	76.15	+15.69	0 3 10.99	−2 49 23.01
	5	8.0	0 8 5.75	−22.21	−2.63	54 49 24.10	84.97	+15.20	0 7 40.91	−5 50 33.37
	7	8.0	0 10 10.31	−22.23	−2.65	55 43 2.61	87.83	+14.56	0 9 45.44	−6 44 13.98
	10b	7.3	0 13 11.43	−22.14	2.63	51 35 50.87	75.00	+16.04	0 12 46.66	−2 36 52.08
	9	8.0	0 16 6.50	−22.17	−2.66	52 53 42.82	79.22	+15.69	0 15 41.67	−3 54 47.25
	13	7.8	0 19 27.03	−22.20	−2.67	54 13 40.02	83.16	+15.28	0 19 2.16	−5 14 47.65
	16	7.4	0 24 23.05	22.17	−2.70	53 2 54.80	79.68	+15.86	0 23 58.18	−4 3 59.93
	22	5.0	0 30 6.27	−22.18	−2.73	53 10 10.27	80.04	+15.96	0 29 41.36	−4 11 15.29
	15 Ceti	6.8	0 33 58.02	+ 0.12	−2.72	50 4 52.29	71.68	+17.04		
	29₁	8.0	0 42 58.70	−22.18	−2.80	53 16 59.32	80.39	+16.22	0 42 33.72	−4 18 5.23
	77	7.8	1 40 56.08	−22.29	−3.07	53 45 0.44	81.93	+16.84	1 40 30.82	−4 46 7.85
	81	7.3	1 46 26.29	−22.19	−3.09	53 44 3.30	81.90	+16.87	1 46 1.01	−4 45 11.38
	46b	7.3	1 48 2.01	−22.13	−3.10	50 49 56.47	73.70	+17.65	1 47 37.38	−1 50 57.17
	45a	6.0	1 58 4.36	−22.10	−3.14	49 22 34.90	70.11	+18.02	1 57 39.32	−0 23 38.19
	92	7.5	1 59 15.57	−22.12	−3.15	55 12 37.07	86.50	+17.94	1 58 50.20	−6 13 50.34
	49a	7.5	2 2 30.53	−22.11	−3.16	50 6 18.70	71.06	+17.80	2 2 5.26	−1 7 27.20
	68 Ceti	7.4	2 4 6.58	+ 0.08	−3.16	51 49 30.51	76.50	+17.33		
	67 Ceti	6.0	2 12 1.77	0.00	−3.20	55 54 2.33	88.81	+16.26		
	100	7.0	2 14 40.55	−22.19	−3.20	53 49 24.87	82.26	+16.83	2 14 15.16	−4 50 33.00
	54a	5.5	2 16 40.84	−22.09	−3.22	49 4 55.44	69.43	+17.95	2 16 24.52	−0 5 52.10
	81 Ceti	6.0	2 32 40.76	+ 0.00	−3.27	52 51 25.13	79.43	+16.89		
	61b₁₁	8.0	2 34 14.92	−22.14	−3.28	51 21 0.91	75.30	+17.23	2 33 49.50	−2 22 2.08
	62a	7.3	2 36 23.17	−22.09	−3.29	48 54 3.20	69.06	+17.74	2 35 57.80	+0 5 1.34
	62a′	8.1	2 36 51.87	−22.09	−3.29				2 36 26.49	
	120	7.0	2 49 41.80	−22.21	−3.32	54 45 2.67	85.22	+16.32	2 49 16.27	−5 46 12.85
	69a	7.5	2 52 3.32	−22.09	−3.35	48 58 29.60	69.27	+17.42	2 51 37.87	+0 0 44.65
	126	6.7	2 54 43.09	−22.25	−3.33	56 35 16.92	92.28	+15.90	2 54 17.51	−7 37 34.49
1892 Dec. 7	B.A.C. 8213 O.C.	5.7	23 27 41.84							
	1427	7.3	23 42 30.73	−22.18	−2.47	54 1 36.65	82.35	+14.16	23 42 6.08	−5 3 43.21
	M. 986	6.1	23 45 5.05	− 0.08	−2.55	50 33 12.07	101.54	+12.38		
	1433	8.0	23 50 15.76	−22.19	−2.52	54 29 4.37	83.73	+14.26	23 49 51.06	−5 30 12.29
	1435	7.7	23 52 40.14	−22.20	−2.54	55 2 24.22	85.48	+14.14	23 52 15.41	−6 3 33.94
	1441	8.0	23 58 13.47	−22.17	−2.56	53 43 43.20	81.49	+14.79	23 57 48.74	−4 44 49.31
	2b	6.5	0 3 4.93	−22.13	−2.57	52 1 34.60	76.07	+15.54	0 2 40.25	−3 2 56.69
	ι Ceti	3.3	0 14 20.50	− 0.06	−2.67	58 24 2.30	97.18	+13.66		
	12 Ceti	6.0	0 24 36.57	+ 0.05	−2.70	53 32 8.92	80.99	+15.63		
	23	6.5	0 30 55.36	−22.20	−2.74	55 8 33.71	85.91	+15.15	0 30 30.42	−6 9 44.81
	15 Ceti	6.8	0 38 58.00	+ 0.12	−2.71	50 4 52.57	71.57	+16.97		
	29	8.0	0 42 48.65	−22.21	−2.80	55 35 41.70	87.27	+15.38	0 42 23.64	−6 34 53.93
	36	7.8	0 54 38.13	−22.17	−2.85				0 54 13.13	
	26 Ceti	6.1	0 58 40.34	+ 0.16	−2.85	48 11 47.87	67.01	+18.01		

Datum	Bezeichnung des Sterns	Grösse	Durchgangszeit	Uhrstand + Correction	Reduction auf 1892.0	Mittel der Ablesungen	Refraction	Reduction auf 1892.0	α 1892.0	δ 1892.0
1892 Dec. 16	κ Piscium	5.0	$23^h\ 21^m\ 47^s.86$	$+0^s.16$	$-2^s.21$	48° 19' 15".50	66".92	+14".68		
	1416	6.2	23 24 21.40	−22.03	−2.18	54 6 9.70	82.25	+12.83	$23^h\ 23^m\ 57^s.10$	−5° 7' 14".05
	1418	6.8	23 25 51.27	−22.07	−2.31	55 51 48.27	87.78	+12.27	23 25 26.90	−6 52 57.66
	1422	7.8	23 30 5.46	−22.02	−2.32	53 26 2.37	80.27	+13.30	23 29 41.13	−4 27 5.44
	B.A.C. 8213 O.C.	5.7	23 27 37.17							
	1428	6.3	23 43 24.00	−22.08	−2.40	55 57 38.84	88.08	+12.89	23 42 59.52	−6 58 49.13
	M. 986	6.1	23 45 2.03	− 0.09	−2.45	59 33 16.16	101.14	+11.76		
	1433	8.0	23 50 15.63	−22.04	−2.43	54 29 5.60	83.37	+13.64	23 49 51.16	−5 30 12.12
	1435	7.7	23 52 30.05	−22.06	−2.44	55 2 26.52	85.00	+13.53	23 52 15.45	−6 3 31.68
	6766	7.8	23 54 26.37	−21.98	−2.42	51 26 8.00	74.66	+14.87	23 54 1.97	−2 27 7.05
	1442	8.0	23 59 23.20	−22.09	−2.50	56 32 46.15	90.02	+13.21	23 58 58.01	−7 33 58.97
	2b	6.5	0 3 4.75	−21.99	−2.48	52 1 55.80	76.29	+14.01	0 2 40.28	−3 2 56.48
	5	8.0	0 8 5.51	−22.05	−2.53	54 49 25.75	84.45	+14.08	0 7 40.93	−5 50 33.69
	8b	6.7	0 9 49.10	−22.01	−2.51	52 36 35.90	77.92	+15.37	0 9 24.07	−3 37 38.51
	7a	7.3	0 14 9.13	−21.93	−2.58	49 3 50.04	68.70	+16.27	0 13 44.68	−0 4 45.25
	15	7.8	0 24 11.45	−22.07	−2.62	55 28 56.20	86.01	+14.28	0 23 46.76	−6 30 6.37
	15 Ceti	6.8	0 32 57.78	+ 0.12	−2.63	50 4 53.84	71.30	+16.35		
	19a	8.0	0 42 58.59	−22.03	−2.71	53 17 0.80	80.02	+15.26	0 42 33.85	−4 18 5.77
	26 Ceti	6.1	0 58 40.22	+ 0.16	−2.78	48 11 49.85	66.87	+17.41		
	42	7.8	1 1 55.01	−22.06	−2.81	54 27 51.10	83.67	+15.38	1 1 30.14	−5 28 50.50
	20b	8.0	1 3 26.64	−22.00	−2.81	51 37 9.32	73.50	+16.35	1 3 1.83	−2 38 10.50
	20a	8.0!	1 6 44.04	−21.96	−2.83				1 6 19.85	
	49	7.3	1 8 48.56	−22.00	−2.85	54 24 0.33	83.53	+15.40	1 8 23.65	−5 25 7.04
	30b	7.0	1 11 52.09	−22.00	−2.86	51 49 40.75	76.12	+16.37	1 11 27.23	−2 50 42.20
	52	8.0	1 14 34.42	−22.07	−2.88	54 52 20.62	85.03	+15.57	1 14 9.47	−5 53 39.65
	56	7.4	1 18 49.69	−22.08	−2.90	55 21 28.65	86.60	+15.20	1 18 24.70	−6 22 39.85
	34a	7.8	1 21 52.74	−21.90	−2.91	49 41 31.87	70.60	+17.14	1 21 27.88	−0 42 29.16
	64	7.2	1 25 57.63	−22.06	−2.94	54 20 54.51	83.92	+15.63	1 25 32.63	−5 31 3.66
	38b	7.5	1 30 1.76	−22.01	−2.95	51 52 16.59	76.32	+16.50	1 29 36.80	−2 53 18.81
	71	6.7	1 32 48.76	−22.03	−2.97	52 58 21.59	79.42	+16.16	1 32 23.76	−3 59 26.58
	40a	7.8	1 36 16.14	−21.97	−2.98	50 2 11.97	71.52	+17.10	1 35 51.19	−1 3 10.11
	P.I. 167	5.8	1 41 39.13	+ 0.01	−3.01	55 15 13.85	86.36	+15.40		
	42a	8.0	1 42 29.05	−21.96	−3.01	49 22 5.04	69.86	+16.23	1 42 4.08	−0 23 1.11
	81	7.3	1 46 26.20	−22.05	−3.03	53 44 2.60	81.67	+15.96	1 46 1.11	−4 45 11.74
	84	7.9	1 49 49.38	−22.11	−3.05	56 6 4.82	89.13	+15.24	1 49 24.22	−7 7 18.47
	45a	6.0	1 58 4.39	−21.96	−3.09	49 22 35.67	69.89	+17.24	1 57 39.34	−0 23 32.25
	92	7.5	1 59 15.41	−22.09	−3.09	55 12 38.02	86.23	+15.51	1 58 50.23	−6 13 49.08
	62 Ceti	7.4	2 4 6.36	+ 0.08	−3.11	51 49 31.19	76.24	+16.45		
	67 Ceti	6.0	2 12 1.06	− 0.01	−3.15	55 53 58.07	88.48	+15.16		
1892 Dec. 19	662b	7.7	23 11 25.40	−21.94	−2.14	308 49 46.35	74.15	−13.14	23 11 1.32	−2 10 38.68
	1412	8.0	23 16 3.78	−22.07	−2.23	303 23 41.24	90.45	−11.41	23 15 39.48	−7 36 58.27
	κ Piscium	5.0	23 21 47.81	− 0.14	−2.18	311 40 4.70	67.10	−14.47		
	564a	7.5	23 23 38.85	−21.92	−2.21	309 34 40.00	72.28	−13.92	23 23 14.73	−1 25 37.91
	669b	6.0	23 29 0.00	−21.93	−2.24	309 0 41.15	73.31	−13.07	23 28 35.83	−1 50 38.06

Datum	Bezeichnung des Sterns	Grösse	Durchgangszeit	Uhrstand + Correction	Reduction auf 1892.0	Mittel der Ablesungen	Refraction	Reduction auf 1892.0	α 1892.0	δ 1892.0
1892 Dec. 19	M. 974	6.5	23h 30m 22s.20	− 0s.35	−2s.31	302° 56′ 52″.89	92″.03	−11″.92		
	B.A.C. 8213 O.C.	5.7	23 27 38.46							
	369a	7.3	23 39 52.09	−21.91	−2.30	309 44 42.10	71.83	−14.60	23h 39m 27s.88	−1° 15′ 35″.93
	1428	6.3	23 43 23.90	−22.05	−2.37	304 1 45.15	88.38	−12.70	23 42 59.47	−6 58 47.70
	M. 986	6.1	23 45 4.93	− 0.41	−2.42	300 26 7.35	101.50	−11.57		
	573a	6.2	23 49 39.17	−22.00	−2.35	310 30 48.45	69.92	−15.21	23 49 14.92	−0 29 28.60
	1434	8.0	23 52 1.45	−22.03	−2.41	304 57 2.62	85.42	−13.31	23 51 37.01	−6 3 28.13
	1437	7.0	23 54 32.71	−22.04	−2.43	305 30 58.80	86.81	−13.24	23 54 8.24	−6 29 33.46
	1441	8.0	23 58 13.15	−22.01	−2.43	306 15 38.75	81.42	−13.97	23 57 48.72	−4 44 48.58
	1444	7.8	0 0 18.10	−21.99	−2.44				23 59 53.66	
	2b	6.5	0 3 4.66	−21.96	−2.45	307 57 27.55	76.59	−14.73	0 2 40.26	−3 2 55.75
	6b	7.0	0 7 32.37	−21.93	−2.46	309 10 38.97	73.33	−15.28	0 7 7.98	−1 49 41.41
	7b	7.8	0 9 17.32	−21.95	−2.48	308 12 30.60	75.91	−14.99	0 8 52.88	−2 47 32.17
	10b	7.3	0 13 11.11	−21.95	−2.50	308 23 28.40	75.42	−15.16	0 12 46.66	−2 36 53.83
	11b	7.8	0 14 43.99	−21.96	−2.51	307 55 36.32	76.68	−15.04	0 14 19.52	−3 4 47.20
	13b	6.0	0 19 23.01	−21.95	−2.53	308 11 23.92	75.96	−15.20	0 18 58.52	−2 48 58.91
	15	7.8	0 24 11.35	−22.04	−2.59				0 23 46.72	
	12 Ceti	6.0	0 24 56.18	− 0.26	−2.59	306 27 13.67	80.87	−14.74		
	23	6.5	0 30 55.02	−22.03	−2.63				0 30 30.37	
	15 Ceti	6.8	0 32 57.71	− 0.18	−2.60	309 54 27.30	71.46	−16.15		
	24′	9.0	0 35 33.01	−22.00	−2.64	306 4 21.40	82.00	−14.89	0 35 8.36	−4 56 17.35
	24	6.3	0 35 37.08	−22.00	−2.64				0 35 12.43	
	25a	6.8	0 40 1.63	−21.89	−2.64	310 40 7.35	69.57	−15.67	0 39 37.09	−0 20 9.56
	29.	8.0	0 42 58.43	−21.99	−2.68	306 42 22.12	80.13	−15.25	0 42 33.76	−4 18 5.24
	32	7.8	0 46 40.39	−22.05	−2.71	304 19 18.40	87.47	−14.48	0 46 15.63	−6 41 15.39
	23a	7.5	0 52 5.65	−21.89	−2.72	310 45 47.40	69.34	−16.80	0 51 41.04	−0 14 30.66
	21b	7.8	0 53 57.37	−21.96	−2.74	307 58 12.25	76.38	−15.87	0 53 32.67	−3 2 12.06
	21b′	8.9	0 54 5.40	−21.96	−2.74				0 53 40.70	
	26 Ceti	6.1	0 58 40.11	− 0.13	−2.75	311 47 32.07	66.88	−17.22		
	41	8.0	1 1 41.66	−22.01	−2.78				1 1 16.87	
	43	8.0	1 2 40.63	−22.01	−2.79	305 41 12.12	83.22	−15.22	1 2 15.83	−5 19 18.02
	46	6.8	1 5 28.02	−22.05	−2.81				1 5 3.16	
	28b	7.5	1 8 17.65	−21.96	−2.81	307 53 0.70	76.88	−16.03	1 7 52.88	−3 7 23.94
	30b	7.0	1 11 52.00	−21.95	−2.83	308 9 41.42	76.14	−16.15	1 11 27.22	−2 50 42.80
	29a	5.8	1 14 41.61	−21.91	−2.84	309 55 45.40	71.51	−16.78	1 14 16.85	−1 4 34.06
	31a	8.0	1 17 43.44	−21.88	−2.86	311 9 37.75	68.47	−17.21	1 17 18.70	+0 9 25.10
	33b	5.8	1 19 44.22	−21.97	−2.87	307 35 45.89	77.74	−15.97	1 19 19.38	−3 24 39.43
	35b′	8.6	1 22 51.68	−21.95	−2.89				1 22 26.84	
	35b	7.4	1 22 56.07	−21.95	−2.89	308 24 42.70	75.52	−16.32	1 22 31.23	−2 35 41.07
	65	7.8	1 26 10.61	−22.07	−2.92	303 25 16.02	90.68	−14.71	1 25 45.62	−7 35 21.21
	37b	7.5	1 29 42.08	−21.95	−2.93	308 25 14.10	75.52	−16.37	1 29 17.21	−2 35 9.65
	37a	6.5	1 32 9.68	−21.91	−2.94	310 6 23.82	71.14	−16.92	1 31 44.83	−0 53 56.22
	39a	7.2	1 35 0.28	−21.91	−2.95	310 12 55.35	70.88	−16.96	1 34 35.42	−0 47 24.39
	76	7.0	1 39 44.35	−22.06	−2.98				1 39 19.51	
	P. I, 167	5.8	1 40 58.99	− 0.30	−2.99	304 41 8.44	86.38	−15.19		

Datum	Bezeichnung des Sterns	Grösse	Durchgangszeit	Uhrstand + Correction	Reduction auf 1892.0	Mittel der Ablesungen	Refraction	Reduction auf 1892.0	α 1892.0	δ 1892.0
1892 Dec. 19	181	9.0	3h 53m 58s.55	−22s.02	−3s.50				3h 53m 33s.03	
	104b	8.0	3 57 14.20	−21.93	−3.54	309° 4′ 17″.02	73″.91	−13″.78	3 56 48.73	−1° 56′ 1″.91
	105b	8.0	3 59 33.42	−21.97	−3.53	307 22 15.10	78.35	−13.41	3 59 7.92	−3 38 8.09
	108b	8.5	4 4 50.95	−21.98	−3.54	307 8 54.92	79.19	−13.15	4 4 25.43	−3 51 29.89
	ο¹ Eridani	4.3	4 7 1.16	−0.32	−3.51	303 53 24.05	89.27	−12.59		
	109b1	7.8	4 9 35.71	−21.94	−3.57	308 35 32.50	75.20	−13.22	4 9 10.19	−2 24 47.57
	198	7.3	4 15 1.57	−22.00	−3.56				4 14 36.01	
	202	7.3	4 16 3.96	−21.98	−3.57	307 1 46.62	79.34	−12.68	4 15 38.41	−3 58 37.36
	ξ Eridani	5.3	4 18 43.76	−0.25	−3.58	307 0 41.00	79.59	−12.67		
	218	7.5	4 21 55.98	−22.06	−3.55	303 52 58.60	89.31	−11.99	4 21 30.38	−7 7 34.43
	110a	8.0	4 26 41.60	−21.92	−3.62	309 25 13.04	73.02	−12.55	4 26 16.06	−1 35 3.09
	μ Eridani	3.0	4 40 31.66	−0.23	−3.61	307 33 3.20	78.10	−11.65		
	241	7.5	4 44 19.46	−21.98	−3.61	303 49 44.80	83.15	−11.27	4 43 53.88	−5 10 34.04
	246	4.3	4 48 0.94	−21.99	−3.61	305 22 18.52	84.57	−11.06	4 47 35.34	−5 38 1.66
	251	8.0	4 51 35.84	−22.04	−3.59	303 48 49.47	89.63	−10.74	4 51 10.21	−7 11 35.59
	256	4.9	4 56 37.78	−22.04	−3.60	303 40 27.40	90.12	−10.49	4 56 12.14	−7 19 57.71
	β Eridani	3.0	5 2 58.04	−0.28	−3.63	305 46 48.85	83.37	−10.27		
	λ Eridani	4.0	5 4 24.37	−0.34	−3.58	302 6 56.17	95.66	−10.01		
	271	8.0	5 9 41.38	−22.06	−3.61	303 35 56.67	90.44	−9.88	5 9 15.71	−7 24 27.70
	279	7.5	5 13 43.32	−22.03	−3.63	304 39 3.07	86.08	−9.74	5 13 17.66	−6 21 18.38
	287	8.0	5 17 48.56	−22.07	−3.61				5 17 22.88	
	291	8.0	5 21 5.31	−22.03	−3.63	304 55 6.35	86.18	−9.38	5 20 39.65	−6 5 13.52
	297	8.0	5 25 25.12	−22.03	−3.64	304 55 59.00	86.17	−9.16	5 24 59.45	−6 4 20.07
	305	6.8	5 29 14.16	−22.06	−3.62	303 54 33.02	89.55	−8.91	5 28 48.47	−7 5 49.92
	318	7.8	5 32 43.01	−22.01	−3.65	306 0 17.97	82.89	−8.80	5 32 17.35	−4 59 58.58
	101b	7.5	5 36 41.06	−21.96	−3.69	308 3 3.17	77.01	−8.64	5 36 15.41	−2 57 7.41
	341	7.5	5 39 37.42	−22.01	−3.66	306 13 40.37	82.17	−8.42	5 39 11.75	−4 44 34.90
	347	7.7	5 42 57.07	−22.06	−3.63	304 31 53.35	87.60	−8.19	5 42 31.37	−6 28 20.50
	352	8.0	5 47 9.57	−22.09	−3.62	303 40 6.82	90.58	−7.95	5 46 43.86	−7 20 16.26
	358	7.0	5 50 41.46	−22.02	−3.66	306 11 51.17	82.45	−7.78	5 50 15.77	−4 48 23.14
	364	7.5	5 55 40.30	−22.10	−3.62	303 24 40.77	91.43	−7.47	5 55 14.58	−7 35 48.87
	368	6.0	5 59 24.32	−22.08	−3.63	304 18 3.57	88.43	−7.20	5 58 58.62	−6 42 17.05
	373	8.0	6 3 50.41	−22.05	−3.65	305 42 21.89	84.01	−6.99	6 3 24.72	−5 18 53.38
	386	6.5	6 6 49.39	−22.03	−3.66	306 21 43.25	81.98	−6.80	6 6 23.70	−4 38 30.26
	5 Monoc.	4.0	6 10 1.01	−0.28	−3.63	304 45 47.97	86.94	−6.61		
	406	7.0	6 18 28.34	−22.04	−3.65	306 25 15.10	81.97	−6.08	6 18 2.65	−4 37 57.52
	10 Monoc.	5.0	6 23 3.29	−0.23	−3.65	306 18 28.17	82.16	−5.89		
	418	7.8	6 25 27.94	−22.09	−3.62	304 38 48.35	87.34	−5.72	6 25 2.23	−6 21 28.80
	424	7.4	6 29 24.24	−22.06	−3.64	306 11 10.52	82.54	−5.39	6 28 58.54	−4 49 1.90
	429	7.7	6 35 20.63	−22.05	−3.64	306 38 22.92	81.20	−4.98	6 34 54.94	−4 21 47.50
	435	7.0	6 37 51.73	−22.04	−3.64	306 58 0.52	80.24	−4.79	6 37 26.04	−4 2 9.15
	18 Monoc.	5.0	6 42 30.39	−0.05	−3.78	313 31 39.50	63.64	−4.04		
	476	8.0	7 11 39.47	−22.04	−3.58	306 9 37.90	82.70	−2.63	7 11 13.85	−4 50 39.89
	483	7.8	7 15 21.32	−22.07	−3.55	305 4 2.05	86.08	−2.51	7 14 55.70	−5 56 10.93
	489	7.5	7 21 36.95	−22.11	−3.51	303 50 52.64	90.10	−2.17	7 21 11.33	−7 9 31.72

Datum	Bezeichnung des Sterns	Grösse	Durchgangszeit	Uhrstand + Correction	Reduction auf 1892.0	Mittel der Ablesungen	Refraction	Reduction auf 1892.0	α 1892.0	δ 1892.0
1892 Dec. 19	493₁	8.0	7h 25m 54.33s	−22.09	−3.32	304° 30′ 50.35″	87.90	−1.90	7h 25m 28.92s	−6° 29′ 29.89″
	501	6.3	7 31 29.22	−22.14	−3.48	301 56 7.26	93.30	−1.77	7 31 3.60	−8 4 19.91
	227b	7.8	7 32 48.40	−21.99	−3.58	308 38 54.87	75.66	−0.85	7 32 22.83	−2 21 13.52
	509	8.0	7 36 55.16	−22.11	−3.48	304 6 27.80	89.29	−1.24	7 36 29.57	−6 33 35.17
	511₁	8.0	7 39 24.87	−22.06	−3.51	306 22 6.57	82.65	−0.76	7 38 59.30	−4 48 9.48
	235b	6.7	7 47 8.91	−22.01	−3.53	308 13 29.45	76.86	+0.10	7 46 43.37	−2 46 39.57
	525	7.3	7 52 30.42	−22.13	−3.43	303 29 44.35	91.42	−0.35	7 52 4.86	−7 30 39.34
	27 Monoc.	5.4	7 54 45.91	− 0.20	−3.49	307 37 2.40	78.58	+0.51		
	534	6.5	7 57 33.15	−22.10	−3.44	304 58 6.87	86.54	+0.24	7 57 7.61	−6 2 11.80
	535	7.5	7 57 53.87	−22.10	−3.44				7 57 28.33	
	538	7.0	7 59 54.28	−22.08	−3.45	305 53 51.67	83.64	+0.57	7 59 28.75	−5 6 23.29
	539	7.5	8 4 18.74	−22.06	−3.45	306 45 56.37	81.06	+0.82	8 3 53.24	−4 14 16.28
	544	5.5	8 6 43.30	−22.14	−3.39	303 33 19.27	91.27	+0.57	8 6 17.77	−7 27 4.02
	223a	7.8	8 11 49.52	−21.99	−3.48	309 32 10.12	73.42	+1.17	8 11 24.05	−2 27 47.18
	550	7.1	8 14 20.06	−22.09	−3.40	305 43 10.47	84.22	+1.30	8 13 54.58	−5 16 58.58
	557	8.0	8 16 42.89	−22.16	−3.34	303 9 27.10	92.67	+1.12	8 16 17.38	−7 50 56.99
	561₁	6.5	8 19 39.17	−22.07	−3.40	306 38 12.85	81.47	+2.05	8 19 13.70	−4 21 58.64
	563	7.5	8 22 39.67	−22.08	−3.38	306 12 46.12	82.74	+2.16	8 22 14.21	−4 47 26.92
	571	7.8	8 25 42.59	−22.13	−3.33	304 12 36.65	89.08	+1.93	8 25 17.12	−6 47 43.00
	Br. 1212	6.1	8 30 37.44	− 0.31	−3.30	303 23 43.07	91.86	+2.02		
	578′	9.0	8 32 57.03	−22.13	−3.31				8 32 31.59	
	578	7.5	8 32 58.98	−22.13	−3.31	304 34 25.27	87.88	+2.47	8 32 33.54	−6 25 52.43
	582′	8.6	8 36 11.46	−22.13	−3.30	304 32 31.92	87.99	+2.68	8 35 46.02	−6 27 45.38
	586	7.6	8 40 0.35	−22.17	−3.26	303 8 36.42	92.74	+2.59	8 39 34.92	−7 51 45.69
	15 Hydrae	6.0	8 46 41.34	− 0.29	−3.25	304 13 55.97	89.02	+3.26		
	76 Drac. U.C.	6.0	8 50 42.06							
	244a	7.8	8 57 21.66	−22.02	−3.30	309 3 35.69	74.71	+3.19	8 56 56.34	−1 56 26.37
	19 Hydrae	5.9	9 3 50.38	− 0.33	−3.16	302 51 12.10	93.79	+3.98		
	606	7.5	9 5 24.62	−22.13	−3.20	305 17 3.65	85.63	+4.71	9 4 59.30	−5 43 9.38
	θ Hydrae	4.0	9 9 10.00	− 0.04	−3.24	313 45 59.87	63.33	+7.57		
	614	5.8	9 11 45.23	−22.13	−3.17	305 6 4.15	86.22	+5.06	9 11 19.92	−5 54 9.66
	615	8.0	9 14 51.14	−22.13	−3.20	305 28 2.80	85.06	+5.35	9 14 25.83	−5 32 9.30
	617	7.5	9 17 26.13	−22.13	−3.15	305 24 10.25	85.27	+5.48	9 17 0.85	−5 36 2.16
	622	5.5	9 20 25.29	−22.11	−3.15	306 21 2.65	82.36	+5.94	9 20 0.03	−4 39 6.43
	α Hydrae	2.0	9 22 42.07	− 0.33	−3.09	302 48 54.75	93.94	+5.11		
	628	7.0	9 25 56.88	−22.12	−3.12	305 48 33.70	83.99	+6.13	9 25 31.64	−5 11 16.38
1892 Dec. 22	181a	8.0	6 40 2.84	−21.83	−3.75	310 5 30.17	71.12	−3.96	6 39 37.25	−0 54 36.61
	18 Monoc.	5.0	6 43 39.40	− 0.05	−3.81	313 31 47.90	63.04	−3.60		
	444	7.2	6 45 47.47	−21.94	−3.68	306 51 44.75	79.83	−3.75	6 45 21.86	−1 8 31.16
	450	7.8	6 48 20.87	−22.03	−3.62	303 22 24.41	90.81	−3.79	6 47 55.23	−7 38 2.28
	453	7.6	6 51 53.22	−22.04	−3.61	302 57 56.39	92.22	−3.60	6 51 27.57	−8 2 31.69

Datum	Bezeichnung des Sterns	Grösse	Durchgangszeit	Uhrstand + Correction	Reduction auf 1892.0	Mittel der Ablesungen	Refraction	Reduction auf 1892.0	α 1892.0	δ 1892.0
1892 Dec. 22	456	7.5	6h 53m 47s.67	−22s.02	−3s.62	303° 38′ 7″.75	88″.81	−3″.42	6h 53m 22s.04	−7° 2′ 16″.67
	459	5.0	6 57 4.03	−21.98	−3.64	305 26 12.39	84.10	−3.09	6 56 38.41	−5 34 6.61
	462	5.8	6 59 11.79	−21.97	−3.65	303 50 24.89	82.86	−2.93	6 58 46.17	−5 9 52.64
	465	7.8	7 3 1.88	−21.96	−3.65	306 29 42.50	80.92	−2.61	7 2 36.27	−4 30 32.66
	466	7.9	7 4 49.40	−21.99	−3.62	305 8 5.00	83.05	−2.62	7 4 24.79	−5 52 24.52
	225b₁	8.0	7 10 0.85	−21.91	−3.68	308 21 57.20	75.65	−1.95	7 9 35.26	−2 38 12.66
	478	7.6	7 12 9.37	−22.04	−3.50	303 40 19.17	89.82	−2.28	7 11 43.75	−7 20 5.05
	483	7.8	7 15 21.35	−22.00	−3.61	305 4 0.15	85.28	−1.93	7 14 55.74	−5 56 19.30
	490	7.8	7 22 53.48	−22.00	−3.60	305 21 5.90	84.40	−1.46	7 21 27.89	−5 29 12.52
	25 Monoc.	3.3	7 32 20.05	−0.21	−3.62	307 7 59.62	79.16	−0.59		
	508	6.3	7 35 47.69	−22.07	−3.53	303 4 17.49	91.93	−0.83	7 35 22.09	−7 56 7.40
	510	7.1	7 38 36.25	−21.98	−3.58	306 34 44.65	80.72	−0.17	7 38 10.69	−4 25 28.39
	512	7.2	7 40 15.78	−21.97	−3.50	306 48 39.55	80.05	−0.02	7 39 50.22	−4 11 32.88
	526	8.0	7 52 56.89	−22.03	−3.51	304 41 42.80	86.53	+0.51	7 52 31.35	−6 18 34.85
	27 Monoc.	3.4	7 54 45.92	−0.20	−3.56	307 37 2.57	77.78	+1.11		
	535	7.5	7 57 53.76	−22.03	−3.50	304 58 50.54	85.61	+0.90	7 57 28.23	−6 1 17.03
	542	8.0	8 6 23.50	−22.06	−3.47	304 7 35.52	88.40	+1.30	8 5 57.98	−6 52 43.81
	550	7.1	8 14 20.07	−22.02	−3.47	305 43 15.30	83.34	+2.12	8 13 54.57	−5 16 58.07
	557	8.0	8 16 42.92	−22.09	−3.42	303 9 25.72	91.70	+1.80	8 16 17.40	−7 50 36.63
	561₁	6.5	8 19 39.14	−22.00	−3.47	306 38 11.19	80.61	+2.65	8 19 13.66	−4 21 58.58
	564	7.0	8 22 23.81	−22.05	−3.43	304 57 2.17	85.75	+2.52	8 21 58.33	−6 3 13.65
	571	7.8	8 25 42.57	−22.07	−3.41	304 12 34.30	88.15	+2.58	8 25 17.10	−6 47 43.07
	574₁	8.0	8 28 20.89	−22.02	−3.43	306 2 38.46	82.38	+3.13	8 27 55.44	−4 57 32.44
	Br. 1212	6.1	8 30 37.35	−0.31	−3.37	303 23 42.00	90.90	+2.70		
	582	7.8	8 36 20.69	−22.01	−3.41	306 34 42.62	80.80	+3.78	8 35 55.26	−4 25 26.30
	585	8.0	8 39 3.22	−22.06	−3.37	304 53 22.49	85.97	+3.58	8 38 37.79	−6 6 52.66
	P. VIII, 167	5.3	8 42 11.94	−0.15	−3.44	309 29 53.77	72.82	+4.81		
	19 Hydrae	5.9	9 3 50.44	−0.32	−3.25	302 51 10.27	92.84	+4.66		
	610	7.8	9 7 35.03	−22.05	−3.20	306 9 9.02	82.11	+5.73	9 7 9.71	−4 50 59.90
	613	7.5	9 11 12.84	−22.12	−3.22	303 6 16.27	91.97	+5.17	9 10 46.49	−7 54 3.03
	616	7.7	9 15 51.08	−22.12	−3.21	303 43 56.04	89.83	+5.02	9 15 25.75	−7 16 20.07
	248a₁	8.0	9 17 26.77	−21.94	−3.32	310 23 0.37	70.60	+7.48	9 17 1.51	−0 36 54.63
	248a₁₁	8.0	9 20 13.23	−21.94	−3.31	310 37 35.51	70.02	+7.73	9 19 47.98	−0 22 18.82
	625	7.2	9 23 18.46	−22.11	−3.18	303 45 14.85	89.80	+6.08	9 22 53.16	−7 15 1.38
	628	7.0	9 25 56.92	−22.06	−3.20	305 48 31.15	83.20	+6.77	9 25 31.65	−5 11 17.57
	632	6.7	9 29 34.62	−22.07	−3.18	305 34 9.40	83.97	+6.05	9 29 9.37	−5 25 59.80
	305b	8.0	9 33 56.65	−22.03	−3.20	307 18 29.82	78.38	+7.76	9 33 31.43	−3 31 32.86
	639	8.0	9 39 56.08	−22.10	−3.13	304 47 44.95	86.47	+7.35	9 39 30.85	−6 12 25.78
	6 Sextantis	6.1	9 46 12.67	−0.22	−3.15	307 15 47.60	79.03	+8.51		
	645	6.0	9 47 34.81	−22.14	−3.07	303 24 28.00	91.09	+7.39	9 47 9.60	−7 35 48.13
	25 Sextantis	6.1	10 18 23.96	−0.22	−2.89	307 28 18.87	78.43	+10.07		
	3441 Carr. U.C.	5.6	10 22 13.36							
1892 Dec. 23	γ Piscium	4.0	23 11 37.96	−0.03	−2.10	313 41 43.65	62.83	−14.38		
	1412	8.0	23 16 3.75	−22.14	−2.19	303 23 42.86	90.05	−11.19	23 15 39.42	−7 36 52.04
	665b	7.3	23 22 4.69	−22.04	−2.18	307 46 40.94	77.44	−12.95	23 21 40.47	−3 13 42.34
	364a	7.3	23 23 38.87	−21.99	−2.17	309 34 40.87	72.62	−13.65	23 23 14.71	−1 25 38.29
	669b	6.0	23 29 0.03	−22.01	−2.20	309 9 42.67	73.73	−13.72	23 28 35.82	−1 50 37.88

Datum	Bezeichnung des Sterns	Grösse	Durchgangszeit	Uhrstand + Correction	Reduction auf 1892.0	Mittel der Ablesungen	Refraction	Reduction auf 1892.0	α 1892.0	δ 1892.0
1892 Dec. 23	M. 974	6.5	23h 30m 22s.21	— 0s.31	—2s.27	302° 36' 54".47	92".56	—11".60		
	B.A.C. 8213 O.C.	5.7	23 27 37.38							
	1428	6.3	23 42 23.04	—22.11	—2.33				23h 41m 59s.30	
	1429	7.7	23 43 36.87	—22.06	—2.32	305 38 21.62	82.69	—13.14	23 43 12.49	—5° 2' 7".18
	1433	8.0	23 50 15.39	—22.10	—2.36				23 49 51.14	
	1434	8.0	23 52 1.52	—22.12	—2.37	304 57 3.05	85.95	—13.05	23 51 37.03	—6 3 29.80
	574a	7.0	23 54 38.93	—21.99	—2.34	310 7 29.22	71.34	—14.98	23 54 14.60	—0 52 50.03
	576a	8.0	23 56 2.22	—21.99	—2.35	310 19 47.05	70.83	—15.09	23 55 37.88	—0 40 31.73
	1444	7.8	0 0 18.18	—22.08	—2.40	306 33 20.35	81.07	—13.89	23 59 53.69	—4 27 7.80
	2b	6.5	0 3 4.74	—22.05	—2.41	307 57 28.92	77.08	—14.46	0 2 40.28	—3 2 55.78
	5	8.0	0 7 5.50	—22.12	—2.46	305 10 0.12	85.33	—13.61	0 6 40.92	—5 50 31.86
	10b	7.3	0 13 11.20	—22.04	—2.46	308 23 30.19	75.93	—14.89	0 12 46.70	—2 36 53.34
	11b	7.8	0 14 44.03	—22.05	—2.48	307 55 38.80	77.21	—14.77	0 14 19.50	—3 4 46.07
	11	7.6	0 17 54.49	—22.15	—2.52				0 17 29.82	
	16	7.4	0 24 22.85	—22.08	—2.54	306 56 27.90	80.08	—14.66	0 23 58.23	—4 3 59.56
	13b	7.3	0 26 33.90	—22.04	—2.54	308 37 0.30	75.36	—15.31	0 26 9.32	—2 23 23.41
	15 Ceti	6.8	0 32 57.79	— 0.14	—2.56	309 54 29.02	72.01	—15.88		
	26	7.8	0 38 14.41	—22.16	—2.63				0 37 49.63	
	27	6.5	0 40 19.05	—22.12	—2.63				0 39 54.30	
	17a	7.8	0 41 45.43	—22.00	—2.61	310 47 36.90	69.82	—16.39	0 41 20.82	—0 12 41.99
	29	8.0	0 42 58.52	—22.09	—2.64	306 42 24.67	80.79	—14.97	0 42 33.79	—4 18 4.27
	32	7.8	0 46 40.51	—22.10	—2.67				0 46 15.68	
	33	6.5	0 48 36.15	—22.12	—2.68				0 48 11.36	
	23a	7.5	0 52 5.79	—22.00	—2.68	310 45 48.60	69.93	—16.53	0 51 41.11	—0 14 30.95
	21b	7.8	0 53 57.48	—22.07	—2.70	307 58 15.20	77.23	—15.58	0 53 32.71	—3 2 10.60
	26 Ceti	6.1	0 58 40.19	— 0.10	—2.72	311 47 33.42	67.47	—16.95		
	25a	8.0	1 1 18.77	—22.03	—2.73	309 40 45.12	72.36	—16.28	1 0 54.01	—1 19 36.39
	45	8.0	1 3 49.74	—22.13	—2.76	305 42 41.16	83.85	—14.93	1 3 24.85	—5 17 50.73
	28b	7.5	1 8 17.79	—22.08	—2.78	307 53 3.55	77.52	—15.74	1 7 52.93	—3 7 22.52
	50	7.5	1 9 27.56	—22.14	—2.79	305 23 37.24	84.86	—14.84	1 9 2.63	—5 36 55.19
	51	7.8	1 12 19.41	—22.15	—2.81	304 48 27.65	86.73	—14.72	1 11 54.45	—6 12 6.92
	31b	7.3	1 15 47.06	—22.05	—2.82	309 7 42.80	74.18	—16.23	1 15 22.19	—1 52 40.49
	31a	8.0	1 17 43.63	—22.01	—2.82	311 9 34.66	69.05	—16.93	1 17 18.80	+0 9 15.55
	34b	7.7	1 21 1.50	—22.08	—2.84	308 14 40.12	76.58	—15.96	1 20 36.58	—2 45 45.09
	62	7.8	1 23 59.84	—22.16	—2.87	304 45 0.42	86.96	—14.81	1 23 34.81	—6 15 34.61
	66	7.6	1 27 0.72	—22.19	—2.88	303 44 8.32	90.34	—14.48	1 26 35.65	—7 16 29.28
	69	8.0	1 30 38.08	—22.15	—2.90	305 22 40.27	85.00	—15.04	1 30 13.63	—5 37 52.66
	71	7.8	1 32 34.54	—22.19	—2.91	303 42 9.60	90.47	—14.50	1 32 9.44	—7 18 28.60
	40a	7.8	1 36 16.17	—22.04	—2.93	309 57 11.90	72.11	—16.59	1 35 51.20	—1 3 10.02
	43b	7.8	1 40 45.42	—22.08	—2.95	308 32 21.16	75.84	—16.12	1 40 20.39	—2 28 3.54
	42a	8.0	1 42 29.05	—22.03	—2.96	310 37 17.32	70.46	—16.80	1 42 4.07	—0 23 2.92
	81	7.3	1 46 26.16	—22.13	—2.98	306 15 20.22	82.37	—15.37	1 46 1.04	—4 45 10.71
	83	7.5	1 49 38.03	—22.18	—3.00				1 49 12.85	
	85	7.8	1 51 17.40	—22.13	—3.00				1 50 52.27	
	87	7.0	1 53 29.82	—22.20	—3.01				1 53 4.61	

Datum	Bezeichnung des Sterns	Grösse	Durchgangszeit	Uhrstand + Correction	Reduction auf 1892.0	Mittel der Ablesungen	Refraction	Reduction auf 1892.0	α 1892.0	δ 1892.0
1891 Dec. 23	49b	7.0	1h 57m 48s.37	−22s.09	−3s.04	308° 6′ 36″.07	77″.08	−15″.93	1h 57m 23s.24	−1° 35′ 30″.07
	47a	8.0	2 0 12.18	−22.03	−3.06	310 48 42.85	70.05	−16.78	1 59 47.09	−0 11 37.09
	49a	7.5	2 2 30.32	−22.05	−3.07	309 53 3.10	72.38	−16.47	2 2 5.20	−1 7 18.55
	62 Ceti	7.4	2 4 6.36	− 0.18	−3.06	308 9 51.87	76.96	−15.88		
	54b	7.9	2 7 38.04	−22.09	−3.09	308 16 21.17	76.67	−15.91	2 7 12.86	−2 44 3.38
	67 Ceti	6.0	2 11 1.04	− 0.28	−3.10	304 5 24.50	89.34	−14.43		
	o Ceti	var.	2 14 18.65	− 0.20	−3.11	307 32 21.46	78.74	−15.38		
	58b′	9.0	2 14 26.43	−22.11	−3.12				2 14 1.20	
1891 Dec. 28	ζ Eridani	4.5	3 11 0.46	− 0.35	−3.30	301 47 28.20	99.45	−12.62		
	78b	7.3	3 13 39.06	−21.79	−3.36	307 46 24.10	79.62	−14.10	3 13 33.92	−3 14 2.53
	149	8.0	3 20 17.50	−21.88	−3.35	303 53 36.30	91.77	−12.91	3 19 52.26	−7 7 1.01
	79b,	8.0	3 22 20.21	−21.79	−3.39	307 30 31.65	80.36	−13.77	3 21 55.04	−3 29 55.58
	78a	7.0	3 25 58.63	−21.72	−3.43	310 9 18.70	73.12	−14.33	3 25 33.49	−0 51 1.90
	83b	7.5	3 28 9.50	−21.75	−3.42	308 46 51.14	76.77	−13.89	3 27 44.33	−2 13 32.32
	80a	8.0	3 32 43.18	−21.70	−3.46	310 47 26.32	71.49	−14.25	3 32 18.32	−0 12 52.09
	87b	6.3	3 34 39.02	−21.78	−3.44	307 15 54.47	81.04	−13.35	3 34 13.80	−3 44 32.94
	92b	8.0	3 36 41.22	−21.77	−3.45	307 48 47.40	79.45	−13.36	3 36 16.01	−3 11 38.45
	86a	6.2	3 39 50.34	−21.70	−3.49	310 22 5.87	72.54	−13.88	3 39 25.15	−0 38 13.29
	95b	7.2	3 42 58.70	−21.76	−3.47	307 48 43.67	79.44	−13.14	3 42 33.46	−3 11 41.07
	98b	7.3	3 44 37.56	−21.75	−3.48	308 20 36.20	77.92	−13.20	3 44 12.33	−2 39 27.48
	30 Eridani	3.6	3 47 46.80	− 0.26	−3.46	305 19 29.17	86.93	−12.38		
	179	7.2	3 50 52.81	−21.80	−3.48	306 10 0.55	84.29	−12.47	3 50 27.56	−4 50 29.20
	104b	8.0	3 57 14.00	−21.72	−3.54	309 4 19.30	75.90	−12.85	3 56 48.74	−1 56 2.38
	106b	6.8	3 59 52.48	−21.74	−3.54	308 17 2.07	78.04	−12.58	3 59 27.20	−2 43 21.31
	107b	8.0	4 2 31.98	−21.75	−3.54	307 43 16.35	79.61	−12.33	4 2 6.69	−3 17 8.53
	191	7.8	4 6 10.66	−21.81	−3.53	305 27 29.22	86.42	−11.70	4 5 45.33	−5 33 1.99
	194	7.3	4 8 4.19	−21.83	−3.52	304 20 51.27	90.02	−11.40	4 7 38.84	−6 39 42.73
	A Eridani	5.0	4 9 40.80	− 0.39	−3.48	300 29 18.91	104.39	−10.42		
	202	7.3	4 16 3.71	−21.76	−3.58	307 1 19.05	81.56	−11.60	4 15 38.37	−3 58 36.92
	206	7.8	4 17 40.47	−21.79	−3.57	305 30 56.10	85.14	−11.30	4 17 15.31	−5 9 38.90
	210	7.5	4 20 24.42	−21.81	−3.56	305 6 29.54	87.50	−11.03	4 19 59.05	−5 34 2.09
	45 Eridani	5.3	4 26 46.46	− 0.12	−3.65	310 43 42.25	71.53	−11.25		
	226	8.0	4 28 37.96	−21.76	−3.61	306 47 57.87	82.29	−10.97	4 28 12.59	−4 12 27.95
	119b	7.2	4 32 42.74	−21.72	−3.64	308 8 33.50	78.42	−11.00	4 32 17.39	−2 51 48.56
	238	8.0	4 41 10.28	−21.82	−3.60	303 49 36.92	91.88	− 9.88	4 40 44.86	−7 10 57.69
	242	7.8	4 44 51.65	−21.81	−3.61	304 24 18.22	89.92	− 9.80	4 44 26.23	−6 36 14.65
	π³ Orionis	4.0	4 49 2.85	− 0.06	−3.70	313 19 58.02	65.52	−10.91		
	248	8.0	4 50 42.51	−21.79	−3.63	304 43 46.52	88.87	− 9.54	4 50 17.09	−6 16 44.71
	ε Urs. min. U.C.	4.3	4 57 20.69							
	261	8.0	5 2 1.43	−21.75	−3.67	305 41 44.47	85.78	− 9.10	5 1 36.01	−5 18 34.45
	β Eridani	3.0	5 2 37.77	− 0.25	−3.66	305 46 44.45	85.52	− 8.95		
	λ Eridani	4.0	5 4 24.19	− 0.35	−3.62	302 6 35.60	98.13	− 8.33		
	140b	7.0	5 5 56.66	−21.68	−3.72	308 37 6.35	77.20	− 9.27	5 5 31.26	−2 23 4.64

Datum	Bezeichnung des Sterns	Grösse	Durchgangszeit	Uhrstand + Correction	Reduction auf 1892.0	Mittel der Ablesungen	Refraction	Reduction auf 1892.0	α 1892.0	δ 1892.0
1892 Dec. 28	271	8.0	5^h 9^m $41^s.19$	$-21^s.81$	$-3^s.63$	303° 35′ 56″.85	92″.76	−8″.45	5^h 9^m $15^s.73$	−7° 24′ 28″.65
	274	7.3	5 10 50.23	−21.75	−3.69	306 5 5.07	84.60	−8.68	5 10 24.80	−4 55 11.01
	276	8.0	5 12 7.83	−21.81	−3.66	303 57 7.07	91.55	−8.37	5 11 42.36	−7 3 18.11
	280	8.0	5 13 52.51	−21.83	−3.65	303 9 28.57	94.34	−8.18	5 13 27.03	−7 50 58.92
	284	7.0	5 15 33.57	−21.77	−3.69	305 31 40.22	86.36	−8.36	5 15 8.11	−5 28 30.08
	286	8.0	5 16 27.17	−21.83	−3.66	303 25 23.05	93.42	−8.07	5 16 1.68	−7 33 13.44
	132a	7.2	5 18 47.27	−21.66	−3.77	310 2 1.15	73.46	−7.93	5 18 21.84	−0 58 5.05
	292	6.0	5 21 9.86	−21.78	−3.70	305 23 27.87	86.83	−8.03	5 20 44.38	−5 36 51.41
	150b	8.0	5 22 44.88	−21.69	−3.75	308 45 58.17	76.86	−8.27	5 22 19.44	−2 14 11.60
	151b	6.8	5 23 58.95	−21.72	−3.74	307 36 29.25	80.11	−8.08	5 23 33.49	−3 23 43.67
	298	6.0	5 25 33.12	−21.83	−3.74	303 29 17.87	93.23	−7.98	5 25 7.55	−7 31 8.04
	144a	6.0	5 27 39.04	−21.68	−3.77	309 19 53.20	75.35	−8.02	5 27 13.58	−1 40 14.65
	154b	7.5	5 28 40.17	−21.73	−3.74	307 27 52.15	80.55	−7.78	5 28 14.69	−3 32 21.17
	ι Orionis	3.1	5 30 34.46	− 0.27	−3.70	305 1 28.22	88.05	−7.45		
	326	6.4	5 31 44.67	−21.80	−3.70	304 52 22.80	88.55	−7.38	5 31 19.16	−6 7 58.04
	157b₁	7.5	5 33 47.45	−21.71	−3.76	308 20 43.61	78.08	−7.54	5 33 21.98	−2 39 26.48
	160b	7.8	5 35 22.10	−21.74	−3.75	307 31 4.70	80.43	−7.32	5 34 56.61	−3 29 7.84
	337	8.0	5 37 53.63	−21.84	−3.69	303 37 3.07	92.83	−6.92	5 37 28.10	−7 23 21.78
	339₁	8.0	5 39 8.16	−21.77	−3.74	306 23 48.42	83.75	−7.06	5 38 42.65	−4 36 27.07
	345	7.8	5 41 44.12	−21.83	−3.70	304 1 12.70	91.40	−6.73	5 41 18.59	−6 59 10.45
	349	6.5	5 43 38.51	−21.76	−3.75	306 52 41.10	82.26	−6.81	5 43 13.00	−4 7 29.70
	350	8.0	5 45 11.92	−21.81	−3.72	305 4 30.77	87.84	−6.60	5 44 46.39	−5 55 48.65
	353	8.0	5 48 44.26	−21.82	−3.72	303 42 45.48	89.01	−6.37	5 48 18.72	−6 17 54.63
	357	6.0	5 50 35.34	−21.78	−3.75	306 22 10.05	83.76	−6.35	5 50 9.81	−4 38 4.80
	361	8.0	5 52 57.06	−21.86	−3.70	303 20 16.60	93.73	−6.03	5 52 31.50	−7 40 7.73
	365	7.0	5 54 58.76	−21.83	−3.72	304 24 4.90	90.07	−5.97	5 54 33.21	−6 36 16.17
	170b₁	8.0	5 56 54.29	−21.76	−3.77	307 19 12.97	80.94	−6.00	5 56 28.76	−3 40 58.74
	162a	7.4	5 58 40.71	−21.71	−3.81	309 25 33.60	75.08	−5.91	5 58 15.19	−1 34 29.80
	369₁	8.0	6 1 8.35	−21.84	−3.72	301 23 3.41	90.13	−5.61	6 0 42.79	−6 37 16.83
	375′	8.0	6 3 33.49	−21.81	−3.74	305 40 48.72	85.93	−5.49	6 3 7.94	−5 19 27.28
	381	6.3	6 6 12.05	−21.85	−3.72	304 16 26.50	90.52	−5.29	6 5 46.48	−6 43 33.93
	388	7.0	6 8 8.87	−21.80	−3.75	306 5 50.55	84.63	−5.22	6 7 43.31	−4 54 23.42
	391	6.5	6 9 9.17	−21.86	−3.71	303 47 13.35	92.19	−5.10	6 8 43.60	−7 13 6.57
	395	6.6	6 10 35.56	−21.80	−3.75	306 7 25.85	84.56	−5.06	6 10 10.00	−4 52 48.64
	397	8.0	6 12 22.56	−21.82	−3.75	305 41 57.30	85.88	−4.93	6 11 57.00	−5 18 17.93
	401	5.5	6 14 56.33	−21.88	−3.71	303 13 43.35	94.17	−4.73	6 14 30.74	−7 46 39.99
	402	7.5	6 15 20.47	−21.88	−3.71	303 10 53.05	94.33	−4.71	6 14 54.88	−7 49 30.96
	405	8.0	6 17 16.18	−21.80	−3.80	306 18 5.77	84.02	−4.63	6 16 50.58	−4 42 8.07
	406′	8.5	6 18 59.15	−21.81	−3.76	306 22 50.60	83.79	−4.55	6 18 33.58	−4 37 22.72
	408	8.0	6 20 44.74	−21.81	−3.76	306 13 54.95	84.24	−4.40	6 20 19.17	−4 46 18.57
	10 Monoc.	5.0	6 23 3.20	− 0.24	−3.75	306 18 27.97	84.02	−4.27		
	416	5.5	6 24 0.30	−21.87	−3.72	304 2 30.02	91.33	−4.18	6 23 34.71	−6 57 30.41
	419	8.0	6 26 43.23	−21.83	−3.75	305 42 40.22	85.88	−4.00	6 26 17.65	−5 17 34.64
	422	7.9	6 27 47.38	−21.83	−3.75	305 44 31.17	85.78	−3.93	6 27 21.80	−5 15 43.11
	425	8.0	6 29 57.71	−21.81	−3.76	306 24 25.02	83.73	−3.79	6 29 32.13	−4 35 47.53

Datum	Bezeichnung des Sterns	Grösse	Durchgangszeit	Uhrstand + Correction	Reduction auf 1892.0-93.0	Mittel der Ablesungen	Refraction	Reduction auf 1892.0-93.0	α 1892.0-93.0	δ 1892.0-93.0
1892 Dec. 28	192b	8.0	6h 31m 1s.31	−21s.80	−3s.78	307° 6′ 44″.85	81″.62	−3″.71	6h 30m 35s.73	−3° 53′ 25″.82
	428	8.0	6 35 14.93	−21.83	−3.75	305 48 43.55	85.58	−3.43	6 34 49.35	−5 11 30.14
	432	7.7	6 36 16.65	−21.85	−3.74	305 24 1.81	86.89	−3.41	6 35 51.06	−5 36 17.29
	436	8.0	6 40 8.13	−21.85	−3.74	305 10 18.40	87.64	−3.13	6 39 42.54	−5 49 56.93
	437	7.3	6 41 9.61	−21.89	−3.71	303 40 47.85	92.31	−3.09	6 40 44.01	−7 13 32.53
	440	7.9	6 43 3.24	−21.84	−3.73	305 58 4.70	85.12	−2.91	6 42 37.65	−5 2 8.35
	442	7.2	6 44 47.73	−21.90	−3.71	303 44 55.65	92.53	−2.86	6 44 22.15	−7 9 24.71
	445	6.8	6 45 55.86	−21.91	−3.70	303 5 27.39	94.76	−2.81	6 45 30.25	−7 54 55.08
	448	6.9	6 47 28.28	−21.84	−3.75	305 57 35.12	85.16	−2.62	6 47 2.70	−5 2 37.96
	452	8.0	6 49 28.14	−21.87	−3.72	304 45 1.07	89.05	−2.52	6 49 2.55	−6 15 15.80
	454	6.4	6 51 13.91	−21.92	−3.69	302 58 7.40	95.23	−2.40	6 50 48.29	−8 2 14.64
	455	8.0	6 53 28.83	−21.83	−3.75	306 37 20.62	83.16	−2.18	6 53 3.25	−4 22 49.60
	458	7.3	6 55 28.88	−21.86	−3.73	305 19 37.27	87.19	−2.06	6 55 3.29	−5 40 30.75
	459	5.0	6 57 3.95	−21.86	−3.73	305 26 7.28	86.80	−1.98	6 56 38.35	−5 34 6.34
	19 Monoc.	5.4	6 57 58.66	− 0.22	−3.70	306 55 11.77	82.29	−1.88		
	463	7.2	7 0 35.26	−21.93	−3.68	303 2 7.72	95.02	−1.86	7 0 9.65	−7 58 13.51
	20 Monoc.	5.8	7 5 27.39	− 0.22	−3.75	306 56 0.32	82.26	−1.55		
1893 Jan. 2	α Piscium	5.0	23 21 47.47	− 0.10	+1.02	311 40 5.90	69.17	+6.14		
	669b	8.0	23 28 59.71	−21.74	+0.97	309 9 41.05	75.57	+6.78	23 28 38.94	−1 50 27.64
	M. 974	6.5	23 30 21.86	− 0.32	+0.92	302 56 53.90	94.86	+8.80		
	B.A.C.8213 O.C.	5.7	23 37 52.00							
	M. 986	6.1	23 45 4.63	− 0.38	+0.81	300 26 8.82	104.57	+9.27		
	1437	7.0	23 54 32.35	−21.86	+0.79	304 30 58.70	89.43	+7.64	23 54 11.28	−6 29 13.76
	1439	8.0	23 55 59.30	−21.86	+0.78	304 32 1.76	89.39	+7.60	23 55 38.48	−6 28 11.03
	2b	6.5	0 3 4.38	−21.77	+0.76	307 57 28.67	78.92	+6.21	0 2 43.38	−3 2 35.15
	7b	7.8	0 9 17.04	−21.76	+0.73	308 12 32.17	78.24	+5.94	0 8 56.01	−2 47 31.34
	10b	7.3	0 13 10.87	−21.76	+0.71	308 23 28.82	77.75	+5.75	0 12 49.83	−2 36 33.87
	9	8.0	0 16 5.91	−21.79	+0.68	307 5 30.12	81.47	+6.11	0 15 44.80	−3 54 26.90
	12 Ceti	6.0	0 24 55.87	− 0.23	+0.64	306 27 13.37	83.43	+6.00		
	15b	7.3	0 26 33.50	−21.75	+0.63	308 36 59.07	77.18	+5.25	0 26 12.38	−2 23 4.08
	15 Ceti	6.8	0 32 57.42	− 0.14	+0.60	309 54 18.81	73.74	+4.58		
	17a	7.8	0 41 44.98	−21.70	+0.56	310 47 35.37	71.47	+3.98	0 41 23.84	−0 12 22.53
	19a	7.8	0 43 25.00	−21.70	+0.55	310 47 54.36	71.46	+3.92	0 43 3.85	−0 12 3.79
	30	8.0	0 45 27.01	−21.79	+0.49	305 6 23.55	87.66	+5.86	0 45 5.70	−5 53 49.65
	20b	6.5	0 52 43.64	−21.75	+0.47	308 39 23.31	77.08	+4.37	0 52 22.36	−2 20 40.53
	23b	7.4	0 55 33.92	−21.75	+0.46	308 45 58.44	76.77	+4.24	0 55 12.63	−2 14 5.34
	26 Ceti	6.1	0 58 39.75	− 0.10	+0.47	311 47 33.07	68.99	+3.06		
	24b	6.8	1 2 4.28	−21.75	+0.42	308 41 46.90	76.95	+4.05	1 1 42.96	−2 18 16.41
	26	6.8	1 5 27.70	−21.86	+0.36				1 5 6.20	
	28b	7.5	1 8 17.35	−21.77	+0.38	307 53 2.67	79.22	+4.13	1 7 55.95	−3 7 3.19
	30b	7.0	1 11 51.72	−21.76	+0.36	308 9 42.30	78.43	+3.91	1 11 30.31	−2 50 22.97
	28a	8.0	1 13 31.43	−21.73	+0.36	309 34 37.67	74.58	+3.34	1 13 10.07	−1 25 24.68
	30a	7.2	1 17 27.80	−21.72	+0.34	309 39 27.00	73.49	+3.07	1 17 6.43	−1 0 34.13
	33b	5.8	1 19 43.95	−21.78	+0.31	307 35 45.82	80.03	+3.83	1 19 22.48	−3 24 21.25
	105b	8.0	3 59 33.28	−21.81	−0.51				3 59 10.95	
	180	8.0	4 0 41.15	−21.92	−0.56	303 7 8.35	94.73	−0.77	4 0 18.68	−7 53 19.72
	189	6.1	4 5 31.80	−21.91	−0.57	303 48 11.67	92.35	−1.11	4 5 9.32	−7 12 14.20

Datum	Bezeichnung des Sterns	Grösse	Durchgangszeit	Uhrstand + Correction	Reduction auf 1893.0	Mittel der Ablesungen	Refraction	Reduction auf 1893.0	α 1893.0	δ 1893.0
1893 Jan. 2	ο¹ Eridani	4.3	4h 7m 0s.94	− 0s.30	−0s.57	303° 53′ 24″.45	92″.07	−1″.17		
	194$_1$	7.8	4 8 5.87	−21.84	−0.55	306 25 7.72	83.87	−1.78	4h 7m 43s.48	−4° 35′ 10″.56
	105a	6.3	4 16 21.14	−21.73	−0.55	310 39 9.67	72.14	−2.98	4 15 58.88	−0 20 57.85
	106a	8.0	4 17 22.96	−21.74	−0.56	310 11 33.52	73.31	−2.90	4 17 0.66	−0 48 15.09
	212	7.8	4 20 41.20	−21.86	−0.60	305 40 13.67	86.28	−2.04	4 20 18.74	−5 20 7.46
	224	7.4	4 27 3.26	−21.84	−0.62	306 23 37.27	84.08	−2.39	4 26 40.81	−4 36 41.14
	227	7.2	4 28 41.03	−21.91	−0.65	303 47 33.77	92.57	−1.92	4 28 19.38	−4 12 52.91
	232	8.0	4 30 26.38	−21.85	−0.64	306 2 58.21	85.16	−2.43	4 30 3.88	−4 57 21.73
	119b	7.2	4 32 42.83	−21.80	−0.62	308 8 32.55	78.97	−2.92	4 32 20.41	−2 51 41.69
	μ Eridani	3.6	4 40 31.58	− 0.20	−0.64	307 33 12.82	80.68	−3.02		
	π⁵ Orionis	4.0	4 49 2.97	− 0.06	−0.64	313 15 57.05	65.93	−4.25		
1893 Jan. 5	B.A.C. 8213 O.C.	5.7	23 27 20.82							
	1429	7.7	23 43 36.17	−21.50	+0.89	305 58 21.66	84.06	+7.61	23 43 15.56	−5 1 47.83
	574a	7.0	23 54 38.18	−21.39	+0.86	310 7 27.97	73.25	+5.90	23 54 17.65	−0 52 31.06
	576a	8.0	23 56 1.50	−21.38	+0.85	310 19 47.02	72.73	+5.79	23 55 40.97	−0 40 11.92
	1441	8.0	23 58 12.46	−21.49	+0.81	306 15 41.12	84.14	+7.11	23 57 51.78	−4 41 28.11
	4 Ceti	6.8	0 2 35.88	− 0.20	+0.80	307 51 25.00	79.34	+6.43		
	3b	7.4	0 3 34.77	−21.44	+0.79	308 10 59.92	78.52	+6.30	0 3 14.13	−2 49 4.33
	7b	7.8	0 9 16.66	−21.44	+0.76	308 12 32.72	78.48	+5.98	0 8 55.98	−2 47 31.77
	7a	7.5	0 14 8.34	−21.37	+0.75	310 55 33.10	71.29	+5.02	0 13 47.72	−0 4 24.59
	9	8.0	0 16 5.33	−21.47	+0.71	307 5 40.57	81.72	+6.16	0 15 44.77	−3 54 26.99
	12 Ceti	6.0	0 24 55.48	− 0.23	+0.64	306 27 14.86	83.70	+6.17		
	18	8.0	0 26 25.57	−21.49	+0.64	306 8 2.65	84.67	+6.29	0 26 4.72	−4 51 7.72
	15 Ceti	6.8	0 32 57.01	− 0.14	+0.63	309 54 29.97	73.98	+4.77		
	26	7.8	0 38 13.70	−21.54	+0.55	304 4 52.07	91.41	+6.64	0 37 52.71	−6 55 24.43
	17a	7.8	0 41 44.65	−21.37	+0.59	310 47 35.77	71.74	+4.17	0 41 23.87	−0 12 23.23
	35	6.8	0 53 41.62	−21.53	+0.47				0 53 20.56	
	23b	7.4	0 55 33.62	−21.42	+0.49	308 45 59.50	77.11	+4.43	0 55 12.69	−2 14 5.06
	26 Ceti	6.1	0 58 39.43	− 0.09	+0.50	311 47 33.65	69.30	+3.25		
	42	7.8	1 1 54.21	−21.51	+0.43	305 31 54.15	86.68	+5.35	1 1 33.13	−5 28 39.17
	49	7.3	1 8 47.81	−21.50	+0.38	305 35 23.45	86.47	+5.10	1 8 26.69	−5 24 47.66
	30b	7.0	1 11 51.40	−21.44	+0.39	308 9 43.75	78.77	+4.09	1 11 30.35	−2 50 22.89
	29a	5.8	1 14 41.03	−21.39	+0.39	309 55 45.55	73.97	+3.37	1 14 20.03	−1 4 16.61
	30a	7.2	1 17 27.44	−21.31	+0.37	309 59 28.72	73.81	+3.25	1 17 6.42	−1 0 33.45
	35b	7.4	1 22 55.48	−21.43	+0.33	308 24 43.50	78.06	+3.63	1 22 34.37	−2 35 22.90
	64	7.2	1 25 56.72	−21.51	+0.28				1 25 35.49	
	37a	6.5	1 32 9.12	−21.39	+0.29	310 6 23.56	73.52	+2.71	1 31 48.02	−0 53 39.35
	39a	7.2	1 34 59.67	−21.38	+0.27	310 12 58.15	73.25	+2.57	1 34 38.56	−0 47 4.80
	P. I, 167	5.8	1 40 58.38	− 0.28	+0.19	304 44 10.00	89.30	+4.26		
1893 Jan. 6	574a	7.0	23 54 38.14	−21.28	+0.87	310 7 27.10	72.46	+5.96	23 54 17.73	−0 52 30.61
	576a	8.0	23 56 1.42	−21.28	+0.86	310 19 46.36	71.94	+5.85	23 55 41.01	−0 40 11.44
	4 Ceti	6.8	0 2 35.74	− 0.20	+0.80	307 51 23.70	78.55	+6.49		
	3b	7.4	0 3 34.64	−21.34	+0.80	308 10 58.77	77.63	+6.35	0 3 14.10	−2 49 4.15
	4b	7.4	0 4 46.88	−21.35	+0.79	307 50 40.67	78.58	+6.44	0 4 26.32	−3 9 23.12

Datum	Bezeichnung des Sterns	Grösse	Durchgangszeit	Uhrstand + Correction	Reduction auf 1893.0	Mittel der Ablesungen	Refraction	Reduction auf 1893.0	α 1893.0	δ 1893.0
1893 Jan. 6	7	8.0	0h 10m 9s.26	−21s.15	+0s.73	304° 16′ 20″.42	89″.54	+7″.19	0h 9m 48s.84	−0° 45′ 53″.15
	7a	7.5	0 14 8.24	−21.27	+0.76	310 55 32.42	70.45	+5.08	0 13 47.74	−0 4 24.02
	B.A.C. 4105 U.C.	6.2	0 15 50.32							
	12 Ceti	6.0	0 24 55.42	− 0.24	+0.65	306 27 13.85	82.67	+6.25		
	15 Ceti	6.8	0 32 56.94	− 0.15	+0.64	309 54 29.07	73.07	+4.84		
	17b	7.0	0 42 30.04	−21.30	+0.57	308 5 40.97	77.96	+5.16	0 42 9.31	−2 54 22.55
	19a	7.8	0 43 24.58	−21.29	+0.59	310 47 54.30	70.83	+4.18	0 43 3.88	−0 12 3.89
	36	7.8				306 6 19.55	83.78	+5.44		−4 53 54.70
	37	7.5	0 55 56.90	−21.43	+0.47	305 46 47.97	84.80	+5.52	0 55 35.94	−5 13 22.96
	40	7.8	0 59 33.27	−21.45	+0.45	305 6 28.99	86.91	+5.64	0 59 12.27	−5 53 43.94
	43′	9.0	1 2 35.04	−21.48	+0.42	304 11 9.42	89.95	+5.87	1 2 14.57	−6 49 5.79
	45	8.0	1 3 48.86	−21.43	+0.43	305 42 39.07	85.01	+5.28	1 3 27.86	−5 17 32.66
	39 Ceti	6.0	1 11 31.32	− 0.20	+0.40	307 56 17.40	78.44	+4.24		
	28a	8.0	1 13 31.00	−21.33	+0.40	309 54 36.85	74.00	+3.60	1 13 10.07	−1 25 25.31
	30a	7.2	1 17 27.40	−21.32	+0.38	309 59 26.47	72.93	+3.32	1 17 6.45	−1 0 34.13
	32b	8.0	1 19 15.04	−21.38	+0.35	307 58 17.00	78.38	+3.97	1 18 54.01	−3 2 48.97
	34a	7.8	1 21 51.85	−21.32	+0.36	310 17 51.15	72.17	+3.06	1 21 30.89	−0 42 9.47
	67	6.1	1 28 41.02	−21.51	+0.26	303 26 0.57	92.64	+5.17	1 28 19.77	−7 34 18.11
	69	8.0	1 30 37.80	−21.46	+0.26	305 22 41.12	80.17	+4.48	1 30 16.61	−5 37 32.05
	73	7.3	1 33 44.12	−21.47	+0.24	304 43 34.72	88.29	+4.59	1 33 22.89	−6 10 40.15
	40a	7.8	1 36 15.32	−21.33	+0.27	309 57 11.52	73.21	+2.69	1 35 54.26	−1 2 50.31
	43b	7.8	1 40 44.58	−21.37	+0.23	308 32 21.45	76.89	+3.04	1 40 23.44	−2 27 43.43
	44b	7.8	1 41 59.26	−21.40	+0.19	307 21 10.02	80.25	+3.40	1 41 38.05	−3 38 58.84
	80	8.0	1 45 26.36	−21.42	+0.19	306 46 38.10	81.95	+3.48	1 45 5.13	−4 13 31.84
	ξ Piscium	4.0	1 48 21.93	− 0.04	+0.23	313 39 28.82	61.25	−1.04		
	49b	7.0	1 57 47.52	−21.39	+0.13	308 6 34.75	76.14	+2.59	1 57 26.26	−2 53 32.21
	92	7.5	1 58 14.55	−21.48	+0.09	304 46 45.77	88.15	+3.07	1 57 53.16	−6 13 30.15
	48a	7.3	2 0 21.47	−21.33	+0.13	310 31 30.40	71.72	+1.64	2 0 0.28	−0 28 31.20
	49a	7.5	2 2 29.43	−21.34	+0.12	309 53 3.35	73.35	+1.82	2 2 8.20	−1 6 59.97
	56b	7.7	2 8 38.95	−21.41	+0.06	307 28 13.60	79.94	+2.13	2 8 17.60	−3 31 55.39
	67 Ceti	6.0	2 12 0.24	− 0.31	0.00	304 5 24.17	90.48	+3.41		
	51a	8.0	2 14 9.40	−21.35	+0.05	309 43 45.05	73.74	+1.48	2 13 48.10	−1 16 18.70
	54a	5.5	2 16 48.89	−21.32	+0.05	310 54 26.62	70.74	+0.99	2 16 27.62	−0 5 34.85
	89a	7.5	3 44 14.71	−21.35	−0.41	309 13 21.45	74.85	−1.31	3 43 52.95	−1 46 47.61
	92a	7.3	3 47 11.37	−21.32	−0.42	310 1 31.95	72.75	−1.61	3 46 49.63	−0 58 35.01
	101b	9.0	3 49 16.94	−21.39	−0.45	307 43 55.80	78.94	−1.07	3 48 55.11	−3 16 17.21
	104b	8.0	3 57 13.57	−21.35	−0.47	309 4 19.42	75.23	−1.66	3 56 51.76	−1 55 50.40
	106b	6.8	3 59 52.00	−21.37	−0.49	308 17 1.34	77.37	−1.55	3 59 30.20	−2 43 10.32
	187	7.0	4 2 35.94	−21.47	−0.53	304 42 40.77	88.10	−0.74	4 2 13.94	−6 17 40.93
	ο¹ Eridani	4.3	4 7 0.57	− 0.31	−0.56	303 53 23.12	90.84	−0.73		
	109b₁	7.8	4 9 35.03	−21.36	−0.52	308 35 32.24	76.51	−1.91	4 9 13.14	−2 24 38.81
	105a	6.3	4 16 20.73	−21.31	−0.54	310 39 7.99	71.22	−1.82	4 15 58.91	−0 20 57.68
	208	8.0	4 18 40.51	−21.42	−0.57	306 38 3.87	82.09	−1.72	4 18 18.52	−4 22 12.79
	219	7.9	4 22 27.52	−21.17	−0.60	304 55 18.40	87.40	−1.45	4 22 5.75	−6 5 3.60
	45 Eridani	5.3	4 26 46.11	− 0.12	−0.57	310 43 42.02	70.93	−2.88		

Datum	Bezeichnung des Sterns	Grösse	Durchgangszeit	Uhrst. + Correction	Reduction auf 1893.0	Mittel der Ablesungen	Refraction	Reduction auf 1893.0	α 1893.0	δ 1893.0
1893 Jan. 6	230	6.5	4h 29m 23s.77	−21s.49	−0s.64	303° 55′ 45″.97	90″.70	−1″.47	4h 29m 1s.64	−7° 3′ 39″.01
	ν Eridani	3.3	4 31 20.28	−0.22	−0.61	307 25 58.03	79.76	−2.32		
	μ Eridani	3.6	4 40 31.16	−0.21	−0.65	307 33 3.59	79.48	−2.36		
	243	7.3	4 45 30.54	−21.47	−0.07	306 57 11.04	81.16	−2.58	4 45 8.40	−4 2 57.54
	π⁴ Orionis	4.0	4 49 2.61	−0.05	−0.64	313 15 47.12	64.92	−3.91		
	251	8.0	4 51 35.31	−21.56	−0.71	303 48 47.82	91.11	−2.17	4 51 13.04	−7 11 30.12
	252₁	8.0	4 52 53.03	−21.50	−0.69	306 10 57.01	83.47	−2.64	4 52 30.84	−4 49 24.01
	257	7.2	4 57 7.75	−21.52	−0.72	305 20 51.95	86.07	−2.62	4 56 45.51	−5 39 21.29
	135b₁	8.0	5 1 15.13	−21.46	−0.71	307 22 21.04	79.95	−3.09	5 0 52.95	−3 37 47.20
	138b	8.0	5 3 39.36	−21.46	−0.72	307 33 29.75	79.43	−3.18	5 3 17.18	−3 26 37.93
	140b	7.0	5 5 56.42	−21.43	−0.72	308 37 6.05	76.47	−3.41	5 5 34.27	−2 22 58.79
	272	7.0	5 9 52.37	−21.56	−0.76	303 48 36.30	91.15	−2.73	5 9 30.05	−7 11 42.28
	τ Orionis	4.0	5 12 46.97	−0.31	−0.77	304 2 40.92	90.36	−2.85		
	280	8.0	5 12 52.84	−21.58	−0.78				5 12 30.48	
	281	8.0	5 14 32.95	−21.57	−0.78	303 32 48.49	92.07	−2.51	5 14 10.60	−7 27 30.46
	285	7.5	5 16 25.85	−21.53	−0.77	305 5 9.15	86.93	−3.11	5 16 3.55	−5 55 5.61
	132a	7.2	5 18 47.00	−21.39	−0.74	310 1 58.06	72.74	−3.93	5 18 24.87	−0 58 3.16
	134a	7.3	5 20 25.87	−21.38	−0.75	310 21 35.05	71.91	−4.02	5 20 3.74	−0 38 25.49
	148b	7.5	5 21 58.53	−21.43	−0.76	308 32 53.89	76.68	−3.78	5 21 36.34	−2 27 10.92
	151b	6.8	5 23 58.66	−21.46	−0.77	307 36 25.72	79.31	−3.68	5 23 36.44	−3 23 42.08
	299	8.0	5 25 57.02	−21.48	−0.78	306 39 38.92	82.05	−3.59	5 25 34.76	−4 20 11.47
	302	7.5	5 26 52.68	−21.56	−0.80	303 52 35.50	90.95	−3.24	5 26 30.31	−7 7 43.59
	305	6.8	5 29 13.68	−21.56	−0.61	303 54 31.25	90.84	−3.30	5 28 51.31	−7 5 47.66
	310	6.8	5 29 59.50	−21.57	−0.81	303 43 58.50	91.44	−3.30	5 29 37.13	−7 16 20.09
	324	7.0	5 31 18.21	−21.57	−0.81	303 32 25.35	92.11	−3.30	5 30 55.83	−7 27 35.05
	328	7.8	5 32 42.56	−21.50	−0.80	306 0 16.45	84.06	−3.67	5 32 20.26	−4 59 56.48
	334	7.8	5 34 8.89	−21.51	−0.80	305 44 53.15	84.86	−3.67	5 33 46.57	−5 15 20.15
	335	7.0	5 35 45.25	−21.58	−0.82	303 17 20.19	93.00	−3.41	5 35 22.85	−7 43 1.11
	339	7.5	5 38 10.88	−21.57	−0.83	303 28 35.61	92.34	−3.49	5 37 48.48	−7 31 45.20
	341	7.5	5 39 36.93	−21.49	−0.81	306 15 38.22	83.29	−4.86	5 39 14.63	−4 44 35.07
	345	7.8	5 41 43.91	−21.56	−0.83	304 1 20.30	90.48	−3.65	5 41 21.52	−6 59 8.74
	349	6.5	5 43 38.19	−21.48	−0.82	306 52 42.74	81.45	−4.02	5 43 15.89	−4 7 27.48
	354	7.0	5 48 49.58	−21.52	−0.84	305 16 36.60	86.36	−3.97	5 48 27.22	−5 43 38.30
	357	6.0	5 50 35.03	−21.49	−0.83	306 22 7.37	82.98	−4.13	5 50 12.71	−4 38 4.29
	363	7.0	5 54 58.52	−21.55	−0.85	304 24 1.55	89.23	−4.02	5 54 36.12	−6 36 16.31
	367	7.0	5 57 22.70	−21.57	−0.86	303 42 54.25	91.55	−4.01	5 57 0.28	−7 17 26.07
	66 Orionis	6.0	5 59 41.18	0.00	−0.81	315 9 42.37	60.84	−5.16		
	370	7.0	6 1 10.46	−21.53	−0.85	305 8 0.47	86.84	−4.23	6 0 48.08	−5 52 15.52
	377	6.8	6 3 59.27	−21.59	−0.87	303 5 11.50	93.76	−4.12	6 3 36.81	−7 55 11.85
	380	6.3	6 4 43.64	−21.52	−0.86	305 18 39.30	86.29	−4.33	6 4 21.26	−5 41 36.47
	386	6.5	6 6 48.92	−21.49	−0.86	306 21 42.02	83.03	−4.46	6 6 26.57	−4 38 30.45
	388	7.0	6 8 8.52	−21.50	−0.86	306 5 48.15	83.84	−4.47	6 7 46.16	−4 54 24.77
	392	6.0	6 9 41.60	−21.49	−0.86	306 27 57.42	82.73	−4.52	6 9 19.25	−4 32 14.73
	395	6.6	6 10 35.20	−21.50	−0.86	306 7 24.06	83.76	−4.52	6 10 12.84	−4 52 49.24
	399	7.0	6 13 18.54	−21.55	−0.87	304 19 9.80	89.54	−4.43	6 12 56.11	−6 41 8.77

Datum	Bezeichnung des Sterns	Grösse	Durchgangszeit	Uhrstand + Correction	Reduction auf 1893.0	Mittel der Ablesungen	Refraction	Reduction auf 1893.0	α 1893.0	δ 1893.0
1893 Jan. 6	401	5.5	6ʰ 24ᵐ 55ˢ.96	−21ˢ.58	−0ˢ.88	303° 13′ 40″.57	95″.29	−4″.40	6ʰ 24ᵐ 33ˢ.50	−7° 46′ 41″.61
	403	7.3	6 15 55.15	−21.49	−0.87	306 27 23.67	82.77	−4.64	6 15 32.79	−4 32 48.91
	183b	7.9	6 18 8.30	−21.46	−0.86	307 32 23.35	79.50	−4.74	6 17 45.98	−3 27 45.58
	172a	7.2	6 19 30.82	−21.40	−0.85	309 38 21.57	73.85	−4.91	6 19 8.57	−1 21 41.88
	186b	7.4	6 21 12.36	−21.46	−0.86	307 32 45.35	79.58	−4.80	6 20 50.03	−3 27 23.84
	10 Monoc.	5.0	6 23 2.88	− 0.25	−0.87	306 18 25.75	83.23	−4.66		
	417	5.5	6 24 0.60	−21.56	−0.88	304 2 21.55	90.50	−4.66	6 23 38.15	−6 57 58.61
	421	5.7	6 27 31.21	−21.53	−0.88	305 12 51.02	86.64	−4.78	6 27 8.80	−5 47 25.18
	424	7.4	6 29 23.83	−21.50	−0.88	306 11 7.37	83.61	−4.66	6 29 1.45	−4 49 5.44
	426	7.3	6 30 22.48	−21.49	−0.88	306 17 52.45	83.27	−4.89	6 30 0.11	−4 42 20.46
	427	5.8	6 31 41.69	−21.51	−0.88	305 52 51.77	84.55	−4.88	6 31 19.30	−5 7 22.30
	430	7.3	6 35 28.05	−21.54	−0.89	304 45 20.90	88.14	4.91	6 35 5.62	−6 14 56.63
	P. VI, 203	6.3	6 35 57.56	− 0.10	−0.86	311 35 30.52	68.96	−5.19		
	448	6.9	6 47 27.98	−21.47	0.89	305 57 30.41	84.36	−5.14	6 47 5.63	−5 2 42.44
	189a	7.9	6 50 51.32	−21.37	−0.88	309 33 15.65	74.18	−5.24	6 50 29.08	−1 26 55.84
	455	8.0	6 53 28.51	21.45	−0.89	306 37 26.07	82.36	−5.23	6 53 6.17	−4 22 53.78
	459	5.0	6 57 3.08	−21.48	−0.89	305 26 12.57	86.03	−5.27	6 56 41.32	−5 34 10.85
	462	5.8	6 59 11.47	−21.47	−0.89	305 50 24.92	84.77	−5.30	6 58 49.11	−5 9 57.40
	466	7.9	7 4 40.18	−21.49	−0.89	305 8 4.17	87.01	−5.38	7 4 17.81	−5 52 20.20
	195a	6.4	7 6 17.69	−21.34	−0.88	310 52 35.71	70.81	−5.30	7 5 55.49	0 7 32.48
	471	7.9	7 7 40.77	−21.55	−0.90	302 58 34.45	94.34	−5.41	7 7 18.32	−8 1 57.70
	478	7.6	7 12 9.09	−21.53	−0.89	303 40 18.75	91.91	−5.51	7 11 46.67	−7 20 10.76
	480	7.8	7 13 50.05	−21.53	−0.89	303 37 16.27	92.09	−5.52	7 13 27.63	−7 23 13.56
	484′	6.5	7 16 31.00	−21.56	− 0.89	305 20 12.77	86.30	5.60	7 16 8.55	−5 40 12.39
	490	7.8	7 21 53.14	21.48	−0.88	305 21 5.10	86.37	5.58	7 21 30.70	−5 39 19.56
	493.	8.0	7 25 54.16	−21.50	−0.88	304 30 47.32	89.10	−5.65	7 25 31.78	−6 29 39.62
	497	7.8	7 27 59.77	−21.51	−0.88	303 57 8.86	92.14	−5.70	7 27 37.38	−7 3 21.75
	25 Monoc.	5.3	7 32 19.79	0.22	0.88	307 7 58.30	80.97	−5.66		
	507	7.8	7 34 56.81	−21.48	0.87	305 0 29.42	87.51	−5.72	7 34 34.46	−5 59 56.31
	511.	8.0	7 39 24.54	−21.45	−0.86	306 12 5.55	83.77	−5.69	7 39 2.23	−4 48 16.35
	514	7.7	7 41 1.26	−21.52	−0.87	303 44 22.07	91.77	−5.86	7 40 38.87	−7 16 7.80
	B.A.C. 2320 O.C.	7.1	7 50 33.01							
	527	7.8	7 53 31.23	−21.48	−0.85	304 53 27.82	87.05	−5.86	7 53 8.91	−6 6 57.80
	27 Monoc.	5.4	7 51 45.06	− 0.21	0.84	307 37 0.55	79.03	−5.65		
	535	7.5	7 57 53.42	−21.48	−0.81	304 58 58.01	87.66	−5.89	7 57 31.10	−6 1 27.92
	544	5.5	8 6 42.99	−21.52	−0.82	303 33 17.47	92.50	−6.08	8 6 20.65	−7 27 13.72
	550	7.1	8 14 19.83	−21.45	−0.81	305 43 14.64	85.37	5.88	8 13 57.57	−5 17 8.50
	553	7.2	8 15 36.27	21.48	−0.81	304 43 4.20	88.59	5.99	8 15 13.98	−6 17 22.80
	227a	7.0	8 18 52.32	−21.34	−0.80	309 51 0.58	73.61	−5.10	8 18 30.18	−1 9 12.04
	Br. 1197	3.6	8 20 41.02	− 0.22	−0.79	307 26 51.17	80.20	5.69		
	229a	8.0	8 21 47.40	−21.33	−0.79	310 8 16.36	72.88	−5.35	8 21 25.28	−0 51 54.31
	573	7.7	8 27 40.10	−21.46	−0.78	305 28 13.42	86.21	−5.03	8 27 17.86	−5 32 11.12
	Br. 1212	6.1	8 30 37.17	− 0.33	−0.77	303 23 30.66	93.16	−6.21		
	577	6.2	8 32 29.83	−21.43	−0.77	306 26 38.90	83.22	−5.80	8 32 7.64	−4 33 42.30
	584	4.5	8 38 47.37	−21.49	−0.75	304 9 35.85	90.38	−6.11	8 38 25.13	−6 50 32.93

Datum	Bezeichnung des Sternes	Grösse	Durchgangszeit	Uhrstand + Correction	Reduction auf 1893.0	Mittel der Ablesungen	Refraction	Reduction auf 1893.0	α 1893.0	δ 1893.0
1893 Jan. 6	587	7.2	8h 40m 23s.69	−21s.48	−0s.73	304° 15′ 3″.90	89″.72	−6″.07	8h 40m 1s.46	−6° 35′ 24″.14
	590	7.8	8 43 23.36	−21.51	−0.71	303 25 51.00	93.14	−6.23	8 43 1.11	−7 34 40.48
	593	7.1	8 45 38.25	−21.42	−0.73	306 42 24.17	82.53	−5.70	8 45 16.10	−4 18 6.08
	596	7.8	8 48 29.29	−21.40	−0.72	305 11 33.66	87.24	−5.93	8 48 7.11	−5 48 29.46
	599	6.3	8 50 37.15	−21.51	−0.72	303 26 49.80	93.15	−6.22	8 50 14.91	−7 33 41.78
	280b	6.8	8 56 32.49	−21.41	−0.70	306 58 7.92	81.86	−5.60	8 56 10.38	−4 2 22.10
	605	7.9	9 3 4.92	−21.50	−0.68	303 38 5.32	92.65	−6.16	9 2 42.74	−7 22 25.21
	606	7.5	9 5 24.43	−21.45	−0.67	305 16 59.36	87.14	−5.85	9 5 2.31	−5 43 25.95
	616	7.7	9 15 50.81	−21.49	−0.63	303 43 56.22	92.44	−6.10	9 15 28.68	−7 16 34.28
	624	6.0	9 22 50.77	−21.44	−0.61	305 24 10.47	86.95	−5.71	9 22 28.72	−5 36 14.58
	ν1 Hydrae	5.0	9 26 33.52	− 0.14	−0.59	310 17 23.32	72.96	−4.65		
	630	7.0	9 28 8.20	−21.51	−0.59	302 58 42.00	95.24	−6.18	9 27 46.10	−8 1 51.16
	640	7.5	9 40 30.13	−21.51	−0.54	303 1 12.16	95.22	−6.08	9 40 8.09	−7 59 21.43
	6 Sextantis	6.1	9 46 22.44	− 0.22	−0.53	307 15 47.65	81.45	−4.96		
	645	6.0	9 47 34.62	−21.49	−0.51	303 24 28.47	93.91	−5.93	9 47 12.62	−7 56 3.90
1893 Jan. 7	575a	6.7	23 55 2.64	−21.22	+0.87	49 56 47.36	71.74	−6.05	23 54 42.29	−0 57 22.07
	1443	5.2	0 0 12.14	−21.38	+0.80	55 17 34.87	87.01	−7.66	23 59 51.56	−6 18 22.81
	4 Ceti	6.8	0 2 35.69	− 0.07	+0.81	52 8 1.05	77.55	−6.55		
	1	7.8	0 3 22.75	−21.41	+0.78	56 22 26.39	90.60	−7.94	0 3 2.12	−7 23 17.18
	6	7.8	0 8 53.15	−21.34	+0.77	53 29 29.00	81.44	−6.81	0 8 32.58	−4 30 12.17
	8	7.6	0 10 44.23	−21.39	+0.74	55 10 56.31	86.65	−7.33	0 10 23.59	−6 11 44.25
	7a	7.5	0 14 8.25	−21.22	+0.77	49 3 52.54	69.54	−5.14	0 13 47.80	−0 4 25.00
	B.A.C. 4165 U.C.	6.2	0 16 2.27							
	12 Ceti	6.0	0 24 35.30	− 0.10	+0.66	53 32 11.24	81.56	−6.31		
	15 Ceti	6.8	0 32 36.87	− 0.01	+0.65	50 4 54.77	72.06	−4.90		
	30	7.8	0 54 37.06	−21.40	+0.49	53 53 9.15	82.63	−5.51	0 54 16.16	−4 33 55.02
	24b	6.8	1 2 3.92	−21.36	+0.46	51 17 36.50	75.33	−4.71	1 1 43.02	−2 18 15.72
	20b	8.0	1 3 25.72	−21.35	+0.46	51 37 11.70	76.23	−4.43	1 3 4.84	−2 37 51.14
	41	7.8	1 5 39.05	−21.42	+0.42	54 23 55.15	84.31	−5.33	1 5 18.05	−5 24 43.28
	50	7.5	1 9 26.73	−21.43	+0.40	54 35 47.15	84.99	−5.27	1 9 5.69	−5 36 35.93
	30b	7.0	1 11 51.72	−21.36	+0.41	51 49 41.22	76.91	−4.22	1 11 30.77	−2 50 22.39
	31b	7.3	1 15 46.17	−21.34	+0.40	50 51 41.55	74.34	−3.73	1 15 25.23	−1 52 19.87
	56	7.4	1 18 48.77	−21.40	+0.34	55 21 30.56	87.56	−5.20	1 18 27.64	−6 22 20.52
	34b	7.7	1 21 0.63	−21.37	+0.36	51 44 43.80	76.80	−3.88	1 20 39.62	−2 45 25.91
	64	7.2	1 25 56.73	−21.45	+0.30	54 29 54.85	84.06	−4.66	1 25 35.59	−5 30 44.33
	38b	7.5	1 30 0.95	−21.38	+0.30	51 52 16.61	77.34	−3.63	1 29 39.87	−2 52 58.44
	40a	7.8	1 36 15.28	−21.34	+0.28	50 2 12.26	72.59	−2.75	1 35 54.23	−1 2 51.00
	P. I, 167	5.8	1 40 58.80	− 0.15	+0.21	55 15 15.80	87.78	−4.39		
	82	6.8	1 46 38.45	−21.52	+0.16	56 23 16.07	91.72	−4.59	1 46 17.09	−7 24 11.98
	90	7.5	1 58 24.08	−21.47	+0.12	53 49 51.75	83.67	−3.30	1 58 2.73	−4 50 40.80
	51b	7.9	2 1 51.21	−21.40	+0.12	51 19 18.37	76.47	−2.33	2 1 29.94	−2 20 0.81
	62 Ceti	7.4	2 4 5.64	− 0.06	+0.11	51 49 31.45	77.87	−2.41		
	67 Ceti	6.0	2 12 0.30	− 0.17	+0.02	55 54 1.27	90.44	−3.47		
	51a	8.0	2 14 9.47	−21.38	+0.06				2 13 48.15	
	102	8.0	2 15 33.01	−21.54	0.00	55 51 14.02	90.31	−3.35	2 15 11.48	−6 52 8.25

Datum	Bezeichnung des Sterns	Grösse	Durchgangszeit	Uhrstand + Correction	Reduction auf 1893.0	Mittel der Ablesungen	Refraction	Reduction auf 1893.0	α 1893.0	δ 1893.0
1893 Jan. 7	34a	5.5	2h 16m 48s.92	—21s.35	+0s.06	40° 4' 56".50	70".74	—1".06	2h 16m 27s.63	—0° 5' 34".92
	ζ Eridani	5.3	4 18 43.25	— 0.09	—0.57	52 58 43.87	81.66	+1.70		
	210	7.5	4 20 24.27	—21.52	—0.59	54 52 55.60	87.53	+1.38	4 20 2.16	—5 53 53.94
	109a	7.8	4 23 38.14	—21.36	—0.57	49 6 29.66	71.14	+2.79	4 23 16.21	—0 7 12.27
	227	7.2	4 28 41.53	—21.55	—0.63	56 11 49.47	91.93	+1.89	4 28 19.35	—7 12 52.79
	119b	7.2	4 32 42.40	—21.43	—0.61	51 50 52.11	78.40	+2.36	4 32 20.36	—2 31 42.23
	μ Eridani	3.6	4 40 31.23	— 0.19	—0.64	52 26 12.55	80.09	+2.45		
	125b	7.2	4 41 24.44	—21.44	—0.64	52 7 59.55	79.22	+2.53	4 41 2.36	—3 8 50.09
	π⁵ Orionis	4.0	4 49 2.56	+ 0.08	—0.64	46 43 26.35	65.47	+3.83		
	251	8.0	4 51 35.34	—21.55	—0.71	56 10 26.65	91.88	+2.03	4 51 13.08	—7 11 29.61
	252₁	8.0	4 52 53.04	—21.48	—0.69	53 48 19.10	84.18	+2.52	4 52 30.86	—4 49 14.41
	256	4.9	4 56 37.37	—21.56	—0.72	56 18 48.77	92.40	+2.16	4 56 15.09	—7 19 51.97
	λ Eridani	4.0	5 4 23.91	— 0.23	—0.76	57 52 20.50	98.05	+2.12		
	140b	7.0	5 5 56.39	—21.47	—0.72	51 22 17.00	77.13	+3.29	5 5 34.21	—2 22 58.21
	269	8.0	5 8 33.72	—21.53	—0.74	53 45 56.21	84.08	+2.96	5 8 11.45	—4 46 43.39
	270	8.0	5 8 57.89	—21.50	—0.76	55 52 32.02	90.84	+2.61	5 8 35.54	—6 52 25.96
	τ Orionis	4.0	5 12 47.02	— 0.17	—0.77	55 56 42.80	91.14	+2.71		
	280	8.0	5 13 52.22	—21.02	—0.78	56 49 56.72	94.24	+2.50	5 13 29.83	—7 50 54.54
	283	8.0	5 15 9.61	—21.55	—0.76	54 18 16.75	85.76	+3.03	5 14 47.30	—5 19 5.64
	285	7.5	5 16 25.88	—21.56	—0.77	54 54 14.02	87.68	+2.97	5 16 3.54	—5 55 4.80
	136b	8.0	5 19 40.00	—21.47	—0.75	51 33 3.05	77.74	+3.57	5 19 17.87	—2 35 45.14
	134a	7.3	5 20 25.87	—21.42	—0.75	49 37 46.84	72.53	+3.00	5 20 3.71	—0 38 24.20
	148b	7.5	5 21 58.44	—21.47	—0.76	51 26 27.60	77.34	+3.61	5 21 36.21	—2 27 10.29
	151b	6.8	5 23 58.68	—21.49	—0.77	52 22 54.55	80.00	+3.56	5 23 36.41	—3 23 39.18
	299	8.0	5 25 57.08	—21.52	—0.78	53 19 25.65	82.77	+3.46	5 25 34.78	—4 20 12.54
	143a	7.5	5 27 31.18	—21.40	—0.76	49 3 21.75	71.09	+4.12	5 27 9.02	—0 3 57.08
	149a	7.7	5 29 22.76	—21.40	—0.77	49 4 31.70	71.14	+4.15	5 29 0.60	—0 5 7.58
	θ¹ Orionis	5.0	5 30 29.90	— 0.13	—0.80	54 28 22.10	86.32	+3.40		
	328	7.8	5 32 42.56	—21.54	—0.80	53 59 6.31	84.80	+3.53	5 32 20.23	—4 59 55.89
	159b	8.0	5 34 57.26	—21.49	—0.80	52 22 36.05	80.00	+3.80	5 34 34.98	—3 23 21.57
	161b	7.5	5 35 37.77	—21.48	—0.79	51 52 12.76	78.56	+3.88	5 35 15.50	—2 52 56.18
	339	7.5	5 38 10.90	—21.61	—0.83	56 30 45.10	93.25	+3.33	5 37 48.46	—7 31 42.20
	345	7.8	5 41 43.89	—21.59	—0.83	55 58 15.09	91.28	+3.50	5 41 21.47	—6 59 10.41
	346	8.0	5 42 28.74	—21.55	—0.83	54 37 18.30	86.81	+3.68	5 42 6.36	—5 38 3.82
	359	7.8	5 50 48.52	—21.61	—0.85	56 40 21.62	93.77	+3.64	5 50 25.86	—7 41 19.53
	168b	8.0	5 53 9.00	—21.45	—0.83	51 2 2.42	76.31	+4.31	5 52 47.32	—2 2 44.15
	159a	7.4	5 54 34.81	—21.44	—0.82	50 26 24.07	74.72	+4.40	5 54 12.55	—1 27 5.52
	Lal. 11382	5.4	5 54 4.30	— 0.06	—0.83	52 3 59.77	79.19	+4.23		
	371	8.0	6 1 16.95	—21.60	—0.87	56 17 25.05	92.44	+3.95	6 0 54.08	—7 18 23.47
	374	6.0	6 2 7.72	—21.57	—0.86	55 10 32.42	88.73	+4.07	6 1 45.29	—6 11 20.16
	380	6.3	6 4 43.67	—21.56	—0.86	54 40 43.77	87.13	+4.17	6 4 21.25	—5 41 35.87
	382	7.0	6 6 14.22	—21.60	—0.87	56 14 46.40	92.37	+4.07	6 5 52.74	—7 15 44.35
	389	7.7	6 8 18.74	—21.54	—0.86	53 58 6.77	84.91	+4.31	6 7 56.34	—4 58 56.32
	392	6.0	6 9 41.71	—21.52	—0.86	53 32 26.37	83.55	+4.38	6 9 19.32	—4 32 14.97
	395	6.6	6 10 33.29	—21.53	—0.87	53 51 59.27	84.61	+4.36	6 10 12.89	—4 52 48.74

Datum	Bezeichnung des Sterns	Grösse	Durchgangszeit	Uhrstand + Correction	Reduction auf 1893.0	Mittel der Ablesungen	Refraction	Reduction auf 1893.0	α 1893.0	δ 1893.0
1893 Jan. 7	398	7.2	6h 12m 57s.76	−21s.52	−0s.86	53° 19′ 42″.16	82″.98	+4″.44	6h 12m 35s.38	−4° 20′ 30″.46
	179b	5.5	6 15 0.49	−21.48	−0.86	51 53 12.12	78.80	+4.59	6 14 38.15	−2 53 56.54
	169a	8.0	6 16 16.70	−21.43	−0.86	50 9 40.05	74.11	+4.74	6 15 54.50	−1 10 19.24
	181b	7.8	6 17 29.67	−21.47	−0.86	51 38 41.61	78.13	+4.65	6 17 7.34	−2 39 26.08
	409	6.8	6 21 12.24	−21.62	−0.89	56 49 2.20	94.49	+4.37	6 20 49.73	−7 50 0.83
	411	6.7	6 21 57.14	−21.61	−0.89	56 25 57.20	93.13	+4.40	6 21 34.64	−7 26 55.65
	10 Monoc.	5.0	6 23 2.95	− 0.11	−0.89	53 40 56.77	84.12	+4.53		
	425	8.0	6 29 57.58	−21.53	−0.88	53 31 59.30	83.87	+4.72	6 29 35.17	−4 35 48.84
	429	7.7	6 35 20.34	−21.52	−0.89	53 21 1.77	83.17	+4.82	6 34 57.93	−4 21 49.34
	433	7.2	6 36 33.78	−21.54	−0.90	56 3 9.12	91.89	+4.72	6 36 11.30	−7 4 5.59
	181a	8.0	6 40 2.63	−21.42	−0.88	49 51 1.72	73.51	+5.01	6 39 40.32	−0 54 40.08
	182a	7.6	6 40 45.21	−21.41	−0.88	49 35 37.12	72.73	+4.82	6 40 22.92	−0 36 16.23
	440	7.9	6 43 3.05	−21.54	−0.89	54 1 21.27	85.23	+4.91	6 42 40.62	−5 2 12.11
	201b	7.0	6 46 40.43	−21.46	−0.88	51 15 52.40	77.16	+5.03	6 46 18.09	−2 16 34.77
	448	6.9	6 47 28.01	−21.54	−0.89	54 1 51.35	85.26	+4.97	6 47 5.58	−5 2 42.89
	450	6.4	6 49 16.46	−21.56	−0.90	54 42 17.90	87.39	+4.98	6 48 54.00	−5 43 10.37
	454	6.4	6 52 13.65	−21.62	−0.91	57 1 19.50	95.31	+4.99	6 51 51.12	−8 2 20.19
	455	8.0	6 53 28.58	−21.52	−0.89	53 22 4.70	83.22	+5.07	6 53 6.17	−4 22 53.39
	457	6.5	6 55 25.27	−21.54	−0.90	54 12 26.05	85.81	+5.08	6 55 2.83	−5 13 17.06
	459	5.0	6 57 3.77	−21.55	−0.90	54 33 19.56	86.91	+5.10	6 56 41.32	−5 34 11.57
	210b	8.0	6 58 26.21	−21.48	−0.89	51 51 23.10	78.81	+5.13	6 58 3.84	−2 52 7.13
	463	7.2	7 0 35.02	−21.62	−0.91	56 57 18.84	95.06	+5.14	7 0 12.49	−7 58 10.35
	465	7.8	7 3 1.66	−21.52	−0.89	53 29 46.40	83.61	+5.18	7 2 39.25	−4 30 36.77
	20 Monoc.	5.8	7 5 17.23	− 0.09	−0.89	53 3 26.05	82.29	+5.20		
	470	7.8	7 6 23.15	−21.61	−0.90	56 30 41.12	93.28	+5.23	7 6 0.64	−7 31 40.49
	477	7.9	7 7 59.98	−21.59	−0.90	55 57 15.57	91.54	+5.25	7 7 37.48	−6 58 12.59
	474	7.8	7 10 11.15	−21.61	−0.90	56 28 40.92	93.36	+5.28	7 9 48.64	−7 29 40.68
	476	8.0	7 11 39.26	−21.53	−0.89	53 49 52.95	84.63	+5.28	7 11 16.83	−4 50 44.25
	479	6.3	7 12 41.11	−21.58	−0.90	55 28 23.65	89.91	+5.31	7 12 18.63	−6 29 19.94
	483	7.8	7 15 21.09	−21.56	−0.90	54 55 31.75	88.10	+5.33	7 14 58.63	−5 56 25.92
	P. VII. 85	6.6	7 17 26.73	− 0.22	−0.90	57 45 33.57	98.03	+5.41		
	490	7.8	7 21 53.33	−21.56	−0.89	54 38 26.11	87.18	+5.39	7 21 30.88	−5 39 20.05
	493	5.9	7 24 36.34	−21.60	−0.90	56 19 5.22	92.80	+5.47	7 24 13.84	−7 20 3.98
	494	6.9	7 25 56.69	−21.54	−0.89	53 59 15.95	85.12	+5.41	7 25 34.26	−5 0 8.04
	498	7.4	7 28 8.47	−21.58	−0.89	55 37 10.17	90.40	+5.50	7 27 46.00	−6 38 6.77
	500	7.5	7 29 14.51	−21.60	−0.89	56 22 57.35	93.02	+5.54	7 28 52.02	−7 23 57.30
	501	6.3	7 31 28.99	−21.62	−0.89	57 3 27.37	95.43	+5.60	7 31 6.47	−8 4 28.32
	25 Monoc.	5.3	7 32 19.05	− 0.09	−0.89	52 51 32.32	81.70	+5.43		
	508	6.3	7 35 47.53	−21.62	−0.89	56 55 13.27	94.93	+5.64	7 35 25.03	−7 56 14.22
	510	7.1	7 38 36.08	−21.52	−0.88	53 24 46.20	83.35	+5.48	7 38 13.68	−4 25 35.14
1893 Jan. 12	ι Ceti	3.3	0 14 19.86	− 0.21	+0.75	38 23 56.37	101.60	−8.52		
	B.A.C. 4163 U.C.	6.2	0 16 9.78							
	15 Ceti	6.8	0 32 57.31	0.00	+0.71	50 4 48.49	74.88	−5.18		
	26 Ceti	6.1	0 58 39.76	+ 0.04	+0.57	48 11 45.42	70.18	−3.67		
	45′	9.0	1 2 35.95	−21.86	+0.48	55 48 7.40	92.27	−6.17	1 2 14.58	−6 49 6.24

Datum	Bezeichnung des Sterns	Grösse	Durchgangszeit	Uhrstand + Correction	Reduction auf 1893.0	Mittel der Ablesungen	Refraction	Reduction auf 1893.0	α 1893.0	δ 1893.0
1893 Jan. 12	30b	7.0	1ʰ 12ᵐ 51ˢ.74	−21ˢ.86	+0ˢ.46	51° 49′ 34″.50	79″.83	−3″.51	1ʰ 12ᵐ 30ˢ.34	−2° 50′ 21″.36
	32b	7.3	1 15 46.64	−21.84	+0.45	50 51 33.98	77.13	−4.04	1 15 25.25	−3 52 19.47
	36	7.4	1 18 49.28	−21.93	+0.39	55 21 22.34	90.79	−5.49	1 18 27.73	−6 22 20.07
	59₁	6.8	1 20 48.25	−21.91	+0.40	53 28 8.02	84.71	−4.77	1 20 26.74	−4 29 0.93
	65	7.8	1 26 10.45	−21.90	+0.34	56 34 1.77	95.01	−5.66	1 25 48.89	−7 35 3.34
	38b	7.5	1 30 1.40	−21.87	+0.36	51 52 11.05	79.08	−3.92	1 29 39.89	−2 52 59.53
	40b	8.0	1 36 33.70	−21.89	+0.31	52 29 12.72	81.78	−3.90	1 36 12.12	−3 30 2.86
	P. I, 267	5.8	1 40 58.75	− 0.13	+0.26	55 25 9.10	90.52	−4.72		
	82	6.8	1 46 38.88	−21.99	+0.22	56 23 11.07	94.49	−4.91	1 46 17.11	−7 24 12.74
	44a	8.0	1 49 22.86	−21.85	+0.25	50 42 47.82	76.86	−2.86	1 49 1.26	−1 43 34.24
	90	7.5	1 58 24.47	−21.93	+0.17	53 49 46.72	86.06	−3.62	1 58 2.71	−4 50 41.05
	62 Ceti	7.4	2 4 6.02	− 0.05	+0.16	51 49 26.83	80.10	−2.72		
	67 Ceti	6.0	2 12 0.07	− 0.15	+0.07	55 53 52.94	93.03	−3.80		
	101	7.5	2 14 58.03	−21.99	+0.06	55 47 40.87	92.72	−3.71	2 14 36.11	−6 48 27.73
	52a	7.8	2 16 33.95	−21.84	+0.11	49 37 31.32	74.19	−1.57	2 16 12.22	−0 38 16.44
	61b₁	8.0	2 33 20.05	−21.88	0.00	50 51 28.87	77.61	−1.44	2 32 58.73	−1 52 17.60
	67b	8.0	2 49 50.88	−21.93	−0.11	52 43 34.17	83.09	−1.50	2 49 34.85	−3 44 27.70
	69a	7.5	2 52 2.85	−21.84	−0.09	48 58 14.45	72.72	−0.21	2 51 40.92	+0 1 0.67
	123	8.0	2 53 40.66	−21.95	−0.14	53 37 15.42	85.85	−1.67	2 53 18.57	−4 38 12.20
	104b	8.0	3 37 14.11	−21.92	−0.43	50 54 58.45	78.09	+1.13	3 36 51.77	−1 55 30.91
	183	7.0	3 59 6.15	−21.99	−0.46	53 52 42.70	80.89	+0.37	3 58 43.70	−4 33 43.43
	186	8.0	4 0 41.23	−22.00	−0.50	56 52 9.85	97.12	−0.38	4 0 18.67	−7 53 20.33
	188	8.0	4 3 58.23	−21.99	−0.48	53 47 42.25	86.07	+0.54	4 3 35.76	−4 48 42.88
	191	7.8	4 6 10.88	−22.01	−0.50	54 31 49.27	89.04	+0.41	4 5 48.38	−5 32 52.29
	194	7.3	4 8 4.41	−22.03	−0.52	55 38 27.32	92.80	+0.19	4 7 41.86	−6 39 33.92
	200	6.8				55 28 59.57	92.31	+0.46		−6 30 5.63
	203	7.5	4 16 38.33	−22.03	−0.55	55 18 30.12	91.72	+0.53	4 16 15.75	−6 19 35.25
	208	8.0	4 18 41.01	−21.98	−0.54	53 21 12.85	85.38	+1.09	4 18 18.49	−4 22 13.10
	218	7.5	4 21 55.97	−22.05	−0.58	56 6 18.47	94.54	+0.51	4 21 33.34	−7 7 27.36
	223	7.5	4 26 18.05	−22.00	−0.58	54 4 19.95	87.71	+1.13	4 25 56.07	−5 5 22.25
	114b	5.6	4 27 38.86	−21.96	−0.57	52 25 25.32	82.63	+1.57	4 27 16.32	−3 26 13.17
	232	8.0	4 30 26.56	−22.00	−0.60	53 50 10.75	87.32	+1.25	4 30 3.96	−4 57 21.96
	119b	7.2	4 32 42.90	−21.95	−0.59	51 50 44.59	80.07	+1.85	4 32 20.36	−2 51 41.00
	238	8.0	4 41 10.50	−22.06	−0.65	56 9 42.26	94.00	+1.07	4 40 47.78	−7 10 52.01
	π⁴ Orionis	4.0	4 49 3.04	+ 0.08	−0.62	46 43 20.41	67.69	+3.40		
	251	8.0	4 51 35.76	−22.07	−0.66	56 10 19.62	95.00	+1.39	4 51 13.00	−7 11 29.42
	252₁	8.0	4 52 53.55	−22.01	−0.68	53 48 10.06	87.04	+1.92	4 52 30.86	−4 49 12.89
	133b₁	8.0	4 56 39.02	−21.96	−0.68	51 51 39.76	81.16	+2.44	4 56 16.38	−2 52 36.70
	135b₁	8.0	5 1 15.45	−21.98	−0.70	52 36 47.65	83.41	+2.38	5 0 52.76	−3 37 47.15
	β Eridani	3.0	5 2 58.06	− 0.11	−0.72	54 12 26.31	88.39	+2.07		
	260	7.5	5 5 13.09	−21.99	−0.72	52 58 14.01	84.51	+2.40	5 4 50.39	−3 59 14.67
	142b	7.7	5 8 41.87	−21.99	−0.73	52 43 54.80	83.80	+2.53	5 8 19.15	−3 44 54.61
	τ Orionis	4.0	5 12 47.52	− 0.15	−0.76	55 56 27.82	94.31	+2.03		
	281	8.0	5 14 33.51	−22.08	−0.77	56 26 20.14	96.09	+1.98	5 14 10.66	−7 27 31.68
	131a	6.5	5 18 36.64	−21.96	−0.74	49 14 56.90	74.07	+3.30	5 18 13.94	−0 15 39.85

Datum	Bezeichnung des Sterns	Grösse	Durchgangszeit	Uhrstand + Correction	Reduction auf 1893.0	Mittel der Ablesungen	Refraction	Reduction auf 1893.0	α 1893.0	δ 1893.0
1893 Jan. 12	η Orionis	3.3	5h 19m 28.51s	− 0.04s	−0.74s	51° 18′ 37.65″	80.17″	+3.01″		
	133a	7.6	5 20 34.09	−21.99	−0.75	50 34 27.75	77.63	+3.19	5h 20m 12.35s	−1° 35′ 14.61″
	148b	7.5	5 21 58.95	−22.01	−0.76	51 26 21.97	80.06	+3.06	5 21 36.18	−2 27 10.84
	151b	6.8	5 23 59.18	−22.04	−0.77	52 22 50.15	82.82	+2.94	5 23 36.37	−3 23 41.73
	139a	5.5	5 24 40.61	−21.98	−0.76	50 9 50.20	76.33	+3.34	5 24 17.87	−1 10 36.48
	301	6.8	5 26 31.70	−22.12	−0.80	55 46 21.07	93.78	+2.42	5 26 8.79	−6 47 23.62
	146a	7.4	5 28 28.25	−21.98	−0.77	50 13 10.09	76.70	+3.40	5 28 5.50	−1 13 56.17
	149a	7.7	5 29 23.23	−21.95	−0.77	49 4 24.70	73.66	+3.61	5 29 0.51	−0 5 8.27
	321	6.0	5 30 45.61	−22.07	−0.80	53 54 38.52	87.58	+2.82	5 30 22.74	−4 55 35.30
	329	7.0	5 33 59.43	22.07	−0.80	53 51 45.85	87.44	+2.88	5 33 36.56	−4 52 42.58
	160b	7.8	5 35 22.36	−22.04	−0.80	52 28 13.97	83.15	+3.15	5 34 59.52	−3 29 6.09
	162b₁	8.0	5 36 1.25	−22.05	−0.80	52 53 3.85	84.40	+3.10	5 35 38.40	−3 53 37.43
	339₁	8.0	5 39 8.36	−22.00	−0.82	53 35 31.67	86.61	+3.02	5 38 45.48	−4 36 26.05
	342	7.3	5 39 44.47	−22.12	−0.83	55 53 36.35	94.29	+2.73	5 39 21.52	−6 54 30.22
	345	7.8	5 41 44.39	−22.12	−0.84	55 58 6.92	94.56	+2.70	5 41 21.43	−6 59 10.16
	346	8.0	5 42 29.20	−22.09	−0.83	54 37 4.86	89.94	+2.75	5 42 6.28	−5 38 4.00
	348	8.0	5 43 31.38	−22.12	−0.84	55 39 56.95	93.51	+2.85	5 43 8.43	−7 40 59.70
	353	7.0	5 50 41.50	−22.07	−0.84	53 47 24.20	87.28	+3.26	5 50 18.59	−4 48 20.38
	361	8.0	5 52 57.32	−22.14	−0.87	56 38 00.45	97.01	+2.93	5 52 34.31	−7 40 6.63
	159a	7.4	5 54 33.36	−21.99	−0.84	50 26 19.12	77.37	+3.78	5 54 10.53	−1 27 6.31
	170b₁	8.0	5 56 54.59	−22.04	−0.85	52 40 5.40	83.77	+3.33	5 56 31.70	−3 40 58.54
	369₁	8.0	6 1 8.93	−22.11	−0.88	55 36 13.98	93.25	+3.24	6 0 45.89	−6 37 16.92
	374	6.0	6 2 8.15	−22.10	−0.88	55 10 24.55	91.76	+3.31	6 1 45.17	−6 11 20.14
	174b₁	8.0	6 4 23.40	−22.04	−0.87	52 45 43.72	84.01	+3.64	6 4 0.49	−3 46 37.93
	383	7.8	6 6 23.28	−22.14	−0.89	56 39 25.07	96.98	+3.22	6 6 0.25	−7 40 31.55
	389	7.7	6 8 19.28	−22.07	−0.88	53 57 59.50	87.74	+3.56	6 7 56.33	−4 58 56.90
	391	6.0	6 9 42.21	−22.06	−0.88	53 31 18.67	86.33	+3.61	6 9 19.26	−4 32 14.68
	396	8.0	6 10 56.17	−22.10	−0.89	55 9 25.15	91.05	+3.48	6 10 33.18	−6 10 26.48
	397	8.0	6 12 22.93	−22.08	−0.89	54 17 21.67	88.76	+3.61	6 11 59.95	−5 18 20.30
	400	7.1	6 13 25.63	−22.09	−0.89	54 35 48.35	89.76	+3.60	6 13 2.65	−5 36 47.79
	402	7.5	6 15 20.88	−22.14	−0.91	56 48 25.82	97.47	+3.41	6 14 57.84	−7 49 32.72
	405	8.0	6 17 16.55	−22.07	−0.89	53 41 12.95	86.80	+3.74	6 16 53.58	−4 42 9.31
	183b	7.8	6 18 8.99	−22.04	−0.89	52 26 51.15	82.98	+3.89	6 17 46.06	−3 27 44.17
	185b	7.2	6 20 50.90	−22.05	−0.90	52 48 49.20	84.07	+3.89	6 20 27.96	−3 49 42.91
	412	6.7	6 21 57.82	−22.14	−0.91	56 25 49.45	96.03	+3.58	6 21 34.77	−7 26 55.22
	10 Monoc.	5.0	6 23 3.54	− 0.09	−0.89	53 40 49.37	86.74	+3.78		
	418	7.8	6 25 28.20	−22.11	−0.91	55 20 27.00	92.20	+3.74	6 25 5.18	−6 21 29.45
	420	7.5	6 27 27.87	−22.13	−0.92	56 18 48.50	95.60	+3.69	6 27 4.82	−7 19 53.60
	423	8.0	6 28 53.37	−22.13	−0.92	56 6 17.72	94.84	+3.74	6 28 30.32	−7 7 22.07
	192b′	8.2	6 30 37.81	−22.05	−0.91	52 52 41.70	84.21	+4.03	6 30 14.85	−3 53 35.89
	429	7.7	6 35 21.10	−22.06	−0.92	53 20 54.72	85.61	+4.04	6 34 58.12	−4 21 49.55
	P. VI. 203	6.3	6 35 58.21	+ 0.04	−0.90	48 23 35.87	71.80	+4.42		
	182a	7.6	6 40 45.89	−21.97	−0.91	49 35 31.21	74.87	+4.36	6 40 23.01	−0 36 16.36
	18 Monoc.	5.0	6 42 39.76	+ 0.08	−0.91	40 27 38.27	67.08	+4.71		
	199b	6.1	6 44 16.03	−22.00	−0.92	51 8 16.32	79.07	+4.29	6 43 53.11	−2 9 5.34

Datum	Bezeichnung des Sternes	Grösse	Durchgangszeit	Uhrstand + Correction	Reduction auf 1893.0	Mittel der Ablesungen	Refraction	Reduction auf 1893.0	α 1893.0	δ 1893.0
1893 Jan. 12	445	6.8	6h 45m 56s.35	−22s.15	−0s.94	56° 33′ 53″.37	97″.64	+5″.98	6h 45m 33s.26	−7° 55′ 0″.56
	447	7.2	6 47 20.16	−22.09	−0.93	54 30 3.36	89.27	+4.14	6 46 57.15	−5 31 2.75
	450	7.8	6 48 21.28	−22.14	−0.94	56 36 59.67	96.59	+4.03	6 47 58.20	−7 36 6.67
	189a	7.9	6 50 52.12	−21.99	−0.92	50 26 6.43	77.09	+4.38	6 50 29.21	−1 26 53.86
	203b	7.6	6 51 54.74	−22.04	−0.93	52 32 14.62	83.10	+4.29	6 51 31.77	−3 33 8.07
	456	7.5	6 53 48.02	−22.12	−0.94	56 1 19.30	94.42	+4.16	6 53 24.96	−7 2 24.20
	207b	7.7	6 56 3.87	−22.03	−0.93	52 5 16.47	81.75	+4.35	6 55 40.91	−3 6 8.49
	19 Monoc.	5.4	6 57 58.96	−0.08	−0.93	53 4 8.40	84.68	+4.32		
	462	5.8	6 59 12.16	−22.08	−0.94	54 8 60.20	88.07	+4.42	6 58 49.15	−5 9 58.56
	193a	7.9	7 0 28.40	−21.97	−0.93	49 36 45.67	74.85	+4.47	7 0 5.50	−0 37 51.32
	465	7.8	7 3 2.29	−22.06	−0.94	53 29 40.90	85.97	+4.35	7 2 39.29	−4 30 37.12
	466	7.9	7 4 40.96	−22.10	−0.94	54 51 19.37	90.37	+4.33	7 4 17.92	−5 52 19.89
	20 Monoc.	5.8	7 5 17.81	−0.08	−0.94	53 3 18.03	84.61	+4.38		
	470	7.8	7 6 23.71	−22.14	−0.95	56 30 34.42	96.11	+4.32	7 6 0.63	−7 31 41.36
	472	7.9	7 8 0.57	−22.12	−0.95	55 57 6.47	94.10	+4.35	7 7 37.50	−6 58 11.31
1893 Jan. 15	32b	8.0	1 19 15.67	−22.09	+0.45	52 1 2.12	78.68	−4.49	1 18 54.04	−3 1 49.73
	59.	6.8	1 20 48.47	−22.12	+0.43	53 28 8.62	82.92	−4.04	1 20 26.78	−4 29 0.10
	34a	7.8	1 21 52.46	−22.02	+0.46	49 41 28.13	72.43	−3.59	1 21 30.90	−0 42 20.62
	65	7.8	1 26 10.60	−22.22	+0.37	56 34 2.55	93.01	−3.82	1 25 48.75	−7 35 2.42
	40b	8.0	1 36 33.85	−22.11	+0.35	52 29 12.77	80.07	−4.07	1 36 12.09	−3 30 2.28
	P. I. 167	5.8	1 40 58.86	−0.16	+0.30	55 15 8.92	88.60	−4.88		
	ζ Ceti	3.0	1 46 32.81	−0.30	+0.13	59 50 36.75	105.71	−6.17		
	ξ Piscium	4.0	1 48 22.56	+0.10	+0.33	46 19 47.95	64.48	−2.51		
	90	7.5	1 58 24.67	−22.15	+0.21	53 49 48.07	84.22	−3.80	1 58 2.73	−4 50 42.18
	62 Ceti	7.4	2 4 6.19	−0.06	+0.19	51 49 27.40	78.39	−2.92		
	67 Ceti	6.0	2 12 0.89	−0.18	+0.11	55 53 55.55	91.05	−3.97		
	101	7.5	2 14 58.16	−22.21	+0.10	55 47 47.55	90.74	−3.92	2 14 36.04	−6 48 47.72
	61b₁₁	8.0	2 34 14.67	−22.09	+0.02	51 20 56.25	77.30	−1.77	2 33 52.61	−2 21 45.14
	68a	7.7	2 50 6.88	−22.02	−0.04	48 59 2.87	71.18	−0.46	2 49 44.82	+0 0 12.90
	122	8.0	2 52 44.25	−22.19	−0.10	54 46 4.24	87.60	−2.32	2 52 21.96	−5 47 3.25
	127	8.0	2 55 7.52	−22.14	−0.10	55 5 1.20	82.40	−1.66	2 54 45.28	−4 5 55.65
	B.A.C. 5140 U.C.	7.1	3 2 45.90							
	73a	7.8	3 6 35.15	−22.05	−0.14	49 53 5.60	73.57	−0.27	3 6 12.96	−0 53 52.24
	94 Ceti	5.3	3 7 40.97	−0.02	−0.15	50 34 58.64	75.42	−0.45		
	140	8.0	3 11 5.81	−22.21	−0.21	55 17 51.50	89.48	−1.84	3 10 43.39	−6 18 53.09
	149	8.0	3 20 17.69	−22.23	−0.27	56 5 44.80	92.21	−1.79	3 19 55.19	−7 6 48.57
	79b₁	8.0	3 22 20.43	−22.13	−0.25	52 28 48.85	80.75	−0.62	3 21 58.06	−3 29 42.59
	153	7.8	3 25 41.71	−22.16	−0.27	53 37 25.65	84.17	−0.80	3 25 19.27	−4 38 22.60
	156	8.0	3 28 37.04	−22.16	−0.29	53 20 15.30	83.30	−0.67	3 28 14.59	−4 21 11.71
	162	5.8	3 34 6.68	−22.20	−0.33	54 57 9.70	88.37	−0.99	3 33 44.16	−5 58 10.68
	83a	7.8	3 36 32.34	−22.04	−0.30	49 29 40.37	72.61	+0.73	3 36 10.00	−0 30 27.19
	44b	7.8	3 38 34.24	−22.10	−0.32	51 24 10.75	77.69	+0.21	3 38 11.82	−2 25 2.78
	167	8.0				56 20 18.80	93.06	−1.11		−7 21 23.37
	96b	7.8	3 43 43.86	−22.11	−0.35	51 44 34.05	78.64	+0.25	3 43 21.40	−2 45 26.32
	173	7.8	3 47 9.03	−22.15	−0.37	52 54 5.27	81.09	+0.01	3 46 47.11	−3 55 0.96
	179	7.2	3 50 53.13	−22.17	−0.40	53 49 19.27	84.77	−0.14	3 50 30.56	−4 50 17.78

Datum	Bezeichnung des Sterns	Grösse	Durchgangszeit	Uhrstand + Correction	Reduction auf 1893.0	Mittel der Ablesungen	Refraction	Reduction auf 1893.0	α 1893.0	δ 1893.0
1893 Jan. 19	β Eridani	3.0	$5^h\ 2^m\ 57^s.90$	$-0^s.17$	$-0^s.68$	303° 46′ 30″.70	88″.94	−1″.31		
	λ Eridani	4.0	5 4 24.09	− 0.21	−0.71	302 7 4.07	102.04	−0.52		
	273	7.5	5 10 19.81	−21.90	−0.72	303 4 44.27	94.71	−1.10	$5^h\ 9^m\ 57^s.20$	−6° 55′ 42″.00
	279	7.5	5 13 43.19	−21.89	−0.73	304 39 9.85	92.70	−1.30	5 13 20.57	−6 21 15.00
	286	8.0	5 16 27.12	−21.90	−0.74	303 25 18.65	97.07	−1.12	5 16 4.47	−7 35 10.09
	292	6.0	5 21 9.95	−21.89	−0.75	305 23 33.07	90.19	−1.63	5 20 47.31	−5 36 49.31
	298	6.0	5 25 33.20	−21.91	−0.77	303 29 23.42	99.06	−1.34	5 25 10.52	−7 31 7.25
	306	7.5	5 29 29.90	−21.89	−0.77	306 7 40.65	87.77	−1.94	5 29 7.24	−4 52 59.24
	325	7.8	5 31 23.00	−21.89	−0.78	305 17 24.40	90.51	−1.83	5 31 0.32	−5 42 58.39
	162 b_1	8.0	5 36 1.17	−21.88	−0.79	307 6 19.37	84.71	−2.25	5 35 38.50	−3 53 58.23
	341	7.5	5 39 37.40	−21.89	−0.80	306 15 46.42	87.33	−2.16	5 39 14.71	−4 44 33.56
	347	7.7	5 42 56.95	−21.90	−0.82	304 32 0.02	93.06	−1.91	5 42 34.23	−6 28 25.12
	354	7.0	5 48 49.92	−21.90	−0.84	305 16 45.12	90.54	−2.16	5 48 27.18	−5 43 37.96
	361	8.0	5 52 57.21	−21.92	−0.86	303 20 23.57	97.37	−1.89	5 52 34.43	−7 40 6.31
	367	7.0	5 57 23.09	−21.92	−0.86	303 43 3.97	96.03	−2.07	5 57 0.31	−7 17 24.82
	370	7.0	6 1 10.76	−21.91	−0.87	305 8 7.75	91.12	−2.36	6 0 47.99	−5 52 15.97
	375	8.0	6 3 50.48	−21.90	−0.87	305 41 28.42	89.29	−2.49	6 3 27.71	−5 18 53.51
	387	5.2	6 7 2.20	−21.92	−0.89	304 28 52.20	93.40	−2.36	6 6 39.40	−6 31 33.86
	5 Monoc.	4.6	6 10 1.03	− 0.18	−0.89	304 45 52.62	92.45	−2.45		
	6 Monoc.	6.7	6 12 56.20	− 0.22	−0.92	300 19 33.02	109.63	−1.90		
	404	8.0	6 16 25.66	−21.90	−0.90	306 42 13.87	86.15	−2.82	6 15 52.87	−4 18 5.75
	407	8.0	6 19 55.53	−21.91	−0.91	305 33 40.60	89.85	−2.72	6 19 32.70	−5 26 42.44
	416	5.5	6 24 0.54	−21.93	−0.92	304 2 34.75	95.09	−2.58	6 23 37.69	−6 57 52.96
	410	7.5	6 27 27.63	−21.93	−0.93	303 40 35.92	96.43	−2.59	6 27 4.77	−7 19 53.41
	420	7.3	6 30 22.96	−21.91	−0.93	306 17 01.55	87.53	−2.94	6 30 0.12	−4 42 19.06
	430	7.3	6 35 28.40	−21.92	−0.94	304 45 29.20	92.67	−2.83	6 35 5.53	−6 14 56.95
	444	7.2	6 45 47.06	−21.91	−0.95	306 51 48.97	85.81	−3.16	6 45 24.80	−4 8 30.47
	450	7.8	6 48 20.99	−21.94	−0.97	303 22 24.43	97.61	−2.87	6 47 58.08	−7 38 6.49
	51 H. Ceph. O.C.	5.1	6 50 56.02							
	19 Monoc.	5.4	6 57 58.95	− 0.16	−0.97	306 55 14.95	85.58	−3.26		
	20 Monoc.	5.8	7 5 17.70	− 0.16	−0.98	306 56 6.30	85.53	−3.32		
1893 Jan. 26	ζ Ceti	3.0	1 46 34.36	− 0.36	+0.38	300 8 37.50	102.04	+6.73		
	43a	6.0	1 58 5.66	−23.67	+0.41	310 36 41.70	69.25	+2.93	1 57 42.40	−0 23 15.20
	92	7.5	1 59 56.73	−23.90	+0.35	304 46 41.97	85.41	+4.85	1 58 33.19	−6 13 29.39
	49a	7.5	2 2 31.62	−23.70	+0.38	310 52 57.77	68.61	+3.03	2 2 8.30	−0 6 58.58
	56b	7.7	2 8 41.06	−23.79	+0.32	307 28 8.57	77.49	+3.66	2 8 17.59	−3 31 56.00
	67 Ceti	6.0	2 12 2.41	− 0.40	+0.27	304 5 19.07	87.73	+4.69		
	100	7.0	2 14 41.69	−23.84	+0.28	306 9 49.72	81.27	+3.91	2 14 18.12	−4 50 17.79
	102	8.0	2 15 35.12	−23.92	+0.25	304 8 5.82	87.59	+4.56	2 15 11.46	−6 52 8.04
	58a	5.6	2 27 6.16	−23.71	+0.23	309 29 32.72	72.15	+2.40	2 26 42.69	−1 30 27.56
	81 Ceti	6.0	2 32 41.98	− 0.28	+0.18	307 8 31.25	78.48	+3.03		
	61 b_1	8.0	2 33 22.33	−23.73	+0.20	309 7 42.45	73.09	+2.35	2 32 58.80	−1 52 19.31
	61 b_{11}	8.0	2 35 39.04	−23.74	+0.18	308 36 59.55	74.42	+2.43	2 35 15.47	−2 34 3.67
	B.D. +1° 472	8.5	2 37 48.65	−23.58	+0.20				2 37 25.25	
	66b	7.8	2 48 33.04	−23.73	+0.11	308 55 18.67	73.61	+1.96	2 48 9.42	−2 4 43.60
	67b	8.0	2 49 58.52	−23.80	+0.08	307 15 39.55	78.13	+2.47	2 49 34.80	−3 44 27.08

Datum	Bezeichnung des Sterns	Grösse	Durchgangszeit	Uhrstand + Correction	Reduction auf 1893.0	Mittel der Ablesungen	Refraction	Reduction auf 1893.0	α 1893.0	δ 1893.0
1893 Jan. 28	69b	5.5	2h 53m 42s.31	−23s.78	+0s.07	307° 47′ 30″.50	76″.69	+2″.17	2h 53m 18s.60	−3° 12′ 34″.34
	71b	7.8	2 55 1.74	−23.74	+0.07	308 40 13.75	74.01	+1.82	2 54 38.07	−2 13 49.21
	ζ Eridani	4.3	3 11 2.21	− 0.49	−0.08	301 47 21.27	93.84	+3.04		
	17 Eridani	4.8	3 25 42.45	− 0.34	−0.13	303 33 39.02	83.20	+1.33		
	β Eridani	3.0	5 2 39.83	− 0.33	−0.61	303 46 36.07	83.35	−0.38		
	λ Eridani	4.0	5 4 26.19	− 0.48	−0.64	302 6 47.72	93.64	+0.49		
	273	7.5	5 10 21.86	−23.96	−0.65	304 4 29.85	88.80	−0.14	5 9 57.26	−6 55 41.70
	279	7.5	5 13 45.31	−23.94	−0.66	304 38 54.95	86.93	−0.35	5 13 20.71	−6 21 14.59
	286	8.0	5 16 29.26	−23.99	−0.68	303 25 3.55	91.04	−0.10	5 16 4.58	−7 35 10.31
	298	6.0	5 25 35.30	−24.00	−0.71	303 29 7.00	90.84	−0.30	5 25 10.58	−7 31 6.35
	310	6.8	5 30 1.46	−24.00	−0.73	303 43 57.37	90.02	−0.44	5 29 37.13	−7 16 20.38
	327	6.7	5 32 38.11	−23.95	−0.73	304 59 55.92	85.88	−0.78	5 32 13.43	−6 0 12.96
	339	8.0	5 39 10.21	−23.91	−0.75	306 23 39.15	81.61	−1.20	5 38 45.55	−4 36 25.77
	344	6.5	5 41 9.40	−23.90	−0.76	306 41 29.90	80.73	−1.30	5 40 44.74	−4 18 34.44
	350	8.0	5 45 14.15	23.97	−0.78	305 4 21.75	85.66	−1.00	5 44 49.40	−5 55 47.52
	354	7.0	5 48 52.03	−23.97	−0.79	305 16 29.90	85.03	−1.11	5 48 27.28	−5 43 38.71
	358	7.0	5 50 43.40	−23.93	−0.79	306 11 44.17	82.21	−1.32	5 50 18.68	−4 48 21.71
	363	7.0	5 55 0.98	−24.01	−0.81	304 23 34.95	87.85	−1.02	5 54 36.16	−6 36 16.11
	370	7.0	6 1 12.83	−23.99	−0.83	305 7 54.25	85.49	−1.25	6 0 48.01	−5 52 14.89
	382	7.0	6 6 16.54	−24.05	−0.80	303 44 29.22	90.04	−1.05	6 5 51.63	−7 15 44.38
	5 Monoc.	4.6	6 10 3.15	− 0.37	−0.86	304 45 38.37	86.69	−1.29		
	398	7.2	6 13 0.28	−23.95	−0.86	306 39 34.02	80.86	−1.69	6 12 35.47	−4 20 31.17
	404	8.0	6 16 17.71	−23.95	−0.87	306 41 58.25	80.75	−1.72	6 15 52.89	−4 18 6.56
	409	6.8	6 21 14.63	−24.10	−0.90	303 10 13.47	92.02	−1.16	6 20 49.63	−7 50 2.22
	417	5.5	6 24 3.13	−24.07	−0.90	304 2 14.17	89.07	−1.35	6 23 38.16	−6 57 58.47
	420	7.5	6 27 29.78	−24.08	−0.92	303 40 20.45	90.31	−1.33	6 27 4.78	−7 19 55.55
	425	8.0	6 30 0.00	−23.98	−0.91	306 24 15.75	81.64	−1.80	6 29 35.11	−4 35 50.39
	431	7.1	6 36 16.72	−24.10	−0.94	303 31 52.67	90.79	−1.43	6 35 51.67	−7 38 21.85
	18 Monoc.	5.0	6 42 41.52	− 0.03	−0.93	313 31 33.40	63.44	−3.01		
	443	7.5	6 45 5.04	−24.03	−0.95	305 36 40.15	83.06	−1.79	6 44 40.06	−5 23 28.24
	450	6.4	6 49 19.02	−24.05	−0.96	305 16 59.62	85.09	−1.79	6 48 54.01	−5 43 9.67
	458	7.3	6 55 31.28	−24.06	−0.98	305 19 27.75	84.98	−1.84	6 55 6.15	−5 40 41.53
	19 Monoc.	5.4	6 58 0.99	− 0.29	−0.98	306 55 1.25	80.20	−2.04		
	463	7.2	7 0 37.63	−24.16	−0.99	303 1 57.62	92.60	−1.60	7 0 12.48	−7 58 18.93
	20 Monoc.	5.8	7 5 19.83	− 0.29	−0.94	306 55 51.10	80.17	−2.07		
	471	7.9	7 7 43.47	−24.17	−1.00	302 58 18.52	92.84	−1.65	7 7 18.29	−8 1 58.53
	474	7.8	7 10 13.68	−24.15	−1.01	303 30 33.25	90.98	−1.73	7 9 48.52	−7 29 41.15
	479	6.3	7 12 43.77	−24.12	−1.01	304 30 51.40	87.62	−1.81	7 12 18.64	−6 29 20.76
	484	7.5	7 16 0.43	−24.10	−1.01	305 3 59.40	85.86	−1.92	7 15 35.32	−5 56 10.77
	1 Urs. min. U.C.	6.4	7 31 22.35							
	506	7.8	7 33 58.19	−24.10	−1.04	305 46 59.35	83.68	−2.02	7 33 33.05	−5 13 8.62
	26 Monoc.	4.3	7 36 33.38	− 0.40	−1.04	301 42 15.90	97.58	−1.76		
	513	7.0	7 40 51.76	−24.11	−1.05	305 34 57.97	84.32	−2.01	7 40 26.60	−5 25 10.74

Datum	Bezeichnung des Sterns	Grösse	Durchgangszeit	Uhrstand + Correction	Reduction auf 1893.0	Mittel der Ablesungen	Refraction	Reduction auf 1893.0	α 1893.0	δ 1893.0
1893 Feb. 4	115	7.2	2ʰ43ᵐ34ˢ90	−24ˢ76	+0ˢ20				2ʰ43ᵐ10ˢ33	
	116₁	7.0	2 44 5.55	−24.70	+0.21	306°19′47″75	82″43	+3″18	2 43 41.06	−4°40′12″69
	η Eridani	3.0	2 51 36.74	− 0.50	+0.13	301 40 48.35	98.15	+4.53		
	123	8.0	2 53 43.03	−24.70	+0.15	306 21 47.95	82.35	+2.94	2 53 18.48	−4 38 12.50
	B.A.C. 5140 U.C.	7.1	3 13 9.43							
	72a	7.3	3 5 31.58	−24.52	+0.12	310 48 13.62	70.29	+1.14	3 5 7.18	−0 21 36.05
	74a	8.0	3 6 57.91	−24.52	+0.09	310 41 64.50	70.55	+1.04	3 6 33.48	−0 17 46.43
	141	6.3	3 11 28.50	−24.75	+0.04	304 52 33.00	87.01	+2.96	3 11 3.79	−6 7 31.16
	79b	7.7	3 15 1.40	−24.58	+0.05	309 1 3.83	74.90	+1.49	3 14 36.87	−1 58 20.53
	149	8.0	3 20 19.98	−24.79	−0.01	303 53 19.92	90.29	+3.04	3 19 55.18	−7 6 48.46
	79b₁	8.0	3 22 22.78	−24.64	0.00	307 30 14.65	79.08	+1.81	3 21 58.14	−3 29 43.51
	17 Eridani	4.8	3 25 43.21	− 0.34	−0.03	305 33 31.30	84.89	+2.36		
	83b	7.5	3 28 11.98	−24.59	−0.02	308 46 35.85	75.58	+1.23	3 27 47.37	−2 13 19.90
	80a	8.0	3 32 45.90	−24.51	−0.03	310 47 11.22	70.30	+0.44	3 32 21.36	−0 22 39.63
	88b	7.8	3 34 43.74	−24.57	−0.05	309 3 31.77	74.85	+0.98	3 34 19.12	−1 56 23.35
	84a	8.0	3 38 19.44	−24.49	−0.07	312 6 8.55	69.65	+0.21	3 37 54.88	+0 6 18.27
	87a	7.8	3 40 49.01	−24.50	−0.08	310 53 6.42	70.19	+0.22	3 40 24.43	−0 6 44.71
	96b	7.8	3 43 46.08	−24.60	−0.11	308 14 29.70	77.09	+1.08	3 43 21.37	−2 45 27.58
	173	7.8	3 47 11.87	−24.64	−0.14	307 4 57.42	80.39	+1.32	3 46 47.09	−3 55 2.51
	101b	5.0	3 49 19.85	−24.62	−0.15	307 43 41.06	78.55	+1.07	3 48 55.08	−3 16 17.72
	95a	7.2	3 57 36.31	−24.53	−0.18	309 53 56.97	72.74	+0.17	3 57 11.60	−1 5 56.84
	186	8.0	4 0 43.65	−24.80	−0.24	303 6 51.90	93.14	+2.26	4 0 18.61	−7 53 19.89
	187	7.0	4 2 38.96	−24.73	−0.24	304 42 25.37	87.75	+1.72	4 2 13.98	−6 17 41.50
	99a	7.2	4 6 28.74	−24.51	−0.22	310 17 50.90	71.75	−0.15	4 6 4.01	−0 42 1.65
	ο¹ Eridani	4.4	4 7 3.50	− 0.41	−0.26	303 53 8.87	90.50	+1.81		
	109b₁	7.8	4 9 37.96	−24.58	−0.25	308 35 18.50	76.24	+0.33	4 9 13.14	−2 24 38.59
	203	7.3	4 16 40.77	−24.73	−0.31	304 40 32.07	87.92	+1.41	4 16 15.73	−6 19 35.13
	208	8.0	4 18 43.38	−24.65	−0.31	306 37 48.85	81.84	+0.76	4 18 18.42	−4 22 13.24
	210	7.5	4 20 37.12	−24.71	−0.33	305 6 12.65	86.55	+1.19	4 20 2.08	−5 53 53.[illegible]
	219	7.9	4 22 30.52	−24.72	−0.34	304 55 3.35	87.16	+1.20	4 22 5.46	−6 5 3.[illegible]
	45 Eridani	5.3	4 26 49.05	− 0.14	−0.34	310 43 25.77	70.76	+0.07		
	225	8.0	4 27 29.60	−24.68	−0.36	305 44 4.32	84.60	+0.85	4 27 4.55	−5 16 0.7[illegible]
	115b₁	8.0	4 31 3.45	−24.57	−0.36	308 32 57.65	76.44	−0.09	4 30 38.52	−2 27 0.0[illegible]
	119b	7.2	4 32 45.35	−24.58	−0.37	308 8 18.00	77.58	0.00	4 32 20.39	−2 51 30.83
	μ Eridani	3.6	4 40 34.11	− 0.26	−0.42	307 32 57.17	79.27	+0.04		
	243	7.3	4 45 33.46	−24.63	−0.44	306 57 4.55	81.02	+0.13	4 45 8.39	−4 2 57.21
	π⁴ Orionis	4.0	4 49 5.47	− 0.04	−0.43	313 15 42.47	64.83	−1.82		
	258₁	8.0	4 52 56.06	−24.66	−0.48	306 10 42.12	83.35	+0.23	4 52 30.92	−4 49 13.87
	257	7.2	4 57 10.73	−24.70	−0.51	305 20 36.95	85.95	+0.38	4 56 45.55	−5 39 21.12
	β Eridani	3.0	5 3 0.55	− 0.33	−0.53	305 46 26.90	84.62	+0.17		
	λ Eridani	4.0	5 4 26.94	− 0.48	−0.56	302 6 39.42	97.08	+1.14		
	273	7.5	5 10 22.57	−24.76	−0.58	304 4 19.42	90.14	+0.49	5 9 57.23	−7 55 42.83
	281	8.0	5 14 36.11	−24.78	−0.60	303 32 32.72	91.96	+0.56	5 14 10.73	−7 27 31.42
	287	8.0	5 17 51.08	−24.79	−0.61	303 18 13.55	92.81	+0.57	5 17 25.68	−7 41 51.33
	η Orionis	3.3	5 19 30.99	− 0.23	−0.60	308 30 6.12	76.71	−0.85		

Datum	Bezeichnung des Sterns	Grösse	Durchgangszeit	Uhrstand + Correction	Reduction auf 1893.0	Mittel der Ablesungen	Refraction	Reduction auf 1893.0	α 1893.0	δ 1893.0
1893 Feb. 4	299	8.0	5h 26m 0s.11	−24s.67	−0s.63	306° 39′ 43″.92	81″.98	−0″.43	5h 25m 34s.81	−4° 20′ 11″.15
	306	7.5	5 29 32.56	−24.69	−0.65	306 7 16.32	83.67	−0.34	5 29 7.22	−4 52 40.06
	322	6.0	5 30 48.21	−24.69	−0.66	306 4 22.95	83.77	−0.34	5 30 22.86	−4 55 34.05
	333	5.0	5 34 7.92	−24.79	−0.68	303 43 41.25	91.37	+0.19	5 33 42.45	−7 16 22.58
	343	8.0	5 39 49.22	−24.81	−0.71	303 12 44.10	93.18	+0.23	5 39 23.70	−7 47 21.53
	347	7.7	5 42 59.60	−24.76	−0.71	304 31 35.70	88.72	−0.14	5 42 34.19	−6 28 25.79
	359	7.8	5 50 51.45	−24.82	−0.75	303 18 44.37	92.86	+0.03	5 50 25.88	−7 41 20.95
	364	7.5	5 55 43.10	−24.82	−0.77	303 24 22.72	92.55	−0.05	5 55 17.51	−7 35 42.36
	372	7.2	6 1 21.69	−24.81	−0.79	303 23 18.57	92.62	−0.12	6 0 56.08	−7 36 47.01
	379	7.5	6 4 43.88	−24.78	−0.80	304 28 55.52	88.91	−0.40	6 4 18.32	−6 31 6.23
	387	5.2	6 7 4.97	−24.78	−0.81	304 28 27.50	88.94	−0.41	6 6 39.38	−6 31 34.39
	5 Monoc.	4.6	6 10 3.78	− 0.37	−0.81	304 45 28.15	88.01	−0.52		
	6 Monoc.	6.7	6 12 59.14	− 0.55	−0.84	300 19 7.57	104.35	+0.37		
1893 Feb. 5	81 Ceti	6.0	2 32 42.35	− 0.28	+0.29	307 8 19.72	80.38	+3.33		
	ξ Ceti	4.0	2 34 23.66	− 0.13	+0.30	310 51 47.15	70.40	+2.04		
	110	7.6	2 38 13.36	−24.41	+0.24	303 54 15.87	90.55	+4.24	2 37 49.19	−7 5 48.56
	114	8.0	2 41 52.16	−24.38	+0.22	304 43 10.40	87.85	+3.82	2 41 28.01	−6 16 51.95
	116₁	7.0	2 44 5.25	−24.31	+0.22	306 19 46.57	82.81	+3.26	2 43 41.16	−4 40 11.18
	66a	8.0	2 47 8.14	−24.16	+0.23	309 54 25.97	72.80	+1.98	2 46 44.21	−1 5 23.11
	119₁	7.5	2 48 46.14	−24.31	+0.19	306 19 54.95	82.83	+3.13	2 48 22.02	−4 40 3.13
	70a	7.5	2 52 7.17	−24.16	+0.20	309 59 29.12	72.65	+1.82	2 51 43.21	−1 0 20.06
	70b	6.2	2 54 41.11	−24.24	+0.18	308 6 26.80	77.70	+2.30	2 54 17.05	−2 53 26.55
	72b	6.8	2 55 51.49	−24.25	+0.16	307 41 42.40	78.86	+2.49	2 55 27.40	−3 18 12.56
	B.A.C. 5140 U.C.	7.1	3 13 11.24							
	74a	8.0	3 6 57.54	−24.23	+0.12	310 41 61.70	70.91	+1.17	3 6 33.33	−0 17 46.72
	76b	7.2	3 9 36.07	−24.23	+0.09	308 15 59.97	77.31	+1.93	3 9 11.93	−2 43 53.84
	76a	6.2	3 13 17.98	−24.27	+0.08	309 40 37.67	73.53	+1.35	3 12 53.68	−1 19 12.75
	149	8.0	3 20 19.01	−24.41	0.00	303 53 17.35	90.75	+3.08	3 19 55.10	−7 6 48.05
	79b₁	8.0	3 22 22.34	−24.26	+0.01	307 30 14.00	79.47	+1.84	3 21 58.09	−3 29 43.06
	17 Eridani	4.8	3 25 42.82	− 0.35	−0.02	305 33 29.87	85.29	+2.41		
	155	7.3	3 27 25.71	−24.42	−0.04	303 33 0.25	91.84	+3.01	3 27 1.25	−7 27 7.40
	84b	7.4	3 29 56.30	−24.27	−0.03	307 13 48.60	80.25	+1.75	3 29 32.00	−3 46 8.19
	86b	7.7	3 33 53.04	−24.19	−0.04	309 7 24.00	74.99	+1.02	3 33 28.81	−1 52 27.93
	91b	7.5	3 35 45.27	−24.23	−0.05	308 19 35.35	77.15	+1.24	3 35 20.99	−2 40 18.81
	84a	8.0	3 38 19.03	−24.12	−0.05	311 6 0.60	69.93	+0.26	3 37 54.86	+0 6 18.70
	88a	6.5	3 43 33.73	−24.12	−0.08	310 53 45.00	70.43	+0.20	3 43 9.53	−0 6 3.30
	90a	7.0	3 45 14.37	−24.20	−0.10	309 8 55.17	74.98	+0.74	3 44 50.07	−1 50 57.70
	100b	8.0	3 48 11.69	−24.21	−0.12	308 40 53.95	76.17	+0.83	3 47 47.36	−2 18 50.91
	95a	7.2	3 57 35.94	−24.16	−0.16	309 54 5.02	72.97	+0.20	3 57 11.61	−1 5 55.86
	97a	7.5	4 0 13.04	−24.15	−0.18	310 8 17.10	72.30	+0.09	3 59 48.72	−0 51 33.50
	η Orionis	3.3	5 19 30.60	− 0.23	−0.58	308 30 11.77	77.04	−0.75		
	δ Orionis	var.	5 26 57.12	− 0.14	−0.61	310 37 7.40	71.51	−1.41		
	ε Orionis	3.7	5 33 47.29	− 0.23	−0.65	308 20 14.20	77.57	−1.55		

Datum	Bezeichnung des Sterns	Grösse	Durchgangszeit	Uhrstand + Correction	Reduction auf 1893.0	Mittel der Ablesungen	Refraction	Reduction auf 1893.0	α 1893.0	δ 1893.0
1893 Feb. 6	γ Ceti	3.3	2h 38m 8s.40	− 0s.02	+0s.33	313° 46′ 47″.50	63″.47	+0″.46		
	114₁	7.3	2 43 14.02	−23.68	+0.24	306 56 0.80	80.87	+3.12	2h 42m 50s.59	−4° 3′ 55″.75
	116₁	7.0	2 44 4.60	−23.70	+0.23	306 19 46.15	82.66	+3.28	2 43 41.13	−4 40 12.61
	66a	8.0	2 47 7.56	−23.57	+0.24	309 54 26.85	72.74	+2.02	2 46 44.23	−1 5 22.94
	67b	8.0	2 49 58.32	−23.67	+0.21	307 15 28.97	79.98	+2.83	2 49 34.85	−3 44 27.35
	123	8.0	2 53 42.10	−23.72	+0.18	306 21 45.32	82.63	+3.02	2 53 18.56	−4 38 13.12
	127	8.0	2 55 8.76	−23.60	+0.18	306 54 1.62	81.05	+2.80	2 54 45.24	−4 5 55.91
	B.A.C. 5140 U.C.	7.1	3 13 9.89							
	72a	7.3	3 5 30.64	−23.54	+0.15	310 48 13.32	70.59	+1.81	3 5 7.24	−0 11 35.27
	94 Ceti	5.3	3 7 42.23	− 0.19	+0.12	309 24 3.82	74.19	+1.63		
	139	7.3	3 9 49.30	−23.82	+0.07	303 54 2.67	90.64	+3.40	3 9 25.55	−7 6 3.88
	142	6.8	3 11 30.68	−23.73	+0.08	306 19 5.02	82.90	+2.55	3 11 7.04	−4 40 54.76
	150	7.0	3 20 24.17	−23.75	+0.03	305 58 2.12	84.03	+2.45	3 20 0.75	−5 1 58.71
	17 Eridani	4.8	3 25 42.25	− 0.34	0.00	305 33 29.37	85.34	+2.44		
	155	7.3	3 27 25.06	−23.85	−0.03	303 33 0.10	91.97	+3.05	3 27 1.19	−7 27 8.06
	80a	8.0	3 32 44.92	−23.57	−0.01	310 47 9.97	70.80	+0.52	3 32 21.34	−0 12 30.35
	88b	7.8	3 34 42.71	−23.63	−0.03	309 3 30.25	75.27	+1.07	3 34 19.05	−1 56 22.85
	83a′	8.3	3 36 20.75	−23.58	−0.03	310 25 57.77	71.70	+0.56	3 35 57.14	−0 33 33.12
	83a	7.8	3 36 33.60	−23.58	−0.03				3 36 9.99	
	24 Eridani	5.8	3 39 28.04	− 0.19	−0.05	309 29 50.12	74.13	+0.80		
	96b	7.8	3 43 45.12	−23.67	−0.08	308 14 28.65	77.54	+1.11	3 43 21.36	−2 45 26.93
	171	7.5	3 45 21.81	−23.73	−0.10	306 47 12.05	81.72	+1.55	3 44 57.97	−4 12 47.62
	174	7.0	3 47 36.86	−23.78	−0.12	305 37 30.80	85.27	+1.88	3 47 12.96	−5 22 32.14
	45 Eridani	5.3	4 26 48.11	− 0.14	−0.30	310 43 25.42	71.04	−0.58		
	229	5.8	4 29 6.01	−23.85	−0.35	304 2 18.92	90.46	+1.42	4 28 41.80	−6 57 49.52
	215b	7.7	4 31 2.48	−23.67	−0.34	308 32 57.20	76.74	+0.03	4 30 38.47	−2 26 59.14
	B.D. +2°800	5.0	4 48 11.81	−23.42	−0.42				4 47 47.98	
	π⁴ Orionis	4.0	4 49 4.44	− 0.04	−0.41	313 15 31.87	65.07	−1.71		
	252	8.0	4 52 17.82	−23.77	−0.46	304 18 0.97	89.67	+0.90	4 51 53.58	−6 41 58.95
	262	8.0	5 3 14.15	−23.76	−0.51	304 38 29.25	88.57	+0.61	5 2 49.88	−6 21 29.67
	265	8.0	5 4 19.69	−23.67	−0.52	304 25 25.67	89.30	+0.65	5 3 55.50	−6 34 34.14
	τ Orionis	4.0	5 12 48.98	− 0.40	−0.56	304 2 24.45	90.62	+0.63		
	284	7.0	5 15 35.25	−23.72	−0.57	305 31 21.95	85.78	+0.16	5 15 10.96	−5 28 34.63
	287′	8.7	5 16 59.67	−23.81	−0.58				5 16 35.28	
	287	8.0	5 17 49.96	−23.81	−0.59	303 18 13.57	93.19	+0.74	5 17 25.56	−7 41 50.74
	294	8.0	5 24 16.04	−23.73	−0.61	305 28 2.62	85.98	+0.05	5 23 51.70	−5 21 54.78
	302	7.5	5 26 54.74	−23.79	−0.63	303 52 18.60	91.37	+0.44	5 26 30.32	−7 7 43.11
	306	7.5	5 29 31.56	−23.70	−0.63	306 7 15.57	83.97	−0.19	5 29 7.23	−4 52 39.65
	327	6.7	5 32 37.83	−23.74	−0.65	304 59 47.30	87.52	+0.06	5 32 13.44	−6 0 12.30
	334	7.8	5 34 10.99	−23.71	−0.65	305 44 37.25	85.15	−0.15	5 33 46.62	−5 15 19.27
	339₁	8.0	5 39 9.89	−23.69	−0.67	306 23 29.27	83.18	−0.38	5 38 45.53	−4 36 25.31
	346	8.0	5 42 30.67	−23.73	−0.69	305 21 54.37	86.38	−0.27	5 42 6.25	5 38 3.22
	356	7.8	5 50 32.70	−23.70	−0.72	306 9 18.57	83.94	−0.45	5 50 8.28	−4 50 36.81
	Lal. 11382	5.4	5 55 6.46	− 0.25	−0.73	307 55 7.52	78.77	−0.92		
	360₁	8.0	6 1 10.27	−23.77	−0.77	304 22 42.80	89.66	−0.25	6 0 45.73	−6 37 18.00

Datum	Bezeichnung des Sterns	Grösse	Durchgangszeit	Uhrstand + Correction	Refraction auf 1893.0	Mittel der Ablesungen	Refraction	Reduction auf 1893.0	α 1893.0	δ 1893.0
1893 Feb. 6	376	7.0	6h 4m 0.76s	−23.78	−0.78	304° 11' 41.57"	90.29	−0.13	6h 3m 36.21s	−6° 48' 18.87"
	384	8.0	6 6 37.37	−23.70	−0.79	303 46 23.87	91.73	−0.07	6 6 12.79	−7 13 38.80
	392	6.0	6 9 43.73	−23.69	−0.79	306 27 39.81	83.07	−0.70	6 9 19.25	−4 32 14.83
	397	8.0	6 12 24.40	−23.72	−0.80	305 41 38.10	85.44	−0.55	6 11 59.88	−5 18 19.20
	401	5.5	6 14 58.20	−23.82	−0.81				6 14 33.56	
	402	7.5	6 15 21.38	−23.82	−0.82	303 10 32.77	93.86	−0.04	6 14 57.74	−7 49 32.26
	408	8.0	6 20 46.68	−23.69	−0.83	300 13 35.82	83.82	−0.73	6 20 22.15	−4 46 19.83
	10 Monoc.	5.0	6 23 5.10	− 0.31	−0.84	306 18 8.12	83.60	−0.75		
	419	8.0	6 26 45.17	−23.72	−0.86	305 42 21.12	85.46	−0.66	6 26 20.60	−5 17 35.93
	423	8.0	6 28 54.73	−23.70	−0.87	303 52 40.72	91.46	−0.30	6 28 30.08	−7 7 22.20
	431	7.1	6 36 16.46	−23.80	−0.89	303 31 41.67	92.68	−0.29	6 35 51.76	−7 28 22.43
	437	7.5	6 41 11.62	−23.79	−0.91	303 46 26.72	91.84	−0.38	6 40 46.92	−7 13 36.63
	442	7.1	6 44 49.74	−23.70	−0.92	303 42 32.42	92.07	−0.39	6 44 25.03	−7 17 28.90
	447	7.2	6 47 21.62	−23.72	−0.92	305 28 55.57	86.21	−0.72	6 46 56.98	−5 31 2.32
	452	8.0	6 49 30.14	−23.75	−0.93	304 44 40.00	88.39	−0.51	6 49 5.46	−6 15 20.43
	458	7.5	6 55 30.88	−23.73	−0.94	305 19 17.37	86.73	−0.72	6 55 6.21	−5 40 40.95
	19 Monoc.	5.4	6 58 0.68	− 0.29	−0.95	306 54 50.00	81.84	−1.00		
	463	7.2	7 0 37.27	−23.82	−0.96	303 1 47.17	94.50	−0.37	7 0 12.48	−7 58 18.61
	20 Monoc.	5.8	7 5 19.43	− 0.29	−0.97	306 55 40.90	81.81	−1.03		
	471	7.9	7 7 43.14	−23.82	−0.98	302 58 7.92	94.74	−0.40	7 7 18.34	−8 1 58.33
	477	7.9	7 12 11.69	−23.75	−0.99	304 57 6.77	87.96	−0.70	7 11 46.96	−6 2 52.90
	483	7.8	7 15 23.43	−23.74	−1.00	305 3 33.55	87.62	−0.73	7 14 58.69	−5 56 25.87
	493	8.0	7 25 56.61	−23.76	−1.02	304 30 21.61	89.45	−0.66	7 25 31.83	−6 29 39.29
	497	7.8	7 28 2.33	−23.79	−1.03	303 56 40.95	91.36	−0.58	7 27 37.51	−7 3 21.06
	501	6.5	7 31 31.33	−23.83	−1.03	302 55 37.87	95.00	−0.47	7 31 6.47	−8 4 28.36
	506	7.8	7 33 57.84	−23.72	−1.04	305 46 49.22	85.35	−0.81	7 33 33.09	−5 13 7.83
	26 Monoc.	4.5	7 36 33.02	− 0.30	−1.04	301 42 4.55	99.52	−0.34		
	513	7.0	7 40 51.40	−23.72	−1.05	305 34 47.35	86.01	−0.77	7 40 26.63	−5 25 10.46
	27 Monoc.	5.4	7 54 48.11	− 0.26	−1.08	307 56 34.00	79.96	−0.91		
	533	6.8	7 56 13.59	−23.75	−1.07	304 52 36.05	88.35	−0.64	7 55 48.77	−6 7 24.29
	537	7.5	7 59 16.19	−23.68	−1.08	306 28 23.55	83.34	−0.77	7 58 51.43	−4 31 31.76
	543	7.5	8 6 42.63	−23.73	−1.09	305 17 60.67	87.03	−0.63	8 6 17.81	−5 41 58.33
	549	7.0	8 13 36.39	−23.79	−1.09	303 45 43.02	92.19	−0.49	8 13 11.51	−7 14 20.76
	558	6.5	8 17 38.94	−23.74	−1.10	305 9 45.00	87.53	−0.55	8 17 14.10	−5 50 16.14
	Br. 1197	3.6	8 20 43.57	− 0.27	−1.11	307 26 25.35	80.57	−0.64		
	569	7.7	8 24 13.31	−23.72	−1.11	305 28 44.67	86.54	−0.52	8 23 48.48	−5 31 13.52
	573	7.7	8 27 42.67	−23.72	−1.11	305 27 47.35	86.61	−0.48	8 27 17.84	−5 32 10.62
	Br. 1212	6.1	8 30 34.80	− 0.43	−1.11	303 23 13.87	93.60	−0.37		
1893 Feb. 16	ι Eridani	3.0	3 28 15.79	− 0.33	+0.11	301 10 41.85	95.99	+4.07		
	87b	6.5	3 34 39.04	−22.34	+0.11	307 15 16.35	76.47	+1.99	3 34 16.80	−3 44 22.01
	94b	7.8	3 38 34.01	−22.28	+0.09	308 34 31.82	72.93	+1.47	3 38 11.82	−2 25 4.10
	87a	7.8	3 40 46.57	−22.19	+0.09	310 52 46.00	67.22	+0.65	3 40 24.47	−0 6 43.31
	96b	7.8	3 43 43.59	−22.30	+0.06	308 14 9.72	73.83	+1.47	3 43 21.35	−2 45 27.43

Datum	Bezeichnung des Sterns	Grösse	Durchgangszeit	Uhrstand + Correction	Reduction auf 1893.0	Mittel der Ablesungen	Refraction	Reduction auf 1893.0	α 1893.0	δ 1893.0
1893 Feb. 16	174	7.0	3h 47m 35s.30	−22s.41	+0s.03	305° 37′ 10″.97	81″.16	+2″.23	3h 47m 12s.92	−5° 22′ 31″.97
	177	6.6	3 48 16.28	−22.47	−0.01	304 2 39.27	86.04	+2.73	3 47 53.80	−6 57 8.98
	95a	7.2	3 57 33.84	−22.23	0.00	309 33 36.90	69.61	+0.63	3 57 11.60	−1 5 57.24
	96a	7.8	4 0 10.14	−22.24	−0.02	309 41 22.77	70.12	+0.65	3 59 47.88	−1 18 11.83
	Gr. 750 O.C.	6.4	4 2 57.67							
	σ¹ Eridani	4.3	4 7 1.07	− 0.42	−0.09	303 52 47.55	86.64	+2.41		
	194₁	7.8	4 8 5.93	−22.40	−0.08	306 14 30.77	78.93	+1.57	4 7 43.45	−4 35 11.13
	A Eridani	5.0	4 9 40.95	− 0.56	−0.12	300 28 40.50	98.79	+3.43		
	203	7.3	4 16 38.31	−22.45	−0.13	301 40 21.75	84.20	+1.97	4 16 15.73	−6 19 34.61
	δ Eridani	5.3	4 18 43.70	− 0.29	−0.13	307 0 6.27	77.33	+1.21		
	211	8.0	4 20 28.56	−22.35	−0.14	306 58 50.22	77.41	+1.18	4 20 6.06	−4 0 50.97
	224	7.4	4 27 3.36	−22.38	−0.18	306 23 0.85	79.17	+1.23	4 26 40.80	−4 36 41.56
	229	5.8	4 29 4.52	−22.47	−0.20	304 2 1.35	86.35	+1.95	4 28 41.84	−6 57 47.81
	115b₁	8.0	4 31 1.00	−22.29	−0.19	308 32 37.60	73.27	+0.45	4 30 38.52	−2 27 0.40
	μ Eridani	3.6	4 40 31.66	− 0.27	−0.25	307 32 36.83	76.03	+0.63		
	243	7.3	4 45 30.98	−22.35	−0.28	306 36 43.30	77.73	+0.79	4 45 8.35	−4 2 58.59
	247	7.8	4 49 34.26	−22.42	−0.30	305 14 1.77	82.27	+1.21	4 49 11.54	−4 35 43.03
	251	8.0	4 51 35.78	−22.48	−0.32	303 48 20.35	87.30	+1.66	4 51 12.98	−7 11 29.42
	252₁	8.0	4 52 53.48	−22.38	−0.31	306 10 29.82	80.00	+0.91	4 52 30.77	−4 49 14.05
	135b₁	8.0	5 1 15.53	−22.31	−0.36	307 21 44.85	76.69	+0.44	5 0 52.86	−3 37 47.64
	β Eridani	3.0	5 2 58.06	− 0.34	−0.37	305 46 6.67	81.26	+0.87		
	264	7.5	5 4 9.46	−22.46	−0.38	303 42 28.10	87.81	+1.52	5 3 46.62	−7 18 15.35
	β Orionis	1	5 9 46.58	− 0.47	−0.42	302 40 14.20	91.32	+1.70		
	τ Orionis	4.0	5 12 47.50	− 0.41	−0.43	304 2 4.97	86.77	+1.29		
	281	8.0	5 14 33.64	−22.47	−0.44	303 32 12.42	88.41	+1.41	5 14 10.73	−7 27 31.60
	133a	6.0	5 19 25.12	−22.20	−0.44	309 59 47.80	69.95	−0.37	5 19 2.48	−0 59 39.70
	134a	7.3	5 20 26.42	−22.17	−0.45	310 10 61.80	69.10	−0.70	5 20 3.80	−0 38 25.49
	297	8.0	5 25 25.25	−22.41	−0.49	304 55 21.60	84.05	+0.87	5 25 2.36	−6 4 28.08
	307	8.0	5 29 37.73	−22.35	−0.50	306 25 58.52	79.56	+0.40	5 29 14.88	−4 33 37.26
	314	7.0	5 31 19.01	−22.47	−0.52	303 31 49.92	88.60	+1.21	5 30 56.02	−7 27 54.27
	332	6.5	5 33 48.56	−22.43	−0.53	304 21 30.47	85.98	+0.95	5 33 25.59	−6 38 10.84
	343	8.0	5 39 46.67	−22.48	−0.56	303 12 22.17	89.74	+1.21	5 39 23.63	−7 47 22.65
	348	8.0	5 43 31.29	−22.43	−0.57	304 18 42.97	86.10	+0.87	5 43 8.28	−6 40 58.69
	157a	7.8	5 44 37.71	−22.17	−0.57	310 36 21.80	68.60	−0.93	5 44 14.97	−0 23 4.66
	357	6.0	5 50 35.68	−22.35	−0.60	306 11 31.82	79.87	+0.25	5 50 12.73	−4 38 4.49
	369₁	8.0	6 1 8.85	−22.43	−0.65	304 12 24.57	85.95	+0.71	6 0 45.76	−6 37 17.33
	373	8.0	6 3 50.69	−22.38	−0.66	305 40 44.20	81.90	+0.33	6 3 27.65	−5 18 53.99
	384	8.0	6 6 36.01	−22.46	−0.68	303 26 4.65	87.93	+0.83	6 6 12.88	−7 13 38.91
	5 Monoc.	4.6	6 10 1.32	− 0.38	−0.69	304 45 8.90	84.77	+0.55		
	398	7.2	6 12 58.52	−22.34	−0.70	306 39 4.27	79.07	+0.04	6 12 35.48	−4 20 31.24
	407	7.5	6 15 21.01	−22.48	−0.72	303 10 13.62	89.96	+0.92	6 14 57.81	−7 49 32.03
	409	6.8	6 21 12.88	−22.48	−0.74	303 9 43.70	90.00	+0.88	6 20 49.66	−7 50 1.92
	417	5.5	6 24 1.51	−22.45	−0.75	304 1 43.72	87.12	+0.66	6 23 38.31	−6 57 59.31
	419	8.0	6 26 43.70	−22.38	−0.76	305 41 60.67	81.90	+0.24	6 26 20.56	−5 17 37.51
	425	8.0	6 29 58.17	−22.35	−0.77	306 23 46.65	79.85	+0.06	6 29 35.05	−4 35 50.08

Datum	Bezeichnung des Sterns	Grösse	Durchgangszeit	Uhrstand + Correction	Reduction auf 1893.0	Mittel der Ablesungen	Refraction	Reduction auf 1893.0	α 1893.0	δ 1893.0
1893 Feb. 16	432	7.7	6ʰ 36ᵐ 17ˢ.29	−22ˢ.39	−0ˢ.80	305° 23′ 19″.67	82″.86	+0″.29	6ʰ 35ᵐ 54ˢ.10	−5° 36′ 19″.81
	438	8.0	6 41 56.10	−22.41	−0.82	304 57 50.12	84.19	+0.37	6 41 32.87	−6 1 50.25
	441	7.0	6 43 35.12	−22.47	−0.83	303 22 33.47	89.40	+0.73	6 43 11.82	−7 38 11.87
	447	7.2	6 47 20.29	−22.39	−0.84	305 28 36.42	82.65	+0.20	6 46 57.06	−5 31 2.47
	450₁	6.4	6 49 17.32	−22.39	−0.85	305 10 29.07	83.27	+0.30	6 48 54.08	−5 43 10.52
	19 Monoc.	5.4				300 51 31.20	78.51	−0.05		
	20 Monoc.	5.8				306 55 21.87	78.50	−0.05		
	493	8.0	7 26 26.61	−22.51	−0.97	306 52 27.30	79.69	+0.14	7 26 3.12	−4 27 15.99
	501	6.3	7 31 30.06	−22.67	−0.98	302 55 25.80	91.17	+0.78	7 31 6.41	−8 4 27.72
	227b	7.8	7 32 49.22	−22.43	−1.00	308 38 16.42	73.94	−0.18	7 32 25.79	−2 21 21.36
	26 Monoc.	4.5	7 36 31.81	− 0.51	−1.00	301 41 52.30	95.61	+1.00		
	511₁	8.0	7 39 25.80	−22.53	−1.01	306 11 20.67	80.79	+0.28	7 39 2.26	−4 48 17.43
	514	7.7	7 41 2.54	−22.63	−1.01	303 43 44.18	88.50	+0.69	7 40 38.89	−7 16 7.19
	527	7.8	7 53 32.53	−22.58	−1.04	304 52 49.20	84.85	+0.57	7 53 8.90	−6 6 58.43
	529	7.0	7 55 34.09	−22.52	−1.05	306 24 28.85	80.24	+0.38	7 55 10.52	−4 35 14.19
	534	6.5	7 57 34.15	−22.58	−1.05	304 57 27.37	84.63	+0.60	7 57 10.52	−6 2 20.14
	537	7.5	7 59 14.88	−22.52	−1.06	306 28 10.42	80.08	+0.41	7 58 51.30	−4 31 38.77
	227a	7.0	8 18 53.65	−22.38	−1.12	309 50 23.35	71.04	+0.22	8 18 30.15	−1 9 10.79
	Br. 1197	3.6	8 20 42.42	− 0.31	−1.11	307 16 12.10	77.40	+0.53		
1893 Feb. 20	209b	7.0	6 57 9.71	−22.06	−0.84	307 23 31.75	76.00	+0.14	6 56 46.81	−3 36 7.03
	462	5.8	6 59 12.10	−22.12	−0.84	305 49 46.60	80.44	+0.52	6 58 49.14	−5 9 56.68
	20 Monoc.	5.8	7 5 17.77	− 0.28	−0.87	306 55 26.40	77.30	+0.27		
	470	7.8	7 6 23.62	−22.21	−0.87	303 28 9.40	87.81	+1.05	7 6 0.55	−7 31 40.72
	215b₁	8.0	7 10 1.16	−22.04	−0.89	308 21 18.00	73.42	+0.01	7 9 38.24	−2 38 18.55
	479₁	6.3	7 12 41.74	−22.19	−0.89	304 30 27.37	84.45	+0.85	7 12 18.66	−6 29 19.32
	487	7.3	7 15 10.88	−22.12	−0.90	306 12 4.61	79.35	+0.50	7 14 47.86	−4 47 37.10
	P. VII, 85	6.0	7 17 17.36	− 0.46	−0.91	302 13 16.80	98.07	+1.33		
	493	8.0	7 26 26.29	−22.12	−0.94	306 32 24.45	78.38	+0.50	7 26 3.23	−4 27 16.60
	497	7.8	7 28 0.56	−22.22	−0.96	303 56 27.27	86.20	+1.03	7 27 37.38	−7 3 21.36
	25 Monoc.	5.5	7 32 20.58	− 0.27	−0.96	307 7 18.45	76.75	+0.47		
	505	8.0	7 33 48.54	−22.14	−0.97	306 14 50.12	79.23	+0.61	7 33 25.43	−4 44 58.19
	514	7.7	7 41 2.09	−22.25	−0.98	303 43 40.27	86.98	+1.13	7 40 38.86	−7 16 9.06
	D.A.C. 2320 O.C.	7.1	7 49 38.78							
	527	7.8	7 53 32.15	−22.22	−1.02	304 52 46.30	83.34	+1.00	7 53 8.91	−6 6 59.08
	528	7.9	7 54 46.36	−22.17	−1.03	306 5 54.62	79.69	+0.82	7 54 23.16	−4 53 47.77
	243b₁	8.0	7 56 15.06	−22.11	−1.04	307 46 9.80	75.02	+0.56	7 55 51.91	−3 13 28.04
	542	8.0	8 6 24.18	−22.16	−1.05	304 6 52.77	85.76	+1.24	8 6 0.96	−6 52 54.84
	551	7.2	8 14 24.34	−22.28	−1.07	303 40 23.37	86.88	+1.30	8 14 0.98	−7 13 25.07
	Br. 1197	3.6	8 20 42.06	− 0.26	−1.10	307 26 12.97	75.95	+0.93		
	569	7.7	8 24 11.71	−22.23	−1.10	305 28 30.32	81.58	+1.24	8 23 48.38	−5 31 13.17
	Br. 1218	6.1	8 30 38.33	− 0.41	−1.10	303 22 58.78	88.19	+1.56		
1893 Feb. 22	ε Eridani	3.0	3 28 10.93	− 0.57	+0.21					
	94a	6.2	3 57 31.06	−23.42	+0.09	310 25 53.52	66.97	+0.60	3 57 7.73	−0 33 35.10
	97a	7.5	4 0 12.08	−23.41	+0.08	310 7 55.05	67.69	+0.65	3 59 48.74	−0 51 34.56
	Gr. 750 O.C.	6.4	4 2 54.96							
	o¹ Eridani	4.3	4 7 2.19	− 0.44	0.00	303 52 44.17	84.93	+2.56		

Datum	Bezeichnung des Sterns	Grösse	Durchgangszeit	Uhrstand + Correction	Reduction auf 1893.0	Mittel der Ablesungen	Refraction	Reduction auf 1893.0	α 1893.0	δ 1893.0
1893 Feb. 22	A Eridani	5.0	$4^h\ 0^m\ 42^s.12$	$-0^s.60$	$-0^s.02$	300° 28′ 36″.82	96″.82	+3″.58		
	196	4.7	4 10 44.57	−23.75	−0.01	303 10 36.02	87.22	+2.69	$4^h\ 10^m\ 20^s.81$	−7° 40′ 11″.25
	203	7.3	4 16 39.36	−23.69	−0.04				4 16 13.64	
	ξ Eridani	5.3	4 18 44.70	− 0.30	−0.04	307 0 1.52	75.15	+1.36		
	116b	6.2	4 31 5.12	−23.59	−0.10	307 9 44.32	75.34	+1.12	4 30 41.43	−3 40 52.47
	μ Eridani	3.6	4 40 32.84	− 0.28	−0.15	307 32 32.45	74.33	+0.86		
	247	7.8	4 40 35.44	−23.70	−0.21	305 23 58.02	80.36	+1.43	4 40 11.53	−5 35 43.64
	252	8.0	4 52 17.42	−23.75	−0.23	304 17 46.22	84.69	+1.73	4 51 53.45	−6 41 30.66
	β Orionis	1	5 9 47.83	− 0.50	−0.32	302 40 17.35	89.00	+2.00		
1893 Feb. 27	247	7.8	4 40 35.19	−23.43	−0.13	305 23 51.57	80.37	+1.55	4 40 11.61	−5 35 43.72
	133b₁	8.0	4 56 39.91	−23.34	−0.16	308 0 51.27	72.88	+0.60	4 56 16.41	−2 52 37.28
	135b₁	8.0	5 1 16.35	−23.38	−0.19				5 0 52.78	
	135b₁′	8.5	5 2 15.26	−23.38	−0.19	307 21 0.80	74.03	+0.80	5 1 51.69	−3 38 20.37
	262	8.0	5 3 13.49	−23.50	−0.20	304 38 7.95	82.76	+1.64	5 2 49.79	−6 21 30.06
	β Orionis	1	5 9 47.45	− 0.50	−0.24	302 40 11.65	89.17	+2.20		
	τ Orionis	4.0	5 12 48.47	− 0.44	−0.25	304 2 1.25	84.71	+1.74		
	280	8.0				303 8 47.10	87.59	+2.01		−7 30 55.33
	147b	8.0	5 20 3.09	−23.36	−0.28	308 5 22.15	73.07	+0.43	5 19 39.45	−2 53 46.85
	300	8.0	5 26 10.61	−23.52	−0.32	304 43 13.37	82.66	+1.43	5 25 46.78	−6 16 24.17
	309	7.0	5 29 59.26	−23.42	−0.34	306 48 34.20	76.59	+0.76		−4 10 57.69
	331	8.0	5 33 34.69	−23.47	−0.36	305 33 8.57	79.23	+1.03	5 29 35.50	−5 6 26.07
	162b₁	8.0	5 36 2.24	−23.42	−0.37	307 5 32.30	75.85	+0.63	5 33 10.87	−3 53 59.31
	343	8.0	5 39 47.72	−23.60	−0.39	303 12 20.22	87.50	+1.80	5 35 38.46	−7 47 21.96
	κ Orionis	2.6	5 43 4.93	− 0.56	−0.41	301 17 21.00	94.30	+2.35	5 39 23.73	
	359	7.8	5 50 49.93	−23.60	−0.45	303 18 20.55	87.36	+1.70	5 50 25.88	−7 41 21.30
	364	7.5	5 55 41.51	−23.60	−0.47	303 23 59.07	87.10	+1.65	5 55 17.45	−7 35 43.20
	371	8.0	6 1 18.22	−23.59	−0.50	303 41 16.47	86.23	+1.55	6 0 54.13	−7 18 24.78
	376	7.0	6 4 0.26	−23.57	−0.51	304 11 20.05	84.66	+1.39	6 3 36.18	−6 48 19.75
	384	8.0	6 6 37.00	−23.59	−0.52	303 46 3.20	86.03	+1.52	6 6 12.88	−7 13 37.98
	5 Monoc.	4.0	6 10 2.26	− 0.41	−0.54	304 45 6.10	82.96	+1.23		
	10 Monoc.	5.0	6 23 4.68	− 0.34	−0.60	306 17 48.55	78.39	+0.73		
1893 März 3	135b₁	8.0	5 1 13.84	−20.84	−0.12	307 21 50.70	77.06	+0.88	5 0 52.89	−3 37 47.06
	130b	7.0	5 4 27.25	−20.83	−0.13	308 42 13.15	73.47	+0.42	5 4 6.29	−2 17 21.26
	β Orionis	1	5 9 44.68	− 0.18	−0.18	302 40 17.57	91.73	+2.33		
	τ Orionis	4.0	5 12 45.69	− 0.17	−0.18	304 2 9.85	87.24	+1.84		
	283	8.0	5 15 8.46	−20.86	−0.19	305 40 36.20	82.01	+1.30	5 14 47.40	−5 19 5.92
	146b	8.0	5 19 38.97	−20.85	−0.20	308 13 48.47	74.36	+0.38	5 19 17.92	−2 35 46.99
	297	8.0	5 25 23.51	−20.88	−0.23				5 25 2.39	
	300	8.0	5 26 7.96	−20.88	−0.23	304 43 21.92	85.03	+1.34	5 25 46.83	−6 16 23.29
	309	7.0	5 29 56.66	−20.87	−0.27	306 48 41.82	78.79	+0.87	5 29 35.52	−4 10 57.53
	331	8.0	5 33 31.97	−20.88	−0.29	305 33 15.90	81.50	+1.14	5 33 10.80	−5 6 26.08
	161b₁	8.0	5 35 59.61	−20.87	−0.30	307 5 40.50	78.02	+0.74	5 35 38.44	−3 53 58.37
	342	7.3	5 39 42.73	−20.90	−0.32				5 39 21.51	
	344	6.5	5 41 5.90	−20.88	−0.33	306 41 4.70	79.22	+0.87	5 40 44.70	−4 18 35.06
	κ Orionis	2.6	5 43 8.16	− 0.19	−0.34	301 17 28.50	97.00	+2.50		
	360a	8.0	5 55 1.64	−20.87	−0.40				5 54 40.37	

Datum	Bezeichnung des Sterns	Grösse	Durchgangszeit	Uhrstand + Correction	Refraction auf 1893.0	Mittel der Ablesungen	Refraction	Reduction auf 1893.0	α 1893.0	δ 1893.0
1893 März 5	170b,	8.0	5h 50m 52s.99	−20s.90	−0s.41	307° 18′ 38″.75	77″.55	+0″.04	5h 50m 31s.68	−3° 40′ 39″.40
	371	8.0	6 1 15.42	−20.92	−0.43	303 41 24.62	88.05	+1.72	6 0 54.07	−7 18 23.79
	377	6.8	6 3 58.22	−20.93	−0.45	303 4 39.47	90.75	+1.90	6 3 36.84	−7 55 10.76
	383	7.8	6 6 21.50	−20.93	−0.45	303 19 16.90	89.97	+1.83	6 6 0.12	−7 40 32.36
	391	6.5	6 9 7.85	−20.93	−0.47	303 40 41.30	88.41	+1.69	6 8 46.45	−7 13 0.89
	398	7.2	6 12 56.83	−20.91	−0.49	306 39 9.35	79.55	+0.84	6 12 35.43	−4 20 30.72
	405	8.0	6 17 14.90	−20.92	−0.51	306 17 32.30	80.63	+0.95	6 16 53.47	−4 42 8.98
	409	6.8	6 21 11.13	−20.95	−0.53	303 9 49.25	90.59	+1.85	6 20 49.65	−7 50 0.90
	10 Monoc.	5.0	6 23 1.98	− 0.16	−0.54	306 17 54.47	80.66	+0.91		
	432	7.7	6 36 15.55	−20.95	−0.60	305 23 23.92	83.49	+1.26	6 35 54.00	−5 36 19.89
	438	8.0	6 41 54.40	−20.96	−0.63	304 57 54.97	84.86	+1.34	6 41 32.81	−6 1 49.93
	443	7.5	6 45 1.76	−20.96	−0.64	305 36 14.35	82.91	+1.22	6 44 40.16	−5 23 18.51
	447′	7.3	6 46 53.24	−20.96	−0.65	305 37 58.13	82.84	+1.22	6 46 31.63	−5 21 44.92
	452	8.0	6 49 27.11	−20.97	−0.66	304 44 24.07	85.63	+1.48	6 49 5.48	−6 15 21.52
	19 Monoc.	5.4	6 57 57.73	− 0.15	−0.70	306 54 37.47	79.17	+0.95		
	466	7.9	7 4 39.61	−20.98	−0.73	305 7 24.45	84.68	+1.47	7 4 17.90	−5 52 19.93
	470	7.8	7 6 22.30	−20.99	−0.73	303 28 9.27	90.15	+1.90	7 6 0.58	−7 31 40.44
	242b	8.0	7 33 36.01	−21.06	−0.93	307 24 50.75	78.13	+1.48	7 33 14.02	−3 34 55.93
	528	7.9	7 34 45.14	−21.06	−0.93	306 6 2.53	81.96	+1.75	7 34 23.15	−4 53 48.04
	B.A.C. 2320 O.C.	7.1	7 51 34.21							
	544	5.5	8 6 42.66	−21.08	−0.97	303 32 44.87	90.20	+2.40	8 6 20.61	−7 27 13.36
	551	7.2	8 14 22.98	−21.08	−0.99	303 46 31.00	89.51	+2.47	8 14 0.90	−7 13 20.47
	559	7.8	8 17 55.78	−21.07	−1.01	304 38 46.12	86.07	+2.35	8 17 33.70	−6 21 8.93
	260b	6.0	8 19 37.04	−21.05	−1.02	307 35 32.17	77.85	+1.81	8 19 14.97	−3 24 14.75
	566	7.5	8 22 53.53	−21.08	−1.02	304 7 51.62	88.40	+2.52	8 22 31.43	−6 52 4.85
	574	7.0	8 28 14.16	−21.06	−1.04	306 8 21.41	82.13	+2.24	8 27 52.06	−4 51 29.24
	Br. 1212	6.1	8 30 37.03	− 0.18	−1.04	303 25 9.03	90.98	+2.76		
	578′	9.0	8 32 56.03	−21.07	−1.05				8 32 34.51	
	578	7.5	8 32 58.61	−21.07	−1.05	304 33 48.95	87.08	+2.59	8 32 36.49	−6 26 0.03
	584	4.5	8 38 47.26	−21.08	−1.07	304 9 2.17	88.49	+2.74	8 38 25.11	−6 50 55.07
	587	7.2	8 40 23.63	−21.07	−1.07	304 24 31.32	87.65	+2.74	8 40 1.49	−6 35 23.82
	P. VIII, 167	5.5	8 42 11.74	− 0.14	−1.10	309 29 23.62	72.92	+1.93		
	593	7.1	8 45 38.27	−21.06	−1.10	306 41 42.65	80.63	+2.47	8 45 16.11	−4 18 6.03
	15 Hydrae	6.0	8 46 41.04	− 0.17	−1.09	304 13 21.80	88.52	+2.87		
	596	7.8	8 48 29.37	−21.07	−1.10	305 11 23.85	85.22	+2.75	8 48 7.20	−5 48 29.55
	241a	7.8	8 56 13.22	−21.05	−1.14	308 51 13.52	74.71	+2.35	8 55 51.03	−2 8 28.89
	19 Hydrae	5.9	9 3 50.19	− 0.18	−1.12	302 50 54.47	93.19	+3.34		
	609	6.3	9 7 31.29	−21.07	−1.14	304 19 38.67	88.11	+3.22	9 7 9.08	−6 40 16.70
	θ Hydrae	4.0	9 9 10.08	− 0.11	−1.21	313 45 26.67	62.91	+1.98		
	617	7.5	9 17 26.14	−21.07	−1.17	305 23 33.07	84.70	+3.29	9 17 3.91	−5 36 18.84
	621	8.0	9 19 33.90	−21.07	−1.17	304 54 20.00	87.51	+3.45	9 19 11.66	−6 25 34.30
	624	6.0	9 22 50.94	−21.07	−1.18	305 23 36.90	84.69	+3.40	9 22 28.69	−5 30 14.99
	296b	7.8	9 24 34.33	−21.05	−1.20	308 20 28.02	76.12	+3.01	9 24 12.08	−2 39 15.88
	630	7.0	9 28 8.35	−21.08	−1.17	302 58 6.90	92.72	+3.77	9 27 46.10	−8 1 52.58
	635	8.0	9 30 43.37	−21.08	−1.18	302 53 19.85	93.00	+3.81	9 30 21.11	−8 6 40.24
	254a,	8.0	9 40 43.88	−21.04	−1.24	309 34 32.27	72.83	+3.43	9 40 21.60	−2 25 7.03
	6 Sextantis	6.1	9 46 12.82	− 0.15	−1.23	307 15 14.67	79.12	+3.83		

Datum	Bezeichnung des Sterns	Grösse	Durchgangszeit	Uhrstand + Correction	Reduction auf 1893.0	Mittel der Ablesungen	Refraction	Reduction auf 1893.0	α 1893.0	δ 1893.0
1893 März 4	β Eridani	3.0	5ʰ 2ᵐ 36ˢ.36	− 0ˢ.16	− 0ˢ.12	305° 16′ 9″.05	81″.36	+ 1″.35		
	β Orionis	1	5 9 44.73	− 0.18	− 0.16	302 40 27.37	91.40	+ 2.33		
	ι Orionis	4.0	5 12 45.74	− 0.17	− 0.17	304 2 6.25	80.83	+ 1.85		
	129a	7.8	5 16 24.70	− 20.89	− 0.18	309 20 21.72	71.64	+ 0.15	5ʰ 16ᵐ 3ˢ.62	− 1° 39′ 10″.48
	132a	7.2	5 18 45.92	− 20.89	− 0.19				5 18 24.84	
	133a	6.0	5 19 23.58	− 20.89	− 0.19				5 19 2.50	
	301	7.5	5 26 51.33	− 20.93	− 0.24	303 52 2.25	87.50	+ 1.57	5 26 30.36	− 7 7 43.96
	307	8.0	5 29 36.01	− 20.92	− 0.25	306 16 2.72	79.61	+ 1.00	5 29 14.84	− 4 33 36.40
	323	7.8	5 31 9.76	− 20.92	− 0.26	306 30 1.22	79.43	+ 0.98	5 30 48.58	− 4 29 39.90
	331	8.0	5 33 31.02	− 20.92	− 0.27	305 33 14.80	81.24	+ 1.16	5 33 10.82	− 5 6 25.97
	162b₁	8.0	5 35 59.61	− 20.91	− 0.29	307 5 39.30	77.78	+ 0.77	5 35 38.41	− 3 53 58.38
	349	6.5	5 43 37.19	− 20.92	− 0.33	306 52 10.57	78.47	+ 0.83	5 43 15.94	− 4 7 27.49
	359	7.8	5 50 47.26	− 20.95	− 0.36	303 18 27.92	89.57	+ 1.90	5 50 25.95	− 7 41 20.02
	Lal. 11387	5.4	5 55 3.48	− 0.15	− 0.38	307 54 52.05	75.05	+ 0.40		
	170b₁	8.0	5 56 52.96	− 20.92	− 0.39	307 18 37.97	77.33	+ 0.66	5 56 31.65	− 3 40 59.23
	373	6.0	6 1 41.73	− 20.93	− 0.42	306 48 38.50	78.77	+ 0.83	6 1 20.39	− 4 10 59.80
	380	6.3	6 4 42.63	− 20.94	− 0.43	305 18 6.27	83.26	+ 1.27	6 4 21.26	− 5 41 36.20
	5 Monoc.	4.6	6 9 59.60	− 0.17	− 0.46	304 45 12.65	85.00	+ 1.45		
	399	7.0	6 13 17.62	− 20.95	− 0.48	304 18 35.32	86.44	+ 1.57	6 12 56.20	− 6 41 9.79
	405	8.0	6 17 14.88	− 20.94	− 0.50				6 16 53.45	
	10 Monoc.	5.0	6 23 1.99	− 0.16	− 0.53	306 17 53.87	80.39	+ 0.95		
	β Librae	2.0	15 11 36.63	− 0.18	− 0.55	302 0 38.67	96.19	+ 11.49		
	343a	7.7	15 12 31.05	− 21.11	− 0.58	310 23 52.32	70.77	+ 14.10	15 12 10.26	− 0 35 32.76
	347a	7.7	15 19 13.42	− 21.11	− 0.56	310 49 31.02	69.74	+ 14.36	15 18 51.75	− 0 9 53.03
	B.A.C. 5140 O.C.	7.1	15 12 24.35							
	37 Librae	5.0	15 28 41.34	− 0.19	− 0.46	301 18 5.17	98.99	+ 11.58		
	428b	6.0	15 43 42.13	− 21.15	− 0.41	307 30 7.62	78.62	+ 13.82	15 43 20.57	− 3 29 25.33
	450b	7.2	15 44 42.66	− 21.15	− 0.41	307 23 54.47	78.91	+ 13.80	15 44 21.10	− 3 35 39.94
	362a	8.0	15 57 47.59	− 21.14	− 0.35	309 38 18.70	72.86	+ 14.76	15 57 26.10	− 1 21 8.25
	460b	7.5	16 1 45.61	− 21.16	− 0.32	307 24 11.25	78.90	+ 14.09	16 1 24.13	− 3 35 21.72
	364a	7.8	16 4 47.89	− 21.15	− 0.31	309 39 25.93	72.80	+ 14.87	16 4 26.43	− 1 20 0.16
	464b	6.5	16 7 40.25	− 21.17	− 0.29	307 2 50.92	79.91	+ 14.00	16 7 18.79	− 3 56 43.55
	370a	7.2	16 11 9.61	− 21.15	− 0.29	309 36 29.35	72.90	+ 14.95	16 10 48.17	− 1 22 56.78
	ε Ophiuchi	3.3	16 13 0.97	− 0.15	− 0.26	306 33 43.57	81.31	+ 14.01		
	λ Ophiuchi	3.7	16 25 52.31	− 0.11	− 0.19	313 12 22.62	64.73	+ 15.47		
	12 Ophiuchi	5.8	16 31 5.51	− 0.14	− 0.17	308 53 42.10	74.74	+ 15.03		
	994₁	6.2	16 32 39.03	− 21.20	− 0.15	304 40 21.97	87.10	+ 13.58	16 32 17.68	− 6 19 20.16
	377a	6.5	16 36 1.72	− 21.17	− 0.15	310 11 51.35	71.36	+ 15.48	16 35 40.41	− 0 47 33.22
	378a	7.5	16 38 32.72	− 21.17	− 0.13	310 24 24.72	70.84	+ 15.57	16 38 11.42	− 0 34 58.43
	381a	8.0	16 40 36.73	− 21.17	− 0.12	310 25 24.52	70.79	+ 15.60	16 40 15.44	− 0 33 59.45
	20 Ophiuchi	5.0	16 44 16.11	− 0.19	− 0.07	300 24 23.00	101.56	+ 12.23		
	1002	7.8	16 48 0.82	− 21.22	− 0.06	303 43 13.42	90.24	+ 13.41	16 47 39.54	− 7 16 31.68
	1005	5.3	16 49 13.72	− 21.21	− 0.06	305 0 59.15	86.18	+ 13.86	16 48 52.45	− 5 58 41.93
	1008₁	8.0	16 54 5.38	− 21.23	− 0.03	303 12 10.95	92.01	+ 13.12	16 53 44.13	− 7 47 35.94
	1012	7.2	16 56 11.03	− 21.22	− 0.02	304 24 57.30	87.91	+ 13.72	16 55 49.79	− 6 34 45.09
	1013	7.2	16 57 34.90	− 21.22	− 0.02	304 47 46.02	86.68	+ 13.87	16 57 13.67	− 6 11 55.72

Datum	Bezeichnung des Sterns	Grösse	Durchgangszeit	Uhrstand + Correction	Reduction auf 1893.0	Mittel der Ablesungen	Refraction	Reduction auf 1893.0	α 1893.0	δ 1893.0
1893 März 6	β Librae	7.0	15ʰ 11ᵐ 36ˢ.03	+ 0ˢ.15	−0ˢ.60	57° 58′ 21″.01	96″.08	−11″.67		
	438b	8.0	15 13 23.90	−20.51	−0.63	51 23 54.15	75.37	−13.73	15ʰ 13ᵐ 4ˢ.76	−2° 24′ 27″.23
	8 Serpentis	6.4	15 18 33.78	+ 0.19	−0.63	49 37 57.20	72.44	−14.27		
	348a	7.5	15 20 33.09	−20.51	−0.60	49 52 7.10	71.39	−14.34	15 20 13.99	−0 52 34.89
	936	7.8	15 23 38.23	−20.53	−0.56	54 53 10.35	85.52	−12.87	15 23 17.14	−5 53 54.16
	350a	6.0	15 27 48.15	−20.51	−0.56	49 48 51.57	71.16	−14.50	15 27 27.08	−0 49 19.76
	943	8.0	15 31 6.87	−20.53	−0.52	54 28 18.97	84.26	−13.12	15 30 45.81	−5 29 0.83
	916	8.0	15 32 42.34	−20.54	−0.51	56 18 31.68	90.22	−12.57	15 32 21.29	−7 19 20.23
	353a	5.5	15 40 54.49	−20.51	−0.50	50 27 37.00	72.99	−14.57	15 40 33.49	−1 28 6.61
	355a	7.8	15 44 0.26	−20.51	−0.48	50 38 64.50	73.64	−14.56	15 43 39.27	−1 39 34.72
	431b	5.6	15 46 2.16	−20.52	−0.46	51 45 23.72	76.47	−14.24	15 45 41.18	−2 45 56.94
	433b	7.5	15 48 9.28	−20.52	−0.45	51 41 60.12	76.33	−14.29	15 47 48.31	−2 42 33.69
	900	7.8	15 51 50.36	−20.53	−0.42	54 4 37.82	83.19	−13.60	15 51 29.40	−5 5 13.18
	962	6.3	15 54 18.03	−20.54	−0.40	55 59 0.67	89.30	−13.03	15 53 57.09	−6 59 47.78
	455b	7.0	15 56 25.92	−20.52	−0.41	52 27 13.30	78.47	−14.19	15 56 4.99	−3 27 48.51
	363a	7.9	15 59 32.27	−20.51	−0.40	49 52 27.60	71.56	−15.08	15 59 11.36	−0 51 55.15
	460b	7.5	16 1 45.04	−20.52	−0.38	52 34 43.90	78.86	−14.24	16 1 24.14	−3 35 19.81
	364a	7.8	16 4 47.34	−20.51	−0.37	50 19 29.77	72.79	−15.02	16 4 26.45	−1 19 58.53
	366a	7.5	16 8 2.71	−20.50	−0.36	49 14 14.77	70.06	−15.41	16 7 41.85	−0 14 40.32
	369a	7.5	16 9 52.78	−20.51	−0.34	50 29 46.22	73.26	−15.04	16 9 31.93	−1 30 15.67
	ε Ophiuchi	3.3	16 13 0.43	+ 0.17	−0.32	53 25 13.02	81.37	−14.14		
	372a	7.0	16 17 56.28	−20.50	−0.31	49 35 50.25	71.02	−15.45	16 17 35.47	−0 36 16.73
	ζ Ophiuchi	3.7	16 25 51.73	+ 0.21	−0.27	46 46 33.65	64.36	−15.95		
	12 Ophiuchi	5.8	16 31 4.92	+ 0.18	−0.23	51 5 14.65	74.90	−15.17		
	991	6.2	16 32 38.45	−20.54	−0.21	55 18 34.10	87.30	−13.72	16 32 17.70	−6 19 18.89
	480b	7.0	16 35 53.76	−20.52	−0.20	51 37 36.60	76.37	−15.00	16 35 33.04	−2 38 9.33
	378a	7.5	16 38 32.07	−20.51	−0.19	49 34 30.92	71.01	−15.71	16 38 11.37	−0 34 57.32
	20 Ophiuchi	5.0	16 44 15.35	+ 0.14	−0.14	59 34 54.62	102.84	−12.37		
	488b	7.0	16 46 52.89	−20.51	−0.14	51 36 31.17	76.34	−15.12	16 46 32.24	−2 37 3.24
	1004	7.3	16 48 50.01	−20.52	−0.13	53 8 61.82	80.69	−14.61	16 48 29.35	−4 9 39.23
	491b	7.0	16 52 23.17	−20.52	−0.11	51 50 23.17	76.98	−15.08	16 52 2.54	−2 50 56.33
	1009	7.8	16 54 34.74	−20.54	−0.09	56 21 13.45	90.83	−13.56	16 54 14.10	−7 22 11.84
	1013	7.2	16 57 34.43	−20.53	−0.08	55 11 10.55	86.95	−13.93	16 57 13.83	−6 11 54.87
	ε Urs. min. O.C.	4.3	16 57 14.65							
	388a	8.0	17 5 0.32	−20.50	−0.05	49 37 2.25	71.16	−15.92	17 4 39.76	−0 37 28.57
	497b	7.2	17 9 4.94	−20.52	−0.02	53 1 34.27	80.36	−14.81	17 8 44.40	−4 2 10.90
	1022	5.8	17 11 19.26	−20.53	0.00	55 6 48.13	86.74	−14.11	17 10 58.73	−6 7 31.82
	499b	6.1	17 13 36.13	−20.51	0.00	51 41 9.45	76.59	−15.30	17 13 15.62	−2 41 42.10
	27 H. Ophiuchi	4.5	17 21 17.66	+ 0.17	+0.04	53 58 49.45	83.22	−14.57		
1893 März 8	198	6.0	5 25 30.81	−20.13	−0.17	56 30 16.95	87.71	− 2.01	5 25 10.51	−7 31 5.59
	309	7.0	5 29 55.74	−20.11	−0.19	53 10 15.27	77.56	− 0.96	5 29 35.44	−4 10 54.59
	332	6.5	5 33 45.90	−20.12	−0.21	55 37 22.22	84.88	− 1.71	5 33 25.57	−6 38 8.09
	339	8.0	5 39 5.79	−20.12	−0.23	53 35 45.87	78.80	− 1.06	5 38 45.44	−4 36 29.81
	κ Orionis	2.6	5 43 1.23	+ 0.15	−0.26	58 41 33.75	95.44	− 2.59		

Datum	Bezeichnung des Sterns	Grösse	Durchgangszeit	Uhrstand + Correction	Reduction auf 1893.0	Mittel der Ablesungen	Refraction	Reduction auf 1893.0	α 1893.0	δ 1893.0
1893 März 8	359	7.8	5h 50m 46s.30	−20s.13	−0s.30	56° 40′ 30″.87	88″.35	−2″.00	5h 50m 25s.87	−7° 41′ 19″.76
	160a	8.0	5 55 0.77	−20.09	−0.32	49 30 1.00	68.10	+0.26	5 54 40.36	−0 30 30.26
	370	7.0	6 1 8.45	−20.12	−0.36	54 51 30.42	82.59	−1.44	6 0 47.97	−5 52 14.48
	376	7.0	6 3 56.69	−20.13	−0.37	55 47 33.55	83.52	−1.70	6 3 36.19	−6 48 19.58
	381	6.3	6 6 9.85	−20.13	−0.39	55 43 8.05	83.29	−1.69	6 5 49.34	−6 43 54.28
	5 Monoc.	4.6	6 9 58.70	+ 0.16	−0.41	55 13 47.72	83.77	−1.57		
	398	7.2	6 12 35.97	−20.11	−0.42	53 19 50.95	78.15	−0.99	6 12 15.44	−4 20 30.71
	403	7.3	6 15 33.38	−20.12	−0.44	53 32 8.42	78.74	−1.06	6 15 12.82	−4 32 48.48
	10 Monoc.	5.0	6 23 1.17	+ 0.17	−0.46	53 41 5.02	79.20	−1.14		
1893 März 9	480	7.8	7 13 48.24	−20.03	−0.68	56 22 9.75	87.55	−2.25	7 13 27.53	−7 23 13.14
	484	7.5	7 15 56.03	−20.02	−0.70	54 55 12.28	82.95	−1.88	7 15 35.31	−5 56 11.57
	489	7.5	7 21 34.91	−20.03	−0.72	56 8 36.80	86.81	−2.27	7 21 14.17	−7 0 38.74
	491	7.9	7 23 30.82	−20.02	−0.73	55 55 25.37	86.10	−2.23	7 23 10.07	−6 56 27.47
	493,	8.0	7 25 52.57	−20.02	−0.74	55 28 40.15	84.67	−2.13	7 25 31.81	−6 29 40.27
	499	7.3	7 28 39.64	−20.02	−0.75	54 58 49.87	83.13	−2.04	7 28 18.87	−5 59 48.58
	225b	7.4	7 31 2.34	−20.00	−0.77	51 54 16.87	74.34	−1.25	7 30 41.56	−2 55 7.98
	23 Monoc.	5.3	7 32 18.26	+ 0.18	−0.78	52 51 26.12	76.93	−1.50		
	507	7.8	7 34 55.30	−20.02	−0.78	54 58 58.92	83.13	−2.11	7 34 34.50	−5 59 57.84
	26 Monoc.	4.3	7 36 28.92	+ 0.15	−0.78	58 16 57.90	94.18	−2.95		
	511,	8.0	7 39 23.05	−20.01	−0.80	53 47 21.35	79.57	−1.79	7 39 2.23	−4 48 16.03
	514	7.7	7 40 59.72	−20.03	−0.80	56 15 5.45	87.15	−2.50	7 40 38.89	−7 16 8.49
	236b	7.8	7 47 32.38	−20.00	−0.85	51 19 57.97	72.82	−1.34	7 47 11.53	−2 20 47.34
	B.A.C. 2320 O.C.	7.1	7 51 11.02							
	27 Monoc.	5.4	7 54 44.31	+ 0.18	−0.87	52 22 24.92	75.55	−1.74		
	218a	7.8	8 1 23.23	−20.00	−0.91	51 4 24.87	72.09	−1.55	8 1 2.32	−2 5 13.46
	543	7.5	8 6 38.62	−20.02	−0.91	54 41 1.37	82.12	−2.48	8 6 17.69	−5 41 58.90
	260b	6.0	8 19 35.91	−20.01	−0.97	52 23 25.21	75.50	−2.19	8 19 14.93	−3 24 16.00
	Br. 1197	3.6	8 20 59.74	+ 0.18	−0.97	52 32 36.17	75.91	−2.23		
	264b	7.0	8 22 41.18	−20.01	−0.98	53 2 47.37	77.29	−2.39	8 22 20.19	−4 3 40.31
1893 März 10	133a	6.0	5 19 22.43	−19.90	−0.09	49 59 1.92	69.21	+0.01	5 19 2.44	−0 59 40.61
	148b	7.5	5 21 56.36	−19.91	−0.11				5 21 36.33	
	139a	5.5	5 24 37.98	−19.90	−0.12	50 9 57.42	69.67	−0.03	5 24 17.96	−1 10 36.84
	153b	7.1	5 26 42.97	−19.92	−0.13	52 17 4.97	75.14	−0.70	5 26 22.92	−3 17 48.81
	154b	7.5	5 28 37.72	−19.92	−0.14	52 31 34.65	75.80	−0.77	5 28 17.66	−3 32 19.17
	320	7.8	5 30 31.22	−19.93	−0.15	54 28 25.47	81.37	−1.38	5 30 11.14	−5 29 14.93
	332	6.5	5 33 45.71	−19.94	−0.17	55 37 16.62	84.92	−1.73	5 33 25.60	−6 38 9.52
	163b	8.0	5 36 36.66	−19.92	−0.18				5 36 16.56	
	339,	8.0	5 39 5.56	−19.92	−0.20	53 35 39.10	78.82	−1.09	5 38 45.43	−4 36 26.38
	α Orionis	1.6	5 43 1.06	+ 0.13	−0.23	58 41 27.27	95.48	−2.01		
	157a	7.8	5 44 35.08	−19.87	−0.23	49 22 26.10	67.80	+0.26	5 44 14.96	−0 23 4.06
	359	7.8	5 50 46.07	−19.95	−0.26	56 40 23.95	88.39	−2.03	5 50 25.86	−7 41 19.89
	Lal. 11382	5.4	5 55 2.38	+ 0.17	−0.28	52 4 0.30	74.65	−0.62		
	171b	8.0	5 57 38.19	−19.91	−0.30	51 49 36.60	74.02	−0.53	5 57 17.98	−2 50 20.05
	371	8.0	6 1 14.35	−19.94	−0.31	56 17 28.60	87.19	−1.91	6 0 54.09	−7 18 23.41

Datum	Bezeichnung des Sterns	Grösse	Durchgangszeit	Uhrstand + Correction	Reduction auf 1893.0	Mittel der Ablesungen	Refraction	Reduction auf 1893.0	α 1893.0	δ 1893.0
1893 März 10	375	8.0	6h 3m 47.94s	−19.93s	−0.33s	54° 18' 3".27	81".00	−1".30	6h 3m 27.68s	−5° 18' 52".76
	385	8.0	6 6 41.66	−19.94	−0.34	55 55 57.92	86.07	−1.82	6 6 21.38	−6 36 51.94
	3 Monoc.	4.6	6 9 58.47	+ 0.15	−0.36	55 13 40.48	83.86	−1.62		
	399	7.0	6 13 16.46	−19.94	−0.38	55 40 15.75	85.26	−1.75	6 12 56.14	−6 41 8.84
	169a	8.0	6 16 14.83	−19.90	−0.40	50 9 38.22	69.87	−0.06	6 15 54.54	−1 10 17.79
	183b	7.8	6 18 6.37	−19.92	−0.40	52 26 60.20	75.83	−0.78	6 17 46.05	−3 27 44.69
	185b	7.2	6 20 48.39	−19.92	−0.42	52 48 57.05	76.86	−0.91	6 20 28.05	−3 49 48.79
	10 Monoc.	5.0	6 23 0.92	+ 0.16	−0.43	53 40 57.50	79.32	−1.19		
	418	7.8	6 25 25.46	−19.94	−0.44	55 20 36.25	84.33	−1.69	6 25 5.09	−6 21 28.75
	423	8.0	6 28 50.51	−19.94	−0.45	56 6 25.37	86.79	−1.93	6 28 30.12	−7 7 19.96
	428	8.0	6 35 12.78	−19.93	−0.49	54 10 14.00	80.84	−1.39	6 34 52.36	−5 11 32.82
	433	7.2	6 36 31.75	−19.94	−0.49	56 3 10.85	86.66	−1.95	6 36 11.31	−7 4 4.92
	450,	6.4	6 49 14.46	−19.93	−0.56	54 42 20.00	82.50	−1.64	6 48 53.97	−5 43 10.74
	19 Monoc.	5.4	6 57 56.57	+ 0.17	−0.60	53 4 16.80	77.72	−1.32		
	341a	7.0	15 8 49.91	−20.20	−0.76	49 55 36.57	71.07	−14.35	15 8 28.95	−0 56 12.72
	920	7.5	15 10 44.06	−20.22	−0.73				15 10 23.70	
	344a	7.3	15 13 45.77	−20.20	−0.74	50 12 32.20	71.74	−14.38	15 13 24.83	−1 12 8.28
	8 Serpentis	6.4	15 18 33.61	+ 0.19	−0.72	49 37 49.82	70.33	−14.64		
	931	7.7	15 19 47.85	−20.23	−0.69	54 31 36.50	83.86	−13.23	15 19 26.92	−5 32 26.05
	935	7.9	15 23 3.80	−20.23	−0.67	54 37 3.02	84.15	−13.26	15 22 42.90	−5 37 52.77
	37 Librae	5.0	15 28 40.06	+ 0.13	−0.63	58 40 46.76	98.16	−12.15		
	943	8.0	15 31 6.72	−20.24	−0.64	54 28 24.17	83.72	−13.44	15 30 45.83	−5 29 2.84
	946	8.0	15 32 42.22	−20.25	−0.62	56 18 26.58	89.65	−12.89	15 32 21.35	−7 19 21.92
	952	7.7	15 41 50.24	−20.26	−0.57	57 6 14.10	92.44	−12.78	15 41 29.41	−8 7 12.20
	354a	7.5	15 43 43.29	−20.21	−0.60	49 39 47.10	70.50	−15.12	15 43 22.49	−0 40 21.19
	451b	5.6	15 46 1.96	−20.22	−0.58	51 45 18.22	75.95	−14.52	15 45 41.16	−2 45 58.39
	357a	8.0	15 47 25.22	−20.21	−0.58	49 42 1.32	70.61	−15.18	15 47 4.43	−0 42 35.73
	900	7.8	15 51 50.17	−20.24	−0.54	54 4 27.47	82.63	−13.89	15 51 29.39	−5 5 14.63
	454b	7.9	15 53 40.19	−20.22	−0.54	51 45 25.16	76.00	−14.65	15 53 19.43	−2 46 4.92
	360a	7.2	15 56 57.16	−20.21	−0.53	49 30 43.30	70.19	−15.39	15 56 36.42	−0 31 16.85
	363a	7.9	15 59 32.05	−20.21	−0.52	49 51 22.82	71.06	−15.33	15 59 11.33	−0 51 56.98
	461b	8.0	16 1 50.76	−20.24	−0.49	52 59 43.22	79.50	−14.38	16 1 30.03	−4 0 27.28
	364a	7.8	16 4 47.17	−20.22	−0.49	50 19 22.32	72.27	−15.27	16 4 26.46	−1 19 58.27
	365a	7.2	16 7 34.01	−20.22	−0.47	50 26 12.20	72.57	−15.27	16 7 13.32	−1 26 47.24
	369a	7.5	16 9 52.60	−20.22	−0.46	50 29 39.12	72.74	−15.30	16 9 31.92	−1 30 15.56
	983	8.0	16 13 41.50	−20.26	−0.42	56 2 36.12	89.01	−13.54	16 13 20.82	−7 3 29.31
	373a	8.0	16 18 0.63	−20.22	−0.42	49 26 31.45	70.12	−15.73	16 17 39.99	−0 27 4.57
	λ Ophiuchi	3.7	16 25 51.55	+ 0.21	−0.39	46 46 26.87	63.91	−16.16		
	12 Ophiuchi	5.8	16 31 4.76	+ 0.18	−0.35	51 5 7.80	74.39	−15.40		
	994,	6.2	16 32 38.23	−20.26	−0.33	55 18 27.41	86.71	−13.97	16 32 17.64	−6 19 19.03
	376a	7.5	16 34 3.26	−20.23	−0.33	50 32 10.72	72.97	−15.56	16 33 42.70	−1 32 47.08
	14 Ophiuchi	6.0	16 36 37.85	+ 0.20	−0.33	47 36 21.70	65.83	−15.63		
	483b	8.0	16 38 42.42	−20.24	−0.31	51 25 7.75	75.32	−15.32	16 38 21.88	−2 25 46.68
	20 Ophiuchi	5.0	16 44 15.39	+ 0.12	−0.26	39 34 27.87	102.20	−11.62		
	489b	8.0	16 47 2.29	−20.25	−0.26	52 46 27.45	79.12	−14.95	16 46 41.78	−3 47 10.35

Datum	Bezeichnung des Sterns	Grösse	Durchgangszeit	Uhrstand + Correction	Reduction auf 1893.0	Mittel der Ablesungen	Refraction	Reduction auf 1893.0	α 1893.0	δ 1893.0
1893 März 10	490b	7.3	16h 40m 8s.80	−20s.25	−0s.25	52° 58′ 37″.55	70″.70	−14″.90	16h 38m 48s.30	−3° 59′ 21″.23
	1008₁	8.0	16 54 4.00	−20.28	−0.21	56 40 39.16	91.75	−13.64	16 53 44.17	−7 47 35.67
	1011	7.3	16 55 48.37	−20.27	−0.21	55 51 17.47	88.65	−13.97	16 55 27.89	−6 52 10.90
	1013	7.2	16 57 34.23	−20.27	−0.20	55 11 4.66	86.40	−14.21	16 57 13.70	−6 11 55.77
	386a	6.3	17 1 40.38	−20.24	−0.19	50 30 0.12	73.01	−15.82	17 1 19.95	−1 30 21.76
	1022	5.8	17 11 19.11	−20.27	−0.13	55 0 41.27	86.26	−14.31	17 10 58.71	−6 7 31.80
	391a	8.0	17 13 4.76	−20.23	−0.13	49 38 23.07	70.85	−16.16	17 12 44.40	−0 38 56.49
	391b	6.7	17 20 44.85	−20.24	−0.08	50 31 52.62	73.11	−15.89	17 20 24.53	−1 33 28.22
	27 H. Ophiuchi	4.5	17 21 17.57	+ 0.16	−0.08	53 58 43.10	82.70	−14.76		
	1035	6.6	17 24 24.41	−20.27	−0.06	54 49 4.73	85.28	−14.47	17 24 4.08	−5 49 54.27
	1041	6.8	17 30 18.77	−20.27	−0.03				17 29 58.48	
	β Ophiuchi	4.6	17 31 21.96	+ 0.14	−0.02	57 2 13.15	92.63	−13.73		
1893 März 11	151b	6.8	5 23 56.28	−19.76	−0.10	52 21 54.77	76.53	− 0.74	5 23 36.42	−3 23 41.81
	153b	7.2	5 26 42.79	−19.77	−0.11	52 17 3.15	76.27	− 0.71	5 26 22.91	−3 17 49.63
	300	7.0	5 29 55.39	− 19.77	−0.13	53 10 8.15	78.74	− 0.98	5 29 35.49	−4 10 56.79
	326	6.4	5 31 41.86	−19.78	−0.14	55 7 2.15	84.56	− 1.58	5 31 21.94	−6 7 56.46
	332	7.8	5 34 6.56	−19.78	−0.16	54 15 30.02	81.87	− 1.31	5 33 46.62	−5 15 21.75
	342	7.3	5 39 41.46	−19.78	−0.19	55 53 44.75	87.07	− 1.80	5 39 21.49	−6 54 40.72
	α Orionis	1.6	5 43 0.96	+ 0.17	−0.21	58 41 25.10	96.90	− 2.62		
	157a	7.8	5 44 34.92	−19.77	−0.21	49 22 24.87	68.81	+ 0.26	5 44 14.94	−0 23 5.29
	Lal. 11382	5.4	5 55 2.20	+ 0.19	−0.27	52 3 59.10	75.78	− 0.89		
	170b₁	8.0	5 56 51.79	−19.78	−0.28	52 39 10.35	77.40	− 0.80	5 56 31.73	−3 39 58.25
	371	8.0	6 1 14.18	−19.79	−0.30	56 17 26.32	88.51	− 1.94	6 0 54.09	−7 18 23.65
	376	7.0	6 3 56.31	−19.79	−0.31	55 47 24.00	86.88	− 1.78	6 3 36.21	−6 48 19.98
	382	7.0	6 6 11.81	−19.80	−0.32	56 14 46.27	88.39	− 1.94	6 5 51.69	−7 15 43.71
	390	8.0	6 9 4.89	−19.80	−0.34	55 46 40.87	86.88	− 1.79	6 8 44.56	−6 47 36.94
	397	8.0	6 12 20.01	−19.79	−0.36	54 17 27.65	82.24	− 1.35	6 11 59.86	−5 18 19.39
	401	5.5	6 14 53.72	−19.80	−0.37	56 45 42.40	90.19	− 2.11	6 14 33.55	−7 46 41.51
	405	8.0	6 17 13.71	−19.79	−0.38	53 41 18.47	80.48	− 1.18	6 16 53.54	−4 42 8.65
	409	6.8	6 21 9.81	−19.80	−0.40	56 49 2.82	90.43	− 2.13	6 20 49.61	−7 50 1.86
	10 Monoc.	5.0	6 23 0.76	+ 0.18	−0.41	53 40 56.37	80.51	− 1.22		
	188b	7.5	6 25 25.63	−19.79	−0.43	51 50 12.92	75.60	− 0.68	6 25 5.41	−2 50 58.90
	426	7.3	6 30 20.36	−19.80	−0.45	53 41 26.25	80.57	− 1.25	6 30 0.11	−4 42 16.49
	431	7.1	6 36 12.07	−19.81	−0.47	56 27 24.45	89.30	− 2.10	6 35 51.79	−7 28 22.64
	18 Monoc.	5.0	6 42 37.13	+ 0.20	−0.53	46 27 40.95	62.41	+ 0.84		
	443	7.5	6 45 0.41	−19.81	−0.52	54 22 34.95	82.70	− 1.55	6 44 40.08	−5 23 26.93
	447	7.2	6 47 17.34	−19.81	−0.53	54 30 9.72	83.10	− 1.60	6 46 57.00	−5 31 2.18
	204b	7.8	6 50 6.16	−19.80	−0.55	51 20 0.15	74.12	− 0.68	6 49 45.80	−2 20 44.42
	455	8.0	6 53 26.61	−19.81	−0.56	53 21 2.85	79.75	− 1.32	6 53 6.24	−4 22 52.16
	19 Monoc.	5.4	6 57 56.49	+ 0.18	−0.59	53 1 14.47	78.93	− 1.28		
	462	5.8	6 59 9.46	−19.82	−0.50	54 9 5.65	82.10	− 1.60	6 58 49.08	−5 9 57.49
	465	7.8	7 2 59.39	−19.82	−0.61	53 29 47.25	80.18	− 1.45	7 2 39.16	−4 30 36.78
	469′	8.5	7 5 41.30	−19.82	−0.62	53 31 40.70	80.29	− 0.80	7 5 20.86	−4 32 30.05
	474	7.8	7 10 8.98	−19.83	−0.64	56 28 43.50	89.57	− 2.35	7 9 48.51	−7 29 41.57
	479₁	6.3	7 12 39.16	−19.82	−0.65	55 28 25.30	86.27	− 2.10	7 12 18.69	−6 29 20.35
	483₁	8.0	7 15 37.18	−19.83	−0.66	55 23 17.42	86.02	− 2.10	7 15 16.69	−6 24 12.11
	220b	6.5	7 17 17.01	−19.82	−0.68	52 45 48.32	75.39	− 1.11	7 16 56.51	−2 46 33.83

Datum	Bezeichnung des Sterns	Grösse	Durchgangszeit	Uhrstand + Correction	Reduction auf 1893.0	Mittel der Ablesungen	Refraction	Reduction auf 1893.0	α 1893.0	δ 1893.0
1893 März 11	489	7.5	7h 21m 34s.77	−19s.83	−0s.69	56° 8′ 40″.75	88″.51	−2″.37	7h 21m 14s.25	−7° 9′ 37″.69
	493₁	8.0	7 25 52.33	−19.83	−0.71	55 28 43.85	80.37	−2.24	7 25 31.79	−6 29 39.06
	497	7.3	7 28 39.43	−19.83	−0.72	54 58 54.12	84.80	−2.14	7 28 18.88	−5 59 47.72
	501	6.3	7 31 27.07	−19.84	−0.73	57 3 27.55	91.68	−2.71	7 31 6.50	−8 4 27.42
	504	7.1	7 33 11.81	−19.84	−0.74	56 52 5.30	91.04	−2.68	7 32 51.23	−7 53 4.72
	508	6.3	7 35 45.62	−19.84	−0.75	56 55 24.82	91.23	−2.72	7 35 25.03	−7 56 14.16
	510	7.1	7 38 34.27	−19.83	−0.77	53 24 45.45	80.12	−1.86	7 38 13.67	−4 25 34.67
	514	7.7	7 40 59.58	−19.84	−0.77	50 15 9.47	88.99	−2.62	7 40 38.97	−7 10 0.80
	517	7.8	7 53 29.70	−19.84	−0.83	55 0 4.45	85.30	−2.47	7 53 9.03	−6 6 58.21
	519	7.0	7 55 31.23	−19.84	−0.85	53 34 23.62	80.00	−2.14	7 55 10.55	−4 35 12.92
	B.A.C. 2320 O.C.	7.1	7 54 15.30							
	259b	8.0	8 17 57.20	−19.85	−0.94	52 53 12.57	78.74	−2.38	8 17 36.41	−3 53 59.78
	260b	6.0	8 19 35.71	−19.85	−0.95	52 23 29.07	77.35	−2.31	8 19 14.92	−3 24 14.99
	Br. 1212	6.1	8 30 35.74	+ 0.17	−0.97	56 35 50.87	90.31	−3.41		
	P. VIII, 167	5.3	8 42 10.47	+ 0.19	−1.04	50 29 36.77	72.30	−2.39		
1893 März 17	474	7.8	7 10 8.54	−19.66	−0.54	56 28 37.20	88.95	−2.56	7 9 48.34	−7 29 42.17
	477	7.9	7 12 7.11	−19.65	−0.56	55 1 52.60	84.28	−2.18	7 11 46.90	−6 2 53.23
	481	7.8	7 14 59.12	−19.64	−0.58	53 22 12.72	79.30	−1.73	7 14 38.90	−4 23 8.84
	P. VII, 85	6.0	7 17 14.33	+ 0.13	−0.57	57 45 29.00	93.40	−3.01		
	490	7.8	7 21 51.05	−19.65	−0.60	54 38 21.22	83.08	−2.18	7 21 30.80	−5 39 20.26
	491	7.9	7 23 30.26	−19.66	−0.61	55 55 22.82	87.14	−2.57	7 23 10.00	−6 56 25.49
	493₁	8.0	7 25 52.00	−19.65	−0.62	55 28 36.78	85.71	−2.47	7 25 31.73	−6 29 38.63
	499	7.3	7 28 39.10	−19.65	−0.64	54 58 47.55	84.10	−2.36	7 28 18.81	−5 59 47.59
	225b	7.4	7 31 1.79	−19.63	−0.66	51 54 24.81	75.24	−1.51	7 30 41.51	−2 55 7.09
	503	6.8	7 32 58.72	−19.60	−0.64	55 41 59.37	86.48	−2.62	7 32 38.42	−6 43 1.10
	26 Monoc.	4.3	7 36 18.39	+ 0.13	−0.66	58 16 55.77	95.42	−3.38		
	511₁	8.0	7 39 22.55	−19.64	−0.69	53 47 20.05	80.63	−2.19	7 39 2.22	−4 48 16.61
	516	8.0	7 41 39.78	−19.65	−0.70	55 3 43.87	84.49	−2.59	7 41 19.43	−6 4 44.22
	216b	7.8	7 47 31.80	−19.63	−0.74	51 29 55.35	73.83	−1.64	7 47 11.43	−2 20 46.08
	224a	5.3	7 56 7.06	−19.62	−0.79	50 4 57.18	70.64	−1.47	7 55 46.65	−1 5 44.66
	B.A.C. 2320 U.C.	7.1	7 50 57.27							
	561₁	6.5	8 19 37.14	−19.64	−0.87	53 21 14.66	79.46	−1.81	8 19 16.63	−4 22 10.05
	Br. 1197	3.6	8 20 39.34	+ 0.17	−0.88	52 32 34.52	77.27	−2.61		
1893 März 18	Br. 1212	6.1	8 30 35.62	+ 0.14	−0.89	56 35 45.62	90.73	−3.85		
	587₁	8.0	8 41 12.60	−19.85	−0.93	56 10 37.30	89.35	−3.97	8 40 51.82	−7 11 41.04
	15 Hydrae	6.0	8 46 39.71	+ 0.14	−0.96	55 45 52.75	87.98	−4.00		
	76 Drac. U.C.	6.0	8 50 34.15							
	19 Hydrae	5.9	9 3 48.86	+ 0.13	−1.01	57 8 18.35	92.75	−4.04		
	θ Hydrae	4.0	9 8 8.74	+ 0.22	−1.11	46 13 24.95	62.64	−2.53		
	248a₁	8.0	9 17 25.46	−19.82	−1.11	49 30 24.35	70.56	−4.58	9 17 4.53	−0 37 8.35
	248a₁₁	8.0	9 20 11.95	−19.83	−1.11	49 22 49.47	69.97	−4.15	9 19 51.01	−0 22 33.33
	624	6.0	9 22 49.70	−19.87	−1.09	54 35 15.70	84.42	−3.59	9 22 28.74	−5 36 13.66
	295b	6.5	9 24 31.00	−19.85	−1.11	52 45 44.95	79.00	−3.29	9 24 10.04	−3 46 38.01

Datum	Bezeichnung des Sterns	Grösse	Durchgangszeit	Uhrstand + Correction	Reduction auf 1893.0	Mittel der Ablesungen	Refraction	Reduction auf 1893.0	α 1893.0	δ 1893.0
1893 März 18	300b	7.8	9h 27m 8s.85	−19s.85	−1s.12	52° 1′ 43″.07	76″.96	−4″.21	9h 26m 47s.88	−3° 1′ 35″.90
	634	7.7	9 30 6.94	−19.87	−1.12	53 52 30.57	82.29	−4.65	9 29 45.95	−4 53 26.59
	254a₁	8.0	9 40 42.59	−19.85	−1.18	50 24 19.17	72.70	−4.32	9 40 21.55	−1 25 5.87
	256a	7.5	9 46 13.30	−19.85	−1.19	50 20 29.92	72.57	−4.48	9 45 52.26	−1 21 16.42
	657	6.0	10 5 57.76	−19.91	−1.20				10 5 36.65	
	660	7.8	10 7 0.86	−19.90	−1.21	54 39 36.40	84.94	−5.76	10 6 39.74	−5 40 33.60
	662	8.0	10 8 22.04	−19.91	−1.21	55 26 58.65	87.46	−5.89	10 8 0.92	−6 27 58.84
	22 Sextantis	5.8	10 12 39.95	+ 0.14	−1.21	56 31 1.20	91.07	−6.16		
	674	7.9	10 18 17.12	−19.92	−1.23	56 12 57.32	90.09	−6.24	10 17 55.97	−7 13 58.90
	264a	7.8	10 18 43.53	−19.88	−1.27	50 43 18.42	73.76	−5.59	10 18 22.38	−1 44 5.13
	679	7.2	10 21 17.05	−19.91	−1.24				10 20 55.89	
	679₁	8.0	10 23 13.47	−19.91	−1.25	55 1 48.42	86.22	−6.24	10 22 52.31	−6 2 46.47
	Br. 1462	6.4	10 25 58.53	+ 0.14	−1.25	56 4 17.10	89.66	−6.42		
	686₁	8.0	10 30 13.70	−19.93	−1.27	55 7 0.37	86.58	−6.58	10 35 52.49	−6 7 58.71
	688	7.6	10 36 51.42	−19.93	−1.27	54 59 57.07	86.21	−6.61	10 36 30.22	−6 0 55.32
	ρ¹ Leonis	5.0	10 56 43.40	+ 0.18	−1.34	50 53 44.32	74.30	−6.89		
1893 März 21	5 Monoc.	4.6	6 9 57.36	+ 0.16	−0.17	55 13 33.27	83.79	−1.71		
	179b	5.5	6 14 57.30	−19.00	−0.20	51 53 5.90	74.18	−0.68	6 14 38.10	−2 53 57.74
	8 Monoc.	4.7	6 18 24.97	+ 0.22	−0.24	44 20 33.82	56.98	+1.81		
	412	6.7	6 21 53.92	−19.03	−0.23	56 25 51.22	87.75	−2.15	6 21 34.66	−7 26 55.38
	416	5.5	6 23 56.96	−19.03	−0.24	55 56 50.95	86.19	−2.02	6 23 37.69	−6 57 53.46
	421	5.7	6 27 28.03	−19.02	−0.26	54 46 27.32	82.54	−1.69	6 27 8.74	−5 47 26.49
	425	8.0	6 29 54.32	−19.02	−0.27	53 34 35.97	79.04	−1.33	6 29 35.02	−4 35 30.74
	429	7.7	6 35 17.21	−19.02	−0.30	53 20 55.56	78.41	−1.31	6 34 57.89	−4 21 50.18
	P. VI, 203	6.3	6 35 54.62	+ 0.20	−0.32	48 23 33.82	65.74	+0.27		
	439	8.0	6 43 0.16	−19.02	−0.35	53 7 14.10	77.81	−1.34	6 42 40.79	−4 8 8.79
	443	7.5	6 44 59.43	−19.03	−0.35	54 22 29.02	81.08	−1.37	6 44 40.04	−5 23 27.37
	450	7.8	6 48 17.46	−19.04	−0.36	56 37 3.25	88.57	−2.44	6 47 58.05	−7 38 7.62
	189a	7.9	6 50 48.47	−19.01	−0.39	50 16 6.35	70.72	−0.56	6 50 29.07	−1 16 54.86
	206b₁	8.0	6 53 57.36	−19.03	−0.40	51 51 29.57	74.41	−1.36	6 53 37.93	−2 52 21.32
	209b	7.0	6 57 6.22	−19.03	−0.43	52 35 14.42	76.40	−1.32	6 56 46.77	−3 36 7.49
	210b	8.0	6 58 23.17	−19.02	−0.43	51 51 16.31	74.43	−1.10	6 58 3.72	−2 52 8.42
	466	7.9	7 4 37.34	−19.04	−0.45	54 51 21.82	83.05	−2.11	7 4 17.85	−5 52 21.17
	468	7.7	7 5 42.55	−19.05	−0.45	56 40 43.42	88.91	−2.66	7 5 23.04	−7 41 47.46
	471	7.9	7 7 37.82	−19.05	−0.46	57 0 53.45	90.08	−2.78	7 7 18.30	−8 1 59.51
	215b₁	8.0	7 9 57.73	−19.03	−0.49	51 37 26.92	73.94	−1.18	7 9 38.24	−2 38 18.35
	479₁	6.3	7 12 38.20	−19.05	−0.49	55 28 20.00	85.08	−2.39	7 12 18.66	−6 29 21.19
	483₁	8.0	7 15 36.16	−19.05	−0.51	55 23 11.97	84.85	−2.40	7 15 16.61	−6 24 12.73
	P. VII, 85	6.6	7 17 13.72	+ 0.15	−0.51	57 45 29.66	92.83	−3.13		
	490	7.8	7 21 50.41	−19.05	−0.54	54 38 21.72	82.62	−2.27	7 21 30.83	−5 39 19.96
	491	7.9	7 23 29.68	−19.06	−0.54	55 55 24.21	86.68	−2.68	7 23 10.08	−6 56 26.67
	495	8.0	7 26 22.76	−19.04	−0.57	53 26 20.40	79.14	−1.99	7 26 3.15	−4 27 15.52
	498	7.4	7 28 5.55	−19.05	−0.57	55 37 4.69	85.77	−2.65	7 27 45.93	−6 38 0.37
	501	6.3	7 31 26.08	−19.06	−0.58	57 3 21.57	90.58	−3.11	7 31 6.44	−8 4 27.44
	504	7.1	7 33 10.85	−19.06	−0.59	56 51 59.85	89.96	−3.21	7 32 51.20	−7 53 4.86
	26 Monoc.	4.3	7 36 27.82	+ 0.15	−0.60	58 16 57.91	95.03	−3.54		

Datum	Bezeichnung des Sterns	Grösse	Durchgangszeit	Uhrstand + Correction	Reduction auf 1893.0	Mittel der Ablesungen	Refraction	Reduction auf 1893.0	α 1893.0	δ 1893.0
1893 März 21	509	8.0	7ʰ 36ᵐ 52ˢ.19	−19ˢ.06	−0ˢ.61	55° 53′ 0″.07	86″.75	−2″.86	7ʰ 36ᵐ 32ˢ.52	−6° 54′ 2″.53
	511₁	8.0	7 39 21.95	−19.05	−0.63	53 47 20.38	80.32	−2.31	7 39 2.27	−4 48 16.85
	516	8.0	7 41 39.27	−19.06	−0.64	55 3 44.02	84.19	−2.70	7 41 19.57	−6 4 44.33
	B.A.C. 2320 O.C.	7.2	7 50 58.31							
	211a	7.5	7 52 18.00	−19.03	−0.72	49 20 12.70	68.65	−1.26	7 51 58.25	−0 20 58.40
	213a	8.0	7 54 53.59	−19.04	−0.72	50 29 33.19	71.54	−1.65	7 54 33.83	−1 30 21.01
	532	7.8	7 55 48.01	−19.06	−0.71	53 26 57.15	79.56	−2.51	7 55 28.24	−4 27 52.52
	219a	8.0	8 1 46.09	−19.04	−0.76	50 19 37.38	71.21	−1.74	8 1 26.29	−1 20 24.01
	249b	8.0	8 2 58.97	−19.05	−0.75	52 24 15.52	76.70	−2.36	8 2 39.17	−3 25 8.65
	545	8.0	8 7 11.95	−19.07	−0.76	54 45 29.22	83.60	−3.09	8 6 52.13	−5 46 28.33
	218a	7.5	8 19 25.72	−19.03	−0.81	49 47 2.17	69.00	−2.00	8 19 5.85	−0 47 48.13
	262b	7.5	8 20 47.75	−19.06	−0.83	52 48 49.87	77.02	−2.85	8 20 27.86	−3 40 43.57
	564	7.0	8 22 21.25	−19.08	−0.82	55 2 25.97	84.53	−3.46	8 22 1.35	−6 3 25.29
	Br. 1212	6.1	8 30 34.89	+0.10	−0.85	56 35 45.81	89.62	−4.01		
	587₁	8.0	8 41 11.87	19.09	−0.90	56 10 37.95	88.26	−4.14	8 40 51.88	−7 11 40.55
	13 Hydrae	6.0	8 46 38.89	+0.16	−0.92	55 45 32.07	86.90	−4.15		
	241a₁	8.0	8 56 30.33	−19.06	−1.00	49 8 57.95	68.50	−2.83	8 56 10.27	−0 9 41.77
	19 Hydrae	5.9	9 3 48.14	+0.15	−0.98	57 8 20.35	91.60	−4.83		
	248a₁	8.0	9 17 24.72	−19.07	−1.08	49 36 23.77	69.66	−3.55	9 17 4.57	−0 37 8.70
	258a₁₁	8.0	9 20 11.27	−19.07	−1.09	49 21 29.37	69.07	−3.58	9 19 51.11	−0 22 33.49
	624	6.0	9 22 48.95	−19.10	−1.07	54 35 16.07	83.33	−4.75	9 22 28.79	−5 36 13.22
	294b	7.3	9 24 14.26	−19.08	−1.09	51 41 4.22	75.01	−4.19	9 23 54.09	−2 41 53.37
	299b	7.5	9 26 43.27	−19.09	−1.10	51 53 58.92	75.60	−4.31	9 26 23.08	−2 54 48.44
	631	6.8	9 28 22.31	−19.11	−1.08	55 42 55.05	80.85	−5.12	9 28 2.12	−6 42 54.93
	254a₁	8.0	9 40 41.86	−19.08	−1.16	50 24 19.28	71.70	−4.45	9 40 21.62	−1 25 5.27
	644	6.8	9 46 22.03	−19.11	−1.14	54 40 1.28	83.60	−5.37	9 46 1.78	−5 40 58.09
	660	7.8	10 7 0.04	−19.12	−1.20	54 39 37.29	83.59	−5.94	10 6 39.72	−5 40 33.31
	661	8.0	10 7 50.37	−19.13	−1.19	56 19 28.26	88.93	−6.22	10 7 30.05	−7 20 28.78
	22 Sextantis	5.8	10 12 39.15	+0.10	−1.20	56 31 2.75	89.57	−6.37		
	263a	6.5	10 18 20.10	−19.10	−1.27	49 20 55.32	69.07	−5.51	10 17 59.73	−0 21 36.44
	264a	7.8	10 18 42.65	−19.10	−1.26	50 43 19.33	72.51	−5.73	10 18 22.28	−1 44 4.85
	679₁	8.0	10 23 12.67	−19.13	−1.24	55 1 50.20	84.73	−6.45	10 22 52.31	−6 2 46.58
	Br. 1462	6.4	10 25 57.78	+0.10	−1.23	56 4 18.02	88.08	−6.66		
	686₁	8.0	10 35 12.92	−19.13	−1.26	55 7 2.60	84.99	−6.80	10 35 52.52	−6 7 59.36
	689	6.9	10 37 26.09	−19.15	−1.25	57 9 0.20	91.73	−7.08	10 37 5.69	−8 10 3.22
	727	8.0	11 45 21.76	−19.16	−1.36	54 36 4.42	83.68	−8.78	11 45 1.24	−5 36 58.39
	Lal. 22585	5.9	11 53 35.52	+0.15	−1.33	58 49 2.74	98.25	−9.20		
	736	7.8	11 57 37.48	−19.17	−1.36	54 51 16.16	84.56	−9.15	11 57 16.95	−5 52 10.60
	M. 499	6.5	12 0 51.55	+0.18	−1.40	51 31 22.80	74.99	−9.26		
	746₁	8.0	12 6 10.97	−19.17	−1.37	54 18 47.07	83.01	−9.41	12 5 50.44	−5 19 39.41
	748₁	8.0	12 10 43.34	−19.17	−1.36	54 32 55.76	83.78	−9.53	12 10 22.81	−5 33 48.28
	η Virginis	3.3	12 14 46.38	+0.19	−1.41	49 3 40.59	68.84	−9.72		
	ψ Virginis	5.0	12 49 7.84	+0.14	−1.32	57 56 31.72	95.15	−10.36		
	779	7.7	12 53 46.92	−19.23	−1.32	57 8 40.55	92.28	−10.57	12 53 26.37	−8 10 33.81
	780	7.2	13 4 33.06	−19.23	−1.32	56 4 14.77	88.82	−10.88	13 4 12.51	−7 5 3.94

Datum	Bezeichnung des Sterns	Grösse	Durchgangszeit	Uhrstand + Correction	Reduction auf 1893.0	Mittel der Ablesungen	Refraction	Reduction auf 1893.0	α 1893.0	δ 1893.0
1893 März 21	787	7.6	13h 5m 31s.23	−19s.21	−1s.34	53° 21′ 36″.80	80″.18	−11″.16	13h 5m 10s.68	−4° 22′ 17″.56
	791	6.7	13 12 28.91	−19.24	−1.30	57 9 10.42	92.30	−10.95	13 12 8.37	−8 10 3.28
	798	6.3	13 19 19.57	−19.22	−1.31	53 35 36.62	80.86	−11.55	13 18 59.04	−4 36 17.30
	3132a	8.0	13 23 8.34	−19.19	−1.35	49 15 55.92	69.27	−12.11	13 22 47.80	−0 16 24.41
	72 Virginis	6.6	13 25 11.23	+ 0.16	−1.30	54 54 19.75	84.83	−11.51		
	808	7.5	13 28 11.29	−19.24	−1.28	56 52 15.60	91.30	−11.34	13 27 50.77	−7 53 6.90
	m Virginis	6.0	13 36 20.28	+ 0.14	−1.26	57 8 53.75	92.20	−11.47		
	823	8.0	13 43 32.53	−19.24	−1.25	56 38 30.50	90.50	−11.70	13 43 12.03	−7 39 20.59
	825	8.0	13 45 21.18	−19.24	−1.25	55 37 33.60	87.22	−11.90	13 45 0.69	−6 38 20.43
	829	8.0	13 48 36.99	−19.25	−1.24	56 56 26.00	91.52	−11.77	13 48 16.51	−7 57 17.27
	831	6.0	13 49 41.97	−19.25	−1.24	56 31 4.75	90.08	−11.85	13 49 21.48	−7 31 54.77
	836	8.0	13 55 33.57	−19.25	−1.23	56 32 19.27	90.14	−11.97	13 55 13.10	−7 33 8.73
	838	8.0	13 57 42.66	−19.24	−1.23	54 58 57.87	85.05	−12.27	13 57 22.20	−5 59 42.33
	842	7.7	13 59 32.76	−19.24	−1.22	55 1 35.02	85.19	−12.31	13 59 12.30	−6 2 19.62
	849	7.2	14 6 26.14	−19.24	−1.21	54 20 30.47	83.06	−12.58	14 6 5.69	−5 21 12.42
	851	7.0	14 7 59.22	−19.25	−1.19	56 55 42.20	91.47	−12.16	14 7 38.78	−7 56 32.32
	857	6.3	14 11 4.51	−19.24	−1.20	55 6 40.87	85.44	−12.54	14 10 44.07	−6 7 25.30
	866	6.5	14 14 36.30	−19.24	−1.19	55 14 26.90	85.86	−12.61	14 14 15.87	−6 15 11.59
	867	8.0	14 16 4.03	−19.24	−1.19	53 42 47.55	81.16	−12.91	14 15 43.60	−4 43 27.51
	871	6.5	14 22 7.77	−19.24	−1.17	54 37 32.45	83.91	−12.87	14 21 47.36	−5 38 14.87
	873	8.0	14 23 54.36	−19.24	−1.17	53 26 46.02	80.37	−13.13	14 23 33.95	−4 27 25.11
	877	7.6	14 29 34.00	−19.24	−1.15	53 10 15.40	79.57	−13.37	14 29 13.61	−4 10 53.14
	881	7.4	14 32 36.22	−19.24	−1.14	54 4 19.72	82.22	−13.20	14 32 15.84	−5 5 0.33
	μ Virginis	4.0	14 37 45.56	+ 0.10	−1.12	54 10 53.12	82.58	−13.34		
	890	7.1	14 40 52.57	−19.26	−1.10	56 19 56.05	89.47	−12.87	14 40 32.21	−7 20 44.11
	895	6.8	14 44 2.86	−19.27	−1.09	57 2 38.15	91.94	−12.76	14 43 42.50	−8 3 28.90
	3358	4.5	14 45 48.39	−19.23	−1.11	50 50 39.90	73.29	−14.15	14 45 28.05	−1 51 10.70
	15 Librae	6.0	14 51 18.03	+ 0.13	−1.05	59 57 36.97	103.09	−12.20		
	δ Librae	5.6	14 55 35.61	+ 0.14	−1.05	57 4 47.25	92.18	−12.93		
	908	8.0	14 58 15.18	−19.27	−1.04	56 8 17.60	88.99	−13.19	14 57 54.87	−7 9 4.75
	911	7.3	15 0 11.71	−19.26	−1.04	55 35 3.62	87.19	−13.34	14 59 51.41	−6 35 49.04
	927	6.0	15 15 48.62	−19.25	−0.99	54 25 28.66	83.59	−13.90	15 15 28.38	−5 26 17.86
	3478	7.7	15 19 11.88	−19.21	−1.00	49 9 18.87	69.23	−15.25	15 18 51.67	−0 9 52.00
	348a	7.5	15 20 34.19	−19.22	−0.99	49 52 0.81	70.99	−15.10	15 20 13.98	−0 52 36.36
	936	7.8	15 23 37.33	−19.25	−0.96	54 53 3.91	85.05	−13.88	15 23 17.12	−5 53 54.76
	37 Librae	5.0	15 28 39.90	+ 0.12	−0.93	58 40 46.45	98.24	−12.99		
	944	7.0	15 31 32.40	−19.25	−0.93	54 39 30.90	84.37	−14.05	15 31 12.22	−5 40 20.39
	946	8.0	15 32 41.50	−19.26	−0.92	56 18 25.52	89.71	−13.63	15 32 21.32	−7 19 21.20
	952	7.7	15 41 49.57	−19.27	−0.88	57 6 12.72	92.49	−13.50	15 41 29.42	−8 7 11.21
	μ Serpentis	3.3	15 44 22.24	+ 0.17	−0.88	52 5 27.07	76.90	−14.90		
	432b	8.0	15 46 59.94	−19.24	−0.87	52 59 29.19	79.44	−14.72	15 46 39.84	−4 0 13.71
	961	7.8	15 53 12.43	−19.26	−0.83	55 22 56.35	86.73	−14.11	15 52 52.34	−6 23 48.28
	963	7.0	15 54 25.15	−19.25	−0.83	54 48 28.97	84.91	−14.28	15 54 5.07	−5 49 18.45
	968	7.0	15 57 42.36	−19.25	−0.81	54 31 22.97	84.08	−14.41	15 57 22.29	−5 32 11.81
	969	7.8	16 0 4.55	−19.25	−0.80	54 59 5.89	85.49	−14.30	15 59 44.50	−5 59 56.28

Datum	Bezeichnung des Sterns	Grösse	Durchgangszeit	Uhrstand + Correction	Reduction auf 1893.0	Mittel der Ablesungen	Refraction	Reduction auf 1893.0	α 1893.0	δ 1893.0
1893 März 21	974	7.5	16h 3m 34.72s	−19.27s	−0.78s	56° 55′ 6.41″	91.92″	−13.76″	16h 3m 14.67s	−7° 56′ 4.07″
	365a	7.2	16 7 33.30	−19.22	−0.78	50 26 11.61	72.56	−15.70	16 7 13.30	−1 26 47.70
	368a	6.8	16 8 27.12	−19.22	−0.78	50 11 31.07	71.93	−15.77	16 8 7.12	−1 12 6.91
	468b	6.0	16 11 37.60	−19.24	−0.76	52 40 33.62	78.62	−15.10	16 11 17.60	−3 41 10.35
	ε Ophiuchi	3.3	16 11 59.53	+ 0.16	−0.76	53 25 5.75	80.76	−14.85		
	373a	8.0	16 17 59.97	−19.21	−0.74	49 26 31.17	70.08	−16.11	16 17 40.03	−0 27 4.38
	471b	8.0	16 19 37.87	−19.23	−0.73	51 12 47.49	74.63	−15.61	16 19 17.92	−2 13 26.18
	λ Ophiuchi	3.7	16 25 50.86	+ 0.21	−0.70	46 46 26.44	63.85	−16.48		
	994	7.8	16 31 25.36	−19.26	−0.66	55 3 42.20	85.83	−14.52	16 31 5.44	−6 4 33.08
	375a	6.7	16 33 22.02	−19.22	−0.66	50 0 27.22	71.54	−16.09	16 33 2.14	−1 1 2.24
	377a	6.5	16 36 0.33	−19.21	−0.63	49 46 57.52	70.98	−16.19	16 35 40.47	−0 47 32.07
	378a	7.5	16 38 31.29	−19.21	−0.64	49 34 24.35	70.46	−16.27	16 38 11.44	−0 34 58.06
	20 Ophiuchi	5.0	16 44 14.74	+ 0.11	−0.59	59 34 26.41	102.04	−13.16		
	1008	7.8	16 47 59.43	−19.26	−0.58	56 15 36.21	89.79	−14.22	16 47 39.58	−7 16 30.95
	383a	6.5	16 48 57.78	−19.22	−0.58	50 25 26.06	72.61	−16.09	16 48 37.98	−1 26 2.39
	1009	7.8	16 54 33.91	−19.26	−0.54	56 21 16.26	90.09	−14.22	16 54 14.11	−7 22 11.26
	1011	7.3	16 55 47.72	−19.26	−0.54	55 51 27.97	88.42	−14.38	16 55 27.92	−6 52 11.46
	386a	6.3	17 1 39.74	−19.22	−0.51	50 30 6.34	72.80	−16.12	17 1 20.01	−1 30 42.33
	1022	5.8	17 11 18.47	−19.25	−0.46	55 6 41.40	85.98	−14.66	17 10 58.76	−6 7 31.90
	27 H. Ophiuchi	4.5	17 21 16.90	+ 0.16	−0.41	53 58 44.07	82.45	−15.05		
	1036	6.0	17 24 59.07	−19.24	−0.39	53 16 22.37	80.36	−15.17	17 24 40.34	−4 17 6.66
	397a	8.0	17 29 39.49	−19.22	−0.37	50 31 23.02	72.82	−16.16	17 29 19.90	−1 31 58.85
	1044	7.3	17 31 54.76	−19.27	−0.36	56 57 14.62	92.11	−14.04	17 31 35.14	−7 58 12.31
	398a	6.5	17 34 46.85	−19.21	−0.34	49 34 13.02	70.42	−16.48	17 34 27.30	−0 34 46.24
	1047	6.7	17 38 20.11	−19.26	−0.32	56 0 53.09	88.93	−14.33	17 38 0.52	−7 1 46.86
	401a	7.5	17 41 40.23	−19.22	−0.30	50 40 5.82	73.23	−16.11	17 41 20.71	−1 40 47.12
	1055	6.7	17 47 14.65	−19.25	−0.27	54 13 18.74	83.24	−14.91	17 46 55.13	−5 14 6.29
	1064	6.3	17 51 28.19	−19.24	−0.25	53 3 14.05	79.79	−15.29	17 51 8.70	−4 3 57.68
	ν Ophiuchi	3.6	17 53 27.06	+ 0.12	−0.25	58 44 31.50	98.76	−13.40		
	67 Ophiuchi	4.0	17 55 36.50	+ 0.22	−0.23	46 3 21.80	62.32	−17.56		
	δ Urs. min. O.C.	4.3	18 6 56.59							
1893 März 22	177b	6.5	6 8 53.71	−18.73	−0.15	52 41 53.40	76.01	− 0.89	6 8 34.83	−3 42 46.13
	5 Monoc.	4.6	6 0 57.05	+ 0.17	−0.15	55 13 37.90	83.37	− 1.71		
	8 Monoc.	4.7	6 18 24.79	+ 0.21	−0.22	44 20 34.47	57.02	+ 1.78		
	417	5.5	6 20 57.22	−18.75	−0.22	55 56 57.89	85.77	− 2.03	6 20 38.25	−6 57 59.21
	191b	7.7	6 30 49.91	−18.74	−0.27	52 5 18.87	74.52	− 0.88	6 30 30.91	−3 6 10.28
	432	7.7	6 36 13.05	−18.75	−0.29	54 35 23.08	81.63	− 1.71	6 35 54.01	−5 36 20.64
	206b	7.8	6 53 57.16	−18.76	−0.39	51 51 31.07	74.08	− 1.35	6 53 38.02	−2 52 21.74
	479c	6.3	7 12 37.95	−18.78	−0.48	55 28 20.82	84.68	− 2.41	7 12 18.69	−6 29 20.93
	495	8.0	7 26 22.54	−18.78	−0.55	53 26 20.57	78.71	− 2.00	7 26 3.21	−4 27 13.31
	B.A.C. 2320 O.C.	7.1	7 50 59.43							
	533	6.8	7 56 8.28	−18.81	−0.69	55 6 24.62	83.95	− 2.99	7 55 48.79	−6 7 24.08
	228a	7.5	8 19 25.46	−18.80	−0.83	49 47 3.72	69.48	− 2.03	8 19 5.84	−0 47 48.92
	202b	7.5	8 20 47.51	−18.81	−0.81	52 48 31.87	77.42	− 2.87	8 20 27.88	−3 49 44.05
	565	7.5	8 22 36.85	−18.82	−0.82	53 46 42.37	80.18	− 3.17	8 22 17.22	−4 47 37.54
	Br. 1212	6.1	8 30 34.06	+ 0.16	−0.84	56 35 47.45	89.07	− 4.05		

Datum	Bezeichnung des Sterns	Grösse	Durchgangszeit	Uhrstand + Correction	Reduction auf 1893.0	Mittel der Ablesungen	Refraction	Reduction auf 1893.0	α 1893.0	δ 1893.0
1893 März 22	587₁	8.0	8ʰ41ᵐ11ˢ62	−18ˢ84	−0ˢ88	56°10′39″07	87″70	−4″17	8ʰ40ᵐ51ˢ90	−7°11′40″90
	15 Hydrae	6.0	8 46 38.70	+0.17	−0.91	55 45 35.22	86.35	−4.19		
	241a₁	8.0	8 56 30.16	−18.82	−0.99	49 9 0.52	68.05	−2.86	8 56 10.35	−0 9 43.05
	19 Hydrae	5.9	9 3 47.85	+0.16	−0.97	57 8 21.62	91.01	−4.89		
	248a₄	8.0	9 17 24.53	−18.83	−1.07	49 36 24.70	69.24	−3.59	9 17 4.63	−0 37 8.35
	248a₁₁	8.0	9 20 11.04	−18.83	−1.08	49 21 50.95	68.66	−3.62	9 19 51.13	−0 22 33.92
	625	7.2	9 23 16.07	−18.87	−1.04	56 14 17.15	88.08	−5.15	9 22 56.26	−7 15 17.77
	295b	6.5	9 24 30.00	−18.85	−1.07	52 45 45.97	77.52	−4.47	9 24 10.08	−3 46 37.28
	298b	7.2	9 26 14.92	−18.85	−1.09	51 50 16.55	75.00	−4.33	9 25 54.99	−2 51 5.45
	234a₄	8.0	9 40 41.63	−18.85	−1.15	50 24 20.04	71.30	−4.48	9 40 21.63	−1 25 5.20
	6 Sextantis	6.1	9 46 10.50	+0.18	−1.15	52 43 40.00	77.49	−5.08		
	661	8.0	10 7 50.09	−18.89	−1.18	56 19 29.40	88.51	−6.18	10 7 30.01	−7 20 19.46
	263a	6.5	10 18 19.85	−18.87	−1.27	49 20 55.12	68.77	−5.54	10 17 59.71	−0 21 35.93
	675	7.3	10 19 2.43	−18.89	−1.24	53 22 14.81	79.38	−6.16	10 18 42.31	−4 23 6.41
	679₁	8.0	10 23 12.46	−18.90	−1.23	55 1 50.57	84.37	−6.52	10 22 52.33	−6 2 46.52
	Br. 1462	6.4	10 25 37.52	+0.16	−1.23	56 4 19.35	87.72	−6.74		
	686₁	8.0	10 35 12.67	−18.90	−1.26	55 7 3.47	84.71	−6.87	10 34 52.51	−6 7 50.21
	289a	8.0	11 45 18.27	−18.93	−1.40	50 48 40.60	72.66	−8.76	11 44 57.95	−1 49 22.70
	728	6.0	11 45 54.73	−18.94	−1.37	53 43 26.65	80.69	−8.86	11 45 33.92	−4 44 17.50
	Lal. 22583	5.9	11 55 35.25	+0.15	−1.34	58 49 3.55	97.83	−9.29		
	736	7.8	11 57 37.28	−18.96	−1.37	54 51 16.90	84.19	−9.26	11 57 16.96	−5 52 10.77
	M. 499	6.5	12 0 51.36	+0.18	−1.40	51 31 23.77	74.64	−9.31		
	746₁	8.0	12 6 10.72	−18.96	−1.37	54 18 47.47	82.60	−9.47	12 5 50.38	−5 19 39.10
	748₁	8.0	12 10 43.13	−18.96	−1.37	54 32 57.10	83.34	−9.61	12 10 22.80	−5 33 49.33
	η Virginis	3.3	12 14 46.20	+0.19	−1.42	49 3 41.07	68.49	−9.78		
	ψ Virginis	5.0	12 49 7.65	+0.16	−1.33	57 56 33.15	94.81	−10.48		
	779	7.7	12 53 46.72	−19.04	−1.34	57 8 41.55	91.96	−10.01	12 53 26.34	−8 9 34.55
	786	7.2	13 4 32.80	−19.04	−1.33	56 4 15.70	88.32	−10.96	13 4 12.43	−7 5 4.34
	787	7.6	13 5 30.96	−19.02	−1.35	53 21 37.32	79.92	−11.23	13 5 10.59	−4 22 17.73
	304b₁	8.0	13 18 55.25	−19.02	−1.33	52 57 58.67	78.81	−11.64	13 18 34.89	−3 58 37.42
	806	7.0	13 27 56.70	−19.04	−1.29	56 52 49.52	91.10	−11.41	13 27 36.37	−7 53 40.49
	809	7.0	13 29 1.67	−19.04	−1.29	57 3 16.02	91.71	11.42	13 28 41.34	−8 4 8.18
	m Virginis	6.0	13 36 20.05	+0.16	−1.28	57 8 54.37	92.08	−11.56		
	829	8.0	13 48 36.70	−19.04	−1.26	56 56 27.95	91.43	−11.84	13 48 16.41	−7 57 18.82
	830	8.0	13 49 41.44	−19.03	−1.27	54 20 19.70	82.98	−12.25	13 49 21.14	−5 21 2.37
	837	8.0	13 55 37.30	−19.03	−1.25	55 12 43.80	83.73	−12.26	13 55 17.02	−6 13 30.61
	ν Virginis	4.0	13 56 32.26	+0.20	−1.31	46 55 52.10	63.79	−12.03		
	842	7.7	13 59 32.33	−19.03	−1.24	55 1 34.75	85.16	−12.38	13 59 12.06	−6 2 19.57
	850	7.7	14 6 36.23	−19.03	−1.23	54 36 41.45	83.91	−12.61	14 6 15.97	−5 37 24.25
	852	8.0	14 8 58.91	−19.03	−1.22	55 32 33.10	86.87	−12.48	14 8 38.66	−6 33 19.07
	855	7.2	14 10 23.33	−19.04	−1.21	56 9 10.62	88.88	−12.40	14 10 3.08	−7 9 58.67
	863	7.7	14 12 40.61	−19.03	−1.21	54 27 33.55	83.49	−12.76	14 12 20.37	−5 28 36.01
	870	8.0	14 17 53.11	−19.03	−1.20	54 43 59.28	84.33	−12.83	14 17 32.89	−5 44 42.40
	872	5.7	14 23 23.30	−19.03	−1.18	55 24 26.47	86.51	−12.81	14 23 3.09	−6 25 11.78
	417b	7.7	14 25 26.34	−19.02	−1.19	52 34 43.45	78.02	−13.39	14 24 56.13	−3 35 19.65

Datum	Bezeichnung des Sterns	Grösse	Durchgangszeit	Uhrstand + Correction	Reduction auf 1893.0	Mittel der Ablesungen	Refraction	Reduction auf 1893.0	α 1893.0	δ 1893.0
1893 März 22	877	7.6	14h 29m 33s.71	−19s.03	−1s.17	53° 10′ 15″.20	79″.73	−13″.37	14h 29m 13s.51	−4° 10′ 33″.13
	883	7.8	14 33 42.73	−19.03	−1.16	54 18 43.20	83.13	−13.22	14 33 22.55	−5 19 24.69
	885	8.0	14 37 9.04	−19.02	−1.15	55 37 1.97	81.07	−13.43	14 36 48.87	−4 37 41.09
	887	6.5	14 38 53.36	−19.04	−1.13	56 47 9.77	91.19	−12.79	14 38 33.10	−7 47 59.81
	109 Virginis	3.6	14 41 10.45	+ 0.20	−1.17	46 39 0.92	63.64	−14.93		
	896	8.0	14 44 3.62	−19.03	−1.12	54 20 3.42	83.25	−13.41	14 43 43.47	−5 20 44.91
	15 Librae	6.0	14 51 17.85	+ 0.13	−1.08	59 57 36.02	103.25	−12.26		
	δ Librae	3.6	14 55 35.45	+ 0.16	−1.07	57 4 47.40	92.31	13.00		
	907	7.1	14 57 8.12	−19.04	−1.07	56 24 15.75	89.90	−13.18	14 56 48.01	−7 25 4.39
	914	7.0	15 4 17.60	−19.03	−1.06	53 58 23.93	82.28	−13.87	15 3 57.52	−4 59 4.09
	3412a	7.0	15 8 40.04	−19.01	−1.06	49 55 43.10	71.21	−14.90	15 8 28.97	−0 56 10.83
	920	7.5	15 10 43.78	−19.02	−1.04	55 29 24.07	80.89	−14.08	15 10 23.72	−4 30 5.06
	923	7.5	15 12 23.60	−19.03	−1.03	55 47 52.55	81.82	−14.04	15 12 3.54	−4 48 31.98
	928	7.0	15 16 12.44	−19.03	−1.01	55 25 40.10	86.91	−13.64	15 15 52.41	−6 26 24.89
	8 Serpentis	6.4	15 18 32.72	+ 0.19	−1.03	49 37 57.50	70.53	−15.16		
1893 März 23	10 Monoc.	5.0	6 22 59.23	+ 0.18	−0.21	53 40 50.58	78.31	− 1.32		
	421	5.7	6 27 27.55	−18.50	−0.23	54 46 27.35	81.51	− 1.09	6 27 8.82	−5 47 25.79
	431	7.1	6 36 10.51	−18.52	−0.27	56 27 20.25	86.85	− 2.28	6 35 51.72	−7 28 22.94
	433	7.2	6 36 30.05	−18.52	−0.27	56 3 3.05	85.54	− 2.17	6 36 11.26	−7 4 4.53
	18 Monoc.	5.0	6 42 35.75	+ 0.20	−0.34	46 27 35.97	60.73	− 0.85		
	441	7.0	6 43 30.57	−18.53	−0.30	56 37 6.15	87.47	− 2.41	6 43 11.74	−7 38 10.03
	445	6.8	6 45 52.04	−18.54	−0.32	56 53 56.25	88.22	− 2.51	6 45 33.19	−7 55 0.31
	447	7.2	6 47 15.85	−18.53	−0.33	54 30 4.50	80.89	− 1.81	6 46 56.99	−5 31 3.51
	204b	7.8	6 50 4.65	−18.52	−0.35	51 19 55.59	72.16	− 0.84	6 49 45.77	−2 20 44.98
	205b	7.6	6 51 50.69	−18.53	−0.36	52 32 15.06	75.36	− 1.24	6 51 31.80	−3 33 7.89
	206b,	8.0	6 53 56.89	−18.53	−0.37	51 51 30.37	73.57	− 1.36	6 53 37.99	−2 52 20.51
	495	8.0	7 26 22.28	−18.58	−0.54	53 26 21.80	78.24	− 2.03	7 26 3.16	−4 27 16.17
	497	7.8	7 27 56.51	−18.59	−0.54	56 2 19.77	86.15	− 2.82	7 27 37.38	−7 3 21.26
	500	7.5	7 29 10.46	−18.60	−0.54	56 22 54.90	87.29	− 2.93	7 28 51.82	−7 23 57.98
	205a	8.0	7 32 23.65	−18.58	−0.58	50 47 2.17	71.24	− 1.32	7 32 4.49	−1 47 50.32
	505	8.0	7 33 44.63	−18.59	−0.57	53 43 57.55	79.24	− 2.22	7 33 25.47	−4 44 53.13
	26 Monoc.	4.3	7 36 27.31	+ 0.16	−0.56	58 16 58.15	94.03	− 3.61		
	B.A.C. 2320 O.C.	7.1	7 51 0.11							
	2118	7.5	7 52 17.47	−18.60	−0.69	49 20 12.65	67.99	− 1.28	7 51 58.18	−0 20 57.89
	2130	8.0	7 54 53.12	−18.61	−0.69	50 29 33.97	70.86	− 1.69	7 54 33.82	−1 30 21.28
	532	7.8	7 55 47.48	−18.61	−0.68	53 26 58.75	78.81	− 2.56	7 55 28.18	−4 27 53.61
	561	7.8	8 19 13.62	−18.66	−0.78	54 19 6.15	81.53	− 3.27	8 18 54.18	−5 20 2.76
	263b	6.2	8 21 25.82	−18.65	−0.81	52 37 16.85	76.07	− 2.86	8 21 6.36	−3 38 9.14
	566	7.5	8 22 50.83	−18.67	−0.78	55 51 1.19	86.32	− 3.76	8 22 31.38	−6 52 2.52
	Br. 1212	6.1	8 30 54.39	+ 0.17	−0.82	56 35 46.70	88.83	− 4.10		
	P. VIII, 167	5.3	8 42 9.13	+ 0.19	−0.91	50 29 31.05	71.22	− 2.81		
	13 Hydrae	6.0	8 46 38.47	+ 0.17	−0.89	55 45 34.76	86.24	− 4.24		
	2412a,	8.0	8 56 29.89	−18.69	−0.98	49 8 58.10	67.93	− 2.88	8 56 10.22	−0 9 41.64
	3412a	7.0	15 8 48.79	−18.78	−1.08	49 55 37.06	70.82	−14.02	15 8 28.03	−0 56 11.10
	919	8.0	15 10 43.03	−18.87	−1.05	55 19 34.52	91.60	−13.69	15 10 23.16	−6 20 25.54

Datum	Bezeichnung des Sterns	Grösse	Durchgangszeit	Uhrstand + Correction	Reduction auf 1893.0	Mittel der Ablesungen	Refraction	Reduction auf 1893.0	α 1893.0	δ 1893.0
1893 März 23	924	7.3	15ʰ 13ᵐ 10ˢ.86	−18ˢ.83	−1ˢ.04	56° 59′ 22″.45	70″.09	−13″.32	15ʰ 12ᵐ 50ˢ.99	−8° 0′ 19″.25
	8 Serpentis	6.4	15 18 32.49	+ 0.19	−1.03	49 37 52.37	86.06	−15.14		
	931	7.7	15 19 46.07	−18.81	−1.02	54 31 37.72	83.56	−14.02	15 19 26.84	−5 32 25.90
	935	7.9	15 23 2.72	−18.81	−1.01	54 37 5.86	83.85	−14.04	15 22 42.90	−5 37 53.90
	37 Librae	5.0	15 28 39.59	+ 0.12	−0.98	58 40 48.67	97.80	−13.10		
	341b	8.0	15 29 3.31	−18.79	−1.00	51 20 58.55	74.51	−14.95	15 28 43.53	−2 21 36.80
	945	8.0	15 32 39.12	−18.81	−0.97	54 5 23.61	82.16	−14.32	15 32 19.34	−5 4 9.74
	1008,	8.0	16 54 3.61	−18.83	−0.61	56 46 41.52	90.90	−14.12	16 53 44.17	−7 47 36.45
	30 Ophiuchi	5.0	16 55 44.42	+ 0.16	−0.60	53 2 60.07	79.21	−15.34		
	1013	7.2	16 57 33.17	−18.82	−0.59	55 11 5.77	85.66	−14.64	16 57 13.76	−6 11 55.18
	386a	6.3	17 1 39.36	−18.78	−0.57	50 30 7.27	71.34	−16.15	17 1 20.01	−1 30 41.81
	1021	8.0	17 10 35.54	−18.83	−0.53	56 54 22.40	91.46	−14.09	17 10 16.19	−7 55 18.44
	391a	8.0	17 13 3.70	−18.78	−0.52	49 38 23.69	70.23	−16.45	17 12 44.41	−0 38 55.53
	27 H. Ophiuchi	4.5	17 21 26.51	+ 0.16	−0.47	53 58 43.80	82.08	−15.08		
	1037	8.0	17 25 31.03	+18.83	−0.45	56 50 55.72	91.36	−14.10	17 25 11.75	−7 51 51.09
	397a	8.0	17 29 39.16	−18.78	−0.43	50 31 23.67	71.54	−16.19	17 29 19.95	−1 31 58.20
	398b	7.9	17 30 50.77	−18.80	−0.42	52 35 56.01	78.14	−15.50	17 30 31.55	−3 36 37.16
	398a	6.5	17 34 46.55	−18.77	−0.40	49 34 13.80	70.17	−16.49	17 34 27.38	−0 34 46.01
	1048	7.4	17 38 36.45	−18.82	−0.38	54 52 0.97	84.02	−14.73	17 38 17.24	−5 52 49.31
	517b	7.3	17 39 57.00	−18.70	−0.37	51 42 19.81	75.72	−15.78	17 39 37.83	−2 42 58.38
	403a	7.5	17 43 4.97	−18.78	−0.35	50 45 37.99	73.23	−16.08	17 42 45.83	−1 46 13.74
	1055	6.7	17 47 14.26	−18.81	−0.33	54 13 10.06	82.98	−14.92	17 46 55.12	−5 14 6.54
	1064	6.3	17 51 27.87	−18.80	−0.31	53 3 15.00	79.55	−15.30	17 51 8.77	−4 3 57.59
	ν Ophiuchi	3.6	17 53 27.40	+ 0.12	−0.31	58 44 32.27	98.27	−13.42		
	67 Ophiuchi	4.0	17 55 36.17	+ 0.22	−0.29	46 3 21.70	62.14	−17.34		
	δ Urs. min. O.C.	4.3	18 6 57.07							
1893 März 25	421	5.7	6 27 27.27	−18.34	−0.19	305 12 3.70	82.19	+ 1.68	6 27 8.74	−5 27 24.58
	P. VI, 203	6.3	6 35 53.86	− 0.23	−0.26	311 34 53.96	65.45	+ 0.11		
	18 Monoc.	5.0	6 42 35.49	− 0.22	−0.30	313 30 52.52	61.22	+ 0.86		
	199b	6.1	6 44 11.66	−18.32	−0.29	308 50 14.07	72.17	+ 0.70	6 43 53.04	−2 9 3.85
	448	6.9	6 47 24.15	−18.35	−0.30	305 56 43.37	80.12	+ 1.66	6 47 5.50	−5 2 43.23
	460	7.3	6 57 11.90	−18.36	−0.35	305 7 19.37	82.67	+ 2.05	6 56 53.19	−5 52 8.85
	192a	7.9	7 0 1.92	−18.32	−0.38	309 16 36.62	68.79	+ 0.46	6 59 43.22	−0 42 19.34
	20 Monoc.	3.8	7 5 13.56	− 0.28	−0.40	306 55 10.20	77.48	+ 1.56		
	469	7.9	7 6 11.48	−18.35	−0.40	306 27 45.05	78.78	+ 1.75	7 5 52.73	−4 31 39.83
	496	7.3	7 27 1.77	−18.38	−0.50	305 16 30.25	82.38	+ 2.44	7 26 42.89	−5 42 57.49
	205a	6.4	7 32 23.40	−18.35	−0.55	309 11 26.70	71.55	+ 1.34	7 32 4.50	−1 47 50.17
	506	7.8	7 33 51.93	−18.38	−0.54	305 46 17.10	80.93	+ 2.40	7 33 33.01	−5 13 9.56
	26 Monoc.	4.3	7 36 27.05	− 0.32	−0.55	301 41 32.15	94.37	+ 3.65		
	207a	8.0	7 40 9.40	−18.34	−0.60	310 48 24.63	67.61	+ 1.00	7 39 50.47	−0 10 49.61
	B.A.C. 2320 O.C.	7.1	7 50 8.09							
	212a	8.0	7 53 51.64	−18.35	−0.67	310 49 58.40	67.61	+ 1.28	7 53 32.63	−0 9 13.45
	529	7.0	7 55 29.60	−18.39	−0.65	306 24 8.30	79.20	+ 2.63	7 55 10.57	−4 35 13.82
	532	7.8	7 55 47.27	−18.39	−0.65	306 31 28.30	78.85	+ 2.61	7 55 28.23	−4 27 54.18
	545	8.0	8 7 11.20	−18.40	−0.70	305 12 58.82	82.77	+ 3.20	8 6 52.10	−5 46 26.67
	551	7.2	8 14 20.11	−18.42	−0.72	303 46 4.55	87.40	+ 3.76	8 14 0.96	−7 13 23.89

Datum	Bezeichnung des Sterns	Grösse	Durchgangszeit	Uhrstand + Correction	Reduction auf 1893.0	Mittel der Ablesungen	Refraction	Reduction auf 1893.0	α 1893.0	δ 1893.0
1893 März 15	535	7.8	8h 15m 52.82s	−18.40s	−0.75s	306° 27′ 40.93″	79.13″	+3.04″	8h 15m 33.68s	−4° 31′ 41.00″
	260b	6.0	8 19 34.16	−18.39	−0.77	307 35 2.80	76.00	+2.82	8 19 15.00	−3 24 16.12
	263b	6.2	8 21 25.63	−18.40	−0.78	307 21 11.15	76.64	+2.93	8 21 6.46	−3 38 8.08
	568	8.0	8 23 54.96	−18.43	−0.77	303 48 7.45	87.34	+3.94	8 23 35.77	−7 11 21.75
	574₁	8.0	8 28 17.71	−18.41	−0.80	306 1 38.58	80.45	+3.44	8 27 58.49	−4 57 44.07
	233a	7.7	8 29 24.52	−18.37	−0.84	310 37 36.10	68.25	+2.21	8 29 5.31	−0 21 35.95
	578	7.5	8 32 53.73	−18.43	−0.81	304 33 21.56	84.96	+3.93	8 32 34.49	−5 26 4.98
	578′	9.0	8 32 55.75	−18.43	−0.81				8 32 36.51	
	586	7.6	8 39 57.14	−18.44	−0.84	303 7 33.40	89.68	+4.45	8 39 37.86	−7 51 57.50
	P. VIII, 167	5.3	8 42 8.87	−0.26	−0.89	309 28 55.14	71.12	+2.87		
	591	7.5	8 44 3.32	−18.42	−0.87	306 8 46.90	80.18	+3.78	8 43 44.02	−4 50 35.65
	593	7.1	8 45 35.50	−18.42	−0.88	306 41 15.77	78.62	+3.69	8 45 16.20	−4 18 5.25
	276b	6.9	8 50 18.47	−18.41	−0.91	308 14 58.30	74.34	+3.40	8 49 59.15	−2 44 18.53
	242a	7.7	8 56 30.89	−18.40	−0.95	309 55 48.42	70.04	+3.14	8 56 11.54	−1 3 24.52
	19 Hydrae	5.9	9 3 47.37	−0.31	−0.93	302 50 7.38	90.77	+5.06		
	609	6.3	9 7 28.43	−18.45	−0.96	304 19 20.17	85.84	+4.80	9 7 9.02	−6 40 16.51
	287b	8.0	9 9 42.07	−18.43	−0.99	306 53 28.62	78.12	+4.26	9 9 22.65	−4 5 51.06
	613	7.5	9 11 8.80	−18.46	−0.97	303 5 13.26	89.93	+5.17	9 10 49.37	−7 54 17.59
	248a₁	8.0	9 17 24.00	−18.41	−1.04	310 22 1.25	69.03	+3.66	9 17 4.55	−0 37 10.06
	622	5.5	9 20 22.54	−18.44	−1.02	306 19 58.47	79.75	+4.67	9 20 3.08	−4 39 23.05
	624	6.0	9 22 48.25	−18.45	−1.03	305 23 8.90	82.58	+4.94	9 22 28.77	−5 36 14.48
	294b	7.3	9 24 13.60	−18.43	−1.05	308 17 22.54	74.33	+4.34	9 23 54.13	−2 41 53.52
	299b	7.5	9 26 42.64	−18.43	−1.06	308 4 27.95	74.96	+4.46	9 26 23.15	−2 54 48.57
	631	6.8	9 28 21.56	−18.46	−1.04	304 16 31.52	86.06	+5.33	9 28 2.06	−6 42 35.20
	635	8.0	9 30 40.59	−18.48	−1.04	302 52 51.07	90.70	+5.68	9 30 21.07	−8 6 40.01
	254a₁	8.0	9 40 41.15	−18.43	−1.12	309 34 4.40	71.09	+4.58	9 40 21.60	−1 25 8.06
	256a	7.5	9 46 11.87	−18.43	−1.14	309 37 54.45	70.95	+4.74	9 45 52.30	−1 21 17.49
	315b	7.5	9 54 17.71	−18.44	−1.16	308 25 28.72	74.10	+5.23	9 53 58.10	−2 33 45.89
	316b₁	7.8	9 58 33.52	−18.45	−1.17	308 2 27.20	75.18	+5.44	9 58 13.90	−2 57 48.53
	658	8.0	10 6 9.86	−18.49	−1.19	304 28 23.32	85.62	+6.31	10 5 50.21	−6 31 1.65
	662	8.0	10 8 20.59	−18.49	−1.17	304 31 24.32	85.45	+6.36	10 8 0.93	−6 28 0.29
	665	7.3	10 8 44.65	−18.49	−1.17	304 8 7.85	86.71	+6.43	10 8 24.98	−6 51 18.72
	22 Sextantis	5.8	10 12 38.49	−0.31	−1.18	303 27 23.75	88.95	+6.65		
	669	6.5	10 14 28.72	−18.47	−1.21	306 25 15.87	79.72	+6.21	10 14 9.03	−4 34 3.62
	328b	6.7	10 18 27.15	−18.46	−1.23	307 53 6.80	75.62	+6.10	10 18 7.46	−3 6 8.25
	675	7.3	10 19 1.97	−18.48	−1.22	306 36 10.60	79.20	+6.33	10 18 42.27	−4 23 8.33
	679₁	8.0	10 23 11.90	−18.49	−1.22	304 56 37.82	84.18	+6.71	10 22 52.19	−4 2 45.80
	Br. 1468	6.4	10 25 57.05	−0.30	−1.22	303 54 0.25	87.53	+6.94		
	686₁	8.0	10 35 12.25	−18.50	−1.25	304 51 22.15	84.48	+7.06	10 34 52.50	−6 8 0.81
	688	7.6	10 36 49.98	−18.50	−1.25	304 58 28.20	84.17	+7.10	10 36 30.22	−6 0 54.82
1893 März 16	566	7.5	8 22 50.43	−18.25	−0.75	304 7 24.15	86.32	+3.86	8 22 31.43	−6 52 4.37
	Br. 1212	6.1	8 30 33.98	−0.32	−0.78	303 22 39.17	88.76	+4.22		
	577	6.2	8 32 26.71	−18.23	−0.81	306 25 39.17	79.28	+3.45	8 32 7.67	−4 33 42.42
	586	7.6	8 39 56.91	−18.27	−0.82	303 7 33.15	89.62	+4.49	8 39 37.82	−7 51 58.34
	588	8.0	8 41 23.94	−18.25	−0.84	304 58 12.32	83.63	+4.05	8 41 4.85	−6 1 12.33

Datum	Bezeichnung des Sterns	Grösse	Durchgangszeit	Uhrstand + Correction	Reduction auf 1893.0	Mittel der Ablesungen	Refraction	Reduction auf 1893.0	α 1893.0	δ 1893.0
1893 März 26	592	7.2	8h 44m 43s.58	−18s.24	−0s.86	305° 41′ 32″.32	81″.44	+ 3″.94	8h 44m 24s.48	−5° 17′ 51″.01
	15 Hydrae	6.0	8 46 38.02	− 0.31	−0.86	304 12 52.90	86.02	+ 4.36		
	599	6.3	8 50 34.07	−18.27	−0.87	303 25 48.05	88.59	+ 4.66	8 50 14.93	−7 33 41.98
	279b	7.7	8 56 19.06	−18.22	−0.93	308 2 20.60	74.80	+ 3.64	8 55 59.91	−2 56 56.13
	280b	6.8	8 56 29.45	−18.24	−0.92	306 57 6.73	77.79	+ 3.92	8 56 10.30	−4 2 13.38
	19 Hydrae	5.9	9 3 47.14	− 0.32	−0.92	302 50 6.40	90.61	+ 5.10		
	610	7.8	9 7 31.96	−18.25	−0.96	306 8 7.72	80.15	+ 4.42	9 7 12.75	−4 51 14.13
	287b	8.0	9 9 41.92	−18.24	−0.97	306 53 28.42	77.98	+ 4.29	9 9 22.70	−4 5 51.59
	289b	8.0	9 11 24.12	−18.24	−0.98	307 1 51.44	77.60	+ 4.31	9 11 4.89	−3 57 27.96
	248a₁	8.0	9 17 23.80	−18.21	−1.03	310 22 0.07	68.92	+ 3.67	9 17 4.56	−0 37 10.89
	620	7.5	9 18 59.47	−18.26	−1.00	305 58 52.92	80.65	+ 4.76	9 18 40.21	−5 0 28.72
	623	7.8	9 20 27.48	−18.27	−1.00	303 2 49.35	83.47	+ 5.00	9 20 8.21	−5 56 35.30
	626	8.0	9 23 23.04	−18.28	−1.00	303 22 7.49	88.88	+ 5.46	9 23 3.75	−7 37 21.48
	295b	6.5	9 24 29.30	−18.25	−1.03	307 12 40.52	77.14	+ 4.63	9 24 10.02	−3 46 38.26
	631	6.8	9 28 21.35	−18.28	−1.03	304 16 30.45	85.93	+ 5.38	9 28 2.05	−6 42 55.86
	634	7.7	9 30 5.27	−18.26	−1.05	306 5 53.58	80.34	+ 5.03	9 29 45.96	−4 53 27.57
	254a	4.0	9 40 40.93	−18.23	−1.10	309 34 3.95	70.95	+ 4.60	9 40 21.60	−1 25 8.46
	256a	7.5	9 46 11.63	−18.23	−1.14	309 37 54.30	70.84	+ 4.62	9 45 52.26	−1 21 18.02
	658	8.0	10 6 9.57	−18.29	−1.16	304 28 23.36	85.49	+ 6.35	10 5 50.12	−6 31 1.27
	661	8.0	10 7 49.46	−18.30	−1.16	303 38 56.00	88.18	+ 6.54	10 7 30.00	−7 20 31.50
	665	7.3	10 8 44.51	−18.30	−1.16	304 8 8.55	86.59	+ 6.49	10 8 25.05	−6 51 17.67
	22 Sextantis	5.8	10 12 38.25	− 0.32	−1.17	303 27 23.75	88.84	+ 6.72		
	670	8.0	10 14 31.97	−18.28	−1.20	306 17 56.05	79.97	+ 6.29	10 14 12.49	−4 41 23.48
	672	7.0	10 15 40.73	−18.28	−1.20	306 8 40.60	80.43	+ 6.35	10 15 21.24	−4 50 39.61
	318b	6.7	10 18 26.89	−18.27	−1.22	307 53 6.55	75.54	+ 6.13	10 18 7.40	−3 6 8.64
	676	7.8	10 19 23.30	−18.31	−1.19	303 56 43.12	87.26	+ 6.81	10 19 3.80	−7 2 43.69
	679₁	8.0	10 23 11.81	−18.30	−1.21	304 56 36.56	84.10	+ 6.76	10 22 52.29	−6 2 46.61
	Br. 1462	6.4	10 25 56.85	− 0.31	−1.20	303 54 6.20	87.45	+ 7.00		
	3441 Carr. U.C.	5.6	10 21 47.86							
	686₁	8.0	10 35 12.03	−18.30	−1.25	304 51 23.15	84.44	+ 7.12	10 34 52.48	−6 7 59.95
	33 Sextantis	6.4	10 36 17.12	− 0.26	−1.28	309 48 23.40	70.63	+ 6.42		
	711	6.5	11 26 49.70	−18.33	−1.35	305 6 40.25	83.77	+ 8.59	11 26 30.02	−5 52 40.84
	349b	8.0	11 32 17.12	−18.29	−1.39	308 41 10.85	73.60	+10.16	11 31 57.44	−2 17 58.59
	727′	8.5	11 45 53.79	−18.33	−1.38	305 22 51.52	83.00	+ 9.15	11 45 34.08	−5 36 28.01
	Lal. 22583	5.9	11 55 34.66	− 0.34	−1.36	301 9 23.50	97.46	+ 9.66		
	M. 199	6.5	12 0 50.77	− 0.27	−1.42	308 27 3.38	74.34	+ 9.51		
	746₁	8.0	12 6 10.10	−18.34	−1.40	305 39 38.57	82.25	+ 9.73	12 5 50.37	−5 19 39.67
	χ Virginis	5.0	12 34 3.14	− 0.32	−1.39	303 34 52.07	88.93	+10.50		
	ψ Virginis	5.0	12 49 7.02	− 0.34	−1.38	302 1 53.85	94.39	+10.79		
	778	7.3	12 53 47.71	−18.34	−1.40	305 28 23.57	82.94	+11.07	12 53 27.97	−5 30 45.07
	391b	6.3	12 55 25.03	−18.32	−1.41	308 11 25.90	73.17	+11.25	12 55 5.30	−2 47 35.19
	θ Virginis	4.3	13 4 44.28	− 0.29	−1.40	306 1 4.52	81.34	+11.38		
	797	6.0	13 18 5.93	−18.34	−1.39	306 37 11.40	79.64	+11.81	13 17 46.20	−4 21 52.78
	395b	7.0	13 19 14.01	−18.33	−1.39	307 14 16.57	77.89	+11.88	13 18 54.29	−3 44 46.47
	312a	7.0	13 21 2.23	−18.30	−1.41	310 20 45.20	69.74	+12.17	13 20 42.52	−0 38 9.58

Datum	Bezeichnung des Sterns	Grösse	Durchgangszeit	Uhrstand + Correction	Reduction auf 1893.0	Mittel der Ablesungen	Refraction	Reduction auf 1893.0	α 1893.0	δ 1893.0
1893 März 16	307b	8.0	13h 23m 29s.26	−18s.34	−1s.38	307° 4′ 24″.82	78″.38	+11″.99	13h 23m 9s.54	−3° 54′ 38″.66
	398b	7.3	13 25 39.75	−18.32	−1.39	308 29 5.00	74.58	+12.17	13 25 20.03	−2 29 54.49
	808	7.5	13 28 10.38	−18.38	−1.35	303 6 7.77	90.81	+11.72	13 27 50.64	−7 33 8.27
	m Virginis	6.0	13 36 19.42	− 0.33	−1.34	302 49 30.42	91.83	+11.86		
	829	8.0	13 48 30.18	−18.39	−1.32	303 1 57.22	90.18	+12.13	13 48 10.47	−7 37 17.52
	406b	7.5	13 50 52.22	−18.35	−1.34	306 33 29.30	79.09	+12.08	13 50 32.53	−4 5 33.99
	τ Virginis	4.0	13 56 31.73	− 0.22	−1.37	313 2 31.07	63.64	+13.60		
	850	7.7	14 6 35.57	−18.38	−1.30	305 21 43.82	83.74	+12.84	14 6 15.90	−5 37 23.72
	853	7.0	14 9 6.50	−18.38	−1.29	305 32 7.45	83.23	+12.92	14 8 46.83	−5 26 59.64
	862	7.2	14 12 38.64	−18.40	−1.28	303 31 0.47	89.74	+12.67	14 12 18.96	−7 28 13.68
	872₁	6.8	14 23 31.71	−18.37	−1.27	306 14 38.32	81.20	+13.33	14 23 12.07	−4 44 26.24
	416b	6.8	14 24 45.57	−18.36	−1.27	307 12 52.05	78.40	+13.52	14 24 25.94	−3 46 9.92
	878	7.5	14 30 9.29	−18.38	−1.24	305 37 16.85	83.12	+13.36	14 29 49.67	−5 21 49.73
	328a	8.0	14 35 49.71	−18.35	−1.25	309 1 20.32	73.56	+14.07	14 35 30.11	−1 57 35.99
	337a	6.0	14 40 0.88	−18.34	−1.24	310 0 57.90	71.05	+14.35	14 39 41.30	−0 57 53.34
	15 Librae	6.0	14 51 17.28	− 0.36	−1.16	300 0 48.32	103.09	+14.50		
	906	6.5	14 56 46.41	−18.41	−1.16	303 50 1.40	88.95	+13.15	14 56 26.83	−7 9 10.87
	921	7.5	15 11 29.25	−18.43	−1.11	303 6 21.07	91.48	+13.48	15 11 9.61	−7 53 2.58
	923	7.5	15 12 22.90	−18.39	−1.12	306 10 31.60	81.62	+13.20	15 12 3.43	−4 48 32.83
	δ Serpentis	6.4	15 18 32.17	− 0.25	−1.12	310 20 25.55	70.33	+15.24		
	37 Librae	5.0	15 28 39.19	− 0.35	−1.05	301 17 40.37	98.14	+13.27		
	448b	6.0	15 43 39.87	−18.37	−1.01	307 29 42.60	77.83	+14.06	15 43 20.48	−3 29 24.70
	450b	7.2	15 44 40.46	−18.37	−1.01	307 23 28.15	78.14	+14.04	15 44 21.08	−3 35 39.88
	457b	7.9	15 57 33.70	−18.36	−0.96	308 48 42.77	74.23	+15.47	15 57 14.39	−2 10 20.19
	971	6.7	16 0 37.35	−18.40	−0.93	305 8 19.60	84.77	+14.51	16 0 18.02	−5 50 55.04
	460b	7.5	16 1 43.42	−18.37	−0.94	307 23 48.27	78.07	+15.15	16 1 24.11	−3 35 19.46
	984	6.9	16 13 44.07	−18.41	−0.87	304 22 31.00	87.17	+14.40	16 13 25.39	−6 36 46.38
	δ Ophiuchi	3.3	16 25 50.13	− 0.22	−0.84	313 11 58.30	63.59	+16.48		
	12 Ophiuchi	5.8	16 31 3.38	− 0.27	−0.81	308 53 17.32	74.04	+15.89		
	375a	6.7	16 33 21.31	−18.34	−0.80	309 57 57.37	71.27	+16.14	16 33 2.17	−1 1 1.98
	479b	8.0	16 34 24.49	−18.38	−0.79	307 34 37.27	77.62	+15.46	16 34 5.35	−3 24 29.65
	482b	7.3	16 37 53.19	−18.38	−0.77	307 2 19.25	79.17	+15.32	16 37 34.04	−3 56 49.42
	20 Ophiuchi	5.0	16 44 14.00	− 0.36	−0.74	300 23 57.27	101.74	+13.32		
	1002	7.8	16 47 58.67	−18.42	−0.72	303 42 48.35	89.56	+14.33	16 47 39.53	−7 16 32.25
	1005	5.3	16 49 11.64	−18.40	−0.72	305 0 33.15	85.34	+14.74	16 48 52.52	−5 58 41.97
	1008₁	8.0	16 54 3.29	−18.41	−0.69	303 11 36.22	91.37	+14.18	16 53 44.18	−7 47 35.10
	1011	7.3	16 55 46.99	−18.41	−0.69	304 7 2.45	88.28	+14.47	16 55 27.89	−6 52 10.94
	1013	7.2	16 57 32.77	−18.40	−0.68	304 47 22.40	86.10	+14.69	16 57 13.69	−6 11 53.83
	1022	5.8	17 11 17.72	−18.40	−0.61	304 51 42.77	85.91	+14.72	17 10 58.71	−6 7 32.62
	391a	8.0	17 13 3.32	−18.34	−0.60	310 20 2.40	70.54	+14.58	17 12 44.38	−0 38 58.13
	1030	8.0	17 18 52.79	−18.39	−0.57	305 45 42.47	83.10	+15.00	17 18 33.83	−5 13 29.83
	27 H. Ophiuchi	4.5	17 21 16.16	− 0.30	−0.56	305 59 42.07	82.39	+15.07		
	1033	6.6	17 24 23.02	−18.40	−0.55	305 9 21.27	84.96	+14.79	17 24 4.08	−5 49 53.40
	505b	8.0	17 26 11.11	−18.36	−0.53	308 31 48.47	75.18	+15.88	17 25 52.22	−2 27 15.53
	1041	6.8	17 30 17.44	−18.40	−0.52	304 56 12.05	85.64	+14.70	17 29 58.33	−6 3 3.21

Datum	Bezeichnung des Sterns	Grösse	Durchgangszeit	Uhrstand + Correction	Reduction auf 1893.0	Mittel der Ablesungen	Refraction	Reduction auf 1893.0	α 1893.0	δ 1893.0
1893 März 26	1044	7.3	17h 31m 54s.02	−18s.42	−0s.51	303° 1′ 10″.55	92″.03	+14″.06	17h 31m 35s.09	−7° 58′ 11″.74
	513b	8.0	17 35 14.00	−18.36	−0.49	308 10 41.70	70.13	+15.75	17 34 55.15	−2 48 23.16
	514b	7.8	17 37 13.50	−18.36	−0.48	308 36 47.45	74.95	+15.89	17 36 54.66	−2 22 15.81
	519b	7.5	17 41 15.64	−18.36	−0.46	308 10 1.87	76.15	+15.74	17 40 56.82	−2 49 2.77
	402a	7.8	17 43 3.46	−18.34	−0.45	310 0 14.37	71.34	+16.32	17 42 44.67	−0 58 44.82
	1055	6.7	17 47 13.96	−18.39	−0.43	305 45 7.70	83.10	+14.91	17 46 55.14	−5 14 4.60
	407a	7.1	17 48 49.60	−18.35	−0.42	309 23 14.97	77.90	+16.10	17 48 30.83	−1 35 46.53
	1064	6.3	17 51 27.48	−18.38	−0.41	306 55 12.40	79.63	+15.28	17 51 8.69	−4 3 56.85
	1068	5.8	17 54 14.00	−18.39	−0.39	306 10 35.25	81.81	+15.01	17 53 55.82	−4 48 36.12
	67 Ophiuchi	4.0	17 55 35.78	− 0.21	−0.38	313 55 1.86	62.19	+17.50		
	1073	6.0	18 0 52.09	−18.39	−0.36	306 13 39.10	81.65	+14.99	18 0 33.35	−4 45 32.13
	δ Urs. min. O.C.	4.3	18 7 1.35							
	η Serpentis	3.0	18 16 5.01	− 0.28	−0.37	308 3 31.46	76.41	+15.66		
1893 März 27	18 Monoc.	5.0	6 42 34.87	− 0.22	−0.27	313 30 52.05	60.99	+ 0.88		
	449	6.3	6 47 25.04	−17.77	0.26	305 48 10.42	80.24	+ 1.69	6 47 7.00	−5 11 15.90
	468	7.7	7 5 41.23	−17.80	−0.35	303 17 41.07	88.27	+ 2.71	7 5 23.08	−7 41 48.97
	470	7.8	7 6 18.04	−17.80	−0.35	303 27 50.55	87.72	+ 2.68	7 6 0.49	−7 31 42.34
	215b₁	8.0	7 9 56.45	−17.76	−0.39	308 20 60.02	73.38	+ 1.22	7 9 38.30	−2 38 19.95
	216b′	8.2	7 11 50.37	−17.77	−0.40	307 28 18.04	75.75	+ 1.54	7 11 32.20	−3 31 4.08
	483₁	8.0	7 15 34.87	−17.80	−0.41	304 35 15.62	84.19	+ 2.47	7 15 16.66	−6 24 13.78
	P. VII, 85	6.6	7 27 12.37	− 0.33	−0.41	302 12 58.75	92.10	+ 3.21		
	496	7.3	7 27 1.18	−17.80	−0.47	305 16 29.75	82.18	+ 2.45	7 26 42.92	−5 42 57.92
	205a	8.0	7 32 22.70	−17.76	−0.51	309 11 26.10	71.38	+ 1.34	7 32 4.52	−1 47 49.30
	504	7.1	7 33 9.45	−17.82	−0.49	303 6 26.85	89.16	+ 3.21	7 32 51.14	−7 53 4.53
	508	6.3	7 35 43.33	−17.82	−0.50	303 5 16.27	89.36	+ 3.27	7 35 25.01	−7 56 14.91
	509	8.0	7 36 50.83	−17.81	−0.51	304 5 25.19	85.05	+ 2.98	7 36 32.50	−6 54 3.65
	B.A.C. 2320 O.C.	7.1	7 51 3.52							
	212a	8.0	7 53 50.99	−17.76	−0.63	310 49 58.80	67.18	+ 1.30	7 53 32.60	−0 9 12.46
	243b	6.8	7 55 39.70	−17.78	−0.63	308 23 58.90	73.57	+ 2.04	7 55 21.29	−2 35 17.78
	245b₁	8.0	7 56 10.40	−17.79	−0.63	307 45 50.57	75.31	+ 2.27	7 55 51.98	−3 13 28.20
	554	8.0	8 15 37.47	−17.83	−0.71	304 49 30.60	83.91	+ 3.53	8 15 18.94	−6 9 54.97
	557	8.0	8 16 38.86	−17.85	−0.70	303 8 23.17	89.39	+ 4.02	8 16 20.31	−7 51 7.87
	561₁	6.5	8 19 35.29	−17.82	−0.74	306 37 11.62	78.60	+ 3.12	8 19 16.73	−4 22 9.38
	263b	6.2	8 21 25.03	−17.81	−0.75	307 21 9.91	76.56	+ 2.96	8 21 6.47	−3 38 9.09
	569	7.7	8 24 7.07	−17.83	−0.75	305 28 10.75	82.01	+ 3.55	8 23 48.49	−5 31 13.35
	575	8.0	8 28 35.24	−17.84	−0.76	304 7 21.02	86.24	+ 4.02	8 28 16.64	−6 52 6.42
	Br. 1212	6.1	8 30 33.54	− 0.31	−0.77	303 22 39.35	88.70	+ 4.25		
	577	6.2	8 32 26.22	−17.82	−0.80	306 25 38.96	79.25	+ 3.48	8 32 7.60	−4 33 42.40
	587₁	8.0	8 41 10.53	−17.86	−0.82	303 47 47.80	87.40	+ 4.37	8 40 51.85	−7 11 40.97
	591	7.5	8 44 2.76	−17.84	−0.85	306 8 45.30	80.14	+ 3.57	8 43 44.07	−4 50 36.99
	15 Hydrae	6.0	8 46 37.61	− 0.31	−0.84	304 18 51.59	86.08	+ 4.40		
	277b	7.0	8 50 35.27	−17.81	−0.89	308 36 15.31	73.39	+ 3.36	8 50 16.57	−2 22 59.77
	279b	7.7	8 56 18.68	−17.83	−0.91	308 2 20.10	74.93	+ 3.67	8 55 59.94	−2 56 56.29

Datum	Bezeichnung des Sterns	Grösse	Durchgangszeit	Uhrstand + Correction	Reduction auf 1893.0	Mittel der Ablesungen	Refraction	Reduction auf 1893.0	α 1893.0	δ 1893.0
1893 März 27	242a	7.7	8h 56m 30.28s	−17.81	−0.93	309° 55′ 47.02″	70.05	+ 3.17	8h 56m 11.54s	−1° 3′ 25.74″
	610	7.8	9 7 31.53	−17.85	−0.95	306 8 9.00	80.33	+ 4.44	9 7 12.74	−4 51 12.83
	247a	7.1	9 9 44.19	−17.82	−0.99	309 50 34.10	70.35	+ 3.59	9 9 25.39	−1 8 38.36
	622	8.0	9 19 30.51	−17.87	−0.99	304 33 49.77	85.20	+ 5.14	9 19 11.66	−6 25 35.45
	250a	6.2	9 21 14.26	−17.82	−1.04	309 59 5.50	70.06	+ 3.90	9 20 55.40	−1 0 5.95
	627	8.0	9 23 58.56	−17.89	−0.99	302 59 25.45	90.43	+ 5.60	9 23 39.68	−8 0 4.48
	295b	6.5	9 24 28.82	−17.85	−1.03	307 12 41.67	77.37	+ 4.06	9 24 9.94	−3 46 36.73
	631	6.8	9 28 20.93	−17.88	−1.02	304 16 30.00	86.19	+ 5.42	9 28 2.03	−6 42 55.86
	635	8.0	9 30 39.97	−17.89	−1.02	302 52 49.11	90.85	+ 5.80	9 30 21.06	−8 6 41.55
	644	6.8	9 46 20.72	−17.89	−1.09	305 18 24.36	83.09	+ 5.69	9 46 1.74	−5 40 58.48
	659	7.2	10 6 16.15	−17.90	−1.15	304 12 3.50	86.73	+ 6.33	10 5 57.10	−6 47 21.93
	662	8.0	10 8 19.95	−17.90	−1.16	304 31 23.37	85.71	+ 6.47	10 8 0.89	−6 28 0.85
	665	7.3	10 8 44.12	−17.90	−1.16	304 8 8.74	86.97	+ 6.55	10 8 25.05	−6 51 17.52
	22 Sextantis	5.8	10 12 37.89	− 0.31	−1.18	303 27 23.87	89.24	+ 6.77		
	670	8.0	10 14 31.63	−17.89	−1.19	306 17 56.42	80.34	+ 6.33	10 14 12.55	−4 41 23.33
	264a	7.8	10 18 41.48	−17.86	−1.23	309 15 4.00	72.28	+ 5.94	10 18 22.39	−1 44 7.47
	677	6.0	10 20 42.49	−17.91	−1.20	304 28 10.90	85.98	+ 6.82	10 20 23.38	−6 31 13.79
	Br. 1462	6.4	10 25 56.46	− 0.31	−1.22	303 54 6.02	87.87	+ 7.06		
	686₁	8.0	10 35 11.62	−17.91	−1.24	304 51 23.45	84.89	+ 7.18	10 34 52.46	−6 7 59.71
	727	8.0	11 45 20.55	−17.95	−1.38	305 22 20.50	83.43	+ 9.19	11 45 1.22	−5 36 57.87
	729	7.0	11 46 2.26	−17.97	−1.37	303 35 39.17	89.14	+ 9.30	11 45 42.93	−7 23 45.54
	Lal. 22585	5.9	11 50 34.30	− 0.34	−1.36	301 9 23.05	97.92	+ 9.46		
	M. 490	6.5	12 0 50.38	− 0.27	−1.42	308 27 2.61	74.69	+ 9.55		
	φ Virginis	5.0	12 49 6.67	− 0.33	−1.38	302 1 53.30	94.90	+10.87		
	779	7.7	12 53 45.73	−18.01	−1.39	302 49 43.22	92.06	+11.01	12 53 26.33	−8 9 33.70
	390b	6.2	12 54 28.15	−17.96	−1.42	307 44 56.77	76.78	+11.24	12 54 8.77	−3 14 5.25
	θ Virginis	4.3	13 4 43.95	− 0.29	−1.41	306 1 3.97	81.76	+11.43		
	798	6.3	13 19 18.39	−17.97	−1.40	306 22 46.70	80.75	+11.87	13 18 59.02	−4 36 17.96
	312a	7.0	13 21 1.92	−17.94	−1.42	310 20 44.02	70.08	+11.83	13 20 42.56	−0 38 10.36
	803	7.0	13 23 48.40	−17.98	−1.38	305 35 0.50	83.15	+11.91	13 23 29.04	−5 24 6.66
	315a	7.8	13 25 3.86	−17.94	−1.41	309 38 24.97	71.86	+12.28	13 24 44.50	−1 20 31.00
	808	7.5	13 28 10.05	−18.00	−1.36	303 6 7.45	91.23	+11.79	13 27 50.68	−7 53 7.74
	ζ Virginis	3.3	13 29 33.75	− 0.24	−1.41	310 55 56.12	68.68	+12.46		
	m Virginis	6.0	13 36 19.09	− 0.32	−1.34	302 49 29.70	92.84	+11.92		
	829	8.0	13 48 35.70	−18.00	−1.34	303 1 56.62	91.57	+12.20	13 48 16.36	−7 57 18.81
	850	7.7	14 6 35.23	−17.98	−1.32	305 21 42.67	84.02	+12.88	14 6 15.94	−5 37 24.05
	851	7.0	14 7 58.10	−18.00	−1.30	303 2 41.05	91.62	+12.57	14 7 38.79	−7 56 34.05
	862	7.2	14 12 38.28	−18.00	−1.29	303 30 58.80	90.02	+12.72	14 12 18.99	−7 28 14.20
	872₁	6.8	14 23 31.24	−17.97	−1.28	306 14 38.25	81.41	+13.37	14 23 11.99	−4 44 25.64
	416b	6.8	14 24 45.20	−17.96	−1.29	307 11 50.77	78.60	+13.56	14 24 25.95	−3 46 10.42
	879	7.0	14 30 25.77	−18.01	−1.25	302 52 49.95	92.26	+12.92	14 30 6.51	−8 6 35.34
	328a	8.0	14 35 49.25	−17.95	−1.27	309 1 19.22	73.69	+14.10	14 35 30.04	−1 57 36.21
	μ Virginis	4.0	14 37 44.43	− 0.29	−1.25	305 47 32.10	82.78	+13.70		
	109 Virginis	3.6	14 41 9.49	− 0.22	−1.28	313 19 22.35	63.35	+14.98		
	15 Librae	6.0	14 51 16.91	− 0.35	−1.19	300 0 47.60	103.20	+12.63		
	907	7.1	14 57 7.11	−18.00	−1.18	303 34 7.17	89.93	+13.45	14 56 47.93	−7 25 5.14

Datum	Bezeichnung der Sterne	Grösse	Durchgangszeit	Uhrstand + Correction	Reduction auf 1893.0	Mittel der Ablesungen	Refraction	Reduction auf 1893.0	α 1893.0	δ 1893.0
1893 März 28	459	5.0	6h 36m 38s.84	−17s.19	−0s.30	305° 23′ 14″.80	80″.61	+ 1″.92	6h 36m 41s.33	−3° 34′ 10″.82
	19 Monoc.	5.4	6 37 53.52	− 0.28	−0.31	306 34 18.37	76.37	+ 1.48		
	20 Monoc.	5.8	7 5 12.33	− 0.28	−0.34	306 35 8.16	76.39	+ 1.54		
	460	7.9	7 6 10.21	−17.18	−0.35	306 27 42.89	77.68	+ 1.76	7 5 52.68	−4 31 40.49
	477	7.9	7 11 4.55	−17.20	−0.37	304 56 35.01	82.18	+ 2.30	7 10 46.99	−6 2 52.35
	483$_1$	8.0	7 14 34.25	−17.20	−0.39	304 35 15.24	83.30	+ 2.47	7 14 16.66	−6 24 12.69
	P. VII, 85	6.6	7 16 11.76	− 0.32	−0.39	302 12 57.67	91.13	+ 3.22		
	105 a	8.0	7 32 22.22	−17.16	−0.50	309 11 24.77	70.65	+ 1.34	7 32 4.56	−1 47 51.68
	504	7.1	7 33 8.79	−17.22	−0.47	303 6 26.11	88.24	+ 3.22	7 32 51.10	−7 53 6.30
	26 Monoc.	4.3	7 36 25.82	− 0.33	−0.48	301 41 30.29	93.19	+ 3.70		
	B.A.C. 2320 O.C.	7.1	7 51 1.33							
	112a	8.0	7 53 50.41	−17.15	−0.62	310 49 58.05	66.83	+ 1.29	7 53 32.64	−0 9 13.79
	145b	6.8	7 55 39.11	−17.17	−0.62	308 23 58.61	72.85	+ 2.07	7 55 21.32	−2 35 17.97
	145b$_1$	8.0	7 56 9.76	−17.18	−0.61	307 45 51.01	74.53	+ 2.29	7 55 51.97	−3 13 27.83
	554	8.0	8 15 36.86	−17.21	−0.69	304 49 30.79	83.11	+ 3.30	8 15 18.96	−6 9 54.99
	559	7.8	8 17 51.69	−17.21	−0.70	304 38 18.29	83.71	+ 3.66	8 17 33.78	−6 21 8.39
	262b	7.5	8 20 45.79	−17.19	−0.73	307 9 33.60	76.36	+ 3.01	8 20 27.87	−3 49 45.80
	564	7.0	8 22 19.23	−17.21	−0.72	304 56 0.15	82.83	+ 3.68	8 22 1.30	−6 3 25.01
	574$_1$	8.0	8 28 16.43	−17.20	−0.76	306 1 37.26	79.62	+ 3.51	8 27 58.46	−4 57 45.09
	Br. 1212	6.1	8 30 32.87	− 0.31	−0.75	303 22 39.52	87.86	+ 4.28		
	587$_1$	8.0	8 41 9.89	−17.22	−0.81	303 47 48.45	86.38	+ 4.42	8 40 51.86	−7 11 40.43
	591	7.5	8 44 2.05	−17.20	−0.83	306 8 44.37	79.39	+ 3.87	8 43 44.02	−4 50 37.87
	15 Hydrae	6.0	8 46 36.07	− 0.30	−0.83	304 12 52.35	85.27	+ 4.44		
	241a$_1$	8.0	8 56 28.43	−17.16	−0.92	310 40 26.72	67.25	+ 2.05	8 56 10.35	−0 9 44.13
	241a$_1$′	8.8	8 56 33.33	−17.16	−0.92				8 56 15.24	
	19 Hydrae	5.9	9 3 46.12	− 0.32	−0.90	302 30 6.21	89.98	+ 5.19		
	287b	8.0	9 9 40.88	−17.19	−0.95	306 33 28.03	77.46	+ 4.36	9 9 22.73	−4 5 51.73
	618	7.5	9 17 47.75	−17.20	−0.98	306 24 20.85	78.91	+ 4.69	9 17 29.57	−4 34 50.44
	621	8.0	9 19 29.90	−17.22	−0.98	304 33 48.97	84.45	+ 5.18	9 19 11.70	−6 25 36.76
	625	7.2	9 23 14.33	−17.23	−0.98	303 44 9.27	87.13	+ 5.46	9 22 56.12	−7 15 18.44
	293b$_1$	7.2	9 24 1.47	−17.18	−1.01	308 42 12.96	72.70	+ 4.32	9 23 43.26	−2 17 1.83
	298b	7.2	9 26 13.11	−17.19	−1.03	308 8 10.57	74.19	+ 4.53	9 25 54.89	−2 51 5.72
	633	7.5	9 29 58.94	−17.20	−1.03	306 34 35.06	78.53	+ 5.00	9 29 40.71	−4 24 45.03
	643	7.5	9 45 40.20	−17.22	−1.07	304 6 33.46	86.13	+ 5.97	9 45 21.91	−6 52 33.81
	22 Sextantis	5.8	10 12 37.11	− 0.31	−1.15	303 27 23.67	88.39	+ 6.82		
	672	7.0	10 15 39.67	−17.21	−1.19	306 8 41.70	80.02	+ 6.44	10 15 21.27	−4 50 38.58
	264a	7.8	10 18 40.72	−17.18	−1.23	309 15 4.45	71.57	+ 5.97	10 18 22.31	−1 44 7.19
	678	7.5	10 20 54.16	−17.23	−1.19	303 40 31.10	87.69	+ 7.01	10 20 35.75	−7 18 56.13
	679$_1$	8.0	10 23 10.69	−17.22	−1.20	304 56 36.10	83.64	+ 6.86	10 22 52.27	−6 2 47.37
	Br. 1462	6.4	10 25 55.78	− 0.31	−1.20	303 54 6.22	86.96	+ 7.12		
	727	8.0	11 45 19.82	−17.23	−1.38	305 22 21.50	82.77	+ 9.24	11 45 1.21	−5 36 58.38
	Lal. 22585	5.9	11 55 33.58	− 0.33	−1.36	301 9 23.50	97.18	+ 9.72		
	M. 499	6.5	12 0 49.69	− 0.36	−1.42	308 27 3.42	74.14	+ 9.69		
	ξ Virginis	5.0	12 34 2.07	− 0.32	−1.40	303 34 51.22	88.84	+10.64		
	ψ Virginis	5.0	12 49 5.96	− 0.34	−1.39	302 1 54.03	94.40	+10.94		

Datum	Bezeichnung des Sterns	Grösse	Durchgangszeit	Uhrstand + Correction	Reduction auf 1893.0	Mittel der Ablesungen	Refraction	Reduction auf 1893.0	α 1893.0	δ 1893.0
1893 März 18	779	7.7	12ʰ 53ᵐ 45ˢ.09	−17ˢ.30	−1ˢ.40	302° 49′ 43″.60	91″.04	+11″.09	12ʰ 53ᵐ 26ˢ.40	−8° 9′ 33″.15
	θ Virginis	4.3	13 4 43.80	− 0.29	−1.42	306 1 3.12	81.52	+11.47		
	798	6.3	13 19 17.70	−17.26	−1.41	306 22 47.80	80.46	+11.91	13 18 59.02	−4 30 17.48
	314 a	7.0	13 24 4.00	−17.23	−1.43	310 10 21.75	70.24	+12.32	13 23 45.34	−0 48 32.08
	398 b	7.3	13 25 38.72	−17.24	−1.42	308 29 4.45	74.58	+12.24	13 25 20.06	−2 29 54.12
	807	7.0	13 28 7.70	−17.29	−1.38	303 54 50.32	88.12	+11.93	13 27 49.00	−7 4 21.83
	809	7.0	13 28 59.96	−17.30	−1.37	302 55 8.12	91.48	+11.85	13 28 41.29	−8 4 7.21
	m Virginis	6.0	13 36 18.38	− 0.33	−1.36	302 49 29.82	91.80	+11.99		
	851	7.0	14 7 57.51	−17.30	−1.32	303 2 38.02	91.02	+12.63	14 7 38.89	−7 56 35.82
	854	8.0	14 9 11.37	−17.27	−1.34	306 41 53.47	79.49	+13.07	14 8 52.77	−4 17 9.44
	859	7.0	14 11 31.66	−17.28	−1.33	305 50 15.72	82.02	+13.11	14 11 13.06	−5 8 49.78
	863	7.7	14 12 38.97	−17.28	−1.32	305 30 29.45	83.02	+13.07	14 12 20.36	−5 28 30.79
	867	8.0	14 16 2.19	−17.27	−1.32	306 15 34.95	80.76	+13.26	14 15 43.60	−4 43 28.72
	873	8.0	14 23 52.57	−17.27	−1.30	306 31 34.10	79.98	+13.46	14 23 33.99	−4 27 28.68
	328 a	8.0	14 35 48.64	−17.25	−1.29	309 1 18.45	73.13	+14.12	14 35 30.11	−1 57 36.67
	μ Virginis	4.0	14 37 43.77	− 0.30	−1.27	305 47 30.95	82.16	+13.73		
	109 Virginis	3.6	14 41 8.82	− 0.22	−1.30	313 19 21.07	63.87	+14.97		
	928	7.5	15 11 27.48	−17.28	−1.16	303 6 18.37	90.98	+13.58	15 11 9.54	−7 53 3.52
	437 b₁	7.3	15 12 23.61	−17.24	−1.17	306 53 3.70	79.11	+14.42	15 12 5.20	−4 6 0.12
	δ Serpentis	6.4	15 18 31.05	− 0.25	−1.16	310 20 32.62	69.94	+15.27		
	37 Librae	5.0				301 17 39.92	97.58	+13.38		
	448 b	0.0	15 43 38.81	−17.23	−1.06	307 29 43.00	77.44	+14.90	15 43 20.53	−3 29 24.12
	450 b	7.2	15 44 39.39	−17.23	−1.06	307 23 27.01	77.74	+14.98	15 44 21.10	−3 35 40.32
	361 a	7.8	15 57 32.17	−17.14	−1.02	310 52 4.05	68.72	+10.02	15 57 13.96	−0 6 53.56
	971	6.7	16 0 36.39	−17.20	−0.99	305 8 19.95	84.41	+14.55	16 0 18.04	−5 50 54.54
	367 a	8.0	16 8 1.48	−17.20	−0.97	309 51 24.74	71.24	+15.88	16 7 43.31	−1 7 34.94
	368 a	6.8	16 8 25.20	−17.21	−0.96	309 40 53.05	71.43	+15.88	16 8 7.09	−1 12 7.69
	370 a	7.1	16 11 6.38	−17.21	−0.95	309 30 5.17	71.90	+15.85	16 10 48.21	−1 22 55.75
	983	6.9	16 13 43.57	−17.27	−0.93	304 22 30.42	86.89	+14.44	16 13 25.38	−6 30 46.95
	λ Ophiuchi	3.7	16 25 49.03	− 0.22	−0.90	313 11 58.25	63.42	+10.47		
	12 Ophiuchi	5.8	16 31 2.31	− 0.27	0.87	308 53 18.56	73.83	+15.88		
	375 a	6.7	16 33 20.18	−17.20	−0.86	309 57 57.60	71.07	+16.15	16 33 2.12	−1 1 2.10
	470 b	8.0	16 34 23.42	−17.23	−0.85	307 34 37.80	77.39	+15.47	16 34 5.34	−3 24 29.28
	482 b	7.3	16 37 52.07	−17.24	−0.83	307 2 20.32	78.92	+15.34	16 37 34.01	−3 56 48.32
	484 b	6.9	16 39 53.58	−17.22	−0.82	308 5 54.03	75.98	+15.60	16 39 35.53	−2 53 11.26
	20 Ophiuchi	5.0	16 44 12.95	− 0.37	−0.80	300 23 56.60	101.41	+13.30		
	1004	7.3	16 48 47.39	17.24	−0.78	306 49 29.37	79.59	+15.32	16 48 29.37	−4 9 39.50
	1009₁	8.0	16 54 36.56	−17.24	−0.75	306 47 56.95	79.69	+15.32	16 54 18.50	−4 11 12.09
	1012	7.2	16 56 7.88	−17.27	−0.74	304 24 33.00	87.00	+14.58	16 55 49.87	−6 34 43.31
	1015	7.5	16 59 46.95	−17.25	−0.73	306 6 8.10	81.76	+15.11	16 59 28.98	−4 53 3.40
	1025	7.8	17 11 58.09	−17.25	−0.67	305 58 25.87	82.18	+15.07	17 11 40.17	−5 0 45.80
	499 b	6.1	17 13 33.58	−17.22	−0.66	308 17 24.12	75.58	+15.80	17 13 15.70	−2 41 40.64
	1030	8.0	17 18 51.77	−17.25	−0.63	305 45 41.32	82.83	+15.00	17 18 33.89	−5 13 31.41
	27 H. Ophiuchi	4.5	17 21 15.06	− 0.30	−0.62	305 59 43.55	82.13	+15.09		
	1037	8.0	17 25 29.60	−17.28	−0.60	303 7 31.20	91.39	+14.18	17 25 11.72	−7 51 50.99

Datum	Bezeichnung des Sterns	Grösse	Durchgangszeit	Uhrstand + Correction	Reduction auf 1893.0	Mittel der Ablesungen	Refraction	Reduction auf 1893.0	α 1893.0	δ 1893.0
1893 März 18	1040	7.5	17h 30m 4.35s	−17.26s	−0.58s	305° 7′ 36.97″	84.80″	+14.75″	17h 29m 46.52s	−5° 51′ 37.36″
	508b	7.9	17 30 49.28	−17.23	−0.57	307 22 31.50	78.13	+15.48	17 30 31.48	−3 36 36.29
	513b	8.0	17 35 12.96	−17.22	−0.55	308 10 43.45	75.92	+15.73	17 34 55.19	−2 48 21.36
	1048	7.4	17 38 34.93	−17.26	−0.53	305 6 26.35	84.88	+14.72	17 38 17.13	−5 52 48.34
	517b	7.3	17 39 55.51	−17.22	−0.53	308 16 6.97	75.69	+15.74	17 39 37.76	−2 42 57.89
	403a	7.5	17 43 3.28	−17.21	−0.51	309 12 47.87	73.19	+16.03	17 42 45.76	−1 46 14.18
	1053	7.8	17 46 40.60	−17.25	−0.49	306 14 16.02	81.44	+15.05	17 46 22.86	−4 44 54.10
	1058	7.2	17 47 49.30	−17.26	−0.49	305 5 4.87	84.07	+14.66	17 47 31.56	−5 54 10.40
	1064	6.3	17 51 26.41	−17.24	−0.47	306 55 11.84	79.46	+15.25	17 51 8.70	−4 3 57.29
	1068	5.8	17 54 13.50	−17.25	−0.45	306 10 34.37	81.65	+14.99	17 53 55.80	−4 48 36.88
	67 Ophiuchi	4.0	17 55 34.70	− 0.21	−0.14	313 55 2.07	62.06	+17.47		
	1073	6.0	18 0 51.01	−17.25	−0.42	306 13 39.82	81.55	+14.96	18 0 33.35	−4 45 31.70
	1079	6.3	18 6 2.61	−17.25	−0.39	305 45 34.83	82.92	+14.78	18 5 44.97	−5 13 38.18
	δ Urs. min. O.C.	4.3	18 7 0.55							
	η Serpentis	3.0	18 16 3.92	− 0.28	−0.33	308 3 32.16	76.31	+15.61		
1893 März 19	19 Monoc.	5.4	6 57 52.57	− 0.28	−0.29	306 54 17.90	76.05	+ 1.47		
	468	7.7	7 5 39.62	−16.27	−0.32	303 17 43.69	86.90	+ 2.71	7 5 23.03	−7 41 47.20
	478	7.6	7 12 3.33	−16.27	−0.35	303 39 18.37	85.75	+ 2.71	7 11 46.71	−7 20 11.00
	483₁	8.0	7 15 33.24	−16.26	−0.37	304 35 14.62	82.82	+ 2.48	7 15 16.61	−6 24 12.34
	227b	7.8	7 32 42.59	−16.23	−0.48	308 37 53.15	72.53	+ 1.53	7 32 25.88	−2 21 22.88
	504	7.1	7 33 7.89	−16.28	−0.46	303 6 25.47	87.50	+ 3.22	7 32 51.15	−7 53 5.47
	507	7.8	7 34 51.26	−16.27	−0.47	304 59 29.50	81.63	+ 2.68	7 34 34.52	−5 59 56.22
	26 Monoc.	4.3	7 36 24.85	− 0.34	−0.46	301 41 29.45	92.48	+ 3.70		
	B.A.C. 2380 O.C.	7.1	7 50 56.09							
	243b	7.0	7 54 0.84	−16.25	−0.58	306 56 50.65	76.18	+ 2.48	7 53 44.00	−4 2 29.47
	530	8.0	7 55 36.25	−16.26	−0.59	306 41 28.77	76.91	+ 2.60	7 55 19.40	−4 17 51.87
	531	8.0	7 55 44.06	−16.26	−0.58	306 45 42.41	76.73	+ 2.58	7 55 27.22	−4 13 38.46
	554	8.0	8 15 35.88	−16.28	−0.68	304 49 31.02	82.67	+ 3.58	8 15 18.93	−6 9 54.26
	559	7.8	8 17 50.78	−16.28	−0.69	304 38 17.67	83.29	+ 3.69	8 17 33.81	−6 21 8.58
	562	8.0	8 20 17.29	−16.29	−0.70	304 10 5.70	84.80	+ 3.87	8 20 0.31	−6 49 21.36
	263b	6.2	8 21 23.41	−16.26	−0.72	307 21 9.50	75.46	+ 2.99	8 21 6.43	−3 38 9.26
	565	7.5	8 22 34.16	−16.27	−0.72	306 11 43.87	78.71	+ 3.35	8 22 17.17	−4 47 38.42
	574	7.0	8 28 9.05	−16.27	−0.75				8 27 52.03	
	575	8.0	8 28 33.60	−16.29	−0.72	304 7 20.97	85.06	+ 4.07	8 28 16.59	−6 52 6.70
	Br. 1212	6.1	8 30 31.43	− 0.32	−0.74	303 28 38.67	87.51	+ 4.32		
	587₁	8.0	8 41 8.98	−16.30	−0.78	303 47 47.52	86.30	+ 4.44	8 40 51.90	−7 11 41.06
	592	7.2	8 44 41.63	−16.28	−0.82	305 41 30.92	80.50	+ 4.02	8 44 24.53	−5 17 51.90
	15 Hydrae	6.0	8 46 36.05	− 0.31	−0.80	304 12 51.60	85.04	+ 4.47		
	277b	7.0	8 50 33.69	−16.26	−0.87	308 36 14.24	72.53	+ 3.40	8 50 16.57	−2 23 1.19
	241a₁	8.0	8 56 27.51	−16.24	−0.91	310 49 27.09	67.12	+ 2.97	8 56 10.36	−0 9 43.58
	241a₁′	8.8	8 56 32.51	−16.24	−0.91				8 56 15.36	
	19 Hydrae	3.9	9 3 45.14	− 0.33	−0.88	302 50 5.12	89.87	+ 5.23		
	247a	7.1	9 9 42.62	−16.25	−0.96	309 50 34.16	69.65	+ 3.62	9 9 25.41	−1 8 38.33
	618	7.5	9 17 46.78	−16.29	−0.97	306 24 21.92	78.85	+ 4.73	9 17 29.52	−4 34 58.30
	623	7.8	9 20 25.31	−16.30	−0.98	305 2 49.41	82.89	+ 5.11	9 20 8.23	−5 56 35.03

Datum	Bezeichnung des Sterns	Grösse	Durchgangszeit	Uhrstand + Correction	Reduction auf 1893.0	Mittel der Ablesungen	Refraction	Reduction auf 1893.0	α 1893.0	δ 1893.0
1893 März 29	294b	7.3	9h 24m 11.s42	−16.s27	−1.s01	308° 17′ 20.″97	73.″71	+ 4.″46	9h 23m 54.s14	−2° 41′ 54.″58
	298b	7.2	9 26 12.27	−16.27	−1.02	308 8 10.26	74.13	+ 4.55	9 25 54.98	−2 51 5.57
	300b	7.8	9 27 5.26	−16.28	−1.02	307 56 43.40	74.64	+ 4.63	9 26 47.96	−3 2 33.56
	634	7.7	9 30 3.36	−16.30	−1.02	306 5 53.66	79.81	+ 5.15	9 29 46.04	−4 53 27.72
	644	6.8	9 46 19.19	−16.31	−1.07	305 18 24.69	82.26	+ 5.79	9 46 1.81	−5 40 58.15
	659	7.2	10 6 14.62	−16.33	−1.13	304 12 3.00	85.78	+ 6.56	10 5 57.16	−6 47 22.33
	664	7.5	10 8 40.81	−16.31	−1.16	306 17 56.50	79.41	+ 6.24	10 8 23.34	−4 41 23.41
	22 Sextantis	5.8	10 12 36.24	− 0.32	−1.15	303 27 23.52	88.23	+ 6.88		
	ι Leonis	5.0	11 25 8.55	− 0.27	−1.38	308 34 22.85	73.35	+ 8.39		
	349b	8.0	11 32 15.13	−16.31	−1.39				11 31 57.43	
	350b	8.0	11 32 23.75	−16.33	−1.38	307 4 25.95	77.41	+ 8.77	11 32 6.01	−3 54 48.32
	727	8.0	11 45 18.91	−16.35	−1.38	303 22 20.85	82.35	+ 9.31	11 45 1.18	−5 36 57.81
	Lal. 22585	5.9	11 55 32.70	− 0.35	−1.37	301 9 23.12	96.60	+ 9.92		
	η Virginis	5.0	12 34 1.17	− 0.32	−1.41	303 34 50.10	88.05	+10.71		
	M. 522	6.5	12 42 10.42	− 0.30	−1.42	305 16 11.85	82.72	+10.94		
	ψ Virginis	5.0	12 49 5.06	− 0.33	−1.41	302 1 52.37	93.50	+11.04		
	780	8.0	12 54 9.90	−16.35	−1.43	306 39 20.62	78.71	+11.28	12 53 52.12	−4 19 42.97
	θ Virginis	4.3	13 4 41.30	− 0.29	−1.43	306 1 2.57	80.64	+11.52		
	394b,	8.0	13 18 52.74	−16.30	−1.42	307 0 26.10	77.99	+11.99	13 18 34.96	−3 58 35.68
	799	7.6	13 19 23.93	−16.37	−1.42	306 37 35.90	79.06	+11.98	13 19 6.14	−4 21 27.91
	314a	7.0	13 24 3.12	−16.34	−1.44	310 10 21.65	69.71	+12.35	13 23 45.34	−0 48 32.01
	ζ Virginis	3.3	13 29 32.20	− 0.24	−1.43	310 55 56.25	67.93	+12.48		
	851	7.0	14 7 56.58	−16.44	−1.33	303 2 39.15	90.25	+12.69	14 7 38.81	−7 56 34.70
	854	8.0	14 9 10.37	−16.40	−1.35	306 41 53.50	78.83	+13.21	14 8 52.71	−4 17 8.80
	859	7.0	14 11 30.73	−16.41	−1.34	305 50 15.57	81.35	+13.14	14 11 12.98	−5 8 49.07
	φ Virginis	5.0	14 22 59.03	− 0.26	−1.34	309 14 0.72	71.97	+13.87		
1893 März 30	527	7.8	7 53 24.95	−15.54	−0.55	55 5 56.42	81.37	− 3.10	7 53 8.86	−6 6 59.57
	530	8.0	7 55 35.47	−15.54	−0.57	53 16 54.69	76.17	− 2.61	7 55 19.36	−4 17 53.08
	531	8.0	7 55 43.33	−15.54	−0.57	53 12 39.46	75.99	− 2.58	7 55 27.22	−4 13 39.01
	B.A.C. 2320 O.C.	7.1	7 50 55.24							
	561,	6.5	8 19 32.86	−15.54	−0.60	53 21 9.42	76.72	− 3.17	8 19 16.03	−4 22 8.62
	203b	6.2	8 21 22.61	−15.53	−0.71	52 37 13.24	74.75	− 3.00	8 21 6.37	−3 38 10.29
	565	7.5	8 22 33.41	−15.54	−0.70	53 46 37.77	77.96	− 3.36	8 22 17.17	−4 47 38.03
	Br. 1212	6.1	8 30 31.16	+ 0.12	−0.73	56 35 42.25	86.68	− 4.33		
	P. VIII. 167	5.3	8 42 5.87	+ 0.14	−0.70	50 29 26.92	69.56	− 2.92		
	15 Hydrae	6.0	8 46 35.24	+ 0.13	−0.80	55 45 29.72	84.27	− 4.49		
	19 Hydrae	5.9	9 3 44.37	+ 0.12	−0.87	57 8 16.14	88.83	− 5.27		
	627	8.0	9 23 56.25	−15.55	−0.96	56 58 58.12	88.34	− 5.74	9 23 39.75	−8 0 5.67
	296b	7.8	9 24 28.49	−15.53	−1.00	51 38 21.00	72.60	− 4.47	9 24 11.95	−2 39 14.58
	300b	7.8	9 27 4.40	−15.53	−1.01	52 1 39.40	73.61	− 4.65	9 26 47.86	−3 2 33.81
	318b	6.7	10 18 24.08	−15.53	−1.20	52 5 15.31	73.93	− 6.28	10 18 7.35	−3 6 7.69
	675	7.3	10 18 58.95	−15.54	−1.19	53 22 11.40	77.43	− 6.54	10 18 42.22	−4 23 7.71
	Br. 1462	6.3	10 25 34.05	+ 0.13	−1.19	56 4 14.57	85.58	− 7.22		
	33 Sextantis	6.4	10 36 14.37	+ 0.14	−1.27	50 9 55.62	69.13	− 6.52		
	ι Leonis	5.0	11 25 7.70	+ 0.14	−1.38	51 23 30.31	72.51	− 8.42		
	712	8.0	11 26 13.77	−15.53	−1.36	54 1 6.20	79.71	− 8.76	11 25 56.88	−5 2 4.32

Datum	Bezeichnung des Sterns	Grösse	Durchgangszeit	Uhrstand + Correction	Reduction auf 1893.0	Mittel der Ablesungen	Refraction	Reduction auf 1893.0	α 1893.0	δ 1893.0
1893 März 30	υ Leonis	4.8	11h 51m 45s.14	+ 0s.15	−1s.41	49° 13' 13".47	67".16	− 8".36		
	386b,	7.7	11 58 1.73	−15.52	−1.42	51 47 0.75	73.61	− 9.54	11h 57m 44s.78	−2° 47' 51".49
	M. 199	6.5	12 0 48.01	+ 0.14	−1.43	51 31 16.70	72.94	− 9.65		
	736,	8.0	12 6 7.36	−15.53	−1.41	54 18 41.82	80.69	− 9.96	12 5 50.41	−5 19 39.85
	748,	8.0	12 10 39.77	−15.53	−1.41	54 32 50.60	81.40	−10.10	12 10 22.83	−5 33 48.30
	η Virginis	3.3	12 14 42.88	+ 0.15	−1.46	49 3 54.91	66.87	−10.00		
	θ Virginis	4.3	13 4 41.54	+ 0.13	−1.44	53 37 16.70	79.76	−11.56		
	394b,	8.0	13 18 51.95	−15.57	−1.43	52 57 54.32	77.10	−12.02	13 18 34.95	−3 58 37.61
	800	8.0	13 19 30.78	−15.58	−1.42	55 16 5.35	83.88	−11.91	13 19 13.78	−6 16 56.10
	72 Virginis	6.6	13 25 7.79	+ 0.12	−1.41	54 54 14.65	82.83	−12.06		
	808	7.5	13 28 7.64	−15.59	−1.40	56 52 10.97	89.19	−11.99	13 27 50.65	−7 53 6.38
	ζ Virginis	3.3	13 29 51.38	+ 0.15	−1.45	49 2 21.70	67.14	−12.49		
	m Virginis	6.0	13 36 16.71	+ 0.11	−1.39	57 8 40.95	90.23	−12.13		
	830	8.0	13 49 38.22	−15.60	−1.39	54 20 15.52	81.34	−12.69	13 49 21.23	−5 21 2.53
	837	8.0	13 55 34.06	−15.61	−1.38	55 12 39.17	84.05	−12.70	13 55 17.07	−6 13 29.20
	842	7.7	13 59 29.27	−15.61	−1.37	55 1 31.35	83.48	−12.82	13 59 12.29	−6 2 20.39
	846	8.0	14 1 46.16	−15.62	−1.36	56 54 40.62	89.62	−12.64	14 1 29.18	−7 55 45.26
	850	7.7	14 6 32.93	−15.61	−1.37	54 36 55.85	82.25	−13.01	14 6 15.95	−5 37 25.57
	852	8.0	14 8 55.72	−15.62	−1.36	55 32 28.65	85.15	−12.95	14 8 38.74	−6 33 19.05
	857	6.3	14 11 1.03	−15.62	−1.35	55 6 55.97	83.81	−13.05	14 10 44.06	−6 7 25.25
	862	7.2	14 12 36.03	−15.63	−1.34	56 27 19.02	88.14	−12.89	14 12 19.06	−7 28 12.55
	872	7.5	14 23 19.89	−15.61	−1.33	55 24 20.67	84.80	−13.23	14 23 2.95	−6 25 10.80
	417b	7.7	14 25 13.12	−15.62	−1.34	52 34 37.35	76.48	−13.70	14 24 56.16	−3 35 18.72
	878	7.5	14 30 6.61	−15.63	−1.32	54 20 21.50	81.60	−13.52	14 29 49.67	−5 21 48.81
	421b	7.0	14 33 11.85	−15.62	−1.32	52 8 9.40	75.32	−13.92	14 32 54.90	−3 8 49.05
	318a	8.0	14 35 47.01	−15.62	−1.32	50 56 58.42	72.21	−14.17	14 35 30.07	−1 57 34.57
	ρ Virginis	4.0	14 37 41.19	+ 0.13	−1.30	54 10 48.80	81.12	−13.80		
	331a	6.0	14 39 58.17	−15.62	−1.32	49 57 20.77	69.75	−14.42	14 39 41.24	−0 57 54.52
	424b	8.0	14 41 54.34	−15.63	−1.30	52 46 22.10	77.11	−13.99	14 41 37.41	−3 47 5.86
	893	8.0	14 43 45.06	−15.64	−1.29	54 17 30.45	81.50	−13.78	14 43 28.13	−5 18 16.45
	335a	4.5	14 45 44.94	−15.62	−1.30	50 50 34.67	71.98	−14.41	14 45 28.02	−1 51 10.39
	901	7.5	14 50 53.76	−15.65	−1.27	54 55 52.77	83.47	−13.78	14 50 36.85	−5 56 40.77
	δ Librae	5.6	14 55 32.17	+ 0.11	−1.24	57 4 42.62	90.50	−13.43		
	907	7.1	14 57 4.84	−15.66	−1.24	56 24 9.70	88.22	−13.55	14 56 47.94	−7 25 3.26
	914	7.0	15 4 14.38	−15.65	−1.23	53 58 19.10	80.65	−14.16	15 3 57.50	−4 59 4.08
	342a	8.0	15 9 41.58	−15.57	−1.23	51 0 12.37	72.50	−14.84	15 9 24.72	−2 0 57.07
	918	7.5	15 11 47.00	−15.60	−1.20	56 26 42.47	88.44	−13.76	15 11 30.20	−7 27 45.39
	343a	7.7	15 12 27.02	−15.57	−1.23	49 54 50.89	68.95	−15.17	15 12 10.23	−0 55 38.73
	δ Serpentis	6.4	15 18 29.48	+ 0.14	−1.21	49 37 44.45	69.08	−15.29		
	348a	7.5	15 20 30.81	−15.57	−1.20	49 51 55.22	69.66	−15.26	15 20 14.04	−0 52 36.52
	934	7.8	15 22 49.38	−15.60	−1.17	55 2 33.20	83.98	−14.20	15 22 32.61	−6 3 49.98
	37 Librae	3.0	15 28 36.50	+ 0.09	−1.15	58 40 41.25	96.41	−13.49		
	940	8.0	15 29 15.36	−15.62	−1.14	56 44 19.70	89.48	−13.87	15 28 58.61	−7 45 22.43
	944	7.0	15 31 28.94	−15.60	−1.14	54 39 23.40	81.80	−14.37	15 31 12.20	−5 40 19.33
	444b	8.0	15 33 32.51	−15.58	−1.15	51 27 57.92	73.77	−15.14	15 33 15.78	−2 28 42.08

Datum	Bezeichnung des Sterns	Grösse	Durchgangszeit	Uhrstand + Correction	Reduction auf 1893.0	Mittel der Ablesungen	Refraction	Reduction auf 1893.0	α 1893.0	δ 1893.0
1893 März 30	953	8.0				53°46′ 28″.50	80″.20	−14″.70		−4°47′ 14″.94
	354a	7.5				49 39 40.72	69.22	−15.68		−0 40 21.33
	451b	5.6	15h 45m 57s.82	−15s.59	−1s.10	51 45 11.95	74.57	−15.23	15h 45m 41s.14	−2 45 58.83
	357a	8.0	15 47 21.09	−15.58	−1.10	49 41 55.32	69.32	−15.73	15 47 4.41	−0 42 35.80
	454b	7.9	15 53 36.02	−15.59	−1.07	51 45 18.12	74.59	−15.32	15 53 19.35	−2 46 4.41
	965	8.0	15 54 53.72	−15.62	−1.05	56 29 13.20	88.77	−14.14	15 54 37.05	−7 30 14.92
	457b	7.9	15 57 30.97	−15.59	−1.06	51 9 34.85	73.03	−15.51	15 57 14.33	−2 10 19.99
	458b	6.8	15 59 48.91	−15.59	−1.05	52 13 19.67	75.86	−15.27	15 59 32.27	−3 14 7.68
	364a	7.8	16 4 41.99	−15.59	−1.03	50 19 17.57	70.91	−15.81	16 4 26.37	−1 19 39.62
	977	7.0	16 8 15.63	−15.62	−1.00	56 49 37.22	89.90	−14.13	16 7 59.00	−7 50 39.93
	369a	7.5	16 9 48.44	−15.59	−1.01	50 29 34.45	71.35	−15.82	16 9 31.85	−1 30 16.91
	984	6.9	16 13 41.98	−15.62	−0.98	55 35 49.52	85.85	−14.49	16 13 25.38	−6 36 47.89
	12 Ophiuchi	5.8	16 31 0.67	+ 0.14	−0.92	51 5 1.60	72.94	−15.93		
	375a	6.7	16 33 18.54	−15.59	−0.91	50 0 20.82	70.22	−16.14	16 33 2.03	−1 1 2.53
	375a′	8.3	13 33 25.89	−15.59	−0.91				16 33 9.39	
	377a	6.5	16 35 56.85	−15.59	−0.90	49 46 50.90	69.69	−16.22	16 35 40.96	−0 47 31.65
	482b	7.5	16 38 50.46	−15.61	−0.88	52 55 59.86	77.97	−15.34	16 38 33.96	−3 56 49.78
	20 Ophiuchi	5.0	16 44 11.35	+ 0.09	−0.85	59 34 21.62	100.16	−13.40		
	383a	6.5	16 48 54.39	−15.60	−0.83	50 25 20.00	71.30	−16.11	16 48 37.96	−1 26 2.70
	1008,	8.0	16 54 0.59	−15.64	−0.81	56 46 33.90	89.92	−14.23	16 53 44.14	−7 47 36.50
	1011	7.3	16 55 44.29	−15.63	−0.80	55 51 10.97	86.87	−14.51	16 55 27.86	−6 52 10.49
	ε Urs. min. OC.	4.3	16 57 13.35							
	27 H. Ophiuchi	4.5	17 21 13.47	+ 0.12	−0.68	53 58 36.92	81.20	−15.08	17 25 11.61	
	1037	8.0	17 25 27.92	−15.63	−0.66	56 50 47.87	90.39	−14.12	17 29 19.82	−7 51 52.01
	397a	8.0	17 29 36.07	−15.62	−0.63	50 31 16.65	71.80	−16.12	17 30 14.22	−1 31 58.88
	1043	7.8	17 30 30.47	−15.63	−0.63	53 6 1.62	78.75	−15.30		−4 6 52.45
	1045 praec.	7.7	17 34 20.45	−15.63	−0.61				17 34 4.20	
	1045 sequens		17 34 22.30	−15.63	−0.61	53 53 35.90	81.10	−15.03	17 34 6.06	−4 54 29.15
	1049	8.0	17 39 4.01	−15.65	−0.59	56 20 33.95	88.87	−14.21	17 38 47.76	−7 21 35.23
	518b	7.6	17 40 12.79	−15.63	−0.58	52 26 46.00	77.03	−15.48	17 39 56.58	−3 27 34.44
	520b	8.0	17 43 18.66	−15.62	−0.56	51 8 50.11	73.57	−15.89	17 43 2.47	−2 9 34.84
	1055	6.7	17 47 11.27	−15.64	−0.55	54 13 12.52	82.24	−14.86	17 40 55.08	−5 14 6.73
	1059	7.9	17 48 52.59	−15.63	−0.54	53 10 30.92	79.19	−15.18	17 48 36.41	−4 11 22.01
	1063	8.0	17 50 53.90	−15.64	−0.53	54 17 0.30	82.47	−14.82	17 50 37.73	−5 17 55.14
	67 Ophiuchi	4.0	17 55 33.24	+ 0.16	−0.50	46 3 14.62	61.63	−17.40		
	527b	6.5	17 57 8.05	−15.63	−0.47	52 8 37.77	76.20	−15.46	17 56 51.94	−3 9 25.07
	1075	7.5	18 2 55.51	−15.64	−0.47				18 2 39.40	
	1083	6.8	18 7 46.99	−15.64	−0.44	53 1 29.40	78.96	−15.10	18 7 30.91	−4 2 20.58
	η Serpentis	3.0	18 16 2.40	+ 0.13	−0.39	51 34 46.07	75.95	−15.55		
	1093	6.0	18 19 10.44	−15.66	−0.39				18 18 54.39	
1893 März 31	497	7.8	7 27 52.35	−14.61	−0.40	56 2 15.97	83.94	− 2.89	7 27 37.35	−7 3 22.12
	225b	7.4	7 30 56.34	−14.58	−0.44	51 54 17.85	72.22	− 1.66	7 30 41.52	−2 55 8.76
	505	8.0				53 43 52.45	77.21	− 2.30		−4 44 52.76
	26 Monoc.	4.5	7 36 25.11	+ 0.09	−0.43	56 16 54.40	91.62	− 3.73		
	B.A.C. 2320 O.C.	7.1	7 50 42.14							

Datum	Bezeichnung des Sterns	Grösse	Durchgangszeit	Uhrstand + Correction	Reduction auf 1893.0	Mittel der Ablesungen	Refraction	Reduction auf 1893.0	α 1893.0	δ 1893.0
1893 März 31	241b	8.0	7h 53m 24s.33	—14s.59	—0s.55	52° 20′ 0″.60	73″.75	— 2″.26	7h 53m 9s.18	—3° 20′ 57″.18
	528	7.9	7 54 38.33	—14.60	—0.55	53 52 48.22	78.06	— 2.76	7 54 23.18	—4 53 48.82
	245b	6.8	7 55 36.45	—14.59	—0.57	51 34 22.37	71.83	— 2.08	7 55 21.29	—2 35 18.05
	562	8.0	8 20 15.00	—14.62	—0.67	55 48 15.31	84.19	— 3.90	8 20 0.31	—6 49 21.43
	229a	8.0	8 21 40.63	—14.59	—0.71	49 51 1.82	67.88	— 2.19	8 21 25.33	—0 51 53.73
	Br. 1212	6.1	8 30 30.24	+ 0.10	—0.71	56 35 42.74	86.77	— 4.35		
	P. VIII, 167	5.3	8 42 4.99	+ 0.14	—0.81	50 29 26.29	69.50	— 2.93		
	θ Hydrae	4.0	9 9 3.24	+ 0.17	—0.97	46 13 19.52	59.93	— 2.58		
	296b	7.8	9 24 27.60	—14.62	—0.99	51 38 22.42	72.53	— 4.50	9 24 11.99	—2 39 16.16
	τ₂ Hydrae	5.0	9 26 47.37	+ 0.14	—1.02	49 41 57.35	67.70	— 4.08		
	328b	6.7	10 18 23.23	—14.64	—1.19	52 5 14.75	73.66	— 6.31	10 18 7.39	—3 6 7.37
	678	7.3	10 20 51.63	—14.67	—1.17	56 17 51.27	85.95	— 7.17	10 20 35.80	—7 18 55.29
	Br. 1462	6.4	10 25 53.21	+ 0.10	—1.18	56 4 14.70	85.24	— 7.26		
	33 Sextantis	6.4	10 36 13.45	+ 0.14	—1.26	50 9 56.27	68.83	— 6.55		
	789a	8.0	11 45 14.03	—14.67	—1.42	50 48 36.05	70.58	— 9.10	11 44 57.96	—1 49 23.24
	729	7.0	11 45 58.93	—14.70	—1.37	50 22 42.87	86.52	— 9.56	11 45 42.86	—7 23 45.46
	Lal. 22585	5.9	11 55 31.03	+ 0.08	—1.37	58 48 59.67	95.07	—10.13		
	360b₁	7.7	11 58 0.84	—14.68	—1.43	51 47 2.27	73.20	— 9.61	11 57 44.74	—2 47 51.09
	M. 499	6.5	12 0 47.15	+ 0.13	—1.43	51 31 18.20	72.55	— 9.66		
	θ Virginis	4.3	13 4 40.70	+ 0.11	—1.45	53 57 16.50	79.71	—11.61		
	394b₁	8.0	13 18 51.06	—14.70	—1.44	52 57 54.35	77.03	—12.00	13 18 34.92	—3 58 38.43
	800	8.0	13 19 29.74	—14.71	—1.43	55 16 6.02	83.80	—11.97	13 19 13.60	—6 16 57.58
	72 Virginis	6.6	13 25 6.87	+ 0.11	—1.43	54 54 15.40	82.73	—12.14		
	808	7.5	13 28 6.75	—14.73	—1.41	50 52 11.55	89.08	—12.04	13 27 50.61	—7 53 7.86
	ζ Virginis	3.3	13 29 30.58	+ 0.15	—1.46	49 2 20.42	67.06	—12.50		
	m Virginis	6.0	13 36 15.85	+ 0.09	—1.40	57 8 30.07	90.07	—12.17		
	410b	8.0	14 7 15.08	—14.69	—1.40	51 27 25.25	73.21	—13.45	14 6 58.99	—2 28 4.31
	852	8.0	14 8 54.80	—14.72	—1.37	55 32 27.65	84.96	—12.98	14 8 38.71	—6 33 18.63
	857	6.3	14 11 0.14	—14.71	—1.37	55 6 36.10	83.63	—13.08	14 10 44.05	—6 7 26.06
	861	6.5	14 12 35.79	—14.72	—1.36	56 2 31.60	86.55	—12.99	14 12 19.71	—7 2 24.61
	415b	7.3	14 22 47.91	—14.69	—1.37	51 30 46.85	73.52	—13.81	14 22 31.85	—2 31 25.96
	416b	6.8	14 24 41.98	—14.70	—1.36	52 45 27.10	76.88	—13.68	14 24 25.93	—3 46 9.96
	878	7.5	14 30 5.75	—14.71	—1.34	54 20 63.15	81.53	—13.56	14 29 49.70	—5 21 50.01
	421b	7.0	14 33 10.97	—14.70	—1.34	52 8 9.67	75.27	—13.95	14 32 54.94	—3 8 50.01
	328a	8.0	14 35 46.16	—14.69	—1.34	50 56 58.27	72.18	—14.18	14 35 30.13	—1 57 35.06
	μ Virginis	4.0	14 37 41.27	+ 0.11	—1.32	54 10 47.80	81.11	—13.84		
	332a	6.0	14 39 57.38	—14.68	—1.34	49 57 20.72	69.71	—14.42	14 39 41.35	—0 57 55.61
	424b	8.0	14 41 53.57	—14.70	—1.32	52 46 22.37	77.11	—14.03	14 41 37.56	—3 47 4.97
	896	8.0	14 43 59.47	—14.71	—1.31	54 19 57.47	81.63	—13.80	14 43 43.45	—5 20 44.08
	901	7.5	14 50 52.84	—14.71	—1.29	54 55 51.50	83.55	—13.81	14 50 36.84	—5 56 40.42
	δ Librae	5.6	14 55 31.22	+ 0.09	—1.26	57 4 42.27	90.58	—13.49		
	907	7.1	14 57 3.96	—14.72	—1.26	56 24 9.97	88.32	—13.63	14 56 47.98	—7 25 4.48
	915	7.9	15 4 31.66	—14.71	—1.25	55 17 42.87	84.79	—13.94	15 4 15.70	—6 18 32.61
	436b	6.7	15 9 10.12	—14.69	—1.25	51 57 28.77	75.09	—14.65	15 8 54.18	—2 57 52.88
	920	7.5	15 10 39.83	—14.70	—1.24	53 29 17.10	79.38	—14.38	15 10 23.88	—4 6 5.26
	437b₁	7.3	15 12 21.28	—14.70	—1.23	53 5 21.92	78.24	—14.48	15 11 5.34	—2 24 27.48
	438b	8.0	15 13 20.82	—14.69	—1.24	51 23 49.42	73.63	—14.84	15 13 4.90	—4 30 1.29
	δ Serpentis	6.4	15 18 28.64	+ 0.14	—1.23	49 37 49.77	69.17	—15.28		

Datum	Bezeichnung des Sterns	Grösse	Durchgangszeit	Uhrstand + Correction	Reduction auf 1893.0	Mittel der Ablesungen	Refraction	Reduction auf 1893.0	α 1893.0	δ 1893.0
1893 April 1	P. VII, 85	6.6	7h 17m 8s.55	+ 0s.10	−0s.32	57° 45′ 33″.50	80″.01	− 3″.21		
	502	7.1	7 32 46.35	−14.04	−0.41	56 29 12.47	85.04	− 3.12	7h 32m 31s.90	−7° 30′ 12″.42
	506	7.8	7 33 47.49	−14.03	−0.42	54 12 13.80	78.14	− 2.44	7 33 33.03	−5 13 8.80
	26 Monoc.	4.3	7 36 22.52	+ 0.10	−0.41	58 17 0.85	91.14	− 3.74		
	241b	8.0	7 53 23.80	−14.02	−0.54	52 20 8.17	73.23	− 2.87	7 53 9.24	−3 20 57.35
	213a	8.0	7 54 48.43	−14.01	−0.55	50 29 35.40	68.04	− 1.73	7 54 33.87	−1 30 20.78
	B.A.C. 2380 O.C.	7.1	7 50 43.47							
	561₁	6.5	8 19 31.37	−14.03	−0.66	53 21 17.10	76.38	− 2.91	8 19 16.68	−4 22 9.43
	229a	8.0	8 21 40.14	−14.01	−0.70	49 51 8.95	67.43	− 2.19	8 21 25.43	−0 51 53.16
	Br. 1212	6.1	8 30 29.64	+ 0.11	−0.70	56 35 50.12	86.24	− 4.38		
	587₁	8.0	8 41 0.65	−14.04	−0.75	56 10 40.65	84.98	− 4.53	8 40 51.86	−7 11 39.29
	P. VIII, 167	5.3	8 42 4.41	+ 0.14	−0.79	50 29 33.77	69.18	− 2.93		
	15 Hydrae	6.0	8 46 33.75	+ 0.11	−0.78	55 45 36.45	83.71	− 4.55		
	625	7.2	9 23 11.14	−14.04	−0.94	56 14 10.50	85.55	− 5.02	9 22 56.16	−7 15 17.53
	205b	6.5	9 24 25.03	−14.03	−0.97	52 45 48.47	75.29	− 4.79	9 24 10.03	−3 46 37.80
	629	7.8	9 26 45.31	−14.04	−0.95	56 0 30.82	84.85	− 5.66	9 26 30.32	−7 1 28.86
	727	8.0	11 45 10.82	−14.08	−1.39	54 36 7.60	81.00	− 9.46	11 45 1.35	−5 36 58.12
	729	7.0	11 45 58.33	−14.09	−1.37	56 22 48.75	86.54	− 9.62	11 45 42.86	−7 23 44.53
	Lal. 22583	5.9	11 55 30.44	+ 0.07	−1.37	58 49 0.52	95.06	−10.20		
	χ Virginis	5.0	12 33 58.87	+ 0.09	−1.43	56 23 28.85	86.74	−10.90		
	M. 522	6.5	12 42 17.15	+ 0.10	−1.44	54 42 8.05	81.48	−11.10		
	798	6.3	13 19 14.50	−14.07	−1.45	53 35 32.72	78.48	−12.09	13 18 58.99	−4 36 16.47
	α Urs. min. U.C.	2.0	13 19 3.67							
	m Virginis	6.0	13 36 15.31	+ 0.08	−1.41	57 8 51.15	89.77	−12.22		
	φ Virginis	5.6	13 40 27.07	+ 0.14	−1.45	49 58 0.40	69.21	−13.13		
	υ Virginis	4.0	13 56 27.57	+ 0.16	−1.46	46 55 46.80	62.28	−13.62		
	410b	8.0	14 7 14.45	−14.05	−1.41	51 27 26.07	73.15	−13.47	14 6 58.99	−2 28 4.03
	833	7.0	14 9 2.41	−14.08	−1.39	54 26 11.80	81.30	−13.17	14 8 46.93	−5 26 58.45
	839	7.0	14 11 28.44	−14.07	−1.39	54 8 3.40	80.62	−13.25	14 11 12.97	−5 8 49.14
	801	6.5	14 12 35.35	−14.09	−1.38	56 1 31.50	86.48	−13.05	14 12 19.84	−7 2 23.76
1893 April 2	25 Monoc.	5.3				307 6 40.82	74.55	+ 1.98		
	26 Monoc.	4.3	7 36 21.34	− 0.23	−0.40	301 41 9.75	91.32	+ 3.75		
	243b	7.0	7 53 58.39	−13.77	−0.52	306 56 32.50	75.27	+ 2.50	7 53 44.09	−4 2 28.08
	245b	6.8	7 55 35.63	−13.76	−0.54	308 23 38.87	71.46	+ 3.10	7 55 21.32	−2 35 19.23
	B.A.C. 2380 O.C.	7.1	7 51 1.77							
	555	7.8	8 15 48.12	−13.77	−0.63	306 27 19.32	76.88	+ 3.22	8 15 33.70	−4 31 42.60
	202b	7.5	8 20 42.42	−13.77	−0.66	307 9 13.72	75.02	+ 3.08	8 20 27.98	−3 49 46.25
	229a	8.0	8 21 39.79	−13.75	−0.69	310 6 58.37	67.52	+ 2.20	8 21 25.34	−0 51 55.70
	568	8.0	8 23 50.36	−13.80	−0.65	303 47 47.57	84.92	+ 4.15	8 23 35.90	−7 11 22.12
	233a	7.7	8 29 19.82	−13.75	−0.73	310 37 16.12	66.38	+ 2.25	8 29 5.33	−0 21 36.34
	Br. 1212	6.1	8 30 29.37	− 0.22	−0.68	303 22 20.02	86.34	+ 4.40		
	P. VIII, 167	5.3	8 42 4.14	− 0.18	−0.78	309 28 36.48	69.19	+ 2.94		
	15 Hydrae	6.0	8 46 33.40	− 0.21	−0.76	304 12 32.40	83.83	+ 4.57		
	277b	7.0	8 50 31.13	−13.76	−0.82	308 35 36.00	71.51	+ 3.45	8 50 16.54	−2 23 0.70
	279b	7.7	8 56 14.60	−13.76	−0.84	308 2 3.35	73.07	+ 3.76	8 55 59.98	−2 56 54.39

Datum	Bezeichnung des Sterns	Grösse	Durchgangszeit	Uhrstand + Correction	Reduction auf 1893.0	Mittel der Ablesungen	Refraction	Reduction auf 1893.0	α 1893.0	δ 1893.0
1893 April 2	19 Hydrae	5.9	9h 3m 42s.61	− 0s.22	−0s.83	302° 49′ 46″.81	88″.63	+5″.37		
	247a	7.1	9 9 40.11	−13.70	−0.91	309 30 15.15	68.67	+3.67	9h 9m 25s.45	−1° 8′ 38″.40
	619	7.8	9 18 49.05	−13.78	−0.93	306 4 51.25	78.05	+4.95	9 18 34.34	−4 53 10.74
	623	7.8	9 20 22.99	−13.78	−0.92	305 2 29.85	81.71	+5.25	9 20 8.27	−5 50 35.12
	625	7.2	9 23 10.87	−13.79	−0.93	303 43 50.47	85.83	+5.06	9 22 56.13	−7 15 17.03
	252a	6.7	9 24 13.84	−13.76	−0.98	309 14 37.65	70.23	+4.29	9 23 59.09	−1 44 17.31
	630	7.0	9 27 0.81	−13.78	−0.94	302 37 18.60	88.42	+5.97	9 26 46.06	−8 1 52.04
	634	7.7	9 30 0.83	−13.78	−0.98	306 5 33.70	78.69	+5.27	9 29 46.06	−4 53 28.47
	6 Sextantis	6.1	9 46 5.31	− 0.20	−1.05	307 14 27.10	75.54	+5.49		
	660	7.8	10 6 54.62	−13.78	−1.11	305 18 30.20	81.13	+6.53	10 6 39.71	−5 40 32.77
	664	7.3	10 8 38.31	−13.77	−1.13	306 17 36.80	78.27	+6.39	10 8 23.39	−4 41 23.77
	22 Sextantis	5.8	10 12 33.68	− 0.22	−1.12	303 27 3.72	86.97	+7.10		
	328b	6.7	10 18 22.44	−13.70	−1.18	307 52 47.95	73.94	+6.37	10 18 7.48	−3 6 8.05
	Carr. 3441 U.C.	5.6	10 21 43.02							
1893 April 3	25 Monoc.	5.3	7 32 10.83	− 0.22	−0.39	307 6 39.52	74.24	+1.98		
	26 Monoc.	4.3	7 36 21.47	− 0.28	−0.38	301 41 8.67	90.30	+3.75		
	δ Urs. min. U.C.	6.4	7 30 20.35							
	243b	7.0	7 53 57.52	−12.97	−0.50	306 56 31.60	74.80	+2.49	7 53 44.05	−4 2 28.12
	530	8.0	7 55 32.96	−12.97	−0.51	306 41 9.82	75.53	+2.62	7 55 19.48	−4 17 50.82
	555	7.8	8 15 47.33	−12.97	−0.61	306 27 19.27	76.47	+3.17	8 15 33.75	−4 31 41.55
	262b	7.5	8 20 41.53	−12.96	−0.64	307 9 14.27	74.04	+3.08	8 20 27.93	−3 49 44.88
	565	7.5	8 22 30.81	−12.97	−0.65	306 11 23.05	77.31	+3.40	8 22 17.20	−4 47 38.31
	575	8.0	8 28 30.41	−13.00	−0.66	304 7 0.97	83.57	+4.17	8 28 16.76	−6 52 6.07
	Br. 1212	6.1	8 30 28.58	− 0.20	−0.67	303 22 18.27	85.98	+4.42		
	P. VIII, 167	5.3	8 42 3.31	− 0.19	−0.77	309 28 33.77	68.94	+2.95		
	15 Hydrae	6.0	8 40 32.05	− 0.25	−0.75	304 12 31.67	83.47	+4.59		
	241a₁	8.0	8 50 24.14	−12.92	−0.85	310 40 7.72	65.79	+2.99	8 50 10.37	−0 9 42.74
	19 Hydrae	5.9	9 3 41.78	− 0.20	−0.82	302 49 45.15	87.98	+5.40		
	620	7.3	9 18 54.22	−12.98	−0.91	305 58 32.42	78.30	+5.18	9 18 40.33	−5 0 28.15
	248a₁₁	8.0	9 20 4.99	−12.93	−0.96	310 36 15.97	66.40	+2.79	9 19 51.11	−0 22 33.45
	626	8.0	9 23 17.92	−13.00	−0.91	303 22 46.65	86.36	+5.78	9 23 4.01	−7 37 21.25
	295b	6.5	9 24 23.92	−12.96	−0.95	307 12 20.10	74.97	+5.02	9 24 10.01	−3 46 37.78
	629	7.8	9 26 44.21	−13.00	−0.93	304 0 38.30	84.34	+5.91	9 26 30.28	−6 58 27.93
	6 Sextantis	6.1	9 46 4.56	− 0.21	−1.04	307 14 26.42	75.00	+5.51		
	660	7.8	10 6 53.81	−12.98	−1.11	305 18 27.82	80.57	+6.77	10 6 39.72	−5 40 33.45
	664	7.3	10 8 37.47	−12.97	−1.12	306 17 34.87	77.72	+6.88	10 8 23.38	−4 41 23.53
	22 Sextantis	5.8	10 12 32.89	− 0.26	−1.11	303 27 1.92	86.37	+7.31		
	264a	7.8	10 18 36.47	−12.94	−1.18				10 18 22.35	
	Carr. 3441 U.C.	5.6	10 21 45.97							
1893 April 4	25 Monoc.	5.3	7 32 10.29	− 0.22	−0.37	307 6 38.70	74.38	+1.98		
	26 Monoc.	4.3	7 36 20.99	− 0.29	−0.36	301 41 8.65	91.10	+3.75		
	530	8.0	7 55 32.48	−12.44	−0.50	306 41 9.95	75.77	+2.61	7 55 19.54	−4 17 50.10
	563	7.8	8 21 51.24	−12.46	−0.62	305 7 55.05	80.46	+3.71	8 21 38.16	−5 51 5.13
	566	7.5	8 22 44.53	−12.48	−0.62	304 7 3.35	83.50	+4.04	8 22 31.13	−6 52 3.20

Datum	Bezeichnung des Sterns	Grösse	Durchgangszeit	Uhrstand + Correction	Reduction auf 1893.0	Mittel der Ablesungen	Refraction	Reduction auf 1893.0	α 1893.0	δ 1893.0
1893 April 4	Br. 1212	6.1	8h 30m 27s.09	− 0s.27	−0s.65	303° 22′ 17″.75	85″.98	+ 4″.44		
	P. VIII, 167	5.3	8 41 2.80	− 0.19	−0.75	309 28 33.32	68.90	+ 2.94		
	15 Hydrae	6.0	8 40 32.10	− 0.26	−0.73	304 12 30.22	83.41	+ 4.61		
	76 Drac. U.C.	6.0	8 50 27.72							
	242a	7.7	8 56 24.83	−12.40	−0.83	309 55 26.65	67.88	+ 3.25	8h 56m 11s.60	−1° 3′ 24″.61
	19 Hydrae	5.9	9 3 41.25	− 0.28	−0.81	302 49 44.57	87.98	+ 5.44		
	θ Hydrae	4.0	9 9 1.13	− 0.14	−0.93	313 44 39.75	59.43	+ 2.58		
	619	7.8	9 18 47.65	−12.45	−0.90	306 4 49.27	78.04	+ 4.90	9 18 34.30	−4 54 10.27
	348a,,	8.0	9 20 4.47	−12.40	−0.94	310 36 17.02	66.38	+ 4.75	9 19 51.13	−0 22 31.70
	626	8.0	9 23 17.27	−12.49	−0.90	303 21 47.20	86.54	+ 5.81	9 23 3.88	−7 37 20.02
	252a	6.7	9 24 12.39	−12.41	−0.95	309 14 37.17	69.68	+ 4.30	9 23 59.03	−1 44 15.35
	299b,	7.5	9 26 36.55	−12.43	−0.95	308 4 7.05	72.67	+ 4.68	9 26 23.17	−2 54 47.88
	394b,	8.0	13 18 48.95	−12.49	−1.48	307 0 14.82	76.71	+12.20	13 18 34.98	−3 58 36.37
	314a	7.0	13 23 59.34	−12.45	−1.51	310 10 10.42	68.53	+12.43	13 23 45.38	−0 48 31.63
	72 Virginis	6.6	13 25 4.72	− 0.25	−1.47	305 3 52.07	82.35	+12.28		
	ζ Virginis	3.3	13 29 28.40	− 0.18	−1.50	310 55 44.50	66.73	+12.54		
	m Virginis	6.0	13 36 13.70	− 0.28	−1.45	302 49 17.50	89.60	+12.40		
	832	8.0	14 8 52.63	−12.52	−1.43	304 25 37.60	84.44	+13.16	14 8 38.68	−6 33 19.63
	857	6.3	14 10 58.00	−12.51	−1.43	304 51 30.65	83.10	+13.24	14 10 44.06	−6 7 25.13
	φ Virginis	5.0	14 22 55.20	− 0.20	−1.43	309 13 50.45	70.97	+13.96		
	μ Virginis	4.0	14 37 39.13	− 0.24	−1.40	305 47 19.77	80.36	+13.98		
	β Librae	2.0	15 11 28.75	− 0.29	−1.30	301 59 57.92	92.95	+13.64		
	437b,	7.3	15 12 19.05	−12.57	−1.31	306 52 51.95	77.49	+14.55	15 12 5.17	−4 6 5.56
	347a	7.7	15 19 5.54	−12.52	−1.31	310 48 52.70	67.38	+15.36	15 18 51.71	−0 9 53.57
	37 Librae	5.0	15 27 33.63	− 0.30	−1.26	301 17 26.27	95.61	+13.87		
	354a	7.5	15 43 36.22	−12.53	−1.23	310 18 25.32	68.06	+15.65	15 43 22.46	−0 40 21.82
	451b	5.6	15 45 54.97	−12.55	−1.22	308 12 55.26	73.97	+15.24	15 45 41.21	−2 45 57.72
	362a	8.0	15 57 39.78	−12.53	−1.18	309 37 41.40	70.37	+15.68	15 57 26.07	−1 21 7.54
	972	7.8	16 0 56.63	−12.57	−1.16	306 31 7.02	78.64	+14.99	16 0 42.90	−4 27 50.87
	367a	8.0	16 7 56.97	−12.53	−1.14	309 51 12.80	69.84	+15.83	16 7 43.30	−1 7 34.96
	308a	6.8	16 8 20.77	−12.53	−1.14	309 46 40.87	70.03	+15.83	16 8 7.10	−1 12 7.83
	983	8.0	16 13 34.56	−12.60	−1.11	303 55 36.76	86.60	+14.43	16 13 20.84	−7 3 29.65
	λ Ophiuchi	3.7	16 25 44.59	− 0.15	−1.08	313 11 46.76	62.14	+15.73		
	12 Ophiuchi	5.8	16 30 57.80	− 0.20	−1.06	308 33 5.57	72.34	+15.87		
	376a	7.5	16 33 56.27	−12.54	−1.03	309 26 2.17	70.95	+15.93	16 33 42.70	−1 32 46.82
	481b	8.0	16 35 57.47	−12.57	−1.02	306 58 27.90	77.48	+15.28	16 35 43.88	−4 0 28.54
	380a	8.0	16 39 43.28	−12.58	−1.01	310 33 47.39	68.18	+16.26	16 39 29.75	−0 24 58.78
	20 Ophiuchi	5.0	16 44 8.48	− 0.31	−0.99	300 23 45.05	99.31	+13.47		
	1004	7.3	16 48 42.90	−12.57	−0.97	306 49 17.64	77.93	+15.28	16 48 29.37	−4 9 39.25
	1009	7.8	16 54 27.57	−12.61	−0.94	303 36 56.75	87.73	+14.34	16 54 14.02	−7 22 10.66
	1011	7.3	16 55 41.44	−12.60	−0.94	304 6 54.93	86.11	+14.49	16 55 27.90	−6 52 10.89
	1013	7.2				304 47 9.52	83.99	+14.68		−6 11 53.85
	1021	8.0	17 10 29.66	−12.62	−0.87	303 3 32.65	89.64	+14.13	17 10 16.17	−7 55 16.78
	1023	8.0	17 11 39.34	−12.60	−0.87	304 19 5.95	85.52	+14.50	17 11 25.87	−6 39 59.42
	499b	6.1	17 13 29.11	−12.55	−0.86	308 17 11.40	71.01	+15.69	17 13 15.70	−2 41 41.17

Datum	Bezeichnung des Sterns	Grösse	Durchgangszeit	Uhrstand + Correction	Reduction auf 1893.0	Mittel der Ablesungen	Refraction	Reduction auf 1893.0	α 1893.0	δ 1893.0
1893 April 4	27 H. Ophiuchi	4.5	17h 21m 10.60s	— 0.84s	—0.82s	305° 59′ 30.62″	80.43″	+14.99″		
	1037	8.0	17 25 25.06	—12.61	—0.81	303 7 18.46	89.51	+14.06	17h 25m 11.64s	—7° 51′ 51.21″
	1041	6.8	17 30 11.90	—12.59	—0.78	304 55 58.90	83.65	+14.60	17 29 58.53	—6 3 3.95
	1042	8.0	17 30 23.43	—12.59	—0.78	304 55 29.42	83.67	+14.60	17 30 10.06	—6 3 34.20
	513b	8.0	17 35 8.49	—12.55	—0.75	308 10 30.30	74.37	+15.58	17 34 55.19	—2 48 22.46
	514b	7.8	17 37 7.92	—12.55	—0.74	308 36 36.22	73.22	+15.71	17 36 54.63	—2 22 15.22
	1049	8.0	17 39 1.09	—12.61	—0.74	303 37 33.60	87.85	+14.12	17 38 47.74	—7 21 34.35
	1051	8.0	17 41 27.48	—12.59	—0.73	304 49 9.99	84.05	+14.48	17 41 14.16	—6 9 55.80
	1053	7.8	17 46 36.09	—12.58	—0.70	306 14 5.02	79.78	+14.89	17 46 22.82	—4 44 53.94
	522b	7.5	17 47 41.52	—12.55	—0.69	308 25 42.45	73.72	+15.59	17 47 28.28	—2 33 9.94
	1062	7.3	17 50 47.95	—12.57	—0.68	306 25 27.45	79.25	+14.92	17 50 34.70	—4 33 30.79
	1065	7.5	17 53 16.71	—12.58	—0.67	305 34 12.41	81.76	+14.63	17 53 3.46	—5 24 48.61
	67 Ophiuchi	4.0	17 55 30.26	— 0.14	—0.65	313 54 49.75	60.80	+17.22		
	1069	7.5	17 56 52.64	—12.50	—0.65	305 15 3.92	82.74	+14.49	17 56 39.40	—5 43 58.76
	1074	7.2	18 2 35.17	—12.61	—0.63	303 51 8.02	87.26	+13.97	18 2 22.93	—7 7 59.41
	1079	6.3	18 5 58.14	—12.58	—0.60	305 45 22.80	81.23	+14.56	18 5 44.95	—5 13 37.74
	1083	6.8	18 7 44.06	—12.57	—0.59	306 56 36.97	77.81	+14.95	18 7 30.90	—4 2 20.14
	534b	6.6	18 10 33.01	—12.56	—0.58	307 29 47.65	76.73	+15.04	18 10 19.87	—3 39 8.89
	η Serpentis	3.0	18 15 59.44	— 0.21	—0.54	308 3 18.60	74.77	+15.40		
1893 April 5	27 Monoc.	5.4	7 54 35.97	— 0.22	—0.48	307 35 47.90	73.78	+ 2.30		
	531	8.0	7 55 39.74	—12.11	—0.48	306 45 30.05	76.05	+ 2.60	7 55 27.15	—4 13 38.08
	Br. 1197	3.6	8 20 31.34	— 0.22	—0.62	307 25 39.12	74.32	+ 3.00		
	Br. 1212	6.1	8 30 27.67	— 0.27	—0.64	303 22 25.54	86.33	+ 4.45		
	76 Drac. U.C.	6.0	8 50 27.60							
	280b	6.8	8 56 23.36	—12.11	—0.79	306 36 53.12	75.71	+ 4.11	8 56 10.46	—4 2 13.45
	19 Hydrae	5.9	9 3 40.81	— 0.28	—0.79	302 49 53.07	88.19	+ 5.45		
	θ Hydrae	4.0	9 9 0.83	— 0.14	—0.92	313 44 48.30	59.28	+ 2.58		
	α Hydrae	2.0	9 22 32.77	— 0.28	—0.88	302 47 35.44	88.36	+ 5.98		
	294b	7.3	9 24 7.07	—12.09	—0.93	308 17 7.17	72.20	+ 4.38	9 23 54.05	—2 41 54.88
	296b	7.8	9 24 25.12	—12.09	—0.93	308 19 46.19	72.09	+ 4.38	9 24 12.10	—2 39 16.40
	300b	7.8	9 27 0.88	—12.09	—0.91	307 56 29.12	73.10	+ 4.77	9 26 47.85	—3 2 54.24
	θ Virginis	4.3	13 4 38.17	— 0.24	—1.49	300 0 50.60	79.57	+11.82		
	798	6.3	13 19 12.71	—12.24	—1.49	300 22 34.50	78.59	+12.22	13 18 58.98	—4 36 17.08
	3154	7.8	13 24 58.25	—12.20	—1.51	309 38 11.75	69.95	+12.46	13 24 44.54	—1 20 31.03
	ζ Virginis	3.3	13 29 28.15	— 0.18	—1.51	310 55 44.47	66.84	+12.54		
	m Virginis	6.0	13 36 13.42	— 0.28	—1.46	302 49 16.27	89.75	+12.46		
	κ Virginis	4.3	14 7 24.93	— 0.30	—1.44	301 12 38.00	95.56	+12.88		
	857	6.3	14 10 57.80	—12.26	—1.45	304 31 29.30	83.20	+13.27	14 10 44.10	—6 7 25.82
	862	7.2	14 12 32.73	—12.28	—1.44	303 30 46.92	87.50	+13.16	14 12 19.01	—7 28 12.07
	φ Virginis	5.0	14 22 55.03	— 0.20	—1.45	309 13 48.62	71.04	+13.96		
	922	7.5	15 11 43.91	—12.34	—1.33	303 31 21.07	87.82	+13.94	15 11 30.24	—7 27 44.35
	δ Serpentis	6.4	15 18 26.31	— 0.18	—1.33	310 20 19.72	68.00	+14.27		
	B.A.C. 5140 O.C.	7.1	15 12 19.83							
	37 Librae	5.0	15 28 33.37	— 0.30	—1.28	301 17 25.95	93.71	+13.76		

Datum	Bezeichnung des Sterns	Grösse	Durchgangszeit	Uhrstand + Correction	Reduction auf 1893.0	Mittel der Ablesungen	Refraction	Reduction auf 1893.0	α 1893.0	δ 1893.0
1893 April 5	354a	7.5	15h 43m 36s.03	−12s.28	−1s.25	310° 18′ 23″.42	68″.73	+15″.64	15h 43m 22s.49	−0° 40′ 22″.25
	361a	7.8	15 37 27.45	−12.28	−1.21	310 51 50.57	67.43	+15.93	15 37 13.96	−0 6 52.49
	972	7.8	16 0 56.46	−12.34	−1.18	306 31 4.56	78.74	+14.99	16 0 42.94	−4 27 50.72
	367a	8.0	16 7 56.79	−12.30	−1.17	309 51 10.55	69.91	+15.83	16 7 43.32	−1 7 34.54
	368a	6.8	16 8 20.64	−12.30	−1.16	304 46 37.90	70.09	+15.81	16 8 7.18	−1 12 8.20
	983	8.0	16 13 34.33	−12.38	−1.14	303 55 33.50	86.00	+14.42	16 13 20.81	−7 3 29.03
	376a	7.5	16 33 56.11	−12.32	−1.06	309 23 50.48	71.07	+15.90	16 33 42.73	−1 32 47.28
	14 Ophiuchi	6.0	16 36 30.71	− 0.16	−1.05	312 21 47.80	64.12	+15.96		
	484b	6.9	16 39 48.90	−12.34	−1.04	308 5 38.85	74.57	+15.59	16 39 35.52	−2 53 11.39
	20 Ophiuchi	5.0	16 44 8.38	− 0.31	−1.02	300 23 41.45	99.50	+13.48		
	1004	7.3	16 48 42.74	−12.37	−1.00	306 40 14.69	78.10	+15.25	16 48 29.37	−4 9 39.43
	1009₁	8.0	16 54 31.88	−12.37	−0.97	306 47 41.77	78.20	+15.25	16 54 18.54	−4 11 12.48
	1023	8.0	17 11 39.21	−12.42	−0.90	304 19 2.70	85.72	+14.47	17 11 25.90	−6 40 0.13
	27 H. Ophiuchi	4.5	17 21 10.45	− 0.24	−0.85	305 59 28.45	80.61	+14.97		
	1037	8.0	17 25 24.88	−12.41	−0.84	303 7 16.45	89.70	+14.04	17 25 11.60	−7 51 50.89
	1040	7.5	17 29 59.68	−12.42	−0.81	305 7 20.37	83.26	+14.63	17 29 46.45	−5 51 39.50
	308b	7.9	17 30 44.72	−12.39	−0.80	307 22 16.40	76.72	+15.33	17 30 31.53	−3 36 36.78
	1048	7.4	17 38 30.32	−12.43	−0.75	305 6 9.90	83.35	+14.57	17 38 17.15	−5 52 50.12
	517b	7.3	17 39 50.92	−12.39	−0.76	308 15 52.87	74.33	+15.54	17 39 37.78	−2 42 58.09
	402a	7.8	17 42 57.81	−12.37	−0.74	310 0 0.84	69.90	+16.07	17 42 44.70	−0 58 44.55
	1055	6.7	17 47 8.24	−12.42	−0.73	305 44 52.47	81.44	+14.70	17 46 55.09	−5 14 5.54
	1059	7.9	17 48 49.63	−12.41	−0.72	306 47 32.50	78.41	+15.02	17 48 36.50	−4 11 22.47
	1062	7.3	17 50 47.84	−12.42	−0.71	306 25 23.77	79.47	+14.89	17 50 34.71	−4 33 32.39
	ν Ophiuchi	3.6	17 53 21.32	− 0.30	−0.68	301 13 40.10	96.62	+13.17		
	526b	7.3	17 55 34.90	−12.40	−0.68	308 24 26.57	74.01	+15.49	17 55 21.82	−2 34 43.52
	1075	7.5	18 2 52.39	−12.43	−0.63	306 24 25.85	79.57	+14.78	18 2 39.33	−4 34 30.25
	1078	7.5	18 4 6.35	−12.44	−0.64	305 18 40.95	82.81	+14.40	18 3 53.27	−5 40 10.04
	1080	7.0	18 6 25.19	−12.44	−0.63	305 20 8.20	82.75	+14.38	18 6 12.12	−5 39 51.75
	534b	6.6	18 10 32.95	−12.42	−0.61	307 19 45.65	76.97	+14.99	18 10 19.92	−3 39 8.02
	1087	7.5	18 13 32.94	−12.43	−0.59	306 30 4.20	78.38	+14.81	18 13 19.92	−4 8 50.95
	η Serpentis	3.0	18 15 59.31	− 0.21	−0.57	308 3 16.70	75.01	+15.37		
	1093	6.0	18 19 7.50	−12.47	−0.57	303 51 10.60	87.49	+13.74	18 18 54.46	−7 7 54.73
1893 April 6	19 Hydrae	5.9	9 3 40.71	− 0.28	−0.78	308 49 58.27	88.61	+ 5.47		
	θ Hydrae	4.0	9 9 0.69	− 0.14	−0.90	313 44 47.72	59.85	+ 2.52		
	α Hydrae	2.0	9 22 32.58	− 0.28	−0.87	302 47 35.32	88.83	+ 6.00		
	252a	6.7	9 24 11.83	−11.91	−0.93	309 14 44.40	70.15	+ 4.31	9 23 58.99	−1 44 15.48
	298b	7.2	9 26 7.73	−11.93	−0.93	308 7 57.85	73.00	+ 4.69	9 25 54.88	−2 51 4.53
	300b	7.8	9 27 0.74	−11.93	−0.93	307 56 29.97	73.50	+ 4.76	9 26 47.88	−3 2 38.32
	6 Sextantis	6.1	9 46 3.45	− 0.22	−1.01	307 14 33.55	75.45	+ 5.52		
	μ Serpentis	3.3	15 44 25.46	− 0.22	−1.27	307 52 43.37	75.04	+15.16		
	361a	7.8	15 37 27.19	−12.04	−1.23	310 51 50.87	67.51	+15.91	15 37 13.92	−0 6 53.24
	Gr. 750 U.C.	6.4	16 3 10.20							
	366a	7.5	16 7 55.12	−12.02	−1.19	310 44 4.62	67.89	+16.00	16 7 41.91	−0 14 39.59
	466b	8.0	16 8 42.00	−12.06	−1.18	307 5 45.17	77.31	+15.17	16 8 28.82	−3 53 9.93
	ε Ophiuchi	3.3	16 12 52.84	− 0.23	−1.16	306 33 4.22	78.87	+15.11		
	δ Ophiuchi	3.7	16 25 44.05	− 0.15	−1.13	313 11 45.35	62.35	+16.77		
	ζ Ophiuchi	2.6	16 31 29.16	− 0.31	−1.10	300 38 19.30	98.04	+13.55		

Datum	Bezeichnung des Sterns	Grösse	Durchgangszeit	Uhrstand + Correction	Reduction auf 1893.0	Mittel der Ablesungen	Refraction	Reduction auf 1893.0	α 1893.0	δ 1893.0
1893 April 6	479b	8.0	16ʰ 34ᵐ 18ˢ.52	−12ˢ.06	−1ˢ.07	307° 34′ 24″.19	76″.06	+15″.41	16ʰ 34ᵐ 5ˢ.39	−3° 24′ 29″.33
	14 Ophiuchi	6.0	16 36 30.37	− 0.10	−1.08	302 21 49.26	64.21	+16.63		
	381a	8.0	16 40 28.59	−12.02	−1.06	310 24 46.57	68.76	+16.16	16 40 15.51	−0 33 58.93
	20 Ophiuchi	5.0	16 44 8.02	− 0.31	−1.05	300 23 43.40	99.61	+13.48		
	1003	6.8	16 48 19.16	−12.06	−1.03	300 50 26.75	78.12	+15.25	16 48 6.07	−5 8 28.97
	1007	7.8	16 54 27.14	−12.11	−1.00	303 36 55.90	87.08	+14.33	16 54 14.03	−7 22 10.30
	1011	7.3	16 55 40.93	−12.10	−0.99	304 6 53.15	86.36	+14.47	16 55 27.84	−6 52 11.30
	1013	7.2	16 57 20.70	−12.09	−0.99	304 47 7.91	84.22	+14.66	16 57 13.68	−6 11 54.57
	1022	8.0	17 10 29.16	−12.11	−0.93	303 3 50.62	89.87	+14.10	17 10 16.11	−7 55 17.78
	1025	7.8	17 11 53.15	−12.08	−0.92	305 58 11.30	80.67	+14.95	17 11 40.15	−5 0 47.12
	507b	7.5	17 30 8.15	−12.05	−0.83	308 9 35.57	74.50	+15.34	17 29 55.27	−2 49 15.77
	508b	7.9	17 30 44.40	−12.00	−0.83	307 22 17.70	76.70	+15.24	17 30 31.51	−3 36 36.71
	349a	7.7	17 38 40.21	−12.03	−0.79	309 13 19.00	71.81	+15.81	17 38 27.39	−1 43 30.11
	403a	7.5	17 42 58.62	−12.03	−0.77	309 12 33.29	71.83	+15.78	17 42 45.82	−1 46 15.35
	1055	6.7	17 46 7.96	−12.08	−0.76	305 44 54.20	81.39	+14.67	17 45 55.12	−5 14 5.23
	1059	7.9	17 48 40.35	−12.07	−0.75	300 47 33.75	78.35	+14.99	17 48 30.53	−4 11 22.24
	1063	8.0	17 50 50.49	−12.08	−0.74	305 41 4.40	81.58	+14.61	17 50 37.68	−5 17 55.40
	1066	8.0	17 53 29.21	−12.09	−0.73	304 21 1.85	85.71	+14.16	17 53 16.39	−6 38 2.45
	67 Ophiuchi	4.0	17 55 29.86	− 0.14	−0.70	313 54 50.21	60.92	+17.10		
	1075	7.5	18 2 52.08	−12.07	−0.68	300 24 28.17	79.49	+14.73	18 2 39.33	−4 34 29.17
										−5 40 9.16
	1078	7.5	18 4 6.02	−12.08	−0.68	305 18 52.22	82.74	+14.37	18 3 53.26	
	1083	6.8	18 7 43.61	−12.06	−0.65	306 36 30.41	77.08	+14.86	18 7 30.90	−4 2 19.55
	1085	7.0	18 10 4.31	−12.08	−0.64	305 28 34.22	82.28	+14.35	18 9 51.59	−5 30 26.59
	535b	6.5	18 11 29.16	−12.05	−0.63	307 56 45.59	75.23	+15.15	18 11 16.48	−3 2 8.33
	η Serpentis	3.0	18 15 59.00	− 0.21	−0.60	308 3 18.37	74.96	+15.34		
	419a	6.5	18 19 36.87	−12.03	−0.58	309 20 36.12	69.99	+15.51	18 19 24.25	−1 38 11.22
	1100	6.2	18 24 43.65	−12.08	−0.57	305 11 22.47	83.23	+14.08	18 24 31.00	−5 47 39.59
1893 April 7	19 Hydrae	5.9	9 3 40.34	− 0.28	−0.77	302 49 51.37	88.40	+ 5.50		
	θ Hydrae	4.0	9 9 0.28	− 0.14	−0.89	313 44 47.00	59.75	+ 2.54		
	α Hydrae	2.0	9 22 32.24	− 0.28	−0.85	302 47 36.32	88.87	+ 6.02		
	627	8.0	9 23 52.18	−11.65	−0.86	302 39 11.27	88.25	+ 6.00	9 23 39.67	−8 0 5.71
	299b	7.5	9 26 35.63	−11.58	−0.92	308 4 13.62	73.24	+ 4.72	9 26 23.14	−2 54 49.61
	6 Sextantis	6.2	9 46 3.12	− 0.22	−1.00	307 14 34.60	75.77	+ 3.52		
	θ Virginis	4.3				306 0 50.62	80.06	+11.94		
	799	7.6	13 19 19.25	−11.70	−1.51	306 37 23.47	78.40	+12.28	13 19 6.05	−4 21 27.07
	315a	7.8	13 24 57.68	−11.66	−1.53	309 38 12.30	70.46	+12.47	13 24 44.49	−1 20 30.11
	ζ Virginis	3.3	13 29 27.60	− 0.18	−1.53	310 55 43.57	67.32	+12.52		
	α Urs. min. U.C.	2.0	13 18 57.41							
	ρ Virginis	5.6	13 49 25.60	− 0.19	−1.52	310 0 6.20	69.63	+13.18		
	410b	8.0	14 7 12.19	−11.67	−1.50	308 30 38.97	73.40	+13.55	14 6 59.02	−2 28 4.89
	852	8.0	14 8 52.90	−11.73	−1.47	304 25 36.75	85.23	+13.25	14 8 38.70	−6 33 19.49
	858	8.0	14 11 10.88	−11.73	−1.47	304 0 48.05	86.50	+13.27	14 10 57.68	−6 58 9.43
	φ Virginis	5.0	14 22 54.47	− 0.20	−1.48	309 13 48.30	71.69	+13.97		
	μ Virginis	4.0	14 37 38.37	− 0.24	−1.45	303 47 18.30	81.30	+14.01		
	β Librae	2.0	15 11 28.04	− 0.29	−1.36	302 59 57.29	93.70	+13.79		
	923	7.5	15 12 16.54	−11.74	−1.37	306 10 27.11	80.16	+14.45	15 12 3.43	−4 48 31.55
	8 Serpentis	6.4	15 18 25.79	− 0.18	−1.38	310 20 20.47	69.09	+15.17		

Datum	Bezeichnung des Sterns	Grösse	Durchgangszeit	Uhrstand + Correction	Reduction auf 1893.0	Mittel der Ablesungen	Refraction	Reduction auf 1893.0	α 1893.0	δ 1893.0
1893 April 7	355a	7.8	15h 43m 52s.21	−11s.70	−1s.29	309° 19′ 13″.01	71″.76	+15″.42	15h 43m 39s.22	−1° 39′ 36″.33
	Gr. 750 U.C.	6.4	16 3 9.25							
	465b	7.3	16 8 1.26	−11.73	−1.21	307 12 16.57	77.43	+15.19	16 7 48.32	−3 46 38.10
	466b	8.0	16 8 41.74	−11.73	−1.21	307 5 44.35	77.73	+15.17	16 8 28.80	−3 53 11.17
	ε Ophiuchi	3.3	16 12 52.48	− 0.23	−1.19	306 33 4.75	79.28	+15.10		
	ζ Ophiuchi	3.7	16 25 43.82	− 0.15	−1.15	313 11 44.65	62.65	+16.74		
	12 Ophiuchi	5.8	16 30 56.99	− 0.20	−1.13	308 53 4.40	72.91	+15.83		
	370a	7.5	16 33 55.50	−11.70	−1.11	309 26 1.10	71.51	+15.86	16 33 42.69	−1 32 47.31
	14 Ophiuchi	6.0	16 36 30.10	− 0.16	−1.10	312 21 48.50	64.31	+16.59		
	381a	8.0	16 40 28.27	−11.69	−1.09	310 24 46.52	69.08	+16.14	16 40 15.49	−0 33 59.19
	20 Ophiuchi	5.0	16 44 7.71	− 0.31	−1.07	300 23 44.10	100.08	+13.49		
	1003	6.8	16 48 18.79	−11.73	−1.05	306 50 26.55	78.49	+15.21	16 48 6.00	−4 8 29.50
	1009	8.0	16 54 31.24	−11.73	−1.03	306 47 42.77	78.64	+15.20	16 54 18.48	−4 11 13.10
	1011	7.2	16 56 2.64	−11.76	−1.02	304 24 21.07	85.86	+14.53	16 55 49.85	−6 34 43.03
	1023	8.0	17 11 38.53	−11.76	−0.95	304 19 4.82	86.18	+14.44	17 11 25.82	−6 39 59.68
	27 H. Ophiuchi	4.5	17 21 9.81	− 0.24	−0.91	305 59 30.07	81.05	+14.91		
	505b	8.0	17 26 4.85	−11.71	−0.88	308 31 35.28	73.99	+15.63	17 25 52.25	−2 27 15.90
	507b	7.5	17 30 7.83	−11.72	−0.86	308 9 36.62	74.98	+15.49	17 29 55.25	−2 49 15.51
	1044	7.3	17 31 47.70	−11.78	−0.87	303 0 57.96	90.59	+13.91	17 31 35.05	−7 58 11.48
	1048	7.4	17 38 29.73	−11.75	−0.83	305 6 12.30	83.80	+14.51	17 38 17.15	−5 52 49.42
	510b	8.0	17 43 15.03	−11.71	−0.80	308 49 15.60	73.27	+15.62	17 43 2.52	−2 9 34.82
	510b1	8.0	17 47 11.32	−11.72	−0.78	307 49 27.90	75.93	+15.28	17 46 58.82	−3 9 25.19
	1059	7.9	17 48 49.00	−11.73	−0.78	306 47 34.50	78.82	+14.94	17 48 36.49	−4 11 22.13
	1063	8.0	17 50 50.81	−11.75	−0.77	305 41 5.57	82.07	+14.58	17 50 37.70	−5 17 54.67
	1072	7.9	18 0 14.82	−11.74	−0.72	306 25 50.37	79.89	+14.73	18 0 2.36	−4 33 7.55
	1077	7.8	18 3 19.51	−11.73	−0.70	306 58 35.60	78.33	+14.87	18 3 7.08	−4 0 20.82
	531b	7.5	18 6 17.69	−11.72	−0.68	308 13 59.12	74.88	+15.24	18 6 5.29	−2 44 53.26
	1084	7.8	18 8 59.37	−11.75	−0.68	305 22 42.17	83.05	+14.30	18 8 46.94	−5 36 19.34
	535b	6.5	18 11 28.88	−11.72	−0.66	307 56 43.65	75.67	+15.09	18 11 16.50	−3 2 8.69
	η Serpentis	3.0	18 15 58.73	− 0.21	−0.63	308 3 18.44	75.39	+15.29		
	421a	6.7	18 26 37.68	−11.69	−0.57	309 54 3.67	70.63	+15.55	18 26 25.42	−1 4 44.18
	5 H. Scuti	5.0	18 37 53.88	− 0.28	−0.54	302 36 22.10	92.24	+12.95		
1893 April 8	19 Hydrae	5.9	9 3 30.78	+ 0.08	−0.75	37 8 27.27	88.40	− 5.52		
	θ Hydrae	4.0	9 8 59.80	+ 0.17	−0.88	46 13 20.35	59.75	− 2.55		
	626	8.0	9 23 15.83	−11.18	−0.85	56 36 14.30	86.92	− 5.91	9 23 3.80	−7 37 21.23
	296b	7.8	9 24 24.09	−11.14	−0.90	51 38 22.32	72.48	− 4.59	9 24 12.05	−2 39 16.15
	τ1 Hydrae	5.0	9 26 43.71	+ 0.14	−0.92	49 41 56.60	67.69	− 4.12		
	6 Sextantis	6.1	9 46 2.63	+ 0.12	−0.99	52 43 34.91	75.66	− 5.52		
	728	6.0	11 45 46.66	−11.25	−1.39	53 43 30.00	78.73	− 9.65	11 45 34.01	−4 44 18.01
	Lal. 22385	5.9	11 55 27.65	+ 0.07	−1.38	58 49 6.75	95.35	−10.06		
	M. 499	6.5	12 0 43.72	+ 0.13	−1.44	51 31 25.47	72.71	− 9.88		
	η Virginis	3.0	12 33 56.10	+ 0.09	−1.46	56 23 29.15	86.93	−11.26		
	M. 522	6.5	12 42 14.31	+ 0.10	−1.48	54 42 7.90	81.66	−11.38		
	799	7.6	13 19 18.84	−11.25	−1.52	53 20 43.27	77.88	−11.31	13 19 6.08	−4 21 27.10
	α Urs. min. U.C.	2.0	13 18 58.85							
	ζ Virginis	3.3	13 29 27.15	+ 0.15	−1.54	49 2 21.15	66.82	−12.52		
	ω Virginis	6.0	13 36 12.47	+ 0.08	−1.49	57 8 30.32	89.70	−12.59		

Datum	Bezeichnung des Sterns	Grösse	Durchgangszeit	Uhrstand + Correction	Reduction auf 1893.0	Mittel der Ablesungen	Refraction	Reduction auf 1893.0	α 1893.0	δ 1893.0
1893 April 8	410b	8.0	14h 7m 11.72s	−11.23s	−1.31s	31° 27′ 27.17″	72.80″	−13.35″	14h 6m 58.97s	−2° 28′ 5.62″
	853	7.0	14 8 59.50	−11.20	−1.49	34 26 13.32	81.08	−13.37	14 8 46.81	−5 26 59.95
	858	8.0	14 11 10.47	−11.27	−1.48	35 57 18.42	85.78	−13.29	14 10 57.71	−6 58 10.39
	φ Virginis	5.0	14 22 54.04	+ 0.13	−1.49	50 41 17.42	71.01	−13.98		
	417b	7.7	14 25 8.91	−11.24	−1.48	32 34 38.47	75.84	−13.86	14 24 56.19	−3 35 19.25
	978	8.0	16 8 21.94	−11.30	−1.23	55 37 5.67	85.43	−14.53	16 8 9.41	−6 38 3.35
	979	8.0	16 9 38.50	−11.31	−1.22	56 4 27.77	86.90	−14.41	16 9 25.97	−7 5 27.08
	983	8.0	16 13 33.33	−11.31	−1.21	56 2 32.20	86.81	−14.43	16 13 20.81	−7 3 30.84
	ι Ophiuchi	3.7	16 25 43.37	+ 0.16	−1.18	46 46 20.92	62.29	−16.69		
	12 Ophiuchi	5.8	16 30 56.60	+ 0.13	−1.15	51 5 2.75	72.50	−15.76		
	477b	8.0	16 32 56.72	−11.27	−1.14	51 11 24.65	72.82	−15.66	16 32 44.31	−2 13 8.89
	481b	8.0	16 35 56.22	−11.28	−1.13	52 59 42.12	77.65	−15.21	16 35 43.81	−4 0 30.68
	20 Ophiuchi	5.0	16 44 7.29	+ 0.07	−1.10	59 31 22.77	99.32	−13.48		
	1004	7.3	16 48 41.72	−11.28	−1.08	53 8 51.37	78.10	−15.19	16 48 29.36	−4 9 40.22
	1009₁	8.0	16 54 30.82	−11.29	−1.05	53 10 24.37	78.18	−15.18	16 54 18.48	−4 11 13.67
	1011	7.2	16 56 2.23	−11.30	−1.05	55 33 46.27	85.35	−14.52	16 55 49.87	−6 34 43.38
	ε Urs. min. O.C.	4.3	16 57 11.01							
	1023	8.0	17 11 38.19	−11.30	−0.98	55 39 2.17	85.66	−14.42	17 11 25.91	−6 40 0.22
	27 H. Ophiuchi	4.5	17 21 9.41	+ 0.11	−0.93	53 58 37.07	80.55	−14.87		
	1041	6.8	17 30 10.76	−11.30	−0.90	55 2 8.65	83.75	−14.49	17 29 58.56	−6 3 3.91
	1044	7.3	17 31 47.31	−11.32	−0.89	56 57 8.97	89.99	−13.88	17 31 35.10	−7 58 12.33
	1049	8.0	17 38 59.96	−11.31	−0.86	56 20 34.81	87.95	−14.00	17 38 47.79	−7 21 34.63
	1051	8.0	17 41 26.34	−11.30	−0.85	55 8 38.62	84.12	−14.35	17 41 14.19	−6 9 54.10
	403a	7.5	17 42 57.90	−11.27	−0.83	50 45 30.15	71.77	−15.69	17 42 45.81	−1 46 13.18
	406a	7.8	17 47 1.97	−11.26	−0.81	50 23 27.82	70.84	−15.79	17 46 49.90	−1 24 8.74
	523b	7.2	17 49 4.29	−11.28	−0.80	52 25 23.69	76.17	−15.08	17 48 52.21	−3 26 11.08
	1062	7.3	17 50 46.82	−11.29	−0.80	53 32 40.62	79.33	−14.76	17 50 34.73	−4 33 31.28
	1065	7.5	17 53 15.39	−11.29	−0.78	54 23 54.57	81.84	−14.48	17 53 3.31	−5 24 47.63
	67 Ophiuchi	4.0	17 55 29.13	+ 0.17	−0.76	46 3 13.92	60.85	−16.98		
	1070	7.0	17 57 15.99	−11.29	−0.77	54 20 32.45	81.67	−14.45	17 57 3.93	−5 21 25.57
	1077	7.8	18 3 19.10	−11.28	−0.73	52 59 33.10	77.77	−14.82	18 3 7.08	−4 0 21.92
	1082	6.8	18 7 42.89	−11.28	−0.72	53 1 30.15	77.86	−14.77	18 7 30.90	−4 2 19.82
	1085	7.0	18 10 3.62	−11.29	−0.70	54 29 33.67	82.14	−14.26	18 9 51.63	−5 30 27.73
	η Serpentis	3.0	18 15 58.32	+ 0.12	−0.66	51 51 48.41	74.82	−15.23		
	1093	6.0	18 19 6.45	−11.31	−0.66				18 18 54.48	
	543b	5.8	18 24 18.73	−11.27	−0.62	51 2 30.90	72.54	−15.20	18 24 6.85	−2 3 14.40
	5 H. Scuti	5.0	18 37 53.45	+ 0.08	−0.57	57 21 44.55	91.49	−12.88		
1893 April 9	19 Hydrae	5.9	9 3 39.52	+ 0.08	−0.74	57 8 15.82	88.80	− 5.54		
	θ Hydrae	4.0	9 8 59.50	+ 0.17	−0.86	46 13 20.15	59.99	− 2.38		
	α Hydrae	2.0	9 22 31.48	+ 0.08	−0.83	57 10 33.17	89.09	− 6.06		
	627	8.0	9 23 51.38	−10.86	−0.84	56 58 57.00	88.46	− 6.06	9 23 39.68	−8 0 4.80
	629	7.8	9 26 41.97	−10.83	−0.86	56 0 21.97	85.29	− 5.86	9 26 30.26	−7 1 28.34
	6 Sextantis	6.1	9 46 2.32	+ 0.12	−0.98	52 43 35.70	75.76	− 5.34		
	ν Leonis	4.8	11 31 40.30	+ 0.14	−1.40	49 13 15.16	67.21	− 8.48		
	727	8.0	11 45 13.58	−10.96	−1.38	54 36 0.60	81.33	− 9.70	11 45 1.24	−5 36 57.85
	729	7.0	11 45 55.21	−10.97	−1.37	56 22 42.19	87.13	−10.02	11 45 42.87	−7 23 44.77
	Lal. 22585	5.9	11 55 17.32	+ 0.07	−1.38	58 48 59.37	95.71	−10.69		

Datum	Bezeichnung des Sterns	Grösse	Durchgangszeit	Uhrstand + Correction	Reduction auf 1893.0	Mittel der Ablesungen	Refraction	Reduction auf 1893.0	α 1893.0	δ 1893.0
1893 April 9	N. 499	6.5	12ʰ 0ᵐ 43ˢ.39	+ 0ˢ.13	−1ˢ.44	51° 31′ 18″.42	73″.00	− 9″.80		
	θ Virginis	4.3	13 4 36.99	+ 0.11	−1.51	53 37 16.72	79.89	−11.98		
	799	7.6	13 19 18.58	−10.93	−1.52	53 20 43.60	78.18	−12.33	13ʰ 19ᵐ 6ˢ.12	−4° 21′ 28″.00
	ε Urs. min. U.C.	2.0	13 18 55.50							
	m Virginis	6.0	13 36 12.16	+ 0.08	−1.50	57 8 51.00	90.08	−12.63		
	p Virginis	5.6	13 49 24.90	+ 0.14	−1.54	49 58 0.02	69.56	−13.18		
	854	8.0	14 9 5.21	− 10.96	−1.51	53 16 24.55	78.15	−13.48	14 8 52.74	−4 17 8.25
	859	7.0	14 11 25.53	−10.97	−1.50	54 8 3.20	80.04	−13.46	14 11 13.06	−5 8 49.02
	862	7.2	14 18 31.51	−10.98	−1.49	56 27 20.07	87.91	−13.31	14 18 19.04	−7 28 14.30
	415b	7.3	14 22 44.30	−10.95	−1.51	51 30 47.87	73.41	−13.93	14 22 31.85	−2 31 26.53
	416b	6.8	14 24 38.42	−10.90	−1.49	52 45 28.12	76.78	−13.83	14 24 25.97	−3 46 10.45
	876	7.5	14 30 2.17	−10.98	−1.48	54 21 2.00	81.38	−13.78	14 29 49.71	−5 21 48.90
	422b	8.0	14 33 10.03	−10.96	−1.40	51 40 8.57	73.88	−14.10	14 32 57.58	−2 40 47.36
	328a	8.0	14 35 42.58	−10.93	−1.49	50 56 59.45	72.00	−14.23	14 35 30.14	−1 57 35.84
	887	6.5	14 38 45.69	−11.00	−1.46	56 47 5.05	89.16	−13.64	14 38 33.23	−7 47 59.33
	424b	8.0	14 41 49.91	−10.97	−1.47	52 46 23.30	76.91	−14.15	14 41 37.47	−3 47 5.02
	896	8.0	14 43 55.93	−10.98	−1.46	54 19 58.50	81.40	−14.00	14 43 43.48	−5 20 44.81
	13 Librae	6.0	14 51 10.18	+ 0.06	−1.43	59 57 31.52	100.94	−13.34		
	δ Librae	5.6	14 55 27.75	+ 0.08	−1.43	57 4 42.90	90.25	−13.78		
	431b	7.0	14 57 23.78	−10.97	−1.45	51 35 54.70	73.80	−14.55	14 57 11.36	−2 36 32.68
	434b	8.0	15 4 14.58	−10.98	−1.43	52 25 28.07	76.05	−14.56	15 4 2.16	−3 26 8.63
	342a	8.0	15 9 37.19	− 10.97	−1.43	51 0 19.42	72.32	−14.84	15 9 24.79	−2 0 56.05
	921	7.5	15 11 22.15	−11.02	−1.40	56 52 7.40	89.63	−13.96	15 11 9.73	−7 53 2.13
	438b	8.0	15 13 17.36	−10.98	−1.42	51 23 51.55	73.35	−14.84	15 13 4.96	−2 24 28.57
	δ Serpentis	6.4	15 18 25.06	+ 0.14	−1.42	49 37 52.52	68.92	−14.33		
	440b	7.9	15 28 16.33	−10.99	−1.38	51 55 55.02	74.88	−14.95	15 28 3.99	−2 56 34.77
	351a	6.8	15 31 16.65	−10.97	−1.38	49 11 50.77	67.98	−15.47	15 31 4.30	−0 12 21.82
	444b	8.0	15 33 28.26	−10.99	−1.36	51 28 6.47	73.69	−15.10	15 33 15.90	−2 28 44.11
	934	7.8	15 42 46.36	−11.01	−1.33	53 26 33.92	79.23	−14.83	15 42 34.01	−4 27 16.67
	935	8.0	15 43 51.34	−11.01	−1.33	53 37 24.60	79.75	−14.82	15 43 39.00	−4 37 59.02
	357a	8.0	15 47 16.77	−10.99	−1.33	49 42 2.32	69.34	−15.60	15 47 4.45	−0 42 35.42
	964	7.7	15 54 20.53	−11.03	−1.29	55 42 27.67	86.23	−14.45	15 54 8.20	−6 43 18.78
	967	7.5	15 57 25.04	−11.04	−1.28	56 44 5.85	89.64	−14.24	15 57 12.71	−7 45 0.12
	960	7.8	15 59 56.82	−11.03	−1.28	54 59 7.22	83.99	−14.63	15 59 44.51	−5 59 55.48
	975	8.0	16 3 42.42	−11.02	−1.27	53 10 14.32	78.63	−15.04	16 3 30.13	−4 10 57.92
	977	7.0	16 8 11.40	−11.05	−1.25	56 49 45.85	90.06	−14.24	16 7 59.10	−7 50 39.96
	979	8.0	16 9 38.43	−11.04	−1.25	56 4 34.70	87.55	−14.41	16 9 26.14	−7 5 26.46
	981	6.8	16 11 19.84	−11.03	−1.24	54 13 4.17	81.74	−14.84	16 11 7.57	−5 13 50.21
	ε Ophiuchi	3.3	16 12 51.83	+ 0.11	−1.23	53 25 7.85	79.41	−15.07		
	ζ Ophiuchi	3.7	16 25 43.12	+ 0.16	−1.20	46 46 27.40	62.83	−10.65		
1893 April 10	851	7.0	14 7 50.79	−10.59	−1.51	50 55 32.07	89.25	−13.33	14 7 38.69	−7 56 34.33
	858	8.0	14 11 9.63	−10.59	−1.51	55 57 14.02	86.07	−13.35	14 10 57.53	−6 58 12.69
	860	7.7	14 11 41.83	−10.57	−1.52	54 13 44.35	80.75	−13.47	14 11 29.73	−5 14 37.95
	φ Virginis	5.0	14 22 53.38	+ 0.13	−1.52	50 44 11.57	71.27	−13.96		
	873	8.0	14 23 45.87	−10.57	−1.51	53 26 35.87	78.54	−13.76	14 23 33.79	−4 27 26.92

Datum	Bezeichnung des Sterns	Grösse	Durchgangszeit	Uhrstand + Correction	Reduction auf 1893.0	Mittel der Ablesungen	Refraction	Reduction auf 1893.0	α 1893.0	δ 1893.0
1893 April 10	880	7.3	14h 30m 19s.39	−10s.57	−1s.50	53° 47′ 4″.37	70″.36	−13″.85	14h 30m 7s.32	−4° 47′ 56″.18
	421b	7.0	14 33 6.90	−10.56	−1.50	52 8 1.90	74.97	−14.06	14 32 54.84	−3 8 48.62
	329a	7.7	14 36 10.65	−10.55	−1.51	50 34 12.27	70.92	−14.27	14 35 58.59	−1 34 55.24
	888	7.6	14 38 57.00	−10.58	−1.48	54 55 11.17	83.00	−13.88	14 38 44.99	−5 50 0.05
	109 Virginis	3.6	14 41 2.32	+ 0.16	−1.32	46 38 47.30	61.82	−14.70		
	894	8.0	14 43 40.00	−10.58	−1.48	54 17 23.50	81.13	−14.01	14 43 27.94	−5 18 16.92
	15 Librae	6.0	14 51 9.75	+ 0.06	−1.45	59 57 25.67	100.74	−13.38		
	δ Librae	5.6	14 55 27.35	+ 0.08	−1.45	57 4 36.47	90.04	−13.81		
	906	6.5	14 56 38.83	−10.60	−1.45	56 8 10.10	86.90	−13.94	14 56 26.78	−7 9 9.34
	434b	8.0	15 4 14.03	−10.57	−1.45	52 25 20.67	75.82	−14.55	15 4 2.01	−3 26 7.92
	342a	8.0	15 9 36.70	−10.56	−1.44	51 0 13.22	72.07	−14.83	15 9 24.70	−2 0 56.60
	921	7.5	15 11 21.66	−10.00	−1.47	56 52 0.92	89.31	−13.98	15 11 9.64	−7 53 2.31
	343a	7.7	15 12 22.24	−10.55	−1.45	49 34 51.95	68.53	−14.34	15 12 10.25	−0 35 32.63
	δ Serpentis	6.4	15 18 24.66	+ 0.14	−1.43	49 37 45.55	68.64	−15.18		
	B.A.C. 5140 O.C.	7.1	15 22 16.28							
	441b	8.0	15 28 55.56	−10.57	−1.40	51 20 51.92	72.92	−15.05	15 28 43.59	−2 21 35.91
	351a	6.8	15 31 16.10	−10.55	−1.40	49 11 43.80	67.58	−15.42	15 31 4.15	−0 12 21.76
	945	8.0	15 32 31.27	−10.59	−1.38	54 3 16.83	80.41	−14.62	15 32 19.31	−5 4 9.21
	448b	6.0	15 43 32.42	−10.58	−1.35	52 28 37.10	75.95	−15.01	15 43 20.49	−3 29 24.00
	450b	7.2	15 44 32.97	−10.58	−1.35	52 34 51.77	76.23	−15.00	15 44 21.04	−3 35 39.17
	965	8.0	15 54 48.89	−10.61	−1.32	56 29 14.92	88.03	−14.28	15 54 36.96	−7 30 14.87
	456b	8.0	15 57 17.71	−10.58	−1.31	52 20 40.87	75.60	−15.15	15 57 5.82	−3 21 27.26
	458b	6.8	15 59 44.23	−10.58	−1.31	52 13 21.32	75.28	−15.19	15 59 32.35	−3 14 7.39
	461b	8.0	16 1 41.90	−10.58	−1.30	52 59 38.60	77.40	−15.05	16 1 30.02	−4 0 26.95
	975	8.0	16 3 41.90	−10.59	−1.29	53 10 7.42	77.89	−15.02	16 3 30.03	−4 10 56.81
	367a	8.0	16 7 55.16	−10.57	−1.28	50 6 53.05	69.84	15.70	16 7 43.31	−1 7 32.93
	368a	6.8	16 8 18.92	−10.57	−1.28	50 11 26.77	70.03	−15.69	16 8 7.07	−1 12 7.35
	ε Ophiuchi	3.3	16 12 51.41	+ 0.11	−1.26	53 23 1.00	78.62	−15.05		
	1024	7.7	17 11 46.91	−10.63	−1.04	56 41 4.80	89.30	−14.06	17 11 35.24	−7 45 5.68
	27 H. Ophiuchi	4.5	17 21 8.80	+ 0.11	−0.94	53 58 39.20	80.60	−14.80		
	1041	6.8				55 2 9.97	83.81	−14.41		−6 3 4.15
	1042	8.0	17 30 21.57	−10.62	−0.95	55 2 38.10	83.81	−14.41	17 30 10.00	−6 3 33.04
	μ Ophiuchi	4.6	17 32 13.31	+ 0.09	−0.95	57 2 8.65	90.33	−13.80		
	1049	8.0	17 38 59.32	−10.63	−0.92	56 20 35.00	88.00	−13.04	17 38 47.77	−7 21 34.22
	401a	7.5	17 41 32.16	−10.59	−0.89	50 39 59.85	71.57	−15.63	17 41 20.69	−1 40 41.41
	520b	8.0	17 43 14.00	−10.59	−0.88	51 8 50.80	72.80	−15.48	17 43 2.53	−2 9 33.57
	406a	7.8	17 47 1.40	−10.59	−0.86	50 23 28.87	70.87	−15.68	17 46 49.95	−1 24 9.01
	1058	7.2	17 47 43.09	−10.62	−0.87	54 53 14.92	83.35	−14.30	17 47 31.60	−5 54 9.62
	1063	8.0	17 50 49.20	−10.61	−0.86	54 17 2.80	81.52	−14.46	17 50 37.73	−5 17 55.50
	ν Ophiuchi	3.6	17 53 19.63	+ 0.07	−0.86	58 41 26.31	96.47	−13.00		
	526b	7.3	17 55 33.23	−10.60	−0.83	51 33 37.29	73.88	−15.24	17 55 21.81	−2 34 22.17
	1071	7.8	17 57 29.80	−10.64	−0.83	56 39 3.22	89.03	−13.63	17 57 18.33	−7 40 4.93
	1075	7.5	18 2 50.75	−10.61	−0.79	53 33 37.97	79.40	−14.55	18 2 39.34	−4 34 28.55
	1083	6.8	18 7 42.27	−10.61	−0.77	53 1 31.22	77.88	−14.66	18 7 30.89	−4 2 20.28
	1085	7.0	18 10 3.07	−10.62	−0.76	54 29 33.67	82.15	−14.17	18 9 51.69	−5 30 27.16

Datum	Bezeichnung des Sterns	Grösse	Durchgangszeit	Uhrstand + Correction	Reduction auf 1893.0	Mittel der Ablesungen	Refraction	Reduction auf 1893.0	α 1893.0	δ 1893.0
1893 April 10	1086	8.0	18h 11m 46s.00	−10s.04	−0s.76	56° 18′ 25″.22	87″.89	−13″.56	18h 11m 35s.20	−7° 19′ 25″.63
	η Serpentis	3.0	18 15 57.70	+ 0.12	−0.72	51 54 47.55	74.83	−13.12		
	1093	6.0	18 19 5.86	−10.64	−0.72	56 6 53.86	87.26	−13.50	18 18 54.50	−7 7 53.58
	1100	6.7	18 24 42.37	−10.63	−0.69	54 46 45.17	83.03	−13.80	18 24 31.05	−5 47 40.10
	1105	6.5	18 27 50.34	−10.63	−0.67	54 58 27.72	83.90	−13.76	18 27 39.04	−5 59 23.85
	5 H. Scuti	5.0	18 37 52.84	+ 0.08	−0.63	57 21 43.17	91.48	−12.78		
1893 April 12	θ Virginis	4.3	13 4 35.95	+ 0.11	−1.53	53 57 16.10	81.06	−12.06		
	α Urs. min. U.C.	2.0	13 18 59.15							
	799	7.6	13 19 17.62	− 9.90	−1.55	53 20 41.97	79.29	−12.37	13 19 6.17	−4 21 26.83
	72 Virginis	6.6	13 25 2.19	+ 0.10	−1.54	54 54 14.07	83.95	−12.53		
	ζ Virginis	3.3	13 29 25.86	+ 0.15	−1.57	49 2 20.97	68.02	−12.51		
	m Virginis	6.0	13 36 11.22	+ 0.08	−1.53	57 8 49.80	91.33	−12.75		
	κ Virginis	4.3	14 7 22.73	+ 0.07	−1.53	58 45 29.37	97.26	−13.14		
	858	8.0	14 11 9.21	− 9.97	−1.53	55 57 19.30	87.39	−13.39	14 10 57.70	−6 58 11.44
	862	7.2	14 12 30.30	− 9.98	−1.53	56 27 19.52	89.05	−13.39	14 12 18.99	−7 28 13.69
1893 April 13	θ Virginis	4.3	13 4 35.69	+ 0.11	−1.53	53 57 15.72	81.67	−12.08		
	α Urs. min. U.C.	2.0	13 19 0.18							
	800	8.0	13 19 24.94	− 9.63	−1.54	55 16 6.07	83.78	−12.44	13 19 13.77	−6 16 36.82
	72 Virginis	6.6	13 25 1.96	+ 0.10	−1.55	54 54 14.65	84.66	−12.55		
	ζ Virginis	3.3	13 29 25.57	+ 0.15	−1.58	49 2 21.45	68.61	−12.49		
	m Virginis	6.0	13 36 10.89	+ 0.08	−1.54	57 8 49.15	92.13	−12.79		
	κ Virginis	4.3	14 7 22.50	+ 0.07	−1.54	58 45 28.00	98.13	−13.18		
1893 April 14	α Urs. min. U.C.	2.0	13 18 58.74							
	800	8.0	13 19 24.80	− 9.43	−1.55	304 42 −0.52	84.10	+12.47	13 19 13.82	−6 16 55.40
	72 Virginis	6.6	13 25 1.77	− 0.18	−1.55	303 3 49.27	82.98	+12.36		
	ζ Virginis	3.3	13 29 25.38	− 0.11	−1.59	310 55 47.40	67.23	+12.48		
	m Virginis	6.0	13 36 10.74	− 0.21	−1.55	302 49 13.92	90.25	+12.81		
	κ Virginis	4.3	14 7 22.18	− 0.23	−1.55	301 12 35.60	96.29	+13.22		
	837	6.3	14 10 55.07	− 9.43	−1.56	304 52 26.75	83.87	+13.87	14 10 44.08	−6 7 26.13
	860	7.7	14 11 40.75	− 9.42	−1.57	303 44 14.40	81.82	+13.86	14 11 29.76	−5 14 36.08
1893 April 15	800	8.0	13 19 24.14	− 8.80	−1.55	304 42 −1.40	84.49	+12.49	13 19 13.79	−6 16 55.10
	72 Virginis	6.6	13 25 1.07	− 0.16	−1.56	305 3 49.23	83.39	+12.59		
	ζ Virginis	3.3	13 29 24.78	− 0.11	−1.60	310 55 40.77	67.58	+12.47		
	α Urs. min. U.C.	2.0	13 18 50.44							
	ρ Virginis	5.6	13 49 22.78	− 0.12	−1.60	310 0 4.22	69.92	+13.12		
	ι Virginis	4.0	13 56 22.37	− 0.09	−1.63	313 2 15.45	62.86	+13.34		
	κ Virginis	4.3	14 7 21.61	− 0.19	−1.56	301 12 34.95	96.69	+13.23		
	852	8.0	14 8 49.08	− 8.80	−1.57	304 25 35.32	85.54	+13.42	14 8 38.71	−6 33 18.43
	858	8.0	14 11 8.09	− 8.80	−1.57	304 0 46.25	86.67	+13.82	14 10 57.72	−6 58 8.51

Datum	Bezeichnung des Sterns	Grösse	Durchgangszeit	Uhrstand + Correction	Reduction auf 1893.0	Mittel der Ablesungen	Refraction	Reduction auf 1893.0	α 1893.0	δ 1893.0
1893 April 17	ψ Virginis	5.0	12h 48m 56s.98	—0s.19	—1s.50	302° 1′ 47″.47	94″.17	+12″.05		
	α Urs. min. U.C.	2.0	13 18 49.01							
	θ Virginis	4.3	13 4 34.22	—0.15	—1.55	306 0 58.70	81.14	+12.09		
	800	8.0	13 19 23.33	—8.16	—1.56	304 42 8.30	85.19	+12.51	13h 19m 13s.60	—6° 16′ 35″.76
	72 Virginis	6.6	13 25 0.45	—0.16	—1.57	305 3 59.10	84.06	+12.62		
	m Virginis	6.0	13 36 9.50	—0.18	—1.57	302 49 23.67	91.46	+12.90		
	ν Virginis	4.0	13 56 21.78	—0.09	—1.64	313 2 24.82	63.33	+13.25		
	858	8.0	14 11 7.40	—8.17	—1.59	304 0 55.07	87.57	+13.74	14 10 57.64	—6 58 10.15
	β Librae	2.0	15 21 24.73	—0.19	—1.55	301 59 56.65	94.80	+13.94		
	978	8.0	16 8 19.25	—8.30	—1.43	304 20 57.86	86.86	+14.43	16 8 9.42	—6 38 4.07
	979	8.0	16 9 35.68	—8.31	—1.43	303 53 35.70	88.35	+14.33	16 9 25.95	—7 5 18.30
	δ Ophiuchi	3.3	16 12 49.18	—0.15	—1.43	306 33 1.72	80.12	+14.87		
	λ Ophiuchi	3.7	16 25 40.59	—0.09	—1.39	313 11 43.26	63.31	+16.10		
	12 Ophiuchi	5.8	16 30 53.84	—0.13	—1.37	308 53 3.02	73.68	+15.42		
	14 Ophiuchi	6.0	16 36 26.88	—0.10	—1.34	312 21 47.45	65.18	+16.07		
1893 April 18	θ Virginis	4.3	13 4 35.89	—0.15	—1.55	306 0 56.75	78.95	+12.10		
	α Urs. min. U.C.	2.0	13 18 48.11							
	799	7.6	13 19 15.36	—7.76	—1.58	306 37 30.80	77.24	+12.43	13 19 6.02	—4 21 27.04
	72 Virginis	6.6	13 25 0.01	—0.16	—1.58	305 3 58.02	81.78	+12.62		
	m Virginis	6.0	13 36 9.09	—0.18	—1.58	302 49 23.02	88.96	+12.92		
	ψ Virginis	5.6	13 49 21.79	—0.12	—1.62	310 0 13.27	68.48	+14.39		
1893 April 21	π Virginis	4.3	14 7 19.70	—0.92	—1.63	58 45 20.60	85.68	—13.41		
	860	7.7	14 11 38.31	—6.85	—1.65	54 13 40.72	80.66	—13.53	14 11 29.81	—5 14 37.32
	872,	6.8	14 23 20.52	—6.86	—1.65	53 43 32.35	70.22	—13.72	14 23 12.00	—4 44 27.33
	422b	8.0	14 33 6.02	—6.85	—1.66	51 39 59.07	73.58	—13.92	14 32 57.51	—2 40 48.25
	331a	7.0	14 38 22.63	—6.84	—1.67	51 2 13.70	71.06	—14.03	14 38 14.12	—2 3 0.44
	888	7.6	14 38 53.56	—6.88	—1.65	54 55 6.92	82.81	—13.91	14 38 45.03	—5 56 5.50
	333a	7.7	14 40 56.57	—6.83	—1.67	49 22 18.10	67.84	—14.13	14 40 48.07	—0 23 1.33
	893	7.8	14 43 9.26	—6.89	—1.65	55 38 36.72	85.27	—13.93	14 43 0.72	—6 39 37.45
	15 Librae	6.0	14 51 6.31	—0.02	—1.63	59 57 22.64	100.48	—13.74		
	δ Librae	5.6	14 55 13.84	+0.01	—1.63	57 4 33.65	89.83	—13.94		
	905	7.0	14 56 29.74	—6.91	—1.64	56 54 15.61	89.75	—13.97	14 56 21.19	—7 55 20.68
	B.A.C. 5140 O.C.	7.1	15 12 15.50							
	339a	7.8	15 4 37.12	—6.85	—1.65	49 27 35.92	68.12	—14.54	15 4 28.61	—0 28 19.07
	921	7.5	15 11 18.19	—6.92	—1.62	56 51 58.20	89.17	—14.05	15 11 9.65	—7 53 2.53
	437b,	7.3	15 12 13.73	—6.89	—1.63	53 5 12.80	77.54	—14.30	15 12 5.21	—4 6 5.57
	δ Serpentis	6.4	15 18 21.19	+0.07	—1.64	49 37 42.10	68.56	—14.75		
	347a	7.7	15 19 0.17	—6.86	—1.64	49 9 9.95	67.42	—14.79	15 18 51.68	—0 9 52.19
	940	8.0	15 29 7.11	—6.93	—1.61	56 44 19.24	88.80	—14.15	15 28 58.58	—7 45 23.50
	940′	8.2	15 29 22.13	—6.93	—1.61				15 29 13.59	
	945	8.0	15 32 27.84	—6.91	—1.61	54 3 14.80	80.38	—14.45	15 32 19.32	—5 4 10.18
	448b	6.0	15 43 28.97	—6.90	—1.59	52 28 34.47	75.94	—14.70	15 43 20.48	—3 29 24.87
	450b	7.2	15 44 29.54	—6.91	—1.59	52 34 49.35	76.73	—14.69	15 44 21.05	—3 35 10.35
	965	8.0	15 54 45.52	—6.95	—1.56	56 29 13.05	88.05	—14.18	15 54 37.01	—7 30 16.04
	367a	8.0	15 57 34.51	—6.90	—1.56	50 20 21.65	70.41	—15.08	15 57 26.05	—1 21 6.38
	460b	7.5	16 1 32.60	—6.92	—1.55	52 34 30.00	76.27	—14.77	16 1 24.13	—3 35 20.98

Datum	Bezeichnung des Sterns	Grösse	Durchgangszeit	Uhrstand + Correction	Reduction auf 1893.0	Mittel der Ablesungen	Refraction	Reduction auf 1893.0	α 1893.0	δ 1893.0
1893 April 22	975	8.0	16ʰ 3ᵐ 38ˢ.40	−6ˢ.92	−1ˢ.55	53° 10′ 4″.52	77″.93	−14″.68	16ʰ 3ᵐ 29ˢ.94	−4° 10′ 57″.29
	465b	7.3	16 7 56.80	−6.92	−1.54	52 45 48.70	76.81	−14.76	16 7 48.34	−3 46 39.68
	466b	8.0	16 8 37.27	−6.93	−1.54	52 52 17.02	77.11	−14.75	16 8 28.81	−3 53 8.88
	ε Ophiuchi	3.3	16 12 47.98	+0.04	−1.53	53 24 58.82	78.66	−14.67		
	δ Ophiuchi	3.7	16 25 39.31	+0.10	−1.50	46 46 16.90	62.22	−13.84		
	12 Ophiuchi	5.8	16 30 52.58	+0.06	−1.48	51 4 58.97	72.44	−15.17		
	995	7.5	16 32 48.52	−6.97	−1.47	55 55 13.40	86.39	−14.16	16 32 40.08	−6 56 15.13
	481b	8.0	16 35 52.23	−6.95	−1.46	52 59 37.75	77.62	−14.72	16 35 43.83	−4 0 30.03
	20 Ophiuchi	5.0	16 44 3.28	−0.02	−1.45	59 34 19.70	90.52	−13.43		
	1004	7.3	16 48 37.74	−6.96	−1.42	53 8 46.80	78.13	−14.65	16 48 29.36	−4 9 39.67
	1009₁	8.0	16 54 26.84	−6.96	−1.40	53 10 20.60	78.23	−14.61	16 54 18.47	−4 11 13.39
	1012	7.2	16 55 58.23	−6.98	−1.40	55 33 43.47	85.42	−14.07	16 55 49.85	−6 34 44.36
1893 April 23	839	7.0	14 11 21.12	−6.56	−1.66	54 7 54.37	79.06	−13.50	14 11 12.91	−5 8 50.68
	863	7.7	14 12 28.51	−6.56	−1.66	54 27 39.10	80.02	−13.54	14 12 20.29	−5 28 37.25
	872₁	6.8	14 23 20.25	−6.56	−1.66	53 43 31.70	77.95	−13.70	14 23 12.03	−4 44 26.05
	332a	6.0	14 39 49.46	−6.51	−1.68	49 57 9.06	68.18	−14.04	14 39 41.27	−0 57 54.47
	892	7.3	14 42 32.98	−6.57	−1.66	54 2 36.30	78.96	−13.97	14 42 24.75	−5 3 32.33
	15 Librae	6.0	14 51 5.97	−0.06	−1.65	59 57 21.40	98.96	−13.75		
	δ Librae	5.6	14 55 23.51	−0.07	−1.65	57 4 32.74	88.18	−13.95		
	906	6.5	14 56 35.02	−6.59	−1.65	56 8 6.25	85.40	−14.00	14 56 26.78	−7 9 8.70
	B.A.C. 5140 O.C.	7.2	15 2 10.16							
	339a	7.8	15 4 36.75	−6.52	−1.67	49 27 34.07	67.11	−14.50	15 4 28.56	−0 28 17.90
	919	8.0	15 10 31.39	−6.59	−1.64	55 19 25.25	82.92	−14.16	15 10 23.16	−6 20 25.13
	437b₁	7.3	15 12 13.43	−6.56	−1.65	53 5 17.15	76.41	−14.36	15 12 5.22	−4 6 5.25
	8 Serpentis	6.4	15 18 20.85	+0.07	−1.65	49 37 40.65	67.57	−14.71		
	940	8.0	15 29 6.78	−6.61	−1.62	56 44 17.42	87.54	−14.12	15 28 58.55	−7 45 21.92
	940′	8.2	15 29 21.84	−6.61	−1.62				15 29 13.60	
	351a	8.0	15 33 17.67	−6.53	−1.63	50 25 20.70	69.55	−14.80	15 33 9.51	−1 26 6.73
	953	8.0	15 41 51.65	−6.58	−1.61				15 41 43.44	
	354a	7.5	15 43 30.63	−6.53	−1.61	49 39 36.82	67.74	−15.00	15 43 22.49	−0 40 20.44
	450b	7.2	15 44 29.28	−6.56	−1.61	52 34 47.77	75.17	−14.65	15 44 21.11	−3 35 39.65
	966	5.4	15 55 9.19	−6.62	−1.58	57 5 22.90	88.84	−14.08	15 55 0.98	−8 6 28.68
	362a	8.0	15 57 34.26	−6.54	−1.58	50 20 21.12	69.44	−15.01	15 57 26.04	−1 21 6.59
	460b	7.5	16 1 32.30	−6.57	−1.57	52 34 29.59	75.22	−14.73	16 1 24.16	−3 35 21.18
	465b	7.3	16 7 56.47	−6.57	−1.56	52 45 47.32	73.74	−14.71	16 7 48.34	−3 46 38.98
	466b	8.0	16 8 37.03	−6.57	−1.56	52 52 15.77	76.04	−14.70	16 8 28.90	−3 53 8.24
	468b	6.0	16 11 25.65	−6.57	−1.55	52 40 25.57	75.50	−14.74	16 11 17.53	−3 41 17.15
	ε Ophiuchi	3.3	16 12 47.66	+0.02	−1.55	53 24 58.00	77.56	−14.63		
	δ Ophiuchi	3.7	16 25 39.00	+0.11	−1.52	46 46 16.59	61.30	−13.76		
	12 Ophiuchi	5.8	16 30 52.27	+0.05	−1.51	51 4 58.01	72.34	−15.12		
	995	7.5	16 32 48.17	−6.62	−1.50	55 55 12.72	85.08	−14.13	16 32 40.06	−6 56 14.97
	480b	7.0	16 35 41.12	−6.56	−1.49	51 37 22.11	72.73	−14.92	16 35 33.07	−2 38 11.27
	20 Ophiuchi	5.0	16 44 2.96	−0.05	−1.48	59 34 19.44	97.92	−13.31		
	1003	6.8	16 48 14.07	−6.59	−1.43	53 7 36.42	76.79	−14.59	16 48 6.04	−4 8 29.72
	1009	7.8	16 54 22.08	−6.63	−1.44	56 21 7.21	86.50	−13.87	16 54 14.02	−7 22 10.77
	1012	7.2	16 55 57.90	−6.62	−1.43	55 33 42.60	84.00	−14.02	16 55 49.85	−6 34 43.75
	1023	8.0	17 11 33.87	−6.62	−1.38	55 38 59.10	84.39	−13.86	17 11 25.87	−6 40 0.60

Datum	Bezeichnung des Sterns	Grösse	Durchgangszeit	Uhrstand + Correction	Reduction auf 1893.0	Mittel der Ablesungen	Refraction	Reduction auf 1893.0	α 1893.0	δ 1893.0
1893 April 23	27 H. Ophiuchi	4.5	17ʰ 21ᵐ 5ˢ.15	+0ˢ.02	−1ˢ.34	53° 58′ 34″.65	79″.10	−14″.17		
	1041	8.0	17 30 17.91	−6.62	−1.31	55 2 34.15	82.64	−13.78	17ʰ 30ᵐ 9ˢ.99	−6° 3′ 33″.71
	1044	7.3	17 31 43.05	−6.64	−1.31	56 37 6.05	88.78	−13.27	17 31 35.09	−7 58 12.78
	400a	8.0	17 39 16.37	−6.57	−1.26	50 40 48.62	70.64	−14.79	17 39 8.54	−1 41 35.25
	401a	7.5	17 41 28.52	−6.57	−1.25	50 30 34.57	70.61	−14.77	17 41 20.70	−1 40 41.02
	520b₁	8.0	17 47 0.69	−6.59	−1.23	52 8 36.35	74.47	−14.33	17 46 58.87	−3 9 26.87
	521b₁	8.0	17 47 32.62	−6.58	−1.23	51 13 7.61	72.03	−14.56	17 47 24.82	−2 13 56.47
	1063	8.0	17 50 45.55	−6.62	−1.22	54 16 58.02	80.51	−13.70	17 50 37.71	−5 17 55.90
	ν Ophiuchi	3.6	17 53 10.02	+0.04	−1.24	58 44 22.51	95.19	−12.45		
	525b₁	8.0	17 55 6.35	−6.58	−1.19	51 17 11.25	72.28	−14.46	17 54 58.58	−2 18 0.41
	1076	8.0	18 3 4.88	−6.61	−1.17	53 26 22.35	78.16	−13.75	18 2 57.10	−4 27 17.80
	1079	6.3	18 5 52.71	−6.62	−1.16	54 12 41.37	80.41	−13.48	18 5 44.93	−5 13 39.17
	1082	7.8	18 7 26.92	−6.61	−1.15	53 40 31.26	79.15	−13.57	18 7 19.16	−4 47 28.00
	1086	8.0	18 11 42.93	−6.65	−1.14	56 18 21.32	86.96	−12.77	18 11 35.14	−7 19 16.72
	537b	8.0	18 15 53.66	−6.60	−1.10	52 8 23.15	74.07	−13.92	18 15 45.96	−3 9 14.75
	414a	7.1	18 16 59.40	−6.57	−1.09	50 14 23.60	69.79	−14.44	18 16 51.74	−1 15 10.18
	1094	7.0	18 19 5.74	−6.64	−1.10	55 38 30.20	84.88	−12.83	18 18 58.00	−6 39 33.45
	1100	6.2	18 24 38.76	−6.63	−1.08	54 46 40.05	82.26	−12.97	18 24 31.06	−5 47 41.03
	421a	6.7	18 26 33.05	−6.57	−1.04	50 3 50.17	69.43	−14.33	18 26 25.44	−1 4 42.47
	1109	7.5	18 31 29.83	−6.62	−1.04	53 41 19.37	79.09	−13.17	18 31 22.18	−4 42 16.02
	548b	6.5	18 32 54.42	−6.60	−1.02	52 16 19.75	75.15	−13.57	18 32 46.80	−3 17 12.45
	1115	6.2	18 36 57.29	−6.65	−1.03	56 9 29.17	86.69	−12.29	18 36 49.61	−7 10 34.76
	1118	7.0	18 39 3.32	−6.65	−1.01	55 37 35.52	85.00	−12.42	18 38 55.66	−6 38 39.20
	6 H. Scuti	4.6	18 41 37.43	+0.02	−0.99	53 50 44.02	79.63	−12.92		
	1126	6.8	18 44 4.97	−6.64	−0.98	55 0 58.52	83.14	−12.50	18 43 57.35	−6 2 0.32
	51 H. Ceph. U.C.	5.1	18 50 35.98							
	1138	4.7	18 56 5.54	−6.64	−0.92	54 52 19.25	82.80	−12.27	18 55 57.97	−5 53 20.91
	1143	5.7	18 59 20.17	−6.62	−0.90	53 10 28.87	77.84	−12.74	18 59 12.66	−4 11 25.08
	λ Aquilae	3.1	19 0 41.67	+0.02	−0.89	54 1 34.40	80.30	−12.16		
1893 April 24	920	7.5	15 10 31.63	−6.20	−1.66	53 29 8.67	77.67	−14.29	15 10 23.77	−4 30 1.80
	923	7.5	15 12 11.37	−6.20	−1.66	53 47 37.02	78.55	−14.27	15 12 3.50	−4 48 31.30
	δ Serpentis	6.4	15 18 20.36	+0.07	−1.67	49 37 41.82	67.71	−14.06		
	B.A.C. 5140 O.C.	7.1	15 12 10.97							
	441b	8.0	15 28 51.57	−6.20	−1.65	51 20 48.64	72.03	−14.63	15 28 43.72	−2 21 36.02
	444b	8.0	15 33 23.72	−6.21	−1.64	51 27 55.57	72.36	−14.65	15 33 15.88	−2 28 43.51
	954	7.8	15 42 41.86	−6.24	−1.62	53 26 23.32	77.76	−14.51	15 42 34.00	−4 27 16.29
	955	8.0	15 43 46.85	−6.25	−1.62	53 37 5.84	78.27	−14.49	15 43 38.98	−4 37 59.78
	458b	6.8	15 59 40.26	−6.25	−1.59	52 13 17.20	74.52	−14.73	15 59 32.41	−3 14 6.94
	462b	8.0	16 2 9.88	−6.24	−1.59	51 21 1.42	72.23	−14.86	16 2 2.05	−2 21 49.08
	367a	8.0	16 7 51.12	−6.24	−1.58	50 6 49.55	69.18	−15.06	16 7 43.31	−1 7 33.23
	368a	6.8	16 8 14.93	−6.24	−1.58	50 11 21.69	69.36	−15.05	16 8 7.12	−1 12 6.25
	468b	6.0	16 11 25.42	−6.28	−1.57	52 40 24.87	75.82	−14.60	16 11 17.57	−3 41 15.83
	ε Ophiuchi	3.3	16 12 47.40	+0.08	−1.57	53 24 58.07	77.89	−14.59		
	λ Ophiuchi	3.7	16 25 38.08	+0.11	−1.54	46 40 16.62	61.58	−15.68		

Datum	Bezeichnung des Sterns	Grösse	Durchgangszeit	Uhrstand + Correction	Reduction auf 1893.0	Mittel der Ablesungen	Refraction	Reduction auf 1893.0	α 1893.0	δ 1893.0
1893 April 24	12 Ophiuchi	5.8	16h 30m 31s.98	+0s.05	−1s.33	51° 4′ 59″.93	71″.66	−15″.03		
	994₁	6.2	16 32 23.52	−6.34	−1.52	55 18 20.80	83.52	−14.20	16h 32m 17s.66	−6° 19′ 10″.44
	14 Ophiuchi	6.0	16 36 25.04	+0.10	−1.50	47 36 12.94	63.40	−15.08		
	20 Ophiuchi	5.0	16 44 2.67	+0.03	−1.50	59 34 20.55	98.36	−13.28		
	1003	6.8	16 48 13.76	−6.34	−1.47	53 7 35.97	77.12	−14.53	16 48 5.05	−4 8 28.70
	1009₁	8.0	16 54 26.16	−6.35	−1.45	53 10 20.04	77.25	−14.50	16 54 18.36	−4 11 12.92
1893 April 25	922	7.5	15 11 37.59	−5.69	−1.67	56 26 42.24	86.19	−14.14	15 11 30.22	−7 27 45.04
	δ Serpentis	6.4	15 18 20.00	+0.07	−1.68	49 37 40.47	67.32	−14.69		
	B.A.C. 5140 O.C.	7.1	15 22 8.19							
	442b	7.8	15 29 4.31	−5.63	−1.66	51 34 8.46	72.15	−14.64	15 28 57.01	−2 34 57.13
	933	8.0	15 41 50.82	−5.66	−1.64	53 46 17.86	78.15	−14.51	15 41 43.52	−4 47 12.64
	355a	7.8	15 43 46.55	−5.62	−1.64	50 38 49.31	69.86	−14.85	15 43 39.28	−1 39 33.09
	366a	7.5	16 7 49.04	−5.61	−1.60	49 13 59.13	66.51	−15.20	16 7 41.81	−0 14 41.13
	979	8.0	16 9 33.18	−5.69	−1.59	56 4 24.46	85.17	−14.22	16 9 25.89	−7 5 26.68
	ε Ophiuchi	3.3	16 12 46.76	+0.02	−1.59	53 24 58.92	77.23	−14.52		
	λ Ophiuchi	3.7	16 25 38.13	+0.11	−1.56	46 46 16.85	61.07	−15.68		
	ζ Ophiuchi	2.6	16 31 23.25	−0.05	−1.55	59 19 46.76	96.63	−13.36		
	373a	6.7	16 33 9.24	−5.61	−1.53	50 0 17.47	68.44	−15.17	16 33 2.09	−1 1 2.26
	377a	6.5	16 35 47.52	−5.60	−1.53	49 46 48.36	67.91	−15.22	16 35 40.39	−0 47 32.07
	20 Ophiuchi	5.0	16 44 2.06	−0.05	−1.52	59 34 19.62	97.65	−13.34		
	30 Ophiuchi	5.0	16 55 37.15	+0.03	−1.47	53 2 48.27	76.40	−14.55		
1893 April 28	ρ Virginis	5.6	13 49 19.69	+0.07	−1.69	49 57 35.60	68.11	−12.76		
	τ Virginis	4.0	13 56 19.18	+0.10	−1.73	46 55 41.17	61.30	−12.73		
	κ Virginis	4.3	14 7 18.45	−0.04	−1.68	58 45 27.32	94.47	−13.54		
	854	8.0	14 9 59.84	−5.51	−1.70	53 16 21.07	76.92	−13.38	14 9 52.61	−4 17 8.12
	860	7.7	14 11 37.00	−5.55	−1.70	54 13 46.42	79.69	−13.46	14 11 29.81	−5 14 36.15
	872	5.7	14 23 10.31	−5.56	−1.70	55 24 17.82	83.31	−13.66	14 23 3.05	−6 25 10.87
	422b	8.0	14 33 4.79	−5.57	−1.72	51 40 5.22	72.78	−13.73	14 32 57.55	−2 40 47.77
	885	8.0	14 36 56.21	−5.54	−1.72	53 36 52.26	78.09	−13.81	14 36 48.96	−4 37 39.61
	887	6.5	14 38 40.51	−5.58	−1.71	56 47 2.10	87.84	−13.83	14 38 33.22	−7 47 59.35
	891	7.8	14 40 49.41	−5.57	−1.71	55 55 3.27	85.04	−13.85	14 40 42.13	−6 55 57.84
	893	7.8	14 42 8.04	−5.57	−1.71	55 38 42.27	84.19	−13.86	14 42 0.76	−6 39 36.13
	15 Librae	6.0	14 51 4.97	−0.06	−1.71	59 57 30.60	99.46	−13.83		
	δ Librae	5.6	14 55 22.61	−0.02	−1.71	57 4 40.95	88.93	−13.92		
	906	6.5	14 56 34.08	−5.57	−1.71	56 8 12.52	85.84	−13.96	14 56 26.79	−7 9 8.06
	339a	7.8	15 4 35.84	−5.49	−1.73	49 27 41.02	67.43	−14.25	15 4 28.61	−0 28 17.72
	923	7.5	15 12 10.74	−5.56	−1.72	53 47 36.72	78.75	−14.17	15 12 3.46	−4 48 38.49
	δ Serpentis	6.4	15 18 19.89	+0.07	−1.72	49 37 39.85	67.85	−14.44		
	442b	7.8	15 29 4.21	−5.54	−1.71	51 34 6.75	72.69	−14.48	15 28 56.96	−2 34 56.15
	354a	7.5	15 43 29.74	−5.51	−1.70				15 43 22.53	
	355a	7.8	15 43 46.50	−5.53	−1.69	50 38 47.62	70.35	−14.61	15 43 39.28	−1 39 34.78
	455b	7.0	15 56 12.21	−5.55	−1.67	52 27 −1.47	75.04	−14.50	15 56 4.99	−3 27 49.97
	971	6.7	16 0 25.25	−5.58	−1.67	54 49 55.97	81.85	−14.21	16 0 18.01	−5 50 54.73
	366a	7.5	16 7 49.05	−5.51	−1.66	49 13 57.42	66.98	−14.91	16 7 41.88	−0 14 40.60
	980	5.9	16 9 55.54	−5.61	−1.65	57 4 3.10	89.06	−13.94	16 9 48.28	−8 5 9.24
	ε Ophiuchi	3.3	16 12 46.81	+0.02	−1.64	53 24 58.42	77.80	−14.36		

Datum	Bezeichnung des Sterns	Grösse	Durchgangszeit	Uhrstand + Correction	Reduction auf 1893.0	Mittel der Ablesungen	Refraction	Reduction auf 1893.0	α 1893.0	δ 1893.0
1893 April 18	λ Ophiuchi	3.7	16ʰ 25ᵐ 38ˢ.10	+0ˢ.11	−1ˢ.62	46° 46′ 10″.07	61″.53	−13″.35		
	ζ Ophiuchi	2.6	16 31 23.23	−0.05	−1.62	59 19 44.22	97.39	−13.35		
	14 Ophiuchi	6.0	16 36 24.41	+0.10	−1.59	47 36 12.40	63.41	−13.25		
1893 April 29	α Virginis	4.3	14 7 18.54	−0.04	−1.68	58 43 25.90	94.87	−13.55		
	ι Virginis	4.0	14 10 31.48	+0.01	−1.70	54 28 30.87	80.69	−13.51		
	863	7.7	14 12 27.68	−5.59	−1.71	54 27 43.77	80.66	−13.47	14ʰ 12ᵐ 20ˢ.38	−5° 28′ 35″.05
	872₁	6.8	14 23 19.36	−5.58	−1.72	53 43 37.62	78.54	−13.60	14 23 12.06	−4 44 20.52
	331a	7.0	14 38 21.44	−5.55	−1.74	51 2 17.82	71.33	−13.76	14 38 14.16	−2 2 59.49
	333a	7.7	14 40 55.37	−5.53	−1.75	49 22 23.35	67.25	−13.79	14 40 48.09	−0 23 0.84
	15 Librae	6.0	14 51 3.06	−0.06	−1.72	59 57 28.60	99.62	−13.89		
	δ Librae	5.6	14 55 22.58	−0.02	−1.72	57 4 40.25	89.06	−13.92		
	431b	7.0	14 57 18.72	−5.55	−1.74	51 35 50.42	72.83	−14.04	14 57 11.42	−2 36 33.14
	B.A.C. 5140 O.C.	7.1	15 12 11.78							
	β Librae	2.0	15 11 22.28	−0.03	−1.72	57 58 14.40	92.22	−13.97		
	437b	7.9	15 56 21.68	−5.58	−1.69	51 9 31.70	71.78	−14.57	15 56 14.41	−2 10 22.22
	972	7.8	16 0 50.17	−5.61	−1.68	53 26 54.92	77.97	−14.33	16 0 42.88	−4 27 50.47
	367a	8.0	16 7 50.55	−5.57	−1.67	50 6 46.97	69.26	−14.74	16 7 43.32	−1 7 33.73
	980	5.9	16 9 55.53	−5.65	−1.67	57 4 2.62	89.34	−13.88	16 9 48.21	−8 5 9.45
	ε Ophiuchi	3.3	16 12 46.78	+0.02	−1.66	53 24 55.65	78.00	−14.30		
	λ Ophiuchi	3.7	16 25 38.10	+0.11	−1.64	46 46 14.40	61.73	−13.26		
	ζ Ophiuchi	2.6	16 31 23.31	−0.05	−1.63	59 19 43.30	97.72	−13.27		
	14 Ophiuchi	6.0	16 36 24.46	+0.10	−1.61	47 36 10.52	63.64	−13.15		
	20 Ophiuchi	5.0	16 44 2.74	−0.05	−1.61	59 34 17.27	98.84	−13.14		
1893 Mai 1	μ Virginis	4.0	14 37 32.61	+0.04	−1.74	54 10 35.30	81.00	−13.81		
	331a	7.0	14 38 21.43	−5.61	−1.76	51 2 8.82	72.33	−13.69	14 38 14.06	−2 3 0.33
	333a	7.7	14 40 55.29	−5.60	−1.77	49 22 13.67	68.20	−13.69	14 40 47.92	−0 23 2.00
	15 Librae	6.0	14 51 5.10	−0.01	−1.74	59 57 18.45	101.04	−13.85		
	δ Librae	5.6	14 55 22.69	+0.01	−1.75	57 4 27.61	90.33	−13.89		
	β Librae	2.0	15 11 22.37	+0.01	−1.76	57 58 2.00	93.51	−13.95		
	B.A.C. 5140 O.C.	7.1	15 12 16.86							
	37 Librae	5.0	15 28 27.18	0.00	−1.75	58 40 34.77	96.27	−13.93		
	μ Serpentis	3.3	15 44 9.47	+0.06	−1.74	52 5 12.65	75.38	−14.35		
	456b	8.0	15 57 13.30	−5.67	−1.72	52 20 32.12	76.14	−14.34	15 57 5.91	−3 21 27.79
	972	7.8	16 0 50.35	−5.68	−1.72	53 26 31.72	79.26	−14.24	16 0 42.95	−4 27 50.31
	462b	8.0	16 2 9.39	−5.66	−1.72	51 20 56.02	73.50	−14.45	16 2 2.01	−2 21 49.16
	465b	7.3	16 7 55.70	−5.67	−1.71	52 45 42.45	77.35	−14.31	16 7 48.32	−3 46 38.66
	466b	8.0	16 8 36.20	−5.67	−1.71	52 52 11.01	77.65	−14.31	16 8 28.82	−3 53 9.06
	983	8.0	16 13 28.26	−5.70	−1.70	56 2 23.42	87.28	−13.91	16 13 20.86	−7 3 30.68
	λ Ophiuchi	3.7	16 25 38.28	+0.10	−1.67	46 46 11.12	62.66	−13.08		
	12 Ophiuchi	5.8	16 30 51.51	+0.06	−1.67	51 4 55.30	72.93	−14.60		
	41 Ophiuchi	5.0	17 11 14.32	+0.08	−1.55	49 28 46.00	68.56	−14.11		
	27 H. Ophiuchi	4.5	17 21 4.53	+0.04	−1.53	53 58 35.55	81.03	−13.63		
	1041	8.0	17 30 17.39	−5.80	−1.51	55 2 35.40	84.29	−13.25	17 30 10.09	−6 3 32.22

Datum	Bezeichnung des Sterns	Grösse	Durchgangszeit	Uhrstand + Correction	Reduction auf 1893.0	Mittel der Ablesungen	Refraction	Reduction auf 1893.0	α 1893.0	δ 1893.0
1893 Mai 1	μ Ophiuchi	4.6	17h 32m 9s.02	+0s.02	−1s.51	57° 2′ 6″.67	90″.83	−12″.77		
	4002	8.0	17 39 15.83	−5.77	−1.46	50 40 51.05	72.02	−14.09	17h 39m 8s.61	−1° 41′ 34″.80
	4022	7.8	17 42 51.91	−5.76	−1.45	49 58 1.75	70.23	−14.22	17 42 44.69	−0 58 43.17
	1056	7.5	17 47 17.07	−5.82	−1.46	56 52 6.42	90.30	−12.52	17 47 10.38	−7 53 30.11
	1060	7.0	17 49 17.04	−5.82	−1.45	56 41 38.27	89.71	−12.52	17 49 9.77	−7 42 41.35
	1066	8.0	17 53 23.69	−5.82	−1.43	55 37 4.20	86.17	−12.70	17 53 16.44	−6 38 3.42
	526b	7.3	17 55 28.99	−5.79	−1.42	51 33 36.72	74.34	−13.67	17 55 21.78	−2 34 23.13
	1071	7.8	17 57 25.54	−5.83	−1.42	56 39 2.25	89.38	−12.36	17 57 18.29	−7 40 5.43
	1082	7.2	18 6 44.10	−5.83	−1.39	56 18 9.97	88.44	−12.26	18 6 36.88	−7 19 11.87
	1084	7.8	18 8 54.14	−5.82	−1.37	54 35 23.47	82.99	−12.66	18 8 46.95	−5 36 19.67
	1088	8.0	18 13 42.05	−5.82	−1.35	54 30 49.10	82.77	−12.58	18 13 35.48	−5 31 45.11
	537b	8.0	18 15 53.13	−5.80	−1.33	52 8 26.10	75.94	−13.17	18 15 46.00	−3 9 14.01
	1091	7.8	18 17 57.75	−5.83	−1.34	55 17 15.97	85.17	−12.28	18 17 50.58	−6 18 14.70
	1097	7.9	18 20 32.40	−5.84	−1.33	56 39 41.35	89.68	−11.85	18 20 25.22	−7 40 45.08
	1101	7.3	18 25 32.45	−5.83	−1.30	54 50 48.02	83.81	−12.23	18 25 25.32	−5 51 45.27
	4212	6.7	18 26 32.48	−5.79	−1.27	50 3 59.18	70.56	−13.53	18 26 25.35	−1 4 42.38
	1109	7.5	18 31 29.25	−5.83	−1.27	53 41 20.25	80.35	−12.42	18 31 22.16	−4 42 14.06
	1112	6.1	18 34 19.27	−5.85	−1.28	56 52 3.00	90.42	−11.43	18 34 12.14	−7 53 7.92
	1115	6.2	18 36 56.76	−5.85	−1.26	56 9 31.05	88.04	−11.59	18 36 49.65	−7 10 33.28
	1118	7.0	18 39 2.72	−5.85	−1.25	55 37 38.35	86.31	−11.69	18 38 55.63	−6 38 38.71
	1121	7.4	18 41 14.02	−5.86	−1.24	56 40 28.02	89.77	−11.33	18 41 6.92	−7 41 32.17
	1126	6.8	18 44 4.36	−5.85	−1.22	55 1 1.32	84.39	−11.74	18 43 57.29	−6 1 59.06
	1128	7.5	18 47 37.78	−5.84	−1.20	53 50 47.12	80.85	−12.00	18 47 30.74	−4 51 41.71
	1129	8.0	18 48 51.35	−5.85	−1.20	55 4 25.65	84.57	−11.62	18 48 44.30	−6 5 24.67
	1133	7.4	18 53 19.55	−5.84	−1.17	53 52 20.00	80.88	−11.86	18 53 12.54	−4 52 14.70
	1135	7.1	18 54 49.88	−5.87	−1.18	56 30 45.05	89.26	−11.02	18 54 42.83	−7 31 40.36
	1142	7.0	18 57 42.12	−5.85	−1.15	54 41 54.15	83.43	−11.49	18 57 35.11	−5 42 52.44
	λ Aquilae	3.1	19 0 41.19	+0.04	−1.13	54 1 37.37	81.41	−11.62		
	10 Aquilae	5.8	19 6 59.49	+0.01	−1.12	57 5 57.37	91.29	−10.49		
	1 Urs. min. O.C.	6.4	19 29 55.60							
	δ Aquilae	3.3	19 20 12.95	+0.10	−0.99	46 5 19.17	61.44	−13.50		
1893 Mai 4	456b	8.0	15 57 13.38	−5.06	−1.77	52 20 34.36	75.94	−14.18	15 57 5.87	−3 21 27.48
	973	7.8	16 2 4.87	−5.72	−1.77	56 39 3.02	89.01	−13.80	16 1 57.39	−7 40 9.92
	978	8.0	16 8 16.87	−5.69	−1.76	55 37 0.32	83.65	−13.86	16 8 9.42	−6 38 3.22
	δ Ophiuchi	3.0	16 8 51.70	+0.05	−1.76	52 24 13.57	76.16	−14.25		
	ε Ophiuchi	3.3	16 12 46.96	+0.04	−1.75	53 24 55.15	79.02	−14.03		
	λ Ophiuchi	3.7	16 25 38.31	+0.10	−1.73	46 46 13.87	62.50	−14.75		
	12 Ophiuchi	5.8	16 30 51.59	+0.06	−1.73	51 4 54.95	72.75	−14.37		
	14 Ophiuchi	6.0	16 36 24.60	+0.09	−1.71	47 36 9.62	64.39	−14.70		
1893 Mai 5	457b	7.9	15 57 21.84	−5.63	−1.79	51 9 30.70	73.43	−14.21	15 57 14.42	−2 10 21.25
	462b	8.0	16 2 9.40	−5.63	−1.78	51 21 −2.52	73.95	−14.19	16 2 1.99	−2 22 48.75
	978	8.0	16 8 16.91	−5.68	−1.78	55 37 0.92	80.41	−13.82	16 8 9.43	−6 38 4.55
	δ Ophiuchi	3.0	16 8 51.68	+0.03	−1.77	52 24 12.20	76.83	−14.15		
	ε Ophiuchi	3.3	16 12 46.99	+0.02	−1.76	53 24 55.22	79.71	−13.95		

Datum	Bezeichnung des Sterns	Grösse	Durchgangszeit	Uhrstand + Correction	Reduction auf 1893.0	Mittel der Ablesungen	Refraction	Reduction auf 1893.0	α 1893.0	δ 1893.0
1893 Mai 5	λ Ophiuchi	3.7	16ʰ 25ᵐ 38ˢ.29	+0ˢ.11	−1ˢ.75	46° 46′ 12″.71	63″.04	−14″.70		
	ζ Ophiuchi	2.6	16 31 23.39	−0.06	−1.75	59 19 41.42	99.75	−13.11		
	14 Ophiuchi	6.0	16 36 24.64	+0.10	−1.73	47 36 9.75	64.94	−14.60		
1893 Mai 12	37 Librae	5.0	15 28 28.31	+0.03	−1.90	58 40 43.30	95.95	−13.74		
	μ Serpentis	3.3	15 44 10.60	+0.06	−1.89	52 5 5.52	75.01	−13.67		
	362a	8.0	15 57 34.62	−6.64	−1.89	50 20 9.45	70.52	−13.38	15ʰ 57ᵐ 26ˢ.09	−1° 21′ 7″.53
	461b	8.0	16 1 38.62	−6.66	−1.89	52 59 21.10	77.56	−13.62	16 1 30.07	−4 0 26.18
	977	7.0	16 8 7.49	−6.68	−1.89	56 49 23.55	89.39	−13.40	16 7 58.92	−7 50 40.78
	ε Ophiuchi	3.3	16 12 48.08	+0.06	−1.88	53 14 45.97	78.80	−13.55		
	ζ Ophiuchi	2.6	16 31 24.53	+0.03	−1.88	59 19 32.60	98.59	−12.88		
	14 Ophiuchi	6.0	16 36 25.84	+0.09	−1.85	47 35 59.02	64.18	−13.88		
1893 Mai 13	41 Ophiuchi	5.0				310 38 53.22	67.15	+13.43		
	27 H. Ophiuchi	4.5				305 59 3.12	79.38	+12.65		
	1042	8.0				304 55 4.47	82.66	+12.29		−6 3 37.08
	μ Ophiuchi	4.6				302 55 33.55	89.03	+11.91		
	1049	8.0				303 37 5.95	86.78	+11.87		−7 21 34.99
	518b	7.6				307 30 54.72	75.21	+12.53		−3 27 34.60
	403a	7.5				309 12 10.00	70.82	+12.79		−1 46 24.48
	520b₁	8.0				307 49 3.05	74.44	+12.47		−3 9 25.12
	1060	7.0				303 16 1.25	87.99	+11.56		−7 42 41.46
	ν Ophiuchi	3.6				301 13 14.77	95.23	+11.10		
	526b	7.3				308 24 3.75	72.94	+12.42		−2 34 23.14
	527b	6.5				307 49 2.97	74.54	+12.30		−3 9 25.91
	1076	8.0				306 31 14.10	78.10	+11.87		−4 27 18.37
	1081	7.1				303 39 29.17	86.83	+11.19		−7 19 12.82
	1084	7.8				305 22 17.12	81.49	+11.50		−5 36 19.20
	535b	6.5				307 56 18.60	74.25	+12.00		−3 2 9.45
	1089	7.5				305 58 12.47	79.71	+11.49		−5 0 22.07
	1090	7.0				303 25 49.32	87.63	+10.87		−7 32 53.78
	1092	7.5				306 49 51.27	77.32	+11.58		−4 8 40.80
	1099	7.8				306 55 9.37	77.09	+11.45		−4 3 27.36
	1101	7.3				305 6 52.57	82.34	+11.02		−5 51 45.39
	1106	7.5				303 11 8.95	88.50	+10.48		−7 47 35.18
	1108	7.8				306 19 10.72	78.80	+11.16		−4 39 23.06
	1113	7.5				306 22 54.12	78.63	+11.05		−4 35 39.50
	1116	7.8				305 10 37.42	82.18	+10.69		−5 48 0.87
	1120	7.8				304 10 29.42	85.31	+10.34		−6 48 11.78
	1126	6.8				304 56 38.40	82.91	+10.45		−6 2 59.88
	1127	7.5				304 59 59.50	82.74	+10.38		−5 58 38.92
	1132	7.3				305 11 54.80	82.16	+10.36		−5 46 43.02
	1136	6.8				306 23 12.37	78.67	+10.48		−4 35 21.77
	1141	7.5				303 5 58.75	88.87	+ 9.56		−7 52 46.91
	1147	7.8				305 54 48.00	80.04	+10.16		−5 3 47.66
	1151	7.3				303 31 52.35	87.44	+ 9.43		−7 26 51.72
	20 Aquilae	5.8				302 51 42.05	89.69	+ 9.16		

Datum	Bezeichnung des Sterns	Grösse	Durchgangszeit	Uhrstand + Correction	Reduction auf 1893.0	Mittel der Ablesungen	Refraction	Reduction auf 1893.0	α 1893.0	δ 1893.0
1893 Mai 14	41 Ophiuchi	5.0	17ʰ 21ᵐ 16ˢ.02	−0ˢ.04	−1″.83	310° 38′ 54″.77	66″.27	+13″.34		
	27 H. Ophiuchi	4.5	17 22 6.18	−0.07	−1.82	303 59 4.57	78.36	+12.57		
	1042	8.0	17 30 19.27	−7.21	−1.81	304 54 5.22	81.60	+12.30	17ʰ 30ᵐ 10ˢ.15	−6° 4′ 32″.13
	μ Ophiuchi	4.6	17 32 10.77	−0.08	−1.82	302 55 33.87	87.89	+11.84		
	520b	8.0	17 43 11.55	−7.20	−1.76	308 48 52.27	70.88	+12.02	17 43 2.59	−2 9 33.86
	1056	7.5	17 47 19.43	−7.24	−1.78	303 5 34.15	87.42	+11.30	17 47 10.41	−7 53 0.71
	1061	8.0	17 50 32.12	−7.23	−1.77	304 19 24.15	83.49	+11.65	17 50 23.12	−6 39 15.71
	ν Ophiuchi	3.6	17 53 17.19	−0.09	−1.78	301 13 17.32	93.98	+11.02		
	526b	7.3	17 55 30.76	−7.22	−1.73	308 24 4.85	71.99	+12.32	17 55 21.82	−2 34 22.81
	527b	6.5	17 57 0.96	−7.22	−1.73	307 49 4.00	73.51	+12.17	17 56 52.01	−3 9 25.08
	1072	7.9	18 0 11.24	−7.23	−1.72	306 25 26.70	77.33	+11.83	18 0 2.49	−4 35 7.12
	1076	8.0	18 3 5.98	−7.23	−1.71	306 31 15.20	77.07	+11.78	18 2 57.04	−4 27 18.08
	1081	7.1	18 6 46.00	−7.25	−1.72	303 39 29.72	85.68	+11.12	18 6 37.02	−7 19 12.85
	1084	7.8	18 8 55.98	−7.25	−1.70	305 22 17.82	80.40	+11.41	18 8 47.03	−5 36 19.49
	536b	8.0	18 13 33.19	−7.24	−1.67	307 45 51.22	73.73	+11.80	18 13 24.28	−3 12 38.61
	1090	7.0	18 16 32.19	−7.27	−1.69	303 25 49.77	86.47	+10.78	18 16 23.23	−7 32 54.01
	1092	7.5	18 18 47.25	−7.25	−1.66	306 49 52.60	76.29	+11.49	18 18 38.34	−4 8 40.07
	1098	8.0	18 22 8.15	−7.25	−1.65	306 58 43.35	75.89	+11.42	18 21 59.15	−3 59 49.35
	1101	7.5	18 25 34.35	−7.27	−1.65	305 6 52.97	81.26	+10.91	18 25 25.43	−5 51 35.40
	1106	7.5	18 28 33.19	−7.28	−1.66	303 11 8.67	87.34	+10.39	18 28 24.25	−7 47 36.24
	1109	7.5	18 31 31.10	−7.27	−1.62	306 16 18.20	77.91	+11.03	18 31 22.12	−4 42 16.83
	519b	7.5	18 33 48.73	−7.25	−1.60	308 55 44.87	70.82	+11.50	18 33 39.88	−2 2 42.73
	1114	7.3	18 36 39.51	−7.29	−1.62	303 32 23.60	86.23	+10.22	18 36 30.60	−7 26 20.39
	1118	7.0	18 39 4.53	−7.28	−1.61	304 20 2.32	83.82	+10.41	18 38 55.64	−6 38 38.97
	1124	7.2	18 43 4.52	−7.29	−1.59	304 51 14.55	82.13	+10.36	18 42 55.65	−6 7 25.34
	1127	7.5	18 47 11.09	−7.29	−1.57	305 0 0.22	81.71	+10.27	18 47 2.22	−5 58 39.38
	1130	8.0	18 49 48.91	−7.29	−1.55	305 42 5.77	79.64	+10.37	18 49 40.07	−5 16 31.67
	1132	7.3	18 53 13.33	−7.29	−1.55	305 12 54.07	81.14	+10.14	18 53 4.49	−5 46 44.02
	1137	7.3	18 55 52.06	−7.30	−1.54	304 38 4.60	82.87	+ 9.90	18 55 43.22	−6 20 36.25
	1143	8.0	18 58 46.19	−7.31	−1.54	303 6 23.47	87.77	+ 9.41	18 58 37.34	−7 52 21.91
	λ Aquilae	3.2	19 0 42.98	−0.07	−1.51	305 56 3.15	79.02	+10.25		
	1150	7.8	19 3 24.91	−7.31	−1.52	303 47 32.97	85.56	+ 9.44	19 3 16.08	−7 12 10.92
	1155	7.5	19 6 54.21	−7.31	−1.49	305 23 20.17	80.66	+ 9.76	19 6 45.41	−5 35 28.59
	1158,1	7.4	19 12 33.95	−7.31	−1.46	305 22 42.65	80.76	+ 9.57	19 12 25.15	−5 36 56.54
	1162	5.0	19 14 58.99	−7.32	−1.45	305 21 43.65	80.77	+ 9.49	19 14 50.12	−5 36 55.83
	1 67	7.0	19 17 26.59	−7.33	−1.46	303 22 30.62	86.99	+ 8.85	19 17 17.80	−7 36 15.44
	δ Aquilae	3.3	19 20 14.81	−0.03	−1.38	313 52 21.32	59.71	+11.65		
	ε Aquilae	5.3	19 25 12.79	−0.06	−1.38	307 57 49.67	73.54	+ 9.91		
	λ Urs. min. O.C.	6.4	19 30 28.73							
1893 Mai 16	366a	7.5	16 7 51.38	−7.60	−1.94	310 43 49.50	65.82	+13.40	16 7 41.84	−0 16 40.78
	979	8.0	16 9 35.55	−7.65	−1.93	303 53 22.87	84.27	+13.32	16 9 25.95	−7 5 26.34
	ε Ophiuchi	3.3	16 12 49.06	−0.07	−1.95	306 32 48.55	76.41	+13.33		
	λ Ophiuchi	3.7	16 25 40.30	−0.03	−1.93	313 11 31.82	60.37	+13.52		
	ζ Ophiuchi	2.6	16 31 25.60	−0.12	−1.95	300 38 1.07	95.49	+12.73		

Datum	Bezeichnung des Sterns	Grösse	Durchgangszeit	Uhrstand + Correction	Reduction auf 1893.0	Mittel der Ablesungen	Refraction	Reduction auf 1893.0	α 1893.0	δ 1893.0
1893 Mai 16	14 Ophiuchi	6.0	16h 36m 26.86s	−0.03	−1.92	311° 21′ 35.24″	62.15	+13.26		
	30 Ophiuchi	5.0	16 55 34.33	−0.07	−1.90	306 34 53.70	75.44	+12.90		
	1022	5.8	17 11 8.23	−7.63	−1.89	304 51 9.47	81.44	+12.41	17h 10m 58.71s	−6° 7′ 38.29″
	27 H. Ophiuchi	4.5	17 21 6.65	−0.08	−1.86	305 59 9.37	78.15	+12.39		
	1033	7.8	17 30 23.77	−7.62	−1.84	306 51 43.32	75.74	+12.33	17 30 14.30	−4 6 52.71
	μ Ophiuchi	4.6	17 32 11.25	−0.10	−1.86	302 55 38.42	87.62	+11.69		
	1049	8.0	17 38 57.37	−7.64	−1.83	303 37 11.02	85.38	+11.64	17 38 47.88	−7 21 35.01
	518b	7.6	17 40 6.06	−7.62	−1.82	307 31 0.27	74.00	+12.23	17 39 56.63	−3 27 34.44
	520b	8.0	17 43 11.98	−7.62	−1.80	308 18 57.77	73.72	+12.40	17 43 2.57	−2 9 35.71
	1056	7.5	17 47 19.89	−7.65	−1.83	303 5 38.75	87.12	+11.34	17 47 10.41	−7 53 9.61
	1061	8.0	17 50 32.59	−7.64	−1.81	304 19 28.82	83.21	+11.48	17 50 23.14	−6 39 15.53
	ν Ophiuchi	3.6	17 53 17.62	−0.11	−1.82	301 13 21.07	93.63	+10.90		
	524b	5.2	17 54 59.10	−7.62	−1.78	307 17 37.50	74.65	+11.90	17 54 49.70	−3 40 57.94
	1071	7.8	17 57 27.88	−7.63	−1.80	303 18 42.05	86.45	+11.11	17 57 18.44	−7 40 6.03
	1076	8.0	18 3 6.42	−7.63	−1.76	306 31 19.70	76.78	+11.57	18 2 57.03	−4 27 18.22
	1081	7.1	18 6 46.40	−7.65	−1.77	303 30 34.75	85.36	+10.91	18 6 36.98	−7 19 12.21
	1086	8.0	18 11 44.75	−7.63	−1.76	303 39 19.80	85.39	+10.78	18 11 35.35	−7 19 27.43
	1089	7.5	18 14 15.48	−7.64	−1.73	305 38 17.92	78.37	+11.28	18 14 6.11	−5 0 21.86
	1090	7.0	18 16 32.61	−7.65	−1.74	303 15 55.40	86.13	+10.60	18 16 23.21	−7 32 52.80
	1094	7.0	18 19 7.49	−7.65	−1.73	304 19 21.52	83.32	+10.71	18 18 58.11	−6 39 33.56
	1099	7.8	18 24 25.53	−7.63	−1.69	306 55 15.47	75.75	+11.13	18 24 16.20	−4 3 21.64
	1103	7.9	18 26 33.78	−7.66	−1.72	303 4 44.82	87.32	+10.22	18 26 24.41	−7 56 4.75
	1106	7.5	18 28 33.69	−7.66	−1.72	303 11 14.67	86.97	+10.19	18 28 24.33	−7 47 34.62
	1108	7.8	18 30 56.10	−7.64	−1.67	306 19 16.70	77.44	+10.82	18 30 46.79	−4 39 22.47
	124a	6.7	18 32 56.79	−7.61	−1.64	309 16 12.02	68.44	+11.54	18 32 47.53	−1 12 27.53
	1114	7.3	18 36 40.08	−7.66	−1.68	303 32 28.55	85.86	+10.04	18 36 30.74	−7 26 19.79
	1118	7.0	18 39 5.14	−7.66	−1.66	304 20 7.07	83.40	+10.12	18 38 55.82	−6 38 38.72
	1120	7.8	18 41 10.36	−7.66	−1.65	304 10 33.72	83.85	+10.02	18 41 1.05	−6 48 12.59
	1126	6.8	18 44 6.73	−7.65	−1.64	304 56 43.47	81.49	+10.11	18 43 57.45	−6 2 0.55
	1128	7.5	18 47 39.96	−7.64	−1.61	306 6 56.85	78.08	+10.27	18 47 30.72	−4 51 43.47
	1130	8.0	18 49 49.44	−7.65	−1.61	305 42 21.02	79.27	+10.13	18 49 40.18	−5 16 29.88
	1133	7.4	18 53 21.78	−7.65	−1.59	306 6 25.40	78.12	+10.12	18 53 12.54	−4 52 15.16
	1137	7.3	18 55 52.52	−7.66	−1.59	304 58 9.45	82.53	+ 9.67	18 55 43.26	−6 20 35.87
	1143	8.0	18 58 46.50	−7.67	−1.60	303 6 28.80	87.35	+ 9.18	18 58 37.24	−7 52 21.98
	λ Aquilae	3.1	19 0 43.43	−0.08	−1.57	305 56 8.87	78.64	+ 9.85		
	1152	6.8	19 5 22.35	−7.66	−1.56	304 11 3.82	83.91	+ 9.28	19 5 13.13	−6 47 43.25
	1156	8.0	19 7 37.35	−7.64	−1.53	306 48 39.15	76.20	+ 9.87	19 7 28.17	−4 9 59.92
	1158	7.8	19 11 26.23	−7.63	−1.52	306 8 6.35	78.10	+ 9.56	19 11 17.08	−4 50 35.11
	1161	7.0	19 14 27.15	−7.67	−1.52	304 9 20.52	84.04	+ 8.93	19 14 17.96	−6 49 27.35
	1168	7.8	19 18 26.93	−7.67	−1.51	303 47 46.52	85.19	+ 8.69	19 18 17.76	−7 11 2.50
	δ Aquilae	3.3	19 20 15.22	−0.02	−1.43	313 52 26.52	59.40	+11.37		
	1176	6.8	19 23 44.98	−7.67	−1.49	303 43 0.62	85.46	+ 8.47	19 23 35.83	−7 15 48.92
	ε Aquilae	5.3	19 25 13.13	−0.06	−1.45	307 57 54.92	73.15	+ 9.66		
	λ Urs. min. O.C.	6.4	19 30 24.79							

Datum	Bezeichnung des Sterns	Grösse	Durchgangszeit	Uhrstand + Correction	Reduction auf 1893.0	Mittel der Ablesungen	Refraction	Reduction auf 1893.0	α 1893.0	δ 1893.0
1893 Mai 28	8 Serpentis	6.4	15ʰ 18ᵐ 27ˢ.56	— 0ˢ.05	—2ˢ.01	310° 20′ 10″.27	67″.15	+12″.25		
	37 Librae	5.0	15 28 34.71	— 0.09	—2.03	301 17 12.91	94.23	+13.20		
	366a	7.5	16 7 36.86	—12.91	—2.07	310 43 33.90	66.89	+12.26	16ʰ 7ᵐ 41ˢ.88	—0° 14′ 40″.02
	979	8.0	16 0 40.98	—12.94	—2.09	303 33 27.24	85.66	+12.52	16 0 23.95	—7 5 27.41
	ε Ophiuchi	3.3	16 12 34.57	— 0.06	—2.09	306 32 53.65	77.70	+12.41		
	δ Ophiuchi	3.7	16 25 43.96	— 0.03	—2.08	313 11 36.95	61.47	+12.15		
	20 Ophiuchi	5.0	16 44 9.90	— 0.10	—2.14	300 23 23.60	98.32	+11.91		
	30 Ophiuchi	5.0	16 55 40.08	— 0.06	—2.10	306 54 57.37	76.93	+11.79		
	41 Ophiuchi	5.0	17 11 22.01	— 0.04	—2.07	310 30 2.62	67.44	+11.73		
	27 H. Ophiuchi	4.5	17 21 12.16	— 0.07	—2.09	305 59 12.15	79.74	+11.28		
	507b	7.5	17 30 10.35	—12.94	—2.07	308 9 21.15	73.74	+11.22	17 29 55.33	—2 49 14.58
	509b	7.3	17 31 59.54	—12.94	—2.06	308 10 0.22	73.72	+11.18	17 31 44.54	—2 48 35.93
	400a	8.0	17 39 23.58	—12.91	—2.05	309 16 57.35	70.87	+11.13	17 39 8.59	—1 41 35.58
	401a	7.5	17 41 35.73	—12.94	—2.04	309 17 50.25	70.83	+11.09	17 41 20.75	—1 40 42.81
	520b,	8.0	17 47 14.03	—12.96	—2.04	307 49 11.62	74.68	+10.81	17 46 59.03	—3 9 25.57
	1063	8.0	17 50 52.82	—12.97	—2.05	303 40 48.22	80.71	+10.48	17 50 37.80	—5 17 55.19
	1065	7.5	17 53 18.58	—12.97	—2.05	303 33 54.72	81.06	+10.40	17 53 3.55	—5 24 49.23
	525b	8.0	17 55 10.58	—12.97	—2.04	307 0 15.47	76.93	+10.52	17 54 55.57	—3 58 24.37
	1069	7.8	17 56 54.67	—12.98	—2.04	303 14 47.45	82.03	+10.26	17 56 39.65	—5 43 58.07
	1077	7.8	18 3 22.13	—12.98	—2.02	306 38 19.17	77.04	+10.29	18 3 7.14	—4 0 20.86
	1082	7.8	18 7 34.23	—12.98	—2.01	306 11 15.25	79.28	+10.08	18 7 19.23	—4 47 27.24
	1086	8.0	18 11 50.46	—13.00	—2.03	303 39 24.27	87.09	+ 9.58	18 11 35.43	—7 19 26.33
	1088	8.0	18 13 50.48	—12.99	—2.01	305 27 —0.57	81.47	+ 9.78	18 13 35.48	—5 31 45.38
	530b	8.0	18 16 13.71	—12.99	—1.99	307 3 14.50	76.85	+ 9.95	17 15 58.73	—3 55 25.69
	1092	7.5	18 18 53.38	—12.99	—1.98	306 50 1.27	77.49	+ 9.84	17 18 38.40	—4 8 39.88
	1097	7.9	18 20 40.42	—13.01	—2.01	303 18 6.52	88.28	+ 9.23	18 20 25.39	—7 40 45.85
	1103	7.9	18 26 39.41	—13.02	—2.00	303 4 47.67	89.05	+ 8.98	18 26 24.39	—7 54 5.63
	1106	7.5	18 28 39.22	—13.02	—2.00	303 11 17.20	88.69	+ 8.93	18 28 24.21	—7 47 35.79
	1109	7.5	18 31 37.18	—13.01	—1.96	306 16 26.65	79.11	+ 9.36	18 31 22.22	—4 42 16.47
	5 H. Scuti	5.0	18 37 56.60	— 0.08	—1.98	302 36 6.02	90.72	+ 8.47		
	1120	7.8	18 41 15.98	—13.03	—1.95	304 10 37.90	85.49	+ 8.65	18 41 0.99	—6 48 12.16
	1124	7.2	18 43 10.64	—13.03	—1.94	304 51 24.22	83.37	+ 8.71	18 42 55.67	—6 7 23.66
	1128	7.5	18 47 45.65	—13.02	—1.92	306 7 1.67	79.61	+ 8.80	18 47 30.71	—4 51 42.13
	1130	8.0	18 48 59.31	—13.03	—1.92	304 53 22.75	83.28	+ 8.51	18 48 44.33	—6 5 25.68
	1133	7.4	18 53 27.47	—13.03	—1.90	306 6 30.12	79.65	+ 8.60	18 53 12.55	—4 52 14.37
	1138	4.7	18 56 12.07	—13.04	—1.90	305 5 26.02	82.68	+ 8.29	18 55 58.04	—5 53 21.65
	1142	7.0	18 57 50.04	—13.04	—1.89	305 15 56.70	82.15	+ 8.27	18 57 35.11	—5 42 30.55
	1147	7.8	19 1 48.12	—13.04	—1.87	305 54 57.30	80.23	+ 8.27	19 1 33.21	—5 3 48.09
	1151	7.3	19 4 31.39	—13.05	—1.89	303 32 0.92	87.65	+ 7.65	19 4 16.43	—7 26 52.31
	20 Aquilae	5.8	19 7 7.40	— 0.08	—1.89	301 51 51.57	89.91	+ 7.41		
	1159	7.8	19 13 3.14	—13.06	—1.85	304 6 —0.12	85.84	+ 7.44	19 12 48.23	—6 52 51.80
	1164	7.5	19 16 38.23	—13.05	—1.82	306 2 24.57	79.91	+ 7.76	19 16 23.35	—4 56 20.85
	1169	7.4	19 18 37.07	—13.06	—1.82	305 16 21.32	82.19	+ 7.51	19 18 22.19	—5 42 26.93
	1174	7.7	19 21 52.97	—13.06	—1.81	305 1 36.47	82.94	+ 7.32	19 21 38.09	—5 56 52.43
	ε Aquilae	5.3	19 25 18.89	— 0.06	—1.77	307 57 58.80	74.55	+ 7.88		

Datum	Bezeichnung des Sterns	Grösse	Durchgangszeit	Uhrstand + Correction	Reduction auf 1893.0	Mittel der Ablesungen	Refraction	Reduction auf 1893.0	α 1893.0	δ 1893.0
1893 Mai 28	1178	8.0	$19^h 27^m 58^s.27$	$-13^s.06$	$-1''.78$	$306° 1' 26''.95$	$79''.93$	$+7''.33$	$19^h 27^m 43^s.43$	$-4° 57' 18''.89$
	1181	7.0	19 29 58.18	−13.08	−1.80	303 17 19.57	88.40	+ 6.59	19 29 43.30	−7 41 35.51
	1187	7.5	19 31 51.51	−13.07	−1.77	305 36 − 1.15	81.15	+ 7.08	19 31 36.67	−5 21 48.54
	1191	7.8	19 34 10.45	−13.08	−1.78	304 1 47.35	85.99	+ 6.58	19 33 55.58	−6 57 5.53
	λ Urs. min. O.C.	6.4	19 30 45.05							
1893 Juni 1	30 Ophiuchi	5.0	16 55 41.55	− 0.06	−2.15	306 54 55.57	76.63	+11.45		
	41 Ophiuchi	5.0	17 11 23.56	− 0.04	−2.13	310 38 60.32	67.23	+11.26		
	27 H. Ophiuchi	4.5	17 21 13.70	− 0.07	−2.15	305 59 12.02	79.54	+10.89		
	1043	7.8	17 30 30.98	−14.43	−2.14	306 51 45.92	77.14	+10.69	17 30 14.40	−4 6 51.93
	1044	7.3	17 31 51.77	−14.45	−2.17	303 0 38.27	88.97	+10.41	17 31 35.15	−7 58 12.18
	400a	8.0	17 39 25.21	−14.43	−2.12	309 16 55.22	70.76	+10.66	17 39 8.66	−1 41 36.90
	401a	7.5	17 41 37.37	−14.43	−2.12	309 17 48.12	70.72	+10.61	17 41 20.82	−1 40 43.57
	403a	7.5	17 43 2.41	−14.44	−2.10	309 12 16.35	70.95	+10.57	17 42 45.87	−1 46 16.09
	1056	7.5	17 47 27.12	−14.47	−2.15	303 5 39.12	88.69	+ 9.93	17 47 10.50	−7 53 11.25
	1060	7.0	17 49 26.50	−14.47	−2.15	303 16 7.70	88.09	+ 9.88	17 49 9.88	−7 42 42.07
	1066	8.0	17 53 33.17	−14.47	−2.14	304 20 41.90	84.59	+ 9.85	17 53 16.56	−6 38 4.24
	525b	8.0	17 55 12.03	−14.46	−2.11	307 0 14.50	70.73	+10.07	17 54 55.47	−3 58 23.80
	527b	6.5	17 57 8.61	−14.46	−2.10	307 49 9.85	74.55	+10.10	17 56 52.05	−3 9 26.33
	1082	7.8	18 7 35.92	−14.48	−2.10	306 11 13.87	79.00	+ 9.62	18 7 19.34	−4 47 27.03
	1086	8.0	18 11 52.00	−14.50	−2.11	303 39 23.85	86.75	+ 9.18	18 11 35.38	−7 20 25.33
	1089	7.5	18 14 22.70	−14.49	−2.09	305 58 19.82	79.61	+ 9.38	18 14 6.12	−5 0 22.16
	1091	7.8	18 18 7.40	−14.51	−2.09	304 40 32.12	83.49	+ 9.09	18 17 50.80	−6 18 13.61
	1097₁	8.0	18 21 10.94	−14.51	−2.08	305 19 0.67	81.54	+ 9.08	18 20 54.35	−5 39 43.22
	1102	8.0	18 26 30.77	−14.52	−2.07	304 47 21.40	83.15	+ 8.82	18 26 14.18	−6 11 24.63
	5 H. Scuti	5.0	18 37 58.18	− 0.08	−2.07	302 36 4.27	90.31	+ 8.05		
	1118	7.0	18 39 12.27	−14.53	−2.05	304 20 10.00	84.67	+ 8.30	18 38 55.69	−6 38 38.31
	1122	7.0	18 41 41.23	−14.54	−2.04	304 58 0.47	82.62	+ 8.31	18 41 24.66	−6 0 15.38
	1128₁	8.0	18 48 36.22	−14.54	−2.01	306 13 11.75	78.94	+ 8.27	18 48 19.66	−4 45 30.09
	λ Aquilae	3.1	19 0 50.76	− 0.07	−1.97	305 56 10.72	79.79	+ 7.77		
1893 Juni 2	μ Serpentis	3.3	15 44 18.85	− 0.06	−2.08	307 52 33.70	73.21	+12.08		
	Gr. 750 U.C.	6.4	16 3 6.39							
	978	8.0	16 8 26.17	−14.67	−2.13	304 20 48.72	83.34	+12.21	16 8 9.37	−6 38 3.64
	369a	7.5	16 8 48.63	−14.64	−2.12	309 28 22.32	69.21	+11.84	16 8 31.89	−1 30 16.60
	ε Ophiuchi	3.3	16 12 56.36	− 0.06	−2.14	306 32 54.25	76.86	+12.01		
	λ Ophiuchi	3.7	16 25 47.68	− 0.03	−2.13	313 11 37.52	60.72	+11.54		
	12 Ophiuchi	5.8	16 31 0.96	− 0.05	−2.15	308 52 55.00	70.64	+12.52		
	30 Ophiuchi	5.0	16 55 41.81	− 0.06	−2.16	306 54 55.22	75.87	+11.36		
	41 Ophiuchi	5.0	17 11 23.84	− 0.04	−2.14	310 39 1.52	66.43	+11.14		
	27 H. Ophiuchi	4.5	17 21 14.02	− 0.07	−2.16	305 59 11.30	78.50	+10.80		
	1043	7.8	17 30 31.10	−14.67	−2.16	306 51 45.27	76.07	+10.59	17 30 14.27	−4 6 52.03
	μ Ophiuchi	4.6	17 32 18.01	− 0.08	−2.18	302 55 38.30	88.01	+10.30	17 38 17.21	−3 52 50.33
	1048	7.4	17 38 34.06	−14.69	−2.16	305 5 52.37	81.17	+10.26	17 39 56.59	−3 27 34.71
	518b	7.6	17 40 13.41	−14.68	−2.14	307 31 1.27	74.34	+10.40		
	γ Ophiuchi	3.6	17 42 48.38	− 0.03	−2.14	313 43 13.30	59.74	+10.79		

Datum	Bezeichnung des Sterns	Grösse	Durchgangszeit	Uhrstand + Correction	Reduction auf 1893.0	Mittel der Ablesungen	Refraction	Reduction auf 1893.0	α 1893.0	δ 1893.0
1893 Juni 2	1057	7.8	17ʰ 47ᵐ 26.ˢ72	−14.ˢ69	−2.ˢ15	305° 30′ 13.″55	79.″57	+10.″06	17ʰ 47ᵐ 9.ˢ88	−5° 19′ 27.″93
	1066	8.0	17 53 33.33	−14.72	−2.15	304 20 43.02	83.55	+ 9.79	17 53 16.47	−6 38 2.84
	525b	8.0	17 55 12.26	−14.69	−2.13	307 0 13.70	75.80	+ 9.95	17 54 55.44	−3 58 24.16
	1071	7.8	17 57 35.25	−14.71	−2.16	303 18 42.62	86.88	+ 9.53	17 57 18.38	−7 40 6.87
	1076	8.0	18 3 13.94	−14.70	−2.12	306 31 21.22	77.17	+ 9.67	18 2 57.12	−4 27 18.49
	1082	7.8	18 7 36.12	−14.71	−2.12	306 11 12.82	78.14	+ 9.51	18 7 19.29	−4 47 27.84
	535b	6.5	18 11 33.34	−14.70	−2.10	307 56 26.62	73.36	+ 9.58	18 11 16.54	−3 2 9.13
	1088	8.0	18 13 52.19	−14.72	−2.11	305 26 36.60	80.31	+ 9.23	18 13 35.36	−5 31 46.43
	1091	7.8	18 18 7.52	−14.73	−2.11	304 40 30.95	82.66	+ 8.98	18 17 50.68	−6 18 14.52
	417a	8.0	18 19 26.23	−14.72	−2.07	309 2 51.57	70.56	+ 9.51	18 19 9.44	−1 55 41.60
	1097₁	8.0	18 21 11.08	−14.73	−2.10	305 18 57.27	80.71	+ 8.97	18 20 54.25	−5 39 46.77
	1101	8.0	18 26 30.83	−14.73	−2.10	304 47 21.95	82.35	+ 8.70	18 26 14.00	−6 11 23.77
	1105	6.5	18 27 55.91	−14.73	−2.09	304 59 21.80	81.70	+ 8.68	18 27 39.09	−5 59 24.17
	1109	7.5	18 31 38.98	−14.73	−2.07	306 16 25.00	78.02	+ 8.57	18 31 22.17	−4 42 16.49
	1113	7.5	18 35 24.17	−14.73	−2.06	306 23 1.62	77.72	+ 8.45	18 35 7.38	−4 35 39.77
	1116	7.8	18 37 57.82	−14.74	−2.07	305 10 43.70	81.24	+ 8.36	18 37 41.02	−5 48 1.18
	429a	7.2	18 39 42.67	−14.72	−2.08	310 29 34.95	67.13	+ 8.45	18 39 25.94	−0 28 55.60
	1122	7.0	18 41 41.45	−14.75	−2.06	304 58 0.25	81.90	+ 8.18	18 41 24.64	−6 0 45.65
	555b	7.3	18 45 45.50	−14.74	−2.02	307 35 34.92	74.45	+ 8.27	18 45 28.74	−3 23 3.13
	1128₁	8.0	18 48 36.36	−14.75	−2.03	306 13 11.90	78.25	+ 8.15	18 48 19.59	−4 45 30.55
	1133	7.4	18 53 29.28	−14.75	−2.02	306 6 28.27	78.61	+ 7.95	18 53 12.51	−4 52 14.52
	1138	4.7	18 56 14.75	−14.76	−2.02	305 5 23.95	81.60	+ 8.00	18 55 57.97	−5 53 22.11
	2 Aquilae	3.1	19 0 50.07	− 0.07	−2.00	305 56 9.57	79.15	+ 7.04		
	1147	7.8	19 1 50.06	−14.76	−2.00	305 54 56.02	79.21	+ 7.60	19 1 33.30	−5 3 48.02
	20 Aquilae	3.8	19 7 9.31	− 0.08	−2.01	302 51 57.25	88.77	+ 6.80		
	1166	8.0	19 16 59.48	−14.81	−1.97	303 33 43.07	86.51	+ 6.53	19 16 42.70	−7 25 16.55
	1176	6.8	19 23 52.53	−14.81	−1.95	303 43 11.52	86.05	+ 6.28	19 23 35.77	−7 15 47.70
	ι Aquilae	5.3	19 25 20.69	− 0.06	−1.90	307 58 5.37	73.65	+ 7.13		
	1178	8.0	19 28 0.06	−14.80	−1.91	306 1 32.65	79.01	+ 6.62	19 27 43.35	−4 57 19.58
	1181	8.0	19 30 59.51	−14.81	−1.91	304 46 34.27	82.74	+ 6.21	19 30 42.79	−6 12 21.92
	581b	7.7	19 39 50.19	−14.80	−1.85	307 41 11.82	74.44	+ 6.52	19 39 33.55	−3 17 35.48
	1200	7.8	19 41 28.75	−14.80	−1.85	307 3 22.50	76.15	+ 6.31	19 41 12.10	−3 55 27.01
	1206	8.0	19 44 13.15	−14.81	−1.85	306 11 2.75	78.61	+ 6.00	19 43 56.50	−4 47 49.06
	1212	8.0	19 48 51.74	−14.81	−1.84	305 39 30.75	80.14	+ 5.68	19 48 35.09	−5 19 23.43
	1221	7.5	19 59 44.89	−14.81	−1.78	306 22 5.90	78.12	+ 5.40	19 59 28.30	−4 36 46.36
	Lal. 38458	6.7	20 2 40.45	− 0.08	−1.80	303 54 47.70	85.53	+ 4.84		
	1226	6.8	20 5 40.34	−14.82	−1.78	304 34 43.92	83.44	+ 4.68	20 5 23.73	−6 24 14.45
	475a	6.7	20 7 58.83	−14.80	−1.71	309 38 55.70	69.47	+ 5.93	20 7 42.32	−1 19 47.41
	596b	7.2	20 11 30.26	−14.81	−1.73	307 9 47.85	75.03	+ 5.12	20 11 13.73	−3 49 2.28
	1238	6.8	20 12 47.63	−14.82	−1.73	303 55 19.62	79.44	+ 4.73	20 12 31.08	−5 3 34.72
	1241	7.3	20 15 42.99	−14.83	−1.74	304 17 33.25	84.37	+ 4.17	20 15 26.42	−6 41 26.68
	604b	7.0	20 22 10.96	−14.81	−1.66	308 31 37.15	72.33	+ 5.06	20 21 54.49	−2 27 9.73
	1253	8.0	20 24 39.75	−14.82	−1.68	306 11 22.60	78.69	+ 4.31	20 24 23.26	−4 47 31.36
	1257	7.3	20 28 0.36	−14.83	−1.68	304 24 −0.42	84.05	+ 3.65	20 27 43.85	−6 35 0.49
	70 Aquilae	5.0	20 31 25.72	− 0.06	−1.62	308 3 35.69	73.56	+ 4.56		
	1259₁	6.8	20 32 47.18	−14.82	−1.64	306 13 35.65	78.59	+ 3.96	20 32 30.72	−4 45 18.63
	ε Aquarii	3.6	20 42 9.55	− 0.09	−1.66	301 5 58.91	95.35	+ 2.03		

Datum	Bezeichnung des Sterns	Grösse	Durchgangszeit	Uhrstand + Correction	Reduction auf 1893.0	Mittel der Ablesungen	Refraction	Reduction auf 1893.0	α 1893.0	δ 1893.0
1893 Juni 3	465b	7.3	16h 8m 5s.18	−14s.74	−2s.13	307° 11' 57".27	74".70	+11".93	16h 7m 48s.32	−3° 46' 38".81
	309a	7.5	16 9 48.72	−14.72	−2.13	309 28 14.75	68.88	+11.74	16 9 31.87	−1 30 16.07
	ι Ophiuchi	3.3	16 12 56.17	−0.06	−2.15	306 32 45.87	76.32	+11.93		
	λ Ophiuchi	3.7	16 25 47.70	−0.03	−2.14	313 11 28.95	60.54	+11.33		
	12 Ophiuchi	5.8	16 31 1.08	−0.05	−2.17	308 32 47.67	70.53	+11.71		
	27 H. Ophiuchi	4.5	17 21 14.12	−0.07	−2.18	305 59 12.20	78.65	+10.69		
	1042	8.0	17 30 27.07	−14.78	−2.18	304 55 11.75	81.78	+10.39	17 30 10.11	−6 3 33.22
	μ Ophiuchi	4.6	17 32 18.72	−0.08	−2.20	302 55 40.45	88.12	+10.24		
	1049	8.0	17 39 4.80	−14.79	−2.19	303 37 15.77	85.85	+10.03	17 38 47.82	−7 21 33.71
	1058	7.2	17 47 48.68	−14.79	−2.17	305 4 33.40	81.31	+ 9.90	17 47 31.66	−5 54 11.62
	1067	7.3	17 53 40.02	−14.79	−2.16	305 56 25.92	78.77	+ 9.79	17 53 23.08	−5 2 16.25
	525b	8.0	17 55 15.48	−14.78	−2.14	308 40 33.82	71.38	+ 9.49	17 54 58.57	−2 18 2.82
	1083	6.8	18 7 48.00	−14.79	−2.13				18 7 31.08	
	1091	7.8	18 18 7.56	−14.81	−2.13	304 40 33.57	82.54	+ 8.87	18 17 50.62	−6 18 13.64
	1097	7.9	18 20 42.27	−14.81	−2.14	303 18 5.20	86.89	+ 8.61	18 20 25.32	−7 40 46.77
	1138	4.7	18 56 14.93	−14.86	−2.04	305 5 33.67	81.35	+ 7.54	18 55 58.03	−5 53 20.66
	20 Aquilae	5.8	19 7 9.40	− 0.08	−2.03	302 51 57.30	88.44	+ 6.68		
	1159	7.8	19 13 5.07	−14.88	−2.00	304 6 6.77	84.43	+ 6.68	19 12 48.18	−6 52 51.64
	449a	5.3	19 15 21.19	−14.85	−1.94	309 53 12.90	68.48	+ 7.75	19 15 4.40	−1 5 28.48
	1166	8.0	19 16 59.69	−14.89	−2.00	303 33 44.45	86.16	+ 6.41	19 16 42.80	−7 25 16.11
	1173	8.0	19 20 5.70	−14.87	−1.95	307 2 15.72	73.82	+ 6.99	19 19 48.88	−3 56 33.87
	ι Aquilae	3.3	19 25 20.84	− 0.06	−1.92	307 58 6.10	73.34	+ 6.98		
	1180	7.8	19 29 50.19	−14.89	−1.92	306 26 15.97	77.54	+ 6.49	19 29 33.38	−4 32 35.50
	457a	4.2	19 31 27.87	−14.87	−1.89	309 17 18.97	69.59	+ 7.09	19 31 11.11	−1 31 24.17
	1190	5.0	19 32 23.53	−14.89	−1.92	306 5 44.60	78.52	+ 6.31	19 32 6.72	−4 53 8.44
	360b	8.0	19 35 54.21	−14.89	−1.88	308 25 6.24	72.24	+ 6.70	19 35 37.44	−2 33 40.13
	1198	7.2	19 39 59.70	−14.91	−1.92	303 42 29.56	85.84	+ 5.46	19 39 42.87	−7 16 31.23
	1201	8.0	19 41 40.42	−14.92	−1.92	303 11 3.10	87.56	+ 5.26	19 41 23.59	−7 47 59.83
	1206	8.0	19 44 13.32	−14.91	−1.87	306 11 3.75	78.35	+ 5.85	19 43 56.54	−4 47 49.50
	1209	7.0	19 47 49.29	−14.91	−1.87	305 20 2.30	81.36	+ 5.46	19 47 32.50	−5 48 54.06
	1214	6.3	19 49 51.89	−14.92	−1.88	303 58 12.47	85.08	+ 5.08	19 49 35.08	−7 0 48.12
	1217	7.5	19 52 30.74	−14.92	−1.86	304 15 7.02	84.20	+ 5.03	19 52 13.96	−6 43 51.90
	1222	6.5	20 0 50.63	−14.92	−1.86	306 35 55.17	77.33	+ 5.27	20 0 33.90	−4 23 57.71
	Lal. 38458	6.7	20 2 40.52	− 0.08	−1.83	303 54 47.50	85.37	+ 4.50		
	1226	6.8	20 5 40.41	−14.94	−1.81	304 31 44.07	83.31	+ 4.54	20 5 23.67	−6 24 15.32
	1229	6.8	20 7 12.61	−14.94	−1.81	304 17 54.80	84.22	+ 4.39	20 6 55.86	−6 41 5.78
	1243	8.0	20 17 16.99	−14.95	−1.79	305 33 36.52	80.47	+ 4.29	20 17 0.26	−5 25 20.30
	603b	8.0	20 22 10.44	−14.94	−1.69	308 30 40.15	72.37	+ 4.90	20 21 53.82	−2 28 7.99
	492a	5.4	20 34 12.39	−14.94	−1.61	311 5 20.12	66.15	+ 5.13	20 33 55.75	+0 6 38.24
	ι Aquarii	3.6	20 42 9.74	− 0.09	−1.69	301 6 1.32	93.54	+ 1.88		
1893 Juni 8	41 Ophiuchi	5.0	17 11 25.11	− 0.04	−2.22	310 39 2.30	66.45	+10.43		
	27 H. Ophiuchi	4.5	17 21 15.35	− 0.07	−2.25	305 59 12.45	78.49	+10.21		
	1042	8.0	17 30 28.41	−15.94	−2.26	304 55 12.00	81.76	+ 9.92	17 30 10.22	−6 3 32.74
	μ Ophiuchi	4.6	17 32 19.93	− 0.08	−2.28	302 55 40.80	88.03	+ 9.80		
	γ Ophiuchi	3.6	17 42 49.76	− 0.03	−2.20	313 43 13.22	59.75	+ 9.92		

Datum	Bezeichnung des Sterns	Grösse	Durchgangszeit	Uhrstand + Correction	Reduction auf 1893.0	Mittel der Ablesungen	Refraction	Reduction auf 1893.0	α 1893.0	δ 1893.0
1893 Juni 8	1057	7.8	17h 47m 28s.14	−15s.95	−2s.25	305° 39′ 15″.30	76″.37	+9″.43	17h 47m 9s.91	−3° 19′ 27″.89
	1067	7.3	17 53 41.89	−15.96	−2.24	305 56 27.72	78.76	+9.25	17 53 23.08	−3 2 14.65
	525b1	8.0	17 55 16.95	−15.95	−2.22	308 40 32.50	71.37	+9.38	17 54 58.78	−2 18 2.41
	1069	7.8	17 56 57.70	−15.97	−2.24	305 14 45.25	80.81	+9.10	17 56 39.49	−3 43 59.58
	1083	6.8	18 7 49.20	−15.97	−2.22	306 36 19.52	76.00	+8.89	18 7 31.00	−4 2 20.49
	537b	8.0	18 16 4.21	−15.98	−2.20	307 49 22.87	73.64	+8.69	18 15 46.03	−3 9 14.97
	540b	7.7	18 18 42.81	−15.98	−2.19	308 26 00.85	72.01	+8.67	18 18 24.64	−2 31 35.29
	1095	7.7	18 19 51.99	−15.99	−2.21	306 4 30.77	78.46	+8.40	18 19 33.78	−4 54 12.68
	1099	7.8	18 24 34.36	−15.99	−2.20	306 55 18.17	76.10	+8.31	18 24 16.17	−4 3 22.60
	1103	7.9	18 26 42.56	−16.02	−2.23	303 4 46.07	87.77	+7.82	18 26 24.41	−7 34 6.30
	1108	7.8	18 31 5.08	−16.01	−2.19	306 14 19.47	77.80	+8.03	18 30 46.88	−4 39 22.48
	1111	6.8	18 32 22.86	−16.01	−2.19	306 4 48.80	78.48	+7.95	18 32 4.66	−4 53 54.79
	1117	6.0	18 38 23.47	−16.03	−2.20	304 3 27.00	84.59	+7.28	18 38 5.24	−6 55 22.81
	1119	8.0	18 40 6.57	−16.02	−2.18	306 16 7.02	77.97	+7.69	18 39 48.38	−4 42 36.10
	4318	8.0	18 42 33.26	−16.00	−2.13	310 37 17.67	66.74	+8.18	18 42 15.13	−0 21 13.78
	554b	6.8	18 44 49.14	−16.02	−2.16	307 14 6.72	75.30	+7.65	18 44 30.97	−3 44 33.94
	1128	8.0	18 48 37.83	−16.03	−2.16	306 23 13.22	78.13	+7.37	18 48 19.64	−4 45 30.58
	1134	7.7	18 53 45.30	−16.04	−2.17	303 59 39.25	84.82	+6.85	18 53 27.09	−6 59 11.56
	1139	7.7	18 56 22.96	−16.05	−2.16	304 26 59.10	83.39	+6.81	18 56 4.70	−6 31 50.53
	1145	5.7	18 59 37.00	−16.04	−2.13	306 47 17.07	76.53	+7.03	18 59 18.83	−4 11 24.99
	λ Aquilae	3.1	19 0 37.38	−0.07	−2.13	305 56 12.12	78.94	+6.86		
	1150	7.8	19 3 31.39	−16.06	−2.15	303 47 48.77	85.45	+6.40	19 3 13.18	−7 11 10.38
	20 Aquilae	5.8	19 6 10.73	−0.08	−2.15	302 51 58.93	88.49	+6.08		
	1157	7.8	19 8 56.46	−16.06	−2.12	305 6 16.97	81.37	+6.38	19 8 38.28	−5 32 31.26
	448a	7.0	19 15 12.44	−16.12	−2.06	309 28 9.17	69.52	+6.89	19 14 54.26	−1 30 34.02
	571b	7.0	19 17 14.24	−16.13	−2.08	307 3 35.52	75.78	+6.40	19 16 56.03	−3 55 14.73
	1172	6.8	19 19 38.91	−16.13	−2.08	305 33 16.75	79.07	+6.08	19 19 20.69	−5 5 36.94
	ε Aquilae	5.3	19 23 22.22	−0.06	−2.04	307 58 7.55	73.35	+6.24		
	1180	7.8	19 29 51.63	−16.13	−2.05	306 26 17.85	77.53	+5.76	19 29 33.45	−4 32 34.63
	1190	5.0	19 32 24.95	−16.13	−2.04	306 5 44.72	78.51	+5.65	19 32 6.77	−4 53 8.66
	580b′1	8.9	19 35 50.66	−16.12	−2.01				19 35 32.53	
	580b1	8.0	19 35 55.68	−16.12	−2.01	308 25 0.67	72.21	+5.92	19 35 37.55	−2 33 40.38
	1194	8.0	19 40 19.80	−16.13	−2.01	306 42 53.12	76.79	+5.37	19 40 1.65	−4 15 58.98
	1202	7.8	19 41 55.72	−16.14	−2.03	304 22 45.82	83.67	+4.82	19 41 37.54	−6 36 13.74
	51 Aquilae	5.8	19 45 11.83	−0.10	−2.08	299 57 11.15	99.24	+3.68		
	1209	7.0	19 47 50.65	−16.14	−2.00	305 10 2.05	81.28	+4.73	19 47 32.51	−5 48 55.02
	1214	6.5	19 49 53.36	−16.15	−2.01	303 58 13.17	84.99	+4.37	19 49 35.21	−7 0 48.19
	1217	7.5	19 52 32.13	16.15	−2.00	304 15 8.42	84.18	+4.31	19 52 13.99	−6 43 52.28
	1223	7.2	20 1 15.54	−16.14	−1.94	306 15 30.95	78.15	+4.38	20 0 57.46	−4 43 23.79
	592b	7.9	20 4 3.51	−16.13	−1.91	308 4 2.67	73.22	+4.70	20 3 45.47	−2 54 46.47
	1228	8.0	20 6 10.13	−16.15	−1.96	303 22 9.67	86.99	+3.47	20 5 52.02	−7 36 54.60
	475a	6.7	20 8 0.26	−16.12	−1.88	309 38 57.00	66.22	+4.91	20 7 42.26	−1 19 47.41
	597b	7.8	20 12 9.05	−16.13	−1.87	308 35 12.12	71.90	+4.48	20 11 51.05	−2 23 35.70
	1239	7.8	20 13 31.57	−16.15	−1.92	303 0 52.16	84.94	+3.29	20 13 13.50	−6 58 9.87
	1244	8.0	20 17 49.12	−16.14	−1.87	306 49 37.97	76.61	+3.86	20 17 31.11	−4 9 15.25

Datum	Bezeichnung des Sterns	Grösse	Durchgangszeit	Uhrstand + Correction	Reduction auf 1893.0	Mittel der Ablesungen	Refraction	Reduction auf 1893.0	α 1893.0	δ 1893.0
1893 Juni 8	603 b	8.0	20ʰ 22ᵐ 11ˢ.70	−16ˢ.13	−1ˢ.83	308° 30′ 39″.67	72″.12	+4″.03	20ʰ 21ᵐ 53ˢ.75	−2° 28′ 9″.16
	1257	7.3	20 28 1.89	−16.15	−1.83	304 24 1.12	83.78	+2.70	20 27 43.89	−6 35 0.89
	70 Aquilae	5.0	20 31 27.20	− 0.06	−1.79	308 3 37.52	73.33	+3.53		
	ε Aquilae	3.6	20 42 11.03	− 0.09	−1.84	301 6 1.00	95.10	+1.13		
	76 Drac. O.C.	6.0	20 50 35.90							
1893 Juni 11	5 H. Scuti	5.0	18 38 0.20	− 0.10	−2.28	302 36 14.02	89.35	+6.99		
	10 Aquilae	5.8	19 7 11.04	− 0.10	−2.22	302 51 59.98	88.59	+5.74		
	1159	7.8	19 13 6.83	−16.36	−2.19	304 6 8.00	84.59	+5.67	19 12 48.28	−6 52 51.83
	1161	5.0	19 15 8.70	−16.35	−2.17	303 22 1.54	80.73	+5.78	19 15 50.23	−5 36 54.35
	1169	7.8	19 18 36.25	−16.37	−2.18	303 47 58.55	85.58	+5.37	19 18 17.70	−7 11 2.94
	573 b	7.8	19 21 7.26	−16.34	−2.12	308 49 14.75	71.27	+6.11	19 20 48.80	−2 9 32.03
	577 b	7.3	19 26 0.17	−16.34	−2.11	308 38 43.22	71.74	+5.89	19 25 41.72	−2 20 3.93
	1181	8.0	19 31 1.46	−16.38	−2.13	304 46 37.12	82.57	+4.98	19 30 42.95	−6 12 20.48
	4582	7.8	19 32 5.50	−16.34	−2.13	310 14 52.67	67.81	+4.73	19 31 47.03	−0 43 51.48
	1191	7.8	19 34 14.06	−16.39	−2.14	304 1 57.60	84.92	+4.69	19 33 55.53	−6 57 4.11
	1197₁	7.9	19 36 53.65	−16.39	−2.12	301 39 19.37	82.99	+4.69	19 36 35.14	−6 19 40.39
	1199	8.0	19 40 20.08	−16.38	−2.08	306 42 54.22	76.96	+4.97	19 40 1.62	−4 15 59.03
	1203	8.0	19 42 15.23	−16.40	−2.12	303 22 31.42	87.09	+4.20	19 41 56.71	−7 36 32.84
	1208	8.0	19 47 16.28	−16.40	−2.08	305 9 24.15	81.52	+4.35	19 46 57.80	−5 49 34.29
	1213	8.0	19 49 29.81	−16.41	−2.09	303 39 0.47	86.24	+3.91	19 49 11.31	−7 20 3.31
	B.A.C. 2320 U.C.	7.1	19 50 25.17							
	Lal. 38458	6.7	20 2 42.25	− 0.09	−2.04	303 52 50.72	85.47	+3.33		
	1225	8.0	20 5 6.01	−16.32	−2.03	304 30 19.50	83.56	+3.35	20 4 47.56	−6 28 41.64
	1229	6.8	20 7 14.35	−16.43	−2.02	304 17 56.07	84.20	+3.71	20 6 55.90	−6 41 5.94
	1231	7.5	20 9 0.55	−16.43	−2.01	304 36 45.87	83.23	+3.20	20 8 42.11	−6 22 15.09
	597 b	7.8	20 12 9.46	−16.41	−1.95	308 35 13.15	72.04	+3.98	20 11 51.11	−2 23 35.88
	1239	7.8	20 13 32.01	−16.44	−2.00	304 0 52.90	85.11	+2.84	20 13 13.57	−6 58 10.64
	1243	8.0	20 17 18.76	−16.43	−1.97	305 33 36.55	80.37	+3.01	20 17 0.36	−5 25 22.04
	603 b	8.0	20 22 12.18	−16.42	−1.91	308 30 41.85	72.24	+3.53	20 21 53.85	−2 28 7.86
	1251	8.0	20 23 17.35	−16.44	−1.93	306 12 0.52	78.57	+2.91	20 22 58.98	−4 46 56.62
	1254	8.0	20 26 34.69	−16.45	−1.94	305 1 11.30	81.99	+2.46	20 26 16.30	−5 57 49.59
	1259	7.8	20 30 19.61	−16.15	−1.91	305 53 42.25	79.39	+2.51	20 30 1.26	−5 5 15.41
	70 Aquilae	5.0	20 31 27.62	− 0.06	−1.88	308 3 38.12	73.41	+3.01		
	1259₁	6.8	20 36 49.13	−16.46	−1.89	306 15 39.25	78.44	+2.47	20 36 30.78	−5 43 18.04
	4966	7.0	20 40 49.57	−16.43	−1.81	310 15 − 1.25	67.95	+3.19	20 40 31.32	−0 43 47.00
	1268	4.2	20 42 23.88	−16.47	−1.86	305 33 51.60	80.41	+1.85	20 42 5.56	−5 25 8.44
	502	6.7	20 49 54.56	−16.45	−1.78	309 11 57.80	70.60	+2.51	20 49 36.33	−1 46 51.60
	11 Aquarii	6.0	20 55 14.06	− 0.08	−1.80	305 30 23.35	79.72	+1.39		
1893 Juni 12	27 H. Ophiuchi	4.5	17 21 15.99	− 0.08	−2.30	305 59 22.65	78.07	+9.83		
	μ Ophiuchi	4.6	17 32 20.63	− 0.10	−2.33	302 55 40.92	87.58	+9.48		
	γ Ophiuchi	3.6	17 42 50.37	− 0.02	−2.25	313 43 15.57	59.43	+9.33		
	1057	7.8	17 47 28.81	−16.53	−2.31	305 30 14.15	79.15	+9.03	17 47 9.97	−5 19 29.63
	ν Ophiuchi	3.6	17 53 27.00	− 0.11	−2.35	301 13 24.20	93.60	+8.06		

Datum	Bezeichnung des Sterns	Grösse	Durchgangszeit	Uhrstand + Correction	Reduction auf 1893.0	Mittel der Ablesungen	Refraction	Reduction auf 1893.0	α 1893.0	δ 1893.0
1893 Juni 11	525b₁	8.0	17h 35m 17.55s	−16.51s	−2.28s	308° 40′ 35.85″	70.99″	+8.88″	17h 34m 58.76s	−2° 17′ 59.99″
	δ Urs. min. (U. C.)	4.3	18 7 16.85							
	1088	8.0	18 13 54.31	−16.53	−2.30	305 27 0.12	79.86	+8.11	18 13 35.47	−5 31 45.40
	4148	7.1	18 17 10.56	−16.51	−2.25	309 43 23.35	68.44	+8.29	18 16 51.80	−1 15 10.34
	1094	7.0	18 19 16.87	−16.54	−2.30	304 19 25.00	83.23	+7.83	18 18 58.03	−6 34 33.97
	1098	8.0	18 20 38.91	−16.53	−2.28	306 0 28.52	78.20	+7.90	18 20 20.10	−4 58 19.84
	1101	7.3	18 25 44.18	−16.54	−2.28	305 7 1.07	80.82	+7.64	18 25 25.36	−5 51 45.59
	1104	7.0	18 27 44.12	−16.53	−2.28	305 44 18.47	79.00	+7.62	18 27 25.31	−5 14 26.47
	1110	7.8	18 32 13.55	−16.55	−2.29	303 33 23.52	85.67	+7.25	18 31 54.71	−7 25 28.50
	1117	6.0	18 38 24.05	−16.54	−2.28	304 3 28.12	84.09	+7.04	18 38 5.23	−6 55 22.44
	1119	8.0	18 39 7.22	−16.53	−2.25	306 16 8.20	77.51	+7.20	18 38 48.44	−4 42 33.73
	4318	8.0	18 42 33.85	−16.50	−2.21	310 37 18.55	66.35	+7.58	18 42 15.14	−0 21 13.87
	1129	8.0	18 49 3.19	−16.54	−2.25	304 53 22.90	81.55	+6.69	18 48 44.40	−6 5 25.54
	1134	7.7	18 53 45.83	−16.54	−2.25	303 59 39.75	84.34	+6.38	18 53 27.03	−6 59 11.81
	1137	7.3	18 56 2.01	−16.54	−2.24	304 38 13.75	82.41	+6.37	18 55 43.23	−6 20 35.82
	1145	5.7	18 59 37.51	−16.52	−2.21	306 47 17.07	76.13	+6.30	18 59 18.78	−4 11 25.82
	λ Aquilae	3.1	19 0 52.06	−0.08	−2.22	305 56 12.67	78.54	+6.34		
	1151	7.3	19 4 35.40	−16.55	−2.24	303 32 1.05	85.87	+5.85	19 4 16.61	−7 26 52.53
	20 Aquilae	5.8	19 7 11.30	−0.10	−2.24	302 51 50.48	88.08	+5.82		
	1160	7.8	19 13 23.17	−16.63	−2.20	305 1 1.20	81.30	+5.67	19 13 4.34	−5 57 55.58
	569b	7.3	19 15 20.98	−16.61	−2.16	308 18 21.80	72.16	+6.10	19 15 2.20	−2 40 25.51
	1168	7.8	19 18 36.50	−16.64	−2.20	303 47 58.75	85.10	+5.25	19 18 17.66	−7 11 2.34
	1173	8.0	19 20 7.77	−16.62	−2.16	307 2 16.92	75.55	+5.70	19 19 48.99	−3 56 34.49
	1177	7.0	19 25 28.25	−16.65	−2.18	304 13 0.37	83.70	+5.01	19 25 9.43	−6 43 59.80
	1182	8.0	19 31 1.70	−16.65	−2.16	304 46 36.20	82.10	+4.85	19 30 42.90	−6 12 21.79
	1187	7.5	19 31 55.27	−16.64	−2.14	305 36 7.20	79.64	+4.95	19 31 36.48	−5 22 49.11
	580b₁	8.0	19 35 56.26	−16.63	−2.10	308 25 6.71	71.98	+5.30	19 35 37.53	−2 33 41.54
	1190	8.0	19 40 20.45	−16.64	−2.11	306 42 53.17	76.54	+4.79	19 40 1.70	−4 15 59.71
	1204	7.8	19 42 24.80	−16.65	−2.12	305 29 8.87	80.03	+4.46	19 42 6.03	−5 29 47.78
	51 Aquilae	5.8	19 45 12.48	−0.12	−2.18	299 57 13.71	98.88	+3.21		
	1208	8.0	19 47 16.54	−16.66	−2.10	305 9 23.62	81.03	+4.27	19 46 57.78	−5 49 34.49
	1212	8.0	19 48 53.82	−16.65	−2.09	305 39 35.70	79.55	+4.20	19 48 35.07	−5 10 23.35
	1217	7.5	19 52 32.72	−16.67	−2.10	304 15 10.47	83.81	+3.75	19 52 13.96	−6 43 51.20
	Lal. 38438	6.7	20 2 42.57	−0.09	−2.07	303 54 40.87	84.89	+3.19		
	592b	7.9	20 4 4.22	−16.65	−2.01	308 4 3.27	72.94	+4.04	20 3 45.55	−2 54 46.99
	1227	7.8	20 5 46.01	−16.66	−2.02	307 5 26.10	75.58	+3.74	20 5 27.33	−3 53 27.32
	1230	8.0	20 7 15.59	−16.69	−2.06	303 6 53.22	87.40	+2.70	20 6 56.85	−7 52 13.03
	1233	8.0	20 9 38.11	−16.67	−2.01	306 4 49.55	78.36	+3.35	20 9 19.43	−4 54 6.88
	1237	7.8	20 12 50.23	−16.68	−2.02	304 20 23.10	83.55	+2.80	20 12 31.53	−6 38 38.91
	1241	7.3	20 15 45.10	−16.68	−2.01	304 17 54.92	83.70	+2.65	20 15 26.41	−6 41 27.40
	1244	7.8	20 17 49.82	−16.67	−1.97	306 49 38.02	76.26	+3.15	20 17 31.17	−4 9 16.63
	1249	7.8	20 22 26.53	−16.69	−1.99	303 57 30.07	84.76	+2.25	20 22 7.84	−7 1 32.62
	600b	7.3	20 23 35.39	−16.66	−1.93	308 53 32.75	70.82	+3.39	20 23 16.80	−2 5 16.22
	1255	6.8	20 26 44.06	−16.68	−1.96	305 22 43.67	80.41	+2.39	20 26 25.42	−5 36 15.78
	1259	7.8	20 30 19.85	−16.68	−1.94	305 53 41.02	78.90	+2.35	20 30 1.23	−5 5 16.28

Datum	Bezeichnung des Sterns	Grösse	Durchgangszeit	Uhrstand + Correction	Reduction auf 1893.0	Mittel der Ablesungen	Refraction	Reduction auf 1893.0	α 1893.0	δ 1893.0
1893 Juni 12	70 Aquilae	5.0	20h 31m 27s.90	— 0s.06	—1s.90	308° 3′ 38″.27	72″.96	+2″.83		
	1259	6.8	20 32 49.33	—16.68	—1.92	306 13 38.33	77.95	+2.31	20h 32m 30s.73	—4° 45′ 18″.83
	617b	6.8	20 41 48.27	—16.68	—1.86	308 6 11.17	72.87	+2.39	20 41 29.73	—2 52 40.39
	1269	7.5	20 42 56.23	—16.69	—1.88	305 57 0.55	78.81	+1.77	20 42 37.65	—5 1 38.21
	76 Drac. O.C.	6.0	20 50 55.75							
	1281	7.8	20 53 43.37	—16.72	—1.86	303 39 51.07	85.90	+0.64	20 53 24.79	—7 19 15.24
	11 Aquarii	6.0	20 55 14.25	— 0.08	—1.83	305 50 23.10	79.26	+1.12		
1893 Juni 13	7 Ophiuchi	3.6	17 42 50.39	— 0.03	—2.30	313 43 17.05	58.97	+9.13		
	1058	7.2	17 47 50.60	—16.38	—2.33	305 4 34.45	79.76	+8.90	17 47 31.70	—5 54 10.21
	ν Ophiuchi	3.6	17 53 27.11	— 0.10	—2.37	302 13 23.30	92.88	+8.58		
	67 Ophiuchi	4.0	17 55 35.98	— 0.03	—2.26	313 54 36.47	58.62	+8.86		
	δ Urs. min. O.C.	4.3	18 7 17.57							
	1081	7.2	18 6 56.04	—16.61	—2.33	303 39 38.15	84.67	+8.16	18 6 37.10	—7 19 12.25
	536b	8.0	18 13 43.15	—16.59	—2.29	307 46 0.62	72.84	+8.15	18 13 24.27	—3 11 38.02
	1090	7.0	18 16 42.18	—16.62	—2.33	303 25 58.52	85.43	+7.77	18 16 23.23	—7 32 52.87
	1094	7.0	18 19 17.05	—16.62	—2.32	304 19 16.15	82.64	+7.72	18 18 58.11	—6 39 32.43
	1096	8.0	18 20 38.90	—16.61	—2.30	306 0 27.80	77.65	+7.79	18 20 19.99	—4 58 16.24
	544b	7.5	18 26 29.98	—16.60	—2.27	308 29 0.60	71.04	+7.77	18 26 11.10	—2 29 36.67
	1110	7.8	18 31 13.65	—16.64	—2.31	303 33 24.17	85.08	+7.13	18 30 54.70	—7 25 27.78
	1115	6.2	18 37 8.61	—16.64	—2.30	303 48 27.07	84.32	+6.95	18 36 49.67	—7 10 34.10
	428a	8.0	18 38 42.83	—16.61	—2.23	310 38 42.32	65.84	+7.55	18 38 23.99	—0 19 50.01
	1121	7.4	18 41 25.99	—16.65	—2.30	303 17 20.75	85.99	+6.72	18 41 7.04	—7 41 32.70
	1136	6.8	18 55 48.63	—16.65	—2.24	306 23 23.35	76.70	+6.47	18 55 29.74	—4 35 20.85
	1142	7.0	18 57 54.02	—16.66	—2.25	305 13 57.52	79.92	+6.25	18 57 35.11	—5 42 50.10
	λ Aquilae	3.1	19 0 53.08	— 0.07	—2.24	305 56 13.00	77.99	+6.20		
	1152	6.8	19 5 32.10	—16.67	—2.25	304 11 6.75	83.22	+5.76	19 5 13.18	—6 47 44.37
	20 Aquilae	5.8	19 7 11.43	— 0.09	—2.26	302 51 31.22	87.47	+5.51		
	1160	7.8	19 13 23.20	—16.64	—2.22	305 1 1.82	80.70	+5.55	19 13 4.34	—5 57 55.39
	1164	7.5	19 16 42.11	—16.63	—2.20	306 2 33.80	77.73	+5.55	19 16 23.37	—4 56 20.35
	1172	7.6	19 19 21.43	—16.64	—2.20	305 21 21.02	79.71	+5.33	19 19 2.58	—5 37 35.11
	δ Aquilae	3.3	19 20 24.95	— 0.03	—2.12	313 52 40.66	58.89	+6.03		
	451a	7.2	19 24 53.28	—16.62	—2.14	310 18 44.17	66.72	+4.92	19 24 34.52	—0 39 59.80
	1183	7.8	19 31 12.73	—16.65	—2.17	305 58 23.24	77.95	+4.92	19 30 53.91	—5 0 31.54
	1188	7.3	19 32 21.65	—16.66	—2.17	305 40 52.62	78.80	+4.81	19 32 2.82	—5 18 3.38
	1194	7.0	19 35 17.13	—16.67	—2.19	303 13 38.55	86.35	+4.24	19 34 58.26	—7 45 25.57
	1200	7.8	19 41 30.96	—16.66	—2.12	307 3 25.95	74.98	+4.66	19 41 12.18	—3 55 26.58
	51 Aquilae	5.8	19 45 12.46	— 0.10	—2.20	299 57 13.35	98.11	+3.10		
	1208	8.0	19 46 16.65	—16.68	—2.13	305 9 24.40	80.40	+4.04	19 45 57.84	—5 49 34.28
	1213	8.0	19 49 30.18	—16.69	—2.14	303 39 —0.25	85.03	+3.63	19 49 11.35	—7 20 3.76
	B.A.C. 2320 U.C.	7.1	19 50 20.38							
	Lal. 38458	6.7	20 2 43.65	— 0.08	—2.09	303 54 50.07	84.22	+3.02		
	471a	7.8	20 4 9.99	—16.68	—2.02	309 23 33.50	69.01	+4.16	20 3 51.29	—1 35 23.35
	θ Aquilae	3.0	20 6 5.77	— 0.05	—2.01	309 30 26.77	67.92	+4.13		
	1233	8.0	20 9 38.29	—16.70	—2.04	306 4 50.02	79.54	+3.20	20 9 19.45	—4 54 8.33
	1239	6.8	20 12 49.86	—16.70	—2.03	305 55 21.47	78.18	+3.02	20 12 31.13	—5 3 35.75
	1250	8.0	20 22 37.98	—16.72	—2.00	305 33 4.72	79.35	+2.47	20 22 19.26	—5 25 54.19
	1255	6.8	20 26 41.17	—16.73	—1.99	305 22 44.37	79.76	+2.23	20 26 23.46	—5 36 15.20

Datum	Bezeichnung des Sterns	Grösse	Durchgangszeit	Uhrstand + Correction	Reduction auf 1893.0	Mittel der Ablesungen	Refraction	Reduction auf 1893.0	α 1893.0	δ 1893.0
1893 Juni 13	70 Aquilae	5.0	20h 31m 27s.96	− 0.06	−1s.93	308° 3′ 38″.83	72″.38	+2″.68		
	613b	8.0	20 36 31.43	−16.71	−1.92	307 12 1.85	74.66	+2.23	20h 36m 12s.80	−3° 46′ 52″.82
	1267	8.0	20 42 15.62	−16.76	−1.94	303 28 54.92	85.64	+1.00	20 41 56.91	−7 30 11.73
	1283	6.5	20 53 12.04	−16.76	−1.87	305 5 22.80	80.68	+0.79	20 34 53.41	−5 53 30.07
	624b	7.0	20 58 13.82	−16.75	−1.86	308 58 41.63	70.10	+1.63	20 57 57.22	−2 0 8.86
	507a	7.7	21 1 39.90	−16.75	−1.78	309 35 16.75	68.61	+1.74	21 1 21.36	−1 25 31.90
	510a	7.0	21 2 50.42	−16.75	−1.78	309 33 32.67	68.68	+1.67	21 2 37.89	−1 25 16.45
	1302	7.3	21 8 15.31	−16.79	−1.82	304 4 43.37	83.80	−0.13	21 7 56.90	−6 54 22.00
	16 Aquarii	6.0	21 15 36.20	− 0.07	−1.76	305 38 9.82	78.16	+0.06		
1893 Juni 15	γ Ophiuchi	3.6	17 42 50.91	− 0.02	−2.32	313 43 26.52	58.66	+8.91		
	522b	7.5	17 47 47.66	−17.05	−2.33	308 25 35.85	70.70	+8.74	17 47 28.28	−2 33 9.91
	ν Ophiuchi	3.0	17 53 27.72	− 0.11	−2.39	301 13 34.00	92.40	+8.48		
	67 Ophiuchi	4.0	17 55 36.46	− 0.02	−2.28	313 54 47.50	58.32	+8.54		
	1089	7.5	18 14 25.42	−17.10	−2.34	305 58 32.20	77.35	+7.79	18 14 5.98	−5 0 21.20
	414a	7.1	18 17 11.09	−17.08	−2.30	309 43 33.25	67.61	+7.89	18 16 51.71	−1 15 10.07
	417a	8.0	18 19 28.81	−17.09	−2.30	309 3 3.20	69.26	+7.78	18 19 9.41	−1 55 41.97
	1097	8.0	18 21 13.49	−17.11	−2.34	305 19 10.05	79.26	+7.50	18 20 54.03	−5 39 45.97
	1104	7.0	18 27 44.64	−17.12	−2.33	305 44 29.62	78.07	+7.27	18 27 25.19	−5 14 24.93
	1111	6.8	18 32 23.99	−17.12	−2.32	306 4 59.70	77.10	+7.12	18 32 4.55	−4 53 54.15
	1116	7.8	18 38 0.30	−17.14	−2.32	305 10 57.10	79.72	+6.82	18 37 40.84	−5 47 59.16
	429a	7.2	18 39 45.31	−17.10	−2.27	310 29 48.55	65.87	+7.22	18 39 25.94	−0 28 54.04
	1122	7.0	18 41 44.08	−17.14	−2.32	304 58 12.59	80.36	+6.65	18 41 24.61	−6 0 45.25
	1129	8.0	18 49 3.79	−17.15	−2.31	304 53 33.91	80.62	+6.34	18 48 44.32	−6 5 24.16
	1132	7.3	18 53 23.83	−17.16	−2.30	305 12 15.07	79.71	+6.18	18 53 4.37	−5 46 42.43
	1139	7.7	18 56 23.98	−17.17	−2.31	304 27 0.40	81.97	+5.97	18 56 4.50	−6 31 50.58
	1145	5.7	18 59 38.11	−17.15	−2.27	306 47 29.10	75.24	+6.10	18 59 18.68	−4 11 23.53
	λ Aquilae	3.1	19 0 53.58	− 0.08	−2.27	305 36 23.22	77.61	+5.93		
	1153	7.0	19 5 33.96	−17.18	−2.30	303 23 0.50	85.35	+5.42	19 5 14.48	−7 36 3.02
	20 Aquilae	5.8	19 7 11.83	− 0.10	−2.30	302 52 0.92	87.05	+5.27		
	449a	5.3	19 15 23.64	−17.15	−2.21	309 53 18.50	67.40	+5.88	19 15 4.28	−1 5 26.43
	1165	8.0	19 16 47.53	−17.19	−2.26	304 44 9.72	81.17	+5.09	19 16 28.08	−6 14 30.38
	1172	6.8	19 19 40.05	−17.18	−2.24	305 53 19.26	79.61	+5.13	19 19 20.63	−5 5 38.95
	1184	8.0	19 31 19.12	−17.20	−2.22	305 8 58.57	79.90	+4.50	19 30 59.70	−5 50 0.31
	459a	7.2	19 32 23.23	−17.17	−2.10	310 36 56.22	65.71	+4.77	19 32 3.91	−0 22 8.90
	1193	7.5	19 35 25.42	−17.20	−2.19	306 42 6.42	75.35	+4.56	19 35 6.03	−4 16 48.88
	1201	8.0	19 41 43.00	−17.23	−2.22	303 11 6.25	86.05	+3.66	19 41 23.55	−7 47 59.89
	51 Aquilae	5.8	19 45 13.25	− 0.12	−2.25	299 57 15.00	97.57	+2.87		
	1210	8.0	19 47 59.20	−17.22	−2.16	306 8 1.07	77.14	+3.89	19 47 39.83	−4 50 55.95
	472a	7.8	20 4 10.55	−17.21	−2.07	309 23 35.72	68.62	+3.83	20 3 51.27	−1 35 12.45
	θ Aquilae	3.0	20 6 6.31	− 0.05	−2.06	309 50 28.47	67.55	+3.77		
	1235	7.0	20 10 1.70	−17.25	−2.10	303 7 17.92	80.07	+2.66	20 9 42.34	−3 51 43.36
	605b	6.4	20 23 7.85	−17.25	−2.03	307 16 16.60	74.05	+2.32	20 22 48.57	−3 42 38.46
	1255	6.8	20 26 44.61	−17.27	−2.04	305 22 45.85	79.33	+1.91	20 26 25.33	−5 36 15.37
	70 Aquilae	5.0	20 31 28.33	− 0.06	−1.98	308 3 40.15	71.98	+2.33		

Datum	Bezeichnung des Sterns	Grösse	Durchgangszeit	Uhrstand + Correction	Reduction auf 1893.0	Mittel der Ablesungen	Refraction	Reduction auf 1893.0	α 1893.0	δ 1893.0
1893 Juni 17	μ Ophiuchi	4.6	$17^h 32^m 21^s.47$	$-0^s.11$	$-2^s.39$	$302^\circ 55' 43''.27$	$86''.37$	$+9''.09$		
	γ Ophiuchi	3.6	17 42 51.23	−0.02	−2.35	313 43 19.22	58.79	+8.62		
	520b₁	8.0	17 47 18.61	−17.38	−2.35	307 49 16.02	72.40	+8.32	$17^h 46^m 58^s.88$	$-3^\circ 9' 24''.45$
	ν Ophiuchi	3.6	17 53 28.02	−0.12	−2.42	301 13 26.72	92.63	+8.34		
	526b	7.3	17 55 41.60	−17.38	−2.35	308 24 17.77	70.95	+8.26	17 55 21.87	−2 34 21.52
	536b	8.0	18 13 44.04	−17.40	−2.35	307 16 4.47	72.70	+7.66	18 13 24.28	−3 12 37.07
	539b	8.0	18 16 18.45	−17.41	−2.35	307 3 18.47	74.60	+7.54	18 15 58.69	−3 55 25.03
	416a	7.6	18 19 12.01	−17.39	−2.33	309 31 35.62	67.50	+7.57	18 18 52.29	−1 7 2.75
	1096	8.0	18 20 39.82	−17.42	−2.38	306 0 33.95	77.47	+7.34	18 20 20.02	−4 58 13.11
	1101	7.3	18 25 45.13	−17.43	−2.37	305 7 5.32	80.10	+7.09	18 25 25.33	−5 51 44.23
	1108	7.8	18 31 6.57	−17.43	−2.35	306 19 23.42	76.66	+6.49	18 30 46.78	−4 39 23.34
	549b	7.5	18 33 59.67	−17.41	−2.32	308 55 57.73	69.79	+7.02	18 33 39.94	−2 2 41.45
	1114	7.3	18 36 50.50	−17.46	−2.38	303 32 35.05	84.98	+6.52	18 36 30.67	−7 26 19.75
	428a	8.0	18 38 43.68	−17.40	−2.30	310 38 45.70	65.71	+6.97	18 38 23.97	−0 19 49.71
	1121	7.4	18 41 26.88	−17.46	−2.38	303 17 23.35	85.82	+6.29	18 41 7.04	−7 41 32.93
	51 H. Ceph. U.C.	5.1	18 50 28.02							
	1135	7.4	18 55 2.62	−17.47	−2.36	303 27 7.02	85.35	+5.69	18 54 42.79	−7 31 49.12
	1141	7.5	18 57 21.30	−17.48	−2.36	303 6 12.67	86.49	+5.55	18 57 1.46	−7 52 44.91
	λ Aquilae	3.1	19 0 54.04	−0.08	−2.31	305 36 16.45	77.85	+5.68		
	1152	6.8	19 5 32.91	−17.48	−2.33	304 11 11.52	83.07	+5.29	19 5 13.10	−6 47 42.47
	20 Aquilae	5.8	19 7 12.34	−0.11	−2.34	302 51 54.45	87.32	+5.05		
	1157	7.8	19 8 58.00	−17.47	−2.31	305 6 21.80	80.30	+5.25	19 8 38.22	−5 52 29.93
	1170	8.0	19 19 2.20	−17.47	−2.28	306 29 5.60	76.38	+4.98	19 18 42.45	−4 29 42.32
	δ Aquilae	3.3	19 20 25.76	−0.02	−2.20	313 52 35.15	58.82	+5.88		
	1177	7.0	19 25 29.22	−17.49	−2.29	304 14 57.40	82.05	+4.41	19 25 9.43	−6 43 57.79
	1187	7.5	19 31 56.28	−17.49	−2.26	305 36 3.32	78.95	+4.27	19 31 36.54	−5 22 47.09
	1191	7.8	19 34 13.29	−17.50	−2.27	304 1 51.45	83.70	+3.91	19 33 53.52	−6 57 4.93
	1197	7.7	19 36 28.47	−17.49	−2.23	306 26 33.30	76.61	+4.19	19 36 8.75	−4 32 15.91
	1204	7.8	19 42 25.85	−17.50	−2.23	305 29 6.72	79.41	+3.76	19 42 6.12	−5 29 45.49
	1207	6.5	19 45 28.56	−17.50	−2.21	306 1 0.50	77.91	+3.71	19 45 8.85	−4 57 50.19
	η Aquilae	var.	19 47 20.86	−0.04	−2.14	311 42 28.20	63.63	+4.62		
1893 Juni 21	γ Ophiuchi	3.6	17 42 32.62	−0.01	−2.35	313 43 19.95	59.04	+8.06		
	521b₁	8.0	17 47 46.13	−18.73	−2.39	308 44 43.42	70.34	+8.03	17 47 25.01	−2 13 54.19
	ν Ophiuchi	3.6	17 53 39.46	−0.18	−2.47	301 13 25.35	92.98	+8.06		
	67 Ophiuchi	4.0	17 55 38.14	0.00	−2.35	313 54 39.67	58.67	+7.67		
	537b	8.0	18 16 7.24	−18.78	−2.40	307 49 27.00	72.77	+7.06	18 15 46.06	−3 9 14.13
	540b	7.7	18 18 45.72	−18.77	−2.40	308 27 5.57	71.14	+7.02	18 18 24.55	−2 31 33.82
	1093	7.7	18 19 54.94	−18.80	−2.42	306 4 35.97	77.52	+6.91	18 19 33.72	−4 54 10.42
	1102	8.0	18 26 35.29	−18.83	−2.43	304 17 27.25	81.50	+6.60	18 26 14.03	−6 11 22.63
	1110	7.8	18 31 16.04	−18.85	−2.43	303 33 26.05	85.16	+6.30	18 30 54.76	−7 25 18.23
	1115	6.2	18 37 11.02	−18.86	−2.44	303 48 19.15	84.40	+6.10	18 36 49.72	−7 10 34.36
	428a	8.0	18 38 45.11	−18.77	−2.36	310 38 44.25	65.91	+6.40	18 38 23.98	−0 19 50.32
	1121	7.4	18 41 28.30	−18.87	−2.44	303 17 22.10	86.08	+5.87	18 41 6.99	−7 41 33.37
	51 H. Ceph. U.C.	5.1	18 50 34.97							
	1139	7.7	18 56 25.90	−18.87	−2.41	304 17 2.07	82.52	+5.26	18 56 4.62	−6 31 50.44
	1148	7.0	18 57 56.32	−18.86	−2.40	305 13 59.92	80.09	+5.27	18 57 35.05	−5 42 50.46

Datum	Bezeichnung des Sterns	Grösse	Durchgangszeit	Uhrstand + Correction	Reduction auf 1893.0	Mittel der Ablesungen	Refraction	Reduction auf 1893.0	α 1893.0	δ 1893.0
1893 Juni 21	λ Aquilae	3.1	19ʰ 0ᵐ 55ˢ.12	− 0ˢ.11	−2ˢ.38	305° 56′ 15″.35	78″.17	+5″.08		
	1153	7.0	19 5 35.90	−18.90	−2.41	303 22 53.22	86.00	+4.73	19ʰ 5ᵐ 14ˢ.59	−7° 38′ 3″.37
	20 Aquilae	5.8	19 7 13.81	− 0.15	−2.42	302 51 54.30	87.73	+4.60		
	569b	7.3	19 15 23.32	−18.84	−2.34	308 18 22.80	71.74	+4.80	19 15 2.14	−2 40 26.32
	1165	8.0	19 16 49.36	−18.89	−2.39	304 44 11.50	81.89	+4.33	19 16 28.08	−6 14 50.33
	1172	6.8	19 19 41.89	−18.88	−2.36	305 53 19.93	78.51	+4.33	19 19 20.65	−5 5 38.53
	ε Aquilae	5.3	19 25 25.23	− 0.08	−2.32	307 58 21.40	72.87	+4.37		
	1184	8.0	19 31 21.01	−18.90	−2.35	305 9 − 0.10	80.76	+3.69	19 30 59.76	−5 50 1.38
	1188	7.3	19 32 23.94	−18.90	−2.34	305 40 56.20	79.20	+3.71	19 32 2.71	−5 18 3.89
	1195	7.5	19 35 27.35	−18.88	−2.32	306 42 7.82	76.32	+3.71	19 35 6.15	−4 16 49.27
	1201	8.0	19 41 44.84	−18.93	−2.35	303 11 8.70	86.96	+2.89	19 41 23.56	−7 47 59.64
	51 Aquilae	5.8	19 45 14.97	− 0.19	−2.39	299 57 16.42	98.63	+2.19		
	1209	7.0	19 47 53.63	−18.91	−2.31	305 10 8.20	80.78	+2.88	19 47 32.42	−5 48 54.09
	B.A.C. 7320 U.C.	7.1	19 50 46.26							
	Lal. 38458	6.7	20 2 45.07	− 0.14	−2.28	303 54 53.22	84.71	+2.92		
	472a	7.8	20 4 12.28	−18.86	−2.21	309 23 37.40	69.43	+2.83	19 3 51.21	−1 35 13.43
	θ Aquilae	3.0	20 6 7.98	− 0.06	−2.20	309 50 31.20	68.34	+2.78		
	1234	6.6	20 10 4.50	−18.95	−2.27	303 7 45.25	87.30	+2.40	19 9 43.28	−7 51 24.94
	1238	6.8	20 12 52.20	−18.92	−2.23	305 55 26.77	78.69	+1.78	19 12 31.05	−5 3 34.49
	1241	7.3	20 15 47.51	−18.94	−2.24	304 17 40.00	83.39	+1.33	19 15 26.33	−6 41 26.48
	1250	8.0	20 22 40.36	−18.93	−2.20	305 33 9.30	79.80	+1.22	19 22 19.23	−5 25 53.77
	1256	8.0	20 27 33.09	−18.93	−2.19	305 27 − 0.22	80.08	+0.96	19 27 12.87	−5 32 3.83
	70 Aquilae	5.0	20 31 30.38	− 0.08	−2.14	308 3 43.92	72.83	+1.32		
1893 Juni 23	521b₁	8.0	17 47 46.77	−19.54	−2.41	308 44 48.50	69.61	+7.82	17 47 24.82	−2 13 56.79
	ν Ophiuchi	3.6	17 53 30.27	− 0.20	−2.49	301 13 33.50	92.01	+7.92		
	67 Ophiuchi	4.0	17 55 39.01	+ 0.02	−2.37	313 54 47.42	58.06	+7.38		
	537b	8.0	18 16 8.03	−19.61	−2.43	307 49 34.45	71.97	+6.86	18 15 45.99	−3 9 14.23
	540b	7.7	18 18 46.60	−19.61	−2.42	308 27 12.37	70.37	+6.77	18 18 24.57	−2 31 34.65
	1095	7.7	18 19 55.74	−19.64	−2.45	306 4 42.37	76.67	+6.09	18 19 33.65	−4 54 11.42
	1116	7.8	18 38 2.98	−19.69	−2.45	305 10 55.82	79.28	+5.91	18 37 40.84	−5 48 0.47
	1129	8.0	18 40 10.31	−19.68	−2.44	306 16 18.25	76.19	+5.86	18 39 48.19	−4 42 35.70
	4318	8.0	18 42 37.03	−19.61	−2.39	310 37 28.92	65.22	+5.98	18 42 15.03	−0 21 14.04
	51 H. Ceph. U.C.	5.1	18 50 39.05							
	λ Aquilae	3.1	19 0 56.35	− 0.12	−2.42	305 56 21.47	77.19	+4.93		
	20 Aquilae	5.8	19 7 14.78	− 0.18	−2.45	302 52 2.82	86.57	+4.38		
1893 Juni 24	ν Ophiuchi	3.6	17 53 30.91	− 0.20	−2.50	301 13 33.25	93.19	+7.85		
	67 Ophiuchi	4.0	17 55 39.66	+ 0.01	−2.38	313 54 47.52	58.81	+7.25		
	δ Urs. min. O.C.	4.3	18 7 10.59							
	539b	8.0	18 16 21.29	−20.27	−2.45	307 3 25.32	74.98	+6.73	18 15 58.57	−3 55 25.78
	1092	7.5	18 19 1.01	−20.28	−2.45	306 50 11.55	75.59	+6.67	18 18 38.29	−4 8 39.94
	1097	7.9	18 20 48.08	−20.34	−2.49	303 18 16.02	86.13	+6.52	18 20 25.25	−7 40 46.65
	4252	7.9	18 33 28.67	−20.24	−2.41	311 0 − 0.42	65.21	+6.17	18 33 6.02	+0 1 17.70
	4272	7.5	18 38 27.19	−20.28	−2.47	309 18 52.05	69.22	+5.94	18 38 4.49	−1 39 53.16
	4302 praec. / sequ.	6.1	18 41 19.76 / 20.52	−20.28	−2.41	309 54 18.17	67.80	+5.85	18 40 57.08 / 57.83	−1 4 26.91 / 34.16

Datum	Bezeichnung des Sterns	Grösse	Durchgangszeit	Uhrstand + Correction	Reduction auf 1893.0	Mittel der Ablesungen	Refraction	Reduction auf 1893.0	α 1893.0	δ 1893.0
1893 Juni 24	1125	8.0	18h 44m 9s.15	−20s.39	−2s.49	303° 17′ 49″.62	86″.85	+ 5″.45	18h 43m 46s.27	−7° 41′ 14″.01
	1134	7.7	18 53 49.81	−20.40	−2.47	303 59 50.82	84.06	+ 5.03	18 53 26.94	−6 59 10.84
	1141	7.5	18 57 24.25	−20.42	−2.48	303 6 18.92	86.95	+ 4.79	18 57 1.33	−7 52 46.08
	λ Aquilae	3.1	19 0 37.04	− 0.12	−2.43	305 56 24.30	78.27	+ 4.82		
	1150	7.8	19 3 38.93	−20.42	−2.46	303 47 53.25	84.74	+ 4.54	19 3 16.05	−7 11 9.81
	1154	8.0	19 5 51.98	−20.38	−2.42	306 40 39.92	76.26	+ 4.64	19 5 29.17	−4 18 14.60
	1156	8.0	19 7 50.86	−20.38	−2.42	306 48 55.45	75.86	+ 4.36	19 7 28.06	−4 9 58.75
	1160	7.8	19 13 27.17	−20.43	−2.43	305 1 4.75	81.03	+ 4.16	19 13 4.31	−5 57 54.96
	1164	7.5	19 16 46.07	−20.41	−2.42	306 2 36.37	78.06	+ 4.09	19 16 23.24	−4 56 20.45
	1171	7.6	19 19 25.38	−20.43	−2.42	305 21 23.32	80.06	+ 3.90	19 19 2.53	−5 37 35.46
	δ Aquilae	3.3	19 20 28.81	0.00	−2.33	313 52 43.77	59.15	+ 4.07		
	454a	7.2	19 24 57.14	−20.36	−2.35	310 18 47.80	67.03	+ 4.16	19 24 34.43	−0 39 57.87
	1183	7.8	19 31 16.66	−20.45	−2.39	305 58 26.77	78.33	+ 3.40	19 30 53.82	−5 0 30.67
	1188	7.3	19 32 25.58	−20.46	−2.39	305 40 55.22	79.18	+ 3.30	19 32 2.73	−5 18 3.61
	1194	7.0	19 35 21.16	−20.50	−2.42	303 13 40.92	86.77	+ 2.87	19 34 58.23	−7 45 25.82
	1200	7.8	19 41 34.84	−20.45	−2.36	307 3 28.94	75.36	+ 3.04	19 41 12.03	−3 55 26.22
	51 Aquilae	5.8	19 45 16.58	− 0.22	−2.45	299 57 15.37	98.60	+ 1.86		
	1211	8.0	19 48 4.14	−20.53	−2.40	303 16 50.22	86.65	+ 2.20	19 47 41.21	−7 42 17.29
1893 Juni 27	465b	7.3	16 8 12.17	−21.58	−2.23	307 12 9.45	72.74	+10.03	16 7 48.36	−3 46 38.52
	369a	7.5	16 9 55.65	−21.54	−2.22	309 28 26.52	67.08	+ 9.55	16 9 31.88	−1 30 16.02
	ε Ophiuchi	3.3	16 13 3.32	− 0.10	−2.25	306 33 2.22	74.19	+10.09		
	12 Ophiuchi	5.8	16 31 8.05	− 0.08	−2.31	308 52 59.40	68.51	+ 9.47		
	14 Ophiuchi	6.0	16 36 41.10	− 0.02	−2.29	312 21 46.22	60.62	+ 8.64		
	μ Ophiuchi	4.6	17 32 25.86	− 0.18	−2.48	302 55 43.17	85.55	+ 8.32		
	γ Ophiuchi	3.6	17 42 55.50	0.00	−2.40	313 43 20.80	58.05	+ 7.24		
	581b,	8.0	17 47 48.95	−21.60	−2.45	308 44 43.32	69.17	+ 7.37	17 47 24.91	−2 15 55.32
	ν Ophiuchi	3.6	17 53 32.34	− 0.20	−2.53	301 13 25.97	91.44	+ 7.64		
	67 Ophiuchi	4.0	17 55 41.04	+ 0.01	−2.31	313 54 40.70	57.71	+ 6.83		
	δ Urs. min. O.C.	4.3	18 7 11.41							
	η Serpentis	3.0	18 16 10.39	− 0.09	−2.45	308 3 7.12	71.01	+ 6.74		
	417a	8.0	18 19 33.55	−21.61	−2.46	309 2 38.02	68.54	+ 6.25	18 19 9.48	−1 55 40.96
	424a	6.7	18 33 11.55	−21.60	−2.46	309 46 20.15	66.85	+ 5.75	18 32 47.49	−1 12 17.88
	551b	8.0	18 38 47.71	−21.62	−2.47	308 48 9.82	69.21	+ 5.52	18 38 23.63	−2 10 30.81
	430a	6.1	18 41 21.03	−21.60	−2.45	309 54 11.12	66.58	+ 5.45	18 40 56.98	−1 4 26.90
	1125	8.0	18 44 10.57	−21.71	−2.53	303 17 42.10	84.69	+ 5.14	18 43 46.33	−7 41 14.80
	1137	7.3	18 56 7.40	−21.70	−2.51	304 38 17.05	80.59	+ 4.62	18 55 43.19	−6 20 35.67
	λ Aquilae	3.1	19 0 58.29	− 0.12	−2.49	305 56 16.27	76.84	+ 4.46		
	1148	8.0	19 2 57.94	−21.72	−2.52	303 22 38.92	84.53	+ 4.21	19 2 33.72	−7 36 18.47
	1156	8.0	19 7 52.23	−21.66	−2.47	306 48 47.30	74.48	+ 4.19	19 7 28.10	−4 9 59.63
	449a	5.3	19 15 28.47	−21.62	−2.42	309 53 11.75	66.76	+ 3.31	19 15 4.43	−1 5 28.14
	1165	8.0	19 16 52.27	−21.70	−2.49	304 44 3.55	80.41	+ 3.60	19 16 28.08	−6 14 30.14
	573b	7.8	19 21 12.83	−21.64	−2.43	308 49 10.55	69.36	+ 3.75	19 20 48.77	−2 9 32.01
	454a	7.2	19 24 58.48	−21.61	−2.41	310 18 40.72	65.84	+ 3.16	19 24 34.46	−0 39 58.89
	1186	7.5	19 31 30.26	−21.68	−2.44	306 26 36.57	75.60	+ 3.04	19 31 6.14	−4 32 14.46
	1189	8.0	19 32 31.44	−21.71	−2.47	304 35 55.32	80.95	+ 2.80	19 32 7.26	−6 22 59.90
	1196	8.0	19 35 53.65	−21.68	−2.43	306 48 50.77	74.71	+ 2.87	19 35 29.54	−4 9 58.40
	1202	7.8	19 42 1.68	−21.72	−2.45	304 22 41.47	81.61	+ 2.29	19 41 37.50	−6 36 14.43
	51 Aquilae	5.8	19 45 17.91	− 0.22	−2.51	299 57 8.00	96.80	+ 1.55		

Datum	Bezeichnung des Sterns	Grösse	Durchgangszeit	Uhrstand + Correction	Reduction auf 1893.0	Mittel der Ablesungen	Refraction	Reduction auf 1893.0	α 1893.0	δ 1893.0
1893 Juni 29	μ Ophiuchi	4.6				57° 2' 1".38	86".80	−8".16		
	400a	8.0				50 40 42.75	68.80	−7.36		−1° 41' 35".31
	γ Ophiuchi	3.6				46 14 24.13	38.88	−6.97		
	67 Ophiuchi	4.0				40 3 2.48	38.49	−6.56		
1893 Juni 30	μ Ophiuchi	4.6	17h 32m 27s.18	− 0s.21	−2s.50	57 2 2.45	87.10	−8.10		
	400a	8.0	17 39 33.97	−22.82	−2.45	50 40 42.32	69.07	−7.26	17h 39m 8s.65	−1 41 34.33
	γ Ophiuchi	3.6	17 42 56.80	0.00	−2.46	46 14 24.12	39.13	−7.27		
	520b₁	8.0	17 47 24.23	−22.85	−2.48	51 8 30.30	70.27	−7.12	17 46 58.90	−2 9 23.56
	1068	5.8	17 54 21.15	−22.88	−2.50	53 47 36.57	77.30	−6.98	17 53 55.77	−4 48 37.12
	67 Ophiuchi	4.0	17 55 42.24	0.00	−2.44	40 3 2.32	38.75	−6.69		
	δ Urs. min. U.C.	4.3	18 7 10.40							
	1081	7.1	18 7 2.43	−22.93	−2.54	56 18 4.57	84.76	−6.59	18 6 36.96	−7 19 12.73
	1088	8.0	18 14 0.83	−22.89	−2.53	54 30 43.82	79.32	−6.22	18 13 35.41	−5 31 46.90
	1091	7.8	18 18 16.15	−22.91	−2.54	55 17 9.87	81.64	−6.05	18 17 50.70	−6 18 15.36
	417a	8.0	18 19 34.80	−22.82	−2.50	50 54 48.47	69.67	−5.89	18 19 9.48	−1 55 42.61
	1103	7.9	18 26 49.92	−22.94	−2.57	56 52 54.70	86.71	−5.70	18 26 24.41	−7 54 5.75
	424a	6.7	18 33 12.84	−22.81	−2.49	50 11 25.00	67.97	−5.36	18 32 47.54	−1 12 17.50
	5 H. Scuti	5.0	18 38 7.09	− 0.21	−2.58	57 21 36.67	88.37	−5.21		
	429a	7.2	18 39 51.25	−22.80	−2.48	49 28 3.25	66.29	−5.12	18 39 25.97	−0 28 54.45
	1122	7.0	18 41 50.13	−22.90	−2.55	54 59 41.55	80.88	−4.97	18 41 24.68	−6 0 47.53
	555b	7.3	18 45 54.16	−22.85	−2.51	52 22 4.65	73.57	−4.83	18 45 28.79	−3 23 3.08
	1178	7.5	18 47 56.20	−22.88	−2.53	53 50 38.20	77.57	−4.71	18 47 30.78	−4 51 41.28
	1135	7.4	18 55 8.39	−22.93	−2.57	56 30 38.22	85.67	−4.30	18 54 42.89	−7 31 49.57
	1141	7.5	18 57 27.06	−22.94	−2.57	56 51 33.02	86.81	−4.17	18 57 1.55	−7 52 45.73
	λ Aquilae	3.1	19 0 59.69	− 0.15	−2.53	54 1 30.05	78.14	−4.12		
	1147	7.8	19 1 58.78	−22.88	−2.53	54 2 44.57	78.20	−4.05	19 1 33.37	−5 3 48.87
	1151	7.3	19 4 41.97	−22.93	−2.50	56 25 40.25	85.44	−3.81	19 4 16.48	−7 26 51.88
	1153	7.5	19 7 10.92	−22.89	−2.53	54 34 21.65	79.76	−3.77	19 6 45.50	−5 35 27.68
	566b	7.8	19 9 5.71	−22.86	−2.51	52 39 58.20	74.31	−3.78	19 8 39.85	−3 40 58.98
	1160	7.8	19 13 29.88	−22.98	−2.53	54 56 41.05	80.86	−3.44	19 13 4.37	−5 57 56.04
	1164	7.5	19 16 48.78	−22.96	−2.52	53 55 10.40	77.87	−3.34	19 16 23.30	−4 56 22.54
	1170	8.0	19 19 8.03	−22.96	−2.51	53 28 32.75	76.61	−3.26	19 18 42.57	−4 29 43.76
	δ Aquilae	3.3	19 20 31.17	0.00	−2.43	40 4 59.75	38.08	−3.67		
	ε Aquilae	5.3	19 25 29.47	− 0.11	−2.48	51 59 34.75	72.60	−3.06		
	579b	8.0	19 32 0.20	−22.95	−2.48	52 41 39.00	74.44	−2.70	19 31 34.76	−3 42 48.29
	1190	5.0	19 32 32.16	−22.98	−2.50	53 51 36.42	77.66	−2.57	19 32 6.79	−4 53 9.61
	580b₁	8.0	19 36 2.90	−22.94	−2.46	51 32 34.65	71.42	−2.61	19 35 37.51	−2 33 41.67
	582b	6.7	19 40 41.96	−22.95	−2.46	52 7 24.37	72.92	−2.33	19 40 16.54	−3 8 33.05
	1206	8.0	19 44 21.95	−22.98	−2.48	53 46 37.35	77.41	−2.08	19 43 56.49	−4 47 51.00
	η Aquilae	var.	19 47 26.64	− 0.04	−2.42	48 15 8.10	63.58	−2.44		
	1212	8.0	19 49 0.61	−23.00	−2.48	54 18 9.87	78.91	−1.69	19 48 35.13	−5 19 25.07
	Lal. 38458	6.7	20 2 49.37	− 0.19	−2.47	56 4 51.27	84.19	−0.74		
	1227	7.8	20 5 52.73	−22.99	−2.42	52 52 15.22	74.92	−1.00	20 5 27.32	−3 51 27.06
	1249	7.8	20 22 33.32	−23.00	−2.45	56 0 10.67	84.12	+0.31	20 22 7.83	−7 1 31.95

Datum	Bezeichnung des Sterns	Grösse	Durchgangszeit	Uhrstand + Correction	Reduction auf 1893.0	Mittel der Ablesungen	Refraction	Reduction auf 1893.0	α 1893.0	δ 1893.0
1893 Juni 30	70 Aquilae	5.0	20ʰ 31ᵐ 34ˢ.67	— 0ˢ.11	—2ˢ.34	51° 54′ 2″.20	72″.32	+0″.14		
	1269	7.5	20 43 3.11	—23.04	—2.34	54 0 41.00	78.16	+1.11	20ʰ 42ᵐ 37ˢ.73	—5° 1′ 58″.75
	1285	8.0	20 55 27.06	—23.07	—2.31	54 45 11.20	80.33	+1.92	20 55 1.68	—5 46 30.91
	1288	8.0	20 56 39.83	—23.06	—2.29	54 3 49.60	78.32	+1.84	20 56 14.48	—5 5 7.86
	1296	7.0	21 3 44.37	—23.08	—2.28	54 59 26.02	81.04	+2.42	21 3 19.00	—6 0 47.62
	1301	7.5	21 8 16.16	—23.09	—2.27	55 19 44.77	82.05	+2.73	21 7 50.80	—6 21 7.59
	1309	7.8	21 13 37.52	—23.10	—2.26	55 51 53.75	83.71	+3.14	21 13 12.15	—6 53 18.51
	1314	8.0	21 16 28.36	—23.07	—2.22	53 55 9.07	77.91	+2.86	21 16 3.07	—4 56 27.79
	1319	7.3	21 19 29.75	—23.09	—2.22	55 1 0.92	81.17	+3.27	21 19 4.44	—6 2 23.23
	B.A.C. 7504 O.C.	7.4	21 21 6.42							
	β Aquarii	3.0	21 26 20.84	— 0.17	—2.20	55 1 7.25	81.12	+3.59		
1893 Juli 1	μ Ophiuchi	4.6	17 32 27.46	— 0.21	—2.51	57 2 2.25	86.20	—8.03		
	517b	7.3	17 40 3.46	—23.08	—2.47	51 42 4.77	70.89	—7.22	17 39 37.91	—2 42 58.93
	γ Ophiuchi	3.6	17 42 57.04	0.00	—2.47	46 14 24.57	58.51	—6.69		
	521b,	8.0	17 47 50.46	—23.09	—2.48	51 13 2.72	69.70	—6.92	17 47 24.89	—2 13 56.17
	1067	7.3	17 53 48.64	—23.15	—2.51	54 1 14.50	77.14	—6.92	17 53 22.98	—5 2 15.25
	67 Ophiuchi	4.0	17 55 42.55	0.00	—2.44	46 3 2.42	58.16	—6.29		
	δ Urs. min. O.C.	4.3	18 7 9.94							
	1082	7.8	18 7 44.95	—23.16	—2.53	53 46 27.17	76.51	—6.35	18 7 19.25	—4 47 27.96
	1089	7.5	18 14 31.80	—23.18	—2.54	53 59 21.40	77.44	—6.08	18 14 6.08	—5 0 22.84
	530b	8.0	18 16 24.35	—23.16	—2.52	52 54 26.67	74.17	—5.96	18 15 58.67	—3 55 25.28
	541b	6.5	18 18 51.51	—23.16	—2.52	52 37 14.45	73.42	—5.87	18 18 25.83	—3 38 12.42
	1096	8.0	18 20 45.76	—23.18	—2.54	53 57 16.12	77.06	—5.81	18 20 20.04	—4 58 17.80
	421a	6.7	18 26 51.05	—23.12	—2.50	50 3 48.92	67.05	—5.47	18 26 25.43	—1 4 40.95
	425a	7.9	18 33 31.70	—23.11	—2.49	48 57 52.02	64.53	—5.21	18 33 6.10	+0 1 18.24
	5 H. Scuti	5.0	18 38 7.46	— 0.21	—2.59	57 21 37.10	87.59	—5.04		
	1118	7.0	18 39 21.54	—23.24	—2.57	55 37 31.45	82.05	—4.99	18 38 55.73	—6 38 39.13
	1121	7.4	18 41 32.92	—23.27	—2.58	56 40 22.40	85.35	—4.88	18 41 7.08	—7 41 33.63
	432a	8.0	18 44 9.66	—23.14	—2.50	50 5 11.22	67.17	—4.80	18 43 44.02	—1 6 4.34
	1128,	8.0	18 48 45.37	—23.22	—2.54	53 44 27.55	76.59	—4.57	18 48 19.61	—4 45 30.33
	1139	7.7	18 56 30.43	—23.26	—2.56	55 30 42.67	81.78	—4.15	18 56 4.61	—6 31 50.92
	1145	5.7	18 59 44.53	—23.22	—2.53	53 10 22.25	75.07	—4.08	18 59 18.77	—4 11 23.42
	λ Aquilae	3.1	19 0 59.92	— 0.15	—2.54	54 1 29.72	77.44	—4.00		
	1149	7.8	19 2 58.27	—23.25	—2.55	54 28 54.17	78.76	—3.87	19 2 32.47	—5 29 59.86
	1153	7.0				56 34 49.52	85.17	—3.66		—7 36 1.52
	1156	8.0	19 7 53.89	—23.13	—2.53	53 8 57.57	75.05	—3.69	19 7 28.23	—4 9 59.62
	569b	7.3	19 15 27.93	—23.22	—2.51	51 39 26.50	71.16	—3.42	19 15 2.20	—2 40 24.44
	1166	8.0	19 17 8.67	—23.31	—2.55	56 24 2.77	84.66	—3.06	19 16 42.81	—7 25 14.75
	1172	6.8	19 19 46.42	—23.27	—2.53	54 4 32.92	77.67	—3.07	19 19 20.62	—5 5 37.70
	573b	7.8	19 21 14.56	—23.22	—2.49	51 8 33.87	69.89	—3.19	19 20 48.85	—2 9 31.12
	ε Aquilae	5.3	19 25 29.78	— 0.11	—2.50	51 59 39.62	72.06	—2.92		
	1186	7.5	19 31 31.93	—23.27	—2.52	53 31 8.57	76.17	—2.56	19 31 6.14	—4 32 12.48
	1188	7.3	19 32 28.57	—23.29	—2.53	54 16 57.07	78.32	—2.45	19 32 2.75	—5 18 3.82
	1195	7.5				53 15 45.35	75.47	—2.37		—4 16 48.87
	1203	8.0	19 42 22.63	—23.35	—2.55	56 35 17.52	85.38	—1.73	19 41 56.73	—7 36 31.70
	51 Aquilae	5.8	19 45 19.52	— 0.26	—2.48	60 0 37.62	97.52	—1.23		

Datum	Bezeichnung des Sterns	Grösse	Durchgangszeit	Uhrstand + Correction	Reduction auf 1893.0	Mittel der Ablesungen	Refraction	Reduction auf 1893.0	α 1893.0	δ 1893.0
1893 Juli 2	67 Ophiuchi	4.0	17ʰ 55ᵐ 42ˢ.71	+ 0ˢ.01	−2ˢ.15	46° 3′ 4″.50	57″.78	−6″.16		
	δ Urs. min. O.C.	4.3	18 7 7.13							
	1082	7.8	18 7 45.08	−23.30	−2.53	53 46 18.92	70.05	−6.24	18ʰ 7ᵐ 19ˢ.24	−4° 47′ 27″.63
	1089	7.5	18 14 31.92	−23.31	−2.54	53 59 23.65	76.69	−5.98	18 14 6.07	−5 0 23.01
	η Serpentis	3.0	18 16 12.11	− 0.12	−2.50	51 54 40.65	71.15	−6.19		
	415a	7.6	18 18 43.41	−23.23	−2.51	50 11 12.50	66.93	−5.66	18 18 17.67	−1 12 2.22
	418a	6.5	18 19 50.02	−23.24	−2.51	50 37 20.10	67.98	−5.63	18 19 24.28	−1 38 11.51
	1103	7.9	18 26 50.47	−23.38	−2.59	56 52 55.12	85.50	−5.52	18 26 24.50	−7 54 4.06
	425a	7.9	18 33 31.77	−23.21	−2.50	48 57 54.70	64.19	−5.08	18 33 6.06	+0 1 17.40
	5 H. Scuti	5.0	18 38 7.56	− 0.24	−2.60	57 21 38.90	87.15	−4.94		
	429a	7.2	18 39 51.62	−23.22	−2.51	49 28 5.22	65.38	−4.84	18 39 25.89	−0 28 54.65
	1122	7.0	18 41 50.50	−23.34	−2.57	54 59 42.92	79.77	−4.78	18 41 24.58	−6 0 46.69
	1128	7.5	18 47 56.63	−23.32	−2.56	53 50 41.22	76.51	−4.49	18 47 30.75	−4 51 41.83
	1135	7.4	18 55 8.93	−23.38	−2.59	56 30 41.60	84.49	−4.11	18 54 42.95	−7 31 50.83
	1141	7.5	18 57 27.49	−23.39	−2.60	56 51 34.85	85.61	−3.98	18 57 1.50	−7 52 45.63
	λ Aquilae	3.1	19 1 0.10	− 0.16	−2.56	54 1 31.82	77.05	−3.89		
	1150	7.8	19 3 42.09	−23.38	−2.58	56 9 1.80	83.56	−3.88	19 3 16.13	−7 10 10.29
	20 Aquilae	5.8	19 7 18.40	− 0.23	−2.60	57 5 52.10	86.40	−3.67		
	1158	6.5	19 10 4.01	−23.36	−2.57	55 13 2.25	80.52	−3.59	19 9 38.68	−6 14 7.96
	1160	7.8	19 13 30.32	−23.39	−2.56	54 56 43.70	79.73	−3.22	19 13 4.30	−5 57 56.58
	1165	7.5	19 16 49.27	−23.37	−2.55	53 55 11.92	76.80	−3.09	19 16 23.35	−4 56 21.80
	1170	8.0	19 19 8.49	−23.37	−2.54	53 28 34.35	75.58	−3.01	19 18 42.59	−4 29 42.94
	δ Aquilae	3.3	19 20 31.85	+ 0.01	−2.26	46 5 0.80	58.19	−3.34		
	454a	7.2	19 25 0.25	−23.29	−2.48	49 39 − 1.30	65.95	−2.56	19 24 34.48	−0 39 57.88
	577b	7.3	19 26 7.58	−23.32	−2.51	51 18 59.81	69.97	−2.81	19 25 41.75	−2 20 3.41
	1178	8.0	19 28 9.28	−23.38	−2.54	53 56 8.52	76.91	−2.52	19 27 43.36	−4 57 19.21
	579b	8.0	19 32 0.65	−23.36	−2.52	52 41 40.70	73.54	−2.44	19 31 34.77	−3 42 47.45
	1189	8.9	19 32 33.35	−23.41	−2.55	55 21 44.35	81.07	−2.20	19 32 7.37	−6 22 59.75
	1193	6.8	19 35 5.54	−23.41	−2.54	54 40 22.00	79.05	−2.12	19 34 39.59	−5 41 35.43
	582b	6.7	19 40 42.34	−23.36	−2.50	52 7 20.39	72.08	−2.05	19 40 16.49	−3 8 32.04
	1204	7.8	19 42 32.00	−23.41	−2.53	54 28 35.05	78.52	−1.76	19 42 6.06	−5 29 48.13
	31 Aquilae	5.8	19 45 19.09	− 0.30	−2.60	60 0 31.19	97.02	−1.08		
	1211	8.0	19 48 7.36	−23.47	−2.55	56 40 57.85	85.28	−1.24	19 47 41.31	−7 42 18.18
	1214	6.3	19 50 1.16	−23.45	−2.54	55 59 30.70	83.10	−1.31	19 49 35.17	−7 0 48.99
	B.A.C. 2320 U.C.	7.1	19 51 16.32							
	Lal 38458	6.7	20 2 49.82	− 0.21	−2.52	50 2 54.52	83.34	−0.49		
	1227	7.8	20 5 53.23	−23.40	−2.56	52 52 16.40	74.17	−0.71	20 5 27.36	−3 53 26.19
	1231	8.0	20 7 35.37	−23.49	−2.51	56 45 19.45	85.61	−0.13	20 7 9.37	−7 46 41.45
	1235	7.0	20 10 8.29	−23.45	−2.48	54 50 27.49	79.71	−0.25	20 9 42.36	−5 51 43.41
	1239	7.8	20 13 39.58	−23.48	−2.49	55 56 51.90	83.07	+0.11	20 13 13.61	−6 58 11.38
	1249	7.8	20 22 33.78	−23.49	−2.47	56 0 12.92	83.29	+0.61	21 21 7.82	−7 1 33.24
	M, 842	6.0	20 26 58.54	− 0.28	−2.52	59 11 33.52	94.18	+1.30		
	70 Aquilae	5.0	20 31 35.07	− 0.12	−2.39	51 54 4.05	71.73	+0.46		
	1269	7.5	20 45 3.14	−23.46	−2.38	54 0 41.40	77.47	+1.10	21 42 37.59	−5 1 56.71
	1283	6.5	20 55 14.31	−23.50	−2.36	54 52 19.07	80.01	+2.13	21 51 53.46	−5 53 57.34

Datum	Bezeichnung des Sterns	Grösse	Durchgangszeit	Uhrstand + Correction	Reduction auf 1893.0	Mittel der Ablesungen	Refraction	Reduction auf 1893.0	α 1893.0	δ 1893.0
1893 Juli 2	1287	7.3	20h 56m 29s.53	−23s.46	−2s.33	53° 31′ 48″.92	76″.18	+2″.05	20h 56m 3s.74	−4° 33′ 3″.40
	1296	7.0	21 3 44.79	−23.51	−2.33	54 59 20.72	80.39	+2.71	21 3 18.96	−6 0 46.09
	1301	7.5	21 8 16.66	−23.52	−2.32	55 19 45.87	81.42	+3.04	21 7 50.82	−6 21 0.64
	1309	7.8	21 13 37.97	−23.54	−2.31	55 51 55.55	83.09	+3.44	21 13 12.13	−6 53 18.42
	1314	8.0	21 16 28.84	−23.50	−2.27	53 55 9.06	77.34	+3.19	21 16 3.08	−4 56 23.93
	1319	7.3	21 19 30.21	−23.52	−2.27	55 1 2.05	80.53	+3.58	21 19 4.42	−6 2 22.33
	β Aquarii	3.0	21 26 21.33	− 0.19	−2.25	55 1 8.95	80.56	+4.01		
1893 Juli 3	517b	7.3	17 40 3.78	−23.56	−2.48	51 41 57.65	70.36	−7.03	17 39 37.74	−2 42 58.45
	γ Ophiuchi	3.6	17 42 57.47	+ 0.02	−2.44	46 14 14.05	58.07	−6.44		
	1058	7.2	17 47 57.72	−23.64	−2.53	54 53 2.35	74.02	−7.04	17 47 31.56	−5 54 10.44
	1067	7.3	17 53 49.05	−23.62	−2.53	54 1 8.30	76.37	−6.73	17 53 22.90	−5 2 15.33
	67 Ophiuchi	4.2	17 55 43.01	+ 0.02	−2.46	46 2 56.17	57.73	−6.07		
	δ Urs. min. O.C.	4.3	18 7 5.18							
	η Serpentis	3.0	18 16 12.47	− 0.12	−2.51	51 54 32.72	71.05	−6.08		
	4148	7.1	18 17 17.74	−23.54	−2.51	50 14 12.72	66.96	−5.59	18 16 51.69	−1 15 11.53
	4172	8.0	18 19 35.51	−23.55	−2.52	50 54 41.25	68.60	−5.54	18 19 9.43	−1 55 41.42
	1097	8.0	18 21 20.40	−23.64	−2.57	54 38 36.40	78.32	−5.61	18 20 54.19	−5 39 46.72
	4192	7.0	18 26 17.83	−23.52	−2.51	49 32 24.15	65.12	−5.24	18 25 51.79	−0 33 22.04
	1106	7.5	18 28 50.45	−23.70	−2.60	56 46 19.30	85.08	−5.33	18 28 24.15	−7 47 36.52
	1111	6.8	18 32 30.77	−23.63	−2.56	53 52 45.57	76.46	−5.09	18 32 4.58	−4 53 54.36
	1116	7.8	18 38 7.12	−23.65	−2.58	54 46 49.42	79.09	−4.84	18 37 40.89	−5 48 0.78
	4290	7.2	18 39 51.98	−23.52	−2.52	49 27 56.20	63.36	−4.71	18 39 25.94	−0 28 53.95
	1122	7.0	18 41 50.91	−23.66	−2.58	54 59 34.35	79.76	−4.64	18 41 24.67	−6 0 46.58
	4322	8.0	18 44 10.03	−23.54	−2.52	50 5 5.82	66.84	−4.54	18 43 43.96	−1 6 5.59
	557b	7.2	18 47 13.73	−23.61	−2.56	52 50 4.67	73.76	−4.42	18 46 47.57	−3 51 12.12
	1129	8.0	18 49 10.52	−23.66	−2.58	55 4 12.30	80.06	−4.32	18 48 44.28	−6 5 25.46
	1133	7.4	18 53 38.65	−23.63	−2.57	53 51 4.00	76.57	−4.11	18 53 12.45	−4 52 13.88
	1137	7.3	18 56 9.49	−23.67	−2.59	55 19 20.40	80.82	−3.97	18 55 43.23	−6 20 34.76
	1142	7.0	18 58 1.30	−23.66	−2.58	54 41 39.30	78.97	−3.89	18 57 35.06	−5 42 51.84
	4414	6.8	19 1 28.84	−23.56	−2.52	50 29 34.22	67.87	3.82	19 1 2.76	−1 30 35.38
	1149	7.8	19 2 58.61	−23.65	−2.57	54 28 49.82	78.35	−3.64	19 2 32.39	5 30 1.76
	20 Aquilae	5.8	19 7 18.82	− 0.25	−2.61	57 5 44.05	86.40	−3.35		
	1157	7.8	19 9 4.37	−23.66	−2.58	54 51 16.07	79.45	−3.33	19 8 38.13	−5 52 24.72
	1163	7.0	19 15 34.75	−23.64	−2.56	53 40 53.70	76.11	−3.05	19 15 8.55	−4 42 3.52
	1166	8.0	19 17 9.09	−23.70	−2.59	56 23 57.00	84.15	−2.85	19 16 42.80	−7 25 13.88
	1172	6.8	19 19 46.58	−23.65	−2.56	54 4 25.82	77.20	−2.82	19 19 20.07	−5 5 37.63
	1174	7.7	19 22 4.35	−23.67	−2.57	54 55 39.25	79.66	−2.66	19 21 38.11	−5 56 53.84
	4542	7.2	19 25 0.53	−23.54	−2.50				19 24 34.49	
	577b	7.3	19 26 7.85	−23.58	−2.52	51 18 59.83	69.90	−2.67	19 25 41.75	−2 20 4.47
	4562	7.2	19 30 58.49	−23.53	−2.49	48 58 10.50	64.33	−2.61	19 30 32.47	+0 0 50.94
	1188	7.3	19 32 29.02	−23.66	−2.55	54 16 51.77	77.79	−2.16	19 32 2.81	−5 18 4.28
	η Aquilae	var.	19 47 27.24	− 0.03	−2.47	48 15 9.37	62.74	−1.81		

Datum	Bezeichnung des Sterns	Grösse	Durchgangszeit	Uhrstand + Correction	Reduction auf 1893.0	Mittel der Ablesungen	Refraction	Reduction auf 1893.0	α 1893.0	δ 1893.0
1893 Juli 4	1109	7.5	18h 31m 48s.53	−23s.84	−2s.57	53° 41′ 8″.37	74″.39	−5″.00	18h 31m 22s.14	−4° 42′ 15″.49
	549b	7.5	18 34 0.10	−23.78	−2.54	51 1 42.57	67.62	−4.85	18 33 39.84	−2 2 43.21
	1116	7.8	18 38 7.37	−23.87	−2.59	54 46 51.35	77.46	−4.74	18 37 40.91	−5 48 1.49
	1119	8.0	18 40 14.70	−23.84	−2.57	53 41 27.62	74.43	−4.62	18 39 48.29	−4 42 35.19
	4318	8.0	18 42 41.32	−23.75	−2.53	49 20 16.37	63.72	−4.46	18 42 15.04	−0 21 13.45
	4338	7.9	18 47 56.88	−23.75	−2.52	49 3 40.40	63.11	−4.25	18 47 30.60	−0 4 37.06
	1134	7.7	18 53 53.55	−23.92	−2.61	55 57 57.90	80.99	−3.99	18 53 27.02	−6 59 12.30
	1137	7.3	18 56 9.73	−23.90	−2.60	55 19 23.15	79.08	−3.87	18 55 43.23	−6 20 35.77
	1141	7.5	18 57 28.11	−23.89	−2.59	56 51 28.22	83.77	−3.78	18 57 1.63	−7 52 46.00
	4418	6.8	19 1 29.12	−23.80	−2.54	50 29 34.72	66.42	−3.67	19 1 2.78	−1 30 35.19
	1150	7.8	19 3 42.65	−23.93	−2.61	56 9 54.65	81.63	−3.46	19 3 16.11	−7 11 10.52
	20 Aquilae	5.8	19 7 19.03	− 0.24	−2.62	57 5 44.95	84.57	−3.25		
	1157	7.8	19 9 4.63	−23.91	−2.59	54 51 17.47	77.78	−3.22	19 8 38.13	−5 52 29.01
	1160	7.8	19 13 30.83	−23.92	−2.59	54 56 44.50	78.06	−2.98	19 13 4.33	−5 57 57.31
	1164	7.5	19 16 49.77	−23.90	−2.57	53 55 11.72	75.19	−2.87	19 16 23.30	−4 56 21.74
	1170	8.0	19 19 8.98	−23.89	−2.57	53 28 34.27	73.99	−2.77	19 18 42.53	−4 29 43.28
	δ Aquilae	3.3	19 20 52.39	+ 0.01	−2.48	46 5 1.05	56.97	−3.02		
	ε Aquilae	5.3	19 25 30.47	− 0.12	−2.54	51 59 36.20	70.16	−2.53		
	1190	5.0	19 32 33.24	−23.91	−2.56	53 51 57.50	73.10	−2.06	19 32 6.76	−4 53 8.12
	1191	7.8	19 34 22.07	−23.96	−2.59	55 55 50.25	81.05	−1.83	19 33 55.52	−6 57 7.19
	1200	7.8	19 41 38.53	−23.90	−2.54	52 54 17.85	72.55	−1.67	19 41 12.10	−3 55 26.47
	51 Aquilae	5.8	19 45 20.26	− 0.31	−2.64	60 0 32.47	94.93	−0.87		
	1211	8.0	19 48 7.86	−24.00	−2.58	56 40 58.32	83.43	−1.01	19 47 41.28	−7 42 18.70
	B.A.C. 2320 U.C.	7.1	19 51 27.71							
	Lal. 38458	6.7	20 2 50.38	− 0.21	−2.55	56 2 54.37	81.51	−0.25		
	1228	8.0	20 6 18.60	−24.02	−2.55	56 35 34.30	83.22	+0.02	20 5 52.03	−7 36 55.11
	1231	8.0	20 7 35.99	−24.02	−2.55	56 45 19.00	83.73	+0.11	20 7 9.41	−7 46 40.69
	1235	7.0	20 10 8.64	−23.98	−2.52	54 50 27.54	77.96	+0.03	20 9 42.34	−5 51 43.43
	1250	8.0	20 22 45.70	−23.99	−2.48	54 24 39.05	76.78	+0.67	20 22 19.23	−5 25 54.19
1893 Juli 6	1057	7.8	17 47 37.48	−24.97	−2.54	54 18 25.30	77.71	−6.73	17 47 9.97	−5 19 27.91
	ν Ophiuchi	3.6	17 53 35.81	− 0.33	−2.60	58 44 20.20	91.89	−7.00		
	1068	5.8	17 54 23.39	−24.96	−2.54	53 47 34.02	76.30	−6.41	17 53 55.89	−4 48 35.71
	67 Ophiuchi	4.0	17 55 44.37	+ 0.03	−2.47	46 3 0.67	57.97	−5.64		
	δ Urs. min. O.C.	4.3	18 7 2.72							
	1084	7.8	18 8 14.59	−24.99	−2.58	54 35 14.27	78.60	−5.86	18 7 47.02	−5 36 18.80
	η Serpentis	3.0	18 10 13.82	− 0.13	−2.54	51 54 36.62	71.36	−5.74		
	1091	7.8	18 18 18.36	−25.02	−2.60	55 17 7.72	80.69	−5.49	18 17 50.74	−6 18 14.61
	4178	8.0	18 19 37.02	−24.90	−2.55	50 54 45.87	68.88	−5.18	18 19 9.57	−1 55 41.29
	1102	8.0	18 26 41.61	−25.03	−2.60	55 10 14.12	80.38	−5.10	18 26 13.48	−6 11 21.25
	1111	6.8	18 32 32.22	−25.00	−2.59	53 52 31.57	76.68	−4.78	18 32 4.63	−4 53 55.16
	1117	6.0	18 38 32.91	−25.06	−2.62	55 54 12.60	82.04	−4.56	18 38 5.22	−6 55 22.21
	1119	8.0	18 40 13.80	−25.00	−2.59	53 41 30.52	76.17	−4.41	18 39 48.21	−4 42 34.13
	4318	8.0	18 42 42.33	−24.88	−2.55	49 20 19.17	65.21	−4.20	18 42 15.11	−0 21 12.10
	1128_1	8.0	18 48 47.22	−25.01	−2.60	53 44 20.73	76.33	−4.01	18 48 19.61	−4 45 30.77

Datum	Bezeichnung des Sterns	Grösse	Durchgangszeit	Uhrstand + Correction	Reduction auf 1893.0	Mittel der Ablesungen	Refraction	Reduction auf 1893.0	α 1893.0	δ 1893.0
1893 Juli 6	1134	7.7	18h 53m 54s.82	−25s.08	−2s.63	55° 58′ 2″.37	82″.90	−3″.77	18h 53m 27s.11	−6° 59′ 15″.15
	1138	4.7	18 56 25.66	−25.05	−2.62	54 52 12.45	79.61	−3.66	18 55 58.00	−5 53 20.05
	1142	7.0	18 57 2.84	−25.04	−2.62	54 41 45.00	79.11	−3.56	18 56 35.18	−5 42 52.27
	λ Aquilae	3.1	19 1 1.86	− 0.19	−2.60	54 2 28.22	77.20	−3.45		
	1147	7.8	19 2 0.94	−25.03	−2.61	54 2 42.55	77.27	−3.38	19 1 33.31	−5 3 48.59
	4442a	7.0	19 4 48.98	−24.91	−2.55	49 35 4.82	63.87	−3.28	19 4 21.52	−0 35 59.16
	20 Aquilae	5.8	19 7 20.21	− 0.28	−2.63	57 5 48.50	86.59	−3.06		
	1158	6.5	19 10 6.38	−25.07	−2.62	55 12 58.48	80.71	−2.94	19 9 38.69	−6 14 8.11
	569b	7.3	19 15 29.86	−24.99	−2.57	51 39 18.17	70.94	−2.76	19 15 2.30	−2 40 24.70
	1165	8.0	19 16 55.79	−25.09	−2.62	55 13 33.30	80.78	−2.58	19 16 28.08	−6 14 50.57
	1171	7.6	19 19 30.28	−25.08	−2.61	54 36 20.10	78.96	−2.46	19 19 2.60	−5 37 35.09
	δ Aquilae	3.3	19 20 33.55	+ 0.03	−2.51	40 4 57.35	58.33	−2.70		
	576b	7.7	19 25 53.61	−24.94	−2.56	51 14 23.00	69.93	−2.28	19 25 26.06	−2 15 29.38
	1178	8.0	19 28 11.03	−25.06	−2.60	53 56 4.62	77.07	−2.04	19 27 43.37	−4 57 18.62
	1187	7.5	19 32 4.19	−25.07	−2.60	54 21 32.35	78.28	−1.82	19 31 36.52	−5 22 16.89
	1189	8.0	19 32 35.10	−25.10	−2.61	55 21 42.72	81.23	−1.74	19 32 7.38	−6 23 1.18
	1192	8.0	19 34 23.25	−25.10	−2.61	55 17 7.77	81.01	−1.65	19 33 55.53	−6 18 26.32
	1201	8.0	19 41 51.37	−25.15	−2.63	56 46 37.27	85.68	−1.14	19 41 23.59	−7 48 0.69
	51 Aquilae	5.8	19 45 21.43	− 0.30	−2.67	60 0 29.12	97.16	−0.69		
	1211	8.0	19 48 9.09	−25.15	−2.62	56 40 54.10	85.39	−0.78	19 47 41.33	−7 42 17.95
	1213	8.0	19 49 39.18	−25.14	−2.61	56 18 40.17	84.21	−0.74	19 49 11.43	−7 20 2.52
	B.A.C. 1320 U.C.	7.1	19 51 34.61							
	Lal. 38438	6.7	20 2 51.51	− 0.25	−2.58	56 2 51.32	83.41	0.00		
	1228	8.0	20 6 19.79	−25.16	−2.59	56 35 30.77	85.14	+0.20	20 5 52.05	−7 36 55.07
	1231	8.0	20 7 37.19	−25.16	−2.59	56 45 17.15	85.67	+0.35	20 7 9.44	−7 46 41.81
	1250	8.0	20 22 46.92	−25.10	−2.52	54 24 35.60	78.54	+0.93	20 22 19.30	−5 25 33.77
	M. 842	6.0	20 27 0.32	− 0.34	−2.60	59 11 30.40	94.18	+0.60		
	70 Aquilae	5.0	20 31 36.82	− 0.13	−2.47	51 54 1.57	71.75	+1.08		
	1286	8.0	20 56 0.51	−25.08	−2.41	52 50 14.75	74.31	+2.49	20 55 33.02	−3 51 30.57
	1289	7.8	20 57 42.33	−25.19	−2.47	56 43 8.24	85.75	+3.28	20 57 14.68	−7 44 40.23
	1296₁	8.0	21 3 55.82	−25.09	−2.40	53 13 0.47	75.37	+3.20	21 3 28.33	−4 14 17.82
	1309	7.8	21 13 39.70	−25.17	−2.40	55 51 52.22	83.06	+4.04	21 13 12.13	−6 53 17.91
	1319	7.3	21 19 31.95	−25.15	−2.37	55 0 59.85	80.47	+4.21	21 19 4.43	−6 2 25.55
	β Aquarii	3.0	21 26 23.03	− 0.22	−2.34	55 1 6.10	80.46	+4.59		
1893 Juli 7	γ Ophiuchi	3.6	17 42 58.87	+ 0.04	−2.40	40 14 23.20	57.89	−5.92		
	1057	7.8	17 47 37.51	−25.04	−2.54	54 18 24.80	77.21	−6.05	17 47 9.93	−5 19 26.53
	ν Ophiuchi	3.6	17 53 35.89	− 0.39	−2.60	58 44 20.35	92.20	−6.93		
	525b	8.0	17 55 22.99	−25.00	−2.54	52 57 24.82	73.46	−6.21	17 54 55.45	−3 58 23.49
	δ Urs. min. O.C.	4.3	18 6 36.07							
	η Serpentis	3.0	18 16 13.84	− 0.15	−2.54	51 54 37.77	70.85	−5.53		
	4142a	7.1	18 17 19.19	−24.91	−2.54	50 14 17.80	66.76	−5.12	18 16 51.73	−1 15 11.07
	1094	7.0	18 19 25.69	−25.10	−2.61	55 38 26.37	81.19	−5.39	18 18 57.98	−6 39 33.72
	1097₁	8.0	18 21 21.86	−25.07	−2.60	54 38 41.30	78.26	−5.23	18 20 54.19	−5 39 46.21
	1102	8.0	18 26 41.75	−25.09	−2.61	55 10 16.95	79.84	−5.01	18 26 14.05	−6 11 23.49

Datum	Bezeichnung des Sterns	Grösse	Durchgangszeit	Uhrstand + Correction	Reduction auf 1893.0	Mittel der Ablesungen	Refraction	Reduction auf 1893.0	α 1893.0	δ 1893.0
1893 Juli 7	4250	7.9	18h 33m 33s.53	−24s.88	−2s.55	48° 37′ 51″.60	63″.92	−4″.42	18h 33m 6s.11	+0° 1′ 17″.55
	1117	6.0	18 38 32.89	−25.12	−2.53	55 54 12.92	82.13	−4.47	18 38 5.14	−6 55 21.90
	6 II. Scuti	4.6	18 41 37.48	− 0.22	−2.61	53 50 39.15	76.24	−4.24		
	1125	8.0	18 44 14.16	−25.15	−2.65	56 40 2.35	84.57	−4.20	18 43 46.36	−7 41 14.18
	1128	8.0	18 48 47.31	−25.03	−2.61	55 44 27.75	75.90	−3.91	18 48 19.65	−4 45 31.45
	1138	4.7	18 56 23.72	−25.00	−2.53	54 52 14.10	79.19	−3.55	18 55 58.00	−5 53 20.94
	1143	8.0	18 59 5.03	−25.16	−2.66	56 51 9.65	85.31	−3.41	18 58 37.21	−7 52 22.92
	4424	8.0	19 1 51.40	−24.95	−2.58	50 52 57.20	68.61	−3.27	19 1 23.87	−1 53 54.03
	563b	8.0	19 4 37.90	−25.02	−2.60	52 49 57.42	73.60	−3.15	19 4 10.27	−3 50 59.51
	20 Aquilae	5.8	19 7 20.29	− 0.34	−2.66	57 5 49.37	86.20	−2.97		
	569b	7.3	19 15 29.83	−25.00	−2.58	51 39 19.80	70.59	−2.66	19 15 2.24	−2 40 24.80
	1165	8.0	19 16 55.88	−25.13	−2.63	55 13 34.20	80.36	−2.50	19 16 28.12	−6 14 49.77
	1171	7.6	19 19 30.34	−25.11	−2.62	54 36 21.90	78.54	−2.36	19 19 2.61	−5 37 35.44
	δ Aquilae	3.3	19 20 33.56	+ 0.05	−2.52	46 4 59.40	58.01	−2.34		
	577b	7.3	19 26 9.29	−24.99	−2.58	51 18 57.12	69.70	−2.13	19 25 41.72	−2 20 2.23
	1187	7.5	19 32 4.19	−25.11	−2.61	54 21 34.25	77.79	−1.70	19 31 36.47	−5 22 47.03
	1190	5.0	19 32 34.40	−25.09	−2.60	53 52 54.75	76.40	−1.70	19 32 6.71	−4 53 7.16
	1194	7.0	19 35 26.05	−25.19	−2.64	56 44 3.45	85.00	−1.40	19 34 58.22	−7 45 25.04
	1201	8.0	19 41 51.41	−25.20	−2.64	56 46 37.72	85.16	−1.03	19 41 23.57	−7 47 59.56
	51 Aquilae	5.8	19 45 21.50	− 0.44	−2.69	60 0 31.52	96.58	−0.60		
	η Aquilae	var.	19 47 28.70	0.03	−2.51	48 15 8.20	62.60	−1.31		
	1212	8.0	19 49 2.79	−25.11	−2.60	54 18 8.97	77.70	−0.79	19 48 35.08	−5 19 23.37
	B.A.C. 7370 U.C.	7.1	19 51 57.23							
	Lal. 38438	6.7	20 2 51.57	− 0.30	−2.60	56 2 52.45	82.95	+0.11		
	1228	8.0	20 6 19.83	−25.21	−2.60	56 35 32.12	84.08	+0.36	20 5 52.02	−7 36 54.82
	1230	8.0	20 7 24.64	−25.22	−2.61	56 50 48.12	85.50	+0.47	20 6 56.81	−7 51 17.34
	ι Aquarii	3.6	20 42 20.84	− 0.40	−2.57	58 52 41.30	92.47	+2.70		
	1283	6.5	20 55 21.06	−25.17	−2.47	54 52 18.20	79.58	+2.97	20 54 53.42	−5 53 38.08
	1287	7.3	20 56 31.36	−25.13	−2.44	53 32 46.52	75.77	+2.81	20 56 3.79	−4 33 3.02
	1296	7.0	21 3 46.67	−25.18	−2.44	54 59 24.70	80.00	+3.47	21 3 19.05	−6 0 46.11
	1310	7.8	21 13 45.92	−25.25	−2.44	56 45 19.75	85.57	+4.36	21 13 18.23	−7 46 47.03
	1320	6.7	21 19 44.48	−25.12	−2.36	52 50 7.62	74.10	+3.93	21 19 17.00	−3 51 23.76
	β Aquarii	3.0	21 26 23.16	− 0.26	−2.37	55 1 6.52	80.31	+4.74		
1893 Juli 8	μ Ophiuchi	4.6	17 32 29.96	− 0.32	−2.54	57 1 59.43	84.65	−7.53		
	4072	7.8	17 43 12.68	−25.46	−2.49	49 57 50.10	65.52	−6.21	17 42 44.73	−0 58 43.36
	1056	7.5	17 47 38.70	−25.69	−2.57	56 51 58.75	84.29	−6.87	17 47 10.43	−7 53 10.23
	ν Ophiuchi	3.6	17 53 36.47	− 0.38	−2.61	58 44 17.67	90.62	−6.87		
	67 Ophiuchi	4.0	17 55 44.91	+ 0.04	−2.17	46 3 0.02	57.18	−5.39		
	δ Urs. min. O.C.	4.3	18 6 58.16							
	539b	8.0	18 16 26.81	−25.58	−2.58	52 54 24.65	72.84	−5.24	18 15 58.65	−3 55 26.04
	1092	7.5	18 19 6.49	−25.59	−2.58	53 7 38.22	73.42	−5.14	18 18 38.32	−4 8 40.43
	1096	8.0	18 20 48.17	−25.61	−2.60	53 57 12.77	75.65	−5.12	18 20 19.96	−4 58 17.13
	549b	7.5	18 34 7.98	−25.52	−2.58	51 1 46.30	68.17	−4.37	18 33 39.88	−2 2 44.09
	1117	6.0	18 38 33.50	−25.69	−2.64	55 54 11.02	81.62	−4.38	18 38 5.16	−6 55 22.09
	4302	6.1	18 41 25.04	−25.50	−2.57	50 3 31.65	65.92	−4.03	18 40 56.97	−1 4 27.52
	1124	7.2	18 43 23.82	−25.66	−2.63	55 6 15.05	79.09	−4.09	18 42 55.52	−6 7 24.76
	1129	8.0	18 49 22.66	−25.66	−2.64	55 4 15.85	79.03	−3.81	18 48 44.36	−6 5 25.22
	1139	7.7	18 56 32.97	−25.68	−2.65	55 30 41.10	80.33	−3.45	18 56 4.65	−6 31 51.88

Datum	Bezeichnung des Sterns	Grösse	Durchgangszeit	Uhrstand + Correction	Reduction auf 1893.0	Mittel der Ablesungen	Refraction	Reduction auf 1893.0	α 1893.0	δ 1893.0
1893 Juli 8	λ Aquilae	3.1	19ʰ 1ᵐ 2ˢ.30	− 0ˢ.22	−2ˢ.62	54° 1′ 26″.00	76″.02	−3″.24		
	4430	7.5	19 2 22.74	−25.31	−2.38	50 16 29.50	66.45	−3.12	19ʰ 1ᵐ 54ˢ.51	−1° 17′ 26″.82
	1151	7.5	19 4 44.79	−25.72	−2.66	56 25 38.97	83.09	−3.02	19 4 16.41	−7 26 53.16
	20 Aquilae	5.8	19 7 20.80	− 0.32	−2.67	57 5 47.77	85.21	−2.87		
	1163	7.0	19 15 36.85	−25.60	−2.62	53 40 50.17	75.09	−2.47	19 15 8.63	−4 42 3.38
	571b	7.0	19 17 24.34	−25.58	−2.61	52 53 02.80	73.02	−2.39	19 16 56.15	−3 55 14.36
	1172	6.8	19 19 48.99	−25.62	−2.63	54 4 22.97	70.21	−2.25	19 19 20.74	−5 5 37.32
	1174	7.7	19 22 6.32	−25.65	−2.64	54 55 35.02	78.67	−2.09	19 21 38.03	−5 56 53.05
	ε Aquilae	5.3	19 25 32.22	− 0.15	−2.59	57 59 31.67	70.75	−2.00		
	579b	8.0	19 32 3.03	−25.59	−2.60	52 41 37.40	72.62	−1.66	19 31 34.83	−3 42 48.62
	1189	8.0	19 32 35.63	−25.68	−2.64	55 21 40.17	80.06	−1.52	19 32 7.31	−6 22 59.36
	1195	7.5	19 35 34.40	−25.62	−2.61	53 15 35.45	74.16	−1.45	19 35 6.17	−4 16 48.62
	1201	8.0	19 41 31.96	−25.74	−2.65	56 46 34.07	84.53	−0.93	19 41 3.56	−7 47 59.40
	51 Aquilae	5.8	19 45 22.14	− 0.42	−2.70	60 0 30.22	95.90	−0.54		
	η Aquilae	var.	19 47 29.34	− 0.03	−2.53	48 15 6.52	62.17	−1.10		
	1213	8.0	19 49 39.77	−25.7[illegible]	−2.64	56 18 40.17	83.15	−0.30	19 49 11.40	−7 20 3.47
	B.A.C. 2320 U.C.	7.1	19 51 50.92							
	Lal. 38458	6.7	20 2 32.18	− 0.28	−2.62	56 2 49.10	82.48	+0.24		
	θ Aquilae	3.0	20 6 15.07	− 0.09	−2.53	50 7 10.70	66.56	−0.06		
	1230	8.0	20 7 25.22	−25.78	−2.62	50 50 45.55	85.06	+0.57	20 6 56.82	−7 52 12.05
	1250	8.0	20 22 47.51	−25.71	−2.56	54 24 34.01	77.73	+2.20	20 22 19.23	−5 25 53.45
	1285	8.0	20 55 29.89	−25.70	−2.48	54 45 8.22	78.80	+3.09	20 55 1.63	−5 46 30.16
	1288	8.0	20 56 42.70	−25.74	−2.47	54 3 46.57	76.83	+3.05	20 56 14.48	−5 5 7.12
	1296	8.0	21 3 56.46	−25.72	−2.44	53 12 59.25	74.52	+3.30	21 3 28.30	−4 14 17.69
	1310	7.8	21 13 46.50	−25.85	−2.40	56 45 17.52	84.96	+4.49	21 13 18.19	−7 46 47.40
	1370	6.7	21 19 45.12	−25.73	−2.38	52 30 5.92	73.53	+4.08	21 19 17.01	−3 31 24.54
	β Aquarii	3.0	21 26 23.76	− 0.25	−2.39	55 1 4.40	79.64	+4.88		
1893 Juli 11	μ Ophiuchi	4.6	17 32 31.36	− 0.37	−2.54	57 1 58.65	85.66	−7.32		
	1032	7.5	17 43 15.28	−26.85	−2.51	50 45 18.47	68.11	−6.00	17 42 45.92	−1 46 13.03
	1036	7.5	17 47 40.08	−27.09	−2.58	56 51 57.57	85.15	−6.66	17 47 10.41	−7 53 9.59
	1064	6.3	17 51 38.20	−26.94	−2.55	53 2 55.02	73.95	−6.00	17 51 8.71	−4 3 56.09
	ν Ophiuchi	3.6	17 53 37.90	− 0.44	−2.62	58 44 17.10	91.52	−6.67		
	67 Ophiuchi	4.0	17 55 46.36	+ 0.06	−2.49	46 3 0.10	57.70	−5.01		
	δ Urs. min. O.C.	4.3	18 6 52.53							
	539b	8.0	18 16 28.33	−26.96	−2.60	52 54 23.25	73.64	−4.91	18 15 58.77	−3 55 24.86
	4153	7.6	18 18 47.26	−26.86	−2.57	50 11 5.92	66.82	−4.61	18 18 17.83	−1 12 1.32
	4188	6.5	18 19 53.79	−26.88	−2.58	50 37 15.70	67.87	−4.59	18 19 24.33	−1 38 12.41
	4282	8.0	18 38 53.55	−26.85	−2.58	49 18 55.95	64.87	−3.72	18 38 24.12	−0 19 50.29
	6 H. Scuti	4.6	18 41 39.46	− 0.24	−2.64	53 30 36.57	76.27	−3.84		
	λ Aquilae	3.1	19 1 3.96	− 0.25	−2.65	54 1 26.45	76.82	−2.98		
	1148	8.0	19 3 3.74	−27.10	−2.70	56 35 4.45	84.49	−2.83	19 2 33.88	−7 36 19.71
	1155	7.5	19 7 15.34	−27.09	−2.67	54 34 18.57	78.40	−2.57	19 6 45.59	−5 35 26.89
	570b	8.0	19 16 43.07	−26.96	−2.62	51 1 20.60	68.99	−2.10	19 16 13.49	−2 2 26.93
	1169	7.4	19 18 52.06	−27.11	−2.67	54 41 17.52	78.76	−2.05	19 18 22.28	−5 42 27.85
	573b	7.8	19 21 18.64	−26.97	−2.62	51 8 29.72	69.29	−1.92	19 20 49.05	−2 9 30.64

Datum	Bezeichnung des Sterns	Grösse	Durchgangszeit	Uhrstand + Correction	Reduction auf 1893.0	Mittel der Ablesungen	Refraction	Reduction auf 1893.0	α 1893.0	δ 1893.0
1893 Juli 19	5 Il. Scuti	5.0	18ʰ 38ᵐ 15.ˢ88	− 0.ˢ11	−2.ˢ73	57° 21′ 1.″77	87.″20	−3.″61		
	1119	8.0	18 40 21.33	−31.38	−2.68	53 40 59.05	76.09	−3.15	18ʰ 39ᵐ 48.ˢ26	−4° 42′ 36.″31
	1120	7.8	18 41 33.11	−31.47	−2.71	55 46 29.67	82.20	−3.29	18 41 0.92	−6 48 13.24
	1128	7.5	18 48 4.82	−31.40	−2.70	53 50 3.67	76.38	−2.77	18 47 30.72	−4 51 42.06
	1140	7.3	18 56 45.87	−31.46	−2.73	55 18 28.27	80.91	−2.43	18 56 11.68	−6 20 1.35
	439a	7.1	19 0 18.22	−31.24	−2.66	50 4 15.92	67.01	−1.87	18 59 44.31	−1 5 45.29
	442a	8.0	19 1 57.73	−31.28	−2.67	50 52 21.52	68.95	−1.84	19 1 23.78	−1 53 54.18
	1149	5.8	19 3 6.62	−31.43	−2.75	54 28 19.50	78.52	−2.02	19 2 32.46	−5 30 0.73
	20 Aquilae	5.8	19 7 26.74	− 0.40	−2.77	57 5 14.97	86.62	−1.91		
	450a	7.2	19 16 8.82	−31.26	−2.68	50 21 2.47	67.76	−1.11	19 15 34.88	−1 22 33.47
	571b	7.0	19 17 30.18	−31.37	−2.72	52 53 37.87	74.21	−1.16	19 16 56.09	−3 55 15.66
	578b	7.0	19 20 37.97	−31.30	−2.70	51 14 46.67	69.96	−0.94	19 20 3.97	−2 16 20.29
	ι Aquilae	5.3	19 25 38.08	− 0.18	−2.71	51 59 5.80	71.83	−0.70		
	1186	7.5	19 31 40.22	−31.40	−2.73	53 30 33.27	75.91	−0.42	19 31 6.09	−4 32 12.67
	458a	7.8	19 32 20.97	−31.24	−2.68	49 42 20.97	66.26	−0.29	19 31 47.04	−0 43 51.70
	1196	8.0	19 36 3.63	−31.39	−2.73	53 8 29.72	74.90	−0.16	19 35 29.51	−4 9 59.05
	1203	8.0	19 42 31.07	−31.54	−2.78	56 34 43.17	85.06	+0.17	19 41 56.75	−7 36 32.91
	51 Aquilae	5.8	19 45 28.10	− 0.52	−2.84	60 0 2.50	97.15	+0.27		
	η Aquilae	var.	19 47 35.18	− 0.02	−2.66	48 14 38.57	62.97	+0.41		
	B.A.C. 2320 U.C.	7.1	19 52 28.60							
1893 Juli 23	μ Ophiuchi	4.6	17 32 37.51	− 0.44	−2.53	57 1 34.85	85.67	−6.59		
	γ Ophiuchi	3.6	17 43 6.92	+ 0.08	−2.46	46 13 57.42	58.18	−5.00		
	1037	7.8	17 47 45.65	−33.21	−2.56	54 17 59.20	77.50	−5.35	17 47 9.89	−5 19 27.99
	ν Ophiuchi	3.6	17 53 44.19	− 0.52	−2.63	58 43 54.07	91.68	−5.99		
	515.b	8.0	17 55 34.23	−33.07	−2.55	51 16 37.33	69.55	−4.40	17 54 58.61	−2 17 59.24
	δ Urs. min. O.C.	4.3	18 6 48.06							
	1090	7.0	18 16 59.09	−33.34	−2.68	56 31 17.62	84.41	−4.34	18 16 23.07	−7 32 54.04
	1092	7.5	18 19 14.14	−33.18	−2.64	53 7 12.17	74.48	−3.70	18 18 38.33	−4 8 39.24
	1097	7.9	18 21 1.30	−33.35	−2.69	56 39 7.75	84.86	−4.14	18 20 25.26	−7 40 45.04
	428a	8.0	18 38 59.62	−33.01	−2.64	49 18 36.72	65.05	−2.25	18 38 23.97	−0 19 49.94
	1120	7.8	18 41 37.05	−33.32	−2.73	55 46 37.10	82.13	−2.92	18 41 1.00	−6 48 12.78
	432a	8.0	18 44 19.62	−33.05	−2.66	50 4 42.72	66.82	−2.09	18 43 43.91	−1 6 3.99
	1139	7.7	18 56 40.68	−33.32	−2.75	55 30 26.40	81.31	−2.04	18 56 4.61	−6 31 52.06
	439a	7.1	19 0 20.03	−33.06	−2.68	50 4 22.37	66.81	−1.32	18 59 44.29	−1 5 44.35
	1148	8.0	19 3 9.90	−33.37	−2.78	56 34 40.50	84.65	−1.78	19 2 33.75	−7 36 19.94
	20 Aquilae	5.8	19 7 28.70	− 0.44	−2.80	57 5 23.10	86.31	−1.58		
	450a	7.2	19 16 10.71	−33.09	−2.71	50 21 10.32	67.50	−0.55	19 15 34.91	−1 22 33.38
	1167	7.0	19 17 53.94	−33.39	−2.80	56 34 34.55	84.68	−0.90	19 17 17.75	−7 36 14.91
	δ Aquilae	3.3	19 20 41.73	+ 0.09	−2.67	46 4 38.17	58.12	−0.06		
	ι Aquilae	5.3	19 25 39.93	− 0.20	−2.74	51 59 13.05	71.58	−0.15		
	1182	8.0	19 31 18.99	−33.33	−2.80	55 10 45.02	80.40	−0.01	19 30 42.86	−6 12 21.59
	1187	7.5	19 32 12.54	−33.29	−2.78	54 21 12.82	78.01	+0.09	19 31 36.46	−5 22 47.69
	1195	7.5	19 35 42.21	−33.24	−2.77	53 15 16.57	74.96	+0.29	19 35 6.20	−4 16 48.36

Datum	Bezeichnung des Sterns	Grösse	Durchgangszeit	Uhrstand + Correction	Reduction auf 1893.0	Mittel der Ablesungen	Refraction	Reduction auf 1893.0	α 1893.0	δ 1893.0
1893 Juli 29	1090	7.0	18h 16m 37.81s	−32.00s	−2.67s	56° 32′ 21.67″	85.93″	−4.05″	18h 16m 23.14s	−7° 32′ 34.18″
	1092	7.5	18 19 12.97	−32.04	−2.83	53 7 17.12	75.80	−3.32	18 18 38.31	−4 8 39.95
	1097	7.9	18 20 59.83	−31.99	−2.69	56 39 11.70	86.36	−3.85	18 20 25.17	−7 40 45.47
	5 H. Scuti	5.0	18 38 16.27	+ 0.05	−2.75	57 21 13.17	88.71	−2.99		
	6 H. Scuti	4.6	18 42 4.37	+ 0.02	−2.70	53 50 16.42	77.83	−2.26		
	51 H. Ceph. U.C.	5.1	18 50 24.50							
	1140	7.3	18 56 46.51	−32.01	−2.76	55 18 29.45	82.17	−1.65	18 56 11.74	−6 20 0.87
	4428	8.0	19 1 58.65	−32.06	−2.71	50 52 35.32	69.99	−0.82	19 1 23.88	−1 53 54.92
	4442	7.0	19 4 56.25	−32.08	−2.70	49 34 42.72	66.85	−0.52	19 4 21.47	−0 35 59.47
	20 Aquilae	5.8	19 7 27.23	+ 0.05	−2.81	57 5 27.35	87.88	−1.23		
	570b	8.0	19 16 48.20	−32.06	−2.74	51 1 6.47	70.34	−0.05	19 16 13.40	−2 2 27.59
	ε Aquilae	5.3	19 25 38.93	− 0.02	−2.76	51 59 17.05	72.79	+0.33		
	1186	7.5	19 31 41.10	−32.03	−2.80	53 30 44.00	76.89	+0.57	19 31 6.27	−4 32 12.93
	1188	7.3	19 32 37.74	−32.02	−2.81	54 16 33.42	79.05	+0.55	19 32 2.91	−5 18 3.72
	31 Aquilae	5.8	19 45 28.42	+ 0.08	−2.92	60 0 14.82	98.35	+1.00		
	η Aquilae	var.	19 47 36.17	− 0.06	−2.75	48 14 50.87	63.74	+1.69		
1893 Aug. 3	λ Aquilae	3.1	19 1 11.21	+ 0.01	−2.75	54 1 1.30	77.39	−0.93		
	1156	8.0	19 8 5.12	−34.27	−2.76	53 8 30.10	75.00	−0.34	19 7 28.09	−4 9 59.82
	1171	7.6	19 19 39.61	−34.25	−2.81	54 36 −0.60	79.15	+0.14	19 19 2.56	−5 37 34.57
	573b	7.8	19 21 25.86	−34.29	−2.76	51 8 5.54	69.85	+0.67	19 20 48.81	−2 9 31.00
	ε Aquilae	5.3	19 25 41.12	− 0.02	−7.77	51 59 12.70	72.05	+0.81		
	4572	4.8	19 31 48.30	−34.30	−2.77	50 30 −1.11	68.34	+1.31	19 31 11.23	−1 31 24.95
	4592	7.2	19 32 40.91	−34.31	−2.75	49 20 46.65	65.61	+1.48	19 32 3.85	−0 22 9.03
	1196	8.0	19 36 6.56	−34.27	−2.81	53 8 27.52	75.14	+1.30	19 35 29.49	−4 9 59.33
	31 Aquilae	5.8	19 45 30.64	+ 0.08	−2.95	60 0 10.65	97.47	+1.26		
	η Aquilae	var.	19 47 38.40	− 0.06	−2.75	48 14 45.65	63.17	+2.36		
	B.A.C. 2320 U.C.	7.1	19 49 47.40							
	ε Aquarii	3.6	19 42 30.13	+ 0.07	−2.96	58 51 19.75	93.29	+5.70		
	1285	8.0	19 55 38.82	−34.25	−2.89	54 44 49.47	79.84	+6.20	19 55 1.68	−5 46 31.32
	1288	8.0	19 56 51.62	−34.25	−2.87	54 3 27.00	77.84	+6.26	19 56 14.50	−5 5 0.63
	1297	7.8	21 4 20.59	−34.26	−2.86	53 17 58.32	75.74	+6.71	21 3 43.47	−4 19 35.87
	1311	8.0	21 13 55.71	−34.22	−2.91	56 33 29.56	85.38	+7.45	21 13 18.58	−7 35 18.40
	1320	6.7	21 19 54.23	−34.27	−2.83	52 49 45.82	74.39	+7.65	21 19 17.12	−3 51 23.35
	β Aquarii	3.0	21 26 32.74	+ 0.02	−2.86	55 0 44.27	80.53	+8.20		
1893 Aug. 7	λ Aquilae	3.1	19 1 12.76	+ 0.01	−2.75	54 1 1.37	77.52	−0.60		
	20 Aquilae	5.8	19 7 31.01	+ 0.05	−2.81	57 5 23.20	86.97	−0.71		
	δ Aquilae	3.3	19 20 44.84	− 0.09	−2.69	46 4 37.95	58.63	+1.62		
	1174	7.7	19 22 10.60	−35.80	−2.87	54 55 16.60	80.34	+0.54	19 21 37.99	−5 56 52.92
	4542	7.2	19 25 13.09	−35.86	−2.83	49 38 35.00	66.17	+0.66	19 24 34.40	−0 39 56.90
	4572	4.7	19 31 49.82	−35.85	−2.77	50 30 −1.05	68.56	+1.68	19 31 11.20	−1 31 24.37
	4592	7.2	19 32 42.56	−35.87	−2.75	49 20 46.37	65.83	+1.86	19 32 3.94	−0 22 9.03
	1196	8.0	19 36 8.17	−35.82	−2.82	53 8 27.50	75.41	+1.62	19 35 29.53	−4 9 59.36
	λ Urs. min. O.C.	6.4	19 31 57.04							
	31 Aquilae	5.8	19 45 32.25	+ 0.08	−2.96	60 0 10.02	97.90	+1.45		
	η Aquilae	var.	19 47 39.07	− 0.06	−2.78	48 14 45.27	63.46	+2.80		

Datum	Bezeichnung des Sterns	Grösse	Durchgangszeit	Uhrstand + Correction	Reduction auf 1893.0	Mittel der Ablesungen	Refraction	Reduction auf 1893.0	α 1893.0	δ 1893.0
1893 Aug. 9	δ Aquilae	3.3	19h 20m 45s.16	− 0s.09	−2s.69	46° 4′ 38″.16	56″.91	+ 1″.89		
	ε Aquilae	5.3	19 25 43.04	− 0.02	−2.77	52 59 12.82	72.66	+ 1.31		
	457a	7.2	19 31 30.16	−36.24	−2.77	50 30 − 0.95	66.48	+ 1.86	19h 31m 11s.15	−1° 31′ 23″.85
	459a	7.2	19 32 42.97	−36.26	−2.75	49 20 46.17	63.82	+ 2.06	19 32 3.96	−0 22 7.82
	$580b_1'$	8.9	19 36 11.63	−36.23	−2.79				19 35 32.61	
	$580b_1$	8.0	19 36 16.36	−36.23	−2.79	51 32 12.80	68.98	+ 1.97	19 35 37.54	−2 32 39.61
	λ Urs. min. O.C.	6.4	19 32 1.38							
	51 Aquilae	5.8	19 45 31.64	+ 0.08	−2.96	60 0 11.85	94.75	+ 1.53		
	η Aquilae	var.	19 47 40.40	− 0.06	−2.78	48 14 46.01	61.41	+ 3.02		
1893 Aug. 11	γ Ophiuchi	3.6	17 43 10.67	− 0.09	−2.33	46 13 54.52	58.46	− 2.42		
	521b	7.3	17 48 3.98	−36.72	−2.41	51 12 33.32	69.65	− 3.49	17 47 24.85	−2 13 56.46
	ν Ophiuchi	3.6	17 53 47.34	+ 0.07	−2.54	58 43 55.15	92.13	− 5.30		
	$525b_1$	8.0	17 55 37.74	−36.72	−2.45	51 16 35.70	69.89	− 3.16	17 54 58.57	−2 17 59.57
	δ Urs. min. O.C.	4.3	18 7 43.77							
	537b	8.0	18 16 25.24	−36.74	−2.55	52 7 48.97	72.14	− 2.39	18 15 45.96	−3 9 15.18
	413a	7.6	18 18 57.04	−36.76	−2.53	50 10 41.20	67.32	− 1.80	18 18 17.75	−1 12 3.18
	418a	6.5	18 20 3.04	−36.76	−2.54	50 36 48.50	68.36	− 1.84	18 19 24.34	−1 38 12.15
	551b	8.0	18 39 2.95	−36.77	−2.62	51 9 4.59	69.79	− 1.00	18 38 23.55	−2 10 30.18
	430a	6.1	18 41 36.40	−36.79	−2.61	50 3 2.40	67.14	− 0.63	18 40 57.00	−1 4 25.64
	431a	8.0	18 42 54.38	−36.80	−2.60	49 19 50.75	65.46	− 0.42	18 42 14.98	−0 21 12.77
	λ Aquilae	3.1	19 1 13.75	+ 0.01	−2.74	54 0 57.72	77.52	− 0.34		
	20 Aquilae	5.8	19 7 31.97	+ 0.05	−2.80	57 5 20.97	86.05	− 0.52		
	1182	8.0	19 31 22.50	−36.79	−2.84	55 10 43.80	81.03	+ 1.32	19 30 42.87	−6 12 22.61
	558a	7.8	19 32 26.72	−36.85	−2.75	49 42 25.42	66.54	+ 2.18	19 31 47.12	−0 43 51.42
	$580b_1'$	8.9	19 36 12.22	−36.84	−2.79				19 35 32.60	
	$580b_1$	8.0	19 36 17.17	−36.84	−2.79	51 32 11.02	71.01	+ 2.15	19 35 37.55	−2 33 41.04
	51 Aquilae	5.8	19 45 33.23	+ 0.08	−2.96	60 0 8.85	97.58	+ 1.61		
	η Aquilae	var.	19 47 40.99	− 0.06	−2.76	48 14 43.27	63.24	+ 3.22		
	1286	8.0	20 36 12.85	−36.84	−2.92	52 49 54.29	74.54	+ 6.99	20 35 33.10	−3 51 32.27
	503a	7.3	20 58 15.64	−36.87	−2.88	50 42 14.30	69.08	+ 7.10	20 57 35.90	−1 43 17.39
	1297	7.8	21 4 23.23	−36.84	−2.92	53 17 36.62	75.83	+ 7.49	21 3 43.47	−4 19 36.12
	1311	8.0	21 13 58.39	−36.80	−3.08	56 33 28.42	85.59	+ 8.10	21 13 18.61	−7 35 18.47
	16 Aquarii	6.0	21 16 7.46	+ 0.01	−2.93	53 59 8.05	77.81	+ 8.26		
	P. XXI, 320	6.0	21 49 14.85	+ 0.01	−2.91	53 44 56.41	77.32	+10.31		
	1343	7.3	21 51 15.04	−36.82	−2.95	56 27 21.52	85.49	+10.62	21 50 35.27	−7 29 14.38
	1348	8.0	21 54 41.51	−36.83	−2.94	55 45 17.60	85.28	+10.80	21 54 1.75	−6 47 8.36
	1351	7.5	21 58 33.13	−36.83	−2.92	55 10 49.22	81.55	+11.02	21 57 53.38	−6 12 37.53
	1354	8.0	22 0 6.08	−36.83	−2.93	55 47 20.57	83.44	+11.16	21 59 26.32	−6 49 17.21
	1355	7.5	22 1 8.26	−36.84	−2.91	54 50 46.25	80.56	+11.16	22 0 28.31	−5 52 34.37
	1365	7.7	22 9 45.19	−36.83	−2.92	55 53 57.49	83.81	+11.78	22 9 5.44	−6 55 49.26
	θ Aquarii	4.3	22 11 50.99	+ 0.05	−2.94	57 17 0.20	88.30	+12.03		
	1370	8.0	22 16 50.32	−36.84	−2.90	55 41 21.84	83.16	+12.21	22 16 10.58	−6 43 13.17
	$630b_1$	6.3	22 29 11.72	−36.90	−2.80	51 5 31.29	70.39	+12.47	22 28 32.02	−2 7 30.24
	η Aquarii	3.8	22 30 31.18	− 0.04	−2.78	49 38 31.27	66.85	+12.35		

Datum	Bezeichnung des Sterns	Grösse	Durchgangszeit	Uhrstand + Correction	Reduction auf 1893.0	Mittel der Ablesungen	Refraction	Reduction auf 1893.0	α 1893.0	δ 1893.0
1893 Aug. 11	1385	7.7	22ʰ 37ᵐ 13ˢ.23	−30ˢ.88	−2ˢ.82	53° 0′ 11″.02	75″.30	+13″.14	22ʰ 36ᵐ 34ˢ.23	−4° 1′ 56″.77
	1389	7.0	22 48 34.17	−30.85	−2.83	55 31 26.72	82.73	+14.10	22 47 54.49	−6 33 19.97
	1394	7.0	22 52 14.88	−30.89	−2.78	52 47 16.30	74.86	+13.94	22 51 35.21	−3 49 1.44
	1398	6.8	22 56 29.03	−30.84	−2.82	56 36 10.30	86.18	+14.70	22 55 49.96	−7 38 7.79
	k Aquarii	5.9	23 0 14.64	+ 0.03	2.82	57 11 16.62	88.20	+15.03		
1893 Aug. 14	1058	7.2	17 48 11.65	−37.67	−2.43	54 52 41.30	79.62	− 4.33	17 47 31.55	−5 54 9.84
	ν Ophiuchi	3.6	17 53 48.83	+ 0.10	−2.51	48 43 55.87	92.17	− 5.20		
	526b	7.3	17 56 1.95	−37.72	−2.43	51 33 2.20	70.60	− 3.06	17 55 21.80	−2 34 23.09
	δ Urs. min. O.C.	4.3	18 7 46.58							
	1090	7.0	18 17 3.35	−37.66	−2.59	56 31 19.67	84.80	− 3.28	18 16 23.11	−7 32 52.52
	1093	6.0	18 19 54.73	−37.66	−2.59	56 6 21.04	83.50	− 3.01	18 18 54.48	−7 7 54.49
	1097.	8.0	18 21 34.45	−37.64	−2.58	54 38 16.97	79.08	− 2.57	18 20 54.19	−5 39 46.65
	428a	8.0	18 39 4.20	−37.77	−2.57	49 18 32.22	65.38	− 0.34	18 38 23.92	−0 19 50.35
	430a	0.1	18 41 37.39	−37.76	−2.59	50 3 5.91	67.13	− 0.42	18 40 57.04	−1 4 25.96
	553b	8.0	18 43 41.58	−37.73	−2.63	52 12 4.05	72.47	− 0.70	18 43 1.22	−3 13 30.18
	λ Aquilae	3.1	19 1 14.06	+ 0.03	−2.72	54 1 2.50	77.46	− 0.21		
	20 Aquilae	5.8	19 7 32.05	+ 0.07	−2.79	57 5 24.02	86.87	− 0.59		
	1182	8.0	19 31 23.44	−37.70	−2.83	55 10 47.70	80.92	+ 1.49	19 30 42.90	−6 12 22.99
	458a	7.8	19 32 27.57	−37.74	−2.74	49 42 28.51	66.43	+ 2.44	19 31 47.04	−0 43 50.93
	51 Aquilae	5.8	19 45 34.13	+ 0.12	−2.96	60 0 11.57	97.40	+ 1.71		
	η Aquilae	var.	19 47 41.91	− 0.06	−2.78	48 14 46.86	63.13	+ 3.50		
1893 Aug. 16	1147	7.8	19 2 14.18	−38.11	−2.71	305 55 6.92	77.00	0.00	19 1 33.35	−5 3 48.22
	20 Aquilae	5.8	19 7 33.84	+ 0.08	−2.78	302 52 0.77	86.27	+ 0.34		
	1166	8.0	19 17 23.74	−38.08	−2.80	303 33 46.70	84.05	− 0.46	19 16 42.86	−7 25 16.29
	573b	7.8	19 21 29.70	−38.18	−2.73	308 49 17.37	69.37	− 1.71	19 20 48.79	−2 9 32.29
	ι Aquilae	5.3	19 23 45.09	− 0.01	−2.76	307 58 11.90	71.51	1.80		
	1184	8.0	19 31 40.80	−38.12	−2.82	305 9 − 1.05	79.23	− 1.68	19 30 59.86	−5 50 0.20
	459a	7.2	19 32 44.96	−38.22	−2.74	310 36 37.59	65.12	− 2.67	19 32 4.00	−0 22 8.93
	1196	8.0	19 36 10.49	−38.15	−2.80	306 48 54.57	74.37	− 2.25	19 35 29.53	−4 10 0.74
	1202	7.8	19 42 18.55	−38.11	−2.86	304 22 47.82	81.53	− 2.24	19 41 37.58	−6 36 14.62
	51 Aquilae	5.8	19 45 33.54	+ 0.14	−2.95	299 37 11.95	96.60	− 1.77		
	1210	8.0	19 48 20.93	−38.13	−2.85	306 8 1.22	76.44	− 2.91	19 47 39.93	−4 50 56.32
	1213	8.0	19 49 52.37	−38.10	−2.90	303 39 1.07	83.80	− 2.63	19 49 11.37	−7 20 4.04
	B.A.C. 2320 U.C.	7.1	19 49 41.00							
	1225	8.0	20 5 28.67	−38.13	−2.92	304 30 21.67	81.21	− 3.81	20 4 47.62	−6 28 41.62
	θ Aquilae	3.3	20 6 28.02	− 0.05	−2.83	309 50 30.80	66.97	− 4.55		
	1233	8.0	20 10 0.48	−38.16	−2.90	306 4 52.47	76.67	− 4.31	20 9 19.42	−4 54 6.07
	1237	7.8	20 13 12.58	−38.13	−2.93	304 20 25.31	81.78	− 4.31	20 12 31.52	−6 38 39.25
	1242	8.0	20 16 41.81	−38.16	−2.91	305 30 20.46	77.41	− 4.72	20 16 0.73	−5 8 40.13
	1250	8.0	20 23 0.34	−38.16	−2.93	305 33 7.60	78.28	− 5.10	20 22 19.25	−5 25 54.07
	1253	8.0	20 25 4.43	−38.17	−2.92	306 11 28.90	76.40	− 5.31	20 24 23.34	−4 47 31.36
	1256	8.0	20 27 54.12	−38.16	−2.94	305 27 − 1.35	78.62	− 5.41	20 27 13.02	−5 32 3.89
	70 Aquilae	5.0	20 31 30.47	− 0.01	−2.90	308 5 43.77	71.54	− 5.93		
	1286	8.0	20 56 14.15	−38.21	−2.94	307 7 27.82	74.04	− 7.30	20 55 33.00	−3 51 31.99
	1309	7.8	21 13 53.27	−38.17	−3.00	304 5 49.55	82.77	− 8.47	21 13 12.09	−6 53 19.91
	1319	7.3	21 19 45.57	−38.19	−2.99	304 56 44.57	80.21	− 8.89	21 19 4.39	−6 2 23.19
	β Aquarii	3.0	21 26 36.72	+ 0.04	−2.99	304 56 37.29	80.23	− 9.29		

Datum	Bezeichnung des Sterns	Grösse	Durchgangszeit	Uhrstand + Correction	Reduction auf 1893.0	Mittel der Ablesungen	Refraction	Reduction auf 1893.0	α 1893.0	δ 1893.0
1893 Aug. 17	1169	7.4	19ʰ 19ᵐ 3ˢ.19	−38ˢ.25	−1ˢ.77	305° 16′ 31″.35	78″.29	−0″.96	19ʰ 18ᵐ 22ˢ.17	−5° 42′ 26″.07
	δ Aquilae	3.3	19 20 47.20	−0.12	−1.66	313 57 45.12	57.63	−2.08		
	ι Aquilae	5.3	19 25 45.11	−0.07	−1.75	307 58 10.20	71.01	−1.87		
	1181	7.0	19 30 24.89	−38.22	−1.84	303 17 27.67	84.33	−1.31	19 29 43.83	−7 41 36.19
	458a	7.8	19 32 28.10	−38.33	−1.73	310 14 54.35	65.50	−2.07	19 31 47.04	−0 43 52.41
	1192	8.0	19 34 36.66	−38.24	−1.83	304 40 34.85	80.07	−1.84	19 33 55.59	−6 18 25.71
	1203	8.0	19 42 37.84	−38.22	−1.88	305 22 30.50	84.08	−2.14	19 41 58.74	−7 36 34.16
	51 Aquilae	5.8	19 45 34.70	+0.11	−1.95	299 57 11.36	96.02	−1.79		
	1210	8.0	19 48 20.98	−38.27	−1.81	300 8 1.01	75.91	−2.83	19 47 39.89	−4 50 55.56
	B.A.C. 7320 U.C.	7.1	19 49 47.42							
	Lal. 38458	6.7	20 3 4.98	+0.05	−2.92	303 54 21.27	82.41	−3.62		
	1225	8.0	20 5 28.70	−38.24	−2.91	304 30 21.65	80.61	−3.86	20 4 47.54	−6 26 41.20
	1229	6.8	20 7 37.04	−38.24	−2.92	304 18 −2.30	81.23	−3.98	20 6 55.88	−6 41 5.88
	1235	7.0	20 10 23.54	−38.25	−2.91	305 7 16.61	78.80	−4.47	20 9 42.37	−5 51 44.85
	479a	7.8	20 15 3.39	−38.34	−2.84	310 0 −2.56	66.11	−5.16	20 14 22.21	−0 58 51.92
	1242	8.0	20 16 41.86	−38.27	−2.91	305 50 20.42	70.75	−4.78	20 16 0.68	−5 8 39.63
	1251	8.0	20 23 40.25	−38.27	−2.92	306 12 1.89	75.74	−5.29	20 22 59.03	−4 46 57.25
	1253	8.0	20 25 4.45	−38.27	−2.92	306 21 28.85	75.77	−5.38	20 24 23.25	−4 37 10.93
	1256	8.0	20 27 54.13	−38.26	−2.94	305 26 57.52	77.85	−5.48	20 27 12.93	−5 32 4.41
	489a	7.8	20 32 20.30	−38.33	−2.88	309 17 50.02	67.77	−6.15	20 31 39.09	−1 42 2.37
	1262	8.0	20 35 44.57	−38.24	−2.98	303 48 34.52	88.74	−5.85	20 35 3.36	−7 10 32.50
	617b	6.8	20 42 11.10	−38.31	−2.91	308 6 16.47	70.71	−6.66	20 41 29.87	−2 52 39.04
	497a	7.6	20 43 39.97	−38.35	−2.87	310 47 5.55	64.30	−6.96	20 42 58.75	−0 11 44.58
	624b	7.0	20 58 38.52	−38.33	−2.91	308 58 48.42	68.55	−7.75	20 57 57.28	−2 0 6.33
	1310	7.0	21 13 59.43	−38.23	−3.03	303 12 26.52	84.66	−8.49	21 13 18.17	−7 46 44.98
	1320	6.7	21 19 58.29	−38.30	−2.96	307 7 36.30	73.26	−9.03	21 19 17.04	−3 51 24.58
	β Aquarii	3.0	21 26 36.80	+0.03	−3.00	304 56 57.95	79.70	−9.46		
	P. XXI, 320	6.0	21 29 16.33	+0.01	−2.97	306 12 25.90	76.11	−10.84		
	1351	7.5	21 58 34.61	−38.27	−2.99	304 16 34.15	80.22	−11.52	21 57 53.36	−6 12 35.99
1893 Aug. 18	424a	6.7	18 33 28.45	−38.39	−1.53	309 46 23.32	65.20	+0.62	18 32 47.53	−1 12 18.71
	551b	8.0	18 39 4.53	−38.38	−1.57	308 48 15.77	67.51	+0.57	18 38 23.59	−2 10 30.74
	430a	6.1	18 41 37.96	−38.40	−1.56	309 54 16.90	64.94	+0.16	18 40 57.00	−1 4 27.36
	1125	8.0	18 44 27.24	−38.31	−1.65	303 17 46.09	82.61	+1.18	18 43 46.28	−7 41 14.61
	1140	7.3	18 56 52.05	−38.31	−1.70	304 39 −1.74	78.02	+0.51	18 56 11.04	−6 19 59.54
	λ Aquilae	3.1	19 1 15.23	+0.02	−1.69	305 56 21.70	75.01	+0.03		
	1148	8.0	19 3 14.77	−38.30	−1.75	303 22 42.36	83.51	+0.40	19 2 33.73	−7 36 10.34
	1154	8.0	19 6 10.30	−38.35	−1.70	306 40 36.62	73.06	−0.30	19 5 29.24	−4 18 16.36
	20 Aquilae	5.8	19 7 33.36	+0.07	−1.77	302 51 58.58	84.15	+0.74		
	1169	7.4	19 19 3.25	−38.34	−1.77	305 16 30.47	76.98	−1.00	19 18 22.15	−5 42 26.97
	1174	7.7	19 22 19.13	−38.33	−1.78	305 2 5.16	77.70	−1.16	19 21 38.01	−5 56 53.07
	576b	7.7	19 26 7.15	−38.40	−1.73	308 43 19.05	68.01	−2.09	19 25 26.02	−2 15 30.50
	1181	7.0	19 30 24.37	−38.31	−1.84	303 17 28.05	82.99	−1.36	19 29 43.22	−7 41 35.33
	458a	7.8	19 32 28.20	−38.42	−1.73	310 14 55.65	64.48	−2.74	19 31 47.05	−0 43 50.85
	1192	8.0	19 34 36.71	−38.33	−1.83	304 40 34.75	78.83	−1.89	19 33 55.55	−6 18 25.05

Datum	Bezeichnung des Sterns	Grösse	Durchgangszeit	Uhrstand + Correction	Reduction auf 1893.0	Mittel der Ablesungen	Refraction	Reduction auf 1893.0	α 1893.0	δ 1893.0
1893 Aug. 18	1203	8.0	$19^h 42^m 37^s.82$	$-38^s.31$	$-2''.88$	303° 22′ 30″.67	82″.83	$-2''.19$	$19^h 41^m 56^s.65$	−7° 36′ 33″.76
	51 Aquilae	5.8	19 45 34.77	+ 0.12	−2.95	299 57 11.80	94.62	− 1.82		
	1211	8.0	19 48 22.50	−38.32	−2.89	303 16 47.42	83.18	− 2.56	19 47 41.29	−7 42 17.77
	B.A.C. 2320 U.C.	7.1	19 49 48.23							
	Lal. 38438	6.7	20 3 5.04	+ 0.05	−2.92	303 54 52.30	81.32	− 3.66		
	1226	6.8	20 6 5.02	−38.35	−2.91	304 34 47.67	79.35	− 3.97	20 5 23.76	−6 24 14.82
	1229	6.8	20 7 37.11	−38.34	−2.92	304 17 57.55	80.19	− 4.02	20 6 55.85	−6 41 6.34
	1236	8.0	20 11 35.62	−38.34	−2.93	304 15 1.60	80.38	− 4.35	20 11 54.34	−6 44 5.93
	479a	7.8	20 15 3.47	−38.44	−2.84	309 59 57.40	65.30	− 5.25	20 14 22.19	−0 58 52.44
	606b	7.3	20 23 58.11	−38.42	−2.87	308 53 36.96	67.97	− 5.60	20 23 16.81	−2 5 15.99
	M. 842	6.0	20 27 13.81	+ 0.10	−3.03	300 46 11.00	91.97	− 5.05		
	1257	7.3	20 28 25.16	−38.35	−2.96	304 24 4.57	80.05	− 5.47	20 27 43.85	−6 35 0.81
	489a	7.8	20 32 20.35	−38.43	−2.88	309 17 50.82	67.07	− 6.23	20 31 39.05	−1 41 1.77
	1267	8.0	20 42 38.20	−38.34	−3.00	303 28 56.00	82.09	− 6.36	20 41 56.86	−7 30 12.44
	497a	7.6	20 43 40.02	−38.46	−2.87	310 47 5.01	63.71	− 7.06	20 42 58.69	−0 11 43.45
	1274	8.0	20 51 38.17	−38.35	−3.01	303 37 14.10	82.63	− 7.00	20 50 56.82	−7 21 55.09
	620b	8.0	20 54 41.00	−38.44	−2.91	309 5 56.20	67.70	− 7.60	20 53 59.65	−1 52 58.10
	1286	8.0	20 56 14.41	−38.41	−2.95	307 7 27.10	72.68	− 7.56	20 55 33.05	−3 51 32.68
	1289	7.8	20 57 55.90	−38.35	−3.02	303 14 55.85	83.87	− 7.42	20 57 14.53	−7 44 34.99
	307a	7.7	21 2 2.80	−38.45	−2.91	309 35 22.45	66.58	− 8.09	21 1 21.44	−1 23 31.57
	1296₁	8.0	21 4 9.66	−38.41	−2.96	306 44 44.02	73.74	− 8.06	21 3 28.30	−4 14 17.18
	1300	7.8	21 8 18.54	−38.40	−2.97	306 16 38.30	75.04	− 8.32	21 7 37.17	−4 42 24.48
	1305	8.0	21 12 28.92	−38.38	−2.99	305 10 18.60	78.17	− 8.55	21 11 47.54	−5 48 47.35
	1310	7.8	21 13 59.59	−38.35	−3.03	303 12 20.97	84.13	− 8.55	21 13 18.21	−7 46 45.46
	1314	8.0	21 16 44.47	−38.40	−2.98	306 2 37.97	75.74	− 8.85	21 16 3.09	−4 56 25.91
	1316	8.0	21 18 53.30	−38.37	−3.02				21 18 12.91	
	1316′	8.5	21 18 56.24	−38.36	−3.02	303 56 39.37	81.87	− 8.92	21 18 14.86	−7 2 30.58
	1322	8.0	21 21 38.04	−38.38	−3.01	304 31 19.30	80.16	− 9.10	21 20 56.66	−6 27 49.49
	1324	8.0	21 25 19.96	−38.40	−2.98	306 0 51.45	75.90	− 9.42	21 24 38.58	−4 58 13.15
	β Aquarii	3.0	21 26 36.94	+ 0.03	−3.00	304 56 37.65	78.45	− 9.53		
	524a	7.8	21 37 39.62	−38.49	−2.90	310 56 25.10	63.72	−10.25	21 36 58.23	−0 2 28.21
	1333	8.0	21 39 49.53	−38.38	−3.01	304 8 34.07	81.44	−10.53	21 39 8.14	−6 50 37.21
	1337	7.8	21 43 38.06	−38.38	−3.01	304 14 29.50	81.16	−10.61	21 42 56.67	−6 44 41.59
	640b	7.9	21 49 43.91	−38.44	−2.96	307 28 55.20	72.12	−10.99	21 49 2.51	−3 30 7.20
	1344	8.0	21 51 26.90	−38.41	−2.98	305 43 19.67	76.88	−11.12	21 50 45.20	−5 15 48.03
	1351	7.5	21 58 34.85	−38.40	−3.00	304 46 34.65	79.65	−11.59	21 57 53.45	−6 12 35.79
	1354	8.0	22 0 7.62	−38.39	−3.01	304 9 56.38	81.49	−11.71	21 59 26.23	−6 49 16.50
	θ Aquarii	4.3	22 11 52.68	+ 0.07	−3.02	302 40 20.80	86.28	−12.48		
	539a	7.6	22 15 40.84	−38.49	−2.89	310 22 39.37	65.17	−12.42	22 14 59.46	−0 36 17.41
	1371	8.0	22 17 45.84	−38.44	−2.95	306 42 31.80	74.50	−12.73	22 17 4.45	−4 16 34.89
	650b₁	6.3	22 29 13.33	−38.48	−2.90	308 51 31.75	68.84	−13.25	22 28 31.95	−2 7 29.66
	η Aquarii	3.8	22 30 32.87	− 0.06	−2.87	310 28 50.72	65.39	−13.15		
	1385	7.7	22 38 15.58	−38.45	−2.91	306 57 12.02	73.75	−13.86	22 37 34.22	−4 1 55.46
	λ Aquarii	4.0	22 47 43.30	+ 0.07	−2.96	302 50 23.52	85.94	−14.02		
	1390	7.3	22 48 52.96	−38.43	−2.91	305 45 37.15	77.01	−14.64	22 48 11.61	−5 13 34.32

Datum	Bezeichnung der Sterne	Grösse	Durchgangszeit	Uhrstand + Correction	Reduction auf 1893.0	Mittel der Ablesungen	Refraction	Reduction auf 1893.0	α 1893.0	δ 1893.0
1893 Aug. 18	1396	8.0	22h 53m 2s.11	−38s.45	−2s.89	306° 45′ 33″.77	74″.34	−14″.77	22h 52m 20s.76	−4° 13′ 34″.67
	556a	8.0	22 54 10.85	−38.50	−2.85	309 13 45.05	68.05	−14.45	22 53 38.50	−1 45 17.07
	558a	7.8	22 57 37.26	−38.51	−2.82	310 50 40.00	64.29	−14.57	22 56 55.91	−0 8 17.53
	λ Aquarii	3.9	23 0 16.30	+ 0.07	−2.94	302 43 6.51	86.40	−15.62		
	1429	7.7	23 43 56.78	−38.46	−2.77	305 57 25.12	76.74	−17.51	23 43 15.55	−5 1 48.62
	M. 986	6.1	23 45 24.66	+ 0.11	−2.84	300 25 15.64	94.69	−18.52		
	1435	7.7	23 52 59.67	−38.43	−2.75	304 56 4.67	79.71	−18.11	23 52 18.47	−6 3 12.86
	1438	8.0	23 56 14.92	−38.44	−2.74	304 33 29.62	80.85	−18.34	23 55 33.73	−6 25 49.32
	4 Ceti	6.8	0 2 56.32	− 0.02	−2.68	307 30 30.04	71.75	−18.04		
	4b	7.4	0 5 7.47	−38.50	−2.67	307 49 46.70	71.79	−18.11	0 4 26.29	−3 9 22.94
	8b	6.7	0 10 8.84	−38.50	−2.66	307 21 52.62	73.01	−18.40	0 9 27.69	−3 37 18.50
	7a	7.5	0 14 28.89	−38.56	−2.61	310 54 37.15	64.37	−17.83	0 13 47.72	−0 4 24.89
	12 Ceti	6.0	0 25 15.75	+ 0.01	−2.61	306 26 19.91	75.52	−19.23		
	17b	7.0	0 42 50.33	−38.52	−2.52	308 4 48.67	71.20	−19.42	0 42 9.19	−2 54 21.44
	40	7.8	0 59 53.14	−38.48	−2.47	305 5 36.12	79.37	−20.68	0 59 12.19	−5 53 43.28
	25b	8.0	1 2 55.37	−38.52	−2.44	307 40 14.45	72.29	−20.12	1 2 14.01	−3 18 57.30
	45	8.0	1 4 8.77	−38.49	−2.44	305 41 46.46	77.75	−20.66	1 3 27.84	−5 17 31.49
	39 Ceti	6.0	1 11 51.24	− 0.02	−2.38	307 55 23.30	71.65	−20.25		
	29a	5.8	1 15 0.01	−38.57	−2.36	309 54 49.70	66.76	−19.83	1 14 19.98	−1 4 16.40
	55	7.8	1 17 48.97	−38.51	−2.37	306 37 38.87	75.10	−20.78	1 17 8.09	−4 21 30.18
	58	7.8	1 20 6.76	−38.46	−2.38	303 26 54.60	84.47	−21.68	1 19 25.92	−7 32 30.63
	61	8.0	1 21 26.35	−38.47	−2.37	303 46 42.01	83.43	−21.62	1 20 45.51	−7 12 42.79
	62	7.8	1 24 18.64	−38.48	−2.35	304 44 5.31	80.51	−21.43	1 23 37.81	−6 15 16.25
	66	7.0	1 27 19.37	−38.47	−2.36	303 43 13.94	83.62	−21.78	1 26 38.55	−7 16 11.06
	38b	7.5	1 30 20.57	−38.54	−2.30	308 6 11.81	71.24	−20.65	1 29 39.73	−2 52 59.99
	73	7.3	1 34 3.60	−38.49	−2.30	304 42 41.07	80.00	−21.67	1 33 22.81	−6 10 41.00
	40b	8.0	1 36 52.88	−38.54	−2.27	307 29 9.45	72.85	−20.96	1 36 12.07	−3 30 3.79
	77	7.8	1 41 14.60	−38.52	−2.25	306 13 26.95	76.27	−21.39	1 40 33.83	−4 45 50.28
	42a	8.0	1 42 47.91	−38.50	−2.23	310 36 19.67	65.22	−20.13	1 42 7.13	−0 22 45.48
	81	7.3	1 46 44.84	−38.52	−2.22	306 14 23.52	76.24	−21.48	1 46 4.10	−4 44 53.59
	46b	7.3	1 48 21.20	−38.57	−2.20	309 8 27.12	68.70	−20.60	1 47 40.42	−1 50 41.73
	45a	6.0	1 58 23.22	−38.60	−2.15	310 35 48.22	65.26	−20.34	1 57 42.48	−0 23 16.38
	92	7.5	1 59 33.86	−38.50	−2.16	304 45 51.72	80.50	−22.10	1 58 53.19	−6 13 30.78
	51b	7.0	2 2 10.64	−38.57	−2.13	308 39 8.00	69.91	−20.96	2 1 29.94	−2 20 1.69
	50a′	8.3	2 3 39.83	−38.59	−2.12	310 3 24.77	66.51	−20.56	2 2 59.11	−0 55 42.47
	67 Ceti	6.0	2 11 19.40	+ 0.05	−2.10	304 4 28.80	82.00	−22.43		
	51a	8.0	2 14 28.75	−38.59	−2.07	309 42 47.20	67.33	−20.70	2 13 48.10	−1 16 20.60
	53a	8.0	2 16 56.07	−38.60	−2.05	310 8 41.12	66.31	−20.64	2 16 15.42	−0 50 25.18
	61b	7.8	2 32 23.38	−38.57	−1.97	308 11 20.32	71.09	−21.32	2 31 42.84	−2 48 1.32
	61a	6.2	2 36 25.37	−38.60	−1.95	309 50 3.62	67.04	−20.80	2 35 45.03	−1 9 3.93
	γ Ceti	3.3	2 38 25.88	− 0.12	−1.93	313 46 2.80	58.41	−19.41		
1893 Aug. 19	Lal. 38458	6.7	20 3 5.21	+ 0.05	−2.91	303 54 52.40	81.59	− 3.72		
	1228	8.0	20 6 33.39	−38.46	−2.93	303 22 12.07	83.29	− 3.86	20 5 52.00	−7 36 54.71
	1231	8.0	20 7 50.90	−38.45	−2.94	303 12 26.50	83.81	− 3.94	20 7 9.50	−7 46 41.54
	1237	7.8	20 13 12.94	−38.47	−2.93	304 20 25.37	80.34	− 4.47	20 12 31.54	−6 38 39.07
	1242	8.0	20 16 42.15	−38.50	−2.91	305 50 20.32	76.03	− 4.90	20 16 0.74	−5 8 40.55

Datum	Bezeichnung des Sterns	Grösse	Durchgangszeit	Uhrstand + Correction	Reduction auf 1893.0	Mittel der Ablesungen	Refraction	Reduction auf 1893.0	α 1893.0	δ 1893.0
1893 Aug. 19	606b	7.3	20h 23m 58s.34	−38s.55	−2s.87	308° 53′ 37″.40	68″.12	−5″.73	20h 23m 16s.93	−2° 5′ 16″.43
	M. 842	6.0	20 27 13.90	+ 0.10	−3.04	300 46 12.67	92.15	−5.06		
	70 Aquilae	5.0	20 31 50.71	− 0.02	−2.90	308 5 42.87	70.20	−6.15		
	1268	4.8	20 42 47.01	−38.49	−2.96	305 13 53.30	76.88	−6.62	20 42 5.56	−5 25 10.10
1893 Aug. 22	1117	6.0	18 38 47.08	−39.31	−2.60	304 3 56.75	81.52	+1.60	18 38 5.17	−6 55 21.25
	1120	7.8	18 41 42.90	−39.31	−2.61	304 10 47.51	81.18	+1.39	18 41 0.98	−6 48 10.80
	1126	6.8	18 44 39.34	−39.33	−2.61	304 56 55.92	78.91	+1.02	18 43 57.40	−5 2 0.04
	51 H. Ceph. U.C.	5.2	18 50 36.16							
	1140	7.3	18 56 53.04	−39.33	−2.67	304 38 58.40	79.88	+0.35	18 56 11.64	−6 19 59.13
	λ Aquilae	3.2	19 1 26.24	+ 0.01	−2.67	305 56 21.72	76.21	−0.15		
	1148	8.0	19 3 15.75	−39.31	−2.72	305 22 42.59	83.82	+0.25	19 2 33.70	−7 36 19.20
	1154	8.0	19 6 11.51	−39.37	−2.67	306 40 37.81	74.22	−0.70	19 5 29.28	−4 18 15.13
	20 Aquilae	5.8	19 7 34.51	+ 0.06	−2.74	302 52 0.10	85.49	+0.10		
	1170	8.0	19 19 24.59	−39.37	−2.72	306 29 11.37	74.80	−1.47	19 18 42.49	−4 20 42.81
	δ Aquilae	3.3	19 20 48.33	− 0.11	−2.63	313 52 45.07	57.59	−3.13		
	376b	7.7	19 26 8.16	−39.41	−2.71	308 43 21.07	69.05	−2.34	19 25 26.04	−2 15 28.61
	1186	7.5	19 31 48.16	−39.37	−2.77	300 26 41.85	74.96	−2.22	19 31 6.06	−4 52 13.07
	1189	8.0	19 32 49.42	−39.35	−2.80	304 35 60.32	80.22	−1.92	19 32 7.27	−6 23 0.12
	1196	8.0	19 36 11.60	−39.38	−2.78	300 48 55.42	73.09	−2.59	19 35 29.44	−4 9 59.60
	51 Aquilae	5.8	19 45 35.78	+ 0.10	−2.93	299 57 12.62	95.09	−1.93		
	1212	8.0	19 49 17.23	−39.37	−2.84	305 39 34.67	77.22	−3.22	19 48 35.03	−5 19 24.19
	1227	7.8	20 6 9.54	−39.40	−2.80	307 5 29.55	73.37	−4.36	20 5 27.29	−3 53 25.92
	1230	8.0	20 7 39.02	−39.34	−2.93	303 6 55.75	84.98	−4.04	20 6 56.74	−7 52 11.72
	1237	7.8	20 13 13.75	−39.36	−2.92	304 20 25.49	81.19	−4.62	20 12 31.46	−6 38 37.85
	1242	8.0	20 16 42.96	−39.39	−2.90	305 50 21.01	76.83	−5.08	20 16 0.67	−5 8 30.02
	606b	7.3	20 23 59.05	−39.44	−2.87	308 53 37.02	68.85	−5.96	20 23 16.75	−2 5 15.90
	M. 842	6.0	20 27 14.75	+ 0.08	−3.04	300 46 11.70	93.14	−5.16		
	489a	7.8	20 32 21.28	−39.45	−2.88	309 17 51.75	67.91	−6.35	20 31 38.96	−1 41 0.85
	1269	7.5	20 43 20.10	−39.40	−2.96	305 57 5.32	76.63	−6.88	20 42 37.74	−5 1 56.47
	1270	7.4	20 44 49.18	−39.37	−3.00	303 53 29.57	82.71	−6.76	20 44 6.81	−7 5 38.20
	620b	8.0	20 54 41.98	−39.45	−2.92	309 5 50.57	68.48	−7.92	20 53 59.61	−1 52 57.69
	1287	7.5	20 56 40.10	−39.41	−2.97	306 25 57.34	75.36	−7.83	20 56 3.72	−4 33 3.80
	5058	7.3	20 58 18.26	−39.46	−2.92	309 15 6.67	68.12	−8.18	20 57 35.88	−1 43 48.18
	5070	7.7	21 2 3.85	−39.47	−2.92	309 35 22.49	67.32	−8.44	21 1 21.47	−1 23 51.20
	1296₁	7.0	21 4 10.70	−39.42	−2.97	306 44 45.07	74.55	−8.36	21 3 28.30	−4 14 15.90
	5128	7.8	21 6 43.53	−39.46	−2.93	309 14 38.09	68.17	−8.70	21 6 1.24	−1 44 16.57
	1300	7.8	21 8 19.44	−39.42	−2.98	306 26 37.57	75.84	−8.80	21 7 37.04	−4 42 25.36
	1306	7.5	21 12 41.35	−39.40	−3.01	304 45 26.05	80.21	−8.78	21 11 58.94	−6 13 41.10
	1310	7.8	21 14 0.50	−39.37	−3.05	303 12 27.22	85.01	−8.76	21 13 18.17	−7 46 45.03
	1314	8.0	21 16 45.44	−39.42	−2.99	306 2 37.10	70.53	−9.14	21 16 3.03	−4 56 26.42
	1317	8.0	21 19 13.14	−39.38	−3.04	303 47 1.07	83.21	−9.17	21 18 30.72	−7 12 9.01
	1320	6.7	21 19 59.42	−39.44	−2.98	307 7 37.24	73.59	−9.42	21 19 17.01	−3 51 24.36
	1324	8.0	21 25 21.10	−39.42	−3.00	306 0 51.27	76.65	−9.71	21 24 38.68	−4 58 13.34
	β Aquarii	3.0	21 26 37.90	+ 0.02	−3.03	304 56 38.06	79.73	−9.81		

Datum	Bezeichnung des Sterns	Grösse	Durchgangszeit	Uhrstand + Correction	Reduction auf 1893.0	Mittel der Ablesungen	Refraction	Refraction auf 1893.0	α 1893.0	δ 1893.0
1893 Aug. 12	524a praec.					310° 56′ 24.02″	64.32	−10.66		−0° 1′ 28.27″
	524a sequ.	7.8	21h 37m 41.45s	−39.50s	−1.93s	310 56 0.82	64.34	−10.66	21h 36m 59.01s	−0 2 52.68
	640b	7.0	21 49 44.01	−39.46	−2.08	307 28 52.04	72.78	−11.33	21 49 2.47	−3 30 7.47
	1352	8.0	21 58 36.67	−39.42	−2.03	304 34 44.07	80.05	−11.87	21 57 54.23	−6 24 27.05
	532a	8.0	22 0 37.21	−39.51	−1.93	310 43 16.25	64.89	−11.99	21 59 54.77	−0 15 29.04
	θ Aquarii	4.3	22 11 53.67	+ 0.06	−2.00	302 40 21.17	87.02	−12.74		
	540a	8.0	22 16 55.28	−39.52	−1.92	311 5 13.00	64.12	−12.89	22 16 12.74	+0 6 17.51
	650b$_1$	6.3	22 29 14.38	−39.50	−2.01	308 52 31.50	69.39	−13.68	22 28 31.95	−2 7 29.77
	γ Aquarii	3.8	22 30 33.98	− 0.06	−1.92	310 18 49.20	65.91	−12.69		
	1389	7.0	22 48 36.87	−39.44	−1.98	304 25 54.75	81.55	−15.06	22 47 54.45	−6 33 19.71
	1391	7.0	22 49 42.23	−39.42	−2.00	303 12 50.21	85.36	−15.20	22 48 59.81	−7 46 22.74
	1396	8.0	22 53 3.15	−39.48	−2.01	306 45 35.05	74.89	−15.14	22 52 20.73	−4 13 33.12
	556a	8.0	22 54 20.91	−39.52	−1.90	309 13 44.47	68.55	−15.01	22 53 38.50	−1 45 17.42
	1403	8.0	22 59 32.11	−39.43	−2.08	303 43 23.22	83.78	−15.75	22 58 49.70	−7 15 54.62
	κ Piscium	5.0	23 22 9.22	− 0.08	−1.82	311 39 8.07	63.01	−16.03		
	564a	7.5	23 24 0.15	−39.54	−1.84	309 33 43.40	67.82	−16.45	23 23 17.77	−1 25 19.26
	27 Piscium	5.3	23 53 54.02	− 0.01	−1.79	306 50 11.60	74.85	−18.18		
	573a	7.3	23 55 24.53	−39.57	−1.75	310 1 41.47	66.79	−17.76	23 54 42.21	−0 57 21.32
	4b	7.4	0 5 8.36	−39.54	−1.75	307 49 45.72	72.25	−18.51	0 4 26.27	−3 9 23.29
	8b	6.7	0 10 10.02	−39.53	−1.74	307 21 52.47	73.48	−18.84	0 9 27.75	−3 37 18.21
	43	8.0	1 3 0.80	−39.48	−1.54				1 2 18.78	
	44	7.5	1 3 44.67	−39.46	−1.55	304 14 35.37	82.59	−19.91	1 3 2.66	−6 44 44.05
	α Urs. min. O.C.	2.0	1 21 25.79							
	52	8.0	1 14 54.28	−39.47	−1.40	305 5 58.17	80.03	−20.15	1 14 12.31	−5 53 19.45
	31a	8.0	1 18 3.86	−39.57	−1.44	311 8 35.36	64.44	−20.07	1 17 21.85	+0 9 33.61
	58	7.8	1 20 7.78	−39.45	−1.48	303 26 53.70	85.13	−22.08	1 19 25.85	−7 32 30.95
	60	7.8	1 21 37.39	−39.48	−1.46	305 45 38.31	78.12	−21.54	1 20 55.45	−5 13 39.42
	64	7.2	1 26 17.47	−39.48	−1.44	305 28 34.70	78.95	−21.72	1 25 35.55	−5 30 43.05
	37b	7.5	1 30 2.16	−39.53	−1.40	308 24 19.52	71.02	−21.02	1 29 20.23	−2 34 50.41
	70	8.0	1 32 30.84	−39.49	−1.40	306 17 50.80	76.63	−21.64	1 31 48.94	−4 41 18.99
	40a	7.8	1 36 36.12	−39.55	−1.36	309 56 13.31	67.26	−20.73	1 35 54.21	−1 2 58.35
	P. I. 167	3.8	1 41 18.84	+ 0.03	−1.37	304 43 14.62	81.22	−22.22		
	43a	8.0	1 43 12.05	−39.55	−1.33	309 29 42.36	68.35	−20.96	1 42 30.17	−1 29 24.44
	80	8.0	1 45 46.99	−39.50	−1.33	306 45 41.80	75.38	−21.77	1 45 5.15	−4 13 33.18
	46b	7.3	1 48 22.78	−39.54	−1.31	300 8 26.30	69.23	−21.13	1 47 40.43	−1 50 41.50
	91	6.0	1 58 58.60	−39.50	−1.27	306 22 16.45	76.48	−22.07	1 58 17.04	−4 36 59.83
	47a	8.0	2 0 31.87	−39.57	−1.25	310 47 43.45	65.32	−20.81	1 59 50.06	−0 11 20.42
	95	6.8	2 3 53.63	−39.46	−1.25	303 48 13.35	84.10	−22.86	2 3 11.92	−7 11 11.62
	67 Ceti	6.0	2 12 20.43	+ 0.04	−1.21	304 4 28.07	83.28	−22.89		
	100	7.0	2 14 59.85	−39.50	−1.18	306 8 58.70	77.14	−22.31	2 14 18.17	−4 50 17.92
	54a	5.5	2 17 9.32	−39.57	−1.16	310 53 27.62	65.13	−20.92	2 16 27.50	−0 5 36.09
	61b	7.2	2 32 24.40	−39.53	−1.08	308 11 9.77	71.71	−21.80	2 31 42.84	−2 48 1.05
	61b$_{II}$	8.0	2 34 34.19	−39.54	−1.07	308 37 22.22	70.60	−21.67	2 33 52.58	−2 21 47.49
	62a	7.3	2 36 42.57	−39.58	−1.06	311 4 19.49	64.75	−20.67	2 36 0.93	+0 5 16.57
	γ Ceti	3.3	2 38 27.01	− 0.11	−1.04	313 46 2.61	58.93	−19.94		

Datum	Bezeichnung des Sterns	Grösse	Durchgangszeit	Uhrstand + Correction	Reduction auf 1893.0	Mittel der Ablesungen	Refraction	Reduction auf 1893.0	α 1893.0	δ 1893.0
1893 Aug. 22	114₁	7.3	2h 43m 32s.08	−39s.52	−2s.02	306° 55′ 19″.19	73″.07	−22″.19	2h 42m 50s.54	−4° 3′ 55″.78
	65b	7.7	2 46 40.45	−39.53	−2.01	307 32 52.87	73.40	−22.00	2 45 58.91	−3 26 19.97
	69a	7.3	2 52 22.49	−39.58	−1.98	311 0 4.90	64.94	−20.90	2 51 40.93	+0 1 1.10
	70b	6.2	2 54 58.45	−39.54	−1.96	308 5 43.97	71.99	−21.81	2 54 16.96	−2 53 27.36
	137	6.4	3 6 38.77	−39.52	−1.89	306 26 25.82	75.49	−22.17	3 5 57.37	−4 12 59.30
	94 Ceti	5.3	3 8 0.19	− 0.04	−1.90	309 23 28.77	68.73	−21.27		
1893 Aug. 28	1140	7.3	18 56 54.96	−40.72	−2.61	304 38 55.67	82.15	+ 0.15	18 56 11.62	−6 29 59.99
	ι Aquilae	3.1	19 1 17.58	+ 0.03	−2.60	305 56 20.09	78.35	− 0.37		
	20 Aquilae	5.8	19 7 35.83	+ 0.09	−2.69	302 51 58.84	87.86	− 0.06		
	1170	8.0	19 19 25.89	−40.77	−2.67	306 29 9.57	76.82	− 1.73	19 18 42.45	−4 29 43.11
	δ Aquilae	3.3	19 20 49.69	− 0.12	−2.57	313 52 43.25	59.14	− 3.57		
	576b	7.7	19 26 9.51	−40.82	−2.66	308 43 17.70	70.89	− 2.67	19 25 26.03	−2 15 30.46
	579b	8.0	19 32 18.21	−40.79	−2.71	307 16 3.17	74.69	− 2.73	19 31 34.70	−3 42 48.39
	1190	5.0	19 32 50.20	−40.77	−2.73	306 5 43.06	77.93	− 2.50	19 32 6.70	−4 53 9.34
	1197	7.7	19 36 52.20	−40.78	−2.74	306 26 36.16	76.95	− 2.84	19 36 8.68	−4 32 17.52
	λ Urs. min. O.C.	6.4	19 32 6.06							
	Lal. 38458	6.7	20 3 7.44	+ 0.07	−2.88	303 54 30.26	84.57	− 4.07		
	1227	7.8	20 6 10.95	−40.81	−2.83	307 5 26.62	75.28	− 4.00	20 5 27.31	−3 53 27.54
	1231	8.0	20 7 52.99	−40.74	−2.91	303 12 27.27	86.89	− 4.26	20 7 9.34	−7 46 39.13
	1239	7.8	20 13 57.23	−40.76	−2.91	304 0 53.35	84.34	− 4.85	20 13 13.57	−6 58 10.74
	1251	8.0	20 23 41.62	−40.80	−2.90	306 22 1.74	77.87	− 5.91	20 22 58.93	−4 46 57.35
	M. 842	6.0	20 27 16.11	+ 0.13	−3.02	300 46 10.70	95.64	− 5.30		
	490a	6.6	20 32 32.95	−40.89	−2.84	310 42 20.42	66.35	− 7.19	20 31 49.22	−0 26 28.26
	1268	4.2	20 42 49.21	−40.80	−2.95	305 33 53.12	79.85	− 7.13	20 42 5.45	−5 25 8.77
	1270	7.4	20 44 50.46	−40.77	−2.99	303 53 27.79	84.98	− 7.02	20 44 6.70	−7 5 38.21
	505a	7.3	20 58 19.68	−40.88	−2.92	309 15 5.46	70.03	− 8.34	20 57 35.88	−1 43 28.43
	1311	8.0	21 14 2.33	−40.78	−3.03	303 23 32.40	86.76	− 9.04	21 13 18.51	−7 35 16.94
	1321	5.6	21 20 25.94	−40.85	−2.99	306 58 7.37	76.08	− 9.84	21 19 42.10	−4 0 53.34
	β Aquarii	3.0	21 26 39.43	+ 0.05	−3.04	304 56 37.00	82.94	−10.13		
	1352	7.5	21 58 37.19	−40.83	−3.06	304 46 33.44	82.59	−12.24	21 57 53.29	−6 12 37.10
	575a	7.3	23 55 26.07	−40.98	−2.86	310 1 39.95	68.73	−18.44	23 54 42.23	−0 57 21.67
	4 Ceti	6.8	0 2 58.99	− 0.01	−2.86	307 50 27.75	74.29	−19.04		
	ι Ceti	3.3	0 14 42.30	+ 0.11	−2.90	301 34 27.20	93.73	−20.46		
	29₁	8.0	0 43 20.47	−40.95	−2.75	306 41 26.72	77.51	−20.76	0 42 36.78	−4 17 45.53
	26 Ceti	6.1	0 59 2.28	− 0.08	−2.65	311 46 35.22	64.76	−20.17		
	25b	8.0	1 2 58.24	−40.98	−2.67	307 40 12.42	74.92	−21.17	1 2 14.59	−3 18 58.12
	53	6.5	1 15 52.26	−40.98	−2.62	307 10 41.12	76.33	−21.62	1 15 8.66	−3 48 31.01
	56	7.4	1 19 11.22	−40.94	−2.62	304 36 59.45	83.85	−22.29	1 18 27.65	−6 27 20.79
	58	7.8	1 20 9.33	−40.91	−2.63	303 26 51.42	87.62	−22.58	1 19 25.79	−7 32 38.29
	60	7.8	1 21 38.97	−40.96	−2.60	305 45 37.55	80.39	−22.09	1 20 55.41	−5 23 40.04
	65	7.8	1 26 32.23	−40.92	−2.59	303 24 22.80	87.77	−22.75	1 25 48.72	−7 35 3.72
	57b	7.5	1 30 3.89	−41.02	−2.55	308 24 18.47	73.10	−21.66	1 29 20.32	−2 34 51.35
	70	8.0	1 32 32.47	−40.98	−2.55	306 17 55.07	78.88	−21.16	1 31 48.95	−4 41 18.76
	40b	8.0	1 36 55.65	−41.00	−2.52	307 29 7.67	75.38	−22.02	1 36 12.12	−3 30 3.87
	44b	7.8	1 42 21.62	−41.00	−2.50	307 20 12.25	76.02	−22.15	1 41 38.12	−3 38 59.94
	ζ Ceti	3.0	1 46 54.13	+ 0.14	−2.52	300 7 48.85	99.77	−24.03		

Datum	Bezeichnung des Sterns	Grösse	Durchgangszeit	Uhrstand + Correction	Reduction auf 1893.0	Mittel der Ablesungen	Refraction	Reduction auf 1893.0	α 1893.0	δ 1893.0
1893 Aug. 28	ξ Piscium	4.0	1h 48m 44s.36	− 0s.12	−2s.15	313° 38′ 28″.55	60″.87	−20″.52		
	45a	6.0	1 58 25.90	−41.06	−2.41	310 35 47.12	67.75	−21.51	1h 57m 42s.41	−0° 23′ 15″.71
	47a	8.0	2 0 33.61	−41.08	−2.40	310 47 41.82	67.29	−21.48	1 59 50.12	−0 11 20.82
1893 Aug. 29	1171	7.6	19 19 40.20	−40.93	−1.69	305 21 10.95	79.80	− 1.51	19 19 2.58	−5 37 36.60
	1174	7.7	19 22 21.63	−40.93	−1.71	305 1 55.13	80.76	− 1.68	19 21 38.00	−5 56 53.34
	ε Aquilae	5.3	19 25 47.77	− 0.01	−1.67	307 58 0.55	72.60	− 2.53		
	1186	7.5	19 31 49.73	−40.96	−2.72	306 26 30.38	76.72	− 2.55	19 31 6.05	−4 32 14.44
	1189	8.0	19 32 50.93	−40.93	−2.75	304 35 48.89	82.10	− 2.19	19 32 7.25	−6 23 0.72
	1197	7.7	19 36 52.36	−40.96	−2.74	306 26 27.80	76.74	− 2.88	19 36 8.66	−4 32 17.71
	λ Urs. min. O. C.	6.4	19 32 8.09							
	51 Aquilae	5.8	19 45 37.29	+ 0.14	−2.89	299 57 2.35	98.22	− 2.04		
	η Aquilae	var.	19 47 45.07	− 0.08	−2.71	311 42 27.54	63.65	− 4.70		
	Lal. 38458	6.7	20 3 7.59	+ 0.07	−2.87	303 54 41.77	84.37	− 4.11		
	1228	8.0	20 6 35.89	−40.92	−2.89	303 22 1.33	86.15	− 4.24	20 5 52.08	−7 36 54.98
	1231	8.0	20 7 53.22	−40.92	−2.90	303 12 16.71	86.69	− 4.30	20 7 9.40	−7 46 40.81
	1252	8.0	20 24 46.95	−40.99	−2.89	306 26 28.20	77.01	− 6.08	20 24 3.07	−4 32 20.62
	M. 842	6.0	20 27 16.30	− 0.13	−3.02	300 46 2.25	95.41	− 5.32		
	1102a	6.6	20 32 33.17	−41.08	−2.83	310 42 10.65	66.19	− 7.27	20 31 49.26	−0 16 29.28
	1311	8.0	21 14 2.58	−40.96	−3.05	303 23 42.05	86.51	− 9.08	21 13 18.56	−7 35 19.37
	1319	7.3	21 19 48.49	−41.00	−3.03	304 56 33.45	81.06	− 9.66	21 19 4.46	−6 2 23.47
	β Aquarii	3.0	21 26 39.63	+ 0.05	−3.04	304 56 27.75	81.08	−10.17		
	575a	7.3	23 55 26.37	−41.21	−2.87	310 1 20.86	68.63	−18.25	23 54 42.29	−0 57 21.08
	4 Ceti	6.8	0 2 59.27	− 0.01	−2.88	307 50 17.00	74.20	−19.14		
	15 Ceti	6.8	0 32 20.27	0.05	−2.77	309 53 20.95	69.09	−19.93		
	20 Ceti	6.2	0 59 2.31	− 0.08	−2.68	311 40 25.65	64.08	−20.28		
	44	7.5	1 3 40.55	−41.13	−2.71	304 14 25.99	81.77	−21.99	1 3 2.71	−6 44 44.47
	39 Ceti	6.0	1 11 54.23	− 0.01	−2.64	307 55 10.58	74.13	−21.48		
	56	7.4	1 19 11.50	−41.14	−2.64	304 30 50.18	83.62	−22.36	1 18 27.71	−6 22 19.39
	59	7.0	1 20 20.87	−41.13	−2.63	304 28 57.00	83.03	−22.43	1 19 37.10	−6 30 13.90
	544	7.8	1 22 14.79	−41.25	−2.60	310 10 42.90	68.17	−21.16	1 21 30.94	−0 42 10.51
	65	7.8	1 26 32.51	−41.12	−2.62	303 24 11.08	87.50	−22.82	1 25 48.77	−7 35 2.91
	67	6.1	1 29 3.50	−41.12	−2.61	303 21 53.96	87.46	−22.89	1 28 19.83	−7 34 20.39
	71	7.8	1 32 56.16	−41.13	−2.59	303 41 1.83	86.58	−22.92	1 32 12.44	−7 18 11.39
	206	8.0	1 36 55.89	−41.20	−2.55	307 28 57.83	75.31	−22.11	1 36 12.14	−3 30 3.34
	77	7.8	1 41 17.59	−41.18	−2.53	306 13 15.31	78.84	−22.40	1 40 33.87	−4 45 49.87
	43a	8.0	1 43 12.90	−41.25	−2.51	309 29 31.23	70.12	21.72	1 42 29.20	−1 29 24.59
	81	7.5	1 46 47.77	−41.19	−2.51	306 14 12.45	78.82	−22.59	1 46 4.07	−4 44 52.64
	ξ Piscium	4.0	1 48 44.71	− 0.12	−2.47	313 38 18.43	60.69	−20.65		
	91	6.0	1 59 0.68	41.19	−2.45	306 22 3.96	78.51	−22.75	1 58 17.04	−4 36 59.37
	51b	7.9	2 2 13.68	−41.24	−2.43	308 38 56.10	72.33	−21.19	2 1 30.01	−2 20 1.91
	62 Ceti	7.4	2 4 27.90	− 0.02	−2.41	308 8 43.48	73.06	−22.33		
	ο Ceti	var.	2 14 34.07	0.00	−2.37	307 31 13.45	75.37	−22.42		
	53a	8.0	2 16 58.99	−41.27	−2.33	310 8 28.95	68.66	21.90	2 16 15.36	−0 50 25.28

Datum	Bezeichnung der Sterne	Grösse	Durchgangszeit	Uhrstand + Correction	Reduction auf 1893.0	Mittel der Ablesungen	Refraction	Reduction auf 1893.0	α 1893.0	δ 1893.0
1893 Aug. 29	61b₁	8.0	2ʰ 33ᵐ 42ˢ.27	−41ˢ.26	−2ˢ.27	309° 6′ 38″.00	71″.29	−22″.20	2ʰ 32ᵐ 58ˢ.74	−1° 52′ 19″.62
	62b	7.8				308 20 54.59	73.00	−22.40		−2 31 4.73
	114₁	7.3	2 43 33.94	−41.22	−2.22	306 55 8.51	77.10	−22.90	2 42 50.50	−4 3 57.50
	63a	8.0	2 46 44.25	−41.30	−2.20	310 37 31.87	67.63	−21.80	2 46 0.73	−0 21 21.13
	119₁	7.5	2 49 5.42	−41.22	−2.19	306 18 1.90	78.94	−23.07	2 48 22.01	−4 41 4.06
	68a	7.7	2 50 28.26	−41.30	−2.19	310 59 5.10	64.79	−21.67	2 49 44.77	+0 0 12.93
	70a	7.5	2 52 26.66	−41.29	−2.18	309 58 32.37	69.22	−21.97	2 51 43.20	−1 0 22.68
	127	8.0	2 55 28.68	−41.23	−2.16	306 53 7.84	77.31	−22.90	2 54 45.29	−4 5 56.06
	B.A.C. 5140 U.C.	7.1	3 11 48.24							
	130	8.0	3 6 9.64	−41.18	−2.09	304 3 16.40	83.81	−23.70	3 5 26.37	−6 55 56.64
	74a	8.0	3 7 16.92	−41.31	−2.10	310 41 5.39	67.54	−22.52	3 6 33.52	−0 17 48.27
	134	7.3	3 10 8.76	−41.18	−2.07	303 53 8.72	86.35	−23.73	3 9 25.51	−7 6 4.79
	143	7.5	3 12 1.54	−41.24	−2.06	307 3 36.35	76.84	−22.75	3 11 18.24	−3 55 26.96
	17 Eridani	4.8	3 26 1.70	+ 0.04	−1.98	305 32 35.22	81.16	−23.08		
	ε Eridani	3.0	3 28 36.41	+ 0.11	−1.91	301 10 9.60	95.76	−24.38		
	87b	6.3	3 35 0.02	−41.25	−1.94	307 14 40.32	76.75	−22.43	3 34 16.83	−3 44 21.74
	91b	7.5	3 36 4.22	−41.28	−1.93	308 18 38.24	73.42	−22.06	3 35 21.01	−2 40 22.12
	86a	6.2	3 40 11.43	−41.31	−1.92	310 20 48.32	68.32	−21.35	3 39 28.20	−0 38 4.52
	88a	6.5	3 43 52.73	−41.33	−1.90	310 52 46.12	67.04	−21.41	3 43 9.50	−0 6 5.78
1893 Sept. 1	579b	8.0	19 32 19.38	−41.95	−2.68	307 15 55.95	75.26	− 2.88	19 31 34.76	−3 42 47.95
	λ Urs. min. O.C.	6.4	19 32 7.22							
	51 Aquilae	5.8	19 45 38.24	+ 0.14	−2.86	299 57 2.20	99.23	− 2.06		
	η Aquilae	var.	19 47 26.05	− 0.08	−2.06	311 42 27.77	64.30	− 4.88		
	Lal. 38458	6.7	20 3 8.55	+ 0.07	−2.85	303 54 41.40	85.26	− 4.19		
	1230	8.0	20 7 41.69	−41.91	−2.88	303 6 45.02	87.77	− 4.34	20 6 56.89	−5 51 22.89
	1232	7.5	20 9 26.49	−41.95	−2.86	304 36 37.41	82.98	− 4.79	20 8 42.19	−6 22 16.19
	1252	8.0	20 24 48.04	−42.00	−2.87	306 26 30.02	77.66	− 6.20	20 24 3.16	−4 32 19.22
	M. 842	6.0	20 27 17.36	+ 0.13	−3.01	300 46 2.77	96.21	− 5.37		
	1285	8.0	20 55 46.68	−42.02	−2.98	303 22 20.40	81.43	− 8.14	20 55 1.68	−5 46 28.77
	1288	8.0	20 56 59.43	−42.03	−2.97	305 53 46.12	79.40	− 8.32	20 56 14.43	−5 5 6.92
	623b	7.4	20 58 41.30	−42.08	−2.93	308 14 10.07	72.07	− 8.76	20 57 56.29	−2 44 37.13
	308a	7.3	21 2 36.26	−42.12	−2.91	309 46 59.35	69.07	− 9.24	21 1 51.24	−1 11 44.15
	1297	7.8	21 4 28.46	−42.06	−2.97	304 39 16.30	77.26	− 8.94	21 3 43.43	−4 19 35.61
	312a	7.8	21 6 46.22	−42.11	−2.93	309 14 29.04	70.42	− 9.43	21 6 1.18	−1 44 15.84
	1301	7.5	21 8 35.82	−42.03	−3.01	304 37 50.70	83.22	− 8.95	21 7 50.78	−6 21 7.01
	1308	7.8	21 13 36.40	−42.08	−2.98	306 51 6.27	76.73	− 9.59	21 12 51.34	−4 7 45.74
	1312	8.0	21 14 47.52	−42.04	−3.02	303 2 41.55	81.97	− 9.44	21 14 2.46	−5 56 15.21
	1314	8.0	21 16 48.10	−42.06	−3.00	306 7 27.70	79.03	− 9.70	21 16 3.03	−4 56 26.64
	1317	8.0	21 19 15.77	−42.02	−3.05	303 40 54.82	85.94	− 9.60	21 18 30.69	−7 12 9.24
	1321	5.6	21 20 27.22	−42.09	−2.90	306 57 58.80	76.43	−10.06	21 19 42.14	−4 0 53.66
	1324	8.0	21 25 23.73	−42.07	−3.02	306 0 41.02	79.15	−10.28	21 24 38.64	−4 58 14.00
	β Aquarii	3.0	21 26 40.67	+ 0.05	−3.04	304 56 28.56	81.33	−10.31		
	524a sequ.	7.8	21 37 44.23	−42.19	−2.95	310 55 51.60	66.43	−11.54	21 36 59.09	−0 2 51.07
	P. XXI, 310	6.0	21 40 20.17	+ 0.02	−3.04	306 12 17.14	78.70	−11.85		

Datum	Bezeichnung des Sterns	Grösse	Durchgangszeit	Uhrstand + Correction	Reduction auf 1893.0	Mittel der Ablesungen	Refraction	Reduction auf 1893.0	α 1893.0	δ 1893.0
1893 Sept. 1	1352	8.0	21h 58m 39s.31	−42s.09	−3s.08	304° 34′ 51″.92	83″.59	−12″.42	21h 57m 54s.14	−6° 24′ 26″.98
	532a	8.0	22 0 39.96	−42.21	−2.98	310 43 17.00	67.01	−12.69	21 59 54.77	−0 15 28.84
	540a	8.0	22 16 57.99	−42.24	−2.98	311 5 3.30	66.21	−13.84	22 16 12.76	+0 6 18.03
	1371	8.0	22 17 49.52	−42.16	−3.05	306 42 22.82	77.39	−13.78	22 17 4.31	−4 16 34.46
	650b,	6.3	22 29 17.11	−42.22	−3.02	308 51 22.05	71.67	−14.51	22 28 31.87	−2 7 29.80
	η Aquarii	3.8	22 30 36.77	− 0.06	−3.00	310 18 40.45	68.08	−14.63		
	1389	7.0	22 48 39.67	−42.16	−3.08	304 25 47.36	84.24	−15.65	22 47 54.43	−6 33 18.09
	Br. 3033	6.7	22 52 30.05	+ 0.03	−3.06	305 36 8.39	80.68	−15.88		
	656b	6.8	22 53 38.22	−42.25	−3.01	308 59 56.97	71.38	−15.88	22 52 52.96	−1 58 55.92
1893 Sept. 4	32b	8.0	1 19 39.84	−43.10	−2.75	307 57 10.80	74.05	−22.12	1 18 53.99	−3 1 50.32
	62	7.8	1 24 23.62	−43.03	−2.75	304 43 54.22	83.28	−22.87	1 23 37.84	−6 15 16.13
	P. I, 167	5.8	1 41 22.72	+ 0.08	−2.68	304 43 4.95	83.20	−23.26		
	79	7.4	1 45 38.52	−43.01	−2.67	303 45 2.90	86.28	−23.57	1 44 52.84	−7 14 11.58
	ξ Piscium	4.0	1 48 46.79	− 0.13	−2.61	313 38 18.64	60.56	−21.35		
	91	6.0	1 59 2.74	−43.08	−2.60	306 22 7.64	78.57	−23.22	1 58 17.06	−4 36 58.49
	50a	7.8	2 4 0.53	−43.17	−2.56	310 2 15.01	68.91	−22.38	2 3 14.79	−0 56 40.29
	ο Ceti	var.	2 14 42.05	+ 0.01	−2.52	307 31 13.20	75.41	−22.93		
	102	8.0	2 15 57.00	−43.01	−2.52	304 7 5.21	85.41	−23.97	2 15 11.41	−0 51 8.66
	61b,	8.0	2 33 44.30	−43.16	−2.43	309 6 38.40	71.25	−22.78	2 32 58.70	−1 52 20.37
	61a	6.2	2 36 30.64	−43.18	−2.42	309 40 51.67	69.46	−22.58	2 35 45.05	−1 9 4.86
	γ Ceti	3.3	2 38 31.04	− 0.14	−2.40	313 45 50.85	60.51	−21.37		
	65a	8.0	2 46 46.37	−43.20	−2.37	310 37 32.75	67.54	−22.35	2 46 0.70	−0 21 21.03
	119,	7.5	2 49 7.47	−43.10	−2.35	306 18 2.90	78.83	−23.55	2 48 22.02	−4 41 4.11
	121	5.3	2 52 1.06	−43.11	−2.34	306 50 27.50	77.31	−23.40	2 51 15.60	−4 8 36.98
	69b	5.5	2 54 2.08	−43.14	−2.33	307 46 27.57	74.75	−23.13	2 53 18.61	−3 12 34.32
	72b	6.8	2 56 12.83	−43.14	−2.32	307 40 48.67	75.00	−23.15	2 55 27.38	−3 18 13.72
	137	6.4	3 6 42.72	−43.12	−2.26	306 46 5.62	77.52	−23.35	3 5 57.33	−4 12 59.58
	139	7.3	3 10 10.82	−43.05	−2.24	303 53 10.44	86.20	−24.17	3 9 25.53	−7 6 3.91
	143	7.5	3 12 3.55	−43.13	−2.23	307 3 38.87	76.71	−23.24	3 11 18.19	−3 55 25.65
	B.A.C. 5140 U.C.	7.1	3 11 40.09							
	17 Eridani	4.8	3 26 3.09	+ 0.06	−2.15	305 32 36.57	81.09	−23.55		
	ε Eridani	3.0	3 28 38.42	+ 0.17	−2.08	301 10 10.74	95.69	−24.86		
	88b	7.8	3 35 2.42	−43.19	−2.12	309 2 34.45	71.50	−22.36	3 34 19.11	−1 56 23.00
	91b	7.5	3 36 6.22	−43.17	−2.11	308 28 39.61	73.40	−22.56	3 35 20.94	−2 40 20.82
	93b	7.5	3 38 43.36	−43.17	−2.10	308 34 28.87	72.72	−22.45	3 37 58.09	−2 24 30.52
	87a	7.8	3 41 9.78	−43.23	−2.09	310 52 7.57	67.06	−21.67	3 40 24.46	−0 6 45.30
	169	8.0	3 44 10.15	−43.06	−2.04	303 50 31.02	86.26	−23.79	3 43 25.05	−7 8 43.26
	30 Eridani	5.6	3 48 9.59	+ 0.07	−2.03	305 18 16.51	81.90	−23.30		
Sept. 5 1893	Lal. 38458	6.7	20 3 9.35	+ 0.03	−2.82	303 54 59.07	83.62	− 4.25		
	1228	8.0	20 6 37.62	−42.75	−2.84	303 22 19.90	85.37	− 4.41	20 5 52.03	−7 36 55.12
	1231	8.0	20 7 54.96	−42.75	−2.85	303 12 36.95	85.90	− 4.46	20 7 9.36	−7 46 39.04
	M. 842	6.0	20 27 18.14	+ 0.08	−2.98	300 46 20.92	94.50	− 5.41		
	70 Aquilae	5.0	20 31 54.99	− 0.03	−2.84	308 3 52.07	71.99	− 7.15		

Datum	Bezeichnung des Sterns	Grösse	Durchgangszeit	Uhrstand + Correction	Reduction auf 1893.0	Mittel der Ablesungen	Refraction	Reduction auf 1893.0	α 1893.0	δ 1893.0
1893 Sept. 5	620b	8.0	20h 54m 45s.31	−42s.84	−2s.89	309° 6′ 6″.15	69″.50	−8″.85	20h 53m 59s.58	−1° 57′ 57″.33
	1287	7.3	20 56 49.55	−42.81	−2.94	306 26 6.17	76.50	−8.55	20 56 3.80	−4 33 3.97
	505a	7.3	20 58 21.01	−42.85	−2.89	309 15 14.72	69.15	−9.12	20 57 35.87	−1 43 49.07
	508a	7.3	21 2 36.94	−42.86	−2.90	309 47 18.35	67.87	−9.47	21 1 51.18	−1 11 44.18
	1296₁	8.0	21 4 14.02	−42.81	−2.95	306 44 52.92	75.68	−9.11	21 3 28.25	−4 14 17.41
	512a	7.8	21 6 46.87	−42.83	−2.92	309 14 47.91	69.21	−9.66	21 6 1.11	−1 44 16.29
	1303	7.2	21 9 59.11	−42.85	−3.03	303 27 34.16	85.49	−9.01	21 9 13.24	−7 31 45.76
	1308	7.8	21 13 37.10	−42.82	−2.97	306 51 24.44	75.44	−9.77	21 12 51.31	−4 7 45.93
	1312	8.0	21 14 48.22	−42.79	−3.01	305 1 60.12	80.59	−9.59	21 14 2.42	−5 56 15.38
	1315	7.0	21 17 44.16	−42.79	−3.02	304 53 56.77	81.06	−9.77	21 16 58.64	−6 5 19.05
	1317	8.0	21 19 16.49	−42.78	−3.04	303 47 10.30	84.51	−9.73	21 18 30.67	−7 12 9.14
	1321	5.6	21 20 27.90	−42.82	−2.99	306 58 17.27	75.17	−10.25	21 19 42.09	−4 0 33.56
	β Aquarii	3.0	21 26 41.41	+ 0.02	−3.04	304 56 47.15	80.96	−10.38		
	B.A.C. 7504 O.C.	7.4	21 21 58.04							
	1353	8.0	21 59 45.62	−42.82	−3.07	305 37 47.99	79.08	−12.74	21 58 59.73	−5 21 28.94
	533a	7.8	22 0 49.60	−42.90	−2.98	311 5 33.45	65.05	−13.23	22 0 3.72	+0 6 29.82
	θ Aquarii	4.3	22 11 57.20	+ 0.05	−3.14	302 40 29.86	88.36	−13.34		
	540a	8.0	22 16 58.67	−42.90	−3.00	311 5 22.10	65.10	−14.16	22 16 12.77	+0 6 17.83
	1371	8.0	22 17 50.27	−42.84	−3.07	306 42 41.29	76.08	−13.99	22 17 4.36	−4 16 34.49
	λ Aquarii	4.0	22 47 47.85	+ 0.05	−3.14	302 50 32.94	87.97	−15.78		
	1390	7.3	22 48 57.50	−42.83	−3.09	305 15 45.79	78.89	−15.88	22 48 11.58	−5 23 34.40
	Br. 3033	6.7	22 52 30.74	+ 0.01	−3.09	305 36 25.87	79.36	−16.09		
	556a	8.0	22 54 21.40	−42.89	−3.01	309 13 51.52	69.66	−16.21	22 53 38.49	−1 45 27.73
1893 Sept. 12	M. 842	6.0	20 27 20.36	+ 0.11	−2.92	300 46 20.20	95.26	− 5.48		
	70 Aquilae	5.0	20 31 57.23	− 0.02	−2.79	308 3 51.20	72.55	− 7.41		
	ι Aquarii	3.6	20 42 41.01	+ 0.11	−2.97	301 6 10.95	94.01	− 6.52		
	76 Drac. O.C.	6.0	20 51 23.88							
	1283	6.5	20 55 42.41	−45.10	−2.92	305 5 33.22	80.79	− 8.42	20 54 53.39	−5 53 39.61
	1288	8.0	20 57 2.47	−45.11	−2.91	305 54 4.25	78.42	− 8.68	20 56 14.45	−5 5 6.95
	623b	7.4	20 58 44.28	−45.15	−2.87	308 14 27.29	72.06	− 9.26	20 57 56.25	−2 44 38.22
	506a	7.0	21 1 51.91	−45.19	−2.83	310 26 59.05	66.63	− 9.00	21 1 3.88	−0 32 0.38
	1297	7.8	21 4 31.43	−45.13	−2.91	306 39 33.04	76.28	− 9.35	21 3 43.39	−4 19 36.66
	1300	7.8	21 8 25.22	−45.12	−2.94	306 16 45.60	77.34	− 9.55	21 7 37.16	−4 42 25.27
	516a	7.2	21 9 58.31	−45.18	−2.88	309 12 33.25	68.39	−10.29	21 9 10.25	−1 16 29.77
	1308	7.8	21 13 39.42	−45.13	−2.94	306 51 22.41	75.73	−10.03	21 12 51.35	−4 7 40.87
	1311	8.0	21 14 6.65	−45.07	−3.01	303 24 1.64	86.04	− 9.42	21 13 18.57	−7 35 18.08
	1315	7.0	21 17 46.80	−45.10	−2.99	304 53 54.66	81.35	− 9.95	21 16 58.71	−6 5 20.30
	1318	7.3	21 19 44.22	−45.08	−3.02	303 48 54.77	86.96	− 9.90	21 18 56.13	−7 10 26.23
	1322	8.0	21 21 44.82	−45.09	−3.01	304 31 27.55	82.48	− 9.90	21 20 56.73	−6 27 49.01
	β Aquarii	3.0	21 26 43.72	+ 0.04	−3.02	304 56 45.52	81.20	−10.55		
	P. XXI, 320	6.0	21 49 25.19	+ 0.02	−3.04	306 12 34.22	77.55	−12.28		
	1353	8.0	21 59 47.94	−45.11	−3.07	305 37 44.76	79.22	−12.99	21 58 59.77	−5 21 31.18
	533a	7.8	22 0 51.93	−45.21	−2.98	311 5 32.02	65.16	−13.69	22 0 3.74	+0 6 28.95

Datum	Bezeichnung des Sterns	Grösse	Durchgangszeit	Uhrstand + Correction	Reduction auf 1893.0	Mittel der Ablesungen	Refraction	Reduction auf 1893.0	α 1893.0	δ 1893.0
1893 Oct. 13	26 Ceti	6.1	0h 59m 19s.35	− 0s.18	−3s.26	311° 46′ 43″.47	65″.75	−22″.61		
	25b	8.0	1 3 15.46	−57.26	−3.29	307 40 20.57	76.04	−22.54	1h 2m 14s.71	−3° 18′ 58″.06
	39 Ceti	6.0	1 12 11.13	− 0.11	−3.28	307 55 29.10	75.34	−22.72		
	56	7.4	1 19 28.36	−57.43	−3.31	304 37 6.41	84.08	−22.75	1 18 27.82	−6 22 20.85
	59	7.0	1 20 37.81	−57.43	−3.31	304 29 14.51	85.40	−22.89	1 19 37.07	−6 30 13.47
	61	8.0	1 21 46.27	−57.42	−3.32	303 46 47.85	87.68	−22.89	1 20 45.53	−7 12 42.89
	α Urs. min. O.C.	2.0	1 22 19.12							
	69	8.0	1 31 17.42	−57.45	−3.31	305 21 52.90	82.66	−23.17	1 30 16.66	−5 37 33.07
	41b	7.7	1 37 58.97	−57.52	−3.29	308 17 17.42	72.35	−23.32	1 36 58.17	−2 41 59.92
	P. I, 167	5.8	1 41 37.76	− 0.00	−3.30	304 43 21.09	84.64	−23.36		
	82	6.8	1 47 17.87	−57.45	−3.30	303 35 18.87	88.33	−23.50	1 46 17.12	−7 24 22.94
	67 Ceti	6.0	2 12 39.47	− 0.04	−3.28	304 4 36.40	86.85	−23.77		
	ο Ceti	var.	2 14 57.16	− 0.10	−3.25	307 31 31.96	76.55	−23.61		
	62a	7.3	2 37 1.81	−57.64	−3.22	311 4 28.70	67.50	−23.49	2 36 0.94	+0 5 17.65
	γ Ceti	3.3	2 38 46.25	− 0.21	−3.16	313 46 10.42	61.45	−23.09		
1893 Oct. 18	β Orionis	1	5 11 25.54	− 0.03	−1.78	302 40 3.45	91.22	−21.06		
	145a	7.5	5 28 44.72	−59.20	−1.77	309 11 35.61	71.90	−18.59	5 27 42.75	−1 47 37.36
	312	8.0	5 30 49.53	−59.15	−1.72	306 11 6.40	80.12	−19.27	5 29 47.65	−4 48 22.24
	322	6.0	5 31 24.58	−59.15	−1.71	306 3 45.00	80.48	−19.28	5 30 22.71	−4 55 34.63
	332	6.5	5 34 27.30	−59.13	−1.68	304 21 14.52	85.73	−19.57	5 33 25.49	−6 38 10.63
	162b	7.0	5 36 23.42	−59.20	−1.73	308 59 11.41	72.46	−18.73	5 35 21.49	−2 59 59.22
	Lal. 11382	5.4	5 55 43.89	− 0.11	−1.62	307 54 28.90	75.40	−17.44		
	66 Orionis	6.0	6 0 21.11	− 0.83	−1.71	315 8 43.74	58.48	−15.10		
	δ Urs. min. U.C.	4.3	6 7 6.87							
	18 Monoc.	5.0	6 43 18.67	− 0.20	−1.47	313 30 38.32	62.07	−12.86		
1893 Oct. 19	70 Aquilae	5.0	20 32 10.81	− 0.12	−1.31	308 3 48.50	75.21	− 7.43		
	ε Aquarii	3.6	20 42 54.64	− 0.01	−1.51	301 6 9.00	97.47	− 5.85		
	1283	8.0	20 56 3.35	−59.18	−1.49	305 12 42.17	83.40	− 8.17	20 55 2.68	−5 46 29.07
	1288	8.0	20 57 16.15	−59.19	−1.49	305 54 5.40	81.32	− 8.28	20 56 14.47	−5 5 6.43
	623b	7.4	20 58 37.98	−59.23	−1.45	308 14 25.59	74.72	− 9.37	20 57 36.30	−2 44 38.30
	509a	7.2	21 3 5.04	−59.26	−1.43	310 23 21.04	69.24	−10.36	21 2 3.35	−0 35 38.22
	1297	7.8	21 4 45.13	−59.21	−1.51	306 39 32.17	79.10	− 9.26	21 3 43.42	−4 19 36.06
	516a	7.2	21 10 12.06	−59.26	−1.48	309 42 31.85	70.92	−10.63	21 9 10.32	−1 16 29.59
	1309	7.8	21 14 13.97	−59.18	−1.61	304 5 56.72	86.91	− 9.10	21 13 12.18	−6 53 28.72
	16 Aquarii	6.0	21 16 29.47	− 0.09	−1.38	305 58 20.62	81.09	− 9.87		
	1315	7.0	21 18 0.50	−59.20	−1.61	304 53 54.45	84.35	− 9.63	21 16 58.69	−6 5 18.96
	1319	7.3	21 20 6.21	−59.20	−1.62	304 56 51.80	84.20	− 9.80	21 19 4.39	−6 2 21.92
	1323	7.5	21 22 44.72	−59.18	−1.66	303 30 41.39	88.83	− 9.52	21 21 42.87	−7 28 36.75
	P. XXI, 320	6.0	21 49 57.06	− 0.09	−1.71	306 9 34.07	80.60	−12.18		
	1354	8.0	22 0 28.31	−59.22	−1.83	301 10 3.09	86.75	−12.37	21 59 26.26	−6 49 15.72
	1355	7.5	22 1 30.47	−59.24	−1.82	305 6 41.55	83.76	−12.75	22 0 28.41	−5 52 34.90
	44	7.5	1 4 3.45	−59.38	−3.34	304 14 42.00	87.01	−22.06	1 3 2.71	−6 44 46.25
	39 Ceti	6.0	1 12 13.09	− 0.12	−3.32	307 55 28.67	76.09	−22.58		
	31b	7.3	1 16 28.05	−59.46	−3.38	309 6 55.40	72.95	−22.76	1 15 25.87	−1 52 21.30
	32b	8.0	1 19 56.76	−59.41	−3.33	307 57 27.50	76.03	−22.76	1 18 55.09	−3 1 50.40

Datum	Bezeichnung des Sterns	Grösse	Durchgangszeit	Uhrstand + Correction	Reduction auf 1893.0	Mittel der Ablesungen	Refraction	Reduction auf 1893.0	α 1893.0	δ 1893.0
1893 Oct. 19	59	7.0	1h 20m 39s.80	−59s.47	−3s.35	304° 29′ 14″.74	86″.30	−22″.36	1h 19m 36s.99	−6° 30′ 13″.37
	31a	7.8	1 22 33.04	−59.47	−3.35	310 17 1.00	70.02	−22.94	1 21 30.82	−0 42 22.39
	38b	7.5	1 30 42.60	−59.44	−3.34	308 6 18.25	75.08	−22.98	1 29 39.82	−2 52 59.50
	71	5.5	1 38 21.61	−59.42	−3.34	306 45 36.00	79.45	−23.07	1 37 18.85	−4 13 45.24
	P.I, 167	5.8	1 41 39.73	− 0.07	−3.35	304 43 21.74	85.01	−23.04		
	82	6.8	1 47 19.82	−59.37	−3.36	303 35 28.22	89.32	−23.12	1 46 17.09	−7 24 13.15
	ξ Piscium	4.0	1 49 3.75	− 0.20	−3.32	313 38 37.22	62.29	−23.34		
	50b	7.8	1 59 32.06	−59.44	−3.34	307 45 43.21	76.64	−23.37	1 58 29.29	−3 13 36.14
	50a	7.8	2 4 17.57	−59.47	−3.33	310 2 37.96	70.67	−23.40	2 3 14.77	−0 56 40.37
	67 Ceti	6.0	2 12 41.50	− 0.06	−3.34	304 4 35.59	87.71	−23.40		
	53a	8.0	2 17 18.14	−59.47	−3.33	310 8 47.70	70.48	−23.44	2 16 15.34	−0 50 25.15
	61b,,	8.0	2 34 55.36	−59.45	−3.31	308 37 29.11	74.34	−23.49	2 33 52.60	−2 21 47.90
	γ Ceti	3.3	2 38 48.19	− 0.21	−3.31	313 46 9.65	62.04	−23.03		
	64a	8.0	2 47 1.81	−59.47	−3.30	309 51 26.05	71.16	−23.35	2 45 59.05	−1 7 47.91
	67b	8.0	2 50 37.57	−59.43	−3.29	307 14 52.62	78.11	−23.51	2 49 34.86	−3 44 27.63
	69a	7.5	2 52 43.70	−59.40	−3.29	311 0 10.47	68.35	−23.20	2 51 40.92	+0 0 59.54
	71b	7.8	2 55 40.81	−59.45	−3.28	308 45 27.16	74.00	−23.36	2 54 38.08	−2 13 49.49
	73a	7.8	3 7 15.71	−59.47	−3.27	310 5 20.52	70.60	−23.10	3 6 12.97	−1 53 52.11
	94 Ceti	5.5	3 8 21.50	− 0.14	−3.27	309 23 26.22	72.37	−23.09		
	141	6.3	3 12 6.49	−59.39	−3.24	304 52 56.45	85.23	−23.34	3 11 3.86	−6 7 31.23
	144	7.5	3 12 51.75	−59.42	−3.25	306 27 24.27	80.40	−23.39	3 11 49.09	−4 31 59.17
	B.A.C. 5140 U.C.	7.1	3 22 46.64							
	90b	7.2	3 35 57.76	−59.43	−3.19	307 25 52.67	77.09	−22.93	3 34 55.14	−3 33 27.30
	94b	7.8	3 39 14.46	−59.45	−3.19	308 34 11.27	74.60	−22.71	3 38 11.82	−2 25 5.07
	88a	6.5	3 44 12.17	−59.48	−3.19	310 53 5.55	68.76	−22.25	3 43 9.49	−0 6 4.40
	98b	7.3	3 45 17.95	−59.45	−3.17	308 20 0.62	75.16	−22.60	3 44 15.33	−2 39 16.59
	30 Eridani	5.6	3 48 27.01	− 0.08	−3.14	305 18 35.35	84.00	−22.97		
	π_5 Orionis	4.0	4 49 43.23	− 0.20	−3.01	313 14 47.12	63.60	−19.38		
	252	8.0	4 52 55.88	−59.45	−2.90	304 17 21.05	87.63	−21.27	4 51 53.54	−6 41 37.05
	β Eridani	3.0	5 3 37.61	− 0.08	−2.86	305 45 42.82	82.98	−20.46		
	264	7.5	5 4 49.12	−59.41	−2.84	303 41 5.40	89.63	−20.96	5 3 46.86	−7 18 15.03
	β Orionis	1	5 10 25.87	− 0.04	−2.80	302 39 52.20	93.16	−20.97		
	τ Orionis	4.0	5 13 26.75	− 0.00	−2.80	304 1 42.52	88.49	−20.52		
	143b,	8.0	5 17 18.70	−59.49	−2.84	308 49 37.15	74.30	−19.00	5 16 16.36	−2 9 25.86
	η Orionis	3.3	5 20 8.16	− 0.12	−2.82	308 29 19.32	75.22	−19.14		
	143a	7.5	5 28 11.47	−59.52	−2.82	310 55 0.65	69.01	−18.08	5 27 9.13	−0 3 56.01
	308	8.0	5 30 27.56	−59.46	−2.75	306 31 16.52	80.72	−19.12	5 29 25.35	−4 27 52.68
	323	7.8	5 31 50.70	−59.46	−2.75	306 29 29.50	80.81	−19.06	5 30 48.49	−4 29 40.20
	157b,'	7.5	5 34 41.64	−59.18	−2.76	308 16 27.37	75.78	−18.40	5 33 39.40	−2 42 36.01
	161b	7.5	5 36 17.77	−59.48	−2.75	308 6 8.10	76.25	−18.41	5 35 15.54	−2 52 50.41
	345	7.8	5 42 23.50	−59.42	−2.66	304 0 8.77	88.57	−19.19	5 41 21.42	−6 59 8.72
	154a'	8.5	5 44 43.06	−59.50	−2.72	309 12 23.30	73.35	−17.67	5 43 40.84	−1 47 37.20
	353	8.0	5 49 23.66	−59.43	−2.64	304 41 39.87	86.32	−18.64	5 48 21.60	−6 17 34.49
	Lal. 11382	5.4	5 55 44.30	− 0.12	−2.63	307 54 19.25	76.79	−17.35		
	371	8.0	6 1 56.12	−59.41	−2.56	303 40 53.00	89.65	−18.26	6 0 54.15	−7 28 24.55

Datum	Bezeichnung des Sterns	Grösse	Durchgangszeit	Uhrstand + Correction	Reduction auf 1893.0	Mittel der Ablesungen	Refraction	Reduction auf 1893.0	α 1893.0	δ 1893.0
1893 Oct. 19	377	6.8	6h 4m 38s.82	−59s.41	−2s.53	303° 4′ 8″.57	91″.75	−18″.27	6h 3m 36s.88	−7° 55′ 10″.95
	382	7.0	6 6 53.71	−59.42	−2.53	303 43 31.52	89.50	−17.99	6 5 51.76	−7 15 45.38
	390′	8.5	6 10 13.61	−59.42	−2.52	304 9 52.07	88.05	−17.65	6 9 11.66	−6 49 23.35
	403	8.0	6 17 55.47	−59.46	−2.51	306 16 58.07	81.44	−16.62	6 16 53.50	−4 42 9.64
	185b	7.2	6 21 30.01	−59.47	−2.51	307 9 20.37	78.91	−16.16	6 20 28.04	−3 49 44.12
	412	6.7	6 22 36.56	−59.41	−2.44	303 32 22.82	90.15	−17.14	6 21 34.70	−7 26 54.36
	422	7.9	6 28 26.66	−59.45	−2.45	305 43 24.07	83.16	−16.17	6 27 24.77	−5 15 45.00
	P. VI, 203	6.3	6 36 37.38	− 0.17	−2.50	311 34 31.95	67.49	−13.86		
	438	8.0	6 42 34.55	−59.43	−2.36	304 57 21.03	85.57	−15.53	6 41 32.76	−6 1 49.48
	184a₁	8.0	6 44 6.31	−59.30	−2.43	309 26 17.60	72.78	−14.06	6 43 4.28	−1 32 38.88
	447	7.2	6 47 58.81	−59.44	−2.34	305 28 7.17	83.93	−15.04	6 46 57.03	−5 31 1.41
	206b₁	8.0	6 54 39.81	−59.47	−2.33	307 6 37.42	79.06	−14.10	6 53 38.01	−3 52 25.37
	19 Monoc.	5.4	6 58 37.81	− 0.10	−2.30	306 53 58.97	79.66	−13.94		
	20 Monoc.	5.8	7 5 36.54	− 0.10	−2.26	306 54 49.85	79.60	−13.60		
1893 Oct. 20	26 Ceti	6.1	0 59 21.40	− 0.17	−3.29	311 46 42.97	66.32	−22.62		
	26b	8.0	1 4 7.02	−59.46	−3.32	308 21 23.42	74.86	−22.38	1 3 4.85	−2 37 51.71
	57	6.0	1 20 0.49	−59.39	−3.36	303 31 6.72	89.41	−22.43	1 18 57.74	−7 28 22.78
	59₁	6.8	1 21 29.54	−59.43	−3.34	306 30 19.12	80.07	−22.67	1 20 26.77	−4 29 1.53
	α Urs. min. O.C.	2.0	1 22 13.37							
	P. I, 167	5.8	1 41 39.73	− 0.07	−3.36	304 43 19.01	85.54	−22.99		
	ζ Ceti	3.0	1 47 13.37	− 0.01	−3.39	300 7 52.82	102.04	−22.87		
	ξ Piscium	4.0	1 49 3.81	− 0.20	−3.33	313 38 36.37	62.25	−23.34		
	50b	7.8	1 59 32.07	−59.45	−3.34	307 45 42.57	76.02	−23.32	1 58 29.28	−3 13 33.47
	95	6.8	2 4 14.70	−59.39	−3.36	303 48 18.60	88.59	−23.35	2 3 11.95	−7 11 11.47
	67 Ceti	6.0	2 12 41.54	− 0.06	−3.35	304 4 34.02	87.72	−23.33		
1893 Oct. 21	η Ceti	3.1	1 4 15.06	− 0.01	−3.40	300 14 42.34	100.54	−21.43		
	39 Ceti	6.0	1 11 13.02	− 0.12	−3.33	307 55 26.15	72.38	−22.46		
	57	6.0	1 20 0.39	−59.33	−3.37	303 31 6.97	88.61	−22.35	1 18 57.70	−7 28 22.00
	59₁	6.8	1 21 29.48	−59.37	−3.35	306 30 19.70	79.38	−22.62	1 20 26.76	−4 29 0.83
	P. I, 167	5.8	1 41 39.71	− 0.07	−3.37	304 43 19.65	84.78	−22.91		
	ξ Piscium	4.0	1 49 3.78	− 0.20	−3.34	313 38 35.89	61.68	−23.34		
1893 Oct. 23	70 Aquilae	5.0	20 32 21.08	− 0.12	−2.25	308 3 47.22	74.38	− 7.88		
	ε Aquarii	3.6	20 42 54.89	− 0.03	−2.44	301 6 7.42	96.33	− 5.68		
	1285	8.0	20 56 3.58	−59.50	−2.43	305 12 40.50	82.73	− 8.04	20 55 1.65	−5 46 29.43
	1289	7.8	20 58 16.52	−59.47	−2.48	303 14 39.66	89.05	− 7.52	20 57 14.57	−7 44 35.70
	509a	7.2	21 3 5.32	−59.56	−2.38	310 23 19.72	68.74	−10.27	21 2 3.38	−0 35 37.69
	1294	7.8	21 4 5.23	−59.46	−2.51	303 34 7.67	88.03	− 8.06	21 3 3.24	−7 25 7.48
	513a	7.5	21 7 9.40	−59.56	−2.41	309 40 30.80	70.53	−10.32	21 6 7.53	−1 18 29.21
	516a	7.2	21 10 12.29	−59.56	−2.43	309 42 30.99	70.47	−10.54	21 9 10.31	−1 16 28.78
	1309	7.8	21 14 14.08	−59.48	−2.55	304 5 54.80	86.40	− 8.96	21 13 12.05	−6 53 19.81
	16 Aquarii	6.0	21 16 29.75	− 0.10	−2.33	305 58 19.13	80.65	− 9.75		

Datum	Bezeichnung des Sterns	Grösse	Durchgangszeit	Uhrstand + Correction	Reduction auf 1893.0	Mittel der Ablesungen	Refraction	Reduction auf 1893.0	α 1893.0	δ 1893.0
1893 Oct. 23	1316	8.0	$21^h 19^m 13^s.93$	$-59^s.48$	$-2^s.58$	$303° 56' 45''.14$	$86''.93$	$-9''.27$	$21^h 18^m 11^s.86$	$-7° 2' 29''.84$
	1322	8.0	21 21 58.78	−59.49	−2.59	304 31 24.22	85.11	−9.63	21 20 56.70	−6 27 49.50
	β Aquarii	3.0	21 26 57.69	−0.08	−2.60	304 36 42.80	83.83	−10.17		
	5248	7.8	21 38 1.02	−59.57	−2.55	310 56 8.96	67.08	−12.83	21 36 58.90	−0 2 50.60
	P. XXI, 320	6.0	21 49 37.24	−0.10	−2.70	306 12 33.06	80.22	−12.05		
	1354	8.0	22 0 28.53	−59.48	−2.79	304 10 0.60	86.59	−12.21	21 59 26.27	−6 49 16.49
	1356	7.6	22 2 11.17	−59.48	−2.80	303 44 18.31	88.00	−12.19	22 1 8.89	−7 15 0.74
1893 Oct. 24	44	7.5	1 4 5.57	−59.51	−3.36	55 43 6.50	86.76	+21.76	1 3 2.71	−6 44 47.91
	39 Ceti	6.0	1 12 13.19	+ 0.28	−3.33	52 2 18.92	75.84	+22.53		
	57	6.0	1 20 0.55	−59.49	−3.38	56 16 40.60	89.13	+22.14	1 18 57.67	−7 28 23.70
	59	7.0	1 20 39.90	−59.51	−3.38	55 28 34.75	85.95	+22.24	1 19 37.01	−6 30 13.72
	ζ Ceti	3.0	1 47 13.56	+ 0.42	−3.42	59 49 52.90	101.61	+22.53		
	ξ Piscium	4.0	1 49 3.94	+ 0.18	−3.38	46 19 7.45	61.99	+23.30		
	91	6.0	1 59 19.97	−59.54	−3.38	53 35 22.49	80.28	+23.08	1 58 17.04	−4 36 58.67
	62 Ceti	7.4	2 4 47.28	+ 0.28	−3.38					
	67 Ceti	6.0	2 12 41.68	+ 0.35	−3.39	55 55 11.47	87.48	+23.07		
1893 Oct. 25	δ Aquarii	3.9	23 0 37.63	+ 0.37	−3.06	57 14 38.97	90.69	+15.61		
	1408	7.8	23 12 46.65	−59.64	−3.05	53 59 39.41	80.36	+17.16	23 11 43.95	−5 1 7.99
	1412	8.0	23 16 45.28	−59.60	−3.10				23 15 42.57	
	κ Piscium	5.0	23 22 29.60	+ 0.22	−3.01	48 18 31.99	65.63	+19.05		
	1418	6.8	23 26 32.79	−59.62	−3.13	55 51 3.25	86.11	+17.45	23 25 30.04	−6 52 37.66
	1421	7.2	23 29 0.77	−59.66	−3.11	53 58 2.10	80.32	+18.02	23 27 58.00	−4 59 31.11
	1423	7.8	23 31 49.36	−59.61	−3.16	56 40 51.82	88.84	+17.54	23 31 46.59	−7 42 29.16
	1428	6.3	23 44 5.30	−59.64	−3.18	55 56 52.70	86.45	+18.35	23 43 2.54	−6 58 28.38
	M. 986	6.1	23 45 46.22	+ 0.42	−3.28	59 32 28.32	99.27	+17.68		−6 29 14.99
	1437	7.0	23 55 14.06	−59.65	−3.21	55 27 39.87	84.90	+19.02	23 54 11.19	
	1442	8.0	0 0 4.37	−59.64	−3.24	56 31 59.52	88.39	+19.07	23 59 1.49	−7 33 38.47
	3b	7.4	0 4 16.98	−59.72	−3.20	51 17 39.52	74.30	+20.16	0 3 14.06	−2 49 5.42
	7b	7.8	0 9 58.94	−59.73	−3.21	51 46 5.77	74.24	+20.40	0 8 56.00	−2 47 31.54
	8	7.6	0 11 26.47	−59.67	−3.25	55 10 9.40	84.01	+19.82	0 10 23.54	−6 11 44.74
	ι Ceti	3.3	0 15 1.51	+ 0.39	−3.29	58 23 16.41	94.92	+19.31		
	26 Ceti	6.1	0 59 22.72	+ 0.21	−3.31	48 11 5.82	65.46	+22.43		
	39 Ceti	6.0	1 12 13.42	+ 0.28	−3.34	52 2 21.27	75.04	+22.27		
	α Urs. min. O.C.	2.0	1 22 4.56							
1893 Oct. 27	δ Aquarii	3.9	23 0 38.16	+ 0.37	−3.04	57 14 39.50	91.05	+15.50		
	1408	7.8	23 12 47.18	−60.18	−3.03	53 59 39.45	80.77	+17.07	23 11 43.97	−5 1 8.33
	1412	8.0	23 16 45.85	−60.14	−3.09	56 34 55.55	88.94	+16.61	23 15 42.62	−7 36 31.72
	κ Piscium	5.0	23 22 30.11	+ 0.22	−3.00	48 18 31.49	66.03	+19.01		
	1417	8.0	23 26 30.13	−60.19	−3.10	54 37 29.72	82.81	+17.65	23 25 26.84	−5 39 1.14
	1420	7.7	23 28 43.41	−60.17	−3.12	55 57 55.30	87.04	+17.43	23 27 40.11	−6 59 30.80
	1423	7.8	23 31 49.94	−60.26	−3.14	56 40 52.24	89.45	+17.42	23 30 46.63	−7 42 29.73
	1428	6.3	23 44 5.93	−60.20	−3.18	55 56 53.00	87.12	+18.23	23 43 2.55	−6 58 29.19
	M. 986	6.1	23 45 46.75	+ 0.47	−3.24	59 32 28.45	100.03	+17.63		
	1435	7.7	23 53 21.82	−60.23	−3.19	55 1 40.10	84.73	+18.91	23 52 18.39	−6 3 13.94

Datum	Bezeichnung des Sterns	Grösse	Durchgangszeit	Uhrstand + Correction	Reduction auf 1893.0	Mittel der Ablesungen	Refraction	Reduction auf 1893.0	α 1893.0	δ 1893.0
1893 Oct. 27	575a	7.3	23h 55m 45s.80	−60s.33	−3s.23	49° 55′ 59″.87	70″.10	+20″.12	23h 54m 42s.24	−0° 57′ 20″.73
	1439	8.0	23 56 41.75	−60.23	−3.21	55 26 35.82	85.54	+18.98	23 55 38.31	−6 28 11.66
	1444	7.8	0 1 0.16	−60.27	−3.20	53 25 16.00	70.42	+19.61	23 59 56.69	−4 26 46.90
	1a	7.3	0 4 26.85	−60.30	−3.16	48 52 51.85	67.55	+20.68	0 3 23.33	+0 5 49.15
	7b	7.8	0 9 59.49	−60.32	−3.20	51 46 5.22	74.82	+20.43	0 8 55.97	−2 47 31.65
	ι Ceti	3.3	0 15 2.07	+ 0.39	−3.19	58 23 15.52	95.65	+19.16		
	B.A.C. 4165 U.C.	6.2	0 14 41.96							
	17 Eridani	4.8	3 26 22.20	+ 0.32	−3.31	54 24 56.27	82.75	+22.67		
	155	7.3	3 28 4.89	−60.41	−3.33	56 25 24.32	89.18	+22.71	3 27 1.15	−7 27 8.09
	88b	7.8	3 35 23.00	−60.51	−3.34	50 54 57.35	72.97	+22.22	3 34 19.14	−1 56 23.83
	89b	8.0	3 35 48.39	−60.51	−3.34	51 13 11.21	73.77	+22.24	3 34 44.54	−2 14 39.25
	94b	7.8	3 39 15.65	−60.50	−3.33	51 23 35.37	74.23	+22.17	3 38 11.81	−2 25 3.58
	88a	6.5	3 44 13.39	−60.55	−3.34	49 4 41.75	68.41	+21.80	3 43 9.51	−0 6 3.73
	173	7.8	3 47 50.93	−60.48	−3.31	57 53 29.70	78.37	+22.12	3 46 47.14	−3 55 1.73
	177	6.6	3 48 57.55	−60.43	−3.34	55 55 27.71	87.61	+21.68	3 47 53.79	−6 57 8.96
	105b	8.0	4 0 14.58	−60.49	−3.25	52 36 27.76	77.61	+22.23	3 59 10.84	−3 37 30.01
	189	6.1				56 10 33.57	88.49	+22.04		−7 12 15.42
	ο1 Eridani	4.3	4 7 42.20	+ 0.35	−3.23	56 5 18.40	88.21	+22.01		
	194₁	7.8	4 8 47.21	−60.48	−3.25	53 33 36.90	80.35	+21.64	4 7 43.48	−4 35 10.71
	A Eridani	5.0	4 10 21.86	+ 0.42	−3.20	59 29 26.12	100.55	+22.22		
	204	7.2	4 17 26.76	−60.45	−3.21	55 30 39.40	86.35	+21.66	4 16 23.10	−6 32 18.98
	208	8.0	4 19 22.18	−60.48	−3.22	53 20 40.47	79.75	+21.28	4 18 18.47	−4 22 13.28
	212	7.8	4 21 22.36	−60.47	−3.21	54 18 31.17	82.00	+21.36	4 20 18.68	−5 20 0.94
	217	8.0	4 22 30.59	−60.45	−3.19	55 37 8.65	86.71	+21.53	4 21 26.95	−6 38 48.88
	223	7.5	4 26 59.66	−60.48	−3.19	54 3 46.20	81.88	+21.15	4 25 55.99	−5 5 20.85
	231	8.0	4 30 16.35	−60.47	−3.18	54 20 1.37	82.71	+21.07	4 29 12.67	−5 21 36.94
	ν Eridani	3.3	4 32 2.01	+ 0.20	−3.20	52 31 47.42	77.51	+20.70		
	μ Eridani	3.6	4 41 12.75	+ 0.29	−3.15	52 25 33.95	77.20	+20.35		
	129b	8.6	4 50 10.46	−60.51	−3.13	52 22 32.42	77.08	+19.99	4 49 6.81	−3 24 0.90
	β Orionis	1	5 10 27.17	+ 0.37	−3.00	57 17 47.75	92.51	+20.03		
	144b	8.0	5 17 40.42	−60.53	−3.04	52 2 41.82	76.23	+18.68	5 16 36.86	−3 4 8.66
	147b	8.0	5 20 42.90	−60.53	−3.03	51 53 19.87	73.81	+18.49	5 19 39.34	−2 54 46.11
	147a	7.7	5 29 41.22	−60.57	−3.02	50 5 15.90	71.13	+17.61	5 28 37.63	−1 6 35.86
	312	8.0	5 30 51.16	−60.50	−2.96	53 46 39.82	81.18	+18.31	5 29 47.70	−4 48 11.02
	325	7.8	5 32 3.68	−60.49	−2.94	54 41 24.30	83.94	+18.55	5 31 0.25	−5 42 58.67
	159b	8.0	5 35 38.35	−60.53	−2.96	52 21 55.02	77.15	+17.84	5 34 34.86	−3 23 21.94
1893 Nov. 1	524a sequens	7.8	21 38 3.13	−61.61	−2.43	49 1 59.70	68.12	+12.57	21 36 59.09	−0 2 32.25
	P. XXI, 320	6.0	21 49 39.16	+ 0.31	−2.58	53 45 15.40	80.66	+11.69		
	1354	8.0	22 0 30.50	−61.52	−2.68	55 47 47.05	86.08	+11.82	21 59 26.31	−6 49 17.19
	1355	7.5	22 1 32.63	−61.53	−2.67	54 51 5.92	83.98	+12.20	22 0 28.43	−5 52 34.16
	h Aquarii	5.0	23 0 30.56	+ 0.37	−3.00	57 14 37.56	92.03	+15.21		
	γ Piscium	4.0	23 12 41.84	+ 0.18	−2.93	46 16 54.50	62.02	+18.99		
	1414	7.0	23 22 6.95	−61.60	−3.06	56 10 6.62	88.32	+16.72	23 21 2.28	−7 11 43.59
	1416	6.2	23 25 4.83	−61.64	−3.04	54 5 25.75	81.76	+17.46	23 24 0.15	−5 6 56.39
	1419	6.8	23 27 4.50	−61.65	−3.05	53 38 49.17	80.44	+17.68	23 25 59.81	−4 40 18.96
	1421	7.2	23 30 2.64	−61.65	−3.06	53 37 50.07	81.37	+17.69	23 28 57.93	−4 39 30.89

Datum	Bezeichnung des Sterns	Grösse	Durchgangszeit	Uhrstand + Correction	Reduction auf 1893.0	Mittel der Ablesungen	Refraction	Reduction auf 1893.0	α 1893.0	δ 1893.0
1893 Nov. 1	M. 974	6.5	23h 31m 5s.57	+ 0s.37	−3s.11	57° 1′ 43″.20	91″.18	+16″.99		
	B.A.C. 8113 O.C.	5.7	23 29 9.84							
	1429	7.7	23 44 20.28	−61.66	−3.12	54 0 17.90	81.42	+18.44	23h 43m 13s.50	−5° 1′ 40″.30
	M. 986	6.1	23 45 48.18	+ 0.42	−3.21	59 32 27.60	100.45	+17.27		
	675b	7.3	23 55 6.09	−61.71	−3.14	52 24 54.37	76.84	+19.28	23 54 2.14	−3 26 22.16
	1438	8.0	23 56 38.60	−61.65	−3.18	55 14 13.70	85.70	+18.67	23 55 33.77	−6 25 50.03
	1442	8.0	0 0 6.46	−61.64	−3.21	56 31 38.47	89.30	+18.56	23 59 1.61	−7 33 38.30
	4 Ceti	6.8	0 3 20.09	+ 0.28	−3.17	52 7 13.02	76.01	+19.76		
	12	7.3	0 4 28.18	−61.78	−3.14	48 52 51.95	67.76	+20.53	0 3 23.26	+0 5 47.81
1893 Nov. 5	η Eridani	3.0	2 52 17.68	+ 0.46	−3.48	58 17 42.52	93.61	+21.86		
	126	6.7	2 53 26.13	−62.22	−3.48	56 34 39.07	87.67	+22.12	2 54 20.43	−7 36 20.00
	94 Ceti	5.3	3 8 24.59	+ 0.27	−3.51	50 34 24.02	70.45	+22.00		
	139	7.3	3 10 31.22	−62.24	−3.48	56 4 24.57	86.04	+22.01	3 9 25.50	−7 6 3.66
	143	7.5	3 12 24.01	−62.32	−3.49	52 53 56.12	76.56	+22.01	3 11 18.20	−3 55 25.90
	B.A.C. 5140 U.C.	7.1	3 12 47.66							
	17 Eridani	4.8	3 26 24.19	+ 0.36	−3.47	54 24 58.86	80.92	+21.79		
	155	7.3	3 28 6.94	−62.25	−3.46	56 25 27.90	87.19	+21.79	3 27 2.23	−7 27 8.20
	88b	7.8	3 33 24.97	−62.39	−3.48	50 34 58.57	71.33	+21.48	3 32 19.10	−1 36 22.05
	90b	7.2	3 36 0.94	−62.35	−3.47	52 31 59.40	75.58	+21.54	3 34 55.13	−3 33 27.97
	93b	7.5	3 39 3.05	−62.38	−3.47	51 23 4.42	72.53	+21.43	3 37 58.10	−2 24 29.52
	168	7.5	3 44 24.10	−62.32	−3.45	53 43 27.15	78.92	+21.40	3 43 18.32	−4 44 58.29
	98b	7.3	3 45 21.19	−62.38	−3.47	51 37 48.99	73.18	+21.27	3 44 15.34	−2 39 14.81
	174	7.0	3 48 18.72	−62.31	−3.44	54 20 57.82	80.74	+21.35	3 47 12.97	−5 22 31.04
	190	7.3	4 6 31.99	−62.33	−3.42	54 7 28.93	80.10	+20.84	4 5 26.24	−5 9 0.74
	194	7.3	4 8 47.51	−62.29	−3.40	55 37 56.92	84.68	+20.88	4 7 41.81	−6 39 33.26
	A Eridani	5.0	4 10 23.82	+ 0.49	−3.37	59 29 29.67	98.20	+21.02		
	201	6.3	4 16 37.13	−62.27	−3.37	56 49 13.52	88.56	+20.78	4 15 31.49	−7 50 55.71
	205	7.1	4 17 57.95	−62.34	−3.39	53 54 16.67	79.47	+20.46	4 16 52.21	−4 55 47.77
	208	8.0	4 19 24.12	−62.36	−3.40	53 20 43.10	77.87	+20.36	4 18 18.37	−4 22 12.76
	213	8.0	4 21 29.59	−62.35	−3.39	53 56 47.97	79.59	+20.33	4 20 23.85	−4 58 19.33
	218	7.5	4 22 38.99	−62.29	−3.37	56 5 48.07	86.19	+20.53	4 21 33.33	−7 7 26.28
	223	7.5	4 27 1.72	−62.35	−3.37	54 3 50.60	79.94	+20.18	4 25 56.00	−5 5 21.94
	244b	8.0	4 28 21.07	−62.39	−3.39				4 27 16.20	
	232	8.0	4 31 9.67	−62.35	−3.39	53 55 50.45	79.56	+19.72	4 30 3.93	−4 57 20.94
	μ Eridani	3.6	4 41 14.65	+ 0.32	−3.36	52 25 36.85	75.36	+19.43		
1893 Nov. 6	114₁	7.3	2 43 56.36	−62.43	−3.50	53 2 24.22	78.26	+22.21	2 42 50.43	−4 3 56.81
	119₁	5.7	2 49 27.95	−62.42	−3.50	53 39 29.95	80.07	+22.14	2 48 22.03	−4 41 4.30
	η Eridani	3.0	2 52 17.83	+ 0.35	−3.49	58 17 39.92	95.29	+19.74		
	127	8.0	2 55 51.16	−62.43	−3.50	53 4 24.52	81.32	+22.11	2 54 45.23	−4 5 39.62
	94 Ceti	5.3	3 8 24.72	+ 0.25	−3.51	50 34 21.00	71.77	+21.55		
	141	6.3	3 12 9.68	−62.40	−3.49	55 5 52.49	84.54	+21.89	3 11 3.70	−6 7 30.69
	B.A.C. 5140 U.C.	7.1	3 12 3.58							
	148	6.9	3 20 55.38	−62.42	−3.49	53 49 54.32	80.75	+21.77	3 19 49.47	−4 51 28.74
	79b₁	8.0	3 23 3.92	−62.44	−3.49	52 28 13.47	76.88	+21.72	3 21 57.99	−3 29 44.05
	17 Eridani	4.8	3 26 24.39	+ 0.30	−3.48	54 24 55.55	82.53	+21.68		

Datum	Bezeichnung des Sterns	Grösse	Durchgangszeit	Uhrstand + Correction	Reduction auf 1893.0	Mittel der Ablesungen	Refraction	Reduction auf 1893.0	α 1893.0	δ 1893.0
1893 Nov. 6	135	7.3	3h 28m 7s.08	−62s.38	−3s.47	56° 25′ 24″.92	88″.94	+21″.68	3h 27m 1s.22	−7° 27′ 7″.56
	87b	6.3	3 33 22.68	−62.43	−3.48	52 42 51.07	77.01	+21.40	3 34 16.70	−3 44 22.07
	89b	8.0	3 35 50.43	−62.45	−3.49	51 13 11.85	73.57	+21.39	3 34 44.48	−2 14 39.00
	93b	7.5	3 39 4.01	−62.45	−3.49	51 23 0.67	74.01	+21.32	3 37 58.07	−2 24 28.23
	169	8.0	3 44 30.86	−62.39	−3.45	56 7 1.35	87.08	+21.32	3 43 25.02	−7 8 42.32
	171	7.5	3 46 3.86	−62.42	−3.47	53 11 15.60	78.97	+21.22	3 44 57.97	−4 12 47.96
	176	7.5	3 48 46.29	−62.42	−3.46	53 39 44.55	80.35	+21.18	3 47 40.41	−4 41 18.81
	106b	6.8	4 0 36.07	−62.45	−3.46	51 41 42.45	74.89	+20.73	3 59 30.16	−2 43 10.42
	190	7.3	4 6 32.14	−62.41	−3.44	54 7 27.31	81.79	+20.70	4 5 26.29	−5 9 1.53
	191_1	7.8	4 8 49.34	−62.42	−3.43	53 33 38.37	80.14	+20.60	4 7 43.48	−4 35 10.74
	A Eridani	5.0	4 10 24.01	+ 0.37	−3.38	59 29 28.12	100.29	+20.82		
	201	6.3	4 16 37.23	−62.38	−3.39	56 49 13.00	90.45	+20.04	4 15 31.46	−7 50 55.54
	205	7.1	4 17 58.01	−62.42	−3.41	53 54 14.85	81.17	+20.34	4 16 52.18	−4 55 48.16
	208	8.0	4 19 24.32	−62.42	−3.42	53 20 40.80	79.53	+20.24	4 18 18.48	−4 22 12.63
	213	8.0	4 21 29.60	−62.42	−3.40	53 56 45.75	81.30	+20.23	4 20 23.78	−4 58 19.54
	217	8.0	4 22 32.83	−62.39	−3.39	55 37 10.41	86.48	+20.36	4 21 27.05	−6 38 49.49
	110a	8.0	4 27 24.91	−62.46	−3.43	50 33 32.25	72.00	+19.66	4 26 19.02	−1 34 55.73
	114b	5.6	4 28 22.11	−62.43	−3.41	52 24 44.25	76.92	+19.83	4 27 16.27	−3 26 13.13
	231	8.0	4 30 18.53	−62.41	−3.38	54 20 3.32	82.48	+19.96	4 29 12.74	−5 21 38.00
	μ Eridani	3.6	4 41 14.88	+ 0.27	−3.37	52 25 34.92	76.99	+19.31		
	π_1 Orionis	4.0	4 39 46.53	+ 0.20	−3.43	46 42 52.47	62.94	+18.07		
1893 Nov. 7	ζ Eridani	4.3	3 11 44.25	+ 0.35	−3.49	58 11 13.47	96.80	+21.78		
	143	7.5	3 12 24.37	−62.69	−3.51	52 53 51.45	79.48	+21.81	3 11 18.17	−3 55 24.37
	B.A.C. 5140 U.C.	7.1	3 12 3.07							
	148	6.9	3 20 55.63	−62.68	−3.50	53 49 52.67	82.23	+21.67	3 19 49.45	−4 51 27.58
	$79b_1$	8.0	3 23 4.23	−62.69	−3.51	52 28 11.92	78.28	+21.62	3 21 58.03	−3 29 43.95
	153	7.8	3 26 25.43	−62.68	−3.50	53 36 48.07	81.59	+21.56	3 25 19.25	−4 38 22.41
	ι Eridani	3.0	3 28 59.40	+ 0.36	−3.42	58 47 22.47	99.15	+21.57		
	88b	7.8	3 35 25.34	−62.71	−3.51	50 54 55.10	74.07	+21.31	3 34 19.12	−1 56 21.11
	90b	7.2	3 36 1.35	−62.69	−3.50	52 31 55.60	78.49	+21.35	3 34 55.16	−3 33 26.89
	δ Eridani	3.0	3 39 13.38	+ 0.36	−3.45	59 5 38.97	100.36	+22.08		
	24 Eridani	5.8	3 40 10.54	+ 0.25	−3.51	50 28 37.12	72.94	+21.69		
	169	8.0	3 44 31.17	−62.65	−3.47	56 6 59.17	89.54	+21.26	3 43 25.06	−7 8 40.81
	98b	7.3	3 45 21.52	−62.71	−3.50	51 37 46.15	76.00	+21.08	3 44 15.32	−2 39 14.76
	176	7.5	3 48 46.56	−62.68	−3.48	53 39 43.58	81.79	+21.07	3 47 40.41	−4 41 17.58
	183	7.0	3 59 49.79	−62.68	−3.46	53 52 7.15	82.43	+20.78	3 58 43.65	−4 53 41.62
	186	8.0	4 1 24.08	−62.64	−3.44	56 51 34.45	92.12	+20.91	4 0 18.01	−7 53 18.81
	190	7.3	4 6 32.40	−62.67	−3.45	54 7 26.25	83.21	+20.60	4 5 26.28	−5 9 1.10
	193	7.0	4 8 7.83	−62.68	−3.45	53 39 35.25	81.82	+20.51	4 7 1.70	−4 41 8.90
	$109b_1$	7.8	4 10 19.30	−62.71	−3.47	51 23 9.30	75.39	+20.28	4 9 13.12	−2 24 36.46
	202	7.3	4 16 47.43	−62.69	−3.44	52 56 58.02	79.70	+20.19	4 15 41.30	−3 58 28.74
	205	7.1	4 17 58.26	−62.68	−3.43	53 54 13.95	82.57	+20.22	4 16 52.16	−4 55 47.72
	207	7.5	4 19 3.04	−62.67	−3.43	54 13 44.70	83.36	+20.12	4 17 57.54	−5 15 19.75
	212	7.8	4 21 24.83	−62.67	−3.42	54 18 30.45	83.81	+20.15	4 20 18.74	−5 20 5.56
	217	8.0	4 22 33.01	−62.65	−3.40	55 37 8.30	87.98	+20.22	4 21 26.96	−6 38 47.84
	110a	8.0	4 27 25.23	−62.72	−3.45	50 33 31.84	73.24	+19.50	4 26 19.06	−1 34 55.44

Datum	Bezeichnung des Sterns	Grösse	Durchgangszeit	Uhrstand + Correction	Reduction auf 1893.0	Mittel der Ablesungen	Refraction	Reduction auf 1893.0	α 1893.0	δ 1893.0
1893 Nov. 7	114b	5.6				52° 24′ 44.″17	78.″25	+19.″71		−3° 26′ 13.″36
	231	8.0	4h 30m 18.s75	−62.s67	−3.s40	54 20 1.75	83.91	+19.84	4h 29m 12.s08	−5 21 36.66
	116b	6.2	4 31 47.60	−62.69	−3.41	52 48 21.55	79.37	+19.63	4 30 41.50	−3 49 51.86
	μ Eridani	3.6	4 41 15.17	+ 0.27	−3.39	52 25 33.90	78.31	+19.20		
	π⁴ Orionis	4.0	4 49 40.82	+ 0.20	−3.43	46 42 52.20	64.01	+17.98		
	250	5.3	4 52 14.07	−62.67	−3.35	54 18 52.40	83.87	+18.90	4 51 8.05	−5 20 26.25
	252₁	8.0	4 53 36.88	−62.68	−3.35	53 47 41.05	82.30	+18.84	4 52 30.85	−4 49 13.80
	270	8.0	5 9 41.45	−62.65	−3.28	55 50 46.22	88.79	+18.44	5 8 35.52	−6 52 24.69
	273	7.5	5 11 3.15	−62.65	−3.27	55 54 2.76	88.97	+18.38	5 9 57.23	−6 55 41.41
	η Orionis	3.5	5 20 11.87	+ 0.27	−3.29	51 28 21.82	75.71	+17.32		
	151b	7.5	5 29 23.59	−62.69	−3.26	52 30 52.06	78.00	+16.91	5 28 17.64	−3 32 18.19
	312	8.0	5 30 53.69	−62.68	−3.23	53 46 41.02	82.28	+17.07	5 29 47.78	−4 48 11.90
	324	7.0	5 32 1.82	−62.64	−3.19	56 26 13.45	90.79	+17.50	5 30 55.98	−7 27 53.26
	159b	8.0	5 35 40.82	−62.69	−3.24	52 21 51.74	78.28	+16.55	5 34 34.89	−3 23 20.72
1893 Nov. 8	26 Ceti	6.1	0 59 24.60	+ 0.22	−3.31	48 11 5.20	66.89	+21.97		
	25b	8.0	1 3 20.74	−62.76	−3.34	52 17 28.77	77.37	+21.28	1 2 14.65	−3 18 50.84
	39 Ceti	6.0	1 12 16.46	+ 0.25	−3.35	52 2 21.40	76.69	+21.46		
	α Urs. min. O.C.	2.0	1 29 39.00							
	58	7.8	1 20 32.02	−62.72	−3.41	56 30 50.75	90.40	+20.88	1 19 25.89	−7 32 31.84
	60	7.8	1 22 1.69	−62.74	−3.40	54 12 0.17	82.95	+21.33	1 20 55.55	−5 13 40.45
	ζ Ceti	3.0	1 47 16.91	+ 0.31	−3.48	59 49 56.15	102.86	+20.90		
	ξ Piscium	4.0	1 49 7.20	+ 0.21	−3.44	46 19 10.47	62.74	+22.86		
	91	6.0	1 59 23.29	−62.75	−3.47	53 35 25.87	81.19	+21.95	1 58 17.08	−4 36 58.28
	62 Ceti	7.4	2 4 50.54	+ 0.25	−3.47	51 48 49.09	76.15	+22.15		
	π⁴ Orionis	4.0	4 49 40.91	+ 0.21	−3.47	46 42 53.45	63.70	+17.80		
	251	8.0	4 52 19.07	−62.77	−3.34	56 9 30.05	89.59	+19.08	4 51 12.96	−7 11 28.53
	β Orionis	1	5 10 29.76	+ 0.29	−3.27	57 12 50.17	93.52	+18.47		
	η Orionis	3.3	5 20 11.94	+ 0.25	−3.32	51 28 22.45	75.34	+17.11		
	299	8.0	5 26 40.80	−62.79	−3.28	53 18 43.82	80.50	+17.08	5 25 34.73	−4 20 11.00
	146a	7.4	5 29 11.68	−62.81	−3.31	50 12 35.90	72.04	+16.39	5 28 5.56	−1 13 53.87
	310	6.8	5 30 43.10	−62.77	−3.22	56 14 42.87	89.70	+17.38	5 29 37.11	−7 16 19.29
	324	7.0	5 32 1.91	−62.77	−3.21	56 26 10.72	90.36	+17.35	5 30 55.92	−7 27 54.08
	334	7.8	5 34 52.53	−62.78	−3.25	54 13 50.42	83.24	+16.82	5 33 46.51	−5 15 20.29
	162b₁	8.0	5 36 44.41	−62.79	−3.25	52 52 32.07	79.25	+16.47	5 35 38.37	−3 53 57.60
	Lal. 11382	5.4	5 55 48.12	+ 0.25	−3.19	52 3 22.10	76.96	+15.15		
1893 Nov. 10	β Aquarii	3.0	21 27 0.70	+ 0.27	−2.37	55 1 14.62	84.82	+ 9.43		
	524a sequ.	7.8	21 38 4.33	−62.83	−2.32	49 1 49.08	68.46	+12.23	21 36 59.17	−0 2 32.33
	P. XXI, 320	6.0	21 49 40.33	+ 0.26	−2.47	53 45 25.02	81.09	+11.28		
	1344	8.0	21 51 50.41	−62.80	−2.49	54 24 35.92	82.56	+11.54	21 50 45.12	−5 25 49.89
	1352	8.0	21 58 39.07	−62.79	−2.55	55 23 7.52	86.14	+11.41	21 57 54.33	−6 24 26.59
	533a	7.8	22 1 9.07	−62.84	−2.45	48 51 26.65	68.16	+13.81	22 0 5.79	+0 6 29.36
	1356	7.6	22 2 14.28	−62.79	−2.58	56 13 38.10	88.91	+11.33	22 1 8.91	−7 15 0.94
	1365	7.7	22 10 10.75	−62.79	−2.62	55 54 28.12	87.88	+11.98	22 9 5.34	−6 55 50.31
	θ Aquarii	4.5	22 12 16.70	+ 0.29	−2.66	57 17 30.32	92.60	+11.66		
	1370	8.0	22 17 16.06	−62.79	−2.65	55 41 50.25	87.21	+12.50	22 16 10.61	−6 43 12.00

Datum	Bezeichnung des Sterns	Grösse	Durchgangszeit	Uhrstand + Correction	Reduction auf 1893.0	Mittel der Ablesungen	Refraction	Reduction auf 1893.0	α 1893.0	δ 1893.0
1893 Nov. 10	1372	6.5	22h 19m 0s.87	−62s.79	−2s.68	50° 42′ 42″.45	90″.61	+12″.20	22h 17m 55s.41	−7° 14′ 7″.93
	650 b₁	6.3	22 29 37.45	−62.83	−2.64	51 0 18.92	73.85	+14.82	22 28 31.98	−2 7 30.16
	1386	8.0	22 38 43.03	−62.79	−2.78	56 45 4.15	90.83	+13.49	22 37 37.46	−7 46 31.13
	1389	7.0	22 49 0.12	−62.80	−2.81	55 31 56.20	86.82	+14.51	22 47 54.51	−6 33 19.97
	1393	7.7	22 50 53.05	−62.80	−2.82	55 14 12.82	85.87	+14.72	22 49 48.03	−6 15 35.58
	1390	8.0	22 53 26.52	−62.82	−2.80	53 12 14.90	79.72	+15.53	22 52 20.90	−4 13 32.73
	1399	6.0	22 57 5.07	−62.81	−2.84	54 15 50.00	82.85	+15.40	22 55 59.42	−5 17 10.69
	δ Aquarii	3.9	23 0 40.71	+ 0.29	−2.90	57 14 45.90	92.65	+14.65		
	γ Piscium	4.0	23 12 47.78	+ 0.21	−2.84	46 17 3.90	62.47	+18.74		
	ι Piscium	5.0	23 21 32.56	+ 0.22	−2.88	48 18 40.07	67.07	+18.55		
	1417	8.0	23 20 37.02	−62.82	−2.98	54 37 37.35	84.00	+16.84	23 25 20.82	−5 39 0.52
	1420	7.7	23 28 46.01	−62.81	−3.01	55 58 2.75	88.30	+16.59	23 27 40.19	−6 59 30.10
	1422	7.8	23 30 50.02	−62.83	−3.00	53 25 25.62	80.40	+16.69	23 29 44.20	−4 26 45.27
	B.A.C. 8213 O.C.	5.7	23 28 50.08							
	1429	7.7	23 44 21.42	−62.82	−3.05	54 0 25.62	82.26	+17.94	23 43 15.54	−5 1 48.46
	1437	7.0	23 55 17.47	−62.82	−3.12	55 27 46.30	86.81	+18.01	23 54 11.53	−6 29 13.42
	1438	8.0	23 56 39.74	−62.82	−3.12	55 24 21.62	86.65	+18.08	23 55 33.80	−6 25 48.98
	1442	8.0	0 0 7.05	−62.81	−3.15	56 32 5.40	90.10	+17.93	23 59 1.09	−7 33 35.85
	4 Ceti	6.8	0 3 21.10	+ 0.25	−3.11	52 7 21.08	70.89	+19.32		
	12	7.3	0 4 29.28	−62.87	−3.08	48 53 0.10	68.54	+20.20	0 3 23.33	+0 5 48.62
	20 Ceti	6.1	0 59 24.70	+ 0.22	−3.30	48 11 5.10	60.97	+21.88		
	25b	8.0	1 3 20.85	−62.83	−3.33	52 17 28.70	77.47	+21.14	1 2 14.69	−3 18 57.74
	α Urs. min. O.C.	2.0	1 21 33.84							
	39 Ceti	6.0	1 12 10.53	+ 0.25	−3.35	52 2 20.37	70.80	+21.34		
	32b	8.0	1 20 0.17	−62.85	−3.38	52 0 23.32	70.73	+21.53	1 18 53.96	−3 1 51.78
	58	7.8	1 20 32.06	−62.80	−3.41	56 30 51.12	90.55	+20.70	1 19 25.86	−7 32 33.23
	ζ Ceti	3.0	1 47 16.98	+ 0.31	−3.48	50 44 56.15	103.09	+20.07		
	ξ Piscium	4.0	1 49 7.22	+ 0.21	−3.44	46 19 0.89	62.89	+22.78		
	91	6.0	1 59 23.35	−62.83	−3.47	53 35 25.92	81.40	+21.78	1 58 17.05	−4 30 59.53
	67 Ceti	6.0	2 12 25.09	+ 0.28	−3.50	55 53 13.80	88.64	+21.53		
	102	8.0	2 16 17.79	−62.81	−3.50	55 50 26.00	88.50	+21.61	2 15 11.48	−0 52 7.15
	81 Ceti	6.0	2 33 24.08	+ 0.26	−3.52	52 50 2.72	79.29	+21.90		
	δ Ceti	4.0	2 35 0.24	+ 0.23	−3.53	49 0 35.87	69.45	+22.18		
	114₁	7.3	2 43 50.86	−62.84	−3.53	53 2 24.27	79.89	+21.84	2 42 44.49	−3 3 56.40
	119₁	7.5	2 49 28.36	−62.84	−3.53	53 39 29.12	81.71	+21.76	2 48 22.00	−4 41 5.43
	121	5.3	2 52 21.95	−62.84	−3.53	53 7 3.75	80.13	+21.70	2 51 15.57	−4 8 30.37
	70b	6.8	2 55 23.39	−62.85	−3.54	51 51 58.37	76.60	+21.80	2 54 17.00	−2 53 27.68
	744	8.0	3 7 39.92	−62.87	−3.56	49 16 20.26	69.88	+21.70	3 6 33.49	−0 17 48.45
	141	6.3	3 12 10.17	−62.83	−3.53	55 5 52.17	86.17	+21.40	3 11 3.81	−6 7 30.06
	149	8.0	3 21 1.52	−62.82	−3.53	56 5 0.75	89.48	+21.30	3 19 55.19	−7 6 48.00
	153	7.8	3 26 25.05	−62.83	−3.53	53 36 49.52	81.63	+21.25	3 25 19.27	−4 38 23.08
	ε Eridani	3.0	3 28 54.60	+ 0.30	−3.46	58 17 23.20	99.18	+21.18		
	162	5.8	3 34 50.52	−62.84	−3.52	54 56 33.55	85.71	+21.08	3 33 44.16	−5 58 10.14
	163	7.0	3 35 38.50	−62.83	−3.52	56 5 49.82	89.48	+21.07	3 34 32.16	−7 7 30.70
	92b	8.0	3 37 25.39	−62.80	−3.54	52 9 58.30	77.48	+21.00	3 36 19.00	−3 11 27.65

Datum	Bezeichnung des Sterns	Grösse	Durchgangszeit	Uhrstand + Correction	Reduction auf 1893.0	Mittel der Ablesungen	Refraction	Reduction auf 1893.0	α 1893.0	δ 1893.0
1893 Nov. 11	24 Eridani	5.8	3h 40m 10s.77	+ 0s.24	−3s.55	50° 28′ 39″.42	72″.96	+20″.90		
	169	8.0	3 44 31.43	−62.83	−3.51	56 7 1.15	89.56	+20.90	3h 43m 25s.09	−7° 8′ 48″.27
	173	7.8	3 47 53.50	−62.85	−3.53	52 33 31.06	79.55	+20.74	3 46 47.12	−3 55 1.88
	184	8.0	3 59 49.41	−62.84	−3.50	55 19 9.92	86.07	+20.50	3 58 43.07	−6 20 48.05
	186	8.0	4 1 24.92	−62.83	−3.48	56 51 37.14	92.25	+20.33	4 0 18.61	−7 53 20.73
	191	7.8	4 6 54.69	−62.85	−3.49	54 31 16.92	84.47	+20.26	4 5 48.35	−5 32 52.15
	194₁	7.8	4 8 49.82	−62.85	−3.50	53 33 38.22	81.57	+20.15	4 7 43.47	−4 35 10.66
	109b₁	7.8	4 10 19.53	−62.87	−3.51	51 23 21.65	75.43	+19.97	4 9 13.15	−2 24 37.72
	202	7.3	4 17 47.74	−62.86	−3.49	52 57 0.67	79.82	+19.84	4 16 31.39	−3 58 29.72
	106a	8.0	4 18 7.02	−62.88	−3.52	50 46 52.72	73.86	+19.57	4 17 0.62	−1 48 16.63
	210	7.5	4 21 8.35	−62.85	−3.46	54 52 17.49	85.64	+19.83	4 20 2.04	−5 53 53.55
	220	8.0	4 25 11.42	−62.86	−3.47	53 25 0.20	81.22	+19.58	4 24 5.10	−4 26 31.71
	224	7.4	4 27 47.10	−62.86	−3.47	53 35 9.00	81.73	+19.49	4 26 40.78	−4 36 40.41
	228	7.0	4 29 34.37	−62.85	−3.45	54 30 24.32	84.54	+19.51	4 28 28.07	−5 31 59.25
	232	8.0	4 31 10.24	−62.85	−3.46	53 55 48.25	82.78	+19.40	4 30 3.93	−4 57 21.11
	μ Eridani	3.6	4 41 15.43	+ 0.25	−3.45	52 25 36.50	78.42	+18.85		
	247	7.8	4 50 17.77	−62.85	−3.41	54 34 9.55	84.81	+18.70	4 49 11.51	−5 35 43.47
	250	5.3	4 52 14.28	−62.86	−3.40	54 18 54.82	84.03	+18.59	4 51 7.96	−5 20 28.15
	131b	7.3	4 54 12.27	−62.87	−3.42	52 52 27.22	79.75	+18.38	4 53 5.98	−3 53 55.95
	133b₁	8.0	4 57 22.63	−62.88	−3.42	51 51 12.20	76.89	+18.05	4 56 16.33	−2 52 38.18
	135b₁	8.0	5 1 59.12	−62.87	−3.40	52 36 20.40	79.01	+17.95	5 0 52.84	−3 37 48.05
	263	6.2	5 4 31.72	−62.86	−3.38	53 34 13.90	81.83	+17.95	5 3 25.47	−4 35 44.19
	266	7.5	5 5 56.69	−62.87	−3.39	52 57 47.12	80.05	+17.80	5 4 50.43	−3 59 15.88
	β Orionis	1	5 10 29.86	+ 0.29	−3.32	57 17 49.50	94.02	+18.19		
	278	7.0	5 14 16.91	−62.86	−3.33	54 44 49.05	85.47	+17.65	5 13 10.72	−5 46 22.33
	143b₁	8.0	5 17 22.57	−62.89	−3.38				5 16 16.30	
	147b	8.0	5 20 45.64	−62.88	−3.36	51 53 21.00	77.07	+16.89	5 19 39.40	−2 54 45.64
	150b	8.0	5 23 28.53	−62.89	−3.36	51 12 47.25	75.24	+16.64	5 22 22.29	−2 14 10.06
	159a	5.5	5 25 24.18	−62.88	−3.37				5 24 17.92	
	141a	8.0	5 27 38.60	−62.90	−3.38	49 20 33.77	70.43	+16.09	5 26 32.32	−0 21 50.82
	307	8.0	5 30 20.97	−62.87	−3.31	53 32 9.32	81.82	+16.65	5 29 14.79	−4 33 37.87
	317	4.5	5 31 12.56	−62.87	−3.30	53 53 2.20	82.87	+16.68	5 30 6.39	−4 54 32.37
	σ Orionis	3.7	5 34 28.62	+ 0.25	−3.32	51 38 19.64	76.43	+16.10		
	162b	2.0	5 36 27.78	−62.89	−3.33	50 58 38.35	74.65	+15.87	5 35 21.56	−1 59 59.61
	160a	8.0	5 55 46.41	−62.90	−3.29	49 29 24.77	70.88	+14.33	5 54 40.22	−0 30 30.85
	66 Orionis	6.0	6 0 25.42	+ 0.20	−3.35	44 49 3.55	60.21	+13.10		
	372	7.2	6 2 1.99	−62.85	−3.15	56 35 7.85	91.71	+14.03	6 0 55.99	−7 36 44.16
	378	8.0	6 5 23.28	−62.87	−3.18	54 1 28.10	83.40	+14.80	6 4 17.43	−5 2 56.56
	5 Monoc.	4.6	6 10 44.18	+ 0.27	−3.13	55 13 0.80	87.15	+14.70		
1893 Nov. 11	P. XXI, 320	6.0	21 49 40.28	+ 0.26	−2.46	53 45 15.74	82.19	+11.22		
	1343	7.3	21 51 40.53	−62.75	−2.58	56 27 42.75	90.87	+10.44	21 50 35.26	−7 29 15.06
	1352	8.0	21 58 59.57	−62.77	−2.54	55 22 58.77	87.28	+11.36	21 57 54.26	−6 24 27.79
	5328	8.0	22 1 0.08	−62.82	−2.44	49 14 16.75	69.96	+13.63	21 59 54.82	−0 15 30.86
	1356	7.6	22 2 14.22	−62.77	−2.57	56 13 30.17	90.08	+11.18	22 1 8.88	−7 15 2.47

Datum	Bezeichnung des Sterns	Grösse	Durchgangszeit	Uhrstand + Correction	Reduction auf 1893.0	Mittel der Ablesungen	Refraction	Reduction auf 1893.0	α 1893.0	δ 1893.0
1893 Nov. 11	1360	7.7	22h 10m 22s.50	−62s.78	−2s.61	56° 14′ 28″.55	95″.15	+11″.80	22h 9m 17s.11	−7° 16′ 0″.77
	θ Aquarii	4.3	22 12 16.69	+ 0.29	−2.65	57 17 20.77	93.81	+11.58		
	γ Aquarii	3.4	22 17 13.16	+ 0.24	−2.57	50 54 16.03	74.23	+14.13		
	1371	8.0	22 18 9.86	−62.82	−2.60	53 15 10.60	80.73	+13.35	22 17 4.44	−4 16 35.82
	Car. 3441 O.C.	5.6	22 22 40.82							
	η Aquarii	3.8	22 30 56.94	+ 0.23	−2.62	49 38 50.22	71.02	+15.27		
	26 Ceti	6.2	0 39 24.76	+ 0.22	−3.30	48 11 5.02	67.99	+21.83		
	44	7.5	1 4 8.90	−62.82	−3.36	55 43 7.90	89.14	+20.37	1 3 2.73	−6 44 47.18
	39 Ceti	6.0	1 11 16.52	+ 0.25	−3.35	52 2 21.32	77.90	+21.26		
	57	6.0	1 20 3.94	−62.83	−3.41	56 26 41.10	91.63	+20.61	1 18 57.71	−7 28 22.29
	59	7.0	1 20 43.30	−62.83	−3.40	55 28 36.20	88.36	+20.82	1 19 37.07	−6 30 15.23
	P. I. 167	5.8	1 41 43.28	+ 0.27	−3.45	55 14 29.70	87.64	+21.22		
	ζ Ceti	3.0	1 47 17.01	+ 0.31	−3.48	59 49 55.40	104.57	+20.53		
	ξ Piscium	4.0	1 49 7.27	+ 0.21	−3.45	46 19 9.55	63.78	+22.72		
1893 Nov. 12	β Aquarii	3.0	21 27 0.52	+ 0.27	−2.34	55 1 5.55	86.08	+ 9.25		
	P. XXI, 320	6.0	21 49 40.19	+ 0.26	−2.44	53 45 16.47	82.26	+11.10		
	1353	8.0	22 0 4.88	−62.63	−2.51	54 20 5.85	84.05	+11.75	21 58 59.73	−5 21 30.79
	5332a	7.8	22 1 8.83	−62.67	−2.42	48 52 18.12	69.16	+13.71	22 0 3.74	+0 6 29.26
	1357	7.8	22 3 10.34	−62.62	−2.55	55 19 35.70	87.19	+11.62	22 2 5.17	−6 22 4.20
	b Aquarii	5.9	23 0 40.50	+ 0.29	−2.88	57 14 58.37	93.84	+14.53		
	γ Piscium	4.0	23 12 42.61	+ 0.21	−2.82	46 16 56.67	63.25	+16.98		
	26 Ceti	6.1	0 39 24.58	+ 0.22	−3.31	48 11 5.57	68.00	+21.44		
	44	7.5	1 4 8.72	−62.66	−3.36	55 43 8.59	89.15	+20.28	1 3 2.70	−6 44 47.77
	39 Ceti	6.0	1 12 16.37	+ 0.25	−3.35	52 2 20.77	77.95	+21.20		
	α Urs. min. O.C.	2.0	1 21 40.87							
	32a	7.8	1 20 19.42	−62.70	−3.37	50 30 17.35	73.81	+21.70	1 19 13.35	−1 31 48.59
	59	7.0	1 20 43.03	−62.66	−3.40	55 28 36.70	88.37	+20.73	1 19 36.97	−6 30 15.72
	P. I. 167	5.8	1 41 43.11	+ 0.27	−3.45	55 14 29.05	87.63	+21.13		
	ζ Ceti	3.0	1 47 16.86	+ 0.31	−3.48	59 49 55.90	104.52	+20.41		
	30b	7.8	1 59 35.50	−62.68	−3.48	52 12 5.36	78.48	+21.81	1 58 29.34	−3 13 35.67
	68 Ceti	7.4	2 4 50.47	+ 0.25	−3.48	51 48 48.34	77.40	+21.85		
	81 Ceti	6.0	2 33 24.52	+ 0.26	−3.53	52 50 2.32	80.35	+21.72		
	δ Ceti	4.0	2 33 6.13	+ 0.23	−3.54	49 6 36.97	70.39	+22.04		
	114₁	7.3	2 43 56.74	−62.68	−3.54	53 2 24.32	80.90	+21.66	2 42 50.52	−4 3 56.18
	116₁	7.0	2 44 47.27	−62.67	−3.54	53 38 37.47	82.75	+21.59	2 43 41.05	−4 40 11.42
	119₁	7.5	2 49 28.31	−62.67	−3.55	53 39 29.32	82.78	+21.56	2 48 22.09	−4 41 3.59
	122	8.0	2 52 28.21	−62.67	−3.55	54 45 26.07	86.18	+21.45	2 51 21.99	−5 47 3.41
	70b	6.2	2 55 23.24	−62.69	−3.56	51 51 59.05	77.59	+21.63	2 54 16.98	−2 53 18.09
	74a	8.0	3 7 39.77	−62.71	−3.58	49 16 24.77	70.73	+21.55	3 6 33.49	−0 17 40.97
	142	6.8	3 12 13.31	−62.67	−3.56	53 39 19.55	82.71	+21.28	3 11 7.08	−4 40 53.76
	150	7.0	3 21 7.01	−62.67	−3.56	54 0 24.63	83.74	+21.13	3 20 0.78	−5 1 59.42
	17 Eridani	4.8	3 26 24.71	+ 0.27	−3.55	54 24 56.25	85.01	+21.02		
	ε Eridani	3.0	3 28 59.47	+ 0.30	−3.48	58 47 23.70	100.32	+20.89		
	163	7.0	3 35 38.41	−62.65	−3.54	56 5 50.72	90.52	+20.82	3 34 32.22	−7 7 30.94

Datum	Bezeichnung des Sterns	Grösse	Durchgangszeit	Uhrstand + Correction	Reduction auf 1893.0	Mittel der Ablesungen	Refraction	Reduction auf 1893.0	α 1893.0	δ 1893.0
1893 Nov. 12	91b	7.5	3h 36m 17s.23	−62s.69	−3s.57	51° 38′ 51″.30	76″.94	+20″.81	3h 35m 20s.98	−3° 40′ 18″.71
	86a	6.2	3 40 34.45	−62.70	−3.53	49 30 38.72	71.39	+20.70	3 39 28.22	−0 38 1.03
	170	7.0	3 44 39.94	−62.65	−3.53	56 18 51.46	91.30	+20.64	3 43 33.75	−7 20 33.36
	171	7.0	3 48 14.15	−62.67	−3.54	54 20 56.87	84.89	+20.51	3 47 12.94	−5 22 31.64
	184	8.0	3 59 44.28	−62.66	−3.52	55 19 10.05	88.03	+20.25	3 58 43.09	−6 20 48.13
	193	7.0	4 8 8.01	−62.67	−3.53	53 39 38.56	82.86	+19.94	4 7 1.81	−4 41 10.91
	195	7.4	4 8 58.65	−62.68	−3.53	53 8 1.40	81.29	+19.88	4 7 52.44	−4 9 32.33
	201	7.3	4 16 47.61	−62.68	−3.52	52 57 −0.32	80.75	+19.61	4 15 41.41	−3 58 29.72
	206	7.8	4 18 24.34	−62.67	−3.51	54 7 51.37	84.29	+19.62	4 17 18.16	−5 9 24.87
	211	8.0	4 21 12.35	−62.68	−3.52	52 59 22.37	80.86	+19.46	4 20 6.15	−4 0 51.57
	214	7.3	4 21 33.02	−62.67	−3.50	54 22 16.17	85.03	+19.53	4 20 26.85	−5 23 51.05
	224	7.4	4 27 47.07	−62.67	−3.50	53 35 9.60	82.61	+19.25	4 26 40.89	−4 36 40.71
	229	5.8	4 29 47.94	−62.66	−3.47	55 56 9.80	90.09	+19.35	4 28 41.81	−6 57 48.79
	116b	6.2	4 31 47.69	−62.68	−3.50	52 48 23.57	80.35	+19.03	4 30 41.51	−3 49 52.99
	μ Eridani	3.6	4 41 15.38	+ 0.25	−3.49	52 25 34.57	79.70	+18.60		
	247	7.8	4 50 17.74	−62.67	−3.45	54 34 9.00	85.60	+18.43	4 49 11.63	−5 35 42.67
	252	8.0	4 52 59.58	−62.66	−3.43	55 40 22.72	89.16	+18.43	4 51 53.49	−6 41 59.80
	133b1	8.0	4 57 22.55	−62.69	−3.46	51 51 21.57	77.50	+17.81	4 56 16.40	−2 52 37.22
	135b1	8.0	5 1 58.95	−62.68	−3.44	52 36 19.65	79.67	+17.69	5 0 52.82	−3 37 46.78
	264	7.5	5 4 52.81	−62.65	−3.39	56 16 36.07	92.18	+18.00	5 3 46.77	−7 18 15.79
	140b	7.0	5 6 40.39	−62.69	−3.45	51 21 34.21	76.18	+17.01	5 5 34.25	−2 22 57.47
	β Orionis	1	5 10 29.75	+ 0.29	−3.30	57 27 40.27	94.75	+17.89		
	283	7.5	5 17 9.55	−62.66	−3.37	54 53 32.00	80.36	+17.26	5 16 3.52	−5 55 4.03
	143b1	8.0	5 17 22.35	−62.69	−3.42	51 8 4.27	75.36	+16.71	5 16 16.23	−2 9 26.42
	132a	7.2	5 19 30.08	−62.70	−3.44	49 56 43.65	72.43	+16.41	5 18 24.84	−0 58 2.23
	150b	8.0	5 23 28.44	−62.69	−3.40	51 12 47.82	75.74	+16.40	5 22 22.35	−2 14 9.47
	297	8.0	5 26 8.41	−62.66	−3.35	55 2 45.65	87.04	+16.83	5 25 2.40	−6 4 18.01
	143a	7.5	5 28 15.23	−62.71	−3.43	49 2 41.74	70.15	+15.77	5 27 9.10	−0 3 56.76
	307	8.0	5 30 20.83	−62.67	−3.35	53 32 9.72	82.35	+15.70	5 29 14.81	−4 33 36.98
	θ² Orionis	5.0	5 31 13.59	+ 0.27	−3.34	54 27 41.24	85.17	+16.51		
	157b1	7.5	5 34 30.91	−62.69	−3.37	51 38 1.85	76.88	+15.84	5 33 24.85	−2 39 23.57
	102b	7.0	5 36 27.64	−62.69	−3.37	50 58 38.49	75.10	+15.63	5 35 21.57	−1 59 58.85
	342	7.3	5 40 27.39	−62.66	−3.28	55 53 4.21	89.77	+16.24	5 39 21.45	−6 51 39.03
	347	7.7	5 43 40.10	−62.66	−3.18	55 26 50.47	88.30	+15.99	5 42 34.16	−6 28 24.26
	361	8.0	5 53 40.13	−62.65	−3.23	56 38 29.17	92.33	+15.67	5 52 34.25	−7 40 6.68
	170b1	8.0	5 57 37.60	−62.68	−3.28	52 39 34.80	79.72	+14.68	5 56 31.64	−3 40 50.11
	372	7.2	6 2 1.90	−62.65	−3.20	56 35 9.05	92.12	+13.20	6 0 56.05	−7 36 45.74
	375	8.0	6 4 33.50	−62.67	−3.23	54 17 25.01	84.58	+14.61	6 3 27.60	−5 18 53.67
	382	7.0	6 6 57.52	−62.65	−3.19	56 14 8.97	90.92	+14.86	6 5 51.68	−7 15 44.29
	193	7.5	6 10 32.12	−62.68	−3.22	53 23 36.02	81.86	+14.06	6 9 26.23	−4 25 1.52
	398	7.2	6 13 41.30	−62.68	−3.21	53 19 4.87	81.64	+13.85	6 12 35.41	−4 20 30.19
	402	7.5	6 16 3.52	−62.65	−3.14	56 47 55.90	92.87	+14.44	6 14 57.73	−7 49 32.53
	8 Monoc.	4.7	6 19 11.98	+ 0.19	−3.35	14 20 11.05	59.17	+11.47		
	186b	7.4	6 21 55.92	−62.68	−3.19	52 26 1.32	79.08	+13.14	6 20 50.05	−3 27 22.87
	414	7.2	6 22 48.65	−62.68	−3.17	53 16 6.75	81.49	+13.28	6 21 42.80	−4 17 31.45

Datum	Bezeichnung des Sterns	Grösse	Durchgangszeit	Uhrstand + Correction	Reduction auf 1893.0	Mittel der Ablesungen	Refraction	Reduction auf 1893.0	α 1893.0	δ 1893.0
1893 Nov. 12	188b₁	7.9	6h 26m 33s.57	−62s.68	−3s.17	52° 37′ 12″.87	79″.80	+12″.89	6h 25m 27s.72	−3° 38′ 23″.13
	422	7.9	6 28 30.45	−62.67	−3.13	54 14 18.76	84.43	+13.13	6 27 24.85	−5 15 46.05
	192b	8.0	6 31 44.55	−62.68	−3.14	52 52 5.81	80.33	+12.61	6 30 38.73	−3 53 28.19
	431	7.1	6 36 57.41	−62.65	−3.06	56 26 48.35	91.65	+13.12	6 35 51.70	−7 28 22.19
	439	8.0	6 43 46.57	−62.68	−3.08	53 6 46.49	81.01	+11.88	6 42 40.81	−4 8 8.68
	198b	7.8	6 44 22.88	−62.68	−3.09	52 55 54.36	80.48	+11.79	6 43 17.11	−3 57 16.51
	201b	7.0	6 47 23.91	−62.69	−3.10	51 15 47.75	75.77	+11.17	6 46 18.12	−2 16 34.72
	452	8.0	6 50 11.44	−62.66	−3.02	55 13 52.60	87.52	+11.99	6 49 5.46	−6 15 21.68
	51 H. Ceph. O.C.	5.1	6 52 5.48							
	19 Monoc.	5.4	6 58 41.75	+ 0.26	−3.02	53 3 41.42	80.80	+10.89		
	462	5.8	6 59 54.70	62.67	−2.99	54 8 32.77	84.04	+11.06	6 58 49.10	−5 9 57.34
	466	7.0	7 5 23.43	−62.67	−2.95	54 50 52.95	86.22	+10.87	7 4 17.81	−5 52 19.29
	469	7.9	7 6 58.38	−62.68	−2.97	53 30 18.22	82.08	+10.41	7 5 52.73	−4 31 40.61
	215b₁	8.0	7 10 44.20	−62.69	−2.99	51 37 2.20	76.07	+ 9.62	7 9 38.52	−2 38 17.04
	478	7.6	7 12 52.24	−62.65	−2.89	56 18 38.77	91.03	+10.77	7 11 46.69	−7 20 10.16
	482	7.3	7 15 53.44	−62.67	−2.92	53 46 15.55	87.84	+ 9.87	7 14 47.85	−4 47 37.67
	P. VII. 85	6.6	7 17 59.61	+ 0.29	−2.84	57 45 0.10	96.12	+10.82		
1893 Nov. 27	116₁	7.0	2 44 49.45	−64.76	−3.61	53 38 39.37	82.83	+20.02	2 43 41.08	−4 40 10.76
	68a	7.7	2 50 53.30	−64.75	−3.64	48 58 28.55	70.14	+20.06	2 49 44.90	+0 0 12.13
	η Eridani	3.0	2 52 20.40	+ 0.25	−3.62	58 17 41.12	98.65	+20.00		
	70b	6.2	2 55 25.41	−64.76	−3.64	51 51 59.25	77.72	+20.15	2 54 17.01	−2 53 26.06
	74a	8.0	3 7 42.02	−64.76	−3.68	49 46 25.71	70.93	+20.23	3 6 33.58	−0 17 45.73
	142	6.8	3 12 15.55	−64.77	−3.66	53 39 22.27	82.97	+19.59	3 11 7.12	−4 40 55.60
	B.A.C. 5140 U.C.	7.1	3 12 6.60							
	17 Eridani	4.8	3 26 26.92	+ 0.22	−3.68	54 24 58.57	85.35	+19.19		
	ε Eridani	3.0	3 29 1.70	+ 0.21	−3.59	58 47 20.32	100.70	+18.66		
	162	5.8	3 34 52.62	−64.78	−3.68	54 56 35.74	86.06	+18.93	3 33 44.16	−5 58 9.67
	89b	8.0	3 35 53.07	−64.77	−3.71	51 13 13.17	76.04	+19.25	3 34 44.59	−2 14 37.46
	δ Eridani	3.6	3 38 15.73	+ 0.21	−3.65	59 5 42.60	101.90	+19.16		
	24 Eridani	5.8	3 39 12.91	+ 0.22	−3.72	50 28 41.25	74.05	+19.18		
	170	7.0	3 44 42.18	−64.79	−3.68	56 18 53.90	91.58	+18.56	3 43 33.72	−7 20 32.77
	177	6.6	3 49 2.31	−64.79	−3.69	55 35 31.50	90.24	+18.48	3 47 53.84	−6 57 8.83
	184	8.0	3 59 51.60	−64.79	−3.70	55 19 11.70	88.24	+18.21	3 58 43.11	−6 20 47.01
	193	7.0	4 8 10.26	−64.79	−3.71	53 39 39.16	83.04	+18.00	4 7 1.76	−4 41 8.83
	109b₁	7.8	4 10 21.75	−64.78	−3.74	51 23 13.10	76.51	+18.01	4 9 13.23	−2 24 36.27
	203	7.3	4 17 24.68	−64.79	−3.70	55 28 1.12	88.21	+17.60	4 16 15.69	−6 19 35.63
	206	7.8	4 18 26.64	−64.79	−3.71	54 7 53.85	84.50	+17.60	4 17 18.15	−5 9 24.74
	212	7.8	4 21 27.28	−64.79	−3.71	54 18 35.26	85.06	+17.48	4 20 18.78	−5 20 6.43
	216	8.0	4 22 36.54	−64.79	−3.71	54 8 56.30	84.56	+17.43	4 21 28.04	−5 10 26.80
	225	8.0	4 28 13.07	−64.80	−3.71	54 14 29.97	84.86	+17.21	4 27 4.57	−5 16 0.10
	230	6.5	4 30 10.15	−64.80	−3.69	56 2 2.12	90.69	+17.12	4 29 1.66	−7 3 38.26
	116b	6.2	4 31 50.00	−64.80	−3.72	52 48 25.55	80.55	+17.06	4 30 41.48	−3 49 52.19
	238	8.0	4 41 56.22	−64.80	−3.68	56 9 14.82	91.13	+16.63	4 40 47.73	−7 10 51.56
	118a	8.0	4 50 44.91	−64.79	−3.76	49 41 49.66	72.13	+16.09	4 49 36.35	−0 43 6.54
	252	8.0	4 53 1.93	−64.81	−3.68	55 40 25.82	89.53	+16.14	4 51 53.45	−6 41 59.70
	144a	6.0	5 28 25.15	−64.81	−3.71	50 38 52.35	74.67	+13.98	5 27 16.63	−1 40 9.44
	308	8.0	5 30 33.84	−64.82	−3.69	53 26 27.02	82.55	+14.10	5 29 25.33	−4 27 51.75

Datum	Bezeichnung des Sterns	Grösse	Durchgangszeit	Uhrstand + Correction	Reduction auf 1893.0	Mittel der Ablesungen	Refraction	Reduction auf 1893.0	α 1893.0	δ 1893.0
1893 Nov. 27	320	7.8	5h 31m 19.60s	−64.82s	−3.64s	54° 27′ 43.00″	85.68″	+14.14″	5h 30m 11.15s	−5° 29′ 13.60″
	331	8.0	5 34 19.25	−64.82	−3.64	54 4 57.37	84.51	+13.93	5 33 10.79	−5 6 24.48
	161b	7.5	5 36 24.08	−64.81	−3.67	51 51 35.34	77.98	+13.61	5 35 15.60	−2 52 55.94
	Lal. 11382	5.4	5 55 50.62	+ 0.22	−3.63	52 3 23.61	78.57	+12.35		
	6 Monoc.	6.7	6 13 41.55	+ 0.21	−3.46	59 30 22.42	104.53	+12.32		
	438	8.0	6 42 40.99	−64.84	−3.45	55 0 24.65	87.54	+ 9.79	6 41 32.70	−6 1 50.55
	184a,	8.0	6 44 12.58	−64.83	−3.53	50 31 25.82	74.46	+ 8.85	6 43 4.22	−1 32 37.96
	444	7.2	6 46 33.07	−64.84	−4.47	53 7 11.00	81.71	+ 9.18	6 45 24.76	−4 8 30.57
	215b,	8.0	7 10 46.58	−64.84	−3.41	52 37 4.60	77.45	+ 7.14	7 9 38.33	−3 38 17.59
	477	7.9	7 12 55.16	−64.85	−3.34	55 1 29.12	87.65	+ 7.73	7 11 46.97	−6 2 53.15
	481	7.8	7 15 47.14	−64.85	−3.36	53 21 50.81	82.48	+ 7.16	7 14 38.93	−4 23 9.21
	P. VII, 85	6.6	7 18 2.25	+ 0.21	−3.26	57 43 3.82	97.14	+ 8.00		
	496	7.3	7 27 52.05	−64.86	−3.28	54 41 35.10	86.61	+ 6.59	7 26 42.92	−5 42 56.74
	205a	8.0	7 33 12.82	−64.85	−3.34	50 46 40.95	75.20	+ 5.26	7 32 4.63	−1 47 49.82
	505	8.0	7 34 33.65	−64.86	−3.27	53 43 34.02	83.61	+ 5.89	7 33 25.52	−4 44 52.36
	503	8.0	7 37 40.55	−64.86	−3.22	55 52 37.15	90.53	+ 6.19	7 36 32.47	−6 54 2.61
	242b	8.0	7 54 17.32	−64.86	−3.22	52 19 44.45	79.53	+ 4.07	7 53 9.24	−3 20 56.42
	529	7.0	7 56 18.56	−64.86	−3.18	53 33 56.12	83.17	+ 4.25	7 55 10.51	−4 35 12.28
	Br. 1197	5.6	8 21 26.82	+ 0.22	−3.08	57 32 16.62	80.18	+ 2.08		
	P. VIII, 167	5.3	8 42 57.54	+ 0.22	−3.01	50 29 16.62	74.56	− 0.12		
1893 Dec. 1	39 Ceti	6.0	1 12 18.46	+ 0.26	−3.28	52 2 26.66	74.91	+19.77		
	33b	5.8	1 20 30.65	−64.85	−3.32	52 22 56.07	75.78	+19.85	1 19 22.47	−3 24 19.52
	34b	7.7	1 21 47.88	−64.86	−3.32	51 41 3.92	74.02	+20.05	1 20 39.69	−2 45 26.19
	P. I, 167	5.8	1 41 45.24	+ 0.29	−3.41	55 24 35.05	83.94	+19.31		
	ζ Ceti	3.0	1 47 18.97	+ 0.34	−3.44	59 50 2.65	100.07	+18.18		
	62 Ceti	7.4	2 4 52.64	+ 0.26	−3.50	51 48 53.86	73.94	+20.23		
1893 Dec. 2	β Aquarii	3.0	21 27 2.67	+ 0.29	−2.12	55 1 8.92	85.93	+ 8.17		
	5242 sequ.	7.8	21 38 6.09	−65.07	−2.06	49 1 44.17	69.29	+10.93	21 36 58.95	−0 2 51.98
	1344	8.0	21 51 52.32	−65.02	−2.23	54 11 29.00	83.50	+10.10	21 50 45.06	−5 13 50.00
	532a	8.0	22 1 2.04	−65.07	−2.20	49 14 20.52	69.83	+12.42	21 59 54.76	−0 15 30.21
	1356	7.6	22 2 10.17	−65.00	−2.33	56 13 32.30	89.91	+10.09	22 1 8.83	−7 15 0.42
	1366	7.7	22 10 24.48	−65.00	−2.37	56 13 31.62	89.99	+10.62	22 9 17.04	−7 15 39.03
	θ Aquarii	4.3	22 12 18.61	+ 0.31	−2.40	57 17 24.82	93.04	+10.30		
	1370	8.0	22 17 17.93	−65.00	−2.40	55 41 45.30	88.18	+11.13	22 16 10.52	−6 43 12.35
	1396	8.0	22 33 28.33	−65.03	−2.56	53 12 10.44	80.56	+14.24	22 32 20.73	−4 13 33.62
	δ Aquarii	5.9	23 0 42.70	+ 0.31	−2.67	57 14 41.75	93.61	+13.23		
	γ Piscium	4.0	23 12 44.80	+ 0.20	−2.62	46 16 58.57	63.10	+17.74		
	κ Piscium	5.0	23 22 34.56	+ 0.22	−2.67	48 18 35.50	67.75	+17.45		
	1419	6.8	23 27 7.62	−65.03	−2.75	53 38 52.72	81.95	+15.83	23 25 59.83	−4 40 18.30
	B.A.C. 8213 O.C.	5.7	23 28 55.58							
	M. 986	6.1	23 45 52.32	+ 0.33	−2.93	59 32 32.20	102.49	+14.71		
	675b	7.3	23 55 10.08	−65.04	−2.89	52 24 58.15	78.42	+17.48	23 54 2.14	−3 26 22.20
	1438	8.0	23 56 41.74	−65.01	−2.93	55 21 17.85	87.46	+16.52	23 55 33.78	−6 23 50.27
	1441	7.8	0 1 4.70	−65.03	−2.93	53 25 20.40	81.31	+17.37	23 59 56.73	−4 26 46.78
	1a	7.3	0 4 31.25	−65.07	−2.01	48 52 55.20	69.16	+18.96	0 3 23.26	+0 5 48.77
	ι Ceti	3.3	0 15 6.63	+ 0.32	−3.05	58 23 20.00	97.92	+16.16		

Datum	Bezeichnung des Sterns	Grösse	Durchgangszeit	Uhrstand + Correction	Reduction auf 1893.0	Mittel der Ablesungen	Refraction	Reduction auf 1893.0	α 1893.0	δ 1893.0
1893 Dec. 2	26 Ceti	6.1	0h 59m 26s.72	+ 0s.22	−3s.20	48° 11′ 6″.92	67″.72	+20″.17		
	43	8.0	1 4 30.18	−65.02	−3.25	54 16 1.70	83.10	+18.96	1h 3m 27s.90	−5° 17′ 31″.91
	39 Ceti	6.0	1 12 18.64	+ 0.26	−3.27	52 2 23.05	77.63	+19.70		
	58	7.8	1 20 34.26	−65.00	−3.33	56 30 54.02	91.48	+18.59	1 19 25.92	−7 32 32.48
	63	8.0	1 21 53.01	−65.01	−3.34	56 11 6.37	90.35	+18.70	1 20 45.56	−7 12 43.22
	ζ Ceti	3.0	1 47 19.15	+ 0.34	−3.44	59 49 58.90	104.15	+18.07		
	50b	7.8	1 59 37.83	−65.04	−3.47	52 12 9.14	78.22	+20.09	1 58 29.31	−3 13 35.77
	51b	7.9	2 2 38.57	−65.05	−3.49	51 18 37.29	75.77	+20.30	2 1 30.02	−2 20 1.39
	62 Ceti	7.1	2 4 52.83	+ 0.20	−3.49	51 48 50.60	77.16	+20.14		
	π¹ Orionis	4.0				40 42 50.85	64.72	+15.91		
	β Orionis	1	5 10 32.54	+ 0.31	−3.71	57 17 54.70	94.88	+14.35		
	1448	6.0	5 28 25.48	−65.17	−3.74	50 38 55.47	74.38	+13.27	5 27 16.52	−1 40 10.87
	308	8.0	5 30 34.22	−65.14	−3.74	53 26 28.97	82.22	+13.30	5 29 25.34	−4 27 52.21
	320	7.8	5 31 19.04	−65.13	−3.73	54 27 46.71	85.34	+13.32	5 30 11.08	−5 29 14.17
	1576b1	7.5	5 34 33.68	−65.15	−3.77	51 38 4.60	77.04	+12.96	5 33 24.76	−2 39 23.09
	1626b1	8.0	5 36 47.24	−65.14	−3.74	52 52 35.92	80.55	+12.89	5 35 38.35	−3 53 57.98
	Lal. 11382	5.4	5 55 50.97	+ 0.26	−3.73	52 3 25.77	78.20	+11.36		
	438	8.0	6 42 41.35	−65.12	−3.56	55 0 26.37	87.11	+ 8.88	5 41 32.66	−6 1 50.76
	1842a1	8.0	6 44 12.97	−65.17	−3.65	50 31 28.20	74.09	+ 8.04	5 43 4.15	−1 32 38.88
	468	7.7	7 6 31.59	−65.10	−3.46	56 40 19.07	92.78	+ 7.54	7 5 23.03	−7 41 48.10
	475	8.0	7 12 11.84	−65.10	−3.44	56 40 2.65	92.79	+ 7.16	7 11 3.30	−7 41 32.84
	470	7.3	7 13 24.99	−65.13	−3.47	54 36 31.32	85.92	+ 6.65	7 12 16.36	−5 37 52.63
	482	7.3	7 15 56.42	−65.13	−3.48	53 46 18.92	83.34	+ 6.31	7 14 47.80	−4 47 30.94
	P. VII, 85	6.6	7 18 2.65	+ 0.32	−3.40	57 45 4.59	96.72	+ 6.98		
	2052	8.0	7 33 13.10	−65.16	−3.48	50 46 41.95	74.69	+ 4.36	7 32 4.46	−1 47 49.23
	500	7.8	7 34 41.61	−65.13	−3.40	54 11 51.22	84.08	+ 5.03	7 33 33.08	−5 13 9.21
	26 Monoc.	4.3	7 37 16.48	+ 0.32	−3.31	58 10 33.60	98.73	+ 5.75		
	B.A.C. 2320 O.C.	7.1	7 53 39.08							
	27 Monoc.	5.4	7 55 31.88	+ 0.26	−3.35	52 22 5.37	79.35	+ 3.04		
	2451b1′	8.3	7 57 39.01	−65.15	−3.35	52 13 43.15	78.95	+ 2.87	7 56 30.51	−3 14 33.02
1893 Dec. 3	β Aquarii	3.0	21 27 2.73	+ 0.29	−2.11	55 1 8.82	86.32	+ 8.11		
	1340	7.3	21 49 42.20	−65.10	−2.22	54 50 10.92	85.93	+ 9.69	21 48 34.87	−5 51 33.80
	1353	8.0	22 0 7.11	−65.11	−2.27	54 20 7.31	84.45	+10.55	21 58 59.73	−5 21 29.73
	1355	7.5	22 1 35.83	−65.10	−2.29	54 51 10.47	86.09	+10.47	22 0 28.44	−5 52 36.69
	1365	7.7	22 10 12.82	−65.09	−2.35	55 54 23.06	89.57	+10.06	22 9 5.37	−6 55 50.68
	1389	7.0	22 49 2.06	−65.10	−2.56	55 31 31.90	88.42	+13.10	22 47 54.40	−6 33 20.56
	1396	8.0	22 53 28.42	−65.12	−2.55	53 12 11.02	81.20	+14.18	22 52 20.75	−4 13 33.60
	1399	6.0	22 57 7.18	−65.11	−2.59	54 15 45.25	84.39	+14.01	22 55 59.42	−5 17 11.22
	λ Aquarii	5.4	23 0 42.75	+ 0.31	−2.66	57 14 41.42	94.36	+13.16		
	γ Piscium	4.0	23 12 44.89	+ 0.20	−2.61	46 16 59.13	63.60	+17.07		
	B.A.C. 8213 O.C.	5.7	23 28 34.52							
	M. 974	6.5	23 31 8.74	+ 0.31	−2.81	57 1 40.95	93.66	+15.03		
	M. 986	6.1	23 45 51.45	+ 0.33	−2.92	59 32 30.86	103.30	+14.63		
	1437	7.0	23 52 19.30	−65.10	−2.92	55 27 41.00	88.36	+16.37	23 51 11.30	−6 29 13.65
	1439	8.0	23 56 46.44	−65.10	−2.92	55 26 38.90	88.31	+16.43	23 55 38.42	−6 28 11.27

Datum	Bezeichnung des Sterns	Grösse	Durchgangszeit	Uhrstand + Correction	Reduction auf 1893.0	Mittel der Ablesungen	Refraction	Reduction auf 1893.0	α 1893.0	δ 1893.0
1893 Dec. 3	4 Ceti	6.8	0h 3m 23s.22	+0s.26	−2s.43	52° 7′ 15″.76	78″.25	+17″.84		
	η Ceti	3.1	1 4 20.78	+0.34	−3.29	59 43 8.71	104.07	+17.09		
	39 Ceti	6.0	1 12 18.69	+0.26	−3.26	52 2 22.91	78.01	+19.61		
	33b	5.8	1 20 30.93	−65.13	−3.31	52 22 54.07	78.98	+19.69	1h 19m 22s.39	−3° 24′ 20″.70
	61	8.0	1 21 33.95	−65.09	−3.33	56 11 5.75	90.81	+18.61	1 20 45.53	−7 12 43.45
	116,	7.0	2 44 40.81	−65.09	−3.62	53 38 40.72	82.76	+19.38	2 43 41.10	−4 40 11.03
	121	5.3	2 52 24.30	−65.10	−3.64	53 7 7.77	81.21	+19.36	2 51 15.56	−4 8 36.78
	127	8.0	2 55 54.04	−65.10	−3.65	53 4 27.92	84.09	+19.32	2 54 45.28	−4 5 59.31
	94 Ceti	5.3	3 8 27.56	+0.24	−3.71	50 54 25.87	74.17	+19.40		
	143	7.5	3 12 27.04	−65.11	−3.69	52 53 56.35	80.62	+19.00	3 11 18.24	−3 55 24.09
	ε Eridani	3.0	3 29 2.06	+0.33	−3.62	58 47 27.30	100.60	+17.48		
	163	7.0	3 35 41.00	−65.09	−3.71	56 5 54.75	90.77	+17.98	3 34 32.20	−7 7 31.26
	92b	8.0	3 37 27.93	−65.13	−3.74	52 10 2.02	78.60	+18.42	3 36 19.06	−3 11 27.04
	δ Eridani	3.0	3 39 16.08	+0.33	−3.69	59 5 44.30	101.84	+18.24		
	24 Eridani	5.8	3 40 13.25	+0.24	−3.70	50 28 42.67	74.01	+18.53		
	170	7.0	3 44 42.56	−65.09	−3.72	56 18 55.87	91.53	+17.72	3 43 33.75	−7 20 33.32
	177	6.6	3 49 2.71	−65.09	−3.73	55 55 33.01	90.11	+17.64	3 47 53.89	−6 57 4.01
	106b	6.8	4 0 39.14	−65.14	−3.78	51 41 46.50	77.31	−17.65	3 59 30.22	−2 43 9.55
	191	7.8	4 6 57.18	−65.11	−3.70	54 31 20.45	85.64	+17.17	4 5 48.30	−5 32 51.25
	194	7.3	4 8 50.63	−65.10	−3.75	55 27 58.77	89.24	+17.03	4 7 41.78	−6 39 33.20
	λ Eridani	5.0	4 10 27.05	+0.33	−3.71	59 29 31.72	103.50	+16.52		
	203	7.3	4 17 24.57	−65.11	−3.76	55 18 1.17	88.16	+16.72	4 16 15.70	−6 19 34.09
	211	8.0	4 21 15.03	−65.13	−3.79	52 59 26.10	81.01	+16.70	4 20 6.11	−4 0 51.27
	214	7.3	4 21 35.69	−65.12	−3.77	54 22 19.32	85.19	+16.61	4 20 26.80	−5 23 49.54
	228	7.0	4 29 37.04	−65.12	−3.77	54 30 26.90	85.62	+16.27	4 28 28.14	−5 31 57.00
	115b,	8.0	4 31 47.45	−65.15	−3.81	51 25 37.52	76.59	+16.30	4 30 38.49	−2 26 58.75
	238	8.0	4 41 50.64	−65.11	−3.75	56 9 15.80	91.01	+15.68	4 40 47.78	−7 10 50.69
	π³ Orionis	4.0	4 49 49.70	+0.20	−3.88	46 42 56.50	64.88	+15.40		
	141a	8.0	5 27 41.33	−65.19	−3.83				5 26 32.31	
	155b	7.8	5 30 2.22	−65.17	−3.78	51 55 58.92	77.98	+13.10	5 28 53.27	−2 57 18.01
	317	4.5	5 31 15.30	−65.15	−3.75	53 53 5.92	83.68	+13.12	5 30 6.40	−4 54 31.03
	331	8.0	5 34 19.65	−65.15	−3.74	54 4 59.75	84.29	+12.95	5 33 10.76	−5 6 25.14
	160b	7.8	5 36 8.42	−65.16	−3.77	52 27 44.35	79.47	+12.76	5 34 59.48	−3 29 4.91
	Lal. 11382	5.4	5 55 51.08	+0.26	−3.74	52 3 26.32	78.36	+11.39		
	439	8.0	6 43 49.53	−65.18	−3.62	53 6 51.00	81.53	+ 8.32	6 42 40.74	−4 8 8.30
	198b	7.8	6 44 25.92	−65.18	−3.62	52 56 0.32	81.00	+ 8.24	6 43 17.11	−3 57 17.80
	201b	7.0	6 47 26.91	−65.20	−3.64	51 15 21.85	76.27	+ 7.75	6 46 18.07	−2 16 33.92
	468	7.7	7 6 31.63	−65.15	−3.48	56 40 19.40	92.99	+ 7.33	7 5 22.99	−7 41 48.03
	476	8.0	7 12 25.46	−65.18	−3.52	53 49 26.62	83.67	+ 6.38	7 11 16.76	−4 50 44.81
	482	7.3	7 15 56.47	−65.18	−3.51	53 46 19.00	83.51	+ 6.22	7 14 47.78	−4 47 36.97
	P. VII. 85	6.6	7 18 2.72	+0.32	−3.42	57 45 5.07	96.91	+ 6.76		
	δ Urs. min. U.C.	6.4	7 29 0.68							
	227b	7.8	7 33 34.48	−65.21	−3.49	51 20 11.10	76.30	+ 4.88	7 32 25.78	−2 21 19.69
	503	8.0	7 34 34.08	−65.19	−3.44	53 43 36.21	83.38	+ 4.75	7 33 25.45	−4 44 52.65
	26 Monoc.	4.3	7 37 16.52	+0.32	−3.34	58 16 34.01	98.89	+ 5.52		
	242b	8.0	7 54 22.53	−65.21	−3.38	52 33 43.92	79.94	+ 2.98	7 53 13.94	−3 34 55.11
	530	8.0	7 56 27.94	−65.20	−3.36	53 16 36.94	82.03	+ 2.99	7 55 19.38	−4 17 50.29
	Br. 1197	3.6	8 21 27.31	+0.26	−3.26	52 32 18.02	79.93	+ 0.87		
	Br. 1212	6.1	8 31 23.24	+0.30	−3.13	56 35 26.62	92.83	+ 1.34		

Datum	Bezeichnung des Sterns	Grösse	Durchgangszeit	Uhrstand + Correction	Reduction auf 1893.0	Mittel der Ablesungen	Refraction	Reduction auf 1893.0	α 1893.0	δ 1893.0
1893 Dec. 6	39 Ceti	6.0	1ʰ 12ᵐ 18ˢ.19	+ 0ˢ.26	−3ˢ.24	52° 2′ 24″.02	77″.88	+19″.38		
	33b	5.8	1 20 30.40	−64.69	−3.29	51 22 53.82	78.81	+19.44	1ʰ 19ᵐ 22ˢ.42	−3° 24′ 20″.65
	34b	7.7	1 21 47.63	−64.69	−3.30	51 44 1.32	76.99	+19.63	1 20 39.64	−2 45 26.92
	α Urs. min. O.C.	2.0	1 21 32.55							
	P. I, 167	5.8	1 41 45.04	+ 0.29	−3.39	55 14 32.40	87.37	+18.82		
	ζ Ceti	3.0	1 47 18.77	+ 0.34	−3.42	59 49 59.90	104.18	+17.63		
	δ Piscium	4.0	1 49 9.07	+ 0.25	−3.42	46 19 10.74	63.54	+21.34		
	204	7.2	4 17 31.75	−64.73	−3.78	55 30 45.20	88.15	+15.20	4 16 23.24	−6 32 17.97
	ξ Eridani	5.3	4 19 29.75	+ 0.27	−3.81	52 58 11.00	80.32	+16.33		
	211	8.0	4 21 14.68	−64.76	−3.81	52 59 26.40	80.41	+16.29	4 20 6.11	−4 0 52.81
	216	8.0	4 22 36.65	−64.7[illegible]	[illegible].80	54 8 58.62	83.88	+16.15	4 21 28.10	−5 10 28.45
	223	8.0	4 28 13.10	−64.75	−3.80	54 14 31.52	84.21	+15.91	4 27 4.55	−5 16 1.22
	115b₁	8.0	4 31 47.15	−64.78	−3.84	51 25 38.70	76.11	+15.91	4 30 38.52	−2 27 0.37
	μ Eridani	3.6	4 41 17.73	+ 0.26	−3.83	52 25 39.52	78.96	+15.39		
	π⁴ Orionis	4.0	4 49 49.41	+ 0.21	−3.92	46 42 55.64	64.61	+15.07		
	137b	7.5	5 4 20.48	−64.81	−3.84	52 7 37.07	78.33	+14.17	5 3 11.83	−3 8 58.63
	264	7.8	5 4 55.29	−64.77	−3.78	56 16 40.09	91.22	+14.10	5 3 46.74	−7 18 15.22
	142b	7.7	5 9 27.86	−64.81	−3.83	52 43 30.57	80.09	+13.87	5 8 19.22	−3 44 54.29
	285	7.5	5 17 12.06	−64.80	−3.79	54 53 34.40	86.74	+13.46	5 16 3.48	−5 55 4.16
	132a	7.2	5 19 33.52	−64.85	−3.87	49 56 46.47	72.62	+13.24	5 18 24.80	−0 58 1.93
	300	8.0	5 26 55.30	−64.80	−3.78	55 14 53.55	88.00	+12.93	5 25 46.72	−6 16 23.88
	147a	7.7	5 29 46.35	−64.86	−3.86	50 5 20.67	73.07	+12.59	5 28 37.63	−1 6 35.77
	316	7.0	5 31 13.11	−64.83	−3.80	53 28 16.72	82.49	+12.62	5 30 4.48	−4 29 41.50
	331	8.0	5 34 19.37	−64.82	−3.79	54 4 39 57	84.38	+12.45	5 33 10.75	−5 6 25.87
	161b	7.5	5 36 24.18	−64.85	−3.83	51 51 38.06	77.88	+12.23	5 35 15.51	−2 52 58.07
	Lal. 11382	5.4	5 55 50.73	+ 0.26	−3.80	52 3 24.55	78.43	+10.91		
	6 Monoc.	6.7	6 13 41.75	+ 0.34	−3.64	59 39 23.00	105.11	+10.50		
	440	7.9	6 43 49.05	−64.90	−3.67	54 0 50.72	85.19	+ 7.90	6 42 40.49	−5 2 13.33
	199b	6.1	6 45 1.70	−64.93	−3.72	51 7 51.45	76.79	+ 7.38	6 43 53.05	−2 9 5.38
	200b	8.0	6 47 6.83	−64.92	−3.69	52 21 59.37	80.27	+ 7.41	6 45 58.23	
										−3 23 17.04
	469	7.9	7 7 1.32	−64.93	−3.61	53 30 20.85	83.73	+ 6.14	7 5 52.78	−4 31 40.66
	478	7.6	7 12 55.17	−64.90	−3.54	56 18 42.62	92.87	+ 6.21	7 11 46.73	−7 20 21.42
	483	7.8	7 16 7.12	−64.92	−3.56	54 55 1.65	88.13	+ 5.74	7 14 58.64	−5 56 25.18
	P. VII, 85	6.6	7 18 2.63	+ 0.32	−3.50	57 45 2.88	98.03	+ 6.13		
	λ Urs. min. U.C.	6.4	7 21 34.16							
1893 Dec. 8	206	7.8	4 18 26.77	−64.89	−3.81	54 7 57.87	83.63	+16.04	4 17 18.08	−5 9 25.76
	213	8.0	4 21 32.53	−64.89	−3.82	53 56 51.27	83.06	+15.93	4 20 23.83	−4 58 18.39
	223	8.0	4 28 13.19	−64.89	−3.82	54 14 33.20	83.96	+15.61	4 27 4.48	−5 16 0.51
	230	6.5	4 30 10.33	−64.87	−3.80	56 2 5.15	89.73	+15.40	4 29 1.66	−7 3 38.60
	ν Eridani	3.3	4 32 7.05	+ 0.26	−3.84	52 32 55.20	78.96	+15.33		
	μ Eridani	3.6	4 41 17.88	+ 0.26	−3.85	52 25 42.30	78.61	+15.11		
	π⁴ Orionis	4.0	4 49 49.56	+ 0.20	−3.94	46 42 57.25	64.26	+14.85		
	145a	7.5	5 28 (49.89 / 51.67)	−64.94	−3.88	50 46 23.57	74.83	+12.38	5 27 (41.07 / 42.85)	−1 47 38.09
	310	6.8	5 30 45.83	−64.88	−3.79	56 14 49.32	90.61	+12.38	5 29 37.15	−7 16 20.14

Datum	Bezeichnung des Sterns	Grösse	Durchgangszeit	Uhrstand + Correction	Reduction auf 1893.0	Mittel der Ablesungen	Refraction	Reduction auf 1893.0	α 1893.0	δ 1893.0
1893 Dec. 8	322	6.0	5h 31m 31s.33	−64s.91	−3s.83	53° 54′ 16″.25	83″.08	+11″.28	5h 30m 22s.80	−4° 55′ 34″.25
	157b1	7.5	5 34 33.06	−64.93	−3.86	51 38 6.20	76.55	+12.05	5 33 24.87	−2 39 22.91
	162b	2.0	5 36 30.43	−64.94	−3.87	50 58 43.50	74.78	+11.89	5 35 21.64	−1 59 58.44
	Lal. 11382	5.4	5 55 50.90	+ 0.26	−3.83	52 3 27.02	77.75	+10.59		
	6 Monoc.	6.7	6 13 41.83	+ 0.34	−3.67	59 39 28.05	103.13	+10.08		
	183a	6.7	6 44 2.28	−64.96	−3.70	50 10 50.12	72.73	+ 6.99	6 42 53.53	−1 11 57.67
	199b	6.1	6 45 1.81	−64.95	−3.76	51 2 54.27	75.23	+ 7.04	6 43 53.10	−2 9 4.91
	446	7.3	6 47 30.12	−64.90	−3.67	55 48 57.77	89.22	+ 7.51	6 46 21.55	−6 50 22.92
	470	7.8	7 7 9.09	−64.90	−3.60	56 30 25.92	91.55	+ 6.25	7 6 0.59	−7 31 42.15
	477	7.9	7 12 55.54	−64.92	−3.61	55 1 33.15	86.64	+ 5.58	7 11 47.01	−6 2 53.24
	483	7.8	7 16 7.21	−64.92	−3.60	54 55 4.56	86.31	+ 5.35	7 14 58.68	−5 56 24.48
	P. VII. 85	6.6	7 18 2.55	+ 0.32	−3.54	57 45 7.12	96.05	+ 5.71		
	λ Urs. min. U.C.	6.4	7 28 56.11							
	227b	7.8	7 33 34.47	−64.96	−3.62	51 20 23.22	75.90	+ 3.35	7 32 25.89	−2 21 20.26
	506	7.8	7 34 41.55	−64.93	−3.56	54 11 52.95	84.16	+ 3.83	7 33 33.06	−5 13 8.95
	26 Monoc.	4.3	7 37 16.51	+ 0.32	−3.46	58 16 36.45	98.14	+ 4.44		
	242b	8.0	7 54 22.48	−64.95	−3.52	52 33 46.95	79.32	+ 1.98	7 53 14.01	−3 34 56.54
	245b	6.8	7 56 29.72	−64.96	−3.53	51 34 10.67	76.54	+ 1.60	7 55 21.23	−2 35 17.31
	Br. 1197	3.6	8 21 27.18	+ 0.26	−3.41	52 32 19.03	70.24	− 0.13		
1893 Dec. 10	λ Aquarii	4.0	22 48 9.09	+ 0.33	−2.51	57 7 32.02	92.02	+12.08		
	Br. 3033	6.7	22 52 52.05	+ 0.29	−2.49	54 21 37.55	82.08	+13.31		
	1397	8.0	22 55 16.35	−64.70	−2.50	53 54 56.27	81.64	+13.60	22 54 9.36	−4 56 12.89
	1403′	8.9	23 1 1.76	−64.66	−2.57				22 59 54.53	
	γ Piscium	4.0	23 12 44.30	+ 0.20	−2.54	46 17 8.67	62.26	+15.32		
	κ Piscium	5.0	23 22 34.13	+ 0.22	−2.59	48 18 42.92	66.81	+16.97		
	B.A.C. 8213 O.C.	5.7	23 28 53.62							
	π⁴ Orionis	4.0	4 49 49.32	+ 0.20	−3.96	46 42 39.05	63.48	+14.63		
	β Orionis	1	5 10 32.14	+ 0.33	−3.81	57 17 37.00	92.93	+13.15		
	152b	6.3	5 25 12.21	−64.70	−3.88	52 30 37.80	77.82	+12.32	5 24 3.64	−3 31 56.51
	154b	7.5	5 29 26.19	−64.70	−3.88	52 31 0.47	77.83	+12.06	5 28 17.62	−3 32 17.96
	312	8.0	5 30 56.32	−64.68	−3.86	53 46 49.37	81.47	+11.99	5 29 47.78	−4 48 10.76
	323	7.8	5 31 57.02	−64.69	−3.86	53 28 20.42	80.56	+11.92	5 30 48.47	−4 29 41.26
	160b	7.8	5 36 8.12	−64.70	−3.88	52 27 46.85	77.67	+11.64	5 34 59.54	−3 29 4.42
	Lal. 11382	5.4	5 55 50.73	+ 0.26	−3.86	52 3 28.12	76.60	+10.25		
	373	6.0	6 2 29.00	−64.71	−3.84	53 9 41.34	79.72	+ 9.93	6 1 20.45	−4 10 59.40
	5 Monoc.	4.6	6 10 46.70	+ 0.30	−3.79	55 13 9.67	85.98	+ 9.50		
	183a	6.7	6 44 2.15	−64.77	−3.83	50 10 52.42	71.67	+ 6.66	6 42 53.55	−1 11 58.60
	185a	8.0	6 45 27.17	−64.77	−3.82	50 11 59.50	71.72	+ 6.55	6 44 18.58	−1 13 5.84
	λ Urs. min. U.C.	6.4	7 28 46.74							
	26 Monoc.	4.3	7 37 16.28	+ 0.34	−3.51	58 16 38.57	96.29	+ 4.01		
	27 Monoc.	5.4	7 55 31.73	+ 0.27	−3.57	52 22 10.10	77.26	+ 1.46		
	245b1	8.0	7 57 0.25	−64.75	−3.57	52 12 21.78	76.81	+ 1.30	7 55 51.93	−3 13 28.40

Datum	Bezeichnung des Sterns	Grösse	Durchgangszeit	Uhrstand + Correction	Reduction auf 1893.0	Mittel der Ablesungen	Refraction	Reduction auf 1893.0	α 1893.0	δ 1893.0
1893 Dec. 12	Br. 3033	6.7	22h 52m 51s.92	+ 0s.29	−2s.47	54° 21′ 20″.75	82″.69	+13″.19		
	1397	8.0	22 55 16.38	−64.63	−2.48	55 54 47.82	81.57	+13.47	22h 54m 9s.27	−4° 56′ 11″.38
	δ Aquarii	3.9	23 0 42.13	+ 0.33	−2.36	57 14 43.95	92.16	+12.62		
	γ Piscium	4.0	23 12 44.33	+ 0.20	−2.52	46 16 59.02	62.15	+17.12		
	200	6.8	4 16 34.98	−64.63	−3.82	55 28 33.10	86.71	+15.40	4 15 23.54	−6 30 4.04
	207	7.5	4 19 6.00	−64.65	−3.82	54 13 53.85	82.82	+15.45	4 17 57.54	−5 15 20.79
	214	7.3	4 21 35.32	−64.65	−3.84	54 22 22.40	83.24	+15.32	4 20 26.84	−5 23 49.75
	45 Eridani	5.3	4 27 32.83	+ 0.23	−3.91	49 15 12.55	69.29	+15.52		
	ν Eridani	3.3	4 32 6.84	+ 0.27	−3.88	52 32 56.30	77.90	+15.02		
	μ Eridani	3.6	4 41 17.08	+ 0.27	−3.89	52 25 42.45	77.54	+14.55		
	π³ Orionis	4.0	4 49 49.31	+ 0.20	−3.99	46 42 58.40	63.57	+14.39		
	138b	8.0	5 4 15.70	−64.64	−3.90	52 25 19.77	77.56	+13.27	5 3 17.11	−3 26 38.81
	265	8.0	5 5 3.77	−64.65	−3.85	55 35 3.92	86.05	+13.04	5 3 55.26	−6 34 33.31
	286	5.0	5 17 12.84	−64.65	−3.84	56 33 38.67	90.35	+12.43	5 16 4.35	−7 35 10.60
	146b	8.0	5 20 26.41	−64.71	−3.92	51 34 28.47	75.28	+12.33	5 19 17.81	−2 35 45.06
	299	8.0	5 26 43.26	−64.69	−3.89	53 18 49.87	80.16	+11.93	5 25 34.68	−4 20 11.08
	148a	7.5	5 29 47.63	−64.73	−3.94	50 31 24.25	72.54	+11.70	5 28 38.96	−1 32 37.11
	314	7.0	5 31 12.81	−64.69	−3.89	53 32 32.77	80.84	+11.65	5 30 4.24	−4 33 53.85
	333	5.0	5 34 50.89	−64.66	−3.84	56 14 52.35	89.35	+11.44	5 33 42.39	−7 16 21.58
	Lal. 11381	5.4	5 55 50.76	+ 0.26	−3.90	52 3 28.17	76.65	+ 9.93		
	183a	6.7	6 44 2.17	−64.77	−3.87	50 10 55.00	71.73	+ 6.32	6 42 53.54	−1 11 59.61
	185a	8.0	6 45 27.22	−64.77	−3.86	50 11 59.97	71.78	+ 6.70	6 44 18.59	−1 13 6.47
	471	7.9	7 8 26.68	−64.70	−3.67	57 0 33.70	92.04	+ 5.40	7 7 18.31	−8 2 0.35
	483	8.0	7 16 25.00	−64.72	−3.69	55 22 58.05	86.58	+ 4.58	7 15 16.59	−6 24 12.00
	P. VII, 85	6.6	7 18 2.50	+ 0.33	−3.64	57 45 9.25	94.70	+ 4.86		
	ι Urs. min. U.C.	6.4	7 28 44.25							
	26 Monoc.	4.3	7 37 16.33	+ 0.34	−3.56	58 16 37.57	96.65	+ 3.55		
	242b	8.0	7 54 22.29	−64.77	−3.62	52 33 47.85	78.14	+ 1.19	7 53 13.90	−3 34 55.95
	330	8.0	7 56 27.71	−64.77	−3.60	53 16 41.17	80.19	+ 1.18	7 55 19.35	−4 17 51.46
	Br. 1197	3.6	8 21 27.13	+ 0.27	−3.52	52 32 21.47	78.06	− 0.93		
1893 Dec. 22	λ Aquarii	4.0	22 48 8.61	+ 0.33	−2.39	57 7 26.07	92.21	+11.42		
	Br. 3033	6.7	22 52 51.51	+ 0.29	−2.37	54 21 31.77	83.20	+12.58		
	1397	8.0	22 55 15.96	−64.54	−2.39	55 54 30.20	81.88	+12.87	22 54 9.13	−4 56 11.82
	δ Aquarii	3.9	23 0 41.77	+ 0.33	−2.47	57 14 45.85	92.77	+12.04		
	γ Piscium	4.0	23 12 43.93	+ 0.20	−2.42	46 17 1.32	62.59	+16.44		
	26 Ceti	6.1	0 59 16.42	− 0.21	−3.04	311 46 38.67	67.33	−19.36		
	26b	8.0	1 4 12.68	−64.81	−3.08	308 21 16.67	76.00	−18.26	1 3 4.79	−2 37 53.20
	39 Ceti	6.0	1 12 18.18	− 0.18	−3.11	307 55 21.50	77.20	−18.61		
	54	6.5	1 17 1.79	−64.79	−3.16	304 16 9.50	88.23	−17.04	1 15 53.85	−6 43 11.01
	32a	7.8	1 20 21.31	−64.83	−3.16	309 27 25.20	73.15	−18.79	1 19 13.32	−1 31 41.74
	34b	7.7	1 21 47.61	−64.82	−3.17	308 13 43.47	76.38	−18.42	1 20 39.62	−2 45 26.42
	P. I, 167	3.8	1 41 45.09	− 0.16	−3.28	304 43 12.77	86.81	−17.36		
	ζ Ceti	3.0	1 47 18.80	− 0.12	−3.31	300 7 44.72	103.56	−15.89		
	ξ Piscium	4.0	1 49 9.10	− 0.22	−3.33	313 38 31.32	63.17	−20.18		
	50b	7.8	1 59 37.42	−64.82	−3.37	307 45 36.02	77.75	−18.34	1 58 29.23	−3 13 35.41

Datum	Bezeichnung des Sterns	Grösse	Durchgangszeit	Uhrstand + Correction	Reduction auf 1893.0	Mittel der Ablesungen	Refraction	Reduction auf 1893.0	α 1893.0	δ 1893.0
1893 Dec. 22	50a	7.8	1ʰ 4ᵐ 22ˢ.99	−64ˢ.84	−3ˢ.40	310° 2′ 25″.82	71″.69	−19″.13	1ʰ 3ᵐ 14ˢ.75	−0° 36′ 40″.17
	o Ceti	var.	2 15 4.68	− 0.18	−3.43	307 31 22.77	78.42	−17.95		
	54a	5.5	2 17 35.96	−64.85	−3.47	310 53 27.98	69.58	−19.13	2 16 27.64	−0 5 35.82
	61b₁₁	8.0	2 35 0.98	−64.84	−3.54	308 37 20.31	75.40	−18.78	2 33 52.60	−2 21 48.81
	68a	7.7	2 50 53.24	−64.86	−3.62	310 59 14.65	69.39	−18.51	2 49 44.76	+0 0 12.02
	70a	7.5	2 52 51.64	−64.86	−3.63	309 58 42.27	71.87	−18.18	2 51 43.16	−1 0 22.88
	72b	6.8	2 56 35.87	−64.84	−3.63	307 40 56.32	77.99	−17.53	2 55 27.40	−3 18 14.23
	73a	7.8	3 7 21.48	−64.86	−3.69	310 5 13.27	71.62	−17.80	3 6 12.93	−0 53 51.28
	142	6.8	3 12 15.36	−64.84	−3.68	306 18 18.35	81.03	−16.72	3 11 7.04	−4 40 35.34
	B.A.C.5140 U.C.	7.1	3 22 1.61							
	17 Eridani	4.8	3 26 27.06	− 0.16	−3.72	305 32 44.07	84.41	−16.11		
	ε Eridani	3.0	3 29 1.83	− 0.13	−3.68	301 10 15.75	99.61	−15.02		
	82a	6.7	3 35 41.79	−64.87	−3.79	309 30 56.37	73.19	−16.68	3 34 33.13	−1 28 8.41
	83a	7.8	3 37 18.64	−64.87	−3.81	310 28 36.00	70.74	−16.82	3 36 9.96	−0 30 26.94
	24 Eridani	5.8	3 40 13.04	− 0.19	−3.80	309 29 1.91	73.27	−16.48		
	169	8.0	3 44 33.65	−64.83	−3.76	303 50 36.00	89.94	−15.13	3 43 25.06	−7 8 43.74
	90a	7.0	3 45 58.77	−64.87	−3.82	309 8 8.12	74.18	−16.17	3 44 50.08	−1 50 57.52
	100b	8.0	3 48 55.93	−64.86	−3.83	308 40 7.30	75.43	−15.95	3 47 47.24	−2 18 50.51
	94a	6.2	3 58 16.48	−64.88	−3.88	310 25 25.57	70.89	−15.87	3 57 7.72	−0 33 30.05
	97a	7.5	4 0 57.45	−64.88	−3.88	310 7 26.90	71.65	−15.69	3 59 48.69	−0 51 35.24
	99a	7.2	4 7 12.79	−64.88	−3.90	310 17 1.40	71.26	−15.41	4 6 4.01	−0 42 0.59
	194	7.3	4 8 50.49	−64.84	−3.83	304 19 44.07	88.37	−14.29	4 7 41.82	−6 39 33.68
	203	7.3	4 17 24.40	−64.84	−3.86	304 39 42.25	87.30	−13.98	4 16 15.70	−6 19 34.35
	212	7.8	4 21 27.37	−64.85	−3.87	305 38 24.85	84.18	−13.90	4 20 18.65	−5 20 7.51
	214	7.3	4 22 35.50	−64.85	−3.87	305 35 22.02	84.37	−13.92	4 21 26.77	−5 23 51.55
	45 Eridani	5.3	4 27 33.04	− 0.20	−3.96	310 42 34.57	70.24	−14.38		
	230	6.5	4 30 10.41	−64.84	−3.87	303 55 39.40	89.76	−13.27	4 29 1.69	−7 3 38.72
	ν Eridani	3.3	4 32 7.12	− 0.18	−3.92	307 24 50.37	78.99	−13.70		
	118a	8.0	4 50 45.23	−64.89	−4.00	310 25 52.45	71.38	−12.96	4 49 36.33	−0 43 7.53
	133b₁	8.0	4 57 25.19	−64.88	−3.98	308 6 27.32	77.06	−12.31	4 56 16.33	−2 52 37.36
	263	6.2	5 4 34.29	−64.87	−3.96	306 23 23.75	82.01	−11.70	5 3 25.45	−4 35 44.77
	140b	7.0	5 6 43.09	−64.89	−4.00	308 35 22.55	75.72	−11.79	5 5 34.21	−2 22 59.94
	β Orionis	1	5 10 32.48	− 0.14	−3.91	302 39 49.42	94.19	−10.91		
	τ Orionis	4.0	5 13 33.42	− 0.15	−3.94	304 1 38.80	89.46	−10.97		
	143b₁	8.0	5 17 25.11	−64.89	−4.02	308 49 34.30	75.12	−11.11	5 16 16.20	−2 9 27.10
	134a	7.3	5 21 12.06	−64.90	−4.05	310 20 31.90	71.20	−10.97	5 20 3.11	−0 38 23.23
	145a	7.5	5 28 {49.97 51.71}	−64.90	−4.04	309 11 20.15	74.18	−10.37	5 27 {41.03 42.77}	−1 47 39.12
	310	6.8	5 30 45.91	−64.86	−3.94	303 42 54.67	90.54	− 9.92	5 29 37.11	−7 16 20.75
	320	7.8	5 31 19.92	−64.87	−3.97	303 29 56.15	82.73	− 9.99	5 30 11.07	−5 29 13.72
	157b₁	7.5	5 34 33.71	−64.89	−4.02	308 19 37.82	76.50	− 9.90	5 33 24.80	−2 39 24.00
	346	8.0	5 43 14.97	−64.88	−3.98	305 21 5.82	85.21	− 9.81	5 42 6.11	−5 38 3.72
	156a	8.0	5 45 14.51	−64.91	−4.07	310 15 58.06	71.42	− 9.24	5 44 5.53	−0 42 57.90
	372	7.2	6 2 4.80	−64.87	−3.94	303 22 27.92	91.76	− 7.96	6 0 55.99	−7 36 46.98
	382	7.0	6 7 0.38	−64.87	−3.95	303 43 27.90	90.57	− 7.60	6 5 51.56	−7 13 45.40

Datum	Bezeichnung der Sterne	Grösse	Durchgangszeit	Uhrstand + Correction	Reduction auf 1893.0-94.0	Mittel der Ablesungen	Refraction	Reduction auf 1893.0-94.0	α 1893.0-94.0	δ 1893.0-94.0
1893 Dec. 22	389	7.7	6h 9m 5s.08	−64s.89	−3s.99	306° 0′ 10″.82	83″.24	−7″.44	6h 7m 56s.20	−4° 38′ 33″.50
	393	7.5	6 10 35.09	−64.89	−4.00	306 34 1.40	81.52	−7.33	6 9 26.70	−4 25 2.88
	400	7.1	6 14 11.43	−64.88	−3.98	305 22 19.05	85.19	−7.08	6 13 2.57	−5 36 48.55
	172a	7.2	6 20 17.38	−64.92	−4.00	309 37 13.00	73.11	−6.50	6 19 8.40	−1 21 41.73
	411	7.0	6 22 25.83	−64.90	−3.99	306 27 −3.87	81.92	−6.47	6 21 16.94	−4 32 7.47
	414	7.2	6 23 51.63	−64.90	−4.00	306 41 29.62	81.20	−6.43	6 22 42.73	−4 17 33.33
	188b,	7.9	6 26 36.54	−64.90	−4.01	307 20 35.70	79.52	−6.13	6 25 27.63	−3 38 24.69
	423	8.0	6 29 38.77	−64.88	−3.94	303 31 48.70	90.13	−6.03	6 28 29.96	−7 7 22.80
	P. VI, 203	6.3	6 36 44.28	−0.21	−4.09	311 34 28.95	68.26	−5.17		
	434	7.0	6 38 2.28	−64.89	−3.95	304 58 24.50	86.48	−5.38	6 36 53.44	−6 0 42.77
	439	8.0	6 43 49.60	−64.90	−3.98	300 50 50.82	80.75	−4.85	6 42 40.71	−4 8 10.13
	184a,	8.0	6 44 13.06	−64.92	−4.04	309 26 14.32	73.60	−4.66	6 43 4.10	−1 32 39.30
	449	6.3	6 48 15.77	−64.90	−3.96	305 47 48.47	83.90	−4.58	6 47 6.92	−5 11 14.91
	206b,	8.0	6 54 16.80	−64.91	−3.98	307 6 33.40	79.99	−3.98	6 53 37.91	−3 52 25.91
	460	7.3	6 58 1.96	−64.90	−3.93	305 6 56.10	86.02	−3.88	6 56 53.13	−5 52 9.02
	468	7.7	7 6 31.79	−64.88	−3.88	303 17 22.15	92.09	−3.41	7 5 23.02	−7 41 48.32
	477	7.9	7 12 55.70	−64.90	−3.90	304 56 11.37	86.50	−2.78	7 11 46.90	−6 2 53.20
	484	7.5	7 16 44.07	−64.92	−3.90	303 2 52.70	86.23	−2.47	7 15 35.26	−5 56 10.67
	P. VII, 83	6.6	7 18 2.84	−0.14	−3.84	303 12 37.25	95.96	−2.70		
	A Urs. min. U.C.	6.4	7 28 25.83							
	502	7.1	7 33 40.98	−64.87	−3.83	303 30 −6.17	91.38	−1.38	7 32 31.86	−7 29 13.73
	503	8.0	7 34 34.30	−64.91	−3.89	306 14 5.72	82.57	−1.32	7 33 25.50	−4 44 53.10
	26 Monoc.	4.3	7 37 16.70	−0.14	−3.78	301 41 7.30	97.93	−1.34		
1894 Jan. 3	26 Ceti	6.1	0 59 25.43	−0.21	+0.16	311 46 26.97	69.85	+0.80		
	η Ceti	3.1	1 4 19.34	−0.17	+0.01	300 14 26.30	100.83	+4.05		
	39 Ceti	6.0	1 12 17.25	−0.19	+0.03	307 55 10.75	80.09	+1.69		
	54	6.5	1 17 0.83	−63.92	−0.02	304 16 0.07	91.53	+2.79	1 15 56.89	−6 42 51.09
	32a	7.8	1 20 20.22	−63.94	+0.01	309 27 13.85	75.85	+1.85	1 19 16.29	−1 31 22.71
	59	6.8	1 21 33.79	−63.95	−0.02	306 30 2.05	84.31	+1.83	1 20 29.84	−4 28 43.33
	α Urs. min. O.C.	2.0	1 21 10.59							
	ζ Ceti	3.0	1 47 17.78	−0.17	−0.23	300 7 35.22	107.45	+2.99		
	ξ Piscium	4.0				313 38 20.32	65.53	−1.65		
	73a	7.8	3 7 20.54	−63.89	−0.57	310 5 1.20	74.43	−2.97	3 6 16.09	−0 53 38.77
	94 Ceti	5.3	3 8 26.29	−0.20	−0.58	309 23 6.37	76.29	−2.80		
	143	7.5	3 12 25.76	−63.88	−0.62	307 5 36.20	82.91	−2.26	3 11 21.27	−3 55 12.20
	ε Eridani	3.0	3 29 0.75	−0.17	−0.75	301 10 6.77	103.43	−1.18		
	85b	7.8	3 34 17.26	−63.88	−0.70	308 33 5.25	78.62	−3.34	3 33 12.67	−2 25 39.70
	90b	7.2	3 36 2.80	−63.88	−0.72	307 25 32.07	81.86	−3.08	3 34 58.20	−3 33 15.99
	δ Eridani	3.0	3 39 14.89	−0.17	−0.79	300 51 49.20	104.69	−1.48		
	24 Eridani	5.8	3 40 12.02	−0.20	−0.72	309 28 50.32	76.07	−3.75		
	169	8.0	3 44 32.66	−63.87	−0.79	303 50 27.15	93.39	−2.43	3 43 28.01	−7 8 31.54
	100b	8.0	3 48 55.00	−63.88	−0.77	308 39 55.10	78.32	−3.78	3 47 50.35	−2 18 50.05
	94a	6.1	3 58 15.47	−63.89	−0.79	310 25 15.40	73.60	−4.45	3 57 10.79	−0 33 25.62

Datum	Bezeichnung des Sterns	Grösse	Durchgangszeit	Uhrstand + Correction	Reduction auf 1894.0	Mittel der Ablesungen	Refraction	Reduction auf 1894.0	α 1894.0	δ 1894.0
1894 Jan. 3	193	7.0	4h 8m 9s.41	−63s.88	−0s.86	306° 17′ 50″.50	85″.31	−3″.72	4h 7m 4s.67	−4° 41′ 1″.08
	A Eridani	5.0	4 10 25.89	− 0.17	−0.92	300 28 0.82	106.39	−2.49		
	204	7.2	4 17 30.90	−63.87	−0.91	304 26 49.50	91.32	−3.58	4 16 26.13	−6 32 7.94
	211	8.0	4 21 13.83	−63.88	−0.90	306 58 6.80	83.27	−4.23	4 20 9.05	−4 0 43.57
	215	8.0	4 22 26.67	−63.88	−0.91	306 58 24.92	83.26	−4.26	4 21 21.89	−4 0 25.73
	45 Eridani	5.3	4 28 32.05	− 0.20	−0.92	310 42 23.90	72.90	−4.34		
	231	8.0	4 30 20.46	−63.87	−0.94	305 37 24.20	87.36	−4.19	4 29 15.65	−5 21 30.57
	μ Eridani	3.6	4 41 16.94	− 0.19	−0.96	307 31 52.85	81.62	−4.81		
	π⁴ Orionis	4.0	4 49 48.61	− 0.21	−0.96	313 14 36.62	66.73	−6.01		
	147a	7.7	5 29 45.67	−63.80	−1.08	309 52 9.07	75.24	−6.02	5 28 40.71	−1 6 34.57
	316	7.0				306 29 13.40	84.92	−5.65		−4 29 39.68
	323	7.8				306 29 15.30	84.93	−5.65		−4 29 37.78
	160b	7.8				307 29 46.30	81.90	−5.83		−3 29 3.79
	Lal. 11382	5.4	5 55 50.15	− 0.19	−1.12	307 54 6.67	80.72	−6.13		
	373	6.0	6 2 28.40	−63.88	−1.14	306 47 52.27	83.99	−6.12	6 1 23.38	−4 11 0.55
1894 Jan. 4	26 Ceti	6.1	0 59 25.43	− 0.20	+0.17	311 46 24.62	69.88	+0.87		
	η Ceti	3.1	1 4 19.38	− 0.20	+0.03	300 14 23.57	106.91	+4.71		
	39 Ceti	6.0	1 12 17.29	− 0.20	+0.06	307 55 8.37	80.09	+1.72		
	α Urs. min. O.C.	2.0	1 21 1.19							
	33b	5.8	1 20 29.40	−63.96	0.00	307 34 38.10	81.07	+1.58	1 19 25.44	−3 24 1.90
	94 Ceti	5.3	3 8 26.28	− 0.20	−0.57	309 23 3.90	76.12	−2.72		
	142	6.8	3 12 14.56	−63.89	−0.61	306 18 6.65	85.03	−1.94	3 11 10.06	−4 40 41.56
	17 Eridani	4.8	3 26 25.98	− 0.20	−0.69	305 32 31.52	87.43	−2.18		
	ε Eridani	3.0	3 29 0.70	− 0.20	−0.74	301 10 4.35	103.18	−1.06		
	82a	6.7	3 35 40.77	−63.89	−0.70	309 30 43.90	75.79	−3.34	3 34 36.18	−1 27 56.30
	83a	7.8	3 37 17.58	−63.89	−0.70	310 28 24.07	73.26	−3.84	3 36 12.99	−0 30 14.44
	94b	7.8	3 39 19.46	−63.89	−0.72	308 33 50.55	78.39	−3.39	3 38 14.86	−2 24 52.55
	170	7.0	3 44 41.36	−63.89	−0.78	303 38 54.65	93.84	−2.28	3 43 36.69	−7 20 24.45
	176	7.5	3 48 48.06	−63.88	−0.78	306 17 41.20	85.07	−3.07	3 47 43.40	−4 41 8.00
	194	7.3	4 8 49.51	−63.88	−0.87	304 19 31.12	91.50	−3.28	4 7 44.76	−6 39 24.33
	A Eridani	5.0	4 10 25.91	− 0.20	−0.91	300 27 59.67	106.11	−2.36		
	204	7.2	4 17 30.89	−63.88	−0.90	304 26 47.57	91.09	−3.45	4 16 26.11	−6 32 7.71
	212	7.8	4 21 26.50	−63.88	−0.91	305 38 53.25	87.14	−3.83	4 20 21.72	−5 19 58.41
	217	8.0	4 22 34.73	−63.88	−0.92	304 20 16.12	91.47	−3.58	4 21 29.93	−6 38 39.98
	45 Eridani	5.3	4 27 32.02	− 0.20	−0.90	310 42 21.90	72.70	−4.55		
	231	8.0	4 30 20.46	−63.88	−0.94	305 37 22.21	87.23	−4.06	4 29 15.65	−5 21 30.28
	μ Eridani	3.6	4 41 16.96	− 0.20	−0.95	307 31 49.62	81.38	−4.89		
	141a	8.0	5 27 40.34	−63.87	−1.07	310 36 52.57	73.03	−5.97	5 26 35.40	−0 21 47.30
	149a	7.7	5 30 8.01	−63.86	−1.07	310 53 32.90	72.32	−6.04	5 29 3.08	−0 5 5.84
	316	7.0	5 31 12.41	−63.86	−1.09				5 30 7.45	
	319	7.0	5 31 21.06	−63.86	−1.10	306 32 49.52	84.45	−5.51	5 30 16.10	−4 26 1.38
	157b₁	7.5	5 34 32.79	−63.86	−1.10	308 19 24.85	79.23	−5.76	5 33 27.83	−2 39 21.19
	Lal. 11382	5.4	5 55 50.13	− 0.20	−1.13	307 54 4.57	80.47	−5.98		
	372	7.2	6 3 3.86	−63.86	−1.15	303 22 15.60	95.04	−5.69	6 1 58.85	−7 36 46.41
	18 Monoc.	5.0	6 43 25.04	− 0.20	−1.18	313 30 13.57	60.08	−6.46		
	198b	7.8	6 44 25.02	−63.85	−1.17	307 1 29.27	83.09	−6.32	6 43 20.00	−3 57 41.43

Datum	Bezeichnung des Sterns	Grösse	Durchgangszeit	Uhrstand + Correction	Reduction auf 1894.0	Mittel der Ablesungen	Refraction	Reduction auf 1894.0	α 1894.0	δ 1894.0
1894 Jan. 5	26 Ceti	6.1	0h 59m 25s.06	− 0s.20	+0s.18	311° 46′ 20″.55	68″.60	+0″.92		
	η Ceti	3.1	1 4 18.98	− 0.20	+0.04	300 14 20.10	104.90	+4.77		
	α Urs. min. O.C.	2.0	1 20 59.89							
	32a	7.8	1 20 20.02	−63.60	+0.03				1h 19m 16s.46	
	34b	7.7	1 21 46.35	−63.60	+0.01	308 13 26.42	77.81	+1.38	1 20 42.77	−2° 45′ 8″.39
	P. I, 167	5.8	1 41 43.75	− 0.20	−0.14	304 42 55.95	88.41	+1.86		
	ζ Ceti	3.0	1 47 17.52	− 0.20	−0.22	300 7 28.70	105.41	+3.08		
	ξ Piscium	4.0	1 49 7.70	− 0.20	−0.10	313 38 14.82	64.32	−1.54		
	94 Ceti	5.3	3 8 26.01	− 0.20	−0.56	309 23 0.35	74.93	−2.63		
	ζ Eridani	4.3	3 11 45.29	− 0.20	−0.05	301 46 9.45	99.22	−0.52		
	114	7.5	3 12 56.28	−63.62	−0.61	306 26 36.82	83.27	−2.92	3 11 52.05	−4 31 40.28
	89b	8.0	3 35 51.93	−63.62	−0.70	308 44 12.02	76.80	−3.25	3 34 47.61	−2 14 25.86
	92b	8.0	3 37 26.34	−63.62	−0.71	307 47 25.27	79.45	−3.03	3 36 22.02	−3 11 15.10
	24 Eridani	5.8	3 40 11.65	− 0.20	−0.71	309 28 44.44	74.82	−3.56		
	98b	7.3	3 45 22.73	−63.61	−0.74	308 19 34.32	77.97	−3.40	3 44 18.37	−2 39 5.32
	176	7.5	3 48 47.74	−63.61	−0.77	306 17 35.82	83.92	−2.97	3 47 43.36	−4 41 9.00
	194	7.3	4 8 49.20	−63.61	−0.87	304 10 27.42	90.31	−3.06	4 7 44.73	−6 39 24.08
	A Eridani	3.0	4 10 23.59	− 0.20	−0.91	300 27 54.42	104.74	−2.22		
	203	7.4	4 17 59.00	−63.60	−0.89	300 3 7.32	84.75	−3.69	4 16 55.17	−4 55 39.58
	214	7.3	4 21 34.31	−63.60	−0.91	305 35 5.65	86.25	−3.70	4 20 29.80	−5 23 42.60
	45 Eridani	5.3	4 27 31.79	− 0.20	−0.90	310 42 17.94	71.80	−4.96		
	231	8.0	4 30 20.19	−63.60	−0.91	305 37 17.34	86.14	−3.76	4 29 15.66	−5 21 30.90
	β Orionis	1	5 10 31.23	− 0.20	−1.06	302 39 32.67	96.23	−4.51		
	τ Orionis	4.0	5 13 32.16	− 0.20	−1.07	304 1 21.50	91.40	−4.67		
	130a	4.8	5 17 25.62	−63.59	−1.05	310 29 21.92	72.34	−5.72	5 16 20.98	−0 29 14.15
	146b	8.0	5 20 25.50	−63.59	−1.06	308 22 50.17	77.95	−5.45	5 19 20.85	−2 36 42.48
	148a	7.2	5 29 46.73	−63.59	−1.08	309 26 1.97	75.09	−5.72	5 28 42.06	−1 32 36.50
	316	7.0	5 31 12.18	−63.59	−1.10	306 29 6.30	83.47	−5.36	5 30 7.50	−4 29 40.35
	323	7.8	5 31 56.11	−63.59	−1.10	306 29 9.25	83.46	−5.37	5 30 51.42	−4 29 37.87
	334	7.8	5 34 54.16	−63.58	−1.11	305 43 33.20	85.80	−5.32	5 33 49.47	−5 13 16.37
	348	8.0	5 44 15.79	−63.58	−1.13	304 17 57.12	90.49	−5.31	5 43 11.08	−6 40 56.16
	157a	7.8	5 45 22.67	−63.58	−1.11	310 35 32.07	72.12	−6.02	5 44 17.98	−0 23 4.08
	Lal. 11382	5.4	5 55 49.90	− 0.20	−1.13	307 54 0.72	79.49	−5.85		
	401	5.5	6 15 41.15	−63.57	−1.17	303 12 17.77	94.69	−5.73	6 14 36.41	−7 46 41.49
	P. VI, 203	6.3	6 36 45.11	− 0.20	−1.17	311 31 13.47	70.03	−6.26		
	439	8.0	6 43 48.51	−63.57	−1.18	306 50 34.70	82.87	−6.14	6 42 43.77	−4 8 12.34
	443	7.5	6 45 47.70	−63.57	−1.18	305 35 19.85	86.71	−6.12	6 44 42.95	−5 23 31.31
	450	6.4				305 15 38.95	87.80	−6.14		−5 43 13.35
	20 Monoc.	5.8				306 51 28.77	82.68	−6.11		
	λ Urs. min. U.C.	6.4	7 28 30.38							
	27 Monoc.	5.4	7 55 31.09	− 0.20	−1.13	307 35 17.92	80.66	−5.40		
1894 Jan. 9	β Orionis	1	5 10 31.04	− 0.21	−1.06	302 39 23.77	96.02	−3.70		
	τ Orionis	4.0	5 13 32.19	− 0.21	−1.07	304 1 13.10	91.21	−4.10		
	η Orionis	3.3	5 20 13.44	− 0.21	−1.07	308 28 51.85	77.54	−4.96		
	301	6.8	5 27 16.38	−63.53	−1.11	304 11 27.22	90.69	−4.74	5 26 11.74	−6 47 18.79
	148a	7.2	5 29 46.76	−63.53	−1.09	309 25 54.55	75.00	−5.25	5 28 42.14	−1 32 36.41

Datum	Bezeichnung des Sterns	Grösse	Durchgangszeit	Uhrstand + Correction	Reduction auf 1894.0	Mittel der Ablesungen	Refraction	Reduction auf 1894.0	α 1894.0	δ 1894.0
1894 Jan. 9	317	4.5	5h 31m 13s.99	−63s.53	−1s.10	306° 1′ 11″.07	84″.63	−4″.74	5h 30m 9s.36	−4° 54′ 29″.51
	333	5.0	5 34 30.00	−63.53	−1.12	303 42 28.52	92.39	−4.46	5 33 45.35	−7 10 20.12
	157a	7.8	5 45 22.72	−63.52	−1.12	310 35 26.20	72.04	−5.54	5 44 18.08	−0 23 2.85
	Lal. 11382	5.4	5 55 49.87	−0.21	−1.13	307 33 42.82	74.32	−5.28		
	174b1	8.0	6 5 8.01	−63.53	1.17	307 12 − 1.00	81.36	−5.28	6 4 3.31	−3 46 39.35
	5 Monoc.	4.6	6 10 45.79	−0.21	−1.18	304 44 12.42	89.07	−5.11		
	δ Urs. min. U.C.	4.3	6 7 8.99							
1894 Jan. 22	61	8.0	1 21 31.05	−62.67	+0.16	303 46 22.07	86.46	+3.78	1 20 48.34	−7 12 25.50
	89b	8.0	3 35 50.75	−62.60	−0.55	308 44 12.97	73.05	−1.88	3 34 47.55	−2 14 24.72
	93b	7.5	3 39 4.35	−62.66	−0.56	308 34 19.50	73.48	−1.89	3 38 1.13	−2 24 18.55
	24 Eridani	5.8	3 40 10.61	−0.21	−0.56	309 28 45.07	71.16	−2.21		
	o1 Eridani	4.4	4 7 44.84	−0.22	−0.74	303 51 59.85	87.35	−1.13		
	A Eridani	5.0	4 10 24.53	−0.24	−0.77	300 27 52.65	99.58	−0.22		
	205	7.1	4 17 58.56	−62.67	−0.77				4 16 55.12	
	214	7.3	4 21 33.24	−62.67	−0.79	305 35 4.47	81.90	−1.92	4 20 29.78	−5 25 41.71
	45 Eridani	5.3	4 27 30.68	−0.20	−0.79					
	ν Eridani	5.3	4 32 4.92	−0.21	−0.82	307 24 32.52	76.60	−2.61		
1894 Jan. 24	η Ceti	3.1	1 4 18.26	−0.25	+0.25	300 14 19.05	102.44	+5.55		
	α Urs. min. O.C.	2.0	1 20 33.46							
	39 Ceti	6.0	1 12 16.18	−0.21	+0.28	307 55 4.90	76.85	+2.81		
	32a	7.8	1 20 19.16	−63.07	+0.25	309 27 8.10	72.78	+2.01	1 19 16.34	−1 31 23.64
	61	8.0	1 21 51.22	−63.08	+0.19	303 46 22.00	89.49	+3.85	1 20 48.53	−7 12 24.75
	P. I, 167	5.8	1 41 42.97	−0.22	+0.08	304 42 50.37	86.54	+2.87		
	ζ Ceti	3.0	1 47 20.71	−0.24	+0.01	300 7 28.32	103.26	+4.20		
	ξ Piscium	4.0	1 49 6.99	−0.20	+0.12	313 38 25.62	63.00	−0.46		
	89b	8.0	3 35 51.29	−63.11	−0.51	308 44 11.97	75.40	−1.75	3 34 47.65	−2 14 26.27
	93b	7.5	3 39 4.80	−63.11	−0.54	308 34 19.27	75.83	−1.77	3 38 1.15	−2 24 19.28
	24 Eridani	5.8	3 40 11.05	−0.21	−0.54	309 28 44.37	73.43	−2.08		
	o1 Eridani	4.4	4 7 45.26	−0.22	−0.72	303 51 59.82	90.00	−0.95		
	A Eridani	5.0	4 10 25.01	−0.24	−0.75	300 27 53.92	102.59	−0.04		
	205	7.1	4 17 59.04	−63.14	−0.75	306 3 6.52	82.99	−1.85	4 16 55.15	−4 55 39.69
	213	8.0	4 21 30.66	−63.14	−0.77	306 0 36.20	83.13	−1.88	4 20 26.75	−4 58 9.92
	218	7.5	4 22 40.08	−63.15	−0.79	303 51 33.67	90.02	−1.29	4 21 36.13	−7 7 19.07
	45 Eridani	5.3	4 27 31.18	−0.20	−0.78	310 42 18.02	70.30	−3.31		
	232	8.0	4 31 10.86	−63.14	−0.82	306 1 33.67	83.17	−2.06	4 30 6.90	−4 57 12.70
	π1 Orionis	4.0	4 49 47.78	−0.20	−0.88	313 14 31.10	64.37	−4.24		
	β Orionis	1	5 10 30.77	−0.23	−1.00	302 39 30.87	94.34	−1.87		
	144a	6.0	5 28 23.79	−63.17	−1.04	309 18 28.80	73.99	−3.58	5 27 19.58	−1 40 9.71
	305	6.8	5 29 58.40	−63.19	−1.06				5 28 54.15	
	320	7.8	5 31 18.26	−63.19	−1.00	305 29 37.40	84.91	−2.77	5 30 14.01	−5 29 11.15
	333	5.0	5 34 49.39	−63.20	−1.08	303 42 34.65	90.73	−2.42	5 33 45.31	−7 10 19.74
	Lal. 11382	5.4	5 56 29.47	−0.21	−1.14	307 54 −0.40	77.89	−3.41		
	6 Monoc.	6.7	6 13 40.53	−0.24	−1.20	300 17 56.95	103.67	−2.24		

Datum	Bezeichnung des Sterns	Grösse	Durchgangszeit	Uhrstand + Correction	Reduction auf 1894.0	Mittel der Ablesungen	Refraction	Reduction auf 1894.0	α 1894.0	δ 1894.0
1894 Jan. 25	90b	7.2	3h 36m 1.72s	−63.05s	−0.52	307° 25' 23.65"	78.54"	−1.26"	3h 34m 58.14s	−3° 33' 15.99"
	θ Eridani	3.0	3 39 13.86	− 0.24	−0.58	300 51 39.33	100.42	+0.66		
	24 Eridani	5.8	3 40 11.00	− 0.21	−0.53	309 28 42.77	72.97	−1.99		
	Gr. 750 O.C.	6.4	4 4 30.23							
	e¹ Eridani	4.4	4 7 45.18	− 0.23	−0.70	303 51 58.52	89.31	−0.93		
	A Eridani	5.0	4 10 24.90	− 0.24	−0.77	300 27 51.42	101.80	+0.05		
	203	7.1	4 17 58.99	−63.00	−0.74	306 3 4.32	82.33	−1.73	4 16 55.19	−4 55 39.83
	213	8.0	4 21 30.63	−63.06	−0.76	306 0 33.37	82.48	−1.79	4 20 26.81	−4 58 10.43
	218	7.5	4 22 40.05	−63.06	−0.78	303 51 32.00	89.32	−1.20	4 21 36.21	−7 7 18.68
	138b	8.0	5 4 24.10	−63.05	−0.95				5 3 20.10	
	265	7.5	5 4 53.64	−63.07	−0.96	303 40 39.85	90.11	−1.90	5 3 49.61	−7 18 12.11
	147b	8.0	5 20 46.48	−63.05	−1.01	308 3 56.30	76.73	−3.14	5 19 42.42	−2 54 43.50
	146a	7.4	5 29 12.75	−63.05	−1.04	309 44 42.75	72.27	−3.59	5 28 8.67	−1 13 32.25
	324	7.0	5 31 11.32	−63.05	−1.05	306 24 51.75	81.43	−3.08	5 30 7.22	−4 33 52.26
	325	7.8	5 32 7.39	−63.06	−1.06	305 15 52.55	84.92	−2.61	5 31 3.27	−5 42 55.12
	159b	8.0	5 35 41.99	−63.05	−1.07	307 35 19.95	78.03	−3.24	5 34 37.88	−3 33 20.89
	Lal. 11382	5.4	5 55 49.33	− 0.21	−1.13	307 53 36.70	77.20	−3.31		
	6 Monoc.	6.7	6 13 40.26	− 0.24	−1.30	300 17 54.42	102.75	−2.10		
	18 Monoc.	5.0	6 43 24.35	− 0.20	−1.27	323 30 8.80	63.47	−4.06		
1894 Feb. 1	147b	8.0	5 20 46.37	−63.11	−0.95	308 3 56.97	75.89	−2.51	5 19 42.31	−2 54 43.52
	143a	7.5	5 28 16.18	−63.11	−0.98	310 54 39.42	68.60	−3.29	5 27 12.09	−0 3 54.12
	308	8.0	5 30 32.34	−63.11	−0.99	306 30 54.57	80.25	−2.18	5 29 28.24	−4 27 49.34
	319	7.0	5 31 20.10	−63.11	−1.00	306 32 42.67	80.16	−2.19	5 30 15.99	−4 26 1.60
	160b	7.8	5 36 6.56	−63.11	−1.01	307 29 37.80	77.45	−2.46	5 35 2.44	−3 29 3.72
	κ Orionis	2.6	5 43 47.87	− 0.22	−1.07	302 16 34.40	97.69	−1.03		
	Lal. 11382	5.4	5 55 49.27	− 0.21	−1.09	307 53 37.19	76.32	−2.59		
	66 Orionis	6.0	6 0 26.56	− 0.20	−1.12	315 8 17.80	59.17	−4.48		
	δ Urs. min. O.C.	4.3	6 7 11.85							
1894 Feb. 4	213	8.0	4 21 30.50	−63.10	−0.64	306 0 34.74	82.57	−1.06	4 20 26.77	−4 58 10.73
	45 Eridani	5.3	4 27 30.98	− 0.20	−0.65	310 42 17.25	69.82	−2.61		
	ν Eridani	3.3	4 32 5.07	− 0.21	−0.69	307 24 31.45	78.51	−1.68		
	μ Eridani	3.6	4 41 15.89	− 0.21	−0.73	307 31 44.60	78.21	−1.79		
	π⁵ Orionis	4.0	4 49 47.65	− 0.20	−0.76	313 14 30.02	63.94	−3.58		
	133b₁	8.0	4 57 23.88	−63.09	−0.81	308 6 8.20	76.65	−2.12	4 56 19.37	−2 52 38.25
	138b	8.0	5 4 24.02	−63.09	−0.84	307 32 8.45	78.26	−2.01	5 3 20.09	−3 26 33.65
	β Orionis	1	5 10 30.59	− 0.21	−0.88	302 39 28.75	93.77	−0.77		
	143b₁	8.0	5 17 23.26	−63.09	−0.90	308 49 15.05	74.83	−2.40	5 16 19.26	−2 9 24.20
	135a	7.6	5 21 18.45	−63.09	−0.92	309 23 25.90	73.30	−2.63	5 20 14.44	−1 35 11.69
	147a	7.7	5 29 44.70	−63.09	−0.96	309 51 50.95	71.19	−2.79	5 28 40.72	−1 6 35.09
	312	8.0	5 30 34.75	−63.10	−0.97	306 10 35.85	82.40	−1.84	5 29 30.69	−4 48 9.81
	324	7.0	5 32 2.88	−63.10	−0.98	303 32 2.77	90.94	−1.17	5 30 58.81	−7 27 51.20
	160b	7.8	5 36 6.60	−63.09	−0.99	307 29 39.17	78.05	−2.20	5 35 2.52	−3 29 3.48

Datum	Bezeichnung des Sterns	Grösse	Durchgangszeit	Uhrstand + Correction	Reduction auf 1894.0	Mittel der Ablesungen	Refraction	Reduction auf 1894.0	α 1894.0	δ 1894.0
1894 Feb. 13	204	7.2	4h 17m 31s.01	−65s.39	−0s.30	55° 30′ 48″.37	86″.29	+0″.03	4h 16m 26s.13	−6° 32′ 9″.40
	213	8.0	4 21 32.75	−65.40	−0.31	53 56 53.75	81.46	+0.58	4 20 26.84	−4 58 10.67
	45 Eridani	5.3	4 27 33.22	+ 0.13	−0.33	49 15 12.87	68.86	+2.16		
	ν Eridani	3.3	4 32 7.31	+ 0.15	−0.37	52 52 58.06	77.43	+1.61		
	μ Eridani	3.6	4 41 18.10	+ 0.15	−0.61	52 25 43.70	77.09	+1.27		
	π⁴ Orionis	4.0	4 49 49.86	+ 0.11	−0.64	46 42 58.27	61.37	+3.16		
1894 Feb. 14	μ Eridani	3.6	4 41 18.38	+ 0.15	−0.60	52 25 43.05	77.80	+1.21		
	π⁴ Orionis	4.0	4 49 50.07	+ 0.11	−0.63	46 42 58.67	63.64	+3.13		
	252	8.0	4 53 2.64	−65.66	−0.66	55 40 31.62	87.70	+0.32	4 51 56.32	−6 41 54.05
	257	7.2	4 57 54.78	−65.67	−0.69	54 37 55.67	84.41	+0.67	4 56 48.43	−5 39 14.97
	138b	8.0	5 4 26.49	−65.69	−0.72	52 25 20.77	77.93	+1.38	5 3 20.08	−3 26 33.62
	265	8.0	5 5 4.62	−65.66	−0.73	55 33 0.75	87.38	+0.45	5 3 58.13	−6 34 28.92
	273	7.5	5 11 6.51	−65.67	−0.75	55 54 15.02	88.59	+0.38	5 10 0.09	−6 55 37.81
	ν Orionis	4.0	5 13 33.99	+ 0.18	−0.77	55 56 10.30	88.72	+0.38		
	284	7.0	5 16 20.33	−65.68	−0.78	54 27 12.75	83.99	+0.84	5 15 13.87	−5 28 31.41
	144b	8.0	5 17 46.36	−65.70	−0.78	52 2 52.05	76.99	+1.55	5 16 39.88	−3 4 5.08
	147b	8.0	5 20 48.88	−65.70	−0.80	51 33 29.82	76.37	+1.61	5 19 42.39	−2 34 42.28
	150b	8.0	5 23 31.82	−65.71	−0.81	51 12 55.57	74.76	+1.80	5 22 25.30	−2 14 5.93
	298	6.0	5 26 10.91	−65.67	−0.83	56 29 38.30	90.69	+0.29	5 25 13.41	−7 31 3.28
	145a	7.5	5 28 52.38	−65.72	−0.84	50 46 25.55	73.64	+1.94	5 27 45.82	−1 47 35.10
	311	6.8	5 30 56.67	−65.68	−0.85	55 3 27.47	85.99	+0.73	5 29 50.14	−6 4 48.15
	325	7.8	5 32 58.01	−65.70	−0.85	53 28 21.15	81.14	+1.18	5 31 51.46	−4 29 37.84
	343	8.0	5 40 33.01	−65.67	−0.91	56 45 54.27	91.69	+0.26	5 39 26.43	−7 47 20.46
	346	8.0	5 43 15.69	−65.69	−0.92	54 36 42.07	84.61	+0.87	5 42 9.08	−5 38 1.58
	349	6.5	5 44 25.47	−65.71	−0.92	53 6 11.05	80.08	+1.28	5 43 18.84	−4 7 26.71
	Lal. 11382	5.4	5 55 51.85	+ 0.15	−0.97	52 3 29.55	77.10	+1.32		
	373	6.0	6 2 30.08	−65.72	−0.99	53 9 44.20	80.20	+1.23	6 1 23.37	−4 10 59.43
	174b₁	8.0	6 5 9.88	−65.72	−1.02	52 45 24.35	79.05	+1.31	6 4 3.14	−3 46 38.67
	384	8.0	6 7 22.35	−65.70	−1.04	56 12 15.77	89.72	+0.43	6 6 15.61	−7 13 39.92
	177b	6.5	6 9 44.54	−65.73	−1.04	52 41 32.37	78.86	+1.32	6 8 37.77	−3 42 46.57
	396	8.0	6 11 42.77	−65.71	−1.06	55 9 6.85	86.26	+0.69	6 10 36.00	−6 10 27.31
	399	7.0	6 14 5.76	−65.70	−1.07	55 39 48.05	87.91	+0.56	6 12 58.98	−6 41 10.83
	169a	8.0	6 17 4.28	−65.75	−1.06	50 9 13.72	72.01	+1.93	6 15 57.47	−1 10 22.11
	411	7.0	6 22 26.71	−65.73	−1.10	53 30 31.30	81.22	+0.75	6 21 19.89	−4 32 7.60
	422	7.9	6 28 34.38	−65.72	−1.13	54 14 29.90	83.41	+0.84	6 27 27.52	−5 15 48.32
	192b	8.0	6 31 48.30	−65.74	−1.14	52 32 15.90	79.36	+1.14	6 30 41.63	−3 33 30.69
	432	7.7	6 37 3.83	−65.73	−1.17	54 35 3.12	84.48	+0.70	6 35 56.93	−5 36 22.72
	184a	7.7	6 44 7.50	−65.76	−1.17	50 40 55.57	73.40	+1.52	6 43 0.57	−1 42 4.49
	185a	8.0	6 45 28.50	−65.77	−1.17	50 12 3.32	72.15	+1.61	6 44 21.56	−1 13 11.40
	450	7.8	6 49 7.82	−65.72	−1.17	56 36 46.05	91.13	+0.18	6 48 0.93	−7 38 11.72
	205b	7.6	6 52 41.62	−65.75	−1.19	52 31 58.47	78.42	+1.01	6 51 34.68	−3 33 12.28
	460	7.3	6 58 3.00	−65.74	−1.20	54 30 51.72	85.32	+0.47	6 56 56.06	−5 52 11.54
	210b	8.0	6 59 13.69	−65.76	−1.22	51 30 60.20	76.53	+1.08	6 58 6.71	−2 52 12.34
	20 Monoc.	5.8	7 6 4.77	+ 0.16	−1.23	53 3 4.80	79.92	+0.76		
	471	7.9	7 8 28.16	−65.73	−1.23	57 0 38.95	92.53	−0.04	7 7 21.20	−8 2 5.72
	483	7.8	7 16 8.58	−65.75	−1.26	54 55 11.02	85.56	+0.27	7 15 1.57	−5 56 30.88

Datum	Bezeichnung des Sterns	Grösse	Durchgangszeit	Uhrstand + Correction	Reduction auf 1894.0	Mittel der Ablesungen	Refraction	Reduction auf 1894.0	α 1894.0	δ 1894.0
1894 Feb. 14	P. VII, 85	6.6	7h 18m 4s.01	+ 0s.19	−1s.26	57° 45′ 14″.92	95″.20	−0″.26		
	δ Urs. min. U.C.	6.4	7 28 41.68							
	227b	7.8	7 33 35.02	−65.79	−1.32	51 20 19.42	75.15	+0.61	7h 32m 28s.81	−2° 21′ 28″.91
	504	7.1	7 34 0.95	−65.74	−1.30	56 51 47.35	92.02	−0.28	7 32 53.00	−7 53 13.40
	26 Monoc.	4.3	7 37 17.99	+ 0.20	−1.31	58 16 44.47	97.16	−0.33		
	212a	8.0	7 34 42.86	−65.82	−1.30	49 8 17.17	69.52	+0.50	7 33 35.65	−0 9 21.20
	331	8.0	7 56 37.34	−65.79	−1.37	53 12 32.02	80.38	−0.10	7 55 30.18	−4 13 46.69
1894 Feb. 15	257	7.2	4 57 54.70	−65.66	−0.67	54 37 57.92	84.80	+0.62	4 56 48.43	−5 30 17.60
	263	6.2	5 4 34.88	−65.67	−0.70	53 34 23.40	81.61	+0.98	5 3 28.51	−4 35 39.68
	139b	7.0	5 5 15.59	−65.69	−0.71	51 15 5.32	75.07	+1.70	5 4 9.20	−2 16 16.49
	β Orionis	1	5 10 32.04	+ 0.19	−0.74	57 18 −0.75	93.77	−0.05		
	280	8.0	5 14 38.97	−65.65	−0.76	56 49 26.27	92.10	+0.07	5 13 32.56	−7 50 52.58
	130a	4.8	5 17 27.43	−65.71	−0.77	49 28 7.50	70.51	+2.28	5 16 20.95	−0 29 14.62
	η Orionis	3.3	5 20 15.28	+ 0.14	−0.78	51 28 30.35	75.72	+1.68		
	152b	6.3	5 25 13.17	−65.69	−0.81	52 30 40.87	78.61	+1.37	5 24 6.67	−3 31 54.64
	300	8.0	5 26 56.17	−65.67	−0.82	55 15 0.42	80.88	+0.58	5 25 49.68	−6 16 22.10
	148a	7.2	5 29 48.58	−65.71	−0.83	50 31 27.95	73.24	+1.00	5 28 42.04	−1 32 30.72
	316	7.0	5 31 13.99	−65.69	−0.83	53 28 23.45	81.41	+1.10	5 30 7.47	−4 29 40.00
	324	7.0	5 32 5.29	−65.67	−0.84	56 26 26.37	90.85	+0.26	5 30 58.78	−7 27 51.84
	348	8.0	5 44 17.70	−65.68	−0.90	55 30 36.17	88.28	+0.50	5 43 11.12	−6 40 58.84
	156a	8.0	5 45 15.22	−65.73	−0.90	49 41 47.97	71.17	+2.17	5 44 8.59	−0 42 55.70
	Lal. 11382	5.4	5 55 51.84	+ 0.15	−0.95	52 3 29.90	77.44	+1.47		
	375	8.0	6 4 37.13	−65.71	−0.99	54 17 35.52	84.01	+0.86	6 3 30.44	−5 18 54.22
	383	7.8	6 7 9.62	−65.69	−1.00	56 39 7.20	91.73	+0.24	6 6 2.94	−7 40 33.18
	177b	6.5	6 9 44.53	−65.72	−1.01	52 41 32.85	79.28	+1.26	6 8 37.79	−3 42 47.05
	393	7.5	6 10 35.89	−65.72	−1.01	53 23 45.52	81.33	+1.07	6 9 29.16	−4 25 2.15
	400	7.1	6 14 12.26	−65.71	−1.02	54 35 30.42	84.97	+0.73	6 13 5.52	−5 36 50.09
	180b	8.0	6 16 50.28	−65.73	−1.04	52 26 2.80	78.57	+1.27	6 15 43.51	−3 27 16.75
	410	7.8	6 22 12.37	−65.70	−1.06	56 16 38.10	90.50	+0.30	6 21 5.61	−7 18 2.42
	414	7.2	6 22 52.56	−65.72	−1.06	53 16 17.12	81.00	+1.02	6 21 45.77	−4 17 33.57
	188b1	7.9	6 26 37.47	−65.73	−1.08	52 37 10.72	70.13	+1.16	6 25 30.65	−3 38 25.37
	432	7.7	6 37 3.81	−65.73	−1.12	54 35 2.40	85.01	+0.61	6 35 56.96	−5 36 22.35
	184a	7.7	6 44 7.49	−65.76	−1.16	50 40 54.37	73.88	+1.44	6 43 0.57	−1 42 3.83
	201b	7.7	6 47 38.11	−65.76	−1.17	51 1 50.62	74.82	+1.32	6 46 31.18	−2 3 0.75
	450	6.4	6 50 3.79	−65.73	−1.17	54 41 55.47	85.44	+0.49	6 48 56.89	−5 43 14.89
	203b	6.3	6 50 46.72	−65.76	−1.18	51 38 59.02	76.51	+1.15	6 49 39.78	−2 40 11.02
	19 Monoc.	5.4	6 58 43.97	+ 0.16	−1.20	53 3 52.37	80.56	+0.74		
	20 Monoc.	5.8	7 6 4.80	+ 0.16	−1.23	53 3 3.22	80.53	+0.66		
	484	7.5				54 54 55.75	86.21	+0.15		−5 56 10.35
	P. VII, 85	6.6	7 18 4.01	+ 0.20	−1.29	57 45 14.42	95.94	−0.38		
	δ Urs. min. U.C.	6.4	7 28 42.30							
	502	7.1	7 33 41.77	−65.75	−1.30	56 27 56.02	91.35	−0.33	7 32 34.72	−7 29 21.78
	26 Monoc.	4.3	7 37 18.03	+ 0.20	−1.30	58 16 43.65	97.01	−0.66		
	212a	8.0	7 34 42.86	−65.82	−1.39	49 8 16.20	70.18	+0.48	7 33 35.65	−0 9 21.15
	331	8.0	7 56 37.33	−65.79	−1.38	53 12 32.07	81.15	−0.22	7 55 30.16	−4 13 47.37

Datum	Bezeichnung des Sterns	Grösse	Durchgangszeit	Uhrstand + Correction	Reduction auf 1894.0	Mittel der Ablesungen	Refraction	Reduction auf 1894.0	α 1894.0	δ 1894.0
1894 Feb. 17	138b	8.0	5h 4m 26.15s	−65.37s	−0.67	51° 25′ 22.57″	78.24″	+1.22″	5h 3m 20.11s	−3° 26′ 35.34″
	139b	7.0	5 5 15.27	−65.37	−0.68	51 15 7.14	75.03	+1.60	5 4 9.22	−3 16 16.99
	β Orionis	1	5 10 32.68	+ 0.16	−0.71	57 18 1.80	93.71	−0.15		
	280	8.0	5 14 38.72	−65.35	−0.73	56 19 28.05	92.04	−0.03	5 13 32.64	−7 50 53.14
	143b₁	8.0	5 17 25.36	−65.38	−0.74	51 8 15.37	74.75	+1.68	5 16 19.25	−2 9 25.21
	η Orionis	3.3	5 20 14.96	+ 0.14	−0.75	51 28 32.37	75.66	+1.58		
	300	8.0	5 26 55.83	−65.36	−0.79	55 15 2.20	86.80	+0.46	5 25 49.68	−6 16 22.13
	148a	7.2	5 29 48.26	−65.38	−0.80	50 31 27.75	73.16	+1.86	5 28 42.08	−1 32 35.32
	314	7.0	5 31 13.43	−65.37	−0.81	53 32 35.85	81.54	+0.96	5 30 7.26	−4 33 51.38
	325	7.8	5 32 9.44	−65.36	−0.81	54 41 37.57	83.04	+0.64	5 31 3.26	−5 42 56.60
	σ Orionis	3.7	5 34 31.62	+ 0.14	−0.82	51 38 30.65	70.14	+1.52		
	348	8.0	5 44 17.35	−65.36	−0.87	55 39 35.95	88.16	+0.37	5 43 11.12	−6 40 57.33
	157a	7.8	5 45 24.10	−65.39	−0.88	49 21 57.50	70.26	+2.17	5 44 17.93	−0 23 3.33
	363	7.0				55 34 56.40	87.43	+0.39		−6 36 17.64
	365	7.0	5 56 30.29	−65.36	−0.92	56 27 3.50	90.84	+0.14	5 55 24.01	−7 28 26.63
	174b₁	8.0	6 5 9.53	−65.38	−0.97	52 45 27.10	79.30	+1.12	6 4 3.18	−3 46 40.22
	383	7.8	6 7 9.36	−65.36	−0.97	56 39 8.25	91.55	+0.08	6 6 3.02	−7 40 32.01
	390	8.0	6 9 53.78	65.37	−0.98	55 46 16.32	88.57	+0.30	6 8 47.42	−6 47 37.02
	393	7.5	6 10 35.55	−65.38	−0.99	53 23 47.20	81.16	+0.91	6 9 29.18	−4 25 8.71
	400	7.1	6 14 11.92	−65.38	−1.00	54 35 31.82	84.79	+0.58	6 13 5.54	−5 36 50.03
	180b	8.0	6 16 49.93	−65.39	−1.02	52 26 4.75	78.40	+1.12	6 15 43.53	−3 27 17.30
	173a₁	7.9	6 22 7.68	−65.40	−1.05	49 41 50.77	71.13	+1.80	6 21 1.23	−0 42 56.29
	413	8.0	6 22 49.93	−65.39	−1.04	53 22 31.97	81.12	+0.84	6 21 43.50	−4 23 47.18
	188b₁	7.9	6 26 37.08	−65.39	−1.06	52 37 12.90	78.05	+1.02	6 25 30.64	−3 38 24.93
	P. VI. 203	6.3	6 36 44.92	+ 0.12	−1.11	48 23 17.70	67.98	+1.96		
	184a₁	8.0	6 44 13.84	−65.40	−1.14	50 31 33.50	72.33	+1.33	6 43 7.30	−1 32 41.37
	203b	7.7	6 47 37.72	−65.40	−1.15	51 2 52.45	74.07	+1.17	6 46 31.17	−2 3 1.25
	187a	6.4	6 50 7.96	−65.41	−1.16	49 58 35.17	71.05	+1.39	6 49 1.40	−0 59 40.99
	204b	7.8	6 50 55.36	−65.40	−1.16	51 19 39.07	75.47	+1.06	6 49 48.80	−2 20 48.90
	19 Monoc.	5.4	6 58 45.56	+ 0.14	−1.18	53 3 53.80	80.35	+0.56		
	20 Monoc.	5.8	7 6 4.38	+ 0.14	−1.21	53 3 4.05	80.32	+0.50		
	485	7.0	7 17 29.05	−65.39	−1.24	54 40 32.45	85.25	−0.02	7 16 22.41	−5 41 50.92
	1 Urs. min. U.C.	6.4	7 28 53.87							
	502	7.1	7 33 41.52	−65.39	−1.29	56 27 57.55	91.16	−0.36	7 32 34.84	−7 29 22.19
	26 Monoc.	4.5	7 37 17.68	+ 0.17	−1.29	58 26 45.20	97.71	−0.91		
	243b	7.0	7 54 53.82	−65.41	−1.30	53 1 26.25	80.33	−0.36	7 53 47.05	−4 2 59.00
	245b₁	8.0	7 57 1.75	−65.42	−1.40	52 12 28.22	78.00	−0.29	7 55 54.93	−3 13 38.04
1894 Feb. 18	137b	7.5	5 4 20.82	−65.45	−0.66	52 7 41.23	78.80	+1.18	5 3 14.71	−3 8 53.90
	205	8.0	5 5 4.56	−65.44	−0.66	55 33 6.05	89.29	+0.24	5 3 58.14	−6 34 28.55
	β Orionis	1	5 10 32.71	+ 0.16	−0.71	57 18 0.53	93.39	−0.20		
	τ Orionis	4.0	5 13 33.65	+ 0.16	−0.71	55 56 9.30	90.00	+0.15		
	284	7.0	5 16 20.00	−65.42	−0.72	54 27 12.37	85.75	+0.62	5 15 13.84	−5 28 31.57
	144b	8.0	5 17 45.96	−65.46	−0.73	52 2 51.80	78.59	+1.35	5 16 39.78	−3 4 5.37
	η Orionis	3.3	5 20 15.00	+ 0.14	−0.74	51 28 30.00	77.00	+1.52		
	298	6.0	5 26 19.53	−65.44	−0.77	56 29 35.53	92.54	+0.04	5 25 13.32	−7 31 1.65
	149a	7.7	5 30 9.88	−65.47	−0.79				5 29 3.63	
	313	5.4	5 30 58.03	−65.44	−0.79	55 3 0.18	87.69	+0.48	5 29 51.80	−6 4 20.83

Datum	Bezeichnung des Sterns	Grösse	Durchgangszeit	Uhrstand + Correction	Reduction auf 1894.0	Mittel der Ablesungen	Refraction	Reduction auf 1894.0	α 1894.0	δ 1894.0
1894 Feb. 18	313	7.8	$5^h 31^m 37^s.68$	$-65^s.45$	$-0^s.80$	53° 28' 20".53	82".76	+0".94	$5^h 30^m 51^s.43$	−1° 29' 37".59
	ε Orionis	3.7	5 34 31.68	+ 0.14	−0.84	51 38 28.10	77.48	+1.47		
	κ Orionis	2.6	5 43 50.02	+ 0.17	−0.86	58 40 53.50	100.69	−0.36		
	156a	8.0	5 45 14.92	−65.47	−0.80	49 41 47.20	72.33	+2.02	5 44 8.59	−0 42 55.49
	160a	8.0	5 55 49.70	−65.47	−0.91	49 29 22.52	71.82	+2.03	5 54 43.31	−0 30 29.70
	378	8.0	6 5 26.86	−65.45	−0.95	54 1 38.97	84.50	+0.74	6 4 20.45	−5 2 57.86
	384	8.0	6 7 22.06	−65.44	−0.96	56 12 15.35	91.60	+0.11	6 6 15.66	−7 13 39.82
	390	8.0	6 9 53.83	−65.44	−0.98	55 46 13.95	90.13	+0.23	6 8 47.42	−6 47 37.20
	395	6.6	6 11 22.28	−65.45	−0.98	53 51 31.27	83.99	+0.71	6 10 15.89	−4 52 49.14
	178b	8.0	6 14 56.18	−65.46	−1.00	52 41 0.10	80.49	+1.01	6 13 49.73	−3 42 14.85
	405	8.0	6 18 2.84	−65.45	−1.01	53 40 58.75	83.43	+0.74	6 16 56.38	−4 42 10.25
	173a	7.9	6 22 7.67	−65.47	−1.04	49 41 49.08	72.36	+0.06	6 21 1.17	−0 42 54.93
	413	8.0	6 23 49.89	−65.46	−1.03	53 22 30.48	82.53	+0.78	6 22 43.41	−4 23 47.15
	196b	8.0	6 37 9.19	−65.47	−1.10	51 13 58.00	76.41	+1.17	6 36 2.03	−2 14 48.88
	184a	7.7	6 44 7.17	−65.47	−1.13	50 40 55.83	74.95	+1.22	6 43 0.57	−1 42 5.06
	444	7.2	6 46 34.24	−65.46	−1.13	53 7 19.63	81.80	+0.62	6 45 27.65	−4 8 35.02
	449	6.3	6 48 16.50	−65.46	−1.13	54 10 0.48	84.98	+0.35	6 47 9.91	−5 11 19.38
	452	8.0	6 50 14.90	−65.45	−1.14	55 14 3.88	88.39	+0.09	6 49 8.32	−6 15 25.64
	459	5.0	6 57 50.90	−65.45	−1.16	54 32 56.38	86.19	+0.15	6 56 44.29	−5 34 16.03
	210b	8.0	6 59 13.36	−65.47	−1.18	51 51 1.35	78.10	+0.75	6 58 6.71	−2 52 13.31
	20 Monoc.	5.8	7 6 4.46	+ 0.14	−1.20	53 3 3.23	81.63	+0.42		
	P. VII. 83	6.6	7 18 3.67	+ 0.17	−1.23	57 45 15.33	97.17	−0.72		
	δ Urs. min. U.C.	6.4	7 28 53.54							
	503	6.8	7 33 48.11	−65.45	−1.28	55 41 47.30	90.01	−0.54	7 32 41.38	−6 43 10.25
	26 Monoc.	4.3	7 37 17.69	+ 0.17	−1.28	58 16 23.03	99.30	−1.03		
	243b	7.0	7 54 53.75	−65.47	−1.35	53 1 23.88	81.68	−0.46	7 53 46.94	−4 2 38.25
	530	8.0	7 56 29.20	−65.47	−1.35	53 16 48.58	82.43	−0.53	7 55 22.38	−4 17 59.98
1894 Feb. 19	263	6.2	5 4 34.33	−65.30	−0.64	53 34 25.40	82.48	+0.79	5 3 28.39	−4 35 40.04
	139b	7.0	5 5 15.12	−65.30	−0.65	51 15 5.72	75.87	+1.50	5 4 9.18	−2 16 16.79
	β Orionis	1	5 10 32.33	+ 0.14	−0.68	57 18 0.40	94.70	−0.25		
	τ Orionis	4.0	5 13 33.50	+ 0.13	−0.69	55 56 8.00	90.00	+0.10		
	143b	8.0	5 17 25.25	−65.30	−0.71	51 8 12.90	75.57	+1.57	5 16 19.24	−2 9 24.14
	146b	8.0	5 20 26.80	−65.30	−0.72	51 34 24.25	76.76	+1.44	5 19 20.78	−2 35 41.49
	152b	6.3	5 25 12.68	−65.29	−0.75	52 30 39.61	79.39	+1.16	5 24 6.64	−3 31 55.30
	146a	7.4	5 29 14.07	−65.30	−0.77	50 12 43.58	73.14	+1.86	5 28 8.60	−1 13 51.63
	310	6.8	5 30 46.12	−65.29	−0.78	56 14 53.13	91.07	+0.06	5 29 40.05	−7 16 18.19
	322	6.0	5 31 31.78	−65.29	−0.78	53 54 13.33	83.90	+0.74	5 30 25.70	−4 55 31.33
	ε Orionis	3.7	5 34 31.52	+ 0.13	−0.80	51 38 24.20	76.95	+1.43		
	κ Orionis	2.6	5 43 49.82	+ 0.14	−0.84	58 40 54.85	99.99	−0.63		
	156a	8.0	5 45 14.71	−65.30	−0.85	49 41 48.00	71.83	+1.97	5 44 8.56	−0 42 56.08
	378	8.0	6 5 26.65	−65.29	−0.94	54 1 39.03	83.97	+0.64	6 4 20.42	−5 2 57.28
	384	8.0	6 7 21.82	−65.28	−0.95	56 12 16.10	91.03	+0.04	6 6 15.59	−7 13 40.70
	391	6.5	6 9 55.36	−65.28	−0.96	56 11 42.83	91.00	+0.03	6 8 49.32	−7 13 7.94
	396	8.0	6 11 42.23	−65.29	−0.97	55 9 6.65	87.53	+0.30	6 10 35.98	−6 10 28.18
	402	7.5	6 16 6.86	−65.28	−0.98	56 48 7.15	93.12	−0.15	6 15 0.59	−7 49 33.31
	181b	7.8	6 18 10.57	−65.29	−1.00	51 38 16.65	77.05	+1.20	6 17 10.28	−2 39 29.19
	173a	7.9	6 22 7.45	−65.29	−1.02	49 41 48.98	71.93	−0.06	6 21 1.14	−0 42 54.55

Datum	Bezeichnung des Sterns	Grösse	Durchgangszeit	Uhrstand + Correction	Reduction auf 1894.0	Mittel der Ablesungen	Refraction	Reduction auf 1894.0	α 1894.0	δ 1894.0
1894 Feb. 19	414	7.2	$6^h\,22^m\,52^s.02$	$-65^s.29$	$-1^s.02$	53° 16′ 16″.75	81″.73	+0″.74	$6^h\,21^m\,45^s.71$	−4° 17′ 33″.32
	196 b	8.0	6 37 9.03	−65.29	−1.09	51 13 37.65	75.97	+1.12	6 36 2.66	−2 14 48.05
	18 Monoc.	5.0	6 43 46.44	+ 0.12	−1.13	46 27 18.70	64.24	+2.24		
	443	7.5	6 45 49.36	−65.28	−1.11	54 22 12.18	85.11	+0.25	6 44 42.97	−5 23 31.16
	202 b	7.7	6 47 37.56	−65.28	−1.13	51 1 50.58	75.46	+1.03	6 46 31.15	−2 3 2.24
	451	8.0	6 50 8.89	−65.28	−1.13	54 51 50.55	86.68	+0.10	6 49 2.49	−5 53 11.02
	51 H. Ceph. O.C.	5.1	6 52 19.43							
	460	7.3	6 58 2.49	−65.28	−1.16	54 30 50.18	86.05	+0.01	6 56 56.06	−5 32 11.25
	20 Monoc.	5.8	7 6 4.25	+ 0.13	−1.19	53 3 2.66	81.17	+0.33		
	485	7.0	7 17 28.91	−65.28	−1.23	54 40 30.78	86.15	−0.22	7 16 22.40	−5 41 50.63
	25 Monoc.	5.3	7 33 7.02	+ 0.13	−1.29	52 51 24.24	80.66	−0.07		
	504	7.1	7 34 0.55	−65.27	−1.27	56 51 47.33	93.55	−0.86	7 32 54.01	−7 53 13.86
	509	8.0	7 37 41.95	−65.27	−1.28	55 52 48.53	90.16	−0.73	7 36 35.38	−6 54 11.90
	27 Monoc.	5.4	7 55 33.05	+ 0.13	−1.35	52 22 14.90	79.35	−0.56		
	532	7.8	7 56 37.85	−65.27	−1.33	53 26 46.45	82.51	−0.67	7 55 31.23	−4 28 2.67
1894 Feb. 20	161	8.0	5 2 47.07	−64.81	−0.62	54 17 7.28	83.69	+0.51	5 1 41.64	−5 18 26.15
	264	7.5	5 4 54.99	−64.81	−0.63	56 16 47.13	90.13	−0.09	5 3 49.55	−7 18 11.66
	β Orionis	1	5 10 32.01	+ 0.14	−0.67	57 18 0.38	93.72	−0.30		
	τ Orionis	4.0	5 13 32.97	+ 0.13	−0.68	55 56 10.45	89.03	+0.05		
	130a	4.8	5 17 26.51	−64.81	−0.69	40 28 8.11	70.49	+2.06	5 16 21.01	−0 29 14.80
	134a	7.3	5 21 12.26	−64.81	−0.71	49 37 14.13	70.90	+2.01	5 20 6.74	−0 38 21.20
	143a	7.5	5 28 17.70	−64.80	−0.75	49 2 48.43	69.50	+2.18	5 27 12.15	−0 3 54.27
	155b	7.8	5 30 1.84	−64.80	−0.76	51 56 3.58	77.00	+1.29	5 28 56.28	−2 57 16.07
	317	4.5	5 31 14.93	−64.80	−0.76	53 53 11.20	82.04	+0.70	5 30 9.37	−4 54 29.09
	334	7.8	5 34 55.10	−64.79	−0.78	54 13 58.55	83.69	+0.60	5 33 49.53	−5 15 17.17
	κ Orionis	2.6	5 43 49.35	+ 0.14	−0.83	58 40 54.15	99.06	−0.57		
	Lal. 11382	5.4	5 55 50.82	+ 0.13	−0.88	52 3 30.33	77.41	+1.16		
	379	7.5	6 5 26.87	−64.78	−0.93	55 29 43.38	87.77	+0.18	6 4 22.17	−6 31 3.48
	385	8.0	6 7 29.89	−64.78	−0.93	55 55 29.88	89.19	+0.05	6 6 24.18	−6 56 33.49
	392	6.0	6 10 27.98	−64.78	−0.95	53 30 58.10	81.62	+0.68	6 9 22.25	−4 32 24.55
	399	7.0	6 14 4.87	−64.77	−0.96	55 39 47.60	88.34	+0.09	6 12 59.09	−6 41 10.08
	180b	8.0	6 16 49.32	−64.78	−0.98	52 26 2.65	78.50	+0.93	6 15 43.56	−3 27 16.38
	186b	7.4	6 21 58.81	−64.77	−1.01	52 26 11.33	78.52	+0.88	6 20 53.03	−3 27 24.76
	413	8.0	6 22 49.24	−64.77	−1.01	53 22 29.58	81.23	+0.64	6 21 43.47	−4 23 45.84
	P. VI, 203	6.3	6 36 44.27	+ 0.12	−1.08	48 23 16.83	68.07	+1.79		
	16 Monoc.	5.0	6 43 25.92	+ 0.12	−1.12	46 27 19.73	63.64	+2.19		
	444	7.2	6 46 33.61	−64.76	−1.11	53 7 20.03	80.58	+0.46	6 45 27.74	−4 8 34.94
	448	6.9	6 48 14.38	−64.76	−1.11	54 1 28.38	83.27	+0.49	6 47 8.51	−5 2 40.50
	452	8.0	6 50 14.25	−64.76	−1.11	55 14 3.85	87.07	−0.09	6 49 8.38	−6 15 25.28
	51 H. Ceph. O.C.	5.1	6 52 18.77							
	19 Monoc.	5.4	6 58 44.94	+ 0.13	−1.15	53 3 53.13	80.44	+0.32		

Datum	Bezeichnung des Sterns	Grösse	Durchgangszeit	Uhrstand + Correction	Reduction auf 1894.0	Mittel der Ablesungen	Refraction	Reduction auf 1894.0	α 1894.0	δ 1894.0
1894 Feb. 21	261	8.0	5^h 2^m $46^s.43$	$-64^s.15$	$-0^s.61$	54° 17′ 8″.03	83″.31	+0″.50	5^h 1^m $41^s.67$	−5° 18′ 25″.71
	264	7.5	5 4 54.22	−64.15	−0.62	56 16 49.01	89.73	−0.11	5 3 49.45	−7 18 11.90
	β Orionis	1	5 10 31.33	+ 0.14	−0.65	57 18 2.23	93.31	−0.35		
	η Orionis	3.3	5 20 13.02	+ 0.13	−0.69	51 28 33.65	75.37	+1.39		
	153b	7.2	5 27 30.73	−64.14	−0.73	52 16 33.64	77.60	+1.14	5 26 25.85	−3 17 45.22
	117a	7.7	5 29 45.38	−64.14	−0.74	50 5 27.03	71.81	+1.81	5 28 40.70	−1 6 33.35
	314	7.0	5 31 12.07	−64.14	−0.75	53 32 35.98	81.26	+0.76	5 30 7.19	−4 33 31.30
	333	5.0	5 34 50.21	−64.13	−0.77	56 14 57.08	89.82	−0.03	5 33 45.31	−7 16 20.02
	410	7.8	6 22 10.07	−64.11	−1.00	56 16 38.75	90.07	−0.18	6 21 5.57	−7 18 1.03
	417	5.5	6 24 46.22	−64.10	−1.00	55 56 39.38	88.96	−0.11	6 23 41.12	−6 58 1.48
	18 Monoc.	5.0	6 43 25.22	+ 0.12	−1.11	46 27 20.23	63.30	+2.14		
	20 Monoc.	5.8	7 6 3.04	+ 0.13	−1.17	53 3 5.30	80.21	+0.16		
	P. VII. 85	6.6	7 18 2.29	+ 0.14	−1.20	57 45 10.50	95.66	−1.03		
	λ Urs. min. U.C.	6.4	7 29 6.85							
	503	6.8	7 33 46.76	−64.06	−1.26	55 41 48.53	88.62	−0.83	7 32 41.44	−6 43 9.63
	26 Monoc.	4.3	7 37 16.33	+ 0.14	−1.26	58 16 45.85	97.79	−1.36		
1894 Feb. 22	β Orionis	1	5 10 30.94	+ 0.14	−0.64	57 18 2.31	93.50	−0.40		
	144a	6.0	5 28 24.09	−63.85	−0.72	50 39 1.27	73.37	+1.61	5 27 19.53	−1 40 8.12
	307	8.0	5 30 22.35	−63.84	−0.73	53 32 20.25	81.39	+0.72	5 29 17.78	−4 33 34.61
	319	7.0	5 31 20.65	−63.84	−0.74	53 24 45.52	81.02	+0.77	5 30 16.07	−4 25 59.80
	ε Orionis	3.7	5 34 30.07	+ 0.13	−0.75	51 38 31.52	76.03	+1.28		
	Lal. 11382	5.4	5 55 40.81	+ 0.13	−0.86	52 3 33.60	77.20	+1.06		
	5 Monoc.	4.6	6 10 25.86	+ 0.13	−0.92	55 13 15.44	86.55	+0.09		
	410	7.8	6 22 10.33	−63.77	−0.97	56 16 40.26	89.99	−0.26	6 21 5.59	−7 18 2.12
	417	5.5	6 24 45.89	−63.77	−0.98	55 56 39.62	88.88	−0.19	6 23 41.13	−6 58 1.00
	18 Monoc.	5.0	6 43 24.91	+ 0.12	−1.10	46 27 21.22	63.35	+2.09		
	20 Monoc.	5.8	7 6 2.67	+ 0.13	−1.16	53 3 5.30	80.07	+0.09		
	λ Urs. min. U.C.	6.4	7 29 3.90							
	P. VII. 85	6.6	7 18 1.98	+ 0.14	−1.24	57 45 17.36	95.47	−1.33		
1894 Feb. 23	λ Eridani	4.0	5 5 8.34	− 0.22	−0.59	302 5 28.02	94.17	+0.68		
	β Orionis	1	5 10 30.79	− 0.21	−0.62	302 39 21.67	92.27	+0.45		
	τ Orionis	4.0	5 13 31.71	− 0.21	−0.63	304 1 12.36	87.68	+0.08		
	144b	8.0	5 17 44.03	−63.51	−0.65	307 54 20.70	76.12	−1.12	5 16 39.87	−3 4 5.37
	η Orionis	3.3	5 20 13.00	− 0.18	−0.66	308 18 53.02	74.60	−1.31		
	115a	7.5	5 28 50.15	−63.51	−0.71	309 10 36.25	72.89	−1.52	5 27 45.93	−1 27 35.80
	119a	7.7	5 30 7.86	−63.50	−0.71	310 53 23.87	68.04	−2.05	5 29 3.65	−0 5 4.86
	317	4.5	5 31 13.62	−63.53	−0.72	306 4 10.15	81.56	−0.56	5 30 9.37	−4 54 30.28
	ε Orionis	3.7	5 34 29.72	− 0.18	−0.74	308 18 53.05	75.26	−1.24		
	161b	7.5	5 36 22.72	−63.51	−0.75	308 5 41.40	75.88	−1.16	5 35 18.40	−2 52 53.92
	348	8.0	5 44 15.40	−63.54	−0.78	304 17 47.87	87.24	−0.01	5 43 11.08	−6 40 57.05
	136a	8.0	5 45 12.85	−63.50	−0.79	310 15 34.92	70.35	−1.79	5 44 8.56	−0 42 55.48
	Lal. 11382	5.4				307 55 58.10	76.57	−1.00		
	174b₁	8.0	6 5 7.50	−63.52	−0.89	307 11 57.87	78.57	−0.70	6 4 3.09	−3 26 39.53
	382	7.0	6 6 38.91	−63.54	−0.89	303 43 2.87	89.32	+0.23	6 5 34.18	−7 15 44.21

Datum	Bezeichnung der Sterns	Grösse	Durchgangszeit	Uhrstand + Correction	Reduction auf 1894.0	Mittel der Ablesungen	Refraction	Reduction auf 1894.0	α 1894.0	δ 1894.0
1894 Feb. 23	389	7.7	6ʰ 9ᵐ 3ˢ.64	−63ˢ.53	−0ˢ.90	305° 59′ 43″.70	88″.10	−0″.38	6ʰ 7ᵐ 59ˢ.21	−4° 58′ 58″.83
	164a	7.8	6 11 8.97	−63.50	−0.92				6 10 4.55	
	396	8.0	6 11 40.40	−63.53	−0.91	304 48 15.22	85.79	−0.04	6 10 35.96	−6 10 28.41
	183b	7.8	6 18 53.39	−63.52	−0.95	307 30 49.15	77.75	−0.73	6 17 48.93	−3 27 46.97
	410	7.8	6 22 10.02	−63.54	−0.96	303 10 44.60	89.51	+0.34	6 21 5.52	−7 18 2.04
	413	8.0	6 22 47.90	−63.52	−0.97	306 34 51.15	80.42	−0.42	6 21 43.41	−4 23 48.12
	51 H. Ceph. O.C.	5.1	6 52 7.92							
	20 Monoc.	5.8	7 6 2.36	− 0.19	−1.17	306 51 18.55	79.52	−0.22		
1894 März 1	τ Orionis	4.0	5 13 31.34	− 0.16	−0.53	304 1 14.20	85.73	+0.28		
	η Orionis	3.3	5 20 12.77	− 0.16	−0.57	308 28 54.35	72.83	−1.12		
	148a	7.2	5 29 46.07	−63.41	−0.61	310 25 56.37	67.99	−1.39	5 28 42.04	−0 32 33.86
	314	7.0	5 31 11.21	−63.41	−0.62	306 24 47.80	78.49	−0.44	5 30 7.18	−4 33 52.64
	320	6.4	5 32 28.98	−63.41	−0.63	304 50 30.75	83.12	+0.05	5 31 24.94	−6 7 54.28
	162b₁	8.0	5 36 45.41	−63.41	−0.65	307 4 41.85	76.62	−0.62	5 35 41.35	−3 53 57.06
	154a	7.8	5 44 23.81	−63.41	−0.70	309 9 15.32	71.15	−1.23	5 43 19.71	−1 49 18.57
	Lal. 11382	5.4	5 56 49.30	− 0.16	−0.75	307 53 52.87	74.48	−0.76		
	174b₁	8.0	6 5 7.32	−63.41	−0.80	307 12 0.75	76.44	−0.48	6 4 3.11	−3 46 39.09
	383	7.8	6 7 7.22	−63.41	−0.80	303 18 15.22	87.70	+0.67	6 6 3.02	−7 40 33.04
	390	8.0	6 9 51.63	−63.41	−0.81	304 11 9.40	85.40	+0.44	6 8 47.42	−6 47 37.05
	305	6.6	6 11 20.07	−63.41	−0.82	306 5 51.30	79.50	−0.11	6 10 15.84	−4 52 50.19
	400	7.1	6 14 9.77	−63.41	−0.84	305 21 53.00	81.78	+0.15	6 13 5.53	−5 36 49.72
	411	7.0	6 22 24.30	−63.41	−0.88	306 26 29.97	78.67	−0.08	6 21 20.01	−4 32 9.97
	414	7.2	6 22 50.10	63.41	−0.88	306 41 4.22	77.99	−0.15	6 22 45.81	−4 17 55.74
	188b₁	7.9	6 26 34.96	−63.41	−0.90	307 20 11.75	76.20	−0.29	6 25 30.65	−3 38 26.48
	422	7.9	6 28 31.89	−63.41	−0.91	305 42 55.45	80.83	+0.19	6 27 27.58	−5 15 46.89
	P. VI, 203	5.9	6 36 42.76	− 0.16	−0.97	311 34 6.21	65.62	−1.37		
	434	7.0	6 38 0.80	−63.41	−0.97	304 57 58.45	83.14	+0.51	6 36 56.42	−6 0 45.95
	439	8.0	6 43 48.14	−63.42	−0.98	306 50 25.77	77.66	+0.07	6 42 43.75	−4 8 12.94
	198b	7.8	6 44 24.51	−63.41	−0.98	307 1 18.07	77.15	+0.04	6 43 20.12	−3 57 20.80
	446	7.3	6 47 28.81	−63.41	−0.99	304 8 18.32	85.78	+0.85	6 46 24.42	−6 50 28.55
	451	8.0	6 50 6.98	−63.41	−1.00	305 5 31.57	82.81	+0.63	6 49 2.57	−5 53 12.56
	206b	7.8	6 54 13.94	−63.41	−1.03	308 5 43.02	74.27	−0.11	6 53 9.49	−2 52 53.03
	19 Monoc.	5.4	6 58 43.46	− 0.16	−1.05	306 53 29.65	77.58	+0.29		
	51 H. Ceph. O.C.	5.1	6 52 14.09							
	469	7.9	7 7 0.14	−63.42	−1.07	306 26 52.67	78.88	+0.51	7 5 55.66	−4 31 47.40
	479	7.3	7 13 23.89	−63.41	−1.10	305 20 44.75	82.15	+0.93	7 12 19.38	−5 37 58.34
	P. VII, 85	6.6	7 18 1.55	− 0.16	−1.11	307 12 9.30	92.47	+1.76		
	502	7.1	7 33 39.47	−63.41	−1.12	303 29 26.44	88.23	+1.72	7 32 34.89	−7 29 21.18
	505	8.0	7 34 33.10	−63.41	−1.20	306 13 39.52	79.71	+1.13	7 33 28.50	−4 45 0.88
	26 Monoc.	4.3	7 37 15.62	− 0.16	−1.18	301 40 40.70	94.60	+2.17		
	27 Monoc.	5.4	7 55 29.16	− 0.16	−1.27	307 35 8.87	76.03	+1.30		
	531	8.0	7 56 34.87	−63.41	−1.27	306 44 51.07	78.39	+1.51	7 55 30.19	−4 13 47.72

Datum	Bezeichnung des Sterns	Grösse	Durchgangszeit	Uhrstand + Correction	Reduction auf 1894.0	Mittel der Ablesungen	Refraction	Reduction auf 1894.0	α 1894.0	δ 1894.0
1894 März 5	β Orionis	1	5ʰ 10ᵐ 31ˢ.23	— 0ˢ.18	−0ˢ.45	302° 39′ 25″.40	91″.53	+0″.77		
	ι Orionis	4.0	5 13 32.24	— 0.17	−0.46	304 1 14.87	87.89	+0.36		
	η Orionis	3.3	5 20 13.57	— 0.16	−0.50	308 28 55.02	74.70	−1.03		
	141a	8.0	5 27 40.16	−64.23	−0.54	310 36 44.92	69.29	−1.70	5ʰ 26ᵐ 35ˢ.39	−0° 21′ 40″.05
	308	8.0	5 30 33.04	−64.24	−0.55	306 30 52.05	80.21	−0.38	5 29 28.25	−4 27 48.29
	319	7.0	5 31 20.89	−64.24	−0.56	306 32 40.42	80.12	−0.38	5 30 16.09	−4 26 1.03
	δ Orionis	3.7	5 34 30.19	— 0.16	−0.58	308 18 55.80	75.17	−0.91		
	151a	6.2	5 36 32.69	−64.23	−0.59	309 47 28.50	71.34	−1.39	5 35 27.87	−1 11 5.20
	Lal. 11382	5.4	5 55 50.03	— 0.17	−0.69	307 53 54.67	76.38	−0.63		
	378	8.0	6 5 25.33	−64.24	−0.73	305 55 46.42	82.08	+0.05	6 4 20.36	−5 2 55.96
	383	7.8	6 7 7.93	−64.24	−0.73	303 18 15.75	89.94	+0.85	6 6 2.97	−7 40 35.62
	390	8.0	6 9 52.40	−64.24	−0.75	304 11 10.85	87.58	+0.61	6 8 47.41	−6 47 30.67
	396	8.0	6 11 40.98	−64.24	−0.76	304 48 17.75	85.60	+0.45	6 10 35.98	−6 10 27.82
	180b	8.0	6 16 48.51	−64.24	−0.79	307 31 21.60	77.55	−0.31	6 15 43.48	−3 27 16.54
	183b	7.8	6 18 53.98	−64.24	−0.80	307 30 51.71	77.59	−0.28	6 17 48.94	−3 27 46.48
	173a₁	7.9	6 22 6.21	−64.25	−0.83	310 15 35.32	70.38	−1.07	6 21 1.15	−0 42 55.86
	412	6.7	6 22 42.61	−64.24	−0.81	303 31 52.07	89.84	+0.94	6 21 37.55	−7 26 56.73
	188b₁	7.9	6 26 35.70	−64.23	−0.84	307 20 12.70	78.13	−0.12	6 25 30.63	−3 38 26.48
	433	7.2	6 37 19.22	−64.24	−0.88	303 54 30.42	88.66	+1.00	6 36 14.10	−7 4 8.56
	184a₁	8.0	6 44 12.43	−64.23	−0.93	309 25 49.92	72.59	−0.48	6 43 7.27	−1 32 43.37
	444	7.2	6 46 32.91	−64.24	−0.93	306 50 5.17	79.67	+0.31	6 45 27.74	−4 8 34.79
	450	7.8	6 49 6.15	−64.24	−0.93	303 20 38.15	90.64	+1.35	6 48 0.98	−7 38 12.08
	51 II. Ceph. O.C.	5.1	6 52 10.63							
	19 Monoc.	5.4	6 58 44.23	— 0.17	−0.99	300 53 30.15	79.54	+0.50		
	20 Monoc.	5.8	7 6 3.01	— 0.17	−1.03	300 54 21.02	79.52	+0.59		
	479	7.3	7 13 24.68	−64.24	−1.05	305 20 45.20	84.19	+1.19	7 12 19.40	−5 37 58.36
	503	6.8	7 33 46.77	−64.24	−1.13	304 15 37.47	87.72	+1.84	7 32 41.40	−6 43 8.89
	26 Monoc.	4.3	7 37 10.42	— 0.18	−1.13	301 40 40.47	96.77	+2.28		
	27 Monoc.	5.4	7 55 31.90	— 0.17	−1.23	307 35 8.72	77.70	+1.56		
	532	7.8	7 56 36.74	−64.24	−1.13	306 30 35.65	80.78	+1.84	7 55 31.28	−4 28 3.85
1894 März 12	β Eridani	3.0	5 3 44.68	— 0.17	−0.29	305 45 17.85	79.72	−0.10		
	β Orionis	1	5 10 33.09	— 0.18	−0.32	302 39 24.15	89.54	+0.83		
	ι Orionis	4.0	5 13 34.05	— 0.17	−0.34	304 1 14.95	85.06	+0.42		
	η Orionis	3.3	5 20 15.37	— 0.16	−0.38	308 28 54.62	72.32	−0.96		
	146a	7.4	5 29 15.21	−66.17	−0.43	309 44 40.45	69.10	−1.33	5 28 8.60	−1 13 55.32
	322	6.0	5 31 32.37	−66.18	−0.44	306 3 9.95	79.00	−0.11	5 30 25.75	−4 55 32.04
	κ Orionis	2.6	5 43 50.43	— 0.18	−0.50	302 16 30.57	94.64	+1.44		
	390	8.0	6 9 54.24	−66.18	−0.63	304 11 8.05	84.83	+0.81	6 8 47.42	−6 47 39.18
	396	8.0	6 11 42.92	−66.18	−0.64	304 48 15.95	82.91	+0.63	6 10 36.10	−6 10 29.17
	180b	8.0	6 16 50.39	−66.18	−0.68	307 31 19.85	75.11	−0.13	6 15 43.54	−3 27 18.41
	173a₁	7.9	6 22 8.05	−66.17	−0.72	310 15 33.45	68.15	−0.90	6 21 1.16	−0 42 57.82
	412	6.7	6 22 44.40	−66.18	−0.70	303 31 52.32	87.00	+1.18	6 21 37.52	−7 26 56.95
	433	7.2	6 37 21.15	−66.18	−0.77	303 54 37.55	85.83	+1.28	6 36 14.19	−7 4 9.88
	184a	7.7	6 44 7.70	−66.17	−0.83	309 16 6.98	70.65	−0.21	6 43 0.70	−1 42 7.07
	446	7.3	6 47 31.58	−66.18	−0.82	304 8 18.17	85.15	+1.38	6 46 24.31	−6 30 28.99
	450₁	6.4	6 50 3.93	−66.18	−0.84	305 15 29.05	81.69	+1.09	6 48 56.93	−5 43 14.50
	19 Monoc.	5.4	6 58 46.13	— 0.17	−0.69	300 53 29.50	77.01	+0.78		
	51 II. Ceph. O.C.	5.1	6 52 11.07							
	20 Monoc.	5.8	7 6 4.86	— 0.17	−0.92	300 54 19.85	76.99	+0.90		

Datum	Bezeichnung des Sterns	Grösse	Durchgangszeit	Uhrstand + Correction	Reduction auf 1894.0	Mittel der Ablesungen	Refraction	Reduction auf 1894.0	α 1894.0	δ 1894.0
1894 März 17	379	7.5	6ʰ 5ᵐ 29ˢ.17	−67ˢ.69	−0ˢ.31	304° 27′ 38″.67	85″.29	+0″.74	6ʰ 4ᵐ 21ˢ.20	−6° 31′ 6″.31
	393	7.5	6 10 37.49	−67.69	−0.36	306 33 34.80	78.99	+0.16	6 9 29.24	−4 25 4.57
	397	8.0	6 13 11.06	−67.69	−0.57	305 40 21.65	81.59	+0.47	6 12 2.80	−5 18 20.11
	170a	8.0	6 17 27.33	−67.68	−0.61	310 29 22.72	68.67	−0.99	6 16 19.03	−0 29 7.46
	8 Monoc.	4.7	6 19 17.30	− 0.15	−0.65	313 37 7.91	57.41	−2.68		
	410	7.8	6 22 13.88	−67.69	−0.61	303 40 43.62	87.91	+1.28	6 21 5.38	−7 18 3.17
	413	8.0	6 22 51.80	−67.69	−0.62	306 34 50.80	78.98	+0.33	6 21 43.49	−4 23 48.79
	P. VI. 203	6.3	6 36 46.83	− 0.16	−0.75	311 34 5.65	66.20	−0.99		
	433	7.2	6 37 22.37	−67.69	−0.69	303 54 36.15	87.22	+1.41	6 36 13.99	7 4 10.66
	440	7.9	6 43 51.92	−67.69	−0.73	305 56 23.85	80.96	+0.91	6 42 43.50	−5 2 16.81
	51 H. Ceph. O.C.	5.1	6 52 9.82							
	206b₁	8.0	6 34 40.44	−67.69	−0.79	307 6 6.87	77.62	+0.77	6 53 40.96	−3 52 30.64
	19 Monoc.	5.4	6 58 47.56	− 0.17	−0.81	306 53 29.18	78.23	+0.92		
	20 Monoc.	5.8	7 6 6.36	− 0.17	−0.84	306 54 18.95	78.23	+1.05		
	479₁	6.3	7 13 30.20	−67.69	−0.87	304 29 17.57	85.52	+1.95	7 12 21.64	−6 29 26.79
1894 März 18	379	7.5	6 5 29.50	−67.78	−0.31	304 27 38.50	85.57	+0.75	6 4 21.28	−6 31 5.44
	389	7.7	6 9 7.57	−67.78	−0.53	305 59 43.57	80.88	+0.31	6 7 59.22	−4 58 56.09
	393	7.5	6 10 37.49	−67.78	−0.54	306 33 35.52	79.25	+0.17	6 9 29.18	−4 25 3.27
	400	7.1	6 14 13.85	−67.78	−0.55	305 21 52.30	82.88	+0.60	6 13 5.52	−5 36 49.63
	10 Monoc.	5.0	6 23 51.87	− 0.17	−0.61					
	P. VI. 203	6.3	6 36 46.88	− 0.16	−0.70	311 34 5.80	66.41	−0.99		
	18 Monoc.	5.0	6 43 28.59	− 0.16	−0.75	313 30 3.07	62.09	−1.44		
	19 Monoc.	5.4	6 58 47.58	− 0.17	−0.79	306 53 26.45	78.49	+0.93		
	20 Monoc.	5.8	7 6 6.41	− 0.17	−0.83	306 54 19.00	78.47	+1.07		
	δ Urs. min. O.C.	6.4	7 29 24.77							
1894 März 19	α Orionis	1.6	5 43 51.88	− 0.18	−0.37	301 16 28.55	95.75	+1.46		
	Lal. 11382	5.4	5 55 33.36	− 0.17	−0.45	307 33 51.80	74.91	−0.44		
	380	6.3	6 5 32.49	−67.80	−0.49	305 17 6.95	82.45	+0.49	6 4 24.19	−5 41 34.81
	5 Monoc.	4.6	6 10 49.45	− 0.17	−0.52	304 44 10.42	84.19	+0.76		
	170a	8.0	6 17 27.40	−67.79	−0.58	310 29 22.17	68.48	−0.98	6 16 19.03	−0 29 7.17
	173a₁	7.9	6 22 9.56	−67.79	−0.60	310 15 32.82	69.08	−0.82	6 21 1.17	−0 42 56.01
	413	8.0	6 22 51.83	−67.80	−0.59	306 34 50.05	78.79	+0.37	6 21 43.44	−4 23 48.35
	433	7.2	6 37 22.02	−67.80	−0.65	303 54 34.90	87.03	+1.44	6 36 14.17	−7 4 10.16
	184a	7.7	6 44 9.13	−67.80	−0.71	309 16 26.32	71.05	−0.09	6 43 0.62	−1 42 5.10
	51 H. Ceph. O.C.	5.1	6 52 8.21							
	19 Monoc.	5.4	6 58 47.55	− 0.17	−0.78	306 53 28.12	78.11	+0.96		
	20 Monoc.	5.8	7 6 6.35	− 0.17	−0.81	306 54 18.07	78.13	+1.07		
	502	7.1	7 33 43.59	−67.81	−0.93	303 29 24.50	88.80	+2.76	7 32 34.85	−7 29 21.08
	506	7.8	7 34 44.78	−67.80	−0.95	305 45 22.92	81.64	+2.16	7 33 36.03	−5 13 16.26
	26 Monoc.	4.3	7 37 19.80	− 0.18	−0.93	301 40 36.80	95.20	+3.35		
	27 Monoc.	5.4	7 55 34.27	− 0.17	−1.06	307 35 6.00	76.54	+2.21		
	532	7.8	7 56 40.14	−67.80	−1.06	306 30 32.62	79.58	+2.54	7 55 31.28	−4 28 4.22

Datum	Bezeichnung des Sterns	Grösse	Durchgangszeit	Uhrstand + Correction	Reduction auf 1894.0	Mittel der Ablesungen	Refraction	Reduction auf 1894.0	α 1894.0	δ 1894.0
1894 März 20	1856	7.2	6h 21m 39s.37	−67s.86	−0s.57	307° 8′ 49″.42	76″.61	+0″.12	6h 20m 30s.94	−3° 49′ 47″.13
	411	7.0	6 22 28.36	−67.86	−0.57	306 26 30.05	78.59	+0.40	6 21 19.93	−4 32 9.00
	P.VI. 203	6.3	6 36 46.97	− 0.16	−0.67	311 34 5.62	65.55	−0.97		
	18 Monoc.	5.0	6 43 28.59	− 0.16	−0.72	313 30 4.27	61.30	−1.44		
	19 Monoc.	5.4	6 58 47.65	− 0.17	−0.76	306 53 27.12	77.52	+0.98		
	51 II. Ceph. O.C.	5.1	6 52 9.26							
	20 Monoc.	5.8	7 6 6.43	− 0.17	−0.80	306 54 17.75	77.51	+1.10		
	P.VII. 85	6.6	7 18 5.72	− 0.18	−0.83	302 22 5.37	92.40	+2.79		
	503	6.8	7 33 50.18	−67.86	−0.92	304 15 33.75	85.55	+2.59	7 32 41.40	−6 43 9.55
	26 Monoc.	4.3	7 37 19.75	− 0.18	−0.91	301 40 36.57	94.39	+3.40		
1894 März 21	5 Monoc.	4.6	6 10 49.50	− 0.17	−0.48	304 44 11.12	83.09	+0.76		
	6 Monoc.	6.7	6 13 44.43	− 0.18	−0.48	300 17 48.17	98.51	+2.14		
	410	7.8	6 22 13.99	−67.89	−0.54	303 40 43.35	86.50	+1.26	6 21 5.57	−7 18 3.23
	414	7.2	6 22 54.23	−67.89	−0.55	306 41 4.07	77.43	+0.33	6 21 45.79	−4 17 35.13
	P.VI. 203	6.3	6 36 46.99	− 0.16	−0.63	311 34 5.42	65.15	−0.96		
	18 Monoc.	5.0	6 43 28.62	− 0.16	−0.70	313 30 4.00	60.93	−1.44		
	51 II. Ceph. O.C.	5.1	6 52 7.46							
1894 März 22	5 Monoc.	4.6	6 10 49.30	+ 0.13	−0.47	55 13 23.40	83.01	−0.75		
	δ Urs. min. O.C.	4.3	6 7 38.03							
	1806	7.4	6 22 1.29	−67.70	−0.54	52 26 22.65	75.06	−0.06	6 20 53.05	−3 27 25.32
	411	7.0	6 22 28.19	−67.71	−0.53	53 31 2.22	78.04	−0.40	6 21 19.95	−4 32 8.47
	P.VI. 203	6.3	6 36 46.75	+ 0.14	−0.63	48 23 27.60	65.11	+0.98		
	434	7.0	6 38 4.78	−67.71	−0.61	54 59 37.25	82.50	−1.16	6 36 56.46	−6 0 46.86
	18 Monoc.	5.0	6 43 28.32	+ 0.14	−0.68	46 27 28.47	60.90	+1.44		

II.

Reductionselemente

zu den

Beobachtungen am Meridiankreis.

Datum	Zeit	Barometer	Therm. I	Therm. II	Stern	Zeit	dt + m	Aequatorpunkt N	
1892 Jan. 5	$0^h\ 0^m$	753.1 mm	+16°.9	−0°.9	ζ Ceti	$1^h.77$	+71s.78	49° 0' 52".81	m = +0s.842 (aus gleichzeitiger Zeitbestimmung). dt + m = +71s.744. N = 49° 0' 52".93 (53".19). Beob. R.
	1 23			−0.7	61 Ceti	1.97	+71.71	53.04	
	1 43			−0.9					
	2 2	752.75	+17.1	−1.1					
1892 Jan. 10	4 12	745.7	+11.0		φ Orionis	5.32	+70.74	49 0 52.42	m = +0s.800. dt + m = +70s.700 −0s.005 (t − 6°.3). N = 49° 0' 52".05 (52".12). Beob. R. 363 für δ zu schwach, leichte Trübung. Wegen derselben erscheint 6 Monoc. sehr schwach, δ nur Gew. ½. Statt 428 wird der 1m25s vorangehende Stern S.D. −5°.1764, 8m.5 beobachtet. Die leichte Trübung innerhalb der Zone verging sehr bald. Luft anfangs 2–3, dann 3, ruhiger 2
	4 50			−5.8	κ Orionis	5.71	+70.67	52.27	
	5 7			−5.5	6 Monocerotis	6.21	+70.75	(52.83)	
	5 35			−6.1	10 Monocerotis	6.38	+70.71	51.45	
	5 45			−6.0	19 Monocerotis	6.96	+70.69	52.40	
	5 55			−5.8	20 Monocerotis	7.08	+70.68	51.84	
	6 10			−5.8	25 Monocerotis	7.33	+70.66	51.51	
	6 55			−6.1					
	7 18			−6.7					
	7 28			−6.4					
	7 51	746.0	+11.9	−6.3					
1892 Jan. 11	4 32	750.1	+14.9		λ Eridani	5.07	+70.63	49 0 52.91	m_I = +0s.728. m_{II} = +0s.845. $(dt+m)_I$ = +70s.551 −0s.105 (t − 6°.0). $(dt+m)_{II}$ = +70.374 −0.011 (t − 8.0). N = 49° 0' 53".14 (52".98). Beob. R. Nach 281 Mondbeobachtung, während welcher der Stundenablauf, ohne dass es bis 1721 gemerkt wurde. Luft 3–4, besser sehr langsam. Nach der ersten Zone Umlegen des Fernrohrs behufs Collimationsbestimmung. Apparat steht von 563 bis 583. Luft immer besser, ruhiger 1–2. Beobachter zuletzt sehr müde
	5 20			−7.7	κ Orionis	5.71		53.05	
	6 0			−8.7	5 Monocerotis	6.16	+70.52	54.19	
					10 Monocerotis	6.38	+70.49	52.09	
	7 10			−9.3	15 Monocerotis	7.53	+70.32	49 0 54.00	
	7 40			−7.9	26 Monocerotis	7.60	+70.23	54.83	
	8 2			−7.6	15 Hydrae	8.77	+70.28	51.15	
	8 35			−7.9	19 Hydrae	9.06	+70.25	52.93	
	9 0			−7.7					
	9 25	751.05	+13.6						
1892 Jan. 12	1 5	749.05	+12.4	−3.05	P. I. 167	1.68	+70.66	49 0 54.58	m = +0s.774. $(dt+m)_I$ = +70s.825 −0s.044 (t − 3°.3). $(dt+m)_{II}$ = +70.651 −0.035 (t − 5.0). $(dt+m)_{III}$ = +70.597 −0.036 (t − 7.3). N_I = 49° 0' 52".93 (52".50). N_{II} = 49 0 60.57 (59.97). N_{III} = 49 0 52.43 (52.27). Zone I, Beob. R. Zone II, Beob. F.: Nach dem ersten Stern 168 reisst die Kette des Gewichts vom Apparat R.; es wird auf A übergegangen, deshalb 30 Eridani nur an δ beobachtet. 190 schlechter Strich im Mikr. 187 schwach, aber zu beobachten bei sehr mässiger Luft, sonst hell, 337 schwach. Alle Beobachtungen etwas unsicher wegen der häufigen Unterbrechungen. Zone III, Beob. R. 450 es geht starker Wind, das Fernrohr schwankt. Luft 2. Zuletzt wurde windstill.
	1 40			−3.2	61 Ceti	1.97	+70.64	52.47	
	2 10			−3.6	62 Ceti	2.06	+70.72	52.40	
	2 30			−4.0	67 Ceti	2.19	+70.58	52.63	
	2 50			−4.1	81 Ceti	2.54	+70.63	52.70	
					η Eridani	2.85	+70.57	52.74	
					94 Ceti	3.12	+70.63	52.60	
	3 35	748.5	+13.0	−4.8	30 Eridani	3.70		49 0 59.03	
	4 15			−4.9	ν Eridani	4.52	+70.67	59.89	
	5 45	747.8	+11.8	−5.2	β Eridani	5.04	+70.63	62.69	
					λ Eridani	5.07	+70.67	61.24	
					σ Orionis	5.56	+70.64	59.83	
					κ Orionis	5.71	+70.62	60.75	
	6 35			−4.9	10 Monocerotis	6.38	+70.64	49 0 52.08	
	7 35			−5.6	20 Monocerotis	7.08	+70.63	53.59	
	8 30	747.4	+11.1	−6.5	25 Monocerotis	7.33	+70.61	51.90	
					26 Monocerotis	7.60	+70.52	52.78	
					27 Monocerotis	7.91	+70.63	51.03	
					Br. 1197	8.34	+70.55	52.27	

Datum	Zeit	Barometer	Therm. I	Therm. II	Stern	Zeit	$dt + m$	Aequatorpunkt N	
1892 Jan. 19	0ʰ 38ᵐ	751.1 mm	+14°.0		φ Ceti	1ʰ.05	+70ˢ.71		a = 0ˢ.893. $(dt+m)_I$ = +70ˢ.672 − 0ˢ.0491 (t − 2ʰ.5). $(dt+m)_{II}$ = +70.569 − 0.021 (t − 6.0). $(dt+m)_{III}$ = +70.484 − 0.046 (t − 8.0). N_I = 49° 0′ 49.93 (49.88). N_{II} = 58.23 (58.36). N_{III} = 49.92 (49.99). Zone I, Beob. R. Luft anfangs 1—2, dann aber erhebt sich Wind und zuletzt schwanken die Sterne im Rohr, die Deklinationseinstellungen erschwerend. Das Feld war wohl etwas zu hell für die schwächeren Sterne. Zone II, Beob. V. 3ˢ vor und 5′ nördlich von 420 ein Stern 7ᵐ.8—8ᵐ.0 — S.D. —7°.1455, 8ᵐ.]. Luft i. A. 2, sehr durchsichtig, aber windig, Sterne springen oft. Beobachtungen recht gut. Zone III, Beob. R. 611 schwach. Arbeitsuhr Hohwü 41 im Laufe des Tages um 1ˢ vorgestellt.
	1 25			+0°.6	ζ Ceti	1.77	+70.70	49° 0′ 51″.00	
	2 10			+0.4	61 Ceti	1.97	+70.68	49.88	
	2 30			−0.2	81 Ceti	2.54	+70.70	50.06	
	3 15			−0.3	94 Ceti	3.12	+70.62	49.94	
	3 35			−0.5	47 Eridani	3.42		49.34	
	4 10	751.65	+14.9	−1.0	74 Eridani	3.65	+70.65	50.39	
					ν¹ Eridani	4.11	+70.58	48.89	
	5 10	751.6	+14.3		σ Orionis	5.56	+70.55	49 0 58.46	
	5 23			−1.5	κ Orionis	5.71	+70.58	58.55	
	6 0			−2.0	5 Monocerotis	6.16	+70.58	58.05	
	6 33			−2.3	6 Monocerotis	6.21	+70.57	57.79	
	7 0	751.8	+14.2	−2.8	10 Monocerotis	6.38	+70.58	57.77	
					19 Monocerotis	6.96	+70.54	58.86	
	7 20			−2.9	20 Monocerotis	7.08	+70.52	49 0 49.89	
	8 15			−3.5	25 Monocerotis	7.53	+70.51	49.77	
	8 35			−3.9	27 Monocerotis	7.91	+70.50	49.91	
	9 0			−4.3	Br. 1197	8.34	+70.45	51.07	
	9 35	751.65	+12.7	−4.9	Br. 1212	8.90	+70.45	50.15	
	12 15			−5.9	P. VIII, 167	8.70	+70.47	50.08	
	13 6	751.4	+10.3		19 Hydrae	9.06	+70.43	49.14	
					η Virginis	12.24	+70.30	49.33	
1892 Jan. 20	0 55	752.6	+13.7		ζ Eridani	3.18	(+10.50)	49 1 3.18	Ferner Collimationsfehler bestimmt. a = −1ˢ.002. $(dt+m)_I$ = +10ˢ.400 − 0ˢ.071 (t − 4ʰ.0). $(dt+m)_{II}$ = +10.427 − 0.005 (t − 6.0). $(dt+m)_{III}$ = +10.340 − 0.061 (t − 8.5). N_I = 49° 0′ 61.63 (61.84). $N_{II\,u.\,III}$ = 56.37 (56.69). Zone I, Beob. R. ζ Eridani nur 3 Fäden, in A.R. p = ¹/₃. Luft anfangs 1—2, zuletzt etwas undurchsichtig und schlechter, auch leiden die Beobachtungen unter häufigen Störungen, die das öftere Aussetzen des Chronographen A verursacht. Zone II u. III, Beob. V. 330 schwach, Luft 4. 6 Monoc. nur 4 Fäden in A.R. p = ¹/₄. 416 springt sehr, 436 unsicher registrirt. Nach 20 Monoc. kleine Pause. 575 hat praec. 8ᵐ.0? Luft so schlecht, dass es kaum lohnt zu beobachten, Sterne meist ganz verwaschen und sehr unruhig; schwache Sterne 8ᵐ.0 sehr schwer zu beobachten.
	2 30			−5.7	17 Eridani	3.42	+10.50	1.96	
	3 0			−6.1	δ Eridani	3.63	+10.50	2.01	
	3 35			−6.7	μ Eridani	4.67	+10.41	0.96	
	4 5			−6.8					
	4 45	753.6	+14.7	−7.2					
	5 45			−7.8	η Orionis	5.32	+10.43	49 0 56.29	
	6 45			−8.0	σ Orionis	5.56	+10.43	56.73	
	7 5	754.0	+15.0	−8.5	κ Orionis	5.71	+10.43	57.18	
					6 Monocerotis	6.21	(+10.42)	56.03	
					20 Monocerotis	7.08	+10.42	56.70	
	7 50			−8.7	25 Monocerotis	7.53	+10.11	57.14	
	8 0			−8.8	Br. 1197	8.34	+10.34	57.13	
	8 50			−9.4	Br. 1212	8.90	+10.32	56.28	
	9 0	751.3	+14.2		15 Hydrae	8.77	+10.35	55.45	
					19 Hydrae	9.06	+10.50	56.08	
1892 Jan. 21	14 5			−12.8	κ Virginis	14.12	+10.26		a = 1ˢ.211. $dt+m$ = +10ˢ.210 − 0ˢ.087 (t − 14ʰ.5). N = 49° 0′ 48″.21. Beob. R. Nachdem am Abend wegen zu undurchsichtiger Luft nicht beobachtet worden war, wurden bei Gelegenheit einer Mondbeobachtung einige Zenitsterne mitgenommen, obwohl wegen dünn. Wolkenschleier die Luft nicht durchsichtig genug war. 1892 Jan. 22. Neigung und Azimut des Meridiankreises corrigirt.
	14 33			−12.9	ι Virginis	14.17	+10.22	49 0 48.78	
	14 57	757.0	+10.4	−12.9	φ Virginis	14.38	+10.22	47.50	
					μ Virginis	14.62	+10.20	48.94	

Datum	Zeit	Barometer	Therm. I	Therm. II	Stern	Zeit	$dt+m$	Aequatorpunkt N	
1892 März 25	9ʰ 43ᵐ	753.2 ᵐᵐ	+24°.3		θ Sextantis	9ʰ.76	+4ˢ.11	310° 58′ 29″.76	m = −0ˢ.145. dt + m = +4ˢ.049 −0ˢ.075 (t − 11ʰ.0). N = 310° 58′ 28″.32. Beob. R. 334b erscheint in der Meridianrichtung verlängert, also wohl dupl. med., der Stern −8°.3025 8ᵐ.2 wird auf dem Parallel von 41 Sext. beobachtet. 702 sehr schwach; 349b schwach, nur θ; 368b ist duplicis borealis. 374b für die Beobachtung zu schwach; 757 schwach, 378b so schwach, dass Beobachtung unsicher. 383b verschwindet vor der Beobachtung. M. 522 hat nur die Helligkeit eines Sternes 8ᵐ.0. Im Süden ist es allmählich trüber geworden. 387b zu schwach. Luft zu Anfang sehr schön. Sterne gehen ruhig und punktförmig durchs Feld. 1−2. Allmählig wird es im Süden dunstig, die Sterne erscheinen immer schwächer.
	9 50			+4°.85	22 Sextantis	10.20	+4.12	29.58	
	10 52			+4.6	ρ¹ Leonis	10.94	+4.02	26.02	
	11 18			+4.25	Lal. 22585	11.92	+3.91	28.57	
	11 50	752.7	+24.8	+4.15	γ Virginis m.	12.00	+3.95	[25.09]	
	12 55			+3.45	M. 522	12.70	+3.96	27.07	
	13 0	751.7	+26.0						
1892 März 31	8 0	764.45	+20.1		Br. 1212	8.50	+2.24	49 0 32.49	m = −0ˢ.136. dt + m = +2ˢ.137 −0ˢ.052 (t − 11ʰ.0). N = 49° 0′ 30″.92 (31″.04). Beob. R. 364b in Mikroskop I schlechter Strich. 610 schwach. Luft sehr schön, 1−2, Sterne ruhig; Pause. Vor Wiederbeginn war Elemente eingeschaltet, da der Registrirapparat oft aussetzte; 716 sehr schwach, 753 schwach. γ Virginis nur 1 Faden, in 2 ausgeschlossen. Luft 2.
	8 8			+9.0	19 Hydrae	9.06	+2.29	32.66	
	8 59			+8.85					
	9 13	764.6	+20.3	+7.6					
	10 56	764.8	+20.0	+4.5	φ Leonis	11.19	+2.14	30.84	
	11 19			+4.6	α Crateris	11.36	+2.08	31.57	
	11 50			+3.15	δ Crateris	11.52	+2.08	31.11	
	12 40			+3.1	M. 499	12.01	+2.08	29.26	
	12 50	764.45	+19.0		η Virginis	12.24	+2.05	30.09	
					χ Virginis	12.56		30.13	
					γ Virginis m.	12.60	[+2.21]	30.49	
					ψ Virginis	12.81	+2.09	30.60	
1892 April 1	9 40	761.8	+23.5	+11.5	22 Sextantis	10.20	+2.23	49 0 30.65	m = −0ˢ.097. dt + m = +2ˢ.239. N = 49° 0′ 30″.93 (31″.08). Beob. R. 316b ist so schwach, dass er schlecht zu sehen war. 648 schwach; 676 kaum zu sehen; 701 sehr schwach und schlecht zu beobachten; 720 gut zu beobachten; 360b schwach; 735 zu schwach für die Beobachtung; 383b schwach. Luft 3 und 3−4. Sterne meist sehr schwach.
	10 22			+8.95	Br. 1402	10.43	+2.23	30.92	
	10 33			+10.1	33 Sextantis	10.60	+2.21	31.48	
	10 55			+10.9	M. 499	12.01	+2.25	30.58	
	11 24			+10.25	η Virginis	12.24	+2.24	29.96	
	12 6	761.95	+23.3	+8.05	χ Virginis	12.56	+2.29	31.22	
	13 5			+8.45	M. 522	12.70	+2.22	32.04	
	13 25	761.45	+20.5		ψ Virginis	12.81	+2.24	31.09	
					θ Virginis	13.07	+2.25	30.44	
1892 April 2	7 40	758.85	+22.1		27 Monocerotis	7.91	+2.53	49 0 30.26	m = −0ˢ.103. dt + m = +2ˢ.494 −0ˢ.013 (t − 10ʰ.3). N_I = 49° 0′ 30″.21 (30″.41). N_{II} = 29″.67 (30″.00). Beob. R. Bei Beginn noch taghell. 375 sehr schwach; 381 schwach, statt 393 den 1 1/2ᵐ folgende Stern −5°.2648, 8ᵐ.5 beobachtet. Nach dem Polsteen Pause. Luft in der Dämmerung 1, später 2; einige Sterne 6ᵐ erscheinen sehr schwach. Bild unruhig. Luft 2−3. 375b schlechter, niederer Strich in Mikroskop I. Luft nachher wieder 1−2.
	7 58			+16.6	Br. 1212	8.50	+2.55	29.82	
	8 9			+16.1	P. VIII, 167	8.70	+2.54	30.55	
	8 37	759.1	+22.2	+15.1					
	9 7	759.2	+22.2	+14.4					
	10 15	759.45	+22.1		Br. 1402	10.43	+2.38	29.97	
	10 23			+13.05	ρ¹ Leonis	10.94	+2.40		
	10 48			+12.5	M. 522	12.70	+2.42	29.95	
	12 8			+10.95	ψ Virginis	12.81	+2.47	30.26	
	13 3			+9.2	θ Virginis	13.07	+2.48	29.31	
	13 10	759.75	+20.7						

Datum	Zeit	Barometer	Therm. I	Therm. II	Stern	Zeit	$dt+m$	Aequatorpunkt N	
1892 April 3	$7^h 45^m$			+17°.9	26 Monocerotis	$7^h.60$	$+2^s.26$	49° 0′ 32″.41	$m = -0^s.304$. $dt + m = +1^s.196 - 0^s.026\ (t - 10^h.0)$. $N_I = 49° 0′ 30″.36\ (30″.41)$. $N_{II} =$ 30.22 (30.08). Beob. R. Bei Beginn noch taghell. 514 ausserordentlich schwach im taghellen Feld. 545 nur 3 Fäden. 575 sehr schwach. 1181 niederer Strich in Mikroskop I schlecht; der Stern hat sequ. bor. 8ᵐ, der an einigen Fäden registrirt wird $m = -3^s.8547$, 8ᵐ.3. Br. 1212 nur 2 Fäden, $p = 1/16$ in A.R. Luft fast immer 4; Passag. 703 und 714 nur 2 Fäden; 730 und 704 nur 3 Fäden. Nach 350h wird Luft allmählich schlechter und Sterne unruhiger, zuletzt etwa 2−3.
	8 10	757.4	+20°.9		Br. 1212	8.50	(+2.16)	29.47	
	8 25			+15.7	P. VIII, 167	8.70	+2.26	29.93	
	8 35			+15.4	19 Hydrae	9.06	+2.24	29.68	
	9 10	757.5	+21.5	+14.25					
	10 30	757.65	+21.5	+12.1	41 Sextantis	10.75	+2.14	28.91	
	11 5			+11.8	ψ Virginis	12.81	+2.18	31.63	
	11 40			+10.85	θ Virginis	13.07	+2.08	30.11	
	11 55	757.6	+21.3						
	12 5			+11.1					
	13 5	757.6	+20.9	+ 9.2					
1892 April 4	7 45	754.85	+21.0	+18.6	Br. 1197	8.34	+2.25	49 0 38.58	$m = -0^s.096$. $dt + m = +2^s.339 - 0^s.036\ (t - 9^h.0)$. $N = 49° 0′ 38″.20\ (38″.43)$. V. am Ocular, R. liest die Mikroskope ab. 1162 hell, 6ᵐ.0. Luft 2−3. Bilder 3; bei der raschen Beobachtungsweise dürften die Einstellungen in δ z. T. nicht gut sein.
	8 12			+16.9	Br. 1212	8.50	+2.28	38.27	
	9 8			+14.0	P. VIII, 167	8.70	+2.20	38.41	
	9 33			+14.2	15 Hydrae	8.77	+2.27	37.99	
	9 50	755.0	+21.85		19 Hydrae	9.06	+2.17	38.06	
					α Hydrae	9.37	+2.21	37.89	
1892 April 7	8 0	745.5	+21.2	+19.6	Br. 1212	8.50	+2.27	49 0 36.77	$m = -0^s.139$. $dt + m = +2^s.344 - 0^s.126\ (t - 9^h.0)$. $N = 49° 0′ 38″.18\ (38″.40)$. Beob. V. u. R. wie April 4. 1182 Declination fraglich, da nicht geklemmt war; statt 586 wird S. D. −6°.8606, 8ᵐ.3 beobachtet; nach Br. 1212 wird die Ostplatte angezogen. 1197 schlechter Strich in Mikroskop I. Nach 635 ein Stern 635′ = S. D. −7°.2846, 8ᵐ.2 beobachtet, der aber etwa 7ᵐ.7 ist, heller als 635. 3016 nur 3 Fäden.
	8 39			+18.8	P. VIII, 167	8.70	+2.26	38.00	
	9 0			+17.3	15 Hydrae	8.77	+2.28	37.41	
	9 40	746.4	+21.1	+16.1	19 Hydrae	9.06	+2.27	39.46	
					θ Hydrae	9.15	+2.15	39.04	
					6 Sextantis	9.76		39.06	
1892 April 8	7 30	749.9	+21.2		27 Monocerotis	7.91	+2.08	49 0 38.93	$m = -0^s.139$ (aus der Mondbeobachtg.). $dt + m = +2^s.047 - 0^s.066\ (t - 9^h.0)$. $N = 49° 0′ 39″.31\ (39″.77)$. Beob. V. u. R. Bei Beginn noch taghell, 2182 schwach, schlechte Beobachtung. 540 sehr schwach. Nach 605 kleiner Pause, 635′ wieder 7ᵐ.8, heller als 635. Luft 2 und 2−3.
	8 0			+18.55	Br. 1197	8.34	+2.14	39.18	
	8 25			+17.9	α Hydrae	9.37	+2.04	40.58	
	9 15	750.95	+21.3	+16.1	22 Sextantis	10.20	+1.93	39.00	
	9 50			+14.9	Br. 1462	10.43	+1.97	39.04	
	10 15			+13.77					
	10 30	751.8	+21.2						
1892 April 9	8 10	752.42	+19.3	+14.5	Br. 1212	8.50	+1.89	49 0 32.03	$m = -0^s.139$ (aus der Mondbeobachtg.). $dt + m = +1^s.864 - 0^s.028\ (t - 10^h.3)$. $N = 49° 0′ 31″.78\ (32″.00)$. Beob. R. Anfangs ohne Feldbeleuchtung bis zur Pause nach Br. 1212. 3435 hat seq. bor. 8ᵐ, der an einigen Fäden mit registrirt wird $m = -3^s.3086$, 8ᵐ.5; zwischen 714 und 741 Mond beobachtet. 613 und 706 nur 3, 714 nur 2 Fäden. Luft 2 und 2−3.
	8 30			+14.1	6 Sextantis	9.76	+1.91		
	9 20			+12.87	22 Sextantis	10.20	+1.83	32.49	
	9 43			+12.25	Br. 1462	10.43	+1.88	31.40	
	10 5	753.1	+18.8		41 Sextantis	10.75	+1.87	32.38	
	10 30			+11.0	ρ Leonis	10.54	+1.90	31.63	
	11 4			+10.1	ι Leonis	11.41	+1.83		
	11 40			+ 9.65	χ Virginis	12.56	+1.78	30.73	
	12 13			+ 8.85					
	13 12	753.6	+17.8						

Datum	Zeit	Barometer	Therm. I	Therm. II	Stern	Zeit	$dt + m$	Aequatorpunkt N	
									Bei den in der folgenden Periode, April 11 – Mai 6, in Kl. O beobachteten 5 Zonen ergaben sich durch directe Rechnung die folgenden a: Beobachtung Rechnung $B-R$ April 12 a = −0.073 −0.084 +0.011 15 = −0.099 −0.098 −0.007 23 = −0.124 −0.113 −0.011 Mai 1 = −0.128 −0.136 +0.008 6 = −0.146 −0.146 0.000 von denen der erstere einer Beobachtung des Mondes entnommen ist, da die betreffende Zone keinen Polstern aufwies. Bei dem unverkennbaren Gange wurden die a dargestellt durch −0.113 −0.0026 (d = April 24), welche die obenstehenden Differenzen $B-R$ übrig lassen.
1892 April 12	9h 10m	743.3	+18.8	+13.5	α Hydrae	9.37	+2.54	310° 58′ 20.65	a = −0.084.
	9 30			+12.75	22 Sextantis	10.20	+2.53	26.16	$dt + m$ = +1.381 −0.048 (t − 10.0).
	10 25			+11.2	25 Sextantis	10.30	+2.56	24.59	N = 310° 58′ 25.07.
	10 40	743.8	+19.2	+10.5	Br. 1462	10.13	+2.49	24.41	Beob. R. 668 zu schwach; 680 nur 2 Fäden. Luft 3. Sterne unruhig.
					33 Sextantis	10.60	+2.45	23.53	Am Boden ruhig. Beobachter sehr ermüdet, deshalb abgebrochen.
1892 April 15	9 20	748.7	+ 9.6		22 Sextantis	10.20	+1.66	310 58 14.74	a = −0.092.
	9 35			+ 3.45	Br. 1462	10.43	+1.55	13.00	$dt + m$ = +1.525 −0.026 (t − 13.0).
	10 9			+ 2.75	33 Sextantis	10.60		10.87	N_I = 310° 58′ 11.96.
	10 30	748.5	+ 9.6	+ 2.2	β^1 Leonis	10.94	+1.56	10.13	N_{II} = 10.19.
	11 18			+ 2.0					Beob. R. 642, 680 und 677 nur 2 Fäden. β^1 Leonis ist zweimal in Deklination eingestellt und bekommt daher das Gewicht 1½. 705 hat seqq. austr., der gerade um die halbe Fadendistanz absteht, wird reduzirt = −4°.3343.
	15 13	746.3	+ 8.5		μ Serpentis	15.73	+1.40	10.18	9.2. Nach 713 Pause. 441 b äusserst schwach. 370 nur 3 Fäden. Luft anfangs 2, nach der Pause 3–4 u. schlechter. Sterne schwach, Declinationseinstellungen nicht gut. Inzwischen Mond und Mondsterne beobachtet.
	15 18			+ 0.95	δ Ophiuchi	16.14	+1.49	9.66	
	16 35	745.5	+ 8.1	+ 2.3	14 Ophiuchi	16.60	+1.44	10.78	
1892 April 23	10 10	761.75	+15.7	+12.5	22 Sextantis	10.20	+1.42	310 58 20.40	a = −0.113.
	10 30			+11.85	Br. 1462	10.43	+1.35	19.95	$dt + m$ = +1.361 −0.019 (t − 11.3).
	10 50			+12.3	β^1 Leonis	10.94		19.28	N = 310° 58′ 19.35.
	11 23	762.25	+15.6		ε Leonis	11.41	+1.36	18.04	Beob. R. 642 nur 2 Fäden. β^1 Leonis ist nicht zu brauchen, da der Registrirapparat sehr schlecht geht, neue Feder dort eingesetzt. Sterne ziemlich fein. 705 wegen Wolken nicht erhalten; 714 durch Wolken; 729 nur 2 Fäden; 735 äusserst schwach; 748 ist feiner duplex, hat praec. ⅓° und ⅓′ nördlich; 751 sehr schwach; 378 b sehr schwach; 765 nur 1 Faden. Luft anfangs 3, Wolken, später 2.
	11 50			+11.15	ψ Virginis	12.81	+1.32	19.99	
	12 25			+ 9.95	θ Virginis	13.07	+1.35	19.65	
	12 40			+10.25					
	13 15	762.35	+15.3						
1892 Mai 1	11 0	747.1	+ 9.6	+ 3.3	β^1 Leonis	10.94	−1.10	310 58 13.57	a = −0.136.
	11 50			+ 4.1	ε Leonis	11.41	−1.11	14.05	$dt + m$ = −1.168 −0.047 (t − 12.3).
	12 24			+ 3.4	Lal. 22585	11.92	−1.11	16.56	N = 310° 58′ 15.07.
	13 17			+ 3.05	χ Virginis	12.56	−1.22	14.72	Beob. R. 714 nur 3, 729 nur 1, 360 b nur 1 Faden. 748 duplex seqq.; 368 b ist bor. seqq. 776 kaum zu sehen; 783 ziemlich schwach. Luft erst 3, dann 2–3, die Sterne [illegible] sind sehr schwach.
	13 25	747.1	+ 8.5		ψ Virginis	12.81	−1.08	15.77	
					θ Virginis	13.07	−1.18	15.54	
					ω Virginis	13.00	−1.22	15.26	

Datum	Zeit	Barometer	Therm. I	Therm. II	Stern	Zeit	dt + m	Aequatorpunkt N'	
1892 Mai 6	10ʰ 35ᵐ	753.1	+11°.4	+ 2°.33	ρ¹ Leonis	10ʰ.94	−2ˢ.16	310° 58' 13".48	n = −0ˢ.146.
	11 15	753.7	+11.5	+ 1.7	φ Leonis	11.19	−2.12		dt + m = −2ˢ.233 −0ˢ.099 (t − 12ʰ.0).
	12 20			+ 1.4	χ Virginis	12.56	−2.17	14.37	N' = 310° 58' 14".22.
	12 45			+ 1.82	ψ Virginis	12.81	(−2.33)	(15.39)	Beob. R. 693 schwach im taghellen Feld. φ Leonis nur 2 durch Wolken, verschwindet vor Declinationseinstellung. Bald fängt es an zu regnen, dann Polstern. Hierauf wieder klar. 786 sehr schwach; 735 äusserst schwach; 969b durch Wolken; 302a durch dichte Wolken, ist ausgeschlossen. ψ Virginis durch Wolken nur 3 Fäden, p = ⅓. Aufgehört. Luft während der kurzen klaren Periode 2.
	13 5	751.0	+11.2	+ 1.6					
1892 Mai 7	10 35	758.0	+11.5	+ 7.3	41 Sextantis	10.75	−2.16	49 0 30.18	n = −0ˢ.051.
	11 0			+ 6.6	ρ¹ Leonis	10.94	−2.24	30.77	dt + m = −1ˢ.991 −0ˢ.031 (t − 13ʰ.3)
	11 38			+ 5.3	φ Leonis	11.19	−2.25	30.60	N'_I = 49° 0' 30".48 (30".18).
	11 52			+ 5.63	χ Virginis	12.56	−2.26	30.24	N'_{II} = 30.55 (30.70).
	12 55	758.3	+12.0		ψ Virginis	12.81	−2.22	31.36	Beob. R. Noch taghell. 738 so schwach, dass die Beobachtung leidet, obwohl er 7.8 ist.
	13 3			+ 3.95	θ Virginis	13.07	−2.23	29.35	
	15 10	758.4	+12.1		ζ Ophiuchi	16.52	−2.42	30.01	
	17 5	758.1	+11.5	+ 0.87	20 Ophiuchi	16.73	−2.44	30.44	
					30 Ophiuchi	16.92	−2.40	30.61	
1892 Mai 8	11 50	757.4	+14.6	+ 8.25	χ Virginis	12.56	−2.30	49 0 29.76	n = −0ˢ.312.
	12 30			+ 7.55	ψ Virginis	12.81	[−2.25]	31.55	dt + m = −2ˢ.352 −0ˢ.033 (t − 13ʰ.0).
	13 22			+ 6.9	θ Virginis	13.07	(−2.25)	30.34	N' = 49° 0' 30".01 (30".??).
	13 43	757.55	+14.2		37 Librae	15.47	−2.32	30.61	Beob. R. ψ Virginis nur 1 Faden, in α ausgeschlossen. θ Virginis nur 3 Fäden, in α p = ⅓. 793 nur 3 Fäden. 356a hat sehr feinen praec. bis. = ¼ am halben Fadenabstand; 969b hat sequ. bis., der stets am gleichen Faden mitregistriert wird. 4846 nur 1 Faden.
	15 39			+ 5.7	μ Serpentis	15.73	−2.40	30.48	
	16 25			+ 5.0	δ Ophiuchi	16.14	−2.30	30.59	
	16 33	757.35	+13.8	+ 4.3	ε Ophiuchi	16.21	−2.41	30.05	
1892 Mai 9	12 25			+12.85	Lal. 22585	11.92		310 58 21.34	n = −0ˢ.155.
	12 45			+12.12	χ Virginis	12.56	−1.95	21.84	dt + m = −1ˢ.950.
	13 10			+12.45	ψ Virginis	12.81	−1.93	22.15	N' = 310° 58' 21".86.
	14 47	755.7	+17.2		θ Virginis	13.07	−1.97	22.39	Beob. R. Lal. 22585 nur Declination, ganz am Ende des Feldes. 751 nur 3 Fäden. Bei ψ Virginis stört der Mond beim Ablesen der Mikroskope. 785 anfangs durch Wolken; nach dem Polstern verhüllen Wolken den ganzen Himmel. Luft sonst 2.
1892 Mai 12	11 41	758.1	+20.7	+17.5	Lal. 22585	11.92	−2.42	310 58 25.86	n = −0ˢ.205 (Mittel aus Mai 9 und Mai 13).
	12 5			+16.4	χ Virginis	12.56	−2.43	24.42	dt + m = −2ˢ.390.
	12 30			+15.9	ψ Virginis	12.81	−2.35	23.46	N' = 310° 58' 24".40.
	13 2	758.6	+19.9		θ Virginis	13.07	−2.39	24.23	Beob. R. 736 äusserst schwach; 765 doppelt, sequ. mult. nur beobachtet. 3876 nur 1 Faden. Vom Polstern wegen Wolken nur 1 Faden erhalten; statt 940 der praec. −7° 9055, 8ᵐ.9 beobachtet. Luft meist 2.
	13 10			+15.65					
	13 40			+14.75					
	15 10	758.9	+20.1						
	15 40			+13.9					

Datum	Zeit	Barometer	Therm. I	Therm. II	Stern	Zeit	$dt + m$	Aequatorpunkt N'	
1892 Mai 13	$10^h 55^m$	736.8	+21°.1		β^1 Leonis	$10^h.94$	$-2^s.40$	310° 58′ 21″.63	$m = -0^s.119$. $dt + m = -2^s.331 - 0^s.059\,(t - 13^h.31)$. $N'_I = 310° 58' 13''.19$. $N'_{II} =$ 19.11. Beob. R. 711 sehr schwach, nur 1 Faden. 3496 schwach. 736 zu schwach. Sterne sehr unruhig. 753 äusserst schwach. 774 sehr schwach, nur 2 Fäden; 767 nur 1 Faden. Bei Registrirapparat B bricht nach 777 die Feder, deshalb auf A übergegangen. ω Virginis ganz verwaschen und unruhig, die Mikroskope erst einige Minuten nach der Einstellung abgelesen. 945 nur 1 Faden. Luft 3–4. Besonders in Declination sind die Einstellungen schlecht, da die Sterne oft um den ganzen Abstand der Horizontalfäden hin- und hergehen.
	11 0			+16°.0	φ Leonis	11.19	−2.39	23.70	
	11 50			+14.9	ε Leonis	11.41	−2.38	22.75	
	12 14			+14.5	Lal. 22585	11.92	−2.51	23.86	
	13 28	737.5	+22.1		θ Virginis	13.07	−2.47	24.00	
	13 45			+12.35	ω Virginis	13.60	−2.49	22.93	
	15 10	737.45	+21.5		δ Ophiuchi	16.14	−2.67	18.89	
	15 23			+ 9.85	ε Ophiuchi	16.21	−2.73	20.39	
	16 55	736.95	+21.2	+ 8.6	67 Ophiuchi	17.92	−2.80	17.84	
	18 12			+ 8.1					
	19 12	736.65	+20.2						
1892 Mai 17	10 53	753.75	+16.1	+10.73	φ Leonis	11.19	−3.43	310 58 20.33	$m = -0^s.068$. $dt + m = -3^s.410$. $N' = 310° 58' 19''.96$. Beob. R. Das Fernrohr lag anfangs nicht ein, und wurde durch Anheben der Gegengewichte in die Lager gedrückt; die Sterne von φ Leonis sind ungenau, letztere durch Wolken beobachtet. B.A.C. 8113 sehr schwach; 711 und 3496 nicht gesehen; 736 so schwach, dass bei ausgelöschter Beleuchtung des Feldes beobachtet wird, während Tageslicht man die Fäden erhellt. 746 schwach und verwaschen; 748 verwaschen; 750 durch Wolken. Feld ganz bewölkt. Luft 3–4. Sterne sehr unruhig.
	11 33			+ 9.05	Lal. 22585	11.92	−3.43	21.44	
	11 52			+ 9.0	γ Virginis	12.56	−3.36	19.59	
	12 25			+ 9.3	ω Virginis	13.60	−3.43	18.49	
	12 55			+ 8.6					
	13 5	754.8	+15.0						
1892 Mai 21	12 3	755.15	+16.8		Lal. 22585	11.92	−3.84	310 58 (22.82)	$m = -0^s.013$. $dt + m = -3^s.911 - 0^s.061\,(t - 13^h.33)$. $N'_I = 310° 58' 21''.80$. $N'_{II} =$ 20.34. Beob. R. Nach Lal. 22585 schwach. In Declination β ... 740 zu schwach. Nach 751 erscheinen Wolken; 765 sehr fein; φ Virginis wegen Wolken nicht zu sehen; 791 erst etwas später abgelesen. 934 äusserst schwach, in Declination sehr schlecht. Luft 3–4. Sterne sehr schwach und unruhig. Der Unterbrecher von Hohwü 41 versagt häufig, was sehr störend ist.
	12 20			+12.1	M. 490	12.01	−3.81	22.20	
	12 52			+10.95	η Virginis	12.24	−3.80	21.13	
	13 45			+10.65	ω Virginis	13.60	−3.93	21.55	
	15 5	755.75	+16.7		37 Librae	15.47	−4.08	22.24	
	15 30			+ 8.5	μ Serpentis	15.73	−4.00	18.43	
	15 40			+ 7.9					
	15 50	755.8	+16.2						

Am folgenden Morgen wurde der Anker d. Unterbrechers Glad gegeben.

Für Mai 13 bis 17 ergaben sich folgende m:

Mai 13	$-0^s.184$	Es wurde deren Mittel $-0^s.270$ für alle 5 Tage angewandt.
14	−0.176	
15	−0.276	
16	−0.358	
17	−0.222	

Datum	Zeit	Barometer	Therm. I	Therm. II	Stern	Zeit	dt + m	Aequatorpunkt N	
1892 Mai 23	11ʰ 30ᵐ	754.35	+19.1	+16°.53	Lal. 22585	11ʰ.92	−4ˢ.18	310° 58′ 25″.10	m = −0ˢ.179. dt + m = −4ˢ.108 −0ˢ.0024 (t − 14ʰ.04). N_I = 310° 58′ 24″.05. N_{II} = 20.44. Beob. R. Noch taghell, 746, nicht gesehen. Der schwache Stern 374 b wird ohne Feldbeleuchtung beobachtet. M. 522 nur 2 Fäden, in α ·· 383 b, aequ. unsic. beobachtet. 776 so schwach, dass Beleuchtung ganz abgeblendet wird. 793 sehr schwach, im Süden Wolkenbank. ω Virginis wird später abgelesen, in Declination ... Pause. 931 nur 3, 935 nur 1 Faden. 940 hat aequ. unsic. 1ˢ.5, der mitregistrirt wird = −3ˢ.4055, 8ᵐ.2. Luft anfangs 1–2, dann werden die Sterne infolge Dunstes schwächer, aber auch nach der Pause Luft noch 1–3 und Sterne sehr ruhig.
	12 26			+15.05	M. 499	12.01	−4.06	24.64	
	13 2	755.0	+18.7		η Virginis	12.24	−4.05	27.67	
	13 8			+15.85	M. 522	12.70	(−4.03)	24.04	
					ψ Virginis	12.81	−4.07	24.01	
					m Virginis	13.60	−4.12	(22.19)	
	14 47	755.3	+17.8		δ Serpentis	15.30	−4.13	19.59	
	15 25			+11.9	δ Ophiuchi	16.14	−4.14	20.91	
	16 35			+10.77	ε Ophiuchi	16.21	−4.19	20.52	
	19 12	755.2	+17.7		λ Ophiuchi	16.42	−4.16	21.90	
					12 Ophiuchi	16.51	−4.23	20.46	
1892 Mai 24	12 7	753.0	+23.9	+19.5	η Virginis	12.24	−4.24	310 58 26.52	m = −0ˢ.179. dt + m = −4ˢ.203 −0ˢ.037 (t − 18ʰ.3). N_I = 310° 58′ 27″.01. N_{II} = 24.49. Beob. R. 374 b kaum zu sehen; 830 schwach; 943 und 959 b nur 3 Fäden, letzterer ist −3ˢ.4108, 8ᵐ.4 und sehr schwach. Luft vor der Pause 1, nachher 3–4. Sterne verwaschen.
	12 30			+18.75	ψ Virginis	12.81	−4.20	27.40	
	13 45	753.2	+23.8	+18.75	m Virginis	13.60	−4.27	27.00	
	14 47	753.1	+22.2		δ Serpentis	15.30	−4.29	24.28	
	15 16			+17.1	δ Ophiuchi	16.14	−4.40	24.39	
	16 15			+16.65	ε Ophiuchi	16.21	−4.34	24.80	
	17 56	753.1	+22.5						
	19 3	754.85	+22.33						
1892 Mai 25	12 32	753.1	+25.1	+20.45	χ Virginis	12.56	−4.42	310 58 27.38	m = −0ˢ.179. dt + m = −4ˢ.488 −0ˢ.067 (t − 14ʰ.70). N_I = 310° 58′ 28″.14. N_{II} = 15.87. Beob. R. 779 und 855 nur 2 Fäden. 406 b duplicirt, unsicher, der Abstand beträgt etwa 12″. 953 Feld zu hell. Luft anfangs 3–4, bessert sich allmählich auf 1–3.
	13 8			+20.5	M. 522	12.70	−4.41	29.41	
	13 45			+18.6	ψ Virginis	12.81	−4.41	27.99	
					m Virginis	13.60	−4.41	27.78	
	14 36	753.3	+24.5		β Serpentis	15.73	−4.64	26.00	
	15 20			+17.4	δ Ophiuchi	16.14	−4.61	25.63	
	15 53			+16.15	ε Ophiuchi	16.21	−4.64	25.99	
	17 20	753.7	+23.5						
1892 Mai 26	12 55			+21.0	M. 522	12.70	[−4.66]	310 58 30.37	m = −0ˢ.179. dt + m = −4ˢ.643 −0ˢ.090 (t − 14ʰ.5). N = 310° 58′ 28″.38. Beob. R. Noch taghell. M. 522 ist ausgeschlossen. 780 so schwach, dass Beleuchtung ganz abgeblendet wird. 787 nur 3, 842 nur 2, 488 b nur 3, 367 a nur 2 Fäden; 440 b sehr schwach; 460 b hat praec. min. von gleicher Helligkeit = −3ˢ.3899, 8ᵐ.5. Luft anfangs 3, später 2–3. Beobachter hat Augenschmerzen und Herzklopfen, wie manche andere, Beobachtungen kaum gut.
	13 0	753.63	+26.7		ψ Virginis	12.81	−4.56	28.05	
	13 42			+20.7	m Virginis	13.60	−4.60	28.24	
	14 48			+19.7	β Librae	15.19	−4.65	29.11	
	15 7	754.0	+26.9		δ Serpentis	15.30	−4.69	26.98	
	16 22			+17.35	ε Ophiuchi	16.21	−4.74	26.93	
	19 15	754.15	+25.8						

Datum	Zeit	Barometer	Therm. I	Therm. II	Stern	Zeit	Δt + m	Aequatorpunkt N′	
1892 Mai 17	13h 2m	753.9mm	+27.6°	+24.5°	M. 522	12.70h	−4.70s	310° 58′ 31.03″	m = −0.079. Δt + m = −4.743 −0.079 (t − 14.5h). N_I = 310° 58′ 30.12. N_{II} = 29.07. Beob. R. 940 Feld zu hell. 975 ausserordentlich schwach. Luft 2–3, später 3.
	13 45			+22.7	ψ Virginis	12.81	−4.70	30.28	
					ο Virginis	13.07	−4.73	29.51	
					π Virginis	13.60	−4.69	29.67	
	14 50			+20.95	β Librae	15.19	−4.69	30.27	
	15 10	753.95	+27.8		8 Serpentis	15.30	−4.74	28.78	
	15 33			+20.9	δ Ophiuchi	16.14	−4.87	28.39	
	16 25			+21.2	ε Ophiuchi	16.21	−4.80	28.83	
	17 38	753.5	+27.0						
1892 Juni 10	16 33	751.75	+23.3		20 Ophiuchi	16.73	−2.85	310 57 59.71	m = −0.119. (Der Mondbeobachtung entnommen.) Δt + m = −2.929 −0.045 (t − 19.0h). N_I = 310° 57′ 59.67. N_{II} = 59.70 (59.76). Beob. R. 1261 und 624b sehr schwach im Felde, das schon etwas Dämmerung zeigt. 487a nur 3 Fäden. Luft vor der Pause 3, dann 2–3.
	16 45			+16.95	30 Ophiuchi	16.92	−2.81	59.63	
	17 8			+16.65					
	19 23	751.4	+23.5		70 Aquilae	20.52	−3.02	60.33	
	20 38			+13.0	ε Aquarii	20.70	−3.00	59.83	
	21 0	751.0	+22.1	+12.85	11 Aquarii	20.91	−3.00	59.55	
1892 Juni 27	15 5	760.2	+25.0	+22.2	8 Serpentis	15.30	+2.42	310 57 58.86	m = −0.112. Δt + m = +2.347 −0.027 (t − 16.5h). N = 310° 57′ 59.87. Beob. R. 451b bei proc. 8.0 m = −2.9055, 8.5. 572a ist 0.3 schwächer als 471b. 489b sehr schwach; 1008, schwach. 505b nur 2 Fäden. Luft meist 1–2.
	15 35			+21.75	37 Librae	15.47	+2.33	61.52	
	16 15			+21.15	ε Ophiuchi	16.21	+2.36	60.23	
	17 5	760.3	+24.2	+19.3	12 Ophiuchi	16.51	+2.28	59.60	
					14 Ophiuchi	16.60	+2.33	59.64	
					20 Ophiuchi	16.73	+2.35	59.90	
					30 Ophiuchi	16.92	+2.38	59.80	
					μ Ophiuchi	17.53	+2.33	59.20	
1892 Juni 28	15 20	757.5	+27.3	+23.9	8 Serpentis	15.30	+2.25	49 0 20.61	m = −0.167. Δt + m = +2.160 −0.047 (t − 16.5h). N = 49° 0′ 20.36 (20.50). Beob. R. 936 sehr schwach; 441b zu schwach; 334a furchtbar schwach. 30 Ophiuchi schlechter Strich in Mikroskop I und später abgelesen, im δ Gewicht 1/2. Luft 3 und schlechter, schwache Sterne kaum zu sehen, helle unruhig.
	15 35			+23.65	ε Ophiuchi	16.21	+2.13	20.13	
	16 20			+22.77	λ Ophiuchi	16.32	+2.18	19.96	
	17 0	757.1	+26.5		14 Ophiuchi	16.60	+2.14	19.76	
	18 19			+21.4	20 Ophiuchi	16.73	+2.11	20.70	
	19 5	756.65	+23.25		30 Ophiuchi	16.92	+2.20	(21.64)	
1892 Juli 1	17 33	759.9	+21.0	+13.05	ν Ophiuchi	17.88	−0.04	49 0 22.93	m = −0.034. Δt + m = −0.132 −0.052 (t − 19.5h). N_I = 49° 0′ 21.05. N_{II} = 21.51 (21.45). Beob. R. 1059 und 1099 schlechter Strich in Mikroskop I. 535b und 1106 nur 3 Fäden. 20 Aquilae nur 2 Fäden, 1110 schwach und verwaschen, 1138, schwach. Luft 3 und 3–4, Sterne verwaschen. Augen des Beobachters angegriffen. Besonders bei Mikroskop I schlecht abzulesen.
	18 0			+12.6	η Serpentis	18.20	−0.03	21.11	
	19 14	759.7	+19.9	+12.0	5 H. Scuti	18.63	−0.10	21.91	
					λ Aquilae	19.01	−0.15	22.18	
					20 Aquilae	19.11	−0.11	22.32	
	20 15	759.5	+19.3	+10.7	70 Aquilae	20.52	−0.23	21.66	
	21 5	759.3	+18.7	+ 9.7	ε Aquarii	20.70	−0.16	21.38	
					11 Aquarii	20.91	−0.19	21.48	

Datum	Zeit	Barometer	Therm. I	Therm. II	Stern	Zeit	$dl + m$	Aequatorpunkt N'	
1891 Aug. 5	17h 8m	757.1	+21°5	+16°8	ν Ophiuchi	17h88	−19°17	48° 59′ 11″56	m = +0°061. $dl + m$ = −19°331 −0°039 (t − 20°)51 N_I = 48° 59′ 11″37 (10″90) N_{II} 10.84 (10.77). Beob. R. Nach einer Collimationsbestimmung. 514b sehr schwach, ebenso 1032a, 518b ausserordentlich schwach. 67 Oph. sequ. max. 8″0 immer am gleichen Faden mikrometrirt. 1075 sehr fein; 1084 sehr schwach; 1080 schwach; 1110 sehr schwach, nur 3 Fäden; 6 H. Scuti nur 1 Faden, in a ausgeschlossen; 1134 schwach; 1178 sehr fein; 1288 zu schwach; 1269 sehr schwach; 1317 schwach, verwaschen. β Aquarii blendung, 5164 nur mit Anstrengung gesehen; 1371 zur grossen; 1368 ist letzter duplex gleicher Declination, praec. min. wird an den Fäden 6–10 und 11–15, sequ. max. an 1–5 und 11–13 beobachtet. Luft anfangs 2. Doch sind die schwachen Sterne des Mosaiks wegen schlecht zu sehen, nach der Pause erst 2–3, dann 2 und besser
	17 51			+15.65	67 Ophiuchi	17.92	−19.16	10.80	
	18 24			+14.6	η Serpentis	18.26	−19.19	12.27	
	19 18			+13.9	6 H. Scuti	18.69	[−19.34]	10.24	
	19 22	757.1	+21.0		10 Aquilae	19.11	−19.26	11.42	
	19 45			+14.0	ι Aquilae	19.42	−19.31	10.94	
	20 55	756.9	+21.6	+12.95	16 Aquarii	21.26	−19.39	11.23	
	21 25			+12.7	β Aquarii	21.43	−19.35	10.73	
	22 15			+12.1	α Aquarii	22.00	−19.46	10.18	
	22 41			+11.9	θ Aquarii	22.19	−19.40	10.68	
	23 5	756.4	+20.0	+11.0	λ Aquarii	22.78	−19.47	10.57	
					δ Aquarii	22.90	−19.47	11.05	
1892 Aug. 6	17 30	755.8	+22.9	+17.15	μ Ophiuchi	17.53	−19.38	48 59 (11.88)	m = +0°047. $dl + m$ = −19°462 −0°030 (t − 19°0). N = 48° 59′ 9″80 (9″63). Beob. R. μ Ophiuchi durch Wolken im Dekl. ρ 1/3, grosse Wolkenbänke am Himmel, die nach γ Ophiuchi verschwinden. 1059 sehr fein, aber gut; 1134 sehr schwach. δ Urani min. sehr unruhig; 1180 sehr fein; Mond, der inzwischen beobachtet wird, nicht sehr; die von 19°0 an herabgelassene Schildklappe wird jetzt hochgezogen. Nach 1234 haben sich grosse Wolken am ganzen Himmel gebildet, die, nachdem noch etwa entlang einige Sterne versucht worden, zum Abbrechen zwingen. Luft anfangs 2 und 1–2, später nur 2–3.
	18 19			+15.5	γ Ophiuchi	17.71	−19.45	9.68	
	18 57			+14.95	η Serpentis	18.26	−19.49	9.85	
	19 22			+14.75	6 H. Scuti	18.69	−19.42	8.31	
	19 58			+14.55	ι Aquilae	19.12	−19.43	9.92	
	20 29	756.2	+21.5	+14.3	η Aquilae	19.78	−19.54	10.17	
					Lal. 38458	20.04	−19.48	9.86	
1892 Aug. 9	17 35	754.25	+23.5	+17.4	γ Ophiuchi	17.71	(−20.69)	48 59 (9.89)	m = +0°124. $dl + m$ = −20°871 − 0°089 (t − 19°0). N = 48° 59′ 8″08 (8″56). Beob. R. γ Ophiuchi fehlt, vom Sterne 1051, der vorher beobachtet werden sollte, aber zu schwach war, noch zu dunkel, ρ = 1/2. 1068 sehr schwach; 1071 kaum zu sehen, nur 3 Fäden 1081 schwach, 1086 ausserordentlich schwach; 1095 und 1098 sehr schwach; 1127, 1132 unsicher reducirt; 1159 unsicher im A. K.; 1173 zu schwach, am Aequator stehen Wolken. Luft bis hierher 2, wird schlechter. 1180 sehr schwach; 1183 und 1193 schwach; 1206 sehr schwach; an Stelle der Wolken überall feine Dunststreifen. Lal. 38458 ist ganz schwach und verwaschen und nur 8″0. Es wird immer dunstiger, Luft zuletzt 3–4.
	18 18			+16.7	η Serpentis	18.26	−20.85	8.00	
	19 43			+16.2	5 H. Scuti	18.63	−20.80	7.92	
	20 0	754.4	+22.8	+16.65	6 H. Scuti	18.69	−20.82	8.00	
					λ Aquilae	19.01	−20.88	9.84	
					10 Aquilae	19.11	−20.85	8.78	
					Lal. 38458	20.04	−20.97	8.31	

Datum	Zeit	Barometer	Therm. I	Therm. II	Stern	Zeit	$dt + m$	Aequatorpunkt N	
1892 Aug. 11	$17^h 58^m$	758.3	+22°.9	+15°.8	η Serpentis	$18^h.26$	−21°.90	48° 59′ 9″.02	m_I = +0°.121. m_{II} = +0.203. $dt + m_I$ = −21°.895 − 0°.0060 (t − 19°.0). $dt + m_{II}$ = −22.167 − 0.045 (t − 0.0). N_I = 48°59′8″.27 (8″.14). N_{II} 7.69 (7.54). Beob. K. Zone I. 1080 sehr unruhig; 1096 zu schwach; 1107 unruhig; 1141 schwach; 1202 ist schwach und schwächer als 4624; 1212 ausserordentlich schwach. Zone II. Luft 3. Sterne sehr unruhig. Bilder meist gut. Bei δ Aquarii erscheinen die Striche in den Mikroskopen unscharf. 1471 Beobachter fühlt Ermüdung; 1434 schwach; 1441 sehr schwach. Polsterne zuletzt sehr unruhig. Zum Schluss wird die Luft besser und der Beobachter ist nicht mehr müde.
	18 20			+15.0	5 H. Scuti	18.63	−21.81	7.81	
	19 10	758.25	+22.0	+14.1	λ Aquilae	19.01	−21.89	9.15	
	19 52			+13.3	20 Aquilae	19.14	−21.87	7.95	
					η Aquilae	19.78	−22.02	7.43	
					Lal. 38458	20.04	−21.96	8.28	
	22 25	758.0	+21.4	+11.7	λ Aquarii	22.78	−22.15	48 59 8.52	
	23 8			+11.8	δ Aquarii	22.99	−22.15	8.22	
	0 16			+10.1	κ Piscium	23.36	−22.10	7.60	
	1 15	758.1	+18.0	+ 9.0	M. 986	23.74	−22.10	7.60	
					26 Ceti	0.97	−22.23	6.29	
					39 Ceti	1.19	−22.24	7.93	
1892 Aug. 17	19 3	756.1	+30.9	+25.3	δ Aquilae	19.33	−24.20	48 58 58.34	m = +0°.019. $dt + m$ = −24°.239 − 0°.013 (t − 20°.9). N 48°58′59″.20 (59″.31). Beob. K. 1153 ist ausgeschlossen, da das Fernrohr nicht im Lager war; 1180 recht schwach, ebenso 1197,; 1199 schwach; 1208 sehr schwach; Luft 2, doch im Aequator dunstig; 1053 auffallend hell; M 842 nur 1 Faden; 613 b ganz schwach; 1267 ungeheuer schwach; 1305 gut zu sehen; 1310 schwach, verwaschen, dann aber wird die Luft durchsichtiger; 5244 hat aequ. ann. min. + g.=1/12′, beide aber sind sehr schwach.
	19 35			+24.35	51 Aquilae	19.75	−24.26	60.35	
	20 17			+23.4	Lal. 38458	20.04	−24.24	59.50	
	20 40			+23.35	M. 842	20.44	−24.23	59.13	
	21 1			+23.4	70 Aquilae	20.52	−24.22	57.77	
	21 30			+22.65	β Aquarii	21.43	−24.26	59.52	
	21 48	756.05	+28.5	+22.55	P. XXI, 320	21.81	−24.26	60.00	
1892 Aug. 18	18 10	749.9	+31.0	+25.2	η Serpentis	18.26	−24.49	48 58 57.01	m = +0°.053. $dt + m$ = −24°.610 − 0°.067 (t − 20°.0). N = 48°58′56″.78 (56″.73). Beob. K. 1079 ganz besonders schwach; 1138 springt sehr; 1144 röthlich; λ Aquilae flackernd und springend; 1154 schwach und verwaschen; 1156 gut zu beobachten; 1173 furchtbar schwach; 1184 sehr schwach; 4613 a aequ. dunst.; 1203 ziemlich schwach; 1215 ausserordentlich schwach; β Aquarii auf 3 Fäden, ebenso 5028′. Sterne unscharf und verwaschen. Luft undurchsichtig, 3.
	19 4			+23.6	λ Aquilae	19.01	−24.53	56.93	
	19 37			+23.25	ε Aquilae	19.22	−24.62	57.46	
	19 59	749.55	+28.1	+23.0	η Aquilae	19.78	−24.60	56.00	
	20 48			+23.3	Lal. 38458	20.04	−24.60	57.30	
	21 1			+22.8	70 Aquilae	20.52	−24.62	56.91	
	22 8	749.5	+26.8	+21.6	16 Aquarii	21.16	−24.67	56.55	
					β Aquarii	21.43	−24.74	56.10	

Datum	Zeit	Barometer	Therm. I	Therm. II	Stern	Zeit	$dt+m$	Aequatorpunkt N'	
1892 Aug. 20	18ʰ 42ᵐ	758.7	+20°.1	+18°.4	λ Aquilae	19ʰ.01	−25ˢ.82	48° 58' 53".01	m = +0ˢ.244. dt + m = −25ˢ.775. N' = 48° 58' 52".03 (52".96). Beob. R. Theilweise bewölkt; 1128, zu schwach; 1130 nur bei dunklem Felde mit vieler Mühe beobachtet; 1157 schwach; 1158, sehr schwach, [illegible]. δ Aquilae einige Fäden durch dünne, ε Aquilae durch dichte Wolken. Polaris nur 8 Fäden wegen Wolken. Es bezieht sich dann ganz. Luft immer mehr undurchsichtig. Bilder meist gut. Am 22. August wird die Uhr Hohwü 41 vom Uhrmacher gründlich gereinigt und erst spät Abends vor Beginn der Beobachtungen wieder zusammengesetzt.
	19 28			+17.95	δ Aquilae	19.33	−25.70	52.27	
	20 0	758.6	+25.0		ε Aquilae	19.42	−25.80	52.61	
1892 Aug. 22	18 50	752.65	+27.4	+21.5	20 Aquilae	19.11	+ 0.40	48 58 48.04	m = +0ˢ.908. dt + m = +0ˢ.249 −0ˢ.0024 (t − 21ʰ.0). N' = 48° 58' 49".11 (49".11). Beob. R. 4372 Ocular beschlagen; 1143 sehr fein. Beobachter ist anfangs sehr aufgeregt. 4544 nur 3 unter sich schlecht stimmende Fäden; 4034 hat schwachen [illegible], der mitregistrirt wird − B. D. −0ˢ.3 [illegible] 879. Luft herrlich, durchsichtig 1−2. Bilder 1 und 1−3. 1383 schlechte Stelle in Mikroskop I. 1386 Bewegung des Ocularschlittens mangelhaft. 1385 schlechter Strich im Mikroskop I. Luft meist 2 und besser. Beobachter zuletzt müde, sieht bisweilen die Fäden unscharf.
	19 28			+20.9	δ Aquilae	19.33	+ 0.27	48.13	
	20 0			+20.5	51 Aquilae	19.75	+ 0.37	50.39	
	20 40			+20.1	Lal. 38458	20.04	+ 0.36	49.39	
	21 2			+19.65	M. 842	20.44	+ 0.22	50.55	
	21 25			+19.4	70 Aquilae	20.52	+ 0.29	49.23	
	21 38	752.85	+26.5		16 Aquarii	21.26	+ 0.20	48.59	
	22 26			+18.75	β Aquarii	21.43	+ 0.26	48.92	
	22 50	752.7	+26.0	+18.45	θ Aquarii	22.19	+ 0.21	48.05	
					η Aquarii	22.50	+ 0.10	48.40	
					λ Aquarii	22.78	+ 0.16	49.27	
1892 Aug. 29	18 53	752.8	+26.2	+19.6	λ Aquilae	19.01	− 2.37	48 58 40.59	m = +0ˢ.460. dt + m = −1ˢ.490 −0ˢ.0016 (t − 21ʰ.0). N'_I = 48° 58' 39".73 (39".78). N'_{II} = 38.92 (38.74). Beob. R. 1154 unruhig; 1154 schwach; 4634 sequ. dunkel; 1202 schwächer als 4634 und nicht leicht zu beobachten. Um 22ʰ.3 halbstündige Pause, von da ab wird der Aequatorpunkt N_{II} angewandt. Luft 2−3.
	19 38			+18.9	δ Aquilae	19.33	− 2.39	38.83	
	20 18			+19.35	51 Aquilae	19.75	− 2.30	40.73	
	20 53			+18.2	Lal. 38458	20.04	− 2.37	39.40	
	21 20			+18.9	M. 842	20.44	− 2.40	40.80	
					70 Aquilae	20.52	− 2.43	38.92	
					16 Aquarii	21.26		39.40	
	22 4			+17.5	θ Aquarii	22.19	− 2.43	39.03	
	23 10			+15.8	λ Aquarii	22.78	− 2.42	39.55	
	23 33	752.1	+23.4	+15.4	δ Aquarii	22.99		38.63	
					κ Piscium	23.36	− 2.59	38.54	
					M. 974	23.50	− 2.52	38.85	
1892 Oct. 15	1 20	748.55	+11.6	+ 5.8	P. I. 167	1.68	−14.57	48 58 27.05	m = +0ˢ.016. dt + m = −14ˢ.597 −0ˢ.057 (t − 2ʰ.5). N' = 48° 58' 26".81 (27".05). Beob. R. [illegible] Feld etwas dunkel; 80 schwach. Luft, die anfangs 2 war, wird um 2ʰ.1 etwas dunstiger; 98 zuletzt schwächer; 100 sehr fein, durch Wolken; 81 Ceti ganz schwach, in Dekl. β = 1/3; 110 nur 2 Fäden, kaum zu sehen; 188, 130, 132 sehr schwach; 137, 141 [illegible]. Beobachtungen werden dann abgebrochen. Der Meridiankreis geht schwer.
	2 5			+ 4.9	61 Ceti	1.97	−14.56	25.59	
	2 38			+ 4.9	81 Ceti	2.54	−14.56	(26.06)	
	3 16			+ 4.5	δ Ceti	2.57	−14.62	26.58	
	3 31	748.4	+10.5		17 Eridani	3.42	−14.66	27.38	

Datum	Zeit	Barometer	Therm. I	Therm. II	Stern	Zeit	$dt + m$	Aequatorpunkt N	
1892 Nov. 4	$0^h\ 10^m$	759.0	+18°.7		ι Ceti	$0^h.23$	−18ˢ.20		m = +1ˢ.444. (Aus der während der Zone gemachten Mondbeobachtung). $dt + m$ = −18ˢ.240 −0ˢ.032 (t − 1ʰ.33). N = 49° 0′ 1″.38 (2″.51). Beob. K. Der ganze Himmel ist mit feinen Streifen bedeckt. 17 schwach; 23 verwaschen. 30 m. v. Die Striche in den Mikroskopen sind häufig nicht scharf, deshalb 33 a und 36 nur in A.R. beobachtet. 70, sehr schwach, m. v. 85 h schwach und ganz verwaschen; 92 durchaus fein. Nach θ Ceti wird die Luft nur 3–4 m. L. 51 a schwach, 104 hat scp. [illegible] = −4ˢ.396, 8ᵐ.5, der an einigen Fäden registriert wird. Um 2ʰ 15ᵐ beschlägt das Thermometer voll kleiner Tropfen. 61 h,, furchtbar fein. γ Ceti in A.R. nicht als Anhaltstern benutzt. Der kulminierende Mond beleuchtet jetzt mit das Feld, daher 113 fein; 116 m. v.; 144 Feld unzulänglich; 140 zu schwach. Dann zieht der Mond Nebel, starke Feuchtigkeit. ε Eridani gleicht einem Sterne 7ᵐ.n. Der Nebel verdichtet sich, so dass aufgehört werden muss.
	0 15			+7°.9	25 Ceti	0.54	−18.19		
	0 42			+8.05	39 Ceti	1.19	−18.24	49° 0′ 3″.24	
	1 40			+7.55	θ Ceti	1.31	−18.20	4.31	
	1 54	759.05	+18.9		P. I, 167	1.68	−18.22	2.94	
	2 25			+6.05	67 Ceti	2.19	−18.30	2.32	
	3 25			+4.1	γ Ceti	2.63	(−18.18)	0.55	
	3 45	759.0	+18.6	+3.75	ε Eridani	3.46	−18.35	0.99	
1892 Nov. 26	1 6	761.85	+25.2	−0.55	39 Ceti	1.19	−21.83	49 0 28.12	m = +1ˢ.312. (Von der Mondbeobachtung.) $dt + m$ = −21ˢ.810. N = 49° 0′ 27″.80 (28″.38). Beob. K. 39 Ceti m. v. 54 Ocular stark beschlagen; 55 sehr fein; 57 b Ocular stark beschlagen; 40 b auffallend hell, etwa 7ᵐ.0. Nach 81, der allmählich schwächer wird, wird es im Süden neblig. 61 Ceti ist anfangs schwach; 93 nur 2 Fäden; 61 Ceti erhält in A.R. nur halbes Gewicht seiner Schwäche wegen. Feld ist aber voll Nebel. Luft sonst 1–2.
	1 39			−0.95	P. I, 167	1.68	−21.82	28.39	
	2 8	761.45	+23.5	−1.0	61 Ceti	1.97	−21.81	26.64	
					62 Ceti	2.06	(−21.72)	27.40	
					67 Ceti	2.19	−21.84	28.46	
1892 Nov. 30	0 42	759.1	+10.3	+2.8	26 Ceti	0.97	−21.41	49 0 28.24	m = +1ˢ.680. $dt + m$ = −21ˢ.504 −0ˢ.027 (t − 3ʰ.0). N = 49° 0′ 28″.75 (28″.80). Beob. K. Nachdem es Tags über geregnet hatte, hellt es sich Abends auf; die Luft ist sehr klar, nur stört der Mond. 41 sehr fein; 122 sehr schwach und verwaschen; 139 nur 2 Fäden; 146 Ocular beschlägt; 17 Eridani sehr unruhig; in Decl. p = ½; 156 äusserst schwach; 167 schwach; 178 unruhig; 105 b nur bei fast dunklem Feld zu beobachten. Um 4ʰ 15ᵐ ist das Thermometer beschlagen; 109 a fein. Luft meist 2, einzelne Sterne bisweilen unruhig.
	1 38			+1.0	θ Ceti	1.31	−21.49	29.47	
	2 6	759.8	+10.0		62 Ceti	2.06	−21.40	26.98	
	2 22			+1.2	67 Ceti	2.19	−21.49	30.13	
	2 44			+0.75	17 Eridani	3.42	−21.50	(28.21)	
	3 15			+0.35	A Eridani	4.16	−21.52	30.69	
	3 55			−1.2	45 Eridani	4.44	−21.58	28.56	
	4 15			−1.15	μ Eridani	4.67	−21.54	27.47	
	4 56	760.25	+ 9.2	−1.0					

Datum	Zeit	Barometer	Therm. I	Therm. II	Stern	Zeit	$dt+m$	Aequatorpunkt N'	
1892 Dec. 2	23ʰ 0ᵐ	759.2 mm	+ 9°.6		ι Piscium	23ʰ.36	−21ˢ.67	49° 0′ 30″.37	$m = +1^s.374$. $dt + m = -21^s.701$. $N'_I = 49°0'30''.08$ (30″.08). $N_{II} =$ 30.47 (30.37). Beob. R. 1434 äusserst schwach. Sterne überhaupt verwaschen und schwach. Um 1ʰ22ᵐ ist das Thermometer beschlagen. Luft anfangs 3, ist jetzt 2–3. Chronograph geht schlecht. Die Striche im Mikroskop I scheinen undeutlicher zu werden. 119 sehr fein; 120 äusserst schwach; 1106 sehr schwach; 1121b, der 7ᵐ.5 sein soll, ist nur 8ᵐ.5. Später bessert sich die Luft von 2–3 allmählich zu 2. Viele Sterne sind des Mondes wegen schwach.
	23 15			0°.0	M. 974	23.50	−21.70	31.20	
	0 13			−1.15	ι Ceti	0.23	−21.77	30.13	
	0 36			−1.5	15 Ceti	0.54	−21.67	29.51	
	1 22	759.8	+ 8.8	−1.0	20 Ceti	0.97	−21.01	29.18	
					39 Ceti	1.19	−21.67	30.09	
	2 20	759.8	+ 8.6		η Eridani	2.85	−21.67	32.44	
	2 35			−1.0	30 Eridani	3.79	−21.69	30.07	
	2 58			−1.25	ο¹ Eridani	4.11	−21.75	28.74	
	3 23			−1.15	A Eridani	4.16	−21.75	31.16	
	4 35			−2.2	ν Eridani	4.32	−21.66	30.02	
	4 50	759.3	+ 7.4	−1.65	Lal. 11382	5.91	−21.77	30.41	
	5 1			−1.35					
1892 Dec. 6	23 32	751.25	+ 8.8	−1.7	27 Piscium	23.89	−22.23	49 0 31.30	$m = +1^s.209$. $dt + m = -22^s.138$. $N' = 49°0'30''.67$ (30″.87). Beob. R. 1441 furchtbar fein; 1180b sehr fein; 5 kaum zu sehen; 121b kaum gesehen; 612 nur 3 Fäden, ein anderer 0ᵐ.5 schwächer, wird an 5 Fäden registrirt — B.D. −0°.411, 8ᵐ.1, 122 z. T. durch Wolken; 126 ebenso; dann verhüllen Wolken, die von Süden heraufkommen, den ganzen Himmel. Luft 2–3.
	0 22			−2.0	15 Ceti	0.54	−22.22	30.49	
	0 45	751.05	+ 8.0	−2.15	62 Ceti	2.06	−22.19	30.23	
	1 37	751.5	+ 7.6	−2.65	67 Ceti	2.19	−22.31	30.52	
	2 43			−3.35	81 Ceti	2.54	−22.21	30.81	
	3 0			−3.55					
1892 Dec. 7	23 30	751.3	+ 5.6	−0.9	M. 986	23.74	(−22.09)	49 0 29.40	$m = +1^s.214$. $dt + m = -22^s.214$. $N' = 49°0'30''.33$ (30″.18). Beob. R. Ueberall grosse Wolken und Dunstschleier. 1427 ganz schwach; 1435 schwach; 1441 schwach; 1444 nicht gesehen; 2b durch Wolken; 12 Ceti nur 3 Fäden; 26 Ceti nur 4 Fäden, sonst unsichtbar. Bald ist es ganz unmöglich zu beobachten. Luft 4. M. 986, 12 Ceti und 26 Ceti in A.R. nur halbes Gewicht.
	0 6			−1.5	ι Ceti	0.23	−22.29	31.14	
	2 2	751.6	+ 5.3	−1.85	12 Ceti	0.41	(−22.19)	31.22	
					15 Ceti	0.54	−22.21	30.60	
					26 Ceti	0.97	(−22.44)	29.39	
1892 Dec. 16	23 17	764.8	+12.0	+4.4	ι Piscium	23.36	−22.05	49 0 29.12	$m = +1^s.280$. $dt + m = -21^s.081 - 0^s.014\ (t - 1^h.0)$. $N' = 49°0'30''.32$ (30″.37). Beob. R. 1435 ist nebulos und schwach, nur 8ᵐ.1; 1442 sehr schwach und schlecht zu beobachten; 58 äusserst schwach; 348 schwach. Luft 2–3. Beleuchtung des ersten Mikroskopes schlecht.
	23 58			+4.75	M. 980	23.74	−22.07	31.75	
	0 21	765.1	+11.2		15 Ceti	0.54	−22.07	30.93	
	0 28			+4.3	26 Ceti	0.97	−22.09	30.57	
	1 18			+3.8	P. I. 107	1.68	−22.13	29.91	
	1 30			+2.05	62 Ceti	2.06	−22.01	29.76	
	2 10			+2.9	67 Ceti	2.19	−22.14	30.17	
	2 30	765.85	+13.8						

Datum	Zeit	Barometer	Therm. I	Therm. II	Stern	Zeit	$dt+m$	Aequatorpunkt N	
1892 Dec. 19	$23^h\ 5^m$	758.15	+13°.9	+1°.3	ε Piscium	$23^h.36$	$-21^s.74$	310° 58′ 51″.08	$m_I = +1^s.440$. $m_{II} = \frac{1}{2}(m_I + m_{III}) = +1^s.454$. $m_{III} = +1^s.468$. $(dt+m)_I = -21^s.735$. $(dt+m)_{II} = -21.793 - 0^s.050\,(t - 6^h.70)$. $(dt+m)_{III} = -21.861 - 0.031\,(t - 9.0)$. $N_I = 310°\,58'\,51''.91\ (51''.81)$. $N_{II} = 44.47\ (44.49)$. $N_{III} = 52.24\ (52.27)$. Zone I. Beob. R. 1612 h dopp. und beobachtet, wobei es sich zeigt, dass der praec. mutm. etwa 0m.7 heller ist; 1434 sehr schwach; 29 und 32 fein; 14 hat praec. bor. 9m.0, der mit beobachtet wird — $-5^s.120$, 9m.2; 21 h hat sequ. bor. der mitregistrirt wird — $-3^s.137$, 8m.9; 35 h hat praec. bor. 3′ mitregistrirt — $-7^s.380$, 8m.6; Luft 2; 105 h äusserst schwach. Zone II. Beob. V. 271 schwach; 287 für Dekl. zu schwach und schwächer als der vorausgehende, welcher $-7^s.1051$, 8m.7 ist; 291 hell; 304 schwach. Beobachtungen nicht besonders gut. Beleuchtung der Mikroskope erst zu schwach. Luft 2. Bilder nicht gut. Zone III. Beob. R. Um $7^h\,19^m$ Thermometer feucht. 480 recht schwach; 535 ist heller als 534; 571 sehr schwach, höchstens 8m.5; 578 hat frühere praec. mutm., der mitregistrirt wird $-6^s.2063$, 9m.0; 582 — $-6^s.2680$, 8m.6; von 19 Hydrae ab werden die Bilder besser; nach 618 reisst die Kette am Chronographen, deshalb aufgehört. Luft 2–3 und zuletzt 2.
	0 5			+0.9	M. 974	23.50	−21.75	52.66	
	0 50			+0.9	M. 980	23.74	−21.76	51.55	
	1 38			+0.15	12 Ceti	0.41	−21.71	52.33	
	1 50	757.9	+12.4		15 Ceti	0.54	−21.72	50.15	
	3 52	757.8	+11.2	−0.2	20 Ceti	0.97	−21.77	51.75	
	4 24			−0.35	P. I, 167	1.68	−21.70	52.55	
					ν¹ Eridani	4.11	−21.74	52.82	
					ξ Eridani	4.31	−21.78	52.44	
	5 6			−0.8	μ Eridani	4.67	−21.71	310 58 43.60	
	5 50			−1.9	β Eridani	5.04	−21.73	44.41	
	6 30			−2.1	λ Eridani	5.07	−21.77	44.42	
					5 Monocerotis	6.16	−21.83	46.00	
					10 Monocerotis	6.38	−21.83	44.49	
					18 Monocerotis	6.70	−21.79	43.79	
	7 5	757.5	+ 9.9		27 Monocerotis	7.91	−21.82	310 58 51.97	
	7 19			−2.4	Br. 1212	8.50	−21.87	51.74	
	8 11			−3.1	15 Hydrae	8.77	−21.83	52.60	
	9 30	756.3	+ 7.9	−3.55	19 Hydrae	9.06	−21.84	52.57	
					θ Hydrae	9.15	−21.90	52.76	
					α Hydrae	9.37	−21.87	51.80	
1892 Dec. 21	6 36	753.75	+ 8.45	−0.95	18 Monocerotis	6.70	−21.78	310 58 51.49	$m = +1^s.451$. $dt + m = -21^s.781 - 0^s.037\,(t - 8^h.3)$. $N = 310°\,58'\,52''.04\ (52''.06)$. Beob. R. 462 hat sequ. 15″ bor. 3′, 8m.5 — $-5^s.1045$, 8m.7; nach 490 werden, weil der Chronograph viel auslässt, mehr Elemente eingeschaltet und der Faden des Nebels angezogen; 2480, sehr fein. Luft 2. Augen des Beobachters theilweise anfangs häufig Störungen. Bilder gut. Striche in Mikroskop II undeutlich.
	7 17			−1.1	25 Monocerotis	7.53	−21.70	52.45	
	7 50			−1.3	27 Monocerotis	7.91	−21.77	52.50	
	9 14			−1.7	Br. 1212	8.50	−21.71	52.35	
	9 42	753.55	+ 7.6	−2.2	P. VIII, 167	8.70	−21.78	51.75	
					19 Hydrae	9.06	−21.82	52.25	
					6 Sextantis	9.76	−21.82	51.03	
					25 Sextantis	10.30	−21.89	52.46	
1892 Dec. 23	23 0	753.9	+ 5.6	−1.2	γ Piscium	23.19	−21.85	310 58 54.34	$m = +1^s.331$. $dt + m = -21^s.873 - 0^s.016\,(t - 0^h.5)$. $N = 310°\,58'\,53''.09\ (52''.87)$. Beob. R. Mikroskope beide neu justirt. 1412 fein, auch Dämmerung im Feld. Während des Polsterns bleibt Registrirapparat R mehrmals stehen, deshalb auf A übergegangen; 1429 nur 2 Fäden; 1434 sehr schwach; 17 a fein; 62 Ceti nur 2 Fäden, in A.R. angeschlossen; o Ceti furchtbar schwach. Feld fast dunkel, Gewicht 1/3. Mikroskop I zeigt schiefe Fadenstellung gegen die Striche des Kreises. Es ist möglich, dass dieselbe während der Zone entstanden ist. Luft 2–3; Bilder gut definirt; viele Sterne fein.
	23 25			−1.5	M. 974	23.50	−21.83	54.12	
	23 42	754.0	+ 5.3		13 Ceti	0.54	−21.89	51.52	
	0 20			−2.1	26 Ceti	0.97	−21.88	52.95	
	1 38			−3.0	62 Ceti	2.06	[−21.80]	53.00	
	2 20	754.7	+ 6.6	−3.5	67 Ceti	2.19	−21.90	52.65	
					o Ceti	2.23	(−21.94)	(52.96)	

Datum	Zeit	Barometer	Therm. I	Therm. II	Stern	Zeit	$dt+w$	Aequatorpunkt N	
1892 Dec. 28	3ʰ 7ᵐ	758.45	+ 6°.0	— 7°.4	ζ Eridani	3ʰ.18	—21°.59	310° 58′ 52″.38	$w = +1°.464$. $(dt+w)_I = -21°.534 + 0.044 (t - 4°.0)$. $(dt+w)_{II} = -21.554 - 0.035 (t - 6.0)$. $N_I = 310° 58′ 52″.72$ (52″.86). $N_{II} =$ 44.70 (44.83). Zone I. Beob. R. ζ Eridani sehr unruhig; 149 äusserst schwach; 79 b, fein. Luft anfangs 2–3, dann 2; Ocular beschlägt häufig. Zone II. Beob. F. u. R. Mit ι Orionis 11 Sterne im Feld; 337 schwach; 357 hat praec. 4ˢ, 7″.8 bor. 4′ — −4°.1287, 9ᵐ.0; 361 sehr schwach, dupl. sequ. unsicher; 370 b, hell; 375 = −5°.1314, 8ᵐ.5 statt 375, der 10ˢ folgt und nur wenig schwächer ist, beobachtet; 405 schwach; statt 406 der 31ˢ folgende −1°.1490, 8ᵐ.5 beobachtet. 416 ist praec. einem erinnerlich dupl.; 436 unsicher verwaschen, Dekl. schlecht; 437 verwaschen; 453 ist praec. triens. 20 Monoc. 2 Einstellungen, daher in Dekl. p = 1½. Luft 2–3. Ocular beschlägt häufig.
	3 33			— 7.1	30 Eridani	3.79	—21.56	52.36	
	4 13			— 6.7	A Eridani	4.16	—21.54	53.42	
	4 36	758.4	+ 4.6	— 6.9	45 Eridani	4.44	—21.54	52.76	
					π¹ Orionis	4.81	—21.51	52.69	
	5 7			— 7.4	β Eridani	5.04	—21.46	310 58 45.27	
	5 37			— 7.9	λ Eridani	5.07	—21.35	43.12	
	5 46			— 7.6	ι Orionis	5.50	—21.51	44.74	
	6 34			— 8.05	10 Monocerotis	6.38	—21.63	44.13	
	7 3	757.2	+ 3.7	— 8.45	19 Monocerotis	6.96	—21.61	45.90	
					20 Monocerotis	7.08	—21.58	44.96	
1893 Jan. 2	23 15	749.5	+ 1.5	— 9.6	α Piscium	23.36	—21.57	310 58 50.86	$w = +1°.332$. $(dt+w)_I = -21°.577$. $(dt+w)_{II} = -21.609$. $N_I = 310° 58′ 50″.80$ (50″.71). $N_{II} =$ 51.99 (52.03). Beob. R. Noch recht hell. 1894 a nicht gesehen; M. 974 recht schwach; 1429 nicht gesehen, ebenso 1435; 1439 schwach; 1441 nicht gesehen; 17a sehr schwach; 19a und 30 schwach; 28a sehr schwach; 30a sehr fein. Luft anfangs 3. Der Mondaufgang bringt Wolken, die aus dem Zenith nach Süden kommen. Es scheint frei. Die Luft wird immer schlechter, die Bilder immer schwächer. Bald ist es ganz bezogen. Nach 1 Stunden ist es wieder klar. Vollmond. 105 b äusserst schwach; 186 Ocular beschlägt fortwährend; 232 sehr schwach; 119 b wechselnde Helligkeit wegen Wolken, die wieder erscheinen; 243 nicht gesehen. Um 4ʰ.9 alles bewölkt. Luft 2–3.
	23 50			— 9.4	M. 974	23.50	—21.57	51.40	
	0 31			— 9.85	M. 986	23.75	—21.63	50.35	
	1 25	750.75	+ 1.1	— 9.5	12 Ceti	0.41	—21.57	50.29	
					15 Ceti	0.54	—21.63	50.01	
					26 Ceti	0.97	—21.52	51.13	
	3 55	751.4	+ 0.8	—10.1	d¹ Eridani	4.11	—21.56	310 58 52.30	
	4 37			—10.9	μ Eridani	4.67	—21.64	52.25	
	4 52	751.8	+ 0.5	—10.7	π¹ Orionis	4.81	—21.63	51.43	
1893 Jan. 5	23 40	761.1	+10.2	— 6.45	4 Ceti	0.04	—21.28	310 58 51.57	$w = +1°.470$. $dt + w = -21°.750$. $N = 310° 58′ 51″.47$ (51″.62). Beob. R. 1429 ungewöhnlich fein, es ist auch sehr hell; 1435 nicht gesehen; 574 a gut zu sehen; 576 a recht fein, ebenso 1411; 18 fein; 17a sehr schwach; 19, zu schwach; im Felde wird es dunstig; 35 und 33 b schwach; 43 sehr schwach; 49 schwach; 50a schwach; 52a nicht zu beobachten; 55 b verschwindet im Felde, nachdem er sehr schwach geworden; 64 nur 1 Faden; 57 a schwach und verwaschen, ebenso 59 a und P. I, 167. Es muss aufgehört werden. Luft 3. Bilder besonders zuletzt sehr schlecht.
	0 12			— 6.93	12 Ceti	0.41	—21.30	51.32	
	0 50			— 7.55	15 Ceti	0.54	—21.24	50.91	
	1 29			— 7.4	26 Ceti	0.97	—21.25	52.18	
	1 39	761.43	+13.0		P. I, 167	1.08	—21.28	52.39	
	1 43			— 7.7					

Datum	Zeit	Barometer	Therm. I	Therm. II	Stern	Zeit	$dt + m$	Aequatorpunkt N'	
1893 Jan. 6	23h 51m	757.4	+13°.1	− 5°.2	4 Ceti	0h.04	−21s.13	310° 58′ 51″.27	$m_I = m_{II} = +1°.576$. $m_{III} = \frac{1}{2}(m_I + m_{IV}) = +1°.586$. $m_{IV} = +1°.596$. $(dt + m)_I = -21^s.171 - 0^s.00292\,t - 1^s.09$. $(dt + m)_{II} = -21.182$. $(dt + m)_{III} = -21.198$. $(dt + m)_{IV} = -21.183 + 0.0015\,t - 8.33$. $N'_I = 310° 58' 51''.30$ (51″.33). $N'_{II} =$ 52.67 (52.64). $N'_{III} =$ 44.37 (44.80). $N'_{IV} =$ 51.93 (52.01). Zone I, Beob. R. Nach heft 576a fortlaufend fein; 7 und 7a fein, auch 19a fein; 43 äusserst schwach; 31b sehr fein; 43b fein; 49a nur 3 Fäden; 51a äusserst fein. Luft 2 und 2–3. Zone II, Beob. R. 101b dupl. sequ. nicht beobachtet, sehr unruhig; 104b schwach; 103b, sehr fein; 108 äusserst schwach, vielleicht durch Dunst; 115 zu schwach; 119 schwach. 45 Eridani sehr unruhig. Zone III, Beob. V. u. R. 118a zu schwach; 131 sehr schwach; 133b, zu schwach; 135b, heller oder wechselnd; 138b 7m.2 geschätzt; 160 nur 1 Faden; 261 nur 3 Fäden, dann ist der Stern zu schwach; 285 ganz unsicher; 290 hell; 330 schwach, kaum zu beobachten. Luft durchweg 4. Zone IV vom 448 an, Beob. R. 471 sehr schwach; 478 schwach. Statt P. VII, 25 wurde −6°.1860 beobachtet. 493, äusserst schwach (ebenso 497, 507 u. 511); 514 sehr schwach; 517 unglaublich schwach; 535 gut; 570a nur 2 Fäden; 590 sehr schwach; 599 dupl. nord. beide in gleicher A.R.; 616 schwach. Luft, die anfangs 4 war, wird immer besser mit zunehmender Kälte, allerdings sind die Sterne 7m.8–8m.0 recht schwach. Mond verliert seinen Hof. Zuletzt Luft 2–3.
	0 8			− 5.2	12 Ceti	0.41	−21.15	51.57	
	0 39			− 5.5	15 Ceti	0.54	−21.17	51.08	
	0 48	757.33	+14.6		34 Ceti	1.19	−21.21	51.85	
	1 9			− 5.65	ζ Piscium	1.80	−21.19	50.06	
	1 33			− 6.35	67 Ceti	2.19	−21.19	52.03	
	2 19	757.25	+14.9	− 6.25					
	3 43	756.8	+14.2	− 5.6	ο¹ Eridani	3.11	−21.18	310 58 52.42	
	4 13			− 5.5	45 Eridani	3.44	−21.21	52.59	
	4 36			− 5.6	ν Eridani	4.52	−21.15	53.00	
	5 48			− 6.1	μ Eridani	4.67	−21.21	310 58 45.29	
	6 37	755.4	+13.4	− 6.55	π¹ Orionis	4.81	−21.28	43.59	
					ι Orionis	5.21	−21.28	45.34	
					66 Orionis	5.90	−21.25	44.84	
					10 Monocerotis	6.38	−21.23	44.00	
					P. VI. 203	6.59	−21.25	44.31	
	7 21			− 7.0	25 Monocerotis	7.35	−21.20	310 58 51.78	
	8 10			− 7.5	27 Monocerotis	7.41	−21.21	52.06	
	8 36			− 7.85	Br. 1197	8.34	−21.17	52.13	
	9 50	754.9	+13.0	−10.15	Br. 1212	8.50	−21.19	50.67	
					τ¹ Hydrae	9.44	−21.17	52.81	
					6 Sextantis	9.76	−21.17	52.20	
1893 Jan. 7	0 17	750.9	+ 9.0	− 3.9	4 Ceti	0.04	−21.23	49 0 32.60	$m = +1°.587$. $(dt + m)_I = -21^s.190 - 0^s.0063\,t - 1^s.01$. $(dt + m)_{II} = -21.373$. $(dt + m)_{III} = -21.420$. $N'_I = 49° 0' 31''.79$ (31″.98). $N'_{II} =$ 31.36 (31.11). $N'_{III} =$ 39.37 (39.18). Zone I, Beob. R. 1 nur 3 Fäden. Mikroskop I der Dämmerung wegen noch sehr schlecht abzulesen. Bis zu 7a war das Feld ohne künstliche Beleuchtung; 64 und 38b unruhig; P. I. 167 furchtbar unruhig; 44a nur im dunkeln Felde schwach gesehen; 90 verwaschen; 31a äusserst fein; 102 schwach. Luft anfangs 2; von 64 an undurchsichtig und unruhig, zuletzt 3–4.
	0 52			− 3.75	12 Ceti	0.41	−21.26	32.57	
	1 23			− 5.15	15 Ceti	0.54	−21.25	31.80	
	1 54			− 7.75	P. I. 167	1.68	−21.31	31.19	
	2 20	750.8	+ 9.4	− 8.1	62 Ceti	2.06	−21.34	30.48	
					67 Ceti	2.19	−21.40	32.17	

Datum	Zeit	Barometer	Therm. I	Therm. II	Stern	Zeit	$dt + m$	Aequatorpunkt N	
1893 Jan. 7	$4^h 16^m$	750.7 mm	+ 8°8		ζ Eridani	$4^h.31$	−21s.45	49° 0' 31''.97	Zone II. Beob. R. 109a unglaublich schwach; 115b Ocular beschlägt sehr häufig; 131 furchtbar schwach; 151, nicht gut beobachtet. Zone III von λ Eridani an Beob. V. u. R. 180 besonders schwach, etwa 9m01; 139 sehr schwach; Lal. 11383 nur 8 Fäden, deshalb in A.R. ausgeschlossen; 170b stark rothgelb; 463 schwer zu beobachten; 463 nur 3 Fäden, weil Registrirapparat fehlt. Luft anfangs 2, später schlechter bis 3. Zuletzt steht der Registrirapparat häufig. Mikroskope schlecht abzulesen; Thermometer voll Eis.
	4 15			− 9°6	μ Eridani	4.67	−21.31	31.37	
					π³ Orionis	4.81	−21.36	30.73	
	5 46			−10.0	λ Eridani	5.07	−21.39	49 0 40.27	
	6 27	750.7	+ 8.2		ι Orionis	5.28	−21.47	39.84	
	6 32			−10.9	θ¹ Orionis	5.30	−21.36	38.94	
	7 41	750.8	+ 7.5	−10.8	Lal. 11383	5.91	[−21.25]	39.95	
					10 Monocerotis	6.38	−21.40	39.36	
					20 Monocerotis	7.08	−21.43	38.90	
					P. VII, 85	7.28	−21.41	38.87	
					25 Monocerotis	7.53	−21.48	38.80	
1893 Jan. 11	0 12			−11.6	ε Ceti	0.23	−21.87	49 0 27.38	m = +1s.393. (dt + m)I u. II = −21s.850 −0s.0026 (t − 2h.5). (dt + m)III = −21s.871. NI = 49° 0' 27''.37 (27''.86). NII = 26.57 (26.85). NIII = 33.90 (33.90). Zone I u. II, Beob. R. Stern 43 des Sterns −7m.17; 9m0 beobachtet, der nur bei dunklem Felde zu sehen ist. 44a, der Zentral schwach ist, wird bei fast dunklem Felde beobachtet. Luft 1−2. 188 fehlt; 236 verwechselt; 4h8. Luft sehr durchsichtig; Sterne recht unruhig; 133b, recht schwach und verwaschen; 281 unklar. Ocular muss häufig abgewischt werden. Zone III von 131a ab Beob. V. u. R. 318 sehr schwach; 361 etwa 9m5, sehr unsicher; 369, sehr schwach; 374 nur 2 Fäden; 174b, recht schwach, 8m5. Um 6h5 wird die Luft dunstig; 429 schwach; 450 schwach; 150 verschwand wegen Nebel, 193a recht schwach. Luft 3−4.
	0 45	756.2	+ 4.1		15 Ceti	0.54	−21.75	27.63	
	1 5			−12.35	26 Ceti	0.97	−21.70	27.87	
	1 33			−12.4	P. I, 167	1.68	−21.87	27.82	
	2 21			−13.65	61 Ceti	2.06	−21.79	27.46	
	2 57	757.7	+11.2	−14.35	67 Ceti	2.19	−21.85	27.26	
	3 54	758.2	+11.8	−14.7	π¹ Orionis	4.81	−21.85	49 0 26.64	
	4 40			−15.9	β Eridani	5.04	−21.90	27.04	
					ι Orionis	5.21	−22.00	27.22	
	5 19			−16.9	η Orionis	5.32	−21.92	49 0 35.22	
	6 32			−16.2	10 Monocerotis	6.38	−22.02	35.51	
	7 10	758.1	+14.0	−15.7	P. VI, 203	6.59	−21.99	32.87	
					18 Monocerotis	6.70	−22.05	34.03	
					17 Monocerotis	6.96	−21.89	33.98	
					20 Monocerotis	7.08	−21.98	33.77	
1893 Jan. 15	0 58	752.3	+11.2	− 8.2	P. I, 167	1.68	−21.99	49 0 25.73	m = +1s.633. dt + m = −21s.031 −0s.0013 (t − 2h.0). N = 49° 0' 26''.18 (26''.36). Beob. R. 121 Ocular beschlägt; Sterne schwach, verwaschen; 73a hell, mindestens 7m.3. Luft sehr durchsichtig. Bilder 1−3.
	1 48			− 8.5	ζ Ceti	1.77	−22.05	26.74	
	2 18			− 9.35	β Piscium	1.80	−22.00	24.26	
	3 15			−10.3	61 Ceti	2.06	−21.98	26.27	
	3 52	754.9	+13.0	−10.1	67 Ceti	2.19	−21.07	27.40	
					94 Ceti	3.12	−22.04	26.68	
1893 Jan. 19	5 0			−15.4	β Eridani	5.04	−21.70	310 58 50.75	m = +0s.904. dt + m = −21s.740 −0s.024 (t − 6h.3). N = 310° 58' 50''.53 (50''.37). Beob. V. λ Eridani nur 3 Fäden, in A.R. ausgeschlossen; 286 schwach; war nur 3 Fäden; 361 sehr schwach, hat Begleiter?; Luft 2. Kälte hinderlich beim Einstellen. Ocular beschlägt.
	5 27	764.25	+ 5.1		λ Eridani	5.07	[−21.63]	50.26	
	5 46			−15.2	5 Monocerotis	6.16	−21.75	50.36	
	6 40			−16.5	6 Monocerotis	6.21	−21.72	50.90	
	7 0	763.7	+ 4.4	−16.3	19 Monocerotis	6.96	−21.76	49.58	
					20 Monocerotis	7.08	−21.74	51.32	

Datum	Zeit	Barometer	Therm. I	Therm. II	Stern	Zeit	$dt+m$	Aequatorpunkt N	
1893 Jan. 28	$1^h 52^m$	754.6	+10°.8	+1°.6	ζ Ceti	$1^h.77$	$-23^s.50$	310° 58′ 51″.61	$m = +2^s.356$. $(dt+m)_I = -23^s.515$. $(dt+m)_{II} = -23.675 - 0.086\,(t - 6^h.3)$. $N_I = 310° 58' 50''.74$ (50″.52). $N_{II} = 42.56$ (42.30). Zone I, Beob. R. ζ Ceti strahlig, funkelnd; 94 sehr fein, bei Tagesbeleuchtung nur 2 Fäden. Luft 2–3. Zone II, Beob. V. λ Eridani in Deklination $p = 1/2$, weil Striche unscharf; 173 schwach; 307 zu schwach, neblig; 417 dupl. med. Luft 2, aber sehr undurchsichtig. Beobachtungen am Fernrohr gut. Kreisablesungen weniger, da beide Mikroskope unscharf; erst nach dem Putzen gut.
	2 24			+1.15	67 Ceti	2.19	−23.54	50.97	
	2 50			+1.2	81 Ceti	2.54	−23.54	50.31	
	3 25	754.8	+12.1	+0.9	ζ Eridani	3.18	−23.52	51.48	
					17 Eridani	3.42	−23.53	49.60	
	5 0			−1.7	β Eridani	5.04	−23.54	310 58 42.81	
	5 20	754.7	+10.2		λ Eridani	5.07	−23.54	(41.37)	
	5 35			−2.1	5 Monocerotis	6.16	−23.71	42.91	
	6 40			−2.3	18 Monocerotis	6.70	−23.67	42.81	
	7 10	755.1	+12.1	−2.9	19 Monocerotis	6.96	−23.67	42.41	
					20 Monocerotis	7.08	−23.73	42.51	
					26 Monocerotis	7.60	−23.78	42.48	
1893 Feb. 4	2 46	764.75	+10.2	−0.6	η Eridani	2.85	−24.39	310 58 41.43	$m = +2^s.257$. $(dt+m)_I = -24^s.359 + 0^s.016\,(t - 4^h.0)$. $(dt+m)_{II} = -24.371 - 0.045\,(t - 5.5)$. $N_I = 310° 58' 40''.90$ (40″.83). N_{II} 32.95 (32.61). Zone I, Beob. R. Bei Mikroskop I wird um $5^h.3$ vorsichtig das Ocular etwas herausgezogen, da in ihm die Striche undeutlich werden; 149 recht schwach. Feld dunkel; 79b, ist heller als 149; 103h hat praec. bor. 1/4, der genau um die halbe Fadendistanz absteht; 110 nur 3 Fäden. Luft 1–2. Zone II, Beob. V. 252, hell; 287 gut zu beobachten, aber der praec. ist heller ($8^m.0$); 304 ist $8^m.0$; 385 = $7^m.5$. Luft 2, wegen Unwohlsein aufgehört.
	3 17			−0.8	17 Eridani	3.42	−24.38	40.30	
	3 54	765.0	+11.5		o¹ Eridani	4.11	−24.32	40.52	
	4 14			−1.5	45 Eridani	4.44	−24.37	41.23	
					μ Eridani	4.07	−24.35	41.28	
					π³ Orionis	4.81	−24.36	40.52	
	4 50			−2.0	β Eridani	5.04	−24.34	310 58 32.93	
	5 5	765.3	+11.3		λ Eridani	5.07	−24.37	32.44	
	5 45			−2.4	η Orionis	5.32	−24.36	33.75	
	6 15			−2.6	5 Monocerotis	6.16	−24.39	32.47	
	7 5	765.7	+12.6		6 Monocerotis	6.21	−24.12	33.07	
1893 Feb. 5	2 30			−1.3	81 Ceti	2.54	−24.00	310 58 36.08	$m = +2^s.324$. $dt + m = -23^s.993$. $N = 310° 58' 38''.14$ (38″.00). Beob. R. 114 äusserst fein im taghellen Feld; 149 sehr schwach; Feld recht dunkel; 70b, heller als der vorige; 84a sehr schwach; 100b sehr schwach; Luft 1–3.
	3 0	765.4	+10.1		δ Ceti	2.57	−23.99	38.24	
	3 17			−1.85	17 Eridani	3.42	−24.00	38.76	
	3 52			−1.8	η Orionis	5.32	−23.98	39.18	
	5 5	766.0	+14.3		δ Orionis	5.44	−24.00	37.62	
	5 50			−3.75	ε Orionis	5.56	−23.98	38.95	
	7 5	766.3	+14.7						
1893 Feb. 6	2 40			−2.1	γ Ceti	2.63	−23.38	310 58 (39.67)	$m = +2^s.271$. $(dt+m)_I = -23^s.428 - 0^s.045\,(t - 3^h.5)$. $(dt+m)_{II} = -23.378$. $N_I = 310° 58' 38''.97$ (39″.09). $N_{II} = 30.78$ (30.97). Zone I, Beob. R. γ Ceti strahlig und unruhig im taghellen Feld; in Deklination $p = 1/2$ bis 67b incl. ohne Feldbeleuchtung; 83a hat sequ. bor. $-0^s.384$, $8^m.5$, der mitregistrirt wird; Luft 2–3, sehr durchsichtig. Zone II, Beob. V. 387 nur 3 Fäden, vorher 3 Fäden des Sterns 387′ $-7^s.1041$, $8^m.7$; 403 nur 2 Fäden; 543 unruhig; Luft 2, gegen Ende schlechter.
	3 16	765.1	+9.1	−2.0	94 Ceti	3.12	−23.41	38.47	
	3 50			−2.65	17 Eridani	3.42	−23.45	38.63	
	4 24			−2.55	24 Eridani	3.65	−23.13	39.03	
	4 35	765.15	+8.9		45 Eridani	4.44	−23.17	39.41	
	4 54			−2.9	π³ Orionis	4.82	−23.35	310 58 30.13	
	6 35			−4.0	ι Orionis	5.21	−23.40	31.28	
	7 38			−4.4	Lal. 11382	5.91	−23.34	30.98	
	8 35	765.3	+8.2	−5.3	10 Monocerotis	6.38	−23.40	30.29	
					19 Monocerotis	6.96	−23.30	30.74	
					20 Monocerotis	7.08	−23.36	31.77	
					26 Monocerotis	7.60	−23.42	30.88	
					27 Monocerotis	7.91	−23.37	30.64	
					Br. 1197	8.34	−23.36	31.00	
					Br. 1212	8.50	−23.38	30.10	

Datum	Zeit	Barometer	Therm. I	Therm. II	Stern	Zeit	$dt+m$	Aequatorpunkt N	
1893 Feb. 16	$3^h 37^m$			+6°.7	ι Eridani	$3^h.46$	−22.04	310° 58′ 24″.08	$n = +1^s.344$. $(dt+m)_I = -22^s.060$. $(dt+m)_{II} = -22.031$. $(dt+m)_{III} = -22.106$. $N_I = 310° 58' 24''.61$ (24″.38). $N_{II} =$ 16.70 (16.57). $N_{III} =$ 23.17. Zone I, Beob. R. Chronograph B: noch taghell, ι Eridani [illegible]; [illegible]; nach diesem Sterne erst Feldbeleuchtung; 95a sehr unruhig; 97a unruhig; 184 etwas schwach; A Eridani nur 2 Fäden; ζ Eridani ausgesprungen einmal. 211 sehr schwach. Feld sehr dunkel; 224 unruhig; μ Eridani verwaschen, [illegible] und unruhig; 251 recht schwach. Zone II, Beob. P. Chronograph R. 264 ganz schwach, nur 3 Fäden; 234a nur 1 Faden, aber gut; 157a nur 1 Fäden; 364 und 365 zu schwach, Wolken?; bei 19 Monoc. und 20 Monoc. steht der Registrirapparat. Luft meist sehr schlecht 3. Zone III, Beob. R. Chronograph A. 517 schwach; 534 genau beobachtet; nach 537 scheint die Luft undurchsichtiger zu werden. 541. 543. B.A.C. 1320 nicht gesehen. 117a sehr schwach, verschwindet dann. Br. 1197 recht gut, in Deklination p = ½. Bald ganz bezogen.
	4 2			+6.6	o¹ Eridani	4.11	−22.05	24.19	
	4 14	753.7	+13°.3		A Eridani	4.16	−22.04	24.62	
	5 7	753.95	+14.6		ζ Eridani	4.31	−22.13	25.52	
					μ Eridani	4.67	−22.04	24.63	
	5 36			+3.6	β Eridani	5.04	−22.00	310 58 16.79	
	6 40			+3.4	β Orionis	5.16	−22.03	16.09	
	7 0			+3.0	ι Orionis	5.31	−22.05	16.39	
					5 Monocerotis	6.16	−22.04	17.62	
					19 Monocerotis	6.96		16.31	
					20 Monocerotis	7.08		16.99	
	7 24	755.4	+11.0	+2.7	26 Monocerotis	7.60	−22.25	310 58 23.70	
	8 12			+1.85	Br. 1197	8.34	−22.17	(22.10)	
	8 30	755.7	+11.7						
1893 Feb. 20	6 55			+5.0	20 Monocerotis	7.08	−21.81	310 58 23.20	$n = +1^s.138$. $dt + m = -21^s.835 - 0^s.070\ (t - 7^h.5)$. $N = 310° 58' 23''.02$. Beob. R. Es hellt sich spät auf. 470 sehr schwach, Wolken?; 497 recht schwach, hat helleren [illegible]. Decl. 40′+5′ −6°.2130, 878, der ebenfalls dort stehende −6.2137, 87.1, wurde nicht bemerkt; 505 sehr schwach, hierauf einige Sterne nicht gesehen; 527, 528 und 245b, sehr schwach; 542 sehr schwach, verschwindet mehrmals; Br. 1197 sehr wechselnd; 569 gut; Br. 1212 oft kaum schwach, in Deklination p = ⅓. Beobachtungen wegen des Transits abgebrochen.
	7 2	747.8	+ 9.0		P. VII, 85	7.28	−21.81	23.64	
	7 31			+5.0	25 Monocerotis	7.53	−21.85	22.44	
	8 1			+4.7	Br. 1197	8.34	−21.87	23.17	
	8 34	747.5	+ 9.5	+4.45	Br. 1212	8.50	−21.02	(22.36)	
1893 Feb. 22	3 54	733.35	+14.6	+4.4	ι Eridani	3.40	−23.24		$n = +1^s.338$. $dt + m = -23^s.295 - 0^s.070\ (t - 4^h.5)$. $N = 310° 58' 22''.32$ (22″.29). Beob. R. 94a unruhig; 97a äusserst hell; 196 nur 2 Fäden; 203 ausserordentlich schwach, nur in A.R. beobachtet; ζ Eridani sehr schwach; 210 und 213 nicht gesehen; 166b; überall Wolken am Himmel; 247 sehr schwach; 238 kaum gesehen; β Orionis sehr dick. Zone im Anschluss an die Mondbeobachtung, immer störende Wolken. Luft 3–4
	4 42			+4.0	o¹ Eridani	4.11	−23.25	310 58 22.30	
	5 40	733.6	+14.2		A Eridani	4.16	−23.27	23.27	
					ζ Eridani	4.31	−23.27	22.88	
					μ Eridani	4.67	−23.31	22.45	
					β Orionis	5.16	−23.35	21.69	

Datum	Zeit	Barometer	Therm. I	Therm. II	Stern	Zeit	dt + m	Aequatorpunkt N	
1893 Feb. 27	4ʰ 45ᵐ	mm		+8°.6	β Orionis	5ʰ.16	−23ˢ.05	310° 58′ 16″.16	m = +1ˢ.338 wie Feb. 22. dt + m = −23ˢ.113 − 0ˢ.043 (t − 5ʰ.5). N = 310° 58′ 16″.45 (16″.33). Beob. V. 133b, schwach durch Wolken; 362 nur 1 Faden; 300 schwach; 343 ganz schwach, Wolken; 364 sehr schwach; 384 kaum zu beobachten; 10 Monoc. ganz schwach, in Deklination p = 1/p, dann ganz trübe. Luft 2–3, aber Sterne meist durch Wolken.
	5 10	745.1	+11.8		γ Orionis	5.21	−23.17	15.41	
	5 46			+7.2	κ Orionis	5.71	−23.10	16.97	
	6 9			+6.3	5 Monocerotis	6.16	−23.11	17.01	
	6 15	745.2	+12.0		10 Monocerotis	6.38	−23.20	(16.97)	
1893 März 3	4 55			+6.7	β Orionis	5.16	−20.66	310 58 19.58	m = +0ˢ.360. (dt + m)$_I$ = −20ˢ.729 − 0ˢ.063 (t − 6ʰ.0). (dt + m)$_{II}$ = −20ˢ.908. N_I = 310° 58′ 21″.32 (21″.38). N_{II} = 30″.17. Zone I. Beob. V. 162b, nur 3 Fäden; 438 schwach; 447¹ = 7ᵐ.6 geschätzt, [illegible]; 433 sehr hell und viel heller als 417¹; 460 Deklination unsicher; 472 schwächer als 466; Luft 4. Mikroskop II nicht genügend im Fokus. Zone II. Beob. R. 242b verwaschen, ebenso 518; 578 hat praec. [illegible], der [illegible] wird = −6ˢ.3069, 9ᵐ.0; 596 kein, nur 3 Fäden; 617 verwaschen, unruhig; 624 äusserst unruhig; 696b hat praec. = 7ᵐ.46, der 7ᵐ.3 sein soll und 6ᵐ.0 scheint; 633 sehr fein; 2344, etwa 7ᵐ.6. Luft 3–4. Sterne verwaschen und sehr unruhig. Hierauf wurde der Meridiankreis in Azimut und Neigung corrigirt.
	5 10	762.0	+11.4		γ Orionis	5.21	−20.72	21.43	
	5 30	762.6	+11.9	+5.4	κ Orionis	5.71	−20.77	22.13	
	6 30	762.9	+12.0		10 Monocerotis	6.38	−20.74	20.75	
	7 0	763.0	+11.95	+3.9	19 Monocerotis	6.90	−20.82	22.61	
	7 10	763.4	+12.0	+2.8					
	7 52			+2.85	Br. 1212	8.50	−20.93	310 58 30.85	
	8 37			+1.3	P. VIII, 167	8.70	−20.90	30.31	
	8 54	763.9	+11.6		13 Hydrae	8.77	−20.86	31.67	
	9 2			+0.9	19 Hydrae	9.06	−20.90	29.16	
	9 49			+1.05	θ Hydrae	9.13	−20.94	29.29	
					6 Sextantis	9.76	−20.92	30.36	
1893 März 5	5 0	759.0	+10.8	+6.6	β Eridani	5.04	−20.74	310 58 20.34	m = +0ˢ.357. (dt + m)$_I$ = −20ˢ.763 − 0ˢ.021 (t − 5ʰ.5). (dt + m)$_{II}$ = −21ˢ.012 − 0ˢ.033 (t − 16ʰ.0). N_I = 310° 58′ 20″.63 (20″.48). N_{II} = 28″.53 (28″.48). Zone I, Beob. V. 170b, sehr schwach. Um 6ʰ.3 werden die Sterne schwach und Dunst tritt auf; 405 nur 1 Faden, verschwindet dann. Bald aufgehört. Luft 3, aber sehr dunstig, so dass bisweilen die Sterne kaum zu beobachten sind. Zone II, Beob. R. 3694 zuletzt durch beschlagenes Ocular. Bei 1008, ist das Feld schon taghell. Luft zuletzt 2.
	5 53			+5.1	β Orionis	5.16	−20.73	19.73	
	6 20	759.2	+11.1	+4.5	γ Orionis	5.21	−20.70	20.14	
					Lal. 11382	5.92	−20.81	20.48	
					5 Monocerotis	6.10	−20.77	21.05	
					10 Monocerotis.	6.38	−20.77	20.75	
	15 8	757.25	+ 8.8	−1.25	β Librae	15.19	−21.00	310 58 30.18	
	15 50			−2.05	37 Librae	15.47	−20.96	28.56	
	16 22			−1.8	ε Ophiuchi	16.21	−21.02	28.83	
	17 0	757.0	+ 8.0	−1.65	λ Ophiuchi	16.43	−21.02	27.89	
					12 Ophiuchi	16.51	−21.06	27.16	
					20 Ophiuchi	16.73	−21.04	28.53	
1893 März 6	15 10	760.6	+ 9.4		β Librae	15.19	−20.68	49 0 29.78	m = +0ˢ.318. dt + m = −20ˢ.693. N = 49° 0′ 29″.05 (29″.11). Beob. R. 438b äusserst fein; 636 fein; ebenso 943 und 946; 3634 recht fein; λ Ophiuchi länglich; 1000 recht fein; 3684 fein, Feld taghell; 4971 äusserst schwach. Luft anfangs 3, wird immer besser, zuletzt 1, wenig Dunst. Beobachter anfangs müde, später nicht mehr.
	15 26			+0.25	8 Serpentis	15.30	−20.62	29.94	
	16 20			−0.9	ε Ophiuchi	16.21	−20.75	27.88	
	17 24	761.3	+ 8.6	−1.15	λ Ophiuchi	16.43	−20.68	28.29	
					12 Ophiuchi	16.51	−20.73	29.45	
					20 Ophiuchi	16.73	−20.74	29.18	
					27 H. Ophiuchi	17.35	−20.66	28.80	

Datum	Zeit	Barometer	Therm. I	Therm. II	Stern	Zeit	dt + m	Aequatorpunkt N	
1893 März 8	5ʰ 0ᵐ	758.5	+10°.0		α Orionis	5ʰ.71	−20ˢ.26	49° 0′ 38″.29	m = +0ˢ.306 · ½ (März 6 + März 10). dt + m = −20ˢ.185. N = 49° 0′ 37″.48 (37″.47). Beob. V. Luft 3–4; 332 Wolken; α Orionis Wolken; 171 b sehr schwach; 376 Wolken; 409 zu schwach; 10 Monoc. ganz schwach, in Deklination ρ ⅙; aufgehört. Die Fäden im Mikroskop I waren nicht genau den Strichen parallel.
	5 20			+9°.3	5 Monocerotis	6.16	−20.26	37.13	
	6 0			+9.0	10 Monocerotis	6.38	−20.34	(36.36)	
	6 35	759.1	+10.0	+8.7					
1893 März 9	7 10	757.35	+11.5		25 Monocerotis	7.53	−20.17	49 0 22.03	m = +0ˢ.194. dt + m = −20ˢ.184. N = 49° 0′ 22″.51 (22″.17). Beob. K. 25 Monoc. Dampfbahn fährt vorbei; Beobachter fehlt das Zittern der Feinbewegungsschraube, die er in der Hand hat. 507 schwach und unruhig; 26 Monoc. sehr unruhig. 336 b recht hell; 2601 durch Wolken; Br. 1197 sehr schwach; 2646 nur die beiden letzten Fäden. Es bezieht sich dann sehr rasch. Luft 3.
	7 19			+7.75	26 Monocerotis	7.60	−20.24	23.12	
	7 45			+7.7	27 Monocerotis	7.91	−20.22	21.79	
	8 37	750.4	+11.2	+8.3	Br. 1197	8.34	−20.12	23.11	
1893 März 10	5 1	757.2	+11.2		α Orionis	5.71	−20.11	49 0 31.74	m = +0ˢ.410 (aus der anschliessenden Meridianbeobachtung). (dt + m)$_I$ = −20ˢ.086. (dt + m)$_{II}$ = −20.410 − 0.019 (t − 16ʰ.3). N_I = 49° 0′ 30″.47 (30″.47). N_{II} = 21.44 (21.47). Zone I, Beob. V. 171 b schwach; 375 schwach; bisweilen Wolken. Zone II, Beob. K. Wolken, 341 a bisweilen verschwunden; 420 nur 3 Fäden; 431 zum Theil durch Wolken; 443, 916 a, 454 b schwach; 3643 sehr schwach und verwaschen; λ Ophiuchi blitzend und unruhig; 14 Ophiuchi nur 3 Fäden. Kern sehr dunkel und schlecht abzulesen; 483 b schwach; 370 a nur 3 Fäden; 1008, Feld wird dämmerig; 391 a recht fein; 27 H. Ophiuchi nur 2 Fäden; 1041 nur 3 Fäden registrirt, da der Stern doch zu fein ist; μ Ophiuchi sehr unruhig im taghellen Feld. Luft, nachdem die Wolken verschwunden, 2–3, die schwächeren Sterne meist fein.
	5 6			+8.8	Lal. 11382	5.91	−20.07	31.07	
	5 52			+8.4	5 Monocerotis	6.16	−20.06	29.43	
	6 30			+7.6	10 Monocerotis	6.38	−20.11	29.31	
	6 50			+7.3	19 Monocerotis	6.96	−20.08	30.30	
	15 15			+2.2	8 Serpentis	15.30	−20.35	49 0 19.87	
	15 25	701.15	+10.3		37 Librae	15.47	−20.42	21.12	
	15 35			+2.0	λ Ophiuchi	16.43	−20.38	21.00	
	16 23			+1.15	12 Ophiuchi	16.51	−20.44	21.07	
	17 6			+0.4	14 Ophiuchi	16.60	−20.51	21.35	
	17 28			+0.7	20 Ophiuchi	16.73	−20.44	21.03	
	17 51	701.05	+ 9.4		27 H. Ophiuchi	17.35	−20.44	21.09	
					μ Ophiuchi	17.53	−20.40	21.64	
1893 März 11	5 30	761.9	+11.6		α Orionis	5.71	−19.96	49 0 31.03	m = +0ˢ.183. dt + m = −19ˢ.724 − 0ˢ.018 (t − 7ʰ.0). N = 49° 0′ 29″.09 (29″.14). Beob. V. 326 nur 1 Faden; 361 zu schwach; 170 b, hell; 405, 409 und 10 Monoc. durch Wolken; 483, schwach; Polstern sehr schwach und unruhig; 1396 ganz schwach und unsicher; 303 zu schwach. Häufig kleine Wolken, wodurch die Sterne schwach und unruhig. Sonst Luft 2.
	5 35			+6.1	Lal. 11382	5.91	−19.97	30.69	
	6 32			+4.9	10 Monocerotis	6.38	−19.99	29.23	
	7 5	762.0	+11.95	+4.9	18 Monocerotis	6.70	−19.92	28.47	
	7 45			+3.6	19 Monocerotis	6.96	−20.03	28.62	
	8 25	761.9	+11.3	+3.2	Br. 1212	8.30	−20.06	27.50	
	8 45			+3.2	P. VIII, 167	8.70	−20.02	28.11	

Datum	Zeit	Barometer	Therm. I	Therm. II	Stern	Zeit	$dt+m$	Aequatorpunkt N	
1893 März 17	7ʰ 5ᵐ	750.8	+10°.1		P. VII, 85	7ʰ.28	−19ˢ.81	49° 0′ 22″.05	m = +0ˢ.110. dt + m = −19ˢ.803. N = 49° 0′ 22″.04 (21″.58). Beob. R. Plötzlich aufgehellt. 477 schwach; P. VII, 85 unruhig; 511, sehr schwach und wechselnd, offenbar durch Wolken; 516 recht schwach; 527, 529 und 27 Monoc. nicht gesehen; 1142 nur geahnt; 561, gut zu beobachten; ebenso Br. 1197, dann aber bald ganz trübe. Luft 3.
	7 20			+2°.2	26 Monocerotis	7.60	−19.81	21.69	
	7 45			+1.8	Br. 1197	8.34	−19.80	22.39	
	8 24	751.65	+ 9.8	+1.7					
1893 März 18	8 32	755.95	+ 6.2	0.0	Br. 1212	8.50	−19.99	49 0 22.49	m = +0ˢ.443. dt + m = −20ˢ.033 −0ˢ.043 (t − 9°.3). N = 49° 0′ 21″.55 (21″.86). Beob. R. Spät aufgehellt. 487, durch Wolken, oft nur geahnt, bald aber sind Wolken verschwunden; θ Hydrae zuletzt unruhig. 1180 schwach; 8ᵐ.3; [illegible]; 2342, gut 8ᵐ.0; 1062 nur 3 Fäden. Luft meist 2.
	9 7			−0.3	15 Hydrae	8.77	−19.98	21.28	
	9 43			−0.85	19 Hydrae	9.06	−20.00	21.70	
	10 32			−1.75	θ Hydrae	9.25	−20.01	21.45	
	10 44	757.55	+ 5.8		22 Sextantis	10.21	−20.09	21.22	
	10 59			−1.95	Br. 1462	10.43	−20.06	21.15	
					ρ′ Leonis	10.94	−20.07	21.57	
1893 März 21	6 0			+9.9	5 Monocerotis	6.16	−19.15	49 0 21.84	$m_{I\,u.\,II}$ = +0ˢ.303. m_{III} = +0.373 = ½ (m_I + m_V) m_{IV} = +0.446. (t − 9°.3). $(dt+m)_{I\,u.\,II}$ = −19ˢ.258 −0ˢ.026 $(dt+m)_{III}$ −19.395 −0.030 $(dt+m)_{IV}$ −19.402. (t − 14°.0). N_I 49° 0′ 21″.30 (21″.78). N_{II} 21.61. N_{III} 21.73 (18.59). N_{IV} 20.64 (20.68). Zone I u. II, Beob. R. Noch taghell. 6 Monoc. nicht gesehen; 8 Monoc. auf 1 Faden, in A.R. ausgeschlossen; 412 sehr hell und unruhig, 416 nur 3 Fäden; 434 äusserst schwach; 439 recht schwach; 443 erster Stern mit Beleuchtung des Feldes; 450 schwach; 471 äusserst schwach; 485, schwach, 8ᵐ.5; 26 Monoc. nur 3 Fäden, in A.R. p = 1/2; 509 hell; 545 schwach. Die Sterne 8ᵐ.0 erscheinen überhaupt schwach. Luft ein wenig dunstig, Ruhe und Schärfe 2–3. 8ʰ 45ᵐ, Luft 3. 19 Hydrae unruhig; 1464 ganz ausserordentlich schwach, fast ohne Beleuchtung unsichtbar. Um 10ʰ.6 Pause, vor welcher zuletzt die Beobachtungen wohl etwas schlechter sind, da Beobachter sich etwas angegriffen fühlt. 730 kaum zu sehen; 740, schwach; 748, gut; η Virginis springt sehr, in Deklination p = 1/4. Luft 3–4. Zone III, Beob. P. 800 schwach; 815 sehr schwach; 867 nur 7ᵐ.5; 871 Wolken; 877 kaum zu beobachten, durch Wolken; 902 hell; 911 schwach, unsicher. Beobachtungen meist unsicher, Luft sehr schlecht, 3–4.
	6 15	761.2	+10.0		8 Monocerotis	6.30	[−19.03]	21.74	
	6 33			+9.0	P. VI, 203	6.50	−19.14	20.99	
	7 2			+8.4	P. VII, 85	7.28	−19.17	22.17	
	8 0	761.4	+10.0		26 Monocerotis	7.60	(−19.31)	22.58	
	8 6			+5.5	Br. 1212	8.50	−19.31	20.94	
	8 45			+5.05	15 Hydrae	8.77	−19.21	20.28	
	9 33			+4.55	19 Hydrae	9.06	−19.33	22.06	
	10 10			+4.55	22 Sextantis	10.21	−19.23	21.18	
	10 15	761.45	+ 9.45		Br. 1462	10.43	−19.34	20.25	
	10 36			+4.05					
	11 51	761.75	+ 9.4	+3.7	Lal. 22585	11.92	−19.41	49 0 21.83	
	12 13			+2.8	M. 499	12.01	−19.28	22.00	
					η Virginis	12.24	−19.89	(20.38)	
	12 50			+3.0	φ Virginis	12.81	−19.37	49 0 19.32	
	13 5	761.85	+ 9.4		72 Virginis	13.41	−19.35	18.97	
	14 35			+3.2	m Virginis	13.60	−19.43	18.56	
	15 5	761.45	+ 8.5	+2.2	μ Virginis	14.62	−19.36	18.71	
					15 Librae	14.85	−19.43	18.90	
					ϑ Librae	14.92	−19.43	18.01	

Datum	Zeit	Barometer	Therm. I	Therm. II	Stern	Zeit	$dt + m$	Aequatorpunkt N'	
1893 März 21	15h 30m	mm		+1°.95	37 Librae	15h.47	−19s.38	49° 0' 21".21	Zone IV. Beob. R. 936 schwach, Sterne breit und verwaschen. 940 nur bei fast dunklem Felde gesehen; 935 nicht gesehen; 4536 schwach verwaschen; 377a nur 3 Fäden; 1092 schwach; 1021 nicht gesehen, 397a ohne Beleuchtung gut zu beobachten, obwohl 8m.0; 1044 fein und schwächer als der vorhergehende; 398a gut; 401a recht fein auf tiefblauem Grunde. Luft anfangs ganz schlecht, 4. Sterne 8m.0 nur bei dunklem Felde zu beobachten. Bei Eintritt der Dämmerung wird die Luft mit einem Schlage besser, 2–3 oder 2.
	16 42			+1.25	μ Serpentis	15.73	−19.42	21.09	
	17 28			+1.5	ε Ophiuchi	16.21	−19.40	19.35	
	17 59			+1.15	λ Ophiuchi	16.43	−19.38	20.03	
	18 0	701.35	+8°.1		20 Ophiuchi	16.73	−19.45	19.68	
					27 H. Ophiuchi	17.35	−19.44	21.82	
					ν Ophiuchi	17.89	−19.40	21.31	
					67 Ophiuchi	17.92	−19.35	20.60	
1893 März 22	6 4	760.1	+12.4	+10.7	5 Monocerotis	6.16	−18.86	49 0 22.07	$m = +0^s.230$. $(t - 9^h.5)$. $(dt + m)_I = -19^s.032 - 0^s.038$ $(dt + m)_{II} = -19.190$. $N'_I = 49° 0' 21''.79$ (22".04). $N'_{II} =$ 21.43. $N'_{III} =$ 28.57 (28".43). Zone I u. II, Beob. R. Noch taghell: 177b sehr schwach; 370 nicht gesehen; 8 Monoc. bei hellem Felde beob.; 311 nicht gesehen; 417 doppelt, Sternd. beobachtet; 1066, erster Stern mit Lampenbeleuchtung. 387, nur 2 Fäden; 1460, etwas schwach, aber doch gut; 675 nur 3 Fäden; 736 recht schwach. Luft sehr durchsichtig. Ruhe meist 2. Zone III. Beob. V. 304b; hell. Luft wird sehr schlecht, 3–4; 842 unsicher, schwach; 858 nicht gesehen; 870 schwach; 877 ganz unsicher, sehr schwach; 883 ist viel heller als 877. δ Librae verschwindet mehrmals. Luft sehr wechselnd, im Allgemeinen schlecht, 3.
	6 50			+9.45	8 Monocerotis	6.50	−18.87	21.08	
	7 40			+7.9	Br. 1211	8.50	−19.08	22.08	
	8 26	760.4	+11.6	+6.55	15 Hydrae	8.70	−19.03	21.80	
	9 1			+6.3	19 Hydrae	9.06	−19.05	22.46	
	9 30			+5.75	δ Sextantis	9.70	−19.01	21.64	
	10 28			+5.3	Br. 1462	10.43	−19.08	20.81	
	10 50	760.45	+10.8	+4.7					
	11 31	760.3	+10.5	+4.5	Lal. 22583	11.92	−19.13	49 0 21.88	
	12 16			+3.6	M. 499	12.01	−19.10	22.01	
					η Virginis	12.24	−19.11	20.40	
	12 50	760.25	+10.5	+3.4	ψ Virginis	12.81	−19.19	49 0 30.27	
	13 25			+3.3	ω Virginis	13.60	−19.20	28.81	
	15 0			+1.8	τ Virginis	13.94	−19.13	28.69	
	15 13	761.0	+10.4		109 Virginis	14.08	−19.17	28.14	
	15 20			+1.3	15 Librae	14.85	−19.25	28.35	
					δ Librae	14.92	−19.26	28.00	
					8 Serpentis	15.30	−19.16	27.60	
1893 März 23	6 25	760.2	+13.7		10 Monocerotis	6.38	−18.66	49 0 21.28	$m_I = +0^s.237$. $m_{II} = +0.436$. $(dt + m)_I = -18^s.803 - 0^s.082\,(t - 8^h.04)$. $(dt + m)_{II} = -18.963$. $N'_I = 49° 0' 21''.57$ (21".58). $N'_{II} =$ 21.59 (21.70). Zone I, Beob. R. 441 nur 3 Fäden; bis 306b ohne Feldbeleuchtung; 305 sorgf. beobachtet; Luft 2–3. Zone II, Beob. R. 919 äusserst schwach; 914 verwaschen, unruhig. Ruhe und Bilder meist 3. 4516 äusserst schwach; 945 etwa 8m.0; 1022 sehr schwach; 1021 ganz ausserordentlich schwach, sehr schlechte Beobachtung; 391a auch nicht hell; 1037 nicht hell; 397a heller als 1037. Von 3046 ab ohne Beleuchtung; 403a recht fein; 1035 sehr unruhig; 1060 nicht gesehen; 1064 recht hell und ruhig; Luftruhe 3–4, Bilder 2–3. Auf den abschliessenden Polstern wird eingelegt zur Collimationsfehlerbestimmung.
	6 30			+12.2	18 Monocerotis	6.70	−18.73	21.69	
	7 25			+10.1	26 Monocerotis	7.00	−18.80	22.46	
	7 40	760.4	+13.4	+9.05	Br. 1212	8.50	−18.84	21.08	
	8 0			+7.85	P. VIII. 107	8.70	−18.81	21.73	
	8 25			+7.35	15 Hydrae	8.77	−18.82	21.10	
	8 45			+6.7					
	9 0	760.45	+13.0	+6.8					
	15 10			+3.05	8 Serpentis	15.30	−18.91	49 0 21.62	
	15 35			+2.95	37 Librae	15.47	−19.00	22.15	
	16 50			+3.1	30 Ophiuchi	16.92	−18.96	21.95	
	17 58	761.35	+11.6	+1.75	27 H. Ophiuchi	17.35	−18.94	21.14	
					ν Ophiuchi	17.89	−18.98	22.00	
					67 Ophiuchi	17.92	−18.96	20.67	

Datum	Zeit	Barometer	Therm. I	Therm. II	Stern	Zeit	dt + m	Aequatorpunkt N	
1893 März 25	6h 30m	760.8 mm	+14°.0	+10°.0	P. VI, 203	6h.59	−18s.01	310° 58′	7″.61	Von März 25 bis 28 scheint fast immer in Folge der Beobachtung des um 90° von den Zonensternen entfernten Polsternes die Lagerung der Achse und damit der Aequatorpunkt sich verändert zu haben, so dass nach dem Polstern ein anderes N anzunehmen ist, welches mit N_b bezeichnet wurde. m = +0s.073. dt + m = −18s.187 −0s.038 (t − 8h.5). N_a = 310° 58′ 7″.60. N_b = 5.83. Beob. R. Taghell. 431 äusserst schwach und unruhig; 434, 444 und 506b nicht gesehen; 199b nur 2 Fäden; 507a ist 0m.2 schwächer als 508a; 212a schwach; 519 nur 3 Fäden; 568 recht schwach; 578′ immer vor 578 am selben Faden registrirt, ist −6.2663, 9m.0, erscheint aber 8m.0; 591 etwa 7m.8; 348a, schwach; 315b ist 0m.2 schwächer als der praec. −2°.3024, 7m.0. Luft meist 2−3.
	7 3			+ 9.05	18 Monocerotis	6.70	−18.08		8.02	
	7 30			+ 8.25	20 Monocerotis	7.08	−18.07		8.36	
	8 38			+ 7.45	26 Monocerotis	7.60	−18.14		7.80	
	9 34			+ 6.85						
	10 5			+ 6.4	P. VIII, 167	8.70	−18.13		5.47	
	10 30	761.5	+13.4	+ 6.15	19 Hydrae	9.06	−18.14		6.85	
					22 Sextantis	10.21	−18.22		5.96	
					Br. 1462	10.43	−18.17		5.04	
1893 März 26	8 53	757.5	+11.6		Br. 1212	8.50	−17.90	310 58	4.83	$m_{I\,u.\,II}$ = +0s.547. m_{III} = +0.585 = ½ (m_I + m_{IV}) m_{IV} = +0.622. (t − 10h.0). $(dt + m)_{I\,u.\,II}$ = −17s.984 −0s.038 $(dt + m)_{III}$ = −18.056 −0.019 $(dt + m)_{IV}$ = −18.001. (t − 13h.5). N'_I = 310° 57′ 65″.90 N'_{II} 65.77. N'_{III} 66.73. N_{IV} = 64.40 (64″.44). Zone I u. II, Beob. K. Feiner Dunst macht die Sterne sehr scharf und ruhig. 599 dopp. und beobachtet, Abstand etwa 5″, der bor. geht etwa 0s.05 voraus; 318b nur 3 Fäden; 348a fehlt; 671 praec. beobachtet; 33 Sextantis in Declination ausgeschlossen, weil er beim Polstern liegt. Luft anfangs 2, später 2−3. Zone III, Beob. V. 808 nur 1 Faden; 406b dopp. und sehr schlecht zu beobachten; 15 Librae unruhig. Luft im ganzen gut, anfangs 2, später 3. Zone IV, Beob. R. 37 Librae breit, verwaschen, in Declination p = 1/4; 1011 zu schwach, etwa 9m.5 Dunst? Luft meist 3, wird mit der Dämmerung 2. Bei Tagwerden bemerkt man feine Dunstwolken am ganzen Himmel.
	9 2			+ 6.4	15 Hydrae	8.77	−17.93		6.67	
	9 35			+ 5.95	19 Hydrae	9.06	−17.91		6.02	
	10 39	757.4	+11.0	+ 4.8	22 Sextantis	10.21	−17.99		6.60	
					Br. 1462	10.43	−17.98		5.36	
					33 Sextantis	10.60	−18.02		[5.67]	
	11 35			+ 4.4	Lal. 22585	11.92	−18.04	310 58	5.79	
	12 4			+ 3.95	M. 499	12.01	−18.04		5.74	
	12 30			+ 3.7	χ Virginis	12.56	−18.04	310 57	57.12	
	12 45	757.5	+12.2		φ Virginis	12.81	−18.02		57.32	
	13 10			+ 3.3	θ Virginis	13.07	−18.06		57.86	
	13 52			+ 2.3	m Virginis	13.60	−18.03		56.61	
	14 32			+ 1.3	ι Virginis	13.94	−18.12		55.51	
	15 0			+ 0.9	15 Librae	14.85	−18.08		56.87	
	15 25	757.4	+11.9		δ Serpentis	15.30	−18.08		55.80	
	15 34			+ 0.6	37 Librae	15.47	−18.05	310 58	(5.90)	
	16 20			+ 1.2	λ Ophiuchi	16.43	−18.11		4.04	
	17 3			+ 0.05	12 Ophiuchi	16.51	−18.15		3.79	
	18 19	757.55	+10.1	+ 0.4	20 Ophiuchi	16.73	−18.08		4.63	
					27 H. Ophiuchi	17.35	−18.09		4.88	
					67 Ophiuchi	17.92	−18.05		2.95	
					ψ Serpentis	18.26	−18.11		4.55	

Datum	Zeit	Barometer	Therm. I	Therm. II	Stern	Zeit	$dl + m$	Aequatorpunkt N
1893 März 27	6h 40m			+ 9°.65	18 Monocerotis	6h.70	—17″.49	310° 58′ 7″.98
	7 20	757.65	+12°.5	+ 8.35	P. VII, 85	7.28	—17.45	7.50
	9 0			+ 6.0				
	9 35			+ 5.25	Br. 1212	8.50	—17.58	5.07
	10 30	758.55	+13.6	+ 3.9	15 Hydrae	8.77	—17.54	5.75
					22 Sextantis	10.21	—17.62	6.11
					Br. 1462	10.43	—17.58	4.57
	11 51			+ 3.3	Lal. 22585	11.92	—17.68	310 58 4.69
	12 3	758.8	+12.85		M. 499	12.01	—17.65	4.40
	12 45			+ 2.5	ψ Virginis	12.81	—17.68	310 57 56.47
	13 0	758.9	+13.2		θ Virginis	13.07	—17.71	56.90
	13 5			+ 2.4	ζ Virginis	13.29	—17.69	54.34
	14 20			+ 1.3	m Virginis	13.60	—17.71	55.49
	14 45			+ 1.2	μ Virginis	14.62	—17.60	56.62
	15 0	758.75	+12.55		109 Virginis	14.68	—17.68	55.17
					15 Librae	14.85	—17.70	56.03

m = +0″.510. (u —9h.3).
$(dl + m)_{I\ u.\ II}$ = —17″.575 —0″.030
$(dl + m)_{III}$ = —17.687.
N_{Ia} 310° 57′ 67″.74.
N_{Ib} — 64.38.
N_{II} = 61.15.
N_{III} = 55.86.

Zone I u. II. Beob. K. Taghell. 444, 454 und 19 Monoc. nicht mehr gesehen; 449 fein; 483, erster Stern mit Beleuchtung des Feldes; 242a nur 3 Fäden; 610 fein, 677 Lampe erlischt vor den beiden letzten Fäden. Luft anfangs 2–3, zuletzt bei heftigem Winde 3. Sterne schwanken in Deklination.

Zone III. Beob. V. 779 [illegible]; 819 unruhig. Sterne zeitweilig unruhig, im ganzen aber Luft gut, 1.

Datum	Zeit	Barometer	Therm. I	Therm. II	Stern	Zeit	$dl + m$	Aequatorpunkt N
1893 März 28	6 33	757.6	+13.85		19 Monocerotis	6.96	—16.88	310 58 6.93
	7 2			+11.9	20 Monocerotis	7.08	—16.91	7.14
	7 52			+10.3	P. VII, 85	7.28	—16.87	7.43
	9 15			+ 8.1	26 Monocerotis	7.60	—16.90	6.73
	9 55			+ 6.95				
	10 33	758.15	+13.9	+ 6.7	Br. 1212	8.50	—16.92	6.29
					15 Hydrae	8.77	—16.91	6.99
					19 Hydrae	9.06	—16.92	6.01
					22 Sextantis	10.21	—16.87	6.80
					Br. 1462	10.43	—16.92	5.75
	11 50			+ 5.15	Lal. 22585	11.92	—16.97	310 58 6.15
					M. 499	12.01	—16.94	6.23
	12 45			+ 3.8	χ Virginis	12.50	—16.96	310 57 56.45
	13 5			+ 2.8	ψ Virginis	12.81	—16.95	57.67
	13 30	757.9	+13.6		θ Virginis	13.07	—17.01	56.41
	14 30			+ 2.9	m Virginis	13.60	—16.97	56.08
	14 15			+ 2.8	μ Virginis	14.62	—16.97	55.87
					109 Virginis	14.68	—16.99	54.09
	15 7	757.4	+13.2	+ 2.3	8 Serpentis	15.30	—16.91	310 58 3.22
	16 5			+ 1.9	37 Librae	15.47		5.98
	17 2			+ 0.9	λ Ophiuchi	16.43	—16.95	4.70
	18 18	756.9	+12.2	+ 0.4	12 Ophiuchi	16.51	— 17.03	5.14
					20 Ophiuchi	16.73	—16.98	4.20
					27 H. Ophiuchi	17.35	—16.94	5.79
					67 Ophiuchi	17.92	—16.91	3.53
					η Serpentis	18.26	—16.95	5.27

$m_{I\ u.\ II}$ = +0″.487.
m_{III} = +0.565 — ½ (m_I + m_{IV}).
m_{IV} +0.641 (u —9h.0).
$(dl + m)_{I\ u.\ II}$ = —16″.915 —0″.008
$(dl + m)_{III}$ = —16.975 —0.0[illegible]
$(dl + m)_{IV}$ —16.949 (u —13h.5).
N_{Ia} — 310° 57′ 67″.00 (67″.10).
N_{Ib} — 66.37.
N_{II} 66.10.
N_{III} 58.19.
N_{IV} 64.78 (61.74).

Zone I u. II. Beob. K. 496 nur 3 Fäden, gut zu beobachten; 477 recht fein; 483 fein; bei 407 ist im dunklen Feld kein 31ᵃ [illegible] zu sehen (vgl. Feb. 20). 203a erster Stern mit Beleuchtung. 212a fein; 245b, Tasse versagt hier wieder, er wird dann gereinigt. 553 ist 0ᵐ.5 heller als 554. 141a, bei [illegible] bei 8ᵐ.5 = +0″.844ᴿ, 27ᵐ.8, der am 1 Faden registriert wird; 671 Tasse versagt zweifach. Luft immer 2.

Zone III. Beob. V. 809 und 851 nur 3 Fäden. Sterne immer sehr unruhig; Bilder zuletzt besser als anfangs, wo sie 3–4 waren.

Zone IV. Beob. K. 37 Librae Registrirapparat versagt, daher nur Dekl.; seine Elemente eingeschaltet. 1031 sehr fein, bei dunklem Felde gesehen; 1025 fein; 1030 sehr fein; 1037 sehr fein, Beleuchtung ganz abgeblendet; 1040 Dämmerung im Feld; 403a ohne Feldbeleuchtung; 1053 sehr fein; 1073 sehr unruhig, 1074 schwach, sehr unruhig und allmählich erblassend. Luft anfangs 3 und schlechter; nach kurzer Besserung bei Eintritt der Dämmerung wird sie 3–4. Schärfe 2–3. Beobachter übermüdet.

Datum	Zeit	Barometer	Therm. I	Therm. II	Stern	Zeit	$dt+m$	Aequatorpunkt N	
1893 März 29	$7^h\ 2^m$	754.1	+14°.6	+11°.85	19 Monocerotis	$6^h.96$	$-15^s.94$	310° 58′ 6″.81	$m = +0^s.364$. $(U-9^h.5)$. $(dt+m)_I = _{II} = -16^s.020$ $-0^s.011$ $(dt+m)_{III} = -16.070$ -0.039 $N_I = 310°\ 57′\ 56″.26\ (56″.33)$. $(U-13^h.0)$ $N_{II} =$ 58.46. $N_{III} =$ 56.28. Zone I u. II, Beob. R. Tagbell. 468 und 478 sehr fein; 483 fein; 527 b erster Stern mit Feldbeleuchtung; 530 und 531 gleichzeitig beobachtet; 574 nur 2 Fäden; 575 sehr schwach, etwa $9^m.0$; 577 b Feld etwas zu dunkel; 641 a′ nur registriert, ist aber nicht leicht zu beobachten, etwa $8^m.5$. Um $10^h.8$ Pause von $1^h.0$ Dauer, während welcher der Mond beobachtet wird; 737 schwach verwaschen. Luft höchstens 3. Sterne meist sehr unruhig. Bilder gut. Zone III, Beob. V. Luft 4.
	7 44			+11.6	20 Monocerotis	7.60	−15.99	6.36	
	8 6			+10.25	Br. 1212	8.50	−15.99	5.65	
	9 13	754.4	+14.5	+ 6.95	15 Hydrae	8.77	−16.01	6.36	
	9 49			+ 6.2	19 Hydrae	9.06	−15.95	5.75	
					33 Sextantis	10.21	−15.99	6.93	
	11 17			+ 5.85	ι Leonis	11.41	−16.05	310 58 4.34	
	11 57	754.6	+15.4	+ 5.35	Lal. 22385	11.92	−16.07	6.57	
	12 25	754.6	+15.2	+ 5.4	χ Virginis	12.56	−16.05	310 57 58.20	
	13 0			+ 4.7	M. 522	12.70	−16.11	57.14	
	13 30			+ 3.3	ψ Virginis	12.81	−16.04	57.02	
	14 5	754.3	+15.0	+ 3.9	θ Virginis	13.07	−16.04	56.76	
					ζ Virginis	13.49	−16.11	55.37	
	15 7	754.1	+14.5		φ Virginis	14.38	−16.13	55.21	
1893 März 30	8 5	750.95	+15.3	+11.85	Br. 1212	8.50	−15.69	49 0 14.01	$m_I = m_{II} = +0^s.174$. $m_{III} = \frac{1}{2}(m_I + m_{IV}) = +0^s.247$. $m_{IV} = +0^s.320$. $(dt+m)_I = -15^s.669$. $(dt+m)_{II} = -15.662$. $(U-10^h.0)$ $(dt+m)_{III} = -15.730$ -0.004 $(dt+m)_{IV} = -15.743$ -0.019 $N_I = 49°\ 0′\ 14″.35\ (14″.08)$. $(U-17^h.0)$. $N_{II} =$ 13.56 (13.33). $N_{III} =$ 11.71 (11.61). $N_{IV} =$ 13.08. Zone I, Beob. R. 530 und 531 gleichzeitig beobachtet. Luft 2–3. Zone II, Beob. R. 748, viel heller als 746a; Feinbeweg. geht sehr schwer. Mond schwach im freien Auge. Luft 3–4. Zone III, Beob. V. 837 schwach. Mikrometerbewegung sehr schwer. Luft 3–4. Bilder sehr schlecht, die schwächeren Sterne ganz unsichtbar. Zone IV, von 942a an, Beob. R. 934 fein; 944 b nur 2 Fäden, da der nahe schwache Stern anfangs übersehen wird. 953 sehr schwach; 957a schwach; 954 b gleicht einem Nebelfleck; 957 b verwaschen; 962 b zu schwach; 977 sehr unruhig; $16^h.3$ Luft ganz schlecht, Sterne $8^m.0$ nur zu ahnen, dabei unaufhörlich während des Durchgangs Schwankungen um die ganze Distanz der Horizontalfäden; 1031 sequ. hor. mitregistriert und $7^m.5$ geschätzt (−0° 31′ 34″, $8^m.3$) 1028; Luft wird bei Beginn der Dämmerung 3, aber sehr unbeständig; 1037 schwach aber ruhig; 1043 praec. und sequ. kommt am selben Faden, Deklination des folgenden $0^m.2$ helleren Sternes; 1050 b ohne Feldbeleuchtung; 1063 schwach; 67 Ophiuchi unruhig; 1078 nur geahnt, Beobachtung ist unzuverlässig; 1093 ebenso; Luft anfangs ganz schlecht, 5; mit der Dämmerung 3. Außer der Mikrometerbeweg. geht auch die Schraube vom Mikroskop I sehr schwer. Am folgenden Tage wird dies beseitigt.
	8 48			+10.1	P. VIII, 167	8.70	−15.72	15.20	
	9 28			+ 9.25	15 Hydrae	8.77	−15.64	14.41	
	10 22			+ 8.65	19 Hydrae	9.06	−15.63	14.61	
					Br. 1462	10.43	−15.63	13.81	
					33 Sextantis	10.60	−15.69	14.01	
	11 34	751.25	+15.8	+ 7.05	ι Leonis	11.41	−15.60	49 0 13.90	
	12 16			+ 6.7	υ Leonis	11.52	−15.64	14.19	
					M. 499	12.01	−15.66	13.30	
					η Virginis	12.24	−15.70	12.77	
	13 5	751.1	+15.3	+ 6.3	θ Virginis	13.07	−15.69	49 0 21.84	
	13 40			+ 4.9	72 Virginis	13.41	−15.75	21.63	
	15 3			+ 3.5	ζ Virginis	13.49	−15.67	21.65	
					m Virginis	13.60	−15.70	21.81	
					μ Virginis	14.62	−15.78	22.18	
					δ Librae	14.92	−15.76	21.16	
	15 15	750.8	+15.2		δ Serpentis	15.30	−15.69	49 0 12.58	
	15 40			+ 2.9	37 Librae	15.47	−15.72	13.00	
	16 16			+ 2.6	12 Ophiuchi	16.51	−15.74	13.50	
	17 15	751.0	+14.4	+ 1.75	20 Ophiuchi	16.73	−15.78	12.69	
	18 13	751.15	+13.6	− 0.4	27 H. Ophiuchi	17.35	−15.71	13.88	
					67 Ophiuchi	17.92	−15.76	12.75	
					η Serpentis	18.26	−15.77	12.94	

Datum	Zeit	Barometer	Therm. I	Therm. II	Stern	Zeit	dt + m	Aequatorpunkt N	
1893 März 31	7ʰ 25ᵐ	750.4 mm	+16°.3	+13°.55	26 Monocerotis	7ʰ.60	−14ˢ.71	49° 0′ 16″.10	m = +0ˢ.374. $(dt+m)_I$ = −14ˢ.763 −0ˢ.021 (t − 10ʰ.0). $(dt+m)_{II}$ = −14.825. N_I = 49° 0′ 16″.39 (16″.48). N_{II} = 20.85 (20.77). Zone I, Beob. R. 497 sehr fein; 505 zur Deklination, da der Leitungsdraht des Tasters abgebrochen war; Polstern fein; 249b und 528 sehr fein; ebenso 528; Luft sehr dunstig, um den aufgehenden Mond lagern grosse Nebelmassen, Sterne ruhig; θ Hydrae nur 3 Fäden, in A.R. ausgeschlossen; ebenso τ² Hydrae, der nur an zwei Fäden erhalten wird; 627 und 629 zu schwach; Dunst verschwindet allmählich. Ruhe 2–3. Zone II, Beob. F. 915 sehr schwach. Luft anfangs 3–4, zuletzt 4, namentlich schwache Sterne unsicher.
	8 10			+10.25	Br. 1212	8.50	−14.75	14.24	
	9 15			+ 9.4	P. VIII, 167	8.70	−14.72	14.15	
	10 23	751.6	+17.3	+ 9.75	θ Hydrae	9.15	−14.60	13.86	
	11 48			+ 8.8	τ¹ Hydrae	9.44	−14.87	14.28	
					Br. 1462	10.43	−14.77	13.58	
					33 Sextantis	10.60	−14.77	14.33	
					Lal. 22585	11.92	−14.82	14.51	
					M. 499	12.01	−14.80	14.44	
	13 0			+ 6.9	θ Virginis	13.07	−14.82	49 0 21.67	
	13 30	752.1	+17.0	+ 5.9	72 Virginis	13.41	−14.81	22.29	
	14 0	752.1	+17.0	+ 5.6	ζ Virginis	13.49	−14.86	20.38	
	15 0			+ 5.4	m Virginis	13.60	−14.82	21.49	
	15 15	752.2	+16.5	+ 5.2	μ Virginis	14.62	−14.82	21.18	
					δ Librae	14.92	−14.78	20.77	
					8 Serpentis	15.30	−14.83	18.16	
1893 April 1	7 5	753.2	+18.3		P. VII, 85	7.28	−14.14	49 0 22.21	m_I = +0ˢ.517. m_{II} = +0.458. $(dt+m)_I$ = −14ˢ.131. $(dt+m)_{II}$ = −14.180. N = 49° 0′ 21″.48 (21″.64). Zone I, Beob. F. Noch ganz hell. P. VII, 85 schwach; 898 nicht gesehen. 241b erster Stern mit Beleuchtung. Polstern sehr unruhig und schwach. Luft 3. Zone II, Beob. R. α Ursae min. kaum zu beobachten, ganz unsicher. Luft ganz schlecht, 4.
	7 35			+15.3	26 Monocerotis	7.60	−14.14	22.08	
	8 25			+12.8	Br. 1212	8.50	−14.16	21.16	
	9 30	753.6	+17.4	+11.0	P. VIII, 167	8.70	−14.16	21.50	
					15 Hydrae	8.77	−14.16	20.32	
	11 40	754.1	+17.5		Lal. 22585	11.92	−14.22	49 0 21.43	
	11 50			+ 9.6	χ Virginis	12.56	−14.14	20.92	
	12 45			+ 9.0	M. 522	12.70	−14.13	21.40	
	13 20			+ 8.2	m Virginis	13.60	−14.25	22.24	
	14 15	754.4	+17.2	+ 6.1	ρ Virginis	13.62	−14.24	22.27	
					τ Virginis	13.94	−14.11	20.80	
1893 April 2	7 25	756.1	+17.6	+16.3	25 Monocerotis	7.53		310 57 48.50	m = +0ˢ.322 = ½ (0ˢ.280 + 0ˢ.363). dt + m = −13ˢ.587. N = 310° 57′ 48″.43. Beob. F. Viel Cirri am Himmel. Erster Polstern sehr schwach und unruhig; 908 schwach; 660 schwach, sehr unsicher. Luft zu schlecht, anfangs 3, dann 4, aufgehört.
	8 25			+13.7	26 Monocerotis	7.60	−13.66	48.46	
	8 43			+13.3	Br. 1212	8.50	−13.58	48.14	
	9 0	756.9	+17.3	+12.2	P. VIII, 167	8.70	−13.58	48.53	
	9 28			+11.4	15 Hydrae	8.77	−13.59	48.69	
	10 15			+10.8	19 Hydrae	9.06	−13.56	48.66	
	10 25	757.1	+17.1		6 Sextantis	9.76	−13.57	47.95	
					22 Sextantis	10.21	−13.56	48.48	
1893 April 3	7 20	755.9	+17.8	+17.2	25 Monocerotis	7.53	−12.73	310 57 47.41	m = +0ˢ.601 = ½ (0ˢ.561 + 0ˢ.641). dt + m = −12ˢ.748. N = 310° 57′ 47″.48. Beob. F. 575 äusserst schwach; 298a₁ sehr schwach; 626 schwach. Luft 2–3, manchmal 3; Beobachtungen wesentlich besser als gestern. Für April 4 bis 7 sind folgende Bestimmungen der Abweichungen des Instrumentes vom Pole vorhanden: April 4 76 Drac. U.C. +0ˢ.692 5 76 Drac. U.C. +0.701 B.A.C. 5140 O.C. +0.674 6 Gr. 750 U.C. +0.712 7 α Ursae min. U.C. +0.683 Gr. 750 U.C. +0.695 Da die Schwankungen zufälliger Natur zu sein scheinen, wurde das Mittel m = +0ˢ.697 für alle 4 Tage angewandt.
	7 50			+16.9	26 Monocerotis	7.60	−12.76	48.37	
	8 17			+15.4	Br. 1212	8.50	−12.77	46.74	
	8 35			+14.2	P. VIII, 167	8.70	−12.76	46.15	
	9 0			+13.9	15 Hydrae	8.77	−12.73	48.16	
	9 30			+12.9	19 Hydrae	9.06	−12.72	47.60	
	10 10			+12.6	6 Sextantis	9.76	−12.78	47.80	
	10 25	756.6	+17.8		22 Sextantis	10.21	−12.74	47.64	

Datum	Zeit	Barometer	Therm. I	Therm. II	Stern	Zeit	dt + m	Aequatorpunkt N	
1893 April 4	$7^h 25^m$	756.4 mm	+18°.0	+17°.0	25 Monocerotis	$7^h.53$	$-12^s.20$	310° 57′ 46″.42	m = +0ˢ.097. $(dt + m)_I$ = −12ˢ.217. $(dt + m)_{II}$ = −12.203. $(dt + m)_{III}$ = −12.342. N_I = 310° 57′ 46″.66. N_{II} = 45.95. N_{III} = 54.04 (54″.08). Zone I, Beob. V. 563 und 586 unruhig; 610 schwach; 2512 nur 3 Fäden. Luft 3. Zone II, Beob. V. Luft wechselnd 2 und 3. Zone III, Beob. K. 1023 ganz ausserordentlich schwach; 1037 recht schwach; 1041 und 1043 zusammen beobachtet; 1069 erster Stern ohne Beleuchtung. Luft 1–3. Beobachter sehr angegriffen von Müdigkeit bis zur Dämmerung, dann wieder besser.
	7 50			+16.0	26 Monocerotis	7.60	−12.28	47.33	
	8 18			+15.0	Br. 1212	8.50	−12.18	46.29	
	9 30	757.0	+18.1	+13.6	P. VIII, 167	8.70	−12.25	45.73	
					25 Hydrae	8.77	−12.18	47.03	
					19 Hydrae	9.06	−12.18	46.98	
					θ Hydrae	9.15	−12.23	46.66	
	13 15	757.4	+17.7		72 Virginis	13.41	−12.26	310 57 45.68	
	13 25			+ 9.3	ζ Virginis	13.49	−12.31	44.98	
	13 35			+ 9.2	m Virginis	13.60	−12.24	46.09	
	14 9			+ 8.9	φ Virginis	14.38	−12.26	45.94	
	14 40			+ 8.7	μ Virginis	14.62	−12.26	47.05	
	15 16	757.4	+17.2	+ 7.7	β Librae	15.19	−12.27	310 57 54.85	
	16 6			+ 7.2	37 Librae	15.47	−12.35	55.04	
	16 50			+ 6.9	λ Ophiuchi	16.43	−12.38	55.62	
	17 25			+ 6.5	12 Ophiuchi	16.51	−12.40	53.82	
	18 20	758.0	+16.6	+ 6.15	20 Ophiuchi	16.73	−12.37	54.93	
					27 H. Ophiuchi	17.35	−12.33	54.58	
					67 Ophiuchi	17.92	−12.33	53.48	
					η Serpentis	18.26	−12.32	52.99	
1893 April 5	8 0	756.7	+19.0	+14.0	27 Monocerotis	7.91	−11.88	310 57 54.00	m = +0ˢ.097. $(dt + m)_I$ = −11ˢ.882. $(dt + m)_{II}$ = −12.011. (t = 17°.0). $(dt + m)_{III}$ = −12.150 − 0ˢ.024. N_I = 310° 57′ 54″.01. N_{II} = 45.19. N_{III} = 51.36 (51″.39). Zone I, Beob. K. 531 sehr fein; 294 b und 296 b zusammen beobachtet; 294 b nur 4, 296 b nur 3 Fäden. Luft 2. Zone II, Beob. V. Luft 2. Zone III. Beob. K. 37 Librae in Deklination p = 1/2, weil es direkt auf den [illegible] liegt; 1009 fein; 1037 fein; ν Ophiuchi ohne Feldbeleuchtung; 1071 zu schwach; 1087 fein; 1093 gut zu beobachten. Luft immer 2.
	8 30			+13.6	Br. 1197	8.34	−11.88	54.39	
	9 30	757.2	+19.7	+13.3	Br. 1212	8.50	−11.88	53.86	
					19 Hydrae	9.06	−11.83	55.36	
					θ Hydrae	9.15	−11.94	55.04	
					α Hydrae	9.37	−11.87	54.82	
	13 5			+ 9.2	θ Virginis	13.07	−12.00	310 57 46.13	
	13 30			+ 8.8	ζ Virginis	13.49	−12.05	44.75	
	14 20			+ 8.6	m Virginis	13.60	−11.95	45.01	
					ι Virginis	14.12	−11.97	46.36	
					φ Virginis	14.38	−12.08	44.82	
	15 13	757.85	+18.3	+ 7.55	δ Serpentis	15.30	−12.07	310 57 50.70	
	16 2			+ 7.15	37 Librae	15.47	−12.06	(54.33)	
	17 0			+ 6.3	14 Ophiuchi	16.60	−12.17	50.51	
	18 22	758.6	+17.3	+ 5.4	20 Ophiuchi	16.73	−12.14	50.99	
					27 H. Ophiuchi	17.35	−12.15	51.99	
					ν Ophiuchi	17.89	−12.22	51.78	
					η Serpentis	18.26	−12.17	50.63	
1893 April 6	9 2			+13.0	19 Hydrae	9.06	−11.67	310 57 54.00	m = +0ˢ.097. $(dt + m)_I$ = −11ˢ.729. $(dt + m)_{II}$ = −11ˢ.838. N_I = 310° 57′ 54″.23. N_{II} 52.66 (52″.69). Zone I, Beob. K. Schärfe 2, Ruhe 3 und 3–4. Zone II, Beob. K. 381 a kaum 6ᵐ.0 zu nennen. 1031 sehr schwach, etwa 8ᵐ.8; 1025 auch nicht hell; 1071 zu schwach; 1100 als breiter fein. Ruhe 2 und 2–3, Schärfe 2.
	9 46	759.25	+18.1	+12.3	θ Hydrae	9.15	−11.81	54.08	
					α Hydrae	9.37	−11.69	54.43	
					6 Sextantis	9.76	−11.71	54.42	
	15 50	760.2	+16.1	+ 7.7	μ Serpentis	15.73	−11.87	310 57 51.81	
	16 20			+ 7.25	ι Ophiuchi	16.21	−11.91	52.86	
	18 0			+ 6.85	λ Ophiuchi	16.43	−11.77	53.06	
	18 26	760.0	+15.5	+ 6.4	ζ Ophiuchi	16.52	−11.80	53.68	
					14 Ophiuchi	16.60	−11.82	52.53	
					20 Ophiuchi	16.73	−11.85	52.92	
					67 Ophiuchi	17.92	−11.87	52.03	
					η Serpentis	18.26	−11.82	52.42	

Datum	Zeit	Barometer	Therm. I	Therm. II	Stern	Zeit	$dt + m$	Aequatorpunkt N
1893 April 7	9ʰ 3ᵐ	762.4	+18°.3	+14°.9	19 Hydrae	9ʰ.06	−11ˢ.31	310° 57′ 53″.69
	9 47			+12.25	θ Hydrae	9.15	−11.42	53.92
					α Hydrae	9.37	−11.37	55.22
					6 Sextantis	9.76	−11.39	55.20
	13 0	762.9	+17.5		θ Virginis	13.07	−11.48	310 57 45.75
	13 15			+ 9.0	ζ Virginis	13.49	−11.47	43.42
	13 45			+ 8.6	ρ Virginis	13.82	−11.48	44.27
	14 15			+ 8.3	φ Virginis	14.38	−11.45	43.25
	14 35			+ 7.6	μ Virginis	14.62		44.56
	15 7	762.95	+17.5	+ 7.65	β Librae	15.19	−11.50	310 57 53.69
	15 47			+ 6.85	δ Serpentis	15.30	−11.50	51.87
	16 38			+ 6.8	ε Ophiuchi	16.21	−11.54	53.02
	18 35	763.15	+16.2	+ 5.6	λ Ophiuchi	16.43	−11.54	52.40
					12 Ophiuchi	16.51	−11.52	52.02
					14 Ophiuchi	16.60	−11.52	51.46
					20 Ophiuchi	16.73	−11.52	53.12
					27 H. Ophiuchi	17.35	−11.46	53.25
					η Serpentis	18.26	−11.52	52.37
					5 H. Scuti	18.63	−11.46	52.00

n = +0ˢ.697.
$(dt + m)_{I}$ = −11ˢ.372.
$(dt + m)_{II}$ = −11.470.
$(dt + m)_{III}$ = −11.507.
N_{I} = 310° 57′ 54″.51.
N_{II} = 44.75.
N_{III} = 51.52 (52″.57).

Zone I, Beob. R. Luft 2.
Zone II, Beob. V. Pointers gross und unruhig; 410 b hell, wenigstens 7ᵐ.3; 693 schwach. Luft 2.
Zone III, Beob. R. 381 a etwa 6ᵐ.1; 1003 ist nicht 6ᵐ.8, sondern höchstens 0ᵐ.1 heller als 1004, der aber auch nur 7ᵐ.7 scheint; 1009 fein; 1023 recht fein; 1063 fein; 1071 sehr schwach, wird am besten ausgeschlossen; 1084 sehr fein; 1087 nicht gesehen; 421 a fein, aber gut zu beobachten; 424 a nicht gesehen. 5 H. Scuti fein. Heller Tag. Schärfe 1–2, Ruhe anfangs 2–3, bald aber 2. Bis 17ʰ schienen die Sterne 8ᵐ.0 recht schwach.

Für die Westlage des Meridiankreises April 8 bis 13 ergeben sich die folgenden n:

April 8	α Ursae min.	U.C.		+0ˢ.398
	δ Ursae min.	O.C.		+0.263
9	α Ursae min.	U.C.		+0.413
	δ Draconis	O.C.	☾	+0.608
10	B.A.C. 5140	O.C.		+0.487
11	α Ursae min.	U.C.		+0.436
13	α Ursae min.	U.C.		+0.463

Die mit ☾ bezeichneten Polsterne kommen in Mondbeobachtungen vor.

Schliesst man die zweiten Bestimmungen von April 8 und 9 aus, weil δ Ursae min. und δ Draconis nur mit geringem Gewicht n zu bestimmen erlauben, so darf für diese Periode als allgemeines Mittel +0ˢ.439 angewendet werden.

Datum	Zeit	Barometer	Therm. I	Therm. II	Stern	Zeit	$dt + m$	Aequatorpunkt N
1893 April 8	9 3	761.1	+18.8	+14.35	19 Hydrae	9.06	[−11.13]	49 0 (14.41)
	9 48			+12.1	θ Hydrae	9.15	−11.25	14.03
					ι¹ Hydrae	9.44	−11.31	12.75
					6 Sextantis	9.76	−11.24	13.96
	11 40	761.2	+18.2	+11.3	Lal. 22585	11.92	−11.43	49 0 21.62
	12 0			+11.3	M. 499	12.01	−11.35	22.54
	12 35			+11.1	χ Virginis	12.56	−11.34	20.95
	13 30			+10.3	M. 522	12.70	−11.35	21.36
	14 0			+10.4	ζ Virginis	13.49	−11.35	20.40
	14 30	761.3	+18.2	+10.0	m Virginis	13.60	−11.34	20.80
					φ Virginis	14.38	−11.38	21.33
	16 17	761.55	+17.0	+ 7.95	λ Ophiuchi	16.43	−11.37	49 0 13.38
	17 14			+ 7.6	12 Ophiuchi	16.51	−11.43	14.28
	18 48	761.75	+17.1	+ 7.25	20 Ophiuchi	16.73	−11.45	13.24
					27 H. Ophiuchi	17.35	−11.37	13.56
					67 Ophiuchi	17.92	−11.40	12.16
					η Serpentis	18.26	−11.42	14.51
					5 H. Scuti	18.63	−11.36	14.24

n = +0ˢ.430.
$(dt + m)_{I}$ = −11ˢ.266.
$(dt + m)_{II}$ = −11.361.
$(dt + m)_{III}$ = −11.400.
N_{I} = 49° 0′ 13″.70 (13″.71).
N_{II} = 21.14 (21.15).
N_{III} = 13.62.

Zone I, Beob. R. 19 Hydrae durch Wolken nur 3 Fäden, von denen nur einer sicher; in Deklination p = 1/9, in A.R. ausgeschlossen; 636 fein. Luft sehr durchsichtig. Ruhe 2.
Zone II, Beob. V. 410 b hell. Luft anfangs sehr schlecht, wird besser und ist zuletzt 2. Mikroskop II nicht im Fokus. Aufgehört wegen Ermüdung.
Zone III, Beob. R. 477 b fein; 481 b viel heller als 477 b; 1009 a fein; 1088 nicht gesehen; Luft anfangs 3, wird immer besser, zuletzt 2. Beobachter sehr ermüdet.

Datum	Zeit	Barometer	Therm. I	Therm. II	Stern	Zeit	$dt+m$	Aequatorpunkt N'	
1893 April 9	$9^h\ 6^m$	760.3 mm	+17°.7	+12°.7	19 Hydrae	$9^h.06$	$-10^s.88$	49° 0' 13''.87	$n = +0^s.439$.
	9 43			+11.65	θ Hydrae	9.15	−10.97	14.04	$(dt+m)_I = -10^s.947$.
					α Hydrae	9.37	−10.99	14.59	$(dt+m)_{II} = -11.080$. $(t = 15^h.0)$.
					6 Sextantis	9.76	−10.95	14.83	$(dt+m)_{III} = -11.099 - 0^s.013$
									$N'_I = 49°\ 0'\ 14''.33\ (14''.57)$.
	11 32			+10.1	ν Leonis	11.52	−11.06	49 0 14.97	$N'_{II} =$ 14.80.
	12 0	760.15	+18.2	+ 9.75	Lal. 22585	11.92	−11.10	14.58	$N'_{III} =$ 21.08 (21.07).
					M. 499	12.01	−11.08	14.86	Zone I und II. Beob. R. 637 sehr fein; 699 nicht hell. Luft scheint nicht sehr durchsichtig. 727 sehr schwach; Luft 2.
	12 55	760.05	+18.1		θ Virginis	13.07	−11.04	49 0 21.63	
	13 5			+ 9.0	m Virginis	13.60	−11.01	22.05	
	14 0			+ 8.4	p Virginis	13.82	−11.07	21.83	Zone III. Beob. V. 944 b schwach; 975 sehr schwach; Luft anfangs 2, wird zuletzt recht schlecht 3.
	15 5	760.1	+17.7		15 Librae	14.85	−11.14	20.59	
	15 20			+ 7.0	δ Librae	14.92	−11.13	20.77	
	15 50			+ 5.9	8 Serpentis	15.30	−11.07	21.56	
	16 20	760.1	+17.2	+ 5.1	ε Ophiuchi	16.21	−11.17	19.94	
					λ Ophiuchi	16.43	−11.10	20.28	
1893 April 10	14 5	755.95	+17.3		φ Virginis	14.38	−10.69	49 0 15.76	$n = +0^s.439$.
	14 16			+ 7.25	109 Virginis	14.68	−10.65	13.81	$dt + m = -10^s.700 - 0^s.011\ (t - 16^h.0)$.
	14 49			+ 6.5	15 Librae	14.85	−10.70	14.68	$N'_I = 49°\ 0'\ 13''.97\ (13''.94)$.
	15 36			+ 6.63	δ Librae	14.92	−10.72	14.07	$N'_{II} =$ 14.35 (14.39).
	16 10	755.5	+16.5	+ 6.45	8 Serpentis	15.30	−10.63	13.77	Beob. R. 875 sehr schwach; 941 b äusserst schwach. 1063 sehr schwach.
					ε Ophiuchi	16.21	−10.74	12.30	Beleuchtung ganz abgeblendet; 1071 ganz schwach; ebenso 1086 nur
	17 9	755.4	+16.15	+ 5.1	27 H. Ophiuchi	17.35	−10.71	49 0 15.32	geahnt; 1103 sehr fein; 5 H. Scuti
	18 43	755.5	+13.4	+ 5.1	μ Ophiuchi	17.33	−10.76	14.57	sehr unruhig: in Deklination ρ = 1/7.
					ν Ophiuchi	17.89	−10.72	14.39	Luft anfangs 2–3, dann 2; zuletzt
					η Serpentis	18.26	−10.74	13.64	Beobachtung schwierig, da es schon
					5 H. Scuti	18.63	−10.69	(13.30)	zu hell ist.
1893 April 12	13 15	756.2	+15.5	+ 3.6	θ Virginis	13.07	− 9.99	49 0 22.10	$n = +0^s.439$.
	13 30			+ 3.6	72 Virginis	13.41	−10.01	21.73	$dt + m = -10^s.023 - 0^s.066\ (t - 13^h.5)$.
	14 5	756.2	+15.8	+ 3.3	ζ Virginis	13.49	−10.03	21.68	$N' = 49°\ 0'\ 21''.84\ (22''.03)$.
					m Virginis	13.60	−10.05	21.96	Beob. V. Luft anfangs 3–4, von
					κ Virginis	14.12	−10.05	22.65	ω Virginis an (2–3).
1893 April 13	13 0	758.8	+10.3	+ 2.8	θ Virginis	13.07	− 9.72	49 0 22.41	$n = +0^s.439$.
	13 30			+ 2.4	72 Virginis	13.41	− 9.77	22.94	$dt + m = -9^s.744 - 0^s.074\ (t - 13^h.5)$.
	14 10	759.4	+11.2	+ 2.2	ζ Virginis	13.49	− 9.73	22.79	$N' = 49°\ 0'\ 22''.68\ (22''.63)$.
					m Virginis	13.60	− 9.71	22.30	Beob. V. κ Virginis durch Wolken,
					κ Virginis	14.12	− 9.81	22.68	dann bald trübe. Luft 2.
1893 April 14	13 20			+ 1.9	72 Virginis	13.41	− 9.29	310 57 42.65	$n = +0^s.487$.
	13 30	759.8	+13.0		ζ Virginis	13.49	− 9.28	42.62	$dt + m = -9^s.249$.
	13 50			+ 1.9	m Virginis	13.60	− 9.26	42.73	$N' = 310°\ 57'\ 42''.94$.
	14 15	759.9	+12.0	+ 0.9	κ Virginis	14.12	− 9.18	43.76	Beob. V. Luft 2–3. Aus α Ursae min. U.C. ergibt sich für die Tage April 15, 17, 18 der Reihe nach $n = +0^s.498, +0^s.491, +0^s.473$, daher ist im Mittel $+0^s.487$ angewandt worden.

Datum	Zeit	Barometer	Therm. I	Therm. II	Stern	Zeit	$\Delta t + m$	Aequatorpunkt N	
1893 April 15	13ʰ 20ᵐ	mm 758.6	+15°.1	+ 6°.4	72 Virginis	13ʰ.31	−8ˢ.60	310° 57′ 41″.39	$m = +0^s.487$.
	13 30			+ 5.8	ζ Virginis	13.49	−8.67	40.38	$\Delta t + m = -8^s.634$.
	14 15	758.3	+15.3	+ 5.8	ρ Virginis	13.82	−8.64	41.94	$N = 310°\ 57'\ 41''.61$.
					ε Virginis	13.94	−8.63	40.49	Beob. V. Luft 3–4.
					κ Virginis	14.12	−8.63	41.83	
1893 April 17	15 8	760.83	+13.7	+ 5.1	φ Virginis	12.81	−8.01	310 57 52.37	$m = +0^s.487$.
	15 43			+ 4.8	θ Virginis	13.07	−7.98	52.56	$(\Delta t + m)_I = -8^s.002$.
	15 8	760.4	+13.15	+ 3.6	72 Virginis	13.41	−7.98	51.16	$(\Delta t + m)_{II} = -8.137$.
	16 15	760.1	+12.8	+ 3.0	m Virginis	13.60	−8.03	51.04	$N_I = 310°\ 57'\ 51''.17$.
	16 40			+ 3.0	τ Virginis	13.94	−8.03	48.73	$N_{II} =$ 49.75.
					β Librae	15.19	−8.10	310 57 51.58	Beob. R. Luft anfangs 3, wird 1, gegen Ende 2–3, mit auffrischendem Wind. ι Ophiuchi nur 2 Fäden, in A.R. ausgeschlossen.
					ι Ophiuchi	16.21	[−8.08]	48.43	
					λ Ophiuchi	16.43	−8.13	49.46	
					12 Ophiuchi	16.51	−8.20	49.48	
					14 Ophiuchi	16.60	−8.12	49.81	
1893 April 18	12 54	755.6	+15.9		θ Virginis	13.07	−7.65	310 57 52.94	$m = +0^s.487$.
	13 55			+10.65	72 Virginis	13.41	(−7.53)	52.38	$\Delta t + m = -7^s.611$.
	13 57			+10.55	m Virginis	13.60	−7.60	52.89	$N = 310°\ 57'\ 52''.79$.
					ρ Virginis	13.82	−7.63	52.96	Beob. R. 72 Virginis nur 4 Fäden in A.R. p = ½. Luft 3.
									Die Periode April 22 bis Mai 12 ergibt folgende m:
									April 22 B.A.C. 5140 O.C. +0ˢ.505
									ε Drac. U.C. (+0.589
									23 1 H. Drac. O.C (+0.684
									B.A.C. 5140 O.C. +0.713
									43 H. Ceph. U.C. +0.716
									24 3461 Cam. O.C. (+0.655
									B.A.C. 5140 O.C. +0.672
									25 B.A.C. 8213 U.C (+0.719
									B.A.C. 5140 O.C. +0.767
									27 43 H. Ceph. U.C (+0.697
									28 α Ursae min. U.C. (+0.739
									29 B.A.C. 5140 O.C. +0.689
									Mai 1 B.A.C. 5140 O.C. +0.484
									δ Ursae min. O.C. +0.533
									4 ε Ursae min. O.C. (+0.447
									5 δ Ursae min. O.C. +0.750
									Angewandt wurden:
									April 22 +0ˢ.505
									23–29 +0.704
									Mai 1 +0.479
									4 +0.447
									5 +0.750
									12 — Mai 14.
1893 April 22	14 10	756.4	+18.7	+11.5	κ Virginis	14.12	−6.84	49 0 11.20	$m = +0^s.505$.
	14 53			+11.1	15 Librae	14.85	−6.90	10.77	$\Delta t + m = -6^s.942 - 0^s.043\ (t - 15^h.5)$.
	16 17			+10.2	δ Librae	14.92	−6.91	10.94	$N = 49°\ 0'\ 10''.71\ (10''.70)$.
	16 52			+ 9.35	8 Serpentis	15.30	−6.91	9.99	Beob. R. 893 recht fein; 921 schwach; 4376 schwach, nur 3 Fäden; 3474 ziemlich hell; 940 sehr schwach; von dem 0ʺ.2 helleren, comp. 2–3″ entf., einige Fäden registrirt; 945 viel heller als 940; 973 sehr fein; Luft sehr durchsichtig. Ruhe ausgezeichnet 1–2. Viele schwache Sterne gesehen.
	16 57	756.5	+18.0		ι Ophiuchi	16.21	−6.96	10.40	
					λ Ophiuchi	16.43	−6.96	10.04	
					12 Ophiuchi	16.51	−7.01	11.18	
					20 Ophiuchi	16.73	−7.00	10.18	

Datum	Zeit	Barometer	Therm. I	Therm. II	Stern	Zeit	$dt + m$	Aequatorpunkt N	
1893 April 23	14ʰ 18ᵐ	756.43	+18°.6	+12°.35	15 Librae	14ʰ.85	−6ˢ.59	49° 0′ 9″.16	n = +0ˢ.704. dt + m = −6ˢ.609 −0ˢ.015 (t − 16ʰ.5). N = 49° 0′ 9″.11 (9″.08). Beob. R. 919 schwach; 940′ mitregistriert, ist etwas heller als 940; 563b, nur gesehen; 1081 fein; Luft 2, nachdem es taghell geworden erst 2–3.
	15 19			+11.25	δ Librae	14.92	−6.56	8.65	
	16 0			+10.6	8 Serpentis	15.30	−6.55	8.19	
	16 52			+10.4	ι Ophiuchi	16.21	−6.60	8.54	
	17 58			+ 8.8	λ Ophiuchi	16.43	−6.00	8.90	
	18 20			+ 8.2	12 Ophiuchi	16.51	−6.66	9.51	
	19 0	756.65	+17.2	+ 7.1	20 Ophiuchi	16.73	−6.62	8.50	
					27 H. Ophiuchi	17.35	−6.62	10.58	
					ν Ophiuchi	17.89	−6.71	10.00	
					6 H. Scuti	18.69	−6.65	8.44	
					λ Aquilae	19.01	−6.37	9.71	
1893 April 24	15 5	754.7	+18.9		8 Serpentis	15.30	−6.24	49 0 9.54	n = +0ˢ.704. dt + m = −6ˢ.295 −0ˢ.288 (t − 16ʰ.0). N = 49° 0′ 9″.09 (10″.07). Beob. R. Luft 2–3. 441b und 444b schwach; 955 sehr fein; 961b ganz ausserordentlich fein; 567a sehr hell im Vergleich zum vorigen; 994, äusserst unruhig. Luft zeitweilig unruhiger, höchstens 3.
	15 15			+10.05	ι Ophiuchi	16.21	−6.32	9.02	
	16 17			+ 8.5	λ Ophiuchi	16.43	−6.27	9.28	
	17 3	754.35	+16.2	+ 8.4	12 Ophiuchi	16.51	−6.36	11.48	
					14 Ophiuchi	16.60	−6.31	10.54	
					20 Ophiuchi	16.73	−6.42	10.05	
1893 April 25	15 9	753.6	+20.4	+11.2	8 Serpentis	15.30	−5.66	49 0 7.75	n = +0ˢ.704. dt + m = −5ˢ.680. N = 49° 0′ 8″.82 (9″.06). Beob. R. 441b recht schwach; 953 und 555a sehr schwach, besonders der erste; 979 breiter ganz schwacher Nebelfleck; ι Ophiuchi so hell wie der Fadenabstand und äusserst unruhig: Luft anfangs 3, dann 4.
	16 20			+10.4	ι Ophiuchi	16.21	−5.67	9.52	
	17 2	753.3	+19.85	+ 9.6	λ Ophiuchi	16.43	−5.70	9.07	
					ζ Ophiuchi	16.52	−5.69	10.28	
					20 Ophiuchi	16.73	−5.67	8.43	
					30 Ophiuchi	16.92	−5.68	8.06	
1893 April 28	13 45	749.4	+18.8		β Virginis	13.82	−5.64	49 0 16.53	n = +0ˢ.704. $(dt + m)_I$ = −5ˢ.562. $(dt + m)_{II}$ = −5.384. N_I = 49° 0′ 16″.75 (16″.63). N_{II} = 8.96 (9.11). Zone I. Beob. V. Luft anfangs gut (2), nachher schlechter. Zone II. Beob. R. 441b fein; Dunst ist im Süden heraufgekommen. 16ʰ.5 Wolken werden immer dichter; 14 Ophiuchi recht schwach wie ein Stern 8ᵐ.0. Luft etwa 3.
	13 50			+ 9.6	τ Virginis	13.94	−5.53	15.38	
	14 15			+ 8.4	κ Virginis	14.12	−5.51	17.15	
	14 45	749.5	+18.6	+ 7.8	15 Librae	14.85	−5.53	17.45	
	15 0			+ 7.5	δ Librae	14.92	−5.61	17.22	
	15 15			+ 7.45	8 Serpentis	15.30	−5.31	49 0 7.96	
	15 59			+ 7.35	ι Ophiuchi	16.21	−5.66	9.39	
	16 35	749.5	+18.4	+ 6.5	λ Ophiuchi	16.43	−5.60	8.99	
					ζ Ophiuchi	16.52	−5.55	8.89	
					14 Ophiuchi	16.60	−5.60	9.58	
1893 April 29	14 0	750.87	+18.7		κ Virginis	14.12	−5.59	49 0 16.25	n = +0ˢ.704. $(dt + m)_I$ = −5ˢ.590. $(dt + m)_{II}$ = −5.631. N_I = 49° 0′ 16″.03 (15″.94). N_{II} = 7.81 (7.98). Zone I, Beob. V. Luft anfangs 3, dann 4. Zone II, Beob. R. Grosse Wolken bedecken den Himmel ganz und stören 457b, verziehen sich dann aber; Luft noch wenig durchsichtig und unruhig, dabei heller Mondschein; 961b nicht gesehen; 567a schwach; ι Ophiuchi [illegible] und unruhig; λ Ophiuchi durch Wolken; ζ Ophiuchi äusserst unruhig; 14 Ophiuchi durch Wolken. Luft 3 und 3–4.
	14 15			+ 8.1	ι Virginis	14.17	−5.62	15.13	
	14 45			+ 7.9	15 Librae	14.85	−5.61	15.64	
	15 5	751.2	+19.1		δ Librae	14.92	−5.56	16.69	
	15 10			+ 7.6	β Librae	15.19	−5.63	16.57	
	15 55			+ 7.6	ι Ophiuchi	16.21	−5.61	49 0 7.05	
	16 35			+ 6.2	λ Ophiuchi	16.43	−5.58	7.84	
	16 48	751.45	+18.8		ζ Ophiuchi	16.52	−5.67	8.31	
					14 Ophiuchi	16.60	−5.63	8.32	
					20 Ophiuchi	16.73	−5.66	7.51	

Datum	Zeit	Barometer	Therm. I	Therm. II	Stern	Zeit	$dt+m$	Aequatorpunkt N	
1893 Mai 1	14ʰ 35ᵐ	757.55	+16°.0		μ Virginis	14ʰ.62	−5ˢ.68	49° 0′ 8ˢ.29	$a = +0^s.475$.
	14 45			+6°.5	15 Librae	14.85	−5.68	6.89	$(dt+m)_I = -5^s.704 - 0^s.032\,(t - 15^h.3)$.
	15 9			+6.1	δ Librae	14.92	−5.69	5.93	$(dt+m)_{II} = -5.845 - 0.041\,(t - 18.0)$.
	15 50			+5.45	β Librae	15.19	−5.72	5.86	$N_I = 49^\circ\,0'\,6^s.13\ (6^s.37)$.
	16 30	757.45	+15.0	+4.75	37 Librae	15.47	−5.70	6.04	$N_{II} =$ 14.07 (14.16).
					μ Serpentis	15.73	−5.68	5.39	Zone I, Beob. R. Spalt aufgehellt. 461b nur im dunklem Felde gesehen. Luft anfangs 3, dann 2–3.
					λ Ophiuchi	16.43	−5.73	5.62	Zone II, Beob. V. Fäden sehr schwach. Luft 3. Sterne zuletzt schwach, ohne Beleuchtung in der Dämmerung beobachtet
					12 Ophiuchi	16.51	−5.76	6.95	
	17 10	757.3	+14.0	+4.5	41 Ophiuchi	17.19	−5.81	49 0 14.00	
	19 3			+3.6	27 H. Ophiuchi	17.35	−5.82	13.77	
	19 20	757.2	+14.0	+3.6	μ Ophiuchi	17.53	−5.83	14.17	
					λ Aquilae	19.01	−5.88	14.84	
					20 Aquilae	19.11	−5.93	13.81	
					d Aquilae	19.34	−5.87	13.82	
1893 Mai 4	15 55	761.7	+16.4	+7.6	δ Ophiuchi	16.15	(−5.75)	49 0 9.83	$a = +0^s.447$.
	16 34			+6.9	ε Ophiuchi	16.22	−5.72	7.77	$dt + m = -5^s.715$.
					λ Ophiuchi	16.43	−5.69	8.77	$N = 49^\circ\,0'\,8^s.70\ (8^s.79)$.
					12 Ophiuchi	16.51	−5.77	8.66	Beob. R. 436b hell; 973 sehr schwach durch Wolken; δ Ophiuchi nur 2 Fäden, in A.R. $p = 1/5$. Luft 3.
					14 Ophiuchi	16.60	−5.66	8.49	
1893 Mai 5	15 55	762.9	+14.6		δ Ophiuchi	16.15	(−5.70)	49 0 9.20	$a = +0^s.750$.
	16 3			+5.5	ε Ophiuchi	16.22	−5.72	8.52	$dt + m = -5^s.676$.
	16 34			+5.0	λ Ophiuchi	16.43	−5.66	7.80	$N = 49^\circ\,0'\,8^s.67\ (8^s.83)$.
					ζ Ophiuchi	16.52	−5.62	8.67	Beob. R. 437b recht schwach; 462b äusserst schwach, aber doch heller als am 1. Mai. δ Ophiuchi nur ein Faden, in A.R. $p = 1/4$. Luft 2–3.
					14 Ophiuchi	16.60	−5.69	9.15	
1893 Mai 12	15 30	756.8	+17.3	+6.4	37 Librae	15.47	−6.71	48 59 59.53	$a =$ Mai 14 angenommen $= +0^s.298$.
	15 45			+6.6	μ Serpentis	15.73	−6.67	58.36	$dt + m = -6^s.714$.
	16 25			+6.0	ε Ophiuchi	16.21	−6.72	58.75	$N = 48^\circ\,59'\,58^s.71\ (58^s.84)$.
	16 40	756.8	+17.8		ζ Ophiuchi	16.52	−6.72	58.77	Beob. V. 37 Librae aus Versehen am unteren Faden beobachtet, es wird deshalb sein Aequatorpunkt um 15ˢ.30 vermindert. Luft 3–4.
					14 Ophiuchi	16.60	−6.75	58.16	In der Ostlage des Instrumentes 1893 Mai 13 bis Juni 27 finden sich folgende Bestimmungen von a:
									Mai 14 λ Ursae min. O.C. +0ˢ.298
									16 λ Ursae min. O.C. +0.400
									28 λ Ursae min. O.C. +0.281
									Juni 8 76 Drac. O.C. +0.321
									9 α Ursae min. O.C. (+0.403
									11 B.A.C. 2320 U.C. +0.379
									13 δ Ursae min. O.C. +0.369
									76 Drac. O.C. +0.305
									15 δ Ursae min. O.C. +0.330
									B.A.C. 2320 U.C. +0.198
									17 51 H. Ceph. U.C. +0.479
									19 δ Drac. O.C. (+0.611
									21 51 H. Ceph. U.C. +0.772
									B.A.C. 2320 U.C. +0.771
									23 51 H. Ceph. U.C. +0.928
									24 δ Ursae min. O.C. +0.923
									27 δ Ursae min. O.C. +0.939
									Angewendet wurde: Mai 14 +0.298
									16 +0.400
									Mai 28 bis Juni 8 +0.284
									Juni 11, 13 +0.381
									13 +0.314
									15 +0.397
									17 +0.479
									21 +0.778
									23 bis 27 +0.930

Datum	Zeit	Barometer	Therm. I	Therm. II	Stern	Zeit	dt + m	Aequatorpunkt N	
1893 Mai 13	17ʰ 5ᵐ	757.6	+18°.5		41 Ophiuchi	17ʰ.15		310° 57′ 26″.21	Das Fernrohr lag noch nicht völlig ein, was erst an der Veränderung der Differenzen der Mikroskope bemerkt wurde. Vor dem letzten Anhaltstern wurde das Instrument im Lager gedrückt. Daher mussten die Rectascensionen ausgeschlossen werden (ebenso der letzte Anhaltstern), die Deklinationen sind brauchbar. N = 310° 57′ 26″.19 (26″.18). Beob. V. Sterne sehr schwach. 1072 für Deklination zu schwach; 1084 schwach; 1132 Deklination unsicher; 1141 schwach. Es wird zum Schluss taghell.
	17 13			+10°.3	27 H. Ophiuchi	17.35		26.06	
	18 20			+ 8.8	μ Ophiuchi	17.53		26.95	
	19 5	757.4	+18.0		ν Ophiuchi	17.89		26.16	
	19 15			+ 8.3	20 Aquilae	19.21		25.56	
					δ Aquilae	19.34		[24.57]	
1893 Mai 15	17 5	753.45	+21.0	+12.5	41 Ophiuchi	17.19	— 7ˢ.11	310 57 28.53	m = 0ˢ.198. dt + m = −7ˢ.198 −0ˢ.064 (t − 18°.3). N = 310° 57′ 28″.01. Beob. V. 1072 sehr schwach; 536b hell, 7ᵐ; 1094 schwach. 19ʰ.1 Sterne werden schwach; Luft 3, gegen Ende der Dämmerung besser. Bilder sehr schlecht.
	17 35			+11.8	27 H. Ophiuchi	17.35	— 7.08	28.38	
	19 20	753.3	+20.1	+ 9.9	μ Ophiuchi	17.53	— 7.18	28.33	
					ν Ophiuchi	17.89	— 7.19	29.86	
					λ Aquilae	19.01	— 7.19	27.33	
					δ Aquilae	19.34	— 7.25	26.73	
					ε Aquilae	19.42	— 7.30	26.91	
1893 Mai 16	16 5			+12.5	ε Ophiuchi	16.21	— 7.51	310 57 38.01	m = 0ˢ.908. (dt + m)ᵢ = −7ˢ.358. (dt + m)ᵢᵢ = −7ˢ.353 −0ˢ.017 (t − 18°.0). Nᵢ = 310° 57′ 38″.04. Nᵢᵢ = 32.57. Zone I, Beob. R. Luft 3. Zone II, Beob. V. Mikroskop I korrigiert. 1073 schwach, allenfalls zu beobachten; 1094 mit feinerem Begleiter. Luft anfangs 2, später 2–3 und 3.
	16 15	750.4	+21.8		λ Ophiuchi	16.43	— 7.56	38.30	
	16 35			+12.35	ζ Ophiuchi	16.52	— 7.57	38.39	
					14 Ophiuchi	16.60	— 7.59	37.48	
	16 50			+12.2	30 Ophiuchi	16.92	— 7.53	310 57 32.60	
	17 15			+11.7	27 H. Ophiuchi	17.35	— 7.50	33.08	
	17 25	750.1	+21.6		μ Ophiuchi	17.53	— 7.60	32.97	
	19 35	749.7	+20.8	+ 9.8	ν Ophiuchi	17.89	— 7.56	33.88	
					λ Aquilae	19.01	— 7.56	31.52	
					δ Aquilae	19.34	— 7.58	31.67	
					ε Aquilae	19.42	— 7.57	32.23	
1893 Mai 28	14 54	755.4	+16.8	+11.75	8 Serpentis	15.30	—12.78	310 57 40.34	m = 0ˢ.784. (dt + m)ᵢ = −12ˢ.753 −0ˢ.046 (t − 16°.0). (dt + m)ᵢᵢ = −12.911 −0.038 (t − 18.0). Nᵢ = 310° 57′ 41″.06. Nᵢᵢ = 33.28 (33″.32). Zone I, Beob. R. Luft 2, etwas dunstig. Zone II, Beob. V. 1069 nur 2 Fäden; 1086, 1088 und 539b sehr schwach; 1191 hell. Luft 2. Bilder 3.
	15 16			+11.5	37 Librae	15.47	—12.84	42.38	
	15 35			+10.65	ε Ophiuchi	16.21	—12.89	40.71	
	16 28			+ 9.3	λ Ophiuchi	16.43	—12.86	40.81	
	16 50			+ 8.8	20 Ophiuchi	16.73	—12.85	310 57 32.91	
	17 25	755.4	+16.3	+ 8.2	30 Ophiuchi	16.92	—12.89	34.12	
	19 23			+ 6.8	41 Ophiuchi	17.19	—12.86	33.34	
	19 44	755.1	+16.0	+ 7.4	27 H. Ophiuchi	17.35	—12.80	33.23	
					5 H. Scuti	18.63	—12.95	32.85	
					20 Aquilae	19.11	—12.98	33.30	
					ε Aquilae	20.42	—13.01	33.22	
1893 Juni 1	17 0	752.3	+17.1	+ 8.4	30 Ophiuchi	16.92	—14.31	310 57 32.34	m = 0ˢ.284. dt + m = −14ˢ.308 −0ˢ.080 (t − 18°.0). N = 310° 57′ 31″.55 (31″.61). Beob. V. Luft anfangs 3, dann 3–4. 1078 nicht gesehen wegen Wolken; 1082, 1086 und 1089 durch Wolken; 1093 und 1105 nicht gesehen; 1118 nur 3 Fäden; λ Aquilae durch Wolken. Aufgehört.
	17 35			+ 7.1	41 Ophiuchi	17.19	—14.35	30.84	
	18 15			+ 7.5	27 H. Ophiuchi	17.35	—14.37	31.88	
	18 35	752.0	+16.4		5 H. Scuti	18.63	—14.43	31.41	
	18 55			+ 7.2	λ Aquilae	19.01	—14.51	31.28	

Datum	Zeit	Barometer	Therm. I	Therm. II	Stern	Zeit	$dt+m$	Aequatorpunkt A'	
1893 Juni 2	15ʰ 10ᵐ	749.45	+19°.4		μ Serpentis	15ʰ.73	−14ˢ.60	310° 57′ 40″.89	m = +0ˢ.284. $(dt+m)_I$ = −14ˢ.593. $(dt+m)_{II}$ = −14.609 −0ˢ.053(t − 17ʰ.5). $(dt+m)_{III}$ = −14.745 −0.018(t − 20.0). A'_I = 310° 57′ 41″.58. A'_{II} = 32.08. A'_{III} = 39.41. Zone I. Beob. R. Luft 3. Zone II. Beob. V. 1071 schwach; 535b unsicher; 417a sehr hell, 7ᵐ.0, viel heller als 1091. Luft 2. Zone III. Beob. R. 1078 schwach; 1181 sehr schwach; 1206 und 1212 schwach; 1241 ohne Beleuchtung; 1253 und 1259, recht fein. Luft anfangs 3 und 3–4, nach der Dämmerung 1 und 2–3. Beobachtung anfangs durch die gleichzeitige Mondbeobachtung gestört.
	15 45			+10°.35	o Ophiuchi	16.21	−14.63	41.75	
	16 0			+10.25	λ Ophiuchi	16.43	−14.53	41.31	
	16 35			+10.5	12 Ophiuchi	16.51	−14.61	41.56	
	16 55	749.2	+18.8	+10.2	30 Ophiuchi	16.92	−14.56	310 57 32.56	
	17 25			+10.1	41 Ophiuchi	17.19	−14.62	32.63	
	18 37			+ 8.4	27 H. Ophiuchi	17.35	−14.58	33.04	
	19 5	749.2	+19.0	+ 8.2	μ Ophiuchi	17.53	−14.66	32.57	
					γ Ophiuchi	17.71	−14.60	31.46	
					λ Aquilae	19.01	−14.69	32.22	
	19 35			+ 7.75	20 Aquilae	19.11	−14.77	310 57 39.32	
	19 55			+ 7.6	ε Aquilae	19.48	−14.69	39.31	
	20 20			+ 7.35	Lal. 38458	20.04	−14.75	39.80	
	20 45	749.2	+18.8	+ 7.75	70 Aquilae	20.52	−14.73	39.60	
					ε Aquarii	20.70	−14.79	39.16	
1893 Juni 3	16 0	752.1	+20.0		o Ophiuchi	16.21	−14.73	310 57 33.70	m = +0ˢ.284. $(dt+m)_I$ = −14ˢ.608 −0ˢ.036(t − 17ʰ.0). $(dt+m)_{II}$ = −14.857 −0.008(t − 20.0). A'_I = 310° 57′ 33″.34. A'_{II} = 40.35 (40″.39). Zone I. Beob. V. 465b Deklination unsicher; 11 Ophiuchi u. o Ophiuchi durch Wolken; 525b, ganz schwach durch Wolken; 1083 nur 1 Faden, ganz unsicher; auch 1091 und 1097 unsicher; da jetzt mehrere Sterne nicht gesehen werden, wird aufgehört. Zone II. Beob. R. Wolken. Luft 4. 20 Aquilae ganz schlechtes Bild, in Deklination β − ¹/₂; 1166 sehr schwach; 1173 nur geahnt; 1180 sehr schwach; 1190 nur 3 Fäden; 580b, sequ. mal beobachtet, 10ᵐ.7; Luft 3. 1201 recht schwach; 1206 schwach; 1217 in Deklination sehr unruhig; 1226 Luft 3–4; 1229 Luft 4; 1243 ohne Beleuchtung; 603b bei praec. min.; 11 Aquarii nicht gesehen. Luft stark 4, Sterne schwach.
	16 15			+12.6	λ Ophiuchi	16.43	−14.61	33.35	
	17 25			+10.8	12 Ophiuchi	16.51	−14.71	33.83	
	18 25	752.7	+20.3	+10.8	27 H. Ophiuchi	17.35	−14.67	33.67	
					μ Ophiuchi	17.53	−14.76	33.14	
	19 24			+10.6	20 Aquilae	19.11	−14.83	310 57 (39.68)	
	19 55	753.35	+20.0	+ 9.9	ε Aquilae	19.42	−14.81	40.43	
	20 10			+ 9.4	Lal. 38458	20.04	−14.79	39.87	
	20 56	754.1	+19.5	+ 8.05	ε Aquarii	20.70	−14.95	41.07	
1893 Juni 8	17 5	756.8	+21.1	+12.9	41 Ophiuchi	17.10	−15.83	310 57 32.63	m = +0ˢ.284. $(dt+m)_I$ = −15ˢ.901 −0ˢ.073(t − 18ʰ.0). $(dt+m)_{II}$ = −16.071 −0.007(t − 20.0). A'_I = 310° 57′ 32″.98. A'_{II} = 40″.49 (40″.52). Zone I. Beob. V. 525b, schwach; 1003 schwach; der praec. von 1143 ist 6ᵐ.5 — — (1083, 8ᵐ.3)! Luft anfangs 3, dann schlechter. 1157 auch von F. beobachtet. Zone II. Beob. R. Von 580b, wurde der Stern −8ˢ.50 fällt, 8ᵐ.9 registriert; 1217 hat sequ. bor. 15ˢ, 6′ den gleich hell scheint — −6ˢ.5 (1162, 8ᵐ.8). 1134 furchtbar schwach, 1243 wird nicht gesehen, es lagert sehr viel Dunst im Süden, was erst mit der Dämmerung bemerkt wurde. 603b nur geahnt; 1251, 1253, 1255 nicht gesehen; 1257 recht schwach, ohne Beleuchtung. Luft 3.
	17 45			+12.5	27 H. Ophiuchi	17.35	−15.82	33.52	
	18 50			+11.8	μ Ophiuchi	17.53	−15.90	33.20	
	19 10	756.8	+20.0	+11.9	γ Ophiuchi	17.71	−15.92	32.46	
					λ Aquilae	19.01	−15.96	32.70	
	19 23			+11.9	20 Aquilae	19.11	−16.05	310 57 40.92	
	20 25			+11.1	ε Aquilae	19.42	−16.07	41.20	
	20 52	756.8	+20.0	+10.6	51 Aquilae	19.75	−16.10	39.79	
					70 Aquilae	20.52	−16.05	40.26	
					ε Aquarii	20.70	−16.09	40.29	

Datum	Zeit	Barometer	Therm. I	Therm. II	Stern	Zeit	$dt+\alpha$	Aequatorpunkt N	
1893 Juni 11	18ʰ 0ᵐ	755.3	+21°.3		5 H. Scuti	18ʰ.63	−16ˢ.23	310° 57′ 40″.55	$\alpha = +0ˢ.381$.
	18 49			+11°.15	20 Aquilae	19.11	−16.27	41.46	$dt + \alpha = -16ˢ.332 - 0ˢ.080\ (t - 20°.0)$.
	19 24			+10.6	Lal. 38458	20.04	−16.30	41.60	$N = 310° 57′ 41″.07$ (41″.09).
	19 54			+ 9.95	70 Aquilae	20.52	−16.38	40.58	Beob. R. 5 H. Scuti unruhig; 1197 nur 3 Fäden; 603b unruhig; 613b nicht gesehen. Feiner Dunst wird beim Hellwerden bemerklich. 1282 nicht gesehen. Luft 2–3.
	20 37			+ 9.85	11 Aquarii	20.92	−16.43	40.97	
	21 0	754.6	+20.3	+ 9.1					
1893 Juni 12	17 15	754.9	+21.0		27 H. Ophiuchi	17.35	−16.40	310 57 33.85	$\alpha = +0ˢ.381$.
	17 25			+13.5	μ Ophiuchi	17.53	−16.52	33.51	$(dt+\alpha)_I = -16ˢ.454$.
	17 50			+13.2	γ Ophiuchi	17.71	−16.48	32.60	$(dt+\alpha)_{II} = -16.585 - 0.045\ (t - 20°.0)$.
	18 50			+12.7	ν Ophiuchi	17.89	−16.42	34.06	$N_I = 310° 57′ 33″.53$.
	19 0	754.6	+20.1		λ Aquilae	19.01	−16.45	33.12	$N_{II} =$ 41.16 (41″.19).
									Zone I, Beob. V. 525b schwach; 1189 hell; der praec. von 1145 ist heller als 1151. Luft anfangs 3, dann 1–3.
	19 10			+12.3	20 Aquilae	19.11	−16.51	310 57 41.05	Zone II, Beob. R. 1287 nur 1 Faden; 1363 sehr fein; 1488 nicht gesehen, taghell. Luft 1–3.
	19 55			+11.65	51 Aquilae	19.75	−16.62	41.92	
	20 37			+11.65	Lal. 38458	20.04	−16.59	41.20	
	21 8	754.7	+20.0	+10.4	70 Aquilae	20.52	−16.63	40.76	
					11 Aquarii	20.92	−16.59	40.87	
1893 Juni 13	17 18	753.5	+21.5		γ Ophiuchi	17.71	−16.45	310 57 34.40	$\alpha = +0ˢ.314$.
	17 45			+14.9	ν Ophiuchi	17.89	−16.52	34.56	$(dt+\alpha)_I = -16ˢ.352 - 0ˢ.070\ (t - 18°.3)$.
	18 45			+14.0	67 Ophiuchi	17.92	−16.56	31.73	$(dt+\alpha)_{II} = -16.690 - 0.076\ (t - 20.0)$.
	19 10			+13.7	λ Aquilae	19.01	−16.56	34.09	$N_I = 310° 57′ 33″.84$.
					20 Aquilae	19.11	−16.62	33.40	$N_{II} =$ 41.84 (41″.85).
									Zone I, Beob. V. 1096 sehr schwach. Luft sehr wechselnd, 1–3. Sterne oft unruhig.
	19 4	753.0	+21.9		δ Aquilae	19.34	−16.50	310 57 41.31	Zone II, Beob. R. 1190 fein. Feine Dunststreifen werden am dämmernden Himmel sichtbar; 613b fein; 1267 sehr fein; 1302 recht fein. Luft gut 1.
	19 29			+13.55	51 Aquilae	19.75	−16.59	42.43	
	19 53			+13.2	Lal. 38458	20.04	−16.65	42.16	
	20 20			+13.2	θ Aquilae	20.10	−16.71	41.76	
	21 12	752.6	+21.3	+12.75	70 Aquilae	20.52	−16.67	41.76	
					16 Aquarii	21.16	−16.67	41.74	
1893 Juni 15	17 40	753.55	+[illegible]5.5		γ Ophiuchi	17.71	−16.95	310 57 43.65	$\alpha = +0ˢ.397 = ½$ (Juni 13 + Juni 17).
	17 40			+16.3	ν Ophiuchi	17.89	−17.09	[45.49]	$dt + \alpha = -17ˢ.082 - 0ˢ.073\ (t - 19°.0)$.
	18 26			+15.7	67 Ophiuchi	17.97	−17.02	43.59	$N = 310° 57′ 43″.64$ (43″.64).
	19 13			+15.15	λ Aquilae	19.01	−17.01	44.21	Beob. R. Ziehende Wolken. 512b sehr schwach durch Wolken; ν Ophiuchi äusserst unruhig und blitzend, in Dekl. ausgeschlossen; 67 Ophiuchi ruhig; 1089, 414a und 417a äusserst schwach; 1097 nur mit grosser Mühe gesehen; 1111 Okular beschlagen. Der praec. von 1145 ist etwa 6ᵐ.5. 1165 recht schwach. Feinbewegung am Ende; 1184 recht schwach, durch Wolken(?); 1201, 1210 recht schwach; 471a zum Teil durch Wolken; δ Aquilae durch Wolken; 1235 nur 4 letzte Fäden, vorher unsichtbar; 1239 und 1241 nicht zu erhalten. Luft anfangs 1–3, nachdem die Wolken sich verzogen hatten. Gleich nach Beginn der Dämmerung ziehen neue Wolken am Nordost herüber, so dass auch der Polstern nicht zu erhalten ist.
	19 52			+15.05	20 Aquilae	19.11	−16.99	42.95	
	20 20	753.6	+23.0	+15.0	51 Aquilae	19.75	−17.22	44.20	
					θ Aquilae	20.10	−17.20	43.83	
					70 Aquilae	20.52	−17.18	43.11	

Datum	Zeit	Barometer	Therm. I	Therm. II	Stern	Zeit	dt + m	Aequatorpunkt N'	
1893 Juni 17	17ʰ 35ᵐ	761.1	+20°.3	+18°.8	μ Ophiuchi	17ʰ.53	−17ˢ.78	310° 57' 36".43	m = +0ˢ.479. dt + m = −17ˢ.347 −0ˢ.033 (t − 18ʰ.5). N' = 310° 57' 36".59 (36".54). Beob. V. 336b hell; 1096 schwach; Polstern sehr unruhig; 1177 Declination unsicher. Luft anfangs 3–4, nach kurzer Besserung um 18ʰ.5 wieder sehr schlecht.
	18 10			+17.9	γ Ophiuchi	17.71	−17.85	36.14	
	19 30			+16.9	ν Ophiuchi	17.89	−17.35	38.19	
	19 50	761.1	+13.9	+16.0	λ Aquilae	19.01	−17.43	37.15	
					20 Aquilae	19.11	−17.44	36.54	
					δ Aquilae	19.34	−17.30	35.31	
					η Aquilae	19.78	−17.36	36.30	
1893 Juni 21	17 50	749.9	+21.2	+13.2	γ Ophiuchi	17.71	−18.64	310 57 35.80	m = +0ˢ.771. (dt + m)_I = −18ˢ.708 −0ˢ.075 (t − 18ʰ.5). (dt + m)_II = −18.797 −0.043 (t − 20.0). N'_I 310° 57' 35".30 (35".20). N'_II 44.15. Zone I, Beob. V. 521 b, sehr schwach; 1093 sehr schwach, nur 3 Fäden; Luft 3. Sterne oft sehr schwach, wahrscheinlich kleine Wolken. Zone II, Beob. K. 1184 sehr schwach. Von 20ʰ.0 ab ziehen feine Wolken von Norden herüber, die sich um 20ʰ.5 so verdichten, dass abgebrochen werden muss. Luft 3. Beobachter müde.
	18 10			+13.1	ν Ophiuchi	17.89	−18.70	35.91	
	18 50			+12.4	67 Ophiuchi	17.92	−18.64	34.59	
					λ Aquilae	19.01	−18.71	35.20	
					20 Aquilae	19.11	−18.79	34.98	
	19 24	749.9	+20.9	+11.05	ε Aquilae	19.42	−18.77	310 57 43.68	
	20 19			+10.1	51 Aquilae	19.75	−18.82	43.91	
	20 41	749.75	+20.4	+10.35	Lal. 38438	20.04	−18.82	43.07	
					θ Aquilae	20.10	−18.71	44.47	
					70 Aquilae	20.52	−18.85	45.02	
1893 Juni 23	17 58			+13.55	ν Ophiuchi	17.89	−19.46	310 57 44.76	m = 0ˢ.930. dt + m = −19ˢ.542 −0ˢ.107 (t − 18ʰ.5). N' = 310° 57' 43".42 (43".41). Beob. K. Spät und plötzlich aufgeklärt. 1093 recht schwach. Bald bilden sich wieder Wolken; 1116, 1119 und 4318 äusserst schwach durch dünne Wolken. λ Aquilae nur 4, 20 Aquilae nur 1 Faden. Letzterer in A.R. ausgeschlossen. Wieder ganz bewölkt. Luft 3.
	18 13	742.95	+20.0		67 Ophiuchi	17.92	−19.50	42.63	
	18 25			+13.45	λ Aquilae	19.01	−19.60	41.93	
	18 38			+13.0	20 Aquilae	19.11	[−19.70]	44.33	
	19 10	742.9	+19.8						
1893 Juni 24	17 50	749.6	+19.2		ν Ophiuchi	17.89	−20.09	310 57 43.44	m = +0ˢ.930. dt + m = −20ˢ.837 −0ˢ.131 (t − 19ʰ.0). N' = 310° 57' 43".70. Beob. K. Spät aufgeklärt. 4238 nur 1 Stern im Feld zu sehen; 4264 gleichhell mit 4272; 4306 hat scheinb. 8ᵐ.3 unsic., um 0ˢ.4 weniger als die halbe Fadenbreite, derselbe wird mitregistriert. Luft 2–3. Beobachter fühlt, dass die Beobachtungen wegen allzu grosser Ermüdung schlechter werden und hört deshalb auf.
	17 58			+12.45	67 Ophiuchi	17.92	−20.13	41.92	
	18 30			+12.05	λ Aquilae	19.01	−20.27	43.37	
	19 42			+10.8	δ Aquilae	19.34	−20.30	41.97	
	20 0	749.5	+18.2	+10.7	51 Aquilae	19.75	−20.33	42.61	
1893 Juni 27	16 15	752.7	+22.5	+20.5	ι Ophiuchi	16.21	−21.44	310 57 45 36	m = +0ˢ.930. (dt + m)_I = −21ˢ.473. (dt + m)_II = −21.539 −0ˢ.026 (t − 18ʰ.5). N'_I = 310° 57' 45".11. N'_II = 36.70 (36".81). Zone I, Beob. K. Luft 2. Zone II, Beob. V. 321 b, nicht geklemmt! θ Urs. min. unruhig, unsicher. 4304 doppl. prec. beobachtet. 1146 hell. Luft 2.
	16 52			+20.3	12 Ophiuchi	16.51	−21.52	45.02	
	17 25			+19.25	14 Ophiuchi	16.60	−21.47	44.90	
	17 45			+19.0	μ Ophiuchi	17.53	−21.51	310 57 36.65	
	18 45			+17.9	γ Ophiuchi	17.71	−21.48	37.03	
	19 5	751.9	+22.5		ν Ophiuchi	17.89	−21.49	37.65	
	19 25			+17.1	67 Ophiuchi	17.92	−21.59	35.81	
	19 45			+16.7	η Serpentis	18.36	−21.59	36.56	
					λ Aquilae	19.01	−21.46	36.92	
					51 Aquilae	19.75	−21.61	36.90	

Datum	Zeit	Barometer	Therm. I	Therm. II	Stern	Zeit	$dt+m$	Aequatorpunkt N	
1893 Juni 29	17ʰ 0ᵐ	758.4	+14°.6	+17°.2	μ Ophiuchi	17ʰ.53		310° 57' 9".18	N = 310° 57' 8".80 (8".26). Beob. V. μ und 67 Ophiuchi durch Wolken, die nur einen einzigen Fadenantritt erlaubten, und sich dann ganz zusammenzogen. Der Meridiankreis wurde dann umgelegt zu Kreis W. und blieb so bis August 14. Es fanden sich folgende Abweichungen des Instruments vom Pole:
					γ Ophiuchi	17.71		8.85	
					67 Ophiuchi	17.92		8.38	
1893 Juni 30	17 35			+16.1	μ Ophiuchi	17.53	−22ˢ.78	49 0 10.75	n = +1ˢ.050. $(dt+m)_I$ = −12ˢ.735. $(dt+m)_{II}$ = −11ˢ.156 − 0ˢ.0433 $(t - 20^h.0)$. N_I = 49° 0' 9".04 (9".97). N_{II} = 2.81 (2.19).
	17 50	758.4	+14.6	+15.8	γ Ophiuchi	17.71	−22.72	9.08	
	18 10			+16.1	67 Ophiuchi	17.92	−22.67	8.41	
	19 10			+15.0	5 H. Scuti	18.63	−22.70	10.69	
					λ Aquilae	19.01	−22.80	10.75	
	19 30			+15.25	δ Aquilae	19.34	−22.82	49 0 2.16	Zone I. Beob. V. Luft erst 2, aber bald 3–4. Beobachtungen unsicher.
	20 1			+15.3	ε Aquilae	19.42	−22.82	(3.96)	
	20 29			+14.95	η Aquilae	19.78	−22.86	1.99	Zone II. Beob. R. ε Aquilae unruhig, in Decl. ρ = 1/2; η Aquilae im Mikroskop I unsichere Stelle auf dem Kreise. Luft 1–3 und 3. Beobachter zeitweise etwas müde.
	21 30	758.3	+13.2	+13.9	Lal. 38458	20.04	−22.84	1.92	
					70 Aquilae	20.52	−22.91	1.77	
					β Aquarii	21.43	−22.92	2.34	

Abweichungen des Instruments vom Pole:

Juni 30	δ Ursae min.	O.C.	+1ˢ.054	
	B.A.C. 7594	O.C.	+1.095	
Juli 1	δ Ursae min.	O.C.	+1.080	
2	δ Ursae min.	O.C.	+1.158	
	B.A.C. 2320	U.C.	+1.176	
3	δ Ursae min.	O.C.	+1.384	
4	B.A.C. 2320	U.C.	+1.294	
6	δ Ursae min.	O.C.	+1.389	
	B.A.C. 2320	U.C.	+1.480	
	α Ursae min.	O.C.	+1.692	⎱
7	δ Ursae min.	O.C.	+1.973	
	B.A.C. 2320	U.C.	+2.020	
8	δ Ursae min.	O.C.	+1.875	
	B.A.C. 2320	U.C.	+1.873	
11	δ Ursae min.	O.C.	+2.252	
19	B.A.C. 2320	U.C.	+2.409	
24	δ Ursae min.	O.C.	+2.718	

Hierauf wurde der Meridiankreis corrigirt und bei seiner ähnlichen Tendenz n zu vergrössern, wurde er hierin übercorrigirt.

Juli 29	51 H. Ceph.	U.C.	−0.691	
Aug. 1	B.A.C. 4165	U.C.	−0.638	⎱
2	51 H. Ceph.	O.C.	(−0.584)	⎱
3	B.A.C. 2320	U.C.	−0.706	
7	λ Ursae min.	O.C.	−0.653	
9	λ Ursae min.	O.C.	−0.760	
11	δ Ursae min.	O.C.	−0.693	
14	δ Ursae min.	O.C.	−0.861	

Für die Zonen wurden angewandt:

Juni 30, Juli 1	+1ˢ.080
2	+1.167
3	+1.384
4	+1.294
6	+1.388
7	+1.987
8	+1.874
11	+2.252
19	+2.409
24	+2.718
Juli 29 bis Aug 11	−0.693
Aug. 14	−0.861

Datum	Zeit	Barometer	Therm. I	Therm. II	Stern	Zeit	dt + m	Aequatorpunkt N	
1893 Juli 1	17h 5m	mm 736.5	+24°9		μ Ophiuchi	17h53	−23s06	49° 0' 9"74	u = +1s280. dt + m = −23s051 − 0s063 (t − 18h5). N = 49° 0' 9"47 (9"43). Beob. F. Polstern sehr unruhig; 1096 schwach; 1118, sehr schwach; 1139 Deklination unsicher; 573b fast zu schwach nur 4 Fäden; ε Aquilae Deklination unsicher. p = 1/2. Luft 2. Sterne manchmal unruhig, anfangs Chronograph nicht in Ordnung, Anker sehr angegriffen.
	17 35			+18°4	γ Ophiuchi	17.71	−22.93	9.64	
	18 30			+17.6	67 Ophiuchi	17.92	−22.97	8.32	
	19 10	736.9	+25.9		5 H. Scuti	18.63	−23.00	10.19	
	19 45			+16.4	λ Aquilae	19.01	−23.01	10.26	
					ε Aquilae	19.42	−23.13	(7.50)	
					51 Aquilae	19.75	−23.22	9.65	
1893 Juli 2	17 5	736.0	+26.8		67 Ophiuchi	17.92	−23.13	49 0 9.87	u = +1s267. (dt + m)I = −23s151 − 0s037 (t − 18h5). (dt + m)II = −23s256 − 0.061 (t − 20.0). NI = 49° 0' 11"17. NII = 3.76 (3"87). Zone I, Beob. F. Polstern sehr unruhig; 1103 sehr schwach. Luft undurchsichtig und schlecht, 3. Zone II von 1160 an, Beob. H. 1211 furchtbar schwach. Luft anfangs ziemlich undurchsichtig, später besser. Ruhe stets 2.
	18 5			+19.5	η Serpentis	18.86	−23.17	11.78	
	18 50			+18.4	5 H. Scuti	18.63	−23.13	12.10	
	19 10	736.35	+26.4	+18.3	λ Aquilae	19.01	−23.16	12.01	
					20 Aquilae	19.11	−23.18	10.58	
	19 53			+17.45	δ Aquilae	19.34	−23.22	49 0 2.66	
	20 20	736.3	+26.0		51 Aquilae	19.75	−23.22	3.13	
	20 51			+16.5	Lal. 38458	20.04	−23.27	4.36	
	21 30			+15.95	M. 842	20.44	−23.31	4.76	
					70 Aquilae	20.52	−23.26	3.67	
					β Aquarii	21.43	−23.34	3.95	
1893 Juli 3	17 35	735.5	+26.8	+20.1	γ Ophiuchi	17.71	−23.45	49 0 3.79	u = +1s384. dt + m = −23s457 − 0s019 (t − 18h5). N = 49° 0' 3"10 (1"73). Beob. H. Am Himmel viele Wolken. Uranus min. verschwindet mehrmals. 1097 recht schwach; 1148 hat prec. 1m, 1' bor., welcher mindestens 7m.5 erscheint — −3s9841, 8m.1; 1149 durch Wolken; 1157 fein; 1168 recht schwach und verwaschen; 1172 gut; 1174 schwach; 577b theils durch Wolken; η Aquilae durch Wolken, in A.R. p = 1/2. Viele Sterne nicht gesehen, da die Wolken immer dichter werden, darum aufgehört. Luft 3.
	18 13			+19.45	67 Ophiuchi	17.92	−23.43	1.91	
	18 50			+18.0	η Serpentis	18.86	−23.47	3.61	
	19 37			+17.9	20 Aquilae	19.11	−23.51	2.73	
	19 50	735.3	+25.8		η Aquilae	19.78	(−23.41)	3.48	
1893 Juli 4	18 30	751.1	+27.2	+23.0	20 Aquilae	19.11	−23.71	49 0 2.26	u = +1s294. dt + m = −23s749 − 0s070 (t − 19h5). N = 49° 0' 2"53 (2"48). Beob. H. Himmel sehr dunstig. 1116, 1119, 4310 sehr schwach; 4334, 1134, 1137, 1141 schwach; 4414, 1150 gut; 1157 unglaublich schwach; 1160 schwach; 1164 gut; 1170 äusserst schwach; 1190, 1191 gut; 1211 sehr schwach; Zum Schluss bezieht es sich so sehr, dass aufgehört werden muss. Luft 3.
	19 0			+22.6	δ Aquilae	19.34	−23.74	2.16	
	19 22			+22.2	ι Aquilae	19.42	−23.76	3.04	
	20 10	750.7	+26.9		51 Aquilae	19.75	−23.75	2.47	
	20 25			+21.25	Lal. 38458	20.04	−23.79	2.71	

Datum	Zeit	Barometer	Therm. I	Therm. II	Stern	Zeit	dT + m	Aequatorpunkt N′	
1893 Juli 6	17h 0m	mm 753.65	+15°.4	+17°.8	ν Ophiuchi	17h.89	−24s.77	49° 0′ 9″.57	n = +1s.368. (dT + m)I = −24s.808 − 0s.052 (t − 18h.5). (dT + m)II = −24.888 − 0.030 (t − 20.0). N′I = 49° 0′ 8″.18. N′II = 1.20 (1″.31). Zone I, Beob. V. Polstern unruhig; 1158, schwach. Luft 3. Zone I, Beob. R. 1192 recht schwach; 1211 recht schwach und schwächer als 1213. 70 Aquilae Lampe verlischt, Feld dunkel. Luft 2–3.
	18 0			+17.4	67 Ophiuchi	17.92	−24.79	6.96	
	18 30			+17.3	η Serpentis	18.26	−24.79	8.29	
	18 45				λ Aquilae	19.01	−24.85	8.75	
					20 Aquilae	19.11	−24.83	7.82	
	19 10	754.25	+15.6		δ Aquilae	19.34	−24.89	49 0 0.24	
	19 20			+16.65	51 Aquilae	19.75	−24.84	1.35	
	20 20			+16.15	Lal. 38458	20.04	−24.85	2.04	
	21 5			+15.45	W. 842	20.14	−24.96	0.75	
	21 40	754.0	+14.5	+15.65	70 Aquilae	20.58	−24.92	1.14	
					β Aquarii	21.43	−24.91	1.67	
1893 Juli 7	17 0	753.65	+15.8		γ Ophiuchi	17.71	−24.84	49 0 8.05	n = +1s.987. (dT + m)I = −24s.823 − 0s.027 (t − 18h.5). (dT + m)II = −24.882 − 0.037 (t − 20.0). N′I = 49° 0′ 8″.63 (8″.60). N′II = 2.43 (2.51). Zone I, Beob. V. 1101 sehr schwach; 4412 und 3036 schwach. Luft 2–3. Zone II, Beob. R. 1165 sehr schwach; 1201 schwach; 1212 nur geahnt; 1228 sehr hell; 1230 schwach. Luft 2–3.
	17 45			+20.2	ν Ophiuchi	17.89	−24.78	9.20	
	18 23			+19.4	η Serpentis	18.26	−24.79	8.83	
	18 50			+18.7	5 H. Scuti	18.69	−24.84	8.70	
	19 10	753.7	+15.7	+17.9	20 Aquilae	19.11	−24.84	8.37	
	19 30			+18.2	δ Aquilae	19.34	−24.91	49 0 2.12	
	20 10			+17.6	51 Aquilae	19.75	−24.81	2.88	
	20 45			+17.4	η Aquilae	19.78	−24.93	1.99	
	21 38	753.6	+14.6	+15.55	Lal. 38458	20.04	−24.84	2.97	
					ε Aquarii	20.70	−24.86	2.79	
					β Aquarii	21.43	−24.98	1.94	
1893 Juli 8	17 0	750.9	+17.1		μ Ophiuchi	17.53	−25.41	49 0 5.95	n = +1s.674. (dT + m)I = −25s.403 − 0s.029 (t − 18h.5). (dT + m)II = −25.433 − 0.074 (t − 20.0). N′I = 48° 59′ 65″.94 (65″.98). N′II = 59.33 (59.56). Zone I, Beob. V. 5306 Mittelgruppe schlecht, der Stern verschwindet unter dem Faden; 1139 unsicher. Zone II von 1163 an. Beob. R. 1230 recht schwach, viel Dunst ist entstanden. Luft anfangs 2, von 20h.9 ab sind Sterne unruhig und verwaschen. Beobachter wankt vor Müdigkeit.
	17 35			+21.4	ν Ophiuchi	17.89	−25.37	6.14	
	17 50			+20.8	67 Ophiuchi	17.92	−25.34	5.42	
	18 25			+20.9	λ Aquilae	19.01	−25.44	6.05	
	18 50			+20.0	20 Aquilae	19.11	−25.42	6.18	
	19 10	751.1	+17.2	+20.4					
	19 30			+19.6	ι Aquilae	19.42	−25.42	48 59 59.96	
	20 10			+18.0	51 Aquilae	19.75	−25.43	61.00	
	21 0			+17.6	η Aquilae	19.78	−25.43	59.81	
	21 5	751.1	+15.4		Lal. 38458	20.04	−25.46	59.17	
					θ Aquilae	20.10	−25.46	57.95	
					β Aquarii	21.43	−25.36	59.43	
1893 Juli 11	17 30	749.6	+13.0	+17.7	μ Ophiuchi	17.53	−26.76	49 0 6.26	n = +1s.852. dT + m = −26s.774 − 0s.065 (t − 18h.5). N′ = 49° 0′ 6″.68. Beob. V. 4151 Deklination unsicher; 4182 Wolken, unsicher; 5533 b, 1139 nicht gesehen; 1133 durch Wolken; 5736 deshalb ganz unsicher. Immer mehr Wolken, aufgehört. Luft 2–3. Mikroskope nicht im Fokus.
	18 10			+17.5	ν Ophiuchi	17.89	−26.72	6.73	
	18 25			+17.2	67 Ophiuchi	17.92	−26.69	6.47	
	19 30	749.7	+10.2	+16.7	5 H. Scuti	18.69	−26.76	6.51	
					λ Aquilae	19.01	−26.84	7.44	
1893 Juli 19	18 35	751.4	+10.9		5 H. Scuti	18.63	−31.15	48 59 36.22	n = +1s.409. dT + m = −31s.139 − 0s.030 (t − 19h.5). N′ = 48° 59′ 35″.78 (35″.80). Beob. R. Spät aufgestellt. Luft 2–3, Helder 3.
	18 50			+16.5	20 Aquilae	19.11	−31.12	35.64	
	19 10			+15.8	ι Aquilae	19.42	−31.14	36.12	
	19 40			+15.6	51 Aquilae	19.75	−31.18	35.85	
	19 58	751.2	+20.5	+15.4	η Aquilae	19.78	−31.18	35.05	

Datum	Zeit	Barometer	Therm. I	Therm. II	Stern	Zeit	dt + m	Aequatorpunkt N	
1893 Juli 24	17h 30m	755.35	+24°1	+19°9	μ Ophiuchi	17h.53	−32s.89	48° 59' 43".14	m = +1s.712. dt + m = −31s.936 −0s.045 (t − 18°5). N = 48° 59' 43".48 (43".47). Beob. V. 575 b1 schwach; Polstern ganz fürchterlich unruhig; 1182 durch Wolken, nur 3 Fäden; 1187 und 1195 durch Wolken; Luft 2. Mikroskop I zuletzt undeutlich.
	18 20			+18.4	γ Ophiuchi	17.71	−32.97	43.59	
	19 5	754.95	+24.0		ν Ophiuchi	17.89	−32.92	44.11	
	19 10			+18.2	20 Aquilae	19.11	−33.01	43.63	
	19 35			+17.8	δ Aquilae	19.34	−32.97	42.96	
					ε Aquilae	19.42	−32.94	43.40	
1893 Juli 29	18 25			+13.0	5 H. Scuti	18.63	−31.98	48 59 50.37	m = −0s.693. dt + m = −32s.034. N = 48° 59' 49".58 (49".46). Beob. V. Polstern immer durch Wolken. 1190 schwächer als 1137. Dekl. unsicher durch Wolken, 4422 ebenso; 5701 durch Wolken; 1186 nur 3 Fäden; η Aquilae nur 2 Fäden, in A.R. p = 1/3. Luft wechselnd, 2−3, immer Wolken. Mikroskope erst kurz vor der Zone justirt.
	19 10	753.4	+17.5	+12.7	6 H. Scuti	18.69	−32.06	49.41	
	19 40			+13.0	20 Aquilae	19.11	−32.02	49.42	
	19 50	753.5	+18.0	+12.9	ε Aquilae	19.42	−32.10	49.02	
					51 Aquilae	19.75	−32.02	50.32	
					η Aquilae	19.78	(−32.03)	48.96	
1893 Aug. 3	19 10			+16.65	λ Aquilae	19.01	−34.20	48 59 44.84	m = −0s.693. dt + m = −34s.264. N = 48° 59' 44".50 (44".50). Beob. R. 1288 recht schwach; β Aquarii bleichwig. Luft anfangs 2, nach der Pause von 1/4 Stunden bei ι Aquarii 3−4.
	19 30	755.38	+23.0		ε Aquilae	19.42	−34.28	44.59	
	19 40			+16.05	51 Aquilae	19.75	−34.22	45.15	
	19 55			+15.95	η Aquilae	19.78	−34.26	43.16	
	20 40			+15.55	ι Aquarii	20.70	−34.22	45.22	
	21 5			+15.4	β Aquarii	21.43	−34.35	43.75	
	21 36	755.0	+22.2	+16.0					
1893 Aug. 7	19 0	758.85	+22.6		λ Aquilae	19.01	−35.81	48 59 45.41	m = −0s.693. (dt + m) = −35s.820. N = 48° 59' 44".99 (45".06). Beob. R. Luft 2−3.
	19 10			+17.45	20 Aquilae	19.11	−35.79	45.13	
	19 40			+16.35	δ Aquilae	19.34	−35.88	44.74	
	19 50			+15.95	51 Aquilae	19.75	−35.82	45.59	
					η Aquilae	19.78	−35.80	44.07	
1893 Aug. 9	19 15	757.35	+25.1	+19.25	δ Aquilae	19.34	−36.19	48 59 43.83	m = −0s.693. dt + m = −36s.207. N = 48° 59' 44".15 (44".10). Beob. R. 5808'; vorregistrirt, ist 0m.5 schwächer als 5806. Luft 2−3.
	19 50	757.5	+25.0	+18.15	ε Aquilae	19.42	−36.20	45.00	
					51 Aquilae	19.75	−36.20	44.37	
					η Aquilae	19.78	−36.23	44.74	
1893 Aug. 11	17 45			+18.9	γ Ophiuchi	17.71	−36.63	48 59 43.62	m = −0s.693. (dt + m)I = −36s.773 −0s.071 (t − 19°0). (dt + m)II = −36.860 −0.024 (t − 15.0). NI = 48° 59' 43".38. NII = 43.78. Beob. R., Zone I. ν Ophiuchi ganz furchtbar unruhig und explodirend, in Deklination p = 1/4; 575 b1 äusserst schwach, Deklination gut; Okular beschlägt; 4300 hat etwa 1s auf dem südlichen Faden; 5806 genau, wieder vorregistrirt. Luft 2. Zone II. Luft anfangs 3, zuletzt 2−3
	18 0	757.55	+24.0		ν Ophiuchi	17.89	−36.74	(44.37)	
	18 25			+18.05	λ Aquilae	19.01	−36.81	42.22	
	18 47			+17.55	20 Aquilae	19.11	−36.76	43.13	
	19 5			+17.2	51 Aquilae	19.75	−36.79	44.28	
	19 41			+16.75	η Aquilae	19.78	−36.85	42.74	
	19 50	757.95	+23.0						
	21 2			+16.25	16 Aquarii	21.26	−36.83	48 59 44.17	
	22 5			+15.0	P. XXI, 320	21.81	−36.89	44.31	
	22 27			+14.95	θ Aquarii	22.19	−36.83	43.30	
	22 55			+14.6	η Aquarii	22.50	−36.88	43.12	
	23 0	758.0	+21.8		λ Aquarii	22.99	−36.88	44.01	

Datum	Zeit	Barometer	Therm. I	Therm. II	Stern	Zeit	dt + m	Aequatorpunkt N	
1893 Aug. 15	17ʰ 45ᵐ	760.0 mm	+25°.2	+19°.55	ν Ophiuchi	17ʰ.89	−37ˢ.69	48° 59′ 47″.47	m = +0ˢ.062. dt + m − n = −37ˢ.731 − 0ˢ.0021 (t − 19ʰ.0). N = 48° 59′ 46″.97. Beob. R. 4320 wie August 11; 1181 ist nur 8ᵐ.5. Luft 2. Von den n der nächsten Periode Aug. 16 bis Sept. 11 (Kl. Ost): Aug. 16 α Ursae min. U.C.☾ −1ˢ.040 B.A.C. 2310 U.C. −1.070 17 β Ursae min. O.C.☾ −0.951 B.A.C. 2310 U.C. −0.948 18 β Ursae min. O.C.☾ −0.961 B.A.C. 2320 U.C. −0.948 22 51 H. Ceph. U.C. −0.891 α Ursae min. O.C. −0.829 23 λ Ursae min. O.C. −0.928 28 λ Ursae min. U.C. −1.098 29 λ Ursae min. U.C. −1.109 B.A.C. 3140 U.C. −1.090 Sept. 1 λ Ursae min. U.C. −1.122 4 B.A.C. 5140 U.C. −1.357 5 B.A.C. 7504 O.C. −0.820 11 76 Drac. O.C. −1.011 wurden für die Zonen angewandt: Aug. 16 −1ˢ.040 Aug. 17 bis 19 −0.948 Aug. 22 −0.883 Aug. 28 bis Sept. 1 −1.096 Sept. 4 −1.357 Sept. 5 −0.820 Sept. 11 −1.011
	18 26			+18.8	δ Aquilae	19.01	−37.74	47.02	
	18 47			+18.45	20 Aquilae	19.11	−37.77	47.12	
	19 5			+18.25	51 Aquilae	19.75	−37.73	46.74	
	19 44			+17.95	η Aquilae	19.78	−37.74	46.58	
1893 Aug. 16	19 0	758.0	+25.5		20 Aquilae	19.11	−38.09	310 57 38.59	m = −1ˢ.040. dt + m = −38ˢ.178 − 0ˢ.0412 (t − 20ʰ.0). N = 310° 57′ 38″.28 (38″.18). Beob. R. Luft 2–3. Beobachter sehr müde.
	19 30			+19.4	ε Aquilae	19.42	−38.23	39.27	
	20 1			+19.25	51 Aquilae	19.75	−38.17	37.54	
	20 30			+18.3	θ Aquilae	20.10	−38.13	38.01	
	21 13	758.0	+25.6	+18.0	70 Aquilae	20.52	−38.25	38.90	
					β Aquarii	21.43	−38.22	37.38	
1893 Aug. 17	19 15	757.5	+28.0	+21.2	δ Aquilae	19.34	−38.24	310 57 37.87	m = −0ˢ.948. dt + m = −38ˢ.287 − 0ˢ.010 (t − 20ʰ.5). N = 310° 57′ 38″.20. Beob. R. 1192 recht schwach, 1201 ziemlich schwach; β Aquarii sehr unruhig; P. XXI, 320 unruhig, nur 1 Fäden. Luft anfangs 2–3, dann 3, zu allerletzt 3–4.
	20 0			+21.0	ε Aquilae	19.42	−38.29	38.09	
	20 40			+21.0	51 Aquilae	19.75	−38.31	37.58	
	21 57	757.6	+27.2	+19.55	Lal. 38458	20.04	−38.28	39.38	
					β Aquarii	21.43	−38.28	38.08	
					P. XXI, 320	21.81	−38.31	38.22	
1893 Aug. 18	18 29	755.4	+29.1	+26.7	λ Aquilae	19.01	−38.35	310 57 39.60	m = −0ˢ.948. [(t − 22ʰ.3). (dt + m)ɪ, ɪɪ = −38ˢ.444 −0ˢ.016 N_I = 310° 57′ 39″.85 (39″.84). N_{II} = 39.47 (39.37). Beob. R. Zone I. 4308 wie Aug. 11. 8140 etwa 0ᵐ.3 schwächer als 11371 8148 schwach; 1154 und 1174 recht schwach; 1193 äusserst schwach; 1201 sehr schwach; 1136 schwach; 1207 äusserst schwach; 8208 sehr schwach; 5072 hat gleich hellen praec. = B. D. −1°.4105, 8ᵐ.4 ? ? 11964 recht schwach; 1316 hat sequens, etwa 0ᵐ.3 schwächer, der mitregistriert wird = −7°.5592, 8ᵐ.5; 5340 wurde als doppelte praec. bez. beobachtet, der 0ᵐ.1 heller ist als sequ. umw.; 8208 hell; 1385 nur 3 Fäden; der Meridiankreis geht schwer.
	19 10			+25.55	20 Aquilae	19.11	−38.30	38.47	
	19 40			+24.65	51 Aquilae	19.75	−38.38	39.86	
	20 19	755.35	+28.4	+23.6	Lal. 38458	20.04	−38.34	40.20	
	21 35			+21.2	M. 842	20.44	−38.45	38.88	
	22 45			+19.8	β Aquarii	21.43	−38.41	38.61	
					θ Aquarii	22.19	−38.47	39.41	
					η Aquarii	22.50	−38.47	39.46	
					λ Aquarii	22.78	−38.50	38.62	
					δ Aquarii	22.99	−38.44	40.02	

Datum	Zeit	Barometer	Therm. I	Therm. II	Stern	Zeit	$dt+m$	Aequatorpunkt N	
1893 Aug. 18	0ʰ 0ᵐ	755.33	+16°.6	+18°.7	M. 986	23ʰ.75	−38ˢ.49	310° 57′ 39″.24	Zone II. Neue Lampe eingesetzt; bei 1409 sind die Mikroskope noch etwas dunkel; 510 ohne Beleuchtung. Luft anfangs 3, namentlich die südlichen Anhaltsterne sehr ruhig, viele schwache Sterne sichtbar, sie wird immer besser, nach 0ʰ 6 ist sie 1–2. Ende durch die Tageshelle bedingt.
	1 10			+18.25	4 Ceti	0.04	−38.42	39.93	
	1 52			+17.85	12 Ceti	0.11	−38.46	39.45	
	2 42	755.4	+15.4	+17.85	39 Ceti	1.19	−38.53	39.87	
					67 Ceti	2.19	−38.60	38.73	
					γ Ceti	2.63	−38.51	39.62	
1893 Aug. 19	20 0			+23.0	Lal. 38458	20.04	−38.52	310 57 40.02	$n = -0^s.048$. $dt+m = -38^s.513$. $N = 310° 57′ 39″.77$. Beob. R. 1018 nur 3, 1231 nur 2 Fäden; M. 842 wird bisweilen schwächer. Wolken im Süden: 70 Aquilae ebenso; 1368 verschwindet zuletzt, dann bald alles bewölkt. Luft 2–3.
	20 25	755.15	+29.0		M. 842	20.44	−38.53	40.12	
	20 30			+22.6	70 Aquilae	20.52	−38.49	39.18	
1893 Aug. 22	18 36	757.0	+27.6		λ Aquilae	19.01	−39.37	310 57 38.57	$n = -0^s.083$. $(dt+m)_I = -39^s.416 - 0^s.029\,(t-21^h.0)$. $(dt+m)_{II} = -39.507 - 0.011\,(t-2.3)$. $N_I = 310° 57′ 37″.99$ (38″.07). $N_{II} =$ 37.63 (37.50). Beob. R. Viele kleine Wolken ziehen am Himmel, 1812 recht schwach; 507a hat praec. centr. 0ᵐ.2 schwächer (vgl. Aug. 18); β Aquarii dick, verwaschen, unruhig; 524a praec. nur in Deklination beobachtet, sequens in beiden Koordinaten, sehr schwach; 43a recht schwach; 61 b₁ schwach, deshalb ohne Beleuchtung; 1197 und 141 nicht mehr gesehen, wegen Tageshelle. Luft fast immer 2.
	18 46			+22.2	20 Aquilae	19.11	−39.37	38.59	
	19 10			+21.6	δ Aquilae	19.34	−39.41	37.79	
	20 20			+20.55	51 Aquilae	19.75	−39.40	38.35	
	21 22			+19.55	M. 842	20.44	−39.37	38.00	
	22 4			+18.95	β Aquarii	21.43	−39.35	38.08	
	22 36			+18.7	θ Aquarii	22.19	−39.41	38.69	
	23 6	757.7	+25.4		η Aquarii	22.50	−39.53	37.97	
	23 38			+18.0	ι Piscium	23.36	−39.48	36.88	
	0 2			+17.8	27 Piscium	23.89	−39.54	36.99	
	1 0			+17.0	P. I. 167	1.68	−39.49	310 57 38.70	
	1 53			+16.55	67 Ceti	2.19	−39.51	37.47	
	3 0			+16.0	γ Ceti	2.63	−39.53	38.39	
	3 13	757.5	+23.4	+16.2	94 Ceti	3.12	−39.50	35.95	
1893 Aug. 28	18 53	758.4	+20.1	+14.6	λ Aquilae	19.01	−40.79	310 57 34.62	$n = -1^s.090$. $(dt+m)_I = -40^s.812 - 0^s.035\,(t-20^h.0)$. $(dt+m)_{II} = -40.976 - 0.040\,(t-1.0)$. $N_I = 310° 57′ 34″.18$ (34″.27). $N_{II} =$ 34.33 (34.41). Beob. R. Zone I. Luft anfangs 2–3, dann 3. Im Verlaufe der Beobachtung müssen neue Elemente eingeschaltet werden, da der Chronograph viel ausläßt. Zone II. Stern 60 nur 3 Fäden; 47a schwach. Bilder zuletzt schlecht, Ruhe 2–3; Mikroskop I oft nicht ganz scharf: es scheint sich die Schärfe der Striche zu vermindern, wofür auch die Veränderung des Run bei beiden Mikroskopen spricht. Anderntags wird die Platte auf dem Pfeiler von neuem fest angezogen.
	19 52			+14.5	20 Aquilae	19.11	−40.77	34.48	
	21 0			+12.7	δ Aquilae	19.34	−40.81	33.33	
	21 51			+12.05	Lal. 38458	20.04	−40.80	34.13	
					M. 842	20.44	−40.79	34.15	
					β Aquarii	21.43	−40.89	34.94	
	23 7	759.0	+19.7		4 Ceti	0.04	−40.91	310 57 34.26	
	23 45			+10.2	ι Ceti	0.23	−40.98	34.37	
	0 20	759.2	+19.5	+10.65	16 Ceti	0.07	−40.96	34.44	
	1 15			+ 9.5	ζ Ceti	1.77	−41.06	34.44	
	1 56	758.8	+17.5	+ 8.8	ξ Piscium	1.80	−40.96	34.13	
1893 Aug. 29	19 15	757.2	+21.4	+15.0	ε Aquilae	19.42	−41.05	310 57 26.11	$n = -1^s.096$. $(dt+m)_I = -40^s.996 - 0^s.036\,(t-20^h.0)$. $(dt+m)_{II} = -41.113 - 0.087\,(t-2.0)$. $N_I = 310° 57′ 25″.94$. $N_{II} =$ 25.81 (25″.60). N_{II} = 25.30. Beob. R. Zone I, Luft 2.
	19 51			+14.6	51 Aquilae	19.75	−40.99	25.74	
	21 0	757.0	+19.9	+12.8	η Aquilae	19.78	−40.95	25.89	
	21 50			+12.4	Lal. 38458	20.04	−40.96	26.42	
					M. 842	20.44	−40.98	25.97	
					β Aquarii	21.43	−41.08	25.51	

Datum	Zeit	Barometer	Therm. I	Therm. II	Stern	Zeit	dt + m	Aequatorpunkt N	
1893 Aug. 29	0ʰ 1ᵐ	—		+ 9°.8	4 Ceti	0ʰ.04	−41ˢ.18	310° 57′ 23″.23	Zone II. 43 a äusserst schwach; ξ Piscium recht unruhig; 91 b recht schwach, in Folge der Tageshelle; 88 a fein. Luft 2–3. Im Mikroskop II krümmt sich der untere Faden wahrscheinlich vom Stern 136 ab aufwärts, von diesem Stern an ist der Aequatorpunkt N_{Ω} b zur Anwendung gekommen.
	0 35	756.5	+19°.6	+ 9.25	15 Ceti	0.54	−41.20	22.72	
	1 7			+ 9.15	26 Ceti	0.97	−41.16	24.82	
	1 38			+ 9.05	39 Ceti	1.19	−41.26	23.44	
	2 5	755.85	+19.0		ξ Piscium	1.80	−41.19	23.83	
	3 0			+ 7.55	62 Ceti	2.06	−41.13	24.32	
	3 25	755.5	+17.0	+ 7.7	α Ceti	2.23	−41.18	24.33	
	3 45			+ 7.75	17 Eridani	3.42	−41.29	22.92	
					ε Eridani	3.46	−41.28	23.69	
1893 Sept. 1	19 30	756.0	+19.7	+11.45	51 Aquilae	19.75	−41.97	310 57 24.53	n = −1ˢ.096. dt + m = −42ˢ.067 −0ˢ.081 (t − 21ʰ.0). N = 310° 57′ 25″.28 (25″.43). Beob. R. 1212 hat sehr schwachen ... um 1° bez. um die ganze Fadenbreite etwa 9ˢ.0 = −42ˢ.412, 9ˢ.0. 1288 sehr schwach. 508 a und 524 d′ äusserst schwach. 1352 nur 3 Fäden. Luft anfangs 2–3, dann wird der Himmel ziemlich, zuletzt sehr dunstig. Ruhe 2.
	20 12			+11.25	η Aquilae	19.78	−41.98	25.48	
	20 53			+10.35	Lal. 38458	20.04	−41.94	24.81	
	21 20			+10.1	M. 842	20.44	−42.00	25.75	
	22 4			+ 9.4	β Aquarii	21.43	−42.12	25.51	
	22 35			+ 9.0	P. XXI, 320	21.81	−42.09	25.74	
	22 55	755.65	+17.1	+ 8.8	η Aquarii	22.50	−42.24	24.91	
					Br. 3033	22.86	−42.19	25.53	
1893 Sept. 4	1 15	757.0	+17.0		P. I, 167	1.68	−43.11	310 57 25.65	n = −1ˢ.357. dt + m = −43ˢ.136 −0ˢ.024 (t − 2ʰ.5). N = 310° 57′ 23″.88 (23″.79). Beob. R. 50 a dupl. aequ. magis major. Luft anfangs 3, immer besser, zuletzt 2. Am folgenden Morgen wird die Neigung corrigirt.
	1 34			+ 9.25	ξ Piscium	1.80	−43.11	23.65	
	2 11	756.65	+16.6	+ 8.65	α Ceti	2.23	−43.12	23.88	
	3 0			+ 8.5	γ Ceti	2.63	−43.18	23.51	
	3 22			+ 8.4	17 Eridani	3.42	−43.04	23.91	
	3 50	756.4	+15.8	+ 8.0	ε Eridani	3.46	−43.17	24.20	
					30 Eridani	3.79	−43.16	22.33	
1893 Sept. 5	20 0	753.05	+20.3	+15.65	Lal. 38438	20.04	−42.74	310 57 44.40	n = −0ˢ.880. dt + m = −42ˢ.813 −0ˢ.030 (t − 21ʰ.5). N = 310° 57′ 45″.10 (45″.30). Beob. R. 556 a fein. Luft recht durchsichtig. Ruhe 2–3.
	20 30			+15.05	M. 842	20.44	−42.81	45.67	
	21 20	753.45	+19.9	+13.9	70 Aquilae	20.52	−42.82	45.50	
	22 5			+13.2	β Aquarii	21.43	−42.84	45.46	
	22 20			+13.05	θ Aquarii	22.19	−42.85	45.58	
	22 57	753.15	+19.1	+12.4	λ Aquarii	22.78	−42.83	44.88	
					Br. 3033	22.86	−42.82	44.25	
1893 Sept. 12	20 26	757.1	+18.7	+14.2	M. 842	20.44	−45.12	310 57 44.81	n = −1ˢ.011. dt + m = −45ˢ.134. N = 310° 57′ 15″.79 (43″.88). Beob. R. 1288 äusserst schwach. Luft 2, zuweilen heftiger Wind. Für die nächste Periode October 13 bis 23 liegen folgende Bestimmungen von n in Kleinem Uhr vor: Oct. 13 α Ursae min. O.C. −0ˢ.920 16 δ Ursae min. U.C. −0.896 19 B.A.C. 5190 U.C. −0.884 20 α Ursae min. O.C. −0.830 Dieselben wurden angewandt und für die beiden Tage, an denen kein Polstern beobachtet ist, aus der diese Bestimmungen nahe darstellenden Formel n = −0ˢ.886 + 0ˢ.022 (d − 18) extrapolirt: Oct. 21 n = −0ˢ.820 23 n = −0.776
	21 22			+14.4	70 Aquilae	20.52	−45.12	43.87	
	21 57			+14.25	ε Aquarii	20.70	−45.14	43.89	
	22 5	757.0	+18.2		β Aquarii	21.43	−45.18	43.29	
					P. XXI, 320	21.81	−45.11	43.27	

Datum	Zeit	Barometer	Therm. I	Therm. II	Stern	Zeit	$dt+m$	Aequatorpunkt N	
1893 Oct. 13	1ʰ 6ᵐ	759.8 mm	+13°.6	+6°.15	26 Ceti	0ʰ.97	−37ˢ.33	310° 57′ 39″.40	n = −0ˢ.0902.
	1 40			+6.25	39 Ceti	1.19	−37.43	39.43	$dt+m$ = −37ˢ.430 − 0ˢ.078 (t − 2ʰ.0).
	2 15			+5.75	P. I, 167	1.68	−37.39	40.37	N = 310° 57′ 40″.01 (39″.65).
	2 34	759.75	+12.8	+5.05	67 Ceti	2.19	−37.41	40.60	Beob. R. Min. − 7°.5. Thermometer hängt immer voll Tropfen; Luft wenig durchsichtig wegen Nebels.
					α Ceti	2.23	−37.30	40.30	Ruhe 2–3. Nachher ganz dichter Nebel.
					γ Ceti	2.63	−37.54	40.58	
1893 Oct. 18	5 15			+6.5	β Orionis	5.16	−39.07	310 57 (42.21)	n = −0ˢ.0890.
	5 50	759.2	+12.4	+6.35	Lal. 11382	5.91	−39.01	39.24	$dt+m$ = −39ˢ.067.
	6 31			+5.55	60 Orionis	5.99	−39.06	38.52	N = 310° 57′ 39″.39.
	7 0	750.95	+12.2	+5.25	18 Monocerotis	6.70	−39.13	38.99	Beob. R. β Orionis flackrig, nur 2 Fäden, in Deklination p − 1,5. 1454 hat feinen [illegible] (nicht in B.D.). Spät aufgeklärt; nicht ganz [illegible]; Bilder unruhig. Luft 3. Am folgenden Morgen wurden die Zapfen gereinigt und geölt.
1893 Oct. 19	20 32	763.05	+13.0	+6.5	70 Aquilae	20.52	−39.08	310 57 38.43	n = −0ˢ.0884.
	21 5			+6.55	ε Aquarii	20.70	−39.11	38.99	$(dt+m)_I$ = −39ˢ.110 − 0ˢ.0037(t − 21ʰ.0).
	21 45			+6.4	10 Aquarii	21.20	−39.10	39.69	$(dt+m)_{II}$ = −39.324.
	22 5	763.3	+13.4	+6.4	P. XXI, 320	21.81	−39.17	40.44	$(dt+m)_{III}$ = −39.304.
									N_I = 310° 57′ 39″.39 (39″.44).
	1 5	763.3	+12.6	+4.85	39 Ceti	1.19	−39.33	310 57 38.44	N_{II} = 39.09 (38.96).
	1 35			+4.4	P. I, 167	1.68	−39.30	40.16	N_{III} = 29.62 (29.55).
	2 15			+4.3	ξ Piscium	1.80	−39.30	38.46	Zone I. Beob. R. 1185 schwach; 1188 ganz schwach, Wolken; 1309 fein. Luft 2–3.
	3 25	763.0	+11.9	+4.0	67 Ceti	2.19	−39.36	39.57	
	3 50			+3.45	γ Ceti	2.63	−39.35	39.54	Zone II. Beob. R. 302 doppl. gesp. beobachtet; der praec. ist 1ᵐ schwächer und steht −0ˢ.3, −2″.
					94 Ceti	3.12	−39.33	37.82	
					30 Eridani	3.79	−39.31	39.10	Luft 2–3.
	5 0	763.0	+ 7.9	+2.5	π³ Orionis	4.81	−39.37	310 57 29.26	Zone III. Beob. V. [illegible] sehr schwach; ν Orionis nur 2 Fäden, in A.R. ausgeblieben.
	6 15			+2.4	β Eridani	5.04	−39.38	29.70	Beobachtungen meist sehr unsicher; Ablesung der Mikroskope schlecht, weil Beleuchtung mangelhaft.
	6 40			+2.1	β Orionis	5.16	−39.37	29.40	
	7 5	763.0	+10.6	+2.3	ν Orionis	5.21	[−39.29]	30.15	
					η Orionis	5.37	−39.38	30.74	
					Lal. 11382	5.91	−39.39	28.64	
					P. VI, 203	6.59	−39.36	29.53	
					19 Monocerotis	6.96	−39.35	28.99	
					20 Monocerotis	7.08	−39.30	30.11	
1893 Oct. 20	0 55	763.25	+11.9	+5.05	26 Ceti	0.97	−39.34	310 57 38.19	n = −0ˢ.0822.
	2 10	763.0	+11.6	+4.25	P. I, 167	1.68	−39.31	38.65	$dt+m$ = −39ˢ.334.
					ζ Ceti	1.77	−39.29	37.45	N = 310° 57′ 37″.90 (37″.59).
					ξ Piscium	1.80	−39.30	37.39	Beob. R. 26 b [illegible] schwach; 30 b sehr schwach. Luft 3. Beobachter hört wegen Unwohlsein auf.
					67 Ceti	2.19	−39.38	37.80	
1893 Oct. 21	1 5	761.5	+11.6	+6.8	η Ceti	1.05	−39.26	310 57 38.37	n = −0ˢ.0820.
	1 29			+6.45	39 Ceti	1.19	−39.20	37.18	$dt+m$ = −39ˢ.270.
	1 50	761.25	+12.2	+6.4	P. I, 167	1.68	−39.25	39.04	N = 310° 57′ 38″.03 (38″.00).
					ξ Piscium	1.80	−39.31	37.53	Beob. R. 39 Ceti durch Wolken geschwächt; 57 und 59 durch Wolken nur gesehen; auch P. I, 167 und ξ Piscium durch Wolken. Aufgehört, weil aussichtslos.

Datum	Zeit	Barometer	Therm. I	Therm. II	Stern	Zeit	$dt+m$	Aequatorpunkt N	
1893 Oct. 23	20h 35m	762.8	+12°.5	+9°.45	70 Aquilae	20s.52	−59s.41	310° 57′ 37″.27	m = −0s.776. dt + m = −59s.418. N = 310° 57′ 38″.59 (38″.59). Beob. K. 1285 sehr schwach; 1289 recht schwach; 3132 verwaschen; 1309 sehr schwach; 1316 bei negativem 3° der 0″.7 schwächer ist = −7s.5550 8″.51 3246 aequ. amor. beobachtet, ganz ausserordentlich schwach, nur 3 Fäden; 1314 nicht nur gesehen wegen Wolken; 1356 schwach. Wolken sind allmählich vom Norden herüber gekommen und verhüllen den Himmel jetzt ganz. Luft 3–4. Die nächste Periode Oct. 24 bis Dec. 11 Zone I enthält folgende Bestimmungen von m in Kleiner West: Oct. 25 α Ursae min. O.C. −1s.204 27 B.A.C. 4145 U.C. −0.931 Nov. 1 B.A.C. 8213 O.C. −1.036 5 B.A.C. 5140 U.C. −1.370 6 B.A.C. 5140 U.C. −0.713 7 B.A.C. 5140 U.C. −0.736 8 α Ursae min. O.C. −0.395 10 B.A.C. 8213 O.C. −0.338 α Ursae min. O.C. −0.389 11 3441 Carr. O.C. −0.447 11 α Ursae min. O.C. −0.501 51 H. Ceph. O.C. −0.408 17 B.A.C. 5140 U.C. +0.133 Dec. 1 B.A.C. 8213 O.C. −0.607 B.A.C. 1380 O.C. −0.316 3 B.A.C. 8213 O.C. −0.567 δ Ursae min. U.C. −0.551 α Ursae min. U.C. {(−0.358) 6 α Ursae min. O.C. −0.564 δ Ursae min. U.C. −0.556 8 δ Ursae min. U.C. −0.538 10 B.A.C. 8213 O.C. −0.675 δ Ursae min. U.C. −0.668 11 δ Ursae min. U.C. −0.676 Es wurden folgende m angewandt: Oct. 24 bis Nov. 1 −0s.991 Nov. 5 −1.370 Nov. 6 bis 7 −0.725 Nov. 8 bis 11 −0.406 Nov. 17 +0.133 Dec. 1 bis 8 −0.557 Dec. 10 bis 11 −0.673
	21 10			+8.25	ι Aquarii	20.70	−59.40	38.71	
	22 5	763.1	+12.3	+6.75	16 Aquarii	21.26	−59.42	38.48	
					β Aquarii	21.43	−59.45	38.61	
					P. XXI, 320	21.81	−59.39	39.87	
1893 Oct. 24	1 5	762.7	+10.4	+5.4	39 Ceti	1.19	−59.83	49 0 8.56	m = −0s.991. dt + m = −59s.851. N = 49° 0′ 7″.31 (7″.37). Beob. K. 44 sehr schwach durch dichte Wolken, besonders Deklination nicht gut; 59 nicht durch Wolken; ζ Ceti sehr schwach; 41 nicht durch Wolken; 61 Ceti nur A.R. durch Wolken. Ruhe 2–3. Sehr schwierige Beobachtung der Wolken wegen.
	1 44			+5.55	ζ Ceti	1.77	−59.88	7.40	
	2 7	762.65	+11.0	+4.95	ξ Piscium	1.80	−59.82	6.31	
					61 Ceti	2.06	−59.84		
					67 Ceti	2.19	−59.90	7.22	

Datum	Zeit	Barometer	Therm. I	Therm. II	Stern	Zeit	$dt + m$	Aequatorpunkt N	
1893 Oct. 23	$23^h\ 0^m$	mm 756.7	+12°1	+6°9	δ Aquarii	$22^h.99$	$-59^s.96$	49° 0′ 9″.38	$m = -0^s.991$. $dt + m = -59^s.998 - 0^s.050\ (t - 0^h.0)$. $N = 49°\ 0'\ 8''.89$. Beob. R. Ueberall leichte Cirro-Cumuli; Thermometer voll Tropfen. 1411 nur 3 Fäden, durch Wolken, für Deklination zu schwach; 1418, 1421, 1423 durch Wolken, aber gut; 1433 nicht gesehen; 1437 nur 3 schlechte Fäden durch Wolken; 1439 nicht gesehen; 1442 ganz schlecht. Luft 3. 36 Ceti zuletzt durch Wolken, Deklination kaum gut; Polstern durch Wolken, dann als unsichtbar aufgeführt. Der Aequatorpunkt beruht nur auf den 4 ersten Sternen.
	23 35			+6.35	κ Piscium	23.36	−59.97	8.66	
	0 15			+6.3	M. 986	23.75	−59.92	8.34	
	0 55			+6.05	ι Ceti	0.23	−60.08	9.19	
	1 40	755.9	+11.6		26 Ceti	0.97	−60.04	[9.71]	
					39 Ceti	1.19	−60.05	[10.22]	
1893 Oct. 27	23 5	757.05	+17.6		δ Aquarii	22.99	−60.50	49 0 10.28	$m = -0^s.991$. $(dt + m)_I = -60^s.521 - 0^s.104\ (t - 23^h.5)$. $(dt + m)_{II} = -60.792 - 0.023\ (t - 4.5)$. $N_I = 49°\ 0'\ 9''.23$. $N_{II} =$ 8.61 (8″.48). Beob. R., Zone I. Alles voller Dunststreifen. Kreis später abgelesen; 1408 sehr schwach; 1412 unglaublich schwach; ebenso 1423; um 0^h im Zenith etwas aufgehellt; 1439 nur 2 Fäden durch Wolken. Deklinationseinstellung ganz spät; 1a nur 3 Fäden, sehr schlecht; 7b durch Wolken. Ruhe 3. Zone II. Um $5^h 5^m$ Thermometer beschlagen; 144b hell, $6^m.5$. Ruhe zuletzt 2.
	23 13			+4.6	κ Piscium	23.36	−60.49	8.51	
	23 35			+4.55	M. 986	23.75	−60.49	9.38	
	23 50			+4.25	ι Ceti	0.23	−60.64	8.76	
	0 13			+4.3					
	0 28	757.5	+17.5						
	3 20			+3.35	17 Eridani	3.42	−60.72	49 0 9.87	
	3 45	758.2	+16.6		e^1 Eridani	4.11	−60.81	7.61	
	3 55			+2.9	λ Eridani	4.16	−60.84	9.31	
	5 5	757.9	+15.8	+2.2	ν Eridani	4.52	−60.80	8.59	
	5 40			+1.95	μ Eridani	4.67	−60.78	7.55	
					β Orionis	5.16	−60.78	8.73	
1893 Nov. 1	21 28	754.2	+11.9	+2.5	P. XXI, 320	21.81	−61.83	49 0 8.33	$m = -0^s.991$. $dt + m = -61^s.930 - 0^s.067\ (t - 23^h.0)$. $N = 49°\ 0'\ 8''.40$. Beob. R. 5148 sehr schwach; 1442 äusserst schwach. Ruhe 2, anfangs sehr klar, zuletzt etwas dunstig. Ocular beschlägt immer.
	22 5			+2.35	δ Aquarii	22.99	−61.95	8.95	
	23 5	754.0	+11.9		γ Piscium	23.19	−62.00	7.59	
	23 10			+1.75	M. 974	23.50	−61.93	8.12	
	23 41			+2.25	M. 986	23.75	−61.95	8.42	
	0 8	753.8	+11.7	+2.4	4 Ceti	0.04	−62.00	9.00	
1893 Nov. 5	2 55	748.25	+14.3	+6.05	η Eridani	2.85	−62.68	49 0 (10.92)	$m = -1^s.370$. $dt + m = -62^s.655 - 0^s.044\ (t - 3^h.5)$. $N = 49°\ 0'\ 9''.21$ (9″.04). Beob. R. Spät aufgeklärt und noch dunstig. η Eridani sehr unruhig, in Deklination $p = {}^1/_{31}$ 143 verschwindet zuletzt; 17 Eridani ganz verwaschen und unruhig; 155 schwach und verwaschen; 88b nur 3 Fäden; 101 bis 212 durch Dunst, 213 und 218 nur je 2 Fäden; 134b nur 4 Fäden, verschwindet vor der Deklinationseinstellung; 132 sehr schwach, Deklination nicht gut; Ruhe 2–3. Ocular beschlägt [illegible]. Am folgenden Tage Neigung corrigirt.
	3 30			+5.9	94 Ceti	3.12	−62.59	9.12	
	4 10			+5.75	17 Eridani	3.42	−62.63	9.61	
	4 45	748.0	+14.1	+5.55	λ Eridani	4.16	−62.71	9.26	
					μ Eridani	4.67	−62.71	8.00	

Datum	Zeit	Barometer	Therm. I	Therm. II	Stern	Zeit	$dl + m$	Aequatorpunkt N	
1893 Nov. 6	2ʰ 45ᵐ	—		+2°.8	η Eridani	2ʰ.85	−62ˢ.71	49° 0′ 8″.47	$m = -0^s.725$. $dl + m = -62^s.708$. $N = 49° 0' 8''.33$ (8″.20). Beob. R. η Eridani sehr unruhig; 213 schwach; 117 war 2 Fäden. Luft wechselnd, anfangs Bilder verwaschen und recht unruhig; dann 1–2, zuletzt dunstig.
	3 0	752.0	+10°.7		94 Ceti	3.17	−62.70	7.32	
	3 30			+1.95	17 Eridani	3.42	−62.74	8.07	
	3 50			+1.8	A Eridani	4.16	−62.76	9.67	
	4 10			+1.55	μ Eridani	4.67	−62.68	7.79	
	4 45	752.3	+11.3	+1.3	π³ Orionis	4.81	−62.65	8.05	
1893 Nov. 7	3 25			−1.65	ζ Eridani	3.18	−62.98	49 0 9.19	$m = -0^s.725$. $dl + m = -62^s.966$. $N = 49° 0' 8''.98$ (8″.98). Beob. R. Recht durchsichtig; 273 später abgelesen. Luft 1. Striche im Mikroskop I nicht ganz scharf. Hierauf wird die Neigung nochmals corrigirt.
	3 30	755.8	+14.1		ι Eridani	3.46	−63.00	9.05	
	3 50			−1.85	δ Eridani	3.64	−62.97	8.94	
	4 10			−2.0	24 Eridani	3.65	−62.91	9.49	
	4 35	755.65	+14.0	−2.2	μ Eridani	4.67	−62.95	7.88	
	5 47			−2.45	π⁴ Orionis	4.81	−62.93	9.10	
					η Orionis	5.32	−63.03	9.24	
1893 Nov. 8	1 5			−0.15	20 Ceti	0.97	−62.93	49 0 10.00	$m = -0^s.408$. $(dl + m)_I = -63^s.007$. $(dl + m)_{II} = -63.050$. $N_I = 49° 0' 10''.44$ (10″.74). $N_{II} =$ 10.50 (10.58). Beob. R. Zone I. 15b schwach; heftiger Wind schüttelt bisweilen das Fernrohr, Ruhe sonst 2. Zone II. 161b; erhöhte Stelle im Mikroskop I. Lal. 11382 später abgelesen. Luft 2. Noch immer Sturm.
	1 35	756.0	+14.2		39 Ceti	1.19	−63.04	10.95	
	1 45			−0.4	ζ Ceti	1.77	−63.06	10.64	
	2 5			−0.5	ξ Piscium	1.80	−63.05	9.79	
					62 Ceti	2.06	−62.97	10.81	
	4 45	755.9	+14.0		π⁴ Orionis	4.81	−63.01	49 0 10.40	
	5 10			−0.9	β Orionis	5.16	−63.11	10.36	
	5 46			−1.05	η Orionis	5.32	−63.05	9.90	
	6 0	755.6	+13.6		Lal. 11382	5.91	−63.04	11.35	
1893 Nov. 10	20 55	752.7	+ 6.6		β Aquarii	21.43	−63.03	49 0 19.08	$m = -0^s.408$. $(dl + m)_I = -63^s.073 - 0.013(t - 11°.5)$. $(dl + m)_{II} = -63.106 - 0.011(t - 3.5)$. $N_I = 49° 0' 17''.19$ (17″.64). $N_{II} =$ 9.59 (9.64). Zone I. Beob. F. 344t′ dupl. sequ. contr. schwach. 1393 sehr hell, heller als 1389; 1396 schwach; 1441 schwach; Luft I. A. gut 2, aber sehr undurchsichtig. Kreis geht schwer. Zone II. Beob. R. 169 schwach; 133b, schwach; 143 b, zu schwach, verschwindet; 147 b recht schwach, es wird dunstig; 170a′ nur 3 Fäden; 117 hat 3 oder 4 schwächere Sequ. Bei 160x ist es wieder ganz klar; 378 schwach; 384 nicht gesehen, wieder dunstig; 5 Monocerotis ganz schwach, nicht gut. Bald wird der Nebel ganz dicht. Bis 4ʰ Luft 2, dann unruhiger, zuletzt Luft 3.
	21 25			+1.2	P. XXI, 320	21.81	−63.06	18.46	
	21 35			+1.0	θ Aquarii	22.19	−63.07	17.32	
	21 55			+0.8	δ Aquarii	22.09	−63.11	16.81	
	22 7			+0.7	γ Piscium	23.19	−63.08	16.70	
	22 20			+0.6	κ Piscium	23.36	−63.06	17.03	
	23 5	754.8	+11.8	+0.2	4 Ceti	0.04	−63.09	17.17	
	23 50			−0.3					
	0 5			−0.4					
	1 0			−0.75	20 Ceti	0.97	−63.03	49 0 9.79	
	1 10	755.2	+14.4		39 Ceti	1.19	−63.11	9.84	
	1 45			−1.25	ζ Ceti	1.77	−63.12	10.36	
	2 20			−1.6	ξ Piscium	1.80	−63.05	9.19	
	3 2	755.7	+14.6		67 Ceti	2.19	−63.12	9.04	
	3 10			−1.75	81 Ceti	2.54	−63.06	9.77	
	3 55			−1.9	δ Ceti	2.57	−63.10	8.65	
	4 37			−1.85	ι Eridani	3.46	−63.12	9.21	
	4 45	756.15	+15.4		24 Eridani	3.65	−63.09	10.89	
	5 49	756.6	+15.5	−3.2	μ Eridani	4.67	−63.14	10.20	
	6 15	756.8	+15.4	−3.3	β Orionis	5.16	−63.17	10.00	
					σ Orionis	5.50	−63.12	8.58	
					66 Orionis	5.99	−63.14	8.47	
					5 Monocerotis	6.16	−63.11	10.34	

Datum	Zeit	Barometer	Therm. I	Therm. II	Stern	Zeit	$dt + m$	Aequatorpunkt N	
1893 Nov. 21	21ʰ 45ᵐ	760.55	+10°.2		P. XXI, 320	21ʰ.81	−63ˢ.03	49° 0′ 9″.93	m = −0ˢ.402. $(dt + m)_{I}$ = −63ˢ.048 − 0ˢ.0012 (t − 22ʰ.0). $(dt + m)_{II}$ = −63.109 − 0.036 (t − 1.5). N_{I} = 49° 0′ 9″.39 (9″.42). N_{II} = 10.49. Beob. R. Zone I. Luft 2−3. Zone II. 39 Ceti klumpt wie aufsteigendem Dunst, in Deklination β = 1/2; 57 sehr schwach. ζ Ceti zuletzt recht schwach; ξ Piscium anfangs nicht zu sehen; bald alles dunstig; aufgehört. Ruhe 3−5.
	21 55			−0°.4	θ Aquarii	22.19	−63.07	9.24	
	22 35	760.6	+10.1	−0.6	γ Aquarii	22.27	−63.06	9.75	
					η Aquarii	22.50	−63.09	8.65	
	0 35	761.35	+11.0	−2.45	26 Ceti	0.97	−63.09	49 0 10.58	
	1 25			−2.6	39 Ceti	1.19	−63.10	(11.53)	
	2 0	761.45	+11.8	−2.95	P. I, 167	1.68	−63.09	10.12	
					ζ Ceti	1.77	−63.15	11.21	
					ξ Piscium	1.80	−63.11	9.61	
1893 Nov. 22	21 0	761.25	+ 8.8		β Aquarii	21.43	−62.90	49 0 11.39	m = −0ˢ.406. $(dt + m)_{I}$ = −62ˢ.907 − 0ˢ.0013 (t − 22ʰ.5). $(dt + m)_{II}$ = −62.935. N_{I} = 49° 0′ 10″.50 (10″.70). N_{II} = 10.55 (10.50). Beob. R. 39 Ceti und 50 nur 2 Fäden; 181 sehr schwach; 744 hell; 142 nur 2 Fäden. μ Eridani nur 2 Fäden, in A.R. ausgeschlossen. 252 schwach; 133b, trüb; 264 schwach; 140b recht hell; 143b, nur 2 Fäden; 361 schwach. Luft sehr durchsichtig, Ruhe kaum 3. Ocular beschlägt immer.
	21 37			−0.15	P. XXI, 320	21.81	−62.87	10.87	
	21 56			−0.1	δ Aquarii	22.99	−62.92	10.88	
	22 10	761.4	+10.5		γ Piscium	23.19	−62.93	9.22	
	22 58			−0.75					
	23 5	761.5	+11.1						
	23 15			−0.85					
	0 55	761.5	+11.1	−2.45	26 Ceti	0.97	−62.91	49 0 10.72	
	1 45			−2.7	39 Ceti	1.19	−62.96	11.35	
	2 40			−3.15	P. I, 167	1.68	−62.92	10.51	
	3 23			−2.75	ζ Ceti	1.77	−63.00	11.24	
	4 10	760.95	+10.6	−3.4	62 Ceti	2.06	−62.89	10.82	
	6 0			−2.9	81 Ceti	2.34	−62.88	10.36	
	6 35			−3.0	d Ceti	2.57	−62.98	10.32	
	6 40	760.0	+ 9.0		17 Eridani	3.41	−62.96	10.78	
	7 20	759.9	+ 8.9	−2.45	ε Eridani	3.46	−62.96	10.40	
					μ Eridani	4.67	(−63.04)	9.00	
					β Orionis	5.16	−63.02	10.33	
					δ' Orionis	5.50	−62.91	11.66	
					8 Monocerotis	6.30	−62.91	10.81	
					10 Monocerotis	6.96	−62.93	9.89	
					P. VII, 85	7.18	−62.87	9.83	
1893 Nov. 27	2 47			−2.3	η Eridani	2.85	−65.02	49 0 11.83	m = +0ˢ.133. dt + m = −65ˢ.033 − 0ˢ.030 (t − 5ʰ.5). N = 49° 0′ 11″.80 (11″.58). Beob. R. 118a ganz schwach, Feld fast dunkel; 153 schwach; Lal. 11382 später abgelesen, ebenso 6 Monocerotis. Luft immer 2−3.
	2 58	764.95	+13.5		17 Eridani	3.42	−65.01	11.57	
	3 22			−2.65	ε Eridani	3.46	−64.98	11.29	
	3 50	765.2	+13.45	−2.55	δ Eridani	3.61	−64.96	10.90	
	5 7	764.95	+14.0	−3.1	24 Eridani	3.65	−65.04	11.09	
	5 46			−3.35	Lal. 11382	5.91	−65.07	11.58	
	7 5	765.25	+14.6		6 Monocerotis	6.21	−64.97	10.47	
	7 20			−3.75	P. VII, 85	7.18	−64.99	11.89	
	7 50			−4.0	Br. 1197	8.34	−65.13	12.21	
	8 0	765.0	+14.3		P. VIII, 167	8.70	−65.15	12.43	
1893 Dec. 1	1 3	749.05	+14.1	+3.55	39 Ceti	1.19	−65.13	49 0 12.58	m = −0ˢ.157. dt + m = −65ˢ.113. N = 49° 0′ 11″.64 (11″.02). Beob. R. 33b und 34b durch Dunst; P. I, 167 deshalb sehr schwach; ζ Ceti sehr unruhig; 62 Ceti kaum gesehen; dann alles bezogen, aufgehört. Luft 3−4.
	1 25			+4.1	P. I, 167	1.68	−65.11	11.27	
	2 2	749.2	+14.95	+5.1	ζ Ceti	1.77	−65.18	11.28	
					62 Ceti	2.06	−65.05	12.24	

Datum	Zeit	Barometer	Therm. I	Therm. II	Stern	Zeit	dt + m	Aequatorpunkt N	
1893 Dec. 2	21ʰ 5ᵐ	762.7	+17°.3		β Aquarii	21ʰ.43	−65ˢ.29	49° 0′ 13″.21	m = −0ˢ.557. (dt + m)_I = −65ˢ.509. (dt + m)_II = −65.409. N_I = 49° 0′ 12″.03 (12″.23). N_II = 11.91 (11.76). Beob. K. Zone I. 524a später abgebrochen, ebenso 1344; 1396 schwach; 26 Ceti nur ein Faden, in A.R. eingestellt [illegible]. Zone II. Während der Beobachtung von 4ʰ58 und 1840 erlosch die Lampe; 27 Monocerotis nur 2 Fäden. Luft 2–3.
	21 30			+0°.6	θ Aquarii	22.19	−65.20	11.86	
	22 45			+0.65	λ Aquarii	22.99	−65.36	12.50	
	22 15	762.8	+18.6	+0.4	γ Piscium	23.19	−65.32	11.23	
	23 5	763.25	+19.6		κ Piscium	23.36	−65.28	12.87	
	23 15			+0.05	M. 986	23.75	−65.29	12.45	
	23 50			−0.25	ι Ceti	0.23	−65.36	12.29	
	0 11	763.4	+20.0	0.0	26 Ceti	0.97	−65.15	11.03	
	1 2			−1.2	39 Ceti	1.19	−65.31	11.87	
	1 25			−1.15	ζ Ceti	1.77	−65.26	11.69	
	2 5			−1.75	02 Ceti	2.06	−65.26	11.59	
	4 45	762.5	+17.6	−2.9	π⁶ Orionis	4.81		49 0 12.13	
	5 20			−3.2	β Orionis	5.16	−65.48	12.19	
	6 0			−3.1	Lal. 11382	5.91	−65.35	12.58	
	6 45			−3.3	P. VII, 85	7.28	−65.39	11.28	
	7 10			−3.55	26 Monocerotis	7.00	−65.44	12.20	
	7 20	762.4	+16.7		27 Monocerotis	7.91	−65.39	11.06	
	8 0			−4.1					
1893 Dec. 3	21 37	761.5	+15.2	−1.5	β Aquarii	21.43	−65.36	49 0 13.62	m = −0ˢ.557. (dt + m)_I = −65ˢ.390. (dt + m)_II = −65.423 −0ˢ.020 (t − 5ʰ.5). N_I = 49° 0′ 12″.53 (12″.49). N_II = 12.04 (11.90). Beob. K. Zone I. 33b nur 7 Fäd.; 61 schwach; Luft 2–3. Zone II. 121 nur 2 Fäden. 4ʰ.0 Sterne scharf, aber unruhig; 214 nur 1 Faden; 198b hat ferner aequ.-austr. 4″, 1/2″; 26 Monocerotis nur 1 Faden. Luft sehr wechselnd, zuletzt 3.
	22 5			−2.05	λ Aquarii	22.99	−65.41	13.21	
	23 9	761.55	+15.7	−2.5	γ Piscium	23.19	−65.42	12.52	
	0 5	761.65	+15.6	−2.0	M. 974	23.50	−65.35	12.21	
	1 0	761.6	+15.2	−2.8	M. 986	23.75	−65.43	11.87	
					4 Ceti	0.44	−65.35	12.55	
					η Ceti	1.05	−65.43	12.02	
					39 Ceti	1.19	−65.38	12.23	
	3 0			−3.4	94 Ceti	3.12	−65.34	49 0 12.61	
	3 45			−3.9	τ Eridani	3.46	−65.43	11.43	
	4 25	760.75	+13.7	−4.05	δ Eridani	3.64	−65.40	11.68	
	5 40	760.1	+13.0	−4.2	24 Eridani	3.65	−65.35	12.96	
	6 40			−4.8	ν Eridani	4.16	−65.44	12.06	
	7 10	759.8	+12.3		π⁶ Orionis	4.81	−65.37	12.08	
	8 0			−5.05	Lal. 11382	5.91	−65.44	12.03	
	8 35	759.1	+11.2	−5.15	P. VII, 85	7.28	−65.13	11.37	
					26 Monocerotis	7.00	−65.45	12.61	
					Br. 1197	8.34	−65.48	12.03	
					Br. 1212	8.50	−65.52	10.61	
1893 Dec. 6	1 15	757.9	+13.1	−3.6	39 Ceti	1.19	−64.89	49 0 13.03	m = −0ˢ.557. (dt + m)_I = −64ˢ.947. (dt + m)_II = −65.026 −0ˢ.003 (t − 5ʰ.5). N_I = 49° 0′ 11″.38. N_II = 10.46 (10″.53). Beob. K. Thermometerlage [illegible]. Zone I. ζ Ceti sehr unruhig. Ruhe 3–4. Bilder 1–3. Zone II. 211 sehr schwach; 264 nur bei fast dunklem Felde zu beobachten, obwohl Luft sehr durchsichtig; 1412b hat aequ. m⁸ austr. der noch 0ᵐ.5 heller ist als 264, dessen aequ. ist = −3ˢ.1044, 9″.0. Lal. 11382 sehr unruhig; 6 Monocerotis nur 1 Faden. Polstern sehr schwierig zu beobachten, da das Ocular immer beschlägt, verschwindet dann, da sich Dunst bildet; kein Stern mehr zu erhalten, deshalb aufgehört. Luft 3–4. Schärfe gut.
	1 50	757.7	+13.4	−3.15	P. I, 167	1.68	−64.93	11.50	
					ζ Ceti	1.77	−65.00	12.07	
					ξ Piscium	1.80	−64.97	9.11	
	4 13	756.6	+13.4	−5.2	ι Eridani	4.31	−65.05	49 0 12.36	
	5 40	756.0	+12.9	−6.2	μ Eridani	4.67	−65.06	10.26	
	6 30			−9.15	π⁶ Orionis	4.81	−65.06	9.90	
	7 10			−9.8	Lal. 11382	5.91	−65.04	10.80	
	7 26	755.4	+11.4	−9.15	6 Monocerotis	6.21	−65.12	9.73	
					P. VII, 85	7.28	−65.27	9.73	

Datum	Zeit	Barometer	Therm. I	Therm. II	Stern	Zeit	dt + m	Aequatorpunkt N'	
1893 Dec. 8	4h 15m	749.8	+13°7		ν Eridani	4h.52	−65s.17	49° 0' 12".28	m = −0s.557. dt + m = −65s.189 −0s.013 (t −6°.0). N' = 49° 0' 12".18 (12".00). Beob. R. 143a hat keinen praec. Antr., der mitregistrirt wird und etwa 5" über dem oberen Faden steht = B.D. −1°541, 9m.516 Monocerotis nur 1 Faden; 446 später abgelesen; 242b sehr schwach. Luft 3, zuletzt wenig durchsichtig. Ocular beschlägt häufig. Thermometer immer voll Eis.
	4 25			−5°4	μ Eridani	4.67	−65.19	11.34	
	4 50	749.45	+13.1	−5.45	π⁴ Orionis	4.81	−65.18	11.59	
	5 25			−5.95	Lal. 11382	5.91	−65.18	12.33	
	6 3			−6.25	6 Monocerotis	6.21	−65.16	12.67	
	7 10			−6.4	P. VII. 85	7.28	−65.13	11.53	
	7 20	748.25	+11.5		26 Monocerotis	7.60	−65.31	12.97	
	7 40			−7.0	Br. 1197	8.34	−65.20	12.27	
	8 0	748.0	+10.8	−6.9					
	8 25			−6.95					
1893 Dec. 10	21 40	749.0	+13.8		λ Aquarii	22.78	−64.99	49 0 20.51	m = −0s.673. (dt + m)I = −64s.981. (dt + m)II = −65s.003 −0s.033 (t −4°.3). N'I = 49° 0' 19".15 (19".03). N'II = 12.13 (12.12). Zone I. Beob. P. 1397 unsicher, nicht als dopp. erkennbar; Polstern sehr unruhig. Sterne anfangs durch Dunst oder Rauch (?) schwach. Zone II. Beob. R. 131b nur 1 Faden; 180b später abgelesen; 183a sehr schwach wegen plötzlich auftretenden Dunstes. Polstern ganz verwaschen und springend; 26 Monocerotis äusserst unruhig. Sterne sonst immer ruhig, aber breit; Thermometer voller Tropfen.
	23 0			−1.3	Br. 3033	22.86	−65.01	20.01	
	23 30	749.0	+15.0	−1.3	γ Piscium	23.19	−64.99	17.81	
					κ Piscium	23.30	−64.93	18.68	
	5 9	749.4	+12.9	−2.0	π⁴ Orionis	4.81	−64.91	49 0 12.01	
	5 34			−1.85	β Orionis	5.16	−64.99	11.79	
	6 30	749.35	+13.2	−2.35	Lal. 11382	5.91	−64.98	11.97	
	7 0			−1.85	5 Monocerotis	6.16	−65.00	12.54	
	7 40			−1.4	26 Monocerotis	7.60	−65.06	12.92	
	8 0	749.3	+12.7	−1.95	27 Monocerotis	7.91	−65.03	11.53	
1893 Dec. 12	22 50	752.2	+ 8.6	+1.1	Br. 3033	22.86	−64.91	49 0 12.06	m = −0s.673. (dt + m)I = −64s.919. (dt + m)II = −64.987 −0s.030 (t −6°.0). N'I = 49° 0' 11".64. N'II = 11.74 (11".43). Beob. R. Zone I. 1397 hat sehr schwachen praec. 1/2", auf Parallel. Luft 2–3. Zone II. Thermometer voll gefrierenden Wassers. π⁴ Orionis nur 2 Fäden, in A.R. ausgeschlossen; 263 sehr schwach; 264 schwach; Lal 11382 später abgelesen; 117b nicht gesehen, Dunst im Süden; 26 Monocerotis zuletzt sehr unruhig. Luft 3. Sterne oft schwach und verwaschen. Ocular beschlägt immer.
	23 15			+0.6	h Aquarii	22.99	−64.91	12.06	
					γ Piscium	23.19	−64.94	10.19	
	4 25	751.6	+16.1	−1.15	43 Eridani	4.44	−64.94	49 0 12.40	
	4 50			−1.1	ν Eridani	4.52	−64.93	11.73	
	5 33			−1.35	μ Eridani	4.67	−64.96	10.89	
	6 0	751.2	+15.6		π⁴ Orionis	4.81	[−64.88]	11.77	
	6 40			−1.8	Lal. 11382	5.91	−64.98	11.81	
	7 13			−1.9	P. VII. 85	7.28	−65.01	11.71	
	7 55			−2.05	26 Monocerotis	7.60	−65.06	11.84	
	8 25	751.0	+16.2	−2.0	Br. 1197	8.34	−65.05	11.78	
1893 Dec. 22	22 50			+ 1.4	λ Aquarii	22.78	−64.63	49 0 14.28	m = −0s.673. (dt + m)I = −64s.627. N'I = 49° 0' 13".78 (13".56). Beob. R. Zone I. Bei 1397 ist das Feld nur von der Dämmerung matt erhellt, der Stern ist sehr schwach. Es wird dann bei einer Collimationsfehlerbestimmung umgelegt und sofort in Kl. Ost eine Zone beobachtet; die beiden Polsterne derselben ergaben für m B.A.C. 5140 U.C. = −0s.433 λ Ursae min. U.C. = −0.431
	23 10	757.9	+10.8	+ 0.8	Br. 3033	22.86	−64.59	13.78	
					λ Aquarii	22.99	−64.63	14.62	
					γ Piscium	23.19	−64.64	12.45	

Datum	Zeit	Barometer	Therm. I	Therm. II	Stern	Zeit	$dt+m$	Aequatorpunkt N	
1893 Dec. 22	$1^h\,10^m$	758.75	$+14°.8$	$-1°.0$	26 Ceti	$0^h.97$	$-64^s.58$	310° 57′ 35″.75	$n = -0^s.432$. $(dt+m)_{II} = -64^s.681 - 0^s.018\,(t - 4^h.0)$. $N_{II} = 310°\,57'\,35''.01\;(34''.94)$. Zone II. 26b schwach; 502 hat praec. $8^m.5$, $\delta - 2'$; o Ceti = $8^m.0$; 214 nur 1 Faden; 118a dupl. med. schwer zu beobachten, recht schwach; 143b sehr schwach; 320 nur 2 Fäden; ebenso 414 und 184a; 503 sehr schwach. Luft 2–3. Nach dem Mondaufgange beginnt sich Dunst zu bilden, der zuletzt die schwachen Sterne merklich schwächt. Beobachter zuletzt recht müde. Mond stört von 5^h–6^h die Kreisablesung. Die weiteren Bestimmungen von n in dieser Kreislage bis 1894 Feb. 1 lauten: Jan. 3 α Ursae min. O.C. = $-0^s.195$ 4 α Ursae min. O.C. = -0.008 5 α Ursae min. O.C. = -0.007 λ Ursae min. U.C. = -0.079 9 δ Ursae min. U.C. = $+0.051$ 24 α Ursae min. O.C. = $+0.145$ 25 Gr. 750 O.C. = $+0.183$ Feb. 1 δ Ursae min. U.C. = $+0.052$ Angewandt wurde: Jan. 3 = $-0^s.195$ Jan. 4, 5 = -0.015 Jan. 9 u. Feb. 1, 4 = $+0.051$ Jan. 22 bis 25 = $+0.164$
	2 5			-1.35	39 Ceti	1.19	-64.57	34.50	
	3 0			-1.35	P. I, 167	1.68	-64.64	35.74	
	3 30			-1.8	ζ Ceti	1.77	-64.68	34.83	
	3 50			-1.8	ξ Piscium	1.80	-64.63	34.40	
	4 35	759.7	$+18.0$	-2.1	ο Ceti	2.23	-64.65	34.83	
	5 25			-2.2	17 Eridani	3.42	-64.72	35.76	
	6 30			-2.6	ε Eridani	3.46	-64.74	35.39	
	6 50	759.45	$+17.8$		24 Eridani	3.65	-64.67	34.47	
	7 0			-2.6	45 Eridani	4.44	-64.68	35.33	
	7 48	759.0	$+17.2$	-2.75	ν Eridani	4.52	-64.71	34.57	
					β Orionis	5.16	-64.76	35.31	
					ι Orionis	5.22	-64.72	35.05	
					P. VI, 203	6.39	-64.63	34.44	
					P. VII, 85	7.28	-64.68	35.78	
					26 Monocerotis	7.60	-64.79	33.99	
1894 Jan. 3	1 0	759.4	$+7.2$	-10.2	26 Ceti	0.97	-63.71	310 57 22.10	$n = -0^s.195$. $(dt+m)_I = -63^s.743$. $(dt+m)_{II} = -63.688$. $N_I = 310°\,57'\,22''.36\;(22''.14)$. $N_{II} =$ 22.63 (22.70). Bemb. II. 26 Ceti nur 1 Faden, 83b sehr schwach, $8^m.5$; 169 schwach; 300b schwach; 311 schwach; Unterbrecher stört öfters. Ruhe 2, aber heftiger Sturm, der den Schnee durch die Klappen weht. Luft sehr durchsichtig.
	1 35			-10.5	φ Ceti	1.05	-63.77	23.13	
					39 Ceti	1.19	-63.75	21.68	
					ζ Ceti	1.77	-63.74	22.50	
					ξ Piscium	1.80		22.39	
	3 15			-11.4	94 Ceti	3.12	-63.70	310 57 20.59	
	3 45	759.25	$+8.9$	-11.55	ε Eridani	3.47	-63.68	23.82	
	4 25			-11.7	δ Eridani	3.64	-63.73	23.00	
	4 45	759.0	$+9.4$	-11.9	24 Eridani	3.65	-63.68	21.31	
	5 35			-12.3	Λ Eridani	4.16	-63.70	22.25	
	6 5			-12.6	45 Eridani	4.44	-63.66	24.60	
	7 10	758.1	$+9.6$		μ Eridani	4.67	-63.69	23.28	
					π¹ Orionis	4.81	-63.68	22.65	
					Lal. 11382	5.92	-63.69	22.20	
1894 Jan. 4	1 0	753.4	$+1.3$	-12.2	26 Ceti	0.97	-63.73	310 57 20.32	$n = -0^s.015$. $(dt+m)_I = -63^s.759$. $(dt+m)_{II} = -63.673 + 0^s.012\,(t - 4^h.5)$. $N_I = 310°\,57'\,20''.13\;(20''.00)$. $N_{II} =$ 20.75 (20.78). Bemb. II. Zone I. Polsterne ausgezeichnet scharf und ruhig. Zone II. 83a recht schwach. Ocular beschlägt fortwährend. Luft bis fast zum Schluss besser 2. Nur die beiden letzten Sterne verwaschen und unruhig. Unterbrecher stört sehr häufig. Das Fernrohr geht sehr schwer, deshalb werden am andern Morgen alle Zapfen gereinigt u. geölt.
	1 25			-12.15	φ Ceti	1.05	-63.79	20.32	
					39 Ceti	1.19	-63.76	19.74	
	3 10			-12.65	94 Ceti	3.12	-63.69	310 57 18.79	
	3 30	753.5	$+5.6$		17 Eridani	3.42	-63.66	21.10	
	3 50			-12.75	ε Eridani	3.47	-63.69	21.74	
	4 15			-12.85	Λ Eridani	4.16	-63.70	22.36	
	4 40			-12.9	45 Eridani	4.44	-63.65	22.13	
	5 50			-13.4	μ Eridani	4.67	-63.70	20.80	
	6 30			-13.5	Lal. 11382	5.91	-63.65	20.70	
	7 0	753.4	$+7.0$	-13.65	18 Monocerotis	6.71	-63.64	20.30	

Datum	Zeit	Barometer	Therm. I	Therm. II	Stern	Zeit	dt + m	Aequatorpunkt N	
1894 Jan. 5	1h 0m	750.2 mm	+ 6°.2	− 8°.6	16 Ceti	0h.97	−63s.36	310° 57′ 17″.45	m = −0s.015. (dt + m)_I = −63s.343. (dt − m)_II = −63.310 + 0.016 (t − 5°.05). N_I = 310° 57′ 18″.10 (17″.89) N_II = 18.07 (18.09). Beob. K. Fernrohr geht leichter als gestern, aber ruckweise. Zone I. Im Süden alles dunstig. 16 Ceti und η Ceti nur geahnt; 39 Ceti nicht gesehen; 32 a für Deklination zu schwach; 34 b bei stark abgeblendeter Beleuchtung gesehen. Bald wird es aber ganz klar. Zone II. 89 b schwach; 93 b schwach; 24 Eridani nur 1 Faden, in A.R. ausgeschlossen. 213 wird nur im dunklen Felde gesehen, zu schwach; 214 auch schwach; 231 recht schwach; 133 b, und 269 nicht gesehen, es wird dunstig; Lal. 11382 unsichtig; 378 nicht gesehen; 439 sehr schwach; 443 äusserst schwach; 450, schwach und wechselnd; 27 Monoc. schwach. Luft wird immer dunstiger. Ruhe 2−3. Sterne meist schwach. Unterstreicher nicht klar.
	1 50	749.9	+ 5.9	− 8.9	η Ceti	1.05	−63.39	18.85	
					P. I, 167	1.68	−63.39	18.38	
					ζ Ceti	1.77	−63.45	18.07	
					ξ Piscium	1.80	−63.37	17.73	
	3 15	749.75	+ 5.8	− 9.95	94 Ceti	3.12	−63.33	310 57 16.37	
	3 45			−10.45	ζ Eridani	3.18	−63.40	18.70	
	4 25			−10.95	24 Eridani	3.65	[−63.32]	16.77	
	4 55	749.25	+ 4.4		A Eridani	4.16	−63.39	18.20	
	5 40			−11.0	45 Eridani	4.44	−63.42	18.43	
	6 5	749.05	+ 4.4	−12.0	β Orionis	5.16	−63.42	18.48	
	6 40			−12.6	γ Orionis	5.21	−63.37	18.21	
	7 5			−12.65	Lal. 11382	5.91	−63.41	17.55	
	8 0	748.4	+ 1.7	−12.65	P. VI, 203	6.59	−63.29	18.59	
					10 Monocerotis	7.08		18.69	
					27 Monocerotis	7.91	−63.37	18.76	
1894 Jan. 9	5 5	757.0	+ 9.0	− 7.8	β Orionis	5.16	−63.22	310 57 10.74	m = +0s.051. dt + m = −63s.319. N = 310° 57′ 11″.26. Beob. V. Neblig. Sterne schwach. 348 nicht gesehen. 174 b, nur wenige Fäden, durch Nebel. Luft ziemlich gut (2), aber wegen fortwährend aufsteigenden Nebels sind selbst die hellsten Sterne schwach.
	5 40			− 8.3	γ Orionis	5.21	−63.39	10.47	
	6 20	756.1	+ 3.0	− 8.8	η Orionis	5.38	−63.35	11.54	
					Lal. 11382	5.91	−63.37	11.61	
					5 Monocerotis	6.16	−63.27	11.96	
1894 Jan. 22	1 25	750.1	+11.6	+ 6.5	24 Eridani	3.65	−62.42	310 57 22.39	m = +0s.164. dt + m = −62s.448. N = 310° 57′ 22″.33 (22″.44). Beob. K. Ueberall Wolken, nur im Meridian eine kleine Lücke, durch welche ohne Feldbeleuchtung Stern 61 erhalten wird; nach zweistündiger Pause ganz klar. Nach 24 Eridani erscheinen wieder Wolken; 103 durch dichte Wolken; ebenso 214; 45 Eridani nur 1, ν Eridani nur 2 Fäden, beide in A.R. β 1/8. Dann aufgehört. Ruhe 2−3.
	3 30	749.3	+11.3	+ 2.9	ο¹ Eridani	4.11	−62.45	22.20	
	4 10			+ 2.4	A Eridani	4.16	−62.44	23.14	
	4 35	748.7	+ 9.45	+ 2.8	45 Eridani	4.44	(−62.41)		
					ν Eridani	4.52	(−62.58)	22.38	
1894 Jan. 24	1 0	759.9	+13.6	+1.0	η Ceti	1.05	−62.86	310 57 20.95	m = +0s.164. (dt + m)_I = −62s.838. (dt + m)_II = −62.940 − 0.030 (t − 5°.01). N_I = 310° 57′ 20″.73 (20″.70). N_II = 20.90 (20.84). Beob. K. Zone I. Bis Stern 61 ohne künstliche Beleuchtung; 32 a und 61 doch recht schwach; Luft 2−3. Mikroskope im Zwielicht schlecht ablesbar. Zone II. 213 schwach. Ruhe 2, zuletzt 2−3.
	1 30			+0.4	39 Ceti	1.19	−62.89	20.24	
	1 45	759.9	+13.8	0.0	P. I, 167	1.68	−62.81	21.45	
					ζ Ceti	1.77	−62.84	20.76	
					ξ Piscium	1.80	−62.89	20.85	
	3 45	760.7	+16.2	−1.85	24 Eridani	3.65	−62.88	310 57 19.66	
	4 15			−1.7	ο¹ Eridani	4.11	−62.88	19.81	
	4 35			−1.85	A Eridani	4.16	−62.93	21.58	
	5 20	760.75	+15.6	−2.2	45 Eridani	4.44	−62.93	21.55	
	6 46	760.75	+15.6	−2.95	π⁴ Orionis	4.81	−62.94	21.21	
					β Orionis	5.16	−63.00	21.09	
					Lal. 11382	5.91	−62.98	20.47	
					ο Monocerotis	6.21	−62.94	21.81	

Datum	Zeit	Barometer	Therm. I	Therm. II	Stern	Zeit	dt + m	Aequatorpunkt N'	
1894 Jan. 25	3ʰ 45ᵐ	737.0	+10°.7	−1°.15	δ Eridani	3ʰ.64	−62ˢ.84	310° 57' 19".58	a = +0ˢ.184. dt + m = −62ˢ.839. N' = 310° 57' 19".57 (19".58). Beob. H. Polstern recht unruhig; 784 sehr schwach; 6 Monocerotis nur 2 Fäden, in A.R. ausgeschlossen. Ruhe und Bilder kaum 3.
	4 15			−0.7	24 Eridani	3.65	−62.84	18.61	
	5 10			−1.55	o¹ Eridani	4.11	−62.81	19.23	
	5 40			−1.45	A Eridani	4.16	−62.82	20.14	
	6 45			−2.25	Lal. 11382	5.91	−62.84	19.20	
	7 0	736.05	+13.7		6 Monocerotis	6.21	[−62.67]	19.05	
					18 Monocerotis	6.71	−62.87	20.28	
1894 Feb. 1	5 20	737.85	+12.5	+2.0	x Orionis	5.71	−62.88	310 57 22.04	a = +0ˢ.031. dt + m = −62ˢ.902. N' = 310° 57' 21".51. Beob. H. 1603 zeitweise durch Dunst geschwächt; 11 Orionis ganz schwach; 66 Orionis nur 1 Faden, Deklination unsicher, in A.R. p = 1/2; Polstern verschwindet öfters. Bald alles bedeckt.
	6 5			+2.15	Lal. 11382	5.91	−62.89	20.63	
	6 28	738.0	+11.8	+2.85	66 Orionis	5.99	(−62.96)	21.86	
1894 Feb. 4	4 25	767.8	+12.9	+2.8	45 Eridani	4.44	−62.86	310 57 22.20	a = +0ˢ.031. dt + m = −62ˢ.887. N' = 310° 57' 21".29 (21".41). Beob. E. 113 sehr schwach, bei stark abgeblendeter Beleuchtung gesehen. 1431 äusserst schwach. Luft sehr durchsichtig. Ruhe 2–3. In der nächsten Periode Februar 13 bis 22 liegen folgende Bestimmungen von a im Kl. Westl. vor: Febr. 14 λ Ursae min. U.C. −0ˢ.439 15 λ Ursae min. U.C. −0.436 17 λ Ursae min. U.C. −0.240 18 λ Ursae min. U.C. −0.257 19 51 H. Ceph. O.C. −0.007 20 51 H. Ceph. O.C. −0.074 21 λ Ursae min. U.C. −0.040 22 λ Ursae min. U.C. −0.090 Angewandt wurde: Febr. 13 bis 15 −0ˢ.438 Febr. 17, 18 −0.249 Febr. 19 bis 22 −0.068
	5 0			+2.45	ν Eridani	4.52	−62.88	20.86	
	5 45	767.9	+13.2	+1.35	μ Eridani	4.67	−62.85	21.21	
					π⁵ Orionis	4.81	−62.90	21.28	
					β Orionis	5.16	−62.93	20.89	
1894 Feb. 13	4 20	754.15	+11.0	+1.7	45 Eridani	4.44	−65.53	49 0 6.66	a = −0ˢ.438. dt + m = −65ˢ.563. N' = 49° 0' 5".93 (5".68). Beob. H. Ziehende Wolken. 113 deshalb nur 1 Faden, ersetzend 77a. Plötzlich alles bewölkt. Luft 3–4.
	4 30			+1.75	ν Eridani	4.52	−65.59	7.37	
					μ Eridani	4.67	−65.55	5.23	
					π⁵ Orionis	4.81	−65.50	4.32	
1894 Feb. 14	5 0	756.6	+ 6.8	−0.2	μ Eridani	4.67	−65.84	49 0 6.14	a = −0ˢ.438 dt + m = −65ˢ.873 −0ˢ.036 (t −6ʰ.0). N' = 49° 0' 6".21 (6".24). Beob. R. Mond bis 323 in der Spalte. 1745 schwach; 1602 ganz verwaschen, äusserst unruhig, bisweilen verschwunden; 4306 ganz verwaschen und viel schwächer als der ganze. von 1053 (8ᵐ.5), 480 und 2106 scharf und hell; 2106 nur 2 Fäden; 504 nur 1 Faden; Luft anfangs 2–3, wird sehr bald schlechter, 3, von 1602 bis 450 ist sie geradezu 4, dann wieder besser bis 3.
	5 35			−1.0	π⁴ Orionis	4.81	−65.79	6.90	
	6 20	756.85	+ 6.6	−0.65	τ Orionis	5.21	−65.88	6.55	
	7 0			−0.8	Lal. 11382	5.91	−65.88	5.18	
	7 50	757.0	+ 6.4	−0.8	20 Monocerotis	7.08	−65.90	5.90	
					P. VII. 85	7.28	−65.89	5.78	
					26 Monocerotis	7.60	−65.97	7.02	

Datum	Zeit	Barometer	Therm. I	Therm. II	Stern	Zeit	dt + m	Aequatorpunkt N	
		mm							
1894 Feb. 15	4ʰ 53ᵐ	759.3	+9°.0	−0°.5	β Orionis	5ʰ.16	−65ˢ.85	49° 0′ 6″.23	m = 0ˢ.438. dt + m = −65ˢ.890 −0ˢ.0141 (t −6°.3). N = 49° 0′ 6″.15 (6″.04). Beob. R. 180 sehr schwach; 300 sehr schwach, Beleuchtung fast ganz abgeblendet; 324 nur 1 Faden; 158a und Lal. 11382 nur 3 Fäden. Luft 1–3; bis 6ʰ.8 Mond in der Spalte.
	6 20	760.03	+12.7	−1.45	η Orionis	5.32	−65.82	6.43	
	6 40			−1.6	Lal. 11382	5.91	−65.89	6.31	
	7 0			−2.05	19 Monocerotis	6.96	−65.90	5.02	
	7 30	760.05	+13.3		20 Monocerotis	7.08	−65.93	5.38	
	7 40			−2.05	P. VII, 85	7.28	−65.85	6.04	
	8 0	759.95	+ 9.6	−2.6	26 Monocerotis	7.60	−65.99	6.81	
1894 Feb. 17	5 0	759.75	+14.5	−0.5	β Orionis	5.16	(−65.59)	49 0 8.54	m = −0ˢ.249. dt + m = −65ˢ.531 −0ˢ.017 (t −6°.5). N = 49° 0′ 7″.18 (7″.11). Beob. R. 180 recht schwach; 143b, doppl. contr. sogleich beobachtet. Der Begleiter steht 3″ nördlich und folgt 0ˢ.05, nach der Skala ist schwächer als 280; β Orionis nur 3 Fäden in A.R. p = ⅓; 323 nur 3 Fäden; 157a nur 2 Fäden, da der Chronograph stehen zu bleiben drohte; 393 nur 1 Faden; 173a, recht hell, fast 7ᵐ.0; 166b, auch hell, etwa 7ᵐ.5. Luft sehr durchsichtig und ruhig 1–2. Selbst der Mond, der bei den beiden letzten Sternen in der Spalte ist, stört nicht merklich die Helligkeit der Sterne 8ᵐ.0.
	5 35			−0.8	η Orionis	5.32	−65.52	8.17	
	6 20			−1.05	ε Orionis	5.36	−65.50	7.51	
	6 30	759.8	+16.4		P. VI, 203	6.39	−65.49	5.91	
	6 55			−1.55	19 Monocerotis	6.96	− 65.48	6.42	
	7 40			−1.85	20 Monocerotis	7.08	−65.52	5.96	
					26 Monocerotis	7.60	−65.64	7.86	
1894 Feb. 18	5 0	765.95	+23.2	−3.5	β Orionis	5.16	−65.63	49 0 8.26	m = −0ˢ.249. (dt + m) = −65ˢ.508 −0ˢ.0026 (t −6°.0). N = 49° 0′ 7″.16 (7″.03). Beob. R. 378 schwach; 173a: scheint 7ᵐ.0, ist mindestens 0ᵐ.5 heller als 113; 530 nur 3 Fäden. Luft anfangs 2, von 7ʰ ab 2–3.
	5 25			−3.6	τ Orionis	5.21	−65.58	7.20	
	6 0			−3.75	η Orionis	5.32	−65.57	7.01	
	6 30	766.05	+21.4	−3.75	ε Orionis	5.56	−65.57	6.27	
	7 40			−4.05	κ Orionis	5.71	−65.64	7.06	
	8 0	766.15	+18.2	−4.25	20 Monocerotis	7.08	− 65.60	6.20	
					P. VII, 85	7.28	−65.55	7.48	
					26 Monocerotis	7.60	−65.66	7.76	
1894 Feb. 19	5 10			−1.85	β Orionis	5.16	−65.43	49 0 7.02	m = −0ˢ.068. dt + m = −65ˢ.414 +0ˢ.0009 (t −6°.3). N = 49° 0′ 6″.38 (6″.33). Beob. R. 143b, wie Feb. 17; 378 schwach; 173a, wie Feb. 18. 6ʰ.6 Sterne werden unruhig. Luft anfangs 2, zuletzt 3–4.
	5 15	764.55	+13.9		ι Orionis	5.21	−65.42	6.22	
	5 40			−1.9	ε Orionis	5.56	−65.42	6.06	
	6 5			−2.2	κ Orionis	5.71	−65.42	7.63	
	7 0			−2.55	18 Monocerotis	6.71	−65.41	5.15	
	7 33			−2.85	20 Monocerotis	7.08	−65.39	5.00	
	8 0	765.1	+18.1	−3.2	25 Monocerotis	7.33	−65.38	6.15	
					27 Monocerotis	7.91	−65.44	6.32	
1894 Feb. 20	5 8			+0.25	β Orionis	5.16	−64.94	49 0 6.83	m = −0ˢ.068. dt + m = −64ˢ.913 +0ˢ.0019 (t −6°.0). N = 49° 0′ 6″.08 (5″.99). Beob. R. 201 nur 1 Faden, 264 Beleuchtung fast abgeblendet, Stern nur geahnt; ε Orionis sehr unruhig in Deklination. Die anfangs unruhige Luft wird um 5ʰ.5 ruhiger, zuletzt 2–3. Beobachter recht müde.
	5 23	762.3	+16.4		ι Orionis	5.21	−64.91	7.21	
	5 35			−0.25	κ Orionis	5.71	−64.90	6.18	
	6 20			−0.5	Lal. 11382	5.91	−64.92	5.90	
	7 0	762.85	+19.6	−1.0	P. VI, 203	6.39	−64.87	5.13	
					18 Monocerotis	6.71	−64.91	5.81	
					19 Monocerotis	6.96	−64.88	5.49	

Datum	Zeit	Barometer	Therm. I	Therm. II	Stern	Zeit	$dt + m$	Aequatorpunkt N	
1894 Feb. 21	5^h 8^m			+0°.5	β Orionis	$5^h.16$	−64°.27	49° 0' 7".31	$n = -0.068$. $dt + m = -64.136 + 0.0235 (t - 6.5)$. $N = 49° 0' 7.30$ (7.20). Beob. R. 1864 etwas heller als gestern, aber doch äusserst schwach; η Orionis nur 3 Fäden, in A.R. $p = 1/3$; 417 bei seitw. von 416, dabei aber selbst sogar doppl., pranc. 0.3 bis 1s bur. Mitte beobachtet. Luft 2–3.
	5 33	—		0.0	η Orionis	5.32	(−64.23)	8.90	
	5 48	760.0	+19°.2		18 Monocerotis	6.71	−64.22	6.43	
	6 20			−0.4	20 Monocerotis	7.08	−64.20	6.09	
	6 45			−0.7	P. VII, 85	7.28	−64.17	6.83	
	7 35	760.3	+19.9	−1.95	26 Monocerotis	7.60	−64.30	8.11	
1894 Feb. 22	5 18			−0.35	β Orionis	5.16	(−63.90)	49 0 8.57	$n = -0.068$. $dt + m = -63.900 + 0.0271 (t - 6.5)$. $N = 49° 0' 7.74$ (7.77). Beob. R. β Orionis nur 1 Faden, in A.R. $p = 1/2$; 319 bei sehr kleinen ungr. 0.5; 417 wie Feb. 21; 20 Monocerotis nur 2 Fäden, in A.R. $p = 1/2$. Luft 2–3. In der nächsten Beobachtungsperiode Feb. 23 bis März 21 ergaben sich in Umlegen der Niveaus folgende n: Feb. 23 51 H. Ceph. O.C. +0.354 März 1 51 H. Ceph. O.C. −0.040 5 51 H. Ceph. O.C. +0.103 11 51 H. Ceph. O.C. +0.040 17 51 H. Ceph. O.C. +0.090 18 λ Ursae min. U.C. +0.114 19 51 H. Ceph. U.C. +0.131 20 51 H. Ceph. U.C. +0.064 21 51 H. Ceph. U.C. +0.131 Angewandt wurde: Februar 23 +0.354 März 1 −0.040 März 5 bis 21 +0.096
	5 46	759.0	+14.2	−0.85	ε Orionis	5.56	−64.01	7.82	
	6 20			−0.35	Lal. 11382	5.91	−63.93	8.56	
	7 10			−1.1	5 Monocerotis	6.16	−63.94	8.05	
	7 20	758.85	+14.4	−1.3	18 Monocerotis	6.71	−63.92	7.19	
					20 Monocerotis	7.08	(−63.84)	6.69	
					P. VII, 85	7.28	−63.82	7.30	
1894 Feb. 23	5 5			+2.25	λ Eridani	5.07	−63.32	310 57 18.37	$n = +0.354$. $dt + m = -63.336$. $N = 310° 57' 17.85$. Beob. R. 348 schwach; 1748 äusserst schwach. Zuletzt (von 1638 an) Beobachter sehr nervös. Luft 2–3.
	5 15	734.5	+11.2		β Orionis	5.16	−63.42	17.17	
	5 40			+0.15	ι Orionis	5.21	−63.35	17.67	
	6 15			−0.5	η Orionis	5.32	−63.34	19.23	
	7 10	733.4	+ 8.1	−0.8	ε Orionis	5.56	−63.38	17.97	
					Lal. 11382	5.91	.	16.67	
					20 Monocerotis	7.08	−63.21	17.90	
1894 März 1	5 15	756.8	+15.5		γ Orionis	5.21	(−63.13)	310 57 21.13	$n = -0.040$. $dt + m = -63.251$. $N = 310° 57' 21.35$. Beob. R. γ Orionis nur 1 Faden, in A.R. $p = 1/3$. 1983 bei ferner arquam 0.3 − 1s; 310 und 434 nur 2, 414 und 331 nur 3 Fäden. Luft anfangs 3–4. Sterne breit und verwaschen, bessert sich bald zu 2–3.
	5 20			+8.7	η Orionis	5.32	−63.22	22.06	
	5 40			+8.6	Lal. 11382	5.91	−63.25	19.98	
	6 15			+7.7	P. VI, 203	6.59	−63.20	21.03	
	6 30			+7.3	19 Monocerotis	6.96	−63.23	20.50	
	6 40	756.0	+15.2		P. VII, 85	7.28	−63.23	21.72	
	7 20			+6.55	26 Monocerotis	7.60	−63.37	22.33	
	7 40			+5.75	27 Monocerotis	7.91	−63.33	21.07	
	8 0			+5.45					
	8 15	756.3	+13.6						

Datum	Zeit	Barometer	Therm. I	Therm. II	Stern	Zeit	dt + m	Aequatorpunkt N	
1894 März 9	5h 5m	760.15 mm	+14°8		β Orionis	5h16	−64s06	310° 57' 20"54	m = +0s076. dt + m = −64s069. N = 310° 57' 20"28. Beob. R. 378 fein; 1732, bei 7m0, kaum schwächer als 412, welcher nur an 3 Fäden beobachtet wird. Luft zuerst 3, sehr bald 7, recht durchsichtig.
	5 15			+3°0	τ Orionis	5.21	−64.08	19.90	
	5 47			+2.8	η Orionis	5.32	−64.08	21.41	
	6 15			+2.15	ε Orionis	5.56	−64.02	20.68	
	6 40			+1.6	Lal. 11382	5.91	−64.03	20.07	
	7 0	760.0	+14.0		19 Monocerotis	6.96	−64.04	19.05	
	7 40			+0.95	20 Monocerotis	7.08	−64.02	21.08	
	8 0	759.7	+13.45	+0.85	26 Monocerotis	7.60	−64.18	20.02	
					27 Monocerotis	7.91	−64.11	19.76	
1894 März 12	5 5			+9.25	β Eridani	5.04	−65.98	310 57 23.37	m = +0s090. dt + m = −66s010. N = 310° 57' 22"84. Beob. R. Bei Beginn der Zeit ganz taghell und sehr dunstig. ι Orionis sehr schwach; 1336 und 312 nicht gesehen; 1461 gut zu sehen; 322 nur 3 Fäden; 379 und 385 zu schwach; 390 nur geahnt; 396 recht schwach; 1806 schwach; 1731: um 0m.1 heller als 417. 1842 nur geahnt; 446 ganz schwach; 450: schwach; 806 h: nicht zu beobachten wegen Dunst. Es wird immer dunstiger. Ruhe 3. Sterne 8m0 kaum zu sehen.
	5 15	751.6	+13.0		β Orionis	5.16	−66.05	22.03	
	5 35			+8.6	ι Orionis	5.21	−66.02	23.08	
	7 10	751.5	+12.0	+7.2	φ Orionis	5.32	−66.00	22.93	
					α Orionis	5.71	−66.06	23.92	
					19 Monocerotis	6.96	−66.04	21.55	
					20 Monocerotis	7.08	−65.97	22.77	
1894 März 17	5 37	754.85	+12.4	+5.05	8 Monocerotis	6.30	−67.49	310 57 20.34	m = +0s094. dt + m = −67s521. N = 310° 57' 20"45. Beob. R. Noch taghell. 79 sehr fein; 383 nicht gesehen. Von 8 Monoc. an Feldbeleuchtung. P. VI, 203 durch plötzlich im Süden erschienene Wolken, in A.R. p = 1/2: 433 nur geahnt, nur 3 Fäden; 410 gut; 479: etwas durch Wolken geschwächt. P. VII, 85 nicht zu sehen. Bald ganz bezogen. Luft 1–3.
	6 25			+4.7	P. VI, 203	6.59	(−67.48)	20.80	
	7 0			+4.15	19 Monocerotis	6.96	−67.55	20.10	
	7 10	755.5	+11.7		20 Monocerotis	7.08	−67.54	20.55	
1894 März 18	6 20	758.15	+12.3	+5.0	10 Monocerotis	6.38	−67.59		m = +0s096. dt + m = −67s607. N = 310° 57' 19"25. Beob. R. Noch taghell. 379 äusserst fein; 385 nicht gesehen; 400 verschwindet zuletzt, da sich Wolken bilden; 10 Monoc. deshalb nur 3 Fäden. Die Sterne bei 6h20m sind wegen Wolken nicht zu sehen. 19 Monoc. nur 2 Fäden; 20 Monoc. anfangs nur geahnt; Polsterne durch Wolken, sehr schwer zu beobachten; dann ganz bezogen. Luft 3.
	6 40			+4.7	P. VI, 203	6.59	−67.57	310 57 19.77	
	7 0			+4.5	18 Monocerotis	6.71	−67.67	19.26	
	7 30	758.5	+13.1		19 Monocerotis	6.96	−67.59	17.91	
					20 Monocerotis	7.08	−67.62	20.06	
1894 März 19	5 40	758.1	+12.7	+7.8	α Orionis	5.71	−67.64	310 57 20.68	m = +0s090. dt + m = −67s632. N = 310° 57' 19"69. Beob. R. α Orionis durch Wolken nur geahnt; Lal 11382 gut zu beobachten; 332 kaum 8m0. Luft 1.
	6 0			+7.25	Lal. 11382	5.91	−67.60	19.02	
	6 25			+6.5	5 Monocerotis	6.16	−67.63	20.22	
	7 10			+5.05	19 Monocerotis	6.96	−67.57	19.00	
	8 0			+4.5	20 Monocerotis	7.08	−67.57	19.90	
	8 30	758.9	+15.5		26 Monocerotis	7.60	−67.77	19.01	
					27 Monocerotis	7.91	−67.65	18.57	

Datum	Zeit	Barometer	Therm. I	Therm. II	Stern	Zeit	$dl+m$	Aequatorpunkt N	
1894 März 20	6ʰ 15ᵐ	mm		+ 7°.8	P. VI. 203	6ʰ.59	−67ˢ.70	310° 57′ 20″.56	$n = +0^s.096$. $dl + m = -67^s.692$. $N = 310° 57' 20''.16$. Beob. R. Taghell; 183b und 411 trotz Dunst gut zu beobachten; Unterbrecher nicht offen, deshalb P.VI. 203 und P.VII. 85 nur 1 resp. 2 Fäden; Luft 2–3.
	6 35	755.8	+ 14°.4		18 Monocerotis	6.71	−67.69	21.85	
	6 45			+ 7.25	19 Monocerotis	6.96	−67.69	18.63	
	7 13			+ 6.9	20 Monocerotis	7.08	−67.67	20.26	
	7 35			+ 6.6	P. VII. 85	7.28	−67.65	20.01	
	7 40	756.4	+ 14.9		26 Monocerotis	7.60	−67.74	19.63	
1894 März 21	6 5	757.35	+ 20.7	+ 10.1	5 Monocerotis	6.16	−67.72	310 57 22.05	$n = +0^s.096$. $dl + m = -67^s.718$. $N = 310° 57' 21''.57$. Beob. R. Taghell; 6 Monocerotis erst beim letzten Faden gesehen wegen Wolken, in A.R. p = ¹/₆₁ 410 immer fein; Luft 3.
	6 40			+ 9.4	6 Monocerotis	6.21	(−67.62)	21.65	
	7 25	757.6	+ 19.6		P. VI. 203	6.59	−67.73	21.18	
					18 Monocerotis	6.71	−67.75	21.41	
1894 März 22	6 5	759.3	+ 14.1	+ 11.5	5 Monocerotis	6.16	−67.83	49 0 12.47	$n = +0^s.079$. $dl + m = -67^s.839$. $N = 49° 0' 11''.87$ (11″.94). Beob. R. Taghell; 6 Monocerotis nicht gesehen; 186 b nur 3, 411 nur 1 Fäden, beide fein, aber doch gut; Luft 2. Gauss ohne Beleuchtung beobachtet. Mikroskope (besonders I) schlecht beleuchtet durch das Dämmerlicht.
	6 30			+ 10.9	P. VI., 203	6.59	−67.82	11.45	
	6 40	759.65	+ 14.05		18 Monocerotis	6.71	−67.86	11.68	

III.

Mittlere Oerter

der

in den Jahren 1892—1894 am Meridiankreise beobachteten Sterne

südlich vom Aequator reducirt auf 1885.0.

0h 3m 18.75	−3° 5'	17.1	w	12.12. 7	7.5	0h 51m 19.01	−0° 16'	47.7	e	12.12.23	8.0	1h 18m 29.60	−3° 4'	21.5	e	13.10.19
18.78		10.8	w	12.12.16	6.5	51 37.88	−2 23	10.8	e	13. 1. 2		29.57		22.8	w	13.11.10
18.70		16.1	e	12.12.19	7.8	53 11.28	−3 4	28.6	e	12.12.19	7.8	18 48.86	−1 34	11.8	w	12.12. 2
18.78		16.1	e	12.12.23		11.32		27.1	e	12.12.23		48.87		13.5	w	13.11.12
18.81		15.6	e	13. 1. 2	8.0	53 19.31	(−3 1.4)		e	12.12.19		48.84		12.7	e	13.12.22
2 49.49	−2 51	45.4	w	12.12. 6	7.4	54 48.15	−2 26	41.2	e	13. 1. 2		48.75		12.6	e	14. 1. 3
49.50		44.7	e	13. 1. 5		48.21		40.9	e	13. 1. 5		48.92		—	e	14. 1. 5
49.53		44.5	e	13. 1. 6	—	57 51.81	(+0 45.0)		w	12.12.19		48.80		13.5	e	14. 1.24
49.49		45.8	w	13.10.25	8.0	1 0 32.56	−1 21	51.8	e	12.12.23	5.8	18 58.06	−3 26	51.5	e	12.12.19
2 58.75	+0 3	8.7	w	13.10.27	6.8	1 18.49	−2 20	51.1	e	13. 1. 2		58.12		52.2	e	13. 1. 2
58.68		7.4	w	13.11. 1		18.55		50.4	w	13. 1. 7		58.11		50.5	w	13.12. 1
58.75		8.2	w	13.11.10	8.0	1 50.29	−3 21	32.2	w	12.11. 4		58.13		51.1	w	13.12. 3
58.68		8.4	w	13.12. 2		50.20		31.9	e	13. 8.18		58.06		51.6	w	13.12. 6
4 1.75	−3 12	3.5	e	13. 1. 6		50.18		32.7	e	13. 8.28		58.03		51.7	e	14. 1. 4
1.72		3.3	e	13. 8.18		50.31		32.6	e	13.10.13	7.7	20 15.23	−2 47	56.8	e	12.12.23
1.70		3.7	e	13. 8.22		50.24		31.4	w	13.11. 8		15.22		56.5	w	13. 1. 7
6 46.48	−1 52	1.7	e	12.12.19		50.28		32.3	w	13.11.10		15.29		56.8	w	13.12. 1
8 31.39	−2 50	12.5	e	12.12.19	8.0	2 40.44	−2 40	15.7	w	12.12.16		15.24		57.0	w	13.12. 6
31.45		11.7	e	13. 1. 2		40.39		15.6	w	13. 1. 7		15.28		57.5	e	13.12.22
31.42		12.1	e	13. 1. 5		40.40		16.1	e	13.10.20		15.32		57.8	e	14. 1. 5
31.44		11.9	w	13.10.25		40.34		17.6	e	13.12.22	7.8	21 6.41	−0 44	40.8	w	12.12.16
31.41		12.0	w	13.10.27	8.0	5 58.39	(−1 3.4)		w	12.12.16		6.36		39.9	e	13. 1. 6
9 3.19	−3 30	58.8	w	12.12.16	7.5	7 —	−3 9	38.1	w	12. 1. 5		6.37		41.0	w	13. 1.15
3.14		58.8	e	13. 8.18		31.59		—	w	12. 8.11		6.41		40.9	e	13. 8.29
3.1[illegible]		58.5	e	13. 8.22		31.58		38.8	w	12.12. 2		6.29		41.8	e	13.10.19
12 25.18	−1 39	12.2	w	12.12. 6		31.52		38.2	e	12.12.19	8.6	22 5.48	(−2 35.0)		e	12.11.19
25.18		14.0	e	12.12.19		31.57		36.7	e	12.12.23	7.4	22 9.84	−2 37	52.9	w	12.11. 4
25.22		13.4	e	12.12.23		31.54		36.7	e	13. 1. 2		9.78		51.5	w	12.11.30
25.28		14.1	e	13. 1. 2	7.0	11 5.87	−2 53	35.8	w	12.12.16		9.87		52.5	e	12.12.19
13 23.17	−0 7	5.4	w	12.12.16		5.86		36.4	e	12.12.19		9.98		53.1	e	13. 1. 5
23.14		4.7	e	13. 1. 5		5.89		35.7	e	13. 1. 2	8.3	27 45.46	−2 27	24.7	w	12. 1.12
23.16		4.2	e	13. 1. 6		5.93		35.6	e	13. 1. 5	7.5	28 55.85	−2 37	18.0	w	12.11. 4
23.21		5.1	w	13. 1. 7		5.85		35.1	w	13. 1. 7		55.95		18.0	w	12.11.26
23.14		5.0	e	13. 8.18		5.92		34.1	w	13. 1.12		55.84		19.5	e	12.12.19
13 58.04	−3 7	7.3	e	12.12.19	8.0	12 45.47	−1 27	57.3	w	12.12. 2		55.85		18.8	e	13. 8.22
58.02		6.1	e	12.12.23		45.57		57.0	e	13. 1. 2		55.98		19.8	e	13. 8.28
18 37.06	−2 51	18.8	e	12.12.19		45.57		57.7	e	13. 1. 6	7.5	29 15.47	−2 55	28.6	w	12.12.16
24 1.24	−1 45	5.1	w	12.12. 2	5.8	13 55.49	−1 6	47.7	e	12.12.19		15.50		26.8	w	13. 1. 7
25 47.88	−2 25	42.8	e	12.12.23		55.58		48.7	e	13. 1. 5		15.52		27.9	w	13. 1.12
47.85		43.5	e	13. 1. 2		55.47		48.5	e	13. 8.18		15.36		28.3	e	13. 8.18
39 15.59	−0 22	14.9	e	12.12.19	7.3	15 0.78	−1 54	53.3	e	12.12.23		15.45		27.9	e	13.10.19
40 59.32	−0 15	0.0	e	12.12.23		0.70		51.7	w	13. 1. 7	0.5	31 23.38	−0 56	5.5	e	12.12.19
59.27		0.4	e	13. 1. 2		0.78		51.3	w	13. 1.12		23.51		7.1	e	13. 1. 5
59.30		1.1	e	13. 1. 5		0.80		53.2	e	13.10.19	7.2	34 13.96	−0 49	33.0	e	12.12.19
41 44.72	−2 56	59.7	w	12. 8.11	7.2	16 41.91	−1 3	5.0	e	13. 1. 2		14.04		31.8	e	13. 1. 3
44.77		60.6	w	12.12. 2		41.90		4.9	e	13. 1. 5	7.0	34 56.15	−3 12	12.7	w	12. 1.12
44.77		60.3	e	13. 1. 6		41.93		5.6	e	13. 1. 6		56.06		12.3	w	13.11. 4
44.71		59.2	e	13. 8.18	8.0	16 57.27	+0 7	2.6	w	12.12. 2	7.8	35 29.70	−1 5	19.0	w	12.10.15
42 39.28	−0 14	41.4	e	13. 1. 2		57.18		2.6	e	12.12.19		29.69		18.4	w	12.12.16
39.31		41.5	e	13. 1. 6		57.28		2.9	e	12.12.23		29.70		18.3	e	12.12.23
51 19.57	−0 16	47.4	w	12. 8.11		57.26		2.2	e	13. 8.22		29.69		16.9	e	13. 1. 6
19.54		—	w	12.11. 4	8.0	18 29.63	−3 4	20.0	e	13. 1. 6		29.66		17.6	w	13. 1. 7
19.58		48.3	w	12.11.30		29.65		20.8	w	13. 1.15		29.64		19.0	e	13. 8.22
19.54		47.5	e	12.12.19		29.60		11.1	e	13. 9. 4	8.0	35 47.82	−3 32	19.3	w	12.11.26

α 1883.0	δ 1883.0	L	Datum	Grösse
1h 35m 47s.80	−3° 38′ 19″.4	w	13. 1.12	8.0
47.77	28.8	w	13. 1.15	7.8
47.75	30.3	o	13. 8.18	8.0
47.80	30.4	o	13. 8.28	
47.82	29.9	o	13. 8.29	
36 33.80	−2 44 26.2	o	13.10.13	5.5
39 31.80	−3 44 47.7	w	12.11.30	
39 59.05	−2 30 10.6	o	12.12.23	
59.06	8.8	o	13. 1. 6	
41 13.83	−3 41 23.0	w	12.11.30	
13.76	23.8	o	13. 1. 6	6.7
13.83	24.9	o	13. 8.28	7.8
41 42.60	−0 25 7.8	w	12.12.16	5.6
42.59	9.6	o	12.12.23	
42.58	10.3	o	13. 8.18	7.2
42 4.72	−1 31 49.1	o	13. 8.22	8.0
4.74	49.3	o	13. 8.29	
47 16.12	−1 53 2.8	w	12. 1.12	
16.01	2.4	w	12.12. 6	
16.00	4.8	o	13. 8.18	
16.01	4.7	o	13. 8.22	
48 30.83	−1 45 36.9	w	13. 1.12	8.0
57 1.93	−2 55 53.3	w	12.11. 4	
1.96	52.4	o	12.12.23	
1.95	52.1	o	13. 1. 6	
57 17.85	−0 25 32.1	w	12.11.30	
17.84	34.5	w	12.12. 6	
17.86	34.6	w	12.12.16	7.8
17.86	35.0	o	13. 1.28	
17.94	36.2	o	13. 8.18	8.3
17.87	33.5	o	13. 8.28	6.2
58 5.01	−3 15 55.7	o	13.10.19	
5.00	55.0	o	13.10.20	7.3
5.06	55.1	w	13.11.12	
5.03	55.3	w	13.12. 2	
4.95	54.9	o	13.12.22	
59 25.60	−0 13 38.7	o	12.12.23	
25.50	39.5	o	13. 8.22	6.3
25.56	39.4	o	13. 8.28	8.1
2 0 35.75	−0 30 49.8	o	13. 1. 6	8.5
1 5.58	−2 22 19.3	w	13. 1. 7	8.0
5.58	20.7	o	13. 8.18	
5.65	20.4	o	13. 8.29	7.7
5.66	19.9	w	13.12. 2	8.0
1 43.85	−1 9 18.2	w	12.12. 6	
43.79	19.1	o	12.12.23	
43.73	18.2	o	13. 1. 6	8.0
43.83	16.8	o	13. 1.28	
2 34.02	−0 58 0.4	o	13. 8.18	
2 50.30	−0 58 57.9	o	13. 9. 4	7.8
50.28	58.2	o	13.10.19	8.0
50.26	58.0	o	13.12.22	
6 51.69	−2 46 3.7	w	12. 1.12	
51.59	2.7	o	12.12.23	
7 53.37	−3 34 11.4	o	13. 1. 6	7.7
53.36	12.0	o	13. 1.28	
13 23.68	−1 18 32.7	w	12.11. 4	
23.71	32.6	o	13. 1. 6	
23.70		w	13. 1. 7	7.5

α 1883.0	δ 1883.0	L	Datum	Grösse
2h 13m 23s.65	−1° 18′ 34″.5	o	13. 8.18	7.5
15 17.71	−0 40 29.4	w	13. 1.12	
15 50.93	−0 52 38.2	o	13. 8.18	
50.87	38.2	o	13. 8.29	7.5
50.85	38.1	o	13.10.19	
16 3.02	−0 7 48.4	w	12.12. 6	
3.05	47.7	o	13. 1. 6	5.5
3.06	47.8	w	13. 1. 7	
3.02	49.0	o	13. 8.22	6.2
3.07	48.7	o	13.12.22	
19 9.65	−3 18 3.3	w	12.10.15	
24 41.92	−2 10 59.3	w	12. 1.19	
26 18.19	−1 32 35.3	w	12.11. 4	
18.28	36.3	o	13. 1.28	7.8
31 18.58	−2 30 7.0	o	13. 8.18	
18.58	7.7	o	13. 8.22	6.8
32 34.39	−1 54 25.9	w	12.11. 4	
34.38	23.9	w	12.11.30	
34.39	23.7	w	13. 1.12	7.3
34.44	25.2	o	13. 1.28	
34.38	25.7	o	13. 8.29	7.8
34.40	26.2	o	13. 9. 4	
33 28.29	−2 23 32.6	w	12.11. 4	
28.24	32.0	w	12.12. 6	
28.31	30.8	w	13. 1.15	
28.28	33.2	o	13. 8.22	8.0
28.30	33.6	o	13.10.19	
28.30	34.5	o	13.12.22	
33 30.00	−2 34 —	w	12.12. 2	
—	10.4	o	13. 8.29	
34 51.19	−2 36 8.5	o	13. 1.28	
35 20.59	−1 11 8.8	o	13. 8.18	7.2
20.61	4.5	o	13. 9. 4	6.1
35 36.31	+0 3 14.4	w	12. 1.12	7.3
36.35	13.2	w	12.11.30	7.7
36.28	12.2	w	12.12. 6	8.0
36.32	11.8	o	13. 8.22	
36.35	12.9	o	13.10.13	
36 0.80	−3 42 24.1	w	12.12. 2	
36 1.97	(+0 3.5)	w	12.12. 6	
37 0.40	(+1 47.5)	o	13. 1.28	
45 31.60	−1 9 47.3	w	12.12. 2	
31.61	48.1	o	13.10. 9	7.0
45 34.76	−3 28 20.2	o	13. 8.22	7.5
45 30.19	−0 23 18.9	w	12.11.30	
30.22	22.4	o	13. 8.29	7.4
30.17	21.0	o	13. 9. 4	8.0
46 19.74	−1 7 21.0	w	12. 1.12	
19.77	23.0	o	13. 2. 5	
19.79	22.6	o	13. 2. 6	7.8
47 45.13	−2 6 42.8	o	13. 1.28	
49 10.74	3 46 26.3	w	13. 1.12	7.7
10.69	25.6	o	13. 1.28	6.5
10.74	25.9	o	13. 2. 6	
10.75	26.2	o	13.10.19	
49 20.23	−0 1 45.0	w	13. 1.15	
20.19	45.5	o	13. 8.29	7.8
20.32	46.3	w	13.11.27	
20.18	46.3	o	13.12.22	
51 16.36	−0 0 58.[illegible]	w	12.12. 6	

Grösse	α 1885.0	δ 1885.0	L	Datum
7.8	3h 33m 54s.81	−1° 37′ 57″.4	w	13.11. 5
	54.83	56.4	w	13.11. 7
6.7	34 8.77	−1 20 43.0	o	13.12.22
	8.78	43.4	o	14. 1. 4
8.0	34 20.30	−2 16 14.3	w	13.10.27
	20.24	14.1	w	13.11. 6
	20.35	12.6	w	13.11.27
	20.34	12.8	o	14. 1. 5
	20.28	11.7	o	14. 1.22
	20.38	13.3	o	14. 1.24
7.2	34 31.09	−3 35 0.4	w	12.11.30
	31.10	2.3	o	13.10.19
	31.09	3.0	w	13.11. 5
	31.12	1.0	w	13.11. 7
	31.15	2.9	o	14. 1. 3
	31.09	2.9	o	14. 1.25
7.5	34 50.81	−2 41 53.6	o	13. 2. 5
	50.83	55.0	o	13. 8.29
	50.76	55.3	o	13. 9. 4
	50.80	53.4	w	13.11.12
8.3	35 32.65	−0 35 27.5	o	13. 2. 6
7.8	35 45.50	−0 32 1.5	w	13. 1.15
	45.49	—	o	13. 2. 6
	45.46	1.2	o	13.12.22
	45.43	0.5	o	14. 1. 4
8.0	35 54.93	−3 13 0.0	o	12.12.28
	54.90	1.0	w	13.11.10
	54.96	1.3	w	13.12. 3
	54.91	1.2	o	14. 1. 5
8.0	37 30.29	+0 4 45.0	o	13. 2. 4
	30.27	45.4	o	13. 2. 5
7.5	37 33.95	−2 25 59.8	w	12.11.30
	33.87	63.5	o	13. 9. 4
	33.88	62.8	w	13.11. 5
	33.83	61.5	w	13.11. 6
	33.89	63.5	o	14. 1.22
	33.91	64.2	o	14. 1.24
7.8	37 47.63	−2 26 —	w	12.11.30
	47.61	35.0	w	13. 1.15
	47.61	37.2	o	13. 2.16
	47.61	38.2	o	13.10.19
	47.60	36.7	w	13.10.27
	47.62	37.3	o	14. 1. 4
6.2	39 3.73	−0 39 34.2	o	12.12.28
	3.72	36.9	o	13. 8.29
	3.74	33.4	w	13.11.12
7.8	39 59.94	−0 8 16.6	o	13. 2. 4
	59.98	17.2	o	13. 2.10
	59.97	17.1	o	13. 9. 4
7.2	42 12.38	−3 13 1.3	o	12.12.28
6.5	42 44.97	−0 7 33.7	o	13. 2. 5
	44.94	36.1	o	13. 8.29
	44.93	34.7	o	13.10.19
	44.95	34.0	w	13.10.27
7.8	42 57.25	−2 46 56.4	w	13. 1.15
	57.22	57.7	o	13. 2. 4
	57.21	57.0	o	13. 2. 6
	57.20	57.5	o	13. 2.16
7.3	43 28.65	−1 48 17.5	o	13. 1. 6

Grösse	α 1885.0	δ 1885.0	L	Datum
7.3	3h 43m 51s.18	−2° 40′ 43″.0	o	12.12.28
	51.16	46.3	o	13.10.19
	51.17	44.5	w	13.11. 5
	51.15	44.4	w	13.11. 7
	51.18	46.2	o	14. 1. 5
7.0	44 25.78	−1 52 27.0	o	13. 2. 5
	25.70	26.8	o	13.12.22
7.3	46 25.20	−1 0 3.2	o	13. 1. 6
8.0	47 23.14	−2 20 27.5	o	13. 2. 5
	23.02	27.1	o	13.12.22
	23.11	28.6	o	14. 1. 3
5.0	48 31.09	−3 17 44.1	o	13. 1. 6
	31.02	44.6	o	13. 2. 4
8.0	50 27.49	−1 57 11.2	w	12.11.30
	27.56	13.8	o	12.12.19
	27.51	14.3	o	12.12.28
	27.49	12.5	o	13. 1. 6
	27.50	13.0	w	13. 1.12
6.2	50 43.24	−0 34 57.4	o	13. 2.22
	43.23	58.1	o	13.12.22
	43.24	57.9	o	14. 1. 3
7.2	56 47.20	−1 7 18.8	o	13. 2. 4
	47.21	17.9	o	13. 2. 5
	47.20	19.2	o	13. 2.16
8.0	58 46.85	−3 39 18.0	w	12.11.30
	46.93	19.4	o	12.12.19
	46.96	—	o	13. 1. 2
	46.85	19.8	w	13.10.27
6.8	59 6.08	−2 44 31.8	o	12.12.28
	6.06	30.9	o	13. 1. 6
	6.02	31.0	w	13.11. 6
	6.08	30.2	w	13.12. 3
7.8	59 23.51	−1 19 32.3	o	13. 2.16
7.5	59 24.27	−0 52 33.9	o	13. 2. 5
	24.30	35.0	o	13. 2.22
	24.25	35.7	o	13.12.22
8.0	4 1 45.65	−3 18 17.7	o	12.12.28
6.5	4 4.48	−3 52 37.8	o	12.12.19
7.2	5 39.55	−0 41 18.3	o	13. 2. 4
	39.55	17.2	o	13.12.22
7.8	8 49.03	−2 25 52.9	o	12.12.19
	48.96	53.5	o	13. 1. 6
	48.96	53.2	o	13. 2. 4
	48.94	51.1	w	13.11. 7
	48.97	52.4	w	13.11.10
	49.05	50.9	w	13.11.27
6.3	15 34.36	−0 22 8.1	o	13. 1. 2
	34.39	8.1	o	13. 1. 6
8.0	16 36.19	−0 49 21.7	w	12.11.30
	36.22	24.6	o	13. 1. 2
	36.18	26.4	w	13.11.10
7.8	24 51.69	−0 8 16.8	w	12.11.30
	51.65	16.8	w	13. 1. 7
8.0	25 54.70	−1 35 38.7	w	12.12. 2
	54.70	39.6	o	12.12.19
	54.71	39.6	w	13.11. 6
	54.75	39.3	w	13.11. 7
5.6	26 52.33	−3 27 16.4	w	13. 1.12
	52.21	—	w	13.11. 5

Grösse	α 1885.0	δ 1885.0	L	Datum
7.6	4h 26m 58s.88	−3° 27′ 16″.4	w	13.11. 6
	—	16.6	w	13.11. 7
8.0	30 14.33	−2 27 60.5	w	12.11.30
	14.30	61.2	o	13. 2. 4
	14.31	60.2	o	13. 2. 6
	14.30	61.5	o	13. 2.16
	14.33	59.9	w	13.12. 3
	14.30	61.4	w	13.12. 6
6.2	30 17.51	−3 50 53.5	o	13. 2.22
	17.58	52.9	w	13.11. 7
	17.59	54.0	w	13.11.12
	17.56	53.2	w	13.11.27
7.2	31 56.32	−2 52 41.0	o	12.12.28
	56.33	41.4	o	13. 1. 2
	56.28	42.2	w	13. 1. 7
	56.28	41.0	w	13. 1.12
	56.31	40.8	o	13. 2. 4
7.3	35 12.06	−3 44 20.7	w	12.11.30
	12.03	28.7	w	12.12. 2
8.0	40 4.02	−3 7 11.0	w	12.12. 2
7.2	40 38.33	−3 9 43.3	w	13. 1. 7
5.0	47 22.99	(+2 19.3)	w	13. 2.16
6.6	48 42.84	−3 24 49.8	w	13.10.27
8.0	49 11.90	−0 43 55.1	w	13.11.27
	11.88	56.1	w	13.12.22
7.3	52 42.01	−3 54 47.2	w	13.11.10
7.8	53 18.23	−2 18 45.6	w	12.12. 2
8.0	55 52.32	−2 53 20.8	w	13. 1.12
	52.35	21.4	o	13. 2.27
	52.27	22.3	w	13.11.10
	52.34	21.3	w	13.11.12
	52.27	21.5	o	13.12.22
	52.30	21.9	o	14. 2. 4
8.0	5 0 29.03	−3 38 28.2	o	13. 1. 6
	28.84	28.2	w	13. 1.12
	28.94	28.7	o	13. 2.16
	28.86	—	o	13. 2.27
	28.97	28.1	o	13. 3. 3
	28.92	29.1	w	13.11.10
	28.90	27.8	w	13.11.12
8.5	1 27.77	−3 39 0.7	o	13. 2.27
7.5	2 47.82	−3 9 38.1	w	13.12. 6
	47.70	38.3	w	14. 2.18
8.0	2 53.22	−3 27 17.5	o	13. 1. 6
	53.15	18.2	w	13.12.12
	53.15	—	o	14. 1.25
	53.14	18.0	o	14. 2. 4
	53.13	17.9	w	14. 2.14
	53.16	19.7	w	14. 2.17
7.0	3 42.12	−2 17 0.2	o	13. 3. 3
	42.01	0.2	w	14. 2.15
	42.03	0.7	w	14. 2.17
	41.99	0.5	w	14. 2.19
7.0	5 10.13	−2 23 37.8	o	12.12.28
	10.12	36.6	o	13. 1. 6
	10.06	36.1	w	13. 1. 7
	10.10	35.3	w	13.11.12
	10.06	37.8	o	13.12.22
7.7	7 55.25	−3 43 30.6	w	13. 1.12

Grösse	α 1885.0	δ 1885.0	L	Datum
7.7	5h 7m 55s.32	−3° 45′ 30″.3	w	13. 12. 6
7.8	15 39.34	−1 39 41.2	o	13. 3. 4
8.0	15 52.18	−2 9 56.4	o	13.10.19
	52.12	—	w	13.11.10
	52.05	56.9	w	13.11.12
	52.02	57.6	o	13.12.22
	52.03	58.5	o	14. 2. 4
	52.04	59.6	w	14. 2.17
	52.03	58.5	w	14. 2.19
4.8	15 53.43	−0 29 48.5	o	14. 1. 5
	53.40	48.9	w	14. 2.15
	53.46	49.1	w	14. 2.20
8.0	16 12.84	−3 4 38.9	w	13.10.27
	12.86	39.2	w	14. 2.14
	12.76	39.5	w	14. 2.18
	12.85	39.5	o	14. 2.23
6.5	17 49.41	−0 16 9.0	w	13. 1.12
7.2	18 0.49	−0 58 30.5	o	12.12.28
	0.47	32.3	o	13. 1. 6
	0.44	—	o	13. 3. 4
	0.44	31.5	w	13.11.12
	0.40	31.0	w	13.12. 6
6.0	18 38.08	−1 0 8.3	o	13. 2.16
	38.10	—	o	13. 3. 4
	38.04	9.2	w	13. 3.10
8.0	18 53.77	−2 36 13.6	w	13. 1. 7
	53.82	15.4	o	13. 3. 3
	53.71	13.5	w	13.12.12
	53.73	14.5	o	14. 1. 5
	53.66	13.5	w	14. 2.19
8.0	19 15.45	−2 55 15.0	o	13. 2.27
	15.34	14.3	w	13.10.27
	15.40	13.9	w	13.11.10
	15.37	15.2	o	14. 1.25
	15.36	15.2	o	14. 2. 1
	15.34	14.0	w	14. 2.14
7.3	19 30.28	−0 38 33.4	o	13. 1. 6
	30.25	32.1	w	13. 1. 7
	30.34	33.4	o	13. 2.16
	30.35	33.2	o	13.12.22
	30.22	32.6	w	14. 2.20
7.6	19 47.06	−1 35 42.4	w	13. 1.12
	47.12	43.0	o	14. 2. 4
7.5	21 12.21	−2 27 37.9	o	13. 1. 6
	12.08	37.3	w	13. 1. 7
	12.05	37.8	w	13. 1.12
	12.22	—	w	13. 3.10
8.0	21 58.29	−2 14 34.6	o	12.12.28
	58.12	36.4	w	13.11.10
	58.18	35.7	w	13.11.12
	58.11	35.6	w	14. 2.14
6.8	23 12.53	−3 24 6.0	o	12.12.28
	12.49	7.6	o	13. 1. 6
	12.46	4.7	w	13. 1. 7
	12.42	7.2	w	13. 1.12
	12.47	7.3	w	13. 3.11
6.3	23 39.71	−3 32 21.7	w	13.12.10
	39.75	22.9	w	14. 2.15
	39.72	21.8	w	14. 2.19

Grösse	α 1885.0	δ 1885.0	L	Datum
5.5	5h 23m 53s.51	−1° 11′ 1″.5	w	13. 1.12
	53.60	1.8	w	13. 3.10
	53.56	—	w	13.11.10
7.2	25 58.95	−3 18 12.4	w	13. 3.10
	58.94	13.2	w	13. 3.11
	58.88	11.7	w	14. 2.21
8.0	26 7.81	−0 22 14.3	w	13.11.10
	7.80	—	w	13.12. 3
	7.82	13.7	o	14. 1. 4
	7.81	12.4	o	14. 3. 5
7.5	26 44.45	−0 4 20.0	w	13. 1. 7
	44.56	18.0	o	13.10.19
	44.53	19.6	w	13.11.12
	44.45	20.0	o	14. 2. 1
	44.51	20.2	w	14. 2.20
6.0	26 52.34	−1 40 34.7	o	12.12.28
	52.30	32.4	w	13.11.27
	52.25	33.8	w	13.12. 2
	52.27	35.5	o	14. 1.24
	52.22	33.9	w	14. 2.22
[illegible]	27 10.82	−1 48 13.4	w	13.12. 8
	10.78	—	o	13.12.22
7.5	27 18.50	−1 48 0.0	o	13.10.18
	18.60	0.7	w	13.12. 8
	18.52	1.8	o	13.12.22
	18.54	0.6	w	14. 2.14
	18.65	1.3	o	14. 2.25
7.4	27 41.15	−1 14 18.5	w	13. 1.12
	41.21	16.2	w	13.11. 8
	41.27	17.4	o	14. 1.25
	41.20	16.8	w	14. 2.19
	41.20	18.5	o	14. 3.12
7.5	27 53.75	−3 32 40.6	o	12.12.28
	53.73	41.4	w	13. 3.10
	53.71	40.4	w	13.11. 7
	53.69	40.2	w	13.12.10
7.7	28 13.20	−1 6 57.9	w	13.10.27
	13.20	57.8	w	13.12. 6
	13.29	59.3	o	14. 1. 3
	13.20	59.8	o	14. 2. 4
	13.28	58.1	w	14. 2.21
7.2	28 14.66	−1 32 59.1	w	13.12.12
	14.72	61.2	o	14. 1. 5
	14.80	61.1	o	14. 1. 9
	14.70	61.3	w	14. 2.15
	14.74	60.1	w	14. 2.17
	14.70	58.6	o	14. 3. 1
7.8	28 29.28	−2 37 39.8	w	12.11. 2
	29.14	39.9	w	13.12. 3
	29.14	40.0	w	14. 2.20
7.7	28 36.04	−0 5 30.3	w	13. 1. 7
	35.05	30.0	w	13. 1.12
	36.05	30.3	o	14. 1. 4
	36.00	—	w	14. 2.18
	36.02	29.3	o	14. 2.23
7.5	33 0.90	−2 39 42.8	o	12.12.28
	0.76	42.2	w	13.11.12
	0.67	41.8	w	13.12. 2
	0.78	41.6	w	13.12. 8

Grösse	α 1885.0	δ 1885.0	L	Datum
7.5	5h 33m 0s.71	−2° 39′ 42″.7	o	13. 12. 22
	0.73	42.2	o	14. 1. 4
8.3	33 15.38	−2 42 55.1	o	13.10.16
8.0	34 11.03	−3 23 39.4	w	13. 1. 7
	10.91	39.8	w	13.10.27
	10.94	38.6	w	13.11. 7
	10.94	41.0	o	14. 1.25
7.8	34 35.67	−3 29 23.2	o	12.12.28
	35.59	23.7	w	13. 1.12
	35.55	22.6	w	13.11. 3
	35.61	22.0	w	13.12.10
	—	23.6	o	14. 1. 3
	35.52	23.5	o	14. 2. 1
	35.60	23.3	o	14. 2. 4
7.5	34 51.46	−2 53 13.6	w	13. 1. 7
	51.50	13.8	o	13.10.19
	51.56	13.3	w	13.11.27
	51.47	15.5	w	13.12. 6
	51.41	13.5	o	14. 2.25
7.0	34 57.28	−2 0 10.5	o	13.10.16
	57.35	10.9	w	13.11.10
	57.36	16.3	w	13.12.12
	57.43	15.8	w	13.12. 8
6.8	35 0.46	−1 11 24.6	o	14. 3. 5
8.0	35 14.46	−3 54 14.6	w	13. 1.12
	14.56	13.4	o	13. 2.16
	14.53	10.4	o	13. 2.27
	14.50	15.7	o	13. 3. 3
	14.47	15.5	o	13. 3. 4
	14.43	14.7	w	13.11. 8
	14.41	15.2	w	13.12. 2
	14.42	10.3	o	14. 3. 1
8.0	35 52.08	(−3 47.4)	w	13. 3.10
7.5	35 54.38	−2 57 22.0	o	12.12.16
7.8	42 52.44	−1 49 31.9	o	14. 3. 1
8.5	43 16.59	−1 47 48.7	o	13.10.10
8.0	43 41.08	−0 43 9.1	o	13.12.27
	41.09	8.4	w	14. 2.15
	41.09	7.8	w	14. 2.18
	41.06	8.7	w	14. 2.19
	41.06	8.1	o	14. 2.23
7.8	43 50.46	−0 23 13.8	o	13. 2.10
	50.45	15.2	w	13. 3.10
	50.43	16.4	w	13. 3.11
	50.41	10.6	o	14. 1. 5
	50.51	15.4	o	14. 1. 9
	(50.36)	15.6	w	14. 2.17
8.0	52 23.12	−2 2 40.3	w	13. 1. 7
7.4	53 48.24	−1 27 9.7	w	13. 1. 7
	48.22	10.5	w	13. 1.12
8.0	54 13.88	−0 30 —	o	13. 3. 5
	13.87	34.1	w	13. 3. 5
	13.73	34.7	w	13.10.10
	13.76	34.0	w	14. 2.15
8.0	56 7.85	−3 41 1.0	o	12.12.28
	7.61	1.1	w	13. 1.12
	7.79	2.0	o	13. 3. 3
	7.76	1.8	o	13. 3. 4
	7.84	0.8	w	13. 3.11

Grösse	α 1885.0	δ 1885.0	L	Datum
8.0	5h 56m 7.75s	−3° 41′ 1.6″	w	13.11.12
8.0	56 33.93	−2 50 22.1	w	13. 3.10
7.5	57 32.36	−2 28 37.5	w	12. 1.11
7.4	58 53.91	−1 34 30.3	o	12.12.28
8.0	6 3 36.62	−3 46 35.2	w	13. 1.12
	36.45	36.3	o	14. 1. 9
	36.28	35.6	w	14. 2.14
	36.32	37.2	w	14. 2.07
	36.23	36.5	o	14. 2.23
	36.25	36.1	o	14. 3. 1
6.5	8 10.94	−3 42 40.2	w	13. 3.22
	10.90	39.9	w	14. 2.14
	10.92	40.4	w	14. 2.15
7.8	9 37.18	(−1 21.9)	o	14. 2.23
8.0	13 22.85	−3 42 4.1	w	14. 2.18
5.5	14 14.11	−2 53 46.4	w	13. 1. 7
	14.06	47.6	w	13. 3.21
8.0	15 16.58	−3 27 4.5	w	14. 2.15
	16.60	5.2	w	14. 2.17
	16.63	3.2	w	14. 2.20
	16.55	4.3	o	14. 3. 5
	16.61	6.2	o	14. 3.12
8.0	15 30.14	−1 10 8.2	w	13. 1. 7
	30.18	8.8	w	13. 3.10
	30.06	9.7	w	14. 2.14
8.0	15 51.48	−0 28 54.8	o	14. 3.17
	51.48	54.5	o	14. 3.19
7.8	16 43.25	−2 39 14.2	w	13. 1. 7
	43.18	15.8	w	14. 2.19
7.8	17 22.10	−3 27 32.6	w	12. 1.11
	22.04	33.3	o	13. 1. 6
	22.12	31.9	w	13. 1.12
	22.12	32.4	w	13. 3.10
	22.00	33.1	o	14. 2.23
	22.01	32.6	o	14. 3. 5
7.2	18 44.24	−1 21 28.6	o	13. 1. 6
	44.07	28.5	o	13.12.22
7.2	20 4.09	−3 49 28.7	w	13. 1.12
	4.19	28.6	w	13. 3.10
	4.17	29.9	o	13.10.19
	4.09	31.2	o	14. 3.20
7.4	20 26.10	−3 27 9.4	o	13. 1. 6
	26.11	8.4	w	13.11.12
	26.10	8.5	w	14. 2.20
	26.12	9.1	w	14. 3.22
7.9	20 33.73	−0 42 39.0	w	14. 2.07
	33.67	38.6	w	14. 2.18
	33.64	38.2	w	14. 2.19
	33.65	39.5	o	14. 3. 5
	33.66	41.5	o	14. 3.12
	33.67	39.6	o	14. 3.19
7.5	24 41.38	−2 56 41.3	w	13. 3.11
7.9	25 3.82	−3 38 5.4	w	13.11.12
	3.73	7.0	o	13.12.22
	3.76	5.5	w	14. 2.15
	3.75	5.0	w	14. 2.17
	3.76	6.6	o	14. 3. 1
	3.74	6.6	o	14. 3. 5
8.2	29 50.99	−3 33 14.7	w	13. 1.12

Grösse	α 1885.0	δ 1885.0	L	Datum
7.7	6h 30m 6.90s	−3° 5′ 49.0″	w	13. 3.22
8.0	30 14.85	−3 53 7.2	o	12.12.28
	14.87	6.9	w	13.11.12
	14.79	6.9	w	14. 2.14
8.0	35 35.44	−2 14 20.8	w	14. 2.18
	35.47	20.5	w	14. 2.19
8.0	39 15.89	−0 54 12.5	o	12.12.22
	15.91	12.6	w	13. 1. 7
7.6	39 58.45	−0 35 51.8	w	13. 1. 7
	58.54	51.9	w	13. 1.12
6.7	42 29.17	−1 11 27.9	w	13.12. 8
	29.19	28.9	w	13.12.10
	29.18	29.9	w	13.12.12
7.7	42 33.23	−1 41 31.0	w	14. 2.14
	33.23	30.3	w	14. 2.15
	33.23	31.5	w	14. 2.18
	33.36	33.6	o	14. 3.12
	33.28	31.6	o	14. 3.10
8.0	42 39.08	−1 32 9.0	o	13.10.19
	39.03	8.1	w	13.11.27
	39.05	9.0	w	13.12. 2
	39.00	9.4	o	13.12.22
	39.07	7.8	w	14. 2.17
	39.04	9.8	o	14. 3. 5
7.8	42 53.20	−3 56 46.4	w	13.11.12
	53.20	47.9	w	13.12. 3
	53.16	47.7	o	14. 1. 4
	53.28	47.0	o	14. 3. 1
6.1	43 28.92	−2 8 34.9	w	13. 1.12
	28.85	35.4	o	13. 3.25
	28.86	35.2	w	13.12. 6
	28.91	34.5	w	13.12. 8
8.0	43 54.22	−1 12 35.1	w	13.12.10
	54.23	35.8	w	13.12.12
	54.16	36.8	w	14. 2.14
8.0	45 34.27	−3 22 45.2	w	13.12. 6
7.0	45 55.93	−2 16 2.7	w	13. 1. 7
	55.96	2.6	w	13.11.12
	55.91	1.9	w	13.12. 3
7.7	46 3.95	−2 2 24.5	w	14. 2.15
	3.94	25.0	w	14. 2.17
	3.93	25.0	w	14. 2.19
6.4	48 33.95	−0 59 2.9	w	14. 2.17
6.3	49 12.67	−1 39 31.4	w	14. 2.15
7.8	49 21.65	−2 20 10.0	w	13. 3.11
	21.62	10.5	w	13. 3.23
	21.63	10.1	w	14. 2.17
7.9	50 4.82	−1 26 19.7	w	12. 1.12
	4.76	20.9	o	13. 1. 6
	4.89	18.9	w	13. 1.12
	4.73	19.9	w	13. 3.21
7.6	51 7.84	−3 32 31.4	w	13. 1.12
	7.87	32.2	w	13. 3.23
	7.76	32.2	w	14. 2.14
7.8	52 48.45	−2 52 11.7	o	14. 3. 1
8.0	53 13.87	−2 51 40.9	w	13. 3.21
	13.96	47.4	w	13. 3.22
	13.93	47.1	w	13. 3.23
	13.96	48.3	o	13.10.19

Grösse	α 1885.0	δ 1885.0	L	Datum
8.0	6h 53m 13.85s	−2° 51′ 48.8″	o	13.12.22
	13.89	48.9	o	14. 3.17
7.7	55 16.89	−3 5 30.0	w	13. 1.12
7.0	56 22.88	−3 35 28.4	o	13. 2.20
	22.84	28.3	w	13. 3.21
8.0	57 39.78	−2 51 27.0	w	13. 1. 7
	39.66	28.3	w	13. 3.21
	39.64	27.4	w	14. 2.14
	39.64	28.2	w	14. 2.18
7.0	59 18.77	−0 41 38.1	o	13. 3.25
7.9	59 41.03	−0 36 49.8	w	13. 1.12
6.4	7 5 30.93	−0 6 47.1	o	13. 1. 6
8.0	9 14.16	−2 37 30.8	o	12.12.22
	14.13	30.7	o	13. 2.20
	14.13	30.5	w	13. 3.21
	14.19	32.1	o	13. 3.27
	14.21	30.0	w	13.11.12
	14.22	29.7	w	13.11.27
8.2	11 8.24	−3 30 14.9	o	13. 3.27
6.5	16 32.42	−2 45 41.1	w	13. 3.11
7.4	30 17.48	−2 54 6.2	w	13. 3. 9
	17.43	5.4	w	13. 3.17
	17.44	7.0	w	13. 3.31
8.0	31 40.22	−1 46 47.7	w	13. 3.23
	40.23	47.5	o	13. 3.25
	40.25	46.7	o	13. 3.27
	40.29	49.0	o	13. 3.28
	40.36	47.2	w	13.11.27
	40.19	46.0	w	13.12. 2
7.8	32 1.68	−2 20 18.5	o	12.12.19
	1.61	18.5	o	13. 2.16
	1.70	20.0	o	13. 3.29
	1.60	16.0	w	13.12. 3
	1.71	17.4	w	13.12. 8
	1.61	18.2	w	14. 2.14
8.0	39 25.92	−0 9 42.0	o	13. 3.25
8.0	39 29.66	−0 14 12.2	w	12. 1.12
8.0	44 8.10	−2 24 7.5	w	12. 1.19
6.7	46 22.25	−2 45 30.2	w	12. 1.12
	22.28	37.0	w	12. 4. 2
	22.25	37.3	w	12. 4. 3
	22.27	36.6	o	12.12.19
7.8	46 47.36	−2 19 33.5	w	12. 4. 4
	47.34	35.1	w	13. 3. 9
	47.24	33.9	w	13. 3.17
7.2	48 46.09	−2 29 22.4	w	12. 1.12
7.5	51 8.95	−3 8 57.0	w	12. 4. 2
	8.94	57.5	w	12. 4. 3
	8.97	57.1	w	12. 4. 4
7.5	51 34.23	−0 20 43.2	w	13. 3.20
	34.16	42.7	w	13. 3.23
8.0	52 45.45	−3 19 41.2	w	13. 3.31
	45.21	41.4	w	13. 4. 1
	45.21	40.5	w	13.11.27
8.0	52 50.03	−3 33 40.0	o	13. 3. 3
	49.95	39.2	w	13.11. 3
	50.01	40.6	w	13.11. 8
	49.91	40.0	w	13.12.12
8.0	53 8.18	−0 7 55.4	w	12. 4. 3

Grösse	α 1885.0	δ 1885.0	L	Datum
8.0	$7^h 53^m 8^s.29$	$-0^\circ 7' 57''.3$	o	$13^j. 3^m.25^d$
	8.26	56.3	o	13. 3.27
	8.30	57.6	o	13. 3.28
	8.27	55.5	w	14. 2.14
	8.27	55.5	w	14. 2.15
7.0	53 20.10	−4 1 11.9	w	12. 4. 4
	20.08	13.2	o	13. 3.29
	20.17	12.4	o	13. 4. 2
	20.13	11.8	o	13. 4. 3
	20.14	13.2	w	14. 2.17
	20.03	12.4	w	14. 2.18
8.0	54 9.50	−1 29 4.2	w	13. 3.21
	9.49	4.5	w	13. 3.23
	9.54	4.0	w	13. 4. 1
6.8	54 57.13	−2 34 0.5	o	13. 3.27
	57.10	0.7	o	13. 3.28
	57.13	0.8	w	13. 3.31
	57.10	1.9	o	13. 4. 2
	57.07	0.0	w	13.12. 8
5.3	55 22.32	−1 4 25.1	w	12. 4. 4
	22.33	20.8	w	12. 4. 8
	22.20	27.1	w	13. 3.17
8.0	55 27.89	−3 12 10.9	w	12. 4. 3
	27.80	10.4	o	13. 2.20
	27.93	10.6	o	13. 3.27
	27.92	10.2	o	13. 3.28
	27.88	10.8	w	13.12.10
	27.87	11.3	w	14. 2.17
8.3	56 6.40	−3 13 35.6	w	13.12. 2
7.8	8 0 38.19	−2 3 (30.0)	w	12. 4. 7
	38.23	53.7	w	12. 4. 8
	38.08	52.7	w	13. 3. 9
8.0	1 1.97	−1 19 4.5	w	12. 4. 3
	2.03	3.1	w	12. 4. 4
	1.92	3.9	w	13. 3.21
8.0	2 15.14	−3 23 47.3	w	12. 4. 2
	15.13	40.4	w	12. 4. 4
	15.14	47.0	w	13. 3.21
4.8	2 48.06	−2 38 58.8	w	12. 3.31
8.0	5 23.01	−1 13 32.8	w	12. 4. 2
7.0	10 40.72	−2 52 20.0	w	12. 3.25
6.3	11 23.30	−3 0 34.2	w	12. 4. 2
7.3	11 48.35	−2 45 6.7	w	12. 2.19
7.7	11 45.54	−3 37 16.9	w	12.1. 11
7.8	12 2.74	−1 26 30.6	o	12.12.19
7.8	16 55.73	−0 29 58.6	w	12. 4. 4
8.0	17 12.43	−3 52 29.3	w	13. 3.11
7.0	18 5.83	−1 7 39.0	w	12. 1.11
	5.80	39.0	w	12. 4. 8
	5.76	39.4	w	12. 4. 9
	5.78	41.0	o	13. 1. 6
	5.75	39.7	o	13. 2.26
7.5	18 42.29	−0 46 18.6	w	12. 3.31
	42.48	16.7	w	13. 3.21
	42.47	17.5	w	13. 3.22
6.0	18 50.92	−3 22 43.7	w	12. 4. 8
	50.90	43.3	o	13. 3. 3
	50.87	44.5	w	13. 3. 9
	50.86	43.5	w	13. 3.11

Grösse	α 1885.0	δ 1885.0	L	Datum
6.0	$8^h 18^m 50^s.94$	$-3^\circ 22' 44''.0$	o	$13^j. 3^m.25^d$
7.5	20 3.93	−3 48 10.7	w	12. 4. 7
	3.86	11.4	w	13. 3.21
	3.88	12.5	w	13. 3.22
	3.87	13.6	o	13. 3.28
	3.98	14.1	o	13. 4. 2
	3.93	12.7	o	13. 4. 3
6.2	20 42.40	−3 36 37.3	w	12. 4. 4
	42.33	36.6	w	13. 3.23
	42.13	35.5	o	13. 3.25
	42.44	36.5	o	13. 3.27
	42.40	36.7	o	13. 3.29
	42.34	37.7	w	13. 3.30
8.0	21 0.90	−0 50 18.6	w	12. 4. 7
	0.83	21.0	o	13. 2. 6
	0.88	21.0	w	13. 3.31
	0.78	20.4	w	13. 4. 1
	0.89	23.0	o	13. 4. 2
7.0	21 56.35	−4 2 7.5	w	12. 3.31
	56.38	8.8	w	12. 4. 9
	(56.13)	7.1	w	13. 3. 9
7.7	28 40.78	−0 29 38.9	o	13. 3.25
	40.80	39.3	o	13. 4. 2
6.9	49 34.95	−2 42 30.2	o	13. 3.25
7.0	49 52.33	−2 21 10.2	w	12. 4. 2
	52.40	11.3	o	13. 3.27
	52.40	12.7	o	13. 3.29
	52.37	12.3	o	13. 4. 2
7.8	53 20.35	−2 6 36.1	w	12. 4. 3
	20.77	36.6	w	12. 4. 7
	20.75	37.6	o	13. 3. 3
7.7	55 35.78	−2 55 4.5	w	12. 3.31
	35.73	4.8	o	13. 3.20
	35.76	4.9	o	13. 3.27
	35.80	3.0	o	13. 4. 2
8.0	55 45.71	−0 7 50.3	w	13. 3.21
	45.79	51.6	w	13. 3.22
	45.66	50.2	w	13. 3.23
	45.79	52.7	o	13. 3.28
	45.80	52.1	o	13. 3.29
	45.81	51.3	o	13. 4. 3
6.8	55 40.30	−4 0 22.1	w	12. 4. 7
	40.34	20.7	o	13. 1. 6
	40.26	21.9	o	13. 3.26
	40.42	22.0	o	13. 4. 5
7.7	55 47.09	−1 1 33.1	o	13. 3.25
	47.04	34.3	o	13. 3.27
	47.15	33.2	o	13. 4. 4
8.8	55 50.05	(+0 6.6)	o	13. 3.28
	50.77	—	o	13. 3.29
7.8	56 35.06	−1 54 48.5	o	12.12.19
8.0	57 35.08	−3 59 14.7	w	12. 4. 3
8.3	57 54.38	(−3 58.5)	w	12. 4. 3
8.0	9 8 58.05	−4 3 51.7	w	12. 4. 4
	58.07	54.0	w	12. 4. 7
	58.50	53.2	o	13. 3.25
	58.04	53.5	o	13. 3.26
	58.07	53.8	o	13. 3.28
7.1	9 0.96	−1 6 30.9	w	12. 3.31

Grösse	α 1885.0	δ 1885.0	L	Datum
7.1	$9^h 9^m 0^s.95$	$-1^\circ 6' 40''.4$	o	$13^j. 3^m.27^d$
	0.97	40.6	o	13. 3.29
	0.99	40.5	o	13. 4. 2
8.0	10 40.81	−3 55 29.2	o	13. 3.26
8.0	16 40.03	−0 35 8.3	o	12.12.12
	40.67	6.9	w	13. 3.16
	40.71	7.3	w	13. 3.21
	40.77	6.9	w	13. 3.22
	40.69	8.6	o	13. 3.23
	40.70	9.4	o	13. 3.26
8.0	19 26.51	−0 20 31.4	o	12.12.22
	26.47	30.6	w	13. 3.18
	26.57	30.7	w	13. 3.21
	26.59	31.2	w	13. 3.22
	26.57	30.7	o	13. 4. 3
	26.59	29.0	o	13. 4. 4
6.2	20 30.94	−0 58 2.7	o	13. 3.27
8.3	23 18.95	−2 14 57.4	o	13. 3.28
7.3	23 29.83	−2 39 48.8	w	13. 3.21
	29.87	49.0	o	13. 3.25
	29.88	50.0	o	13. 3.29
	29.79	50.3	o	13. 4. 5
6.7	23 34.72	−1 42 12.5	o	13. 4. 2
	34.66	10.8	o	13. 4. 4
	34.62	10.9	o	13. 4. 6
6.5	23 45.90	−3 44 33.3	w	13. 3.18
	45.94	32.6	w	13. 3.21
	45.88	33.6	o	13. 3.26
	45.80	32.1	o	13. 3.27
	45.89	33.2	w	13. 4. 1
	45.87	33.2	o	13. 4. 3
7.8	23 47.82	−1 37 11.2	o	13. 3. 3
	47.68	9.9	w	13. 3.30
	47.72	11.5	w	13. 3.31
	47.83	11.7	o	13. 4. 5
	47.78	11.5	w	13. 4. 8
7.2	25 30.69	−2 48 59.6	w	12. 4. 7
	30.81	59.5	w	12. 4. 8
	30.74	60.0	w	13. 3.22
	30.64	60.3	o	13. 3.26
	30.73	60.1	o	13. 3.25
	30.03	59.1	o	13. 4. 6
7.5	25 58.90	−2 52 44.4	w	12. 4. 7
	58.92	45.5	w	12. 4. 9
	58.84	42.8	w	13. 3.21
	58.91	42.9	o	13. 3.25
	58.93	42.2	o	13. 4. 4
	58.90	44.0	o	13. 4. 7
7.8	26 23.65	−3 0 28.1	w	13. 3.13
	23.73	27.7	o	13. 3.23
	23.63	28.0	w	13. 3.30
	23.62	28.4	o	13. 4. 3
	23.69	20.5	o	13. 4. 6
7.5	32 32.55	−3 20 17.5	o	12. 4.15
8.0	33 10.32	−3 29 41.2	o	12. 4.12
	10.27	40.2	o	12.12.22
7.3	33 14.51	−2 19 14.3	w	12. 4. 7
8.0	39 57.18	−1 22 56.1	o	13. 3. 3
	57.12	54.4	w	13. 3.12

			27.82			2.4	e	13.	3.26
		53	12.09	−2	18	18.7	e	12.	4.12
		53	18.77	−2	31	29.2	e	13.	3.25
		57	49.57	−1	55	30.7	w	12.	4. 1
			49.67			29.5	w	12.	4. 8
			49.62			30.7	w	12.	4. 9
			49.63			29.2	e	12.	4.12
			49.62			30.2	e	12.	4.15
			49.60			30.3	e	13.	3.25
		17	35.17	−0	19	12.5	e	12.	3.25
			35.18			12.4	w	12.	4. 0
			35.18			11.7	w	13.	3.21
			35.16			11.2	w	13.	3.22
		17	43.05	−3	3	43.3	e	12.	4.15
			43.13			43.5	e	13.	3.25
			43.07			43.9	e	13.	3.26
			43.02			42.0	w	13.	3.30
			43.06			42.8	w	13.	3.31
			43.15			43.3	e	13.	4. 2
		17	—	−1	41	40.6	w	12.	4. 9
			57.86			41.8	e	12.	4.23
			57.94			40.3	w	13.	3.18
			57.84			40.0	w	13.	3.21
			57.95			42.6	e	13.	3.27
			57.87			42.3	e	13.	3.28
			57.91			—	e	13.	4. 3
		43	27.36	−3	24	30.2	e	12.	3.25
			27.34			37.0	w	12.	4. 1
		5	20.92	−0	46	12.8	w	12.	3.31
		10	19.83	−2	50	44.4	w	12.	4. 2
			19.84			42.0	w	12.	4. 3
		10	44.74	−3	20	21.0	e	12.	3.25
			44.83			19.4	w	12.	4. 0
		10	53.14	(−3	18.6)		w	12.	4. 9
		22	10.41	−0	15	53.5	e	12.	3.25
			10.43			52.0	e	12.	4.25
		23	—	−0	12	36.3	w	12.	3.31
			31.39			—	w	12.	4. 2
			31.44			36.7	w	12.	4. 3
			31.37			36.0	e	12.	4.15
		26	7.37	−1	8	52.0	w	12.	5. 7
		31	—	−2	25	23.1	e	12.	3.25
			33.01			22.1	w	12.	4. 2
			32.97			20.6	e	12.	5.13
			32.91			21.0	e	13.	3.26
			32.90			—	e	13.	3.29
		31	42.66	−3	54	7.1	w	12.	4. 3
			41.52			8.0	e	12.	5. 2
			41.62			8.5	w	12.	5. 7
			41.54			9.1	e	13.	3.20
		(32	32.6)	−1	48	1.0	e	13.	3.25
		44	33.48	−1	36	42.3	w	12.	5. 8
			33.40			41.7	w	13.	3.22
			20.13			7.0	e	12.	5. 2
			20.22			11.1	w	13.	3.30
			20.17			10.7	w	13.	3.31
7.8	22	6	20.33	−3	45	41.9	e	12.	4.23
			20.23			41.1	e	12.	5. 2
7.3		6	39.43	−2	27	16.3	e	12.	3.25
			39.41			15.4	e	12.	5.12
			39.37			15.9	e	12.	5.17
7.0		6	48.55	−1	49	34.9	e	12.	5. 6
			48.40			34.2	e	12.	5.13
			48.50			33.7	e	12.	5.21
6.8		12	15.54	−3	18	40.6	e	12.	3.25
			15.62			36.6	w	12.	3.31
			15.51			37.5	e	12.	5. 2
			15.53			37.7	e	12.	5. 6
7.3		14	22.52	−3	52	19.3	e	12.	3.25
			22.58			17.7	e	12.	4.23
			22.49			17.4	e	12.	5. 6
8.0		11	45.88	−3	21	13.5	w	12.	4. 2
			45.93			14.3	w	12.	4. 3
			45.87			15.2	w	12.	5. 8
			45.78			16.5	e	12.	5.12
			45.82			15.0	e	12.	5.13
			45.78			15.7	e	12.	5.17
7.7		15	56.91	−3	44	40.8	e	12.	4.23
8.0		21	5.45	−2	53	42.3	e	12.	5.13
			5.50			42.3	e	12.	5.22
			5.55			42.8	e	12.	5.24
6.5		21	57.50	−3	38	42.6	w	12.	4. 2
			57.48			42.0	e	12.	5. 6
			57.47			42.4	w	12.	5. 7
			57.45			43.8	e	12.	5. 9
			57.47			42.4	e	12.	5.12
8.0		28	18.38	−3	5	8.4	e	12.	3.25
			18.50			7.0	e	12.	4.23
			18.46			7.1	e	12.	5. 2
7.2		28	29.39	−0	46	25.7	e	12.	5. 6
			29.51			25.3	e	12.	5. 9
			29.43			25.4	e	12.	5.12
8.0		33	3.20	−0	13	18.1	e	12.	5.13
			3.16			18.4	e	12.	5.22
			3.24			17.8	e	12.	5.24
7.7		37	43.67	−0	56	30.4	e	12.	5. 2
			43.62			30.5	e	12.	5.17
			43.64			40.1	e	12.	5.22
6.8		38	17.05	−2	12	45.0	e	12.	5. 9
			17.01			46.7	e	12.	5.25
8.0		39	22.42	−3	15	31.7	w	12.	4. 1
			22.37			34.3	w	12.	4. 2
			22.47			31.1	w	12.	4. 3
			22.36			33.7	e	12.	5.12
			22.29			33.1	e	12.	5.17
			22.33			33.0	e	12.	5.22
			40.61			39.3	e	13.	3.26
8.0	13	7	19.33	−1	56	40.5	e	12.	5. 2
			19.33			40.9	e	12.	5. 9
			19.27			41.1	e	12.	5.12
7.5		7	25.61	−2	33	3.4	e	12.	5.12
			25.62			2.2	e	12.	5.13
8.0		18	10.03	−3	36	7.0	e	12.	5.27
			10.06			6.3	w	13.	3.22
			10.13			4.6	e	13.	3.29
			10.12			6.5	w	13.	3.30
			10.09			7.3	w	13.	3.31
			10.15			5.3	e	13.	4. 4
7.0		18	29.48	−3	42	15.4	e	13.	3.26
7.0		20	17.87	−0	35	38.6	e	12.	5.26
			17.91			38.7	e	13.	3.26
			17.95			39.5	e	13.	3.27
8.0		22	23.11	−0	13	52.5	e	12.	5.26
			23.21			54.3	w	13.	3.21
8.0		22	34.72	−3	52	8.6	e	13.	3.26
7.0		23	20.72	−0	46	2.8	e	13.	3.28
			20.72			2.1	e	13.	3.29
			20.76			1.7	e	13.	4. 4
7.8		24	19.83	−1	18	1.4	e	13.	3.27
			19.87			1.4	e	13.	4. 5
			19.82			0.5	e	13.	4. 7
7.3		24	55.28	−2	27	26.1	e	12.	5.27
			55.20			21.9	e	13.	3.26
			55.32			21.6	e	13.	3.28
8.0		27	1.79	−1	49	58.6	e	12.	5.12
7.5		50	7.43	−4	3	12.6	e	12.	5.25
			7.60			11.7	e	13.	3.26
8.0	14	6	34.17	−2	25	47.7	w	13.	3.31
			34.17			48.0	w	13.	4. 1
			34.20			48.3	e	13.	4. 7
			34.75			49.0	w	13.	4. 8
7.3		22	7.00	−2	29	15.3	w	13.	3.31
			7.00			15.0	w	13.	4. 9
6.8		24	—	−3	44	0.4	w	12.	5.21
			0.95			0.3	e	13.	3.26
			0.96			0.8	e	13.	3.27
			0.94			0.3	w	13.	3.31
			0.98			0.8	w	13.	4. 9
7.7		24	31.17	−3	33	10.1	w	13.	3.22
			31.20			9.1	w	13.	3.30
			31.23			9.7	w	13.	4. 8
7.0		32	29.96	−3	6	42.7	w	13.	3.30
			30.00			43.7	w	13.	3.31
			29.90			42.3	w	13.	4.10
8.0		32	32.62	−1	38	42.6	e	12.	5.26
			32.70			41.2	w	13.	4. 9
			32.63			42.1	w	13.	4.22
			32.67			41.6	w	13.	4.28
8.0		35	5.30	−1	55	31.0	e	13.	3.26

Grösse	α 1885.0	δ 1885.0	L	Datum
8.0	14h 35m 5.23s	−1° 55′ 31.3″	o	13. 3.27
	5.30	31.8	o	13. 3.28
	5.26	29.6	w	13. 3.30
	5.32	30.1	w	13. 3.31
	5.33	30.0	w	13. 4. 9
7.7	35 33.75	−1 32 30.3	w	13. 4.10
7.0	37 49.30	−2 0 36.5	w	13. 4.22
	49.34	35.6	w	13. 4.29
	49.24	36.6	w	13. 5. 1
6.0	39 16.62	−0 55 51.9	o	13. 3.26
	16.56	51.0	w	13. 3.30
	16.67	52.1	w	13. 3.31
	16.59	51.0	w	13. 4.23
7.7	40 23.40	−0 20 58.5	w	13. 4.22
	23.47	58.0	w	13. 4.29
	23.30	59.2	w	13. 5. 1
8.0	41 12.39	−3 45 1.4	w	13. 3.30
	12.34	2.5	w	13. 3.31
	12.45	2.5	w	13. 4. 9
4.5	45 3.37	−1 49 10.1	w	13. 3.21
	3.32	9.8	w	13. 3.30
7.0	56 46.44	−2 34 37.6	w	13. 4. 9
	46.50	38.1	w	13. 4.29
6.0	15 3 37.15	−3 44 17.0	w	13. 4. 9
	37.00	10.2	w	13. 4.10
7.8	4 3.98	−0 26 27.6	w	13. 4.22
	3.93	26.5	w	13. 4.23
	3.98	26.3	w	13. 4.28
7.0	8 4.23	−0 52 22.3	w	13. 3.10
	4.27	21.4	w	13. 3.22
	4.23	21.7	w	13. 3.23
6.7	8 29.20	−2 56 3.6	w	13. 3.31
8.0	8 59.90	−1 59 5.7	o	12. 5.22
	59.82	5.6	o	12. 5.25
	59.86	6.4	o	12. 5.27
	59.86	6.3	w	13. 3.30
	59.93	7.3	w	13. 4. 9
	59.84	7.8	w	13. 4.10
7.3	11 40.15	−4 4 17.9	o	12. 5.22
	40.06	18.7	o	13. 3.26
	40.19	17.9	w	13. 3.31
	40.02	18.2	o	13. 4. 4
	40.06	18.2	w	13. 4.22
	40.07	17.9	w	13. 4.23
7.7	11 45.05	−0 33 46.3	o	12. 6.27
	45.00	45.6	o	13. 3. 4
	45.57	44.3	w	13. 3.10
	45.59	45.4	w	13. 4.10
8.0	12 39.84	−2 22 40.1	w	13. 3. 6
	39.98	40.4	w	13. 3.31
	40.04	41.5	w	13. 4. 9
7.3	13 0.10	−1 10 21.4	o	12. 5.22
	0.01	24.7	o	12. 5.25
	0.05	23.3	o	12. 5.26
	0.14	21.0	w	12. 6.28
	0.09	21.3	w	13. 3.10
7.7	18 27.11	−0 8 8.1	w	12. 5. 8
	27.05	9.6	o	12. 5.26
	27.15	9.2	o	13. 3. 4

Grösse	α 1885.0	δ 1885.0	L	Datum
7.7	15h 18m 27.07s	−0° 8′ 8.2″	w	13. 3.21
	27.11	9.8	o	13. 4. 4
	27.08	8.4	w	13. 4.22
7.5	19 49.30	−0 50 51.7	w	13. 3. 6
	49.29	53.2	w	13. 3.21
	49.35	53.3	w	13. 3.30
6.0	27 2.30	−0 47 42.7	o	12. 4.15
	2.48	42.7	w	12. 5. 8
	2.48	43.2	o	12. 5.22
	2.54	40.6	w	12. 6.28
	2.38	40.0	w	13. 3. 6
7.9	27 38.98	−2 54 33.9	w	13. 4. 9
8.0	28 18.05	−2 19 57.0	o	12. 4.15
	18.00	60.4	o	12. 5.26
	18.01	58.2	w	13. 3.23
	18.07	57.3	w	13. 4.10
	18.80	57.4	w	13. 4.24
7.8	28 32.05	−2 33 18.6	w	13. 4.15
	32.00	17.7	w	13. 4.28
6.8	30 39.60	−0 10 44.2	w	12. 6.28
	39.70	44.5	w	13. 4. 9
	39.55	44.4	w	13. 4.10
8.0	32 44.75	−1 24 32.2	w	12. 5. 8
	44.81	32.0	w	12. 6.28
	44.72	30.6	w	13. 4.23
8.0	32 50.92	−2 27 6.0	w	13. 3.30
	51.04	8.1	w	13. 4. 9
	51.02	7.5	w	13. 4.24
5.5	40 8.71	−1 26 30.0	o	12. 4.15
	8.72	—	w	12. 5. 8
	8.81	35.2	o	12. 5.21
	8.71	35.7	w	12. 6.28
	8.70	34.6	w	13. 3. 6
6.0	42 55.41	−3 27 54.7	w	12. 6.28
	55.45	55.2	o	13. 3. 4
	55.36	54.5	o	13. 3.26
	55.41	53.9	o	13. 3.28
	55.37	53.8	w	13. 4.20
	55.36	54.7	w	13. 4.22
7.5	42 57.81	0 38 51.0	w	13. 3.10
	—	51.2	w	13. 3.30
	57.78	51.7	o	13. 4. 4
	57.84	51.1	o	13. 4. 5
	57.81	50.3	w	13. 4.23
	57.85	—	w	13. 4.28
7.8	43 14.48	1 38 4.0	o	12. 5.13
	14.39	6.5	o	12. 5.20
	14.48	6.4	o	12. 6.27
	14.43	4.7	w	13. 3. 6
	14.38	6.3	o	13. 4. 7
	14.42	5.1	w	13. 4.25
	14.41	4.8	w	13. 4.26
7.2	43 50.07	−3 34 —	w	12. 6.26
	50.10	10.4	o	13. 3. 4
	50.04	10.3	o	13. 3.20
	50.10	10.7	o	13. 3.28
	50.01	9.6	w	13. 4.10
	50.04	10.8	w	13. 4.22
	50.11	10.1	w	13. 4.23

Grösse	α 1885.0	δ 1885.0	L	Datum
5.6	15h 45m 16.15s	−2° 44′ 29.4″	o	12. 5.22
	16.15	29.9	o	12. 6.27
	16.27	28.2	w	13. 3. 6
	16.15	29.6	w	13. 3.10
	16.13	30.0	w	13. 3.30
	16.20	28.9	o	13. 4. 4
8.0	46 14.04	−3 58 45.3	w	13. 3.21
8.0	46 39.79	−0 41 7.6	o	12. 4.15
	39.75	8.8	o	12. 5.26
	39.75	7.6	w	13. 3.10
	39.73	7.7	w	13. 3.30
	39.77	7.3	w	13. 4. 9
7.3	47 23.30	−2 41 6.5	w	12. 5. 8
	23.31	5.0	w	13. 3. 6
7.0	49 37.20	−1 49 31.4	w	12. 5. 8
7.9	52 54.40	−2 42 40.4	w	13. 3.10
	54.35	39.9	w	13. 3.30
7.0	55 39.79	−3 26 27.1	o	12. 5.25
	39.85	25.6	w	13. 3. 6
	39.85	27.0	w	13. 4.28
7.2	56 11.79	−0 29 53.9	w	12. 5. 8
	11.82	54.7	o	12. 5.22
	11.83	54.4	w	12. 6.28
	11.76	54.5	w	13. 3.10
8.0	56 40.77	−3 20 5.8	o	12. 5.24
	40.73	7.8	o	12. 5.26
	40.80	7.1	o	12. 5.27
	40.70	5.2	w	13. 4.10
	40.79	5.7	w	13. 5. 1
	40.75	5.4	w	13. 5. 4
7.8	56 49.37	−0 5 31.5	o	13. 3.28
	49.37	30.4	o	13. 4. 5
	49.34	31.2	o	13. 4. 6
7.9	56 49.57	−2 8 57.8	o	12. 4.15
	49.53	58.8	o	12. 6.27
	49.46	58.2	o	13. 3.26
	49.40	58.0	w	13. 3.30
	49.48	59.2	w	13. 4.29
	49.47	59.3	w	13. 5. 5
8.0	57 1.27	−1 19 45.3	o	12. 5.13
	1.30	46.4	o	13. 3. 4
	1.27	45.7	o	13. 4. 4
	1.25	44.5	w	13. 4.22
	1.24	44.7	w	13. 4.23
	1.20	45.7	w	13. 5.12
7.9	58 40.60	−0 50 35.3	o	12. 5.24
	40.71	36.2	w	12. 6.28
	40.64	34.4	w	13. 3. 6
	40.61	36.2	w	13. 3.10
6.8	59 7.17	−3 12 46.9	w	13. 3.30
	7.25	46.6	w	13. 4.10
	7.31	46.1	w	13. 4.24
7.7	59 20.04	−3 1 60.6	o	12. 5.22
	20.58	59.6	o	12. 5.25
	20.08	60.7	o	12. 5.26
8.4	16 0 22.43	−3 0 54.2	o	12. 5.24
7.3	0 58.98	−3 34 1.0	o	12. 5.22
	58.97	2.3	o	13. 3. 4
	58.98	0.4	w	13. 3. 6

Grösse	α 1885.0	δ 1885.0	L	Datum
7.5	16h 0m 58s.95	−3° 34' 0".0	o	13. 3.16
	58.97	1.5	w	13. 4.12
	59.00	1.7	w	13. 4.23
8.0	1 4.80	−3 59 5.2	o	12. 5.13
	4.71	7.8	o	12. 5.15
	4.80	7.9	w	13. 3.10
	4.79	7.6	w	13. 4.10
	4.84	6.8	w	13. 5.12
8.0	1 37.10	−2 20 29.7	w	13. 4.24
	37.06	29.8	w	13. 5. 1
	37.04	29.4	w	13. 5. 5
6.1	3 49.39	−3 9 46.4	o	12. 5.13
7.8	4 1.65	−1 18 42.3	o	13. 3. 4
	1.67	40.8	w	13. 3. 6
	1.68	40.4	w	13. 3.10
	1.59	41.8	w	13. 3.30
7.2	6 48.49	−2 25 31.5	w	12. 5. 8
	48.47	33.2	o	12. 5.24
	48.36	32.1	o	12. 5.25
	48.50	34.4	w	13. 3.10
	48.48	31.8	w	13. 3.21
6.5	6 53.57	−3 55 20.6	o	12. 5.26
	53.60	30.4	o	12. 5.27
	53.57	27.6	o	13. 3. 4
7.5	7 17.23	−0 13 24.7	w	13. 3. 6
	17.29	22.0	o	13. 4. 6
	17.22	25.9	w	13. 4.25
	17.26	25.0	w	13. 4.28
	17.22	25.2	o	13. 5.16
	17.20	24.4	o	13. 5.18
8.0	7 18.55	−1 6 19.4	o	13. 3.28
	18.54	19.4	o	13. 4. 4
	18.56	19.0	o	13. 4. 5
	18.55	17.4	w	13. 4.10
	18.55	17.7	w	13. 4.24
	18.50	18.2	w	13. 4.29
7.3	7 23.12	−3 45 22.6	o	13. 4. 7
	23.14	24.2	w	13. 4.22
	23.14	23.5	w	13. 4.23
	23.12	23.1	w	13. 5. 1
	23.12	23.3	o	13. 6. 3
	23.16	23.0	o	13. 6.27
6.8	7 42.34	−1 30 51.6	w	13. 3.21
	42.31	52.4	o	13. 3.28
	42.32	52.5	o	13. 4. 4
	42.40	52.9	o	13. 4. 5
	42.29	52.0	w	13. 4.10
	42.34	50.9	w	13. 4.24
8.0	8 3.56	−3 51 56.9	o	12. 5.26
	3.60	54.8	o	13. 4. 6
	3.58	56.0	o	13. 4. 7
	3.59	53.7	w	13. 4.22
	3.68	53.4	w	13. 4.23
	3.60	53.9	w	13. 5. 1
7.5	9 7.04	−1 29 1.2	w	13. 3. 6
	7.03	1.1	w	13. 3.10
	6.96	2.5	w	13. 3.30
	7.00	2.1	o	13. 6. 2
	6.98	1.6	o	13. 6. 3

Grösse	α 1885.0	δ 1885.0	L	Datum
7.5	16h 8m 6s.99	−1° 29' 1".6	o	13. 6.27
7.2	10 23.35	−1 21 41.0	o	12. 4.15
	23.37	42.9	o	13. 3. 4
	23.41	41.8	o	13. 3.16
6.0	10 52.42	−3 40 2.8	w	13. 3.21
	52.35	3.6	w	13. 4.23
	52.39	2.2	w	13. 4.24
8.0	16 29.83	−3 58 20.0	w	12. 5. 8
8.9	16 32.36	(−3 56.8)	w	12. 5. 8
7.0	17 10.77	−0 35 8.5	w	12. 6.28
	10.81	7.1	w	13. 3. 6
8.0	17 15.34	−0 25 53.7	w	12. 5. 7
	15.38	53.8	o	12. 5.22
	15.35	57.6	o	12. 5.26
	15.38	55.3	o	12. 6.27
	15.33	55.2	w	13. 3.10
	15.37	55.0	w	13. 3.21
7.0	18 40.43	−2 13 17.7	w	12. 5. 8
	40.47	16.3	o	12. 5.22
	40.43	18.8	o	12. 5.26
8.0	18 53.04	−2 12 16.7	w	12. 5. 7
	53.02	—	w	12. 5. 8
	53.04	—	o	12. 5.22
	53.01	17.5	o	12. 6.27
	52.98	17.7	w	13. 3.21
8.0	24 42.10	−3 25 30.5	w	12. 5. 7
7.0	27 20.17	−4 0 38.9	w	12. 5. 7
8.0	31 10.44	−2 12 8.6	w	12. 5. 8
	10.36	9.1	w	13. 4. 8
6.7	32 37.38	−1 0 2.8	w	13. 3.21
	37.41	2.5	o	13. 3.26
	37.36	2.6	o	13. 3.28
	37.27	3.0	w	13. 3.30
	37.33	2.8	w	13. 4.25
8.3	32 47.74	(−0 57.4)	w	13. 3.30
7.5	33 17.85	−1 31 46.9	w	12. 5. 8
	17.87	47.9	w	13. 3.10
	17.87	47.0	o	13. 4. 4
	17.90	48.1	o	13. 4. 5
	17.80	48.2	o	13. 4. 7
8.0	33 40.14	−3 23 30.7	o	13. 3.26
	40.17	30.5	o	13. 3.28
	40.22	30.4	o	13. 4. 6
7.0	35 8.01	−2 37 11.2	w	13. 3. 6
	8.04	13.1	w	13. 4.23
6.5	35 15.71	−0 46 35.3	o	13. 3. 4
	15.77	34.8	w	13. 3.21
	15.66	33.7	w	13. 3.30
	15.69	34.2	w	13. 4.25
8.0	35 18.65	−3 59 32.6	w	12. 5. 7
	18.66	32.7	o	12. 6.10
	18.62	30.7	o	13. 4. 4
	18.55	31.8	w	13. 4. 8
	18.57	32.2	w	13. 4.22
7.3	37 8.81	−3 55 51.2	o	12. 6.10
	8.76	52.7	o	13. 3.26
	8.73	51.6	o	13. 3.28
	8.68	53.1	w	13. 3.30
7.5	37 40.74	−0 34 2.0	o	13. 3. 4

Grösse	α 1885.0	δ 1885.0	L	Datum
7.5	16h 37m 46s.69	−0° 34' 0".9	w	13. 3. 6
	46.70	1.7	w	13. 3.21
8.0	37 56.94	−2 24 30.5	w	12. 5. 7
	56.89	30.5	w	12. 5. 8
	56.88	30.4	w	13. 3.10
8.0	39 3.07	−0 24 3.5	o	12. 6.27
	3.12	3.2	o	13. 4. 4
6.9	39 10.43	−2 52 16.2	w	12. 5. 8
	10.45	15.7	o	13. 3.28
	10.44	15.8	o	13. 4. 5
8.0	39 50.78	−0 33 4.5	o	13. 3. 4
	50.85	4.0	o	13. 4. 6
	50.85	4.2	o	13. 4. 7
6.2	44 22.27	−2 37 18.4	w	12. 5. 8
7.0	46 7.20	−2 36 12.3	w	13. 3. 6
8.0	46 16.61	−3 46 19.2	w	12. 5. 7
	16.50	19.7	w	12. 5. 8
	16.47	19.3	o	12. 6.10
	16.55	20.1	o	12. 6.27
	16.53	19.8	w	13. 3.10
6.5	48 13.14	−1 25 12.9	w	13. 3.21
	13.12	13.2	w	13. 3.30
7.3	48 23.02	−3 58 31.8	w	13. 3.10
7.0	51 37.46	−2 50 9.1	w	13. 3. 6
6.3	17 0 55.10	−1 30 1.0	w	13. 3.10
	55.16	1.6	w	13. 3.21
	55.16	1.1	w	13. 3.23
6.7	2 51.48	−3 43 41.4	o	12. 6.10
	51.45	41.4	o	12. 6.27
8.0	4 15.04	−0 36 50.9	w	12. 6.28
	15.00	49.8	w	13. 3. 6
7.8	5 46.01	−3 22 21.4	o	12. 6.10
7.2	8 19.09	−4 1 34.9	w	13. 3. 6
8.0	12 19.72	−0 38 23.3	w	13. 3.10
	19.73	22.3	w	13. 3.23
	19.70	24.9	o	13. 3.26
6.1	12 50.56	−2 41 9.3	w	13. 3. 6
	50.64	7.8	o	13. 3.28
	50.64	8.4	o	13. 4. 4
6.7	19 59.67	−2 33 0.5	w	13. 3.10
6.8	25 1.39	−2 44 15.4	w	12. 6.28
8.0	25 27.21	−2 26 51.4	o	12. 6.27
	27.20	51.2	o	13. 3.26
	27.23	51.5	o	13. 4. 7
7.0	28 7.20	−2 58 27.0	o	12. 6.10
8.0	28 55.04	−1 31 37.3	w	13. 3.21
	55.09	36.7	w	13. 3.23
	54.96	37.4	w	13. 3.30
7.5	29 30.22	−2 48 54.3	o	13. 4. 6
	30.20	54.0	o	13. 4. 7
	30.30	53.1	o	13. 3.28
7.0	30 6.32	−3 36 10.4	w	13. 3.23
	6.25	15.3	o	13. 3.28
	6.30	15.7	o	13. 4. 5
	6.28	15.7	o	13. 4. 6
7.3	31 19.30	−2 48 13.9	o	13. 3.28
6.5	34 2.63	−0 34 28.0	w	13. 3.21
	2.71	27.8	w	13. 3.23
8.0	34 30.11	−2 48 5.1	o	13. 3.26

8.0	17h 34m	30.15	−2° 48'	3.3	o	13.	3.28
		30.15		4.4	o	13.	4. 4
7.8	36	29.59	−2 21	58.5	w	12.	8. 5
		29.64		59.0	w	12.	8. 6
		29.64		58.2	o	13.	3.26
		29.61		57.6	o	13.	4. 4
7.7	38	2.49	−1 45	14.7	o	13.	4. 6
8.0	38	43.65	−1 41	20.3	w	13.	4.23
		43.72		19.9	w	13.	5. 1
		43.70		20.6	o	13.	5.28
		43.77		21.5	o	13.	6. 1
		—		20.4	w	13.	6.19
		43.76		19.3	w	13.	6.30
7.3	39	12.74	−2 42	44.0	w	13.	3.23
		12.67		43.5	o	13.	3.28
		12.69		43.7	o	13.	4. 5
		12.82		44.7	w	13.	7. 1
		12.65		44.1	w	13.	7. 3
7.6	39	31.41	−3 27	21.2	w	12.	8. 5
		31.38		20.3	w	13.	3.30
		—		20.5	o	13.	5.13
		31.43		20.3	o	13.	5.16
		31.39		20.6	o	13.	6. 2
7.5	40	31.76	−1 48	49.3	o	13.	3.26
7.5	40	55.83	−1 20	29.0	w	13.	3.21
		55.81		28.3	w	13.	4.10
		55.82		28.5	w	13.	4.23
		55.87		29.7	o	13.	5.28
		55.94		30.4	o	13.	6. 1
7.8	42	19.98	−0 58	32.0	w	12.	8. 5
		19.92		32.0	o	13.	3.26
		19.95		31.7	o	13.	4. 5
		19.94		30.6	w	13.	5. 1
		19.98		30.5	w	13.	7. 8
7.5	42	20.92	−1 46	0.9	w	13.	3.23
		20.85		1.3	o	13.	3.28
		20.91		2.5	o	13.	4. 6
		20.90		0.3	w	13.	4. 8
		—		1.6	o	13.	5.13
		20.96		3.2	o	13.	6. 1
		21.01		1.1	w	13.	7.11
8.0	42	37.51	−2 9	23.1	w	13.	3.30
		37.56		23.1	o	13.	4. 7
		37.57		21.8	w	13.	4.10
		37.63		22.1	o	13.	5.14
		37.61		23.9	o	13.	5.16
7.8	46	25.11	−1 23	58.7	w	12.	7. 1
		25.06		59.4	w	13.	4. 8
		25.11		59.7	w	13.	4.10
8.0	46	33.60	−3 9	17.7	w	12.	8. 5
		33.65		16.0	o	13.	4. 7
		33.70		17.7	w	13.	4.23
		—		13.9	o	13.	5.13
		33.86		16.4	o	13.	5.28
		33.71		15.2	o	13.	6.17
		33.73		14.3	w	13.	6.30
8.0	46	59.82	−2 13	47.6	w	13.	4.23
		60.01		45.5	o	13.	6.21
		59.87		47.0	o	13.	6.23

8.0	17h 46m	59.91	−2° 13'	46.4	o	13.	6.27
		59.89		47.3	w	13.	7. 1
		59.85		47.6	w	13.	8.11
7.5	47	3.24	−2 33	1.1	o	13.	4. 4
		3.24		1.1	o	13.	6.15
7.1	48	5.06	−1 35	38.4	o	13.	3.26
7.2	48	26.98	−3 26	3.0	w	12.	8. 5
		27.01		3.2	w	13.	4. 8
5.2	52	24.44	−3 40	54.4	o	13.	5.16
8.0	54	30.45	−3 58	22.7	w	12.	8. 6
		30.70		20.7	o	13.	5.28
		30.60		20.1	o	13.	6. 1
		30.57		20.5	o	13.	6. 2
		30.58		19.8	w	13.	7. 7
8.0	54	33.57	−2 17	56.8	w	13.	4.13
		33.56		58.2	o	13.	6. 3
		33.77		58.8	o	13.	6. 8
		33.73		56.4	o	13.	6.12
		34.00		55.6	w	13.	7.24
		33.56		56.0	w	13.	8.11
7.3	54	50.76	−2 34	20.2	o	13.	4. 5
		50.75		18.8	w	13.	4.10
		50.72		19.8	w	13.	5. 1
				19.8	o	13.	5.13
		50.76		19.5	o	13.	5.14
		50.81		18.2	o	13.	6.17
		50.74		19.7	w	13.	8.14
6.5	56	26.79	−3 9	22.8	w	13.	3.30
		—		23.0	o	13.	5.13
		26.86		22.8	o	13.	5.14
		26.90		24.0	o	13.	6. 1
8.0	18 5	21.21	−0 40	50.6	w	12.	7. 1
		21.15		52.3	w	12.	8. 6
7.5	5	40.20	−2 44	57.4	o	13.	4. 7
6.6	9	54.66	−3 30	14.4	w	12.	7. 1
		54.61		15.4	o	13.	4. 4
		54.66		15.1	o	13.	4. 5
6.5	10	51.31	−3 2	15.8	w	12.	7. 7
		51.34		16.1	o	13.	4. 6
		51.36		16.5	o	13.	4. 7
		—		17.2	o	13.	5.13
		51.40		16.9	o	13.	6. 2
8.0	12	59.11	−3 12	47.9	o	13.	5.14
		59.10		47.3	o	13.	6.13
		59.11		46.3	o	13.	6.17
8.0	15	20.79	−3 9	25.7	w	13.	4.23
		20.83		25.5	w	13.	5. 1
		20.86		25.0	o	13.	6. 8
		20.89		25.1	o	13.	6.21
		20.82		25.2	o	13.	6.23
		20.79		26.1	w	13.	8.11
8.0	15	33.42	−3 55	36.8	o	13.	5.28
		33.38		36.1	o	13.	6.17
		33.26		36.0	o	13.	6.22
		33.36		36.4	w	13.	7. 1
		33.34		37.1	w	13.	7. 8
		33.46		35.9	w	13.	7.11
7.1	16	26.94	−1 15	21.9	w	13.	4.23
		27.00		21.0	o	13.	6.12

7.1	18h 16m	26.91	−1° 15'	21.8	o	13.
		26.89		23.2	w	13.
		26.93		22.8	w	13.
7.6	17	32.90	−1 12	14.9	w	13.
		33.12		14.0	w	13.
		33.04		15.9	w	13.
7.7	17	59.60	−2 31	48.1	o	13.
		59.51		46.6	o	13.
		59.53		47.4	o	13.
6.5	18	0.57	−3 38	25.3	w	13.
7.6	18	27.51	−1 7	15.8	o	13.
8.0	18	44.50	−1 55	55.0	o	13.
		44.47		55.4	o	13.
		44.54		51.4	o	13.
		44.54		50.0	w	13.
		44.49		54.8	w	13.
		44.63		54.7	w	13.
6.5	18	50.38	−1 38	24.7	o	13.
		50.41		25.0	w	13.
		50.40		25.9	w	13.
		50.47		25.6	w	13.
5.8	23	41.85	−2 3	32.4	w	12.
		41.90		31.1	w	13.
7.0	25	27.08	−0 33	40.0	w	13.
7.5	25	46.06	−2 20	54.9	o	13.
6.7	26	0.65	−1 4	62.5	o	13.
		0.67		60.8	w	13.
		0.58		60.7	w	13.
		0.66		59.4	w	13.
7.0	31	56.51	−2 41	13.6	w	12.
6.5	32	21.60	−3 17	35.5	w	12.
		21.69		36.1	w	12.
		21.63		35.2	w	13.
6.7	32	22.74	−1 12	40.3	o	13.
		22.70		40.7	o	13.
		22.75		40.3	w	13.
		22.74		41.5	o	13.
7.0	32	41.44	+0 0	54.7	o	13.
		41.52		55.2	w	13.
		41.48		54.4	w	13.
		41.53		54.6	w	13.
7.5	33	14.03	−2 3	6.1	o	13.
		14.09		4.8	o	13.
		14.80		6.6	w	13.
		14.03		7.5	w	13.
7.5	37	30.62	−1 40	19.6	o	13.
8.0	37	58.08	−2 10	57.1	w	12.
		58.69		57.5	o	13.
		58.57		56.8	w	13.
		58.61		57.4	o	13.
8.0	37	58.80	−0 20	16.7	o	13.
		58.78		16.4	o	13.
		58.70		17.2	o	13.
		58.93		16.9	w	13.
		58.78		16.6	w	13.
		58.73		17.0	w	13.
7.2	39	1.28	−0 29	23.2	o	13.
		1.28		21.5	o	13.
		1.31		21.8	w	13.

18h 39m 1s.23	−0° 29'	22".0	w	13.	7m. 2'	7.8	19h 20m 23s.84	−2° 10'	27".3	e	13.	6m.11'	7.9	19h 39m 45s.27	−0° 38
1.28		21.3	w	13.	7. 3		23.81		27.3	e	13.	6.27		45.47	
40 32.30	−1 4	35.4	e	13.	6.24		23.89		20.5	w	13.	7. 1		45.47	
32.20		35.3	e	13.	6.27		24.09		23.9	w	13.	7.11	0.7	39 51.43	−1 9
32.19		35.7	w	13.	7. 8		23.85		20.9	w	13.	8. 3		51.38	
32.22		34.1	w	13.	8.11		23.83		27.0	e	13.	8.16	7.9	20 3 20.12	−2 50
32.20		34.4	w	13.	8.14	0.9	23 24.77	+0 0	30.5	w	12.	8.18		20.50	
32.22		35.8	e	13.	8.18		24.91		38.9	w	12.	8.22	7.8	3 26.26	−1 36
40 33.05	−1 5	2.6	e	13.	6.24		24.81		39.9	w	12.	8.29		26.44	
41 50.48	−0 21	43.1	e	13.	6. 8	7.2	24 (9.87)	−0 40	55.0	w	12.	8.22		26.38	
50.49		43.2	e	13.	6.12		9.82		57.6	e	13.	6.13	6.7	7 17.53	−1 21
50.38		43.3	e	13.	6.23		9.73		55.7	e	13.	6.24		17.47	
50.39		42.8	w	13.	7. 4		9.70		50.7	e	13.	6.27	7.2	10 48.53	−3 50
50.40		41.4	w	13.	7. 6		9.78		55.7	w	13.	7. 2	7.8	11 20.10	−2 45
50.33		42.1	w	13.	8.11		9.79		—	w	13.	7. 3		20.15	
42 30.00	−3 14	0.0	w	13.	8.14		9.70		54.7	w	13.	8. 7	7.8	13 57.48	−1 0
43 19.25	−1 6	34.7	w	13.	7. 1	7.7	25 1.08	−2 16	27.7	w	13.	7. 6		57.40	
19.19		35.9	w	13.	7. 3		1.04		28.8	e	13.	8.18	8.0	21 28.87	−2 29
19.14		34.3	w	13.	7.24		1.06		26.9	e	13.	8.22		28.80	
44 5.70	−3 45	4.8	e	13.	6. 8		1.05		28.6	e	13.	8.28		28.90	
45 3.47	−3 23	33.6	w	12.	8. 9	7.3	25 10.73	−2 21	2.4	e	13.	6.11	7.0	21 29.59	−2 28
3.54		34.7	e	13.	6. 2		10.76		1.9	w	13.	7. 2		29.54	
3.59		34.0	w	13.	6.30		10.70		3.0	w	13.	7. 3	6.4	22 23.42	−3 44
46 22.23	−3 51	45.7	w	12.	8.11		10.73		0.7	w	13.	7. 7	7.3	22 51.90	−2 6
22.29		43.0	w	13.	7. 3	7.2	30 7.89	−0 0	10.7	w	13.	7. 3		51.90	
47 0.01	−0 5	10.0	w	13.	7. 4	6.2	30 40.27	−1 32	26.2	e	13.	6. 3		51.91	
50 24.38	−1 50	49.1	w	12.	8.18		40.39		27.0	w	13.	8. 3		52.03	
24.37		49.5	w	12.	8.22		40.30		30.4	w	13.	8. 7		51.85	
51 41.16	−0 40	34.3	w	12.	8.18		40.31		25.9	w	13.	8. 9	8.0	28 38.08	−1 4
54 47.77	−0 23	6.9	w	12.	8.22	8.0	31 9.48	−3 43	50.6	w	13.	6.30	7.8	31 14.20	−1 42
59 19.34	−1 6	20.5	w	13.	7.19		9.49		49.8	w	13.	7. 2		14.20	
19.52		23.0	w	13.	7.24		9.55		50.9	w	13.	7. 8		14.13	
19 0 37.91	−1 31	17.5	w	13.	7. 3		9.42		50.7	e	13.	8.28	6.6	31 24.00	−0 18
37.93		17.3	w	13.	7. 4		9.48		50.3	e	13.	9. 1		24.04	
0 38.94	−1 54	36.4	w	13.	7. 7	7.8	31 22.32	−0 44	54.4	e	13.	6.11	5.4	33 31.18	+0 4
38.85		36.5	w	13.	7.19		22.33		54.1	w	13.	7.19	8.0	35 47.08	−2 48
38.95		37.3	w	13.	7.29		22.41		53.9	w	13.	8.11		47.08	
1 29.80	−1 18	9.5	w	13.	7. 8		22.33		53.4	w	13.	8.14	7.0	40 0.56	−0 45
3 45.00	−3 51	43.7	w	13.	7. 7		22.33		54.9	e	13.	8.17		0.64	
3 50.84	−0 30	43.5	w	13.	7. 6		22.34		53.3	e	13.	8.18	6.8	41 4.74	−2 54
50.79		43.8	w	13.	7.29	7.2	31 39.28	−0 23	11.5	e	13.	6.15		4.88	
8 14.02	−3 41	40.2	w	13.	6.30		39.22		11.7	w	13.	8. 3	7.6	42 34.14	−0 13
14 29.41	−1 31	25.4	e	13.	6. 8		39.31		11.7	w	13.	8. 7		34.08	
14 37.15	−2 41	17.3	e	13.	6.12		39.33		10.4	w	13.	8. 9	8.2	48 57.37	(−1 48
37.09		17.8	e	13.	6.21		39.37		11.0	e	13.	8.10		57.39	
37.15		16.0	w	13.	7. 1	8.9	35 7.51	(−2 34.3)		e	13.	6. 8	6.7	49 11.53	−1 48
37.25		16.8	w	13.	7. 6		7.59		—	w	13.	8. 9		11.54	
37.19		16.4	w	13.	7. 7		7.58		—	w	13.	8.11		11.52	
14 39.63	−1 6	20.0	e	13.	6. 3	8.0	35 12.42	−2 34	45.0	e	13.	6. 3	8.0	53 34.80	−1 54
39.52		17.9	e	13.	6.15		12.53		45.3	e	13.	6. 8		34.81	
39.60		19.7	e	13.	6.27		12.51		40.5	e	13.	6.12		34.77	
15 10.06	−1 23	25.3	w	13.	7.19		12.49		40.5	w	13.	6.30		34.74	
10.09		25.2	w	13.	7.24		12.52		41.3	w	13.	8. 9	6.8	57 3.90	−1 22
15 48.55	−2 3	19.2	w	13.	7.11		12.53		40.0	w	13.	8.11		3.90	
48.40		19.9	w	13.	7.29	7.7	39 10.42	−3 18	42.9	e	13.	6. 2	7.3	57 11.10	−1 45
16 30.82	−3 50	7.5	e	13.	6. 8	8.0	39 25.19	−1 40	33.0	w	12.	8. 6		11.08	
30.88		7.1	w	13.	7. 8		25.10		32.8	w	12.	8. 9		11.08	
30.82		8.4	w	13.	7.19		25.12		33.5	w	12.	8.11		11.07	
19 38.99	−2 17	15.1	w	13.	7.19	8.9	39 38.37	(−0 58.3)		w	12.	8.22	7.4	57 31.35	−2 46

Grösse	α 1885.0	δ 1885.0	L	Datum
7.4	20h 57m 31s.31	−2° 46' 30".0	o	13. 9.12
	31.30	30.0	o	13.10.19
7.0	57 32.43	−2 1 59.0	o	12. 6.10
	32.37	61.2	o	13. 6.13
	32.43	58.7	o	13. 8.17
7.0	21 0 39.44	−0 53 54.3	o	13. 9.12
7.7	0 56.70	−1 23 25.9	o	13. 6.13
	56.68	25.6	o	13. 8.18
	56.71	25.2	o	13. 8.22
7.3	1 20.58	−1 13 36.2	w	12. 7. 1
	20.52	38.4	o	13. 9. 1
	20.46	38.5	o	13. 9. 5
7.2	1 38.70	−0 37 32.5	o	13.10.19
	38.73	32.2	o	13.10.23
7.0	2 13.19	−1 27 10.4	w	12. 8. 5
	13.12	11.1	o	13. 6.13
7.8	5 30.34	−1 46 12.9	o	13. 8.22
	30.38	12.1	o	13. 9. 1
	30.31	12.6	o	13. 9. 5
7.5	5 42.78	−1 20 25.6	o	13.10.23
7.2	8 45.51	−1 18 27.6	o	13. 9.12
	45.57	27.4	o	13.10.19
	45.57	26.6	o	13.10.23
6.2	31 39.38	−0 54 18.8	w	12. 8.17
7.8	36 33.80	−0 4 38.3	w	12. 8. 5
	33.80	37.0	w	12. 8.17
	33.64	38.3	o	13. 8.18
	—	38.4	o	13. 8.22
sequ.	36 34.43	−0 5 2.8	o	13. 8.22
	34.50	2.1	o	13. 9. 1
	(34.31)	0.7	o	13.10.23

Grösse	α 1885.0	δ 1885.0	L	Datum
sequ.	21h 36m 34s.50	−0° 5' 2".4	w	13.11. 1
	34.58	2.5	w	13.11.10
	34.30	2.2	w	13.12. 2
7.9	48 37.63	−3 32 22.4	w	12. 8.29
	37.57	22.2	o	13. 8.18
	37.53	22.4	o	13. 8.22
8.0	50 30.20	−0 17 48.2	w	12. 8.29
	30.10	47.9	o	13. 8.22
	30.10	47.7	o	13. 9. 1
	30.21	49.7	w	13.11.12
	30.15	49.2	w	13.12. 2
7.8	59 39.13	+0 4 10.9	o	13. 9. 5
	39.17	10.1	o	13. 9.12
	39.22	10.5	w	13.11.10
	39.17	10.4	w	13.11.12
7.6	22 14 34.83	−0 38 41.2	o	13. 8.18
8.0	15 48.18	+0 3 53.3	o	13. 8.22
	48.20	53.8	o	13. 9. 1
	48.21	53.6	o	13. 9. 5
6.3	28 7.30	−2 9 57.4	w	12. 8.29
	7.28	58.0	w	13. 8.11
	7.21	57.4	o	13. 8.18
	7.21	57.6	o	13. 8.22
	7.15	57.6	o	13. 9. 1
	7.24	57.9	w	13.11.10
8.0	37 3.48	−0 21 40.9	w	12. 8. 5
6.8	52 28.29	−2 1 29.5	o	13. 9. 1
7.5	52 58.63	−0 55 54.2	w	12. 8.11
8.0	53 13.82	−1 47 50.8	o	13. 8.18
	13.82	51.1	o	13. 8.22
	13.81	51.4	o	13. 9. 5

Grösse	α 1885.0	δ 1885.0	L	Datum
7.8	22h 56m 31s.27	−0° 10' 31".9	o	12. 8.16
7.7	23 10 39.75	−2 12 49.0	o	12.12.19
7.3	11 18.89	−3 16 0.7	o	12.12.23
7.5	22 53.18	−1 27 36.5	o	12.12.19
	53.16	36.8	o	12.12.23
	53.15	37.6	o	13. 8.22
6.0	28 14.31	−1 52 —	w	12. 8.20
	14.28	57.1	o	12.12.19
	14.27	56.9	o	12.12.23
	14.31	56.6	o	13. 1. 2
7.3	39 6.33	−1 17 55.8	o	12.12.19
6.2	48 53.42	−0 51 48.8	o	12.12.19
7.3	53 37.60	−3 29 1.8	w	12. 8.11
	37.50	2.5	w	13.11. 1
	37.56	2.6	w	13.12. 2
7.2	53 40.36	−2 29 26.6	w	12.12. 2
	40.46	27.4	w	12.12.16
7.0	53 53.09	−0 55 10.3	o	12.12.23
	53.06	11.4	o	13. 1. 5
	53.14	11.0	o	13. 1. 6
7.5	54 17.60	−1 0 1.4	w	12.12. 6
	17.71	2.5	w	13. 1. 7
	17.63	1.7	o	13. 8.22
	17.65	2.1	o	13. 8.28
	17.71	1.5	o	13. 8.29
	17.66	1.1	w	13.10.27
8.0	55 16.37	−0 42 52.0	o	12.12.23
	16.38	52.3	o	13. 1. 5
	16.42	51.8	o	13. 1. 6
8.0	0 0 25.33	−1 52 38.4	w	12.12. 6

2. Sterne in −4° bis −7° Deklination.

Grösse	α 1885.0	δ 1885.0	L	Datum
7.8	0h 2m 37s.56	−7° 25' 56".3	w	12.12. 2
	37.56	57.6	w	13. 1. 7
6.8	4 25.63	−5 53 15.2	w	12. 8.11
	25.65	15.1	w	12.12. 2
7.2	7 2.05	−4 1 15.9	w	12. 8.11
8.0	7 19.44	−5 52 52.4	w	12.12. 2
	19.43	53.7	w	12.12. 6
	19.45	54.0	w	12.12.16
	19.44	52.2	o	12.12.23
7.8	8 8.03	−4 32 32.5	w	13. 1. 7
8.0	9 23.99	−6 26 34.6	w	12.12. 2
	23.98	34.2	w	12.12. 6
	24.01	35.4	o	13. 1. 6
7.6	9 59.06	−6 14 24.5	w	13. 1. 7
	59.01	25.0	w	13.10.25
8.0	13 20.21	−3 57 7.3	w	12.12. 6
	20.27	7.0	o	13. 1. 2
	20.24	7.0	o	13. 1. 5

Grösse	α 1885.0	δ 1885.0	L	Datum
7.6	0h 17m 8s.40	(−7° 6'.0)	o	12.12.23
7.6	18 7.16	−4 6 ..	w	12.11. 4
	—	45".5	w	12.12. 2
7.8	18 40.60	−5 17 7.8	w	12.12. 2
	40.72	7.5	w	12.12. 6
7.8	23 25.39	−6 32 —	w	12.11. 4
	25.36	26.1	w	12.12.16
	25.32	—	o	12.12.19
7.4	23 36.74	−4 6 19.5	w	12.12. 6
	36.79	19.1	o	12.12.23
8.0	25 40.24	−4 54 47.1	o	13. 1. 5
7.7	28 36.76	−7 8 —	w	12.11. 4
	—	8.8	w	12.12. 2
5.0	29 19.94	−4 13 34.2	w	12.12. 2
	19.94	34.7	w	12.12. 6
6.5	30 9.05	−6 12 4.0	w	12.12. 7
	9.00	—	o	12.12.19
9.0	34 46.98	−4 58 36.1	o	12.12.19

Grösse	α 1885.0	δ 1885.0	L	Datum
6.3	0h 34m 51s.05	(−4° 50'.0)	o	12.12.19
7.8	37 28.32	−6 58 —	o	12.12.23
	28.34	2".7	o	13. 1. 5
6.5	39 32.94	(−5 15.6)	o	12.12.23
8.0	42 2.35	−6 37 11.9	w	12.12. 7
8.0	42 12.40	−4 20 —	w	12.11. 4
	—	23.0	w	12.12. 2
	12.34	23.2	w	12.12. 6
	12.47	23.7	w	12.12.16
	12.38	23.2	o	12.12.19
	12.40	22.2	o	12.12.23
	12.35	23.2	o	13. 8.25
8.0	44 41.34	−5 56 27.0	o	13. 1. 2
7.8	45 54.34	−6 43 38.9	o	12.12.19
	54.39	—	o	12.12.23
6.5	47 50.03	(−5 9.0)	o	12.12.23
6.8	52 56.20	(−6 30.1)	o	13. 1. 5
7.8	53 51.81	−4 56 31.8	w	12. 8.11

Grösse	α 1885.0	δ 1885.0	L	Datum
7.8	0h 53m 51.86s	−4° 56′ —	w	12.11. 4
	51.78	32.3″	w	12.11.30
	51.81	—	w	12.12. 7
	—	30.7	o	13. 1. 6
	51.80	31.0	w	13. 1. 7
7.5	55 11.59	−5 15 58.7	o	13. 1. 6
7.8	58 47.97	−5 56 19.1	o	13. 1. 6
	47.80	18.4	o	13. 8.18
8.0	1 0 55.65	−5 15 55.8	w	12.11.30
	55.59	—	o	12.12.19
7.8	1 8.81	−5 31 14.5	w	12. 8.11
	8.85	10.0	w	12.12. 2
	8.86	14.9	w	12.12.16
	8.82	13.9	o	13. 1. 5
9.0	1 50.33	−6 51 40.4	o	13. 1. 6
	50.34	40.8	w	13. 1.12
8.0	1 54.56	−5 21 33.3	o	12.12.19
	54.47	—	o	13. 8.22
7.5	2 38.42	−6 47 19.1	o	13. 8.22
	38.47	18.9	o	13. 8.29
	38.48	20.7	o	13.10.19
	38.42	22.3	w	13.10.24
	38.46	21.6	w	13.11.11
	38.49	22.1	w	13.11.12
8.0	3 3.60	−5 20 7.5	w	12.11.30
	3.59	8.0	w	12.12. 2
	3.58	5.7	o	12.12.23
	3.55	7.0	o	13. 1. 6
	3.53	5.8	o	13. 8.18
	3.59	7.3	w	13.12. 2
6.8	4 41.96	(−6 41.9)	o	12.12.19
	41.97	—	o	13. 1. 2
7.3	4 53.79	−5 27 17.8	w	12. 8.11
	53.77	17.2	w	12.11. 4
	53.74	17.3	w	13. 1. 7
7.3	8 2.36	−5 27 20.7	w	12. 8.11
	2.40	22.1	w	12.12.16
	2.41	21.0	o	13. 1. 5
7.5	8 41.48	−5 30 9.9	w	12.11. 4
	41.46	7.4	w	12.11.26
	41.40	9.2	o	12.12.23
	41.42	9.1	w	13. 1. 7
7.8	11 33.26	−6 14 20.4	o	12.12.23
8.0	13 48.21	−5 55 52.9	w	12.11. 4
	48.27	53.0	w	12.11.26
	48.08	51.8	o	13. 8.22
6.5	14 44.31	−3 51 2.9	o	13. 8.28
6.5	15 29.71	−6 45 43.0	w	12.11.26
	29.68	41.3	w	12.11.30
	29.68	42.8	o	13.12.22
	29.70	42.8	o	14. 1. 3
7.8	16 43.78	−4 24 9.1	w	12.11. 4
	43.78	8.0	w	12.11.26
	43.78	9.6	o	13. 8.18
7.4	18 3.54	−6 24 52.1	w	12.12.16
	3.46	51.7	w	13. 1. 7
	3.54	51.2	w	13. 1.12
	3.47	51.0	o	13. 8.18
	3.53	50.5	o	13. 8.29
7.4	1h 18m 3.64s	−6° 24′ 51.0″	o	13.10.13
6.0	18 33.64	−7 30 53.8	o	13.10.20
	33.60	53.0	o	13.10.21
	33.57	54.7	w	13.10.24
	33.61	53.3	w	13.11.11
7.8	19 1.82	−7 35 1.6	o	13. 8.18
	1.75	1.9	o	13. 8.22
	1.69	3.2	o	13. 8.28
	1.79	2.8	w	13.11. 8
	1.76	4.2	w	13.11.10
	1.82	3.4	w	13.12. 2
7.0	19 12.94	−6 32 44.2	o	13. 8.29
	12.91	44.4	o	13.10.13
	12.83	44.3	o	13.10.19
	12.85	46.6	w	13.10.24
	12.91	46.1	w	13.11.11
	12.81	46.5	w	13.11.12
6.8	20 2.50	−4 31 31.4	w	12.12.26
	2.45	31.6	w	13. 1.12
	2.49	30.8	w	13. 1.15
	2.48	32.2	o	13.10.20
	2.47	31.5	o	13.10.21
	2.51	32.8	o	14. 1. 3
8.0	20 21.39	−7 15 13.4	o	13. 8.18
	21.41	13.5	o	13.10.13
	21.44	13.8	w	13.12. 2
	21.41	13.5	w	13.12. 3
	21.41	12.9	o	14. 1.22
	21.40	14.2	o	14. 1.24
7.8	20 31.21	−5 16 10.0	o	13. 8.22
	31.17	10.6	o	13. 8.28
	31.31	11.0	w	13.11. 8
7.8	23 13.05	−6 17 48.1	w	12. 1.12
	13.67	45.7	o	12.12.23
	13.65	46.2	o	13. 8.18
	13.68	45.8	o	13. 9. 4
7.0	24 5.66	−6 11 26.1	w	12.11. 4
7.2	25 11.45	−5 33 14.4	w	12.12.16
	(11.29)	—	o	13. 1. 5
	14.39	13.7	w	13. 1. 7
	11.35	13.2	o	13. 8.22
7.8	25 24.68	−7 37 32.5	w	12.11.26
	24.57	31.9	o	12.12.19
	24.74	32.7	w	13. 1.12
	24.69	31.8	w	13. 1.15
	24.66	33.1	o	13. 8.28
	24.71	32.3	o	13. 8.29
7.6	26 24.58	−7 18 39.7	o	12.12.23
	24.47	40.2	o	13. 8.18
6.1	27 55.72	−7 36 46.8	o	13. 1. 6
	55.78	49.1	o	13. 8.29
8.0	29 52.41	−5 40 2.4	w	12. 1. 5
	52.53	2.2	w	12. 1.19
	52.48	2.3	o	12.12.23
	52.43	0.3	o	13. 1. 6
	52.48	1.3	o	13.10.13
8.0	31 24.74	−4 43 48.0	w	12. 1.12
	24.70	40.8	o	13. 8.22
	24.71	46.5	o	13. 8.28
7.8	1h 31m 48.36s	−7° 20′ 39.8″	w	12.11. 4
	48.43	37.9	w	12.11.26
	48.40	37.7	o	12.12.23
	48.40	39.0	o	13. 8.29
6.7	32 2.51	−4 1 35.7	w	12.12.16
7.3	32 58.70	−6 19 9.7	w	12. 1.19
	58.78	7.5	o	13. 1. 6
	58.70	8.3	o	13. 8.18
5.3	36 54.60	−4 16 12.5	o	13.10.19
7.0	38 58.23	−7 20 40.3	w	12. 1. 5
	58.32	41.3	w	12. 1.19
	58.31	—	o	12.12.19
7.8	40 9.64	−4 48 15.0	w	12.12. 6
	9.63	15.6	o	13. 8.18
	9.67	15.2	o	13. 8.29
7.4	44 28.81	−7 16 36.7	w	12.11. 4
	28.86	35.3	o	13. 9. 4
8.0	44 40.96	−4 15 57.9	w	12. 1.12
	40.88	57.4	w	12.10.15
	40.89	55.7	o	13. 1. 6
	40.92	57.1	o	13. 8.22
7.3	45 39.90	−4 47 16.0	w	12.11.26
	39.85	17.0	w	12.12. 6
	39.95	17.4	w	12.12.16
	39.88	16.3	o	12.12.23
	39.91	17.2	o	13. 8.18
	39.88	16.2	o	13. 8.29
6.8	45 53.10	−7 26 37.0	w	12.11. 4
	53.13	35.5	w	13. 1. 7
	53.15	36.3	w	13. 1.12
	53.16	36.5	o	13.10.13
	53.13	36.7	o	13.10.19
7.5	48 51.83	−6 50 16.6	w	12.11.30
	51.85	—	o	12.12.23
7.9	49 3.19	−7 9 22.1	w	12.11. 4
	3.25	23.2	w	12.12.16
7.8	50 31.10	−4 44 29.7	w	12. 1.12
	31.12	—	o	12.12.23
7.0	52 43.64	−7 38 22.3	w	12. 1. 5
	43.73	23.9	w	12. 1.19
	43.69	—	o	12.12.23
7.0	54 26.43	−3 55 34.2	w	12. 1.12
	26.43	—	w	12.10.15
7.5	57 38.60	−4 53 0.5	w	13. 1. 7
	38.58	1.3	w	13. 1.12
	38.60	1.8	w	13. 1.15
6.0	57 52.89	−4 39 19.4	o	13. 8.22
	52.89	19.0	o	13. 8.29
	52.91	17.8	o	13. 9. 4
	52.89	18.3	w	13.10.24
	52.93	17.9	w	13.11. 8
	52.90	19.1	w	13.11.10
7.5	58 29.22	−6 15 49.7	w	12.11.30
	29.20	52.3	w	12.12. 6
	29.23	51.0	w	12.12.16
	29.16	49.5	o	13. 1. 6
	29.19	49.0	o	13. 1.28
	29.19	50.2	o	13. 8.18
7.3	2 0 27.85	−4 54 51.0	w	12.11.26

Grösse	α 1885.0	δ 1885.0	L	Datum
7.5	$2^h\ 1^m\ 14^s.94$	$-4^\circ\ 45'\ 37''.9$	w	$12^j\ 1^m\ 12^d$
6.8	2 48.06	−7 13 30.3	w	12. 1.19
	48.04	28.9	w	12.11. 4
	48.03	29.5	o	13. 8.22
	48.06	29.3	o	13.10.20
7.5	11 14.04	−7 6 44.2	w	12. 1.19
	14.04	43.2	w	12.10.15
9.0	13 40.32	(−3 29.7)	o	12.12.23
7.0	13 54.09	−4 52 29.8	w	12. 1.12
	54.19	31.8	w	12.10.15
	54.09	30.1	w	12.12. 6
	54.04	31.5	o	13. 1.28
	54.09	31.6	o	13. 8.22
7.5	14 12.16	−6 51 0.7	w	12.11.30
	12.24	1.3	w	13. 1.12
	12.17	1.3	w	13. 1.15
8.0	14 47.57	−6 54 21.9	w	12. 1.19
	47.62	21.6	w	13. 1. 7
	47.60	21.4	o	13. 1.28
	47.58	21.8	o	13. 9. 4
	47.62	20.5	w	13.11.10
7.0	17 39.05	−6 42 55.3	w	12. 1.12
7.0	19 9.30	−4 24 41.3	w	12.11. 4
8.5	19 21.52	(−4 23.9)	w	12.11. 4
7.6	37 25.38	−7 7 52.4	w	12.11.30
	25.45	52.5	o	13. 2. 5
7.0	38 17.42	−6 29 54.5	w	12. 1.12
7.7	40 14.99	−5 26 27.8	w	12.11. 4
8.0	41 4.00	−6 18 54.2	w	12. 1.20
	4.19	54.3	o	13. 2. 5
7.3	42 26.50	−4 5 57.4	o	13. 2. 6
	26.45	57.5	o	13. 8.22
	26.41	59.2	o	13. 8.29
	26.34	58.5	w	13.11. 6
	26.40	58.1	w	13.11.10
	26.43	57.8	w	13.11.12
7.2	42 46.51	(−6 13.1)	o	13. 2. 4
7.7	43 11.70	−5 38 —	w	12.10.15
	11.82	49.8	w	12.11. 4
7.0	43 17.05	−4 42 14.0	o	13. 2. 4
	17.15	12.8	o	13. 2. 5
	17.12	13.0	o	13. 2. 6
	17.08	12.7	w	13.11.12
	17.07	12.1	w	13.11.27
	17.09	12.4	w	13.12. 3
7.5	44 39.45	−7 16 56.7	w	12. 1.12
	39.43	56.8	w	12. 1.19
7.5	47 58.03	−4 43 2.2	o	13. 2. 5
	58.02	3.2	o	13. 8.29
	58.03	3.0	o	13. 9. 4
	58.04	3.4	w	13.11. 6
	58.01	2.6	w	13.11.10
	58.10	2.7	w	13.11.12
7.0	48 55.35	−5 47 55.9	w	12.11.30
	55.31	58.4	w	12.12. 2
	55.40	56.7	w	12.12. 6
5.3	50 51.50	−4 10 33.8	w	12.10.15
	51.55	34.5	o	13. 9. 4
	51.52	34.2	w	13.11.10

Grösse	α 1885.0	δ 1885.0	L	Datum
5.3	$2^h\ 50^m\ 51^s.51$	$-4^\circ\ 10'\ 34''.6$	w	$13^j\ 12^m\ 3^d$
8.0	50 58.17	−5 48 59.0	w	12.11.30
	58.12	61.0	w	13. 1.15
	58.15	61.1	w	13.11.12
8.0	52 34.50	−4 40 9.5	w	12.12. 2
	34.59	9.0	w	13. 1.12
	34.50	9.3	o	13. 2. 4
	34.58	9.0	o	13. 2. 6
7.3	53 24.33	−5 14 30.3	w	12. 1.12
7.8	53 47.48	−4 34 32.1	w	12. 1.19
	47.55	31.8	w	12. 1.20
6.7	53 56.83	−7 38 16.0	o	12.11.30
	56.86	16.2	w	12.12. 6
	56.83	16.3	w	13.11. 5
8.0	54 21.23	−4 7 51.7	w	13. 1.15
	21.19	52.0	o	13. 2. 6
	21.24	52.1	o	13. 8.29
	21.18	53.7	w	13.11. 6
	21.23	53.5	w	13.12. 3
6.3	56 28.06	−6 56 40.7	w	12.10.15
8.0	57 54.35	−6 6 34.4	w	12. 1.12
7.0	58 23.29	−5 41 38.3	w	12. 1.19
	23.34	38.4	w	12. 1.20
	23.31	38.8	w	12.10.15
8.0	58 27.14	−4 46 34.5	w	12.11.30
	27.09	34.7	w	12.12. 2
5.3	3 0 52.22	−6 32 1.7	w	12.10.15
7.8	1 36.59	−5 49 44.1	w	12. 1.12
7.8	4 53.82	(−5 49.9)	w	12.12. 2
8.0	5 2.71	−6 57 45.8	w	12. 1.12
	2.72	46.5	w	12. 1.19
	2.73	47.4	o	13. 8.29
6.4	5 33.37	−4 14 50.6	w	12. 1.20
	33.31	49.3	w	12.10.15
	33.29	48.7	w	12.11.30
	33.30	49.8	o	13. 8.22
	33.32	49.9	o	13. 9. 4
7.2	8 14.70	−7 5 27.3	w	12. 1.20
	14.62	28.7	w	12.11.30
7.3	9 1.89	−7 7 51.8	w	12.11.30
	1.95	52.6	o	13. 2. 6
	1.91	53.5	o	13. 8.29
	1.93	52.4	o	13. 9. 4
	1.90	52.4	w	13.11. 5
6.0	10 19.69	−6 20 41.0	w	12. 1.19
	19.69	41.2	w	13. 1.15
6.3	10 40.12	−6 9 18.7	w	12.10.15
	40.06	19.1	o	13. 2. 4
	40.13	19.1	o	13.10.19
	40.06	18.6	w	13.11. 6
	40.08	18.0	w	13.11.10
6.8	10 43.11	−4 42 42.6	o	13. 2. 6
	43.15	41.6	w	13.11.12
	43.19	41.5	w	13.11.27
	43.11	43.4	o	13.12.22
	43.14	42.9	o	14. 1. 4
7.5	10 54.20	−3 57 14.7	o	13. 8.29
	54.13	13.2	o	13. 9. 4
	54.16	13.7	w	13.11. 5

Grösse	α 1885.0	δ 1885.0	L	Datum
7.5	$3^h\ 10^m\ 54^s.13$	$-3^\circ\ 57'\ 12''.2$	w	$13^j\ 11^m\ 7^d$
	54.20	12.0	w	13.12. 3
	54.23	13.5	o	14. 1. 3
7.5	11 25.12	−4 33 46.4	w	12. 1.12
	25.08	45.2	w	12.11. 4
	25.12	45.9	w	12.11.30
	25.14	46.7	o	13.10.19
	25.11	47.2	o	14. 1. 5
7.7	16 28.75	−5 33 2.2	w	12. 1.19
8.0	18 46.91	−3 36 37.3	w	12. 1.12
	46.98	37.9	w	12. 1.20
	46.93	36.2	w	12.11.30
7.9	19 19.48	−5 44 51.3	w	12. 1.19
6.9	19 25.59	−4 55 12.0	w	13.11. 6
	25.57	10.8	w	13.11. 7
8.0	19 31.63	−7 8 30.9	w	12.12. 2
	31.65	31.4	o	12.12.28
	31.63	31.8	w	13. 1.15
	31.62	31.7	o	13. 2. 4
	31.64	31.9	o	13. 2. 5
	31.63	31.2	w	13.11.10
7.0	19 36.89	−5 3 41.9	o	13. 2. 6
	36.92	42.6	w	13.11.12
6.2	24 1.13	−7 11 54.6	w	12. 1.12
	1.10	54.8	w	12. 1.19
	1.18	53.0	w	12.11. 4
7.8	24 55.37	−4 40 2.9	w	13. 1.15
	55.35	2.7	w	13.11. 7
	55.37	3.4	w	13.11.10
7.3	25 54.38	−3 33 23.5	w	12. 1.12
7.3	26 37.77	−7 28 46.8	o	13. 2. 5
	37.71	47.4	o	13. 2. 6
	37.67	47.5	w	13.10.27
	37.75	47.6	w	13.11. 5
	37.74	47.0	w	13.11. 6
8.0	27 50.72	−4 22 50.7	w	12. 1.20
	50.70	50.0	w	12.11.30
	50.65	50.4	w	13. 1.15
7.7	28 0.80	−7 48 12.2	w	12. 1.19
7.8	28 36.89	−6 54 26.1	w	12. 1.22
7.7	32 33.73	−7 51 41.9	w	12. 1.19
	33.69	41.7	w	12. 1.20
5.8	33 20.48	−5 59 46.3	w	13. 1.15
	20.48	45.8	w	13.11.10
	20.48	45.3	w	13.11.27
7.0	34 8.66	−7 9 5.9	w	13.11.10
	8.72	6.1	w	13.11.12
	8.70	6.6	w	13.12. 3
7.7	37 0.72	−4 58 23.8	w	12. 1.19
7.5	42 5.30	−5 11 32.8	w	12. 1.20
8.0	42 12.22	−7 22 52.9	w	12.11.30
	—	54.0	w	13. 1.15
7.3	42 54.64	−4 46 28.4	w	12. 1.12
	54.56	28.9	w	12. 1.19
	54.48	28.5	w	13.11. 5
8.0	43 1.58	−7 20 13.2	o	13. 9. 4
	1.55	12.5	w	13.11. 6
	1.59	10.9	w	13.11. 7
	1.62	12.4	w	13.11.10

	10.31			3.5	w	13.12. 3	7.3
	10.32			3.8	e	14. 1. 4	
44	34.05	—4	14	16.8	e	13. 2. 6	
	34.05			17.2	w	13.11. 6	7.8
44	58.78	—4	57	51.5	w	12. 1.19	
	58.78			52.0	w	12. 1.20	
46	23.14	—3	56	29.1	w	13. 1.15	
	23.12			30.7	e	13. 2. 4	7.0
	23.17			29.9	w	13.10.27	
	23.15			30.1	w	13.11.10	
46	49.24	—5	23	57.5	w	12.11.30	
	49.22			60.0	e	13. 2. 6	7.3
	49.18			59.9	e	13. 2.16	
	49.23			59.0	w	13.11. 5	
	49.20			59.5	w	13.11.12	
47	16.57	—4	42	45.9	w	13.11. 6	
	16.57			45.2	w	13.11. 7	
	16.58			46.6	e	14. 1. 4	
	16.54			47.0	e	14. 1. 5	7.8
47	30.31	—6	58	30.5	e	13. 2.16	
	30.30			30.5	w	13.10.27	
	30.35			36.4	w	13.11.27	
	30.40			36.6	w	13.12. 3	
48	51.06	—4	29	52.6	w	12. 1.19	7.4
	51.04			52.0	w	12. 1.20	
	51.01			51.2	w	12.11.30	4.7
50	0.72	—4	51	44.0	w	12.12. 2	6.8
	0.72			44.4	e	12.12.28	7.3
	0.75			45.8	w	13. 1.15	7.5
52	55.85	—3	50	44.3	w	12. 1.19	
	55.86			42.5	w	12.11.30	
53	12.33	—5	47	38.4	w	12. 1.20	6.8
	12.35			41.6	w	12.12. 2	
	12.33			—	e	12.12.19	
56	35.10	—6	28	3.8	w	12. 1.19	6.3
	35.08			4.4	w	12.12. 2	
58	19.52	—6	22	9.1	w	13.11.10	7.3
	19.54			9.2	w	13.11.12	
	19.56			8.1	w	13.11.27	
58	19.94	—4	55	3.3	w	12. 1.20	
	19.91			4.5	w	13. 1.12	
	19.86			2.7	w	13.11. 7	7.3
59	23.17	—5	5	52.4	w	12. 1.19	
	23.13			52.3	w	12.12. 2	
59	55.39	—7	54	39.6	e	13. 1. 2	
	55.38			40.4	w	13. 1.12	
	55.32			40.0	e	13. 2. 4	
	55.32			38.9	w	13.11. 7	
	55.33			40.8	w	13.11.10	7.2
1	50.69	—6	18	61.1	w	12. 1.20	
	50.62			60.9	w	12.12. 2	
	50.65			59.9	e	13. 1. 6	
	50.69			60.4	e	13. 2. 4	
3	11.97	—4	49	59.1	w	12. 1.19	

Grösse	α 1885.0	δ 1885.0	L	Datum
7.5	4h 21m 9.97s	−7° 8′ 33.1″	w	13j 12m 5d
	9.87	34.3	o	14. 1.24
	9.93	34.0	o	14. 1.25
7.9	21 41.91	−6 6 10.2	o	13. 1. 6
	41.98	10.4	o	13. 2. 4
8.0	23 41.22	−4 27 34.5	w	12.12. 2
	41.28	37.0	w	13.11.10
8.0	24 2.98	−4 51 0.0	w	12. 1.12
7.5	25 32.36	−5 6 20.4	w	13. 1.12
	32.28	25.0	w	13.10.27
	32.29	20.1	w	13.11. 5
7.4	26 17.02	−4 37 44.5	o	13. 1. 2
	17.01	45.2	o	13. 2.16
	16.99	44.0	w	13.11.10
	17.10	44.3	w	13.11.12
8.0	26 40.88	−5 17 4.1	o	13. 2. 4
	40.90	3.5	w	13.11.27
	40.88	4.0	w	13.12. 6
	40.81	3.9	w	13.12. 8
8.0	27 31.85	−4 13 22.9	w	12. 1.12
	31.74	22.7	o	12.12.28
7.2	27 36.05	−7 13 55.3	o	13. 1. 2
	36.08	55.4	w	13. 1. 7
7.0	28 4.45	−5 32 61.7	w	13.11.10
	4.32	59.6	w	13.12. 3
5.8	28 18.43	−6 58 51.8	o	13. 2. 6
	18.47	50.1	o	13. 2.16
	18.44	51.1	w	13.11.12
6.5	28 38.35	−7 4 39.9	w	12.12. 2
	38.28	41.1	o	13. 1. 6
	38.30	40.4	w	13.11.27
	38.30	40.7	w	13.12. 8
	38.33	40.8	o	13.12.22
8.0	28 49.37	−5 22 38.9	w	13.10.27
	49.44	40.1	w	13.11. 6
	49.38	38.7	w	13.11. 7
	49.43	41.3	o	14. 1. 3
	49.43	41.0	o	14. 1. 4
	49.44	41.7	o	14. 1. 5
8.0	29 40.16	−4 58 22.9	o	13. 1. 2
	40.24	23.4	w	13. 1.12
	40.22	22.4	w	13.11. 5
	40.21	22.6	w	13.11.10
	40.22	21.8	o	14. 1.24
8.0	37 10.91	−4 20 16.8	w	12. 1.20
7.8	37 30.81	−6 41 19.2	w	12. 1.12
	30.67	19.5	w	12.11.30
8.0	40 24.46	−7 11 43.3	o	12.12.28
	24.47	40.5	w	13. 1.12
	24.42	46.0	w	13.11.27
	24.47	45.2	w	13.12. 3
8.0	43 22.00	(−7 18.6)	w	12.11.30
7.5	43 33.27	−5 22 19.9	o	12.12.19
7.8	44 5.87	−6 37 0.7	w	12. 1.22
	5.67	4.0	w	12.11.30
	5.75	0.2	o	12.12.28
7.3	44 44.45	−4 3 48.3	w	12.12. 2
	44.54	49.1	o	13. 1. 6
	44.53	48.8	o	13. 2. 4

Grösse	α 1885.0	δ 1885.0	L	Datum
7.3	4h 44m 44.49s	−4° 3′ 50.2″	o	13j 2m 16d
8.0	47 6.37	−5 28 44.5	w	12.11.30
4.3	47 14.70	−5 38 45.2	w	12. 1.12
	14.71	45.3	o	12.12.19
7.8	48 47.96	−5 36 31.9	o	13. 2.10
	47.95	32.3	o	13. 2.22
	48.03	32.6	o	13. 2.27
	47.93	32.4	w	13.11.10
	48.05	31.5	w	13.11.12
8.0	49 56.57	−6 17 26.8	o	12.12.28
5.3	50 44.43	−5 21 13.8	w	13.11. 7
	44.34	15.7	w	13.11.10
8.0	50 49.83	−7 12 17.2	o	12.12.19
	49.75	17.6	o	13. 1. 6
	49.79	17.1	w	13. 1. 7
	49.71	16.9	w	13. 1.12
	49.69	16.9	o	13. 2.16
	49.67	16.1	w	13.11. 8
8.0	51 30.20	−6 42 46.0	o	13. 2. 6
	30.07	46.7	o	13. 2.22
	30.16	44.1	o	13.10.19
	30.11	46.8	w	13.11.12
	30.07	46.8	w	13.11.27
	30.02	47.0	w	14. 2.14
8.0	52 7.12	−4 49 60.7	o	13. 1. 6
	7.14	62.1	w	13. 1. 7
	7.14	59.6	w	13. 1.12
	7.20	60.5	o	13. 2. 4
	7.05	60.7	o	13. 2.16
	7.13	60.5	w	13.11. 7
4.9	55 51.79	−7 20 36.5	o	12.12.19
	51.83	36.1	w	13. 1. 7
7.2	56 21.95	−5 40 5.1	o	13. 1. 6
	21.99	5.2	o	13. 2. 4
	21.92	4.3	w	14. 2.14
	21.98	6.9	w	14. 2.15
8.0	5 1 15.34	−5 19 9.9	o	12.12.28
	15.07	11.7	w	14. 2.20
	15.10	11.3	w	14. 2.21
8.0	2 26.46	−6 22 9.4	o	13. 2. 6
	26.37	9.8	o	13. 2.27
6.2	3 1.72	−4 36 23.5	w	13.11.10
	1.70	24.1	o	13.12.22
	1.79	23.9	w	14. 2.15
	1.67	24.3	w	14. 2.19
7.5	3 23.37	−7 18 54.4	o	13. 2.16
	23.61	54.1	o	13.10.19
	23.52	54.8	w	13.11.22
	23.49	54.3	w	13.12. 6
	23.45	56.1	o	14. 1.25
	23.39	55.6	w	14. 2.20
	23.29	55.8	w	14. 2.21
8.0	3 32.12	−6 35 13.4	o	13. 2. 6
	31.88	12.3	w	13.12.12
	31.92	12.8	w	14. 2.14
	31.93	12.4	w	14. 2.18
7.5	4 26.33	−3 59 53.0	w	13. 1.12
	26.37	54.2	w	13.11.10
8.0	7 47.74	−4 47 19.5	w	13. 1. 7

Grösse	α 1885.0	δ 1885.0	L	Datum
8.0	5h 8m 12.28s	−6° 33′ 2.4″	w	12j 1m 12d
	12.22	1.7	w	13. 1. 7
	12.20	0.5	w	13.11. 7
8.0	8 55.39	−7 24 58.6	o	12.12.19
	55.41	59.5	o	12.12.28
7.0	9 6.78	−7 12 18.3	w	12. 1.22
	6.79	17.4	o	13. 1. 6
7.5	9 33.89	−6 56 16.9	o	13. 1.19
	33.95	16.6	o	13. 1.28
	33.92	17.7	o	13. 2. 4
	33.92	16.3	w	13.11. 7
	33.86	17.1	w	14. 2.14
7.3	10 4.08	−4 55 42.1	o	12.12.28
8.0	11 1.72	−7 19 34.7	w	12. 1.12
8.0	11 21.99	−7 3 47.5	o	12.12.28
7.0	12 47.20	−3 46 55.0	w	13.11.10
7.5	12 57.17	−6 21 47.1	o	12.12.19
	57.16	47.5	o	13. 1.19
	57.30	47.1	o	13. 1.28
8.0	13 6.79	−7 51 27.3	o	12.12.28
	6.69	27.0	w	13. 1. 7
	—	27.8	o	13. 1.27
	6.33	29.1	w	14. 2.15
	6.61	29.6	w	14. 2.17
8.0	13 47.48	−7 28 4.3	w	12. 1.12
	47.39	2.4	o	13. 1. 6
	47.43	3.6	w	13. 1.12
	47.52	3.4	o	13. 2. 4
	47.52	3.9	o	13. 2.16
7.3	14 1.97	−4 59 48.3	w	12. 1.21
8.0	14 23.70	−5 19 37.8	w	13. 1. 7
	23.80	37.5	o	13. 3. 3
7.0	14 47.34	−5 29 0.7	w	12. 1.29
	47.48	0.4	o	12.12.28
	47.39	5.9	o	13. 2. 6
	47.35	0.6	w	14. 2.14
	47.38	0.8	w	14. 2.18
7.5	15 40.06	−5 55 36.3	o	13. 1. 6
	40.05	35.5	w	13. 1. 7
	40.03	35.2	w	13.11.12
	39.99	34.9	w	13.12. 6
8.0	15 41.40	−7 35 41.3	o	12.12.28
	41.29	40.8	o	13. 1.19
	41.40	41.0	o	13. 1.28
	41.17	41.3	w	13.12.22
8.7	16 22.07	(−7 46.1)	o	13. 2. 6
8.0	17 2.48	−7 42 22.2	w	12. 1.12
	2.61	—	o	12.12.19
	2.52	21.1	o	13. 2. 4
	2.40	20.4	o	13. 2. 6
7.5	20 17.90	−6 17 53.4	w	12. 1.12
8.0	20 19.10	−6 5 38.7	w	12. 1.19
	19.02	38.2	w	12.12. 2
	19.15	37.9	o	12.12.19
6.0	20 23.78	−5 37 15.4	o	12.12.28
	23.77	16.7	o	13. 1.19
8.0	23 28.14	−5 32 20.1	o	13. 2. 6
8.0	23 31.14	−5 33 3.5	w	12. 2.10

Grösse	α 1885.0	δ 1885.0	L	Datum
6.8	$5^h 23^m 31^s.48$	$-7^\circ 21' 13''.3$	w	$12^j. 1^m.20'$
8.0	24 39.03	−6 4 42.4	w	12. 1.12
	39.07	42.4	w	12. 1.19
	39.06	41.1	o	12.12.19
	39.00	42.6	o	13. 2.16
	39.09	—	o	13. 3. 3
	39.10	42.4	w	13.11.12
6.0	24 47.26	−7 31 29.4	o	12.12.28
	47.34	31.6	o	13. 1.19
	47.40	30.7	o	13. 1.28
	47.33	30.0	w	13. 3. 8
	47.33	30.7	w	14. 2.14
	47.24	29.1	w	14. 2.18
8.0	25 10.98	−4 20 35.6	o	13. 1. 6
	11.00	34.7	w	13. 1. 7
	11.03	35.3	o	13. 2. 4
	10.95	35.1	w	13.11. 8
	10.90	35.2	w	13.12.12
8.0	25 23.36	−6 16 48.1	o	13. 2.27
	23.41	47.3	o	13. 3. 3
	23.30	47.8	w	13.12. 6
	23.34	49.1	w	14. 2.15
	23.34	49.1	w	14. 2.17
6.5	25 45.47	−6 47 47.3	w	13. 1.12
	45.50	45.5	o	14. 1. 9
7.5	26 0.95	−7 8 7.1	o	13. 1. 6
	7.06	6.6	o	13. 2. 6
	7.10	7.4	o	13. 3. 4
8.0	27 16.00	−4 38 58.6	w	12. 1.10
6.8	28 28.12	−7 6 9.0	o	12.12.19
	28.05	9.5	o	13. 1. 6
	27.98	—	o	13. 1.24
7.5	28 43.51	−4 33 2.0	w	12. 1.12
	43.50	1.6	w	12. 1.19
	43.54	1.8	w	12. 1.20
	43.56	0.9	o	13. 1.19
	43.54	1.7	o	13. 2. 4
	43.55	1.3	o	13. 2. 6
8.0	28 51.15	−4 33 38.8	o	13. 2.16
	51.11	38.0	o	13. 3. 4
	51.06	39.4	w	13.11.10
	51.08	38.5	w	13.11.12
	51.08	38.9	w	14. 2.22
8.0	29 1.60	−4 28 14.1	o	13.10.19
	1.58	13.8	w	13.11.27
	1.59	13.7	w	13.12. 2
	1.52	13.5	o	14. 2. 1
	1.53	12.4	o	14. 3. 5
7.0	29 11.70	−4 11 19.0	o	13. 2.27
	11.72	18.9	o	13. 3. 3
	11.64	15.9	w	13. 3. 8
	11.69	18.1	w	13. 3.12
6.8	29 13.90	−7 16 42.4	o	13. 1. 6
	14.00	41.7	o	13. 1.28
	13.88	40.6	w	13.11. 8
	13.92	41.5	w	13.12. 8
	13.88	42.1	o	13.12.22
	13.92	42.2	w	14. 2.19
6.8	29 23.76	−6 5 12.0	w	14. 2.14

Grösse	α 1885.0	δ 1885.0	L	Datum
8.0	$5^h 29^m 23^s.96$	$-4^\circ 48' 33''.4$	o	$13^j.10^m.18'$
	24.01	32.2	w	13.10.27
	24.09	32.7	w	13.11. 7
	24.09	31.9	w	13.12.10
	24.04	33.6	o	14. 2. 4
5.4	29 25.42	−6 4 44.7	w	14. 2.18
7.0	29 40.51	−4 34 12.8	w	13.12.12
	40.51	15.9	o	14. 1.25
	40.56	15.0	w	14. 2.17
	40.49	14.9	w	14. 2.21
	40.48	16.3	o	14. 3. 1
7.0	29 40.73	−4 30 2.0	w	13.12. 6
	—	3.3	o	14. 1. 3
	40.73	—	o	14. 1. 4
	40.78	4.0	o	14. 1. 5
	40.75	3.0	w	14. 2.15
4.5	29 42.72	−4 54 53.3	w	13.11.10
	42.73	52.1	w	13.12. 3
	42.73	53.1	o	14. 1. 9
	42.74	52.7	w	14. 2.20
	42.74	53.9	o	14. 2.23
7.8	29 47.58	−5 29 35.8	w	13. 3.10
	47.59	34.7	w	13.11.27
	47.52	35.1	w	13.12. 2
	47.51	34.6	o	13.12.27
	47.50	34.7	o	14. 1.24
7.0	29 49.37	−4 26 24.9	o	14. 1. 4
	49.26	25.1	o	14. 2. 1
	49.34	23.3	w	14. 2.22
	49.36	24.5	o	14. 3. 5
6.0	29 59.08	−4 55 56.1	w	13. 1.12
	59.20	54.8	o	13. 2. 4
	59.05	55.4	o	13.10.18
	59.14	55.0	w	13.12. 8
	59.08	54.7	w	14. 2.19
	59.13	55.5	o	14. 3.12
7.8	30 24.83	−4 30 0.4	o	13. 3. 4
	24.74	0.7	o	13.10.19
	24.72	1.7	w	13.12.10
	—	0.8	o	14. 1. 3
	24.71	0.9	o	14. 1. 5
	24.75	0.9	w	14. 2.14
	24.72	0.6	w	14. 2.18
7.0	30 32.36	−7 28 15.4	o	13. 1. 6
	32.55	14.7	o	13. 2.16
	32.51	13.7	w	13.11. 7
	32.45	14.5	w	13.11. 8
	32.40	14.1	o	14. 2. 4
	32.37	14.8	w	14. 2.15
7.8	30 36.82	−5 43 19.1	w	12. 1.20
	36.80	18.7	o	13. 1.19
	36.73	19.0	w	13.10.27
	36.81	18.0	o	14. 1.25
	36.80	19.5	w	14. 2.17
6.4	30 58.63	−6 8 16.3	w	12. 1.12
	58.58	15.9	w	12. 1.19
	58.65	15.0	o	12.12.28
	58.50	10.0	w	13. 3.11
	58.57	16.9	o	14. 3. 1

Grösse	α 1885.0	δ 1885.0	L	Datum
6.7	$5^h 31^m 49^s.93$	$-6^\circ 0' 33''.2$	w	$12^j. 1^m.10'$
	49.97	32.5	o	13. 1.28
	49.98	30.8	o	13. 2. 6
7.8	31 56.66	−5 0 15.6	o	12.12.19
	56.61	15.9	o	13. 1. 6
	56.58	15.3	w	13. 1. 7
7.0	32 12.89	−4 53 1.8	w	13. 1.12
8.0	32 47.24	−5 6 44.9	o	13. 2.27
	47.17	44.9	o	13. 3. 3
	47.19	44.8	o	13. 3. 4
	47.16	43.3	w	13.11.27
	47.13	44.2	w	13.12. 3
	47.12	44.7	w	13.12. 6
6.5	33 2.25	−6 38 29.5	o	13. 2.16
	2.23	26.8	w	13. 3. 8
	2.26	28.2	w	13. 3.10
	2.15	29.3	o	13.10.18
5.0	33 19.23	−7 16 41.1	o	13. 2. 4
	19.17	40.1	w	13.12.12
	19.23	40.9	o	14. 1. 9
	19.18	40.5	o	14. 1.24
	19.18	40.8	w	14. 2.21
7.8	33 22.97	−5 15 38.6	o	13. 1. 6
	23.02	37.7	o	13. 2. 6
	23.02	40.2	w	13. 3.12
	22.91	38.7	w	13.11. 8
	22.92	37.1	o	14. 1. 5
	22.98	37.9	w	14. 2.20
7.0	34 59.71	−7 43 18.4	o	13. 1. 6
8.0	37 7.78	−7 23 35.6	w	12. 1.12
	7.80	35.8	o	12.12.28
7.5	37 25.25	−7 31 60.1	w	12. 1.20
	25.31	60.8	o	13. 1. 6
	25.29	57.8	w	13. 1. 7
8.0	38 21.89	−4 36 40.2	o	12.12.28
	21.76	41.6	w	13. 1.12
	21.83	40.7	o	13. 1.28
	21.81	40.3	o	13. 2. 6
	21.72	40.8	w	13. 3. 8
	21.71	41.3	w	13. 3.10
7.5	38 51.02	−4 44 47.7	o	12.12.19
	50.93	49.7	o	13. 1. 6
	51.01	48.2	o	13. 1.19
7.3	38 —	−6 54 53.6	w	12. 1.12
	58.23	53.8	w	13. 1.12
	58.22	—	o	13. 3. 3
	58.20	55.3	w	13. 3.11
	58.16	54.4	w	13.11.12
8.0	39 0.49	−7 47 39.3	w	12. 1.20
	0.48	37.2	w	12. 1.19
	0.58	36.0	o	13. 2. 4
	0.51	37.2	o	13. 2.16
	0.61	30.5	o	13. 2.27
	0.42	36.8	w	14. 2.14
6.5	40 20.90	−4 18 48.0	o	13. 1.28
	20.91	48.6	o	13. 3. 3
7.8	40 58.23	−6 59 21.9	o	12.12.28
	58.25	21.9	o	13. 1. 6
	58.20	23.6	w	13. 1. 7

42	10.92	−6	28	37.3	e	12.12.19
	10.86			37.4	e	13. 1.19
	10.82			38.1	e	13. 2. 4
	10.79			36.5	w	13.12.12
42	45.10	−6	41	11.6	w	13. 1.12
	44.93			10.6	e	13. 2.16
	44.83			9.5	e	14. 1. 3
	44.87			12.2	w	14. 2.13
	44.87			10.7	w	14. 2.17
	44.83			10.4	e	14. 2.23
42	52.17	−4	7	40.0	e	12.12.28
	52.08			39.3	e	13. 1. 6
	52.13			39.3	e	13. 3. 4
	52.05			40.0	w	14. 2.14
44	25.82	−5	55	37.8	w	12. 1.19
	25.84			38.0	e	12.12.28
	25.92			38.2	e	13. 1.28
46	23.56	−7	20	24.4	e	12.12.19
47	58.14	−6	17	43.0	w	12.12.19
	58.24			41.8	e	12.12.28
	58.20			42.7	e	13.10.19
48	3.71	−5	43	46.5	e	13. 1. 6
	3.67			46.1	e	13. 1.19
	3.77			46.9	e	13. 1.28
49	44.62	−4	50	43.8	e	13. 2. 6
49	49.03	−4	38	11.7	w	12. 1.10
	49.06			10.9	e	12.12.28
	49.00			11.2	e	13. 1. 6
	49.02			11.4	e	13. 2.16
49	54.97	−4	48	28.4	w	12. 1.19
	54.92			27.4	w	12. 1.20
	55.05			29.1	e	12.12.19
	54.91			27.2	w	13. 1.12
	55.00			28.6	e	13. 1.28
50	5.72	−7	41	26.3	w	13. 1. 7
	5.74			27.8	e	13. 2. 4
	5.74			28.2	e	13. 2.27
	5.81			26.8	e	13. 3. 4
	5.73			26.6	w	13. 3. 8
	5.72			26.7	w	13. 3.10
52	11.23	−7	40	12.4	e	12.12.28
	11.16			11.9	w	13. 1.12
	11.28			11.6	e	13. 1.19
	11.10			11.9	w	13.12.12
54	12.70	−6	36	—	w	12. 1.10
	12.79			19.6	e	12.12.28
	12.78			20.2	e	13. 1. 6
	12.82			20.0	e	13. 1.28
	—			22.0	w	14. 2.17
54	54.29	−7	35	45.6	w	12. 1.19
	54.32			45.8	e	12.12.19
	54.36			45.8	e	13. 2. 4

3.11
2.15
2.21
2.22
2.25
3.17
3.21
2.22
2.14
3. 1
3.20
3.22
1. 7
1.12
3.21

7.7	6h 35m	30s.14	−5° 35'	54".7	w	14. 2.14
		30.17		54.5	w	14. 2.15
7.2	35	48.03	−7 3	40.5	w	13. 1. 7
		48.04		39.8	w	13. 3.10
		47.99		39.4	w	13. 3.23
		47.92		40.5	o	14. 3. 5
		48.01		41.6	o	14. 3.12
		(47.81)		(42.4)	o	14. 3.17
		47.99		41.9	o	14. 3.19
7.0	36	30.05	−6 0	18.1	w	12. 1.10
		29.98		17.2	o	13.12.22
		30.03		17.1	o	14. 3. 1
		30.07		18.1	w	14. 3.22
7.0	37	5.19	−4 1	46.4	w	12. 1.20
		5.19		46.3	o	12.12.19
8.0	39	21.90	−5 19	30.4	w	12. 1.10
		21.90		31.3	w	12. 1.12
		21.99		30.7	w	12. 1.19
		21.98		32.8	o	12.12.28
7.3	40	23.73	−7 13	7.6	w	12. 1.20
		23.67		7.8	o	12.12.28
		23.68		8.4	o	13. 2. 6
8.0	41	9.42	−6 1	21.4	o	13. 2.16
		9.37		21.1	o	13. 3. 3
		9.31		20.7	o	13.10.19
		9.25		21.7	w	13.11.27
		9.21		21.9	w	13.12. 2
7.9	42	16.97	−5 2	43.0	w	12. 1.19
		16.96		42.5	o	12.12.28
		16.98		42.5	w	13. 1. 7
		16.85		43.7	w	13.12. 6
		16.90		43.5	o	14. 3.17
8.0	42	16.97	−4 7	39.2	w	13. 3.28
		16.99		39.0	w	13.11.12
		16.92		39.0	w	13.12. 3
		16.89		40.6	o	13.12.22
		16.97		39.0	o	14. 1. 5
		16.95		39.6	o	14. 3. 1
7.0	42	48.59	−7 37	42.4	w	12. 1.10
		48.55		40.9	w	12. 1.12
		48.66		41.9	o	13. 2.16
		48.58		40.1	w	13. 3.23
7.2	44	1.81	−7 16	57.5	w	12. 1.20
		1.83		57.8	o	12.12.28
		1.81		58.1	o	13. 2. 6
7.5	44	16.45	−5 22	57.3	o	13. 1.28
		16.35		57.5	o	13. 3. 3
		16.47		56.0	w	13. 3.11
		16.43		56.4	w	13. 3.21
		16.39		56.3	o	14. 1. 5
		16.41		56.3	w	14. 2.19
7.2	45	1.02	−4 7	63.6	o	12.12.22
		0.98		59.0	o	13. 1.19
		0.94		59.1	w	13.11.27
		0.85		59.6	w	14. 2.18
		0.94		59.5	w	14. 2.20
		0.94		59.4	o	14. 3. 5
6.8	45	10.04	−7 54	27.3	w	12. 1.19
		10.01		27.5	o	12.12.28
6.8	6h 45m	10s.14	−7° 54'	29".0	w	13. 1.12
		10.07		28.7	w	13. 3.23
7.3	45	58.18	−6 49	52.4	w	12. 1.10
		58.18		52.6	w	12. 1.12
		58.23		50.8	w	13.12. 8
		58.18		52.4	o	14. 3. 1
		58.27		52.9	o	14. 3.12
8.5	46	6.03	−5 21	12.7	o	13. 3. 3
7.2	46	33.58	−5 30	30.2	w	13. 1.12
		33.41		29.8	o	13. 2. 6
		33.49		29.9	o	13. 2.16
		33.43		29.7	w	13. 3.11
		33.42		31.0	w	13. 3.23
		33.46		28.9	o	13.10.19
6.9	46	42.01	−5 2	9.4	o	12.12.28
		41.99		9.8	o	13. 1. 6
		41.94		10.3	w	13. 1. 7
		41.86		10.6	o	13. 3.25
		41.91		9.0	w	14. 2.20
6.3	46	43.46	−5 10	42.6	w	12. 1.20
		43.38		43.3	o	13. 3.27
		43.30		42.3	o	13.12.22
		43.34		42.7	w	14. 2.18
7.8	47	34.04	−7 37	32.6	o	12.12.22
		34.07		32.8	w	13. 1.12
		34.55		32.6	o	13. 1.19
		34.52		33.8	w	13. 3.21
		34.45		33.6	w	14. 2.14
		34.50		34.0	o	14. 3. 5
6.4	48	30.47	−5 42	36.5	w	13. 1. 7
		30.48		35.8	o	13. 1.28
		30.55		36.7	o	13. 2.16
		30.44		36.9	w	13. 3.10
		—		35.5	o	14. 1. 5
		30.41		36.8	w	14. 2.15
		30.45		36.4	o	14. 3.12
8.0	48	30.13	−5 52	34.5	w	12. 1.10
		30.16		32.8	w	12. 1.19
		30.05		32.9	w	14. 2.19
		30.13		34.4	o	14. 3. 1
8.0	48	42.03	−6 14	46.1	o	12.12.28
		42.02		46.4	o	13. 2. 6
		42.04		47.5	o	13. 3. 3
		42.02		47.0	w	13.11.12
		41.96		47.4	w	14. 2.18
		42.02		47.0	w	14. 2.20
7.6	51	7.39	−8 2	0.0	w	12. 1.20
		7.36		0.5	o	12.12.22
6.4	51	28.03	−8 1	42.9	w	12. 1.19
		28.08		43.2	o	12.12.28
		28.02		44.3	w	13. 1. 7
8.0	52	42.37	−4 22	17.6	w	12. 1.10
		42.44		17.5	o	12.12.28
		42.39		17.0	o	13. 1. 6
		42.39		16.7	w	13. 1. 7
		42.40		15.4	w	13. 3.11
7.5	53	1.50	−7 1	46.2	w	12. 1.12
		1.53		45.5	w	12. 1.20
		1.49		44.3	o	12.12.22
7.5	6h 53m	1s.48	−7° 1'	47".3	w	13. 1.12
6.5	54	39.21	−5 12	39.0	w	13. 1. 7
7.3	54	42.71	−5 40	2.7	w	12. 1.19
		42.70		3.4	o	12.12.28
		42.72		3.4	o	13. 1.28
		42.68		2.8	o	13. 2. 6
5.0	56	17.77	−5 33	33.0	w	12. 1.12
		17.79		32.3	o	12.12.22
		17.73		32.1	o	12.12.28
		17.75		31.7	o	13. 1. 6
		17.75		32.4	w	13. 1. 7
		17.78		31.7	o	13. 3.28
		17.77		32.0	w	14. 2.18
7.3	56	29.68	−5 51	27.7	w	12. 1.20
		29.67		29.5	o	13. 3.25
		29.61		29.7	o	13.12.22
		29.61		27.3	w	14. 2.14
		29.61		27.0	w	14. 2.19
5.8	58	25.48	−5 9	17.1	o	12.12.22
		25.46		16.8	o	13. 1. 6
		25.50		17.9	w	13. 1.12
		25.49		16.1	o	13. 2.20
		25.43		16.9	w	13. 3.11
		25.45		16.7	w	13.12.12
7.2	59	49.37	−7 57	37.8	w	12. 1.12
		49.35		36.1	w	12. 1.20
		49.41		37.1	o	12.12.28
		49.36		37.8	w	13. 1. 7
		49.35		37.4	o	13. 1.28
		49.35		37.1	o	13. 2. 6
8.0	7 1	19.90	−5 17	40.5	w	12. 1.10
7.8	2	15.48	−4 29	34.9	o	12.12.22
		15.49		33.6	w	13. 1. 7
		15.53		33.9	w	13. 1.12
		15.40		33.6	w	13. 3.11
7.9	3	54.21	−5 51	35.7	o	12.12.22
		54.29		35.9	o	13. 1. 6
		54.40		35.6	w	13. 1.12
		54.38		35.6	o	13. 3. 3
		54.33		36.9	w	13. 3.21
		54.29		34.9	w	13.11.12
8.5	4	37.09	−4 31	46.0	w	13. 1.21
7.7	4	59.85	−7 41	2.4	w	13. 3.21
		59.89		3.9	o	13. 3.27
		59.81		2.2	o	13. 3.29
		59.84		3.1	w	13.12. 2
		59.80		3.1	w	13.12. 3
		59.83		3.3	o	13.12.22
7.9	5	28.96	−4 30	54.5	o	13. 3.25
		28.91		55.1	o	13. 3.28
		28.96		55.2	w	13.11.12
		29.01		55.3	w	13.12. 6
		28.92		56.4	o	14. 3. 1
7.8	5	37.41	−7 30	54.8	w	13. 1. 7
		37.40		55.7	w	13. 1.12
		37.39		55.1	o	13. 2.20
		37.35		54.8	o	13. 3. 3
		37.26		56.7	o	13. 3.27
		37.36		56.5	w	13.12. 8

Grösse	α 1883.0	δ 1883.0	L	Datum
7.9	7h 6m 35s.18	−8° 1′ 11″.4	o	13j 1m 6t
	35.15	12.7	o	13. 1.28
	35.20	12.0	o	13. 2. 6
	35.16	13.2	w	13. 3.21
	35.17	14.0	w	13.12.12
	35.17	13.6	w	14. 2.14
7.9	7 14.16	−6 57 20.0	w	13. 1. 7
	14.18	24.8	w	13. 1.12
7.8	8 4.18	−4 57 37.4	w	12. 1.10
	4.16	38.5	w	12. 1.19
7.8	9 25.41	−7 28 52.7	w	13. 2. 7
	25.20	54.1	o	13. 1.28
	25.28	53.6	w	13. 3.11
	25.11	54.2	w	13. 3.17
8.0	10 40.13	−7 40 43.8	w	12. 1.12
	40.10	44.0	w	13.12. 2
8.0	10 53.12	−4 49 57.1	w	12. 1.10
	53.11	57.0	o	12.12.19
	53.13	55.3	w	13. 1. 7
	53.06	55.9	w	13.12. 3
7.8	11 23.41	−7 19 21.8	w	12. 1.19
	23.39	21.9	o	12.12.22
	23.40	21.4	o	13. 1. 6
	23.44	21.7	o	13. 3.29
	23.42	20.9	w	13.11.12
	23.46	22.1	w	13.12. 6
7.9	11 23.46	−6 2 3.6	o	13. 2. 6
	23.4[illegible]	3.9	w	13. 3.17
	23.49	3.0	o	13. 3.28
	23.47	3.8	w	13.11.27
	23.51	3.9	w	13.12. 8
	23.4[illegible]	3.9	o	13.12.22
7.3	11 32.8[illegible]	−5 37 3.0	w	13.12. 2
	32.86	2.5	o	14. 3. 1
	32.88	2.5	o	14. 3. 5
6.3	11 55.21	−6 28 30.3	w	13. 1. 7
	55.22	31.1	o	13. 1.28
	55.24	29.6	o	13. 2.20
	55.27	30.7	w	13. 3.11
	55.23	31.5	w	13. 3.21
	55.27	31.3	w	13. 3.22
	55.29	30.9	o	14. 4.17
7.8	13 4.34	−7 22 23.6	w	12. 2.12
	4.39	23.1	o	13. 1. 6
	4.20	22.7	w	13. 3. 9
7.8	14 15.10	−4 22 17.6	w	13. 3.17
	15.13	18.0	w	13.11.27
7.3	14 24.12	−4 46 45.8	o	13. 2.20
	24.13	46.3	w	13.11.12
	24.08	45.6	w	13.12. 2
	24.06	45.7	w	13.12. 3
7.8	14 35.11	−5 55 31.9	o	12.12.19
	35.15	34.3	o	12.12.22
	35.10	34.3	w	13. 1. 7
	35.16	34.4	o	13. 2. 6
	35.11	33.7	w	13.12. 6
	35.15	33.0	w	13.12. 8
	35.10	33.0	w	14. 2.13
8.0	14 55.25	−6 23 20.5	w	13. 3.11

Grösse	α 1883.0	δ 1883.0	L	Datum
8.0	7h 14m 55s.17	−6° 23′ 21″.1	w	13j 3m 21t
	55.22	22.1	o	13. 3.27
	55.22	21.0	o	13. 3.28
	55.17	20.7	o	13. 3.29
	55.15	20.4	w	13.12.12
7.5	15 11.77	−5 53 18.2	w	12. 1.19
	11.70	18.9	o	13. 1.28
	11.78	19.7	w	13. 3. 9
	11.75	18.8	o	13.12.22
	—	18.0	w	14. 2.15
6.5	15 45.51	−8 39 29.5	o	13. 1. 6
7.0	15 55.76	−5 40 53.4	w	12. 1.10
	55.66	52.0	w	14. 2.17
	55.65	51.8	w	14. 2.19
7.4	20 21.20	−4 18 34.5	w	12. 1.10
	21.09	34.5	w	12. 1.11
	21.16	33.3	w	12. 1.19
7.5	20 50.87	−7 8 42.5	w	12. 1.12
	50.93	43.1	o	12.12.19
	50.86	43.2	w	13. 3. 9
	50.94	42.1	w	13. 3.11
7.8	21 7.26	−5 38 23.7	o	12.12.22
	7.21	23.8	o	13. 1. 6
	7.30	24.3	w	13. 1. 7
	7.22	24.5	w	13. 3.27
	7.25	24.2	w	13. 3.21
7.9	22 46.71	−6 55 30.6	w	13. 3. 9
	46.64	28.6	w	13. 3.17
	46.72	29.8	w	13. 3.21
7.6	23 32.47	−4 18 18.1	w	12. 1.19
5.9	23 50.50	−7 19 6.7	w	12. 1.10
	50.36	6.2	w	12. 1.11
	50.56	6.4	w	13. 1. 7
8.0	25 8.40	−6 28 38.8	o	12.12.19
	8.33	41.2	o	13. 1. 6
	8.37	40.9	o	13. 2. 6
	8.36	41.9	w	13. 3. 9
	8.34	40.7	w	13. 3.11
	8.28	40.2	w	13. 3.17
6.9	25 10.57	−4 59 9.7	w	13. 1. 7
8.0	25 39.38	−4 26 17.3	o	13. 2.16
	39.43	17.9	o	13. 2.20
	39.35	16.8	w	13. 3.21
	39.42	16.6	w	13. 3.22
	39.36	17.4	w	13. 3.23
7.3	26 19.40	−5 41 56.8	w	12. 1.12
	19.35	58.4	w	12. 1.19
	19.32	58.3	o	13. 3.25
	19.35	58.8	o	13. 3.27
	19.34	57.6	w	13.11.27
7.8	27 14.05	−7 2 22.0	o	13. 1. 6
	14.18	22.2	o	13. 2. 6
	14.05	21.6	o	13. 2.20
	14.05	21.5	w	13. 3.23
	14.02	22.4	w	13. 3.31
7.4	27 22.58	−6 37 6.9	w	13. 1. 7
	22.51	6.5	w	13. 3.21
7.3	27 55.34	−3 58 48.4	w	13. 3. 9
	55.35	47.5	w	13. 3.31

Grösse	α 1883.0	δ 1883.0	L	Datum
7.3	7h 27m 55s.18	−5° 58′ 47″.4	w	13j 3m 27t
7.5	28 28.74	−7 22 56.7	w	13. 1. 7
	28.54	57.4	w	13. 3.23
6.3	30 12.62	−8 3 25.7	o	12.12.19
	12.49	26.3	w	13. 1. 7
	12.40	26.3	o	13. 2. 6
	12.43	25.7	o	13. 2.16
	12.52	25.4	w	13. 3.11
	12.46	25.4	w	13. 3.21
7.1	31 8.13	−7 28 9.8	w	13. 4. 1
	8.09	10.8	o	13.12.22
	7.98	10.5	w	14. 2.15
	8.10	10.4	w	14. 2.17
	8.15	10.4	o	14. 3. 1
	8.11	10.3	o	14. 3.19
6.8	32 15.00	−6 41 58.2	w	13. 3. 7
	15.03	59.4	w	14. 2.18
	15.09	58.8	w	14. 2.21
	15.05	58.0	o	14. 3. 5
	15.05	58.7	o	14. 4.20
7.1	32 28.02	−7 52 1.6	w	13. 3.11
	27.98	1.7	w	13. 3.21
	27.98	1.4	o	13. 3.27
	27.88	3.2	o	13. 3.28
	27.93	2.3	o	13. 3.29
	(27.78)	2.4	w	14. 2.14
	27.89	2.8	w	14. 2.19
8.0	33 1.66	−4 43 48.7	o	13. 2.20
	1.70	49.6	w	13. 3.23
	—	49.3	w	13. 3.31
	1.75	48.9	w	13.11.27
	1.68	49.2	w	13.12. 3
	1.73	49.0	o	13.12.22
	1.76	49.4	o	14. 3. 1
7.8	33 9.36	−5 12 5.0	o	13. 1.28
	9.40	4.3	o	13. 2. 6
	9.32	6.0	o	13. 3.25
	9.34	5.2	w	13. 4. 1
	9.39	5.6	w	13.12. 2
	9.37	5.4	w	13.12. 8
	9.38	4.7	o	14. 3.19
7.8	34 10.91	−5 58 54.1	w	12. 1.19
	11.03	53.4	w	12. 1.20
	10.91	52.1	o	13. 1. 6
	10.93	53.6	w	13. 3. 9
	10.97	52.0	o	13. 3.29
6.3	35 1.79	−7 35 10.7	o	12.12.22
	1.83	9.4	w	13. 1. 7
	1.83	9.4	w	13. 3.11
	1.81	10.1	o	13. 3.27
8.0	36 9.09	−6 52 58.3	o	12.12.19
	9.12	57.0	w	13. 3.21
	9.10	58.2	o	13. 3.27
	9.07	57.1	w	13.11.27
	9.05	58.2	w	14. 2.19
7.1	37 49.88	−4 24 29.9	w	12. 1.19
	49.86	27.8	w	12. 1.20
	49.85	30.1	o	12.12.22
	49.86	28.6	w	13. 1. 7

Grösse	α 1885.0	δ 1885.0	L	Datum
7.1	7h 37m 40s.85	−4° 14′ 28″.1	w	13. 3.11
8.0	38 38.51	−4 47 10.8	e	12.12.19
	38.47	9.3	e	13. 1. 6
	38.50	10.3	e	13. 2.16
	38.47	9.8	w	13. 3. 9
	38.45	9.5	w	13. 3.17
	38.51	9.8	w	13. 3.21
7.2	39 29.33	−4 10 35.0	w	12. 1.11
	29.35	33.7	e	12.12.12
7.0	40 3.03	−5 14 1.0	w	12. 1.20
	2.96	2.3	w	12. 4. 7
	2.95	2.8	e	13. 1.28
	2.98	2.5	e	13. 2. 6
7.7	40 15.53	−7 14 60.0	w	12. 4. 3
	15.54	61.1	w	12. 4. 4
	15.52	59.7	e	13. 1. 6
	15.54	59.1	e	13. 2.16
	15.51	60.0	e	13. 2.20
	15.54	60.4	w	13. 3. 9
	15.62	58.7	w	13. 3.12
8.0	40 55.99	−6 3 35.0	w	12. 1.19
	55.90	35.7	w	13. 3.17
	56.03	35.8	w	13. 3.21
7.1	42 38.63	−6 29 22.0	w	12. 1.12
7.5	45 54.78	−6 41 26.0	w	12. 1.11
5.7	47 7.12	−5 7 55.3	w	12. 1.19
7.8	48 9.60	−5 45 37.7	w	12. 1.20
8.0	49 27.03	−4 10 0.7	w	12. 1. 1
7.3	51 44.47	−7 20 34.5	w	12. 1.19
	44.58	34.3	w	12. 1.20
	44.46	33.5	e	12.12.19
8.0	52 20.81	−6 17 28.7	w	12. 1.11
	20.81	28.0	w	12. 1.12
	20.83	29.2	w	12. 4. 4
	20.77	28.7	e	12.12.22
7.8	52 45.35	−6 5 41.9	e	13. 1. 6
	45.34	42.5	e	13. 2.16
	45.35	43.2	e	13. 2.20
	45.47	42.3	w	13. 3.11
	45.30	43.0	w	13. 3.30
7.9	53 59.40	−4 52 31.1	e	13. 2.20
	59.39	31.3	e	13. 3. 3
	59.42	32.1	w	13. 3.31
7.0	54 40.75	−4 33 56.1	w	12. 1.20
	40.70	57.0	e	13. 2.16
	40.73	55.7	w	13. 3.11
	40.75	56.6	e	13. 3.25
	40.69	55.1	w	13.11.27
8.0	54 55.52	−4 16 34.6	e	13. 3.29
	55.48	35.8	w	13. 3.30
	55.60	33.0	e	13. 4. 3
	55.60	32.8	e	13. 4. 4
	55.50	33.1	w	13.12. 3
	55.47	34.2	w	13.12.12
	55.52	33.1	w	14. 2.18
8.0	55 3.33	−4 12 21.1	e	13. 3.29
	3.33	21.7	w	13. 3.30
	3.26	20.7	e	13. 4. 3
	3.31	19.7	w	14. 2.14
8.0	7h 55m 3s.29	−4° 12′ 20″.4	w	14. 2.15
	3.32	20.7	e	14. 3. 1
7.8	55 4.38	−4 26 35.2	w	13. 3.21
	4.33	36.3	w	13. 3.23
	4.39	36.8	e	13. 3.25
	4.40	35.6	w	14. 2.19
	4.45	36.8	e	14. 3. 5
	4.45	37.2	e	14. 3.10
6.8	55 25.27	−6 6 7.1	w	12. 1.11
	25.21	6.7	e	13. 2. 6
	25.23	6.5	w	13. 3.22
6.5	56 40.68	−6 1 2.8	w	12. 4. 4
	40.68	3.2	e	12.12. 9
	40.60	1.7	e	13. 2.16
7.5	57 7.43	−6 0 9.3	w	12. 1.20
	7.52	—	e	12.12.19
	7.41	8.3	e	12.12.22
	7.30	9.5	e	13. 1. 6
7.5	58 27.61	−4 30 13.6	w	12. 1.11
	27.59	12.5	e	13. 2. 6
	27.40	13.4	e	13. 2.16
7.0	59 7.97	−5 3 14.4	w	12. 4. 2
	7.96	14.1	w	12. 4. 3
	8.02	13.4	w	12. 4. 4
	7.97	13.4	e	12.12.19
7.5	8 3 32.33	−4 13 4.1	e	12.12.19
7.5	4 28.30	−6 24 24.4	w	12. 4. 8
8.0	5 37.46	−6 51 30.0	w	12. 1.11
	37.44	32.2	w	12. 1.19
	37.50	31.2	w	12. 1.20
	37.45	30.5	e	12.12.22
	37.49	31.1	e	13. 2.20
7.5	5 —	−5 40 35.5	w	12. 4. 3
	54.15	34.4	e	13. 2. 6
	54.03	35.0	w	13. 3. 9
5.5	5 57.32	−7 25 50.0	e	12.12.19
	57.28	49.8	e	13. 1. 6
	57.24	49.4	e	13. 3. 3
8.0	6 28.46	−5 45 3.9	w	12. 4. 3
	28.47	4.1	w	13. 3.21
	28.44	2.4	e	13. 3.25
7.0	12 48.07	−7 18 52.8	e	13. 2. 6
7.1	13 33.82	−5 15 41.9	w	12. 1.10
	33.80	41.2	e	12.12.19
	33.79	40.7	e	12.12.22
	33.82	40.1	e	13. 1. 6
7.4	13 37.47	−7 11 56.5	w	12. 1.12
	37.53	57.2	w	12. 1.20
	37.52	58.3	w	12. 4. 2
	37.55	56.6	e	13. 2.20
	37.47	58.0	e	13. 3. 3
	37.53	56.2	e	13. 3.25
7.2	14 50.47	−6 15 53.6	e	13. 1. 6
8.0	14 55.41	−6 8 25.2	w	12. 1.11
	55.36	—	w	12. 4. 3
	55.46	24.4	w	12. 4. 7
	55.45	24.8	w	12. 4. 8
	55.32	25.8	e	13. 3.27
	55.34	25.8	e	13. 3.28
8.0	8h 14m 55s.31	−6° 8′ 25″.0	e	13. 3.20
7.8	15 9.84	−4 30 14.1	w	12. 3.31
	9.84	10.8	w	12. 4. 7
	9.81	11.6	e	13. 3.25
	9.83	13.2	e	13. 4. 2
	9.88	12.2	e	13. 4. 3
6.3	16 30.42	−5 48 43.3	w	12. 1.12
	30.43	45.8	e	13. 2. 6
8.0	16 56.99	−7 49 38.2	w	12. 4. 2
	56.97	38.1	w	12. 4. 3
	57.06	37.3	w	12. 4. 4
	56.94	37.9	e	12.12.19
	56.98	37.5	e	12.12.22
	56.95	37.5	e	13. 3.27
7.8	17 10.18	−6 19 37.9	w	12. 1.19
	10.21	37.2	w	12. 1.20
	10.23	36.4	w	12. 4. 7
	10.10	38.4	e	13. 3. 3
	10.18	37.9	e	13. 3.25
	10.21	38.1	e	13. 3.29
7.8	18 30.35	−5 18 31.5	w	12. 4. 2
	30.48	29.2	w	12. 4. 7
	30.43	31.3	w	13. 3.23
6.5	18 52.78	−4 20 38.6	e	12.12.19
	52.74	38.5	e	12.12.22
	52.72	38.6	w	13. 3.17
	52.82	37.9	e	13. 3.27
	52.72	37.1	w	13. 3.30
	52.77	37.9	w	13. 4. 1
8.0	19 30.70	−6 47 40.4	e	13. 3.20
	30.79	40.5	w	13. 3.31
7.8	21 —	−5 49 34.2	w	12. 1.11
	14.53	—	w	12. 4. 3
	14.48	32.3	e	13. 4. 4
7.0	21 37.67	−6 1 52.5	w	12. 4. 2
	37.65	51.3	w	12. 4. 3
	37.65	52.7	e	12.12.22
	37.71	52.2	w	13. 3.21
	37.60	52.5	e	13. 3.28
7.5	21 53.40	−4 46 4.0	w	12. 4. 8
	53.34	5.3	e	12.12.19
	53.37	4.3	w	13. 3.21
	53.32	5.2	e	13. 3.29
	53.32	4.8	w	13. 3.30
	53.35	5.1	e	13. 4. 3
7.5	22 7.94	−6 50 29.6	w	12. 1.20
	7.91	31.5	e	13. 3. 3
	7.85	29.1	w	13. 3.23
	7.90	31.0	e	13. 3.26
	7.90	29.8	e	13. 4. 4
8.0	22 45.88	−7 50 11.7	w	12. 1.19
	45.80	11.0	w	12. 4. 4
8.3	22 52.01	−6 57 49.3	w	12. 4. 7
8.0	23 12.39	−7 9 47.8	e	13. 3.25
	12.42	48.1	e	13. 4. 2
7.7	23 24.75	−5 29 30.4	e	13. 2. 6
	24.65	30.1	e	13. 2.20
	24.70	30.3	e	13. 3.27
7.4	(24 45.9)	−6 39 10.8	w	12. 1.11

Grösse	α 1885.0	δ 1885.0	L	Datum
7.8	$8^h 24^m 56^s.58$	−6° 46′ 20″.8	w	12. 1.20
	56.52	19.9	o	12.12.19
	56.50	20.6	o	12.12.22
7.7	26 54.11	−5 30 35.1	o	13. 1. 6
	54.09	34.6	o	13. 2. 6
7.0	27 28.23	−4 49 52.4	w	12. 1.19
	28.22	52.9	o	13. 3. 3
	28.19	—	o	13. 3.19
8.0	27 —	−4 56 9.3	w	12. 1.11
	34.64	8.1	w	12. 3.31
	34.62	—	w	12. 4. 3
	34.59	8.1	o	12.12.22
	34.66	7.6	o	13. 3.25
	34.63	8.7	o	13. 3.28
8.0	27 33.10	−6 50 29.3	w	12. 4. 2
	33.11	28.8	w	12. 4. 3
	33.10	28.2	w	12. 4. 4
	33.09	29.8	o	13. 3.27
	33.04	30.1	o	13. 3.29
	33.21	29.5	o	13. 4. 3
6.2	31 43.75	−4 32 3.6	o	13. 1. 6
	43.78	3.7	o	13. 3.26
	43.71	3.7	o	13. 3.27
9.0	32 10.91	(−6 25 4)	o	12.12.19
	10.88	—	o	13. 3. 3
	10.86	—	o	13. 3.25
7.5	32 —	−6 24 25.1	w	12. 1.11
	12.93	24.4	w	12. 1.20
	12.92	26.2	w	12. 4. 4
	12.86	25.8	o	12.12.19
	12.86	27.0	o	13. 3. 3
	12.88	26.0	o	13. 3.25
6.7	32 40.52	−6 15 37.7	w	12. 1.19
5.0	33 40.52	−4 27 22.6	w	12. 3.31
	40.52	19.8	w	12. 4. 2
8.6	35 22.38	−6 26 4.6	o	12.12.19
7.8	35 34.32	−4 43 58.1	o	12.12.22
6.5	38 1.54	−6 49 10.7	o	13. 1. 6
	1.52	11.5	o	13. 3. 3
8.0	38 —	−6 5 24.1	w	12. 1.11
	17.11	23.8	w	12. 1.19
	17.08	—	w	12. 3.31
	17.06	23.1	o	12.12.22
7.6	39 14.45	−7 50 13.7	w	12. 1.20
	14.41	15.7	o	12.12.19
	14.42	14.7	o	13. 3.25
	14.38	15.5	o	13. 3.26
7.2	39 37.83	−6 33 41.1	o	13. 1. 6
	37.80	40.8	o	13. 3. 3
8.0	40 28.27	−7 9 57.5	w	13. 3.18
	28.33	57.1	w	13. 3.21
	28.35	57.4	w	13. 3.22
	28.30	57.5	o	13. 3.27
	28.31	56.9	o	13. 3.28
	28.35	57.6	o	13. 3.29
	28.31	55.8	w	13. 4. 1
8.0	40 41.19	−5 39 30.4	w	12. 3.31
	41.14	28.7	o	13. 3.26
7.8	42 37.62	−7 32 55.8	o	13. 1. 6

Grösse	α 1885.0	δ 1885.0	L	Datum
7.5	$8^h 43^m 20^s.14$	−4° 48′ 30″.6	o	13. 3.25
	20.19	32.0	o	13. 3.27
	20.14	32.8	o	13. 3.28
7.2	44 —	−5 16 5.4	w	12. 1.19
	0.65	4.9	w	12. 1.20
	—	5.0	w	12. 3.31
	0.65	5.6	o	13. 3.26
	0.70	6.5	o	13. 3.29
7.1	44 52.25	−4 16 19.6	w	12. 4. 3
	52.26	19.5	w	12. 4. 4
	52.27	20.5	w	12. 4. 7
	52.12	20.8	o	13. 1. 6
	52.14	20.2	o	13. 3. 3
	52.22	19.4	o	13. 3.25
8.5	45 32.79	−5 20 40.9	w	12. 4. 2
7.8	47 43.35	−5 46 42.2	o	13. 1. 6
	43.48	42.2	o	13. 3. 3
6.3	49 51.38	−7 31 53.4	o	13. 1. 6
	51.40	53.6	o	13. 3.26
7.9	9 2 19.14	−7 20 30.5	o	13. 1. 6
7.5	4 38.45	−5 41 28.0	o	12.12.19
	38.48	30.1	o	13. 1. 6
7.7	6 44.28	−6 27 31.8	w	12. 1.20
6.3	6 45.36	−6 38 19.9	o	13. 3. 3
	45.30	19.7	o	13. 3.25
7.8	6 48.84	−4 49 16.5	w	12. 1.19
	48.81	16.3	w	12. 3.31
	48.76	17.6	o	12.12.22
	48.81	17.5	o	13. 3.26
	48.80	16.0	o	13. 3.27
8.0	8 47.99	−5 2 17.9	w	12. 1.19
7.5	10 25.86	−7 52 19.3	o	12.12.22
	25.80	19.0	o	13. 3.25
5.8	10 59.07	−5 52 25.7	o	12.12.19
8.0	14 4.96	−5 30 24.0	o	12.12.19
7.7	15 5.09	−7 14 35.1	o	12. 4.12
	5.04	34.4	o	12.12.22
	5.01	33.5	o	13. 1. 6
7.5	16 39.95	−5 34 15.9	o	12.12.19
	40.03	17.3	o	13. 3. 3
7.5	17 5.56	−4 32 37.8	o	13. 3.28
	5.51	36.9	o	13. 3.29
7.8	18 10.34	−4 52 7.2	w	12. 4. 4
	10.39	7.2	o	12. 4.12
	10.37	8.6	o	13. 4. 2
	10.33	8.1	o	13. 4. 4
7.5	18 16.35	−4 58 20.2	w	12. 4. 7
	16.25	20.5	o	13. 3.26
	16.37	25.9	o	13. 4. 3
8.0	18 47.94	−6 23 31.2	w	12. 4. 7
	47.96	31.7	w	12. 4. 8
	47.86	32.6	w	12. 4. 9
	47.86	31.8	o	13. 3. 3
	47.86	33.0	o	13. 3.27
	47.90	34.3	o	13. 3.28
5.5	19 39.02	−4 37 19.0	o	12.12.19
	39.06	20.2	o	13. 3.25
7.8	19 44.47	−5 54 31.7	w	12. 4. 7
	44.56	31.4	w	12. 4. 8

Grösse	α 1885.0	δ 1885.0	L	Datum
7.8	$9^h 19^m 44^s.44$	−5° 34′ 33″.0	w	12. 4. 9
	44.47	32.4	o	13. 3.26
	44.49	32.1	o	13. 3.29
	44.53	32.2	o	13. 4. 2
6.0	22 4.76	−5 34 10.9	w	12. 4. 7
	4.80	10.6	o	13. 1. 6
	4.77	11.1	o	13. 3. 3
	4.82	9.7	w	13. 3.18
	4.87	9.3	w	13. 3.21
	4.85	10.5	o	13. 3.25
7.2	22 32.42	−7 13 14.7	w	12. 4. 9
	32.41	12.8	o	12.12.22
	32.44	13.6	w	13. 3.22
	32.40	14.3	o	13. 3.28
	32.44	13.4	w	13. 4. 1
	32.41	13.8	o	13. 4. 2
8.0	22 40.13	−7 35 16.9	w	12. 4. 7
	40.22	16.7	w	12. 4. 8
	40.07	17.3	o	13. 3.26
	40.33	17.1	o	13. 4. 3
	40.20	15.8	o	13. 4. 4
	40.12	18.0	w	13. 4. 8
8.0	23 16.15	−7 57 59.6	w	12. 4. 4
	16.05	60.0	o	12. 4.15
	16.01	60.0	o	13. 3.27
	16.08	61.2	w	13. 3.30
	16.00	61.3	o	13. 4. 7
	16.01	60.3	w	13. 4. 9
7.0	25 10.69	−5 9 26.4	w	12. 4. 4
	10.67	27.0	o	12.12.19
	10.68	27.9	o	12.12.22
7.8	26 6.56	−6 39 22.0	w	12. 4. 4
	6.59	22.1	o	12. 4.12
	6.51	22.1	o	12. 4.15
	6.56	23.2	w	13. 4. 1
	6.52	22.2	o	13. 4. 3
	6.50	22.8	w	13. 4. 9
7.0	27 22.35	−7 39 45.3	w	12. 4. 7
	22.42	45.2	w	12. 4. 8
	22.46	44.9	o	13. 1. 6
	22.45	46.3	o	13. 3. 3
	22.42	45.8	o	13. 4. 2
6.8	27 —	−6 40 50.8	w	12. 4. 8
	38.33	48.6	w	13. 3.21
	38.27	48.8	o	13. 3.25
	38.26	49.5	o	13. 3.26
	38.24	49.5	o	13. 3.27
6.7	28 48.42	−5 24 8.8	o	12.12.22
7.5	29 16.05	−4 22 36.3	w	12. 4. 4
	16.06	36.2	o	12. 4.12
	16.56	38.8	o	12. 4.15
	16.64	37.9	o	13. 3.28
7.7	29 21.99	−4 51 20.3	w	12. 4. 7
	22.03	20.4	w	12. 4. 9
	21.93	19.5	w	13. 3. 8
	21.94	20.5	o	13. 3.26
	22.02	20.6	o	13. 3.29
	22.04	21.4	o	13. 4. 2
8.0	29 57.37	−8 4 21.9	w	12. 1.19

Grösse	α 1885.0	δ 1885.0	L	Datum
8.0	9h 29m 57s.55	−8° 4′ 32″.0	w	12. 4. 4
	57.46	31.8	w	12. 4. 7
	57.51	32.3	w	12. 4. 8
	57.45	32.9	o	13. 3. 3
	57.41	32.7	o	13. 3.25
	57.40	34.2	o	13. 3.27
8.2	31 3.64	−8 5 60.2	w	12. 4. 7
	3.79	59.5	w	12. 4. 8
8.0	39 10.06	−6 10 29.8	o	12. 4.12
	9.90	32.4	o	12. 4.15
	9.93	31.0	o	12.12.22
7.5	39 —	−7 57 10.3	o	12. 4.12
	44.33	10.3	o	12. 4.15
	44.38	10.0	o	13. 1. 6
7.5	44 58.05	−6 30 39.9	w	12. 4. 1
	58.15	38.9	w	12. 4. 8
	58.09	38.5	o	12. 4.12
	58.06	39.5	o	12. 4.15
	58.06	39.3	o	13. 3.28
6.8	45 37.77	−5 38 44.5	w	12. 4. 8
	37.76	45.0	w	12. 4. 9
	37.79	44.4	w	13. 3.21
	37.75	44.8	o	13. 3.27
	37.82	44.4	o	13. 3.29
6.0	46 48.77	−7 33 50.2	w	12. 4. 1
	48.83	49.4	w	12. 4. 8
	48.81	51.3	o	12. 4.15
	48.79	50.7	o	12.12.22
	48.83	49.8	o	13. 1. 6
6.8	50 25.19	−7 6 0.8	o	12. 3.25
6.8	10 1 2.13	−7 4 8.6	o	12. 3.25
	2.14	8.1	o	12. 4.12
6.2	(4 24.7)	−7 50 37.5	o	12. 4.12
6.0	5 12.78	(−7 52.1)	w	13. 3.18
8.0	5 26.24	−6 28 42.2	w	12. 4. 1
	26.19	39.2	o	12. 4.15
	26.22	40.8	o	13. 3.25
	26.23	40.4	o	13. 3.26
7.2	5 33.22	−6 44 58.4	o	12. 3.25
	33.18	60.4	w	12. 4. 8
	33.14	61.0	o	13. 3.27
	33.20	61.6	o	13. 3.29
7.8	6 15.64	−5 38 12.8	w	12. 4. 9
	15.64	14.6	o	12. 4.15
	15.66	12.5	w	13. 3.18
	15.64	12.2	w	13. 3.21
	15.63	11.6	o	13. 4. 2
	15.64	12.3	o	13. 4. 3
8.0	7 6.14	−7 18 —	w	12. 4. 8
	6.13	7.4	w	13. 3.21
	6.10	8.0	w	13. 3.22
	6.08	10.1	o	13. 3.26
8.0	7 36.93	−6 25 38.0	w	12. 4. 8
	36.92	37.2	w	13. 3.18
	36.93	38.7	o	13. 3.25
	36.89	39.3	o	13. 3.27
7.3	7 39.17	−4 39 1.7	o	13. 3.29
	39.22	2.2	o	13. 4. 2
	39.21	1.8	o	13. 4. 3

Grösse	α 1885.0	δ 1885.0	L	Datum
7.3	10h 8m 1s.10	−6° 48′ 34″.7	w	12. 4. 8
	1.12	35.3	w	12. 4. 9
	1.01	37.0	o	13. 3.25
	1.08	35.9	o	13. 3.26
	1.08	35.8	o	13. 3.27
8.0	10 13.80	−4 31 28.3	o	12. 4.12
	13.77	18.4	o	12. 4.15
6.5	13 44.83	−4 31 40.1	o	13. 3.23
8.0	13 48.41	−4 38 58.5	w	12. 4. 8
	48.37	59.6	w	12. 4. 9
	48.41	59.4	o	12. 4.15
	48.30	59.9	o	13. 3.26
	48.36	59.7	o	13. 3.27
7.0	14 57.07	−4 48 —	w	12. 4. 8
	57.07	15.7	o	13. 3.26
	57.10	14.6	o	13. 3.28
7.0	15 19.76	−4 50 15.4	w	12. 4. 1
	19.80	14.4	w	12. 4. 8
	19.81	17.1	o	12. 4.12
	19.81	15.1	o	12. 4.23
7.9	17 31.92	−7 11 33.8	w	12. 4. 2
	31.98	34.2	w	12. 4. 8
	31.97	34.2	w	13. 3.18
7.3	18 18.15	−4 20 41.0	w	12. 4. 8
	18.09	41.5	w	13. 3.22
	18.05	43.4	o	13. 3.25
	18.00	42.8	w	13. 3.30
7.8	18 39.81	−7 0 18.8	w	12. 4. 1
	39.78	17.7	o	12. 4.15
	39.80	18.6	o	13. 3.26
6.0	18 59.35	−6 28 49.2	w	12. 4. 2
	59.40	47.1	o	12. 4.15
	59.32	48.6	o	13. 3.27
7.5	20 11.83	−7 16 28.1	w	12. 4. 8
	11.76	30.6	o	13. 3.28
	11.81	29.8	w	13. 3.31
7.2	20 31.79	(−5 30.6)	w	13. 3.18
8.0	22 28.14	−6 0 20.5	w	13. 3.18
	28.19	20.4	w	13. 3.21
	28.22	20.5	w	13. 3.22
	28.07	19.6	o	13. 3.25
	28.17	20.4	o	13. 3.26
	28.15	21.2	o	13. 3.28
7.2	26 41.24	−5 28 38.3	w	12. 4. 2
	41.21	38.0	w	12. 4. 8
8.0	34 28.33	−6 5 29.3	w	13. 3.18
	28.36	29.9	w	13. 3.21
	28.35	29.8	w	13. 3.22
	28.34	31.4	o	13. 3.25
	28.32	30.5	o	13. 3.26
	28.30	30.5	o	13. 3.27
7.6?	36 6.05	−5 58 24.1	o	12. 3.25
	6.04	26.2	w	12. 4. 9
	6.03	25.4	o	12. 4.15
	6.05	25.5	w	13. 3.18
	6.05	25.0	o	13. 3.25
7.3	36 6.17	−7 27 —	w	12. 4. 2
	6.22	16.5	w	12. 4. 3
	—	18.1	w	12. 4. 9

Grösse	α 1885.0	δ 1885.0	L	Datum
6.9	10h 36m —	−8° 7′ 34″.2	w	12. 4. 1
	41s.71	33.5	w	12. 4. 2
	41.72	34.5	o	12. 4.12
	41.65	33.2	w	13. 3.22
7.8	44 12.27	−6 52 22.6	w	12. 4. 2
	12.31	22.4	o	12. 4.15
	12.30	23.6	o	12. 4.23
	12.34	22.6	o	12. 5. 6
8.2	45 52.27	−8 15 23.5	o	12. 3.25
8.0	48 58.68	−7 45 60.5	w	12. 4. 1
	58.78	58.8	o	12. 4.15
7.7	56 50.59	−3 46 30.4	w	12. 4. 1
	50.66	30.4	w	12. 4. 2
	50.68	30.6	w	12. 4. 3
8.0	59 28.07	−3 53 9.0	w	12. 3.31
7.5	11 5 18.29	−4 41 31.8	w	12. 4. 1
7.7	5 25.96	−4 50 43.9	o	12. 3.25
	26.02	43.3	w	12. 4. 2
	26.00	42.6	w	12. 4. 3
	25.99	43.7	w	12. 4. 9
7.2	6 —	−4 29 30.7	w	12. 4. 1
	35.87	29.6	w	12. 4. 3
6.5	11 8.49	−6 30 25.7	w	12. 4. 3
	8.46	26.6	o	12. 4.15
	8.50	25.0	o	12. 5. 2
9.2	12 17.55	−6 30 34.3	o	12. 4.15
7.2	12 25.24	−4 26 4.0	w	12. 4. 1
	25.35	3.9	w	12. 4. 2
	25.35	3.2	w	12. 4. 9
7.6	24 59.68	−6 5 5.0	w	12. 4. 1
	59.77	6.0	w	12. 4. 2
6.5	26 5.52	−5 49 62.2	o	12. 3.25
	5.69	59.9	w	12. 4. 3
	5.65	60.6	w	12. 4. 9
	5.59	—	o	12. 5. 2
	5.62	62.2	o	13. 3.26
8.0	26 32.50	−4 59 26.4	w	12. 4. 2
	32.53	23.8	o	12. 5.13
	32.42	25.6	w	13. 3.30
6.3	26 56.87	−7 11 31.9	o	12. 4.15
	56.69	32.4	o	12. 5.17
8.0	27 46.73	−5 54 5.5	w	12. 4. 3
	46.76	6.4	w	12. 4. 9
	46.75	7.3	o	12. 4.23
	46.77	4.3	o	12. 5. 2
	46.80	7.8	w	12. 5. 7
7.8	32 —	−6 57 46.2	w	12. 3.31
	58.41	48.8	w	12. 4. 2
	58.40	48.7	w	12. 5. 7
8.0	41 39.03	−4 37 20.3	o	12. 3.15
	39.12	23.9	o	12. 3.31
	39.06	23.6	w	12. 4. 1
	39.16	24.9	w	12. 4. 2
6.8	43 18.60	−6 43 —	w	12. 4. 2
	—	16.6	w	12. 4. 3
	18.53	15.3	o	12. 5.12
7.5	43 23.02	−6 13 22.3	o	12. 4.23
	23.03	22.8	w	12. 5. 7
8.0	43 59.73	−4 12 35.6	w	12. 4. 3

Grösse	α 1885.0	δ 1885.0	L	Datum
8.0	11h 44m 26s.63	−6° 44' 10".1	w	12. 3.31
	26.55	11.1	w	12. 4. 1
	26.61	10.8	w	12. 4. 2
	26.54	9.6	e	12. 5. 2
	26.65	11.3	e	12. 5. 6
	26.54	9.6	e	12. 5.13
8.0	44 36.73	−5 34 18.3	w	13. 3.21
	36.71	17.8	e	13. 3.27
	36.70	18.3	e	13. 3.28
	36.67	17.7	e	13. 3.29
	36.84	18.1	w	13. 4. 1
	36.73	17.8	w	13. 4. 9
6.0	45 9.54	−4 41 38.1	w	12. 5. 7
	9.40	36.9	e	12. 5.17
	9.48	36.8	e	12. 5.21
	9.49	37.4	w	13. 3.22
	9.49	37.0	w	13. 4. 8
8.5	45 9.57	−5 33 47.0	e	13. 3.26
7.0	45 18.38	−7 21 3.0	e	12. 4.23
	(18.52)	3.9	e	12. 5. 2
	18.44	3.4	e	13. 3.27
	18.37	3.4	w	13. 3.31
	18.37	4.4	w	13. 4. 1
	18.38	4.7	w	13. 4. 9
8.0	45 57.66	−5 7 15.3	w	12. 4. 3
7.6	51 53.47	(−7 38.0)	e	12. 4.23
7.8	53 7.96	−6 0 53.4	e	12. 3.25
	8.02	50.3	w	12. 3.31
	8.09	52.1	w	12. 4. 2
	7.97	50.7	e	12. 4.23
	7.91	50.3	e	12. 5. 2
	7.98	52.3	w	12. 5. 7
8.0	55 33.58	−7 30 57.3	w	12. 3.31
	33.57	57.9	w	12. 4. 2
	33.53	55.8	e	12. 4.23
	33.61	56.7	e	12. 5. 6
7.8	56 52.44	−5 49 29.2	w	12. 5. 7
	52.30	30.0	e	12. 5.12
	52.30	30.2	e	12. 5.17
	52.38	30.2	w	13. 3.21
	52.30	30.4	w	13. 3.22
6.5	56 58.55	−7 2 36.1	w	12. 4. 1
7.2	57 42.40	−4 50 19.5	w	12. 4. 2
7.7	58 50.55	−7 20 10.6	e	12. 5.13
6.7	59 41.68	−5 12 20.0	w	12. 4. 3
8.0	59 55.48	−5 12 —	w	12. 4. 3
	55.43	56.9	w	12. 4. 9
	55.43	56.5	e	12. 5. 6
	55.41	58.3	w	12. 5. 7
	55.50	58.0	e	12. 5.12
	55.50	57.4	e	12. 5.13
7.8	12 1 19.87	−5 26 41.1	w	12. 4. 2
7.0	1 21.37	−6 7 32.9	w	12. 1.19
7.0	1 54.20	−7 50 45.9	e	12. 3.25
	54.21	42.8	e	12. 4.23
8.0	5 25.82	−5 16 57.7	e	12. 5.13
	25.71	58.8	e	12. 5.17
	25.84	59.0	w	13. 3.21
	25.78	58.7	w	13. 3.22

Grösse	α 1885.0	δ 1885.0	L	Datum
8.0	12h 5m 25s.77	−5° 16' 59".3	e	13. 3.26
	25.81	59.5	w	13. 3.30
7.4	9 13.94	−6 36 57.9	e	12. 4.23
	13.99	58.3	e	12. 5. 2
8.0	9 58.17	−5 31 8.0	e	12. 5.13
	58.11	9.0	e	12. 5.17
	58.17	9.7	e	12. 5.21
	58.18	8.0	w	13. 3.21
	58.17	9.1	w	13. 3.22
	58.19	8.0	w	13. 3.30
6.8	17 14.58	−6 30 40.5	w	12. 3.31
	14.60	39.7	e	12. 5.13
6.5	17 20.60	−4 20 9.1	e	12. 5. 2
	20.56	8.2	e	12. 5.17
	20.57	8.4	e	12. 5.21
7.2	17 32.96	−5 28 37.7	w	12. 1.19
	32.97	38.0	w	12. 4. 1
	32.87	39.5	e	12. 5. 6
	32.90	36.2	e	12. 5.12
	32.96	37.5	e	12. 5.22
8.0	20 23.57	−6 41 35.1	w	12. 3.31
	23.61	35.0	e	12. 4.23
	23.60	34.7	e	12. 5.13
7.8	20 52.76	−4 57 17.0	w	12. 4. 1
	52.66	16.1	e	12. 5. 2
	52.69	17.2	e	12. 5.12
	52.74	17.8	e	12. 5.21
7.8	22 50.43	−5 53 40.3	e	12. 4.23
7.5	24 7.37	−5 23 10.0	e	12. 3.25
7.3	31 —	−7 30 61.3	e	12. 3.25
	24.76	58.5	w	12. 3.31
	24.85	—	e	12. 4.23
	24.86	59.2	e	12. 5. 2
6.5	33 34.75	−5 28 5.7	w	12. 4. 2
	34.75	5.3	w	12. 4. 3
	34.75	5.4	e	12. 4.23
	34.79	5.6	e	12. 5.21
	34.65	4.3	e	12. 5.24
7.5	34 44.07	−7 48 44.2	w	12. 4. 2
	44.08	43.2	w	12. 4. 3
	44.09	43.1	w	12. 4. 9
	44.08	—	e	12. 4.23
	44.01	43.7	e	12. 5.12
	44.06	43.7	e	12. 5.13
	44.05	43.3	e	12. 5.21
8.0	36 40.43	−4 50 8.6	e	12. 4.23
	40.38	7.8	e	12. 5. 9
	40.41	7.5	e	12. 5.13
7.3	39 36.35	−4 10 54.7	e	12. 5.13
7.8	41 2.18	−7 10 10.7	e	12. 5. 2
	2.18	13.3	e	12. 5. 9
8.0	47 38.83	−7 12 31.0	e	12. 5.13
8.0	51 57.24	−6 31 7.1	e	12. 5. 2
	57.23	0.3	e	12. 5.22
	57.25	7.2	e	12. 5.25
7.0	52 38.30	−6 19 35.0	w	12. 4. 2
	38.34	36.7	e	12. 5.13
7.7	53 1.45	−8 6 58.2	e	12. 5. 8
	1.37	57.0	e	12. 5.25

Grösse	α 1885.0	δ 1885.0	L	Datum
7.7	12h 53m 1s.44	−8° 6' 57".7	w	13. 3.21
	1.41	58.5	w	13. 3.22
	1.40	57.0	e	13. 3.27
	1.47	57.1	e	13. 3.28
7.3	53 3.17	−5 28 9.0	e	13. 3.26
8.0	53 27.20	−4 17 6.8	e	12. 5.26
	27.27	8.4	e	12. 5.27
	27.35	6.9	e	13. 3.29
8.0	13 0 7.23	−4 31 4.6	e	12. 5. 2
8.0	2 51.54	−5 22 52.6	e	12. 5. 9
	51.49	51.9	e	12. 5.12
7.2	3 47.48	−7 2 29.7	e	12. 5.24
	47.40	29.0	e	12. 5.25
	47.46	28.7	e	12. 5.26
	47.58	29.7	w	13. 3.21
	47.50	30.1	w	13. 3.22
7.6	4 45.80	−4 19 44.8	e	12. 5.22
	45.74	42.1	e	12. 5.26
	(45.88)	43.6	w	13. 3.21
	45.79	43.7	w	13. 3.22
8.0	7 14.69	−4 24 38.1	e	12. 4.23
7.5	10 5.72	−5 3 33.7	e	12. 5.13
8.0	10 42.25	−4 37 51.3	e	12. 5. 2
	42.24	53.4	e	12. 5.21
7.4	10 50.72	−6 10 38.7	w	12. 5. 8
	50.67	38.5	e	12. 5.22
	50.70	38.2	e	12. 5.24
	50.66	39.8	e	12. 5.25
6.7	11 43.24	−8 7 30.6	w	12. 5. 8
	43.25	29.8	e	12. 5.26
	43.33	30.7	w	13. 3.21
7.9	13 46.32	−5 56 11.3	e	12. 5. 3
6.0	17 21.30	−4 19 20.6	e	12. 5. 2
	21.36	21.5	e	13. 3.26
6.3	18 34.18	−4 33 46.3	w	13. 3.21
	34.16	46.9	e	13. 3.27
	34.16	46.5	e	13. 3.28
	34.12	45.5	w	13. 4. 1
	34.12	46.1	e	13. 4. 3
7.6	18 41.20	−4 18 36.9	e	13. 3.29
	41.20	36.1	e	13. 4. 7
	41.23	36.1	w	13. 4. 8
	41.27	37.0	w	13. 4. 9
	41.32	35.8	w	13. 4.12
	41.17	36.0	e	13. 4.18
8.0	18 48.80	−6 14 25.1	w	13. 3.30
	48.82	26.6	w	13. 3.31
	48.79	25.9	w	13. 4.13
	48.84	24.4	e	13. 4.14
	48.81	24.1	e	13. 4.15
	48.82	24.8	e	13. 4.17
8.0	21 41.75	−6 13 0.5	e	12. 5.25
7.0	23 4.12	−5 21 36.7	e	13. 3.27
5.5	25 59.11	−5 39 42.4	e	12. 5.24
7.0	27 11.25	−7 51 11.6	w	13. 3.22
7.0	27 24.02	−7 1 53.1	e	13. 3.28
7.5	27 25.65	−7 30 38.1	w	13. 3.21
	25.52	39.5	e	13. 3.26
	25.56	38.9	e	13. 3.27

Grösse	α 1883.0	δ 1883.0	L	Datum
7.5	13h 27m 25s.53	−7° 50′ 37″.6	w	13. 3m.30d
	25.49	39.0	w	13. 3.31
7.0	28 10.12	−8 2 38.9	o	12. 5.25
	10.20	39.6	w	13. 3.22
	10.15	38.7	o	13. 3.28
8.0	41 40.85	−7 36 56.2	w	13. 3.21
7.5	44 30.21	−7 1 34.5	w	12. 5. 8
8.0	44 35.57	−6 35 56.5	w	13. 3.21
8.0	47 51.05	−7 54 56.3	o	12. 5.27
	51.20	54.3	w	13. 3.21
	51.10	55.9	w	13. 3.22
	51.22	54.6	o	13. 3.26
	51.11	55.9	o	13. 3.27
8.0	48 56.12	−5 18 40.7	o	12. 5.24
	56.21	40.6	o	12. 5.26
	56.13	39.8	w	13. 3.22
	56.22	40.0	w	13. 3.30
6.0	48 56.27	−7 29 32.2	w	13. 3.21
8.0	54 47.86	−7 30 48.1	w	13. 3.21
8.0	54 51.90	−6 11 10.0	w	13. 3.22
	51.95	8.6	w	13. 3.30
8.0	56 57.08	−5 37 22.4	w	13. 3.21
6.5	58 14.25	−4 49 42.3	o	12. 5.27
7.7	58 47.13	−5 59 62.0	w	12. 1.21
	47.06	59.5	o	12. 5.26
	47.18	60.4	w	13. 3.21
	(46.94)	60.3	w	13. 3.28
	47.17	61.1	w	13. 3.30
8.0	14 1 3.86	−7 53 26.8	w	13. 3.30
7.2	5 40.60	−5 18 55.6	w	13. 3.21
7.7	5 30.85	−5 33 7.5	w	13. 3.28
	30.78	7.0	o	13. 3.26
	30.82	7.3	o	13. 3.27
	30.83	6.8	w	13. 3.30
7.0	7 13.47	−7 54 20.1	w	13. 3.22
	13.43	17.8	o	13. 3.27
	(13.53)	19.6	o	13. 3.28
	13.45	18.5	o	13. 3.29
	13.33	18.1	w	13. 4.10
8.0	8 13.43	−6 31 3.2	w	13. 3.22
	13.51	3.2	w	13. 3.30
	13.48	2.8	w	13. 3.31
	13.45	3.8	o	13. 4. 4
	13.47	3.6	o	13. 4. 7
	13.48	2.0	o	13. 4.15
7.0	8 21.73	−5 24 43.8	o	13. 3.26
	21.85	42.0	w	13. 4. 1
	21.71	44.1	w	13. 4. 8
8.0	8 27.78	−4 14 53.7	o	13. 3.28
	27.72	53.0	o	13. 3.29
	27.73	52.5	w	13. 4. 9
	27.62	52.3	w	13. 4.28
7.2	9 37.78	−7 7 —	o	12. 5.25
	37.64	44.5	o	12. 5.26
	37.80	43.3	w	13. 3.22
6.5	10 18.87	−6 5 10.2	w	13. 3.21
	18.86	10.2	w	13. 3.30
	18.85	11.0	w	13. 3.31
	18.86	10.1	o	13. 4. 4

Grösse	α 1883.0	δ 1883.0	L	Datum
6.5	14h 10m 18s.90	−6° 5′ 10″.7	o	13. 4m. 5d
	18.88	11.1	o	13. 4.14
8.0	10 32.39	−6 55 52.4	o	13. 4. 7
	32.42	55.4	w	13. 4. 8
	32.24	57.7	w	13. 4.10
	32.41	56.4	w	13. 4.12
	32.43	53.5	o	13. 4.15
	32.35	55.2	o	13. 4.17
7.0	10 47.97	−5 6 34.9	o	13. 3.28
	47.89	34.2	o	13. 3.29
	47.88	34.2	w	13. 4. 1
	47.97	34.2	w	13. 4. 9
	47.82	35.8	w	13. 4.23
7.7	11 4.65	−5 12 23.2	w	13. 4.10
	4.66	21.3	o	13. 4.16
	4.71	22.5	w	13. 4.22
	4.71	21.4	w	13. 4.28
7.2	11 33.62	−7 25 50.2	o	13. 3.26
	33.63	59.7	o	13. 3.27
	33.72	58.1	w	13. 3.30
	33.67	58.2	o	13. 4. 5
	33.70	59.8	w	13. 4. 9
	33.65	59.2	w	13. 4.12
6.5	11 54.45	−7 0 20.1	w	13. 3.31
	54.50	9.3	w	13. 4. 1
7.7	11 55.25	−5 26 21.5	w	13. 3.22
	55.24	22.3	o	13. 3.28
	55.17	22.8	w	13. 4.23
	55.26	20.6	w	13. 4.29
6.5	13 30.63	−6 12 57.7	w	12. 1.21
	30.65	57.9	w	13. 3.21
8.0	15 18.53	−4 41 14.3	w	13. 3.21
	18.53	15.0	o	13. 3.28
8.0	17 7.72	−5 42 30.0	w	13. 3.22
6.5	21 22.20	−5 36 4.1	w	13. 3.21
5.7	22 37.81	−6 23 1.5	w	13. 3.22
	37.67	0.6	w	13. 3.30
	37.77	0.6	w	13. 4.18
6.8	22 40.86	−4 42 —	o	12. 5.25
	40.89	16.7	o	12. 5.27
	40.97	16.1	o	13. 3.26
	40.89	15.5	o	13. 3.27
	40.90	17.2	w	13. 4.22
	40.93	15.9	w	13. 4.23
	40.90	16.4	w	13. 4.29
8.0	23 8.87	−4 25 15.1	w	13. 3.21
	8.91	18.7	o	13. 3.28
	8.71	16.9	w	13. 4.10
7.6	28 48.40	−4 8 —	w	12. 1.21
	48.37	45.5	w	13. 3.21
	48.47	45.5	w	13. 3.22
7.5	29 24.40	−5 19 42.3	o	13. 3.26
	24.29	41.4	w	13. 3.30
	24.34	42.6	w	13. 3.31
	24.33	41.6	w	13. 4. 9
7.0	29 41.03	−8 4 18.0	o	13. 3.27
7.3	29 42.20	−4 45 48.9	w	13. 4.10
7.4	31 50.08	−5 2 54.0	w	13. 3.21
7.8	32 57.30	−5 17 18.8	w	13. 3.22

Grösse	α 1883.0	δ 1883.0	L	Datum
8.0	14h 36m 23s.76	−4° 35′ 36″.7	w	13. 3m.22d
	23.85	35.2	w	13. 4.28
6.5	38 7.70	−7 45 56.2	w	13. 3.22
	7.73	55.7	w	13. 4. 9
	7.72	55.6	w	13. 4.18
7.6	38 19.71	−5 54 3.1	w	13. 4.10
	19.75	2.0	w	13. 4.22
7.1	40 0.77	−7 18 41.4	w	13. 3.21
7.8	40 16.73	−6 33 55.2	w	13. 4.28
7.3	41 59.58	−5 1 30.5	w	13. 4.23
7.8	42 35.34	−6 37 35.9	w	13. 4.22
	35.38	34.5	w	13. 4.28
8.0	43 2.91	−5 16 15.1	w	13. 3.30
	2.72	15.5	w	13. 4.10
6.8	43 16.94	−8 1 27.6	w	13. 3.21
8.0	43 18.25	−5 18 43.6	w	13. 3.22
	18.23	43.4	w	13. 3.31
	18.26	43.5	w	13. 4. 9
7.5	50 11.54	−5 54 42.7	w	13. 3.30
	11.53	42.4	w	13. 3.31
7.0	55 35.59	−7 53 25.4	w	13. 4.22
6.5	56 1.34	−7 7 25.6	o	13. 3.26
	1.29	24.1	w	13. 4.10
	1.29	23.4	w	13. 4.23
	1.30	27.8	w	13. 4.28
7.1	56 22.47	−7 23 9.3	w	13. 3.22
	22.39	10.1	o	13. 3.27
	22.40	8.2	w	13. 3.30
	22.44	9.4	w	13. 3.31
8.0	57 20.37	−7 7 10.2	w	13. 3.21
7.3	59 25.97	−6 33 55.5	w	13. 3.21
7.0	15 3 32.20	−4 57 12.6	w	13. 3.22
	32.27	12.6	w	13. 3.30
7.9	3 30.28	−6 10 41.2	w	13. 3.31
8.0	9 57.83	−6 18 36.9	w	12. 5. 8
	57.72	37.3	w	13. 3.23
	57.72	36.9	w	13. 4.23
7.5	9 58.50	−4 28 13.6	o	12. 5.24
	58.52	—	w	13. 3.10
	58.54	12.8	w	13. 3.22
	58.70	13.0	w	13. 3.31
	58.50	13.5	w	13. 4.21
7.5	10 43.05	−7 51 14.7	o	13. 3.26
	43.88	15.7	o	13. 3.28
	44.07	16.3	w	13. 4. 9
	43.98	14.5	w	13. 4.10
	43.99	14.7	w	13. 4.22
7.5	11 4.71	−7 25 57.8	w	12. 5. 8
	4.62	56.3	o	12. 5.22
	4.60	57.7	w	13. 3.30
	4.64	56.7	o	13. 4. 5
	4.62	57.5	w	13. 4.23
7.5	11 38.30	−4 40 44.6	w	13. 3.22
	38.21	45.4	o	13. 3.26
	38.19	44.2	o	13. 4. 7
	38.26	43.9	w	13. 4.22
	38.22	45.1	w	13. 4.28
7.5	12 25.31	−7 38 38.3	w	13. 3.23
6.0	15 3.04	−5 24 32.3	w	13. 3.21

Grösse	α 1885.0	δ 1885.0	L	Datum
7.0	15h 15m 26s.95	−6° 24′ 38″.9	w	12. 5. 8
	26.89	29.0	o	12. 5.24
	26.84	39.7	o	12. 5.25
	26.93	40.5	o	12. 5.27
	26.90	41.4	w	12. 6.28
	26.91	39.5	w	13. 3.22
7.7	19 1.54	−5 30 40.9	o	12. 5.22
	1.56	42.6	w	13. 3.10
	1.48	42.4	w	13. 3.23
7.8	22 7.23	−6 2 9.5	o	12. 5.21
	7.17	8.2	w	13. 3.30
7.9	22 17.51	−5 36 11.4	w	12. 5. 8
	17.50	10.5	o	12. 5.22
	17.51	10.5	o	12. 5.24
	17.52	11.0	w	13. 3.10
	17.52	12.2	w	13. 3.23
7.8	22 51.83	−5 52 12.7	w	12. 6.28
	51.72	12.7	w	13. 3. 6
	51.70	13.3	w	13. 3.21
6.5	28 16.25	−5 18 29.5	o	12. 5.24
8.0	28 32.97	−7 43 43.2	o	12. 5.22
	32.93	42.6	o	12. 5.25
	32.89	43.4	o	12. 5.27
	32.88	44.1	w	13. 3.30
	32.86	45.2	w	13. 4.22
	32.82	43.0	w	13. 4.23
8.2	28 47.94	(−7 44.1)	o	12. 5.22
	47.86	—	w	13. 4.22
	47.87	—	w	13. 4.23
8.0	30 20.48	−5 27 21.7	o	12. 5.13
	20.47	22.8	o	12. 5.24
	20.43	23.5	w	13. 3. 6
	20.37	25.5	w	13. 3.10
7.0	30 40.80	−5 38 43.3	w	13. 3.21
	40.78	42.3	w	13. 3.30
8.0	31 34.10	−5 2 30.1	o	12. 5.13
	34.02	32.0	o	12. 5.21
	33.97	31.7	o	12. 5.25
	34.00	33.3	w	13. 3.23
	33.97	32.8	w	13. 4.10
	33.98	33.7	w	13. 4.22
8.0	31 55.00	−7 17 40.0	o	12. 5.16
	55.72	44.8	o	12. 6.27
	55.63	43.8	w	13. 3. 6
	55.69	45.5	w	13. 3.10
	55.66	44.8	w	13. 3.21
7.7	41 3.59	−8 5 43.0	w	13. 3.10
	3.60	40.0	w	13. 3.21
8.0	41 18.21	−4 45 42.4	w	12. 5. 8
	18.16	40.2	o	12. 5.25
	—	43.8	w	13. 3.30
	18.14	—	w	13. 4.23
	18.23	41.6	w	13. 4.25
7.6	42 8.77	−4 15 46.2	o	12. 5.22
	8.73	48.2	o	12. 5.26
	8.79	47.0	o	12. 6.27
	8.77	46.0	w	13. 4. 9
	8.75	45.7	w	13. 4.24
8.0	43 13.72	−4 36 29.0	w	13. 4. 9

Grösse	α 1885.0	δ 1885.0	L	Datum
8.0	15h 43m 13s.70	−4° 36′ 29″.8	w	13. 4.24
7.8	51 4.05	−5 3 30.8	w	12. 6.28
	4.04	47.8	w	13. 3. 6
	4.03	49.2	w	13. 3.10
7.8	52 26.70	−6 22 14.5	o	12. 5.13
	26.70	13.4	w	12. 6.28
	26.76	13.7	w	13. 3.21
6.3	53 31.41	−6 58 13.8	w	13. 3. 6
7.0	53 39.59	−5 47 54.6	w	13. 3.21
7.7	53 42.58	−6 41 54.9	o	12. 5.22
	42.50	55.0	w	13. 4. 9
8.0	54 11.19	−7 28 49.4	o	12. 5.13
	11.22	50.8	o	12. 5.25
	11.20	51.4	w	13. 3.30
	11.20	51.3	w	13. 4.10
	11.25	52.5	w	13. 4.22
5.4	54 35.12	−8 5 5.7	w	12. 5. 8
	35.12	5.4	w	13. 4.23
7.5	56 40.91	−7 43 37.5	w	13. 4. 9
7.0	56 56.83	−5 30 49.9	w	13. 3.11
7.8	59 18.95	−5 38 36.1	o	12. 5.27
	18.96	35.8	w	13. 3.21
	18.97	35.0	w	13. 4. 9
6.7	59 52.39	−5 49 36.5	o	12. 6.27
	52.34	34.9	o	13. 3.27
	52.36	34.4	o	13. 3.28
	52.35	34.6	w	13. 4.28
7.8	16 0 17.65	−4 26 31.0	w	12. 5. 8
	17.02	31.0	o	13. 4. 4
	17.66	30.9	o	13. 4. 5
	17.60	30.6	w	13. 4.29
	17.67	30.4	w	13. 5. 1
7.8	1 31.03	−7 38 51.8	w	12. 5. 8
	31.00	52.3	o	12. 5.20
	31.07	52.0	o	12. 6.17
	31.57	50.8	w	13. 5. 4
7.5	2 48.81	−7 54 45.7	w	13. 3.21
8.0	3 4.80	−4 9 30.3	o	13. 3.27
	4.89	30.7	w	13. 4. 9
	4.79	38.6	w	13. 4.10
	4.70	39.1	w	13. 4.22
7.0	7 33.14	−7 49 24.5	w	13. 3.30
	33.24	24.5	w	13. 4. 9
	33.00	25.4	w	13. 5.11
8.0	7 43.67	−6 36 48.0	w	13. 4. 8
	43.68	48.7	o	13. 4.17
	43.08	47.9	w	13. 5. 4
	43.71	49.2	w	13. 5. 5
	43.63	48.3	o	13. 6. 2
8.0	9 0.21	−7 4 12.6	w	13. 4. 8
	0.38	11.9	w	13. 4. 9
	0.19	13.8	o	13. 4.17
	0.13	12.2	w	13. 4.25
	0.19	11.8	o	13. 5.16
	0.19	12.9	o	13. 5.28
5.9	9 22.24	−8 3 54.9	w	12. 6.28
	22.20	54.9	w	13. 4.28
	22.13	55.2	w	13. 4.29
6.8	10 44.00	−5 22 34.7	o	12. 5.13

Grösse	α 1885.0	δ 1885.0	L	Datum
6.8	16h 10m 42s.07	−5° 12′ 35″.6	o	12. 6.27
	42.13	36.7	w	13. 4. 9
8.0	12 55.07	−7 2 17.2	w	13. 3.10
	55.10	17.6	o	13. 4. 4
	55.08	17.8	o	13. 4. 5
	55.07	18.8	w	13. 4. 8
	55.12	18.6	w	13. 5. 1
6.9	12 59.71	−6 35 34.5	o	13. 3.26
	59.70	34.9	o	13. 3.28
	59.70	35.9	w	13. 3.30
7.8	30 39.70	−6 3 32.8	w	12. 6.28
	39.82	32.3	w	13. 3.21
6.2	31 52.00	−6 18 19.2	o	12. 5.22
	52.01	19.1	o	12. 6.27
	52.00	20.2	o	13. 3. 4
	52.02	18.9	w	13. 3. 6
	51.96	19.0	w	13. 3.10
	51.98	20.4	w	13. 4.24
7.5	32 14.36	−6 55 14.4	o	12. 4.15
	14.32	16.4	w	12. 6.28
	14.30	15.4	w	13. 4.22
	14.28	15.2	w	13. 4.23
7.8	47 13.77	−7 13 41.5	w	12. 6.28
	13.68	41.8	o	13. 3. 4
	13.72	41.1	w	13. 3.21
	13.67	41.4	o	13. 3.26
6.8	47 40.72	−4 7 40.1	o	12. 6.27
	40.73	39.4	o	13. 4. 6
	40.68	39.9	o	13. 4. 7
	40.72	40.1	w	13. 4.23
	40.63	39.1	w	13. 4.24
7.3	48 4.03	−4 8 49.9	w	13. 3. 6
	4.05	50.2	o	13. 3.28
	4.05	49.9	o	13. 4. 4
	4.05	50.1	o	13. 4. 5
	4.04	50.9	w	13. 4. 8
	4.04	50.3	w	13. 4.22
5.3	48 20.68	−5 57 55.1	w	12. 6.28
	20.90	51.8	o	13. 3. 4
	20.88	51.9	o	13. 3.20
7.5	49 39.81	−5 20 12.2	w	13. 5. 7
	39.77	12.5	o	13. 6.10
8.0	53 18.17	−7 46 50.3	o	12. 6.27
	18.15	50.1	o	13. 3. 4
	18.10	49.8	w	13. 3.10
	18.19	50.6	w	13. 3.23
	18.20	49.3	o	13. 3.26
	18.16	50.7	w	13. 3.30
7.8	53 48.08	−7 21 25.7	o	12. 6.10
	48.19	26.3	w	13. 3. 6
	48.20	25.8	w	13. 3.21
	48.11	25.2	o	13. 4. 4
	48.12	24.8	o	13. 4. 6
	48.11	25.3	w	13. 4.23
8.0	53 53.23	−4 10 26.6	o	13. 3.28
	53.21	27.0	o	13. 4. 5
	53.15	27.6	o	13. 4. 7
	53.15	28.2	w	13. 4. 8
	53.14	27.9	w	13. 4.28

Grösse	α 1885.0	δ 1885.0	L	Datum
8.0	16ʰ 53ᵐ 53ˢ.03	−4° 10′ 27″.5	w	13. 4.24
7.3	55 2.07	−6 51 26.2	w	13. 3.10
	2.10	26.8	w	13. 3.21
	2.07	26.3	o	13. 3.26
	2.04	25.8	w	13. 3.30
	2.08	26.2	o	13. 4. 4
	2.02	26.6	o	13. 4. 6
7.2	55 24.03	−6 33 60.7	o	13. 3. 4
	24.21	58.9	o	13. 3.28
	24.09	58.6	o	13. 4. 7
	24.21	59.1	w	13. 4. 8
	24.09	59.9	w	13. 4.22
	24.09	59.3	w	13. 4.23
7.2	56 47.97	−6 11 12.2	o	13. 3. 4
	48.17	11.4	w	13. 3. 6
	48.06	12.3	w	13. 3.10
	48.06	11.7	w	13. 3.23
	47.99	10.3	o	13. 3.26
	—	10.4	o	13. 4. 4
	47.98	11.1	o	13. 4. 6
7.5	59 3.52	−4 52 21.4	o	13. 3.28
8.0	17 9 50.17	−7 54 43.8	w	13. 3.23
	50.15	42.1	o	13. 4. 4
	50.09	43.1	o	13. 4. 6
5.8	10 33.05	−6 6 57.7	w	13. 3. 6
	33.03	57.6	w	13. 3.10
	33.08	57.7	w	13. 3.21
	33.03	58.5	o	13. 3.26
	33.03	58.1	o	13. 5.16
8.0	11 0.07	−6 39 25.6	o	13. 4. 4
	0.10	26.3	o	13. 4. 5
	0.02	25.8	o	13. 4. 7
	0.11	26.4	w	13. 4. 8
	0.07	26.7	w	13. 4.23
7.7	11 9.24	−7 44 31.9	w	13. 4.10
7.8	11 14.09	−5 0 12.1	o	13. 3.28
	14.07	13.4	o	13. 4. 6
8.0	18 8.31	−5 23 0.9	o	13. 3.26
	8.37	2.5	o	13. 3.28
6.6	23 38.43	−5 49 29.1	w	13. 3.10
	38.43	28.2	o	13. 3.26
6.9	24 14.08	−4 16 41.9	w	13. 3.21
8.0	24 45.71	−7 51 26.7	w	13. 3.23
	45.68	26.6	o	13. 3.28
	45.57	26.6	w	13. 3.30
	45.60	26.8	o	13. 4. 4
	45.56	26.5	o	13. 4. 5
7.5	29 20.86	−5 51 16.2	o	13. 3.28
	20.79	18.3	o	13. 4. 5
6.8	29 32.80	−6 2 —	w	13. 3.10
	32.85	42.2	o	13. 3.26
	32.85	42.9	o	13. 4. 4
	32.88	42.9	w	13. 4. 8
	—	43.1	w	13. 4.10
8.0	29 44.35	−6 3 13.3	o	13. 4. 4
	44.29	12.2	w	13. 4.10
	44.28	12.8	w	13. 4.23
	44.38	11.5	w	13. 5. 1
	—	11.1	o	13. 5.13

Grösse	α 1885.0	δ 1885.0	L	Datum
8.0	17ʰ 29ᵐ 44ˢ.44	−6° 3′ 11″.3	o	13. 5.14
	44.40	12.3	o	13. 6. 3
	44.52	11.8	o	13. 6. 8
7.8	29 48.89	−4 6 31.6	w	13. 3.30
	48.98	31.8	o	13. 5.16
	49.08	31.1	o	13. 6. 1
	48.95	31.1	o	13. 6. 2
7.3	31 9.07	−7 57 52.4	w	13. 3.21
	9.02	52.8	o	13. 3.26
	8.98	51.5	o	13. 4. 7
	9.03	52.4	w	13. 4. 8
	9.02	52.8	w	13. 4.23
	9.08	52.1	o	13. 6. 1
7.7	33 (38.72	−4 54 (—	w	13. 3.30
	(40.58	(11.0	w	13. 3.30
6.7	37 34.69	−7 1 33.2	w	12. 8. 9
	34.64	31.4	w	13. 3.21
7.4	37 51.43	−5 52 35.1	w	12. 8. 6
	51.36	34.0	w	13. 3.23
	51.45	33.1	o	13. 3.28
	51.47	34.8	o	13. 4. 5
	51.47	34.1	o	13. 4. 7
	51.55	35.0	o	13. 6. 2
8.0	38 21.80	−7 21 20.3	w	13. 3.30
	21.78	19.4	o	13. 4. 4
	21.83	19.7	w	13. 4. 8
	21.81	19.3	w	13. 4.10
	—	20.1	o	13. 5.13
	21.92	20.1	o	13. 5.16
	21.86	18.8	o	13. 6. 3
8.0	40 48.44	−6 9 40.6	o	13. 4. 4
	48.47	40.9	w	13. 4. 8
7.8	45 57.42	−4 44 44.5	o	13. 3.28
	57.39	44.3	o	13. 4. 4
6.0	46 28.74	−6 6 52.2	w	12. 8. 6
	28.77	52.5	w	12. 8. 9
6.7	46 29.57	−5 13 57.0	w	13. 3.21
	29.56	57.3	w	13. 3.23
	29.58	55.3	o	13. 3.26
	29.52	57.5	w	13. 3.30
	29.53	56.3	o	13. 4. 5
	29.56	56.0	o	13. 4. 6
7.8	46 44.30	−5 19 18.8	o	13. 6. 2
	44.36	18.8	o	13. 6. 8
	44.39	20.5	o	13. 6.12
	44.39	18.8	w	13. 7. 6
	44.35	17.4	w	13. 7. 7
	44.31	18.9	w	13. 7.24
7.5	46 45.22	−7 53 1.0	w	13. 5. 1
	45.15	0.6	o	13. 5.14
	45.25	0.5	o	13. 5.16
	45.24	2.2	w	13. 6. 1
	45.17	1.1	w	13. 7. 8
	45.25	0.5	o	13. 7.11
7.2	47 5.88	−5 54 1.6	o	13. 3.28
	5.92	0.8	w	13. 4.10
	5.98	2.8	o	13. 6. 3
	6.02	2.4	o	13. 6.13
	5.88	1.6	w	13. 7. 3

Grösse	α 1885.0	δ 1885.0	L	Datum
7.2	17ʰ 47ᵐ 5ˢ.87	−5° 34′ 1″.0	w	13. 8.14
7.9	48 11.16	−4 11 14.0	w	12. 7. 1
	11.17	15.2	w	12. 8. 6
	11.06	13.9	w	13. 3.30
	11.14	14.4	o	13. 4. 5
	11.17	14.2	o	13. 4. 6
	11.13	14.1	o	13. 4. 7
7.0	48 43.77	−7 42 35.2	w	12. 8. 9
	43.77	33.7	w	13. 5. 7
	—	33.8	o	13. 5.13
	43.88	34.4	o	13. 6. 1
8.0	49 57.30	−6 39 8.9	o	13. 5.14
	57.32	8.7	o	13. 5.16
7.3	50 9.35	−4 33 25.6	w	12. 8. 9
	9.28	24.1	o	13. 4. 4
	9.29	25.7	o	13. 4. 5
	9.31	24.6	w	13. 4. 8
8.0	50 12.16	−5 17 48.5	w	13. 3.30
	12.11	48.7	o	13. 4. 6
	12.13	48.0	o	13. 4. 7
	12.16	48.8	w	13. 4.10
	12.14	49.2	w	13. 4.23
	12.23	48.5	o	13. 5.26
6.3	50 43.38	−4 3 51.4	w	13. 3.21
	43.45	51.3	w	13. 3.23
	43.37	50.6	o	13. 3.26
	43.38	51.0	o	13. 3.28
	43.39	50.4	w	13. 7.11
7.5	52 37.86	−5 24 43.2	w	12. 8. 6
	37.88	43.0	o	13. 4. 4
	37.93	42.7	w	13. 4. 8
	37.97	44.5	o	13. 5.28
8.0	52 50.58	−6 37 37.6	o	13. 4. 6
	50.63	38.6	w	13. 5. 1
	50.75	39.4	o	13. 6. 1
	50.66	38.0	o	13. 6. 2
7.3	52 57.39	−5 2 9.4	o	12. 5.13
	57.56	11.5	o	13. 6. 3
	57.56	9.9	o	13. 6. 8
	57.40	10.6	w	13. 7. 1
	57.38	10.8	w	13. 7. 3
5.8	53 30.32	−4 48 31.8	o	13. 3.26
	30.32	32.5	o	13. 3.28
	30.29	32.8	w	13. 6.30
	30.41	31.4	w	13. 7. 6
8.5	54 55.30	(+2 56.2)	w	12. 8. 5
7.8	56 13.64	−5 43 39.1	w	12. 8. 9
	13.75	36.3	o	13. 4. 4
	(14.00)	35.6	o	13. 5.28
	13.84	57.1	o	13. 6. 8
7.0	56 38.35	−5 22 23.4	w	13. 4. 8
7.8	56 (52.22)	−7 40 4.6	w	12. 8. 9
	52.33	2.9	w	13. 4.10
	52.29	3.4	w	13. 5. 1
	52.44	4.1	o	13. 5.16
	52.38	4.9	o	13. 6. 2
7.9	59 36.94	−4 33 7.5	o	13. 4. 7
	37.07	7.0	o	13. 5.14
6.0	18 0 7.87	−4 45 33.4	w	12. 8. 5

Grösse	α 1885.0	δ 1885.0	L	Datum
8.0	18h 0m 7s.91	−4° 45′ 32″.4	o	13J. 3M. 20T
	7.91	32.0	o	13. 3.28
7.1	1 56.06	−7 8 1.3	w	12. 7. 1
	55.98	1.0	w	12. 8. 6
	55.99	2.5	w	12. 8. 9
	55.95	2.1	w	12. 8.11
	56.02	1.0	o	13. 4. 4
7.5	2 13.87	−4 32 32.7	w	12. 8. 5
	(13.98)	—	w	13. 3.30
	13.90	32.0	o	13. 4. 5
	13.91	30.9	o	13. 4. 6
	13.92	30.3	w	13. 4.10
8.0	2 31.70	−4 27 19.8	w	13. 4.23
	—	20.3	o	13. 5.13
	31.64	20.0	o	13. 5.14
	31.63	20.2	o	13. 5.16
	31.72	20.4	o	13. 6. 2
7.8	2 41.76	−4 0 22.9	o	13. 4. 7
	41.76	24.0	w	13. 4. 8
	41.82	22.0	o	13. 5.28
7.5	3 27.66	−5 40 12.0	w	12. 7. 1
	27.67	14.0	w	12. 8. 6
	27.63	12.7	o	13. 4. 5
	27.62	11.8	o	13. 4. 6
6.3	5 19.32	−5 13 43.1	w	12. 8. 9
	19.48	42.1	o	13. 3.28
	19.40	42.7	o	13. 4. 4
	19.38	43.1	w	13. 4.23
7.0	5 40.92	−5 38 38.6	w	12. 8.11
	40.80	36.0	o	13. 4. 5
7.1	6 10.09	−7 19 18.3	w	12. 8. 9
	10.03	16.4	w	13. 5. 1
	—	17.4	o	13. 5.13
	11.07	17.4	o	13. 5.14
	11.03	16.7	o	13. 5.16
	11.15	16.8	o	13. 6.13
	11.02	17.3	w	13. 6.30
7.8	6 53.68	−4 47 33.0	w	13. 4.23
	53.75	32.3	o	13. 5.28
	53.86	32.1	o	13. 6. 1
	53.82	32.9	o	13. 6. 2
	53.77	33.1	w	13. 7. 1
	53.76	32.5	w	13. 7. 2
6.8	7 5.51	−4 2 26.5	w	12. 8.13
	5.57	25.7	w	13. 3.30
	5.56	25.3	o	13. 4. 4
	5.50	24.7	o	13. 4. 6
	5.56	25.0	w	13. 4. 8
	5.55	25.4	w	13. 4.10
	(5.74)	—	o	13. 6. 3
	5.66	25.0	o	13. 6. 8
7.8	8 21.26	−5 36 20.7	w	12. 8. 5
	21.31	23.4	o	13. 4. 7
	21.32	23.7	w	13. 5. 1
	—	23.2	o	13. 5.13
	21.40	23.5	o	13. 5.14
	21.39	24.8	w	13. 7. 6
7.0	9 26.09	−5 30 35.4	w	12. 8. 5
	26.04	34.9	w	12. 8. 9
7.0	18h 9m 20s.09	−5° 30′ 33″.4	o	13J. 4M. 6T
	20.03	34.5	w	13. 4. 8
	20.09	34.0	w	13. 4.10
8.0	11 9.26	−7 19 36.1	w	12. 8. 9
	9.25	33.6	w	13. 4.10
	9.19	34.7	w	13. 4.23
	9.40	35.4	o	13. 5.16
	9.28	34.3	o	13. 5.28
	9.43	33.3	o	13. 6. 1
7.5	12 54.61	−4 9 1.1	w	12. 8.11
	54.58	0.2	o	13. 4. 5
8.0	13 9.67	−5 31 36.0	w	12. 8.18
	9.87	34.5	w	13. 5. 1
	9.87	34.8	o	13. 5.28
	9.75	35.8	o	13. 6. 2
	9.80	34.8	o	13. 6.12
	9.80	36.3	w	13. 6.30
7.5	13 40.53	−5 0 33.5	w	12. 8. 5
	—	30.6	o	13. 5.13
	40.59	31.6	o	13. 5.16
	40.60	31.0	o	13. 6. 1
	40.46	31.0	o	13. 6.15
	40.50	32.7	w	13. 7. 1
	40.55	32.8	w	13. 7. 2
7.0	15 —	−7 33 5.1	o	13. 5.13
	37.24	5.4	o	13. 5.14
	37.22	4.1	o	13. 5.16
	37.24	4.2	o	13. 6.13
	37.08	5.4	w	13. 7.24
	37.15	5.5	w	13. 7.29
	37.12	3.7	w	13. 8.14
7.8	17 24.82	−6 18 27.1	w	13. 5. 1
	25.04	26.0	o	13. 6. 1
	24.92	26.9	o	13. 6. 2
	24.86	26.0	o	13. 6. 3
	24.94	27.7	w	13. 6.30
	24.98	27.0	w	13. 7. 6
7.5	18 —	−4 8 53.7	o	13. 5.13
	12.99	53.6	o	13. 5.14
	13.05	52.8	o	13. 5.28
	12.94	52.9	o	13. 6.24
	12.97	53.4	w	13. 7. 8
	12.98	52.2	w	13. 7.24
	12.96	52.9	w	13. 7.29
6.0	18 28.58	−7 8 6.9	w	12. 7. 1
	(28.49)	—	w	13. 3.30
	28.50	7.8	o	13. 4. 5
	28.58	—	w	13. 4. 8
	28.60	6.7	w	13. 4.10
	28.58	7.6	w	13. 8.14
7.0	18 32.14	−6 39 48.3	w	12. 8.11
	32.18	40.6	w	13. 4.23
	32.29	46.7	o	13. 5.16
	32.21	47.1	o	13. 6.12
	32.19	45.6	o	13. 6.13
	32.16	46.9	w	13. 7. 7
7.7	19 8.28	−4 54 24.4	w	12. 8. 9
	8.30	20.3	o	13. 6. 8
	8.24	24.0	o	13. 6.21
7.7	18h 19m 8s.17	−4° 54′ 25″.0	o	13J. 6M. 23T
8.0	19 54.35	−4 58 30.9	w	12. 8.18
	54.39	29.9	o	13. 6.12
	54.48	30.3	o	13. 6.13
	54.51	(27.1)	o	13. 6.17
	54.53	32.1	w	13. 7. 1
	54.45	31.2	w	13. 7. 8
7.9	19 59.20	−7 40 59.2	w	13. 5. 1
	59.37	60.0	o	13. 5.28
	59.30	60.9	o	13. 6. 3
	59.23	60.9	o	13. 6.24
	59.24	59.2	w	13. 7.24
	59.15	59.6	w	13. 7.29
8.0	20 28.72	−5 39 57.7	o	13. 6. 1
	28.61	61.3	o	13. 6. 2
	28.59	60.5	o	13. 6.15
	28.55	61.2	w	13. 7. 3
	28.55	60.7	w	13. 7. 7
	28.55	61.2	w	13. 8.14
8.0	21 33.83	−4 0 5.8	w	12. 8. 9
	33.93	4.6	o	13. 5.24
7.8	23 50.77	−4 3 39.4	w	12. 7. 1
	50.80	39.3	w	12. 8.18
	—	37.1	o	13. 5.23
	50.88	38.5	o	13. 5.16
	50.85	39.5	o	13. 6. 8
6.2	24 5.30	−5 47 56.6	o	13. 4. 6
	5.41	57.1	w	13. 4.10
	5.42	58.1	w	13. 4.23
7.3	24 50.68	−5 52 1.0	w	12. 7. 2
	50.58	2.4	w	12. 8. 9
	50.65	2.9	w	13. 5. 1
	—	3.0	o	13. 5.13
	50.76	3.1	o	13. 5.14
	50.69	3.2	o	13. 6.12
	50.66	1.9	o	13. 6.17
8.0	25 48.15	−6 11 42.7	w	12. 8.11
	48.45	42.8	o	13. 6. 1
	48.27	42.0	o	13. 6. 2
	48.30	40.8	o	13. 6.21
	48.25	39.5	w	13. 7. 6
	48.32	41.7	w	13. 7. 7
7.9	25 58.39	−7 34 24.3	w	12. 8.18
	58.35	23.1	o	13. 5.16
	58.33	24.0	o	13. 5.28
	58.35	24.6	o	13. 6. 8
	58.35	24.1	w	13. 6.30
	58.44	22.4	w	13. 7. 2
7.0	26 59.62	−5 14 47.3	w	12. 8. 5
	59.02	46.7	w	12. 8. 6
	59.73	45.5	o	13. 6.12
	59.01	44.0	o	13. 6.15
6.5	27 13.39	−5 59 43.7	w	12. 8. 9
	13.36	43.1	w	13. 4.10
	13.41	43.4	o	13. 6. 2
7.5	27 58.25	−7 47 55.5	w	12. 7. 1
	—	54.0	o	13. 5.13
	58.21	56.0	o	13. 5.14
	58.29	54.3	o	13. 5.16

Grösse	α 1885.0	δ 1885.0	L	Datum
7.5	18h 27m 38s.17	−7° 47′ 55″.5	o	13. 5.28
	38.11	50.3	w	13. 7. 3
7.0	29 36.22	−6 50 0.7	w	12. 8. 5
	36.23	0.5	w	12. 8. 6
	36.10	1.0	w	12. 8.11
7.8	30 21.31	−4 39 43.8	w	12. 8.18
	—	44.4	o	13. 5.13
	21.35	43.8	o	13. 5.10
	21.44	43.8	o	13. 6. 8
	21.34	44.7	o	13. 6.17
7.5	30 56.80	−4 42 37.7	w	12. 8. 9
	56.75	37.8	w	13. 4.23
	56.71	35.8	w	13. 5. 1
	56.77	38.6	o	13. 5.14
	56.77	38.3	o	13. 5.28
	56.72	38.3	o	13. 6. 2
	56.69	37.3	w	13. 7. 4
7.8	31 28.68	−7 25 49.5	w	12. 7. 1
	28.67	51.2	w	12. 8. 5
	28.70	50.2	w	12. 8. 6
	28.75	50.7	o	13. 6.12
	28.74	49.0	o	13. 6.13
	28.80	50.4	o	13. 6.21
6.8	31 39.18	−4 54 17.1	o	13. 6. 8
	39.07	16.4	o	13. 6.15
	39.10	16.7	w	13. 7. 3
	39.15	17.4	w	13. 7. 6
6.1	33 40.10	−7 53 31.7	w	13. 5. 1
7.5	34 41.87	−6 30 3.3	w	12. 7. 1
	41.84	4.7	w	12. 8. 5
	—	3.9	o	13. 5.13
	41.94	4.2	o	13. 6. 2
7.3	36 4.64	−7 20 46.4	w	12. 8. 6
	4.63	46.2	w	12. 8. 9
	4.68	47.4	w	12. 8.11
	4.64	45.7	o	13. 5.14
	4.78	45.1	o	13. 5.16
	4.71	45.1	o	13. 6.17
6.2	36 23.76	−7 10 59.8	w	12. 8.18
	23.60	60.3	w	13. 4.23
	23.73	58.8	w	13. 5. 1
	23.75	59.7	o	13. 6.13
	23.80	59.9	o	13. 6.21
7.8	37 15.20	−5 48 26.1	w	12. 8. 6
	—	26.4	o	13. 5.13
	15.37	27.3	o	13. 6. 2
	15.19	25.4	o	13. 6.15
	15.19	26.6	o	13. 6.23
	15.24	26.9	w	13. 7. 3
	15.26	27.6	w	13. 7. 4
6.0	37 39.38	−6 55 49.2	o	13. 6. 8
	39.37	48.9	o	13. 6.12
	39.36	48.0	w	13. 7. 6
	39.28	48.3	w	13. 7. 7
	39.30	48.5	w	13. 7. 8
	39.31	47.7	o	13. 8.22
7.0	38 29.85	−6 39 6.2	w	13. 4.23
	29.82	5.7	w	13. 5. 1
	29.83	6.0	o	13. 5.14

Grösse	α 1885.0	δ 1885.0	L	Datum
7.0	18h 38m 30s.01	−6° 59′ 5″.7	o	13. 5.16
	29.88	5.3	o	13. 6. 1
	29.92	6.2	w	13. 7. 1
8.0	39 22.93	−4 43 3.7	o	13. 6. 8
	22.99	3.4	o	13. 6.12
	22.74	3.3	o	13. 6.23
	22.84	2.8	w	13. 7. 4
	22.76	1.8	w	13. 7. 6
	22.81	3.9	w	13. 7.19
7.8	40 35.07	−6 48 42.8	w	12. 8.11
	—	40.2	o	13. 5.13
	35.21	41.0	o	13. 5.16
	35.15	40.0	o	13. 5.28
	35.06	41.7	w	13. 7.19
	35.16	41.2	w	13. 7.24
	35.14	39.3	o	13. 8.22
7.4	40 40.97	−7 42 1.9	w	12. 7. 1
	40.92	0.7	w	13. 5. 1
	41.04	1.2	o	13. 6.13
	41.04	1.5	o	13. 6.17
	40.96	1.9	o	13. 6.21
	41.06	2.2	w	13. 7. 1
7.0	40 58.97	−6 1 14.1	o	13. 6. 1
	58.95	14.4	o	13. 6. 2
	58.92	14.0	o	13. 6.15
	59.06	16.3	w	13. 6.30
	58.89	15.4	w	13. 7. 2
	58.98	15.3	w	13. 7. 3
7.2	42 29.90	−6 7 53.9	w	12. 8.11
	29.96	54.6	w	12. 8.18
	29.97	55.1	o	13. 5.14
	29.96	53.4	o	13. 5.28
	29.84	54.5	w	13. 7. 8
8.0	43 20.31	−7 41 44.4	w	12. 7. 1
	20.39	45.5	w	12. 8.20
	20.27	44.4	o	13. 6.24
	20.33	44.5	o	13. 6.27
	20.30	44.5	w	13. 7. 7
	20.26	45.0	o	13. 8.18
6.8	43 31.70	−6 2 30.9	w	12. 8.18
	31.67	30.8	w	13. 4.23
	31.61	30.1	w	13. 5. 1
	—	30.4	o	13. 5.13
	31.77	31.0	o	13. 5.16
	31.72	30.5	o	13. 8.22
7.5	46 36.40	−5 59 13.4	w	12. 8. 9
	36.46	13.8	w	12. 8.18
	36.47	12.6	w	12. 8.20
	—	11.5	o	13. 5.13
	36.54	12.0	o	13. 5.14
7.5	47 5.27	−4 52 14.6	w	13. 5. 1
	5.24	16.4	o	13. 5.16
	5.24	15.0	o	13. 5.28
	5.31	14.2	w	13. 6.30
	5.28	14.7	w	13. 7. 2
	5.25	15.0	w	13. 7.19
8.0	47 54.21	−4 40 4.2	o	13. 6. 1
	54.14	4.0	o	13. 6. 2
	54.19	4.1	o	13. 6. 8

Grösse	α 1885.0	δ 1885.0	L	Datum
8.0	18h 47m 54s.16	−4° 46′ 3″.9	w	13. 7. 1
	54.16	4.2	w	13. 7. 6
	54.20	4.9	w	13. 7. 7
8.0	48 18.60	−6 5 58.4	w	13. 5. 1
	18.65	59.4	o	13. 5.28
	18.70	59.3	o	13. 6.12
	18.62	57.9	o	13. 6.15
	18.58	59.2	w	13. 7. 3
	18.66	59.0	w	13. 7. 8
8.0	49 14.52	−5 17 7.1	w	12. 8. 6
	14.53	7.0	w	12. 8.11
	14.50	7.8	w	12. 8.20
	14.55	6.1	o	13. 5.14
	14.66	4.3	o	13. 5.16
5.0	50 34.18	−5 59 40.3	w	12. 8. 6
	34.22	40.8	w	12. 8. 9
	34.20	40.2	w	12. 8.11
7.3	52 38.81	−5 47 21.1	w	12. 8. 6
	38.77	21.5	w	12. 8. 9
	38.80	21.2	w	12. 8.20
	—	19.7	o	13. 5.13
	38.85	20.7	o	13. 5.14
	38.73	19.1	o	13. 6.15
7.4	52 47.07	−4 54 50.8	w	12. 8.22
	47.07	51.5	w	13. 5. 1
	47.07	52.0	o	13. 5.16
	47.08	51.2	o	13. 5.28
	47.04	51.3	o	13. 6. 2
	46.98	50.7	w	13. 7. 3
7.7	53 1.20	−6 59 49.1	w	12. 7. 1
	1.23	48.5	o	13. 6. 8
	1.17	48.8	o	13. 6.12
	1.08	47.9	o	13. 6.24
	1.10	49.3	w	13. 7. 4
	1.25	50.1	w	13. 7. 6
7.4	54 16.87	−7 37 27.2	w	13. 5. 1
	16.83	26.9	o	13. 6.17
	16.93	27.4	w	13. 6.30
	16.99	28.7	w	13. 7. 2
6.8	55 4.32	−4 35 59.5	w	12. 7. 1
	4.26	61.0	w	12. 8.11
	4.37	59.4	w	12. 8.20
	—	60.1	o	13. 5.13
	4.34	59.2	o	13. 6.13
7.3	55 17.44	−6 21 15.6	w	12. 8.29
	17.48	14.8	o	13. 5.14
	17.52	14.4	o	13. 5.26
	17.49	14.3	o	13. 6.11
	17.45	14.2	o	13. 6.27
	17.49	13.5	w	13. 7. 3
	17.49	14.5	w	13. 7. 4
4.7	55 32.25	−5 31 58.9	w	12. 8.18
	32.32	59.6	w	13. 4.23
	32.39	60.5	o	13. 5.28
	32.32	59.8	o	13. 6. 2
	32.38	59.3	o	13. 6. 3
	32.35	58.7	w	13. 7. 6
	32.35	59.6	w	13. 7. 7
7.7	55 38.90	−6 32 29.3	o	13. 6. 8

Grösse	α 1885.0	δ 1885.0	L	Datum
7.7	18h 55m 38s.73	−6° 31′ 29″.3	o	13. 6m.15d
	38.85	29.2	o	13. 6.21
	38.84	29.8	w	13. 7. 1
	38.88	30.6	w	13. 7. 8
	38.84	30.8	w	13. 7.24
7.3	55 45.90	−6 20 40.1	w	12. 8. 9
	45.95	40.2	w	13. 7.19
	46.01	39.7	w	13. 7.29
	45.91	38.4	o	13. 8.18
	45.91	38.0	o	13. 8.22
	45.89	38.8	o	13. 8.28
7.5	56 35.31	−7 53 26.0	w	12. 8.11
	—	26.3	o	13. 5.13
	35.44	24.3	o	13. 6.17
	35.31	25.5	o	13. 6.24
	35.53	25.1	w	13. 6.30
	35.48	25.0	w	13. 7. 2
	35.61	25.5	w	13. 7. 4
7.0	57 0.49	−5 43 32.2	w	13. 5. 1
	0.49	30.3	o	13. 5.28
	0.49	29.9	o	13. 6.13
	0.43	30.7	o	13. 6.21
	0.44	31.6	w	13. 7. 3
	0.56	32.1	w	13. 7. 6
8.0	58 11.14	−7 53 2.4	w	12. 8. 6
	11.17	3.5	w	12. 8.22
	(11.34)	3.4	o	13. 5.14
	11.24	2.5	o	13. 5.16
	11.21	3.4	w	13. 7. 7
7.0	58 15.68	−5 51 15.3	w	12. 8.18
	15.70	14.9	w	12. 8.20
	15.63	15.7	w	12. 8.29
5.7	58 33.37	−4 22 5.7	w	12. 8. 9
	33.32	6.0	w	13. 4.23
	33.40	5.0	o	13. 6. 8
	33.44	6.8	o	13. 6.12
	33.34	4.5	o	13. 6.15
	33.43	4.4	w	13. 7. 1
7.8	19 1 7.81	−5 4 31.3	w	12. 8.22
	—	30.1	o	13. 5.13
	7.78	30.6	o	13. 5.28
	7.81	30.5	o	13. 6. 2
	7.88	31.3	w	13. 6.30
	7.82	31.1	w	13. 7. 6
	7.86	30.7	o	13. 8.16
7.8	2 6.90	−5 30 43.1	w	13. 7. 1
	6.82	44.0	w	13. 7. 3
	6.89	43.0	w	13. 7.19
8.0	2 7.76	−7 37 3.9	w	12. 8.11
	7.75	1.6	o	13. 6.17
	7.92	2.0	w	13. 7.11
	7.79	3.1	w	13. 7.24
	7.77	2.5	o	13. 8.18
	7.74	2.3	o	13. 8.22
7.8	2 30.19	−7 11 34.0	w	12. 8.20
	30.20	34.5	o	13. 5.24
	30.30	34.0	o	13. 6. 8
	30.17	33.5	o	13. 6.24
	30.25	33.0	w	13. 7. 2

Grösse	α 1885.0	δ 1885.0	L	Datum
7.8	19h 2m 50s.23	−7° 11′ 34″.1	w	13. 7m. 4d
7.3	3 50.52	−7 27 36.1	w	12. 8.20
	—	35.3	o	13. 5.13
	50.53	35.9	o	13. 5.28
	50.60	36.2	o	13. 6.12
	50.56	35.5	w	13. 6.30
	50.49	36.8	w	13. 7. 8
6.8	4 47.26	−6 48 28.3	w	12. 8. 6
	47.31	30.7	w	12. 8. 9
	47.25	31.4	w	12. 8.20
	47.33	28.2	o	13. 5.16
	47.38	29.3	o	13. 6.13
	47.30	27.4	o	13. 6.17
7.0	4 48.56	−7 36 47.5	w	12. 7. 1
	48.57	48.1	w	12. 8.22
	48.53	48.0	o	13. 6.15
	48.64	48.2	o	13. 6.21
	—	46.5	w	13. 7. 1
8.0	5 3.90	−4 18 61.3	w	12. 8. 5
	4.00	61.7	w	12. 8.18
	3.99	60.6	w	12. 8.29
	3.82	59.8	o	13. 6.24
	3.89	61.5	o	13. 8.16
	3.93	60.2	o	13. 8.22
7.5	6 19.83	−5 36 14.6	o	13. 5.14
	19.92	13.6	w	13. 6.30
	20.01	12.9	w	13. 7.11
8.0	7 2.80	−4 10 45.8	w	12. 8.18
	2.84	46.4	o	13. 5.16
	2.73	45.2	o	13. 6.24
	2.77	46.1	o	13. 6.27
	2.60	46.1	w	13. 7. 1
	2.70	46.3	w	13. 8. 3
7.8	8 12.55	−5 53 16.8	w	12. 8.20
	12.65	18.5	o	13. 6. 8
	12.54	17.2	o	13. 6.17
	12.50	17.0	w	13. 7. 3
	12.50	17.1	w	13. 7. 4
6.5	9 12.90	−6 14 55.0	w	12. 8.29
	12.98	55.9	w	13. 7. 2
	12.99	56.0	w	13. 7. 6
7.8	10 51.52	−4 51 23.3	w	12. 7. 2
	51.48	24.6	w	12. 8. 9
	51.52	23.6	w	12. 8.20
	51.62	24.1	o	13. 5.16
7.4	11 50.50	−5 37 45.7	w	12. 8.17
	50.49	45.6	w	12. 8.18
	50.63	45.9	w	12. 8.22
	50.57	46.3	o	13. 5.14
7.8	12 22.37	−6 53 41.9	w	12. 8. 5
	22.39	40.6	w	12. 8. 6
	22.44	43.2	w	12. 8. 9
	22.36	42.7	w	12. 8.29
	22.42	41.8	o	13. 5.28
	22.37	41.6	o	13. 6. 3
	22.47	41.9	o	13. 6.11
7.8	12 38.70	−5 58 46.4	o	13. 6.12
	38.70	46.2	o	13. 6.13
	38.67	45.8	o	13. 6.24

Grösse	α 1885.0	δ 1885.0	L	Datum
7.8	19h 12m 38s.73	−5° 58′ 47″.5	w	13. 6m.30d
	38.72	47.4	w	13. 7. 2
	38.69	48.2	w	13. 7. 4
7.0	13 52.18	−6 30 18.9	w	12. 8.17
	52.14	19.0	w	12. 8.18
	52.16	18.3	o	13. 5.16
5.0	14 24.57	−5 37 45.7	w	12. 8. 6
	24.61	46.2	w	12. 8.20
	24.63	46.4	w	12. 8.22
	24.64	47.2	o	13. 5.14
	24.65	45.7	o	13. 6.11
7.0	14 43.12	−4 42 55.2	w	12. 8.29
	43.14	55.1	w	13. 7. 3
	43.22	54.9	w	13. 7. 8
7.5	15 57.90	−4 57 13.2	o	13. 5.28
	57.92	12.7	o	13. 6.13
	57.79	12.0	o	13. 6.24
	57.85	14.0	w	13. 6.30
	57.90	14.2	w	13. 7. 2
	57.85	14.1	w	13. 7. 4
8.0	16 2.49	−6 15 44.5	w	12. 8.20
	2.39	42.8	o	13. 6.15
	2.30	42.8	o	13. 6.21
	2.39	42.6	o	13. 6.27
	2.39	43.0	w	13. 7. 6
	2.43	42.2	w	13. 7. 7
8.0	16 16.80	−7 26 9.1	o	13. 6. 2
	16.90	8.7	o	13. 6. 3
	16.91	7.4	w	13. 7. 1
	16.90	8.5	w	13. 7. 3
	16.96	8.0	o	13. 8.16
7.0	16 52.88	−7 37 8.4	o	13. 5.14
	52.83	7.9	w	13. 7.24
7.8	17 51.80	−7 11 36.9	w	12. 8. 9
	51.89	37.4	w	12. 8.22
	51.79	35.7	w	12. 8.29
	51.91	36.1	o	13. 5.10
	51.85	36.6	o	13. 6.11
	51.81	36.0	o	13. 6.12
7.4	17 56.50	−5 43 21.4	w	12. 8.17
	56.53	21.9	w	12. 8.18
	56.60	20.6	o	13. 5.28
	56.60	21.5	w	13. 7.11
	56.58	19.8	o	13. 8.17
	56.56	20.7	o	13. 8.18
8.0	18 17.08	−4 30 36.2	o	13. 6.17
	17.20	37.7	w	13. 6.30
	17.21	36.9	w	13. 7. 2
	17.16	37.2	w	13. 7. 4
	17.11	36.7	o	13. 8.22
	17.08	37.0	o	13. 8.28
7.6	18 37.01	−5 38 29.3	o	13. 6.13
	36.96	29.6	o	13. 6.24
	37.03	29.2	w	13. 7. 6
	37.04	29.3	w	13. 7. 7
	36.99	28.7	w	13. 8. 3
	37.01	30.7	o	13. 8.29
6.8	18 55.21	−5 6 31.3	o	13. 6. 8
	55.15	33.3	o	13. 6.15

19^h 18^m	$35^s.17$	$-5°$	6'	32".9	o	13.	6.21
	35.14			32.1	w	13.	7. 1
	35.19			32.0	w	13.	7. 3
	35.20			31.7	w	13.	7. 8
19	23.75	−5	37	30.0	w	12.	8.18
	23.60			28.5	o	13.	6. 3
	23.71			29.1	o	13.	6.12
21	12.46	−5	37	48.4	o	13.	5.28
	12.48			49.8	w	13.	7. 3
	12.40			49.0	w	13.	7. 8
	12.36			48.9	w	13.	8. 7
	12.38			49.0	o	13.	8.18
	12.37			49.3	o	13.	8.20
23	9.98	−7	16	45.7	w	12.	8. 6
	9.88			45.9	w	12.	8. 9
	9.91			45.3	w	12.	8.17
	9.99			46.0	o	13.	5.16
	9.93			44.8	o	13.	6. 2
24	43.69	−6	44	59.8	w	12.	8. 9
	43.61			59.4	w	12.	8.17
	43.68			57.9	w	12.	8.20
	43.67			57.9	o	13.	6.12
	43.67			55.9	o	13.	6.17
27	17.90	−4	58	20.2	w	12.	8. 5
	17.99			18.7	o	13.	5.28
	17.91			19.4	o	13.	6. 2
	17.92			19.0	w	13.	7. 2
	17.94			18.4	w	13.	7. 6
27	37.78	(−4	50.3)		w	12.	8. 5
29	8.09	−4	33	36.1	w	12.	8. 6
	8.01			37.1	w	12.	8. 9
	8.01			36.7	w	12.	8.17
	8.01			36.5	o	13.	6. 3
	8.08			35.6	o	13.	6. 8
29	17.32	−7	32	38.2	w	12.	8.18
	17.46			38.0	w	12.	8.22
	17.31			37.1	w	12.	8.20
	17.38			36.6	o	13.	5.28
	17.31			37.3	o	13.	6.17
	17.30			36.4	o	13.	6.18
30	17.24	−6	13	23.7	o	13.	6. 2
	17.30			22.2	o	13.	6.11
	17.25			23.5	o	13.	6.12
	17.21			23.3	w	13.	7.24
	17.22			24.2	w	13.	8.11
	17.23			21.7	w	13.	8.14
30	28.44	−5	1	34.8	w	12.	8. 6
	28.45			35.5	w	12.	8. 9
	28.34			34.3	w	12.	8.17
	28.46			33.4	o	13.	6.13
	28.37			32.5	o	13.	6.24
30	34.26	−5	51	3.2	w	12.	8.18
	34.29			2.7	w	12.	8.22
	34.22			2.1	w	12.	8.20
	34.11			2.2	o	13.	6.15
	34.17			3.3	o	13.	6.21
	34.27			2.1	o	13.	8.16
30	40.78	−4	33	16.5	o	13.	6.27
	40.78			14.6	w	13.	7. 1
	40.73			14.7	w	13.	7.19

48m	9.56	−3° 20'	37.3	o	13.	8.21	8.0
48	43.04	−7 21	18.0	w	12.	8.18	7.5
	43.50		16.8	o	13.	6.11	
	43.54		17.8	o	13.	6.13	8.0
	43.62		16.0	w	13.	7. 6	
	43.59		16.9	w	13.	7. 8	
	43.56		17.5	o	13.	8.16	7.0
49	9.35	−7 2	1.8	o	13.	6. 3	
	9.48		1.9	o	13.	6. 8	
	9.44		2.7	w	13.	7. 2	
51	48.26	−6 45	7.3	o	13.	6. 3	
	48.29		7.6	o	13.	6. 8	6.6
	48.26		6.6	o	13.	6.12	
54	44.65	−4 37	30.6	w	12.	8.11	
59	2.97	−4 38	6.2	o	13.	6. 2	
0	8.54	−4 24	17.7	o	13.	6. 3	8.0
0	32.14	−4 44	44.5	o	13.	6. 8	6.8
4	22.01	−6 30	4.4	w	12.	8. 6	
	21.96		2.9	w	12.	8.17	
	21.94		4.7	o	13.	6.11	
	22.00		4.6	o	13.	8.16	
	21.92		4.2	o	13.	8.17	7.8
4	58.23	−6 25	36.4	w	12.	8.12	
	58.12		38.6	w	12.	8.18	
	58.17		37.3	w	12.	8.22	
	58.12		37.8	o	13.	6. 2	7.8
	58.06		38.7	o	13.	6. 3	
	58.13		38.2	o	13.	8.18	
5	2.18	−3 54	50.6	w	12.	8.29	
	2.13		50.7	o	13.	6.12	
	2.12		50.5	w	13.	6.30	
	2.16		49.6	w	13.	7. 1	7.3
	2.09		49.3	o	13.	8.22	
	2.11		50.9	o	13.	8.28	
5	10.22	−7 38	18.3	o	13.	6. 8	8.0
	10.23		18.8	w	13.	7. 4	
	10.25		18.7	w	13.	7. 6	
	10.22		18.5	w	13.	7. 7	
	10.20		18.4	o	13.	8.19	
	10.28		18.6	o	13.	8.29	8.0
	10.23		18.8	o	13.	9. 5	
6	30.27	−6 42	31.8	w	12.	8.17	7.8
	30.24		31.8	w	12.	8.18	
	30.26		30.9	w	12.	8.22	6.8
	30.21		30.1	o	13.	6. 3	7.7
	30.25		30.2	o	13.	6.12	7.3
	30.23		30.2	o	13.	8.17	
	30.30		30.6	o	13.	8.18	
6	31.05	−7 53	35.6	w	12.	8.29	7.8
	31.01		37.3	o	13.	6.12	
	30.97		36.6	w	13.	7. 7	
	30.98		36.3	w	13.	7. 8	
	30.90		36.0	o	13.	8.22	
	31.05		37.2	o	13.	9. 1	8.0
6	43.55	−7 48	5.9	w	13.	7. 2	
	43.59		5.1	w	13.	7. 4	
	43.62		6.2	w	13.	7. 6	
	(43.68)		6.0	o	13.	8.19	
	43.58		3.6	o	13.	8.28	
	43.58		5.2	o	13.	8.29	8.0

20h	6m	43.34	−7° 48'	3.5	o	13.	9. 5	8.0
	8	10.57	−6 23	40.4	o	13.	6.11	
		10.60		41.5	o	13.	9. 1	8.0
	8	54.07	−4 55	32.6	o	13.	6.12	
		54.09		34.0	o	13.	6.13	
		54.06		32.7	o	13.	8.16	8.0
	9	16.89	−5 53	9.2	w	12.	8.29	
		16.83		9.5	o	13.	6.15	
		16.85		9.3	w	13.	7. 2	
		16.83		9.4	w	13.	7. 4	
		16.86		10.8	o	13.	8.17	
	9	17.53	−7 52	51.3	w	12.	8. 6	8.0
		17.53		50.3	w	12.	8.11	
		17.52		51.1	w	12.	8.22	6.8
		17.55		50.9	o	13.	6.21	
	11	28.70	−6 45	33.2	o	13.	8.18	
	12	5.84	−5 5	2.7	w	12.	8.11	8.0
		5.78		2.6	w	12.	8.18	
		5.70		2.3	o	13.	6. 2	
		5.75		3.3	o	13.	6.13	7.3
		5.67		2.2	o	13.	6.21	
	12	5.90	−6 40	6.5	o	13.	6.12	
		5.89		6.8	o	13.	8.16	7.8
		5.91		6.7	o	13.	8.19	
		5.83		5.4	o	13.	8.21	6.8
	12	47.96	−6 59	40.5	w	12.	8.22	
		47.89		39.0	w	12.	8.29	
		47.82		37.9	o	13.	6. 8	
		47.89		38.6	o	13.	6.11	
		47.93		39.4	w	13.	7. 2	
		47.89		38.7	o	13.	8.28	8.0
	15	0.80	−6 42	58.0	o	13.	6. 2	
		0.79		56.7	o	13.	6.12	8.0
		0.71		55.8	o	13.	6.21	
	15	35.42	−5 10	8.6	w	12.	8.11	
		35.35		9.8	o	13.	8.16	4.2
		35.30		9.3	o	13.	8.17	
		35.30		10.2	o	13.	8.19	
		35.29		8.6	o	13.	8.22	
	16	34.84	−5 26	30.5	o	13.	6. 3	7.5
		34.94		32.2	o	13.	6.11	
	17	5.90	−4 10	45.7	o	13.	6. 8	
		5.95		47.1	o	13.	6.12	
	17	31.58	−5 38	4.4	w	12.	8.11	
	19	50.09	−4 14	21.3	o	12.	6.10	7.4
	21	39.89	−6 1	55.4	w	12.	8.17	
		39.90		56.0	w	12.	8.18	6.5
		39.94		55.7	w	12.	8.22	
	21	42.20	−7 3	3.9	o	12.	6.10	7.8
		42.18		3.0	w	12.	8.29	6.9
		42.20		3.8	o	13.	6.12	8.0
		42.19		3.1	w	13.	6.30	
		42.18		6.4	w	13.	7. 2	
	21	33.85	−5 27	27.4	o	13.	6.13	7.5
		33.82		27.0	o	13.	6.21	7.8
		33.82		27.4	w	13.	7. 4	
		33.89		27.0	w	13.	7. 6	6.5
		33.82		26.7	w	13.	7. 8	
		33.84		27.3	o	13.	8.10	
	22	33.67	−4 48	30.2	o	13.	6.11	

20h	22m	33.72	−4° 48'	30.9	o	13.	8.17
		33.62		31.0	o	13.	8.18
	23	37.93	−4 33	53.0	w	12.	7. 1
		37.82		54.7	o	13.	8.29
		37.91		53.5	o	13.	9. 1
	23	38.06	−4 49	4.4	w	12.	8.17
		38.00		4.5	w	12.	8.18
		38.07		4.3	w	12.	8.22
		37.95		5.8	o	13.	6. 2
		38.03		5.8	o	13.	8.16
		37.94		5.4	o	13.	8.17
	25	30.83	−5 59	23.9	o	12.	6.10
		30.82		25.1	o	13.	6.11
	25	60.00	−5 37	51.4	o	13.	6.12
		60.04		50.8	o	13.	6.13
		59.91		51.0	o	13.	6.15
	26	47.46	−5 33	39.9	o	13.	6.21
		47.61		39.9	o	13.	8.16
		47.52		40.4	o	13.	8.17
	27	18.28	−6 36	36.8	o	13.	6. 2
		18.32		37.2	o	13.	6. 8
		18.28		37.1	o	13.	8.18
	29	35.93	−5 6	53.0	o	13.	6.11
		35.90		53.9	o	13.	6.12
	32	5.44	−4 40	56.8	w	12.	8.17
		5.40		57.5	w	12.	8.18
		5.46		57.2	w	12.	8.22
		5.44		57.6	o	13.	6. 2
		5.50		57.0	o	13.	6.11
		5.45		57.8	o	13.	6.12
	34	37.75	−7 12	12.1	o	12.	6.10
		37.73		12.9	o	13.	8.17
	41	31.28	−7 31	36.3	w	12.	8.17
		31.20		35.8	o	13.	6.13
		31.21		30.5	o	13.	8.18
	41	40.15	−5 26	52.0	w	12.	8.29
		40.21		52.6	o	13.	6.11
		40.21		54.3	o	13.	8.19
		40.10		52.9	o	13.	8.28
	42	12.44	−5 3	42.2	w	12.	8.22
		12.35		42.6	o	13.	6.12
		12.43		43.2	w	13.	6.30
		12.29		41.1	w	13.	7. 2
		12.44		40.9	o	13.	8.22
	43	41.24	−7 7	23.4	o	13.	8.22
		41.13		23.4	o	13.	8.28
	45	19.81	−6 3	20.9	w	12.	7. 1
		19.85		21.7	w	12.	8.17
	48	55.32	−7 36	35.6	w	12.	7. 1
	50	17.22	−4 0	3.4	w	12.	8.22
	50	31.31	−7 23	41.8	w	12.	7. 1
		31.30		41.0	w	12.	8.18
		31.23		43.9	o	13.	8.18
	50	43.50	−4 6	32.1	o	12.	6.10
	52	39.24	−7 21	4.5	w	12.	8.22
		39.22		5.3	o	13.	6.12
	54	28.06	−5 55	27.7	w	12.	8.29
		28.04		29.9	o	13.	6.13
		28.09		28.1	w	13.	7. 2
		28.05		28.9	w	13.	7. 7

6.5	20h	54m	28.02	−3°	55'	30.4	e	13. 9.12
8.0		54	36.32	−5	48	21.8	w	13. 6.30
			36.29			21.0	w	13. 7. 8
			36.32			22.2	w	13. 8. 3
			36.32			19.6	e	13. 9. 1
			36.32			19.9	e	13.10.19
			36.29			20.3	e	13.10.23
8.0		55	7.97	−3	53	21.3	w	12. 8.22
			7.93			21.7	w	13. 7. 6
			8.01			23.1	w	13. 8.11
			7.01			23.1	e	13. 8.16
			7.96			23.8	e	13. 8.18
7.3		55	38.55	−4	34	34.0	w	13. 7. 2
			38.60			34.4	w	13. 7. 7
			38.53			35.2	e	13. 8.22
			38.61			35.4	e	13. 9. 5
8.0		55	49.21	−5	6	59.3	w	13. 6.30
			49.21			58.6	w	13. 7. 8
			49.23			58.1	w	13. 8. 3
			49.16			58.4	e	13. 9. 1
			49.18			58.4	e	13. 9.12
			49.20			57.9	e	13.10.19
7.8		58	49.04	−7	46	29.0	w	12. 7. 1
			49.01			28.9	w	12. 8. 5
			49.07			28.2	w	13. 7. 6
			48.98			27.0	e	13. 8.18
			48.96			27.7	e	13.10.23
7.8	21	2	37.70	−7	27	2.0	w	12. 8.17
			37.69			2.3	e	13.10.23
7.8		2	50.55	−6	47	35.8	w	12. 7. 1
			50.58			36.2	w	12. 8.18
			50.59			35.5	w	12. 8.29
7.0		2	53.64	−6	2	42.6	w	13. 6.30
			53.60			41.1	w	13. 7. 2
			53.68			41.8	w	13. 7. 7
8.0		3	3.22	−4	16	12.5	w	12. 8.22
			3.20			12.9	w	13. 7. 6
			3.27			12.8	w	13. 7. 8
			3.17			12.2	e	13. 8.18
			3.17			11.0	e	13. 8.22
			3.12			12.5	e	13. 9. 5
7.8		3	18.25	−4	21	31.7	w	12. 8. 5
			18.33			31.1	w	13. 8. 3
			18.33			31.3	w	13. 8.11
			18.29			30.8	e	13. 9. 1
			18.29			31.9	e	13. 9.12
			18.27			31.5	e	13.10.19
7.8		7	22.06	−4	44	20.8	w	12. 8.17
			22.03			21.2	w	12. 8.18
			11.98			20.4	w	12. 8.22
			11.99			21.0	e	13. 8.18
			11.86			22.4	e	13. 8.22
			11.98			22.3	e	13. 9.12
7.5		7	25.41	−6	23	4.2	w	12. 8.29
			25.41			4.8	w	13. 6.30
			25.43			3.8	w	13. 7. 2
			25.39			4.2	e	13. 9. 1
7.3		7	31.43	−6	36	10.0	w	12. 8. 5
			31.44			10.8	e	13. 6.13
7.2		8	47.71	−7	33	43.6	e	13. 9. 5

8.0	21h	11m	22.30	−5°	50'	45.6	w	13. 8. 5
			22.29			45.7	w	12. 8.17
			22.23			40.4	e	13. 8.18
7.5		11	33.58	−6	15	40.3	e	13. 8.22
7.8		12	26.24	−4	9	45.5	w	12. 8.18
			26.33			44.0	w	12. 8.22
			26.24			44.7	w	12. 8.29
			26.24			45.3	e	13. 9. 1
			26.21			45.5	e	13. 9. 5
			26.25			40.4	e	13. 9.12
7.8		12	46.71	−6	55	18.2	w	13. 6.30
			46.69			18.1	w	13. 7. 2
			46.69			17.6	w	13. 7. 6
			46.65			19.6	e	13. 8.16
			46.72			18.4	e	13.10.19
			46.61			18.4	e	13.10.23
7.8		12	51.77	−7	48	46.2	w	12. 8.17
			51.68			46.8	w	13. 7. 7
			51.64			47.2	w	13. 7. 8
			51.62			44.7	e	13. 8.17
			51.60			45.2	e	13. 8.18
			51.62			44.8	e	13. 8.22
8.0		12	53.05	−7	37	18.2	w	13. 8. 3
			53.08			18.2	w	13. 8.11
			52.98			20.7	e	13. 8.28
			53.03			19.1	e	13. 8.29
			53.04			17.8	e	13. 9.12
8.0		13	37.13	−5	58	15.3	e	13. 9. 1
			37.11			15.5	e	13. 9. 5
8.0		15	37.92	−4	58	27.4	w	12. 8.29
			37.88			28.8	w	13. 6.30
			37.89			27.0	w	13. 7. 2
			37.90			26.9	e	13. 8.18
			37.82			27.4	e	13. 8.22
			37.84			27.7	e	13. 9. 1
7.0		16	33.41	−6	7	18.9	w	12. 8.17
			33.48			20.4	w	12. 8.18
			33.39			21.0	w	12. 8.22
			33.31			20.5	e	13. 9. 5
			33.38			21.8	e	13. 9.12
			33.36			20.4	e	13.10.19
8.0		17	40.47	−7	4	32.0	e	13. 8.18
			40.42			31.9	e	13.10.23
8.5		17	49.42	(−7	4.0)		e	13. 8.18
8.0		18	5.28	−7	14	12.6	w	12. 8. 5
			5.26			11.2	e	13. 8.22
			5.23			11.4	e	13. 9. 1
			5.21			11.3	e	13. 9. 5
7.3		18	30.60	−7	12	24.5	w	12. 8.29
			30.64			28.6	e	13. 9.12
7.3		18	39.13	−6	4	25.6	w	13. 6.30
			39.11			24.9	w	13. 7. 2
			39.12			25.8	w	13. 7. 6
			39.08			25.6	e	13. 8.16
			39.15			25.9	e	13. 8.29
			39.08			24.3	e	13.10.19
6.7		18	51.96	−3	33	20.3	w	13. 7. 7
			51.97			27.0	w	13. 7. 8
			52.08			25.9	w	13. 8. 3
			52.00			27.1	e	13. 8.17

6.7	21h	18m	51.97	−3°	33'	26.8	e	13. 8.22
5.6		19	17.00	−4	2	58.8	w	12. 8. 5
			16.98			50.9	w	12. 8.17
			17.01			50.0	e	13. 8.18
			17.05			56.3	e	13. 9. 1
			17.00			56.2	e	13. 9. 5
8.0		20	31.30	−6	29	52.7	e	13. 8.18
			31.37			52.3	e	13. 9.12
			31.34			52.7	e	13.10.23
7.5		21	17.40	−7	30	40.3	e	13.10.19
8.0		24	13.47	−5	0	17.8	w	12. 8.17
			13.41			18.0	e	13. 8.18
			13.51			18.2	e	13. 8.22
			13.47			18.9	e	13. 9. 1
8.0		38	42.82	−6	52	48.2	e	13. 8.18
7.8		42	31.30	−6	46	56.7	w	12. 8. 5
			31.28			56.5	w	12. 8.17
			31.35			55.4	w	12. 8.22
			31.35			54.1	e	13. 8.18
7.3		48	9.08	−5	33	48.6	w	12. 8. 5
			9.08			48.4	w	12. 8.22
			9.70			48.7	w	13.12. 3
7.3		50	3.32	−6	22	16.3	w	12. 8. 5
7.3		50	10.00	−7	31	28.6	w	12. 8.22
			9.95			29.8	w	13. 8.11
			9.94			30.5	w	13.11.11
8.0		50	19.99	−5	18	3.6	e	13. 8.18
			20.01			5.4	w	13.11.10
			19.95			5.5	w	13.12. 2
6.5		52	11.04	−5	58	11.0	w	12. 8.29
6.9		52	55.09	−4	54	51.0	w	12. 8.22
8.0		53	30.45	−6	49	25.0	w	12. 8. 5
			30.50			25.5	w	12. 8.29
			30.51			25.1	w	13. 8.11
6.0		57	13.50	−7	4	39.7	w	12. 8.22
			13.52			40.2	w	12. 8.29
7.5		57	28.22	−6	14	55.7	w	13. 8.11
			28.20			54.1	e	13. 8.17
			28.29			55.9	e	13. 8.18
			28.13			55.2	e	13. 8.28
8.0		57	29.08	−6	26	45.2	w	12. 8. 5
			28.94			45.2	e	13. 8.22
			(28.85)			45.1	e	13. 9. 1
			29.04			44.7	w	13.11.10
			28.97			45.9	w	13.11.11
8.0		58	34.66	−3	23	47.5	e	13. 9. 5
			34.70			49.7	e	13. 9.12
			34.66			49.3	w	13.11.12
			34.66			48.4	w	13.12. 3
8.0		59	1.02	−6	51	35.8	w	12. 8.22
			1.10			35.9	w	13. 8.11
			1.01			35.8	e	13. 8.18
			1.04			34.2	e	13.10.19
			1.05			35.2	e	13.10.23
			1.09			35.9	w	13.11. 1
7.5	22	0	3.30	−5	54	55.4	w	13. 8.11
			3.29			53.9	e	13.10.19
			3.31			53.8	w	13.11. 1
			3.32			55.9	w	13.12. 3
7.6		0	43.05	−7	17	20.0	e	13.10.23

Grösse	α 1885.0	δ 1885.0	L	Datum
7.6	22h 0m 43s.67	−7° 17′ 20″.2	w	13.11.10
	43.64	21.7	w	13.11.11
	43.59	19.7	w	13.12. 2
7.8	1 40.00	−6 23 23.6	w	12. 8.22
	40.02	23.8	w	13.11.12
6.8	4 22.19	−4 27 25.6	w	12. 8. 5
7.4	6 39.98	−7 2 14.2	w	12. 8. 5
	39.96	13.5	w	12. 8.22
6.7	6 44.58	−5 17 15.4	w	12. 8.29
7.7	8 12.80	−6 18 57.7	w	12. 8.22
	12.82	58.0	w	12. 8.29
7.7	8 40.27	−6 58 11.2	w	13. 8.11
	40.17	12.5	w	13.11.10
	40.20	12.8	w	13.12. 3
7.7	8 51.91	−7 18 22.8	w	13.11.11
	51.84	22.0	w	13.12. 2
7.5	15 22.06	−6 40 17.0	w	12. 8. 5
	22.66	17.5	w	12. 8.22
	22.66	17.6	w	12. 8.29
8.0	15 45.46	−6 45 37.4	w	13. 8.11
	45.49	30.2	w	13.11.10
	45.40	30.5	w	13.12. 2
8.0	16 39.52	−4 18 59.6	w	12. 8. 5
	39.56	59.7	w	12. 8.29
	39.52	59.4	o	13. 8.18
	39.38	58.9	o	13. 9. 1
	39.43	59.0	o	13. 9. 5
	39.51	60.3	w	13.11.11
6.5	17 30.17	−7 46 32.1	w	12. 8.11
	30.17	32.3	w	12. 8.22
	30.21	32.7	w	13.11.10
8.0	20 7.26	−5 45 41.9	w	12. 8.11
7.4	26 31.42	−7 3 33.7	w	12. 8. 5
	31.53	34.2	w	12. 8.11
7.8	28 41.20	−5 53 59.0	w	12. 8. 5
7.8	31 18.31	−6 39 45.0	w	12. 8. 5
	18.37	45.7	w	12. 8.22
	18.47	46.4	w	12. 8.29
7.5	34 12.49	−7 7 36.3	w	12. 8. 5
6.7	36 7.08	−5 42 6.3	w	12. 8.11
7.7	36 9.43	−4 4 26.5	w	12. 8.22
	9.51	26.5	w	12. 8.29
	9.39	26.6	w	13. 8.11
	9.38	25.3	o	13. 8.18
8.0	37 12.50	−7 49 1.8	w	12. 8.11
	12.51	1.3	w	13.11.10
7.0	37 13.96	−7 33 32.8	w	12. 8.22
	13.93	32.7	w	12. 8.29
7.0	41 {54.04 / 54.29}	−4 49 33.4	w	12. 8. 5
7.0	47 29.54	−6 35 52.5	w	13. 8.11
	29.50	52.2	o	13. 8.22
	29.48	50.6	o	13. 9. 1
	29.56	51.5	w	13.11.10
	29.45	53.2	w	13.12. 3
7.3	47 46.74	−5 16 6.9	o	13. 8.18
	46.71	7.0	o	13. 9. 5
7.0	48 34.83	−7 48 57.8	w	12. 8.11
	34.80	55.5	o	13. 8.22
7.7	49 23.07	−6 18 8.0	w	12. 8. 5

Grösse	α 1885.0	δ 1885.0	L	Datum
	22h 49m 23s.10	−6° 18′ 9″.0	w	12. 8.29
7.7	23.11	8.5	w	13.11.10
7.0	51 10.40	−3 51 34.9	w	12. 8. 5
	10.44	34.4	w	12. 8.29
	10.42	34.7	w	13. 8.11
8.0	51 55.96	−4 16 8.1	o	13. 8.18
	55.93	6.6	o	13. 8.22
	56.10	6.2	w	13.11.10
	55.93	7.1	w	13.12. 2
	55.95	7.2	w	13.12. 3
8.0	53 44.33	−4 58 46.7	w	13.12.10
	44.44	45.2	w	13.12.12
	44.40	45.0	w	13.12.22
6.8	55 24.80	−7 40 42.7	w	12. 8. 5
	24.95	41.9	w	13. 8.11
6.0	55 34.58	−5 19 44.9	w	13.11.10
	34.58	45.6	w	13.12. 3
7.8	55 52.32	−4 27 35.9	w	12. 8.29
9.0	56 9.76	(−4 27.7)	w	12. 8.29
6.8	56 34.18	−7 11 28.6	w	12. 8. 5
7.0	57 58.12	−5 24 55.4	w	12. 8.11
	58.02	54.5	w	12. 8.29
8.0	58 24.77	−7 28 29.6	o	13. 8.22
8.9	59 29.57	(−7 48.1)	w	13.12.10
5.3	23 9 38.74	−4 7 22.6	w	12. 8.11
7.3	11 0.64	−7 47 13.9	w	12. 8.11
	0.73	12.8	w	12. 8.29
	0.71	13.3	w	12.12. 2
7.8	11 19.18	−5 3 44.9	w	13.10.25
	19.20	45.2	w	13.10.27
6.5	14 45.19	−6 32 8.7	w	12. 8.29
8.0	15 17.68	−7 39 9.8	w	12. 8.11
	17.72	10.1	w	12.12. 2
	17.74	10.0	o	12.12.19
	17.68	9.7	o	12.12.23
	17.73	—	w	13.10.25
	17.73	9.1	w	13.10.27
7.0	20 37.48	−7 14 21.7	w	13.11. 1
7.0	22 30.95	−6 1 19.8	w	12. 8.11
	31.01	21.3	w	12.12. 2
6.2	23 35.54	−5 9 32.8	w	12. 8.29
	35.47	32.7	w	12.12.16
	35.43	34.8	w	13.11. 1
8.0	25 2.11	−5 41 39.7	w	13.10.27
	2.09	39.1	w	13.11.10
6.8	25 5.26	−6 55 16.9	w	12.12. 2
	5.23	16.4	w	12.12.16
	5.28	16.3	w	13.10.25
6.8	25 33.18	−4 42 56.5	w	12. 8.29
	33.10	57.0	w	13.11. 1
	33.12	57.0	w	13.12. 2
7.7	27 15.35	−7 1 10.5	w	12. 8.11
	15.35	9.6	w	13.10.27
	15.43	8.9	w	13.11.10
7.2	27 33.26	−5 2 9.4	w	12.12. 2
	33.31	10.0	w	13.10.25
	33.24	9.7	w	13.11. 1
7.8	29 19.50	−4 29 25.2	w	12. 8.11
	19.53	24.6	w	12.12.16
	19.57	24.1	w	13.11.10

Grösse	α 1885.0	δ 1885.0	L	Datum
7.8	23h 30m 21s.83	−7° 45′ 8″.3	w	13.10.25
	21.87	8.9	w	13.10.27
7.3	33 53.65	−6 11 0.4	w	12. 8.11
7.8	41 43.61	−6 27 52.2	w	12. 8.11
	43.53	51.4	w	12.12. 6
7.3	41 44.83	−5 6 1.6	w	12.12. 2
	44.51	3.2	w	12.12. 7
6.3	42 37.94	−7 1 9.1	w	12.12.16
	37.89	7.7	o	12.12.19
	37.92	—	o	12.12.23
	37.87	8.4	w	13.10.25
	37.88	9.2	w	13.10.27
7.7	42 50.90	−5 4 28.5	w	12.12. 2
	50.92	27.1	o	12.12.23
	50.91	27.8	o	13. 1. 5
	50.90	28.6	o	13. 8.18
	50.85	29.3	w	13.11. 1
	50.89	28.5	w	13.11.10
7.5	49 13.86	−5 18 29.0	w	12.12. 2
8.0	49 29.49	−5 32 31.5	w	12.12. 6
	29.52	32.5	w	12.12. 7
	29.62	32.4	w	12.12.16
	29.60	—	o	12.12.23
8.0	51 15.38	−6 5 50.8	w	12. 8.11
	15.49	50.6	w	12.12. 2
	15.47	48.4	o	12.12.19
	15.49	49.4	o	12.12.23
7.7	51 53.87	−6 5 54.2	w	12.12. 7
	53.91	55.0	w	12.12.16
	53.86	53.2	o	13. 8.18
	53.78	54.3	w	13.10.27
7.0	53 46.70	−6 31 53.8	o	12.12.19
	46.67	54.1	o	13. 1. 2
	(46.58)	55.4	w	13.10.25
	46.63	53.8	w	13.11.10
	46.69	54.2	w	13.12. 3
8.0	55 9.12	−6 28 29.7	o	13. 8.18
	9.10	30.4	w	13.11. 1
	9.19	29.4	w	13.11.10
	9.17	30.7	w	13.12. 2
8.0	55 13.88	−6 30 51.4	o	13. 1. 2
	(13.71)	53.1	w	13.10.27
	13.82	51.8	w	13.12. 3
5.0	56 3.71	−6 39 11.7	w	12.12. 2
8.0	57 27.13	−4 47 7.8	w	12. 8.11
	27.24	8.7	w	12.12. 6
	27.23	9.7	w	12.12. 7
	27.21	8.9	o	12.12.19
	27.19	8.5	o	13. 1. 5
8.0	58 37.11	−7 36 19.3	w	12.12.16
	(36.92)	18.9	w	13.10.25
	37.04	18.7	w	13.11. 1
	37.12	16.3	w	13.11.10
5.2	59 26.91	−6 21 2.8	w	12. 8.11
	26.99	3.2	w	13. 1. 7
7.8	59 32.17	−4 29 26.8	w	12.12. 2
	32.16	—	o	12.12.19
	32.19	28.1	o	12.12.23
	32.12	27.3	w	13.10.27
	32.10	27.2	w	13.12. 2

Verbesserungen der Meridianbeobachtungen in Heft I, II, IV und V.

Datum	Nummer des Sterns	Bezeichnung des Sterns	Grösse	Durchgangszeit	Uhrstand (+Correction)	Reduction auf den Jahresanfang	Mittel der Ablesungen	Refraction (+Correction)	Reduction auf den Jahresanfang	α für den Jahresanfang	δ für den Jahresanfang
						Heft I.					
1882 März 18	287b						53° 2' 52".00	77".11			−4° 3' 7".51
April 8	300b						51 59 23.30	73.73			−2 39 40.06
Mai 13	453b										−2 40 33.63
Nov. 6	84b						52 46 38.93	76.87			−3 48 24.56
1883 Jan. 10	141b						51 36 50.93	74.94			−2 38 11.10
Jan. 12	77b						52 46 22.02	77.83			−3 47 46.05
	83a						49 31 8.60	69.45			−0 32 24.60
						Heft II.					
1884 Aug. 6	509b	507b						70.02			−2 48 51.23
Aug. 8	414a										−1 15 23.55
Aug. 23	577b						308 41 47.70	70.22			−2 21 20.58
Aug. 28	577b						308 41 49.20				−2 21 9.24
1885 Feb. 4	151b										−3 24 6.56
Feb. 24	209a	209a'	8.7								
Feb. 26	210b										−2 45 41.20
März 3	161b										−2 53 24.55
	204b						308 41 30.75	73.01			−2 20 11.26
April 11	704						54 26 35.30	81.81			−5 28 5.88
April 27	743						304 54 28.72	81.94			−6 7 31.21
Aug. 4	449a						50 4 34.72	66.92			−1 6 18.26
Aug. 5	449a						50 4 35.93	67.21			−1 6 18.77
Aug. 6	449a						50 4 40.57	66.98			−1 6 18.89
Sept. 2	571b						307 6 30.42	75.35			−3 56 7.97
Sept. 16	1269						305 59 5.97	77.78			−5 3 41.56
Sept. 17	532a									21h 59m 30s.25	
Oct. 14	316a									21 8 45.60	
Dec. 3	110										−7 7 52.83
						Heft IV.					
1887 April 21	661			10h 7m 12s.95						10 7 12.16	
Juli 7	1180										−4 33 21.22
1888 Oct. 21	61	60	7.8				54 12 53.57	83.95			−5 15 13.64
1889 Jan. 28	488										−4 19 0.96
März 5	426						306 19 13.25	81.67			−4 42 8.96
März 28	523										−4 16 45.79
1891 Jan. 26	170						303 42 36.87	90.33			−7 20 54.99
Jan. 29	297	295					305 10 43.80	85.70	+4".50		−5 52 45.77
	303						303 57 48.62	89.67			−7 5 50.66
Feb. 6	232									4 29 58.10	
Feb. 7	581						306 34 50.92	82.14			−4 28 36.17
Feb. 8	581						306 34 52.02	82.28			−4 28 35.50
Feb. 9	581						306 34 51.32	83.33			−4 28 35.29
Feb. 10	489						303 34 10.70	91.92			−7 9 23.83
Feb. 22	497						56 1 47.97	89.21			−7 3 8.01
Feb. 27	581						53 27 21.12	79.79			−4 28 37.10
März 7	380									6 4 15.35	
März 14	687						56 27 52.35	88.67			−7 20 9.55
	692						55 53 1.00	86.79			−6 54 16.13
Nov. 4	170						303 39 42.52	91.17			−7 20 55.93
Nov. 5	112			2 39 28.95						2 40 32.87	
Nov. 7	1233	1234	6.6				303 8 56.15	91.83			−7 51 47.95
Nov. 10	306a										−0 32 28.87
Nov. 28	1396						306 46 14.60	79.57			−4 14 20.28

Datum	Nummer des Sterns	Bezeichnung des Sterns	Grösse	Durchgangszeit	Uhrstand + Correction	Reduction auf den Jahresanfang	Mittel der Ablesungen	Refraction + Correction	Reduction auf den Jahresanfang	α	δ
										für den Jahresanfang	

Heft V.

1892 April 15	328b										−3° 5′ 49″.93
	705′										(−6 32 51.48)
Mai 21	748,							80″.37			−5 33 29.94
Mai 22	437b,						306° 53′ 33″.55	76.10			−4 5 51.87
	940′										(−7 45 10.06)
Mai 24	780						303 54 56.07	82.91	+ 9″.71		−7 4 44.61
Mai 27	398b						308 29 52.27	68.85			−2 29 37.03
Juni 27	451b						308 13 15.29	70.63			−2 45 47.58
Aug. 5	nach 67 Oph.	sequens	8.5	17ʰ 55ᵐ 37ˢ.58	−19ˢ.10	−2ˢ.15				17ʰ 55ᵐ 16ˢ.33	
Aug. 6	6 H. Scuti							77.43			
Aug. 22	454a			19 24 33.44						19 24 31.48	
	1340						54 49 10.30	77.84	+ 10.58		−5 51 50.49
Nov. 26	37b						51 34 2.43				−2 35 8.10
Nov. 30	67 Ceti						55 54 − 3.38				
	62a						48 54 − 0.45				
	120						54 54 − 0.92				
	79b			3 22 19.94						3 21 55.07	
	93b						51 23 34.94				−2 24 38.21
Dec. 6	92								− 16.49		−6 13 48.89
	67 Ceti						55 54 − 2.33				
	81 Ceti						52 51 − 15.33				
Dec. 16	40						54 24 − 0.33				
Dec. 28	162a			5 59 40.71						5 59 15.19	
	432						305 24 − 1.82				
1893 Feb. 5	119,						306 18 54.95	82.87			−4 41 3.08
	155						303 33 − 0.25				
	ε Orionis								− 0.90		
Feb. 6	γ Ceti								+ 0.98		
	155						303 33 − 0.10				
	171			3 45 21.80							
Feb. 27	147b						308 4 42.15	73.12			−2 54 46.80
März 3	139b						308 43 23.15	73.42			−2 16 21.31
März 6	λ Ophiuchi								−16.47		
März 8	160a						49 30 − 1.00				
März 10	λ Ophiuchi								−16.68		
März 11	170b,						52 40 10.35	77.45			−3 40 58.24
März 18	686,			10 35 13.70						10 34 52.49	
März 21	206b,						52 51 29.57	77.13			−3 52 24.04
	228a							69.94			
	686,									10 34 52.52	
	689						57 9 − 0.80				
	λ Ophiuchi								−17.00		
	1035					−0.28					
	8 Ophiuchi	ν Ophiuchi									
März 22	206b	206b,	8.0				52 51 31.07	76.79			−3 52 24.43
	241a,						49 9 − 0.52				
März 23	206b,						52 51 30.37	76.26			−3 52 24.20
März 26	349b								+ 8.31		−2 18 0.23
	λ Ophiuchi								+17.00		
März 27	879										−8 6 25.34
März 28	798										−4 36 17.51
April 1	502						56 28 22.47	84.99			−7 29 12.08
Oct. 23	524a	524a seq.									
Dec. 3	33b										−3 24 20.16
	61										−7 12 42.01

Ferner sind in Folge nachträglicher Richtigstellung von Aequatorpunkten alle mittleren Declinationen folgender Zonen zu verbessern und zwar: 1892 Jan. 10 um +0".08, 1892 Aug. 6 um +0".21, 1893 Jan. 2 Zone II um +0".23, 1893 Juli 1 um −0".08, 1893 Sept. 4 um +0".24, 1893 Dec. 3 Zone I um −0".15 und Zone II um −0".09. Auf Seite 163 in Heft V muss das Datum oben 1893 Nov. 10 statt Nov. 11 lauten, auf Seite 215 muss in der Columne „Zeit" für 3 Virginis 12.56 statt 15.56 stehen, und auf Seite 217 hätte bei 1893 März 29 die letzte Zeile mit den meteorologischen Angaben für $15^h 7^m$ eine Zeile höher gesetzt werden müssen.

Ebenso wie für die vorstehenden Verbesserungen der Meridianbeobachtungen ist auch für die nun folgenden Verbesserungen der mittleren Oerter genau die gleiche Form wie in Heft IV gewählt. Nur da, wo in mehreren aufeinander folgenden Zeilen die gleiche Verbesserung einzutreten hatte, ist die betreffende Zahl fettgedruckt und die Zeilen, von welcher bis zu welcher dieselbe zu geschehen hat, sind in Spalte 2 aufgeführt.

Verbesserungen der mittleren Oerter.

Seite und Spalte	Zeile	Grösse	α 1885.0	δ 1885.0	L	Datum
			Heft II.			
176III	56		$1^h 32^m 8^s.70$			$2^d 10^m 21^s$
178II	22			$-3^\circ 47' 47''.7$		2 11 6
	56			−0 31 60.0		3 1 12
179III	25			−3 27 17.6		4 11 25
180II	21		4 32 23.32			3 1 10
180III	32			−2 38 1.6		3 1 10
181II	38			−3 24 6.4		3 2 4
181III	29			−2 53 14.4		3 3 3
182III	57—60		6 15 **51.32**			3 1 4
184I	19			11.3		3 3 3
184III	38	•				3 2 26
185III	3¹)	8.7	2 44 25.20	−1 25 33.7	o	3 2 24
186III	8		8 17 12.26			2 3 18
188I	4		9 8 58.04	−1 3 51.7		2 3 18
	57		9 23 18.63			2 4 8
188II	17			−3 0 27.9		2 4 8
191I	23—25			−4 40 **43.4**		3 4 3
194III	31		13 11 45.76			2 5 13
195I	44			−2 41 6.5		2 5 13
	45			7.2		3 5 15
	46			7.7		3 5 16
	47			6.7		3 5 21
195II	8—10		15 56 **49.40**			4 5 26
197I	22		30.11	53.9	o	4 8 6
197I	54		2.50			4 8 8
198I	10			−1 15 22.1		4 8 8
198II	43			−1 12 41.3		3 6 27
	44			40.9		3 6 28
199III	29			−1 6 18.3		3 8 4
	30			18.8		3 8 5
	31			18.9		3 8 6
	48			8.0		3 9 2
200I	13			−2 21 3.3		4 8 23
	34	8.7	19 31 1.43			4 8 8
	54		19 34 55.45			2 7 24
	55		55.43			2 7 28
	56		55.49			4 7 16
	57		55.48			4 7 20
	58		55.42			4 8 2
	59		55.30			4 8 16
	60		55.49			4 9 11
200II	1		$19^h 34^m 55^s.51$			$4^d 9^m 15^s$
202III	18		19 52 23.80			2 7 18
	19		23.78			2 7 19
	20		23.17			2 7 24
201II	32		20 13 51.50			4 9 19
202I	34		20 29 52.87			4 8 15
	35		53.01			4 8 28
	36		52.86			4 9 19
	37		52.98			4 9 25
203I	56a		44.07	$54''.6$	o	4 8 15
	57		44.07			4 8 16
204II	60		21 59 30.25			5 9 17
207III	44			$-7^\circ 7' 51''.8$		5 12 3
209III	12			−6 7 31.2		5 4 27
	35			−5 28 3.9		5 4 11
211III	42			44.8		5 9 16
212I	49			−5 3 41.6		5 9 10
			Heft IV.			
149I	57²)	7.8	20 31.42	−5 10 10.1	m	8 10 21
	53	del.	del.	9.0		8 11 7
150I	1		2 11 14.07			8 10 21
	2		14.11			8 12 4
	3		14.08			8 12 13
	4		14.07			8 12 14
	34			−7 7 53.6		8 10 21
151I	18		43 10.27	−7 22 2.6		11 1 26
	19		10.32	3.5		11 11 4
	47			−4 55 4.2		11 1 26
	48			3.3		11 2 6
	49			4.6		11 2 7
	50		58 19.46	−6 22 7.8		11 2 8
	51		19.45	7.2		11 2 9
	52		19.45	7.6		11 2 10
151II	58			−6 39 54.8		11 1 26
151III	7		23 41.30			8 11 10
	8		41.23			8 12 16
	9		41.42			11 2 9
	10		41.36			11 12 19
	42		28 38.28	−7 4 39.0		8 11 10
	43		29 40.32	−4 58 12.2		11 2 6
152I	48		48 47.02			11 2 17

¹) Die Zeile ist hinter Zeile 4 zu stellen.

²) Die Zeile ist vor Zeile 53 zu stellen.

Seite und Spalte	Zeile	Grösse	α 1885.0	δ 1885.0	Z.	Datum
153II	7[1])	8.0	23^m	−5° 53′ 4″.8	e	$11^h\ 1^m\ 29^s$
153I	56	del.	$31^s.20$	3.9		11 2 10
153III	30			−7 21 7.1		11 1 29
	52		58.62			11 2 14
154I	52.53		54 12.77			11 2 25
154II	25		0 32.92			11 3 7
	33			−5 2 54.0		8 12 12
	34			54.2		9 2 2
	36		3 57.71			11 3 7
	52			−4 32 6.5		11 1 28
	58		15 29.26			11 1 29
	59		29.25			11 2 27
154III	1		6^h 16 29.81			11 2 22
	7—11		19 8.09			9 2 2
	20			−7 19 33.7		9 3 5
	28			−4 41 58.6		9 3 5
155I	54		14 35.14			11 2 22
	55		15 35.76			11 2 9
	56		35.71			11 2 10
	57		35.75			11 2 13
155II	9			−4 18 33.4		9 1 28
	12			7 8 42.2		11 2 10
	14			−5 38 22.9		9 3 28
	32			−7 2 23.8		11 2 22
155III	6—8			−6 3 35.3		9 3 23
	42			−4 16 8.2		9 3 28
156I	5		54 46.07	−4 33 58.1		9 3 23
156II	36		15 9.81			11 3 14
156III	56			−4 27 21.3		11 2 7
	58			20.5		11 2 9
	59			21.3		11 2 27
157III	50			42.4		11 3 12
158II	29		7 6.18			7 4 21
158III	27			17.2		11 3 14
	36			−6 52 22.5		11 3 14
159II	50			−6 7 33.4		6 4 24

1) Die Zeile ist vor Zeile 56 in Spalte I zu stellen.

Seite und Spalte	Zeile	Grösse	α 1885.0	δ 1885.0	Z.	Datum
160II	3			37″.0		$11^h\ 5^m\ 27^s$
161I	45			23.7		8 5 18
162I	14		$36^m\ 23^s.75$			8 5 13
	15		23.82			8 5 17
	16		23.80			8 5 23
	17		23.78			8 5 24
162III	55			−7° 25′ 58.6		7 6 11
	56		11 38.30			9 6 7
163II	31		31 55.75			9 5 26
165I	6		59 3.92			7 6 23
	7		3.94			7 6 25
	8		3.89			7 6 29
	9		3.97			7 7 2
	10		3.95			7 7 7
166I	30		2 14.00			8 6 3
	31		13.91			9 7 3
166II	8—10		29 56.26			7 7 2
	27		49 14.50			7 7 7
	44			−4 33 36.2		7 7 7
166III	2	del.	17.52	32.4		11 11 7
	5		11 28.78			8 10 28
	16		23 38.01			8 10 28
167III	33			−7 17 19.0		11 11 12
168II	44			−4 16 5.4		11 11 28
168III	53			−0 55 16.8		8 12 13
169I	22		41 44.57			8 12 23
169II	1		23^h 41 44.61			8 12 24
	2		44.54			8 12 15
	3		44.58			11 10 31
	6		42 50.83			11 12 18
	15		49 13.84			8 10 22
	16		13.91			8 10 28
	17		13.84			8 11 27
	18		13.76			8 12 4
169III	8		56 3.76			8 10 21
	9		70			8 10 22
	11		70			8 12 15
	12		60			11 11 10

In Heft IV ist auf Seite 10 das Datum oben Mai 3 statt April 26 zu lesen. Ferner ist auf Seite 287 die Columne $\frac{v}{\varrho} f\, 3$ durch eine solche mit dem Kopf $\frac{v}{\varrho} f \sqrt{\frac{3}{2}}$ zu ersetzen, welche der Reihe nach die Zahlen 2.36, 1.98, 1.74, 1.37, 1.48, 1.40, 1.02 enthält; und in Zeile 31 dieser Seite ist statt: eine Componente zu lesen: die Resultate zweier Componenten; in Zeile 32 und 33 ist daher $f\, 3$ durch $f\sqrt{\frac{3}{2}}$ zu ersetzen.

Endlich lauten in § 20 auf Seite 288 die Formeln mit den richtigen numerischen Werthen:

$$[8.1808]\frac{\sin\alpha\sec\delta}{\varrho} + 8.5162\frac{\cos\alpha\sec\delta}{\varrho}$$

und

$$[9.3569]\frac{\cos\alpha\sin\delta}{\varrho} - [9.7023]\frac{\sin\alpha\sin\delta}{\varrho} - [9.4713]\frac{\cos\delta}{\varrho}.$$

www.ingramcontent.com/pod-product-compliance
Lightning Source LLC
Chambersburg PA
CBHW021507210326
41599CB00012B/1161
* 9 7 8 3 7 4 1 1 6 6 1 8 1 *